计 算 机 科 学 丛 书

算法分析进阶

超越最坏情况分析

[美] 蒂姆·拉夫加登（Tim Roughgarden）编著
蔡国扬 译

U0279090

Beyond the Worst-Case Analysis of Algorithms

机械工业出版社
CHINA MACHINE PRESS

图书在版编目（CIP）数据

算法分析进阶：超越最坏情况分析 /（美）蒂姆·拉夫加登（Tim Roughgarden）编著；蔡国扬译. 北京：机械工业出版社，2024. 6. --（计算机科学丛书）. -- ISBN 978-7-111-76018-4

Ⅰ. TP301. 6

中国国家版本馆 CIP 数据核字第 2024QA7193 号

机械工业出版社（北京市百万庄大街 22 号　邮政编码 100037）
策划编辑：曲　熠　　责任编辑：曲　熠
责任校对：孙明慧　马荣华　景　飞　　责任印制：任维东
河北鹏盛贤印刷有限公司印刷
2024 年 10 月第 1 版第 1 次印刷
185mm×260mm · 34. 25 印张 · 868 千字
标准书号：ISBN 978-7-111-76018-4
定价：179. 00 元

电话服务
客服电话：010-88361066
010-88379833
010-68326294

网络服务
机　工　官　网：www. cmpbook. com
机　工　官　博：weibo. com/cmp1952
金　　书　　网：www. golden-book. com
机工教育服务网：www. cmpedu. com

封底无防伪标均为盗版

算法被视若计算系统的灵魂，其重要性不言而喻。然而，1999 年图灵奖得主、软件工程“圣经”《人月神话》的作者 F. P. Brooks 的名言“no silver bullet”用在这里恰如其分：算法设计中没有什么灵丹妙药。同样，算法分析中也没有什么灵丹妙药。遗憾的是，多年来算法课程的重点几乎完全停留在单一的最坏情况分析的框架上，无论是基础的程序设计和数据结构课程，还是本科高年级、研究生的算法分析和系统设计课程，把主要注意力集中在最坏情况的渐近分析上似乎已经成了一种传统。以我长期的计算机专业教学经验和软件工程实践经验，以及教育界、工业界诸多同行的经验，对于算法复杂度的理解（特别是在系统设计和结构分析层面上）绝不能仅仅停留在传统的最坏情况分析上。在这一点上，本书作者的思想和研究成果得到了高度认同。令人欣慰的是，经历了过去二十年的研究，这种不平衡的状况已经得到明显改善，形成了一系列最坏情况分析的替代方法，这些方法的应用成果引人注目。

本书是由 40 位算法设计与分析领域的卓越研究者合力完成的技术专辑。组织编写本书的 Tim Roughgarden 是哥伦比亚大学计算机科学教授，在业内享有很高的声望。Tim Roughgarden 教授邀请的作者都是近二十年来在相关领域做出了突出贡献、具有重要影响力的杰出研究者，他们在精心组织的“超越最坏情况分析”的框架内各抒己见，同时各个不同的技术分支之间相互印证，形成了一个脉络清晰的整体。我们应该注意到，本书并非简单的论文集，而是这些作者对自己长期研究的算法设计与分析领域的研究状态（包括问题、过程、成果和未来）的总结和展望，因此弥足珍贵。

本书主要分成六部分。第一部分的内容与传统的最坏情况分析方法最为接近，是对最坏情况分析的改进，讨论的问题包括参数化算法、实例最优算法和资源增广。第二部分针对若干 NP 困难的聚类问题和稀疏恢复问题提出了一些确定性数据模型，包括扰动弹性、近似解稳定性和稀疏恢复。第三部分讨论半随机模型，包括分布分析方法、半随机模型、随机块模型、随机顺序模型和自我改进算法。第四部分聚焦于平滑分析中研究的半随机模型，包括局部搜索的平滑分析、单纯形法的平滑分析以及多目标最优化中帕累托曲线的平滑分析。第五部分给出了一些示例，说明第一部分到第四部分中的范例如何应用于机器学习和统计学，讨论的问题包括分类噪声、高维统计学的健壮性、最近邻分类与搜索、张量分解、主题模型、求解非凸最优化的局部方法、过参数化模型中的泛化以及分布检验与学习的实例最优性结果。第六部分收集了第一部分到第三部分所介绍的思想和技术的进一步应用，包括在线算法的竞争分析、布尔可满足性求解、哈希函数、先验独立拍卖、社交网络分析、数据驱动的算法设计以及带预测的算法设计。

通过作者给出的大量参考文献，我们还可以进一步了解相关问题的研究背景和研究历程。我们发现，书中大部分问题的研究经历了一个漫长的逐渐成熟的过程，其跨度超过十年甚至二十年。这给我们带来了一些有益的启示，也希望年轻的读者能够理解这些杰出研究者的执着和坚持。

这样的作品通常具有更好的可读性，其内容的组织和表达既不像期刊和顶会的研究论文那样有着诸多限制，也不像教科书的陈述那么刻板。这些作者的文字表达各有特色，既有如 Tim Roughgarden 之笔走龙蛇，也有个别作者的略显艰涩。译文尽量贴近不同作者的语言风格，必要时增加简短的注释，方便读者更加准确地理解作者的意图。书中有个别术语缺乏广泛认可的中文译法（或者存在一些尚未形成术语的说法），对此译文中也做了必要的注释。

本书的读者对象是电子与计算机工程专业、计算机科学专业的高年级本科生、研究生，以及系统结构设计、算法设计与分析、机器学习与统计学等领域的研究者和软件工程师。对于旨在全面了解算法分析领域的轮廓以及最新研究进展的读者，本书无疑极具参考价值。仅仅对书中的某个问题感兴趣的读者可以通过追踪相应作者的研究路线图，从中寻求热点或者答案，还可以从相关的上下游问题中获得有益的启示，这一点尤其重要。

我在高校任教三十多年，主讲本科生和研究生的图论、数据结构与算法分析、操作系统原理、操作系统分析与设计、现代通信网络、软件工程、软件测试等相关课程，长期从事实时通信系统、网络分析、系统与网络安全、可信操作系统的设计与实现等计算机与通信技术前沿的工业实践，见证了本书中大部分算法设计与分析思想和技术的发展历程。实际上，作者的许多观点和方法已经开始被引入主流课程体系，在软件工业领域的应用也取得了显著的成果。

本书的翻译是在我的本职工作之余完成的，前后历时一年有半。时光匆匆，译文虽数易其稿，但是对作者思路的理解和对译文的组织仍然难免有疏漏和不周之处，还请读者谅解。在本书的翻译过程中，我得到了同事乔海燕老师的无私帮助以及出版社编辑的充分信任和支持，特此表示衷心感谢！

蔡国扬
广州康乐园
2024 年 7 月

前　言

算法设计中不存在任何灵丹妙药㊀——不存在任何一种足够强大和灵活，能够解决所有我们感兴趣的计算问题的算法思想。因此，本科的算法课程应该退而求其次，强调少量的通用算法设计范例（比如动态规划、分治算法和贪心算法），其中的每一种范例适用于跨越多个应用领域的一系列问题。

算法分析中也不存在灵丹妙药，因为对算法进行分析的最具启发性的方法往往取决于问题和应用的细节。然而，典型的算法课程的重点几乎完全停留在一种单一的分析框架，即最坏情况分析，一个算法由其在一个给定规模的任意输入上的最差性能进行评估。本书的目的是要纠正这种不平衡，推广若干种最坏情况分析的替代方法（这些方法主要在过去20年的理论计算机科学文献中逐渐形成），以及它们的一些最为引人注目的算法应用。40位卓越的研究者介绍了这个领域的各个方面，导论式的第1章对本书内容逐章进行概述。

本书源于我在斯坦福大学开发和教授过几次的研究生课程。㊁虽然本书的范围已经远远超出了一学期（甚至一学年）的课程所能讲授的内容，不过这本书的子集可以构成各种研究生课程的基础。我要求各位作者避免进行全面的综述，而专注于少数的关键模型和结果，这些模型和结果可以在二年级研究生的理论计算机科学和理论机器学习课堂上讲授。大部分章节以开放式的研究方向以及适合课堂教学的练习题作为结束。本书英文版的电子版可以从 https://www.cambridge.org/9781108494311#resources 获得（密码为 BWCA_CUP）。

如果没有许多人的辛勤工作，就不可能出版如此规模的专辑。首先，我要感谢各位作者在撰写自己的章节时的奉献和守时精神，以及对其他章节初稿的反馈。我要感谢 Avrim Blum、Moses Charikar、Lauren Cowles、Anupam Gupta、Ankur Moitra 和 Greg Valiant 在本书英文版处于萌芽阶段时的热情参与和出色的建议。我还要感谢所有选修我的 CS264 和 CS369N 课程的斯坦福大学的学生，特别是我的助教 Rishi Gupta、Joshua Wang 和 Qiqi Yan。本书英文版封面由 Max Greenleaf Miller 设计。本书英文版的编辑得到了 NSF 奖项 CCF-1813188 和 ARO 奖项 W911NF1910294 的部分支持。

㊀ 原文为 no silver bullet，源于 Frederick P. Brooks, Jr. 在 1986 年发表的著名同名文章。——译者注

㊁ 我的主页（www.timroughgarden.org）提供了这门课程的课堂讲稿和视频，其中涵盖了本书的几个主题。

作者名单

Beyond the Worst-Case Analysis of Algorithms

Maria-Florina Balcan
卡内基·梅隆大学

Jérémy Barbay
智利大学

Avrim Blum
芝加哥丰田技术研究所

Kai-Min Chung
中国台湾省“中央研究院”

Daniel Dadush
荷兰国家数学与计算机科学研究中心

Sanjoy Dasgupta
加州大学圣地亚哥分校

Ilias Diakonikolas
威斯康星大学麦迪逊分校

Uriel Feige
魏茨曼科学研究所

Fedor Fomin
卑尔根大学

Vijay Ganesh
滑铁卢大学

Rong Ge
杜克大学

Anupam Gupta
卡内基·梅隆大学

Nika Haghtalab
康奈尔大学

Moritz Hardt
加州大学伯克利分校

Sophie Huiberts
荷兰国家数学与计算机科学研究中心

Daniel Kane
加州大学圣地亚哥分校

Anna R. Karlin
华盛顿大学西雅图分校

Elias Koutsoupias
牛津大学

Samory Kpotufe
哥伦比亚大学

Daniel Lokshtanov
加州大学圣巴巴拉分校

Tengyu Ma
斯坦福大学

Konstantin Makarychev
美国西北大学

Yury Makarychev
芝加哥丰田技术研究所

Bodo Manthey
特温特大学

Michael Mitzenmacher
哈佛大学

Ankur Moitra
麻省理工学院

Eric Price
得克萨斯大学奥斯汀分校

Heiko Röglin
波恩大学

Tim Roughgarden
哥伦比亚大学

Saket Saurabh
印度数学科学研究所

C. Seshadhri
加州大学圣克鲁斯分校

Sahil Singla
普林斯顿大学

Inbal Talgam-Cohen
以色列理工学院

Salil Vadhan
哈佛大学

Gregory Valiant
斯坦福大学

Paul Valiant
布朗大学

Moshe Vardi
莱斯大学

Sergei Vassilvitskii
谷歌公司

Aravindan Vijayaraghavan
美国西北大学

Meirav Zehavi
内盖夫本-古里安大学

目 录

Beyond the Worst-Case Analysis of Algorithms

第二部分 确定性数据模型

第三部分 半随机模型

第五部分　机器学习和统计学中的应用

引　　言

Tim Roughgarden

摘要： 算法的数学分析的主要目标之一，是提供关于哪种算法是求解一个给定的计算问题的“最好的”算法的指导。最坏情况分析根据算法在一个给定规模的任意输入上的最坏性能来概括算法的性能轮廓，从侧面推荐在最坏情况下性能尽可能最佳的算法。强有力的最坏情况保证是算法设计的“圣杯”，它为算法的健壮性能提供一种与应用无关的证明。然而，对于许多基础问题和性能度量方法，这样的保证是不可能做到的，而需要更为细致的分析方法。本章综述几种最坏情况分析方法的替代方法，这些方法将在本书的后续部分进行详细讨论。

1.1 算法的最坏情况分析

1.1.1 不可比较算法的比较

不同的算法难以进行比较。对于几乎任何两个算法和任何一种算法性能度量，其中的一个算法总会在某些输入上的性能比另外一个算法更好。例如，对于长度为 n 的数组，无论输入是否已经有序，归并排序算法（MergeSort）都需要 $\Theta(n\log n)$ 的时间进行排序，而直接插入排序算法（InsertionSort）在已经有序的数组上的运行时间是 $\Theta(n)$，在一般情况下的运行时间是 $\Theta(n^2)$。[㊀]

我们遇到的困难并不特定于运行时间分析。一般而言，考虑一个计算问题 Π 和一个性能度量 PERF，PERF(A,z) 在输入 $z\in\Pi$ 上对求解 Π 的算法 A 的“性能”进行量化。例如 Π 可能是旅行商问题（Traveling Salesman Problem，TSP），A 可能是求解该问题的多项式时间启发式算法，而 PERF(A,z) 可能是 A 在 TSP 的实例 z 上的近似比，即 A 输出的旅程长度与最优旅程长度之比。[㊁]或者 Π 可能是素性测试问题，A 可能是随机化的多项式时间素性测试算法，PERF(A,z) 可能是该算法能够正确地判定正整数 z 是否为素数的概率（在 A 的内部随机性上）。在一般情况下，当两种算法的性能无法比较时，我们如何相信它们当中的一种要“好过”另外一种呢？

算法分析中的最坏情况分析是一种具体的建模选择，根据算法在任何一个给定规模的输入上的最坏性能概括得到算法的性能轮廓 $\{\text{PERF}(A,z)\}_{z\in\Pi}$（即 $\min_{z:|z|=n}\text{PERF}(A,z)$ 或者 $\max_{z:|z|=n}\text{PERF}(A,z)$，这取决于度量方法，其中 $|z|$ 表示输入 z 的规模大小）。因此“比较好”的算法是在最坏情况下具有更好的性能的算法。从这个意义上讲，对于长度为

㊀ 关于算法分析中使用的渐近符号的快速提示：对于在自然数上定义的非负实函数 $T(n)$ 和 $f(n)$，如果存在正常数 c 和 n_0，使得对所有的 $n\geqslant n_0$，都有 $T(n)\leqslant c\cdot f(n)$，则记为 $T(n)=O(f(n))$；如果存在正数 c 和 n_0，使得对所有的 $n\geqslant n_0$，都有 $T(n)\geqslant c\cdot f(n)$，则记为 $T(n)=\Omega(f(n))$；如果 $T(n)$ 同时是 $O(f(n))$ 和 $\Omega(f(n))$，则记为 $T(n)=\Theta(f(n))$。

㊁ 在旅行商问题中，输入是一个无向完全图 (V,E)，图的每条边 $(v,w)\in E$ 带一个非负权值 $c(v,w)$，目标是计算顶点 V 的一种排序 $v_1,v_2,\cdots,v_n$，使得相应的旅程长度 $\sum_{i=1}^{n}c(v_i,v_{i+1})$ 最短（其中的 v_{n+1} 解释为 v_1）。

n 的数组，最坏情况下的渐近运行时间为 $\Theta(n\log n)$ 的归并排序算法要比最坏情况下的运行时间为 $\Theta(n^2)$ 的直接插入排序算法更好。

1.1.2 最坏情况分析带来的好处

尽管略显粗糙，但最坏情况分析方法非常有用。由于下面几个原因，它已经成为理论计算机科学中算法分析的主要范例。

- 良好的最坏情况保证是一个算法应用的最佳场景。它证明了算法的通用能力，用户不需要费尽心机去理解哪些输入对他们的应用最有意义。因此，最坏情况分析特别适合一些“通用”算法，这些算法被寄希望于能够在不同的应用领域（例如作为某一门程序设计语言的默认排序例程）正常工作。
- 最坏情况分析在分析技术上往往比它的替代方法（比如关于在输入上的一个概率分布的平均情况分析）更容易实现。
- 对于大量的基本计算问题，有一些算法具有优异的最坏情况性能保证。例如在本科生的算法课程中讲述的大部分算法是在最坏情况下以线性或者接近线性时间运行的算法。[㊀]

1.1.3 算法分析的目标

在对最坏情况分析方法进行评论之前，有必要退一步阐明为什么我们需要严格的方法来推导算法的性能。这里至少涉及三个可能的目标：

- *性能预测*。第一个目标是解释或者预测算法的经验性能。在某些情况下，分析人员扮演自然科学家的角色，将观察到的现象（比如线性规划的单纯形法是快速的）作为基本事实，并寻求一个透明的数学模型对它进行解释。在另外一些情况下，分析人员扮演工程师的角色，他们寻找一种理论，为算法在一个关联应用中是否将表现良好提供准确的建议。
- *确定最佳算法*。第二个目标是对不同算法根据性能进行排序，在理想情况下，选择一个算法作为“最优”。给定同一个问题的两个求解算法 A 和 B，算法分析方法至少应该给出关于哪一个算法“更好”的意见。
- *开发新算法*。第三个目标是提供良定义的框架，以便实施头脑风暴得到新的算法。一旦有人宣布了一个关于算法性能的衡量标准，大多数计算机科学家的巴甫洛夫反应就是找出新的算法，按照这个衡量标准改进现有技术。这种因尺度的变化所催化的聚焦效应不应该被低估。

在对算法设计和分析的结果进行证明或者解释时，我们要清楚这项工作要达到上述目标中的哪一个，这一点非常重要。

那么，最坏情况分析在上述三个目标上可以得到什么样的成绩呢？

- 最坏情况分析仅仅对在给定规模的输入中呈现微小性能变化的算法给出准确的性能预测。这种情况出现在本科课程所涵盖的许多热门算法中，包括运行时间接近线性的算法和许多常规的动态规划算法。但是对于许多更加复杂的问题，最坏情况分析的预测过于悲观（参见 1.2 节）。

㊀ 最坏情况分析也是复杂性理论中的主要范例，它引导了 NP 完备性和许多其他基本概念的发展。

- 对于第二个目标，最坏情况分析可以得到中等的分数——它为一些重要问题（本科课程中有很多这样的问题）的求解算法选择提供了良好的建议，但是对于其他问题给出的建议是失败的（参见 1.2 节）。
- 最坏情况分析充当了一个极其有用的头脑风暴的组织者。半个多世纪以来，致力于优化最坏情况算法性能的研究者已经开发出成千上万种新的算法，其中有很多具备实用价值。

1.2　著名的失败事件和对替代方法的迫切需要

对于许多在一定程度上超出本科课程范围的问题，最坏情况分析方法浮现了其负面影响。这一节将回顾四个著名的例子，在其中最坏情况分析方法给出了关于如何求解问题的误导性或无效的建议。这些例子促成了一些最坏情况分析方法的替代方案。1.4 节将概述这些替代方法，本书的后续章节将对它们进行详细描述。

1.2.1　线性规划的单纯形法

或许最坏情况分析方法的最著名的失败涉及线性规划。线性规划问题在一些线性约束下对一个线性函数进行最优化（图 1.1）。Dantzig 在 20 世纪 40 年代提出了一种求解线性规划问题的算法，称为单纯形法（simplex method）。单纯形法在解集合边界的顶点上利用贪心局部搜索法求解线性规划问题，直到今天，单纯形法的各种变异算法仍然被广泛使用。单纯形法的持久魅力源于它在实践中所表现出来的一贯卓越的性能。它的运行时间通常随着输入规模的变化而略有改变，可用于求解具有数百万个决策变量和约束的线性规划问题。这种健壮的经验性能表明，单纯形法或许可以在多项式时间内有效求解每个线性规划问题。

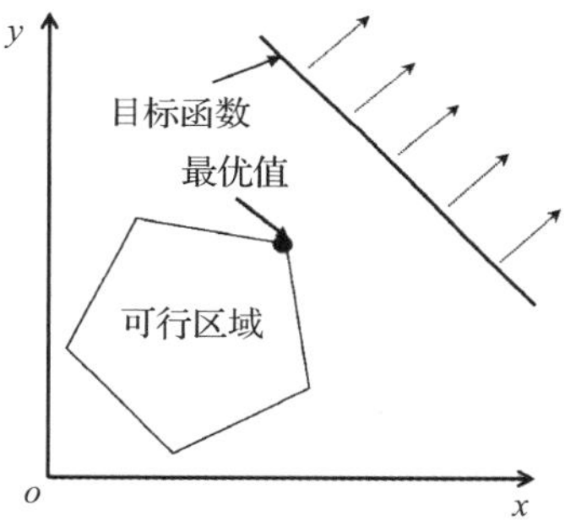

图 1.1　一个二维线性规划问题

Klee and Minty（1972）举例说明了确实存在人为设计的线性规划问题，迫使单纯形法在决策变量（针对所有用于选择下一个顶点的通用“主元规则”）的指数时间内运行。这说明了最坏情况分析方法的第一个潜在陷阱：过于悲观的性能预测，这些预测不能得到表面数值的支持。所有具备实用目的的单纯形法的运行时间都是多项式复杂度的，尽管最坏情况分析给出的是指数复杂度的预测。

雪上加霜的是，椭球法（ellipsoid method）作为求解线性规划问题的第一个最坏情况下为多项式时间的算法，在实际应用中与单纯形法无法形成竞争。㊀基于表面数值，最坏情况分析会建议采用椭球法，而不是经验上更为优秀的单纯形法。缩小这些理论预测和经验观察之间的差距的一个框架是平滑分析（smoothed analysis），这是本书第四部分的主题，参见 1.4.4 节的有关概述。

1.2.2　聚类与 NP 困难最优化问题

聚类是无监督学习的一种形式（在未标记的数据中找到模式），其非正式目的是将一

㊀ 五年后发展起来的内点法引发了一些算法，它们在最坏情况下在多项式时间内运行，而且在实际应用中与单纯形法形成竞争。（椭球法于 1979 年由苏联科学家提出，内点法于 1984 年推广用于线性规划求解。——译者注）

个点集合划分为一些“相干群”（图1.2）。将这个目的转化为良定义的计算问题的一种常用方法是在点集合的聚类上设定一个数字目标函数，然后寻找具有最佳目标函数值的聚类。例如，我们的目的可能是选出 k 个簇中心，使得各个点与其最接近的中心之间的距离之和最小（也称 k-median 目标），或者距离的平方和最小（也称 k-means 目标）。几乎所有在聚类上定义的自然最优化问题都是NP困难的。㊀

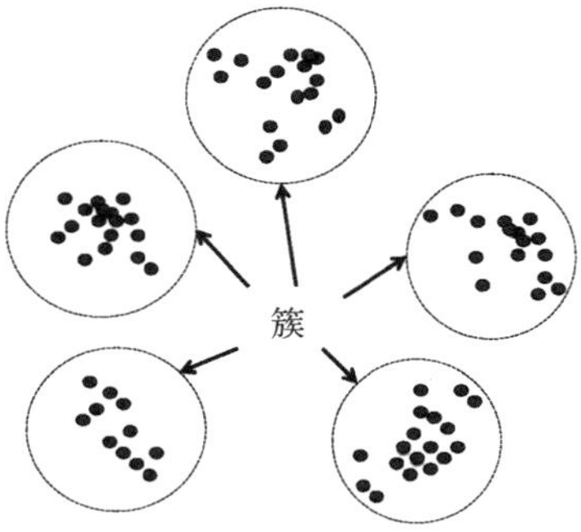

图1.2　点集合的合理聚类

在实践中人们并不认为聚类问题是一个特别难以求解的问题。轻量级聚类算法（如用于 k-means 的 Lloyd 算法及其变异算法）有规律地返回现实世界中的点集在直观上“正确”的聚类。在聚类问题上，一方面是最坏情况下的难解性，另一方面是一些相对简单的算法在经验上的成功。这两者之间如何才能够达到一致呢？㊁

一种可能的解释是聚类问题只有在无关紧要的情况下才是困难的。例如，如果一个NP困难的聚类问题的那些难解实例看起来像是一堆随机的无结构化的点，谁会在乎它们呢？聚类算法的常见用例是一些用于表示如图像、文档、蛋白质或者可能存在一个“有意义的聚类”的其他对象的点。处理有意义的聚类的实例是否会比处理最坏情况的实例更容易呢？本书的第三部分涵盖支持肯定答案的新的理论进展，参见1.4.2节的概述。

1.2.3　机器学习的不合理的有效性

现代机器学习算法的不合理的有效性（effectiveness）向算法分析的研究者发出了挑战，也许没有任何一个其他的问题领域会如此大声疾呼需要“超越最坏情况”的方法。

为了举例说明这样的挑战，我们考虑一个经典的监督学习问题：对于一个学习算法，给定一个包含对象-标签对的数据集，目标是产生一个分类器，该分类器能够准确预测尚未遇到过的对象的标签（例如，在一幅图中是否有一只猫）。在过去的十年间，在大数据集和计算能力的协助下，神经网络在一系列预测任务中实现了令人印象深刻的性能。它们的经验主义式的成功在多个方面与传统观念相悖。首先，存在一个计算上的谜团：神经网络训练通常可以归结为通过拟合参数（权重和偏差）来最小化一个非凸的损失函数（例如，将模型在训练集上产生的分类错误数量最小化）。这一类问题在过去被认为是计算上难解的，但是一阶方法（即梯度下降算法的各种变异方法）往往能够快速收敛到局部最优甚至全局最优。这是为什么？

其次，还有一个统计上的谜团：现代神经网络是典型过参数化的（overparameterized），这意味着要拟合的参数的数量远远大于训练数据集的大小。过参数化模型对于大的泛化误差（过拟合）是脆弱的，因为它们能够有效记忆训练数据，而不必学习任何有助于

㊀ 回忆一下：求解一个NP困难问题的一个多项式时间算法将为每个NP问题产生一个多项式时间算法——每个具有高效可验证解的问题。假定普遍认可的 $P \neq NP$ 猜想成立，那么求解一个NP困难问题的每个算法要么对某些输入返回一个不正确的答案，要么对某些输入以超越多项式复杂度的时间运行（或两者皆然）。

㊁ 更一般地，最优化问题比多项式时间可解的问题更可能是NP困难问题。在许多情况下，即便是计算一个近似最优解也是NP困难问题。只要求解这样的问题的高效算法在现实世界实例上的性能好过（最坏情况）复杂性理论所建议的算法，就有机会进行更加精细和更加准确的理论分析。

对尚未遇到过的数据点进行分类的知识。然而，目前最新的神经网络的泛化水平令人震惊——这是为什么？答案很可能取决于神经网络训练所采用的现实世界的数据集和最优化算法（主要是随机梯度下降算法）的特殊性质。本书的第五部分涵盖对于这些疑问和其他有关机器学习算法的经验性能的奥秘的解释。

超越最坏情况的观点还可以通过对现有理论进行“压力测试”，同时为更加健壮的保证提供路线图，从而为机器学习提供帮助。尽管超越最坏情况分析的研究对理论计算机科学中的范数做了一些强假定，但这些假定与统计机器学习中的范数相比通常更弱一些。统计机器学习领域的研究往往与平均情况分析相似，例如把数据点当作相互独立且一致分布的样本进行建模，并且假设这些样本来自某种基础结构化分布。本书第三部分和第四部分描述的半随机模型可以用作将对抗和平均情况混合建模的样板，从而促进具有健壮性能的算法的设计。

1.2.4 在线算法分析

在线算法（online algorithm）是这样的一类算法，它们必须处理随时到达的输入数据。例如，考虑在线分页问题，系统有一个小的快速存储器（缓存）和一个大的慢速内存。数据被组织成块（称为*页面*），一次最多可以有 k 个不同的页面被装入缓存。页面请求的结果可能是缓存命中（如果这个页面已经在缓存中）或者缓存未命中（如果这个页面不在缓存中）。缓存未命中时必须将请求的页面读入缓存，如果这时候缓存已满，则必须移除缓存中的某些页面——缓存置换策略是实现这些移除决策的算法。任何一本教科书都会推荐采用最近最少使用（Least Recently Used，LRU）策略，这个策略会首先移除最近一次的引用时间距离现在最久的页面。原因是，现实世界的页面请求序列往往表现出访问局部性，这意味着最近请求的页面很可能很快就会被再次请求。LRU 策略使用最近的过去作为对近期未来的预测。根据经验，它通常比先进先出（First-In First-Out，FIFO）等竞争策略具有更高的缓存命中率。

直接利用最坏情况分析无法提供关于不同缓存置换策略的性能的有用评价。对于每种确定性策略和大小为 k 的缓存，存在一个病态的页面请求序列，它会触发 100%的缺页率，尽管最优的能够预知未来的置换策略（称为未来最远算法，或离线缓存算法）的缺页率至多为 $1/k$（练习题 1.1）。这一观察结果由于其悲观的性能预测以及无法分辨竞争替代策略（如 LRU 与 FIFO）而令人苦恼。1.3 节描述的一个解决方案是为输入空间选择一种适当细粒度的参数化，并利用参数化保证对算法进行评估和比较。

1.2.5 最坏情况分析的骗局

我们应该庆幸的是最坏情况分析对于这么多的基本计算问题如此有效。但是同时也要认识到，在本科课程的算法中强调的那些精选的成功案例，可能描绘了一幅与算法的实用范围有关的潜在的误导性画面。前面的四个例子突出了最坏情况分析框架的主要缺点。

- *过于悲观的性能预测*。在人为设计下，最坏情况分析给出了关于算法经验性能的悲观估计。在前面的四个例子中，两者之间的差距大得令人尴尬。
- *可能对算法进行不准确的排名*。过于悲观的性能概括可能使得最坏情况分析无法识别将在实际中使用的合适的算法。它不能分辨在线分页问题中的 FIFO 和 LRU 策略；对于线性规划问题，它隐晦地表明了椭球法优于单纯形法。
- *没有数据模型*。如果说最坏情况分析有一个隐含的数据模型，那么它就是“墨菲定律”式的数据模型，其中求解的实例是所选算法的一个逆向选择函数。[1]除了安全性应用之外，这种依赖于算法的数据模型是对计算问题的一种相当偏执和不合逻辑的思维方式。

在许多应用中，所选择的算法表现出众正是因为应用领域中的数据的一些特性，例如聚类问题中有意义的解和在线分页问题中的引用局部性。纯粹的最坏情况分析没有提供任何说法来阐明数据的这种与具体领域关联的特性。在这个意义上，最坏情况分析的优点也是它的缺点。

这些缺点表明了寻求最坏情况分析的替代方法的重要性。这些替代方法是一些模型，它们阐明“相关”输入的特性，以及对于具有这些特性的输入具备严格和有意义的算法保证的算法。“超越最坏情况分析”的研究是模型和算法之间的对话，它们相互告知彼此的进展。它既有科学维度，目标是建立一些透明的数学模型来解释有关算法性能的经验性观察；它还有工程学维度，目标是提供对一个问题应该采用哪种算法的准确指导，以及设计在相关输入上的性能良好的新算法。

具体而言，经过“超越最坏情况分析”的结果看起来会是什么样子呢？下一节将详细讨论 Albers 等人（2005）针对在线分页问题的示例性结果。本书的其余部分提供了几十个进一步的示例。

1.3　示例：在线分页问题中的参数化界

1.3.1　根据引用局部性的参数化

回到在线分页问题的示例，或许我们不应该感到惊讶的是，对于 FIFO 和 LRU 策略，最坏情况分析未能优先推荐 LRU。LRU 在经验上的优越性是由于现实世界的页面请求序列中的特殊结构（引用局部性），这超出了纯粹的最坏情况分析所能表达的范围。

就在线分页算法以及这些算法之间的比较而言，获得有意义的性能保证的关键是根据页面请求序列呈现的局部化程度对它们进行参数化，然后证明参数化的最坏情况保证。以这种方式对最坏情况分析进行细化，可以得到颇为丰富的结果。本书的第一部分描述了细粒度输入参数化的许多其他应用，参见 1.4.1 节的概述。

我们应该如何度量一个页面请求序列中的局部性？一种行之有效的方法是工作集（working set）模型，它由一个从正整数 $\mathbb{N}$ 到 $\mathbb{N}$ 的函数 f 参数化，函数 f 描述了在一个给定长度的窗口中可能有多少个不同页面的请求。形式上，我们说一个页面序列 σ 遵从（conform to）f，如果对于每个正整数 n 以及每个由 σ 中的 n 个连续页面请求构成的集合，其中请求的不同页面数量至多是 $f(n)$。例如，恒等函数 $f(n)=n$ 对页面请求序列没有任何限制。一个序列只有在呈现引用局部性的情况下才会遵从像 $f(n)=\lceil\sqrt{n}\rceil$ 或者 $f(n)=\lceil 1+\log_2 n\rceil$ 这样的次线性函数。[2]不失一般性，我们可以假定 $f(1)=1$，$f(2)=2$，以及对所有的 n，$f(n+1)\in\{f(n),f(n)+1\}$（见练习题 1.2）。

我们采用在线算法 A 在页面请求序列 z 上的缺页率作为性能度量 $\mathrm{PERF}(A,z)$ ——在 z 的请求中让 A 发生缺页中断的部分所占的比例。下一步我们针对缓存大小为 k 的 LRU 策略的缺页率给出一个由数字 $\alpha_f(k)\in[0,1]$ 进行参数化的性能保证。参数 $\alpha_f(k)$ 由下面的式（1.1）定义。直观上对于增长缓慢的函数 f（即采用强引用局部性的函数），它将接近

[1] 墨菲定律：凡事只要有可能出错，那就一定会出错。

[2] 记号 $\lceil x\rceil$ 的意思是把数 x 凑足到最接近的整数，即上取整。

于0；而对于快速增长的函数f（例如近似线性地增长），它将接近于1。这种性能保证要求函数f是近似凹（approximately concave）的，意思是在函数f下，函数值为y的输入的数量m_y（即$|f^{-1}(y)|$）随y呈非递减排列（见图1.3）。

$f(n)$	1	2	3	3	4	4	4	5	…
n	1	2	3	4	5	6	7	8	…

图1.3　一个近似凹函数，$m_1=1, m_2=1, m_3=2, m_4=3, \cdots$

定理1.1（Albers et al.，2005）　$\alpha_f(k)$ 在下面的式（1.1）中定义，有以下结果：

（a）对于每个近似凹函数f、大小$k\geqslant 2$的缓存以及确定性缓存置换策略，存在遵从f的任意长度的页面请求序列，在这些序列上置换策略的缺页率至少为$\alpha_f(k)$。

（b）对于每个近似凹函数f、大小$k\geqslant 2$的缓存以及遵从f的页面请求序列，LRU策略的缺页率至多是$\alpha_f(k)$加上一个随序列长度的增长趋向于0的加性项。

（c）存在对近似凹函数f、大小为$k\geqslant 2$的缓存以及遵从f的任意长度的页面请求序列的选择，使得FIFO策略的缺页率远离$\alpha_f(k)$。

定理的（a）部分和（b）部分在强度和细粒度的意义上证明了LRU策略在最坏情况下的最优性。（c）部分将LRU和FIFO区别开来，因为后者对于f和k的一些选择（事实上是很多选择）是次优的。

定理1.1给出的这些保证是如此出色，即使从表面上看它们也是有意义的——对于一些强次线性函数f，$\alpha_f(k)$随着k合理且迅速地趋向于0。当$k\geqslant 2$时，$\alpha_f(k)$的精确定义是：

$$\alpha_f(k)=\frac{k-1}{f^{-1}(k+1)-2} \tag{1.1}$$

这里我们做了一个简化，把$f^{-1}(y)$解释为使$f(x)=y$的x的最小值。也就是说，$f^{-1}(y)$表示最小窗口长度，在其中可能会出现需要y个不同页面的页面请求。正如所料，对于函数$f(n)=n$，对于所有的k，我们有$\alpha_f(k)=1$（在不限制输入序列的情况下，一个对抗可以强制得到100%的缺页率）。但是，如果$f(n)=\lceil\sqrt{n}\rceil$，那么$\alpha_f(k)$缩小为原来的$1/\sqrt{k}$。因此，当缓存大小为10 000时，缺页率通常最多为1%。如果$f(n)=\lceil 1+\log_2 n\rceil$，那么$\alpha_f(k)$随着$k$更快地趋向于0，其表达式大致是$k/2^k$。

1.3.2　定理1.1的证明

这一节证明定理1.1的前两部分，（c）部分的证明留作练习题1.4。

（a）部分。为了证明（a）部分中的下界，固定一个近似凹函数f和一个大小为$k\geqslant 2$的缓存。固定一种确定性的缓存置换策略A。

我们构造一个页面请求序列σ，它只用到$k+1$个不同的页面，因此在任何一个给定的时间步，算法的缓存中都正好缺少一个页面（假定算法开始时前k个页在缓存中）。这个页面请求序列包括$k-1$个块，其中第j个块由m_{j+1}个对同一页面p_j的连续请求组成，这里p_j是这个块开始时在算法A的缓存中缺失的唯一的页面。（回忆一下，m_y是使$f(x)=y$的x的值的个数。）这个序列遵从f（见练习题1.3）。

根据各个p_j的选择，A在一个块的第一次请求上产生缺页，而不在这个块的任何其他（重复）请求上产生缺页。因此，算法A遭遇的总缺页数正好是$k-1$次。

页面请求序列的长度是 $m_2+m_3+\cdots+m_k$，因为 $m_1=1$，所以和等于$(\sum_{j=1}^{k}m_j)-1$。利用各个 m_j 的定义，这个和也等于 $(f^{-1}(k+1)-1)-1=f^{-1}(k+1)-2$。在这个序列上，算法的缺页率与 $\alpha_f(k)$ 的定义相匹配，正如我们所要求的。更一般地，不断重复这个构造过程会产生任意长的页面请求序列，对此算法的缺页率是 $\alpha_f(k)$。

(b) 部分。为了证明 LRU 策略的一个匹配上界，固定一个近似凹函数 f、一个大小为 $k\geqslant 2$ 的缓存以及一个遵从 f 的页面请求序列 σ。我们的缺页率目标 $\alpha_f(k)$ 是证明的一条主要线索（回忆一下式（1.1））：我们应该设法将序列 σ 划分成一些长度至少为 $f^{-1}(k+1)-2$ 的块，使每一个块至多有 $k-1$ 次缺页。因此考虑 LRU 策略在 σ 上的 $k-1$ 次连续缺页的分组，每一个这样的分组定义了一个块：从这个分组的第一次缺页开始，到紧接着的下一分组的第一个缺页请求之前的页面请求结束（见图 1.4）。

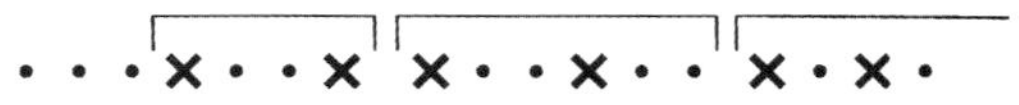

图 1.4　由 $k-1$ 个缺页请求组成的块，这里 $k=3$

断言　*考虑一个块，它既不是第一个也不是最后一个。考虑这个块中的页面请求，以及紧接着这个块之前、之后的请求。这些请求包含至少 $k+1$ 个不同的页面。*

这个断言意味着每个块至少包含 $f^{-1}(k+1)-2$ 个请求。因为每个块有 $k-1$ 个缺页，这表明缺页率至多是 $\alpha_f(k)$（忽略由第一块和最后一块所导致的消失的叠加误差），定理 1.1（b）得到证明。

我们现在证明上述断言。注意到根据定理 1.1（c），证明必不可少地会利用 LRU 策略与 FIFO 策略不同的性质。固定一个既非第一个也非最后一个的块，并设 p 是紧接着这个块之前请求的页面。对 p 的这个页面请求可能是缺页请求，也可能不是（参见图 1.4）。无论如何，当这个块开始时，p 就在缓存中。考虑这个块中包含的 $k-1$ 个缺页，以及紧接着这个块之后出现的第 k 个缺页。我们考虑三种情况。

第一种情况，如果这 k 个缺页发生在全部与 p 不同的页面上，那么我们已经确定了 $k+1$ 个不同的请求（p 加上 k 个缺页）。第二种情况，假设 k 个缺页中有两个请求的是同一个页面 $q(\neq p)$。这是怎么发生的呢？在页面 q 上发生第一次缺页之后，q 被带入缓存，只有在此之后有 k 个不同页面的请求而且这些页面都与 q 不同时，q 才会被移除。这就给出了 $k+1$ 个不同的页面请求（q 以及 q 上两次缺页之间的 k 个其他不同页面的请求）。第三种情况，假设这 k 次缺页的其中一个在 p 页面上。因为 p 刚好是在这些缺页的第一个之前被请求的，所以 LRU 算法在这个请求之后和移除 p 之前，必定已经收到对除了 p 以外的 k 个不同页面的请求。这些请求与 p 的请求一起给出了所需要的 $k+1$ 个不同的页面请求。㊀

1.3.3　讨论

定理 1.1 是算法的“参数化分析”的一个例子，其中的性能保证被表示为输入参数的函数而不是其大小。一个像 $\alpha_f(k)$ 这样的参数度量了输入的“容易性”，这很像线性代数中矩阵的条件数。我们随后将在本书中看到更多参数化分析的例子。

追求参数化性能保证的原因如下：

㊀ 前两种情况也适用于 FIFO 策略，但是第三种情况不然。假设已经在缓存中的页面 p 恰好在这个块之前被请求，在 FIFO 策略下，这个请求不会“重置 p 的时钟”：如果 p 最初被带入缓存是在很久以前，FIFO 很可能在这个块第一次发生缺页时就把 p 移除。

- 参数化保证是一种在数学上更强的陈述。严格来讲，它所包含的关于算法性能的信息要多于仅仅由输入规模的大小参数化的最坏情况保证。
- 参数化分析可以解释为什么一个算法虽然在最坏情况下的性能很差，但仍然具有良好的“现实世界”性能。采用的方法是首先证明算法对于参数的“简单”值性能良好（例如，对于f和k，使$\alpha_f(k)$接近0），然后提出充分的理由，说明“现实世界”的实例在这个意义上是“简单”的（例如，有足够的引用局部性，从而遵从具有一个小的$\alpha_f(k)$值的函数f）。后者的论证可以通过经验（例如通过对典型基准上的参数进行计算）或数学（例如通过假定一个生成模型并证明它通常生成简单的输入）得到。平滑分析的结果（见1.4.4节和第四部分）通常遵循这种两个步骤的方法。
- 参数化性能保证针对一个给定算法得以使用的时机（关于哪些输入和哪些应用领域）给出建议。换言之，算法应该用在那些使其取得良好性能的输入上。这样的建议对于那些没有时间或兴趣从头开始开发自己的算法，而只是希望成为现有算法的一个训练有素的客户的人是有益的。㊀
- 细粒度的性能特征可以对算法进行区分（当最坏情况分析无法做到时，比如对于LRU与FIFO）。
- 为了确切表达良好的参数，分析人员通常必须对数据中的结构形式进行清楚的表述，比如在一个页面请求序列中的“局部性的程度”。很多时候，随之而来的是显式利用这样的结构的新算法的诞生。㊁

有效的参数可以有几种不同的风格。定理1.1中的参数$\alpha_f(k)$是直接从问题的输入导出的，本书后面的章节包含更多基于输入的参数的示例。通过最优解的性质来参数化算法性能也是常见的。在参数化算法（第2章）中，研究得最为深入的这种参数是最优解的大小。另一个在机器学习应用中很流行的基于解的参数化是根据间隔（margin）实现的，间隔指的是一种程度，在这个程度上最优解特别“显著”。关于感知算法分析的经典示例参见练习题1.7。

“输入规模”对于所有的计算问题都是良定义的，这也是由输入规模参数化的性能保证无处不在的原因之一。相比之下，定理1.1中使用的参数$\alpha_f(k)$是专门针对在线页面管理问题而设计的，换来的是性能保证的不同寻常的准确和富有意义。令人叹息的是，在参数化分析或者更一般的算法分析中并没有灵丹妙药，最耀眼的分析方法往往是针对某些具体问题的。最坏情况分析可以通过突出问题的最困难的（但通常是不切实际的）实例，为问题如何选择适当的分析框架提供参考。

1.4 本书概述

这本书一共有六个部分，其中有四个部分是关于“核心理论”的内容，其余两个部分是关于“应用”的内容。以下各节是对上述各个部分内容的概括。

1.4.1 最坏情况分析的改进

第一部分最接近传统的最坏情况分析。我们对输入不做任何假设：就像最坏情况分

㊀ 举一个大家熟悉的例子，通过顶点和边的数目对图的算法的运行时间进行参数化，能够为我们对稀疏图应该使用哪些算法和对稠密图又应该使用哪些算法提供指导。

㊁ 参数$\alpha_f(k)$只出现在我们关于LRU策略的分析中。在其他应用中，所选择的参数还能够为问题求解算法的设计提供指导。

析一样，对“数据模型”不做承诺。这一部分的创新思想涉及一些表达算法性能的方式，这些方式是新颖的、特定于问题的。在线分页问题的示例（1.3节）归属于这个范畴。

第2章由Fomin、Lokshtanov、Saurabh和Zehavi撰写，是对相对成熟的参数化算法领域的回顾。这一章的目的是理解算法的运行时间和计算问题的复杂性如何依赖于除了输入规模之外的其他参数。例如，对于哪些NP困难问题Π和参数k，Π关于k是“固定参数易处理的”（意思是问题Π在时间$f(k)\cdot n^{O(1)}$内，对于某一个独立于输入规模n的函数f是可解的）？这个领域已经提出了一些强有力的设计固定参数易处理算法的方法，以及一些排除这一类算法的存在性（在一些适当的复杂性假定下）的下界技术。

第3章由Barbay撰写，探索实例最优算法，即对于每个输入，算法的性能都优于所有其他算法（在忽略一个常数因子的意义上）。这样一种针对逐个输入的保证本质上是人们所能期待的最优性的最强概念。令人印象深刻的是存在若干接受实例最优算法的基础问题（例如在低维度计算几何中）。实例最优性的证明涉及将输入逐个与上界和下界进行匹配，这通常需要输入空间的非常细粒度的参数化。

第4章由Roughgarden撰写，关注的是*资源增广*问题。这个概念对于具有“资源”的自然概念问题而言是有意义的，这里算法的性能随着获得更多资源而得到改善。资源的例子包括缓存尺寸（更大的缓存会带来更少的缺页）、网络容量（网络容量越大，拥塞就越少）和处理器速度（处理器速度越快，作业完成时间就越短）。随后的资源增广保证指出，一个算法的性能总是接近于一个受到资源稍为缺乏的影响的全能算法所达到的性能。

1.4.2　确定性数据模型

第二部分针对若干NP困难的聚类问题和稀疏恢复问题提出了一些确定性数据模型，这些问题有效地设定了一些可能为“现实世界”输入所满足的条件。这项工作符合识别“易解性孤岛”（指NP困难问题中多项式时间可解的特殊情形）的悠久传统㊀。20世纪以来，对易处理的特殊情形的研究主要集中在句法和容易检验的约束上（例如，图的平面性或者Horn可满足性）。第二部分和应用部分的相关章节考虑了一些未必容易检验但存在合理陈述的条件，说明为什么“现实世界的实例”可能会满足（或至少近似地满足）这些条件。

第5章由K. Makarychev和Y. Makarychev撰写，研究了几个不同计算问题中的*扰动稳定性*。扰动稳定实例满足一个性质，这个性质实际上是一个极端的独一无二的条件，它指出最优解在输入中的扰动数量足够小的情况下保持不变。容忍的扰动越大，实例上的条件就越强，而计算问题就越容易求解。许多问题都有“稳定性阈值”，这是一个允许的扰动大小。在这个阈值上，问题的复杂性会突然从NP困难切换为多项式时间可解。既然我们已经能够利用扰动稳定实例轻松地识别“具有一个有意义的聚类的实例”，这一章的正面结果给了我们一个确切的感觉，就是聚类问题只有在无关紧要的情况下才是困难的。一个意外的收获是，这些正面结果中有很多是通过一些与实践中流行的方法相类似的算法（比如单链接聚类算法和局部搜索算法）得到的。

第6章由Blum撰写，提出了一个称为*近似解稳定性*（approximation stability）的替代

㊀　可适当参考求解约束满足问题的相关技术背景。——译者注

条件，指出每个具有接近最优的目标函数值的解都与最优解非常相似。这就是说，任何与最优解有结构性差异的解都具有明显更差的目标函数值。这个条件特别适用于像聚类这样的问题，其中目标函数只是获得最终解的手段，真正的目的是要恢复某些“真实的”聚类。这一章证明了对于近似解稳定的实例，许多 NP 困难问题更容易求证。

第 7 章由 Price 撰写，是关于稀疏恢复的大量文献的总览。稀疏恢复的目的是根据少量的有关线索对一个“稀疏”对象实施逆向工程。这一领域与应用数学的联系比与理论计算机科学和算法的联系更为紧密，但它与前两章有着令人信服的相似之处。例如，考虑压缩感知中的经典问题。压缩感知的目的是从少量 m 个线性测量值中恢复一个未知的稀疏信号 z（这是一个长度为 n 的向量）。如果 z 可以是任意的，则除非 $m=n$，否则问题无望解决。但是许多现实世界的信号的大部分质量集中在 k 个坐标上（k 比较小，并选择一个适当的基）。这一章综述的结果表明，对于这种“自然”信号，即使 m 只是略大于 k（而且远小于 n），问题也可以高效地求解。

1.4.3　半随机模型

第三部分讨论半随机模型（semirandom model），这是一种最坏情况和平均情况分析的混合。在这种情况下，自然（nature）与对抗（adversary）协作产生一个问题的实例。对于许多问题而言，这样的混合框架可以让算法分析尝到“甜头”：最坏情况分析有助于设计健壮的好算法，而平均情况分析可以给予强有力的可证明保证。

第 8 章由 Roughgarden 撰写，通过回顾纯粹的平均情况分析或分布分析（distributional analysis）以及这种方法的杀手级应用和一些弱点来搭建研究的基础。这个领域的研究采用问题输入上的一个特定的概率分布，并分析关于这个分布的算法的性能期望值（或其他统计数据）。分布分析的一个用途是证明一个通用算法在非病态输入上具备良好的性能（例如在随机顺序数组上的确定性快速排序算法）。分布分析的一个主要缺点是，它会助长脆弱而且过度迎合假定的输入分布的算法的设计。后续章节中的半随机模型被设计用于改善这一问题。

第 9 章由 Feige 撰写，介绍了几种植入模型（planted model）以及它们对应的半随机模型。例如，在植入团问题中，一个大小为 k 的团被植入一个均匀随机图中。作为图的顶点数目的函数，k 需要多大才能使植入的团在多项式时间内（以高概率）得到恢复？在植入模型的半随机版本中，对抗能够以受限的方式修改随机输入。例如在分团问题中，可能允许对抗删除不在团中的边。这样的（由对抗造成的）变化直观上只会使植入的团“更加明显地最优”，但仍然会挫败过于简单的算法。从这项工作中产生的一条经验法则在下一章也会再次出现，就是谱算法对于植入模型往往很有效，但是半定规划这样的“重型机械”似乎需要它们的半随机配套品。这一章还研究了布尔公式的随机和半随机模型，包括证明一个给定输入公式的不可满足性的反驳算法。

第 10 章由 Moitra 撰写，深入研究了一个特别的而且得到广泛研究的植入模型，即随机块模型（stochastic block model）。图的顶点被划分成若干分组，图的每一条潜在的边以某个概率独立出现，该概率仅依赖于包含边的端点的那些分组。算法的目标是从（未标注的）图中恢复各个分组。一个重要的特例是植入对分（bisection）问题，其中图的顶点被拆分成两个大小相等的集合 A 和 B，每一条边以概率 p（如果两个端点在同一分组中）或 $q<p$（其他情况下）独立出现。无论是在统计上（利用无限的计算能力）还是利用多项式时间算法，p 和 q 之间的差距 $p-q$ 需要多大才能使植入对分 (A,B) 可以得到恢复？当 p

和 q 足够小时，相应的目标转变为部分恢复，这意味着提出了一种比随机猜测更加准确的顶点分类。在这个模型的半随机版本中，对抗可以删除跨过对分的边，也可以在每一个组的内部添加边。对于部分恢复而言，可以证明这个半随机版本比原始模型更加难以求解。

第 11 章由 Gupta 和 Singla 撰写，描述了*随机顺序模型*（random-order model）中一些在线算法的结果。随机顺序模型是半随机模型，其中由对抗选定输入，然后由自然将这个输入中的各个单元以随机顺序提交给在线算法。这里的经典例子是秘书问题：把任意一个由数字组成的有限集合以随机顺序提交给算法，目标是设计一条停止规则，它具有在输入序列的最大数字上停止的最大可能的概率。已经证明类似的随机顺序模型对于克服一些组合最优化问题的在线版本的最坏情况的下界是有效的，这些问题包括装箱问题、设施选址问题和网络设计问题。

第 12 章由 Seshadhri 撰写，是对*自我改进算法*（self-improving algorithm）领域的综述。这里的目标是设计一个算法，在把从未知的输入分布中抽取的一个独立样本序列提交给算法时，算法能够快速收敛到关于这个输入分布的最优算法。例如，对于长度为 n 的数组上的许多分布，有一些排序算法的平均比较次数少于 $\Theta(n\log n)$。是否存在一个“主算法”，可以只根据来自一个分布的有限数量的样本再现分布最优的排序算法的性能？这一章对这个问题给出了肯定的回答，前提是假定数组元素是独立抽取的（来自可能不同的分布）。对于低维度计算几何中的若干基础问题也有类似肯定的结果。

1.4.4　平滑分析

第四部分聚焦于*平滑分析*（smoothed analysis）中研究的半随机模型。在平滑分析中，对抗选择任意的输入，然后由自然对这个输入进行轻微扰动。算法的性能通过算法在最坏情况下的期望性能来评估，其中的最坏情况是在对抗的输入选择上形成的，而在随机扰动上得到期望值。这个分析框架可以应用于任何在“小随机扰动”上有意义的问题，包括大多数带有真实取值的输入的问题。它可以应用于对算法性能的任何一种度量，不过已经证明它对于一些似乎只是在高度人为的输入下才会以超多项式时间运行的算法（如单纯形法）的运行时间分析最为有效。与其他半随机模型一样，平滑分析得益于可能避开最坏情况输入（特别是当它们在输入空间内被“孤立”的时候），同时避免把一个问题的解过度拟合到一个特定的分布假设。关于这个框架为什么能够捕捉“现实世界”的输入，还有一种貌似合理的说法：无论你想要解决的是什么问题，问题的表述中都存在着不可避免的不精确性，这些不精确性来自测量误差、不确定性等。

第 13 章由 Manthey 撰写，详细介绍了平滑分析在组合优化问题上的*局部搜索算法分析*（analysis of local search algorithm）中的应用。例如，旅行商问题的 2-opt 启发式算法是一种局部搜索算法，它从任意一次旅行开始，利用局部移动（将一对边与另一对边交换）反复改进当前解。在实际应用中，局部搜索算法（如 2-opt 启发式算法）几乎总是以少量的步骤收敛到一个局部最优解。通过精心构造可以证明，在最坏情况下，2-opt 启发式算法以及许多其他局部搜索算法需要指数级的步数才能收敛。这一章的结果利用平滑分析来缩小最坏情况分析和经验观察性能之间的差距，证实了许多局部搜索算法（包括 2-opt 启发式）具有多项式平滑复杂度。

第 14 章由 Dadush 和 Huiberts 撰写，综述平滑分析的第一个也是最著名的杀手级应用，即线性规划*单纯形法运行时间*（running time of the simplex method）的 Spielman-Teng 分析。单纯形法的运行时间在最坏情况下是指数级的，但在实践中几乎总是多项式的。这一章从直觉出发概略证明了这样一个事实，即由影子顶点主元规则实现的单纯形法在约束矩阵元素受到小的高斯扰动的情况下具有多项式平滑复杂度。这一章还说明了如何将最小成本最大流问题的连续最短路径算法解释为这个版本的单纯形法的一个实例。

第 15 章由 Röglin 撰写，给出了平滑分析的第三种应用，即多目标优化问题的帕累托曲线（Pareto curves for multiobjective optimization problem）的大小。例如，考虑背包问题，其中的输入由 n 个具有值和尺寸的物品组成。如果物品的一个子集与另一个子集相比具有更大的总值和更小的总尺寸，则该子集支配另一个子集。帕累托曲线定义为由那些未被支配的解构成的集合。帕累托曲线对算法设计很重要，因为很多求解多目标优化问题的算法（如 Nemhauser-Ullmann 背包算法）是以帕累托曲线大小的多项式时间运行的。对于许多问题，帕累托曲线在最坏情况下具有指数大小，但在平滑分析模型中具有期望的多项式大小。这一章还展示了关于线性二元最优化问题的多项式平滑复杂度和最坏情况下的伪多项式复杂度之间令人满意的紧密联系。

1.4.5　机器学习和统计学中的应用

第五部分给出了一些示例，说明第一部分到第四部分中的范例如何应用于机器学习和统计学（machine learning and statistics）中的问题。

在第 16 章，Balcan 和 Haghtalab 讨论了监督学习中最基本的问题之一，即学习一个未知半空间（learning an unknown halfspace）。这个问题在无噪声的情况下相对容易求解，但在存在对抗噪声的最坏情况下变得非常困难。这一章综述了在数据生成分布上的额外假设下该问题的一些正面的统计和计算结果。这些假设中的一类假设把结构（例如对数凹度）强加在数据点的边缘分布上（即忽略它们的标签），另外一类假设则限制了引入噪声的对抗的力度，例如对抗只能以远低于 1/2 的概率误标记一个点。

第 17 章由 Diakonikolas 和 Kane 撰写，回顾了健壮高维统计学（robust high-dimensional statistics）的最新进展，其目标是设计这样的学习算法，即使数据点中的一个小常数比例部分被对抗破坏，算法也具有可证明的保证。例如，考虑估计一个未知的一维高斯分布 $\mathcal{N}(\mu,\sigma^2)$ 的均值 μ 的问题，其中的输入包括 $(1-\epsilon)n$ 个来自分布的样本以及 ϵn 个由对抗定义的额外的点。在不存在任何对抗的情况下，数据点的经验均值是真实均值的一个良好的估计，但是对抗的异常点可以任意扭曲经验均值。然而，即使存在一小部分损坏的数据点，输入点的中值仍然是真实均值的一个良好估计。但是如果维度高于一维呢？另外，这一章描述了一种健壮而且高效可计算的估计算法，可用于学习高维高斯分布的均值。

在第 18 章，Dasgupta 和 Kpotufe 研究了最近邻搜索和分类（nearest neighbor search and classification）两个主题。前者是算法的，其目标是设计一种支持快速最近邻查询的数据结构；后者是统计的，其目标是在最近邻分类算法获得可证明的精度保证之前了解所需要的数据量。在这两种情况下，新颖的参数化是缩小最坏情况分析和经验观察性能之间差距的关键——对于搜索而言是数据集的参数化，对于分类而言则是所允许的目标函数。

第 19 章由 Vijayaraghavan 撰写，讨论计算低秩张量分解（low-rank tensor decomposition）的问题。例如，给定一个 $m\times n\times p$ 的 3-张量，其元素表示为 $\{\boldsymbol{T}_{i,j,k}\}$，目的是把 $\boldsymbol{T}$ 表示为最小可能数量的若干秩 1 张量的线性组合（对于向量 $\boldsymbol{u}\in\mathbb{R}^m$，$\boldsymbol{v}\in\mathbb{R}^n$，$\boldsymbol{w}\in\mathbb{R}^p$，一个秩 1 张量的元素的形式是 $\{\boldsymbol{u}_i\cdot\boldsymbol{u}_j\cdot\boldsymbol{w}_k\}$）。求解这一问题的高效算法是学习算法的设计中日益重要的工具，可参考第 20 章和第 21 章。这个问题通常是 NP 困难的。Jennrich 算法

在多项式时间内解决了这个问题的一个特例，其中低秩分解中的三个向量集合（即各个 $\boldsymbol{u}$、各个 $\boldsymbol{v}$ 和各个 $\boldsymbol{w}$）线性独立。这个结果没有解决过完备的状况，即张量的秩大于维数（与矩阵不同的是，张量的秩可以远大于其最小维数）的情况。对于这种状况，这一章证明了 Jennrich 算法的一种推广具有多项式平滑复杂度。

第 20 章由 Ge 和 Moitra 撰写，涉及无监督学习中的一个基本问题——*主题建模*（topic modeling）。这里的目标是处理一个大型的未标记的文档语料库，生成一个有意义的主题列表，并将每一个文档分配给一个混合主题。解决该问题的一种方法是将其简化为非负矩阵分解（NMF）—— 一种类似于矩阵奇异值分解的方法，附加的约束条件是两个矩阵的因子都是非负的。NMF 问题一般是难解的，但是这一章提出了一个在主题建模环境下合理的输入条件。在这个条件下，上述问题无论在理论上还是在实践中都能快速求解。这里的主要假定是每一个主题至少有一个“锚点词”（anchor word），锚点词的存在强烈表明了这个文档至少部分是关于这个主题的。

在第 21 章，Ma 研究了 1.2.3 节中概述的计算上的谜团：为什么像随机梯度下降这样的*局部方法*（local method）在求解监督学习中出现的*非凸最优化*（nonconvex optimization）问题时如此有效，比如计算给定神经网络体系结构的损失最小化参数？这一章综述了在这一主题上迅速发展的新技术，包括对问题的一些不同限制，在这些限制下，局部方法具有可证明的保证。例如，一些自然问题有一个满足“严格鞍点条件”的非凸目标函数，这个条件断言在每个鞍点（即一个梯度为零，既非最小值也非最大值的点）上都有一个严格负曲率方向。在这个条件下，可以证明梯度下降的变量收敛到一个局部最小值（而且对于某些问题可以收敛到全局最小值）。

在第 22 章，Hardt 解决了 1.2.3 节中讨论的统计上的谜团：*为什么过参数化模型*（overparameterized model）在实践中往往能得到良好的推广（比如深度神经网络这样的过参数模型，它们比训练数据点拥有更多的参数）？在还没有定论的情况下，这一章综述了针对这一现象的若干种主要解释，覆盖了从最优化算法的特性（如随机梯度下降算法的算法稳定性和隐式正则化）到数据集的特性（如基于边缘分布的保证）的范围。

在第 23 章，G. Valiant 和 P. Valiant 给出了*分布检验与学习*（distribution testing and learning）的两个*实例最优性*（instance optimality）结果。这一章首先考虑从独立样本中学习一个由离散化支持的分布的问题，并描述了一种算法，该算法的学习分布的精度接近预先知道分布（未标记）概率的真实多重集的最优化算法。无论分布的结构如何，这个学习算法的性能几乎与专门为分布结构定制的算法一样好。从这个意义上说，这个算法是实例最优的。这一章接着探讨了一致性测试问题：给定由可数集支持的参照概率分布 p，以及对未知分布 q 的样本访问，测试的目标是分辨两种情况：$p=q$，还是 p 和 q 的总变差距离至少是 ϵ。这一章提出了一种测试算法，它对于每个分布 p 和 ϵ 同时具有最优样本复杂度（在忽略常数因子的意义上）。

1.4.6　进一步的应用

第六部分收集了第一部分到第三部分所介绍的思想和技术的一些进一步的应用。

第 24 章由 Karlin 和 Koutsoupias 撰写，综述了*在线算法的竞争分析*（competitive analysis of online algorithm）中最坏情况分析的替代方法。在线算法中存在着探索替代分析框架的悠久传统，因此这一章与本书的第一部分到第三部分的许多主题相关联。㊀例如，这一章包括关于数据的确定性模型（例如用于限制所允许的页面请求序列的访问图模型）和半随机模型（例如融合了最坏情况和平均情况分析的扩散对抗模型）的一些结果。

第25章由Ganesh和Vardi撰写，探索了布尔可满足性（SAT）求解算法（Boolean satisfiability solver）的经验性能的奥秘。像Davis-Putnam-Logemann-Loveland（DPLL）算法等基于回溯的求解算法常常能在合理的时间内解出具有数百万个变量和子句的SAT实例。这一章介绍冲突驱动子句学习（CDCL）求解算法以及它们与证明系统之间的关系，然后在概要层次上概述了SAT公式的最新参数化，包括基于输入的参数（例如从一个实例的可变关联图导出的参数）和基于输出的参数（例如与CDCL求解算法关联的证明系统中的证明复杂性）。

在第26章，Chung、Mitzenmacher和Vadhan利用来自伪随机性的思想解释为什么在实践中简单的哈希函数如此有效。在实际应用中，精心设计的哈希函数被用作随机函数的替代品——这些哈希函数足够简单，因而可以高效实现，又足够复杂，以至于“看起来是随机的”。在哈希函数及其应用的理论分析中，人们通常假定哈希函数是从一个受限的函数族中随机选择的，这种函数族可以是由一些通用的或者k-wise独立（k比较小）的函数构成的集合。对于某些统计信息（比如一个随机哈希函数的期望冲突数量），可以证明小的哈希函数族的性能与完全随机函数一样好。对于其他统计信息（例如采用线性探测的哈希表的期望插入时间），可以证明简单哈希函数比随机函数更差一些（对于最坏情况下的数据）。这一章的主题是数据中的少量随机性以数据生成分布的熵的下界的形式对一个通用哈希函数族中缺失的随机性有所补偿。

在第27章，Talgam-Cohen给出了超越最坏情况的观点在算法博弈论中的一个应用，即先验独立拍卖（prior-independent auction）。例如，考虑单一物品拍卖的设计问题，这种拍卖从竞拍者那里征求出价，然后决定哪个竞拍者（如果有的话）赢得物品以及每个人需要支付的费用。经济学中设计收益最大化拍卖的传统方法是考虑平均情况，这意味着设定中包括一种建立在每一个竞拍者对物品的支付意愿上的分布，这种分布应该是广为人知的。然后，拍卖设计者可以实施最大化期望收益的拍卖，这个期望收益与假定的分布相关（例如，设定一个依赖于分布的保留价格）。与许多平均情况框架一样，这种方法可能会导致一些过度迎合假定分布的不切实际的解。这个模型的一种半随机变异允许对抗从一个富类中挑选对其有利的分布，由自然从该富类中为每一个竞拍者选择一个随机样本。这一章介绍了一些带有以及不带有一种类型的资源增量的先验独立拍卖，它们在同一个类的所有分布中同时达到接近最优的期望收益。

在第28章，Roughgarden和Seshadhri将一种超越最坏情况的方法用于社交网络分析（analysis of social network）。社交网络分析的大多数研究都是围绕着一系列相互竞争的生成模型展开的，这些模型是在一些设计用于重现社交网络中观察到的最常见特点的图上的概率分布。这一章的结果不再使用生成模型，代之以在一个图的确定性组合限制下（也就是对于受限的图类）提供算法上或结构上的保证。这些限制源于社交和信息网络中最无争议的特性，比如重尾的度分布和强三元闭包性质。关于这些图类的结果可以有效地应用于所有“合理的”社交网络生成模型。

在第29章，Balcan给出关于新兴的数据驱动算法设计（data-driven algorithm design）

㊀ 其实这本书的书名是一篇关于在线算法竞争分析的论文的副标题（Koutsoupias and Papadimitriou，2000）。

领域的报告。这里的思路是在上述关于自我改进算法的研究基础上，把为一个给定的应用领域选择最佳同类算法的问题建模为一个离线或在线的学习问题。例如，在这个问题的离线版本中，存在一个输入上的未知分布 D 以及一个包含所允许算法的类 C，目标是通过样本确定在 C 中关于 D 具有最佳期望性能的算法。分布 D 捕获应用领域的细节，样本则对应于该应用领域具有代表性的基准实例，而对类 C 的限制是对以下现实的让步：成为已经实现的算法的训练有素的客户，通常比从零开始设计新算法更加切合实际。对于许多计算问题和算法类 C 而言，有可能从数量适中的代表性实例中学习一个（几乎是）同类最佳算法。

第 30 章由 Mitzenmacher 和 Vassilvitskii 撰写，介绍*带预测的算法*（algorithms with prediction）。例如，在线分页问题中的 LRU 策略根据最近过去的情况对未来的分页请求进行预测。如果预测是完美的，那么算法将是最优的。如果有一个好的但不完美的预测算法可供使用，比如由一个机器学习算法利用过去的数据进行预测，情况会怎么样？给定一个作为“黑匣子”的预测器，理想的解是一个通用的在线算法：当预测器完美时算法得到最优解；随着预测器误差的增加，算法性能将明显下降；对于异常糟糕的预测器，默认为最优的最坏情况保证。这一章针对若干不同问题研究利用预测器增强的数据结构和算法在多大程度上达到上述特性。

1.5　本章注解

本章基于 Roughgarden（2019）的部分内容撰写。

单纯形法在 Dantzig（1963）等文献中描述，Khachiyan（1979）证明了椭球法能够在多项式时间内求解线性规划问题，第一个多项式时间内点法由 Karmarkar（1984）提出。Lloyd 的 k-means 算法在 Lloyd（1962）中描述。Daniely 等人（2012）将*聚类问题只有在无关紧要的情况下才是困难的*这句话归功于 Naftali Tishby。在线算法的竞争分析由 Sleator 和 Tarjan（1985）率先提出。Bélády 算法由 Bélády（1967）描述。1.3.1 节中的工作集模型由 Denning（1968）提出。定理 1.1 归功于 Albers 等人（2005），这也是练习题 1.5 的内容。练习题 1.6 是一个流传甚广的问题。练习题 1.7 的结果归功于 Block（1962）和 Novikoff（1962）。

致谢

感谢 Jérémy Barbay、Daniel Kane 和 Salil Vadhan 对本章初稿的有益的意见。

参考文献

Albers, S., Favrholdt, L. M., and Giel, O. 2005. On paging with locality of reference. *Journal of Computer and System Sciences*, **70**(2), 145–175.

Bélády, L. A. 1967. A study of replacement algorithms for a virtual storage computer. *IBM Systems Journal*, **5**(2), 78–101.

Block, H. D. 1962. The perceptron: A model for brain functioning. *Reviews of Modern Physics*, **34**, 123–135.

Daniely, A., Linial, N., and Saks, M. 2012. Clustering is difficult only when it does not matter. arXiv:1205.4891.

Dantzig, G. B. 1963. *Linear Programming and Extensions*. Princeton University Press.

Denning, P. J. 1968. The working set model for program behavior. *Commuications of the ACM*, **11**(5), 323–333.

Karmarkar, N. 1984. A new polynomial-time algorithm for linear programming. *Combinatorica*, **4**, 373–395.

Khachiyan, L. G. 1979. A polynomial algorithm in linear programming. *Soviet Mathematics Doklady*, **20**(1), 191–194.

Klee, V., and Minty, G. J. 1972. How good is the simplex algorithm? In Shisha, O. (ed.), *Inequalities III*, pp. 159–175. New York: Academic Press.

Koutsoupias, E., and Papadimitriou, C. H. 2000. Beyond competitive analysis. *SIAM Journal on Computing*, **30**(1), 300–317.

Lloyd, S. P. 1962. Least squares quantization in PCM. *IEEE Transactions on Information Theory*, **28**(2), 129–136.

Novikoff, A. 1962. On convergence proofs for perceptrons. *Proceedings of the Symposium on Mathematical Theory of Automata*, vol. 12, pp. 615–622.

Roughgarden, T. 2019. Beyond worst-case analysis. *Communications of the ACM*, **62**(3), 88–96.

Sleator, D. D., and Tarjan, R. E. 1985. Amortized efficiency of list update and paging rules. *Communications of the ACM*, **28**(2), 202–208.

练习题

1.1 证明：对于每种确定性缓存替换策略和大小为 k 的缓存，存在一个对抗的页面请求序列，使得该策略在每次请求上都会出现缺页，因此一个最优的能够预知未来的策略会在最多占比 $1/k$ 的请求上出现缺页。（提示：只使用 $k+1$ 个不同的页面，并且最优策略总是移除将来最晚请求的页面。）

1.2 设 f: $\mathbb{N}\to\mathbb{N}$ 是 1.3 节所述类型的函数，$f(n)$ 表示在任何一个长度为 n 的窗口中允许的不同页面请求的最大数量。

(a) 证明存在一个非递减函数 f'：$\mathbb{N}\to\mathbb{N}$，$f'(1)=1$，而且对所有的 n 都有 $f'(n+1)\in\{f'(n),f'(n+1)\}$，使得一个页面请求序列遵从 f' 当且仅当这个序列也遵从 f。

(b) 证明定理 1.1 的 (a) 和 (b) 在 $f'(2)=1$ 的平凡情况下成立。

1.3 证明在定理 1.1 (a) 的证明中构造的页面请求序列遵从给定的近似凹函数 f。

1.4 证明定理 1.1 (c)。（提示：f 和 k 可以有很多不同的选择。例如，取 $k=4$，一个包含 5 个页面的集合 $\{0,1,2,3,4\}$，如图 1.5 所示的函数 f，以及一个页面请求序列，其中包含数量任意多的相同的 8 个页面请求 10203040 的块。）

$f(n)$	1	2	3	3	4	4	5	5
n	1	2	3	4	5	6	7	…

图 1.5 用于构造一个关于 FIFO 的坏的页面请求序列的函数（练习题 1.4）

1.5 证明以下关于 FIFO 置换策略的类似定理 1.1 (b) 的结果：对于每个 $k\geqslant 2$ 和近似凹函数 f，其中 $f(1)=1$，$f(2)=2$，而且对于所有 $n\geqslant 2$，有 $f(n+1)\in\{f(n),f(n+1)\}$。那么，在每个遵从 f 的请求序列上的 FIFO 策略的缺页率至多是

$$\frac{k}{f^{-1}(k+1)-1} \tag{1.2}$$

（提示：对定理 1.1 (b) 的证明稍做修改。式 (1.2) 中的表达式启发我们对"阶段"进行定义，使得：FIFO 策略在每阶段至多产生 k 次缺页；一个阶段再加多一个请求包含至少 $k+1$ 个不同页面的请求。）

1.6 背包问题的一个实例由 n 个具有非负值 $v_1,\cdots,v_n$ 和尺寸 $s_1,\cdots,s_n$ 的物品以及背包容量 C 组成，目标是计算一个物品的子集 $S\subseteq\{1,2,\cdots,n\}$，$S$ 中的物品可以装入背包 ($\sum_{i\in S}s_i\leqslant C$) 且具有最大的总值 $\sum_{i\in S}v_i$。

对于这个问题，简单的贪心算法按照密度 v_i/s_i 的非递增顺序为这些物品重新建立索

引，然后返回可以装入背包的物品的最大前缀 $\{1,2,\cdots,j\}$ $(\sum_{i=1}^{j} s_i \leqslant C)$。通过物品的最大尺寸和背包容量的比率 α 对背包实例进行参数化，并且证明关于这个贪心算法的一个参数化保证：它的解的总值至少是一个最优解的总值的 $1-\alpha$ 倍。

1.7 感知器算法（perceptron algorithm）是最经典的机器学习算法之一（见图 1.6）。算法的输入是 $\mathbb{R}^d$ 中的 n 个点，每一个点 $\boldsymbol{x}_i$ 带有一个标签 $b_i \in \{+1,-1\}$。目标是计算一个分离超平面：超平面的一侧是所有的正标记点，另一侧是所有的负标记点。假定存在一个分离超平面，并且进一步假定有某一个这样的超平面经过原点。㊀然后我们随意缩放每一个数据点 $\boldsymbol{x}_i$ 使得 $\|\boldsymbol{x}_i\|_2=1$，$\boldsymbol{x}_i$ 处于超平面的哪一侧不会因此而改变。

输入：n 个单位向量 $\boldsymbol{x}_1,\cdots,\boldsymbol{x}_n \in \mathbb{R}^d$，分别标记为 $b_1,\cdots,b_n \in \{-1,+1\}$。

1. 初始化 t 为 1，$\boldsymbol{w}_1$ 为全 0 向量。
2. 如果存在一个点 $\boldsymbol{x}_i$ 使得 $\operatorname{sgn}(\boldsymbol{w}_t \cdot \boldsymbol{x}_i) \neq b_i$，设置 $\boldsymbol{w}_{t+1}=\boldsymbol{w}_t+b_i\boldsymbol{x}_i$，并且增加 t。㊁

图 1.6 感知器算法

按照下面定义的间隔值 μ 对输入进行参数化，

$$\mu = \max_{\boldsymbol{w}:\|\boldsymbol{w}\|=1} \min_{i=1}^{n} |\boldsymbol{w} \cdot \boldsymbol{x}_i|$$

其中，$\boldsymbol{w}$ 的取值范围是所有分离超平面的单位法向量。设 $\boldsymbol{w}^*$ 是达到的最大值。在几何上，参数 μ 是由点 $\boldsymbol{x}_i$ 和法向量 $\boldsymbol{w}$ 定义的夹角的最小余弦。

(a) 证明 $\boldsymbol{w}_t$ 的平方范数随迭代次数 t 缓慢增长：对每个 $t \geqslant 1$，$\|\boldsymbol{w}_{t+1}\|^2 \leqslant \|\boldsymbol{w}_t\|^2+1$。

(b) 证明 $\boldsymbol{w}_t$ 在 $\boldsymbol{w}^*$ 上的投射随着每次迭代显著增长：对每个 $t \geqslant 1$，$\boldsymbol{w}_{t+1} \cdot \boldsymbol{w}^* \geqslant \boldsymbol{w}_t \cdot \boldsymbol{w}^* + \mu$。

(c) 证明迭代计数 t 不会超过 $1/\mu^2$。

㊀ 第二个假定是不失一般性的，因为它可以通过给数据点增加一个额外的“虚拟坐标”而强制得到。

㊁ 直觉上这个更新步骤通过 $b_i(\boldsymbol{x}_i,\boldsymbol{x}_i)=b_i$ 增大 $\boldsymbol{w} \cdot \boldsymbol{x}_i$，从而迫使下一个向量在 $\boldsymbol{x}_i$ 上“更加准确”。

第一部分

Beyond the Worst-Case Analysis of Algorithms

最坏情况分析的改进

第 2 章

Beyond the Worst-Case Analysis of Algorithms

参数化算法

Fedor V. Fomin, Daniel Lokshtanov,
Saket Saurabh, Meirav Zehavi

摘要：与经典的复杂性理论相比，参数化算法对运行时间进行更加详细的分析：考虑算法的运行时间对输入实例的一个或者多个参数的依赖性，而不是仅仅表示为输入规模的函数。本章我们简要叙述一些来自这个快速发展领域的技术和工具。

2.1 引言

自从理论计算机科学诞生以来，最坏情况下的运行时间分析一直是这个领域的几乎所有进展的核心。然而，这种度量算法效率的方法有其自身的缺陷。几乎从来没有过这样的情况，即输入规模是影响算法的运行时间的输入实例的唯一特性。此外，很少有这样的情况，即我们实际上想要求解的输入实例看起来像是算法性能最差的实例。因此，来自最坏情况分析的运行时间估计可能过于悲观，而且最优化了最坏情况行为的算法，在实际应用中出现的实例上的性能往往欠佳。现实世界的实例并不是最坏情况下的实例，它们呈现的额外结构通常可以由算法加以利用。几乎所有算法应用的领域都充满了参数，例如大小、拓扑结构、形状、公式的深度等。参数化复杂性（parameterized complexity）系统地寻求理解这些参数对问题的整体复杂性所起的作用。也就是说，参数化复杂性的目标是要找到能够比暴力求解更加高效地求解 NP 困难问题的方法：我们的目标是将组合爆炸限制在一个参数上，并且希望这个参数比输入规模要小得多。

2.1.1 热身：顶点覆盖问题

毫无疑问，顶点覆盖（vertex cover）问题是参数化复杂性中最为常见的问题，这也是为什么很多人把它称为参数化算法中的果蝇（Drosophila melanogaster）。这是因为在所有参数化问题中，顶点覆盖问题是“最简单”的。所谓最简单，我们指的是以下经验事实：当我们正在为某一个参数化问题设计一种新的算法技术时，检验这种技术怎样才能应用于顶点覆盖问题总会有所裨益。

回忆一下：图 G 的顶点覆盖 S 是一个“盖住” G 的每条边的顶点的集合。换言之，如果从 G 中去掉 S 的所有顶点，[一]结果得到的图 $G-S$ 中将没有任何边。在顶点覆盖问题中，给出图 G 和整数 k，问题是判定 G 是否包含一个大小为 k 的顶点覆盖。[二]而且，如果 (G,k) 是一个肯定的实例，那么大多数已知的算法实际上都可以构造出相应的顶点覆盖。

顶点覆盖问题是一个 NP 完全问题，因此它不太可能接受多项式时间算法。相反，判定一个图是否存在大小最多是 2 的顶点覆盖可以在 $O(n^2 \cdot m)$ 时间内完成，完成时间是输

㊀ 连同其关联边。——译者注

㊁ 与这个问题稍微不同的另一个问题是寻求最小的 k，其目标是找到一个最小顶点覆盖。——译者注

入规模大小的多项式。[一]我们只需要尝试所有的顶点对，对每一对顶点检查图中是否存在一条边没有被这一对顶点所覆盖。利用以下观察，这个运行时间很容易改进为 $O(n^2 \cdot n)$：一对顶点 u，v 是一个顶点覆盖当且仅当对于每个顶点 $w \notin \{u,v\}$，w 的邻接清单中不包含除了 u 和 v 以外的顶点。因此，如果我们有一个顶点 w，其邻接清单的长度超过 2，我们就可以知道 $\{u,v\}$ 不是一个顶点覆盖。另外，遍历所有邻接清单需要耗费 $O(n^2 \cdot n)$ 的时间。这显然是一个多项式时间算法。

一般情况下，列举图中所有大小不超过 k 的顶点子集，并检查它们各自是否形成顶点覆盖的问题的算法时间是 $O(n^k \cdot k \cdot n)$。对于常数 k 而言这是多项式时间的。我们还知道当 k 不受限制时，除非 $\mathrm{P} \neq \mathrm{NP}$，否则顶点覆盖问题不能在多项式时间内求解。问题似乎到此为止了。

有点令人惊讶的是，事情并没有结束。我们可以证明，对于每个固定的 k，可以在线性时间内求解顶点覆盖问题。此外，即使 $k=O(\log n)$，顶点覆盖问题也可以在多项式时间内求解。我们通过引入一个有界深度搜索树（递归）算法来求解这个问题。

求解顶点覆盖问题的最简单的参数化算法之一是递归算法，通常被称为*有界搜索树*（bounded search tree）或者*分支算法*（branching algorithm）。这个算法基于以下的观察：对于一个顶点 v，任何一个顶点覆盖必定要么包含 v，要么包含 v 的所有邻居 $N(v)$[二]。算法现在递归地进行，在传递给一次递归调用之前需要修改 G 和 k。如果在一个递归分支图中，G 有至少一条边而且参数 $k \leqslant 0$，那么这个实例没有大小为 k 的顶点覆盖，我们在这个分支中停止。否则，在 G 中找到一个最大度顶点 $v \in V(G)$。如果 v 的度为 0，那么 G 中没有边，我们找到了一个解。否则，按照要么 v 在顶点覆盖中，要么 $N(v)$ 在顶点覆盖中这两种情况递归地跳转分支。在对应于 v 在顶点覆盖中的分支中，我们删除 v 并将参数 k 减 1。在第二个分支中，我们给顶点覆盖增加 $N(v)$，从图中删除 $N(v) \cup \{v\}$，并将 k 减去 $|N(v)|$。因为 $|N(v)| \geqslant 1$，所以在每一个分支中 k 的值至少减 1。

为了分析算法的运行时间，可以将这个递归算法看作一棵搜索树 $\mathcal{T}$。树的根对应于初始实例 (G,k)，对于树的每个结点，其子结点对应于递归调用中的实例。算法的运行时间为（搜索树中的结点数）×（每一个结点所花费的时间）。这个算法容易实现，在每一个结点上耗费的时间的界由 $O(k \cdot n)$ 确定，其中 n 是 G 的顶点数。因此，如果 $\tau(k)$ 是搜索树的结点数，那么算法的总时间最多是 $O(\tau(k) \cdot k \cdot n)$。观察到在每一次递归调用中我们把参数 k 的值至少减 1，因此树的高度不会超过 k，因此 $\tau(k) \leqslant 2^{k+1}-1$。上述讨论给出了以下定理。

定理 2.1　*顶点覆盖问题可以在 $O(2^k \cdot k \cdot n)$ 时间内求解。*

对于每个常数 k，我们有 $O(2^k \cdot k \cdot n) = O(n)$，因此对于每个固定的 k，定理 2.1 的运行时间是线性的。同样对于 $k=c\log n$，我们有 $O(2^k \cdot k \cdot n) = O(2^{c\log n} \cdot \log n \cdot n) = O(n^{c+1} \cdot \log n)$，这是 n 的多项式。

需要注意的是，$O(2^k \cdot k \cdot n)$ 并不是顶点覆盖问题的最佳运行时间界，算法很容易得到改进。例如，下面的观察会有所帮助。如果一个图的所有顶点的度都不超过 2，那么这个图就是回路和路径的不相交并集。在这种情况下，很容易在多项式时间内找到最小顶点覆盖（思考一下这是如何做到的）。但是，如果图上有一个顶点的度至少为 3，那么在这

[一] 在接下来的讨论中，我们总是分别使用 n 和 m 来表示图的顶点数和边数。
[二] 问题中的顶点覆盖指的是最小覆盖。——译者注

个顶点上进行分支可以给我们提供一个更好的递归结构，而且可以证明在这种情况下分支树的顶点数目是 $O(1.4656^k)$。我们把这个断言的形式证明留作练习（练习题 2.1）。现有已知的最佳算法基于核心化的思想（参见 2.4 节）和精巧的分支技术的结合，可以在 $O(1.2738^k+kn)$ 时间内求解这个问题（Chen et al.，2010）。

> 对于一个独立于 n 和 k 的常数 c，称运行时间为 $f(k)\cdot n^c$ 的算法为**固定参数易解的算法**（Fixed-Parameter Tractable Algorithm，FPT 算法）。参数化算法的目标是设计 FPT 算法，尝试使运行时间界中的 $f(k)$ 因子和常数 c 尽可能小。可以将 FPT 算法与效率较低的（**针对分段多项式的**）XP 算法进行对比。对于函数 f 和 g，XP 算法的运行时间为 $f(k)\cdot n^{g(k)}$。运行时间是 $f(k)\cdot n^{g(k)}$ 还是 $f(k)\cdot n^c$ 有着巨大的差异。

受到顶点覆盖问题取得的成功的启发，人们自然会问，在每种参数选择下，对于每个 NP 困难问题是否有可能对暴力求解方法做出类似的改进。当然，答案是否定的。以顶点着色问题为例。给定图 G 和整数 k 作为输入，我们需要判定 G 是否有正常 k 着色，即存在一种着色方案，使得没有任何两个相邻的顶点获得相同的颜色。我们知道当 $k=3$ 时，顶点着色问题已经是 NP 完全的。所以对于固定的 k，我们对多项式时间算法并不抱希望。我们还观察到对于任意函数 f 和 g，即便是一个运行时间为 $f(k)\cdot n^{g(k)}$ 的 XP 算法也将意味着 $P=NP$。

顶点着色问题的示例说明参数化算法可能不是万能的：存在一些看来不接受 FPT 算法的参数化问题。不过，在这个具体的例子中，我们可以非常准确地解释为什么即使是在颜色的数量很少的情况下，也没有办法设计出高效的算法。从算法设计者的角度来看，这样的见解非常有用：他们现在可以停止浪费时间去设计只是基于颜色数量较少这一事实的高效算法，并且开始寻找求解问题实例的其他方法。如果我们试图为一个问题设计多项式时间算法而且遭到失败，这很可能是因为这个问题是 NP 困难的。NP 困难性理论是否也是给出固定参数的易解性的否定证据的合适工具呢？特别是如果我们试图设计一个 $f(k)\cdot n^c$ 时间算法且遭到失败，那么是不是因为这个问题对于某一个固定的常数 k（比如 $k=100$）而言是 NP 困难的？现在我们看看另一个示例——分团问题。

在分团问题中，给定图 G 和整数 k 作为输入，任务是判定 G 是否包含一个在 k 个顶点上的团，即一个 k 个顶点的集合，其中每一对顶点之间有一条边[㊀]。与顶点覆盖问题类似，有一个简单的 $n^{O(k)}$ 时间的暴力求解算法来检查是否存在一个 k 个顶点的团。我们能否设计一个 FPT 算法来解决这个问题？经过一番思考，我们可以发现，分团问题的 NP 困难性不能阻止求解它的 FPT 算法。

由于 NP 困难性不足以区分 $f(k)\cdot n^{g(k)}$ 时间算法的问题和 $f(k)\cdot n^c$ 时间算法的问题，我们不得不借助于更为强大的复杂性理论假定。$W[1]$ 困难性使我们能够（在一定的复杂性假定下）证明：即使一个问题对于每个固定的 k 是多项式时间可解的，参数 k 也必定出现在运行时间表达式中 n 的指数部分，也就是说这个问题不是 FPT。这个理论在识别哪些参数化问题是 FPT 和哪些不太可能是 FPT 方面是相当成功的。除了这个关于 FPT 和 $W[1]$ 困难的定性分类之外，更多最近的进展也给我们提供了关于求解一个参数化问题所需时间的（经常是令人惊讶的严格的）定量认识。在对 CNF-SAT 问题的困难性进行合理假定的

㊀ 也即 G 的一个 k 阶完全子图。——译者注

情况下，可以证明不存在任何 $f(k)\cdot n^c$ 时间算法，甚至不存在任何 $f(k)\cdot n^{O(k)}$ 时间算法来寻找一个 k 个顶点的团。因此，在忽略指数上的常数因子的情况下，原始的 $O(n^k)$ 时间算法竟然是最优的。

任何算法理论，如果没有一个伴随的复杂性理论来确立某些问题的难解性，都是不完整的。存在这样一种复杂性理论，它给出了求解参数化问题所需的运行时间的下界。

所以，人们普遍相信没有算法能够以 $f(k)\cdot n^{O(k)}$ 的运行时间求解分团问题。但是，如果我们在一个最大度为 Δ 的图中以 Δ 为参数寻找 k-团会有什么样的结果？注意到 k-团的存在意味着 $\Delta\geqslant k-1$，因此 Δ 是一个比 k 更弱的参数，这样问题就有希望成为 FPT 中的一员。事实表明当 Δ 比较小的时候，这是容易而且可以高效实现的：如果我们猜测顶点 v 在团中，那么这个团中的其余顶点一定在 v 的 Δ 个邻居中，这样我们就可以尝试 v 的邻居的全部 2^{Δ} 个子集，并返回找到的最大的团。这个算法的总运行时间为 $O(2^{\Delta}\cdot\Delta^2\cdot n)$。即使 n 相当大，当 $\Delta=20$ 时这个时间也是可行的。同样，可以在 CNF-SAT 的困难性上利用复杂性理论假定来证明这个算法在忽略指数上的乘性常数的情况下是渐近最优的。

上述算法表明，当参数是输入图的最大度 Δ 时，分团问题是 FPT。同时，当参数是解的大小 k 时，分团问题可能不是 FPT。因此，把问题分类成“易解”还是“难解”的关键取决于参数的选择。这是很有道理的：我们对输入实例了解得越多，就越能在算法上加以利用。对于同样的问题，可能存在多参数选择。为一个特定的问题选择正确的参数是一门艺术。我们在表 2.1 中总结了上述问题的复杂性。

表 2.1　对上述讨论的问题的总结

问题/参数	好消息	坏消息
顶点覆盖/k	$O(2^k\cdot k\cdot n)$ 时间算法	NP 困难（可能不在 P 中）
分团/Δ	$O(2^{\Delta}\cdot\Delta^2\cdot n)$ 时间算法	NP 困难（可能不在 P 中）
分团/k	$n^{O(k)}$ 时间算法	$W[1]$ 困难（可能不是 FPT）
顶点着色/k		$k=3$ 时 NP 困难（可能不是 XP）

最后我们给出 FPT 的形式定义。

定义 2.2　参数化问题 $L\subseteq\Sigma^*\times\mathbb{N}$（关于字母表 Σ）是固定参数易解的，如果存在一个算法 $\mathcal{A}$（称为固定参数算法）、一个可计算的函数 f: $\mathbb{N}\to\mathbb{N}$ 以及一个常数 c，它们具有以下性质：给定任意一个 $(x,k)\in\Sigma^*\times\mathbb{N}$，算法 $\mathcal{A}$ 在 $f(k)\cdot|x|^c$ 时间内正确判定是否 $(x,k)\in L$，其中 $|x|$ 表示输入 x 的长度。包含所有的固定参数易解问题的复杂性类别称为 FPT。　◁

2.2　随机化

随机性是算法设计中的一种强大资源，它常常会引导一些简洁的算法（包括参数化算法）。例如，考虑经典的最长路径问题。一条路径是图中不同顶点的一个序列 $v_1,v_2,\cdots,v_\ell$，使得对于每个 i，图中从 v_i 到 v_{i+1} 存在一条边。路径上的顶点数目 ℓ 是路径的长度㊀。最长路径问题的输入是（有向或者无向）图 G 以及整数 k，目标是确定 G 是否包含一条长度为 k 的路径。为简单起见，我们将注意力局限在无向图，虽然这里大部分的讨论也适用于有向图。

㊀ 注意到这里关于路径长度的定义与经典图论略有不同，在这个例子中，后者定义的路径长度为 $\ell-1$，即路径上的边的数目。——译者注

当 $k=n$ 时，最长路径问题正是著名的哈密顿路径㊀问题，因此它是 NP 完全的。另一方面，存在一个简单的 $n^{k+O(1)}$ 时间算法，它尝试 k 个顶点的所有序列，检查它们当中是否有一个序列构成一条 k-路径。Papadimitriou 和 Yannakakis（1996）提出了一个开放性问题，即是否存在一个多项式时间算法来确定包含 n 个顶点的图 G 是否包含一条长度至少是 $\log n$ 的路径。如果能够设计出一种算法，对于常数 c，算法的运行时间为 $c^k n^{O(1)}$，那么就足以达到这个要求。1995 年 Alon、Yuster 和 Zwick（1995）发明了*颜色编码*（color coding）技术，并给出了一个关于最长路径问题的 $(2\mathrm{e})^k n^{O(1)}$ 时间的随机化算法（这里 $\mathrm{e}\approx 2.718$），这也是对 Papadimitriou 和 Yannakakis（1996）提出的问题的肯定回答。

这个算法基于两个关键步骤：先是*随机着色*（random coloring）步骤，紧接着是一个寻找一条*被多重着色*（multicolored）的路径 P（如果存在的话）的过程。为了描述这两个步骤，我们需要若干定义：G 的 *k-着色*（k-coloring）是一个函数 c：$V(G)\to\{1,\cdots,k\}$。注意到着色只是给每个顶点分配一个数字（颜色编号），而且我们*不要求*这是图论术语中的正常着色（proper coloring）——正常着色要求给一条边的两个端点分配不同的颜色。如果路径 $P=v_1,v_2,\cdots,v_\ell$ 的所有顶点通过着色 c 得到不同的颜色，我们就说 P 由着色 c *多重着色*（multicolored）。形式上我们要求对于所有的 $i\neq j$（i，j 是 P 上的顶点的编号），有 $c(i)\neq c(j)$。

这个算法的第一个关键部分是对于每条长度为 k 的路径 P，随机着色 c：$V(G)\to\{1,\cdots,k\}$ 将以“不那么小”的概率用 k 种颜色对 P 进行多重着色。特别地，用 k 种颜色给 $V(P)$ 染色有 k^k 种方法，其中使 P 的所有顶点都有不同颜色的方案数是 $k!$，因此 P 被多重着色的概率是

$$\frac{k!}{k^k}\geqslant\frac{\sqrt{2\pi k}}{\mathrm{e}^k}\geqslant \mathrm{e}^{-k} \tag{2.1}$$

这里的第一个不等式来自 Stirling 逼近。

算法的第二部分是一个高效的算法，它确定 G 是否包含一条长度为 k 而且由一个给定的着色 c 多重着色的路径 P。算法利用动态规划求解。我们定义一个函数

$$f:2^{\{1,\cdots,k\}}\times V(G)\to\{\text{true},\text{false}\}$$

这个函数以集合 $S\subseteq\{1,\cdots,k\}$ 以及顶点 $v\in V(G)$ 作为输入。如果在 $G[S]$（图 G 的由 S 导出的子图，即我们只保留 S 中的顶点以及这些顶点之间的边）中存在一条路径，它使用 S 中的每一种颜色恰好一次进行着色，而且以 v 为终点，那么输出 true。注意到这样一条路径的长度必定是 $|S|$。容易验证函数 f 满足以下递归关系：

$$f(S,v)=\begin{cases}\text{false} & \text{如果 } c(v)\notin S\\ \text{true} & \text{如果 } \{c(v)\}=S\\ \bigvee_{u\in N(v)} f(S\setminus\{c(v)\},u) & \text{其他}\end{cases} \tag{2.2}$$

递归式（2.2）马上可以产生一个确定是否存在一条多重着色路径的算法：对每个集合 $S\subseteq\{1,\cdots,k\}$（S 从小到大）以及每个顶点 $v\in V(G)$ 进行迭代。在每一次迭代中利用式（2.2）计算 $f(S,v)$，并将结果存储在一个表中。因此，当算法计算 $f(S,v)$ 时，它可以在表中查找 $f(S\setminus\{c(v)\},u)$ 的值（这是在前面的一次迭代中计算得到的）。

㊀ 即经过图的所有顶点的路径，注意其中的顶点各不相同。——译者注

在每一次迭代中，$f(S,v)$ 的值的计算最多需要 $d(v)$ 次表查找，我们假定这需要常数时间。因此，这个算法用于确定是否存在一条多重着色路径的总时间的上界是

$$O\Big(\sum_{S\subseteq\{1,\cdots,k\}}\ \sum_{v\in V(G)} d(v)\Big) = O(2^k(n+m))$$

最长路径问题的最终算法如下：通过 e^k 个随机 k-着色 c_i（这里 i 从 1 到 e^k）进行迭代。对于每一个 i，以时间 $O(2^k(n+m))$ 使用上述动态规划算法检查是否存在一条由 c_i 多重着色的路径。如果算法找到一条多重着色路径，那么这条路径的长度为 k。但是如果存在一条长度为 k 的路径，那么所有 c_i 都未对其进行多重着色的概率最多为 $\left(1-\frac{1}{e^k}\right)^{e^k}\leqslant 1/e$。因此，算法的运行时间是 $O((2e)^k(n+m))$，对于否定实例总是正确地返回“no”，而对于肯定实例则以至少 $1-1/e$ 的概率返回“yes”。

定理 2.3（Alon et al.，1995） 对于最长路径问题，存在一个具有单边误差的随机化算法，算法的运行时间为 $O((2e)^k(n+m))$。

2.2.1 随机分离：集合拆分问题

颜色编码远远不是利用随机性设计参数化算法的唯一方法，另外一个例子是“随机分离”技术。我们将看到如何利用随机分离技术来设计一个用于集合拆分问题的算法。这里的输入是全集 U、由 U 的子集构成的集族 $\mathcal{F}=\{S_\infty,S_\in,\cdots,S_\Updownarrow\}$ 以及整数 $k\leqslant m$。目标是要找到一个赋值函数 $\phi:U\to\{0,1\}$，它能够拆分 $\mathcal{F}$ 中的至少 k 个集合。集合拆分的定义如下：设 $S_i\in\mathcal{F}$，如果 S_i 至少包含一个元素 u 使得 $\phi(u)=0$，并且至少包含一个元素 v 使得 $\phi(v)=1$，则称 S_i 被 ϕ 拆分。集合拆分问题也被称为超图最大割问题，因为当所有集合 S_i 的阶都为 2 时，这个问题恰好就是经典的最大割问题。

事实证明，用一个简单的策略可以产生用于集合拆分问题的 FPT 算法。特别地，我们证明了如果赋值函数 ϕ 能够拆分 $\mathcal{F}$ 中至少 k 个集合，那么随机赋值函数 ψ 将以至少 $1/4^k$ 的概率拆分至少 k 个集合。实际上，假设 $\{S_1,S_2,\cdots,S_k\}$ 被 ϕ 拆分，对于每个 $i\leqslant k$，设 u_i 是 S_i 的一个元素使得 $\phi(u_i)=0$，而且 $v_i\in S_i$ 使得 $\phi(v_i)=1$。需要指出的是即使 $i\neq j$，u_i 和 u_j（或者 v_i 和 v_j）也可以是相同的元素。设 $X=\cup_{i\leqslant k}\{u_i,v_i\}$，我们观察到 X 具有以下两个性质。首先，$|X|\leqslant 2k$。其次，对于每个在 X 上与 ϕ 一致的赋值函数 ψ（即对于每个 $x\in X$，有 $\psi(x)=\phi(x)$），集合 $S_1,S_2,\cdots,S_k$ 也被 ψ 拆分（因为 $\psi(u_i)=0$ 且 $\psi(v_i)=1$）。正如我们所断定的，ψ 与 ϕ 在 X 上一致的概率是 $2^{-|X|}\geqslant 2^{-2k}=4^{-k}$。

这就给出了下面运行时间为 $O(4^k nm)$ 的简单算法：尝试 4^k 个随机赋值函数 $\psi_1,\cdots,\psi_{4^k}$。如果某一个赋值 ψ_i 拆分了至少 k 个集合，那么返回这个赋值。如果上述 ψ_i 没有一个能够拆分至少 k 个集合，则报告没有任何赋值能够实现这样的拆分。就像最长路径问题一样，如果存在一个能够拆分至少 k 个集合的赋值函数，那么算法无法找到一个这种赋值函数的概率最多为 $\left(1-\frac{1}{4^k}\right)^{4^k}\leqslant\frac{1}{e}$。这就证明了下面的定理：

定理 2.4 对于集合拆分问题，存在一个具有单边误差的随机化算法，算法的运行时间为 $O(4^k nm)$。

需要指出的是，一个随机赋值函数 ψ 实际上会以至少 $1/2^k$ 的概率拆分 k 个集合。这

个断言的证明稍微复杂一些，我们把它留作练习题 2.3（参阅（Chen and Lu，2009））。

2.2.2　去随机化

看来定理 2.3 和定理 2.4 的算法本质上是随机化的。事实证明，随机化步骤可以由适当的伪随机结构代替，而不需要在最坏情况下的运行时间保证上进行（太多的）妥协。

我们首先考虑最长路径问题的算法。这里我们尝试了 e^k 种随机着色，并且利用了这样一个事实，即如果存在一条路径，那么有至少 $1-1/e$ 的概率使得至少有一种着色方案能够对这条路径进行多重着色。值得注意的是，我们可以确定性地构造一系列着色方案，使这个性质总是成立，而不是以固定概率成立。

定理 2.5（Naor et al.，1995）　给定一个大小为 n 的全集 U 和一个整数 k，存在一个运行时间为 $e^k n^{O(1)}$ 并且产生 ℓ 种 k-着色 $c_1, c_2, \cdots, c_\ell$，$\ell = O(e^{k+O(k)} \log n)$ 的算法，使得对于每个大小最多为 k 的集合 $S \subseteq U$，存在一个 i，c_i 对 S 多重着色。

把最长路径问题的算法中的 e^k 种随机 k-着色替换成定理 2.5 中的 $e^{k+o(k)} n^{O(1)}$ 种 k-着色，可以得到一个运行时间为 $(2e)^{k+o(k)} n^{O(1)}$ 的确定性算法。

类似的情况也在集合拆分问题中出现。我们需要的是一系列赋值 $\psi_1, \psi_2, \cdots, \psi_\ell$，使得对于一个大小至多是 $2k$ 的未知集合 X，在上述赋值函数中至少有一个 ψ_i 与一个未知的赋值 ϕ 在 X 上一致。由于 X 和 ϕ 都是未知的，我们真正需要的是对于所有大小最多是 $2k$ 的集合 X 和所有赋值 ϕ_X：$X \to \{0,1\}$，至少有一个 ψ_i 与 ϕ_X 在 X 上一致。同样，这是可以实现的。

定理 2.6（Naor et al.，1995）　给定一个大小为 n 的全集 U 和一个整数 k，存在一个运行时间为 $2^{k+o(k)} n^{O(1)}$ 的算法，产生赋值 $\psi_1, \psi_2, \cdots, \psi_\ell$，$\ell \leqslant 2^{k+O(k)} \log n$，使得对于所有大小最多为 k 的集合 $X \subseteq U$ 和所有赋值 ϕ_X：$X \to \{0,1\}$，至少有一个 ψ_i 与 ϕ_X 在 X 上一致。

把 4^k 个随机赋值替换成定理 2.6 产生的 $4^{k+o(k)} n^{O(1)}$ 个赋值（令 $|X| \leqslant 2k$ 并应用定理），可以得到一个运行时间为 $4^{k+o(k)} n^{O(1)} m$ 的关于集合拆分问题的确定性算法。我们注意到定理 2.5 和定理 2.6 的构造分别在 ℓ 不能减少到低于 $\Omega(e^k \log n)$ 和 $\Omega(2^k \log n)$ 的意义上是最优的。

定理 2.7　对于最长路径问题，存在一个运行时间为 $(2e)^{k+o(k)} n^{O(1)}$ 的确定性算法。对于集合拆分问题，存在一个运行时间为 $4^{k+o(k)} n^{O(1)} m$ 的确定性算法。

2.3　结构上的参数化

我们最为关心的是究竟参数 k 是目标函数的值，还是仅仅是解的大小。这并不意味着这是参数唯一合理的选择。例如，回忆一下图着色问题，当 $k=3$ 时问题是 NP 完全的，其中 k 是颜色的数量，所以不可能有一个由 k 参数化的 FPT 算法。这并不排除存在关于这个问题的其他有意思的参数化算法的潜在可能性。假如我们想要求解图着色问题，但是现在我们知道输入实例有一个相对小的顶点覆盖（比如覆盖的大小至多为 t），我们能不能利用这种情况得到一个高效的算法？

这里给出一个算法，当被顶点覆盖数 t 参数化时，这个算法是 FPT。首先，利用定理 2.1 的算法在 $2^t(n+m)$ 时间内计算一个大小最多为 t 的顶点覆盖 X。如果 $k>t$，我们在 $O(m+n)$ 时间内可以找到最多使用 $t+1 \leqslant k$ 种颜色的着色方案：X 中的每一个顶点只用 $\{1, \cdots, |X|\}$ 中的一种颜色着色，其余所有顶点用颜色 $|X|+1$ 着色。因为 X 是顶点覆盖，所以这是一个正常着色。

现在假设 $k \leqslant t$，算法尝试 X 的所有 k^t 种可能的着色方案。对于每一个着色方案的选择 c_X: $X \to \{1, \cdots, k\}$，算法检查 c_X 是否可以扩展成 G 的一个正常着色。可以扩展的一个必要条件是每个顶点 $y \notin X$ 都有一个可用的颜色，形式地描述为对于每个 $y \notin X$，应该存在一个 $1 \leqslant i \leqslant k$，使得 y 的任何邻居都不会染上颜色 i。由于 X 以外没有一对顶点是相邻的，这个必要条件也是充分的——对于每一个 $y \notin X$，我们可以简单地分配任意一个它可用的颜色。这就产生了一个运行时间为 $O(k^t(n+m)) < O(t^t(n+m))$ 的图着色问题的算法

定理 2.8　*对于图着色问题，存在一个运行时间为 $O(t^t(n+m))$ 的算法，其中 t 是图 G 的最小顶点覆盖的大小。*

这个算法相当原始。然而，令人惊讶的是，我们可以证明无法对它进行实质性的改进（在适当的复杂性理论假定下）。事实上，运行时间为 $2^{o(t\log t)} n^{O(1)}$ 的算法会与指数时间假说相矛盾（Lokshtanov et al.，2018）（参见 2.5.2 节）。

2.4　核心化

预处理是一种广泛使用的技术，用于协助处理计算困难问题。就这一点而言，一个自然的问题是如何度量一个特定问题的预处理规则的质量。长期以来，对多项式时间预处理算法的数学分析一直被忽视。从下面的观察可以找到导致这种异常现象的主要原因：证明 NP 困难问题的实例 I 可以在多项式时间内由一个比 I 小的等价实例所替代，这就意味着 P = NP。随着参数化复杂性的出现，这种情况发生了巨大的变化。粗略地说，这个框架内的预处理规则的目标是把输入规模减少到只依赖于参数的程度，这里的依赖性越小，规则就越好。

2.4.1　热身：Buss 规则

在深入研究有关形式定义之前，我们先看一个简单的例子。对于顶点覆盖问题的实例 (G,k)，考虑以下规则：

规则 Ⅰ：*如果 G 包含一个孤立点 v，那么从 G 中移除 v。结果得到的实例是 $(G-v,k)$。*

这条规则选取问题的一个实例，如果规则的条件得到满足，则返回同一个问题的一个较小的实例。这样的规则称为*归约规则*（reduction rule，或称*化简规则*）。最重要的是，这条规则在以下意义上是*安全的*：它选取作为输入的实例是一个肯定实例当且仅当它输出的实例也是一个肯定实例。的确，我们马上会看到移除孤立点不会影响给定实例的答案。

现在考虑另一条归约规则，称为 Buss 规则。

规则 Ⅱ：*如果 G 包含一个度至少是 $k+1$ 的顶点 v，那么从 G 中移除 v（连同其关联边），并将 k 减少 1。结果得到的实例是 $(G-v,k-1)$。*

这条规则的安全性源于这样一个观察的结果，即 G 中任何一个大小最多是 k 的顶点覆盖必定包含 v——实际上，G 中任何一个不包含 v 的顶点覆盖必定包含 v 的所有邻居，并且这些邻居的数量严格大于 k。

最后，假设我们不断地应用规则 Ⅰ 和 Ⅱ，直到它们的条件都不再得到满足，这时候考虑以下规则。

规则 Ⅲ：*如果 G 包含超过 k^2 条边，那么返回 no。*

这里，规则 Ⅲ 的安全性也来自一个简单的观察：由于 G 中顶点的最大度是 k（这是由于彻底应用了规则 Ⅱ），任何不超过 k 个顶点的集合至多可以覆盖 k^2 条边。因此，如果 G

包含的边数超过 k^2，则 G 不允许一个大小最多是 k 的顶点覆盖[㊀]。为了严格遵守归约规则的定义，输出应该是顶点覆盖问题的一个实例，而不是 yes 或者 no 的回答。不过可以分别使用 yes 或 no 作为平凡的肯定实例或者否定实例的缩写。对于顶点覆盖问题，平凡的肯定实例和否定实例的具体例子分别是 G 是空顶点集上的图而且 $k=0$，以及 G 是由一条边连接两个顶点的图而且 $k=0$。

在执行最后一条规则之后，我们知道 G 中的边数至多为 k^2。此外，G 中的顶点数至多为 $2k^2$，因为 G 不包含任何孤立顶点（这是由于彻底应用了规则Ⅰ）。我们还观察到，可以在多项式时间内实现整个过程——三条规则中每一条规则的应用次数只能是多项式的，并且每一次应用都在多项式时间内运行。因此，在多项式时间内，我们设法把输入实例（我们甚至没有尝试去求解它）的大小减少到 k 的二次幂。

2.4.2　形式定义以及与 FPT 的成员关系

核心化的主要定义是核心的定义，它是从一个更一般的称为*压缩*（compression）的概念派生出来的。

定义 2.9　参数化语言 $Q\subseteq\Sigma^*\times\mathbb{N}$ 到语言 $R\subseteq\Sigma^*$ 的压缩是一种算法，它选取实例 $(x,k)\in\Sigma^*\times\mathbb{N}$ 作为输入，在多项式时间 $|x|+k$ 内运行，并返回一个字符串 y 使得：

1. 对于某一个函数 $f(\cdot)$，$|y|\leqslant f(k)$。
2. $y\in R$ 当且仅当 $(x,k)\in Q$。

如果 $|\Sigma|=2$，则称函数 $f(\cdot)$ 是这个压缩的*比特数*（bitsize）。　◁

*核心化*是压缩的特例，其中 Q 在 Σ^* 上的投射等于 R，也就是说源语言和目标语言本质上是相同的，因此称这个算法是*核心化算法*（kernelization algorithm）或者是*核心*（kernel）。需要特别注意的是函数 f 是多项式的情况。在这种情况下，我们说问题允许*多项式压缩*（polynomial compression）或者*多项式核心化*（polynomial kernelization）。多项式核心明显优于任意的核心，下述特性引起了我们对多项式核心的特别兴趣，这个特性利用了任意的核心（不一定是多项式核心）。

一方面我们容易看到，如果一个可判定的（参数化）问题可以接受一个关于某函数 f 的核心，那么这个问题是 FPT：对于这个问题的任何一个实例，我们可以调用一个（多项式时间）核心化算法，然后利用一个判定算法来确定结果得到的实例的答案。由于核心的大小受到参数上的函数 f 的限制，判定算法的运行时间仅仅取决于参数。更令人惊讶的是另一方面。

定理 2.10　*如果一个参数化问题 L 是 FPT，那么它可以接受一个核心。*

证明　假设存在一个算法，对于一个可计算函数 f 和常数 c，算法在 $f(k)|x|^c$ 时间内判定是否 $(x,k)\in L$。我们考虑两种情况。首先，$|x|\geqslant f(k)$，而且我们在 $f(k)|x|^c$ 时间内（$f(k)|x|^c\leqslant|x|^{c+1}$），在实例上运行这个 FPT 算法。如果 FPT 算法输出 yes，那么核心化算法输出一个大小恒定的肯定实例；如果判定算法输出 no，则核心化算法输出一个大小恒定的否定实例。在第二种情况下，$|x|<f(k)$，核心化算法输出 x。这就为该问题产生了一个大小为 $f(k)$ 的核心。　□

定理 2.10 表明，核心化给出了 FPT 成员的另一种定义。因此，为了确定参数化问题是否有一个核心，我们可以利用由参数化复杂性给出的许多已知工具。但是如果我们对尽可能小的核心感兴趣呢？利用定理 2.10 得到的核心的大小等于该问题的已知最佳参数化

㊀ 假设 G 是一个简单图。——译者注

算法的运行时间对 k 的依赖，这往往相当大（达到指数级或更差）。我们能找到更好的核心吗？答案是肯定的，我们可以但并不总是可以找到更好的核心。对于许多问题我们可以获得多项式核心，但在合理的复杂性理论假定下，FPT 中存在着一些不能接受多项式大小的核心的问题（参见 2.5 节）。

我们在 2.4.1 节中已经看到了顶点覆盖问题的多项式（实际上是二次多项式）核心，它基于三条非常简单的规则，其中最重要的一条被称为 Buss 规则。具体而言，我们证明了下面的定理。

定理 2.11 顶点覆盖问题可以接受大小为 $O(k^2)$ 的核心。

事实上，开发核心化算法的一般方案是提供一个归约规则列表，下一条执行的规则总是列表中首条满足条件的规则；最后，当没有任何一条可适用的规则时，实例大小的界就得到了确定。下面我们让 Buss 规则适应一个更低预期的环境。需要提醒的是现在有一种用于设计核心的丰富的工具包（参见本章注解）。此外，我们在 2.6.1 节对核心化的扩展进行了探讨。

2.4.3 Buss 规则在矩阵秩上的推广

我们现在讨论一个更为复杂的多项式核心的例子。在域 $\mathbb{F}$ 上，对于一个目标秩 r，矩阵 $\boldsymbol{A}$ 的刚度（rigidity）是 $\boldsymbol{A}$ 和一个秩不超过 r 的矩阵之间的最小汉明距离。自然地，给定一个参数 k，矩阵刚度问题问是否 $\boldsymbol{A}$ 的刚度不超过 k。

定理 2.12 给定矩阵刚度问题的一个实例 $(\boldsymbol{A},k,r)$，存在一个多项式时间算法，算法返回一个等效实例 $(\boldsymbol{A}',k,r)$，其中矩阵 $\boldsymbol{A}'$有 $O((rk)^2)$ 个元素。

概略证明 给定矩阵刚度问题的一个实例 $(\boldsymbol{A},k,r)$，算法原理如下。算法在 $k+1$ 个步骤中重复地选择一个由线性无关的行组成的最大集合，如果这个集合的大小超过 $r+1$，则使用这个集合的一个大小为 $r+1$ 的子集。将每一个这样的行集合从输入矩阵中移出并插入输出矩阵中。在这个贪心过程的最后，简单丢弃输入矩阵中剩下的行。然后，在矩阵的列上对称地实施上述过程。

显然，输出矩阵 $\boldsymbol{A}'$最多有 $(r+1)k$ 行和 $(r+1)k$ 列，因此有 $O((rk)^2)$ 个元素。此外，因为 $\boldsymbol{A}'$是通过对 $\boldsymbol{A}$ 删除行然后进一步删除列得到的，显然如果 $(\boldsymbol{A},k,r)$ 是一个肯定实例，那么 $(\boldsymbol{A}',k,r)$ 也是肯定实例。

反过来，我们只证明在矩阵行上的操作是安全的（可以类似地证明在矩阵列上的操作的安全性）。为此，设 $\hat{\boldsymbol{A}}$ 是在行上的操作之后得到的矩阵，并假设 $(\hat{\boldsymbol{A}},k,r)$ 是一个肯定实例。设 $\hat{\boldsymbol{B}}$ 是一个秩不超过 r 的矩阵，而且与 $\hat{\boldsymbol{A}}$ 的汉明距离不超过 k。由于 $\hat{\boldsymbol{A}}$ 的行是从 $\boldsymbol{A}$ 中取得的，所以由 $\hat{\boldsymbol{B}}$ 以及 $\boldsymbol{A}$ 中除了 $\hat{\boldsymbol{A}}$ 以外的行构成的矩阵 $\boldsymbol{B}$ 与矩阵 $\boldsymbol{A}$ 的汉明距离不超过 k。为了证明 $(\boldsymbol{A},k,r)$ 也是一个肯定实例（这将以 $\boldsymbol{B}$ 为证据），我们下面证明 $\boldsymbol{A}$ 中未插入 $\hat{\boldsymbol{A}}$ 的每一行都属于 $\hat{\boldsymbol{A}}$ 中那些同时也属于 $\hat{\boldsymbol{B}}$ 的行的生成空间。

注意到在（同一次迭代中）插入 $\hat{\boldsymbol{A}}$ 的每一个包含 $r+1$ 行的集合中，在 $\hat{\boldsymbol{A}}$ 和 $\hat{\boldsymbol{B}}$ 之间必定存在差异，这是因为这个集合本身是线性无关的。由于执行了 $k+1$ 次迭代，而 $\hat{\boldsymbol{A}}$ 和 $\hat{\boldsymbol{B}}$ 之间的汉明距离是 k，必定至少有一个集合在 $\hat{\boldsymbol{A}}$ 和 $\hat{\boldsymbol{B}}$ 中是相同的，因此这个集合的大小不超过 r。特别地，当这个集合被插入 $\hat{\boldsymbol{A}}$ 中时，它是一个线性无关的行数最大的集合（它不会被一个更小的集合替换）。因此 $\boldsymbol{A}$ 中未插入 $\hat{\boldsymbol{A}}$ 的每行都属于这个集合的生成空间。由于这个集合在 $\hat{\boldsymbol{A}}$ 和 $\hat{\boldsymbol{B}}$ 中是相同的，所以我们得出结论，即 $\boldsymbol{B}$ 和 $\hat{\boldsymbol{B}}$ 具有相同的秩，因此 $(\boldsymbol{A},k,r)$ 是一个肯定实例。 □

我们指出两个相似之处。在 Buss 规则中我们依赖于这样的观察，即在与同一个顶点关联的 $k+1$ 条边的集合中，这个顶点必定被选中；而这里我们依赖于这样的观察，即在由 $r+1$ 个线性无关的行向量构成的集合中，必定至少做出一次改变。此外，无论是在论证规则Ⅲ的正确性时，还是在论证是否存在相反方向的“原封未动”的集合时，我们都利用了基于鸽巢原理的论证。

当 $\mathbb{F}=\mathbb{R}$ 时，定理 2.12 没有产生一个由 $k+r$ 参数化的矩阵刚度问题的核心，因为在 $k+r$ 中对每一个元素进行编码的比特数可能不受限制。不过对于有限域我们有以下结果。

推论 2.13　矩阵刚度问题在有限域上允许一个大小为 $O((kr)^2 f)$ 的核心，其中 f 是域的大小。

需要指出的是，这里由多参数（在 k、r 和 f 之间）进行参数化可能是必不可少的，因为可以证明，单独由 k、r 或者 f 进行参数化时，矩阵刚度问题是 $W[1]$ 困难的（参见 2.5.1 节）。

2.5　困难性和最优性

2.5.1　W[1]困难性

参数化复杂性的研究除了提供用于设计参数化算法的丰富工具之外，还提供了一些用于证明一个问题不太可能是 FPT 的补充方法，采用的主要技术是一种类似于在 NP 困难理论中使用的参数化归约方法。这里 $W[1]$ 困难性的概念取代了 NP 困难性的概念，而且对于归约而言，我们不仅需要在 FPT 时间内构造一个等价实例，还需要确保新的实例中参数的大小仅仅取决于原始实例中参数的大小。如果存在这样一个归约，它将一个已知为 $W[1]$ 困难的问题转化为另一个问题 Π，那么问题 Π 也是 $W[1]$ 困难的。主要的 $W[1]$ 困难问题如：判定一个非确定性单带图灵机是否在 k 步内进入接受状态，由解的大小 k 所参数化的分团问题（确定一个给定的图是否有一个大小为 k 的团），以及由解的大小 k 所参数化的独立集问题（确定一个给定的图是否有一个大小为 k 的独立集）。为了证明问题 Π 不是 XP 除非 P=NP，只需要证明存在一个固定的 k，使得问题 Π 是 NP 困难的就足够了。于是，这个问题被称为参数化-NP 困难（para-NP-hard）的。

参数化归约是这一部分的一个重要概念，其更为形式的定义如下。

定义 2.14　设 $A,B\subseteq\Sigma^*\times\mathbb{N}$ 是两个参数化问题。从 A 到 B 的参数化归约（parameterized reduction）是一种算法，即给定 A 的一个实例 (x,k)，输出 B 的一个实例 (x',k')，使得：(ⅰ) (x,k) 是 A 的一个肯定实例当且仅当 (x',k') 是 B 的一个肯定实例；(ⅱ) 对于一个可计算函数 g，$k'\leqslant g(k)$；(ⅲ) 对于一个可计算函数 f 和常数 c，算法运行时间的上界为 $f(k)\cdot|x|^c$。 ◁

作为一个非常简单的参数化归约的例子，假设 A 是分团问题，B 是独立集问题，考虑下面的算法。给定分团问题的一个实例 (G,k)，算法输出独立集问题的实例 $(\overline{G},k)$，其中 $\overline{G}$ 是 G 的补集（即 $\{u,v\}\in E(G)$ 当且仅当 $\{u,v\}\notin E(\overline{G})$）。容易验证，定义 2.14 中的三个属性都得到满足。一般而言，参数化归约的设计往往是相当技术性的，因为我们需要避免放大参数。在许多情况下，把一个 $W[1]$ 困难问题的“染色版本”当作归约的来源是有益的。特别是在团染色问题中，给定一个图 G 以及对 G 的顶点的一个 k 着色（不一定是正常着色），目标是确定 G 是否有一个 k 个顶点的团，其中每一个顶点都有不同的颜色。粗略地说，多颜色有助于问题求解的主要原因是它们使归约能够针对每一种颜色包含一种为这种颜色选择一个顶点的简单工具，而不是包含从整个图中选择 k 个顶点的 k 种简单工具。特别地，每一种工具在一个不同的顶点集上“工作”，这通常可以简化这些工具的设计（它们需要验证选定的顶点是否构成一个团）。

需要指出的是，对于 A 和 B 的某些选择，即使这两个问题都是 NP 困难的，我们也不指望存在一个参数化归约。例如，设 A 为分团问题，B 为顶点覆盖问题。如 2.1.1 节所述，顶点覆盖问题是 FPT，而分团问题是 $W[1]$ 困难的。尽管存在一个从分团问题到顶点覆盖问题的多项式时间归约（因为这两个问题都是 NP 完全的），但是参数化归约将意味着分团问题是 FPT，这被认为是不太可能的。还要指出的是，一些已知的从分团问题到顶点覆盖问题的归约会放大输出实例中的参数，导致问题不再仅仅依赖于输入实例中的参数，还依赖于整个输入实例的规模。有趣的是，我们知道有一个从独立集问题到支配集问题的参数化归约（通过独立集染色，参见本章注解），但是我们尚未得知有从支配集问题到独立集问题的参数化归约。事实上，由于独立集问题和支配集问题位于 W-分层的不同层次，我们并不指望存在这样的归约。具体而言，独立集问题对于这个分层结构的第一层是完备的，与此同时支配集问题对于第二层是完备的。更多细节请参阅本章注解。

2.5.2 ETH 和 SETH

为了大体上获得算法运行时间的胎紧的条件下界，我们可以依赖一些其他假设中的指数时间假设（Exponential-Time Hypothesis，ETH）和强指数时间假设（Strong Exponential-Time Hypothesis，SETH）。为了形式化 ETH 和 SETH 的陈述，我们首先做一些回顾。给定一个带 n 个布尔变量和 m 个子句的合取范式（Conjuctive Normal Form，CNF）形式的公式 φ，CNF-SAT 问题的任务是判定是否存在一个对这些布尔变量的真值赋值，以使 φ 得到满足。在 p-CNF-SAT 问题中，每一个子句至多只能有 p 个文字。首先，ETH 断言 3-CNF-SAT 问题不能在 $O(2^{o(n)})$ 时间内求解。其次，SETH 断言，对于每一个固定的 $\varepsilon<1$，都存在一个（大的）整数 $p=p(\varepsilon)$，使得 p-CNF-SAT 问题不能在 $O((2-\varepsilon)^n)$ 时间内求解。需要指出的是，对于每个固定的整数 p，我们知道 p-CNF-SAT 问题在 $O(c^n)$ 时间内是可解的，这里 $c<2$ 且依赖于 p（注意这与 SETH 并不矛盾）。

参数化归约（如定义 2.14）可以与 ETH 或 SETH 结合使用以提供更加细粒度的下界。例如，考虑从 3-CNF-SAT 问题到顶点覆盖问题的经典归约（参见（Sipser，1996）中的描述）。这个归约具有以下性质：给定 3-CNF-SAT 问题的一个带 n 个变量和 m 个子句的实例 φ，归约在多项式时间内输出一个 $3m$ 个顶点的图 G，使得 G 有一个大小不超过 m 的顶点覆盖当且仅当 φ 是可满足的。这个归约加上 ETH 排除了存在一个用于顶点覆盖问题的时间为 $2^{O(|V(G)|^{1/3})}$ 的算法的可能性：如果存在一个这样的算法，我们就可以把归约的输出结果馈入算法，从而在

$$2^{O(|V(G)|^{1/3})} \leqslant 2^{O((3m)^{1/3})} \leqslant 2^{O(n)}$$

时间内求解 3-CNF-SAT 问题，这将与 ETH 相矛盾。我们在最后一个变换中利用了这样的事实，即在一个 3-SAT 实例中子句的数量 m 至多为 $O(n^3)$。

从这个归约中可以获得一些要点。首先，原先有效的 NP 困难性归约自身在 ETH 的假定下已经足以提供运行时间的下界，我们只须留意由归约产生的实例的参数如何依赖输入实例的参数。其次，$2^{O(|V(G)|^{1/3})}$ 的运行时间下界与顶点覆盖问题的现有已知最佳算法的 $2^{\Theta(n)}$ 运行时间相去甚远。幸运的是，Impagliazzo 等人（2001）提供了一个方便的工具来弥

补这一差距。

定理 2.15　在 ETH 的假定下，3-CNF-SAT 问题没有任何运行时间为 $2^{o(n+m)}$ 的算法。

结合前面讨论的归约，定理 2.15 证明了顶点覆盖问题不可能有一个运行时间为 $2^{o(n)}$ 的算法，因为这将产生一个 3-CNF-SAT 问题的运行时间为 $2^{o(m)}$ 的算法，从而与 ETH 矛盾。因此，在 ETH 的假定下，顶点覆盖问题的现有算法在忽略指数中的常数的意义上（事实上即使是原始的 2^n 时间算法）已经是我们所能做到的最好的。

还要注意的是，这给出了当由解的大小 k 进行参数化时顶点覆盖问题的 FPT 算法的一个运行时间下界。实际上，由于 $k\leqslant|V(G)|$，一个时间为 $2^{o(k)}|V(G)|^{O(1)}$ 的顶点覆盖问题的算法将与 ETH 矛盾。从这一点出发，只要通过追溯现有的归约，我们就可以得到大量与已知最佳算法的运行时间奇迹般匹配的下界。当然，在许多情况下，我们不得不设计一些巧妙的新归约以获得一些胎紧的界（参见（Lokshtanovet al.，2011）的综述）。例如，在 ETH 的假定下，下面所有的算法（在忽略指数中的常数的意义上）已经是最佳可能的：用于分团问题和支配集问题的原始的 $n^{k+O(1)}$ 时间算法，来自定理 2.3 和定理 2.4 的用于最长路径问题和集合拆分问题的 $2^{O(k)}n^{O(1)}$ 时间算法，以及来自定理 2.8 的用于图着色问题的 $O(t^t(n+m))$ 时间算法。

在 ETH 的假定下，所有的所谓"胎紧的"下界都带有在忽略指数中的常数的意义上的细节，这当然是无法令人满意的：一个 2^n 时间算法和一个 $1.000\,01^n$ 时间算法之间存在着巨大差异。例如，对于确实存在一个运行时间为 100^n 的算法的问题，到目前为止还没有人能够利用 ETH 来排除这个问题存在一个运行时间为 $1.000\,01^n$ 的算法的可能性。如果有人愿意给出更加强大的假设（即 SETH），那么他就可以为某些问题确定对 k 的精确依赖性（Lokshtanov et al.，2011）。然而，对于 SETH，迄今为止我们还缺乏一个类似定理 2.15 的结果，这严重限制了它的适用性。

2.5.3　核心化的困难性和最优性

最长路径问题可以在 $2^{O(k)}n^{O(1)}$ 时间内求解（定理 2.7）。因此，根据定理 2.10，我们推导出最长路径问题可以接受一个大小为 $2^{O(k)}$ 的核心，但是能不能接受多项式大小的核心呢?

我们认为凭直觉这应该是不可能的。假定最长路径问题接受一个大小为 k^c 的多项式核心，其中 c 是一个固定常数。我们取最长路径问题的大量实例：

$$(G_1,k),(G_2,k),\cdots,(G_t,k)$$

在每一个实例 (G_i,k) 中都有 $|V(G_i)|=n$，$1\leqslant i\leqslant t$ 以及 $k\leqslant n$。如果我们只取图 $G_1,\cdots,G_t$ 的不相交并集来构造一个新的图 G，那么可以看到 G 包含一条长度为 k 的路径当且仅当对于某一个 $i\leqslant t$，G_i 包含一条长度为 k 的路径。现在我们在 G 上执行核心化算法，算法将在多项式时间内返回一个新的实例 (G',k')，使得 $|V'(G)|\leqslant k^c\leqslant n^c$，这是一个可能比 t 小得多的数字，例如设置 $t=n^{1000c}$。这意味着在某种意义上，核心化算法考虑实例 (G_1,k)，$(G_2,k),\cdots,(G_t,k)$ 并且在多项式时间内找出哪些实例最有可能包含长度为 k 的路径。更准确地说，如果我们在被迫完全忽略至少一个输入的同时必须保留实例的 OR 值，那么我们必须确保被忽略的输入不是那个仅有的答案为 yes 的输入（否则我们把一个肯定实例变成了一个否定实例）。然而，这在直觉上看起来几乎就像求解实例本身那么困难，而且由于最长路径问题是 NP 完全的，这也似乎不太可能做到。在 2009 年，Fortnow 和 Santhanam（2008）以及 Bodlaender 等人（2009）发展了一种排除多项式核心的方法论。

在这个框架中，将一个多项式核心的可用性与一种在经典的复杂性中不太可能出现的突然失败的情况联系起来，从而排除了多项式核心的存在性。这些进展加深了经典复杂性和参数化复杂性之间的联系。利用这种方法，我们可以证明最长路径问题不能接受多项式核心，除非 $\mathrm{coNP} \subseteq \frac{\mathrm{NP}}{\mathrm{poly}}$。事实上，Dell 和 van Melkebeek(2014)进一步推广了 Fortnow 和 Santhanam(2008)以及 Bodlaender 等人(2009)建立的核心下界方法论，基于不同的多项式函数提供了核心大小的下界。作为一个例子，我们可以证明 2.11 节给出的顶点覆盖问题的大小为 $O(k^2)$ 的核心是最优的。也就是说，顶点覆盖问题没有大小为 $O(k^{2-\varepsilon})$ 的核心，除非 $\mathrm{coNP} \subseteq \frac{\mathrm{NP}}{\mathrm{poly}}$。

2.6　展望：新的范例和应用领域

参数化算法的主要思想是非常通用的：根据输入规模以及一个描绘了输入实例的结构特性的参数来度量运行时间。多变量算法分析的这一思想有可能满足在计算机科学的所有领域和子领域中对各种问题的精确算法分析框架的需要。事实上，参数化复杂性已经渗透到其他算法范例以及其他应用领域中。这一节我们对此做一些简略的介绍。

2.6.1　FPT-近似和有损核心

到目前为止，我们只看到了固定参数易处理性领域的一些决策问题。为了定义 FPT-近似的概念，我们需要远离决策问题并定义最优化问题的概念。不过本章不太适合这些讨论。我们将采用一些特别的定义，并利用它们一睹 FPT-近似这个崭露头角的领域。在这一节，我们把一个运行时间为 $f(k)\cdot n^{O(1)}$ 的近似算法称为一个关于参数 k（k 不需要是解的大小）的 FPT-近似算法。

我们将以部分顶点覆盖问题为例来说明这个范例。给定无向图 G 和正整数 k，任务是找到一个包含 k 个顶点的子集 X，它覆盖了尽可能多的边。通过对独立集问题的归约，容易证明这个问题是 $W[1]$ 困难的。接下来我们给出一个算法，对于所有的 $\varepsilon>0$，算法在 $f(\epsilon,k)\cdot n^{O(1)}$ 时间内运行并产生这个问题的 $(1+\epsilon)$-近似解。

关于这个问题的自然的贪心启发式算法将输出一个包含 k 个最大度的顶点的集合 X。当两个端点都在 X 上的边的数量与 X 所覆盖的边的总数成比例时，X 所能覆盖的边数相比最优解要少得多。我们将证明这种情况可以用 FPT 算法来解决。固定 $C=2\binom{k}{2}\Big/\varepsilon$，图的顶点 $v_1,\cdots,v_n$ 按度的非递增次序排列。在第一种情况下，我们假定 $d(v_1)\geqslant C$，这里 $d(v_i)$ 表示 v_i 的度。在这种情况下贪心启发式算法输出我们想要的解。实际上，$X=\{v_1,\cdots,v_k\}$ 覆盖了至少 $\sum_{i=1}^{k}d(v_i)-\binom{k}{2}$ 条边。最后一个不等式来源于这样一个事实，即 k 个顶点的简单图最多有 $\binom{k}{2}$ 条边。观察到最优解的上界总是被 $\sum_{i=1}^{k}d(v_i)$ 所限定。因此，所要的解的质量是

$$\frac{\sum_{i=1}^{k}d(v_i)-\binom{k}{2}}{\sum_{i=1}^{k}d(v_i)}\geqslant 1-\frac{\binom{k}{2}}{C}\geqslant 1-\frac{\varepsilon}{2}\geqslant\frac{1}{1+\varepsilon}$$

它最多是最优值的（$1+\varepsilon$）倍。

我们因此可以假定 $d(v_1)<C=2\binom{k}{2}\Big/\varepsilon$。此时最优解的上界被 $\sum_{i=1}^{k}d(v_i)<Ck$ 所限定。也就是说，在这种情况下，任何一个大小为 k 的顶点集合能够覆盖的最大边数 t 成为 k 和 ε 的函数。如果我们使用上述的最大边数 t（这些边被一个大小为 k 的顶点集合所覆盖）来参数化部分顶点覆盖问题，会有什么样的结果？事实上我们可以证明，利用 2.2 节中描述的颜色编码方法，部分顶点覆盖问题在 $2^{O(t)}n^{O(1)}$ 时间内是可解的。我们将此留作练习（练习题 2.4）。有了这个练习，我们可以证明以下定理：

定理 2.16　对于每个 $\varepsilon>0$，部分顶点覆盖问题存在一个运行时间为 $f(\varepsilon,k)\cdot n^{O(1)}$ 的算法，并产生一个（$1+\varepsilon$）-近似解。

部分顶点覆盖问题不是唯一的存在 FPT-近似算法的问题。还有若干其他的问题，不过按理最值得注意的是由 s 参数化的 s-路割问题（删除的边数最少，使得结果图中至少有 s 个连通分支）。这个问题可以接受一个多项式时间的 2-因子近似算法。另一方面，在一些众所周知的复杂性理论假定下，不可能改进这种近似算法。此外，由 s 参数化的这个问题被认为是 $W[1]$ 困难的（Downey et al.，2003）。Gupta 等人（2018）获得了一个固定常数为 $\varepsilon>0$、运行时间为 $f(s)\cdot n^{O(1)}$ 的（$2-\varepsilon$）-因子近似算法。经过几次改进，Kawarabayashi 和 Lin（2020）最近获得了一个接近 5/3 因子的 FPT-近似算法。

FPT-不可近似性的研究领域也在蓬勃发展中。特别地，在 FPT $\neq W[1]$ 的假定下，支配集问题不能接受 $o(k)$ 因子的 FPT-近似算法（Karthik et al.，2019）。另一方面，假定一个 ETH 的差异版本，可以证明分团问题不能接受任何 FPT-近似算法（Chalermsook et al.，2017）。

我们能不能把核心化理论和 FPT-近似结合起来呢？不幸的是，答案是否定的。尽管核心化取得了成功，但是它的基本定义中有一个重要的缺陷：它不能够与近似算法很好地结合。这是一个严重的问题，因为毕竟参数化算法或者任何算法范例的终极目标都是求解给定的输入实例，在应用预处理算法之后，总是紧跟着一个能够找到归约实例的解的算法。在实际应用中，即使在应用了预处理过程之后，归约实例也可能因为不够小而不足以在合理的时间范围内得到最优解。在这些情况下，人们放弃了最优性，转而求助于近似算法（或启发式算法）。因此至关重要的是，一个近似算法在归约实例上运行时所获得的解能够为原始实例提供一个良好的解，或者至少提供关于原始实例的一些有意义的信息。

现有的核心化概念与近似算法不能够很好地结合，其主要原因是核心的定义深深扎根于决策问题，而近似算法是最优化问题。Lokshtanov 等人（2017）据此提出了有损核心（lossy kernel）的新定义，将核心化的概念扩展到最优化问题。这里的主要对象是 α-近似核心（α-approximate kernel）的定义。我们不在这里给出其形式定义，大致的意思是一个大小为 $g(k)$ 的 α-近似核心是一种多项式时间算法，对于给定的一个实例（I,k），算法输出实例（I',k'），使得 $|I'|+k'\leqslant g(k)$，而且实例（I',k'）的任何一个 c-近似解 s' 都可以在多项式时间内转化为一个原始实例（I,k）的（$c\cdot\alpha$）-近似解 s。

我们还是以部分顶点覆盖问题的一个适当的算法来举例说明 α-近似核心的思想。这里我们将依赖于这样的观察，即定理 2.16 的证明中的第一种情况在多项式时间内得到处理。我们在下面的定理中形式证明了这一点。

定理 2.17　对于所有的 $\alpha>1$，部分顶点覆盖问题可以接受 α-近似核心。

证明 对每个 $\alpha>1$，我们给出关于这个问题的一个 α-近似核心化算法。设 $\varepsilon=1-1/\alpha$，$\beta=1/\varepsilon$。设 (G,k) 为输入实例，设 $v_1,v_2,\cdots,v_n$ 是按度的非递增次序排列的顶点，即对于所有的 $1\leqslant i<j\leqslant n$，都有 $d_G(v_i)\geqslant d_G(v_j)$。根据 v_1 的度，核心化算法有两种情形。

情形 1：$d_G(v_1)\geqslant\beta\binom{k}{2}$。在这种情况下，$S=\{v_1,\cdots,v_k\}$ 是一个 α-近似解。关联到 S 的边的数目至少为$(\sum_{i=1}^{k}d_G(v_i))-\binom{k}{2}$，这是因为两个端点都在 S 中的边数至多是$\binom{k}{2}$，并且它们在求和式$(\sum_{i=1}^{k}d_G(v_i))$中计算了两次。如同在定理 2.16 中那样，我们可以证明

$$\frac{\left(\sum_{i=1}^{k}d_G(v_i)\right)-\binom{k}{2}}{\sum_{i=1}^{k}d_G(v_i)}\geqslant 1-\frac{\binom{k}{2}}{d_G(v_1)}\geqslant 1-\frac{1}{\beta}=\frac{1}{\alpha}$$

前面的不等式意味着 S 是一个 α-近似解。因此，在这种情况下这个核心化算法输出一个平凡的实例（$\varnothing$,0）。

情形 2：$d_G(v_1)<\beta\binom{k}{2}$。设 $V'=\{v_1,v_2,\cdots,v_{k\lceil\beta\binom{k}{2}\rceil+1}\}$。在这种情况下算法输出（$G',k$），其中 $G'=G[N_G[V']]$（由 V'中的顶点以及它们的所有邻居导出的 G 的子图）。设 $\mathrm{OPT}(G,k)$ 表示实例的最优值。我们首先断言 $\mathrm{OPT}(G',k)=\mathrm{OPT}(G,k)$。由于 G'是 G 的一个子图，故 $\mathrm{OPT}(G',k)\leqslant\mathrm{OPT}(G,k)$。现在只须证明 $\mathrm{OPT}(G',k)\geqslant\mathrm{OPT}(G,k)$。为此，我们证明存在一个只包含 V'中的一个顶点的最优解。假设这样的最优解不存在，那么考虑解 S，它是有序表 $v_1,v_2,\cdots,v_n$ 中按字典次序最小的。集合 S 中最多包含 $k-1$ 个来自 V'的顶点以及至少包含一个来自 $V\setminus V'$的顶点。因为 G 中每一个顶点的度最多是$\left\lceil\beta\binom{k}{2}\right\rceil-1$，而且 $|S|\leqslant k$，所以我们得到 $|N_G[S]|\leqslant k\left\lceil\beta\binom{k}{2}\right\rceil$。这意味着存在一个顶点 $v\in V'$，使得 $v\notin N_G[S]$。因此，向 S 中加入顶点 v 并移除 $S\setminus V'$中的一个顶点，可以覆盖的边数至少与 S 能够覆盖的边数一样，这与 S 是按字典次序最小的假定相矛盾。由于 G'是 G 的一个子图，任何一个 G'的解也是 G 的解。至此 $\mathrm{OPT}(G',k)=\mathrm{OPT}(G,k)$ 得到证明。因此算法返回实例（G',k）作为归约实例。由于 G'是 G 的一个子图，在这种情况下，算法以（G',k）的一个解 S'作为输入，并输出 S'作为（G,k）的解。由于 $\mathrm{OPT}(G',k)=\mathrm{OPT}(G,k)$，核心化算法的正确性得到证明。

归约实例中的顶点数为 $O\left(k\cdot\left\lceil\frac{1}{\varepsilon}\binom{k}{2}\right\rceil^2\right)=O(k^5)$。算法的运行时间是 G 的大小的多项式。 □

我们注意到对于经典的核心化，存在一些可以用于排除有损核心化的工具（更多细节参阅（Lokshtanov et al.，2017））。

2.6.2 P 问题中的 FPT

最初，参数化复杂性主要集中在 NP 完全问题上。利用输入实例的结构化性质而超越最坏情况分析的思想也适用于 P 问题。

从文献中可以发现几种这样的算法。例如，根据 Fomin 等人（2018a）的研究结果，

在 $O(k^4 \cdot n\log^2 n)$ 时间内可以构造树宽不超过 k 的图的最大匹配，而在一般图上，已知的在最坏情况下的最佳运行时间是 Mucha 和 Sankowski（2004）提出的 $O(n^{\omega})$。Abboud 等人（2016）证明了在树宽为 k 的图上，直径问题可以在 $2^{O(k\log k)} \cdot n^{1+O(1)}$ 时间内求解，但是对任何 $\varepsilon>0$，可以实现 $2^{O(k)} \cdot n^{2-\varepsilon}$ 的运行时间，这已经和 SETH 矛盾。

2.6.3 应用领域

参数化复杂性在其存在的前二十年主要集中在图的问题上。然而，在过去的十年间，人们已经开始从参数化复杂性的角度考虑在计算几何、生物信息学、机器学习和计算的社会选择理论等不同领域出现的问题。在这些领域中，输入的维数、解的大小、输入字符串的数量、人们偏好的模式、候选对象的数量和投票者的数量等大量因素都被用作参数。研究者在这些领域取得大量的研究成果，并证明了一些参数化算法（或者证明了不存在参数化算法）。我们参考了以下关于这些内容的综述，包括（Giannopoulos et al.，2008）、（Bredereck et al.，2014）、（Faliszewski and Niedermeier，2016）以及（Panolan et al.，2019）。

2.7 总体方向

参数化算法和复杂性在理论上取得了巨大的成功。从实用的角度来看，只是直到最近，PACE 挑战赛（Parameterized Algorithms and Computational Experiments Challenge）才开始启动对一些基本的 FPT 问题在实际中的实现的研究，这些问题包括顶点覆盖问题、树宽问题、施泰纳树问题等（参见（Dell et al.，2017，2018））。这些实验性的竞赛表明：

- 对于图论和网络中出现的问题，参数化复杂性似乎特别有用或者高效。
- 要提高参数化算法的实际性能，就需要对参数进行微调，并在其上应用“节省时间的优化”技巧。此外，具有“最佳运行时间”（这不是唯一的，因为运行时间由两个参数控制，我们通常谈论的是帕累托最优性）的算法在实践中可能并不是性能最佳的算法。因此，在实际应用中，我们应该利用参数化算法作为框架，并且优化其他参数以提高性能。
- 从参数化算法的理论分析得出的运行时间预测（这是最坏的情况，因此过于悲观）与实际算法的性能之间存在着巨大的差异。

每一个成功都伴随着一连串的失败。遗憾的是，目前还缺乏对加权离散最优化问题或连续域上的问题的研究，例如在计算几何或数学规划领域出现的问题。其中的原因之一是在解的大小上（这已经成为该领域的参数化的热门话题）问题常常变得难以驾驭。类似地，当问题的输入由 $\mathbb{R}^d$ 中的向量组成时，大多数问题关于维数 d 是 W 困难的。因此，对于这样的问题，用户要么不应该使用参数化复杂性作为设计算法的工具，要么应该避免使用所谓的经典参数。最后，参数的选择是一门艺术。对于同一个问题，人们不应该仅仅用一个参数来限制自己。对于同一问题的一系列不同实例，有可能不同的参数都是“小的”，因此它们一起代表了这个问题更为广泛的易处理性。这个领域必须做的一件事情是与其他领域进行互动，并开发基于这种协同作用的工具。例如，近似算法和参数化复杂性相结合已经产生了一些积极的结果（当然，也有一些负面结果）。

2.8 本章注解

参数化算法的历史可以追溯到 20 世纪 70 年代和 80 年代，包括 Dreyfus 和 Wagner（1971）用于施泰纳问题的算法、Farber 等人（1986）用于消色数问题的算法以及 Robertson 和 Seymour（1995）关于不相交路径问题的鼓舞人心的结果。参数化复杂性的创立和对参数化算法进行分析的工具随着 20 世纪 90 年代 Abrahamson 等人（1995）以及 Downey 和 Fellows（1992，1995a，b）的一系列论文展开。参数化复杂性的经典参考书是（Downey and Fellows，1999），这本书的新版本（Downey and Fellows，2013）是对参数化复杂性的很多领域的最新进展的综合概述。参考书（Flum and Grohe，2006）对这个领域进行了广泛介绍，着重强调复杂性的观点。Niedermeier（2006）的书中介绍了参数化复杂性中基本的算法技术。最近出版的教科书（Cygan et al.，2015）对这个领域的最新工具和技术做了清晰的描述。Fomin 等人（2019）在书中详细概述了核心化中使用的算法和复杂性技术。

分支算法的参考点是 Davis 和 Putnam（1960）（另见（Davis et al.，1962））关于解决一些可满足性问题的算法设计和分析的工作。Fomin 和 Kratsch（2010）在书中详细讨论了分支算法及其分析技术。Mehlhorn（1984）在书中给出了一个关于顶点覆盖问题的运行时间为 $O(2^k(n+m))$ 的分支算法。经过一系列改进，目前最领先的算法在 $O(1.2738^k+kn)$ 时间内运行，这要归功于 Chen 等人（2010）。Alon 等人（1995）的开创性论文介绍了颜色编码方法。

ETH 和 SETH 最早由 Impagliazzo 和 Paturi（2001）引进，这是在 Impagliazzo 等人（2001）早期工作的基础上发展起来的。

关于核心化和固定参数易处理性的等价性定理 2.10 由 Cai 等人（1997）提出。本章讨论的顶点覆盖问题的归约规则由 Buss 在（Buss and Goldsmith，1993）中提出，在文献中常被称为 Buss 核心化。Balasubramanian 等人（1998）提出了一系列更加精确的顶点覆盖问题的归约规则。矩阵刚度的核心化算法来自 Fomin 等人（2018b）。关于本综述中提及的所有技术的详细概述，我们参考了以下书籍：（Downey and Fellows，1999，2013），（Flum and Grohe，2006），（Niedermeier，2006），（Cygan et al.，2015），（Fomin et al.，2019），（Fomin and Kratsch，2010）。我们还请读者参阅 van Rooij 等人（2019）的文献，了解关于经典复杂性分析和参数化复杂性分析两者在认知科学的一些难解问题上的应用。

参考文献

Abboud, Amir, Williams, Virginia Vassilevska, and Wang, Joshua R. 2016. Approximation and fixed parameter subquadratic algorithms for radius and diameter in sparse graphs. *Proceedings of the 27th Annual ACM-SIAM Symposium on Discrete Algorithms (SODA)*, pp 377–391. SIAM.

Abrahamson, Karl R., Downey, Rodney G., and Fellows, Michael R. 1995. Fixed-parameter tractability and completeness IV: On completeness for $W[P]$ and PSPACE analogues. *Annals Pure Applied Logic*, **73**(3), 235–276.

Alon, Noga, Yuster, Raphael, and Zwick, Uri. 1995. Color-coding. *Journal of the ACM*, **42**(4), 844–856.

Balasubramanian, R., Fellows, Michael R., and Raman, Venkatesh. 1998. An improved fixed-parameter algorithm for vertex cover. *Information Processing Letters*, **65**(3), 163–168.

Bodlaender, Hans L., Downey, Rodney G., Fellows, Michael R., and Hermelin, Danny. 2009. On problems without polynomial kernels. *Journal of Computer and System Sciences*, **75**(8), 423–434.

Bredereck, Robert, Chen, Jiehua, Faliszewski, Piotr, Guo, Jiong, Niedermeier, Rolf, and Woeginger, Gerhard J. 2014. Parameterized algorithmics for computational social choice: Nine research challenges. *CoRR*, abs/1407.2143.

Buss, Jonathan F., and Goldsmith, Judy. 1993. Nondeterminism within P. *SIAM Journal of Computing*, **22**(3), 560–572.

Cai, Liming, Chen, Jianer, Downey, Rodney G., and Fellows, Michael R. 1997. Advice classes of parameterized tractability. *Annals Pure Applied Logic*, **84**(1), 119–138.

Chalermsook, Parinya, Cygan, Marek, Kortsarz, Guy, Laekhanukit, Bundit, Manurangsi, Pasin, Nanongkai, Danupon, and Trevisan, Luca. 2017. From gap-ETH to FPT-inapproximability: Clique, dominating set, and more. *58th IEEE Annual Symposium on Foundations of Computer Science, FOCS 2017*, pp. 743–754. IEEE Computer Society.

Chen, Jianer, and Lu, Songjian. 2009. Improved parameterized set splitting algorithms: A probabilistic approach. *Algorithmica*, **54**(4), 472–489.

Chen, Jianer, Kanj, Iyad A., and Xia, Ge. 2010. Improved upper bounds for vertex cover. *Theoretical Computer Science*, **411**(40–42), 3736–3756.

Cygan, Marek, Fomin, Fedor V., Kowalik, Lukasz, Lokshtanov, Daniel, Marx, Dániel, Pilipczuk, Marcin, Pilipczuk, Michał, and Saurabh, Saket. 2015. *Parameterized Algorithms*. Springer.

Davis, Martin, and Putnam, Hilary. 1960. A computing procedure for quantification theory. *Journal of the ACM*, **7**, 201–215.

Davis, Martin, Logemann, George, and Loveland, Donald. 1962. A machine program for theorem-proving. *Communications of the ACM*, **5**, 394–397.

Dell, Holge, and van Melkebeek, Dieter. 2014. Satisfiability allows no nontrivial sparsification unless the polynomial-time hierarchy collapses. *Journal of the ACM*, **61**(4), 1–23:27.

Dell, Holger, Husfeldt, Thore, Jansen, Bart M. P., Kaski, Petteri, Komusiewicz, Christian, and Rosamond, Frances A. 2017. The first parameterized algorithms and computational experiments challenge. Guo, Jiong, and Hermelin, Danny (eds.), *11th International Symposium on Parameterized and Exact Computation (IPEC 2016)*, pp. 30.1–30.9. Leibniz International Proceedings in Informatics (LIPIcs), vol. 63. Schloss Dagstuhl–Leibniz-Zentrum fuer Informatik.

Dell, Holger, Komusiewicz, Christian, Talmon, Nimrod, and Weller, Mathias. 2018. The PACE 2017 Parameterized algorithms and computational experiments challenge: The second iteration. Lokshtanov, Daniel, and Nishimura, Naomi (eds.), *12th International Symposium on Parameterized and Exact Computation (IPEC 2017)*, pp. 30.1–30.12. Leibniz International Proceedings in Informatics (LIPIcs), vol. 89. Schloss Dagstuhl–Leibniz-Zentrum fuer Informatik.

Downey, Rodney G., and Fellows, Michael R. 1992. Fixed-parameter tractability and completeness. *Proceedings of the 21st Manitoba Conference on Numerical Mathematics and Computing. Congressus Numerantium*, **87**, 161–178.

Downey, Rodney G., and Fellows, Michael R. 1995a. Fixed-parameter tractability and completeness I: Basic results. *SIAM Journals of Computing*, **24**(4), 873–921.

Downey, Rodney G., and Fellows, Michael R. 1995b. Fixed-parameter tractability and completeness II: On completeness for $W[1]$. *Theoretical Computer Science*, **141**(1&2), 109–131.

Downey, Rodney G., and Fellows, Michael R. 1999. *Parameterized Complexity*. Springer-Verlag.

Downey, Rodney G., and Fellows, Michael R. 2013. *Fundamentals of Parameterized Complexity*. Texts in Computer Science. Springer.

Downey, Rodney G., Estivill-Castro, Vladimir, Fellows, Michael R., Prieto-Rodriguez, Elena, and Rosamond, Frances A. 2003. Cutting up is hard to do: The parameterized complexity of k-cut and related problems. *Electronic Notes in Theoretical Computer Science*, **78**, 209–222.

Dreyfus, Stuart E., and Wagner, Robert A. 1971. The Steiner problem in graphs. *Networks*, **1**(3), 195–207.

Faliszewski, Piotr, and Niedermeier, Rolf. 2016. Parameterization in computational social choice. In *Encyclopedia of Algorithms*, pp. 1516–1520.

Farber, Martin, Hahn, Gena, Hell, Pavol, and Miller, Donald J. 1986. Concerning the achromatic number of graphs. *Journal of Combinatorial Theory Ser. B*, **40**(1), 21–39.

Flum, Jörg, and Grohe, Martin. 2006. *Parameterized Complexity Theory*. Texts in Theoretical Computer Science. An EATCS Series. Springer-Verlag.

Fomin, Fedor V., and Kratsch, Dieter. 2010. *Exact Exponential Algorithms*. Texts in Theoretical Computer Science. An EATCS Series. Berlin: Springer-Verlag.

Fomin, Fedor V., Lokshtanov, Daniel, Saurabh, Saket, Pilipczuk, Michal, and Wrochna, Marcin. 2018a. Fully polynomial-time parameterized computations for graphs and matrices of low treewidth. *ACM Transactions on Algorithms*, **14**(3), 34:1–34:45.

Fomin, Fedor V., Lokshtanov, Daniel, Meesum, Syed Mohammad, Saurabh, Saket, and Zehavi, Meirav. 2018b. Matrix rigidity from the viewpoint of parameterized complexity. *SIAM Journal Discrete Mathematics*, **32**(2), 966–985.

Fomin, Fedor V., Lokshtanov, Daniel, Saurabh, Saket, and Zehavi, Meirav. 2019. *Kernelization. Theory of Parameterized Preprocessing*. Cambridge University Press.

Fortnow, Lance, and Santhanam, Rahul. 2008. Infeasibility of instance compression and succinct PCPs for *NP*. *Proceedings of the 40th Annual ACM Symposium on Theory of Computing (STOC)*, pp. 133–142. ACM.

Giannopoulos, Panos, Knauer, Christian, and Whitesides, Sue. 2008. Parameterized complexity of geometric problems. *Computer Journal*, **51**(3), 372–384.

Gupta, Anupam, Lee, Euiwoong, and Li, Jason. 2018. An FPT algorithm beating 2-approximation for k-cut. *Proceedings of the Twenty-Ninth Annual ACM-SIAM Symposium on Discrete Algorithms, SODA 2018*, pp. 2821–2837. SIAM.

Impagliazzo, Russell, and Paturi, Ramamohan. 2001. On the complexity of k-SAT. *Journal of Computer and System Sciences*, **62**(2), 367–375.

Impagliazzo, Russell, Paturi, Ramamohan, and Zane, Francis. 2001. Which problems have strongly exponential complexity. *Journal of Computer and System Sciences*, **63**(4), 512–530.

Karthik C. S., Laekhanukit, Bundit, and Manurangsi, Pasin. 2019. On the parameterized complexity of approximating dominating set. *Journal of ACM*, **66**(5), 33:1–33:38.

Kawarabayashi, Ken-Ichi, and Lin, Bingkai. 2020. A nearly 5/3-approximation FPT algorithm for min-k-cut. *Proceedings of the Thirty First Annual ACM-SIAM Symposium on Discrete Algorithms, SODA 2020*, pp. 990–999. *Salt Lake City, Utah, USA, January 6-8, 2020*. SIAM.

Lokshtanov, Daniel, Marx, Dániel, and Saurabh, Saket. 2011. Lower bounds based on the Exponential Time Hypothesis. *Bulletin of the EATCS*, **105**, 41–72.

Lokshtanov, Daniel, Panolan, Fahad, Ramanujan, M. S., and Saurabh, Saket. 2017. Lossy kernelization. *Proceedings of the 49th Annual ACM Symposium on Theory of Computing (STOC)*, pp. 224–237. ACM.

Lokshtanov, Daniel, Marx, Dániel, and Saurabh, Saket. 2018. Slightly Superexponential Parameterized Problems. *SIAM Journal on Computing*, **47**(3), 675–702.

Mehlhorn, Kurt. 1984. *Data Structures and Algorithms 2: Graph Algorithms and NP-Completeness*. EATCS Monographs on Theoretical Computer Science, vol. 2. Springer.

Mucha, Marcin, and Sankowski, Piotr. 2004. Maximum matchings via Gaussian elimination. *FOCS 2004*, pp. 248–255. IEEE Computer Society.

Naor, Moni, Schulman, Leonard J., and Srinivasan, Aravind. 1995. Splitters and near-optimal derandomization. *Proceedings of the 36th Annual Symposium on Foundations of Computer Science (FOCS)*, pp. 182–181. IEEE.

Niedermeier, Rolf. 2006. *Invitation to Fixed-Parameter Algorithms*. Oxford Lecture Series in Mathematics and Its Applications, vol. 31. Oxford University Press.

Panolan, Fahad, Saurabh, Saket, and Zehavi, Meirav. 2019. Parameterized computational geometry via decomposition theorems. In *Proceedings of the 13th International Conference on Algorithms and Computation (WALCOM)*, pp. 15–27. Lecture Notes in Computer Science, vol. 11355. Springer.

Papadimitriou, Christos H., and Yannakakis, Mihalis. 1996. On limited nondeterminism and the complexity of the V-C dimension. *Journal of Computer and System Sciences*, **53**(2), 161–170.

Robertson, Neil, and Seymour, Paul D. 1995. Graph minors. XIII. The disjoint paths problem. *Journal of Combinatorial Theory B*, **63**(1), 65–110.

Sipser, Michael. 1996. *Introduction to the Theory of Computation*. 1st ed. International Thomson.

van Rooij, Iris, Blokpoel, Mark, Kwisthout, Johan, and Wareham, Todd. 2019. *Cognition and Intractability: A Guide to Classical and Parameterized Complexity Analysis*. Cambridge University Press.

练习题

2. 1　给出一个关于顶点覆盖问题的运行时间为 $1.4656^k \cdot n^{O(1)}$ 的算法。

2. 2　在簇编辑问题中，给定图 G 和整数 k，目标是通过最多 k 次边的编辑来检验是否可以将 G 转化成为簇图（团的一个不相交并集），这里每一次编辑将添加或删除一条边。构造一个簇编辑问题的 $3^k n^{O(1)}$ 时间算法。

2. 3　证明：随机赋值函数 ψ 以至少 $\frac{1}{2^k}$ 的概率拆分 k 个集合（参见 2. 2. 1 节）。

2. 4　证明部分顶点覆盖问题在 $2^{O(t)} n^{O(1)}$ 时间内是可解的，其中 t 是被覆盖的边的数目。

从自适应分析到实例最优性

Jérémy Barbay

摘要：本章介绍自适应分析（adaptive analysis）和实例最优性（instance optimality）的相关概念，目标是定义一个问题的实例空间的极细粒度的参数化，以便证明关于这个问题的特定算法在很强的意义上是“最优的”。本章介绍了关于最大点集合问题和数据库聚合问题的详细案例研究，以及其他一些具有代表性的技术、结果和开放性问题。

3.1 案例研究 1：最大点集合问题

假设你找到了一份新工作，现在需要买房子或者租房子。你想寻找一个离工作地点近但又不太贵的地方。你收集了一份可能的房子的清单，但是房子太多了，没有办法全部参观。你能不能在不影响自己的任何标准的情况下减少清单上要去参观的地方？

这是一个著名问题的二维版本。这个问题在各个不同领域被多次改造过，我们称之为最大点集合问题，它是首先由 Kung 等人（1975）在计算几何的背景下提出的。问题的输入是平面上包含 n 个点的集合 S。S 中的一个点被称为最大点（maximal point），如果 S 中没有其他点在任何一个坐标上支配这个点。最大点集合问题的目标是确认所有最大点（即最大点集合），[一]参见图 3.1。[二]

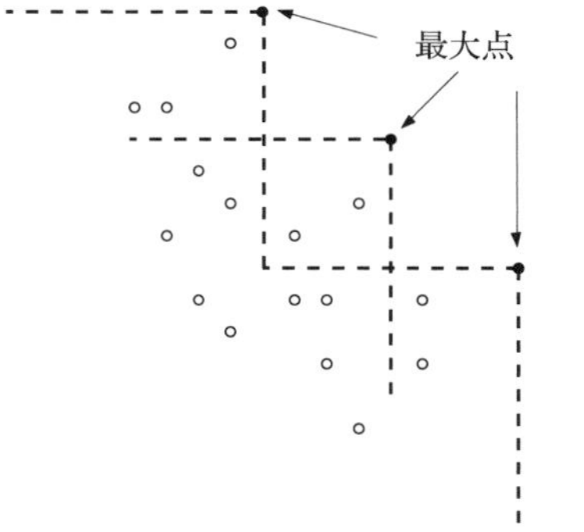

图 3.1 一个点集合及其最大点。实心圆是最大点，空心圆是被支配点，虚线表示每一个最大点的“支配区域”

人们已经提出了若干关于二维最大点集合问题的算法。[三]这些算法强调把算法的运行时间作为两个参数的函数进行分析的重要性，这两个参数即通常的输入规模 n（输入点的数量）和输出规模 k（最大点的数量）。接下来我们将简要回顾其中的几个算法，它们是更一般的自适应分析和实例最优性概念的重要先驱。这个持续增长的实例-自适应运行时间界的序列将说明一个迭代优化过程，最终以实例最优性的形式结束。

3.1.1 Jarvis 步进算法

在所要考虑的 n 个房子中，最便宜和最近的房子是特别好的候选对象，而且可以通过 $O(n)$ 次比较来确定。如果只有一个这样的房子（同时比其他任何房子都便宜而且更加接近工作地点），问题就得到了解决。否则，最便宜的房子和最近的房子都必定是输出的一

㊀ 对于寻找房子的问题，x 轴和 y 轴对应一个房子的负价格和负距离（因为在寻找房子的问题中，价格和距离越小越好）。

㊁ 第 12 章在自我改进算法的背景下探讨了同样的问题。

㊂ 一些类似的算法也可以用来计算点集合的凸包，而且的确最初主要就是为了这个目的提出来的。

部分（它们对应于那些我们称之为候选房子的最大点），然后我们可以在剩下的 $n-2$ 个房子上进行迭代。

由于与求解凸包问题的算法（Jarvis，1973）类似，我们将这里的算法称为 Jarvis 步进算法（又称礼品包装算法）。对于 n 个房子和 h 个最后选中的候选房子的实例，算法最终执行的房子比较次数在最坏情况下是 $\Theta(nh)$。算法运行时间的范围从 $\Theta(n)$ 到 $\Theta(n^2)$，这取决于输出规模 h。

3.1.2 Graham 扫描算法

另一种方法改进了 Jarvis 步进算法在最坏情况下的二次运行时间。它首先利用 $O(n\log n)$ 次比较对 n 个房子按价格递增排序，然后扫描房子的列表以消除所有不是最大点的房子。扫描这个有序表需要最多增加 $2n=O(n)$ 次比较：列表上的第一个房子是价格最低的，因此必定是候选房子；在此之后考虑的任何一个房子要么是候选房子（如果它比前面所考虑的最贵的候选房子更加接近工作地点），要么可以被删除（如果它比前面所考虑的最贵的房子更贵而且离工作地点更远）。

如同前面的做法，通过与求解凸包问题类似算法（Graham，1972）进行类比，我们称这里的算法为 Graham 扫描算法。㊀这个算法执行 $O(n\log n)$ 次房屋比较。一个来自排序问题的归约可以用来证明在计算的比较模型中，在 n 个房子的实例上，没有任何一个算法在最坏情况下具有渐近更少的比较次数。

当 $h=o(\log n)$ 时，Jarvis 步进算法比 Graham 扫描算法更有优势。当 $h=\Theta(\log n)$ 时，这两个算法旗鼓相当，但是在其他情况下前者不如后者。既然我们首先需要计算候选房子的数量 h，又怎么知道使用哪种算法呢？一种思路是同时执行这两个算法，并在其中一个算法完成时立即停止另一个算法的执行。㊁这将产生一个运行时间为 $O(n\cdot\min\{h,\log n\})$ 的解，但是可能有很多比较会被执行两次。是否存在一个更精简的解呢？

3.1.3 Marriage Before Conquest 算法

Kirkpatrick 和 Seidel（1985）没有在 Jarvis 步进算法和 Graham 扫描算法之间做出选择，而是描述了一个聪明的解决方案，这个方案对于 n 个输入点和 h 个最大点的实例在最坏情况下对房子执行 $O(n\log h)$ 次比较。他们将这个与凸包问题的算法类似的算法称为 Marriage Before Conquest（Kirkpatrick and Seidel，1986）算法，我们在这里也采用这个名称。㊂

Marriage Before Conquest 算法描述如下：

1. 如果 $|S|=1$，则返回 S。
2. 用 x 坐标的中值将 S 分成左右两半，即 S_l 和 S_r。
3. 找到 S_r 中具有最大 y 坐标值的点 q。
4. 删除 S_l 和 S_r 中被 q 支配的所有的点。
5. 返回 Marriage Before Conquest（S_l）和 Marriage Before Conquest（S_r）的拼接。

这种分治算法利用 Blum 等人（1973）提出的线性时间的中值查找算法作为子例程。

㊀ 在第 12 章称之为扫描线。

㊁ Kirkpatrick（2009）将这描述为一个“Dovetailing”解。

㊂ 这里描述的算法是（Kirkpatrick and Seidel，1985）中算法的一个轻微变异：原始算法在第 4 行只删除 S_l 中的点。

在确定了中间房价之后，我们可以将这 n 个房子的集合划分为 $\lfloor n/2 \rfloor$ 个最便宜的房子（与 S_r 相对应，因为越便宜越好）和 $\lceil n/2 \rceil$ 个最贵的房子（与 S_l 相对应）。给定这样一个划分，我们可以通过在最便宜的房子中选择最接近工作地点的房子来找到第一个候选房子，删除这个候选房子支配的那些房子，并在剩余更便宜的房子和剩余更贵的房子上递归。

定理 3.1（Kirkpatrick and Seidel，1985）　给定平面上 n 个点的集合，Marriage Before Conquest 算法在 $O(n\log h)$ 时间内计算 S 的所有最大点，其中 h 是最大点的数量。

概略证明　算法执行的比较次数是 $O(n\log h)$，因为在最坏情况下，x 坐标中值将剩下的 $h-1$ 个最大点分成两个元素数目大致相等的集合。（在最好情况下，x 坐标中值将实例分成两个实例：一个实例包含一半输入点和一个最大点，然后在线性时间内递归求解；另一个实例有 $h-2$ 个最大点，但只有 $n/2$ 个输入点。）　□

一个来自大小为 h 的字母表上的多重集排序问题的归约证明了在比较模型中，没有任何算法对输入规模为 n、输出规模为 h 的实例在最坏情况下具有比 $O(n\log h)$ 更好的渐近运行时间。

Marriage Before Conquest 算法是如此优秀，以至于算法的发明者将他们关于凸包问题的一篇扩展论文命名为《终极的平面凸包算法?》（Kirkpatrick and Seidel，1986）。为了回答这个问题，我们需要证明没有任何算法的性能可以超过 Marriage Before Conquest 算法的性能不止一个常数因子。我们不是已经证明了吗？我们还能期待什么样的最优性可以超越在一个给定了输入规模和输出规模的实例上的最优性呢？

3.1.4　垂直熵

研究结果表明，对于最大点集合问题（和凸包问题）的输入空间，存在自然的更加细粒度的参数化，从而可以得到算法最优性的一些更强的概念。例如，考虑一个输出规模为 $h=o(n)$ 的实例，这里输出的 h 个房子中有一个比 $n-h$ 个被支配的房子更加便宜而且更接近工作地点。就 Marriage Before Conquest 算法而言，这样的一个实例要比（比如说）h 个候选房子中的每一个都恰好支配 $(n-h)/h$ 个非候选房子的实例要容易得多。在后一种情况下，算法或许可以在 $O(n\log h)$ 时间内运行。而在前一种情况下，它只执行了 $O(n+h\log h)=o(n\log h)$ 次比较：由于 $h=o(n)$，中位价格的房子将在 $n-h$ 个被支配的房子之中，这使得我们能够选择一个特定的比 $n-h$ 个非候选房子更加便宜而且更接近工作地点的房子，而紧接着的删除操作只留下 $h-1$ 个候选房子，这将在 $O(h\log h)$ 的时间内处理完毕。

为了更好地度量这些实例之间的难度差异，Sen 和 Gupta（1999）将 n_i 定义为被第 i 个最便宜的候选房子（没有比这个更便宜的候选房子）所支配的非候选房子的数量，并将一个实例的垂直熵（vertical entropy）定义为 $\{n_i\}_{i\in[2,\cdots,h]}$ 的分布的熵，形式描述为：

$$\mathcal{H}_v(n_2,\cdots,n_h)=\sum_{i=2}^{h}\frac{n_i}{n}\log\left(\frac{n}{n_i}\right) \tag{3.1}$$

注意到根据熵的基本性质，$\mathcal{H}_v\leqslant\log_2 h$。

垂直熵产生了一个更加细粒度的参数化，而且有以下结果。

定理 3.2（Sen and Gupta，1999）　给定平面上 n 个点的集合 S，Marriage Before Conquest 算法在 $O(n\mathcal{H}_v)$ 时间内计算 S 的最大点集合，其中 $\mathcal{H}_v$ 是 S 的垂直熵（如式（3.1）所定义）。

概略证明　我们断言 Marriage Before Conquest 算法使用的比较次数是：

$$O\left(n\log n - \sum_{i=2}^{h} n_i \log n_i\right) = O\left(\sum_{i=2}^{h} n_i \log\left(\frac{n}{n_i}\right)\right) = O(n\mathcal{H}_v(n_2,\cdots,n_i))$$

基本思路是：如果一个最大点支配至少 n_i 个输入点，那么最多经过 $\log_2(n/n_i)$ 个轮次后，它将被 Marriage Before Conquest 算法确定（例如，如果 $n_i \geqslant n/2$，它将被立即确定；如果 $n_i \geqslant n/4$，则最多经过两级递归后能被确定；依此类推）。因此，它所支配的 n_i 个输入点为最多 $\log_2(n/n_i)$ 个划分阶段贡献了最多 n_i 次比较。□

一个来自大小为 $h-1$ 且频度分布为 $\{n_i\}_{i\in[2,\cdots,h]}$ 的字母表的多重集排序问题的归约证明了在比较模型中，没有任何算法对输入大小为 n、垂直熵为 $\mathcal{H}_v$ 的实例在最坏情况下具有比 $O(n\mathcal{H}_v)$ 更好的渐近运行时间。

因为 $\mathcal{H}_v \leqslant \log_2 h$，Sen 和 Gupta（1999）的分析比 Kirkpatrick 和 Seidel（1985）的分析更为细粒度。这表明 Marriage Before Conquest 算法甚至比其作者给出的褒扬更具“适应性”。但是定理 3.2 是否证明了它确实是这个问题的“终极”算法？

3.1.5　（忽视顺序的）实例最优性

定理 3.2 并不足以断定 Marriage Before Conquest 算法的“终极性”：人们可以用非常相似的方式定义一个实例的“水平熵”。存在着一些既有高垂直熵又有低水平熵的实例，反之亦然。我们还可以定义一个“水平”版本的 Marriage Before Conquest 算法，该算法将围绕中位数距离而不是中位数价格对房子进行迭代划分，而且关于水平熵参数是最优的。这一节概述 Afshani 等人（2017）的一个结果，他们证明了在比较模型的那些没有利用输入顺序的算法中，[㊀]Marriage Before Conquest 算法的一个小的变异算法确实是“终极的”。

实例最优性（instance optimality）概念的核心是实例*证书*（certificate）的思想。[㊁]一个问题的任何一个正确的算法都会隐式地保证其输出的正确性，而且这个证书的描述长度是算法运行时间的下界。实例最优性的目标是定义一种证书的形式，使得对于每个实例：每个正确的算法都隐式地定义这样一个证书；主导算法（被证明为实例最优的算法）的运行时间最多是一个常数因子乘以最短证书的长度。

在最大点集合问题的具体情况下，任何正确的算法都必须能够解释：对于 $n-h$ 个非候选房子中的每一个，它为什么会被放弃；对于 h 个候选房子中的每一个，它为什么不能被放弃。这一节介绍的算法（Jarvis 步进算法、Graham 扫描算法以及 Marriage Before Conquest 算法）以同样的方式解释了它们的选择：每一个非候选房子只有在算法已经找到另一个支配它的房子之后才会被放弃；每一个候选房子只有在已经确定不存在更接近工作地点的更便宜的房子，而且不存在更便宜的更接近工作地点的房子之后才会被添加到输出中。

下面的定义形式化了这个思想。点集合的*阶梯*（staircase）指各个最大点的“支配区域”的并集的边界（参见图 3.1）。

定义 3.3　设 S 是 n 个输入点的集合，S 上的一个划分 Π 将 S 划分成不相交子集 $S_1,\cdots,S_t$。如果每一个子集 S_k 要么是一个单元素集合，要么可以由一个与坐标轴对齐的方框 B_k 包围，B_k 的内部点全部位于 S 的阶梯的下方，则称划分 Π 是 respectful 划分。划分 Π 的熵（entropy）$\mathcal{H}(\Pi)$ 定义为 $\sum_{k=1}^{t}(|S_k|/n)\log(n/|S_k|)$。输入集合 S 的结构熵（struc-

㊀　这一节以及后面的第 11 章将这一类没有利用输入顺序的算法称为忽视顺序（order-oblivious）算法，对此暂时没有普遍认可的中文术语，这里姑且表述为“忽视顺序”算法。下面的 respectful 也是类似的情况。——译者注

㊁　一个类似的概念被用于第 12 章的自我改进算法。

tural entropy）$\mathcal{H}(S)$ 定义为在 S 的所有 respectful 划分 Π 上的 $\mathcal{H}(\Pi)$ 的最小值。 ◁

直觉上，每一个非单元素集合 S_i 表示一个点簇，可以想象这些点能够由一个算法一下子消除。[㊀]因此各个 S_i 越大，我们也许可以期望这个实例就越容易计算（见图 3.2 和图 3.3）。

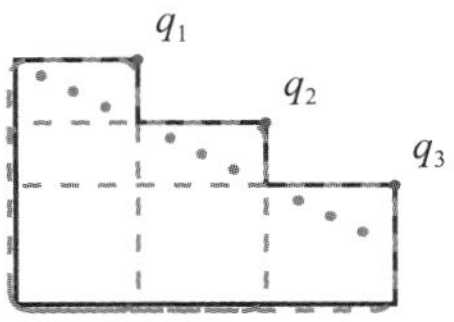

图 3.2　一个对于计算二维最大点集而言“比较难”的点集合

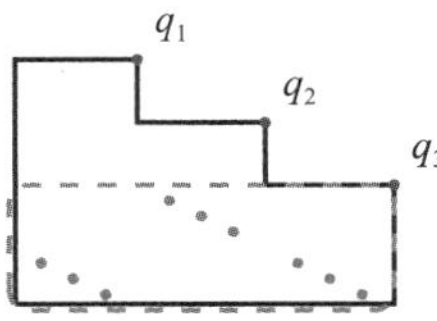

图 3.3　一个“比较容易”的点集合

结构熵通常不超过垂直熵（类似地也不超过水平熵），如图 3.4 所示。图中将每个 S_i 看作一块“垂直板”（每一个最大点在由其自身构成的集合中）。

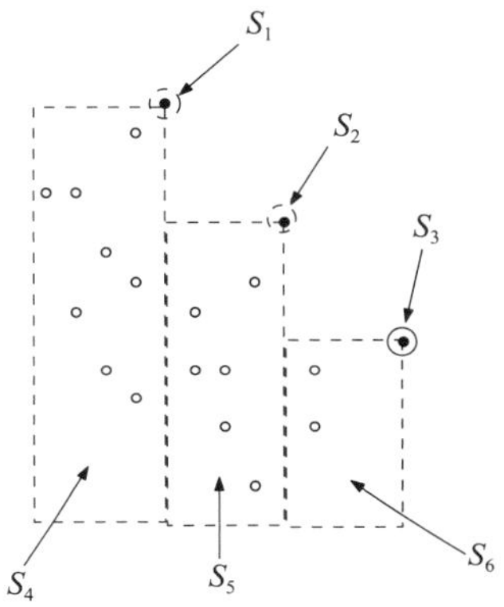

图 3.4　一个利用垂直板表示的 respectful 划分：结构熵拓展了垂直熵

下面的结果表明，对于每个实例，Marriage Before Conquest 算法的运行时间的界由实例的点的数目乘以结构熵确定。

定理 3.4（Afshani et al.，2017）　给定一个包含平面上 n 个点的集合 S，Marriage Before Conquest 算法在 $O(n(\mathcal{H}(S)+1))$ 时间内计算 S 的最大点集合。

证明　考虑算法的递归树（图 3.5），设 X_j 按照从左到右的顺序表示第 j 级递归找到的 S 的全部最大点的子列表。设 $S^{(j)}$ 是在第 j 级递归之后幸存的 S 的点的子集，即那些在第 $0,\cdots,j$ 级递归期间未被删除的点，并设 $n_j=|S^{(j)}|$。算法执行 $O(n_j)$ 次操作将 j 级递归细化到 $j+1$ 级递归，而且在计算中最多存在$\lceil \log n\rceil$个这样的级别，因此总运行时间是 $O(\sum_{j=0}^{\lceil \log n\rceil} n_j)$。接下来我们观察到：

（ⅰ）最多存在$\lceil n/2^j\rceil$个 $S^{(j)}$ 的点，其 x 坐标在 X_j 的任意两个连续的点之间。

（ⅱ）S 中所有严格处于 X_j 的阶梯下方的点在递归的第 $0,\cdots,j$ 级期间被删除。

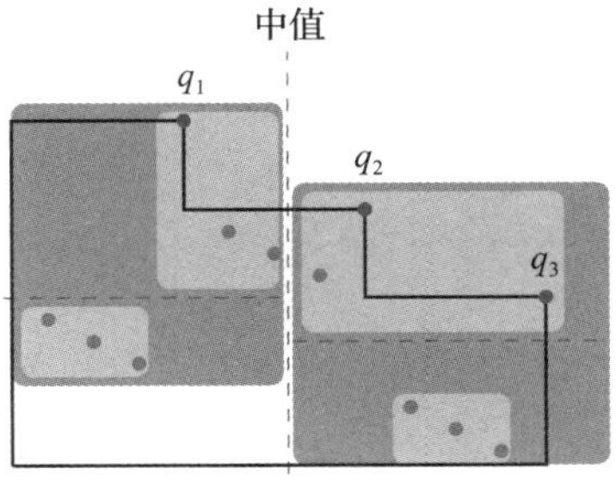

图 3.5　S 的递归划分的开始。底部的两个方框已经是递归树的叶子，而顶部的两个方框将被进一步分割

设 Π 是 S 的一个 respectful 划分，考虑 Π 中的一个非单元素子集 S_k。设 B_k 是一个包围 S_k 的方框，其内部点都位于 S 的阶梯下面。固定一个递归级别 j，假设 B_k 右上角的 x 坐标在 X_j 的两个连续点 q_i 和 q_{i+1} 之间。根据（ⅱ），B_k 中在 j 级递归中幸存的那些点的 x 坐标必定在 q_i 和 q_{i+1} 之间。因此，根据（ⅰ），S_k 中在 j 级递归中幸存的那些点的数目最多是 $\min\{|S_k|,\lceil n/2^j\rceil\}$。（注意到如果 S_k 是单元素集合，那么这个边界显而易见是正

㊀ 从方框的东北角开始，向北移动直到碰到阶梯，然后向东移动直到碰到一个最大点 q。点 q 支配了 S_i 中所有的点。

确的。）因为所有的 S_k 覆盖了整个点集合，所以通过二次求和公式，有：

$$\begin{aligned}\sum_{j=0}^{\lceil \log n\rceil} n_j &\leqslant \sum_{j=0}^{\lceil \log n\rceil}\sum_k \min\{|S_k|,\lceil n/2^j\rceil\}\\ &= \sum_k \sum_{j=0}^{\lceil \log n\rceil} \min\{|S_k|,\lceil n/2^j\rceil\}\\ &\leqslant \sum_k (|S_k|\lceil \log(n/|S_k|)\rceil + |S_k| + |S_k|/2 + |S_k|/4 + \cdots + 1)\\ &\leqslant \sum_k |S_k|(\lceil \log(n/|S_k|)\rceil + 2)\\ &= O(n(\mathcal{H}(\Pi)+1))\end{aligned}$$

这个边界适用于 S 的每个 respectful 划分，因此它也适用于划分 Π 的熵 $\mathcal{H}(\Pi)$ 被 S 的结构熵 $\mathcal{H}(S)$ 代替的情况。这就完成了证明。□

此外，对于所有的忽视顺序算法，一个非平凡的对抗论证可以用来证明匹配下界（Afshani et al., 2017）。形式描述为：对最大点集合问题的任何正确的算法 A 和任何 n 个点的集合 S，存在 S 中的点的一种排序，使得 A 可以利用 $\Omega(n(\mathcal{H}(S)+1))$ 次比较来求解最大点集合问题的相应实例。因此，任何一个没有利用输入点的顺序的运行时间的界（就像最大点集合问题的算法的所有标准运行时间的界）必定是 $\Omega(n(\mathcal{H}(S)+1))$。

定理 3.4 和匹配下界证明了 Marriage Before Conquest 算法的一种强"终极性"形式。但是我们能否设法利用输入顺序来获得更好的结果？

3.1.6　部分有序的输入

还记得 Graham 扫描算法吗？它首先按价格对房子进行排序，然后在线性时间内扫描有序表来排除非候选房屋。这个算法表明，对于输入已经有序的实例，最大点集合问题可以在线性时间内求解。类似的观察也适用于部分有序的输入，这意味着可以将（顺序的）输入划分为少量的有序片段。这里的每一个片段可以在片段长度的线性时间内计算片段的最大点集合，而且在某些情况下，可以足够快地合并所有最大点集合来获得比忽视顺序算法更好的运行时间的界。㊀

定理 3.5（Ochoa, 2019）　考虑一个包含平面上 n 个点的序列 S。S 由长度为 $r_0,\cdots,r_\rho$ 的有序碎片组成，其结构熵为 $\mathcal{H}(S)$。存在一种算法可以在 $O(n+\min\{n\log n-\sum_{i=0}^{\rho} r_i\log r_i,\ nH\})$ 时间内计算 S 的最大点集合。

也许沿着定理 3.5 的技术路线能够取得最大点集合问题的一个真正的实例最优算法，而无须在对于顺序的忽视上加以限制？

3.1.7　不可能性的结果

Graham 扫描算法的存在意味着在比较模型中，关于最大点集合问题的任何算法都不可能是真正的实例最优的。

定理 3.6（Afshani et al., 2017）　最大点集合问题不存在实例最优算法。

事实上，对最大点集合问题的每个算法 A，都存在关于同一个问题的另一个算法 B 和无穷多种输入 z，在这些输入上 A 以 $\Omega(n\log n)$ 的时间运行，与此同时 B 以 $O(n)$ 的时间运行。

㊀ 更多的自适应部分有序输入的算法参见练习题 3.6 和 3.3.1 节。

概略证明　这个证明的直觉非常简单：对于任何一个给定的实例 I，至少存在一个竞争算法，它能够正确地猜测到处理输入的顺序，使得 Graham 扫描算法能够在线性时间内计算 I 的最大点集合。此外，在比较模型中没有任何算法能够在 $o(n\log n)$ 时间内（通过简单的计数）求解所有规模为 n 的实例。因此，对于任何实例 I，没有任何算法能够在由一个常数因子乘以 I 的最佳算法时间所确定的时间界内计算 I 的最大点集合。□

定理 3.6 表明，对于最大点集合问题的一个实例最优性结果，限定词“忽视顺序”（或者某种其他的限制）是必要的。因此，如果人们必须为这个问题选择一个“终极”算法，那么 Marriage Before Conquest 算法大概是最佳的候选算法：它（或者这里描述的轻微变异版本）是忽视顺序算法中的实例最优算法，似乎也是仅次于一个真正的实例最优算法（这其实并不存在）的算法。

3.2　案例研究 2：实例最优的聚合算法

这一节讨论实例最优算法的第二个案例研究，它用于按照原始定义的数据库聚合问题。

3.2.1　实例最优性

我们首先从宏观的角度讨论一般的实例最优性。一些难度度量要比其他的难度度量更为精细一些，那么会不会存在一种“可能最精细的”度量，这样如果一个算法关于这个度量是最优的，那么这个算法关于任何其他（更为粗糙的）的度量也会自动是最优的？对于任何自然的计算问题而言，这似乎是一个白日梦。但是 Fagin 等人（2003）描述了在数据库聚合问题上的一个这样的结果。[㊀]在这样一种可能最精细的度量上最优的算法——实例最优（instance-optimal）算法——可以被视为终极的自适应算法，它们在每个输入上总是和所有其他算法一样好（在忽略一个常数因子的意义上）。

考虑一个计算问题和成本度量，用 $\text{cost}(A,z)$ 表示算法 A 在输入 z 上产生的成本（例如运算次数）。

定义 3.7（实例最优性）　设 A 是一个问题的算法，C 是一个算法集合。如果对于每个算法 $B\in C$ 和每个输入 z，都有

$$\text{cost}(A,z)\leqslant c\cdot\text{cost}(B,z)$$

其中 $c\geqslant 1$ 是一个与 B 和 z 无关的常数，就说 A 是关于算法集合 C 的具有近似值 c 的实例最优算法。◁

定义 3.7 中的常数 c 称为 A（关于 C）的最优性比（optimality ratio）。实例最优算法通常是指最优性比的界被常数限定的算法。[㊁]定义 3.7 是一个苛刻的定义，在许多问题上，对于任何一个相当丰富的算法类 C 都不存在实例最优算法。在定理 3.4 中我们看到了与忽视顺序算法类有关的最大点集合问题的一个实例最优算法的例子。我们从定理 3.6 了解到，对于与包含所有基于比较的算法类有关的问题，不存在任何实例最优算法。

这一节的其余部分将介绍实例最优算法最初的成功案例。

㊀ Fagin 等人（2003）的论文获得了 2014 年 EATCS-SIGACT Gödel 奖，这是对理论计算机科学领域的论文“经过时间考验”的认可。

㊁ 实例最优算法这种粗糙定义的一个缺点是它的如下性质：它既不区分竞争中的实例最优算法（这些算法的最优性比之间有很大的常数因子级的差异），也不区分或许难度不一样的不同问题（即使这些问题不允许实例最优算法）。

3.2.2　问题的设定

问题如下：有一个非常大的对象集合 X（比如一些 Web 页面）。属性的数量是一个比较小的 m，比如一个 Web 页面在 m 个不同的搜索引擎下的排名（例如 PageRank）。简单起见，假定属性值位于区间 $[0,1]$。因此，一个对象由唯一的名称和一个 $[0,1]^m$ 的元素组成。

给定一个评分函数（scoring function）σ：$[0,1]^m \rightarrow [0,1]$，它将 m 个属性值聚合为一个评分。我们将较高的属性值和评分解释为“较好”。我们假定评分函数是单调的，意思是它的输出关于它的每一个输入[一]是非递减的。一个容易理解的评分函数是求平均值，但显然还有许多其他自然的例子。

给定一个正整数 k，算法的目标是识别 X 中评分最高的 k 个对象，相同评分的对象可以根据需要随意选取。

我们假定数据只能以一种受限的方式访问。数据被表示为 m 个有序表 $L_1, L_2, \cdots, L_m$，每一个列表 L_i 都是 X 的一个副本，并且按照第 i 个属性值的非递增次序排序。算法只能通过请求其中一个列表中的下一个对象来访问数据。比如算法可以请求 L_4 的第一个（即最高分）对象，然后是 L_7 的第一个对象，然后是 L_4 的第二个对象，依此类推。这样的一个请求获得了所述对象的名称及其所有 m 个属性值。对于每一次这样的数据访问，我们给算法计入 1 个单位的成本。[二]因此，我们把定义 3.7 中的成本度量 $\text{cost}(A,z)$ 定义为算法 A 正确识别输入 z 中的评分最高的 k 个对象所需的数据访问次数。

3.2.3　阈值算法

我们研究下面的阈值算法（Threshold Algorithm，TA）。这个算法是自然的，但也许还不是人们为这个问题写下的第一个算法。我们鼓励读者思考一些“更明显”的，但可能不是实例最优的算法。

算法 1　阈值算法

输入： 一个参数 k 和 m 个有序表。

不变量： S 是到目前为止算法遇到的 k 个评分最高的对象的集合。

1. 从 m 个列表中的每一个列表获取下一个项。
2. 计算返回的每一个对象 x 的分数 $\sigma(x)$，并根据需要更新 S。
3. 设 a_i 表示刚刚从列表 L_i 中获取的对象的第 i 个属性值，设置阈值 $t := \sigma(a_1, \cdots, a_m)$。
4. 如果 S 的所有对象的评分至少为 t，则算法停止；否则返回步骤 1。

我们首先断言阈值算法是正确的——对于每个输入，它成功地识别出评分最高的 k 个对象（即使它在遇到 X 的所有对象之前早就停止了）。

证明　根据定义，阈值算法返回的最终集合 S 是算法遇到的对象中最好的。如果有一

[一] 这里的输入是一个 m 维向量。——译者注

[二] 这并不是最切合实际的成本模型，而只是以简单的方式举例说明我们的主要观点。以 Fagin 等人（2003）的术语，这对应于一个顺序访问成本 1 和一个随机访问成本 0。更为一般地，Fagin 等人（2003）把我们所描述的类型的每一次数据访问的成本计为常数 c_s，并假定访问列表 L_i 只会取得第 i 个属性的值，其他的属性值通过对其他列表的 $m-1$ 次“随机访问”来确定，并假定每一次随机访问的成本是另一个常数 c_r。在这个更为通用的模型（Fagin et al.，2003）中可以得到一些类似的实例最优性结果。

个对象 $x \in X$ 没有被阈值算法遇到，那么它的第 i 个属性值 x_i 不会超过从列表 L_i 中提取的一个对象的最低属性值 a_i（因为列表是非递增有序的）。由于 σ 是一个单调评分函数，$\sigma(x)$ 不会超过 $\sigma(a_1,\cdots,a_m)$，按照定义这是阈值算法的最终阈值 t，根据停止规则，它不会超过 S 中每个对象的评分。因此，S 中的每个对象的评分至少与 S 之外的每个对象的评分一样大，这正是我们想要的结果。 □

证明的要点是：阈值 t 作为阈值算法没有访问过的对象的最佳可能评分的上界。一旦到目前为止找到的那些最佳对象至少达到这个阈值，算法就可以安全地停止，而不需要做进一步的探索。

3.2.4 阈值算法的实例最优性

阈值算法实际上是最优性比为 m 的实例最优算法。

定理 3.8（阈值算法的实例最优性） 对于每个算法 A 和所有输入 z，有

$$\mathrm{cost}(\mathrm{TA},z) \leqslant m \cdot \mathrm{cost}(A,z) \tag{3.2}$$

用语言表达的意思是：假设你事先承诺使用 TA，并且你有一个竞争对手，他既可以选择输入 z，还可以选择（正确的）算法 A，而且算法 A 是专门为了在输入 z 上取得良好的性能而定制的。定理 3.8 说的是，即使有这种极端的优势，你的对手的性能也只会略好于你的性能（m 倍）。回忆一下，我们把 m 看成一个小的常数，这在这个问题的许多自然推动的应用中是有意义的。我们将在下面看到，没有一个算法的最优性比小于 m。

证明（定理 3.8 的证明） 考虑（正确的）算法 A 和输入 z。假设 A 在计算 z 上的（正确的）输出 S 的过程中访问了列表 $L_1,L_2,\cdots,L_m$ 的前 $k_1,k_2,\cdots,k_m$ 个元素。对于每一个 i，设 b_i 表示 L_i 的最后一个被访问对象的第 i 个属性值——这是算法遇到的从 L_i 提取的对象的这个属性的最低值。

关键的论点是，根据 A 的正确性，A 的输出 S 中的每个对象 x 都必须有一个评分 $\sigma(x)$，它至少是 $\sigma(b_1,\cdots,b_m)$。原因是：就 A 所知，存在一个还没有遇到过的对象 y，其属性值为 $b_1,\cdots,b_m$，而且潜伏着作为每一个 i 的列表 L_i 的第（k_i+1）个对象。因此，A 不可能以 $x \in S$ 以及 $\sigma(x)<\sigma(b_1,\cdots,b_m)$ 停机而不违反在某一个输入 z' 上的正确性（这里 z' 与 z 在每一个 L_i 的前 k_i 个对象上一致，并且每一个列表的下一个对象就是上述的 y）。

现在，经过 $\max_i k_i$ 轮之后，TA 对每一个列表的探测程度至少和 A 一样，并且发现了 A 所处理的每个对象（包括 S 中所有的）。因此，TA 从列表 L_i 获取的最后一项的第 i 个属性值 a_i 不超过 b_i。由于 σ 是单调的，$\sigma(a_1,\cdots,a_m) \leqslant \sigma(b_1,\cdots,b_m)$。因此，最多经过 $\max_i k_i$ 轮之后，TA 发现了至少 k 个对象，其评分至少是它的阈值，这就触发了 TA 的停止条件。所以 $\mathrm{cost}(\mathrm{TA},z) \leqslant m \cdot \max_i k_i$，由于 $\mathrm{cost}(A,z)=\sum_i k_i \geqslant \max_i k_i$，证明完成。 □

3.2.5 最优性比上的匹配下界

定理 3.8 中的因子 m 对于阈值算法或者任何一个其他算法都无法改进。我们满足于这样一种情况，即 $k=1$ 以及评分函数 σ，σ 具有如下性质：$\sigma(x)=1$ 当且仅当 $x_1=x_2=\cdots=x_m=1$。对这里所解释的简单思路进行扩展，有可能得到更一般的下界（Fagin et al.，2003）。

实例最优性的保证如此之强，因此我们可以非常容易地对下界进行证明。给定一个任意的正确算法 A，我们需要给出输入 z 和正确的算法 A'，A' 在 z 上的代价小于 A。同时选择

A'和 z 使我们能够实现一些简单的下界证明。

假设 $k=1$。我们将只利用以下形式的特殊输入 z:

- 存在唯一的对象 y，$\sigma(y)=1$。
- 这个对象 y 正好出现在列表 $L_1, L_2, \cdots, L_m$ 中的第一个。（回忆一下，我们允许在一个列表内任意选择打破僵局的策略。）

可以通过以下的两个观察结果对下界进行推断。对于每个这样的输入 z，存在一个算法 A'，$\text{cost}(A',z)=1$。它首先在包含 y 的列表中查找，一旦找到就以 y 作为答案安全停止，因为没有其他对象能够获得更高的评分。但是对于每个固定的算法 A，存在这样一个输入 z，$\text{cost}(A,z)\geqslant m$。$A$ 必定会查看最后的列表中的一个，而对抗可以选择这样的输入 z，将 y 隐藏在 z 的这个最后的列表中。

实例最优性的下界来得如此轻松，这一事实进一步提升了具有小的最优性比（当它们存在时）的实例最优算法的价值。

3.3　对更多结果和技术的综述

人们已经引进了许多技术，通过对输入规模大小之外的输入难度进行参数化来改进最坏情况分析。有太多这样的结果，无法在这里一一列出，因此我们只选择其中一部分来说明一些关键的概念和技术。

3.3.1　输入顺序

我们把自适应输入顺序的算法和自适应（无序的）输入结构的算法进行对比，并将这两者区分开来。前者的示例是定理 3.5 中的算法，它适用于最大点集合问题的部分有序的实例。自适应排序在这些方面的进一步结果，参见 Estivill-Castro 和 Wood（1992）的综述以及 Moffat 和 Petersson（1992）的概述。

3.3.2　输入结构

Munro 和 Spira（1976）提出了一个适应（无序的）输入结构的早期示例，他们展示了算法如何适应一个多重集 M 中的元素的频率，以便利用比最坏情况下所需要的次数更少的比较对它们进行排序。我们将在下面讨论这个问题和其他一些示例。

输出规模。在 3.1.3 节，我们已经对输出敏感（output-sensitive）算法的概念有所了解，这是对输入结构的自适应性的基本的概念之一。Kirkpatrick 和 Seidel（1985）给出了第一个输出敏感的算法，用于计算 d 维点集的最大点。他们的算法在二维和三维上的运行时间为 $O(n(1+\log h))$，在维数 $d>3$ 时的运行时间为 $O(n(1+\log^{d-2} h))$，其中 h 是最大点的数目。第二年，Kirkpatrick 和 Seidel（1986）证明了关于凸包问题（只在二维和三维的情况下）的类似结果。

这些结果后来由 Sen 和 Gupta（1999）针对凸包问题进行改进以适应垂直熵，并由 Afshani 等人（2017）进行改进以适应点集合的结构熵。参见 3.5.1 节关于四维或者更高维数的点集的近期进展和一些开放性问题。

重复元素。作为（无序的）输入结构的另一个例子，考虑一个大小为 n 的多重集 M（例如，$n=10$ 的集合 $M=\{4,4,3,3,4,5,6,7,1,2\}$）。$M$ 的元素 x 的重数（multiplicity）是 x 在 M 中出现的次数 m_x（例如本例的 $m_3=2$）。M 中元素的重数分布是序偶 (x, m_x) 的集合（例如本例的 $\{(1,1),(2,1),(3,2),(4,3),(5,1),(6,1),(7,1)\}$）。Munro

和 Spira（1976）描述了归并排序算法的一个变异算法。这个算法利用计数器，并且在排序时利用了 M 中元素的重数分布。算法在 $O(n(1+\mathcal{H}(m_1,\cdots,m_\sigma)))$ 时间内运行，其中 σ 是 M 中不同元素的数目，$m_1,\cdots,m_\sigma$ 分别是 σ 个不同元素的重数，$\mathcal{H}$ 是相应分布的熵。他们证明了这个运行时间在决策树模型中，在大小为 n、有 σ 个不同元素、元素的重数分别为 $m_1,\cdots,m_\sigma$ 的实例上的最坏情况下是可能最佳的（在忽略常数因子的意义上）。

混杂的输入结构。Barbay 等人（2017a）提出了三个关联问题的自适应算法，问题的输入是一个 d 维的坐标轴对齐的方框集合 $\mathcal{B}$。这三个问题是：Klee 度量问题（计算 $\mathcal{B}$ 中的方框合并后的总量），最大深度问题（计算 $\mathcal{B}$ 中覆盖空间的一个公共点的方框的最大数目），深度分布问题（对于每一个 i，计算由 $\mathcal{B}$ 中恰好 i 个方框所覆盖的点的总量）。

3.3.3 顺序与结构之间的协同作用

是否存在可以同时利用输入顺序和输入结构的优点的算法？这是 Barbay 等人（2017b）关注的问题。他们证明了存在一个多重集排序问题的算法，可以同时自适应部分有序的输入（如 3.1.6 节所述）和元素频率分布的熵：对于一些实例，结果的渐近运行时间相比仅仅利用这两方面特性中的一个的情况更快。他们还考虑了在利用查询结构和查询顺序（除了输入顺序和输入结构之外）的同时用于回应排名和选择查询的数据结构。最后，Barbay 和 Ochoa（2018）给出了关于最大点集合问题和（二维）凸包问题的类似结果。

3.4 讨论

这一节将自适应分析和实例最优性与参数化算法和在线算法竞争分析进行比较。

3.4.1 与参数化算法的比较

自适应分析和参数化算法（如第 2 章所述）都是利用在输入规模上以及在输入规模以外的参数来分析算法的运行时间。这两个领域之间的一个主要区别是前者侧重于多项式时间可解问题（通常具有近似线性的最坏情况复杂性），而后者侧重于 NP 困难问题。㊀NP 困难参数化问题的下界必定是有条件的（起码基于 P≠NP，而且往往基于更强的假定，例如强指数时间假设 SETH）。同时，无条件的胎紧的下界是实例最优性结果的先决条件，这些结果通常只适用于近似线性时间可解问题（比如排序问题、二维或三维的凸包问题）以及计算受限模型（基于比较的算法或决策树）。

自适应分析通常与多项式时间可解的问题有关，我们尚未知晓这些问题的好的下界。例如，Barbay 和 Pérez Lantero（2018）以及 Barbay 和 Olivares（2018）分析了基于编辑距离的各种字符串问题的自适应算法，而 Barbay（2018）给出了关于离散弗雷歇距离问题的类似结果。

㊀ 一个表面上的区别是在参数化算法中，相关的参数值通常给定并作为输入的一部分；而在自适应分析中，它只在算法的分析中出现。但是一个典型的 FPT 算法可以扩展用于处理相关参数不是输入的一部分的情况，只需要对这个参数尝试所有可能的取值。

3.4.2　与在线算法的竞争分析的比较

在线算法是这样的算法，它一次只接收输入的一个片段，而且在整个过程中需要做出一些不可撤销的决定。在线算法的竞争分析由 Sleator 和 Tarjan（1985）发起（参见第24章），其目标是确定一个具有良好（接近1）的竞争比的在线算法，这意味着可以保证这个算法输出的目标函数值，与全能的、无所不知的离线最优算法能够达到的几乎一样好。

竞争比的概念为最优性比（定义3.7）和实例最优性提供了灵感。[⊖]确实，我们可以把在线算法 A 的竞争比上的保证 c，解释为在 A 关于所有算法的家族 C（尤其是离线最优算法）的最优性比上的保证，其中 $\mathrm{cost}(A,z)$ 是 A 关于输入 z 的输出的目标函数值。

3.5　开放式问题精选

我们以两个开放的研究方向结束本章。

3.5.1　高维的情况

我们选择房子的标准可能不止两个：除了价格和距离之外，房子的大小、是否有花园、小区的质量等都应该作为重要的考虑因素。

Kirkpatrick 和 Seidel（1985）在最大点集合问题上的结果也涵盖高维的情况，他们在高维模拟 Marriage Before Conquest 算法，在 $O(n\log^{d-2}h)$ 时间内计算一个 d 维（$d\geqslant 3$）点集的最大点集合，这里 n 和 h 分别表示输入和输出的规模。Afshani 等人（2017）不仅在二维上，而且在三维上完善了这一分析。他们采用一种不同的算法，基于仔细选择的样本点对输入进行划分。Barbay 和 Rojas-Ledesma（2017）在维度 $d>3$ 上证明了类似的结果：

定理3.9（Barbay and Rojas-Ledesma，2017）　*考虑 $\mathbb{R}^d$ 中 n 个点的集合 S，设 Π 是 S 的一个 respectful 划分，它将 S 划分为大小分别为 $n_1,\cdots,n_t$ 的子集 $S_1,\cdots,S_t$。存在一种算法，在下述时间内计算 S 的最大点集：*

$$O\left(n+\sum_{k=1}^{t} n_k\log^{d-2}\frac{n}{n_k}\right) \tag{3.3}$$

是否可能存在一个匹配的下界，就像二维和三维的情况那样？这里的（开放式）问题是没有理由相信式（3.3）是正确性证书的最小描述长度，例如，就我们所知，存在一个线性依赖于 d（而不是指数依赖于 d）的界。

3.5.2　最大点集合的分层

在最大点集合问题中，每个点被给定一个二元分类（是最大点，或者不是最大点）。更一般地，我们可以识别输入 S 的最大点集合 S_1（第1层），接着是剩余点 $S\setminus S_1$ 的最大点集合 S_2（第2层），依此类推。

Nielsen（1996）描述了这个问题以及一个输出敏感的解（类似于3.1.3节关于最大点集合问题所描述的）。对这一结果进行扩展以获得忽视顺序的实例最优性并不太困难，但是如何使算法能够自适应各种形式的输入顺序仍然是一个开放式问题。

⊖ Fagin 等人（2003）写道："我们把 c 称作最优性比。它类似于竞争分析中的竞争比。"

3.6 关键要点

下面，从本章对自适应分析和实例最优性的研究结果的不太全面的综述出发，我们把讨论的内容概括为两个主要的启示。

- 在算法和数据结构的自适应分析中用到的大多数技术，类似于在给定输入规模的实例上的经典最坏情况分析中使用的技术，不同之处在于这些思路可以应用于更细粒度的环境中。
- 实例最优性的概念（对于各种计算模型）可以进一步细化为算法类在实例类上的最优性比的概念。这样的细化与实例最优性的粗糙标准相比可以对更多的算法进行区分。

3.7 本章注解

最后，我们给出对一些文献的评论以补充前面各节的内容。

McQueen 和 Toussaint（1985）最初引入了 Marriage Before Conquest 算法的轻微变异算法，这在（Afshani et al.，2017）中被证明是（忽视顺序的）实例最优化算法。

Petersson 和 Moffat（1995）介绍了在难度度量之间的形式化归约的概念，这个概念引出了难度度量上的偏序关系（Estivill Castro and Wood，1992；Moffat and Petersson，1992）。这种归约理论在无条件下界能够得到证明的情况下，类似于第 2 章的参数化算法中所讨论的问题和参数对之间的归约（因为参数化问题之间的归约在它们上面产生了一个与难度有关的偏序关系）。

Barbay 和 Navarro（2013）受到算法的运行时分析中使用的难度度量的启发，将压缩性（compressibility）度量的概念形式化，用于分析被压缩的数据结构所使用的空间。

致谢

本章中的一些例子、定义和结果得到 Carlos Ochoa 和 Javiel Rojas 的博士论文的启发。

参考文献

Afshani, Peyman, Barbay, Jérémy, and Chan, Timothy M. 2017. Instance-optimal geometric algorithms. *Journal of the ACM*, **64**(1), 3:1–3:38.

Barbay, Jérémy. 2018. Adaptive computation of the discrete Fréchet distance. In *Proceedings of the 11th Symposium on String Processing and Information Retrieval (SPIRE)*, pp. 50–60.

Barbay, Jérémy, and Navarro, Gonzalo. 2013. On compressing permutations and adaptive sorting. *Theoretical Computer Science*, **513**, 109–123.

Barbay, Jérémy, and Ochoa, Carlos. 2018. Synergistic computation of planar maxima and convex hull. In *Proceedings of the 23rd Annual International Computing and Combinatorics Conference (COCOON)*, pp. 156–167.

Barbay, Jérémy, and Olivares, Andrés. 2018. Indexed dynamic programming to boost edit distance and LCSS computation. In *Proceedings of the 11th Symposium on String Processing and Information Retrieval (SPIRE)*, pp. 61–73.

Barbay, Jérémy, and Pérez-Lantero, Pablo. 2018. Adaptive computation of the swap-insert correction distance. *ACM Transactions on Algorithms*, **14**(4), 49:1–49:16.

Barbay, Jérémy, and Rojas-Ledesma, Javiel. 2017. Multivariate analysis for computing maxima in high dimensions. *CoRR*, abs/1701.03693.

Barbay, Jérémy, Pérez-Lantero, Pablo, and Rojas-Ledesma, Javiel. 2017a. Depth distribution in high dimensions. In *Proceedings of the 23rd Annual International Computing and Combinatorics Conference (COCOON)*, pp. 38–40.

Barbay, Jérémy, Ochoa, Carlos, and Satti, Srinivasa Rao. 2017b. Synergistic solutions on multiSets. In *Proceedings of the 28th Annual Symposium on Combinatorial Pattern Matching (CPM)*, pp. 31:1–31:14.

Blum, Manuel, Floyd, Robert W., Pratt, Vaughan, Rivest, Ronald L., and Tarjan, Robert E. 1973. Time bounds for selection. *Journal of Computer and System Sciences*, **7**(4), 448–461.

Estivill-Castro, Vladimir, and Wood, Derick. 1992. A survey of adaptive sorting algorithms. *ACM Computing Surveys*, **24**(4), 441–476.

Fagin, Ronald, Lotem, Amnon, and Naor, Moni. 2003. Optimal aggregation algorithms for middleware. *Journal of Computer and System Sciences*, **66**(4), 614–656.

Graham, Ron L. 1972. An efficient algorithm for determining the convex hull of a finite planar set. *Information Processing Letters*, **1**, 132–133.

Jarvis, Ray A. 1973. On the identification of the convex hull of a finite set of points in the plane. *Information Processing Letters*, **2**(1), 18–21.

Kirkpatrick, David G. 2009. Hyperbolic dovetailing. In *Proceedings of the 17th Annual European Symposium on Algorithms*, pp. 516–527. Springer Science+Business Media.

Kirkpatrick, David G., and Seidel, Raimund. 1985. Output-size sensitive algorithms for finding maximal vectors. In *Proceedings of the First International Symposium on Computational Geometry (SOCG)*, pp. 89–96. ACM.

Kirkpatrick, David G, and Seidel, Raimund. 1986. The ultimate planar convex hull algorithm? *SIAM Journal on Computing*, **15**(1), 287–299.

Kung, H T, Luccio, F, and Preparata, F P. 1975. On finding the maxima of a set of vectors. *Journal of the ACM*, **22**, 469–476.

Lucas, Édouard. 1883. *La Tour d'Hanoï, Véritable Casse-Tête Annamite*. In a puzzle game, Amiens. Jeu rapporté du Tonkin par le professeur N.Claus (De Siam).

McQueen, Mary M., and Toussaint, Godfried T. 1985. On the ultimate convex hull algorithm in practice. *Pattern Recognition Letters*, **3**(1), 29–34.

Moffat, Alistair, and Petersson, Ola. 1992. An overview of adaptive sorting. *Australian Computer Journal*, **24**(2), 70–77.

Munro, J. Ian, and Spira, Philip M. 1976. Sorting and searching in multisets. *SIAM Journal on Computing*, **5**(1), 1–8.

Nielsen, Frank. 1996. Output-sensitive peeling of convex and maximal layers. *Information Processing Letters*, **59**(5), 255–259.

Ochoa, Carlos. 2019. *Synergistic (Analysis of) Algorithms and Data Structures*. PhD thesis, University of Chile.

Petersson, Ola, and Moffat, Alistair. 1995. A framework for adaptive sorting. *Discrete Applied Mathematics*, **59**, 153–179.

Sen, Sandeep, and Gupta, Neelima. 1999. Distribution-sensitive algorithms. *Nordic Journal on Computing*, **6**, 194–211.

Sleator, D. D., and Tarjan, R. E. 1985. Amortized efficiency of list update and paging rules. *Communications of the ACM*, **28**(2), 202–208.

练习题

3.1 汉诺塔问题最初由 Lucas（1883）提出，是递归的一个经典例子。[㊀]1892 年提出的一个递归算法使用 2^n-1 次移动完成任务，一个简单的论证表明 2^n-1 次移动是必要的。本题对问题做了这样的改动：允许碟子的大小一样（因此一个碟子可以放在另一个

㊀ 回忆一下问题的设置：游戏包含三根一样的柱子和 n 个大小不一的空心碟子，这些碟子可以套在任何一根柱子上。游戏开始时，所有碟子套在同一根柱子上，从最大（在底部）到最小排好序。合法的移动是取下一根柱子最上面的碟子，然后套在另外两根柱子之一的最上面，关键约束是不允许把较大的碟子放在较小的碟子上面。目标是把所有的碟子按照原来的顺序套在与游戏开始时不同的另一根柱子上。

与其大小相同的碟子上面），除此以外其他设置跟原来的问题一样。我们称这个问题为碟子堆放问题。在极端情况下，当所有碟子大小相同时，可以通过线性次数的移动完成任务。

（a）证明碟子堆放问题存在一个算法，其移动次数为$\sum_{i\in\{1,\cdots,s\}} n_i 2^{s-i}$，其中 s 表示不同大小的碟子的种类数，n_i 表示大小为 i 的碟子的数量。

（b）证明没有任何算法可以用少于$\sum_{i\in\{1,\cdots,s\}} n_i 2^{s-i}$ 的移动次数完成任务。

（c）在 s 的值固定和碟子的总数 n 固定的所有实例上，你的算法在最坏情况下的性能如何？

（d）哪种分析更加细粒度：s 和 n 固定的分析，还是 $n_1,\cdots,n_s$ 固定的分析？

3.2 给定一个无序数组 A 和一个元素 x，无序搜索问题想要确定 A 是否至少包含一个与 x 的值相同的元素。成本度量是算法对 A 中元素的探测次数。

（a）对于大小为 k 而且有 r 个元素和 x 的值相同的实例，无序搜索问题的*确定性*算法的最佳可能最优性比是多少？

（b）对于大小为 k 而且有 r 个元素和 x 的值相同的实例，无序搜索问题的*随机化*算法的最佳可能最优性比是多少？

（c）对于大小为 k 而且有 σ 种不同元素的实例，无序搜索问题的随机化算法的最佳可能最优性比是多少？

3.3 给定一个有序数组 A 和一个元素 x，有序搜索问题想要确定 A 是否至少包含一个和 x 的值相同的元素。对于大小为 k 而且有 r 个元素和 x 的值相同的实例，有序搜索问题的确定性算法和随机化算法的最佳可能最优性比分别是多少？

3.4 在基本交集问题中，输入是一个元素 x 和 k 个有序数组 $A_1,\cdots,A_k$，目标是确定 x 是否属于所有 k 个数组。基本并集问题的输入相同，但目标是确定 x 是否至少属于 k 个数组中的一个。

（a）对于由 k 个大小都是 n/k 的数组构成的实例，当这些数组中的 ρ 个数组都包含一个值等于 x 的值的元素时，关于这些实例的基本交集问题的算法的最佳可能最优性比是多少？

（b）对于由 k 个大小都是 n/k 的数组构成的实例，当这些数组中的 ρ 个数组都包含一个值等于 x 的值的元素时，关于这些实例的基本并集问题的算法的最佳可能最优性比是多少？

3.5 著名的冒泡排序算法在最坏情况下的运行时间是 $\Theta(n^2)$，当输入有序时其运行时间是 $\Theta(n)$。相应的气泡上升和气泡下降过程的定义如下：气泡上升比较从最小索引值到最大索引值的每一对连续元素，如果元素的值与索引值的大小反转则交换它们；而气泡下降则比较从最大索引值到最小索引值的每一对连续元素，如果元素的值与索引值大小反转则交换它们。为了简化表示，假设数组的第一个和最后一个元素分别是$-\infty$（在索引值 0 处）和$+\infty$（在索引值 $n+1$ 处）。

（a）证明：相应元素没有被气泡上升和气泡下降移动的某一个位置 p 是一个*自然主元*（natural pivot）：在输入数组中，这个元素大于所有索引值比它小的元素，而小于所有索引值比它大的元素。

（b）证明：对于一个有 η 个自然主元的 n 元数组，存在一个算法，在 $O\left(n\left(1+\log\frac{n}{\eta}\right)\right)$ 时间内对数组进行排序。

（c）对（b）进行改进：一个有 η 个自然主元的 n 元数组，这些主元被 $\eta+1$ 个间隔分开，各个间隔的大小是（$r_0,\cdots,r_\eta$）。证明存在一个算法，可在 $O(n+\sum_{i=0}^{\eta}r_i\log r_i)$ 时间内对上述数组进行排序。

（d）一个有 η 个自然主元的 n 元数组，这些主元被 $\eta+1$ 个间隔分开，各个间隔的大小是（$r_0,\cdots,r_\eta$）。证明在由这个数组构成的实例的最坏情况下，比较模型中的每个排序算法的运行时间是 $\Omega(n+\sum_{i=0}^{\eta}r_i\log r_i)$。

3.6 著名的快速排序算法对长度为 n 的数组进行排序，使用任意元素作为主元时的最坏情况运行时间是 $\Theta(n^2)$，而使用中值元素（利用线性时间的中值子例程）作为主元时的最坏情况运行时间是 $\Theta(n\log n)$。考虑一种算法的实现——包含重复值的快速排序，其中由中值 m 引入的划分在数组中产生三个区域：左边是值严格小于 m 的所有元素，右边是值严格大于 m 的所有元素，在余下的中心位置是值等于 m 的所有元素。

（a）证明：对于由取自包含 σ 个不同值的字母表的 n 个元素构成的实例，这样的算法实现在最坏情况下执行 $O(n(1+\log\sigma))$ 次比较。

（b）对（a）进行改进：设有取自字母表［$1,\cdots,\sigma$］的 n 个元素，n_i 表示第 i 个值的重复次数。证明对于由这 n 个元素构成的实例，上述算法实现在最坏情况下执行 $O\left(n+\sum_{i=1}^{\sigma}n_i\log\frac{n}{n_i}\right)$ 次比较。

（c）证明可应用于所有忽视顺序的算法的匹配下界（在忽略常数因子的意义上）。

（d）你能否把（b）中的分析和自然主元的分析（练习题 3.5）结合起来？

资源增广

Tim Roughgarden

摘要： 本章介绍资源增广（resource augmentation），即将一个算法的性能与受到较少资源限制的最佳可能解进行比较。我们考虑三个案例研究：以缓存大小作为资源的在线分页问题，以容量作为资源的自私路由问题，以及以处理器速度作为资源的调度问题。资源增广的界也意味着"松弛竞争"的界，它们表明算法的性能在大多数的资源水平上是接近最优的。

4.1 再论在线分页问题

这一节通过一个我们熟悉的示例来说明资源增广的思想，这个示例就是在线分页算法的竞争分析。4.2 节在更一般的意义上讨论资源增广的优缺点，4.3 节和 4.4 节描述了在路由问题和调度问题上的进一步的案例研究，4.5 节展示了如何从资源增广的界引入"松弛竞争"保证。

4.1.1 模型

我们的第一个资源增广案例研究是关于第 1 章介绍的在线分页问题。我们先回顾一下问题的组成：

- 有一个 N 页的慢速内存。
- 有一个快速存储器（缓存），它一次只能保存 k 个页面，$k<N$。
- 页面请求会随着时间的推移在线到达，每一个时间步有一个请求。在线算法在 t 时刻的决策只能依赖于 t 时刻或之前到达的请求。
- 如果在 t 时刻请求的页面 p_t 已经在缓存中，则不需要执行任何操作。
- 如果 p_t 不在缓存中，则必须从内存读入；如果缓存已满，则必须移走 k 页缓存中的某一个页面，这个过程称为一次缺页（page fault）。[㊀]

我们以算法 A 引起的缺页次数来度量算法 A 在页面请求序列 z 上的性能 $\mathrm{PERF}(A,z)$。

4.1.2 FIF 和 LRU

作为一个基准，如果能够预知所有未来的页面请求，我们会怎么做？直观的贪心算法能够最小化缺页次数。

定理 4.1（Bélády，1967） 未来最远（Furthest-In-the-Future，FIF）算法在发生缺页时移走将在未来最远的时间被请求的页面，算法总可以最小化缺页次数。

FIF 算法不是在线算法，因为它移走页面的决策取决于未来的页面请求。最近最少使

㊀ 这个模型对应于"请求分页"，意思是算法只在响应缺页时才修改缓存。这一节的结果对于更一般的模型也是有效的：允许算法在每个时间步对缓存做任意改变，而不管是否存在缺页，算法产生的成本等于改变缓存的次数。

用（Least Recently Used，LRU）策略在发生缺页时移走最近最少使用的页面，算法利用过去的情况作为未来的一个近似，是 FIF 算法的在线替代版本。根据经验，LRU 算法在大多数“现实世界”的页面请求序列上具有很好的性能——并不比不可实现的 FIF 算法差太多，而且比先进先出（First-In First-Out，FIFO）等其他在线算法要好。对于 LRU 算法的优越性，通常的解释是在实际应用中出现的页面请求序列会呈现引用局部性，最近请求的页面很可能很快就会被再次请求，而且 LRU 会自动适应并利用这种局部性。

4.1.3　竞争比

一种流行的方法是通过竞争比（competitive ratio）来评估在线算法的性能。[一]

定义 4.2（Sleator and Tarjan，1985）　在线算法 A 的竞争比是其最坏情况下的性能（在输入 z 上）相对于能够预先对输入有完整了解的最优离线算法 OPT 的性能。竞争比可以表示为：

$$\max_{z} \frac{\mathrm{PERF}(A,z)}{\mathrm{PERF}(\mathrm{OPT},z)} \qquad \lhd$$

为了达到最小化缺页次数的目标，竞争比总是至少为 1，并且越接近 1 越好。[二]

第 1 章的练习题 1.1 表明，对于所有确定性在线分页算法 A 和大小为 k 的缓存，存在任意长度的页面请求序列 z，使得 A 在每一个时间步都产生缺页，而 FIF 算法在每 k 个时间步最多出现一次缺页。这个例子表明，所有确定性在线分页算法的竞争比都至少是 k。对于大多数自然的在线算法，存在一个匹配上界 k。由于下面几个原因，这种状况无法令人满意：

- 上述分析给出了关于 LRU（以及所有其他确定性在线算法）的悲观的性能预测，表明 100%的缺页率是不可避免的。
- 上述分析表明，随着缓存大小的增长，在线算法的性能会变差（相对于 FIF），这强烈背离了经验的观察结果。
- 上述分析未能在竞争策略之间进行区分（比如 LRU 和 FIFO，这两种策略的竞争比均为 k）。

下面我们通过资源增广分析来解决前两个问题（第三个问题留给读者，参见练习题 4.2）。

4.1.4　资源增广界

在资源增广分析中，我们的想法是将主导算法（protagonist algorithm）（比如 LRU）的性能与受到“较少资源”限制的无所不知的最优算法进行比较。自然地，削弱离线最优算法的能力只会得到更好的近似保证。

设 $\mathrm{PERF}(A,k,z)$ 表示算法 A 在大小为 k 的缓存以及页面请求序列 z 上发生的缺页次数。这一节的主要结果如下。

定理 4.3（Sleator and Tarjan，1985）　对于每个页面请求序列 z 和大小为 $h \leqslant k$ 的缓存，有

$$\mathrm{PERF}(\mathrm{LRU},k,z) \leqslant \frac{k}{k-h+1} \cdot \mathrm{PERF}(\mathrm{FIF},h,z)$$

[一] 关于在线算法竞争分析的最坏情况分析的替代方案的深入研究参见第 24 章。

[二] 人们通常忽略竞争比中任何额外的加性项，当 $\mathrm{PERF}(\mathrm{OPT},z) \to \infty$ 时这些项将归 0。

加上一个随着 PERF(FIF,h,z) 趋近于0的加性误差项。

例如，LRU 所遇到的缺页次数最多是不可实现的 FIF 算法的两倍，如果后者只有大致一半的缓存。

证明 考虑任意的页面请求序列 z 和大小为 $h \leqslant k$ 的缓存。我们首先证明 LRU 算法产生的缺页次数的上界，然后证明 FIF 算法产生的缺页次数的下界。实现这两个目标的一种有益的思路是将 z 分解成一些块 $\sigma_1,\sigma_2,\cdots,\sigma_b$，这里 σ_1 是包含 k 个不同页面请求的 z 的最大前缀，块 σ_2 是紧随其后包含 k 个不同页面请求的最大块，等等。

在证明的第一步，注意到 LRU 在单一块中至多出现 k 次缺页——在单一块中每页最多请求一次。原因是一旦一个页面被读入缓存，LRU 就不会将其移走，一直到请求了 k 个不同的页面，并且直到下一个块的请求开始之前都不会发生移走的情况。因此，LRU 最多产生 bk 次缺页，其中 b 是块的数目，见图 4.1a。

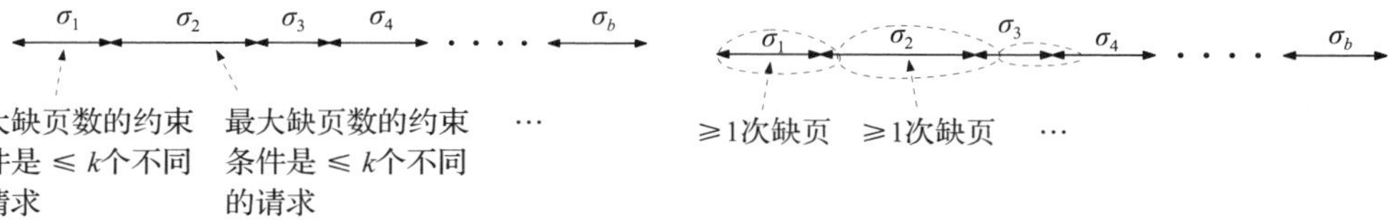

a）一个请求序列中包含的块　　b）FIF 的下界（$h=k$）

图 4.1 定理 4.3 的证明。a）LRU 算法在每一个块中至多发生 k 次缺页。b）FIF 算法在每一个“移位块”中至少发生 $k-h+1$ 次缺页

在第二步，设 FIF 算法的缓存大小为 $h \leqslant k$。考虑第一个块 σ_1 再加上第二个块 σ_2 的第一个页面请求。由于 σ_1 是最大化的，所以这里描述了对 $k+1$ 个不同页面的请求。在这些页面中至少有 $k-h+1$ 个最初不在大小为 h 的缓存中，因此没有任何算法可以满足上述所有的 $k+1$ 个页面请求而不产生至少 $k-h+1$ 次缺页。类似地，假设 σ_2 的第一个请求是页面 p。在算法满足了对页面 p 的请求之后，缓存中只包含除了页面 p 之外的 $h-1$ 页。由于 σ_2 的最大化，由 σ_2 的剩余部分和 σ_3 的第一个页面请求组成的“移位块”包括对除 p 以外的 k 个不同页面的请求：如果不产生另外的

$$\underbrace{k}_{\text{除了}p\text{以外的请求}} - \underbrace{(h-1)}_{\text{在缓存中除了}p\text{以外的页面}}$$

次缺页，这些请求将不能得到满足。以此类推，结果缺页总次数至少为 $(b-1)(k-h+1)$，见图 4.1b。

我们的结论是

$$\text{PERF}(\text{LRU},k,z) \leqslant bk \leqslant \frac{k}{k-h+1} \cdot \text{PERF}(\text{FIF},h,z) + \frac{k}{(b-1)(k-h+1)}$$

加性误差项随着 b 的增大趋近于0，证明到此完成。 □

4.2 讨论

资源增广保证对于任何一个其中存在“资源”的自然概念而且算法性能在资源水平上得到改善的问题都是有意义的，4.3 节和 4.4 节将给出两个进一步的例子。一般而言，资源增广保证意味着在线算法和离线最优算法的性能曲线（即性能作为资源水平的函数）是类似的（见图 4.2）。

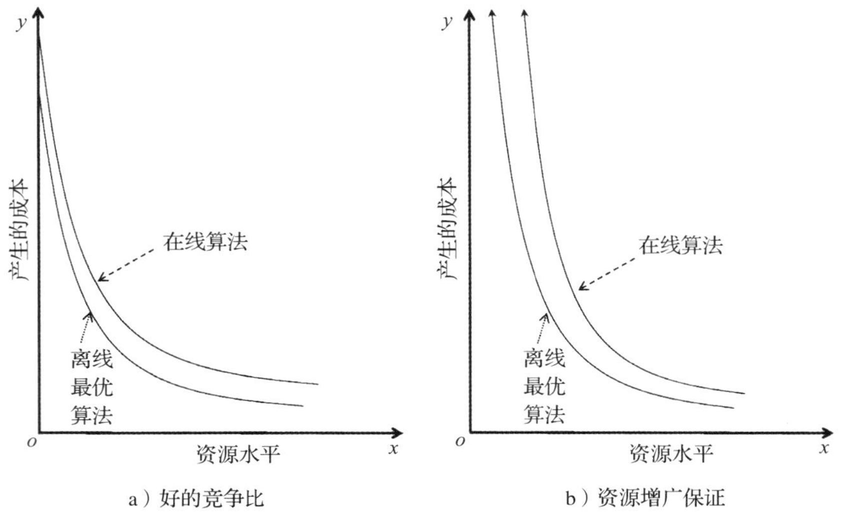

图 4.2　竞争比保证和资源增广保证的对比。对于一个固定的输入，以算法产生的成本（例如缺页次数）作为资源水平（例如缓存的大小）的函数绘制曲线。图 a 中，竞争比的一个好的上界要求在线算法的曲线在 x 轴上逐点密切接近离线最优算法的曲线。图 b 中，两条曲线（以及竞争比）之间的垂直距离随着资源水平趋向其最小值而变大。可以将资源增广保证粗略理解为这样的松弛需求，即在线算法性能曲线上的每个点都在最优离线算法性能曲线上的某处有一个近邻点

本章中的资源增广保证与没有提出任何数据模型的最坏情况分析类似，它们之间的区别纯粹在于度量算法性能（相对于最优性能）的方法。这既是一个特色，也是一个缺陷：数据模型的缺乏保证了广泛的适用性，但也剥夺了分析人员清楚表述“现实世界”输入的性质的任何机会，而这些性质可能会引入更为精确和细粒度的分析。资源增广保证自身并不存在最坏情况，而且这个概念同样可以和本书其他部分讨论的数据模型一起使用。㊀

应该如何解释像定理 4.3 那样的资源增广保证？从表面上看，定理 4.3 似乎相对于没有资源增广的竞争比 k 更有意义，尽管它并没有提供特别清晰的性能预测（由于缺乏数据模型，这是意料之中的）。但这难道不是一种风马牛不相及的比较吗？最优离线算法之所以强大，是因为它了解所有未来的页面请求，但是它受到小缓存的人为束缚。

可以将资源增广保证理解为两步诀窍，用于构建一个在线算法在其中具有良好性能的系统：

1. 估计可以使最优离线算法具有可接受的性能（例如，低于一个给定目标的缺页率）的资源水平（例如缓存大小）。㊁这个任务要比同时分析缓存大小和分页算法设计策略更为简单。

2. 扩展资源以实现资源增广保证（例如，将 FIF 算法所需的缓存大小增加一倍以便在 LRU 算法上达到良好性能）。

关于资源增广保证的第二种合理解释是它们通常直接为大多数资源水平带来良好的可类比的基础（如图 4.2b 所示）。4.5 节介绍了一个在线分页问题背景下的详细案例研究。

㊀ 例如，第 27 章在独立优先拍卖中把健壮分布分析和资源增广相结合。

㊁ 记住，只有当最优算法在某种绝对意义上性能良好时，与其竞争才是有意义的。

4.3 自私路由问题

我们关于资源增广保证的第二个案例研究考虑的是拥塞网络中的自私路由（selfish routing）模型。

4.3.1 模型和一个推动研究的示例

在自私路由问题中，我们考虑一个有向网络流图 $G=(V,E)$，其中有 r 个流量单位从源点 s 传送到汇点 t，r 称为流通速率（traffic rate）㊀。网络的每一条边 e 有一个依赖于流量的成本函数 $c_e(x)$。例如，在图 4.3a 的网络中，顶部的边具有一个恒定的成本函数 $c(x)=1$，而底部的边上的流通成本等于这条边上的流量 x。

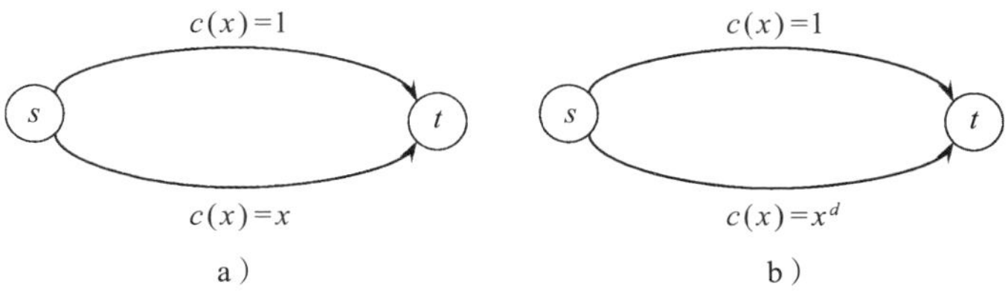

图 4.3 两个自私路由网络。成本函数 $c(x)$ 描述由一条边的使用者产生的成本，是被路由到这条边上的流通量的函数

在自私路由网络中，主要的近似概念是无政府代价（Price of Anarchy，PoA）。与近似比的定义一样，无政府代价被定义为两件事物之间的比值，这两件事物一个是可实现的主角（protagonist），另一个是假定的基准（benchmark）。

我们的主角是均衡流（equilibrium flow），其中全部流量都在一些最短路径上路由，这里一条 s-t 路径 P 的长度是（依赖于流量的）$\sum_{e\in P}c_e(f_e)$，f_e 表示边 e 上的流量。例如在图 4.3a 中，当流通量是一个流量单位时，唯一的均衡流将在底部的边上传送流通量的全部，这是因为如果在顶部路径上路由了 ϵ 个流量单位的流通量（$1\geqslant\epsilon>0$），则这一部分流通量不在最短路径上路由（产生的成本是 1 而不是底部的边上的 $1-\epsilon$），这时候需要切换路径。

我们的基准是最优解，这是一部分 s-t 流量，它路由 r 个单位的流通量并且最小化总成本 $\sum_{e\in E}(c_e(f_e)f_e)$。例如在图 4.3a 中，最优流在两条路径之间均分流通量，总成本是 $\frac{1}{2}\times1+\frac{1}{2}\times\frac{1}{2}=\frac{3}{4}$。而均衡流的总成本是 $0\times1+1\times1=1$。

自私路由网络的无政府代价被定义为均衡流的成本与最优流的成本之比。㊁在图 4.3a 中的网络中，无政府代价为 4/3。

一个令人关注的研究目标是发现无政府代价接近 1 的自私路由网络——在这类网络中，被自私用户分散最优化的网络的性能几乎和集中最优化的网络一样。不幸的是，如果对边的成本函数不加任何限制，无政府代价可以是任意大的。为了观察这个现象，将图 4.3a 底部的边的成本函数替换为函数 $c(x)=x^d$，d 是一个很大的正整数（如图 4.3b）。所有的自私流通量都使用底部的边传送，总成本为 1，这时均衡流及其成本保持不变。然

㊀ 在忽略时间因素的情况下，这里的流通速率指的是网络的流通量。——译者注

㊁ 研究表明，均衡流成本在所有具有连续和非递减的边成本函数的自私路由网络中是唯一定义的。详见本章注解。

而，最优流随着 d 得到改善：假如在底部的边上路由 $1-\epsilon$ 个流量单位的流，在顶部的边上路由 ϵ 个流量单位的流，这将产生一个成本为 $\epsilon+(1-\epsilon)^{d+1}$ 的流。当 d 趋向于无穷大且 ϵ 趋近于 0 时，这个成本趋近于 0。因此无政府代价随着 d 的增大趋向于无穷大。

4.3.2 资源增广保证

尽管上一节有一个负面的例子，不过在自私路由网络中有一种非常通用的资源增广保证。[⊖]

定理 4.4（Roughgarden and Tardos，2002） 对于每个具有非负、连续和非递减成本函数的网络 G，对于每个流通速率 $r>0$ 以及每个 $\delta>0$，G 中一个流通速率为 r 的均衡流的成本至多是一个流通速率为 $(1+\delta)r$ 的最优流的成本的 $1/\delta$ 倍。

例如，考虑图 4.3b 中的网络，其中 $r=\delta=1$（以及一个大的 d）。流通速率为 1 的均衡流的成本是 1。最优流可以低成本地路由一个流量单位的流通量（如我们所见），但随后网络会阻塞，它别无选择，只能在第二个流量单位上产生一个单位成本（它能够做到的最好的事情就是把流量路由到顶部的边）。因此，在流通量加倍的情况下，最优流的成本超过了原始均衡流的成本。

定理 4.4 可以换一种方式表达为在具有“更快的”边的网络中的均衡流和在原始网络中的最优流之间的比较。例如，一些简单的计算（练习题 4.5）表明，当 $\delta=1$ 时以下说法与定理 4.4 是等价的。

推论 4.5 对于每个具有非负、连续和非递减成本函数的网络 G，对于每个流通速率 $r>0$，G 中一个流通速率为 r 和成本函数为 $\{\tilde{c}_e\}_{e\in E}$ 的均衡流的成本，最多是 G 中一个流通速率为 r 和成本函数为 $\{c_e\}_{e\in E}$ 的最优流的成本。这里函数 $\tilde{c}_e$ 从 c_e 导出：$\tilde{c}_e(x)=c_e(x/2)/2$。

对于具有 $M/M/1$ 延迟函数的网络，推论 4.5 采用一种特殊的形式，将成本函数表示为 $c_e(x)=1/(u_e-x)$，其中 u_e 可以被解释为一条边的容量或者一个队列的服务速率。（如果 $x\geq u_e$，那么将 $c_e(x)$ 解释为 $+\infty$。）在这种情况下，推论 4.5 的函数 $\tilde{c}_e$ 修改为

$$\tilde{c}_e(x)=\frac{1}{2\left(u_e-\frac{x}{2}\right)}=\frac{1}{2u_e-x}$$

因此，对于具有 $M/M/1$ 延迟函数的自私路由网络，推论 4.5 转化为以下设计原则：为了胜过最优路由，将每条边的容量加倍。

4.3.3 定理 4.4 的证明（平行边）

作为定理 4.4 的证明的热身，考虑这样的特殊情况：设 $G=(V,E)$ 是一个平行边网络，即 $V=\{s,t\}$，而且 E 的每条边都从 s 指向 t（如图 4.3 所示）。选择一个流通速率 $r>0$，为每一条边 $e\in E$ 选择一个非负的、连续的、非递减的成本函数 c_e，并且设参数 $\delta>0$。设 f 和 f^* 分别表示 G 中流通速率为 r 的均衡流和流通速率为 $(1+\delta)r$ 的最优流。均衡流 f 只把流通量路由在最短路径上，因此存在一个数字 L（最短的 s-t 路径长度），使得

$$c_e(f_e)=L \quad \text{如果 } f_e>0$$
$$c_e(f_e)\geq L \quad \text{如果 } f_e=0$$

⊖ 这个结果在多源顶点和多汇顶点网络的更一般情况下也是成立的（练习题 4.4）。

于是平衡流 f 的成本是

$$\sum_{e\in E} c_e(f_e)f_e = \sum_{e\in E:f_e>0} c_e(f_e)f_e = \sum_{e\in E:f_e>0} L\cdot f_e = r\cdot L$$

这是因为总流量 $\sum_{e:f_e>0} f_e$ 等于流通速率 r。

相对于 f 的成本 rL，我们怎样才能确定最优流 f^* 的成本下界呢？为了将讨论继续下去，我们将 E 的边分成两类：

$$E_1 := f_e^* \geqslant f_e \text{ 的边 } e \text{ 的集合}$$

$$E_2 := f_e^* < f_e \text{ 的边 } e \text{ 的集合}$$

由于在网络成本函数上的假定如此之少，我们无法在最优流 f^* 下对边的成本进行太多的描述。我们能够确定的两件事情是对所有的 $e\in E_1$，$c_e(f_e^*)\geqslant L$（因为成本函数是非递减的），以及对所有的 $e\in E_2$，$c_e(f_e^*)\geqslant 0$（因为成本函数是非负的）。最起码我们可以由此通过下面的不等式确定 f^* 的成本下界：

$$\sum_{e\in E} c_e(f_e^*)f_e^* \geqslant \sum_{e\in E_1} c_e(f_e^*)f_e^* \geqslant L\cdot\sum_{e\in E_1} f_e^* \tag{4.1}$$

最优流 f^* 路由到 E_1 的边上的流通量有可能小到什么程度呢？f^* 总共路由 $(1+\delta)r$ 个流量单位的流通量，在 E_2 的边上它比 f 路由更少的流量（根据 E_2 的定义），而 f 在这些边上最多路由 r 个流量单位的流量（即达到其满流通速率）。因此

$$\sum_{e\in E_1} f_e^* = (1+\delta)r - \sum_{e\in E_2} f_e^* \geqslant (1+\delta)r - \underbrace{\sum_{e\in E_2} f_e}_{\leqslant r} \geqslant \delta r \tag{4.2}$$

结合式（4.1）和式（4.2），这就证明了 f^* 的成本至少是 $\delta\cdot rL$，也就是 f 的成本的 δ 倍，正如我们所要的。

4.3.4 定理 4.4 的证明（一般网络）

现在考虑定理 4.4 的一般情形，即网络 $G=(V,E)$ 是任意的。一般网络比平行边网络更加复杂，因为边和路径之间不再存在一一对应关系——一条路径可能包含许多条边，而一条边可能处于许多不同的路径中。如果搁置这个难题，则证明过程与平行边网络的特殊情况类似。

固定一个流通速率 r、关于边 $e\in E$ 的成本函数 c_e 以及参数 $\delta>0$。像之前一样，设 f 和 f^* 分别表示 G 中流通速率为 r 的均衡流和流通速率为 $(1+\delta)r$ 的最优流。仍然存在一个数字 L，使得均衡流 f 的所有流通量路由到路径长度 $\sum_{e\in P} c_e(f_e)$ 等于 L 的路径 P 上，并且使得所有 s-t 路径的长度至少为 L，均衡流的成本依然是 rL。

为了便于分析，证明中的主要技巧是将每一个成本函数 $c_e(x)$（图 4.4a）替换成更大的成本函数 $\bar{c}_e(x)=\max\{c_e(x),c_e(f_e)\}$（图 4.4b）。这个技巧代替了 4.3.3 节中将 E 分解为 E_1 和 E_2 的步骤。利用虚构的成本函数 $\bar{c}_e$，边的（虚构）成本的大小就像均衡流 f 已经在网络中路由一样。

这样一来，利用这些虚构的成本函数容易得到最优流 f^* 的成本的下界。即使对于网络中的零流，每条 s-t 路径关于这些函数的成本至少为 L。由于 f^* 在（虚构）成本至少为 L 的路径上路由 $(1+\delta)r$ 个流量单位的流通量，它关于这些 $\bar{c}_e$ 的总（虚构）成本至少为 $(1+\delta)rL$。

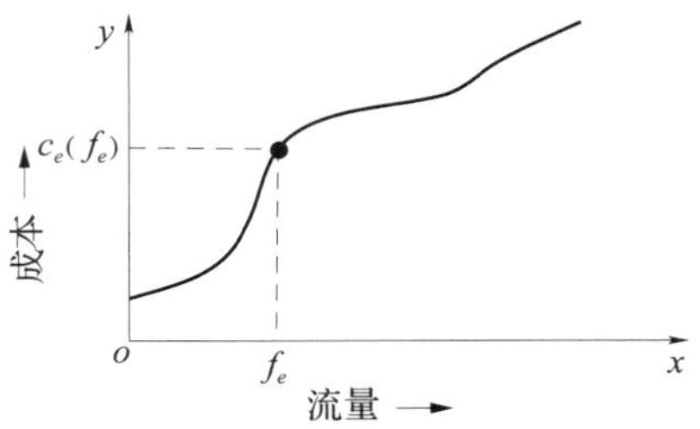

a）成本函数 c_e 和它在流量值 f_e 上的取值

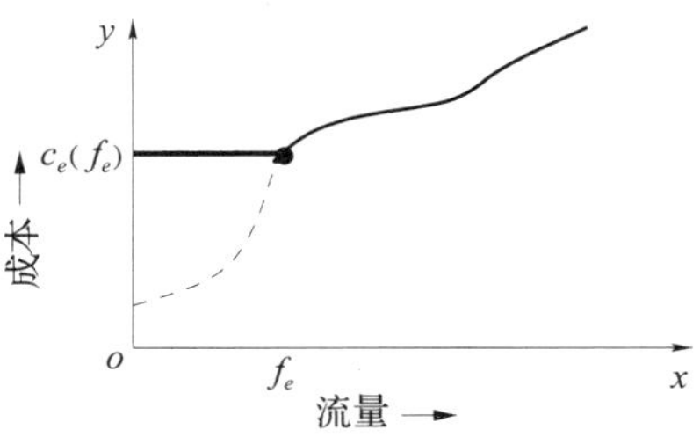

b）成本函数 $\bar{c}_e$

图 4.4　在定理 4.4 的证明中，根据原始的成本函数 c_e 和均衡流的流量值 f_e 构造虚构成本函数 $\bar{c}_e$

我们可以通过证明 f^* 的虚构成本（关于这些 $\bar{c}_e$）超过其实际成本（关于各个 c_e）的量最多是 rL（即均衡流成本）来完成定理的证明。对于每一条边 $e \in E$ 和 $x \geqslant 0$，$\bar{c}_e(x)-c_e(x)$ 或者为 0（如果 $x \geqslant f_e$），或者以 $c_e(f_e)$ 为上界（如果 $x<f_e$）。无论如何都有

$$\underbrace{\bar{c}_e(f_e^*)f_e^*}_{f^*\text{在}e\text{上的虚拟成本}} - \underbrace{c_e(f_e^*)f_e^*}_{f^*\text{在}e\text{上的真实成本}} \leqslant \underbrace{c_e(f_e)f_e}_{f\text{在}e\text{上的真实成本}}$$

在所有的边 $e \in E$ 上对上述不等式求和，可以看到在不同的成本函数上，f^* 的成本之间的差异最多是 f 的成本（即 rL），这就完成了定理 4.4 的证明。

4.4　调度问题中速度的改变

在资源增广的杀手级应用中，最大的一部分涉及调度问题。这一节描述一个典型的示例。

4.4.1　非预知未来调度

我们考虑一个模型，其中有一台机器和 m 个在线到达的作业。每一个作业 j 有一个发布时刻 r_j，算法在这个时间点之前不会意识到这个作业的存在。每一个作业 j 有一个处理时间 p_j，表示完成这个作业所必需的机器时间。我们假定允许抢占策略，这意味着一个作业可以在执行过程中被停止，并在随后的某一个时刻从停止点重新启动（而不会有任何损失）。

我们考虑的基本目标是最小化总流动时间[㊀]：

$$\sum_{j=1}^{m}(C_j - r_j)$$

其中 C_j 表示作业 j 的完成时刻[㊁]。还有另一种可供选择的表达方式，注意到每一个无穷小的时间间隔 $[t,t+\mathrm{d}t]$ 为所有在时刻 t 处于活动状态（即已经发布但尚未完成）的作业的流动时间 C_j-r_j 贡献了 $\mathrm{d}t$。因此，总流动时间可以写成

$$\int_0^\infty |X_t|\,\mathrm{d}t \tag{4.3}$$

这里 X_t 表示在时刻 t 的活动作业的集合。

最短剩余处理时间（Shortest Remaining Processing Time，SRPT）算法总是处理最接近

㊀　这个目标也称为总体响应时间。

㊁　如果把作业的发布时刻到完成时刻的间隔 C_j-r_j 称为作业的周转时间（turnaround time），那么目标相当于最小化总周转时间。当作业的数量固定时，也就是最小化作业平均周转时间。——译者注

完成的作业（根据需要可以抢占作业）。这个算法使得在所有的时刻 t 上，$|X_t|$ 尽可能小（练习题 4.7），因此是最优的。这是一个罕见的例子，在这个问题上最优离线算法可以作为在线算法得以实现。

SRPT 利用作业处理时间的知识来做出决策，因此是一种*预知未来*（clairvoyant）算法。但是有一些这样的应用，它们在作业完成之前并不知道作业的处理时间，因而需要*非预知未来*（nonclairvoyant）算法。没有任何一个非预知未来的在线算法能够保证接近 SRPT 所能达到的总流动时间（练习题 4.8）。资源增广方法能否提供更有帮助的算法指导?

4.4.2　关于 SETF 的资源增广保证

在这个调度问题上，“资源”的自然概念是处理器速度。因此，资源增广保证将断定：拥有一台更快的机器的非预知未来主角的总流动时间，接近拥有原始机器的 SRPT 的总流动时间。

我们证明关于*最短经过时间优先*（Shortest Elapsed Time First，SETF）算法的这样一个保证。SETF 算法总是处理到目前为止经过的处理时间最短的作业。当多个作业具有相同的最小经过时间时，机器会在它们之间平均分配处理能力。SETF 并没有利用作业的处理时间来进行决策，因此是一种非预知未来算法。

例 4.6　固定参数 ϵ，$\delta>0$，而且 δ 比 ϵ 小得多。着眼于资源增广保证，我们将一台速度为 $1+\epsilon$ 的机器（这意味着机器可以在时间间隔长度 t 内处理 $(1+\epsilon)t$ 个单位的作业）上 SETF 的总流动时间与一台单位速度机器上 SRPT 的总流动时间进行比较。

假设 m 个作业分别在时刻 $r_1=0$，$r_2=1,\cdots,r_m=m-1$ 到达，其中 m 为 $\left\lfloor\frac{1}{\epsilon}\right\rfloor-1$。假设每个作业 j 的 $p_j=1+\epsilon+\delta$。在 SRPT 算法下，假定 $\epsilon+\delta$ 足够小，则在任何时候最多有两个活动作业（最近发布的作业）。利用式（4.3），SRPT 调度的总流动时间为 $O\left(\frac{1}{\epsilon}\right)$。SETF 算法将无法在时刻 m 之前完成任何作业，因此在每个时间区间 $[j-1,j]$ 内有 j 个活动作业。再次利用式（4.3），SETF 调度的总流动时间为 $\Omega\left(\frac{1}{\epsilon^2}\right)$。 ◁

例 4.6 表明 SETF 不是最优的，它清晰地画出了一条界线：我们能够期望的最好的情况是在一台速度为 $1+\epsilon$ 的机器上 SETF 算法达到的总流动时间 $O\left(\frac{1}{\epsilon}\right)$，乘以在一台单位速度机器上 SRPT 算法的总流动时间。这一节的主要结果表明实际情况确实如此。

定理 4.7（Kalyanasundaram and Pruhs，2000）　*对于每个输入以及 $\epsilon>0$，由一台速度为 $1+\epsilon$ 的机器上 SETF 算法产生的调度的总流动时间最多是*

$$1+\frac{1}{\epsilon}$$

乘以在一台单位速度机器上 SRPT 算法的总流动时间。

利用目标函数的第二个版本（式（4.3）），定理 4.7 简化为下面逐个时间点上的界。

引理 4.8　*固定 $\epsilon>0$。对于每个输入，在每个时间步骤 t，有*

$$|X_t| \leqslant \left(1+\frac{1}{\epsilon}\right)|X_t^*|$$

其中 X_t 和 X_t^* 分别表示在 t 时刻，在一台速度为 $1+\epsilon$ 的机器上 SETF 调度下的活动作业和在一台单位速度机器上 SRPT 调度下的活动作业。

在例 4.6 中，在 $t=m$ 时刻有 $|X_t^*|=1$（假如 ϵ 和 δ 足够小），同时 $|X_t|=m\approx 1/\epsilon$。因此，对于例 4.6 中的实例，在下面对引理 4.8 的证明中使用的每个不等式几乎都取等号。我们请读者在整个证明过程中记住这个例子。

固定一个时刻 t 以便我们描述引理 4.8 背后的直觉。大致如下：

1. 与 SETF 相比，SRPT 必须耗费更多的时间处理 $X_t\backslash X_t^*$ 的作业（因为 SRPT 在时刻 t 之前完成了这些作业，而 SETF 并没有）。

2. SETF 执行的作业处理量是 SRPT 的 $1+\epsilon$ 倍，其中的 ϵ 部分必须用于 X_t^* 的作业。

3. 由于 SETF 优先处理当前经过时间最短的作业，因此它也耗费了大量时间处理 $X_t\backslash X_t^*$ 的作业。

4. SRPT 有足够的时间在时刻 t 之前完成 $X_t\backslash X_t^*$ 的所有作业，因此这样的作业不会太多。

这一节的其余部分提供了相应的细节。

4.4.3　引理 4.8 的证明：准备工作

固定输入和时刻 t，X_t 和 X_t^* 如引理 4.8 所定义。重新命名作业 $X_t\backslash X_t^*=\{1,2,\cdots,k\}$，使得 $r_1\geqslant r_2\geqslant\cdots\geqslant r_k$。

考虑在一台速度为 $1+\epsilon$ 的机器上执行 SETF 算法。如果在时刻 $s\leqslant t$ 作业 j 是活动的，同时作业 ℓ 与作业 j 并行处理或者取代作业 j，我们就说作业 ℓ 干扰（interfere）作业 j。作业 j 的干扰集（interference set）I_j 是干扰关系的传递闭包：

1. 将 I_j 初始化为 $\{j\}$。

2. while 有一个作业 ℓ 干扰 I_j 中的一个作业，do 把作业 ℓ 添加到 I_j。

在例 4.6 中，令 $t=+\infty$，每个作业的干扰集就是所有作业的集合（因为所有作业在算法的最后被并行处理）。如果代之以 $t=m$，那么对于每一个作业 $j\in\{1,2,\cdots,m\}$，$I_j=\{j,j+1,\cdots,m\}$。

作业的干扰集是唯一定义的，与在 while 循环的每一次迭代中所选择的干扰作业无关。注意到干扰集可以包含由 SETF 严格地在时刻 t 之前完成的作业。

我们需要利用 $X_t\backslash X_t^*$ 中作业的干扰集的几个性质。为了说明第一个性质，定义作业 j 的生存期（lifetime）为区间 $[r_j,\min\{C_j,t\}]$。作业一直处于活动状态时，区间上界可以达到时刻 t。

命题 4.9　设 $j\in\{1,2,\cdots,k\}$ 是 $X_t\backslash X_t^*$ 的一个作业，干扰集 I_j 中作业的生存期的并集是区间 $[s_j,t]$，其中 s_j 是 I_j 中作业的最早发布时间。

证明　只有在生存期重叠的情况下，一个作业才能够干扰另一个作业。利用归纳法可以证明，I_j 中作业的生存期的并集是一个区间。这个区间的右端点根据定义最多为 t，并且至少为 t，因为作业 j 在时刻 t 处于活动状态。区间的左端点是 I_j 中的作业处于活动状态的最早时间，即 $\min_{\ell\in I_j}r_\ell$。　□

反过来，在与一个干扰集对应的区间内处理的每个作业都属于这个干扰集。

命题 4.10　设 $j\in\{1,2,\cdots,k\}$ 是 $X_t\backslash X_t^*$ 的一个作业，$[s_j,t]$ 是 j 的干扰集 I_j 中作业的生存期的并集。在某一个时刻 $s\in[s_j,t]$ 处理的每个作业都属于 I_j。

证明　假设作业 ℓ 在某一个时刻 $s\in[s_j,t]$ 被处理。由于 $[s_j,t]$ 是干扰集 I_j 中作业的生存期的并集，因此 I_j 中包含一个在时刻 s 活动的作业 i。如果 $i \neq \ell$，那么作业 ℓ 会干扰 i，因此作业 ℓ 也属于 I_j。 □

下一个命题有助于实现 4.4.2 节描述的直觉的第三项。

命题 4.11 设 $j \in \{1,2,\cdots,k\}$ 是 $X_t \setminus X_t^*$ 的一个作业，w_ℓ 表示在时刻 t 作业 ℓ 在 SETF 调度下的经过时间，那么对于 j 的干扰集 I_j 中的每一个作业 ℓ，$w_\ell \leqslant w_j$。

证明 我们对干扰集的添加构造过程进行归纳。考虑一个将作业 j_1 添加到 I_j 的迭代构造过程。通过构造，现在存在一个作业的添加序列 $j_2, j_3, \cdots, j_p$，使得 $j_p = j$，而且对于每一个 $i = 1,2,\cdots,p-1$，j_i 干扰 j_{i+1}。（假定 $p>1$；否则我们处在 $j_1 = j$ 的基本状态，没有什么需要证明的。）如同命题 4.9 所述，作业 $\{j_2, j_3, \cdots, j_p\}$ 的生存期的并集形成了一个区间 $[s,t]$，区间的右端点是 t，因为 $j_p = j$ 在时刻 t 处于活动状态。按照归纳法，对于每个 $i = 2,3,\cdots,p$，有 $w_{j_i} \leqslant w_j$。因此，在区间 $[s,t]$ 内无论何时处理 j_1，都存在一个活动作业，其经过时间至多为 w_j。由于 j_1 得到 SETF 的优先处理，在任何这样的时间点，j_1 的经过时间也至多为 w_j。作业 j_1 在区间 $[s,t]$ 期间必须至少被处理一次（因为作业 j_1 干扰了 j_2），因此在时刻 t 其经过时间最多为 w_j。 □

4.4.4 引理 4.8 的证明：主要论证

我们现在准备好形式实现 4.4.2 节描述的直觉。

固定作业 $j \in X_t \backslash X_t^*$。回忆一下，$X_t \backslash X_t^* = \{1,2,\cdots,k\}$，其中的作业按照发布时间的非递增顺序排列。设 I_j 表示命题 4.9 中相应的干扰集，$[s_j, t]$ 表示命题 4.9 中相应的区间。如同命题 4.11 一样，设 w_i 表示作业 i 在 SETF 调度下在时刻 t 的经过时间。I_j 中所有作业的处理（通过 SETF 或 SRPT）都发生在这个区间内（一直到时间 t），而且这个区间由 SETF 处理的都是 I_j 中的作业（命题 4.10）。因此，w_i 的值正好是区间 $[s_j, t]$ 内 SETF 对作业 i 投入的时间。

在区间 $[s_j, t]$ 内，SRPT 算法（在一台单位速度的机器上）最多花费 $t-s_j$ 的时间处理作业，特别地，最多花费 $t-s_j$ 的时间处理 I_j 中的作业。同时，SETF 算法在区间 $[s_j, t]$ 上连续工作：在任何时刻 $s \in [s_j, t]$ 都至少存在一个活动作业（命题 4.9），在这种情况下 SETF 算法不会空闲。因此，SETF（在一台速度为 $1+\epsilon$ 的机器上）在这个区间内处理了 $(1+\epsilon)(t-s_j)$ 时间单位的作业，所有这些工作都用于 I_j 中的作业（命题 4.10）。

现在将 I_j 的作业分为三类：

1. 作业 $i \in I_j$，i 属于 X_t^*（即在时刻 t，SRPT 尚未完成作业 i）。

2. 作业 $i \in I_j$，i 属于 X_t，但不属于 X_t^*（即在时刻 t，SETF 尚未完成作业 i，但 SRPT 已经完成作业 i）。

3. 作业 $i \in I_j$，i 既不属于 X_t，也不属于 X_t^*（即在时刻 t，SETF 和 SRPT 都完成了作业 i）。

按照 4.4.2 节描述的直觉的第一项，SRPT 算法在区间 $[s_j, t]$ 内处理第 2 类作业耗费的时间至少与 SETF 相同（前者完成了第 2 类作业，而后者没有）。两种算法在这个区间内耗费在第 3 类作业上的时间（指这些作业的处理时间之和）完全相同。因此，我们可以得出结论，SETF 算法所耗费的超额时间 $\epsilon(t-s_j)$（即超出 SRPT 所耗费的时间）完全用于第 1 类作业——属于 X_t^* 的作业（参见 4.4.2 节描述的第二项）。我们用一个命题来总结迄今为止的进展。

命题 4.12 对每个作业 $j = 1,2,\cdots,k$，有

$$\sum_{i \in I_j \cap X_t^*} w_i \geqslant \epsilon \cdot (t - s_j)$$

命题 4.12 中的求和式至少是在作业集合 $\{1,2,\cdots,j\}$ 上进行的。

命题 4.13 对每个作业 $j=1,2,\cdots,k$，干扰集 I_j 包含作业 $\{1,2,\cdots,j\}$。

证明 回忆一下，$X_t \setminus X_t^*$ 的作业 $\{1,2,\cdots,k\}$ 是按照发布时间的非递增顺序排序的。每一个作业 $i=1,2,\cdots,j-1$ 在作业 j 发布之后和作业 j 完成（在时刻 t 或更晚）之前发布，而且在发布时干扰作业 j（因为 SETF 立即开始处理它）。 □

结合命题 4.12 和命题 4.13，我们可以建立时刻 t 在 SETF 调度下未完成的作业和在 SRPT 调度下未完成的作业之间的联系。

推论 4.14 对每个作业 $j=1,2,\cdots,k$，有

$$\sum_{i \in I_j \cap X_t^*} w_i \geqslant \epsilon \cdot \sum_{\ell=1}^{j} w_\ell$$

例如，取 $j=1$，我们可以确定 SETF 在处理 $I_1 \cap X_t^*$ 的作业上耗费了 ϵw_1 时间单位。类似地，取 $j=2$，我们可以确定 SETF 在处理 $I_2 \cap X_t^*$ 的作业上耗费了不同的 ϵw_2 时间单位。推论 4.14 确保这样耗费的总时间至少是 $\epsilon w_1+\epsilon w_2$，其中已经在第一步考虑了不超过 ϵw_1 的部分。继续取 $j=3,4,\cdots,k$，这个过程的最终结果是从 $X_t \setminus X_t^*$ 的作业 j 到 X_t^* 的作业 i 的一个非负“费用”的集合 $\{\alpha(j,i)\}$，它满足以下特性：

1. 对每个作业 $j=1,2,\cdots,k$，$\sum_{i \in X_t^*} \alpha(j,i)=\epsilon w_j$。
2. 对每个作业 $i \in X_t^*$，$\sum_{j=1}^{k} \alpha(j,i) \leqslant w_i$。
3. $\alpha(j,i)>0$ 仅当 $i \in I_j \cap X_t^*$。

将第三个特性与命题 4.11 结合：

$$\text{只要 } \alpha(j,i)>0, \quad \text{就有 } w_i \leqslant w_j \tag{4.4}$$

我们可以在一个顶点集合分别为 $X_t \setminus X_t^*$ 和 X_t^* 的二部图中，从各个 $\alpha(j,i)$ 提取一类网络流。准确地说，定义从 $j \in X_t \setminus X_t^*$ 到 $i \in X_t^*$ 的外向流 f_{ji}^{+} 为：

$$f_{ji}^{+}=\frac{\alpha(j,i)}{w_j}$$

以及从 j 到 i 的内向流 f_{ji}^{-} 为：

$$f_{ji}^{-}=\frac{\alpha(j,i)}{w_i}$$

如果我们把每一个顶点 h 看作具有容量 w_h，那么 f_{ji}^{+}(或者 f_{ji}^{-}) 表示费用 $\alpha(j,i)$ 消耗的作业 j 的一部分容量（或者作业 i 的一部分容量）。性质（4.4）意味着这个流是可扩展的，即对每个 j 和 i：

$$f_{ji}^{+} \leqslant f_{ji}^{-}$$

$\alpha(j,i)$ 的第一个性质意味着对于总流量 $\epsilon \cdot |X_t \setminus X_t^*|$，有 ϵ 个流量单位从每一个 $j \in X_t \setminus X_t^*$ 流出。第二个性质意味着对于不超过 $|X_t^*|$ 的总流量，最多有一个流量单位流入每一个 $i \in X_t^*$。因为流是可扩展的，流入 X_t^* 的流的总流量至少是从 $X_t \setminus X_t^*$ 流出的总流量。所以

$$|X_t^*| \geqslant \epsilon \cdot |X_t \setminus X_t^*|$$

这就完成了引理 4.8 的证明：

$$|X_t| \leqslant |X_t^*| + |X_t \setminus X_t^*| \leqslant |X_t^*| \cdot \left(1+\frac{1}{\epsilon}\right)$$

4.5 松弛竞争算法

一个具有良好的资源增广保证的在线算法通常与离线最优算法“松弛地竞争”，这大致意味着对于每个输入，前者的性能在大多数资源水平上接近最优（参见图 4.2b）。我们利用在线分页管理问题来说明这个思路，练习题 4.6 描述了自私路由模型中的类似结果。

这一节的主要结果的背后存在着简单而准确的直觉。考虑页面请求序列 z 和大小为 k 的缓存。假设 LRU 算法产生的缺页数在缓存大小为 k 和 $2k$ 下大致相同（即在因子 2 之内）。如果让 $2k$ 和 k 分别扮演 k 和 h 的角色，定理 4.3 意味着缓存大小为 k 的 LRU 算法产生的缺页数最多是相同缓存大小的离线最优算法所产生的缺页数的常数倍（大约 4 倍）。换句话说，在这种情况下，LRU 算法在传统意义上具有竞争力（定义 4.2）。在其他情况下，随着缓存的大小从 k 扩展到 $2k$，LRU 算法的性能迅速改善。但是由于 LRU 性能的最大波动是有界的（在没有缺页和在所有时间步都有缺页之间），它的性能只能在数量上有界的不同缓存大小下快速变化。

下面是准确的陈述，紧接着是相应的讨论和证明。

定理 4.15（Young，2002） 对于每个 ϵ，$\delta>0$ 和正整数 n，对于每个页面请求序列 z，以及对于在 $\{1,2,\cdots,n\}$ 中（排除占比为 δ 的一小部分）取值的缓存大小 k，LRU 算法要么满足

$$\mathrm{PERF}(\mathrm{LRU},k,z)=O\left(\frac{1}{\delta}\log\frac{1}{\epsilon}\right)\cdot\mathrm{PERF}(\mathrm{FIF},k,z)$$

要么满足

$$\mathrm{PERF}(\mathrm{LRU},k,z)\leqslant\epsilon\cdot|z|$$

因此，对于每个页面请求序列 z，每一个缓存大小 k 属于下列三种情况之一。在第一种情况下，缓存大小为 k 的 LRU 算法在定义 4.2 的意义上是有竞争力的，产生的缺页数至多是一个常数$\left(\text{即 } O\left(\frac{1}{\delta}\log\frac{1}{\epsilon}\right)\right)$乘以可能的最小缺页数。在第二种情况下，LRU 算法的缺页率最多是 ϵ，因此在绝对意义上具有值得称道的性能。在第三种情况下，上面的两件好事都没有发生，但幸运的是，使这种情况发生的缓存大小只占全部可能的缓存大小的 $1/\delta$。

定理 4.15 中的参数 δ、ϵ 和 n 只是用于分析——不需要对 LRU 算法做出任何“调整”——而且对于这些参数的所有选择，定理 4.15 都成立。坏的缓存大小所占的比例 $1/\delta$ 越大，或者能够忍受的绝对性能的边界 ϵ 越大，在第一种情况下相对的性能保证就越好。

实际上，定理 4.15 表明，像定理 4.3 那样的资源增广保证（一个具有大缓存的在线算法和一个具有小缓存的离线算法之间的不合适的比较）对于在线算法（即使与具有相同缓存大小的离线算法进行比较）有着令人关注的含义。这个结果从两个方面避开了 LRU 算法的竞争比下限（4.1.3 节）。首先，定理 4.15 只为大多数缓存大小为 k 的选择提供保证；对于少数不太幸运的缓存大小，LRU 可能具有糟糕的性能。这是一种合理的松弛，因为我们并不期待对实际的页面请求序列进行对抗剪裁以适应缓存大小的选择。其次，定理 4.15 并未强求相对于离线最优算法的良好性能——良好的绝对性能（即非常小的缺页率）也是可以接受的，正如人们在典型应用中所期望的那样。[⊖]

⊖ 这一点显而易见，但是这种对良好的绝对性能的诉求就在线算法分析而言并不常见。

我们现在着手进行定理 4.15 的证明，它延续了我们在这一节开始时所展示的直觉。

证明　固定请求序列 z 以及参数 δ、ϵ 和 n 的值。设 b 是一个适时选择的正整数。定理 4.3 中的资源增广保证指出，忽略加性误差项之后，有

$$\mathrm{PERF}(\mathrm{LRU}, k+b, z) \leqslant \frac{k+b}{b+1} \cdot \mathrm{PERF}(\mathrm{FIF}, k, z) \tag{4.5}$$

其中 $k+b$ 和 k 在定理 4.3 中分别扮演 k 和 h 的角色。

存在着两种情况，取决于是

$$\mathrm{PERF}(\mathrm{LRU}, k+b, z) \geqslant \frac{1}{2} \cdot \mathrm{PERF}(\mathrm{LRU}, k, z) \tag{4.6}$$

还是

$$\mathrm{PERF}(\mathrm{LRU}, k+b, z) < \frac{1}{2} \cdot \mathrm{PERF}(\mathrm{LRU}, k, z)$$

缓存大小 k 按照属于第一种情况还是第二种情况，分别被称为是好的或者坏的。对于好的缓存大小 k，联合不等式（4.5）和不等式（4.6）可以得到

$$\mathrm{PERF}(\mathrm{LRU}, k, z) \leqslant 2 \cdot \frac{k+b}{b+1} \cdot \mathrm{PERF}(\mathrm{FIF}, k, z) \tag{4.7}$$

因此，在定义 4.2 的意义上，LRU 算法具有竞争力$\left(\text{竞争比为}\frac{2(k+b)}{b+1}\right)$。

考虑坏的缓存大小的集合：对于每个这样的缓存大小，向缓存中添加 b 个额外的页将使 LRU 算法在 z 上引起的缺页数至少减少为原来的一半。如果对于某一个 t，在 1 和 $t-b$ 之间至少存在 ℓ 个坏的缓存大小，那么我们可以在这个区间内找到 ℓ/b 个坏的缓存大小 $k_1<k_2<\cdots<k_{\ell/b}$，其中每一个相隔至少是 b（通过每次取第 b 个坏的缓存大小）。[㊀]在这种情况下，利用 PERF（LRU, k, z）在 k 中非递增的事实（练习题 4.1），对于每一个 $i=1,2,\cdots,\ell/b$，我们有

$$\mathrm{PERF}(\mathrm{LRU}, k_{i+1}, z) < \frac{1}{2} \cdot \mathrm{PERF}(\mathrm{LRU}, k_i, z)$$

其中 $k_{(\ell/b)+1}$ 应该解释成 $k_{\ell/b}+b \leqslant t$。联合所有这些不等式，得到

$$\mathrm{PERF}(\mathrm{LRU}, t, z) < 2^{-\ell/b} \cdot \mathrm{PERF}(\mathrm{LRU}, 1, z).$$

因此，一旦

$$\ell \geqslant b \cdot \log_2 \frac{1}{\epsilon} \tag{4.8}$$

缺页率最多为 ϵ：

$$\mathrm{PERF}(\mathrm{LRU}, t, z) \leqslant \epsilon \cdot |z| \tag{4.9}$$

其中 $|z|$ 是请求序列 z 的长度。

现在是实例化参数 b 的时候了。我们想让取值在 1 和某一个数字 t 之间的 δn 个坏的缓存大小强制下面的条件成立，即对于所有的缓存大小 $k \geqslant t$，有 $\mathrm{PERF}(\mathrm{LRU}, k, z) \leqslant \epsilon |z|$，为此我们取 $\ell=\delta n$。于是不等式（4.8）建议取 $b=\delta n / \log_2 \frac{1}{\epsilon}$。

缓存的大小现在分为三种类型：

㊀ 为清晰起见，我们忽略了对分数（比如 ℓ/b）进行适当的上取整和下取整。

1. 好的缓存大小。按照不等式(4.7)和我们对 b 的选择，对于每个这样的缓存大小 k，有

$$\mathrm{PERF}(\mathrm{LRU},k,z)=O\left(\frac{1}{\delta}\log\frac{1}{\epsilon}\right)\cdot\mathrm{PERF}(\mathrm{FIF},k,z)$$

2. 在 $\{1,2,\cdots,n\}$ 中最小的 δn 个坏的缓存大小。对于这些缓存大小不存在任何性能保证。

3. 坏的缓存大小，它们大于至少 δn 个其他坏的缓存大小。我们对 ℓ 和 b 的选择确保对于这样的缓存大小 k，不等式(4.9)成立，即

$$\mathrm{PERF}(\mathrm{LRU},k,z)\leqslant\epsilon|z|$$

第一类和第三类缓存大小分别满足定理4.15的两个保证。第二类缓存大小最多占有可能的缓存大小的 $1/\delta$，证明至此完成。 □

4.6 本章注解

Kalyanasundaram 和 Pruhs(2000)首先强调把资源增广当作一种一阶分析框架，尽管更早的时候就已经存在一些令人信服的例子(例如由 Sleator 和 Tarjan(1985)证明的定理4.3)。此后不久，Phillips 等人(2002)提出了"资源增广"这一短语。

Sleator 和 Tarjan(1985)发展了在线算法的竞争分析技术(包括4.1节的模型和结果)。(Borodin and El-Yaniv，1998)是关于这个主题的很好的参考书。定理4.1归功于 Bélády(1967)的贡献。在基准页面请求序列上的FIF、LRU和FIFO缓存替换策略的实证比较参见(Young，1991，§2.4)。

4.3节描述的自私路由模型由 Wardrop(1952)定义。Beckmann 等人(1956)证明了均衡流的存在性和唯一性，另见(Roughgarden，2007)。Koutsoupias 和 Papadimitriou(1999)在不同背景下定义了无政府代价。定理4.4和练习题4.4中的扩展由 Roughgarden 和 Tardos(2002)证明。Friedman(2004)证明了由此产生的松弛竞争的界(练习题4.6)。

(Pruhs et al.，2004)是关于在线调度算法的竞争分析的很好的参考，其中包括对图4.2有所启发的图解。Schrage(1968)首先证明了SRPT(练习题4.7)的最优性。定理4.7以及练习题4.9由 Kalyanasundaram 和 Pruhs(2000)提出。Motwani 等人(1994)提出了练习题4.8的一种解决方案。对于更为复杂的调度问题，有若干更新的、更复杂的资源增广保证，例如对于多台机器、不同优先级的作业以及由少数拒绝所取代的抢占。这些文献的良好切入点包括(Im et al.，2011)、(Anand et al.，2012)以及(Thang，2013)。

松弛竞争的在线算法的概念来源于 Young(1994)，定理4.15来源于 Young(2002)。

致谢

感谢 Jérémy Barbay、Feder Fomin、Kirk Pruhs、Nguyen Kim Thang 以及 Neal Young 就本章初稿发表的有益的意见。

参考文献

Anand, S., Garg, N., and Kumar, A. 2012. Resource augmentation for weighted flow-time explained by dual fitting. In *Proceedings of the Twenty-Third Annual ACM-SIAM Symposium on Discrete Algorithms (SODA)*, pp. 1228–1241.

Beckmann, M. J., McGuire, C. B., and Winsten, C. B. 1956. *Studies in the Economics of Transportation*. Yale University Press.

Bélády, L. A. 1967. A study of replacement algorithms for a virtual storage computer. *IBM Systems Journal*, **5**(2), 78–101.

Borodin, A., and El-Yaniv, R. 1998. *Online Computation and Competitive Analysis*. Cambridge University Press.

Friedman, E. J. 2004. Genericity and congestion control in selfish routing. In *Proceedings of the 43rd Annual IEEE Conference on Decision and Control (CDC)*, pp. 4667–4672.

Im, S., Moseley, B., and Pruhs, K. 2011. A tutorial on amortized local competitiveness in online scheduling. *SIGACT News*, **42**(2), 83–97.

Kalyanasundaram, B., and Pruhs, K. 2000. Speed is as powerful as clairvoyance. *Journal of the ACM*, **47**(4), 617–643.

Koutsoupias, E., and Papadimitriou, C. H. 1999. Worst-case equilibria. In *Proceedings of the 16th Annual Symposium on Theoretical Aspects of Computer Science (STACS)*, pp. 404–413.

Motwani, R., Phillips, S., and Torng, E. 1994. Nonclairvoyant scheduling. *Theoretical Computer Science*, **130**(1), 17–47.

Phillips, C. A., Stein, C., Torng, E., and Wein, J. 2002. Optimal time-critical scheduling via resource augmentation. *Algorithmica*, **32**(2), 163–200.

Pruhs, K., Sgall, J., and Torng, E. 2004. Online scheduling. In *Handbook of Scheduling: Algorithms, Models, and Performance Analysis*, Chapter 15. CRC Press.

Roughgarden, T. 2007. Routing games. In Nisan, N., Roughgarden, T., Tardos, É., and Vazirani, V. (eds.), *Algorithmic Game Theory*, pp. 461–486. Cambridge University Press.

Roughgarden, T., and Tardos, É. 2002. How bad is selfish routing? *Journal of the ACM*, **49**(2), 236–259.

Schrage, L. 1968. A proof of the optimality of the shortest remaining processing time discipline. *Operations Research Letters*, **16**(3), 687–690.

Sleator, D. D., and Tarjan, R. E. 1985. Amortized efficiency of list update and paging rules. *Communications of the ACM*, **28**(2), 202–208.

Thang, N. K. 2013. Lagrangian duality in online scheduling with resource augmentation and speed scaling. In *21st Annual European Symposium on Algorithms (ESA)*, pp. 755–766.

Wardrop, J. G. 1952. Some theoretical aspects of road traffic research. In. *Proceedings of the Institute of Civil Engineers, Pt. II*, vol. 1, pp. 325–378.

Young, N. 2002. On-Line File Caching. *Algorithmica*, **33**(3), 371–383.

Young, N. E. 1991. *Competitive Paging and Dual-Guided Algorithms for Weighted Caching and Matching*. PhD thesis, Princeton University, Department of Computer Science.

Young, N. E. 1994. The *k*-server dual and loose competitiveness for paging. *Algorithmica*, **11**(6), 525–541.

练习题

4.1　证明对于每个缓存大小 $k\geqslant1$ 和每个页面序列 z，有

$$\mathrm{PERF}(\mathrm{LRU},k+1,z)\leqslant\mathrm{PERF}(\mathrm{LRU},k,z)$$

4.2　证明定理 4.3 和定理 4.15 对于 FIFO 缓存策略仍然成立。

4.3　证明所有确定性在线算法的下界与定理 4.3 中 LRU 的上界匹配。也就是说，对于 k 和 $h\leqslant k$ 的每种选择，对于每个常数 $\alpha<\dfrac{k}{k-h+1}$，以及每个确定性在线分页算法 A，存在任意长度的序列 z，使得 $\mathrm{PERF}(A,k,z)>\alpha\cdot\mathrm{PERF}(\mathrm{FIF},h,z)$。

4.4　考虑一个多进多出自私路由网络 $G=(V,E)$，其中有源点 $s_1,s_2,\cdots,s_k$，汇点 $t_1,t_2,\cdots,t_k$，以及流通速率 $r_1,r_2,\cdots,r_k$。对于每一个 $i=1,2,\cdots,k$，流现在从 s_i 到 t_i 路由 r_i 个流量单位。在均衡流 f 中，所有从 s_i 到 t_i 的流量在具有最小可能长度 $\sum_{e\in P}c_e(f_e)$ 的 s_i-t_i 路径 P 上传送，其中 f_e 表示通过边 e 的总流量（包括所有的源点-汇点对）。

说明并证明定理 4.4 在多进多出自私路由网络上的推广。

4.5 从定理 4.4 推导推论 4.5。

4.6 本练习题从自私路由环境中的资源增广界派生出一个松弛竞争类的界。设 $\pi(G,r)$ 表示在流通速率 r 和 $r/2$ 下 G 中的均衡流的成本比值。根据定理 4.4，网络 G 在流通速率 r 下的无政府代价最多是 $\pi(G,r)$。

(a) 利用定理 4.4 证明，对于所有自私路由网络 G 和流通速率 $r>0$，以及对于流通速率 $\hat{r}\in[r/2,r]$ 的至少 $1/\alpha$，G 中在流通速率 $\hat{r}$ 下的无政府代价最多是 $\beta\log\pi(G,r)$（其中 $\alpha,\beta>0$ 是与 G 和 r 无关的常数）。

(b) 证明对于每个常数 $K>0$，存在一个具有非负的、连续的、非递减的边成本函数的网络 G 以及一个流通速率 r，使得对所有流通速率 $\hat{r}\in[r/2,r]$，G 的无政府代价至少是 K。（提示：利用具有多个平行链接的网络。）

4.7 证明 SRPT 算法是单机作业调度问题（允许抢占策略）的一个最小化总流动时间的最优算法。

4.8 证明对于每个常数 $c>0$，不存在这样的非预知未来确定性在线算法：它总是能够产生一个调度，使得总流动时间最多是最优（即 SRPT）调度的总流动时间的 c 倍。

4.9 考虑最小化作业的最大空闲时间这一目标。在一次调度中，作业 j 的空闲时间为 $C_j-r_j-p_j/s$，其中 C_j 是作业的完成时刻，r_j 是其发布时刻，p_j 是其处理时间，s 是机器速度。证明在一台速度为 $(1+\epsilon)$ 的机器上使用 SETF 算法时，一个作业的最大空闲时间不超过在一台单位速度的机器上问题的最优离线解的 $1/\epsilon$。（提示：从命题 4.11 开始证明。）

第二部分

Beyond the Worst-Case Analysis of Algorithms

确定性数据模型

扰 动 弹 性

Konstantin Makarychev，Yury Makarychev

摘要：本章介绍扰动弹性（perturbation resilience），也称为 Bilu-Linial 稳定性。笼统地讲，如果我们扰动一个实例时最优解仍然保持不变，就说这个实例是一个扰动弹性实例。我们在本章展示一些扰动弹性实例的算法性和困难性结果。特别地，我们描述了一些试图弥合最坏情况和结构化实例之间的差距的认证算法（certified algorithm）：一方面这些算法总能找到一个近似解，另一方面它们能够精确地求解扰动弹性实例。

5.1 引言

本章我们讨论由 Bilu 和 Linial（2010）提出的扰动弹性的概念。扰动弹性概念的目的在于获取组合最优化和聚类问题的现实实例。非正式地说，一个组合最优化或者聚类问题的实例是扰动弹性的，如果我们扰动这个实例时其最优解保持不变。

定义 5.1 考虑一个组合最优化或者聚类问题。假设每个实例都有一些参数，例如：如果问题是图的划分问题，则这些参数是边的权重；如果问题是约束满足问题，则参数是约束权重；如果问题是聚类问题，则参数是点和点之间的距离。实例 $\mathcal{I}$ 的 γ-扰动是通过将 $\mathcal{I}$ 中的每一个参数乘以一个 1 到 γ 之间的数字而产生的实例 $\mathcal{I}'$（每一个参数可能乘以不同的数字）。[㊀] ◁

定义 5.2 一个实例 $\mathcal{I}$ 是 γ-扰动弹性的，如果 $\mathcal{I}$ 的所有 γ-扰动和 $\mathcal{I}$ 都具有相同的最优解（我们要求 $\mathcal{I}$ 具有唯一的最优解）。 ◁

当我们扰动这样的实例时，虽然解不应该变化，但解的值或者代价可能会（一般来说会）改变。γ 越大，γ-扰动弹性的条件就会变得越苛刻。特别地，实例是 1-稳定的当且仅当它有唯一解。

本章我们还描述了一些认证算法（见定义 5.4），它们试图弥补最坏情况下和结构化实例之间的差距：一方面，这些算法总能找到一个近似解；另一方面，它们可以精确地求解扰动弹性实例。

动机。扰动弹性的定义特别适用于机器学习问题，在这种情况下我们感兴趣的是找到真正的解/聚类/划分，而不是优化目标函数本身。事实上，当我们把一个现实问题看作机器学习问题时，我们会做出一些有点武断的建模决策（例如，当我们求解聚类问题时，会在许多合理的选择中选择一个相似度函数）。如果最优解对这些建模选择非常敏感，那么我们可能无法通过对问题进行精确求解来找到真正的解。这表明求解许多机器学习问题中的非扰动弹性实例是没有意义的。此外，经验证据表明，对于许多现实的实例，在所有的可行解中最优解更加突出，它对参数的小扰动并不敏感。

㊀ 我们考虑的所有问题都是尺度不变的，因此等价地，可以把参数除以一个 1 到 γ 之间的数。我们在讨论聚类问题时将采用这个约定。

弱扰动弹性。扰动弹性的定义有点过于严格，也许更自然的要求是一个扰动实例的最优解接近但不一定等于原始实例的最优解。这一概念体现在（γ,N）-弱扰动弹性的定义上。㊀

定义 5.3（Makarychev et al.，2014） 考虑一个组合最优化问题的实例 $\mathcal{I}$。设 s^* 是一个最优解，N 是解的集合，其中包括全部最优解，那么 s^* 比 N 以外的任何一个解 s 更好。进一步假定对于 $\mathcal{I}$ 的每个 γ-扰动 $\mathcal{I}'$，s^* 是一个比 s 更好的解，我们就说 $\mathcal{I}$ 是（γ,N）-弱扰动弹性的，或简称 γ-弱扰动弹性。给定一个（γ,N）-弱扰动弹性实例，如果算法找到了一个解 $s\in N$（关键在于算法并不知道 N），我们就说该算法求解了这个弱扰动弹性实例。 ◁

我们应该把定义 5.3 中的集合 N 看作由那些在某种意义上靠近 s^* 的解构成的集合。假设我们求解的是最大割问题，那么 N 可以是包含那些把顶点集合中不超过 $1/\varepsilon$ 的顶点从最优割（S^*,T^*）的一边移到另一边得到的割（S',T'）的集合。或者 N 可以是包含那些以与（S^*,T^*）相同的方式划分顶点集合 V_0 的子集的割的集合（非正式地把 V_0 称作"图的核心"或者是包含"重要顶点"的子集）。或者 N 也可能是一些满足某些其他结构特性的割的集合。注意，实例是（$\gamma,\{s^*\}$）-弱扰动弹性的当且仅当它是 γ-扰动弹性的。

进一步放宽扰动弹性的定义会很有意思。特别地，如果只要求最优解在我们随机扰动输入时保持不变，这将会显得更加自然。不幸的是，我们没有任何关于扰动弹性的这个更弱的定义的结果。

认证算法（certified algorithm，或称经过认证的算法）。我们现在定义一个经过认证的近似算法的概念（Makarychev and Makarychev，2020）。这个定义的灵感来自扰动弹性和平滑分析的定义（Spielman and Teng，2004）（另见第 13~15 章）。回忆一下，在平滑分析框架中，我们分析了在输入实例的一个小随机扰动上的算法性能。也就是说，我们证明了在对输入进行随机扰动后，算法可以在要求的时间内以要求的精度求解。认证算法会自行对输入实例进行扰动，然后对得到的实例精确求解。重要的是，扰动不一定是随机的或者小的（事实上，我们稍后将看到，对于许多问题扰动必须相当可观）。

定义 5.4 γ-认证算法是这样一种算法：给定问题的一个实例 $\mathcal{I}$，算法返回 $\mathcal{I}$ 的一个 γ-扰动 $\mathcal{I}'$ 以及 $\mathcal{I}'$ 的一个最优解 s^*。我们就说 $\mathcal{I}'$ 认证了 s^*。 ◁

认证算法具有许多理想的特性。γ-认证算法总是给出问题及其"补问题"的一个 γ-近似值，精确地求解 γ-扰动弹性实例，并且求解弱扰动弹性实例。我们还可以运行认证算法，得到一个扰动实例 $\mathcal{I}'$ 和它的一个最优解 s^*，然后结合具体问题自行判断 $\mathcal{I}'$ 是否与 $\mathcal{I}$ 足够相似，进而判断 s^* 是否也是 $\mathcal{I}$ 的一个合理的好的解。

健壮（鲁棒）算法。我们在本章中讨论的大多数用于组合最优化问题（而不是聚类问题）的扰动弹性实例的算法都是健壮的——即使输入不是 γ-扰动弹性的，算法也不会输出错误的答案。

定义 5.5 一个用于 γ-扰动弹性实例的算法是健壮的，如果以下条件成立：如果输入实例是 γ-扰动弹性的，那么算法找到最优解；如果实例不是 γ-扰动弹性的，那么算法要么找到最优解，要么宣告实例不是 γ-扰动弹性的。 ◁

这个性质相当令人满意，因为在现实中，我们只能假定输入实例是扰动弹性的，但是不能完全确定它们确实如此。

㊀ 我们注意到 Balcan 和 Liang（2016）提出了一个相关的弱扰动弹性的概念，称为（γ,ε）-扰动弹性。

运行时间。我们在本章中考虑的大多数认证算法的运行时间将是输入规模和参数值的多项式，因此我们将这些算法称为伪多项式时间算法。具体而言，运行时间将是输入规模以及最大参数与最小参数的比值的多项式。为了简化陈述，我们将额外假定参数是 1 到 W 之间的整数。不过这一假定并不重要（参见（Makarychev and Makarychev，2020））。本章我们还将讨论用于扰动弹性和弱扰动弹性实例的其他（“非认证”）算法——这些算法将是真正的多项式时间算法，它们的运行时间是输入规模的多项式。

内容组织。我们在 5.2~5.3 节讨论有关组合最优化问题的结果，在 5.5~5.7 节讨论有关聚类问题的结果。

5.2　组合最优化问题

这一节我们描述组合最优化问题的认证算法的一些性质。

预备工作。我们将给出组合最优化问题的形式定义。我们的定义将包括各种约束满足问题、图划分问题和覆盖问题。请记住这一类问题中有两个示例对我们很有启发性：最大割（max cut）问题和最小非割（min uncut）问题。

定义 5.6　在最大割问题中，给定一个图 $G=(V,E,w_e)$，目标是在图中找到一个割 $(S,\bar{S})$，它最大化了其割边的总权重。在最小非割问题中，给定一个图 $G=(V,E,w_e)$，目标是在图中找到一个割 $(S,\bar{S})$，它最小化了图中未被 $(S,\bar{S})$ 切割的边的总权重。　◁

对于一个给定的图 G，一个达到最大割目标的割 $(S,\bar{S})$ 的值加上一个达到最小非割目标的割 $(S,\bar{S})$ 的代价等于图中所有边的总权重，而且不依赖于具体的割 $(S,\bar{S})$。特别地，最大割问题的最优解也是最小非割问题的最优解，反之亦然。但是正如我们随后将讨论的，对于这两个问题，其中一个问题的好的近似解不一定是另一个问题的好的解。我们说最大割问题和最小非割问题是*互补*的问题。现在我们给出组合最优化问题的一般定义。

定义 5.7　组合最优化问题（combinatorial optimization problem）的实例由可行解的集合 $\mathcal{S}$（解空间）、约束的集合 $\mathcal{C}$ 和约束权重 $w_c>0(c\in\mathcal{C})$ 表示。通常情况下，解空间 $\mathcal{S}$ 是指数大小的，而且没有显式地给出。每一个约束是一个从 $\mathcal{S}$ 到 $\{0,1\}$ 的映射。对于 $s\in\mathcal{S}$，$c\in\mathcal{C}$，如果 $c(s)=1$，我们就说可行解 s 满足约束 c。

下面是我们关注的最大化和最小化目标。

- 最大化目标是要最大化得到满足的约束的总权重：找到最大化 $\mathrm{val}_{\mathcal{I}}(s)=\sum_{c\in\mathcal{C}}w_c c(s)$ 的 $s\in\mathcal{S}$。
- 最小化目标是要最小化未得到满足的约束的总权重：找到最小化 $\sum_{c\in\mathcal{C}}w_c(1-c(s))=w(\mathcal{C})-\mathrm{val}_{\mathcal{I}}(s)$ 的 $s\in\mathcal{S}$（这里 $w(\mathcal{C})=\sum_{c\in\mathcal{C}}w_c$ 是所有约束的总权重）。

我们说最大化和最小化是*互补*的目标，同样，我们把两个仅仅是目标不同的实例称为*互补*的实例。注意到互补的实例具有相同的最优解。

在定义 5.1 的意义上，权重 $\{w_c\}_{c\in\mathcal{C}}$ 是实例的参数。　◁

我们没有要求可行解 $s\in\mathcal{S}$ 满足所有的约束，这符合最大化和最小化约束满足问题的标准。换句话说，我们假定约束是“软约束”。稍后我们将讨论一些具有“硬约束”和“软约束”的问题（参见定理 5.12）。

定义 5.8　一个最优化问题是一个实例族 $\mathcal{F}$。我们要求 $\mathcal{F}$ 中的所有实例都具有同一类目标（所有实例或者都有一个最大化目标，或者都有一个最小化目标）。我们假定如果实

例 $(\mathcal{S},\mathcal{C},w)$ 在 $\mathcal{F}$ 中，那么对于正权值 w 的任何选择 w'，$(\mathcal{S},\mathcal{C},w')$ 也在 $\mathcal{F}$ 中。 ◁

让我们看看为什么这个定义抓住了最大割问题和最小非割问题。对于最大割问题或者最小非割问题的一个给定实例 $G=(V,E,w_e)$，$\mathcal{S}$ 是 G 中的所有割的集合。对于每条边 $e\in E$，存在一个约束 c_e：如果 e 被 $(S,\bar{S})$ 切割，那么 $c_e((S,\bar{S}))=1$。最大割的目标是最大化 $\sum_{c\in\mathcal{C}}w_c c(S,\bar{S})$，最小非割的目标是最小化 $\sum_{c\in\mathcal{C}}w_c(1-c(S,\bar{S}))$。

考虑另外两个例子。

例 5.9　在最小多路割（minimum multiway cut）问题中，给定图 $G=(V,E,w_e)$ 和终止结点 $t_1,\cdots,t_k$ 的集合，目的是将 G 划分为 k 个簇 $P_1,\cdots,P_k$，使得对 $i\in\{1,\cdots,k\}$，有 $t_i\in P_i$，而且最小化割边的总权重。对于这个问题，$\mathcal{S}$ 是所有划分 $P_1,\cdots,P_k$ 的集合，使得对 $i\in\{1,\cdots,k\}$，有 $t_i\in P_i$。对于每一条边 $e\in E$，存在一个约束 c_e：如果 e 未被 $(P_1,\cdots,P_k)$ 切割，则 $c_e((P_1,\cdots,P_k))=1$。目标是最小化 $\sum_{c\in\mathcal{C}}w_c(1-c(P_1,\cdots,P_k))$。 ◁

例 5.10　在最大独立集（maximum independent set）问题中，给定图 $G=(V,E,w_v)$，其中 w_v 是顶点的正权值。目的是找到一个独立集[㊀] I 使 $w(I)$ 最大化。对于这个问题，$\mathcal{S}$ 是 G 中所有独立集 I 的集合。对于每个顶点 $v\in V$，存在一个约束 c_v：如果 $v\in I$，那么 $c_v(I)=1$。目标是最大化 $\sum_{c\in\mathcal{C}}w_c c(I)$。与最大独立集问题互补的问题是最小顶点覆盖（minimum vertex cover）问题。最小顶点覆盖问题的目标是找到一个顶点覆盖 $C\subset V$，使 $w(C)$ 最小化；其等价目标是找到一个独立集 I，使 $\sum_{c\in\mathcal{C}}w_c(1-c(I))$ 最小化。 ◁

认证算法的基本性质。现在我们讨论认证算法的基本性质。首先，我们指出认证算法为最坏情况下的实例提供了一个近似解并且求解扰动弹性和弱扰动弹性实例。

定理 5.11　*考虑 γ-认证算法 $\mathcal{A}$。*

- *无论输入实例是什么，$\mathcal{A}$ 都能找到一个 γ-近似解。此外，$\mathcal{A}$ 能够找到一个关于最大化目标和最小化目标的 γ-近似解。*
- *如果实例是 γ-扰动弹性的，那么 $\mathcal{A}$ 能够找到最优解。如果实例是 (γ,N)-弱稳定的，那么 $\mathcal{A}$ 能够在 N 中找到一个解。*

证明　考虑一个实例 $\mathcal{I}$。s^* 表示这个实例的最优解，$\mathcal{I}'$ 和 s' 分别表示算法 $\mathcal{A}$ 找到的实例和解。对于每一个约束 $c\in\mathcal{C}$，设 w_c 和 w'_c 分别是约束 c 在 $\mathcal{I}$ 和 $\mathcal{I}'$ 中的权值。

1. 首先，我们证明算法对于最大化和最小化这两种目标总是给出一个 γ-近似。考虑最大化目标，s' 的值（关于权值 w_c）等于

$$\sum_{c\in\mathcal{C}}w_c c(s')\geqslant\sum_{c\in\mathcal{C}}\frac{w'_c}{\gamma}c(s')=\frac{1}{\gamma}\sum_{c\in\mathcal{C}}w'_c c(s')\overset{(\star)}{\geqslant}\frac{1}{\gamma}\sum_{c\in\mathcal{C}}w'_c c(s^*)\geqslant\frac{1}{\gamma}\sum_{c\in\mathcal{C}}w_c c(s^*)$$

其中不等号（★）成立，因为 s' 是 $\mathcal{I}'$ 的一个最优解。我们得出结论，即 s' 是最大化目标的一个 γ-近似解。类似地，我们确定了最小化目标的近似因子的上界。

$$\sum_{c\in\mathcal{C}}w_c(1-c(s'))\leqslant\sum_{c\in\mathcal{C}}w'_c(1-c(s'))\leqslant\sum_{c\in\mathcal{C}}w'_c(1-c(s^*))\leqslant\gamma\sum_{c}w_c(1-c(s^*))$$

2. 现在，假定 $\mathcal{I}$ 是 γ-扰动弹性的。根据扰动弹性的定义，$\mathcal{I}$ 和 $\mathcal{I}'$ 有相同的最优解。因此，s^* 不仅仅是 $\mathcal{I}'$ 的最优解，也是 $\mathcal{I}$ 的最优解。最后，假定 $\mathcal{I}$ 是 (γ,N)-弱扰动弹性的。由于 $\mathcal{I}$ 是 (γ,N)-弱扰动弹性的而且 $\mathcal{I}'$ 是 $\mathcal{I}$ 的 γ-扰动，$\mathcal{I}'$ 的最优解 s' 必定在 N 中。 □

我们注意到，最大化和最小化目标的传统近似结果往往有很大的差异。例如，

㊀ 回忆一下，集合 $I\subset V$ 是独立集，如果 E 中不存在任何两个端点都在 I 中的边。集合 $C\subset V$ 是顶点覆盖，如果 E 中的每一条边至少有一个端点在 C 中。注意到 I 是独立集当且仅当 $V\setminus I$ 是顶点覆盖。

Goemans 和 Williamson（1995）提出的关于最大割问题的算法给出了一个 $\alpha_{GW}\approx0.878$ 的近似值，而现在关于最小非割问题的已知最佳算法给出的只是一个 $O(\sqrt{\log n})$ 的近似值（Agarwal et al.，2005）。类似地，最小顶点覆盖问题允许 2-近似算法，而它的补即最大独立集问题在 P≠NP 的情况下甚至没有 $n^{1-\delta}$ 的近似值（对于所有的 $\delta>0$）。

考虑一个最优化问题的实例。我们可以选择约束的一个子集 $H\subset\mathcal{C}$，并且要求 H 中的约束全部被满足。我们称这些约束为*硬约束*（hard constrain），并称得到的实例是一个具有硬约束的实例。形式上，给定一个实例 $(\mathcal{S},\mathcal{C},w)$ 和一个约束子集 H，我们如下定义相应的具有硬约束的实例 $(\mathcal{S}',\mathcal{C}',w)$：$\mathcal{S}'=\{a\in\mathcal{S}$:对所有 $c\in H,c(s)=1\}$；$\mathcal{C}'=\mathcal{C}\backslash$H；对 $c\in\mathcal{C}'$，$w'(c)=w(c)$。

定理 5.12（Makarychev and Makarychev，2020） *假定对于问题 P，存在一个伪多项式时间的 γ-认证算法，其中 $\gamma=\gamma_n$ 最多是 n 的多项式。那么对于 P 的一个具有硬约束的变异 P'，也存在一个伪多项式时间的 γ-认证算法。相应地，P'的最大化和最小化变异可以接受 γ-近似算法。*

我们把证明留作练习（见练习题 5.3）。

备注 对于近似算法，求解具有硬约束的约束满足问题（Constraint Satisfaction Problem，CSP）往往比求解那些没有硬约束的问题困难得多。更准确地说，用于没有硬约束的最小化 CSP 的算法通常也可以求解具有硬约束的实例。然而，用于最大化 CSP 的算法往往不能求解具有硬约束的实例。例如，Lewin 等人（2002）提出的用于最大 2-SAT 问题的算法给出了 0.940 1 的近似值，但是对于具有硬约束的最大 2-SAT 问题，甚至不存在 $n^{1-\delta}$ 的近似算法。对于最大 2-Horn SAT 问题（它是最大 2-SAT 问题的一个变异，其中所有约束都是 Horn 子句）也是如此。 ◁

5.3 认证算法的设计

这一节我们将描述一个通用的框架，用于设计认证算法、扰动弹性实例的健壮算法和弱扰动弹性实例的算法，以及证明扰动弹性实例的线性规划或半定规划松弛是整型的（Makarychev et al.，2014；Makarychev and Makarychev，2020）。为了利用这个框架，要么需要开发一个过程来求解某个组合任务（参见任务 5.13 和引理 5.14），要么需要设计一个满足所谓的逼近和共逼近性质的舍入方案（过程）（参见定理 5.17 和定理 5.19）。

总体框架。考虑一个最优化问题。我们设计这样的认证算法：从一个任意解开始，然后对其进行迭代改进。这种方法与局部搜索有些相似，除了改进不一定是局部的。我们证明这只需要一个可以完成如下任务的过程。

任务 5.13 给定实例 $\mathcal{I}(\mathcal{S},\mathcal{C},w)$、实例约束的划分 $\mathcal{C}=\mathcal{C}_\infty\cup\mathcal{C}_\in$ 以及参数 $\gamma\geq1$，任务是下面两个选项之一：

- 选项 1：找到 $s\in\mathcal{S}$，使 $\gamma\sum_{c\in C_1}w_c c(s)>\sum_{c\in C_2}w_c(1-c(s))$。
- 选项 2：宣告对每个 $s\in S$：$\sum_{c\in C_1}w_c c(s)\leqslant\sum_{c\in C_2}w_c(1-c(s))$。

（注意到上述两个选项不是互斥的。） ◁

当我们利用这个过程时，$\mathcal{C}_1$ 和 $\mathcal{C}_2$ 将分别是当前未得到满足的约束的集合和得到满足的约束的集合。为了从直觉上理解选项 1 和选项 2 的含义，想象一下 $\gamma=1$。这个时候选项 1 是要找到一个解 s，使得由 s 满足的那些当前尚未得到满足的约束的权值大于未被 s 满足的那些当前已经得到满足的约束的权值。换句话说，选项 1 是要找到一个比当前解更好的解 s，而选项 2 是要宣告不存在任何比 s 更好的解。

引理 5.14 假定任务 5.13 存在多项式时间算法，且存在可以找到一个解 $s \in \mathcal{S}$ 的多项式时间算法。那么对于这个问题存在伪多项式时间的认证算法。

在证明引理 5.14 之前，我们先展示如何得到关于最大割和最小非割的认证算法。

定理 5.15 存在关于最大割和最小非割问题的伪多项式时间的 γ-认证算法，这里 $\gamma = O(\sqrt{\log n}\log\log n)$ 是 Arora 等人（2008）提出的关于具有非均匀请求的最稀疏割问题的算法的近似因子。

证明 我们通过展示如何在多项式时间内求解任务 5.13 来证明这个定理。回忆一下，在关于最大割问题的表述中，如果边 e 被切割，则 $c_e(S,\bar{S}) = 1$。设 $E_1 = \{e \in E : c_e \in \mathcal{C}_1\}$，$E_2 = \{e \in E : c_e \in \mathcal{C}_2\}$。把 E_i 中被（$S,\bar{S}$）切割的边的总权重记为 $w(E_i(S,\bar{S}))$。设 $\phi(S) = \dfrac{w(E_2(S,\bar{S}))}{w(E_1(S,\bar{S}))}$。于是我们的目标是要么找到一个割（$S,\bar{S}$），使得 $\phi(S) < \gamma$，要么宣告对所有的（$S,\bar{S}$），$\phi(S) \geqslant 1$。现在，在所有割（$S,\bar{S}$）上最小化 $\phi(S)$ 的问题，与在具有边容量 w、请求对 E_1 和请求权重 w 的图（V,E_2）中寻找具有非均匀请求的最稀疏割的问题是一样的。我们运行最稀疏割问题的近似算法，得到一个近似地（在 γ 因子内）最小化 $\phi(S)$ 的割（$S,\bar{S}$）。如果 $\phi(S) < \gamma$，那么我们宣告找到了割（$S,\bar{S}$）；否则，我们宣告对所有的割（$S',\bar{S}'$），$\phi(S') \geqslant 1$。 □

我们的认证算法给出了关于最大割和最小非割问题的 γ_n 近似，这里 $\gamma_n = O(\sqrt{\log n}\log\log n)$。我们将这个结果与已知的最大割和最小非割问题的近似结果进行比较。对于最大割问题，我们可以得到一个好得多的近似因子 $\alpha_{GW} \approx 0.878$（Goemans and Williamson, 1995）。不过对于最小非割问题，已知最佳的近似因子是 $O(\sqrt{\log n})$（Agarwal et al., 2005），它与 γ_n 是可比较的。注意到还存在一个近似因子为 α_{GW} 的 γ_n-认证算法，这个算法首先为最大割问题找到一个 α_{GW} 近似，然后对它进行迭代改进，如定理 5.15 所述。那么能不能改进 γ_n 上的界呢？研究结果表明，对于非均匀请求的最稀疏割问题，γ_n 的最优值本质上等于最佳逼近因子 α_n（详见（Makarychev et al., 2014））。

引理 5.14 的证明 如本章引言中所述，假定所有权重 w_c 都是 1 到 W 之间的整数。我们首先找到一个可行解 s，然后对它进行迭代改进。

改进过程。在每一次迭代中，我们设 $C_1 = \{c \in \mathcal{C} : c(s) = 0\}$ 和 $C_2 = \{c \in \mathcal{C} : c(s) = 1\}$ 分别是不满足约束和满足约束的集合。定义权重 w' 如下：如果 $c \in C_1$ 则 $w'_c = w_c$；如果 $c \in C_2$ 则 $w'_c = \gamma w_c$。我们在实例 $\mathcal{I}' = (\mathcal{S},\mathcal{C},w')$ 上为任务 5.13 运行这个过程。下面考虑两种情况。首先假定这个过程返回一个解 s' 使得 $\gamma\sum_{c\in C_1} w'_c c(s') > \sum_{c\in C_2} w'_c(1-c(s'))$（选项 1）。我们得到 $\sum_{c\in C_1} w_c c(s') > \sum_{c\in C_2} w_c(1-c(s'))$，所以 $\mathrm{val}_{\mathcal{I}}(s') = \sum_{c\in C_1\cup C_2} w_c c(s') > \sum_{c\in C_2} w_c = \mathrm{val}_{\mathcal{I}}(s)$。因此，解 s' 改进了解 s。我们在算法的下一次迭代中使用这个 s'。

现在假定这个过程宣告对每个解 s' 有 $\sum_{c\in C_1} w'_c c(s') \leqslant \sum_{c\in C_2} w'_c(1-c(s'))$（选项 2），或等效地 $\mathrm{val}_{\mathcal{I}}(s') = \sum_{c\in C_1\cup C_2} w'_c c(s') \leqslant \sum_{c\in C_2} w'_c = \mathrm{val}_{\mathcal{I}}(s)$。我们返回实例 $\mathcal{I}'$ 以及解 s。

当算法终止时，它输出实例 $\mathcal{I}'$ 和它的最优解 s，这里 $\mathcal{I}'$ 是 $\mathcal{I}$ 的一个 γ-扰动。因此，这个算法确实是一个 γ-认证算法。算法的运行时间仍然受到限制。在每一次迭代中，解的值至少增加 1（回忆一下，我们假设所有权值都是整数）。因此，经过最多 $\sum_{c\in\mathcal{C}} w_c \leqslant |\mathcal{C}| W$ 次迭代后算法终止。由于每一次迭代需要多项式时间，因此运行时间是关于 n 和 W 的

多项式。 □

利用凸松弛。我们现在描述如何利用线性或者半定规划松弛（实际上也可以利用任何多项式易解的凸松弛）来设计认证算法。

虽然我们的最终目的是设计一个得到认证的近似算法，不过想象一下，我们只是想要设计一个常规的近似算法。一种标准的方法是为这个问题写一个松弛，并为它设计一个舍入方案。例如，为了求解最大独立集问题（参见例5.10），我们可以利用以下线性规划松弛：

$$\text{最大化} \sum_{u\in V} w_u x_u$$

$$\text{约束条件：} x_u+x_v\leqslant 1,\quad (u,v)\in E \quad \text{以及} \quad 0\leqslant x_u\leqslant 1,\quad u\in V \tag{5.1}$$

我们下面的讨论适用于任何组合最优化问题，不过记住上面的松弛（5.1）也许是有益的。我们把问题的解 $s\in\mathcal{S}$ 称为组合解（combinatorial solution），并且把松弛的解 x 称为分数解（fractional solution）：如果 x 对应于组合解 $s\in\mathcal{S}$，我们就说 x 是整数的（integral）。我们假定在松弛中每一个约束 c 都对应一个变量 x_c，使得对于每个整数解 x 和其相应的组合解 s 有 $x_c=c(s)$。[一]

首先假设我们为最大化问题设计了一个近似算法，那么松弛将要做的是在一些特定于问题的约束下最大化 $\text{fval}(x)=\sum_{c\in\mathcal{C}}w_c x_c$。我们求解松弛，找到一个分数解 x，然后通过随机化舍入方案 $\mathcal{R}$ 把它舍入为组合解 $\mathcal{R}(x)$。假定这个舍入方案对于 $\alpha\geqslant 1$ 满足以下的逼近条件：

- **逼近条件**。每一个约束 $c\in\mathcal{C}$ 被 $\mathcal{R}(x)$ 满足的概率[二]至少是 x_c/α。

  那么被 $\mathcal{R}(x)$ 满足的约束的期望权重至少是$\dfrac{\text{fval}}{\alpha}$。因此，我们得到一个随机化的 α-近似算法。

  现在假设我们为最小化问题设计一个算法，那么松弛的目标就是要最小化 $\sum_{c\in\mathcal{C}}w_c(1-x_c)$。现在，我们采用舍入方案，对于 $\beta\geqslant 1$，这个方案满足以下共逼近条件。

- **共逼近条件**。每一个约束 $c\in\mathcal{C}$ 未被 $\mathcal{R}(x)$ 满足的概率最多是 $\beta(1-x_c)$。

  未被满足的约束的期望权重最多是 $\beta\sum_{c\in\mathcal{C}}w_c(1-x_c)$，我们得到一个 β-近似算法。可以看到，逼近和共逼近条件在传统近似算法的设计中起着核心作用。事实证明，它们也可以用于设计认证算法。

定义 5.16　如果舍入方案 $\mathcal{R}$ 同时满足关于参数 α 和 β 的逼近和共逼近条件，我们就说 $\mathcal{R}$ 是一个（α,β）-舍入。 ◁

定理 5.17　*假定存在一个（α,β）-舍入方案 $\mathcal{R}$。*

1. 假定 $\mathcal{R}$ 在随机化多项式时间内是可计算的。设 $W=\dfrac{\max_{c\in\mathcal{C}}w_c}{\min_{c\in\mathcal{C}}w_c}$是最大权重和最小权重之比。那么求解的问题存在一个随机化的[三] γ-近似认证算法，这里 $\gamma=\alpha\beta+\varepsilon$；算法的运行时间是实例规模、$W$ 和 $1/\varepsilon$ 的多项式。

2. 现在我们做一个更强的假定。假定 $\mathcal{R}$ 的支持集是多项式大小的而且可以在多项

[一] 注意到如果在松弛中没有变量 x_c，我们通常可以添加这些变量，因为它们的表达式无论如何都会出现在松弛的目标函数中。

[二] 这个概率是在 $\mathcal{R}$ 所做出的随机选择上的概率。

[三] 更准确地说，这个算法是拉斯维加斯算法，因此算法总是输出一个正确的解。

式时间内找到，所有的权重都是 1 到 W 之间的整数。那么存在一个 γ-近似认证算法，这里 $\gamma=\alpha\beta$；算法的运行时间是关于实例规模和 W 的多项式。

在这两种情况下，算法返回的解 s^* 是关于 $\mathcal{I}'$ 的凸松弛的最优解。

证明 为了简化陈述，我们只证明第二部分。第一部分的证明与此非常类似，但技术性更强，建议读者参考（Makarychev and Makarychev，2020）。注意到在多项式时间内能够找到 $\mathcal{R}$ 的支持集的条件并不是很苛刻，大多数舍入方案都能够满足这一要求。

我们利用引理 5.14 来设计算法，展示如何在多项式时间内求解任务 5.13。首先我们求解关于问题的凸松弛，得到一个分数解 x。如果 $\sum_{c\in C_1}w_cx_c\leqslant\sum_{c\in C_2}w_c(1-x_c)$，那么对所有 s，有

$$\sum_{c\in C_1}w_cc(s)+\sum_{c\in C_2}w_cc(s)\leqslant\sum_{c\in C_1}w_cx_c+\sum_{c\in C_2}w_cx_c\leqslant\sum_{c\in C_2}w_c \tag{5.2}$$

因此，我们宣告对所有的 s，有 $\sum_{c\in C_1}w_cc(s)\leqslant\sum_{c\in C_2}w_c(1-c(s))$（选项 2）。在这种情况下，来自引理 5.14 的认证算法返回一个值为 $w(C_2)=\sum_{c\in C_2}w_c$ 的解 s^*。公式（5.2）表明每个分数解（更不用说整数解）的值最多为 $\mathrm{val}_{\mathcal{I}}(s^*)=w(C_2)$。

现在假定 $\sum_{c\in C_1}w_cx_c>\sum_{c\in C_2}w_c(1-x_c)$。我们应用舍入方案 $\mathcal{R}$ 得到解 $\mathcal{R}(x)$。从逼近和共逼近条件出发，我们得到

$$E\Big[\gamma\sum_{c\in C_1}w_cc(\mathcal{R}(x))-\sum_{c\in C_2}w_c(1-c(\mathcal{R}(x)))\Big]\geqslant\frac{\gamma}{\alpha}\sum_{c\in C_1}w_cx_c-\beta\sum_{c\in C_2}w_c(1-x_c)$$
$$\overset{\text{因为 }\gamma=\alpha\beta}{=\!=\!=}\beta\Big(\sum_{c\in C_1}w_cx_c-\sum_{c\in C_2}w_c(1-x_c)\Big)>0$$

因此对于 $\mathcal{R}(x)$ 的支持集中的解 s，我们有 $\gamma\sum_{c\in C_1}w_cc(s)>\sum_{c\in C_2}w_c(1-c(s))$。我们找到并返回这样的一个解 s。 □

作为直接推论，我们得到一个求解组合最优化问题的 γ-扰动弹性和 γ-弱扰动弹性实例的算法。正如我们将在下面描述的（定理 5.19），实际上只需要做出一些稍弱的假设就足以得到扰动弹性和弱扰动弹性实例的算法。在给出定理 5.19 之前，我们先讨论一下如何对定理 5.17 中的条件进行松弛。首先，只需要设计一个舍入方案，这个舍入方案只对最优分数解进行舍入。这件事情比较容易做到，这是因为就一些问题而言，最优分数解可以满足一些特定的附加性质（比如是半整的）。其次，只需要设计仅针对靠近整数解的分数解的舍入方案。

定义 5.18 我们说分数解 x 是 δ-靠近整数解的，如果对于某一个整数解 x^{int} 和分数解 x^{frac}，有 $x=(1-\delta)x^{\mathrm{int}}+\delta x^{\mathrm{frac}}$（对于 LP 松弛，这个条件意味着每一个 LP 变量 x_c 都在 $[0,\delta]\cup[1-\delta,1]$ 区间内）。如果舍入方案 $\mathcal{R}$ 有定义，而且对于 δ-靠近整数解的那些分数解 x 满足逼近和共逼近条件，则称 $\mathcal{R}$ 是 δ-局部的（α,β）-舍入。这样的舍入方案可能但不一定必须有定义，而且可能但不一定必须对于并非 δ-靠近整数解的那些分数解 x 满足逼近和共逼近条件。 ◁

备注 在定理 5.17 中，只要有一个 δ-局部的舍入方案（$\delta\geqslant 1/\mathrm{poly}(n)$）就足够了。设计这样的方案可能比为任意解设计舍入方案要容易得多。如果有这样一个方案，我们将执行下面的步骤。用 $x^{(s)}$ 表示对应于组合解 s 的分数解，我们找到一个最优分数解 x^*，然后设 $x=(1-\delta)x^{(s)}+\delta x^*$。注意到 x 是 δ-靠近整数的。容易看出，如果 x^* 比 $x^{(s)}$ 好，那么 x 也是。然后我们在定理 5.17 的证明中对 x 加以利用（细节请参见（Makarychev and Makarychev，2020））。 ◁

现在我们描述这样一个条件。在这个条件下，求解组合最优化问题的 γ-扰动弹性和 $(\gamma+\varepsilon,N)$-弱稳定实例的多项式时间算法得到存在的保证。注意到我们并没有对权重 w_c 做出任何假定。

定理 5.19 (Makarychev and Makarychev, 2016; Angelidakis et al., 2017) 假定存在一个 (α,β)-舍入方案或者一个 δ-局部的 (α,β)-舍入方案 $\mathcal{R}$。设 $\gamma=\alpha\beta$，那么我们有：

- 对于 γ-扰动弹性实例，凸松弛是整数的。$\mathcal{R}$ 不必是在多项式时间内可计算的。
- 存在一个健壮的多项式时间算法用于求解 γ-扰动弹性实例，运行时间仅仅取决于输入规模。同样，$\mathcal{R}$ 不必是在多项式时间内可计算的（我们只是在算法分析中使用 $\mathcal{R}$）。
- 假定 $\mathcal{R}(x)$ 的支持集是多项式大小的而且在多项式时间内可以找到，而且 $\varepsilon,\delta\geq 1/\text{poly}(n)$，那么存在求解 $(\gamma+\varepsilon)$-弱扰动弹性实例的多项式时间算法。

5.4 认证算法示例

最大独立集问题。我们现在证明，对于 k-可着色图的最大独立集（Maximum Independent Set, MIS）问题，存在一个 $(k-1)$-认证算法，而且对于这个问题的 $(k-1)$-扰动弹性实例存在一个健壮算法（MIS 的定义见例 5.10）。为了得到这些算法，我们按照前面讨论的方法设计了一种 (α,β)-舍入方案，这里 $\alpha\beta=k-1$。

考虑一个 k-可着色图 $G=(V,E,w)$，对 MIS 问题求解松弛（5.1）。设 x 是一个最优的顶点解，我们知道 x 是半整的（Nemhauser and Trotter, 1975）。对于 $t\in\{0,1/2,1\}$，定义 $V_t=\{u\in V:x_u=t\}$。考虑下面由 Hochbaum（1983）提出的舍入方案（这个舍入方案需要知道 V 的一个正常 k-着色 $(C_1,\cdots,C_k)$）。

舍入方案 $\mathcal{R}$。步骤如下。

1. 随机均匀选择 $i\in\{1,\cdots,k\}$。
2. 返回 $S=V_1\cup(V_{1/2}\cap C_i)$。

定理 5.20 (Angelidakis et al., 2019) 对于 MIS，$\mathcal{R}$ 是一个 (α,β)-舍入，这里 $\alpha=k/2$，$\beta=2(k-1)/k$。对于给定的着色方案，这个舍入算法在多项式时间内输出独立集的一个分布，分布的支持集是多项式大小的。

证明 容易看到，这个舍入方案总是输出独立集 S。如果 $u\in V_1$，那么（总有）$u\in S$；如果 $u\in V_0$，那么（总有）$u\notin S$——在这两种情况下不涉及随机性，而且显而易见逼近和共逼近条件成立。现在如果 $u\in V_{1/2}$，那么 $u\in S$ 的概率为 $1/k$（这种情况在 i 是 u 的颜色时发生），因为 $\Pr(u\in S)=1/k=x_u/\alpha$，所以逼近条件成立；因为 $\Pr(u\notin S)=\dfrac{k-1}{k}=\beta(1-x_u)$，所以共逼近条件成立。 □

我们的结论是在 MIS 问题上，存在一个多项式时间的 $(k-1)$-认证算法，而且对于 $(k-1)$-扰动弹性实例存在一个多项式时间的健壮算法。注意到认证算法需要知道图的 k-着色方案，而健壮算法并不需要。健壮算法简单地求解 LP 松弛并输出解，这个解被保证是整数的（参见定理 5.19）。

最小多路割问题。我们现在为最小多路割问题（定义见例 5.9）设计认证和健壮算法。为了简化描述起见，我们将重点放在 $k=3$ 的情况。考虑由 Călinescu 等人（2000）提出的关于这个问题的 LP 松弛。对于每个顶点 u，LP 中存在一个向量 $\bar{\boldsymbol{u}}=(u_1,u_2,u_3)$。在对应于划分 (P_1,P_2,P_3) 的整数解中：如果 $u\in P_i$ 则 $u_i=1$；否则 $u_i=0$。也就是说，如果 $u\in P_i$ 则

$\bar{u}=e_i$（这是第 i 个标准基向量）。目标是在下面的约束下最小化 $\frac{1}{2}\sum_{e=(u,v)\in E}w(e)\|\bar{u}-\bar{v}\|_1$：（i）对所有的 $j\in\{1,2,3\}$，$\bar{t}_j=e_j$；（ii）对所有的 $u\in V$，$u_1+u_2+u_3=1$；（iii）对所有的 $u\in V$ 和 $j\in\{1,2,3\}$，$u_j\geqslant 0$。容易看出，通过添加一些辅助变量，我们可以把目标写成一个线性函数。设 $d(\bar{u},\bar{v})=\frac{1}{2}\|\bar{u}-\bar{v}\|_1$。松弛要求每一个向量 $\bar{u}$ 位于顶点为 e_1，e_2，e_3 的三角形 $\Delta=\mathrm{conv}(e_1,e_2,e_3)$ 中。我们的目标是为最小多路割问题设计一个 δ-局部的 (α,β)-舍入，这里 $\alpha\beta=4/3$，$\delta=1/30$。按照最小多路割问题的近似算法的标准做法，我们考虑一种舍入方案，它（随机地）将三角形 Δ 切割成三块 $\hat{P}_1$，$\hat{P}_2$，$\hat{P}_3$，使得 $e_i\in\hat{P}_i$，然后对每一个 i，设 $P_i=\{u:\bar{u}\in\hat{P}_i\}$。因为 $\bar{t}_i=e_i\in\hat{P}_i$，这个舍入直接给出了一个可行解。我们下面描述如何切割三角形 Δ，使得到的舍入方案是 δ-局部的 (α,β)-舍入。

我们现在定义两个割的族：*2-顶点割*（two-vertex cut）和*球割*（ball cut），这是由 Karger 等人（2004）提出的。给定顶点 e_i 和半径 $r\in(0,1)$，设 $B_r(e_i)=\{\bar{x}:d(\bar{x},e_i)\leqslant r\}$ 是以 e_i 为中心、r 为半径的关于距离函数 d 的球。在几何上 $B_r(e_i)$ 是顶点为 e_i、$(1-r)e_i+re_{j_1}$ 和 $(1-r)e_i+re_{j_2}$ 的三角形，其中 e_{j_1} 和 e_{j_2} 是除了 e_i 以外的基向量。半径 $r\in(0,1)$ 而且具有主元 $i\in\{1,2,3\}$ 的 2-顶点割（如图 5.1 所示）由 $\hat{P}_j=B_r(e_j)$、$j\in\{j_1,j_2\}$ 和 $\hat{P}_i=\Delta\setminus(\hat{P}_{j_1}\cup\hat{P}_{j_2})$ 定义。半径 $r\in(0,1)$ 而且具有主元 $i\in\{1,2,3\}$ 的球割（如图 5.1 所示）定义如下：$\hat{P}_i=B_r(e_i)$，每个点 $\bar{x}\notin\hat{P}_i$ 是要么属于 $\hat{P}_{j_1}$，要么属于 $\hat{P}_{j_2}$，这取决于 $\bar{x}$ 关于距离函数 d 更接近 e_{j_1} 还是 e_{j_2}。现在我们可以给出舍入方案。

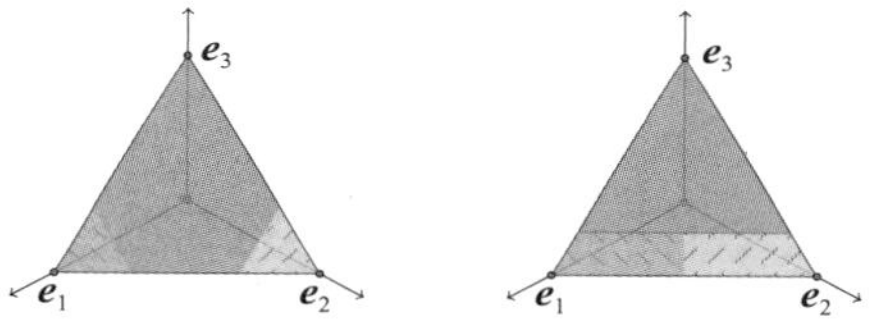

图 5.1 每一个向量 $\bar{u}$ 位于顶点为 e_1，e_2，e_3 的三角形内。左图展示了半径为 3/10、主元 $i=3$ 的 2-顶点割，右图展示了半径为 4/5、主元 $i=3$ 的球割

舍入方案 $\mathcal{R}$。步骤如下。

1. 随机均匀选择 $r\in(0,2/5)$。
2. 随机均匀选择主元 $i\in\{1,2,3\}$。
3. 以概率 1/3，设 $(\hat{P}_1,\hat{P}_2,\hat{P}_3)$ 是半径为 r 而且具有主元 i 的 2-顶点割。
4. 在其他情况下，设 $(\hat{P}_1,\hat{P}_2,\hat{P}_3)$ 是半径为 $1-r$ 而且具有主元 i 的球割。
5. 对于 $j\in\{1,2,3\}$，设 $P_j=\{u\in V:\bar{u}\in\hat{P}_j\}$
6. 返回划分 $P=(P_1,P_2,P_3)$。

定理 5.21（Angelidakis et al.，2017） *对于最小多路割问题，$\mathcal{R}$ 是一个 δ-局部的 (α,β)-舍入，这里 $\alpha=10/9$，$\beta=6/5$。*

我们把证明留作练习（练习题 5.4）。我们的结论是，对于具有三个终止结点的多路割问题，存在一个多项式时间的 4/3-认证算法；对于 4/3-扰动弹性实例，存在一个健壮的多项式时间算法。这些结果可以推广到具有 k 个终止结点的多路割问题的 $(2-2/k)$-扰动弹性实例（参见（Angelidakis et al.，2017））。

5.5 扰动弹性的聚类问题

这一节我们考虑具有 ℓ_p 目标的 k-聚类问题，这是包括 k-means、k-median 和 k-center 在内的一大类问题。

定义 5.22（具有 ℓ_p 目标的 k-聚类） 具有 ℓ_p 目标（$p\geqslant 1$）的 k-聚类的一个实例包括

一个度量空间 (X,d) 和一个自然数 k。我们的目的是将 X 划分为 k 个不相交的簇 $C_1,\cdots,C_k$，并为每一个簇 C_i 分配一个中心 c_i，以便最小化以下目标函数：

$$\sum_{i=1}^{k}\sum_{u\in C_i} d^p(u,c_i)$$

对于 $p=\infty$，目标函数为 $\max_{i\in\{1,\cdots,k\},u\in C_i}|d(u,c_i)|$。 ◁

注意到 k-median 是具有 ℓ_1 目标的 k-聚类问题；k-means 是具有 ℓ_2 目标的 k-聚类；而 k-center 是具有 ℓ_∞ 目标的 k-聚类。

考虑一个具有 ℓ_p 目标的 k-聚类的实例 (X,d)。在这个问题的一个最优解中，每一个点被分配到最接近的中心 $c_1,\cdots,c_k$。也就是说，如果 $u\in C_i$，那么对所有的 $j\neq i$，都有 $d(u,c_i)\leqslant d(u,c_j)$。这是所有基于中心目标的聚类问题（clustering problems with a center-based objective）的共同的重要属性。注意到最优聚类 $C_1,\cdots,C_k$ 是由中心 $c_1,\cdots,c_k$ 决定的。具体而言，$\{C_1,\cdots,C_k\}$ 是关于 $c_1,\cdots,c_k$ 的 Voronoi 划分，也就是说 C_i 是 X 中一些点的集合，这些点更加靠近 c_i 而不是其他的 c_j。

现在我们假定 X 中的每个点到它自己的中心的距离比到其他中心的距离小一个特定的间距。具体而言，假设存在一个中心为 $c_1,\cdots,c_k$ 的最优聚类 $C_1,\cdots,C_k$，它满足以下称为 λ-中心紧邻的条件：对每个 $u\in C_i$，不但 $d(u,c_i)\leqslant d(u,c_j)$，而且 $\lambda d(u,c_i)<d(u,c_j)$。

定义 5.23（λ-中心紧邻）　设 (X,d) 是具有 ℓ_p 目标的 k-聚类问题的一个实例。考虑中心为 $c_1,\cdots,c_k$ 的一个最优解 $C_1,\cdots,C_k$。如果对每个 $u\in C_i$ 以及 $j\neq i$，都有 $\lambda d(u,c_i)<d(u,c_j)$（这里 $\lambda\geqslant 1$），我们就说 $c_1,\cdots,c_k$ 满足 λ-中心紧邻条件。

如果存在一个中心为 $c_1,\cdots,c_k$ 的满足 λ-中心紧邻条件的最优解 $C_1,\cdots,C_k$，我们就说 (X,d) 有一个满足 λ-中心紧邻条件的最优解。 ◁

对于一个给定的聚类 $C_1,\cdots,C_k$，最优的中心集合不一定是唯一的。一些关于 $C_1,\cdots,C_k$ 的最优中心集合可能满足 λ-中心紧邻条件，而其他的有可能不满足。

我们将在 5.6 节证明存在一个算法（经典的单链接聚类算法的一个变异），这个算法可以找到最优聚类，前提是这个聚类对于某一个最优中心集合满足 2-中心紧邻条件。我们注意到在满足 λ-中心紧邻条件而且 $\lambda<2$ 的实例中寻找最优聚类是 NP 困难的（Ben David and Reyzin，2014）。考虑到聚类问题的具体情况，我们现在重新给出定义 5.1 和定义 5.2 的陈述。

定义 5.24（扰动和度量扰动）　考虑度量空间 (X,d)。我们说对称函数 d'：$X\times X\to\mathbb{R}^+$是 d 的 γ-扰动，如果对所有的 u，$v\in X$，有 $\frac{1}{\gamma}d(u,v)\leqslant d'(u,v)\leqslant d(u,v)$。如果 d'是 d 的 γ-扰动而且 d'本身是度量（即 d'满足三角不等式），我们就说 d'是 d 的度量 γ-扰动（metric γ-perturbation）。 ◁

注意到（非度量的）γ-扰动 d'可能违反三角不等式，因此它不一定是度量。

定义 5.25（扰动弹性）　考虑一个具有 ℓ_p 目标的 k-聚类问题的实例 (X,d)。设 $C_1,\cdots,C_k$ 是最优聚类。如果对 d 的所有 γ-扰动，(X,d') 的唯一最优聚类是 $C_1,\cdots,C_k$，那么 (X,d) 是 γ-扰动弹性的（γ-perturbation resilient）。类似地，如果对 d 的所有度量 γ-扰动，(X,d') 的唯一最优聚类是 $C_1,\cdots,C_k$，那么 (X,d) 是度量 γ-扰动弹性的（metric γ-perturbation resilient）。 ◁

度量 γ-扰动弹性的定义与 γ-扰动弹性的定义相比具有更少的限制：如果一个实例是 γ-扰动弹性的，那么它也是度量 γ-扰动弹性的，但是反之不然。特别地，所有求解度量

γ-扰动弹性的实例的算法也可以求解 γ-扰动弹性的实例。

注意到在 γ-扰动弹性的定义中，我们并没有要求各个簇 $C_1,\cdots,C_k$ 关于距离函数 d 和 d' 拥有相同的最优中心。如果加上这个要求，我们将得到一个更强的 γ-扰动弹性或者度量 γ-扰动弹性的定义（参见练习题 5.7）。

扰动弹性是一个比中心紧邻性更强的概念：所有的 γ-扰动弹性实例都满足 γ-中心紧邻条件。我们在定理 5.27 中证明了这种蕴含关系。相反的说法并不成立，因此这两个概念并不等价（参见练习题 5.10）。

我们在本章给出两个关于 γ-扰动弹性的结果。首先，我们给出一个动态规划算法，它可以为 k-聚类问题的任何 2-中心紧邻实例找到精确解（参见定理 5.29）。由于所有的度量 2-扰动弹性实例都满足 2-中心紧邻条件（参见定理 5.27），我们的算法也适用于度量 2-扰动弹性实例。然后，我们讨论了扰动弹性和局部搜索之间的联系，并且证明了关于 k-median 的标准局部搜索算法是 $(3+\varepsilon)$-认证算法。因此，这个算法返回 γ-扰动弹性实例的最优聚类并对任意实例给出 $(3+\varepsilon)$-近似。

开放式问题 5.26 在 γ-认证算法的定义中（参见定义 5.4），假设我们把 d' 是 d 的 γ-扰动的要求替换成 d' 是 d 的度量 γ-扰动。我们能不能按照这个新的定义设计一个 $(3+\varepsilon)$-认证算法？ ◁

5.5.1 度量扰动弹性蕴含了中心紧邻性

我们现在证明度量扰动弹性蕴含了中心紧邻性。

定理 5.27（Awasthi et al., 2012；Angelidakis et al., 2017） 设 (X,d) 是一个具有 ℓ_p 目标的 k-聚类问题的度量 γ-扰动弹性实例（$p\geq1$）。考虑唯一的最优解 $\mathcal{C}=(C_1,\cdots,C_k)$ 和最优中心集合 $\{c_1,\cdots,c_k\}$（这个中心集合不一定是唯一的）。那么中心 $c_1,\cdots,c_k$ 满足 γ-中心紧邻性质。

证明 考虑 X 中的一个任意点 p。设 c_i 是 $\{c_1,\cdots,c_k\}$ 中最靠近 p 的中心，c_j 是另一个中心。我们需要证明 $d(p,c_j)>\gamma d(p,c_i)$。假设 $d(p,c_j)\leq\gamma d(p,c_i)$。[㊀]设 $r^*=d(p,c_i)$。下面定义一个新的度量 d'。考虑度量空间 X 上的完全图 $G=(X,E)$，设每条边 (u,v) 的长度 $\mathrm{len}(u,v)$ 为 $d(u,v)$，那么 $d(u,v)$ 是 G 上的最短路径度量。我们现在将边 (p,c_j) 缩短，同时保留所有其他边的长度。具体而言，我们设 $\mathrm{len}'(p,c_j)=r^*$，而对于 $(u,v)\neq(p,c_j)$，设 $\mathrm{len}'(u,v)=d(u,v)$。设 d' 为以 $\mathrm{len}'(u,v)$ 作为边长的图 G 上的最短路径度量。观察到 $d'(u,v)=d(u,v)$，除非沿着边 (p,c_j) 存在一条更短路径。也就是说，任意两点 u 和 v 之间的距离 $d'(u,v)$ 等于以下三条路径中的最短路径的长度：$u\to v$，$u\to p\to c_j\to v$，$u\to c_j\to p\to v$。因此，

$$d'(u,v)=\min(d(u,v),d(u,p)+r^*+d(c_j,v),d(u,c_j)+r^*+d(p,v))$$

注意到 $\mathrm{len}(u,v)/\gamma\leq\mathrm{len}'(u,v)\leq\mathrm{len}(u,v)$，因此 $d(u,v)/\gamma\leq d'(u,v)\leq d(u,v)$，所以 $d'(u,v)$ 是 γ-扰动。因此，X 关于 d' 的最优聚类与关于 d 的最优聚类相同，也就是说它也是 $C_1,\cdots,C_k$。一般而言，簇 $C_1,\cdots,C_k$ 的最优中心可能因度量 d 和 d' 而不同（对于某些 γ-扰动确实如此）。如果我们断言 c_i 和 c_j 分别是簇 C_i 和 C_j 关于度量 d' 的最优中心，这将导致与假设 $d(p,c_j)\leq\gamma d(p,c_i)$ 相矛盾，因为 p 必须更靠近它自己的中心 c_i 而不是 c_j，因此必定有 $d(p,c_i)=d'(p,c_i)<d'(p,c_j)=d(p,c_j)$。

㊀ 采用反证法。——译者注

所以，为了完成定理的证明，我们需要进一步证明 c_i 和 c_j 分别是簇 C_i 和 C_j 关于度量 d' 的最优中心。为此，我们证明在簇 C_i 和 C_j 中度量 d' 和 d 相等，因此 C_i 关于度量 d 的任何一个最优中心也是关于度量 d' 的最优中心，反之亦然。 □

引理 5.28 对所有的 u，$v\in C_i$，我们有 $d(u,v)=d'(u,v)$。对所有的 u，$v\in C_j$，我们也有 $d(u,v)=d'(u,v)$。

证明 为了证明 $d'(u,v)=d(u,v)$，我们需要证明 $d(u,v)<\min(d(u,p)+r^*+d(c_j,v), d(u,c_j)+r^*+d(p,v))$。不失一般性，假定 $d(u,p)+r^*+d(c_j,v)\leqslant d(u,c_j)+r^*+d(p,v)$。那么

$$d(u,p)+r^*+d(c_j,v)=(\underbrace{d(u,p)+d(p,c_i)}_{\geqslant d(u,c_i)})+d(c_j,v)\geqslant d(u,c_i)+d(c_j,v)$$

1. 如果 $u,v\in C_i$，那么最靠近 v 的中心是 c_i，特别地，$d(c_j,v)>d(c_i,v)$。因此，$d(u,p)+r^*+d(c_j,v)>d(u,c_i)+d(c_i,v)\geqslant d(u,v)$。

2. 如果 $u,v\in C_j$，那么最靠近 u 的中心是 c_j，特别地，$d(u,c_i)>d(u,c_j)$。因此，$d(u,p)+r^*+d(c_j,v)>d(u,c_j)+d(c_j,v)\geqslant d(u,v)$。 □

5.6 2-扰动弹性实例的算法

我们在这一节证明单链接聚类算法的一个变异能够找到满足 2-中心紧邻条件而且具有 ℓ_p 目标的聚类问题的实例的精确最优解（或者更形式化地：这些实例有一个满足 2-中心紧邻条件的以 $c_1,\cdots,c_k$ 为中心的最优解 $C_1,\cdots,C_k$）。

单链接聚类算法是一种经典的算法，它的工作原理如下。给定 n 个点上的度量空间 (X,d)，算法创建 n 个簇，每一个簇包含 X 中的一个点。然后，它在每一步选择两个最靠近的簇并且将它们合并。簇与簇之间的距离通常定义为分别位于两个簇中的两个最接近的点之间的距离，即 $d(C',C'')=\min_{u\in C',v\in C''}d(u,v)$。因此，经过每个步骤，簇的数目减少 1 个。当只剩下 k 个簇时，算法停止。

单链接聚类算法是一种相当简单而且速度相对较快的算法。然而，当簇与簇之间没有被隔离时，算法将无法找到最优聚类。它对噪声也非常敏感，只要向数据集 X 中添加几个额外的点就可以极大地改变输出。对于扰动弹性实例，我们不能像原来那样使用单链接聚类算法，因为即使对于 γ 任意大的 γ-扰动弹性实例，这个算法也可能输出非常糟糕的聚类（参见练习题 5.11）。因此我们将采用基于动态规划的后处理步骤。

定理 5.29（Angelidakis et al.，2017） 给定一个具有 ℓ_p 目标的 k-聚类实例 (X,d)，如果 (X,d) 有一个满足 2-中心紧邻条件的最优解，那么存在一个多项式时间算法，算法输出一个最优解。

算法。考虑 X 上的完全图 G，其中每条边 (u,v) 的长度是 $d(u,v)$。我们的算法首先构造 G 的最小生成树（Minimum Spanning Tree，MST）T，然后利用动态规划对 T 进行聚类。我们知道有许多算法可以用来构造 MST，特别是 Kruskal 算法，它本质上是单链接聚类的一种变异。我们将在本节稍后描述有关的动态规划。现在我们证明，如果实例有一个满足 2-中心紧邻条件的最优解，那么这个解中的所有簇必定在最小生成树中形成连通分量。 ◁

定理 5.30 考虑一个具有 ℓ_p 目标的 k-聚类的实例 (X,d)。设 $C_1,\cdots,C_k$ 是一个最优聚类，其中心 $c_1,\cdots,c_k$ 满足 2-中心紧邻条件。设 $T=(X,E)$ 是 X 上的边长为 $d(u,v)$ 的完全图 G 的最小生成树。那么每一个簇 C_i 是 T 的一棵子树（即对于任意两个顶点 $u,v\in C_i$，T 中从 u 到 v 的唯一的最短路径完全落在 C_i 中）。

我们将需要下面的引理。

引理 5.31　考虑一个具有 ℓ_p 目标的 k-聚类的实例 (X,d)。假设 $C_1,\cdots,C_k$ 是 (X,d) 的最优聚类而且 $c_1,\cdots,c_k$ 是最优中心集合。如果 $c_1,\cdots,c_k$ 满足 2-中心紧邻性质，那么对于每两个不同的簇 C_i 和 C_j 以及所有的点 $u\in C_i$，$v\in C_j$，我们有 $d(u,c_i)<d(u,v)$。

证明　由于 $c_1,\cdots,c_k$ 满足 2-中心紧邻条件，我们有 $2d(u,c_i)<d(u,c_j)$ 以及 $2d(v,c_j)<d(v,c_i)$。因此，根据三角不等式得到 $2d(u,c_i)<d(u,v)+d(v,c_j)$ 和 $2d(v,c_j)<d(u,v)+d(u,c_i)$。我们把上述两个不等式分别乘以系数 2/3 和 1/3 后相加，得到所要的界：$d(u,c_i)<d(u,v)$。□

定理 5.30 的证明　因为 T 是一棵树，只需要证明对每个 $u\in C_i$，T 中从 u 到 c_i 的唯一路径上所有的点都在 C_i 中。考虑任意一个点 $u\in C_i$，把从 u 到 c_i 的路径表示为 $u_1,\cdots,u_M$，其中 $u_1=u$，$u_M=c_i$。我们在 m 上进行归纳，证明所有 $u_m(m=1,\cdots,M)$ 都在 C_i 中。首先点 $u_1=u$ 在 C_i 中，还有 $u_M\in C_i$，因为 $u_M=c_i$ 是 C_i 的中心。假设 $u_m\in C_i$，$m<M-1$，我们需要证明 $u_{m+1}\in C_i$。根据 MST 的回路性质，(u_M,u_m) 是回路 $u_m\to u_{m+1}\to\cdots\to u_M\to u_m$ 上的最长边（因为回路中除了边 (u_M,u_m) 以外的其他所有边都属于 MST）。特别地，$d(u_m,c_i)\equiv d(u_m,u_M)\geqslant d(u_m,u_{m+1})$。按照归纳假设有 $u_m\in C_i$，因此根据引理 5.31，u_{m+1} 也属于 C_i（因为如果 u_{m+1} 不在 C_i 中，我们就有 $d(u_m,c_i)<d(u_m,u_{m+1})$）。□

动态规划。我们现在描述一个在 MST 中寻找最优聚类的动态规划。我们选择 X 中的任意顶点 r 作为 MST T 的树根。用 T_u 表示以顶点 u 作为树根的子树。我们定义两类子问题，即 OPT 和 OPT_{AC}：

- 设 $\text{OPT}(u,m)$ 是将子树 T_u 划分为 m 个簇（它们都是 T 的子树）的最优代价。
- 设 $\text{OPT}_{\text{AC}}(u,m,c)$ 是在以下约束下将子树 T_u 划分为 m 个簇的最优代价：顶点 u 及其簇中的所有点必须分配给中心 c。◁

对 X 进行 k-聚类的代价等于 $\text{OPT}(r,k)$。为了简单起见，我们假定 MST 是一棵二叉树（可以通过添加一些"虚拟"顶点将任意一棵树转换为一棵二叉树来处理一般情况）。设 $\text{left}(u)$ 表示 u 的左儿子，$\text{right}(u)$ 表示 u 的右儿子。

下面我们给出 OPT 和 OPT_{AC} 上的递归关系。为了计算 $\text{OPT}(u,m)$，我们需要找到 u 的最优中心并返回 $\text{OPT}_{\text{AC}}(u,m,c)$。因此，

$$\text{OPT}(u,m)=\min_{c\in X}\text{OPT}_{\text{AC}}(u,m,c)$$

为了找到 $\text{OPT}_{\text{AC}}(u,m,c)$，我们找到左、右子树的最优解，并将它们合并。为此，我们需要猜测左、右子树中的簇 m_{L} 和 m_{R} 的数量。我们给出了 $\text{OPT}_{\text{AC}}(u,m,c)$ 在四种可能情况下的计算公式。

- 如果两个儿子 $\text{left}(u)$ 和 $\text{right}(u)$ 跟 u 在同一个簇中，那么

$$\min_{\substack{m_{\text{L}},m_{\text{R}}\in\mathbb{Z}^+\\ m_{\text{L}}+m_{\text{R}}=m+1}} d(c,u)+\text{OPT}_{\text{AC}}(\text{left}(u),c,m_{\text{L}})+\text{OPT}_{\text{AC}}(\text{right}(u),c,m_{\text{R}})$$

- 如果 $\text{left}(u)$ 跟 u 在同一个簇中，而 $\text{right}(u)$ 在另一个簇中，那么

$$\min_{\substack{m_{\text{L}},m_{\text{R}}\in\mathbb{Z}^+\\ m_{\text{L}}+m_{\text{R}}=m}} d(c,u)+\text{OPT}_{\text{AC}}(\text{left}(u),c,m_{\text{L}})+\text{OPT}(\text{right}(u),m_{\text{R}})$$

- 如果 $\text{right}(u)$ 跟 u 在同一个簇中，而 $\text{left}(u)$ 在另一个簇中，那么

$$\min_{\substack{m_{\text{L}},m_{\text{R}}\in\mathbb{Z}^+\\ m_{\text{L}}+m_{\text{R}}=m}} d(c,u)+\text{OPT}(\text{left}(u),m_{\text{L}})+\text{OPT}_{\text{AC}}(\text{right}(u),c,m_{\text{R}})$$

- 如果 u、$\text{left}(u)$ 和 $\text{right}(u)$ 分别在不同的簇中，那么

$$\min_{\substack{m_L, m_R \in \mathbb{Z}^+ \\ m_L + m_R = m-1}} d(c,u) + \text{OPT}(\text{left}(u), m_L) + \text{OPT}(\text{right}(u), m_R)$$

我们计算在上述四种情况下 $\text{OPT}_{AC}(u,m,c)$ 的值，并从中选择最小值。

OPT 和 OPT_{AC} 的 DP 表的大小分别是 $O(n\times k)$ 和 $O(n\times k\times n)=O(n^2k)$。表中每个表目的计算对于 OPT 和 OPT_{AC} 分别需要时间 $O(n)$ 和 $O(k)$。因此，DP 算法的总运行时间是 $O(n^2k^2)$。MST 的 Prim 算法的运行时间是 $O(n^2)$。

5.7　*k*-median 的（3+*ε*）-认证的局部搜索算法

局部搜索是一种用于求解聚类问题，也用于求解诸如设施选址等问题的常见的启发式方法（参见第 13 章）。局部搜索算法有时候单独使用，有时候用于处理其他算法的输出。我们知道局部搜索为 k-median 给出一个 $(3+\varepsilon)$-近似，以及为 k-means 给出一个 $(9+\varepsilon)$-近似（Arya et al. 2004；Kanungo et al. 2004），其中 $\varepsilon>0$ 是任意的，运行时间是 $1/\varepsilon$ 的指数。我们将看到局部搜索是一个 $(3+\varepsilon)$-认证的 k-median 算法。

下面，我们将重点讨论 k-median 问题，不过类似的结果对于任何具有 ℓ_p 目标的 k-聚类问题也是成立的。考虑一个任意的中心集合 $c_1,\cdots,c_k$。这个中心集合的最优聚类 $C_1,\cdots,C_k$ 由 Voronoi 划分定义，即 $u\in C_i$ 当且仅当 c_i 是最靠近 u 的中心。用 $\text{cost}(c_1,\cdots,c_k)$ 表示它的代价。

我们现在描述 1-局部搜索算法。这个算法维护由 k 个中心构成的集合 $c_1,\cdots,c_k$，从一个任意的中心集合 $c_1,\cdots,c_k$ 开始，然后每一步都会考虑所有可能的交换 $c_i\to u$，其中 c_i 是当前中心集合中的一个中心，u 是该中心集合之外的一个点。如果我们可以利用 u 交换 c_i 对解进行改进，那么就执行这个交换。换句话说，如果对于序偶 (c_i,u)，有 $\text{cost}(c_1,\cdots,c_{i-1},u,c_{i+1},\cdots,c_k)<\text{cost}(c_1,\cdots,c_k)$，那么我们就用 u 替换中心 c_i。当再也没有任何交换 $c_i\to u$ 可以改进解时，算法终止。我们称得到的中心集合为 *1-局部最优的*，并用 L 表示这个中心集合。局部搜索算法的一个更强大（但不太实用）的版本考虑了大小为 ρ 而不是 1 的交换，我们称这个算法为 ρ-局部搜索算法，它的运行时间是 ρ 的指数。

定理 5.32（Cohen Addad and Schwiegelshohn，2017；Balcan and White，2017）*k-median 的 ρ-局部搜索算法输出 $(3+O(1/\rho))$-扰动弹性实例上的最优解。*[㊀]

这个结果来自下面的定理。

定理 5.33　*k-median 的 ρ-局部搜索算法是 $(3+O(1/\rho))$-认证的。*

证明　考虑任意的度量空间 (X,d)。假设局部搜索算法输出一个中心为 $L=\{l_1,\cdots,l_k\}$ 的聚类。我们证明存在 d 的 γ-扰动——一个距离函数 d'：$X\times X\to\mathbb{R}^+$，L 是关于 d' 的最优解（这里 $\gamma=3+O(1/\rho)$）。我们注意到，在一般情况下 d' 不必满足三角不等式，因此 (X,d') 不一定是度量空间。

我们定义 d' 如下：如果 l_i 是 L 中最靠近 u 的中心，那么 $d'(u,l_i)=d(u,l_i)/\gamma$，否则 $d'(u,l_i)=d(u,l_i)$。考虑任意的中心集合 $S=\{s_1,\cdots,s_k\}$，我们需要证明对于新的距离函数 d'，以 L 为中心的 k-median 聚类的代价不超过以 S 为中心的 k-median 聚类的代价，因此 L 是关于 d' 的最优解。设 $l(u)$ 和 $s(u)$ 分别是 L 和 S 中关于 d 的最靠近 u 的中心，并且设 $l'(u)$ 和 $s'(u)$ 分别是 L 和 S 中关于 d' 的最靠近 u 的中心。我们的目的是证明

㊀ 与定理 5.29 不同，定理 5.32 要求实例是扰动弹性的，而不仅仅是度量扰动弹性的。

$$\sum_{u\in X} d'(u,l'(u)) \leqslant \sum_{u\in X} d'(u,s'(u)) \tag{5.3}$$

观察到对于每个点 $u\in X$，对于除了 $v=l(u)$ 以外的所有的 v，我们有 $d(u,v)=d'(u,v)$。因此 $l'(u)=l(u)$ 并且 $d'(u,l'(u))=d(u,l(u))/\gamma$。结果式（5.3）的左侧等于$\sum_{u\in X}d(u,l(u))/\gamma$。类似地，如果 $l(u)\notin S$，那么 $s'(u)=s(u)$ 并且 $d'(u,s'(u))=d(u,s(u))$。但是如果 $l(u)\in S$，那么 $d'(u,s'(u))=\min(d(u,s(u)),d(u,l(u))/\gamma)$，因为在这种情况下，$u$ 在 S 中的关于 d'的最优中心可以是 $l(u)$。

我们把 X 中的全部顶点分成两组：$A=\{u:l(u)\in S\}$ 和 $B=\{u:l(u)\notin S\}$。那么，对于 $u\in A$，我们有 $d'(u,s'(u))=\min(d(u,s(u)),d(u,l(u))/\gamma)$；而对于 $u\in B$，我们有 $d'(u,s'(u))=d(u,s(u))$。因此，不等式（5.3）等价于

$$\sum_{u\in X}\frac{d(u,l(u))}{\gamma} \leqslant \sum_{u\in A}\min\left(d(u,s(u)),\frac{d(u,l(u))}{\gamma}\right)+\sum_{u\in B}d(u,s(u))$$

两边乘以 γ 之后，上式可以写成

$$\sum_{u\in X}d(u,l(u)) \leqslant \sum_{u\in A}\min(\gamma d(u,s(u)),d(u,l(u)))+\sum_{u\in B}\gamma d(u,s(u)) \tag{5.4}$$

对于 $u\in A$，我们有 $d(u,s(u))\leqslant d(u,l(u))$，因为 $s(u)$ 和 $l(u)$ 都在 S 中，而且 $s(u)=\operatorname{argmin}_{v\in S}d(u,v)$。结果 $\min(\gamma d(u,s(u)),d(u,l(u)))\geqslant d(u,s(u))$。因此，从以下定理可以得到不等式（5.4）。 □

定理 5.34（局部近似定理）（Cohen Addad and Schwiegelshohn，2017） 设 L 是关于度量 d 的一个 ρ-局部最优中心集合，S 是任意的 k 个中心的集合。如上所述定义集合 A 和集合 B，那么对于 $\gamma=3+O(1/\rho)$，有$\sum_{u\in X}d(u,l(u))\leqslant\sum_{u\in A}d(u,s(u))+\gamma\sum_{u\in B}d(u,s(u))$。

证明可以参考（Cohen Addad and Schwiegelshohn，2017）。

5.8 本章注解

关于这个主题的第一篇文章是（Bilu and Linial，2010），他们给出了扰动弹性的定义，说明了扰动弹性的重要性，并给出了最大割问题的 $O(n)$-扰动弹性实例的一个算法。[㊀] Bilu 等人（2013）给出了最大割问题的 $O(\sqrt{n})$ -扰动弹性实例的一个算法。Mihalák 等人（2011）为 TSP 的 1.8-扰动弹性实例设计了一个贪心算法。随后，Makarychev 等人（2014）设计了一个用于解决组合最优化问题的扰动弹性实例的通用框架（我们已经在本章中描述）。这个框架为扰动弹性和弱扰动弹性实例的算法设计提供了一种通用方法，并证明了扰动弹性实例的线性规划松弛和半定规划松弛是整数的。这个框架被用于设计多个最优化问题的算法，包括用于最大割的 $O(\sqrt{\log n}\log\log n)$-扰动弹性实例（Makarychev et al.，2014）、最小多路割的（$2-2/k$）-扰动弹性实例（Angelidakis et al.，2017）、平面最大独立集的（$1+\varepsilon$）-扰动弹性实例以及 k-可着色图中最大独立集的（$k-1$）-扰动弹性实例（Angelidakis et al.，2019）的算法。Makarychev 和 Makarychev（2020）引入了认证算法，并展示了如何利用我们上面讨论的框架来设计认证算法。

有许多关于扰动弹性实例的负面结果。大多数的负面结果表明，对于 γ-扰动弹性实例目前还没有健壮算法，也没有多项式时间的 γ-认证算法。假定算法是认证的，还是假定算法是健壮的，这一点至关重要。事实上，扰动弹性实例不存在任何多项式时间算法（不管是健壮的还是其他的）这个问题相当具有挑战性：为了解决这个问题，我们需要一个归

㊀ 注意到 Bilu 和 Linial 以及许多其他作者都将“扰动弹性”称为“稳定性”。

约，将某一个问题的已知“困难实例”映射到当前问题的扰动弹性实例。但是我们知道如果 RP≠NP，那么关于最大 k-割问题（对所有的 $k\geqslant 3$）的 ∞-扰动弹性实例不存在任何多项式时间算法（Makarychev et al.，2014），而且如果在随机图中找到一个植入团是困难的，那么最大独立集问题的 $O(\sqrt{n})$-扰动弹性实例不存在多项式时间算法（Angelidakis et al.，2019）。注意到对于一些非常基础的问题有很强的负面结果：对于集合覆盖问题、最小顶点覆盖/最大独立集问题以及最大 2-Horn 可满足性问题，都不存在多项式时间的 $n^{1-\delta}$-认证算法，而且对于这些问题的 $n^{1-\delta}$-扰动弹性实例不存在多项式时间的健壮算法。关于最大 2-Horn SAT 问题的结果特别引人注目，因为这个问题的最大化和最小化变异允许一个常数因子的近似。这些负面结果表明，我们应该研究关于特定的扰动弹性实例族的算法。Angelidakis 等人（2019）完成了一项这样的研究，他们给出了最大独立集问题的平面 $(1+\varepsilon)$-扰动弹性实例的算法。这一点特别令人关注，因为当扰动弹性参数 $\gamma=1+\varepsilon$ 任意接近 1 的时候结果也成立。

聚类问题的扰动弹性实例研究由 Awasthi 等人（2012）发起，他们给出了一个寻找 3-扰动弹性实例最优聚类的算法。与我们在本章讨论的算法类似，他们的算法首先运行单链接聚类，然后利用动态规划来恢复最优解。不过在他们的算法中使用的动态规划与我们在这里介绍的有很大不同——他们的算法更为简单和快速，但是要求输入实例具有更大的扰动弹性。Balcan 和 Liang（2016）设计了一个用于 $(1+\sqrt{2})$-扰动弹性实例的算法，注意到 $(1+\sqrt{2})\approx 2.414$。Balcan 等人（2016）给出了关于对称和非对称 k-center 的 2-扰动弹性实例的算法，并得到了匹配困难性的结果。Angelidakis 等人（2017）提供了度量 γ-扰动弹性的定义，提出了一种关于 k-median 和 k-means 的度量 2-扰动弹性实例的算法，我们在本章对此进行了讨论（见定理 5.29）。Ben David 和 Reyzin（2014）证明了寻找满足 $(2-\varepsilon)$-中心紧邻条件的 k-median 的实例的最优聚类是 NP 困难的。

Cohen Addad 和 Schwiegelshohn（2017）观察到局部搜索算法可以找到关于 $(3+\varepsilon)$-扰动弹性实例的最优聚类。他们在论文中使用的模型与我们在本章中讨论的模型略有不同。定理 5.32 源于 Balcan 和 White（2017）。最近，Friggstad 等人（2019）设计了一种算法来求解欧几里得 k-means 和 k-median（其中的点位于一个固定维度的欧几里得空间中）的 $(1+\varepsilon)$-扰动弹性实例。如 Makarychev 和 Makarychev（2020）所述，他们的算法也是 $(1+\varepsilon)$-认证的。

我们还请读者参阅（Makarychev and Makarychev，2016）中关于扰动弹性实例的研究结果的更为详细的综述（尽管有点过时）。最后，我们特别指出本章的部分内容基于 Makarychev 和 Makarychev（2020）的研究工作。

参考文献

Agarwal, Amit, Charikar, Moses, Makarychev, Konstantin, and Makarychev, Yury. 2005. $O(\sqrt{\log n})$ approximation algorithms for Min UnCut, Min 2CNF Deletion, and directed cut problems. In *Proceedings of the Symposium on Theory of Computing*, pp. 573–581.

Angelidakis, Haris, Makarychev, Konstantin, and Makarychev, Yury. 2017. Algorithms for stable and perturbation-resilient problems. In *Proceedings of the Symposium on Theory of Computing*, pp. 438–451.

Angelidakis, Haris, Awasthi, Pranjal, Blum, Avrim, Chatziafratis, Vaggos, and Dan, Chen. 2019. Bilu-Linial stability, certified algorithms and the Independent Set problem. In *Proceedings of the European Symposium on Algorithms*, pp. 7:1–16.

Arora, Sanjeev, Lee, James, and Naor, Assaf. 2008. Euclidean distortion and the sparsest cut. *Journal of the American Mathematical Society* **21**(1), 1–21.

Arya, Vijay, Garg, Naveen, Khandekar, Rohit, Meyerson, Adam, Munagala, Kamesh, and Pandit, Vinayaka. 2004. Local search heuristics for k-median and facility location problems. *SIAM Journal on Computing*, **33**(3), 544–562.

Awasthi, Pranjal, Blum, Avrim, and Sheffet, Or. 2012. Center-based clustering under perturbation stability. *Information Processing Letters*, **112**(1–2), 49–54.

Balcan, Maria Florina, and Liang, Yingyu. 2016. Clustering under perturbation resilience. *SIAM Journal on Computing*, **45**(1), 102–155.

Balcan, Maria-Florina, and White, Colin. 2017. Clustering under local stability: Bridging the gap between worst-case and beyond worst-case analysis. *arXiv preprint arXiv:1705.07157*.

Balcan, Maria-Florina, Haghtalab, Nika, and White, Colin. 2016. k-center Clustering under perturbation resilience. *Proceedings of ICALP*, **68**, 1–68:14.

Ben-David, Shalev, and Reyzin, Lev. 2014. Data stability in clustering: A closer look. *Theoretical Computer Science*, **558**, 51–61.

Bilu, Yonatan, and Linial, Nathan. 2010. Are stable instances easy? *Proceedings of ICS*, 2010, 332–341.

Bilu, Yonatan, Daniely, Amit, Linial, Nati, and Saks, Michael. 2013. On the practically interesting instances of MAXCUT. *Proceedings of STACS*, 2013, 526–537.

Călinescu, Gruia, Karloff, Howard, and Rabani, Yuval. 2000. An improved approximation algorithm for MULTIWAY CUT. *Journal of Computer System Sciences*, **60**(3), 564–574.

Cohen-Addad, Vincent, and Schwiegelshohn, Chris. 2017. On the local structure of stable clustering instances. In *Proceedings of the Symposium on Foundations of Computer Science*, pp. 49–60.

Friggstad, Zachary, Khodamoradi, Kamyar, and Salavatipour, Mohammad R. 2019. Exact algorithms and lower bounds for stable instances of Euclidean K-means. In *Proceedings of the Symposium on Discrete Algorithms*, pp. 2958–2972.

Goemans, Michel X, and Williamson, David P. 1995. Improved approximation algorithms for maximum cut and satisfiability problems using semidefinite programming. *Journal of the ACM (JACM)*, **42**(6), 1115–1145.

Hochbaum, Dorit S. 1983. Efficient bounds for the stable set, vertex cover and set packing problems. *Discrete Applied Mathematics*, **6**(3), 243–254.

Kanungo, Tapas, Mount, David M, Netanyahu, Nathan S, Piatko, Christine D, Silverman, Ruth, and Wu, Angela Y. 2004. A local search approximation algorithm for k-means clustering. *Computational Geometry*, **28**(2–3), 89–112.

Karger, David R, Klein, Philip, Stein, Cliff, Thorup, Mikkel, and Young, Neal E. 2004. Rounding algorithms for a geometric embedding of minimum multiway Cut. *Mathematics of Operations Research*, **29**(3), 436–461.

Lewin, Michael, Livnat, Dror, and Zwick, Uri. 2002. Improved Rounding Techniques for the MAX 2-SAT and MAX DI-CUT Problems. In *Proceedings of the Conference on Integer Programming and Combinatorial Optimization*, pp. 67–82.

Makarychev, Konstantin, and Makarychev, Yury. 2016. Bilu-Linial stability. Hazan, T., Papandreou, G., and Tarlow, D. (eds.), *Perturbations, Optimization, and Statistics*. MIT Press.

Makarychev, Konstantin, and Makarychev, Yury. 2020. *Certified algorithms: Worst-case analysis and beyond. Proceeding of ITCS*, 49, 1–4: 14.

Makarychev, Konstantin, Makarychev, Yury, and Vijayaraghavan, Aravindan. 2014. Bilu-Linial stable instances of max cut and minimum multiway cut. In *Proceedings of the Symposium on Discrete Algorithms*, pp. 890–906.

Mihalák, Matúš, Schöngens, Marcel, Šrámek, Rastislav, and Widmayer, Peter. 2011. On the complexity of the metric TSP under stability considerations. In *SOFSEM 2011: Theory and Practice of Computer Science*, pp. 382–393.

Nemhauser, George L, and Trotter, Leslie Earl. 1975. Vertex packings: Structural properties and algorithms. *Mathematical Programming*, **8**(1), 232–248.

Spielman, Daniel A, and Teng, Shang-Hua. 2004. Smoothed Analysis of Algorithms: Why the simplex algorithm usually takes polynomial time. *Journal of the ACM*, **51**(3), 385–463.

练习题

5.1 考虑一个最大化约束满足问题（比如最大3SAT问题或者最大2CSP问题）的实例$\mathcal{I}$，其中约束是单独可满足的。假定$\mathcal{I}$有唯一的最优解，证明$\mathcal{I}$是∞-扰动弹性的当且仅当存在一个满足所有约束的解。

5.2 给出一些关于组合最优化和聚类问题的α-近似算法但不是α-认证算法的例子。

5.3 证明定理5.12（提示：为$c\in H$指定一些非常大的权重）。

5.4 证明定理5.21。

5.5 考虑一个最大化最优化问题P。假定每个实例$\mathcal{I}=(\mathcal{S},\mathcal{C},w)$的值至少是$\alpha\cdot w(\mathcal{C})$，$\alpha\leqslant 1$（例如关于最大割有$\alpha=1/2$，关于布尔$k$-CSP有$\alpha=1/2^k$）。证明每个$\gamma$-扰动弹性实例$\mathcal{I}=(\mathcal{S},\mathcal{C},w)$有一个解，这个解的值至少是$\dfrac{\gamma}{\gamma+\dfrac{1}{\alpha}}w(\mathcal{C})$。

5.6 考虑一个最大化问题P。假定P不允许α-近似（$\alpha>1$），更准确地说，存在一个从3-SAT到P的Karp-归约，将一个肯定实例映射到一个最优解的值至少为$c\cdot w(\mathcal{C})$的实例，并将一个否定实例映射到一个最优解的值小于$\dfrac{c\cdot w(\mathcal{C})}{\alpha}$的实例。证明因此不存在用于判定$P$的一个实例$\mathcal{I}$是否为$\alpha$-扰动弹性的多项式时间算法（如果NP$\neq$coNP）。

5.7 证明：不存在满足以下加强版的γ-扰动弹性条件的k-聚类问题的任何实例(X,d)（这里$|X|>k$，$\gamma\geqslant 2$）：对于d的每个度量γ-扰动d'，只存在一个最优中心集合，这个中心集合与度量(X,d)的最优中心集合相同。

5.8 考虑一个具有ℓ_p目标的k-聚类问题的γ-扰动弹性实例(X,d)。证明(X,d)的γ-认证解是这个问题的最优解。

5.9 证明：具有ℓ_p目标的k-聚类问题的任意实例的γ-认证解是其最优解的一个γ^p近似。

5.10 给出k-median的实例(X,d)的一个例子，要求它不是γ-扰动弹性的，但其唯一的最优解满足γ-中心紧邻性质。

5.11 给出100-扰动弹性实例的一个例子，要求其单链接聚类是次优的。

近似解稳定性与代理目标

Avrim Blum

摘要：本章介绍问题的近似解稳定性（approximation stability）。这是一种输入条件，它源于常见的利用在容易测量的目标函数下的解的评分作为问题的真实解的质量代理的做法，而问题的真正目的是要找到一个解，这个解“看起来像”一个未知的最终解。[一]如果所有具有代理目标的接近最优值的解在解空间中都靠近预期的最终解，则实例是近似解稳定的。事实证明，这一类实例具有许多令人惊讶的算法性质。本章描述近似解稳定性的概念，提出在这个条件下的各种算法保证，并讨论利用近似比作为解的探索问题的一种衡量标准的意义。

6.1 引言和动机

就许多被作为最优化一个可测量的目标函数的任务而提出来的算法问题而言，它们出于一个根本目的，即近似一个预期的（最终）解。例如通过最优化 k-means 或者 k-median 目标对一个表示人物图像的点的数据集进行聚类，而其中真正的目的是根据这些图像中的人物来对这些图像进行聚类。[二]又例如在一次博弈中搜索纳什均衡或近似纳什均衡，希望找到的解能够大致预测人们将如何出牌。在这样的表述中蕴含着的是一个希望，即一个最优化（或者接近最优化）可测量的代理目标的解（比如聚类情况下的 k-means 或 k-median 的评分，或者在均衡情况下导致偏离的最大值），将确实靠近人们希望恢复的解。

近似解稳定性形式化并且明确了这种联系。一个实例是近似解稳定的，如果代理目标的所有接近最优解确实靠近预期的最终解（其带参数的形式定义请参见 6.2 节）。如果代理目标的接近最优解不是靠近最终解的充分条件，则实例不是近似解稳定的。任何给定的实例可能是也可能不是近似解稳定的。如果是的话，这就促成了相应的代理目标的使用。如果不是的话，那就意味着使用相应的代理目标的根据（至少在代理目标自身没有附加条件的情况下）多少有点值得怀疑，也许应该重新对其进行审视。

本章所概括的结果给出了关于各种得到深入研究的目标的令人惊讶的说法：在看上去似乎由于太弱而无助的水平上满足近似解稳定性的实例，实际上可以利用稳定性条件本身固有的结构化特性进行高精度求解。例如，假设一个聚类实例关于 k-median 目标是稳定的，这意味着其 k-median 评分处于最优评分的因子 1.1 范围内的每个聚类都是 ϵ-靠近最终解的。例如在根据图像中的人物对图像进行聚类的情况下，这将意味着 k-median 评分的每个 1.1-近似解都正确地聚类了这些图像的占比 $1-\epsilon$ 的一部分。（6.2 节将这个结果定义为 k-median 目标的 $(1.1,\epsilon)$-近似解稳定性。）乍看之下，这个条件似乎太弱而没有用处，因

[一] 这个最终解是指要达到的目标解。——译者注

[二] 对于点集合 S 的一个聚类 $C_1,\cdots,C_k$，其 k-median 评分是 $\sum_{i=1}^{k}\min_{c_i}\sum_{x\in C_i}d(x,c_i)$，其 k-means 评分是 $\sum_{i=1}^{k}\min_{c_i}\sum_{x\in C_i}d(x,c_i)^2$。

为我们没有任何高效的算法来实现 k-median 评分的 1.1-近似解。目前已知的关于 k-median 的最佳近似解保证大约是因子 2.7（Li and Svensson，2016），而且事实上我们知道实现 1.1-近似解是 NP 困难的（Guha and Khuller，1999；Jain et al.，2002）。尽管如此，正如我们将在下文中看到的，我们可以给出一个自然而且高效的算法保证，在任何满足这个条件的实例中找到一个 $O(\epsilon)$-靠近最终解的聚类。奇怪的是，即使在这么稳定的实例上，k-median 问题仍然是 NP 逼近困难的，因此这个算法在不一定逼近目标的情况下逼近了解（Balcan et al.，2009b，2013）。[㊀]

令人关注的参数范围。我们定义一个实例对于给定的目标函数是 (c,ϵ)-近似解稳定的，如果所有目标的 c-近似解都 ϵ-靠近最终解。注意到如果 c 大于或者等于目标的已知最佳近似因子，那么对于这样的实例，我们立即有一个高效的算法来找到一些 ϵ-靠近最终解的解。所以，我们不会对这么大的 c 值感兴趣。相反，我们关注的是 c 远小于给定目标的已知最佳近似因子的情况，然后我们会问这样一个问题：即使我们没有给定目标的 c-近似解，能否就像已经有了一个通用的这种近似解算法那样去寻找一个靠近预期最终解的解？

6.2　定义和讨论

我们现在形式地给出本章所研究的主要性质，即 (c,ϵ)-近似解稳定性。

首先，考虑最优化问题，比如 MAX-SAT 问题或者 k-median 聚类问题。最优化问题是由一个目标函数 Φ 定义的，比如 MAX-SAT 问题中被满足的子句数量或者 k-median 问题中的 k-median 代价。对于任何一个给定的问题实例，存在一个可能解的空间，目标函数 Φ 为每一个解给定一个评分（下面简称目标值）。例如，MAX-SAT 问题的一个实例是在 n 个变量上的公式，解空间是这些变量的所有可能的布尔赋值集合 $\{0,1\}^n$，而一个建议的解的目标值是被满足的子句的数量。k-median 问题的一个实例是在度量空间 $\mathcal{M}=(X,d)$ 中的 n 个点的集合 S，解空间是 S 的所有 k-聚类的集合 $\{C_1,\cdots,C_k\}$，一个建议的解的目标值是 k-median 的评分 $\sum_{i=1}^{k}\min_{c_i\in X}\sum_{x\in C_i}d(x,c_i)$。除了目标的评分之外，我们还对解空间中不同解之间的距离感兴趣。所以我们假定在可能的解上有一个自然的距离测量值 $\mathrm{dist}(\cdot,\cdot)$，比如在变量被赋真值的情况下的归一化汉明距离（归一到范围 $[0,1]$）；又比如聚类问题中一个簇的一部分点所占的比例，将这部分点重新分配后，可以使这个聚类与另一个聚类相匹配。最后，我们假定存在一个我们希望靠近的未知最终解，比如一个基于图像中的人物的图像的正确聚类，或者 MAX-SAT 问题中存在的一个与“正确”行为相对应的真值赋值。因此，我们说一个实例满足近似解稳定性，如果所有的关于给定目标的接近最优解都按照在这些解上给定的距离测量值靠近最终解。形式描述如下。

定义 6.1　考虑一个由目标函数 Φ 定义的问题，其解空间上有距离函数 dist，y_T 是一个（未知的）最终解。如果实例 I 的所有使得 $\Phi(I,y)$ 的解 y 落在 I 的最优目标值的因子 c 范围内时都满足 $\mathrm{dist}(y,y_T)\leqslant\epsilon$，就称实例 I 满足关于 y_T 的 (c,ϵ)-近似解稳定性。　◁

例如，k-median 问题的一个实例满足 (c,ϵ)-近似解稳定性，如果该实例的所有 k-median 评分最多是最优 k-median 聚类的 k-median 评分的 c 倍的聚类，与最终解的聚类在至少占比 $1-\epsilon$ 的一部分点上是一致的。

利用定义 6.1 的逆否形式通常有助于记忆近似解稳定性：任何一个 ϵ-远离最终解的解

㊀ 如果我们还假定簇的大小被大致平衡，那么这种困难性就消失了，而且事实上我们可以给出一些高效的算法，将 k-median 近似到预期的因子 1.1，从而获得 ϵ-靠近最终解。参见 6.3 节。

一定代价昂贵，它的代价超过最低目标代价的 c 倍。近似解稳定性的示意图如图 6.1 所示。

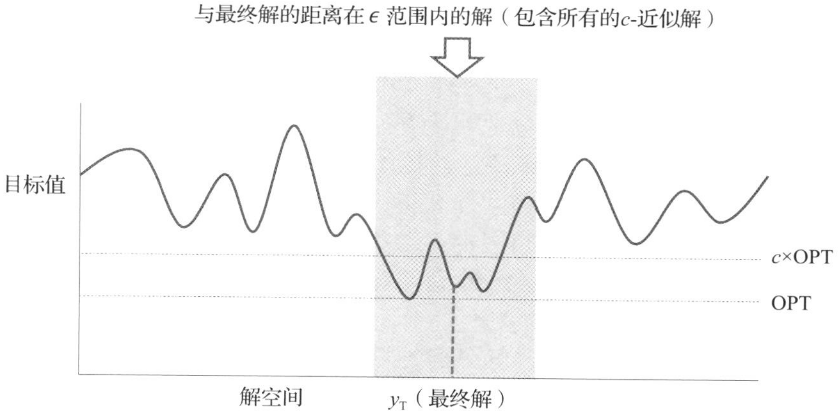

图 6.1　近似解稳定性的示意图。注意到目标 y_T 不需要具有最优目标值，但所有接近-最优解都必须靠近 y_T

移除最终解。我们也可以定义一个几乎完全相同的近似解稳定性的概念，在这种情况下不需要参考任何一个最终解，只要求所有的接近最优解彼此靠近。特别地，如果所有的接近最优解和最终解的距离都在 ϵ 之内，那么根据三角不等式，它们彼此的距离都在 2ϵ 之内。如果所有的接近最优解彼此的距离都在 ϵ 之内，而且最终解也是一个接近最优解，那么显然它们和最终解的距离都在 ϵ 之内。

最终解和最优解。近似解稳定性不要求最终解与具有最优目标函数值的解相同（见图 6.1）。例如，对于聚类问题，我们通常会把最终聚类称为 $\mathcal{C}_T$，而把关于目标函数的最优聚类称为 $\mathcal{C}^*$。不过一开始把这两者看成是等同的可能会有所帮助。

确定一个实例是否稳定。由于近似解稳定性指的是到一个未知最终解的距离，算法无法判断一个实例是否确实是近似解稳定的。但是，如果有一个预言（oracle）可以告诉我们一个解是否“足够好”，还有，如果我们有一个算法可以在稳定的实例上找到好的解，那么我们就可以运行这个算法：如果预言告诉我们成功了，那么我们找到了一个好的解（在这种情况下，我们可能并不关心实例是否真的稳定）；如果预言告诉我们失败了，那么我们知道实例是不稳定的。

算法结构。对于一个给定的稳定性概念，人们很自然会问这个概念促成了什么样的算法。在聚类情况下，我们将看到近似解稳定性促成了所谓的“球增长”方法。这里我们增加一个阈值 τ，把距离 $\leqslant\tau$ 的点连接成对，再基于图的稠密分量形成一些簇核心。然后我们可以进行第二轮，即基于非核心点与第一轮形成的簇核心的距离将非核心点分配给各个簇。在纳什均衡的情况下，近似解稳定性似乎并不一定促成新的算法，而是改进现有算法的界，目标是在较少的支持下找到解。

与扰动稳定性的联系。第 5 章讨论的扰动稳定性要求即使对实例的修改（例如改变数据点之间的距离）达到因子 c 也不应该改变给定目标的最优解（例如，不应该改变点在最优 k-median 聚类中的聚集方式）。人们还可以定义一个松弛版本的扰动稳定性，允许最优解最多变动占比 ϵ 的一部分点（Balcan and Liang，2016）。这个松弛版本与近似解稳定性有着有趣的联系。特别地，对于许多我们感兴趣的问题，如果通过改变距离达到因子

c 来修改一个实例，那么任何一个给定解的代价最多改变 c 的一个函数值（例如，对于 k-median 聚类，任何给定解的代价最多改变因子 c。对于 k-means 聚类，任何给定解的代价最多改变因子 c^2）。这意味着一个扰动实例的最优解也是原始实例的接近最优解。因此，扰动稳定性关于扰动实例的最优解必须靠近原始实例的最优解的要求是近似解稳定性要求的一个不太严格的版本（如果我们将最优解与未知的最终解关联，近似解稳定性要求所有原始实例的近似最优解必须靠近原始实例的最优解）。另一方面，尽管对于相同的 c，扰动稳定性是一个比近似解稳定性更不严格的条件，但通常只有当因子 c 接近或者大于可能的最佳近似比时，我们才能获得关于扰动稳定性的积极的结果。而对于近似解稳定性，我们的目的是对于小得多的参数值（理想地是任意接近 1 的常量）得到积极的结果。因此，关于这两个稳定性概念，我们所能证明的结果类型通常是不可比较的。

与（Ostrovsky et al.，2012）的可分离性概念的联系。Ostrovsky 等人（2012）提出的可分离性的概念是专门针对聚类问题设计的，它要求 k-聚类的最优目标值大大低于（以一个足够大的常数因子）$(k-1)$-聚类的最优目标值。例如，最优 k-means 的代价应该大大低于最优 $(k-1)$-means 的代价。Ostrovsky 等人（2012）随后指出，在这个条件下，Lloyd 风格的算法将成功找到一个接近最优解。他们还证明了如果一个聚类实例在足够大的常数因子下满足这一性质，那么这个实例也将具有这样的性质：所有接近最优的 k-means 聚类都彼此靠近，即具备近似解稳定性。因此，为近似解稳定性设计的算法（如本章中给出的）在它们的可分离性条件下也会成功。另一方面，在所有的最终簇都很大的情况下，Ostrovsky 等人（2012）提出的关于一个小的分离常数的分离条件是比近似解稳定性更弱的条件。这是因为近似解稳定性要求所有 ϵ-远离最终解的聚类的代价比最优聚类的代价至少高出因子 c，而分离条件只要求具有最多 $k-1$ 个簇的那些聚类（如果所有最终簇有至少 ϵn 个点，那么这些聚类 ϵ-远离最终解）具有高代价。

代理目标。理想的代理目标应该具有下面两个性质：(a) 我们有理由相信它是由最终解最优化的，而不是由任何远离最终解的解最优化的；(b) 它是可以高效最优化的。如果 (b) 不成立，但是如果我们有一个好的近似解算法或者在近似解稳定性下有一个算法，则足以满足 (a) 的一个稍强的版本，其中远离最终解的解甚至可以不是接近最优的。因此，对于一个给定的问题，在近似解稳定性下有效的算法有助于拓广我们可能会合理考虑的代理目标的集合。

更一般地，寻找预期最终解的常用方法是识别出那些我们相信最终解应该具备的属性，然后利用这些属性来确定最终解或者一个靠近最终解的近似解。在聚类问题的背景下，Balcan 等人（2008）和 Daniely 等人（2012）甚至更为广泛地考虑了一些不足以（甚至在原理上）唯一识别最终解的性质，但确实获得了一个小的候选解集合，我们可以随后把这些候选解提交给用户并利用其他标准进一步细化。这类属性的一个例子是以间隔 γ 来度量，大部分数据点 x 应该平均地更为靠近它们自己所在的最终簇中的点，而不是任何其他最终簇中的点。γ 可以是加性的（Balcan et al.，2008）或者是乘性的（Daniely et al.，2012）。Ackerman 和 Ben-David（2009）考虑了一个有趣的性质，称为“中心扰动聚集性”，这有点像近似解稳定性的逆性质。他们考虑一些基于中心的聚类（一个聚类由 k 个中心定义，每个数据点被分配到其最接近的中心），并要求所有中心靠近最优中心的聚类的代价都应该在最优代价的一个小的因子范围内。我们还希望能够利用诸如第 29 章所述的技术，从过去的数据中学习相关的属性。

6.3 k-median 问题

k-median 问题是研究近似解稳定性的一个特别简洁的目标，这个问题的许多思路可以扩展到其他的聚类方法，例如 k-means 和 min-sum 聚类，所以我们在这里对其进行重点讨论。

我们现在展示如何设计高效的聚类算法，它应该具有以下保证：如果一个实例对于 k-median 目标是 $(1.1,\epsilon)$-近似解稳定的，那么算法将找到一个 $O(\epsilon)$-靠近最终解的解；如果所有的最终簇都比 ϵn 大，算法甚至会找到一个 ϵ-靠近最终解的解。也就是说，这个算法的性能接近（以与最终解之间的距离衡量）由 k-median 目标的通用的 1.1-因子近似解所提供的保证（虽然把 k-median 近似到这样的水平是 NP 困难的）。更一般地，如果实例是 $(1+\alpha,\epsilon)$-稳定的，那么算法将找到一个 $O(\epsilon/\alpha)$-靠近最终解的解，或者当所有的最终簇相对于 $\epsilon n/\alpha$ 很大的时候，算法甚至会找到一个 ϵ-靠近最终解的解。注意，$1/\epsilon$、$1/\alpha$ 和 k 不需要是常量（事实上不应该把 k 看作常量，因为我们不认为“尝试各个中心的所有可能 k 元组”的算法是高效的）。例如，我们也许有一个 $\mathcal{C}_T$，它包含 $n^{0.1}$ 个大小为 $n^{0.9}$ 的簇、$\epsilon=1/n^{0.2}$ 以及 $\alpha=1/n^{0.09}$（这将对应定理 6.2 中的大目标簇的情况）。

我们从 k-median 问题的形式定义开始，说明主要结果，然后给出算法和证明。

6.3.1 定义

设 $\mathcal{M}=(X,d)$ 是一个包含点集合 X 和距离函数 d 的度量空间。点集合 $S\subseteq X$ 的 k-聚类是 S 的一个划分 $\mathcal{C}$，它把 S 划分为 k 个簇 $\{C_1,\cdots,C_k\}$。一个聚类的 k-median 代价是所有点到它们各自所在的聚类的最佳“中心”的总距离。即

$$\Phi_{\text{kmedian}}(\mathcal{C}) = \sum_{i=1}^{k}\min_{c_i\in X}\sum_{x\in C_i} d(x,c_i) \tag{6.1}$$

如前所述，我们把同一个点集合 S 的两个聚类之间的距离 $\text{dist}(\mathcal{C},\mathcal{C}')$ 定义为需要在一个聚类中重新分配以使该聚类与另一个聚类相同的那一部分点所占的比例（忽略簇的索引值的重建，因为簇的名称无关紧要）。形式上，$\mathcal{C}=\{C_1,\cdots,C_k\}$ 和 $\mathcal{C}'=\{C_1',\cdots,C_k'\}$ 之间的距离是

$$\text{dist}(\mathcal{C},\mathcal{C}') = \min_{\sigma}\frac{1}{n}\sum_{i=1}^{k}|C_i\setminus C_{\sigma(i)}'| \tag{6.2}$$

其中的最小值是在所有的双射 $\sigma:\{1,\cdots,k\}\to\{1,\cdots,k\}$ 上取得的。这个距离是聚类上的一个度量（参见练习题 6.1）。

我们说两个聚类 $\mathcal{C}$ 和 $\mathcal{C}'$ 是 ϵ-靠近的，如果 $\text{dist}(\mathcal{C},\mathcal{C}')<\epsilon$。注意到如果 $\mathcal{C}$ 和 $\mathcal{C}'$ 是 ϵ-靠近的，而且所有簇 C_i 的大小至少为 $2\epsilon n$，则最小化 $\frac{1}{n}\sum_{i=1}^{k}|C_i\setminus C_{\sigma(i)}'|$ 的双射 σ 具有以下性质：对于所有的 i，有 $|C_i\cap C_{\sigma(i)}'|>\frac{1}{2}|C_i|$。这意味着这样的 σ 是唯一的，而且如果对于某一个 i，有 $x\in C_i\cap C_{\sigma(i)}'$，我们就说 $\mathcal{C}$ 和 $\mathcal{C}'$ 在 x 上是一致的；否则说 $\mathcal{C}$ 和 $\mathcal{C}'$ 在 x 上不一致。

6.3.2 一些令人关注的结果

我们现在给出已知的 k-median 聚类在近似解稳定性下的一些令人关注的结果，然后对

其中的一个算法进行更为详细的讨论和证明。

定理 6.2　k-median，大簇情况下（Balcan et al.，2013）只要实例在 k-median 目标上满足（$1+\alpha,\epsilon$）-近似解稳定性，而且最终聚类 $\mathcal{C}_T$ 中的每一个簇的大小至少是 $(4+15/\alpha)\epsilon n+2$，那么存在一个高效的算法，这个算法将产生一个 ϵ-靠近 $\mathcal{C}_T$ 的聚类。

Balcan 等人（2013）对定理 6.2 的证明专注于算法所产生的聚类与最终聚类 $\mathcal{C}_T$ 的距离，尽管 Schalekamp 等人（2010）指出，在定理的假定下算法也达到了良好的 k-median 近似解。因此，在这种情况下，k-median 近似解的问题本身在近似解稳定性下变得更为容易。然而，有意思的是一旦我们允许小的簇，寻找目标的近似解就变得和一般情况下一样困难，不过我们仍然可以找到一个靠近最终聚类的解。

定理 6.3　k-median，一般情况下（Balcan et al.，2013）只要实例对于 k-median 目标满足（$1+\alpha,\epsilon$）-近似解稳定性，那么存在一个高效的算法，这个算法将产生一个 $O(\epsilon+\epsilon/\alpha)$-靠近最终聚类 $\mathcal{C}_T$ 的聚类。

定理 6.4　近似解的困难性（Balcan et al.，2013）对于 k-median、k-means 和 min-sum 目标，对于任何 $c>1$，寻找 c-近似解的问题可以在多项式时间内归约为在（c,ϵ）-近似解稳定性下寻找 c-近似解的问题。因此，在（c,ϵ）-近似解稳定性下寻找 c-近似解的多项式时间算法，意味着在一般情况下寻找 c-近似解的多项式时间算法。

正如我们之前所说明的，α 和 ϵ 可能是次常量。但是，在 $1/\alpha=O(1)$ 的情况下，Awasthi 等人（2010b）给出了定理 6.2 的一个改进，即最小的簇的大小只需要 ϵn，就可以产生一个 ϵ-靠近最终解的解。他们的结果在 Ostrovsky 等人（2012）的分离性概念下，在 $1+\alpha$ 分离水平上仍然成立，而且进一步由 Li 和 Svensson（2016）作为当前最佳的 k-median 近似解的基础。[㊀] 因此，令人关注的是基于非最坏情况下的稳定性概念的结果也可应用于最坏情况下的近似解的界。

6.3.3　算法和证明

我们现在给出算法和定理 6.2 的证明的主要思路。

首先是少量的符号。给定由度量空间 $\mathcal{M}=(X,d)$ 和点集合 $S\subseteq X$ 描述的一个聚类实例，固定一个最优 k-median 聚类 $\mathcal{C}^*=\{C_1^*,\cdots,C_k^*\}$，并设 c_i^* 是 C_i^* 的中心点（也称为“中值”）。注意到 $\mathcal{C}^*$ 可能不会刚好是最终解 $\mathcal{C}_T$。对于 $x\in S$，定义

$$w(x)=\min_i d(x,c_i^*)$$

为 x 对 $\mathcal{C}^*$ 中的 k-median 目标的贡献（即 x 的“权重”）。类似地，设 $w_2(x)$ 是 x 到 $\{c_1^*,\cdots,c_k^*\}$ 中的第二个最接近的中心点的距离。另外，设 OPT 表示 $\mathcal{C}^*$ 的 k-median 代价，并定义

$$w_{\mathrm{avg}}=\frac{1}{n}\sum_{i=1}^{n}w(x)=\frac{\mathrm{OPT}}{n}$$

㊀ Li 和 Svensson（2016）给出了一个双准则算法：对于某一个常数 c_0，找到一个 k-聚类 $\mathcal{C}_k$，其 k-median 代价不会比最优的 $k-c_0$ 聚类 $\mathcal{C}_{k-c_0}^*$ 的代价大太多。要将其转换为真正的近似解，需要考虑两种情形。情形 a：$\mathcal{C}_{k-c_0}^*$ 的代价不比最优的 k-聚类 $\mathcal{C}_k^*$ 的代价大太多，在这种情况下，找到的解 $\mathcal{C}_k$ 本身是 $\mathcal{C}_k^*$ 的一个好的近似解。情形 b：$\mathcal{C}_{k-c_0}^*$ 的代价和 $\mathcal{C}_k^*$ 的代价差距很大，但是在这种情况下，在 $k,k-1,k-2,\cdots,k-c_0+1$ 上运行 Awasthi 等人（2010b）的算法可以保证产生至少一个低代价的 k'-聚类（$k'\leqslant k$）。因此，运行这两个过程可以保证一个好的近似解。

也就是说，w_{avg} 是点的平均权重。最后，设 $\epsilon^*=\text{dist}(\mathcal{C}_T, \mathcal{C}^*)$。根据近似解稳定性的假定，$\epsilon^*\leqslant\epsilon$。（读者第一次阅读时不妨思考一下 $\epsilon^*=0$ 和 $\mathcal{C}^*=\mathcal{C}_T$ 的情况。）

我们通过下面的关键引理对近似解稳定性加以利用，引理给出了近似解稳定实例的两个重要性质。

引理 6.5 如果实例 $(\mathcal{M},S)$ 对于 k-median 目标是 $(1+\alpha,\epsilon)$-近似解稳定的，那么：

a. 如果 $\mathcal{C}_T$ 中每一个簇的大小至少是 $2\epsilon n$，那么对于 $\mathcal{C}_T$ 和 $\mathcal{C}^*$ 都有 $w_2(x)-w(x)<\frac{\alpha w_{avg}}{\epsilon}$ 的 $x\in S$ 的点的数量小于 $(\epsilon-\epsilon^*)n$。

b. 对于任何 $t>0$，最多有 $t(\epsilon n/\alpha)$ 个点 $x\in S$ 满足 $w(x)\geqslant\frac{\alpha w_{avg}}{t\epsilon}$。

证明 利用反证法证明性质 a。假定性质 a 不成立，那么我们可以把 $\mathcal{C}^*$ 中的 $(\epsilon-\epsilon^*)n$ 个点 x（在这些点上 $\mathcal{C}_T$ 和 $\mathcal{C}^*$ 一致）移动到这些点的第二接近的簇，目标值的增加不超过 αOPT。此外，这个新的聚类 $\mathcal{C}'=\{C'_1,\cdots,C'_k\}$ 与 $\mathcal{C}_T$ 的距离至少是 ϵ，因为我们从与 $\mathcal{C}_T$ 相距 ϵ^* 处开始，每一次移动都会将这个距离增加 $1/n$（这里我们利用了这样一个事实：因为 $\mathcal{C}_T$ 中的每个簇的大小至少为 $2\epsilon n$，所以 $\mathcal{C}_T$ 与 $\mathcal{C}'$ 之间的最优双射保持和 $\mathcal{C}_T$ 与 $\mathcal{C}^*$ 之间的最优双射相同）。因此，我们有了一个并非 ϵ-靠近 $\mathcal{C}_T$ 的聚类，而且它的代价只有 $(1+\alpha)$OPT，从而产生矛盾。

性质 b 可以通过平均权值 w_{avg} 的定义和马尔可夫不等式简单证明。 □

注意：我们还可以证明，引理 6.5 性质 a 的一个稍弱一点的版本在 $\mathcal{C}_T$ 可能拥有小簇的情况下也成立。小簇的情况更为棘手，因为点的重新分配并不总是需要增加聚类之间的距离（例如，考虑只是交换两个簇中所有的点），因此需要更为复杂的论证。参见 6.3.4 节。

现在我们利用引理 6.5 来定义关键距离（critical distance）的概念以及好的点和坏的点的概念。具体如下。

定义 6.6 关键距离定义为 $d_{crit}\frac{\alpha w_{avg}}{5\epsilon}$。注意到这是引理 6.5 性质 a 中的值的 1/5。定义点 $x\in S$ 是好的点，如果 $w(x)<d_{crit}$ 和 $w_2(x)-w(x)\geqslant 5d_{crit}$ 同时成立；否则定义 x 是坏的点。设 $X_i\subseteq C_i^*$ 是最优簇 C_i^* 中好的点的集合，并设 $B=S\backslash(\cup X_i)$ 是坏的点的集合。 ◁

我们现在证明，如果一个实例是近似解稳定的，那么不会有太多的坏的点。

命题 6.7 如果实例 $(\mathcal{M},S)$ 关于 k-median 目标是 $(1+\alpha,\epsilon)$-近似解稳定的，而且 $\mathcal{C}_T$ 中每一个簇的大小至少是 $2\epsilon n$，那么 $|B|<(1+5/\alpha)\epsilon n$。

证明 由引理 6.5 性质 a，最多有 $(\epsilon-\epsilon^*)n$ 个点，在这些点上 $\mathcal{C}^*$ 和 $\mathcal{C}_T$ 都有 $w_2(x)-w(x)<5d_{crit}$。而且最多有 ϵ^*n 个其他的点，在这些点上 $\mathcal{C}^*$ 和 $\mathcal{C}_T$ 不一致。在引理 6.5 性质 b 中设置 $t=5$，这就确定了满足 $w(x)\geqslant d_{crit}$ 的点的数量的界是 $(5\epsilon/\alpha)n$。 □

我们可以利用关键距离以及好的点和坏的点的定义为聚类提供帮助。为此，我们从阈值图（threshold graph）的概念的定义开始。

定义 6.8（阈值图） τ-阈值图 $G_\tau=(S,E_\tau)$ 是将所有满足 $\{x,y\}\in\binom{S}{2}$ 而且 $d(x,y)<\tau$ 的顶点对 x,y 连接起来构成的图。 ◁

引理 6.9（阈值图引理） 对于一个 $(1+\alpha,\epsilon)$-近似解稳定的实例，$\tau=2d_{crit}$ 的阈值图 G_τ 有以下性质：

a. 对同一个 X_i 中的全部 x,y，边 $\{x,y\}$ 在图 G_τ 中。

b. 对于 $x\in X_i$ 以及 $y\in X_j(j\neq i)$，$\{x,y\}$ 不是 G_τ 中的边。此外，这样的点 x,y 在图 G_τ 中没有公共邻居。

证明　对于性质 a，由于 x,y 都是好的点，按照定义，这两个点与它们共同的簇中心 c_i^* 的距离小于 d_{crit}。因此，由三角不等式，距离 $d(x,y)$ 满足

$$d(x,y)\leqslant d(x,c_i^*)+d(c_i^*,y)<2\times d_{\text{crit}}=\tau$$

对于性质 b，注意到从任何一个好的点 x 到任何一个其他簇的中心的距离（特别是到 y 的簇中心 c_j^* 的距离）至少是 $5d_{\text{crit}}$。同样由三角不等式得到：

$$d(x,y)\geqslant d(x,c_j^*)-d(y,c_j^*)\geqslant 5d_{\text{crit}}-d_{\text{crit}}=2\tau$$

因为 G_τ 中的每条边连接两个距离小于 τ 的点，因此点 x,y 在 G_τ 中不能有任何公共邻居。

□

因此，关于前述的值 τ 的图 G_τ 描述起来相当简单：每一个 X_i 形成一个团，它的邻域 $N_{G_\tau}(x_i)\backslash x_i$ 完全在坏的点的集合 B 中，在 X_i 和 $X_{j\neq i}$ 之间或者 X_i 和 $N_{G_\tau}(x_{j\neq i})$ 之间都没有任何边。如图 6.2 所示。

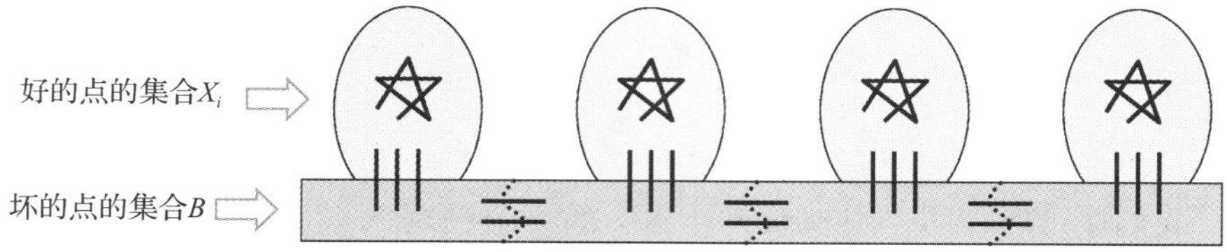

图 6.2　阈值图的概要结构

现在，我们展示如何利用这个结构来寻找误差不超过 ϵ 的聚类。我们把这个过程分成两步，从下面的引理开始。

引理 6.10　给定一个满足引理 6.9 的性质 a 和 b 的图 $G=(S,E)$，并给定坏点数量的一个上界 b，使得每一个 $|X_i|\geqslant b+2$，那么存在一个确定的多项式时间算法，算法输出一个 k-聚类，其中每一个 X_i 包含在一个不同的簇中。

证明　构造图 $H=(S,E')$：如果点 x 和 y 在 G 中至少有 b 个公共邻居，则在 H 中增加一条边 $\{x,y\}\in E'$。根据性质 a，每一个 X_i 是 G 中一个大小 $\geqslant b+2$ 的团，所以每一对顶点 $x,y\in X_i$ 在 G 中至少有 b 个公共邻居，因此 $\{x,y\}\in E'$。现在考虑 $x\in X_i\cup N_G(X_i)$ 以及 $y\notin X_i\cup N_G(X_i)$：我们断言在这个新构造的图 H 中，x 和 y 之间没有边相连。首先，x 和 y 在 X_i 中没有公共邻居（因为 $y\notin X_i\cup N_G(X_i)$），在 $X_{j\neq i}$ 中也没有公共邻居（因为根据性质 b，$x\notin X_j\cup N_G(X_j)$）。因此 x 和 y 的公共邻居都在大小最多为 b 的 B 中。此外，x 和 y 中至少有一个本身必须属于 B，这样它们才能够有公共邻居（同样根据性质 b）。因此，x 和 y 不同的公共邻居的数量最多是 $b-1$，这意味着 $\{x,y\}\notin E'$。

因此，每一个 X_i 都包含在图 H 的一个不同的连通分支中。注意到包含 X_i 的连通分支可能也包含来自 B 的一些顶点；此外，H 中也可能存在只包含 B 的顶点的连通分支。但由于各个 X_i 都大于 B，我们可以取出 H 中 k 个最大的连通分支，并将 H 中所有其他较小的连通分支中的顶点加入这 k 个最大的连通分支中的任何一个，从而得到所要的 k-聚类。

□

我们现在展示当所有的簇都是大簇时，如何利用引理 6.10 来找到一个 ϵ-靠近 $\mathcal{C}_T$ 的聚类。算法分两个阶段运行：首先创建一个阈值图并利用引理 6.10 的算法获得一个初始聚

类，然后运行第二个“类似 Lloyd 算法”的步骤，根据各个点到初始簇的中值距离对点重新进行聚类，这将修复第一步中的大部分误差。为了简单起见，我们开始先假定给定了 w_{avg} 的值 $w_{\text{avg}}=\dfrac{\text{OPT}}{n}$，然后说明如何才能移除这个假定。

定理 6.11（大簇，已知 w_{avg}）　存在一个高效的算法，使得如果给定的聚类实例 $(\mathcal{M},S)$ 对于 k-median 目标是 $(1+\alpha,\epsilon)$-近似解稳定的，而且 $\mathcal{C}_{\text{T}}$ 中每一个簇的大小至少是 $(3+10/\alpha)\epsilon n+2$，那么给定 w_{avg}，算法将找到一个 ϵ-靠近 $\mathcal{C}_{\text{T}}$ 的聚类。

证明　定义 $b:=(1+5/\alpha)\epsilon n$。按照假定，最终聚类的每一个簇中的点的数量至少是 $(3+10/\alpha)\epsilon n+2=2b+\epsilon n+2$。由于最优 k-median 聚类 $\mathcal{C}^*$ 与最终聚类的差异点的数量不超过 $\epsilon^* n\leqslant\epsilon n$，$\mathcal{C}^*$ 中的每一个簇 C_i^* 必定至少有 $2b+2$ 个点。此外，根据命题 6.7，对于坏的点的集合 B 有 $|B|\leqslant b$。因此对于每一个 i，有

$$|X_i|=|C_i^*\backslash B|\geqslant b+2$$

现在，给定 w，我们可以构造 $\tau=2d_{\text{crit}}$（我们可以从给定的 w_{avg} 值计算得到 d_{crit}）的图 G_τ，并利用引理 6.10 找到一个 k-聚类 $\mathcal{C}'$，其中的每一个 X_i 包含在一个不同的簇中。注意到聚类 $\mathcal{C}'$ 只是在坏点上与最优聚类 $\mathcal{C}^*$ 不同，因此 $\text{dist}(\mathcal{C}',\mathcal{C}_{\text{T}})\leqslant\epsilon^*+|B|/n\leqslant O(\epsilon+\epsilon/\alpha)$。不过我们的目的是要得到 ϵ-靠近最终解的结果，为此我们进行如下论证。

如果点 x 是引理 6.5 性质 a 给出的类型（即 $w_2(x)-w(x)<5d_{\text{crit}}$）的坏点，则称这个点为“红点”；如果一个点不是红点，但它是引理 6.5 性质 b 给出的类型的坏点，这里 $t=5$（即 $w(x)\geqslant d_{\text{crit}}$），则称这个点为“黄点”；其他情况下的点称为“绿点”。所以，绿点是集合 X_i 中的那些点，而且我们已经把坏的点的集合 B 划分为红点和黄点。设 $\mathcal{C}'=\{C_1',\cdots,C_k'\}$，回忆一下，$\mathcal{C}'$ 和 $\mathcal{C}^*$ 在绿点上是一致的，因此，不失一般性，我们可以假定 $X_i\subseteq C_i'$。我们现在构造一个新的聚类 $\mathcal{C}''$，它与 $\mathcal{C}^*$ 在绿点和黄点上一致。特别地，对每一个点 x 和每一个簇 C_j'，计算 x 和 C_j' 中所有点之间的中值距离 $d_{\text{median}}(x,C_j')$，然后把 x 插入满足 $i=\arg\min_j d_{\text{median}}(x,C_j')$ 的簇 C''_i 中。因为每一个非红点 x 都满足 $w_2(x)-w(x)\geqslant 5d_{\text{crit}}$，并且所有的绿点 g 都满足 $w(g)<d_{\text{crit}}$，这意味着任何一个非红点 x 必须满足以下两个条件：对于 $\mathcal{C}^*$ 中与 x 处于相同簇的绿点 g_1，有

$$d(x,g_1)\leqslant w(x)+d_{\text{crit}}$$

对于 $\mathcal{C}^*$ 中与 x 处于不同簇的绿点 g_2，有

$$d(x,g_2)\geqslant w_2(x)-d_{\text{crit}}\geqslant w(x)+4d_{\text{crit}}$$

因此，$d(x,g_1)<d(x,g_2)$。由于 $\mathcal{C}'$ 中的每一个簇都有严格大多数的绿点（即使移除了点 x），所有这些绿点都像在 $\mathcal{C}^*$ 中那样聚类，这意味着一个非红色点 x 到关于 $\mathcal{C}^*$ 的正确簇中的点的中值距离小于到任何不正确簇中的点的中值距离。所以 $\mathcal{C}''$ 与 $\mathcal{C}^*$ 在所有的非红点上一致。因此，每个 $\mathcal{C}''$ 与 $\mathcal{C}_{\text{T}}$ 不一致的点必定要么是 $\mathcal{C}^*$ 与 $\mathcal{C}_{\text{T}}$ 不一致的点，要么是 $\mathcal{C}^*$ 与 $\mathcal{C}_{\text{T}}$ 一致的红点。根据引理 6.5，前者的数量最多是 $\epsilon^* n$，而后者的数量最多是 $(\epsilon-\epsilon^*)n$，这意味着 $\text{dist}(\mathcal{C}'',\mathcal{C}_{\text{T}})\leqslant\epsilon$，正如我们想要的。为了方便起见，上述过程由算法 1 给出。 □

算法 1　*k*-median 算法：大簇（给定 w_{avg} 的猜测 w）

输入：$w,\epsilon\leqslant 1,\alpha>0,k$。

第 1 步：构建 $\tau=2d_{\text{crit}}=\dfrac{1}{5}\dfrac{\alpha w}{\epsilon}$ 的 τ-阈值图 G_τ。

第 2 步：应用引理 6.10 的算法，找到一个初始聚类 $\mathcal{C}'$。特别地，如下构造图 H：如果 x 和

y 在 G_τ 中至少有 $b=(1+5/\alpha)\epsilon n$ 个公共邻居，则连接 x,y。设 $C'_1,\cdots,C'_k$ 是 H 的 k 个最大连通分支。

第 3 步： 根据 $\mathcal{C}'$ 中的最小中值距离重新聚类，产生聚类 $\mathcal{C}''$。也即

$$C''_i=\{x:i=\arg\min_j d_{\text{median}}(x,C'_j)\}$$

第 4 步： 输出 k 个簇 $C''_1,\cdots,C''_k$。

现在我们将前面的论证扩展到没有给定 w_{avg} 的值的情况。

定理 6.12（大簇，未知 w_{avg}）　存在一个高效的算法，使得如果给定的聚类实例 $(\mathcal{M},S)$ 关于 k-median 目标是 $(1+\alpha,\epsilon)$-近似解稳定的，而且 $\mathcal{C}_T$ 中每一个簇的大小至少是 $(4+15/\alpha)\epsilon n+2$，那么算法将产生一个 ϵ-靠近 $\mathcal{C}_T$ 的聚类。

证明　没有给定 w_{avg} 值的算法如下：对于 w_{avg} 的不同猜测值 w，重复运行算法 1 的第 1 步和第 2 步。从 $w=0$ 开始（此时图 G_τ 是空的），并且在每一步将 w 增加到下一个值，使得 G_τ 包含至少一条新的边（因此我们最多可以尝试 n^2 种不同的猜测）。如果 w 的当前值导致 H 的 k 个最大连通分支丢失超过 $b:=(1+5/\alpha)\epsilon n$ 个点，或者如果这些连通分支中的任何一个分支的大小 $\leqslant b$，那么放弃这个猜测 w，重新尝试下一个 w 更大的猜测。在其他情况下，我们运行算法 1 直到完成，并以 $\mathcal{C}''$ 作为产生的聚类。

注意到仍然可能有 $w<w_{\text{avg}}$，但这只是意味着结果得到的图 G_τ 和 H 与通过正确的 w_{avg} 得到的图相比少了一些边。因此，各个 X_i 中可能有一些没有完全形成 H 中的连通分量。但是如果 k 个最大连通分支错过的点的总数不超过 b 个，这意味着对于每一个 X_i 必定有至少一个连通分支，因此对于每一个 X_i 正好有一个连通分支。所以，我们不会错误分类处于这些最大连通分支中的好的点。我们可能会错误分类所有的坏点（至多 b 个），并且可能对实际的各个 X_i 中的最多 b 个点（即那些不在 k 个最大连通分支中的点）聚类失败，但是这仍然保证了每一个簇 C'_i 中至少包含 $|X_i|-b\geqslant b+2$ 个正确聚类的绿点（关于 $\mathcal{C}^*$），而且被错误分类的点不超过 b 个。因此，如定理 6.11 的证明所示，结果的聚类 $\mathcal{C}''$ 将如同 $\mathcal{C}^*$ 一样正确聚类全部非红点，因此与 $\mathcal{C}_T$ 的距离不超过 $(\epsilon-\epsilon^*)+\epsilon^*=\epsilon$。为了方便起见，这个过程由算法 2 给出。□

算法 2　k-median 算法：大簇（未知 w_{avg}）

输入： $\epsilon\leqslant 1,\alpha>0,k$。

for $j=1,2,3,\cdots$ **do**:

第 1 步： 设 τ 是 S 中的第 j 个最小成对距离，构建 τ-阈值图 G_τ。

第 2 步： 运行算法 1 的第 2 步，构建图 H 和簇 $C'_1,\cdots,C'_k$。

第 3 步： 如果 $\min(|C'_1|,\cdots,|C'_k|)>b$ 而且 $|C'_1\cup\cdots\cup C'_k|\geqslant n(1-\epsilon-5\epsilon/\alpha)$，则运行算法 1 的第 3 步，并输出生成的簇 $C''_1,\cdots,C''_k$。

6.3.4　小簇的处理

小的最终簇给我们带来了额外的挑战。挑战之一是通过将 ϵn 个点重新分配到不同的簇来对聚类 $\mathcal{C}$ 进行修改可能不再产生一个 ϵ-远离 $\mathcal{C}$ 的聚类 $\mathcal{C}'$。例如，如果 $\mathcal{C}$ 中的两个簇 C_i 和 C_j 都很小，那么将 C_i 的全部点移动到 C_j 中，并且将 C_j 的全部点移动到 C_i 中，将会产生与开始时完全相同的聚类。不过可以证明，任何一个包含 ϵn 个重新分配的点的集合必定包含一个大小至少为 $\epsilon' n$（其中 $\epsilon'\geqslant\epsilon/3$）的子集，这确实创建了一个 ϵ'-远离 $\mathcal{C}$ 的聚类

$\mathcal{C}'$（Balcan et al.，2013），可以用于证明引理 6.5 的一个稍弱的类似的结果。另一个挑战是当阈值 τ 提高的时候，很难判断上述算法何时停止。特别地，如果我们提高阈值，直到产生的第 k 个最大簇的点的数量超过 b，就有可能走得太远——合并了两个大簇并产生了一个高误差的解。不过这个问题可以如下解决：先运行任何一个常数因子的 k-median 近似解（算法）来得到 w_{avg} 的估计 $\widetilde{w}_{\text{avg}}$，然后在上述算法中使用这个量。最后，可能存在一些坏点占多数的簇。不过尽管我们不能再运行算法 1 的重新聚类阶段（第 3 步），这也是可以处理的，结果得到的是一个 $O(\epsilon+\epsilon/\alpha)$-靠近最终解的解，而不是一个 ϵ-靠近最终解的解。定理 6.3 对此提供了形式保证。

6.4　*k*-means、min-sum 以及其他聚类目标

对于 k-means 和 min-sum 聚类目标，也有类似于 k-median 问题所呈现的结果。一个聚类的 k-means 评分的定义与 k-median 的类似，除了我们对距离做了平方：

$$\Phi_{\text{kmeans}}(\mathcal{C}) = \sum_{i=1}^{k} \min_{c_i \in X} \sum_{x \in C_i} d(x, c_i)^2 \tag{6.3}$$

在 min-sum 聚类中，目标值是所有成对的簇内距离的和

$$\Phi_{\text{minsum}}(\mathcal{C}) = \sum_{i=1}^{k} \sum_{x \in C_i} \sum_{y \in C_i} d(x, y) \tag{6.4}$$

例如，在一个均匀度量空间中，所有聚类都有相同的 k-median 或 k-means 代价，但是让所有簇的大小相等，可以优化 min-sum 目标。

对于 k-means 问题，有一个与定理 6.3 类似的结果：

定理 6.13　*k*-means，一般情况下（Balcan et al.，2013）　*只要实例对于 k-means 目标满足（$1+\alpha,\epsilon$）-近似解稳定性，那么存在一个高效的算法，算法产生一个 $O(\epsilon+\epsilon/\alpha)$-靠近最终聚类 $\mathcal{C}_{\text{T}}$ 的聚类。*

min-sum 目标的分析更具挑战性，因为任何一个给定的数据点对总体代价的贡献取决于它所在的簇的大小。事实上，与具有常数因子近似解算法的 k-median 和 k-means 问题不同，已知的 min-sum 目标的最佳近似解保证是一个 $O(\log^{1+\delta}(n))$ 的因子（Bartal et al.，2001）。

Balcan 等人（2013）给出了 min-sum 聚类的一个界，其形式和更早给出的定理 6.13 中的一样，但是只需要假定所有的最终簇的大小至少为 $c\epsilon n/\alpha$，其中 c 是一个足够大的常数。Balcan 和 Braverman（2009）把这个界扩展到一般的簇的大小，只要预先给定对目标的一个常数因子近似解；否则他们的算法会产生一系列 $O(\log\log n)$ 的解，其中至少有一个解将会 $O(\epsilon+\epsilon/\alpha)$-靠近最终聚类。

6.5　聚类应用

Voevodski 等人（2012）讨论了在计算生物学中的聚类应用，证明了近似解稳定性可以为上述应用的算法设计提供有益的指导，尤其是当这些设定带有额外约束的时候。特别地，在 Voevodski 等人（2012）考虑的应用中并没有预先给出所有数据点之间的距离。我们可以进行有限次数的所谓“一对所有”查询：提出一个查询点，然后运行一个返回这个点到数据集中所有其他点的距离的过程。在关于 k-median 目标的（c,ϵ）-近似解稳定性的假定下，他们设计了一个算法，在大簇情况下只使用 $O(k)$ 次这样的“一对所有”查询就可以找到一个 ϵ-靠近最终解的聚类，而且比我们在这里提出的算法更快。随后他们利用算法对 Pfam（Finn et al.，2010）和 SCOP（Murzin et al.，1995）数据库中的生物数据集进

行聚类，其中的点是蛋白质，距离与它们的序列相似性成反比。Pfam 和 SCOP 数据库在生物学中被用来观察蛋白质之间的进化关系和寻找特定蛋白质的近亲。Voevodski 等人（2012）证明了他们的算法不仅在这些数据集上运行速度很快，而且达到了高精度。特别是对于其中一个源，他们获得的聚类几乎完全匹配给定的分类，而对于另一个源，他们的算法的精度与利用全距离矩阵的已知最佳（但是相对较慢）算法的精度相当。

6.6　纳什均衡

我们现在从近似解稳定性的角度考虑寻找近似纳什均衡的问题。

设（$\boldsymbol{R},\boldsymbol{C}$）表示一个 2-玩家、$n$-行为的双矩阵博弈。这里 $\boldsymbol{R}$ 是行玩家的收益矩阵，$\boldsymbol{C}$ 是列玩家的收益矩阵。一个（混合）策略是在 n 个行为上的概率分布，我们将其表示成一个列向量。设 Δ_n 表示策略空间，即 $[0,1]^n$ 中的向量集合，向量的元素之和为 1。每一个玩家的目标都是最大化其期望收益。一个策略对（$\boldsymbol{p},\boldsymbol{q}$）（其中 $\boldsymbol{p}$ 是行玩家的策略，$\boldsymbol{q}$ 是列玩家的策略）是纳什均衡（Nash equilibrium），如果两个玩家都没有任何背离的动机，也就是说，

- 对于所有 $\boldsymbol{p}'\in\Delta_n$，有 $\boldsymbol{p}'^{\top}\boldsymbol{R}\boldsymbol{q}\leqslant\boldsymbol{p}^{\top}\boldsymbol{R}\boldsymbol{q}$。
- 对于所有 $\boldsymbol{q}'\in\Delta_n$，有 $\boldsymbol{p}^{\top}\boldsymbol{C}\boldsymbol{q}'\leqslant\boldsymbol{p}^{\top}\boldsymbol{C}\boldsymbol{q}$。

一个策略对（$\boldsymbol{p},\boldsymbol{q}$）是一个近似纳什均衡，如果没有任何一个玩家具有大的背离动机。更为形式地，假定矩阵 $\boldsymbol{R}$ 和 $\boldsymbol{C}$ 的所有元素都在 $[0,1]$ 范围内，我们说（$\boldsymbol{p},\boldsymbol{q}$）是一个 α-近似均衡，如果

- 对所有 $\boldsymbol{p}'\in\Delta_n$，有 $\boldsymbol{p}'^{\top}\boldsymbol{R}\boldsymbol{q}\leqslant\boldsymbol{p}^{\top}\boldsymbol{R}\boldsymbol{q}+\boldsymbol{\alpha}$。
- 对所有 $\boldsymbol{q}'\in\Delta_n$，有 $\boldsymbol{p}^{\top}\boldsymbol{C}\boldsymbol{q}'\leqslant\boldsymbol{p}^{\top}\boldsymbol{C}\boldsymbol{q}+\boldsymbol{\alpha}$。

我们说（$\boldsymbol{p},\boldsymbol{q}$）是一个得到良好支持的 α-近似纳什均衡，如果只有其收益在最佳响应对手策略的收益的 α 范围之内的行为才具有实证概率。也就是说，如果 i 在 $\boldsymbol{p}$ 的支持集中，那么 $\boldsymbol{e}_i^{\top}\boldsymbol{R}\boldsymbol{q}\geqslant\max_j\boldsymbol{e}_j^{\top}\boldsymbol{R}\boldsymbol{q}-\boldsymbol{\alpha}$。类似地，如果 i 在 $\boldsymbol{q}$ 的支持集中，那么 $\boldsymbol{p}^{\top}\boldsymbol{C}\boldsymbol{e}_i\geqslant\max_j\boldsymbol{p}^{\top}\boldsymbol{C}\boldsymbol{e}_j-\boldsymbol{\alpha}$，其中 $\boldsymbol{e}_i$ 是坐标 i 上为 1 的单位向量。

寻找一般的 $n\times n$ 双矩阵博弈的近似均衡看来是一个计算上的挑战。Lipton 等人（2003）证明了总是存在由数量不超过 $O((\log n)/\alpha^2)$ 的行为支持的 α-近似均衡，从而获得一个 $n^{O(\log n/\alpha^2)}$ 时间的计算 α-近似均衡的算法。这是目前已知的最快的通用算法，而且 Rubinstein（2016）证明了在 PPAD 的指数时间假设下，对于任何一个常数 $\delta>0$，不存在任何一个运行时间为 $n^{O(\log^{1-\delta}n)}$ 的算法，其相应的结构化陈述也被称为是存在性胎紧的（Feder et al.，2007）。目前已知的在多项式时间内可计算的一个 α-近似均衡的 α 的最小值为 0.3393（Tsaknakis and Spirakis，2007）。

然而，我们希望找到近似纳什均衡的一个原因是要预测人们将如何进行博弈。如果我们设想人们确实将进行近似纳什均衡博弈，除此之外我们不想对玩家的行为做任何额外的假定，那么要让博弈在原则上是可预测的，就要求所有的近似均衡是彼此相互靠近的。也就是说，如果我们预见到人们会进行 α-近似均衡博弈，并且希望能够（比如说）在忽略变差距离 ϵ 的情况下预测混合策略，那么我们需要这个博弈满足（α,ϵ）-近似解稳定性。[⊖]

Awasthi 等人（2010a）证明了满足（α,ϵ）-近似解稳定性的博弈确实有着额外有用的结

⊖ 具体而言，我们将策略对（$\boldsymbol{p},\boldsymbol{q}$）和策略对（$\boldsymbol{p}',\boldsymbol{q}'$）之间的距离定义为 $\max[d(\boldsymbol{p},\boldsymbol{p}'),d(\boldsymbol{q},\boldsymbol{q}')]$，其中 $d(.,.)$ 是变差距离。

构化性质。特别地，如果 $\epsilon \leqslant 2\alpha - 6\alpha^2$，那么必定存在一个 $O(\alpha)$-均衡，其中每个玩家的策略都有大小为 $O(1/\alpha)$ 的支持集。对于常量 α，这意味着一个计算 $O(\alpha)$-均衡的多项式时间算法。对于一般的 α 和 ϵ，这一类博弈必定有一个支持集大小为 $O\left(\left(\frac{\epsilon^2}{\alpha^2}\right)\log\left(1+\frac{1}{\epsilon}\right)\log n\right)$ 的 α-均衡：这不会引入多项式时间算法，但至少（例如）当 $\epsilon = O(\alpha)$ 时可以大大减少对 α 的依赖。还要注意的是 α 和 ϵ 并不需要是常量，这就给出了一个拟多项式时间算法，用于（比如说）寻找在 α 的取值上足够稳定的博弈中的 $1/\mathrm{poly}(n)$-近似均衡。这特别有意思，因为我们知道在一般博弈中寻找 $1/\mathrm{poly}(n)$-近似均衡是 PPAD 困难的。进一步的讨论请参见（Balcan and Braverman，2017）。

一个示例。作为一个近似解稳定的博弈的简单例子，考虑如下的囚徒困境（将收益按比例缩放到 $[0,1]$）：

$$\boldsymbol{R}=\begin{bmatrix}0.75 & 0\\ 1 & 0.25\end{bmatrix}\quad \boldsymbol{C}=\begin{bmatrix}0.75 & 1\\ 0 & 0.25\end{bmatrix}$$

这里唯一的纳什均衡是双方都采取行动 2（背叛），结果每个人都获得 0.25 的收益，尽管如果双方都采取行动 1（合作）将各自得到 0.75 的收益。对于任何 $\epsilon<1$ 和 $\alpha=\epsilon/4$，这个博弈是 (α,ϵ)-近似解稳定的，这是因为如果任何一个玩家在行动 1 上有概率质量 ϵ，那么（无论另一个玩家在做什么）这个玩家将有 $\epsilon/4$ 的背离动机。练习题 6.4 和练习题 6.5 给出了自然的近似解稳定博弈的进一步的示例。

近似解稳定性与扰动稳定性。Balcan 和 Braverman（2017）证明了纳什均衡问题的近似解稳定性和扰动稳定性之间的有趣的联系。特别地，如果 $(\boldsymbol{p},\boldsymbol{q})$ 在博弈 $(\boldsymbol{R},\boldsymbol{C})$ 中是一个得到良好支持的近似纳什均衡，那么一定存在一个邻近的博弈 $(\boldsymbol{R}',\boldsymbol{C}')$，使得 $(\boldsymbol{p},\boldsymbol{q})$ 在 $(\boldsymbol{R}',\boldsymbol{C}')$ 中是一个（精确的）纳什均衡，反之亦然。这意味着假定所有得到良好支持的近似均衡是相互靠近的，就相当于假定所有轻微扰动的博弈中的精确均衡是相互靠近的。此外，他们将上面关于一般情况下的支持集大小的陈述扩展到这个假定，还扩展到当均衡的总数为 n 的多项式时的量词颠倒（假定对于扰动博弈中的每一个均衡，在原始博弈中存在一个靠近的均衡，而不是假定在原始博弈中存在一个靠近扰动博弈中的所有均衡的均衡）。㊀

6.7　总体方向

我们现在退一步反思近似解稳定性可能有用的程度，以及它给我们带来的结果。首先，当真实的目的是要找到一个未知的最终解时，对于能够通过数据进行测量的目标函数，近似解稳定性使我们能够将通常非形式化的动机进行形式化。如果可以为近似解稳定的实例设计一个算法，这就意味着这个算法将在任何动机非常合理的实例上具备良好的性能，甚至有可能绕过与真实目的相关的近似解困难性障碍。

其次，近似解稳定性通过其逆否命题提供了一个有意思的含义。假设一个为近似解稳定性设计的算法在来自给定域（例如（Schalekamp et al.，2010）中讨论的那些域）的典型实例上性能不佳，这意味着这些实例不是近似解稳定的。反过来的意思是，如果一个算法在这些实例上性能良好，那就不仅仅是因为算法对于给定的目标函数能够获得一个好的近似解，相反我们的目的应该是去寻找可能与目标上的性能相呼应的其他标准或者算法性

㊀ 即将量词词序（∃∀）颠倒为（∀∃）。——译者注

质。也就是说，近似解稳定性有助于推动寻求超越近似比之外的额外的理论保证并提供指导。

最后，近似解稳定性可以在实践中为算法提供有用的设计指导。从前面描述的 Voevodski 等人（2012）的工作中（从有限信息中聚类蛋白质序列）可以看到，当人们遇到一种新的状况并且不能确定哪种算法最好的时候，提出“我们能否设计一种在给定的约束下运行的算法，它在输入具有足够的近似解稳定性的情况下是有效的”这样的问题有助于产生高度实用的方法，而不必理会稳定性在实例中是否确实完全得到满足。

6.8　开放式问题

有一个问题的近似解稳定性的结果相当吸引人，这个问题就是（最）稀疏割（sparsest cut）。给定图 $G=(V,E)$，稀疏割问题要求找到最小化 $\frac{|E(S,V\backslash S)|}{\min(|S|,|V\backslash S|)}$ 的割 $(S,V\backslash S)$。这个问题是 NP 困难的，已知的最佳近似解的因子是 $O(\sqrt{\log n})$（Arora et al.，2009）。一个常见的利用稀疏割的动机是也许结点表示的是两种类型的对象（例如猫和狗的图像），边表示的是相似性，我们寄希望于正确的划分（猫被分在一边，狗被分在另一边）实际上将是一个稀疏割。注意到这是对一个最终解进行恢复的问题。从这个角度看，一个自然的问题是：对于稀疏割问题，假设一个实例满足 (c,ϵ)-近似解稳定性（甚至是对于一个大的常数 c），我们是否能够利用这个条件高效地找到一个 $O(\epsilon)$-接近最终解的解？如果可以做到的话，那么这将得到一个常数因子的近似解，即使我们通常并不知道如何获得一个常数因子的近似解。

另一类近似解稳定性得到高度关注的问题是系统进化树重建，这里的目的是通过最优化当前对象（物种、语言等）上的某一个量，为一个给定的当前对象集合重建一棵未知的进化树。通常情况下，这个被最优化的量由一个特定的假设突变如何发生的概率模型诱发。此外，在非概率稳定性的假定下获得保证也是有意义的。

最后，在这种环境下的 MAX-SAT 问题可能值得关注。MAX-SAT 问题有时用于为解的发现问题建模，这些问题包括学习问题和聚类问题（Berg et al.，2018），因此近似解稳定性的结果在这里也很有意义。

6.9　松弛

Balcan 等人（2009a）讨论了一种 (c,ϵ)-近似解稳定性的松弛，它允许出现噪声数据：这是一些（启发式的）距离测量没有很好地反映簇成员关系的数据点，它们可能导致在整个数据集上的稳定性受到破坏。特别地，作者定义和分析了 (ν,c,ϵ)-近似解稳定性的概念，这个概念要求只有在占比例 ν 的一部分数据点被移除之后，数据才能满足 (c,ϵ)-近似解稳定性。

考虑只在满足由自然的近似解算法提供的额外条件的那些 c-近似解上做出假定的松弛也很有意义。例如，假设我们仅要求在一个合理的局部性概念下也是局部最优的 c-近似解必须 ϵ-靠近最终解，我们能否把先前描述的那些积极结果也扩展到这种形式的比较弱的假定呢？

6.10　本章注解

关于聚类的近似解稳定性的概念最早出现在（Balcan et al.，2008）中，直到（Balcan et al.，2009b）才对其含义进行了详细研究。本章中使用的术语遵循（Balcan et al.，2013）。

本章中描述的聚类和纳什均衡的近似解稳定性结果主要来自（Balcan et al.，2013）、（Awasthi et al.，2010a）和（Balcan and Braverman，2017）。关于生物序列聚类的实证研究来自（Voevodski et al.，2012）。还有一些在这里没有讨论的关于近似解稳定性的研究，包括在近似解稳定性下对 k-means++的分析（Agarwal et al.，2015）以及在关联聚类上的研究（Balcan and Braverman，2009）。

参考文献

Ackerman, Margareta, and Ben-David, Shai. 2009. Clusterability: A theoretical study. *Artificial Intelligence and Statistics*, 1–8.

Agarwal, Manu, Jaiswal, Ragesh, and Pal, Arindam. 2015. k-Means++ under approximation stability. *Theoretical Computer Science*, **588**, 37–51.

Arora, Sanjeev, Rao, Satish, and Vazirani, Umesh. 2009. Expander flows, geometric embeddings and graph partitioning. *Journal of the ACM (JACM)*, **56**(2), 5.

Awasthi, Pranjal, Balcan, Maria-Florina, Blum, Avrim, Sheffet, Or, and Vempala, Santosh. 2010a. On Nash-equilibria of approximation-stable games. In *International Symposium on Algorithmic Game Theory*, pp. 78–89. Springer.

Awasthi, Pranjal, Blum, Avrim, and Sheffet, Or. 2010b. Stability yields a PTAS for k-median and k-means clustering. In *2010 IEEE 51st Annual Symposium on Foundations of Computer Science*, pp. 309–318. IEEE.

Balcan, Maria-Florina, and Braverman, Mark. 2009. Finding low error clusterings. In *Proceedings of the 22nd Annual Conference on Learning Theory*.

Balcan, Maria-Florina, and Braverman, Mark. 2017. Nash equilibria in perturbation-stable games. *Theory of Computing*, **13**(1), 1–31.

Balcan, Maria-Florina, and Liang, Yingyu. 2016. Clustering under perturbation resilience. *SIAM Journal on Computing*, **45**(1), 102–155.

Balcan, Maria-Florina, Blum, Avrim, and Vempala, Santosh. 2008. A Discriminative Framework for Clustering via Similarity Functions. In *Proceedings of the 40th ACM Symposium on Theory of Computing*, pp. 671–680.

Balcan, Maria-Florina, Röglin, Heiko, and Teng, Shang-Hua. 2009a. Agnostic clustering. In *International Conference on Algorithmic Learning Theory*, pp. 384–398. Springer.

Balcan, Maria-Florina, Blum, Avrim, and Gupta, Anupam. 2009b. Approximate clustering without the approximation. In *Proceedings of the Twentieth Annual ACM-SIAM Symposium on Discrete Algorithms*, pp. 1068–1077. Society for Industrial and Applied Mathematics.

Balcan, Maria-Florina, Blum, Avrim, and Gupta, Anupam. 2013. Clustering under approximation stability. *Journal of the ACM (JACM)*, **60**(2), 8.

Bartal, Yair, Charikar, Moses, and Raz, Danny. 2001. Approximating min-sum k-clustering in metric spaces. In *Proceedings on 33rd Annual ACM Symposium on Theory of Computing*.

Berg, Jeremias, Hyttinen, Antti, and Järvisalo, Matti. Applications of MaxSAT in data analysis. In *Proceedings of Pragmatics of SAT* 2015 and 2018, pp. 50–64.

Daniely, Amit, Linial, Nati, and Saks, Michael. 2012. Clustering is difficult only when it does not matter. *arXiv preprint arXiv:1205.4891*.

Feder, Tomas, Nazerzadeh, Hamid, and Saberi, Amin. 2007. Approximating Nash equilibria using small-support strategies. *Proceeding of the 8th ACM-EC*, pp. 352–354.

Finn, R.D., Mistry, J., Tate, J., et al. 2010. The Pfam protein families database. *Nucleic Acids Research*, **38**, D211–222.

Guha, Sudipto, and Khuller, Samir. 1999. Greedy strikes back: Improved facility location algorithms. *Journal of Algorithms*, **31**(1), 228–248.

Jain, Kamal, Mahdian, Mohammad, and Saberi, Amin. 2002. A new greedy approach for facility location problems. In *Proceedings of the Thiry-Fourth Annual ACM Symposium on Theory of Computing*, pp. 731–740. ACM.

Li, Shi, and Svensson, Ola. 2016. Approximating k-median via pseudo-approximation. *SIAM Journal on Computing*, **45**(2), 530–547.

Lipton, Richard J., Markakis, Evangelos, and Mehta, Aranyak. 2003. Playing large games using simple strategies. In *Proceedings of 4th ACM-EC*, pp. 36–41.

Murzin, A.G., Brenner, S. E., Hubbard, T., and Chothia, C. 1995. SCOP: A structural classification of proteins database for the investigation of sequences and structures. *Journal of Molecular Biology*, **247**, 536–540.

Ostrovsky, Rafail, Rabani, Yuval, Schulman, Leonard J, and Swamy, Chaitanya. 2012. The effectiveness of Lloyd-type methods for the k-means problem. *Journal of the ACM (JACM)*, **59**(6), 28.

Rubinstein, Aviad. 2016. Settling the complexity of computing approximate two-player Nash equilibria. In *2016 IEEE 57th Annual Symposium on Foundations of Computer Science (FOCS)*, pp. 258–265. IEEE.

Schalekamp, Frans, Yu, Michael, and van Zuylen, Anke. 2010. Clustering with or without the approximation. In *Proceedings of the 16th Annual International Computing and Combinatorics Conference.*

Tsaknakis, Haralampos, and Spirakis, Paul G. 2007. An optimization approach for approximate Nash equilibria. Workshop on Internet and Network Economics, pp. 42–56.

Voevodski, Konstantin, Balcan, Maria-Florina, Röglin, Heiko, Teng, Shang-Hua, and Xia, Yu. 2012. Active clustering of biological sequences. *Journal of Machine Learning Research*, **13**(Jan), 203–225.

练习题

6.1 证明：定义 k-聚类间的距离的公式（6.2）是一个度量。具体证明：（a）$\mathrm{dist}(\mathcal{C},\mathcal{C}')$ 是对称的，（b）它满足三角不等式。注：这里更棘手的性质是（a）。

6.2 当 $n\to\infty$ 时，包含 n 个点的集合的两个随机 k-聚类 $\mathcal{C}$ 和 $\mathcal{C}'$ 之间的期望距离 $\mathrm{dist}(\mathcal{C},\mathcal{C}')$ 是多少？

6.3 考虑 $k=2$ 的 k-median 聚类。给出一个点集合的例子，它满足（1.4,0)-近似解稳定性（即 $c\leqslant 1.4$ 的所有 c-近似解与最终聚类是一致的），但不满足（1.6,0.3)-近似解稳定性（即存在一个 $c\leqslant 1.6$ 的 c-近似解与最终聚类的距离至少是 0.3）。你的例子是 1.6-扰动弹性（见第 5 章）的吗？

6.4 考虑猜硬币游戏（收益按比例缩放到 [0,1]）：

$$\boldsymbol{R}=\begin{bmatrix}1 & 0\\ 0 & 1\end{bmatrix}\qquad \boldsymbol{C}=\begin{bmatrix}0 & 1\\ 1 & 0\end{bmatrix}$$

这个游戏的唯一纳什均衡是两个玩家都采用（0.5,0.5），各自获得一个 0.5 的预期收益。证明这个游戏是（3/16,1/4)-近似解稳定的。也就是说，对于任何一对策略 $(\boldsymbol{p},\boldsymbol{q})$，如果它使得 $\boldsymbol{p}$ 或 $\boldsymbol{q}$ 中至少有一个在其两种行为中的一个上有超过 3/4 的概率，那么至少有一个玩家必定有至少 3/16 的背离动机（即必定存在一个他们可以采取的行为，在其中他们的预期收益将比他们当前的预期收益至少大 3/16）。

6.5 考虑石头、剪刀、布游戏（收益按比例缩放到 [0,1]）：

$$\boldsymbol{R}=\begin{bmatrix}0.5 & 0 & 1\\ 1 & 0.5 & 0\\ 0 & 1 & 0.5\end{bmatrix}\qquad \boldsymbol{C}=\begin{bmatrix}0.5 & 1 & 0\\ 0 & 0.5 & 1\\ 1 & 0 & 0.5\end{bmatrix}$$

证明这个游戏对于任何 $\alpha<1/6$ 都是 $(\alpha,4\alpha)$-近似解稳定的。

稀疏恢复

Eric Price

摘要：许多现实世界的信号是近似稀疏的（sparse），这意味着一小部分坐标包含几乎所有的信号质量，例如图像、音频以及任何从 Zipfian 分布、幂律分布或者对数正态分布中抽取的信号。如果一个信号 $x \in \mathbb{R}^n$ 是近似 k-稀疏的，那么理想情况下，对 x 进行估计或者处理的复杂度应该主要以 k 而不是以 n 来衡量。

对于各种不同的问题的变异，这一类稀疏恢复（sparse recovery）算法可能是合理的，它们对应于对 x 进行度量的不同模式以及在估计误差上的不同保证。本章我们将关注流算法、压缩感知和稀疏傅里叶变换，以及对低秩矩阵恢复的扩展。

7.1 引言

想象一下你正在手工统计一次选举的结果，并希望找到排名前几位的候选人。在处理一大堆选票时，你可以维护一张用于记录每个候选人的计票结果的纸质表。但是，在一次大规模选举中，添加非候选人名字会使这一点变得很有挑战性：记录表上将写满了投给蝙蝠侠或者巴特·辛普森[㊀]等“候选人”的选票。你可以忽略这一类选票很少的搞笑候选人，但是你可不想遗漏重要的增补候选人——即使他的所有选票都在当天晚些时候才出现、选票被压在票堆的底部、你的计票表已经没有剩余空间，你也不想遗漏他。下一节将讨论 Misra 和 Gries（1982）提出的一种算法，这是一种只使用少量空间的解决方案，代价是给出的是一个近似答案。如果只有 k 个“真实的”候选人，而所有其他候选人的选票都很少，那么这个算法的近似误差将会很小。

这种一小部分坐标包含大部分质量的特性是在许多不同领域对信号的经验观察得到的结果。它遵循一些流行的经验法则（例如 Zipf 定律和 80/20 法则）以及一些流行的产生幂律分布或对数正态分布的生成模型。我们在图 7.1 中展示了这种情况的几个例子：音乐（一个小片段的傅里叶变换）、图像（在一个基内表示，比如 Haar 小波）和网络（每页的内联数）。这些不同的域因系数衰减的快慢而有所不同，但它们都具有相同的定性表现：对于某一个 $\alpha \in (0.5, 1)$ 以及小的 i 值，第 i 个最大坐标的幅值大致与 $i^{-\alpha}$ 成比例，而大的 i 值的幅值衰减甚至更快。

本章给出的结果都不依赖于信号的任何分布假定，只要求需要恢复或者处理的信号是（近似）稀疏的。这个假定类似于第 5 章和第 6 章的稳定性定义，除了原来所谓的“有意义的解”现在被认作“（近似）稀疏性”。本章中的大多数算法提供逐步输入保证，根据未知信号靠近 k-稀疏的程度进行参数化。与第 1 章和第 2 章中的参数化保证一样，只有当参数很小的时候（即当信号近似 k-稀疏时），这些保证才是非平凡的。

㊀ 美国动画片《辛普森一家》中的虚构角色。——译者注

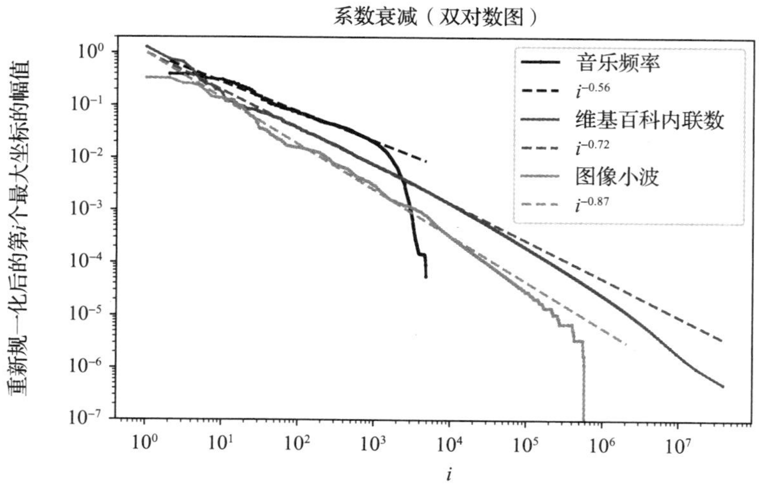

图 7.1　不同域的三种示例信号的系数衰减。音频数据包含一段流行音乐视频的 1/10s 剪辑中的频率，图像数据是这个视频其中一帧的 Haar 小波表示，图形数据是英文维基百科上每页的内联数

本章概要。我们在 7.2 节给出一个稀疏恢复的流算法。在 7.3 节提出两种*线性概略*（linear sketching）算法。线性概略算法与其他算法相比有一些优势，其中第二种算法对稀疏恢复还达到了较强的“ℓ_2”近似保证。在 7.4 节我们转向讨论*压缩感知*（compressive sensing）算法。压缩感知本质上与线性概略的稀疏恢复问题相同，但是由不同的社区出于不同的目的进行研究，这导致了技术上的显著不同和目标上的细微差异。7.5 节给出与 7.3 节和 7.4 节的算法相匹配的下界。7.6 节介绍这个领域中一些更为复杂的结果。最后，7.7 节展示如何将稀疏恢复技术扩展到低秩矩阵估计。

符号。对于任何一个 $x \in \mathbb{R}^n$ 以及 $k \in [n]$，我们使用 $H_k(x)$ 来表示 $\mathbb{R}^n$ 中的 k-稀疏向量，在这个向量中除了 x 的 k 个（幅值）最大的元素之外，其他的元素都设为零。

7.2　一种简单的只插入流算法

选举中计算票数的例子是*数据流*（data stream）的一个示例。（只插入）数据流包含很长的一连串的项：

$$u_1, u_2, u_3, \cdots, u_N \in [n]$$

下面给出这个流所表示的计数向量 $\boldsymbol{x} \in \mathbb{R}^n$：

$$x_i = |\{j : u_j = i\}|$$

在这种情况下，稀疏恢复（也称为 heavy hitters）的目标是在扫描 u 的同时对 $\boldsymbol{x}$ 进行近似，此时存储空间的数量远远小于 n 或者 $N = \|\boldsymbol{x}\|_1$（这里 $\|\boldsymbol{x}\|_p := (\sum_i x_i^p)^{1/p}$ 是 ℓ_p-范数）。

估计 $\boldsymbol{x}$ 的直接方法是将其存储在一个字典（又称关联数组或映射）中。我们从空字典 d 开始，对于流中出现的每个元素 u，递增 $d[u]$（对于新添加的元素设置为 1）。这个方法的问题是使用的空间是流中不同元素的总数目，最大有可能达到 n。

算法 1 由 Misra 和 Gries（1982）提出，在上述的直接方法上做了一些简单变化。唯一的不同是选取一个参数 k（想想看，或许 $k=\sqrt{n}$），如果增加 $d[u]$ 会使 d 的关键字超过 k 个，那么我们就把字典中每个关键字的计数*减去* 1——而且如果这使关键字的计数为零，则删除这个关键字。于是空间的使用量是 $\Theta(k)$ 个存储字，而且每个元素的最终计数误差最多是上述减法发生的总次数。由于每一次减法从 d 中值的总和中减掉 k，每一次加法仅仅加上 1，而且 d 中值的总和保持非负，因此减法的步数在流的步数中最多占比 $1/(k+1)$。由此得到以下引理。

算法 1　FrequentElements 稀疏恢复算法

```
function FrequentElements (Stream, k)
  d ← DICTIONARY( )
  for u 在 Stream 中 do
    if u 在 d 中 then
      d[u] += 1
    else if d 的关键字少于 k 个 then
      d[u] ← 1
    else
      d[u'] -= 1   ∀u' ∈ d
      删除 d 中映射到零的关键字
    end if
  end for
  return d
end function
```

引理 7.1　对于每个元素 u，FrequentElements 算法给出的估计 $\hat{x}_u = d[u]$ 满足

$$x_u - \frac{1}{k+1}\|\boldsymbol{x}\|_1 \leqslant \hat{x}_u \leqslant x_u$$

我们还可以得到进一步改进的界，它在一种稀疏设定中显著更强。如果事实上流是由少数几个元素支配的，那么这些元素最终将得到较大的值，这就进一步限制了删除的次数。确定这个界的一种方法是把与 $\boldsymbol{x}$ 的 $k/2$ 个最大项无关的 d 的那些项的总和看作势函数。这个势函数在任何时候都是非负的，每次只增加 1，而且增 1 的总次数最多是 $\|\boldsymbol{x}-H_{k/2}(\boldsymbol{x})\|_1 \leqslant \|\boldsymbol{x}\|_1$；另一方面，每一次减法至少从这个势中去掉 $k/2$，所以减法的总次数最多是 $\|\boldsymbol{x}-H_{k/2}(\boldsymbol{x})\|_1 \cdot (2/k)$。因此有以下引理。

引理 7.2　对于每个元素 u，FrequentElements 算法给出的估计 $\hat{x}_u = d[u]$ 满足

$$x_u - \frac{2}{k}\|\boldsymbol{x}-H_{k/2}(\boldsymbol{x})\|_1 \leqslant \hat{x}_u \leqslant x_u$$

$\boldsymbol{x}$ 的稀疏性决定了引理 7.1 和引理 7.2 哪一个更准确地刻画了 FrequentElements 算法的性能。当频率衰减速度超过 Zipf 定律（即其中第 i 个最常见元素的频率与 $1/i$ 成正比）时，引理 7.2 的稀疏界给出了一个由 k 描述的误差上的更好的渐近界。然而，当频率衰减较慢时，对于 $k \ll n$ 有 $\|\boldsymbol{x}-H_{k/2}(\boldsymbol{x})\|_1 \approx \|\boldsymbol{x}\|_1$，因此引理 7.1 中更好的常数因子给出了一个更好的界。

7.3　删除的处理：线性概略算法

FrequentElements 算法是为*只插入流*（insertion-only stream）设计的，其中各个项按顺序到达而且从不离开。一种更加通用而且更具挑战性的设置是*旋转门流*（turnstile stream），在旋转门流中可以插入和删除项。这个名字让我们联想起游乐园：你想研究目前在公园里的人，但只是在他们通过旋转门进出公园的时候进行追踪。一个重要的子类是严

格旋转门流，其中的最终向量 $\boldsymbol{x}$ 具有非负值（例如，人们不能够还没有到达就离开）。

在算法 2 中我们给出了两种求解旋转门流的稀疏恢复算法：CountMinSketch 算法（Cormode and Muthukrishnan，2005）和 CountSketch 算法（Charikar et al.，2002）。这两种算法几乎一模一样，只是 CountSketch 算法多了一些片断，这些额外部分以灰色显示，在阅读 CountMinSketch 算法时应该予以忽略。

算法 2 CountMinSketch（黑色）/CountSketch（黑色和灰色）

function CountMinSketch / CountSketch（Stream, B, R）
  选取两两独立的哈希函数 $h_1, \cdots, h_R : [n] \to [B]$
  选取两两独立的哈希函数 $s_1, \cdots, s_R : [n] \to \{-1, 1\}$
  $y_j^{(r)} \leftarrow 0, \forall i \in [B], r \in [R]$
  for（u, a）在 Stream 中 **do** ▷（对应于流更新 $x_u \leftarrow x_u + a$）
    for $r \in [R]$ **do**
      $y_{h_r(u)}^{(r)} += a \cdot s_r(u)$
    end for
  end for
  for $u \in [n]$ **do**
    $\hat{x}_u \leftarrow \min_{r \in [R]} y_{h_r(u)}$ ▷（只用于 CountMinSketch）
    $\hat{x}_u \leftarrow \text{median}_{r \in [R]} y_{h_r(u)} \cdot s_r(u)$ ▷（只用于 CountSketch）
  end for
  return $\hat{x}$
end function

事实证明，几乎每个旋转门流算法都可以由*线性概略*（linear sketch）实现。在线性概略中，为一个（可能是随机的）矩阵 $\boldsymbol{A} \in \mathbb{R}^{m \times n}$ 存储 $\boldsymbol{y} = \boldsymbol{A}\boldsymbol{x}$。当流发生更新时，很容易地维持这个概略：插入或者删除一个元素时，只需要简单地从概略 $\boldsymbol{y}$ 中添加或者减去 $\boldsymbol{A}$ 的相应的列。线性概略使用的空间用来存储 $\boldsymbol{y}$ 的 m 个存储字再加上产生 $\boldsymbol{A}$ 的随机种子的大小。就我们所考虑的算法而言这个种子很小，因此使用的空间基本上是 m 个存储字。与只插入流相比，线性概略算法的另一个好处是具有*可归并性*（mergability）：你可以将流拆分为多个片段（以多重路由器为例）分别进行概略，然后合并结果来获得完整流的概略。我们可以观察到 CountMinSketch 算法和 CountSketch 算法都是线性概略。特别地，存储在每个坐标 $y_j^{(r)}$ 中的最终值是

$$y_j^{(r)} = \sum_{u=1}^{n} 1_{h_r(u)=j} s_r(u) \cdot x_u \tag{7.1}$$

它是 $\boldsymbol{x}$ 的一个线性函数。

7.3.1 CountMinSketch：ℓ_1 保证

CountMinSketch 背后的思路是，如果我们有无限的空间，就会存储单一的哈希表，其中包含流中所有项的计数。反过来，如果我们存储的是一个大小为 $B = O(k)$ 的小得多的哈希表，那么将存在冲突。解决这些冲突的标准方法（比如链表法）同样需要相当于不同项的数量的线性空间。但是如果我们根本不解决冲突，而只是在每一个哈希单元中存储哈

希到这个单元的元素的总数，那么会发生什么？

给定一个这样的“哈希表”，我们可以通过哈希单元的值来估计项的计数。对于严格的旋转门流，这会高估真实的答案：它包括真实计数加上碰撞元素的计数。但是任何其他元素在哈希表中发生冲突的概率只有 $1/B$，因此期望误差最多是 $\|\boldsymbol{x}\|_1/B$。与引理 7.1 相比，这是一个不错的界，除了它只适用于对每一个元素的期望。几乎可以肯定的是，某一个元素将有高得多的误差——事实上，没有任何办法可区分稀疏恢复元素以及碰巧和它们发生冲突的其他元素（虽然这些元素在比例上只占一小部分，但是数量上仍然很多）。

为了解决这个问题，CountMinSketch 使用 $R=(\log n)$ 个不同的哈希表来重复这个过程。由于每一个哈希表都给出了一个过高估计，因此一个元素的最终估计是所有重复中的最小估计。这就得到了以下定理。

定理 7.3　如果 $\boldsymbol{x}$ 的项是非负的，那么当 $B\geqslant 4k$ 而且 $R\geqslant 2\log_2 n$ 时，CountMinSketch 返回 $\hat{\boldsymbol{x}}$。对所有的 u，$\hat{\boldsymbol{x}}$ 以 $1-1/n$ 的概率满足

$$x_u\leqslant\hat{x}_u\leqslant x_u+\frac{1}{k}\|\boldsymbol{x}-H_k(\boldsymbol{x})\|_1$$

这个陈述与引理 7.2 中的 FrequentElements 的界非常类似。这是高估而不是低估，但除此之外，误差的界在 k 缩放 2 倍的意义上是一致的。与 FrequentElements 不同的是，CountMinSketch 可以处理删除问题，但是带来的代价是——CountMinSketch 存储字的空间是 $O(k\log n)$ 而不是 $O(k)$，它是随机化的，而且到了流的末尾计算 $\hat{\boldsymbol{x}}$ 所需要的时间是 $O(n\log n)$ 而不是 $O(k)$，因为必须对所有的坐标 x_u 进行估计以找到最大的 k。前两个问题无法避免，因为 k 的“典型”值属于 $(n^{0.01},n^{0.99})$。在 7.5 节我们将证明 $\Omega(k\log n)$ 个存储字的空间是处理删除问题所必需的，而且需要通过随机化达到 $o(\min(k^2,n))$ (Ganguly, 2008)。不过恢复时间是可以改进的，详见本章注解。

定理 7.3 的证明　对于每一个 u，通过 $\hat{x}_u^{(r)}=y_{h_r(u)}$ 定义 $\hat{x}^{(r)}$，使得 $\hat{x}_u=\min_r\hat{x}_u^{(r)}$。设 $H\subseteq[n]$，H 包含 x 最大的 k 个坐标，称为“heavy hitters”。那么

$$0\leqslant\hat{x}_u^{(r)}-x_u=\sum_{\substack{h_r(v)=h_r(u)\\ v\neq u}}x_v=\underbrace{\sum_{\substack{v\in H\\ h_r(v)=h_r(u)\\ v\neq u}}x_v}_{E_H}+\underbrace{\sum_{\substack{v\notin H\\ h_r(v)=h_r(u)\\ v\neq u}}x_v}_{E_L}\tag{7.2}$$

对于估计不佳的 u，E_H 或者 E_L 必定很大。E_H 表示由于与 heavy hitters 冲突而造成的 u 的误差。这通常是零，因为并没有太多的 heavy hitters。E_L 是由于非 heavy hitters 造成的误差。这可能不是零，但其期望值很小。形式上，通过选择 $B\geqslant 4k$，我们有

$$\Pr[E_H>0]\leqslant\Pr[\exists v\in H\setminus\{u\}:h_r(v)=h_r(u)]\leqslant\frac{k}{B}\leqslant\frac{1}{4}\tag{7.3}$$

我们还有

$$E[E_L]=\sum_{\substack{v\in[n]\setminus H\\ v\neq u}}x_v\cdot\Pr[h(v)=h(u)]\leqslant\sum_{v\in[n]\setminus H}x_v\cdot\frac{1}{B}=\|\boldsymbol{x}-H_k(\boldsymbol{x})\|_1/B\tag{7.4}$$

因此根据马尔可夫不等式得到

$$\Pr[E_L>\|\boldsymbol{x}-H_k(\boldsymbol{x})\|_1/k]\leqslant\frac{k}{B}\leqslant\frac{1}{4}$$

因此利用联合界，对于每一个 r 独立地有

$$\Pr[\hat{x}_u^{(r)}-x_u>\|\boldsymbol{x}-H_k(\boldsymbol{x})\|_1/k]\leqslant\frac{1}{2}\tag{7.5}$$

由于 $R \geqslant 2\log_2 n$，故有

$$\Pr[\hat{x}_u - x_u > \|\boldsymbol{x} - H_k(\boldsymbol{x})\|_1 / k] \leqslant \frac{1}{2^R} \leqslant \frac{1}{n^2}$$

在 u 上取一个联合界可以得到所要的结果。 □

负项和 CountMedianSketch。 CountMinSketch 算法依赖于严格的旋转门假定，即最终向量 $\boldsymbol{x}$ 只有非负坐标。如果 $\boldsymbol{x}$ 的项是负数，我们可以简单地用一个中值取代算法第 11 行的最小值，并且将 B 和 R 增加常数因子。通过增加 B，失效事件（7.5）的失效概率将变成 $2k/B<1/2$。于是通过 Chernoff 界可以证明，大多数的迭代 r 以高概率不会失效，因此中值估计是好的。这个算法被称为 CountMedianSketch，它实现了与定理 7.3 相同的 $\frac{1}{k}\|\boldsymbol{x}-H_k(\boldsymbol{x})\|_1$ 的误差保证，但是存在双边误差。

7.3.2 CountSketch：ℓ_2 保证

算法 2 中的灰色语句行说明了产生 CountSketch 算法所需要做出的修改。CountSketch 算法类似于 CountMedianSketch 算法，但是引入了随机符号。这将单一 r 的误差从式（7.2）变成

$$\hat{x}_u^{(r)} - x_u = \sum_{\substack{h_r(v) = h_r(u) \\ v \neq u}} x_v s_r(v) s_r(u)$$

对于固定的 h_r，这个误差现在是 s_r 的一个随机变量，而且因为 s_r 是两两独立的，并且均值为零，于是 $E_{s_r}[(\hat{x}_u^{(r)} - x_u)^2]$ 中所有的交叉项都消失了。特别地，式（7.4）变成

$$\underset{h_r, s_r}{E}[E_L^2] = \sum_{\substack{v \in [n] \setminus H \\ v \neq u}} x_v^2 \cdot \Pr[h(v) = h(u)] \leqslant \|\boldsymbol{x} - H_k(\boldsymbol{x})\|_2^2 / B$$

如果 $B \geqslant 16k$，应用马尔可夫不等式和联合界，加上 $E_H>0$ 的概率为 k/B，可以证明在每一次重复中，

$$\Pr[(\hat{x}_u^{(r)} - x_u)^2 > \|\boldsymbol{x} - H_k(\boldsymbol{x})\|_2^2 / k] < 1/8$$

那么在 R 次重复中至少有 $R/2$ 次出现这种情况的概率最多是

$$\binom{R}{R/2} \cdot (1/8)^{R/2} < 2^R / 8^{R/2} = 1/2^{R/2} \leqslant 1/n^2$$

这里 $R \geqslant 4\log_2 n$。如果失效事件没有发生，那么中值就是一个好的估计，这就给出了以下定理。

定理 7.4 *如果 $B \geqslant 16k$ 而且 $R \geqslant 4\log_2 n$，那么对所有的 u，CountSketch 以 $1-1/n$ 的概率返回 $\hat{\boldsymbol{x}}$，满足*

$$(\hat{x}_u - x_u)^2 \leqslant \frac{1}{k}\|\boldsymbol{x} - H_k(\boldsymbol{x})\|_2^2$$

乍看之下，在 $|\hat{x}_u - x_u|$ 上给出的 CountMinSketch 的界（定理 7.3）和 CountSketch（定理 7.4）可能是不可比较的——这是由于 $\|\boldsymbol{x}-H_k(\boldsymbol{x})\|_2 \leqslant \|\boldsymbol{x}-H_k(\boldsymbol{x})\|_1$，对 CountSketch 而言，分母仅为 $\sqrt{k}$，而不是 CountMinSketch 的 k。然而，正如练习题 7.1 指出的，这是一种误导：在忽略常数因子的情况下，对于每个向量 $\boldsymbol{x}$，定理 7.4 的 ℓ_2 界比定理 7.3 的 ℓ_1 界更强。对于许多自然向量 $\boldsymbol{x}$，这种差异是非常显著的。我们现在对这种差异进行详细考察。

7.3.3 关于恢复保证的讨论

为了更好地理解 ℓ_2 的恢复保证究竟比 ℓ_1 的要好多少，我们考虑幂律（或 Zipfian）分

布，其中第 i 个最大元素的频次与 $i^{-\alpha}$ 成比例。我们还假设流被分布在许多元素上，元素的数量 $n \gg k$（k 是有限的，所以对于 $\alpha<1.0$，频次之和也是有限的）。对于 $\alpha>1.0$ 的急剧衰减的分布，ℓ_1 保证是

$$\|\hat{\boldsymbol{x}}-\boldsymbol{x}\|_\infty \leqslant \frac{1}{k}\sum_{i=k+1}^{n} x_i \approx \frac{1}{k}x_1 \cdot \sum_{i=k+1}^{n} i^{-\alpha} \approx \frac{1}{\alpha-1}x_k$$

而对于 $\alpha>0.5$，ℓ_2 保证是

$$\|\hat{\boldsymbol{x}}-\boldsymbol{x}\|_\infty \leqslant \sqrt{\frac{1}{k}\sum_{i=k+1}^{n} x_i^2} \approx \sqrt{\frac{1}{k}x_1^2 \cdot \sum_{i=k+1}^{n} i^{-2\alpha}} \approx \frac{1}{\sqrt{2\alpha-1}}x_k$$

当 $\alpha>1.0$ 时，这两种保证在忽略常数因子的意义上是一致的。但对于 $0.5<\alpha<1.0$ 的中度衰减，ℓ_1 保证要差得多：

$$\|\hat{\boldsymbol{x}}-\boldsymbol{x}\|_\infty \leqslant \frac{1}{k}\sum_{i=k+1}^{n} x_i \approx \frac{1}{k}x_1 \cdot \sum_{i=k+1}^{n} i^{-\alpha} \approx \frac{1}{k}x_1 \frac{1}{1-\alpha}n^{1-\alpha}$$

也就是说，除非 $k>n^{1-\alpha}$，否则 ℓ_1 保证并没有给出非平凡的估计（实际上全零向量就可以满足它）。即使高于这个阈值，ℓ_1 保证仍然比 ℓ_2 保证差一个 $(n/k)^{1-\alpha}$ 因子。对于 $\alpha<0.5$ 的慢衰减，ℓ_2 保证变成

$$\|\hat{\boldsymbol{x}}-\boldsymbol{x}\|_\infty \leqslant \sqrt{\frac{1}{k}\sum_{i=k+1}^{n} x_i^2} \approx \sqrt{\frac{1}{k}x_1^2 \cdot \sum_{i=k+1}^{n} i^{-2\alpha}} \approx x_1 \frac{1}{\sqrt{1-2\alpha}}\sqrt{\frac{n}{k}}n^{-\alpha}$$

它直到 $k>n^{1-2\alpha}$ 都是平凡的，而且对于更大的 k 依然比 ℓ_1 界好一个 $\sqrt{n/k}$ 的因子。

$\alpha \in (0.5, 1.0)$ 的中间状态最有实际意义，正如我们在图 7.1 的示例中以及更一般的示例中观察到的（参见（Clauset et al.，2009）等）。因此，ℓ_2 保证明显比 ℓ_1 保证更为可取。

在图 7.2 中，我们通过在这一类幂律分布上已知的一些算法的经验性能来说明这些计算，结果与我们已经证明的理论边界非常吻合。对于 $\alpha=0.8$ 而不是 $\alpha=1.3$，CountSketch 的 ℓ_2 界比 CountMinSketch 的常数因子更加重要，而且在一些参数范围内甚至足以击败 FrequentElements 中保留的 $\Theta(\log n)$ 因子。

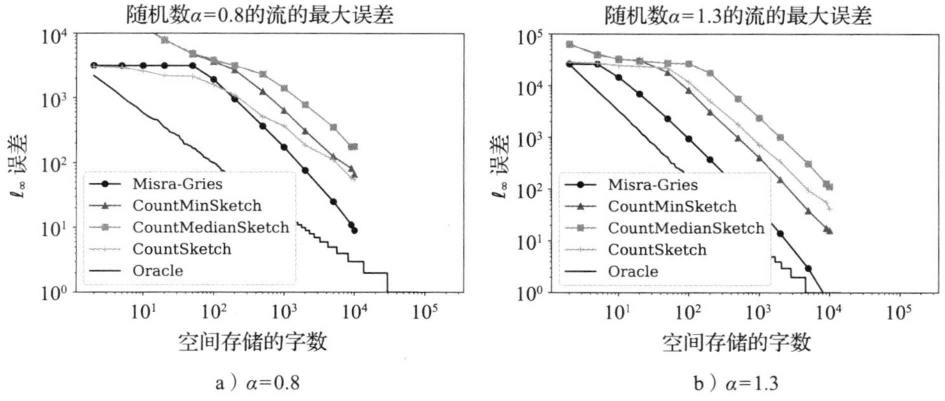

图 7.2　误差的比较：误差作为在随机幂律分布流上的稀疏恢复算法的存储空间的函数，在一个规模为 10^4 的域上抽取 10^5 个项，第 i 个最常用元素的频次与 $i^{-\alpha}$ 成比例。假定 FrequentElements 表中的每个表项使用两个存储字（一个用于存储关键字，一个用于存储值）。Oracle（预言）精确地存储流的各个最大项（每项有两个存储字）。对于 $\alpha<1$，CountSketch 的 ℓ_2 界呈现出显著的优势；对于 $\alpha>1$，由于常数因子无效，它的性能要比 CountMinSketch 的差。在这两种情况下，由于避开了 $O(\log n)$ 因子，FrequentElements 使用的空间大约比 CountMinSketch 少一个数量级

7.4 均匀算法

前面几节描述的稀疏恢复算法起源于流算法背景下的计算机科学领域。另一项目的在于求解来自统计领域和信号处理领域的一些非常类似的问题的研究被称为压缩感知（compressed sensing）或者压缩采样（compressive sampling）（Donoho et al.，2006；Candes et al.，2006）。压缩感知的动机源于这样一些情况：我们有一个可以低成本地观察所关注信号的线性测量值的物理过程，例如，MRI 机器本质上是对需要的图像的傅里叶测量值的采样；单像素相机架构在曝光时使用短遮罩来拍照；基因检测机构可以在检测前混合血液样本；而射电望远镜则根据它们的几何结构从傅里叶光谱中取样。在不对信号结构做任何假设的情况下，学习一个任意的 $\boldsymbol{x}\in\mathbb{R}^n$ 需要 n 个线性测量值，但是像稀疏性这样一个结构上的假定可以考虑更少的测量值——理想情况下可以得到更快的 MRI、更高分辨率的照片以及进行更便宜的基因检测。

因此，压缩感知的高层次目标本质上与旋转门流的稀疏恢复的目标一致：从少量的线性测量 $\boldsymbol{y}=\boldsymbol{A}\boldsymbol{x}$ 估计近似 k-稀疏的向量 $\boldsymbol{x}$。（如果 $\boldsymbol{x}$ 最多有 k 个非零坐标，我们就说 $\boldsymbol{x}$ 是 k-稀疏的；如果 $\boldsymbol{x}$ “靠近” 一个 k-稀疏向量，我们就说 $\boldsymbol{x}$ 是近似 k-稀疏的。）但是重点有所不同，这就导致了不同的解。

最值得注意的是，压缩感知算法被设计为即使观测矩阵 $\boldsymbol{A}$ 不完全在算法设计者的控制之下也能工作。观测矩阵可能必须满足源自物理传感装置的工作原理的许多复杂约束，但是只要 A 在某种形式意义上“足够好”，恢复算法就能够工作。此外，这允许一定程度上的模块化：我们可以混合和匹配不同的算法和矩阵，因为本质上任何“足够好”的矩阵结构都可以在任何算法下工作。这种模块化与大多数来自流媒体社区的方法形成了鲜明的对比，例如在 CountSketch 的测量矩阵上尝试使用更快的恢复算法（Larsen et al.，2016）是没有意义的，这是由于算法与它们的矩阵密切相关。

7.4.1 受限的等距特性

确定 $\boldsymbol{A}$ 是否“足够好”的最简单方法是非相干性（incoherence）方法。

定义 7.5　设 $\boldsymbol{A}\in\mathbb{R}^{m\times n}$，$\boldsymbol{A}$ 的各列 $a_1,\cdots,a_n$ 的 ℓ_2 范数为 1。$\boldsymbol{A}$ 的相干性（coherence）μ 定义如下：

$$\mu := \max_{i\neq j} |\langle a_i, a_j\rangle| \qquad \lhd$$

如果 $\mu=0$，则 $\boldsymbol{A}$ 的列正交，因此 $\boldsymbol{A}$ 是可逆的，这时恢复当然是可能的。但是我们的目的是让 $m\ll n$，因此 $\boldsymbol{A}$ 的列不会正交。有意思的是即使 μ 稍微大一点，比如达到 $\Theta(1/k)$，也有各种稀疏恢复的算法。不幸的是，所有 $m<n/2$ 的矩阵都有相干性 $\mu>\sqrt{\frac{1}{2m}}$，因此要获得“足够好”的非相干性将需要 $\Omega(k^2)$ 次线性测量。对于通常考虑的多项式大数值 k，这比我们在流算法中看到的 $O(k\log n)$ 的测量数量要多得多，这也表明需要一个不同的“足够好”的定义。一个流行的定义是受限等距特性。

定义 7.6　对于任何一个 k，矩阵 $\boldsymbol{A}\in\mathbb{R}^{m\times n}$ 的受限等距常数 $\delta_k=\delta_k(\boldsymbol{A})$ 是最小的 $\delta\geqslant 0$，使得对所有的 k-稀疏 $\boldsymbol{x}$，都有

$$(1-\delta)\|\boldsymbol{x}\|_2^2 \leqslant \|\boldsymbol{A}\boldsymbol{x}\|_2^2 \leqslant (1+\delta)\|\boldsymbol{x}\|_2^2$$

一个等价公式是对于所有的 $S\subset[n]$，$|S|\leqslant k$，有

$$\|(\boldsymbol{A}^\top\boldsymbol{A}-\boldsymbol{I})_{S\times S}\|\leqslant\delta \tag{7.6}$$

其中 $\|\cdot\|$ 表示谱范数。 ◁

如果对于足够大的常数 $C\geqslant 1$ 以及足够小的 $c<1$，有 $\delta_{Ck}<c$，我们就（非形式地）说 $\boldsymbol{A}$ 满足受限等距特性（Restricted Isometry Property，RIP）。随后的算法结果表明，具有足够好的常数 C 和 c 的 RIP 意味着近似 k-稀疏恢复是可能的。我们可以证明 $\delta_k\leqslant(k-1)\mu$，这就把基于非相干性的要求 $\mu<\Theta(1/k)$ 的结果包含在内，但是 RIP 的界可能只是 $m=O(k\log(n/k))$。

高斯系综。构造具有良好参数的 RIP 矩阵的一种简单方法是采用具有适当方差的 i. i. d.（独立同分布）高斯项。

定理 7.7 *设参数 $0<\varepsilon<1$ 和 $k>1$。如果 $\boldsymbol{A}\in\mathbb{R}^{m\times n}$ 具有方差为 $1/m$ 的 i. i. d. 高斯项，而且对于一个足够大的常数 C，有 $m>C\dfrac{1}{\varepsilon^2}k\log\dfrac{n}{k}$，则 $\boldsymbol{A}$ 以 $1-\mathrm{e}^{-\Omega(\varepsilon^2m)}$ 的概率有 RIP 常数 $\delta_k<\varepsilon$。*

定理的证明基于将联合界应用到一个核上。我们从一个引理开始，这个引理展示了如何利用有限集上的最大值来确定算子范数（它是一个连续集合上的上确界）的界。

引理 7.8 *存在一个由 3^n 个单位向量组成的集合 $T\subset\mathbb{R}^n$，使得对于任何一个对称矩阵 $\boldsymbol{M}\in\mathbb{R}^{n\times n}$，有*

$$\|\boldsymbol{M}\|\leqslant 4\max_{\boldsymbol{x}\in T}\boldsymbol{x}^\top\boldsymbol{M}\boldsymbol{x}$$

由于 $\|\boldsymbol{M}\|=\sup_{\|\boldsymbol{x}\|_2=1}\boldsymbol{x}^\top\boldsymbol{M}\boldsymbol{x}$，这个引理最多损失一个 4 的因子。证明留作练习题 7.5。

我们需要的另一个关键引理是关于分布的 Johnson-Lindenstrauss 引理，它证明了对于任何一个特定的 x，以高概率有 $\|\boldsymbol{A}\boldsymbol{x}\|_2\approx\|\boldsymbol{x}\|_2$。

引理 7.9（Johnson-Lindenstrauss） *对于任何一个 $\boldsymbol{x}\in\mathbb{R}^n$ 以及 $\varepsilon\in(0,1)$，如果 $\boldsymbol{A}\in\mathbb{R}^{m\times n}$ 具有方差为 $1/m$ 的 i. i. d. 高斯项，那么*

$$\Pr[\,|\,\|\boldsymbol{A}\boldsymbol{x}\|_2^2-\|\boldsymbol{x}\|_2^2\,|>\varepsilon\|\boldsymbol{x}\|_2^2]<2\mathrm{e}^{-\Omega(\varepsilon^2m)}$$

定理 7.7 的证明 设 $T\subset\mathbb{R}^k$ 是由引理 7.8 给出的大小为 3^k 的集合，使得对于每个大小为 k 的集合 $S\subseteq[n]$，有

$$\|(\boldsymbol{A}^\top\boldsymbol{A}-\boldsymbol{I})_{S\times S}\|\leqslant 4\max_{x\in T}\boldsymbol{x}^\top(\boldsymbol{A}^\top\boldsymbol{A}-\boldsymbol{I})_{S\times S}\boldsymbol{x}$$

根据引理 7.9，应用 $\varepsilon'=\varepsilon/4$ 和 $n'=k$，对于每一个 S 和 $\boldsymbol{x}\in T$，我们以至少为 $1-2\mathrm{e}^{-\Omega(\varepsilon^2m)}$ 的概率得到

$$\boldsymbol{x}^\top(\boldsymbol{A}^\top\boldsymbol{A}-\boldsymbol{I})_{S\times S}\boldsymbol{x}\leqslant\frac{\varepsilon}{4}\|\boldsymbol{x}\|_2^2\leqslant\frac{\varepsilon}{4}$$

在所有的 S 和 $\boldsymbol{x}\in T$ 上取一个联合界，我们得知

$$\delta_k\leqslant 4\max_S\max_{x\in T}\boldsymbol{x}^\top(\boldsymbol{A}^\top\boldsymbol{A}-\boldsymbol{I})_{S\times S}\boldsymbol{x}$$

的界以至少为 $1-2\binom{n}{k}3^k\mathrm{e}^{-\Omega(\varepsilon^2m)}$ 的概率由 ε 确定。如果 $m\geqslant O\left(\dfrac{1}{\varepsilon^2}k\log\dfrac{n}{k}\right)$，这个概率就是 $1-\mathrm{e}^{-\Omega(\varepsilon^2m)}$。 □

高斯矩阵只是构造 RIP 矩阵的一种方法。另一个与上面的证明基本相同的例子是具有 i. i. d. $\{\pm1\}$ 项的矩阵。我们将在 7.6 节和本章注解中讨论更多有关的例子。

7.4.2 测量后噪声和测量前噪声

在流算法中，$\boldsymbol{y}=\boldsymbol{A}\boldsymbol{x}$ 被精确存储的假设是有意义的：我们最终看到了 $\boldsymbol{x}$ 的全貌，并且

完全掌握了观察结果。但是在压缩感知的应用中，y 表示对一个信号的一次物理观察，我们预料到观察中存在噪声。因此，我们的目标是在存在测量后噪声的情况下实现算法保证：如果

$$y=Ax^*+e$$

其中 x^* 是精确 k-稀疏的，e 是任意噪声向量，那么恢复的 $\hat{x}$ 对于常数 C 将满足

$$\|\hat{x}-x^*\|_2\leqslant C\|e\|_2 \tag{7.7}$$

当然，像图像这样的信号不太可能是精确稀疏的，因此一个更为符合现实的设定将同时具有测量后噪声 e 和测量前噪声 $x-H_k(x)$。不过对于 RIP 矩阵而言，这样的结果实际上是通过将测量前噪声 $x-H_k(x)$ 处理为测量后噪声 $A(x-H_k(x))$，再由测量后噪声保证 (7.7) 蕴含给出的。参见练习题 7.2。

7.4.3　迭代法

我们现在转向利用 RIP 矩阵实现稀疏恢复的算法。算法的实现可以采用迭代法或者凸规划。一般情况下，迭代方法更加简单也更为快速，但是往往需要更多的测量值（多一个常数因子）。我们将介绍一种简单的恢复算法，称为 IterativeHardThresholding。

为直观起见，假设不存在噪声，所以 $y=Ax^*$。回忆一下，既然 A 满足 RIP，那么 $A^\top A$ 近似任何一个 $O(k)\times O(k)$ 子矩阵上的单位矩阵。因此

$$A^\top y=A^\top Ax^*\approx x^*$$

这里在大小为 $O(k)$ 的子集上的近似是良好的。特别地，我们将证明

$$\|H_k(A^\top y)-x^*\|_2\leqslant O(\delta_{2k})\|x^*\|_2\ll\|x^*\|_2$$

这意味着 $x^{(1)}=H_k(A^\top y)$ 是恢复 x^* 的过程的良好开端：这是达到目的的最重要的途径。（对最大的 k 个项设置阈值的操作 H_k 被称为“硬”阈值设置，这是由于刚好在阈值上方和刚好在阈值下方的元素之间的处理的不连续性。）但是 $x^{(1)}$ 仍然有一些残留误差 $x^*-x^{(1)}$。为了减小这个误差，我们可以计算 $y-Ax^{(1)}=A(x^*-x^{(1)})$，这是对这个残留误差的有效测量。然后我们重复乘以 $A^\top$ 并且设置阈值的过程，得到 x^* 的一个新的估计值：

$$x^{(2)}=H_k(x^{(1)}+A^\top(y-Ax^{(1)}))$$

算法 3　迭代硬阈值设置（IHT）

function IterativeHardThresholding (y,A,k)
　$x^{(0)}\leftarrow 0$
　for $r\leftarrow 0,1,2,\cdots,R-1$ **do**
　　$x^{(r+1)}\leftarrow H_k(x^{(r)}+A^\top(y-Ax^{(r)}))$
　end for
　return $x^{(R)}$
end function

在引理 7.11 中，我们证明了这个 IterativeHardThresholding 过程即使在存在噪声的情况下也能工作：对于一个精确的 k-稀疏向量 x^*，如果 $y=Ax^*+e$，那么残留误差几何收敛到噪声级 $O(\|e\|_2)$。为了确定这一点，我们首先证明阈值设置步骤不会让 ℓ_2 距离的增加超过一个常数因子。

引理 7.10　设 $x,z\in\mathbb{R}^n$，使得在支持集 S 上的 x 是 k-稀疏的，而且 $T\subseteq[n]$ 包含了 z

的 k 个最大项。那么

$$\|x-z_T\|_2^2\leqslant 3\|(x-z)_{S\cup T}\|_2^2$$

证明　对于每个 $i\in S\backslash T$，我们可以分配唯一的 $j\in T\backslash S$ 使得 $|z_j|\geqslant|z_i|$。因此

$$x_i^2\leqslant(|x_i-z_i|+|z_i|)^2\leqslant(|x_i-z_i|+|z_j|)^2\leqslant 2(x_i-z_i)^2+2z_j^2$$

将 $i\in T$ 的所有项相加可以得到要证明的结果。□

引理 7.11　在 IterativeHardThresholding 的每一次迭代中，

$$\|\boldsymbol{x}^{(r+1)}-\boldsymbol{x}^*\|_2\leqslant\sqrt{3}\delta_{3k}\|\boldsymbol{x}^{(r)}-\boldsymbol{x}^*\|_2+\sqrt{6}\|\boldsymbol{e}\|_2$$

证明　定义

$$\boldsymbol{x}':=\boldsymbol{x}^{(r)}+\boldsymbol{A}^\top(\boldsymbol{y}-\boldsymbol{A}\boldsymbol{x}^{(r)})=\boldsymbol{x}^*+(\boldsymbol{A}^\top\boldsymbol{A}-\boldsymbol{I})(\boldsymbol{x}^*-\boldsymbol{x}^{(r)})+\boldsymbol{A}^\top\boldsymbol{e}$$

设 $S=\text{supp}(\boldsymbol{x}^{(r+1)})\cup\text{supp}(\boldsymbol{x}^{(r)})\cup\text{supp}(\boldsymbol{x}^*)$，那么 $|S|\leqslant 3k$。注意到 RIP 意味着

$$\|\boldsymbol{A}_S^\top\|^2=\|(\boldsymbol{A}^\top\boldsymbol{A})_{S\times S}\|\leqslant 1+\delta_{3k}$$

因此我们有

$$\begin{aligned}\|(\boldsymbol{x}'-\boldsymbol{x}^*)_S\|_2&\leqslant\|((\boldsymbol{A}^\top\boldsymbol{A}-\boldsymbol{I})(\boldsymbol{x}^*-\boldsymbol{x}^{(r)}))_S\|_2+\|(\boldsymbol{A}^\top\boldsymbol{e})_S\|_2\\&\leqslant\|(\boldsymbol{A}^\top\boldsymbol{A}-\boldsymbol{I})_{S\times S}\|\,\|\boldsymbol{x}^*-\boldsymbol{x}^{(r)}\|_2+\|\boldsymbol{A}_S^\top\|\cdot\|\boldsymbol{e}\|_2\\&\leqslant\delta_{3k}\|\boldsymbol{x}^*-\boldsymbol{x}^{(r)}\|_2+\sqrt{1+\delta_{3k}}\cdot\|\boldsymbol{e}\|_2\end{aligned}$$

最后，由于 $\delta_{3k}<1$ 以及 $\boldsymbol{x}^{(r+1)}=H_k(\boldsymbol{x}')$，根据引理 7.10 我们得出

$$\|\boldsymbol{x}^{(r+1)}-\boldsymbol{x}^*\|_2\leqslant\sqrt{3}\|(\boldsymbol{x}^*-\boldsymbol{x}')_S\|_2\leqslant\sqrt{3}\delta_{3k}\|\boldsymbol{x}^{(r)}-\boldsymbol{x}^*\|_2+\sqrt{6}\|\boldsymbol{e}\|_2$$

□

如果 $\delta_{3k}<1/\sqrt{3}$，这个迭代最终会收敛到 $O(\|\boldsymbol{e}\|_2)$。如果 $\delta_{3k}<\frac{1}{4\sqrt{3}}\approx 0.144$，我们将得到

$$\|\boldsymbol{x}^{(r+1)}-\boldsymbol{x}^*\|_2\leqslant\max\left(\frac{1}{2}\|\boldsymbol{x}^{(r)}-\boldsymbol{x}^*\|_2,\ \sqrt{24}\|\boldsymbol{e}\|_2\right)$$

因此，残留误差 $\|\boldsymbol{x}^{(r+1)}-\boldsymbol{x}^*\|_2$ 将几何收敛到不超过 $\sqrt{24}\|\boldsymbol{e}\|_2$。

定理 7.12　如果 $\delta_{3k}<0.14$，在经过 $R=\log_2\frac{\|\boldsymbol{x}^*\|_2}{\|\boldsymbol{e}\|_2}$ 次迭代后，IterativeHardThresholding 输出的 $\boldsymbol{x}^{(R)}$ 将满足

$$\|\boldsymbol{x}^{(R)}-\boldsymbol{x}^*\|_2\leqslant\sqrt{24}\|\boldsymbol{e}\|_2$$

均匀性与非均匀性。前面的讨论依赖于这样一个事实，即 RIP 对于所有稀疏向量都是均匀的，即便对于那些依赖于矩阵 $\boldsymbol{A}$ 的向量（如同残留误差 $\boldsymbol{x}^*-\boldsymbol{x}^{(r)}$ 的情况）也是如此。因此，对于每个 $\boldsymbol{x}^*$ 和 $\boldsymbol{e}$，这个定理也适用于 $\boldsymbol{y}=\boldsymbol{A}\boldsymbol{x}^*+\boldsymbol{e}$。这与 CountMinSketch 的非均匀性随机化保证相反：对于每个矩阵 $\boldsymbol{A}$，有许多导致 CountMinSketch 违反其 ℓ_1 保证的向量 $\boldsymbol{x}$。对于基于 RIP 的算法，矩阵 $\boldsymbol{A}$ 通常是随机化的，因此可能无法满足 RIP。但只要 $\boldsymbol{A}$ 满足 RIP，恢复保证将在每个输入上成立。

均匀性给证明带来了很大的便利，因为它使我们可以忽略任何存在于误差和测量矩阵之间的可能的依赖关系。不过有些特性是无法均匀达到的，CountSketch 实现的 ℓ_2 边界就是其中之一（Cohen et al.，2009）。

7.4.4　L1 最小化

从 RIP 矩阵实现压缩感知的另一种方法是 L1 最小化，也称为基追踪，或者在其拉

格朗日形式中称为 LASSO。直观上的理解是由于真实的 $\boldsymbol{x}^*$ 是 k-稀疏的，我们想要寻找的是近似匹配测量值的最稀疏向量 $\hat{\boldsymbol{x}}$，这里我们所说的 $\hat{\boldsymbol{x}}$ “匹配”测量值指的是对于噪声 $\|\boldsymbol{e}\|_2$ 上的一个外部估计 R，有 $\|\boldsymbol{y}-\boldsymbol{A}\hat{\boldsymbol{x}}\|_2 \leqslant R$。然而，寻找最稀疏的 $\hat{\boldsymbol{x}}$ 是一个困难的非凸优化问题，所以我们只好最小化其凸松弛 $\|\hat{\boldsymbol{x}}\|_1$。值得注意的是，与最小化 $\|\hat{\boldsymbol{x}}\|_p(p>1)$ 相反，这往往会产生稀疏解。

算法 4　L1 最小化

1. **function** L1Minimization $(\boldsymbol{y}, \boldsymbol{A}, R)$
2. 　$\hat{\boldsymbol{x}} \leftarrow \operatorname{argmin}_{\|\boldsymbol{y}-\boldsymbol{A}\boldsymbol{x}'\|_2 \leqslant R} \|\boldsymbol{x}'\|_1$
3. 　**return** $\hat{\boldsymbol{x}}$
4. **end function**

定理 7.13　*存在一个常数 $C>0$ 使得以下定理成立：设 $\boldsymbol{A} \in \mathbb{R}^{m \times n}$ 有 RIP 常数 $\delta_{2k}<0.62$，那么对于任何一个 k-稀疏 $\boldsymbol{x} \in \mathbb{R}^n$、任何一个 $\boldsymbol{e} \in \mathbb{R}^m$ 和任何一个 $R \geqslant \|\boldsymbol{e}\|_2$，L1 最小化的结果 $\hat{\boldsymbol{x}}=$ L1Minimization$(\boldsymbol{A}\boldsymbol{x}+\boldsymbol{e}, \boldsymbol{A}, R)$ 满足*

$$\|\hat{\boldsymbol{x}}-\boldsymbol{x}^*\|_2 \leqslant CR$$

定理的证明请参见（Candes et al., 2006）或者（Foucart and Rauhut, 2013）中的介绍。在忽略常数因子的意义上，这个结果与 IterativeHardThresholding 的结果基本相同。

7.5　下界

线性稀疏恢复算法包括在随机矩阵 $\boldsymbol{A} \in \mathbb{R}^{m \times n}$ 上的一个分布以及一个从 $\boldsymbol{A}$ 和 $\boldsymbol{y}=\boldsymbol{A}\boldsymbol{x}$ 中恢复 $\hat{\boldsymbol{x}}$ 的算法。前面几节我们已经给出了多种算法，它们实现了各种保证，其中最弱的是 ℓ_1/ℓ_1 保证：

$$\|\hat{\boldsymbol{x}}-\boldsymbol{x}\|_1 \leqslant O(1) \cdot \|\boldsymbol{x}-H_k(\boldsymbol{x})\|_1$$

算法 CountMinSketch 和 CountSketch 通过 $O(k\log n)$ 数量的线性测量实现了这个保证，而算法 IterativeHardThresholding 和 L1Minimization 通过 $O\left(k\log\dfrac{n}{k}\right)$ 数量的高斯线性测量实现了这个保证。当 $k<n^{0.99}$ 时，这两个边界是等价的。我们现在证明，对于任何一个线性概略算法，这样的测量数量都是必要的。

定理 7.14（Do Ba et al., 2010）　*任何一个具有常数近似因子和常数成功概率的 ℓ_1/ℓ_1 线性稀疏恢复算法都需要 $\Omega\left(k\log\dfrac{n}{k}\right)$ 数量的线性测量。*

概略证明　定理的证明基于通信的复杂性。粗略地说，我们将在包含大量信息的 $\boldsymbol{x}$ 上生成一个分布，然后证明如何利用 ℓ_1/ℓ_1 稀疏恢复算法从 $\boldsymbol{A}\boldsymbol{x}$ 中提取这些信息。这意味着 $\boldsymbol{A}\boldsymbol{x}$ 也包含大量信息，所以 m 必须相当大。

我们选取一个很大的包含最小汉明距离为 $k/2$ 的 k-稀疏二元向量的“码书” $T \subseteq \{0,1\}^n$。我们可以利用一种贪心算法来构造这样一个大小为 $2^{\Omega\left(k\log\frac{n}{k}\right)}$ 的 T（参见练习题 7.6）。

现在，假设我们有一个算法，可以利用近似因子 C 实现 ℓ_1/ℓ_1 稀疏恢复。设置 $R=\Theta(\log n)$，并且对于任何 $x_1, x_2, \cdots, x_R \in T$，取

$$\boldsymbol{x}=\boldsymbol{x}_1+\varepsilon\boldsymbol{x}_2+\varepsilon^2\boldsymbol{x}_3+\cdots+\varepsilon^R\boldsymbol{x}_R$$

其中 $\varepsilon=\frac{1}{4C+6}$是一个小的常数。证明的思路如下：给定 $\boldsymbol{y}=\boldsymbol{A}\boldsymbol{x}$，我们可以恢复 $\hat{\boldsymbol{x}}$，使得

$$\|\hat{\boldsymbol{x}}-\boldsymbol{x}_1\|_1 \leqslant \|\boldsymbol{x}-\boldsymbol{x}_1\|_1+\|\hat{\boldsymbol{x}}-\boldsymbol{x}\|_1 \leqslant (C+1)\|\boldsymbol{x}-\boldsymbol{x}_1\|_1$$
$$\leqslant (C+1)k\frac{\varepsilon}{1-\varepsilon}<k/4$$

而且由于 T 有最小距离 $k/2$，我们可以把 $\hat{\boldsymbol{x}}$ 舍入到 T 的最接近元素，从而精确地恢复 $\boldsymbol{x}_1$。然后我们可以在 $\frac{1}{\varepsilon}(\boldsymbol{A}\boldsymbol{x}-\boldsymbol{A}\boldsymbol{x}_1)$ 上重复这个过程来找到 $\boldsymbol{x}_2$，然后是 $\boldsymbol{x}_3$，直到 $\boldsymbol{x}_R$，总计是 $R\lg|T|=\Omega(Rk\log(n/k))$ 个比特。因此 $\boldsymbol{A}\boldsymbol{x}$ 必定包含这么多比特，但是如果 $\boldsymbol{A}$ 的项是分子和分母以 $\mathrm{poly}(n)$ 为界的有理数，那么 $\boldsymbol{A}\boldsymbol{x}$ 的每一个项都可以用 $O(R+\log n)$ 个比特来描述，所以

$$m\cdot O(R+\log n)\geqslant\Omega(Rk\log(n/k))$$

也即 $m\geqslant\Omega(k\log(n/k))$。

有两个问题使上述证明轮廓不能完全令人满意，我们在这里讨论一下如何解决。首先，定理对于被确定了多项式界的 $\boldsymbol{A}$ 的项没有做出任何假设。为了解决这个问题，我们用一个很小的（多项式的）加性高斯噪声来扰动 $\boldsymbol{x}$，之后，$\boldsymbol{A}\boldsymbol{x}$ 在一个更小的（但仍然是多项式的）精度进行的离散化对失效概率的影响可以忽略不计。第二个问题是，上述证明轮廓要求算法恢复所有的 R 向量，因此只有当算法的成功概率为 $1-1/\log n$ 时才适用，而不适合于常数概率。这个问题可以利用来自增广索引（augmented indexing）问题的通信复杂性的一个归约加以解决。 □

7.6 不同的测量模型

7.6.1 一种混合结果：RIP-1 矩阵和稀疏矩阵

稀疏矩阵比稠密矩阵更加方便存储和处理。不幸的是，稀疏矩阵不能满足标准的 RIP（参见练习题 7.3），不过它们可以满足 RIP 的 ℓ_1 版本。

定义 7.15 对于任何一个 k，矩阵 $\boldsymbol{A}\in\mathbb{R}^{m\times n}$ 的 RIP-1 常数 $\delta_k^{(1)}$ 是最小的 $\delta\geqslant 0$，使得对于比例因子 d，有

$$(1-\delta)\|\boldsymbol{x}\|_1\leqslant\frac{1}{d}\|\boldsymbol{A}\boldsymbol{x}\|_1\leqslant\|\boldsymbol{x}\|_1 \quad \text{对于所有 } k\text{-稀疏的 } \boldsymbol{x}$$ ◁

对于足够好的常数 $C\geqslant 1$ 和 $c<1$，如果有 $\delta_{Ck}^{(1)}<c$，我们就（非形式地）说 $\boldsymbol{A}$ 满足 RIP-1。不同于标准的 RIP，RIP-1 的定义使用了 ℓ_1 范数，而且包含一个比例因子 d。比例因子给我们提供了便利，因为原型的 RIP-1 矩阵是一个不平衡二部扩展图（unbalanced bipartite expander graph）的邻接矩阵。

定义 7.16 一个 (k,ε)-不平衡二部扩展图是二部图 $G=(A,B,E)$，G 的左部的度是 d，使得对于任何一个左部顶点的子集 $S\subseteq A$（设 $|S|\leqslant k$），S 的邻域 $N(S)\subseteq B$ 的大小为 $|N(S)|\geqslant(1-\varepsilon)d|S|$。 ◁

一个左部的度 $d=\Theta(\log n)$，有 n 个右部顶点和 $m=\Theta\left(\frac{1}{\varepsilon^2}k\log n\right)$ 个左部顶点的随机二部图以高概率是扩展图（expander）。还存在一些显式构造的扩展图，尽管它们的参数稍差。二部扩展与 RIP-1 密切相关。

引理 7.17 (Berinde et al., 2008a) 设有一个二元矩阵 $\boldsymbol{A}\in\{0,1\}^{m\times n}$，矩阵的每一列都有 d 个 1，则 $\boldsymbol{A}$ 有 RIP-1 常数 $\delta_k^{(1)}<\varepsilon$ 当且仅当它是一个 $(k,\Theta(\varepsilon))$-二部扩展图的邻接矩阵。

就像标准的 RIP 一样，通过线性规划或者迭代方法从 RIP-1 矩阵中进行稀疏恢复是可能的。一种这样的迭代方法是 SparseMatchingPursuit (Berinde et al., 2008b)，如算法 5 所示。

算法 5 稀疏匹配追踪 (SMP)

---

function SparseMatchingPursuit $(\boldsymbol{y},\boldsymbol{A},k)$
  $\boldsymbol{x}^{(0)}\leftarrow 0$
  for $r\leftarrow 0,1,2,\cdots,R-1$ **do**
    $u_i\leftarrow \text{median}_{A_{ji}=1}(\boldsymbol{y}-\boldsymbol{A}\boldsymbol{x}^{(r)})_j\ \forall i\in[n]$
    $\boldsymbol{x}^{(r+1)}\leftarrow H_k(\boldsymbol{x}^{(r)}+H_{2k}(\boldsymbol{u}))$
  end for
  return $\boldsymbol{x}^{(R)}$
end function

定理 7.18 设 $\boldsymbol{A}\in\mathbb{R}^{m\times n}$ 是一个二元矩阵，对于足够大的常数 C 和足够小的常数 c，$\boldsymbol{A}$ 有 RIP-1 常数 $\delta_{Ck}^{(1)}<c$。那么对于任何一个 $\boldsymbol{x}\in\mathbb{R}^n$，SMP 算法或者 L1Minimization 算法的结果 $\hat{\boldsymbol{x}}$ 都有

$$\|\hat{\boldsymbol{x}}-\boldsymbol{x}\|\leqslant O(1)\cdot\|\boldsymbol{x}-H_k(\boldsymbol{x})\|_1$$

SparseMatchingPursuit 算法与 IterativeHardThresholding 算法非常相似。事实上，如果移除 H_{2k} 阈值并且用一个均值取代中值，对于 d-正则图 A，这个算法将与 $A/\sqrt{d}$ 上的 IterativeHardThresholding 算法一致。看来似乎 IterativeHardThresholding 算法也适用于这个设定，但是我们还不知道这样的结果是否成立。

另一个选择是我们可以将 SparseMatchingPursuit 算法视为 CountMedianSketch 算法的迭代版本。如果 CountMedianSketch 算法中使用的随机哈希函数是完全独立的，而不仅仅是成对独立的，那么相关的矩阵 $\boldsymbol{A}$ 将以高概率是一个近似最优 RIP-1 矩阵。此外，SparseMatchingPursuit 算法的第一次迭代 $\boldsymbol{x}^{(1)}$ 与 CountMedianSketch 的结果（将阈值提高到 k 的最大值）一致，它对每一个 $\boldsymbol{x}$ 以高概率获得 ℓ_1/ℓ_1 的结果。通过对估计的迭代改进，SparseMatchingPursuit 算法对所有的 $\boldsymbol{x}$ 都能够均匀地获得 ℓ_1/ℓ_1 的结果。

相对于本章之前讨论的算法，RIP-1 算法将基于 RIP 的稀疏矩阵算法的均匀性保证和 CountMin 以及 CountSketch 快速算法相结合，缺点是定理 7.18 的恢复保证比其他所有的都弱：它依赖于 ℓ_1 范数而不是最后的 ℓ_2 范数，并且只确定了结果的 ℓ_1 的界，而不是 ℓ_2 或者 ℓ_∞ 误差的界。

7.6.2 傅里叶测量

傅里叶测量是线性测量的一个重要子类，其中 $\boldsymbol{A}$ 由一个傅里叶矩阵的行组成。这一节我们将重点讨论下面给出的一维离散傅里叶矩阵 $\boldsymbol{F}\in\mathbb{C}^{n\times n}$：

$$F_{ij}=\frac{1}{\sqrt{n}}\mathrm{e}^{2\pi\frac{ij}{n}}$$

尽管类似的结果对于其他与傅里叶矩阵有关的矩阵（比如 Hadamard 矩阵或者多维离散傅里叶矩阵）也是存在的。在这种环境下，我们考虑由离散傅里叶矩阵的行的一个子集 $\Omega\subset[n]$ 组成的测量矩阵 $\boldsymbol{A}=\boldsymbol{F}_{\Omega}$。我们的目的是要找到 Ω 上的条件以及算法，使稀疏恢复是可能的而且是高效的。

流媒体社区和压缩感知社区都表现出对这个问题的关注，但是如同本章前面所述，它们在讨论的重点上存在着差异。

压缩感知。对于傅里叶测量，压缩感知的主要研究动机来自核磁共振成像、射电天文学和无线通信等物理过程，它们自然地产生信号的傅里叶测量。第二动机是二次抽样的傅里叶矩阵使压缩感知算法更加高效：它们的存储可以是 $O(m)$ 个存储字而不是 i. i. d. 高斯矩阵所要求的 $O(mn)$ 个存储字，而且恢复算法的运行时间（由 $\boldsymbol{A}$ 或者 $\boldsymbol{A}^{\top}$ 乘以一个向量的代价所支配）是 $\widetilde{O}(n)$ 而不是采用快速傅里叶变换的 $\widetilde{O}(mn)$。

幸运的是，二次抽样傅里叶矩阵以相对较少的行数满足 RIP。

定理 7.19（Haviv and Regev，2017） 设参数 $0<\varepsilon<1$ 和 $k>1$。设 $\Omega\subset[n]$ 是一个大小为 m 的随机子集。对于一个足够大的常数 C，如果 $m>C\dfrac{1}{\varepsilon^2}k\log n\log^2 k$，那么 $\sqrt{\dfrac{n}{m}}\boldsymbol{F}_{\Omega}$ 以高概率满足 $\delta_k<\varepsilon$。

因此，通过在测量值中增加一个额外的 $O(\log^2 k)$ 因子，像 IterativeHardThresholding 和 L1Minimization 这样的标准恢复算法可以从傅里叶测量中给出稀疏恢复。我们尚不清楚与高斯矩阵的 $O(k\log(n/k))$ 因子有关的额外的 $\log^2 k$ 因子是否必要。对于 Hadamard 矩阵的情况，同样的定理是适用的，但是我们确实知道至少需要一个额外的 $\log k$ 因子（Błasiok et al.，2019）。

次线性算法。流媒体与次线性算法社区对采用傅里叶测量的稀疏恢复产生兴趣则出于一个不同的的原因：人们有希望得到一个比 FFT 更快的傅里叶变换，因而可以在次线性时间内近似信号的傅里叶变换。

定理 7.20（Hassanieh et al.，2012） 存在一个算法，它使用 $O(k\log(n/k)\log(n/\delta))$ 的时间和对 $\boldsymbol{Fx}$ 的查询次数计算 $\hat{\boldsymbol{x}}$，使得以 9/10 的概率有

$$\|\hat{\boldsymbol{x}}-\boldsymbol{x}\|_2\leqslant 2\|\boldsymbol{x}-H_k(\boldsymbol{x})\|_2+\delta\|\boldsymbol{x}\|_2$$

我们还能够以时间为代价优化查询次数，以 $O(k\log^{O(1)}n)$ 的时间将查询次数降低到 $O(k\log(n/\delta))$（Kapralov,2017）。

获得这些结果的基本方法是利用傅里叶测量来尝试模拟像 CountSketch 这样的流算法。我们挑选一个“过滤器” $\boldsymbol{g}\in\mathbb{C}^n$，它在傅里叶（“频率”）域和常规（“时间”）域中都是稀疏的：$\boldsymbol{Fg}$ 是 $B=O(k)$-稀疏的，而 $\boldsymbol{g}$ 是近似 n/B-稀疏的。我们可以利用对 $\boldsymbol{Fx}$ 的查询来计算点与点之间的乘积 $\boldsymbol{Fx}\cdot\boldsymbol{Fg}$ 的稀疏结果。根据傅里叶卷积定理，

$$\boldsymbol{F}^{-1}(\boldsymbol{Fx}\cdot\boldsymbol{Fg})=\boldsymbol{x}*\boldsymbol{g}$$

我们可以利用 $\boldsymbol{Fx}\cdot\boldsymbol{Fg}$ 上 B-维的逆 FFT 来快速计算在 B 的不同位置 j 的 $(\boldsymbol{x}*\boldsymbol{g})_j$。如果仔细选择 $\boldsymbol{g}$，可以看到结果类似于 CountSketch 中的线性观察（7.1）：我们可以近似地将坐标“哈希”到 B 的单元，并且观察每一个单元内的和数。

7.7 矩阵恢复

稀疏恢复的一个自然扩展是低秩矩阵恢复（low-rank matrix recovery）。不同于对 k-稀疏向量 $\boldsymbol{x}\in\mathbb{R}^n$ 进行估计，我们考虑估计一个秩为 k 的矩阵 $\boldsymbol{X}$。我们在这个简短的概述中只

考虑半正定矩阵 $\boldsymbol{X}\in\mathbb{R}^{n\times n}$。设 $\boldsymbol{X}$ 的特征谱为 $\boldsymbol{\lambda}=\boldsymbol{\lambda}(\boldsymbol{X})\in\mathbb{R}^{n}$ 并且按降序排序：$\lambda_1\geqslant\lambda_2\geqslant\cdots\geqslant\lambda_n\geqslant 0$，那么 $\boldsymbol{X}$ 的秩为 k 等价于 $\boldsymbol{\lambda}$ 是 k-稀疏的。低秩矩阵恢复与稀疏恢复有许多共同的研究动机，因为矩阵谱经常会经验性地衰减。此外，稀疏恢复中使用的技术经常被扩展到矩阵的情况。这些技术包括以下几种。

只插入。假设矩阵 $\boldsymbol{X}$ 是通过一系列秩为 1 的更新得到的，即对于一个由向量 $\boldsymbol{u}_i\in\mathbb{R}^{n}$ 构成的流，$\boldsymbol{X}=\sum\boldsymbol{u}_i\boldsymbol{u}_i^{\top}$。这个设定很像只插入的流算法，它是 Liberty（2013）提出的 FrequentElements 的简单扩展（称为 FrequentDirections，见算法 6），实现了类似于引理 7.1 的结果。算法的思路是持续追踪 $\boldsymbol{X}$（它可以存储在大小为 kn 的空间中）的一个秩为 k 的近似 $\hat{\boldsymbol{X}}$。对于任何一个更新 $\boldsymbol{u}_i\boldsymbol{u}_i^{\top}$，首先将更新添加到 $\hat{\boldsymbol{X}}$，然后从每个特征值中减去 $s_i:=\lambda_{k+1}(\hat{\boldsymbol{X}})$，将这个已经被更新的矩阵（它的秩可能达到 $k+1$）“收缩”回秩 k。如练习题 7.4 所示，我们可以证明这个算法的界与引理 7.1 和引理 7.2 的 FrequentElements 的界相似，即

$$\boldsymbol{X}-\frac{1}{k+1}\|\boldsymbol{\lambda}\|_1\boldsymbol{I}\preceq\hat{\boldsymbol{X}}\preceq\boldsymbol{X} \tag{7.8}$$

以及一个稀疏界

$$\boldsymbol{X}-\frac{2}{k}\|\boldsymbol{\lambda}-H_{k/2}(\boldsymbol{\lambda})\|_1\boldsymbol{I}\preceq\hat{\boldsymbol{X}}\preceq\boldsymbol{X} \tag{7.9}$$

算法 6　FrequentDirections 矩阵稀疏恢复算法

function FrequentDirections（Stream, k）
　$\hat{\boldsymbol{X}}\leftarrow 0\in\mathbb{R}^{n\times n}$
　for $\boldsymbol{u}$ 在 Stream 中 **do**
　　$\hat{\boldsymbol{X}}\mathrel{+}=\boldsymbol{u}\boldsymbol{u}^{\top}$
　　if $\hat{\boldsymbol{X}}$ 的秩是 $k+1$ **then**
　　　计算特征分解 $\hat{\boldsymbol{X}}=\sum_{i=1}^{k+1}\boldsymbol{\lambda}_i\boldsymbol{v}_i\boldsymbol{v}_i^{\top}$
　　　设置 $\hat{\boldsymbol{X}}\leftarrow\sum_{i=1}^{k}(\boldsymbol{\lambda}_i-\boldsymbol{\lambda}_{k+1})\boldsymbol{v}_i\boldsymbol{v}_i^{\top}$
　　end if
　end for
　return $\hat{\boldsymbol{X}}$
end function

L1 最小化。上述算法依赖于“只插入”，比如对 $\boldsymbol{X}$ 的更新。对于更一般的更新，人们希望有一种算法可以通过线性测量 $\mathcal{A}$：$\mathbb{R}^{n\times n}\to\mathbb{R}^{m}$ 来重建 $\boldsymbol{X}$ 的一个估计。

L1 最小化的自然模拟是最小化核范数（nuclear form）。对于半正定矩阵，核范数等于迹（trace）：

$$\|\hat{\boldsymbol{X}}\|_*:=\|\lambda(\hat{\boldsymbol{X}})\|_1=\mathrm{Tr}(\hat{\boldsymbol{X}})=\sum_{i=1}^{n}\lambda_i$$

核范数的最小化问题

$$\min_{\mathcal{A}(\hat{\boldsymbol{X}})=y}\|\hat{\boldsymbol{X}}\|_*$$

是一个半定规划，可以证明这将获得一个恢复的 ℓ_1/ℓ_1 界：

$$\|\boldsymbol{X}-\hat{\boldsymbol{X}}\|_*\leqslant O(1)\|\boldsymbol{\lambda}-H_k(\boldsymbol{\lambda})\|_1$$

条件是 $\mathcal{A}$ 是一个“好的”观察的集合，就像一旦 $m \geq O(kn)$，那么高斯线性测量具有高概率一样。

注意到类似于向量的情况，通过 L1 最小化得到的这个 ℓ_1/ℓ_1 界比从 FrequentElements/FrequentDirections 得到的 ℓ_∞/ℓ_1 界更弱。不过与向量的情形不同的是，这里的 L1 最小化不会丢失样本/空间复杂性中的加性 $\log(n/k)$ 因子。

流算法。核范数极小化需要求解一个多项式时间的半定规划，但效率还是不够高。它还使用了一个稠密的线性概略 $\mathcal{A}(\boldsymbol{X})$，每当 $\boldsymbol{X}$ 的单项被更新时，$\mathcal{A}(\boldsymbol{X})$ 都需要 $m=O(kn)$ 的时间来更新。

一种可选的方案是为随机高斯矩阵 $\boldsymbol{\Omega} \in \mathbb{R}^{n \times 2k+1}$ 和 $\boldsymbol{\Psi} \in \mathbb{R}^{4k+3 \times n}$ 存储

$$\boldsymbol{Y}=\boldsymbol{X}\boldsymbol{\Omega} \quad \text{以及} \quad \boldsymbol{W}=\boldsymbol{\Psi}\boldsymbol{X}$$

当 $\boldsymbol{X}$ 的单一项被更新时，这些内容可以在 $O(k)$ 时间内得到更新。此外，存在一个相对快速的算法从 $\boldsymbol{Y}$ 和 $\boldsymbol{W}$ 计算 $\boldsymbol{X}$ 的一个好的近似 $\hat{\boldsymbol{X}}$：如果 $\boldsymbol{Y}$ 对于 $\boldsymbol{Q} \in \mathbb{R}^{n \times 2k+1}$ 有奇异值分解 $\boldsymbol{Q}\boldsymbol{\Sigma}\boldsymbol{R}^{\top}$，则

$$\hat{\boldsymbol{X}} := \boldsymbol{Q}(\boldsymbol{\Psi}\boldsymbol{Q})^{+}\boldsymbol{W}$$

满足

$$E[\|\boldsymbol{X}-\hat{\boldsymbol{X}}\|_F^2] \leq 4\|\boldsymbol{\lambda}-H_k(\boldsymbol{\lambda})\|_2^2$$

这是这个近似的特征值上的一个 ℓ_2/ℓ_2 界，它比由 L1 最小化得到的 ℓ_1/ℓ_1 界更强（尽管后者是一个均匀界）。

7.8　本章注解

如果读者想了解在向量和矩阵情况下的压缩感知的更多细节，我们推荐 Foucart 和 Rauhut（2013）的参考书。从流算法的角度对稀疏恢复的综述参见（Gilbert and Indyk，2010）。幂律分布的实证研究可以参见（Clauset et al.，2009）。

与 CountMinSketch 或者 CountSketch 类似，但是具有次线性恢复时间的算法可以参见（Cormode and Hadjieleftheriou，2008）、（Gilbert et al.，2012）以及（Larsen et al.，2016）。

可选择的 RIP 矩阵。用于满足 RIP 的二次采样的傅里叶矩阵所要求的样本复杂性 m 一直是一系列改进的重点（Candes et al.，2006；Rudelson and Vershynin，2008；Cheraghchi et al.，2013；Bourgain，2014；Haviv and Regev，2017）。RIP 矩阵的另一种构造是部分循环矩阵，具有与二次采样傅里叶矩阵类似的优势：它们利用 $O(n)$ 比特的随机性，可以在 $O(n\log n)$ 时间内与一个向量相乘，而且它们以 $O(k\log^c n)$ 次测量来满足 RIP（Krahmer et al.，2014）。RIP 矩阵的最佳确定性构造使用了 $m=k^{2-\varepsilon}$ 行，其中 $\varepsilon>0$ 是一个非常小的常数（Bourgain et al.，2011）。练习题 7.3 中的 RIP 矩阵稀疏性的下界是由 Chandar（2010）给出的。

矩阵恢复。关于低秩矩阵恢复的核范数最小化首先由 Recht 等人（2010）在精确的低秩矩阵上证明，并由 Candes 和 Plan（2011）扩展到健壮情况。我们提出的流算法来自 Tropp 等人（2017），并且以（Upadhyay，2018）和（Clarkson and Woodruff，2009）为基础。

参考文献

Berinde, Radu, Gilbert, Anna C, Indyk, Piotr, Karloff, Howard, and Strauss, Martin J. 2008a. Combining geometry and combinatorics: A unified approach to sparse signal recovery. In *2008 46th Annual Allerton Conference on Communication, Control, and Computing*, pp. 798–805. IEEE.

Berinde, Radu, Indyk, Piotr, and Ruzic, Milan. 2008b. Practical near-optimal sparse recovery in the l1 norm. In *2008 46th Annual Allerton Conference on Communication, Control, and Computing*, pp. 198–205. IEEE.

Błasiok, Jarosław, Lopatto, Patrick, Luh, Kyle, and Marcinek, Jake. 2019. An improved lower bound for sparse reconstruction from subsampled Hadamard matrices. In *Foundations of Computer Science*, pp. 1564–1567.

Bourgain, Jean. 2014. An improved estimate in the restricted isometry problem. In *Geometric Aspects of Functional Analysis*, pp. 65–70. Springer.

Bourgain, Jean, Dilworth, Stephen, Ford, Kevin, Konyagin, Sergei, Kutzarova, Denka, et al. 2011. Explicit constructions of RIP matrices and related problems. *Duke Mathematical Journal*, **159**(1), 145–185.

Candes, Emmanuel J, and Plan, Yaniv. 2011. Tight oracle inequalities for low-rank matrix recovery from a minimal number of noisy random measurements. *IEEE Transactions on Information Theory*, **57**(4), 2342–2359.

Candes, Emmanuel J, Romberg, Justin K, and Tao, Terence. 2006. Stable signal recovery from incomplete and inaccurate measurements. *Communications on Pure and Applied Mathematics*, **59**(8), 1207–1223.

Chandar, Venkat Bala. 2010. *Sparse Graph Codes for Compression, Sensing, and Secrecy*. Ph.D. thesis, Massachusetts Institute of Technology.

Charikar, Moses, Chen, Kevin, and Farach-Colton, Martin. 2002. Finding frequent items in data streams. *International Colloquium on Automata, Languages, and Programming*, pp. 693–703. Springer.

Cheraghchi, Mahdi, Guruswami, Venkatesan, and Velingker, Ameya. 2013. Restricted isometry of Fourier matrices and list decodability of random linear codes. *SIAM Journal on Computing*, **42**(5), 1888–1914.

Clarkson, Kenneth L, and Woodruff, David P. 2009. Numerical linear algebra in the streaming model. In *Proceedings of the Forty-First Annual ACM Symposium on Theory of Computing*, pp. 798–805. ACM.

Clauset, Aaron, Shalizi, Cosma Rohilla, and Newman, Mark EJ. 2009. Power-law distributions in empirical data. *SIAM Review*, **51**(4), 661–703.

Cohen, A., Dahmen, W., and DeVore, R. 2009. Compressed sensing and best k-term approximation. *Journal of the American Mathematical Society*, **22**(1), 211–231.

Cormode, Graham, and Hadjieleftheriou, Marios. 2008. Finding frequent items in data streams. *Proceedings of the VLDB Endowment*, **1**(2), 1530–1541.

Cormode, Graham, and Muthukrishnan, Shan. 2005. An improved data stream summary: the count-min sketch and its applications. *Journal of Algorithms*, **55**(1), 58–75.

Do Ba, Khanh, Indyk, Piotr, Price, Eric, and Woodruff, David P. 2010. Lower bounds for sparse recovery. In *Proceedings of the Twenty-First Annual ACM-SIAM Symposium on Discrete Algorithms*, pp. 1190–1197. SIAM.

Donoho, David L, et al. 2006. Compressed sensing. *IEEE Transactions on Information Theory*, **52**(4), 1289–1306.

Foucart, Simon, and Rauhut, Holger. 2013. *A Mathematical Introduction to Compressive Sensing*. Springer.

Ganguly, Sumit. 2008. Lower bounds on frequency estimation of data streams. In *International Computer Science Symposium in Russia*, pp. 204–215. Springer.

Gilbert, Anna, and Indyk, Piotr. 2010. Sparse recovery using sparse matrices. *Proceedings of the IEEE*, **98**(6), 937–947.

Gilbert, Anna C, Li, Yi, Porat, Ely, and Strauss, Martin J. 2012. Approximate sparse recovery: optimizing time and measurements. *SIAM Journal on Computing*, **41**(2), 436–453.

Hassanieh, H., Indyk, P., Katabi, D., and Price, E. 2012. Nearly optimal sparse Fourier transform. In *Proceedings of the 44th Symposium on Theory of Computing Conference*, pp. 563–578.

Haviv, Ishay, and Regev, Oded. 2017. The restricted isometry property of subsampled Fourier matrices. *Geometric Aspects of Functional Analysis*, pp. 163–179. Springer.

Kapralov, Michael. 2017. Sample efficient estimation and recovery in sparse FFT via isolation on average. In *2017 IEEE 58th Annual Symposium on Foundations of Computer Science (FOCS)*, pp. 651–662. IEEE.

Krahmer, Felix, Mendelson, Shahar, and Rauhut, Holger. 2014. Suprema of chaos processes and the restricted isometry property. *Communications on Pure and Applied Mathematics*, **67**(11), 1877–1904.

Larsen, Kasper Green, Nelson, Jelani, Nguyên, Huy L, and Thorup, Mikkel. 2016. Heavy hitters via cluster-preserving clustering. In *2016 IEEE 57th Annual Symposium on Foundations of Computer Science (FOCS)*, pp. 61–70. IEEE.

Liberty, Edo. 2013. Simple and deterministic matrix sketching. In *Proceedings of the 19th ACM SIGKDD International Conference on Knowledge Discovery and Data Mining*. ACM.

Misra, Jayadev, and Gries, David. 1982. Finding repeated elements. *Science of Computer Programming*, **2**(2), 143–152.

Recht, Benjamin, Fazel, Maryam, and Parrilo, Pablo A. 2010. Guaranteed minimum-rank solutions of linear matrix equations via nuclear norm minimization. *SIAM Review*, **52**(3), 471–501.

Rudelson, M., and Vershynin, R. 2008. On sparse reconstruction from Fourier and Gaussian measurements. *CPAM*, **61**(8), 1025–1171.

Tropp, Joel A, Yurtsever, Alp, Udell, Madeleine, and Cevher, Volkan. 2017. Practical sketching algorithms for low-rank matrix approximation. *SIAM Journal on Matrix Analysis and Applications*, **38**(4), 1454–1485.

Upadhyay, Jalaj. 2018. The price of privacy for low-rank factorization. *Advances in Neural Information Processing Systems*, pp. 4176–4187.

练习题

7.1 CountSketch 和 CountMinSketch 保证的比较。

(a) 对于任何一个向量 $\boldsymbol{x} \in \mathbb{R}^n$，证明

$$\|\boldsymbol{x}-H_k(\boldsymbol{x})\|_2 \leqslant \frac{1}{\sqrt{k}}\|\boldsymbol{x}\|_1$$

(b) 证明：如果 $\hat{\boldsymbol{X}}$ 是 CountSketch 在 $k'=2k$ 时的结果，那么

$$\|\hat{\boldsymbol{x}}-\boldsymbol{x}\|_\infty \leqslant \frac{1}{k}\|\boldsymbol{x}-H_k(\boldsymbol{x})\|_1$$

将这个界与定理 7.3 中 CountMinSketch 的界进行比较。

7.2 测量前噪声和基于 RIP 的方法。

(a) 证明：如果 $\boldsymbol{A}$ 有 RIP 常数 δ_k，那么对于任何一个向量 $\boldsymbol{x} \in \mathbb{R}^n$，有

$$\|\boldsymbol{A}(\boldsymbol{x}-H_k(\boldsymbol{x}))\|_2 \leqslant \frac{(1+\delta_k)}{\sqrt{k}}\|\boldsymbol{x}\|_1$$

(b) 证明：设 $\hat{\boldsymbol{X}}$ 是 L1Minimization 或者 IterativeHardThresholding 从 $\boldsymbol{y}=\boldsymbol{A}\boldsymbol{x}$ 得到的结果。当 $\boldsymbol{A}$ 满足一个足够强的 RIP 时，有

$$\|\hat{\boldsymbol{x}}-\boldsymbol{x}\|_2 \leqslant \frac{O(1)}{\sqrt{k}}\|\boldsymbol{x}-H_k(\boldsymbol{x})\|_1$$

(c) 利用 Johnson-Lindenstrauss 引理证明：如果 $\boldsymbol{A}$ 具有方差为 $1/m$ 的 i. i. d. 高斯项，那么 L1Minimization 或者 IterativeHardThresholding 从 $\boldsymbol{y}=\boldsymbol{A}\boldsymbol{x}$ 得到的结果 $\hat{\boldsymbol{X}}$ 以 $1-\mathrm{e}^{-\Omega(m)}$ 的概率满足

$$\|\hat{\boldsymbol{x}}-\boldsymbol{x}\|_2 \leqslant O(1)\|\boldsymbol{x}-H_k(\boldsymbol{x})\|_2$$

注意到这是一个非均匀界，它与 (b) 中的界相比如何？

7.3 在这个问题中我们证明满足 RIP 的矩阵不会非常稀疏。对于 $m<n$，设 $\boldsymbol{A}\in\mathbb{R}^{m\times n}$ 有 $\delta_k<1/2$。假设 $\boldsymbol{A}$ 的平均列稀疏度为 d，即 $\boldsymbol{A}$ 有 nd 个非零元素。进一步假设对于某一个参数 α，$\boldsymbol{A}\in\{0,\pm\alpha\}^{m\times n}$。

(a) 通过查看最稀疏的列，以 d 的形式给出 α 的一个界。

(b) 通过查看最稠密的行，以 n,m,d 和 k 的形式给出 α 的一个界。

(c) 证明结论：对于一个通用常数 C，要么 $d\geqslant k/C$，要么 $m\geqslant n/C$。

(d) [选做] 将结果扩展到非零的 $A_{i,j}$ 的一般设置。

7.4 考虑矩阵的类似 FrequentElements 的算法，即算法 6 中描述的 FrequentDirections。

(a) 用势函数 $\mathrm{Tr}(\hat{\boldsymbol{X}})$ 证明 $\sum_i s_i\leqslant\frac{1}{k+1}\|\boldsymbol{\lambda}\|_1$，其中 s_i 是第 i 次更新后的特征值收缩。证明结论：FrequentElements 可以得到式（7.8）的界。

(b) 现在设 $\boldsymbol{\Pi}$ 是在 $\boldsymbol{X}$ 的除了特征值最大的 $k/2$ 个特征向量之外的所有其他特征向量的生成空间上的正交投影矩阵。利用 $\mathrm{Tr}(\boldsymbol{\Pi}\hat{\boldsymbol{X}})$ 作为一个势函数，证明 FrequentDirections 也满足式（7.9）的界。

7.5 证明引理 7.8。选择 T 作为 ℓ_2 单位的球 $\mathcal{B}$ 的 1/2 覆盖，即 $T\subset\mathcal{B}$，而且对每个 $\boldsymbol{x}\in\mathcal{B}$，$T$ 中存在一个 $\boldsymbol{x}'$ 使得 $\|\boldsymbol{x}'-\boldsymbol{x}\|_2\leqslant\frac{1}{2}$。(这将给出一个集合 T，它满足引理而且包含的元素不超过单位范数，但是将它们放大到单位范数只会使结果更加真实。)

7.6 构造用于定理 7.14 的证明的码书 T。首先构造 $[n/k]^k$ 上的 $k/4$ 汉明距离的编码，然后将其嵌入 $\{0,1\}^n$。

第三部分

Beyond the Worst-Case Analysis of Algorithms

半随机模型

分布分析

Tim Roughgarden

摘要： 分布分析（distributional analysis）或者平均情况分析（average-case analysis）的目标是针对特定的概率分布设计一个平均性能良好的算法。分布分析有助于研究在“非病态”输入上的通用算法，以及设计适合一些应用（人们详细了解其有关的输入分布）的专门算法。然而，对于某些问题，纯粹的分布分析促使算法解“过度拟合”到一个特定的分布假设，而且要求更加健壮的分析框架。本章给出众多体现分布分析的优点和缺点的示例并且强调了一些精选的例子，同时也为后续章节研究的最坏情况和平均情况的混合分析奠定基础。

8.1 引言

本书的第一部分涵盖关于最坏情况分析的一些改进，这些改进对可能的输入没有强加任何假设。第二部分描述了几种确定性数据模型，其中问题的输入被限制为那些由所有“现实世界”的输入合理共享的数据。本章和本书余下的大部分章节考虑在输入上包含了一个概率分布（probability distribution）的模型。

8.1.1 分布分析的利弊

在分布分析最纯粹的形式中，目标是分析算法关于一个特定的输入分布的平均性能，可能还要设计一些在这个特定分布上性能特别好的算法。我们希望从这样的分析中得到些什么呢？

- 对于那些其输入分布可以得到很好理解的应用（例如具有大量最近的和有代表性的数据），分布分析非常适合用于预测现有算法的性能和设计特定于输入分布的算法。
- 当算法的经验性能和最坏情况下的性能之间存在较大差距时，输入分布可以作为“非病态”输入的一种隐喻。即使无法真正利用输入分布，好的平均情况下的界仍然是算法的经验性能的合理论据。8.2 节中的三个例子反映了这种思想。
- 针对一个特定的输入分布对性能进行最优化可以引发一些更为广泛适用的新的算法思想。8.3 节和 8.4 节中的示例颇有这种风格。

那么会出现什么问题呢？

- 对一个算法进行平均情况分析可能只是在最简单的（而且不一定是现实的）输入分布上具有分析上的易处理性。
- 针对一个特定的输入分布对性能进行最优化可能导致“过度拟合”，这意味着算法解过度依赖于分布假定的细节，而且具备脆弱的性能保证（在违反分布假定的情况下可能无法维持性能保证）。

- 追求特定于分布的最优化可能会分散对更加健壮和用途更为广泛的算法思想的注意力。

本章有两个目的。第一个目的是对算法平均情况分析中几个经典成果的肯定，这些结果形成了早期关于最坏情况分析的替代方案的研究。这里讨论的内容的覆盖范围远非百科全书式的，而只是选择了一些著名问题的相对简单的结果，这些问题是本章叙述的中心内容。第二个目的是批判性地检验这些平均情况分析结果，目的是推动对更为健壮的分布分析模型的研究。8.5 节对这些模型进行概述，本书的后续部分将对此进行详细讨论。

8.1.2　最优停止问题

分布分析的优点和缺点在来自最优停止理论的一个著名的例子中得到证实。最优停止理论本身就是一个引人入胜的问题，它涉及第 11 章描述的随机顺序模型。考虑一个 n 阶段的游戏，其中的非负奖励值在线到达，用 v_i 表示在第 i 阶段的奖励值。在每一个阶段，算法必须确定是接受当前的奖励（这将终止游戏）还是放弃该奖励并且进入下一阶段。这令人在野心太大的风险（从而错过了事实上最高值的奖励）和信心不足的风险（满足于一个适度的奖励值而不是等待一个更好的奖励值）之间难以取舍。

假设算法设计者预先知道我们设定的特定分布 $D_1,D_2,\cdots,D_n$，第 i 阶段的奖励值 v_i 独立地从 D_i 抽取（各个 D_i 可能是一致的，也可能不一致），算法在第 i 阶段才能获知兑现的奖励值 v_i。于是我们可以讨论这个问题的一种最优算法，也即一个取得可能最大期望奖励值的在线算法，其中期望值与假定的分布 $D_1,D_2,\cdots,D_n$ 有关。

对于一个给定的奖励值分布序列，通过时间上的回溯，很容易给出最优算法的描述。如果算法发现自己处于第 n 阶段而且还没有接受奖励，它绝对应该接受最后的奖励（记得所有的奖励值都是非负的）。在较早期的阶段 i，算法应该接受阶段 i 的奖励当且仅当 v_i 至少是阶段 $i+1,i+2,\cdots,n$ 的（归纳定义的）最优策略所获得的期望奖励值。

8.1.3　讨论

上述求解方案说明了分布分析的主要优点：一个“最优”算法的一种毫不含糊的定义，以及这个算法（作为输入分布的函数）的一种清晰的特征描述的可能性。

平均情况分析的缺点也同时展现出来。人们之所以可能拒绝这个最优算法，存在若干原因：

- 算法真正利用了分布假定，它的描述在细节上依赖于假定的分布。目前尚不清楚最优性保证在这些分布被错误说明的情况下或者在分布进行重排的情况下的健壮程度。
- 算法相对复杂，因为它由 n 个不同的参数（每一个阶段对应于一个阈值）定义。
- 算法没有提供关于如何处理类似问题的任何定性建议（除了“回溯”之外）。

对于在“现实世界”中因太过棘手而无法直接分析的问题，我们会经过深思熟虑的简化后再进行研究，这个时候上述最后一个原因特别有意义。在这种情况下，求解简化后的问题的最优解，只有在它给出原来更一般的问题的一个合理有效的解的时候才有价值。

在我们的最优停止问题上，有没有可能存在对于更简单、更直观和更健壮的算法的非平凡保证呢？

8.1.4　阈值规则和先知不等式

回到最优停止问题，阈值停止规则（threshold stopping rule）由单一参数即阈值 t 定义，相应的在线算法接受第一个奖励值满足 $v_i \geq t$ 的奖励 i（如果有的话）。这样的规则显然是次优的，因为它甚至不一定会在第 n 阶段接受奖励。不过下面的先知不等式（prophet inequality）证明了存在直觉上的阈值策略，它的性能近似于一个能够完全预知未来的先知。[㊀]

定理 8.1（Samuel-Cahn，1984）　对于每个由独立的奖励值分布构成的序列 $D=D_1, D_2,\cdots,D_n$，存在一个阈值规则，它保证期望的奖励值至少为 $\frac{1}{2}E_{v\sim D}[\max_i v_i]$，其中 v 表示 $(v_1,\cdots,v_n)$。

特别地，这个保证对于这样的阈值 t 成立：规则在阈值 t 上接受 n 个奖励中的一个的机会是 50/50。

证明　设 z^+ 表示 $\max\{z,0\}$。考虑具有阈值 t（在后面再做选择）的阈值策略。我们试图证明这个策略的期望值的一个下界以及先知的期望值的一个上界，并且使这两个界易于比较。

那么 t-阈值策略会获得什么样的值呢？设 $q(t)$ 表示失效模式的概率，失效时阈值策略没有接受任何奖励：在这种情况下，它获得零值。剩下的概率是 $1-q(t)$，这也是规则获得的奖励值至少为 t 的概率。为了改进这个下界，考虑恰好有一个奖励 i 满足 $v_i \geq t$ 的情况，于是规则在超过其底线值 t[㊁]之上还获得 v_i-t 的“红利”。

形式上，我们可以如下确定由 t-阈值策略获得的期望值的界：

$$(1-q(t))\cdot t$$

$$+\sum_{i=1}^{n} E_v[v_i - t \mid v_i \geq t, v_j < t\,\forall j\neq i]\cdot \Pr[v_i \geq t]\cdot \Pr[v_j < t\,\forall j \neq i] \tag{8.1}$$

$$=(1-q(t))\cdot t+\sum_{i=1}^{n} \underbrace{E_v[v_i - t \mid v_i \geq t]\cdot \Pr[v_i \geq t]}_{=E_v[(v_i-t)^+]}\cdot\underbrace{\Pr[v_j < t\,\forall j \neq i]}_{\geq q(t)} \tag{8.2}$$

$$\geq (1-q(t))\cdot t+q(t)\sum_{i=1}^{n} E_v[(v_i-t)^+] \tag{8.3}$$

其中，我们利用式（8.1）中各个 D_i 的独立性来分解两个概率项，并且在式（8.2）中，对于每个 $j\neq i$，我们放弃在事件 $v_j<t$ 上的限制。在式（8.3）中，我们利用了 $q(t)=\Pr[v_j<t\,\forall j]\leq \Pr[v_j<t\,\forall j\neq i]$。

现在我们在先知的期望值 $E_{v\sim D}[\max_i v_i]$ 上产生了一个上界，很容易将其与式（8.3）进行比较。表达式 $E_v[\max_i v_i]$ 没有引用策略阈值 t，所以我们在表达式上进行加、减 t 的操作，得到

$$\begin{aligned} E_v\left[\max_{i=1}^{n} v_i\right] &= E_v\left[t+\max_{i=1}^{n}(v_i-t)\right] \\ &\leq t+E_v\left[\max_{i=1}^{n}(v_i-t)^+\right] \\ &\leq t+\sum_{i=1}^{n} E_v[(v_i-t)^+] \end{aligned} \tag{8.4}$$

㊀　一个关联问题（秘书问题）的类似的结果参见第 11 章。

㊁　困难在于当两个奖励 i 和 j 的奖励值都超过阈值时，这个额外的加分或者是 v_i-t，或者是 v_j-t（以先出现的为准）。在这种情况下，这里的证明只是参照底线值 t 给规则加分，避免对分布次序进行分析。

比较式（8.3）和式（8.4），我们可以通过设置阈值 t 使 $q(t)=1/2$（即接受一个奖励值的机会是 50/50），从而完成证明。㊀ □

相对于最优在线算法，这个阈值规则的缺点是明显的：无法对期望值提供保证。尽管如此，这个解仍然具有若干最优算法无法满足的引人注目的特性：

- 定理 8.1 所建议的阈值规则依赖于奖励值分布 $D_1, D_2, \cdots, D_n$，这只是因为它依赖于这样的数字 t，即存在 50/50 的概率使得至少有一个实际的奖励值超过 t。例如，任意重排这些分布不会改变所建议的阈值规则。
- 阈值规则是简单的，因为它只由一个参数定义。直觉上，与高度参数化的算法（比如 n-参数的最优算法）相比，单一参数规则不太容易“过度拟合”假定的分布。㊁
- 定理 8.1 给出了关于如何处理这一类问题的灵活的定性建议：从阈值规则开始，而且不要太过规避风险（即选择一个带有足够野心的阈值，即便该阈值明显存在得不到任何奖励值的可能性）。

8.2 经典算法的平均情况论证

就像最优停止问题一样，分布假定可以指导算法的设计。分布分析还可以用来分析通用算法，目的是从数学上解释为什么算法的经验性能比最坏情况下的性能要好得多。在这些应用中，不应该从字面上理解在输入上的假定的概率分布，而应该把它当作对“现实世界”或者“非病态”输入的隐喻。这一节针对三个经典问题（排序、哈希和装箱），对每一个问题的一种结果进行描述，从而体现这些研究思路的特色。

8.2.1 快速排序

回忆一下本科阶段算法课程中的快速排序算法。给定由一个全序集合中的 n 个元素构成的数组，算法的工作原理如下。

1. 将 n 个数组元素中的一个指定为“主元”。
2. 围绕主元 p 对输入数组进行划分，这意味着重新排列数组元素，使数组中小于 p 的所有元素都在 p 之前，而大于 p 的所有元素都在 p 之后。
3. 对包含小于 p 的元素的子数组进行递归排序。
4. 对包含大于 p 的元素的子数组进行递归排序。

算法的第二步容易在 $\Theta(n)$ 时间内实现。选择主元的方法有多种，根据不同的主元选择方法，算法的运行时间在 $\Theta(n\log n)$ 和 $\Theta(n^2)$ 之间变化。㊂强制得到最佳情况的一种方法是显式地计算中值元素并将其用作主元。一种更简单、更实用的方法是随机均匀地选择主元，在大多数情况下它将足够接近使两个递归调用的输入规模明显更小的中值。一个更为简单的解（在实践中很常见）是始终使用第一个数组元素作为主元。快速排序的这个确定性版本在已经有序的数组上的运行时间是 $\Theta(n^2)$，但是根据经验，它在几乎所有其他

㊀ 如果由于各个 D_j 中的点的质量而不存在这样的 t，那么将论证稍加扩展就可以产生同样的结果（见练习题 8.1）。

㊁ 参见第 29 章关于这个直觉的一种形式化的数据驱动算法设计。

㊂ 在最佳情况下，每个主元都是子数组的中值元素，从而得到递归关系 $T(n)=2T\left(\frac{n}{2}\right)+\Theta(n)$，其解为 $\Theta(n\log n)$。在最坏情况下，每个主元都是子数组的最小或者最大元素，从而得到递归关系 $T(n)=T(n-1)+\Theta(n)$，其解为 $\Theta(n^2)$。

类型的输入上的运行时间是 $\Theta(n\log n)$。一种形式化这个观察结果的方法是对算法在一个随机输入上的期望运行时间进行分析。作为一种基于比较的排序算法，快速排序的运行时间只依赖于数组元素的相对顺序，因此不失一般性地我们可以假定输入是 $\{1,2,\cdots,n\}$ 的一个排列，并且用随机排列来标识一个“随机输入”。选择划分子例程（即算法的第二步）的任何一种标准实现，这个确定性快速排序算法的平均情况运行时间最多比在最佳情况下的运行时间大一个常数因子。

定理 8.2（Hoare，1962）确定性快速排序算法在 $\{1,2,\cdots,n\}$ 的一个随机排列上的期望运行时间是 $O(n\log n)$。

证明　我们概略描述其中的一个标准证明。假定划分子例程只做出涉及主元的比较：这是所有教科书式实现的情况。对于每一个递归调用，给定一个由来自区间 $\{i,i+1,\cdots,j\}$ 的元素构成的子数组，对这个区间的约束条件是区间内的元素在子数组中的相对顺序是均匀随机的。

固定元素 i 和 $j(i<j)$，这两个元素连同 $i+1,i+2,\cdots,j-1$ 被传递给同一个递归调用序列，直到遇到第一个将 $\{i,i+1,\cdots,j\}$ 中的一个元素选作主元的调用为止。这时候 i 和 j 要么相互进行比较（如果 i 或者 j 是被选中的主元），要么不比较（在其他情况下）——无论如何，它们之后不会再次相互比较。在所有子数组的排序情况差不多时，i 和 j 进行比较的概率正好是 $\frac{2}{j-i+1}$。根据期望值的线性特性，可以得到期望的比较总次数是 $\sum_{i=1}^{n-1}\sum_{j=i+1}^{n}\frac{2}{j-i+1}=O(n\log n)$，算法的期望运行时间最多比这个总次数大一个常数因子。 □

8.2.2　线性探测

哈希表是一种支持快速插入和查找的数据结构。大多数哈希表的内部实现机制是维护一个长度为 n 的数组 A，并且利用哈希函数 h 将每一个插入的对象 x 映射到数组项的位置 $h(x)\in\{1,2,\cdots,n\}$。哈希表设计中的一个基本问题是如何解决冲突，即对于两个不同的插入对象 x,y，有 $h(x)=h(y)$。线性探测法（linear probing）是解决冲突的一种具体方法：

1. 最初，A 的所有位置都是空的。
2. 按照 $A[h(x)],A[h(x)+1],A[h(x)+2],\cdots$ 的顺序将新插入的对象 x 存储在第一个空位置，必要时循环到数组的开头。
3. 要搜索对象 x 时，按顺序扫描 $A[h(x)],A[h(x)+1],A[h(x)+2],\cdots$，直到遇到 x（搜索成功）或者遇到空位置（搜索失败）。必要时循环到数组的开头。

也就是说，哈希函数给出插入或查找操作的起始位置，然后向右扫描，直到找到所要的对象或者碰到空位置。一次插入或者查找操作的运行时间与这次扫描的长度成正比。

哈希表被占用（称为哈希表的装载或负载）的比例 α 越大，空位置就越少，扫描时间也就越长。为了校定一个标准，想象利用独立而且均匀随机的探测对一个数组的空位置进行搜索，直至成功的尝试次数是一个具有成功概率 $1-\alpha$ 的几何随机变量，它的期望值是 $1/(1-\alpha)$。但是，使用线性探测时，对象往往会聚集在连续的位置上，从而导致操作时间变长。那么会慢到什么程度呢？

只有在假定已经把与哈希表的哈希函数有病态关联的数据集排除在外的情况下，哈希表的非平凡数学保证才有可能。出于这个原因，哈希表长期以来是平均情况分析的杀手级应用之一。常见的假定包括宣称一定程度的数据的随机性（比如在平均情况分析中）、哈希函数的选择的随机性（比如在随机化算法中），或两者兼有之（比如在第 26 章中）。例如，对数据和哈希函数做出假定，使每个哈希值 $h(x)$ 是一个来自 $\{1,2,\cdots,n\}$ 的独立而且均匀的样本，插入和查找的期望时间随着 $\frac{1}{(1-\alpha)^2}$ 变化。㊀

8.2.3　装箱问题

装箱问题（bin packing）在算法平均情况分析的早期发展中扮演了主要角色，这一节给出一个具有代表性的结果。㊁这里的平均情况分析是关于由启发式算法（例如先知不等式）输出的解的质量的，而不是关于算法的运行时间的（这与快速排序和线性探测的例子不同）。

装箱问题的输入是 n 个大小为 $s_1,s_2,\cdots,s_n\in[0,1]$ 的物品。可行的解对应于将物品划分给箱子的方法，要求每一个箱子中的物品的大小之和不超过 1。求解的目标是最小化使用的箱子数量。这个问题是 NP 困难的，因此每个多项式时间算法都在某些情况下产生次优解（假定 $P\neq NP$）。

从最坏情况和平均情况的角度出发，人们对许多实用的装箱启发式算法进行了广泛研究。首次拟合递减（First-Fit Decreasing，FFD）算法就是一个例子：

1. 对物品进行排序并重新索引，使得 $s_1\geqslant s_2\geqslant\cdots\geqslant s_n$。
2. 对于 $i=1,2,\cdots,n$：
   - 如果存在一个已经启用而且仍然可以容纳物品 i 的箱子（即箱子当前已装入物品的总大小不超过 $1-s_i$），那么将物品 i 装入第一个这样的箱子。
   - 否则，启用一个新的箱子并将物品 i 装入其中。

例如，考虑一个输入，其中包括 6 个大小为 $1/2+\epsilon$、6 个大小为 $1/4+2\epsilon$、6 个大小为 $1/4+\epsilon$ 以及 12 个大小为 $1/4-2\epsilon$ 的物品。FFD 算法使用 11 个箱子，而最优解可以将这些物品完美地装入 9 个箱子中（练习题 8.3）。将这个包含 30 个作业的集合按照需要多次重复，可以证明存在任意大的输入，在这种情况下 FFD 算法使用的箱子数是最优解的 11/9 倍。反过来，FFD 算法使用的箱子数不会超过可能的最小箱子数的 11/9 倍再加上一个加法常数（详情参阅本章注解）。

作为最坏情况下的近似比，因子 $11/9\approx1.22$ 是相当好的，但是经验上 FFD 算法通常会产生非常靠近最优的解。一种获得更好的理论上的界的方法是分布分析。对于装箱算法，自然的出发点是物品的大小是来自 $[0,1]$ 上的均匀分布的独立样本的情况。在这个（强）假定下，FFD 算法在一个很强的意义上是接近最优的。

定理 8.3（Frederickson，1980）　*设有 n 个大小在 $[0,1]$ 中独立而且均匀分布的物品。对于每个 $\epsilon>0$，当 $n\to\infty$ 时，FFD 算法使用的箱子数以概率 $1-o(1)$ 小于最优解使用的箱子数的 $(1+\epsilon)$ 倍。*

换句话说，随着输入数量的增大，FFD 算法的典型近似比趋向于 1。

㊀ 这个结果在算法的数学分析的起源中起到重要作用。它的发现者 Donald E. Knuth 写道：“我在 1962 年首先形式化了下列推导……从那时候开始，算法分析实际上已经成为我生活的主题之一。”

㊁ 参见第 11 章关于随机顺序模型中的装箱启发式算法的分析。

我们概略给出定理 8.3 的两步证明。第一步证明这个保证对于一种不太自然的我们称之为截断匹配（Truncate and Match，TM）的算法成立。第二步证明 FFD 算法不会比 TM 算法使用更多的箱子。

截断匹配算法的工作原理如下：

1. 把每个大小至少为 $1-\frac{2}{n^{1/4}}$ 的物品独立装箱。㊀

2. 对剩余的 k 个物品排序并重新索引，使得 $s_1 \geqslant s_2 \geqslant \cdots \geqslant s_k$。（为简单起见，假设 k 是偶数。）

3. 对于每一个 $i=1,\cdots,k/2$，如果可能的话，把物品 i 和 $k-i+1$ 放入同一个箱子里；否则，把它们放到不同的箱子里。

为了解释 TM 算法背后的直觉，考虑来自 $[0,1]$ 上的均匀分布的 n 个独立样本的期望顺序统计值（即期望最小值、期望第二最小值等）。可以证明这些样本将 $[0,1]$ 均匀拆分成 $n+1$ 个子区间：期望的最小值是 $\frac{1}{n+1}$，期望的第二最小值是 $\frac{2}{n+1}$，依此类推。因此，至少在期望的意义上，第一个物品和最后一个物品加在一起应该刚好填满一个箱子，第二个物品加上倒数第二个物品也应该如此，等等。此外，随着 n 的增大，实现的顺序统计值和它们的期望值之间的差异应该变小。如果在算法的第一步中留出少量最大的物品，就能够以可忽略的额外代价纠正这些期望值的任何（小的）偏差。详情参见练习题 8.4。

我们把定理 8.3 的证明的第二步留作练习题 8.5。

引理 8.4　*对于每个装箱问题的输入，FFD 算法使用的箱子数不超过 TM 算法使用的箱子数。*

通用的 FFD 算法的描述不是为分布假设量身定做的，但是定理 8.3 的证明特别针对均匀类型的分布。这正是平均情况分析的缺点之一：通常，只有在相当特别的分布假定下，它才是分析上易处理的。

8.3　欧几里得问题的表现良好的平均算法

平均情况分析的另一个经典应用领域是计算几何，其输入包含来自欧几里得空间的一个子集的随机点。我们重点讨论二维空间的一些基本问题的两个代表性结果，其中之一关注的是一种总是正确的凸包算法的运行时间，另外一个是关于 NP 困难的旅行商问题的高效启发式算法的解的质量。

8.3.1　2D 凸包问题

一本典型的计算几何教科书总是从 2D 凸包（2D convex hull）问题开始的。问题的输入是由平面上（比如单位正方形 $[0,1]\times[0,1]$）n 个点构成的集合 S，目标是按照已经排好的顺序，报告位于 S 的凸包上的 S 的点。㊁有几种算法可以在 $\Theta(n\log n)$ 时间内求解 2D 凸包问题。当输入的点从一个分布（比如正方形上的均匀分布）中抽取的时候，我们能否做得更好呢（也许甚至只需要线性时间）？

㊀ 为描述的清晰起见，我们忽略了上、下取整过程。这种截断大小的方法背后的动机参见练习题 8.4。

㊁ 回忆一下，一个点集合的凸包是包含它们的最小凸集，或者等价地是来自 S 的点的全部凸组合的集合。在二维空间把这些点想象成一块板上的钉子，并把凸包想象成一条围住这些点的拉紧的橡皮筋。

定理 8.5（Bentley and Shamos，1978） *存在一种算法，可以在期望时间 $O(n)$ 内求解从单位正方形中独立而且均匀抽取的 n 个点的 2D 凸包问题。*

这个算法是一种简单的分治算法。给定从平面上独立均匀抽取的点 $S=\{p_1,p_2,\cdots,p_n\}$：

1. 如果输入集合 S 最多包含五个点，则通过暴力计算凸包。返回在凸包上的 S 的点，这些点按照它们的 x 坐标排序。
2. 否则，设 $S_1=\{p_1,p_2,\cdots,p_{n/2}\}$ 和 $S_2=\{p_{(n/2)+1},\cdots,p_n\}$ 分别表示 S 的前一半和后一半元素（为简单起见，假定 n 是偶数。）
3. 递归计算 S_1 的凸包 C_1，其中的点按照它们的 x 坐标排序。
4. 递归计算 S_2 的凸包 C_2，其中的点按照它们的 x 坐标排序。
5. 将 C_1 和 C_2 合并为 S 的凸包 C。返回 C，其中的点按照它们的 x 坐标排序。

对于每个集合 S 和将 S 拆分为 S_1 和 S_2 的划分，在 S 的凸包上的每个点要么在 S_1 的凸包上，要么在 S_2 的凸包上，算法的正确性立即得到证明。最后一步很容易在 $|C_1|+|C_2|$ 的线性时间内实现，参见练习题 8.6。由于子问题 S_1 和 S_2 本身都是来自单位正方形的均匀随机的点（排序只在递归计算完成后进行），因此算法的期望运行时间由下面的递归式决定：

$$T(n)\leqslant 2\cdot T\left(\frac{n}{2}\right)+O(E[\,|C_1|+|C_2|\,])$$

从这个递归式和下面的组合界马上可以得到定理 8.5。

引理 8.6（Rényi and Sulanke，1963） *从单位正方形中独立而且均匀地抽取的 n 个点的凸包的期望大小是 $O(\log n)$。*

证明 设想分成两个阶段抽取输入点：在第 i 阶段（$i=1,2$）取得 $n/2$ 个点的集合 S_i。一个基本论证证明了在 S_1 中的点的凸包占有单位正方形的比例的期望值至少为 $1-O\left(\frac{\log n}{n}\right)$（练习题 8.7）。因此，第二阶段的每一个点都在 S_1 的凸包的内部（因此也在 $S_1\cup S_2$ 的凸包的内部）的例外概率是 $O\left(\frac{\log n}{n}\right)$。所以来自 S_2 的点在 $S_1\cup S_2$ 的凸包上的数量的期望值是 $O(\log n)$。根据对称性，S_1 也是如此。 □

8.3.2 平面上的旅行商问题

在旅行商问题（Traveling Saleman Problem，TSP）中，问题的输入由 n 个点和它们之间的距离构成，目标是计算一个具有最小可能总长度的点的行程（访问每一个点一次并返回起点）。在欧几里得 TSP 中，各个点位于欧几里得空间，所有的距离都是直线距离。这个问题即使在二维空间也是 NP 困难的。本节的主要结果类似于关于装箱问题的定理 8.3——当输入点独立而且均匀地从单位正方形抽取时，结果是一个多项式时间算法。当 n 趋向于无穷大时，算法的近似比（以高概率）趋向于 1。

我们把这个算法称为缝合算法（stitch algorithm），描述如下：

1. 将单位正方形平均分成 $s=\frac{n}{\ln n}$ 个子正方形，每一个子正方形的边长为 $\sqrt{(\ln n)/n}$。㊀
2. 对于包含点集合 P_i 的每一个子正方形 $i=1,2,\cdots,s$：

㊀ 我们再一次忽略了上、下取整过程。

- 如果 $|P_i| \leqslant 6\log_2 n$，则利用动态规划计算 P_i 的最优行程 T_i。㊀
- 否则，返回 P_i 的任意行程 T_i。

3. 从每一个非空集合 P_i 中选择一个任意的代表点，设 R 表示代表点的集合。

4. 构建 R 的一个行程 T_0：从左到右访问位于子正方形最下面一行的点，再从右到左访问向上倒数第二行的点，依此类推，在访问过最顶行的所有点之后返回起点。

5. 将子行程的并集 $\bigcup_{i=0}^{s} T_i$ 简化为所有 n 个点的行程 T，然后返回 T。㊁

这个算法以概率 1 在多项式时间内运行，并返回输入点的一个行程。下面的定理给出了近似保证。

定理 8.7（Karp，1977）　设有 n 个在单位正方形上独立而且均匀分布的点，对于每个 $\epsilon>0$，当 $n\to\infty$ 时，缝合算法以概率 $1-o(1)$ 返回一个总长度小于最优解的行程总长度的 $(1+\epsilon)$ 倍的行程。

为了证明定理 8.7，我们需要理解单位正方形上随机点的最优行程的通常长度，然后确定缝合算法返回的行程长度与最优行程长度之差的上界。第一步并不困难（练习题 8.8）。

引理 8.8　存在常数 $c_1>0$，使得当 $n\to\infty$ 时，一个从单位正方形上独立而且均匀抽取的 n 个点的最优行程的长度以概率 $1-o(1)$ 至少为 $c_1\sqrt{n}$。

引理 8.8 意味着证明定理 8.7 简化为证明缝合算法的行程长度和最优行程长度之间的差（以高概率）是 $o(\sqrt{n})$。

对于第二步，我们从 Chernoff 界的一个简单结果开始（参见练习题 8.9）。

引理 8.9　在缝合算法中，当 $n\to\infty$ 时，每个子正方形以概率 $1-o(1)$ 最多包含 $6\log_2 n$ 个点。

也容易确定缝合算法中代表点的集合 R 的行程 T_0 的长度的界（参见练习题 8.10）。

引理 8.10　存在常数 c_2，使得对于所有的输入，缝合算法中的 T_0 的长度最多是

$$c_2 \cdot \sqrt{s} = c_2 \cdot \sqrt{\frac{n}{\ln n}}$$

这个关键引理指出，最优行程不需要太多额外的代价就可以被"窜改"成所有子正方形的子行程。

引理 8.11　设 T^* 表示 n 个输入点的最优行程，L_i 表示 T^* 处在由缝合算法定义的子正方形 $i\in\{1,2,\cdots,s\}$ 范围内的部分的长度。对于每个子正方形 $i=1,2,\cdots,s$，存在一个位于该子正方形中的点 P_i 的行程，其长度最多是

$$L_i+6\sqrt{\frac{\ln n}{n}} \tag{8.5}$$

引理 8.11 的关键是式（8.5）中的上界只取决于正方形的大小，而与最优行程 T^* 穿越该子正方形边界的次数无关。

㊀ 给定 k 个点，把它们标记为 $\{1,2,\cdots,k\}$。对于点的每一个子集 S 以及点 $j\in S$，存在一个子问题，其解是从点 1 开始，在点 j 结束，而且访问 S 中所有点恰好一次的最短长度路径。$O(k2^k)$ 个子问题中的每一个问题通过尝试其最优路径的最后跳步的全部可能性，可以在 $O(k)$ 时间内求解。当 $k=O(\log n)$ 时，这个运行时间 $O(k^2 2^k)$ 是 n 的多项式。

㊁ 可以将 $s+1$ 个子行程的并看作一个连通欧拉图，图中有一条欧拉回路（使用图的所有边恰好一次）。略过对点的重复访问后，这条欧拉回路可以转换成点的一个行程，这个行程的长度只会比欧拉回路的长度更短。

在证明引理 8.11 之前，我们观察到从引理 8.8~引理 8.11 容易推出定理 8.7。事实上，以高概率：

1. 最优行程的长度 $L^* \geq c_1\sqrt{n}$。

2. 缝合算法中的每个子正方形至多包含 $6\ln n$ 个点，因此算法可以计算出在每一个子正方形中的点的最优行程，其长度最多如式（8.5）所示。

3. 回忆一下 $s=\frac{n}{\ln n}$，因此缝合算法的行程的总长度最多为

$$\sum_{i=1}^{s}\left(L_i + 6\sqrt{\frac{\ln n}{n}}\right) + c_2 \cdot \sqrt{\frac{n}{\ln n}} = L^* + O\left(\sqrt{\frac{n}{\ln n}}\right) = (1 + o(1)) \cdot L^*$$

最后，我们证明引理 8.11。

证明（引理 8.11）　固定一个包含非空点集 P_i 的子正方形 i。最优行程 T^* 访问 P_i 中的每个点，而且穿越该子正方形边界的次数是偶数 $2t$：用 $Q_i=\{y_1,y_2,\cdots,y_{2t}\}$ 表示这些穿越点，并以顺时针顺序围绕子正方形的周界（从左下角开始）建立这些点的索引值。现在以 $V=P_i\cup Q_i$ 为顶点集合，通过添加下面的边形成一个连通的欧拉多重图 $G=(V,E)$：

- 添加 T^* 位于该子正方形中的部分（给 P_i 中的点一个 2 的度，Q_i 中的点一个 1 的度）。
- 设 M_1 表示 Q_i 中将每一个 j 为奇数的 y_j 匹配到 y_{j+1} 的完美匹配，M_2 表示 Q_i 中将每一个 j 为偶数的 y_j 匹配到 y_{j+1} 的完美匹配。（在 M_2 中，y_{2t} 与 y_1 匹配。）将代价较低的匹配复制两份添加到边集 E 中，并将代价较高的匹配复制一份添加到边集 E 中（从而将 Q_i 中的点的度提高到 4，同时还确保了连通性）。

第一部分产生的边的总长度是 L_i。$M_1\cup M_2$ 中边的总长度最多是子正方形的周长，即 $4\sqrt{\frac{\ln n}{n}}$。代价较低的匹配的第二份副本最多给 G 中的边的总长度增加 $2\sqrt{\frac{\ln n}{n}}$。如前所述，因为 G 是连通的而且是欧拉图，我们可以从中提取 $P_i\cup Q_i$ 的（因此也是 P_i 的）一个行程，其总长度最多是 G 的边的总长度，即最多是 $L_i+6\sqrt{\frac{\ln n}{n}}$。 □

8.3.3　讨论

这一节的两种分治算法在多大程度上是根据输入点从单位正方形中独立而且均匀随机抽取的分布假设而量身定做的？对于凸包算法，不正确的分布假定造成的后果是轻微的：最坏情况下的运行时间由递归公式 $T(n)\leq 2T\left(\frac{n}{2}\right)+O(n)$ 决定，因此是接近线性的 $O(n\log n)$。另外可以证明，引理 8.6（因此也包括定理 8.5）的类似结果对于许多其他分布也成立。

缝合算法将单位正方形固定分割成大小相等的子正方形，这不可避免地与均匀分布的假定联系在一起。但是对它进行一些小小的修改就可以得到更加健壮的算法，例如利用一种自适应（adaptive）分割，沿着正方形中点的 x 坐标中值或者 y 坐标中值递归地划分每一个正方形。事实上，这个思路为后来发展的算法铺平了道路，这些算法（甚至对于欧几里得 TSP 问题的最坏情况版本，详见本章注解）获得了多项式时间的近似方案（即对任意小的常数 ϵ 的 $(1+\epsilon)$-近似）。

从更宏观的角度看来，我们对这两个例子的讨论触及平均情况分析的最大风险之一，即分布假定可能会导致算法根据假定进行不适当的裁剪。另一方面，即便如此，仍然可以证明这些算法背后的设计思想具有日益广泛的用途。

8.4　随机图和植入模型

到目前为止，我们的大多数平均情况模型考虑的都是随机数字数据。这一节研究随机组合结构，特别是在图上不同的概率分布。

8.4.1　Erdös-Rényi 随机图

本节回顾研究最为广泛的随机图模型，即 Erdös-Rényi 随机图模型。这个模型是一个分布族 $\{\mathcal{G}_{n,p}\}$，由顶点数 n 和边密度 p 索引。来自分布 $\mathcal{G}_{n,p}$ 的一个样本是图 $G=(V,E)$，$|V|=n$，而且图的$\binom{n}{2}$条可能的边中的每一条边都以概率 p 独立存在。$p=\frac{1}{2}$的特例是在所有 n-顶点图上的均匀分布。这是一个所谓“oblivious 随机模型”的例子，意思是它的定义独立于任何一个特定的最优化问题。

在前面的例子中，均匀随机数据的假定可能已经让人们感觉像是作弊，而对于许多关于图的计算问题而言，它特别成问题。这种分布假定不仅非常特殊，而且也无法有意义地区分不同的算法。[㊀]我们以在第 9 章和第 10 章详细讨论的两个问题为例来说明这一点。

示例：最小对分。在图的对分（graph bisection）问题中，输入是一个顶点数为偶数的无向图 $G=(V,E)$，目标是确定一个对分（即 V 的一个划分，将 V 拆分成两个大小相等的顶点集合），这个对分具有最小数量的穿越边。[㊁]

为了理解为什么在 Erdös-Rényi 随机图模型中这个问题在算法上是无聊的，取 $p=\frac{1}{2}$，并且让 n 趋向于无穷大。在来自 $\mathcal{G}_{n,p}$ 的一个随机样本中，对于 n 个顶点的集合 V 的每个对分 $(S,\bar{S})$，E 的穿越边的期望数量是$\frac{n^2}{8}$。直接应用 Chernoff 界可以证明，当 $n\to\infty$ 时，每个对分的穿越边的期望数量以概率 $1-o(1)$ 为 $(1\pm o(1))\cdot\frac{n^2}{8}$（练习题 8.11）。因此，即便一个计算最大对分的算法也是一个几乎最优的计算最小对分的算法。

示例：最大团。最大团（maximum clique）问题的目标（给定一个无向图）是确定最大的顶点子集，其中的顶点两两相互邻接。在 $\mathcal{G}_{n,1/2}$ 模型的一个随机图中，最大团的大小很可能 $\approx 2\log_2 n$。[㊂]为了启发式地理解为什么这是真的，注意到对于一个整数 k，在 $\mathcal{G}_{n,1/2}$ 的随机图的 k 个顶点上的团的数量的期望值正好是

$$\binom{n}{k}2^{-\binom{k}{2}}\approx n^k 2^{-k^2/2}$$

当 $k=2\log_2 n$ 时精确地是 1。也就是说，$2\log_2 n$ 近似地是我们期望能够看到至少一个 k-团的

㊀ 它也无法重现在“现实世界”的图中通常可以观察到的一些统计性质，进一步的讨论参见第 28 章。
㊁ 即边的两个端点分属于这两个分离的顶点集合。——译者注
㊂ 事实上，可以证明最大团的大小非常集中，参见本章注解。

最大的 k 值。

另一方面，尽管存在若干多项式时间算法（包括显而易见的贪心算法），它们以高概率计算来自 $\mathcal{G}_{n,1/2}$ 的随机图的一个大小 $\approx \log_2 n$ 的团，但是目前还没有更好的算法。对于最大团问题，Erdös-Rényi 模型无法区分不同的高效启发式算法。

8.4.2 植入图模型

第 5 章和第 6 章研究了一些确定性数据模型，其中最优化问题的最优解必须在某种意义上是“显著最优”的，其动机是要将注意力集中在具有“有意义”的解（比如数据点的一个信息聚类）的实例上。植入图模型（planted graph model）在随机图的背景下实现了相同的稳定性思想：对输入上的概率分布做出假定，这些输入（以高概率）生成一些图，而最优解在这些图中“脱颖而出”。因此目标是设计一个多项式时间算法，在输入分布上最弱的可能假定下以高概率恢复最优解。与 oblivious 随机模型（比如 Erdös-Rényi 模型）不同，植入模型通常在顾及特定计算问题的情况下进行定义。

植入模型的算法一般分为三类，下面大致按照复杂度和计算能力的增长顺序列出。

- 组合方法（combinatorial approach）。我们没有给出“组合”这个术语的定义（这不会造成任何问题），它主要指的是那些对图进行直接处理，而不是诉诸任何连续方法的算法。例如，可以认为一个只考虑顶点度、子图、最短路径等的算法是组合方法。
- 谱算法（spectral algorithm）。这里的“谱”指的是一种算法，它计算和使用从输入图导出的一个适当的矩阵的特征向量。谱算法往往可以实现植入模型的最优恢复保证。
- 半定规划（SemiDefinite Programming，SDP）。利用半定规划的算法已经被证明有助于将植入模型中谱算法的保证扩展到半随机模型中（参见第 9 章和第 10 章）。

示例：植入对分。在植入对分（planted bisection）问题中，按照以下随机过程生成一个图（对于固定的顶点集合 V，$|V|$ 是偶数，参数 $p,q\in[0,1]$）：

1. 随机均匀选择一个 V 的划分 (S,T)，$|S|=|T|$。
2. 对于同一个簇（S 或 T）内的每一对顶点 (i,j)，以概率 p 独立地添加边 (i,j)。
3. 对于不同簇的每一对顶点 (i,j)，以概率 q 独立地添加边 (i,j)。[㊀]

因此，簇内的期望边密度为 p，簇之间的期望边密度为 q。

恢复植入对分 (S,T) 的难度显然取决于 p 和 q 之间的差异。在 $p=q$ 的情况下，这个问题是不可能的。如果 $p=1$，$q=0$，那么这个问题是平凡问题。因此这个模型的关键问题是：$p-q$ 的值需要多大才有可能在多项式时间内（以高概率）进行精确恢复？

当 p，q 和 $p-q$ 被限定小于一个独立于 n 的常数时，这个问题容易利用组合方法求解（练习题 8.12）。不幸的是，这些不像是在实践中性能良好的算法。

令 p，q 和 $p-q$ 随着 n 一起趋向于 0 的话，问题会变得更加困难。这里，基于半定规划的算法适用于参数值的一个极为广泛的取值范围。例如如下定理。

定理 8.12（Abbe et al.，2016；Hajek et al.，2016）　如果 $p=\frac{\alpha\ln n}{n}$，$q=\frac{\beta\ln n}{n}$ 而且 $\alpha>\beta$，那么：

㊀ 这个模型是第 10 章研究的随机块模型的一个特例。

(a) 如果$\sqrt{\alpha}-\sqrt{\beta}\geqslant\sqrt{2}$，那么存在一个多项式时间算法，当 $n\to\infty$ 时算法以概率 $1-o(1)$ 恢复植入划分 (S,T)。

(b) 如果$\sqrt{\alpha}-\sqrt{\beta}<\sqrt{2}$，那么不存在任何一个当 $n\to\infty$ 时以常数概率恢复植入划分的算法。

在这个参数范围内，半定规划算法可以实现信息理论上的最优恢复保证。因此，从 $p,q,p-q=\Omega(1)$ 的参数范围切换到 $p,q,p-q=o(1)$ 的参数范围之所以有价值，并不是因为我们简单地相信后者更加忠实于“现实世界”的实例，而是因为它鼓励更好的算法设计。

示例：植入团。参数为 k 和 n 的植入团（planted clique）问题考虑图上的如下分布。

1. 固定一个 n 个顶点的集合 V。从 $\mathcal{G}_{n,1/2}$ 中提取一个图的样本：对于每一对顶点 i,j，以概率 1/2 独立地包含边 (i,j)。
2. 选择一个 k 个顶点的随机子集 $Q\subseteq V$。
3. 在 Q 的顶点对之间添加所有剩余边。

一旦 k 明显大于 $\approx 2\log_2 n$（这是来自 $\mathcal{G}_{n,1/2}$ 的随机图中一个最大团的可能大小），植入团 Q 以高概率是图的最大团。那么 k 需要多大才能够通过多项式时间算法得到 Q 呢？

当 $k=\Omega(\sqrt{n\log n})$ 时，这个问题很简单，k 个最大度顶点构成了植入团 Q。为了明白为什么这是真的，首先考虑团 Q 被植入之前的 Erdös-Rényi 随机图样本。每一个顶点的期望度 $\approx n/2$，标准差 $\approx\sqrt{n}/2$。教科书中的大偏差不等式表明，每个顶点的度以高概率在其期望值的 $\approx\sqrt{\ln n}$ 标准差范围之内（图 8.1）。对于一个足够大的常数 a，植入一个大小为 $a\sqrt{n\ln n}$ 的团 Q，然后充分增大团的所有顶点的度，使它们超过不在团中的其他所有顶点的度。

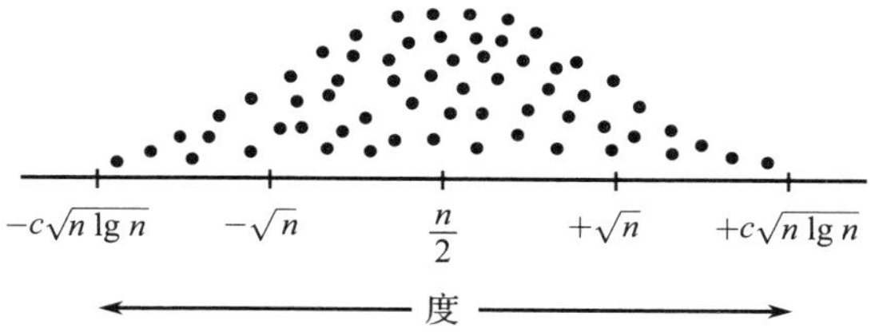

图 8.1　一个植入 k-团 Q 之前，边密度为$\frac{1}{2}$的 Erdös-Rényi 随机图的度分布。如果 $k=\Omega(\sqrt{n\log n})$，那么植入团将包含度最高的 k 个顶点

这个“最高度”算法在实践中并不太实用。到底出了什么问题？纯粹的平均情况分析也有同样的问题——解是脆弱的，而且针对特定的分布假定做了过分裁剪。我们如何通过改变输入模型来促进具有更健壮保证的算法的设计呢？

一种思路是模仿植入对分问题中使用的有效方法，并研究难度更高的参数范围，从而迫使我们开发更有用的算法。对于植入团问题，存在一些非平凡的算法（包括谱算法），它们在 $k=\Omega(\sqrt{n})$ 的情况下以高概率恢复植入团 Q（参见本章注解）。

8.4.3　讨论

关于植入对分问题和植入团问题的研究都有圆满的结局：在正确选择参数范围的情况

下，这些模型驱使我们走向非平凡的算法，这些算法可能是实用算法设计的有益开端。还有就是这两个问题的结果看来都来自在参数空间中的不懈努力。是否可能存在一个更好的替代方案，以输入模型的形式明确促进健壮的好算法的设计呢?

8.5　健壮的分布分析

本书接下来的许多章节致力于最坏情况分析和平均情况分析的各种不同的混合，为既鼓励健壮的好算法（比如在最坏情况分析中）又顾及强有力的可证明保证（比如在平均情况分析中）的算法分析寻找“最佳点”。这些模型中的大多数都假定在实际输入上存在一个概率分布（比如在平均情况分析中），但是这个分布对于算法而言是先验未知的。因此我们的目标是设计无论输入分布的情况如何都能够有效工作的算法（或许对可能的分布种类有一些限制）。确实，本章中的几种平均情况保证可被视为同时（即在最坏情况下）适用于一个受限但仍然是无穷的输入分布族:

- 先知不等式（定理 8.1）中关于阈值-t 规则的 1/2-近似可以同时适用于所有分布序列 $D_1, D_2, \cdots, D_n$，使得 $\Pr_{v\sim D}[\max_i v_i \geq t] = 1/2$（例如，一个这样的序列的所有可能的重排）。
- 关于装箱问题（定理 8.3）、凸包（定理 8.5）和欧几里得 TSP（定理 8.7）的算法的保证更一般地适用于所有足够接近均匀的输入分布。

健壮的分布分析的一般研究内容是对尽可能多的不同计算问题的算法和尽可能丰富的一类输入分布的算法的近似最优性保证进行证明。这个领域的研究可以分为两类（这两类研究都在本书中得到了很好的表述），这取决于算法从未知的输入分布中观察一个样本还是观察多个样本。我们以对未来发展趋势的概述结束本章。

8.5.1　同时具备的接近-最优性

在单一样本（single-sample）模型中，算法是在只了解一类可能的输入分布 $\mathcal{D}$ 的情况下设计的，并且只接收来自一个未知的、从 $\mathcal{D}$ 中对抗地选择的分布的单一输入。在这样的模型中，算法不能期望学习任何关于输入分布的非平凡知识。相反，我们的目标是设计一个算法，对于每个输入分布 $D \in \mathcal{D}$，算法的期望性能接近专门为 D 定制的最优算法的性能。示例包括:

- 第 9~11 章和第 17 章的半随机模型以及第 13~15 章和第 19 章的平滑分析模型。在这些模型中，自然和对抗结合产生一个输入，每一种固定的对抗策略都会包含一个特定的输入分布。在这些模型中，在对抗下性能良好就相当于同时在所有导入的输入分布中性能良好。
- 具有伪随机数据的简单哈希函数的有效性（第 26 章）。这一章的主要结果是对于在所有具备足够的熵的数据分布上同时有效的通用哈希方法的一个保证。
- 先验-独立拍卖（第 27 章）。这些拍卖在一大类估值分布上同时实现接近-最优的期望收益。

8.5.2　学习一个接近-最优解

在多样本（multisample）模型中，算法观察来自未知输入分布 $D \in \mathcal{D}$ 的多个样本，目标是从尽可能少的样本中高效地确定一个关于 D 的接近-最优算法。示例包括:

- 自我改进算法（第 12 章）和数据驱动算法设计（第 29 章）。目标是设计一种算法，当使用来自未知输入分布的独立样本时，算法快速收敛到关于这个分布的一个近似同类最佳的算法。
- 监督学习（第16章和第22章）。目标是在给定一个未知数据分布的一些样本的情况下，识别这个分布的期望损失最小化假设（从一类给定的假设中）。
- 分布检验（第23章）。目标是根据一些有限数量的样本对一个未知的分布做出精确的推断。

8.6 本章注解

先知不等式（定理8.1）归功于Samuel-Cahn（1984）。Hartline（准备发表）讨论了阈值规则与最优在线算法的优缺点。快速排序及其原始分析源于Hoare（1962）。8.2.2节中具有装载因子 α 和随机数据的线性探测的 $(1-\alpha)^{-2}$ 界以及相应的引用参见（Knuth，1998）。关于装箱问题的文献的一个良好（虽然有些过时）切入点是（Coffman et al.，1996）。练习题8.3中FFD算法的下界来自（Johnson et al.，1974）。FFD算法使用的箱子数量的形式为 $(11/9)\cdot \mathrm{OPT}+O(1)$ 的第一个上界（这里OPT表示箱子的可能最小数量）是由Johnson（1973）提出的。Dósa等人（2013）确定了FFD的准确的最坏情况界。定理8.3中的平均情况保证是Frederickson（1980）提出的定理的一个变异，他证明了FFD使用的箱子数量和最优解使用的箱子数量之间的差的期望值是 $O(n^{2/3})$。一个更为复杂的论证给出了这个期望上的一个胎紧界 $\Theta(n^{1/2})$（Coffman et al.，1991）。

2D凸包问题的线性期望时间算法（定理8.5）由Bentley和Shamos（1978）提出。引理8.6首先由Rényi和Sulanke（1963）证明，我们这里概述的证明遵循的是（Har-Peled，1998）。练习题8.6的解由Andrews（1979）给出。欧几里得TSP（定理8.7）的缝合算法的渐近最优性归功于Karp（1977），他还给出了另一个基于8.3.3节提到的自适应分割的解。（Karp and Steele，1985）可以作为关于这个主题的很好的一般性参考资料。8.3.3节提到的最坏情况近似方案是由Arora（1998）和Mitchell（1999）提出的。

Erdös-Rényi随机图模型来自Erdös和Rényi（1960）。Matula（1976）描述了从 $\mathcal{G}_{n,1/2}$ 中以高概率（可能是 k 或 $k+1$，这里 k 是一个大致等于 $2\log_2 n$ 的整数）抽取的随机图的最大团的大小的特征。Grimmett和McDiarmid（1975）证明了对于从 $\mathcal{G}_{n,1/2}$ 中抽取的随机图，贪心算法以高概率找到一个大小大致为 $\log_2 n$ 的团。这里描述的植入对分模型由Bui等人（1987）提出，它也是Holland等人（1983）定义的随机块模型的一个特例。定理8.12的（a）部分和（b）部分的较弱版本由Abbe等人（2016）证明，（a）部分的说明版本归功于Hajek等人（2016）。植入团模型由Jerrum（1992）提出。Kucera（1995）指出，“最大 k 度”算法在 $k=\Omega(\sqrt{n\log n})$ 时以高概率是有效的。对于 $k=O(\sqrt{n})$ 的植入团问题的第一个多项式时间算法是Alon等人（1998）的谱算法。Barak等人（2016）以平方和下界的形式提供了证据，证明了当 $k=O(\sqrt{n})$ 时植入团问题是非易解的。

从一些文献中可以找到练习题8.4（a）和练习题8.9中提到的Chernoff界的若干版本，比如（Mitzenmacher and Upfal，2017）。

致谢

我要感谢Anupam Gupta、C. Seshadhri和Sahil Singla对本章初稿提出的有益建议。

参考文献

Abbe, E., Bandeira, A. S., and Hall, G. 2016. Exact recovery in the stochastic block model. *IEEE Transactions on Information Theory*, **62**(1), 471–487.

Alon, N., Krivelevich, M., and Sudakov, B. 1998. Finding a large hidden clique in a random graph. *Random Structures & Algorithms*, **13**(3–4), 457–466.

Andrews, A. M. 1979. Another efficient algorithm for convex hulls in two dimensions. *Information Processing Letters*, **9**(5), 216–219.

Arora, S. 1998. Polynomial time approximation schemes for Euclidean Traveling Salesman and other geometric problems. *Journal of the ACM*, **45**(5), 753–782.

Barak, B., Hopkins, S. B., Kelner, J. A., Kothari, P., Moitra, A., and Potechin, A. 2016. A nearly tight sum-of-squares lower bound for the planted clique problem. In *Proceedings of the 57th Annual IEEE Symposium on Foundations of Computer Science (FOCS)*, pp. 428–437.

Bentley, J. L., and Shamos, M. I. 1978. Divide and conquer for linear expected time. *Information Processing Letters*, **7**(2), 87–91.

Bui, T. N., Chaudhuri, S., Leighton, F. T., and Sipser, M. 1987. Graph bisection algorithms with good average case behavior. *Combinatorica*, **7**(2), 171–191.

Coffman, Jr., E. G., Courcoubetis, C., Garey, M. R., Johnson, D. S., McGeoch, L. A., Shor, P. W., Weber, R. R., and Yannakakis, M. 1991. Fundamental discrepancies between average-case analyses under discrete and continuous distributions: A bin packing case study. In *Proceedings of the 23rd Annual ACM Symposium on Theory of Computing (STOC)*, pp. 230–240.

Coffman, Jr., E. G., Garey, M. R., and Johnson, D. S. 1996. Approximation algorithms for bin packing: A survey. In Hochbaum, D. (ed.), *Approximation Algorithms for NP-Hard Problems*, pp. 46–93. PWS.

Dósa, G., Li, R., Hanc, X., and Tuza, Z. 2013. Tight absolute bound for first fit decreasing bin-packing: $FFD(L) \leq 11/9OPT(L) + 6/9$. *Theoretical Computer Science*, **510**, 13–61.

Erdős, P., and Rényi, A. 1960. On the evolution of random graphs. *Publications of the Mathematical Institute of the Hungarian Academy of Sciences*, **5**, 17–61.

Frederickson, G. N. 1980. Probabilistic analysis for simple one- and two-dimensional bin packing algorithms. *Information Processing Letters*, **11**(4–5), 156–161.

Grimmett, G., and McDiarmid, C. J. H. 1975. On colouring random graphs. *Mathematical Proceedings of the Cambridge Philosophical Society*, **77**, 313–324.

Hajek, B., Wu, Y., and Xu, J. 2016. Achieving exact cluster recovery threshold via semidefinite programming: Extensions. *IEEE Transactions on Information Theory*, **62**(10), 5918–5937.

Har-Peled, S. 1998. *On the Expected Complexity of Random Convex Hulls*. Technical Report 330/98. School of Mathematical Sciences, Tel Aviv University.

Hartline, J. D. *Mechanism Design and Approximation*. Cambridge University Press, Book in preparation.

Hoare, C. A. R. 1962. Quicksort. *The Computer Journal*, **5**(1), 10–15.

Holland, P. W., Lasket, K., and Leinhardt, S. 1983. Stochastic blockmodels: First steps. *Social Networks*, **5**(2), 109–137.

Jerrum, M. 1992. Large cliques elude the metropolis process. *Random Structures and Algorithms*, **3**(4), 347–359.

Johnson, D. S. 1973. *Near-Optimal Bin Packing Algorithms*. PhD thesis, MIT.

Johnson, D. S., Demers, A., Ullman, J. D., Garey, M. R., and Graham, R. L. 1974. Worst-case performance bounds for simple one-dimensional packing Algorithms. *SIAM Journal on Computing*, **3**(4), 299–325.

Karp, R. M. 1977. Probabilistic analysis of partitioning algorithms for the Traveling-Salesman Problem in the plane. *Mathematics of Operations Research*, **2**(3), 209–224.

Karp, R. M., and Steele, J. M. 1985. Probabilistic analysis of heuristics. In Lawler, E. L., Lenstra, J. K., Rinnooy Kan, A. H. G., and Shmoys, D. B. (eds.), *The Traveling Salesman Problem*, pp. 181–205. John Wiley & Sons.

Knuth, D. E. 1998. *The Art of Computer Programming: Sorting and Searching*, 2nd ed., vol. 3. Addison-Wesley.

Kucera, L. 1995. Expected complexity of graph partitioning problems. *Discrete Applied Mathematics*, **57**(2–3), 193–212.

Matula, D. W. 1976. *The Largest Clique Size in a Random Graph*. Technical Report 7608. Department of Computer Science, Southern Methodist University.

Mitchell, J. S. B. 1999. Guillotine subdivisions approximate polygonal subdivisions: A simple polynomial-time approximation scheme for geometric TSP, k-MST, and related problems. *SIAM Journal on Computing*, **28**(4), 1298–1309.

Mitzenmacher, M., and Upfal, E. 2017. *Probability and Computing*, 2nd ed. Cambridge. University Press.

Rényi, A., and Sulanke, R. 1963. Über die konvexe Hülle von *n* zugällig gewählten Punkten. *Zeitschrift für Wahrscheinlichkeitstheorie und Verwandte Gebiete*, **2**, 75–84.

Samuel-Cahn, E. 1984. Comparison of threshold stop rules and maximum for independent nonnegative random variables. *Annals of Probability*, **12**(4), 1213–1216.

练习题

8.1 将先知不等式（定理 8.1）推广到不存在任何满足 $q(t)=1/2$ 的阈值 t 的情况，其中 $q(t)$ 是没有任何符合阈值 t 的奖励的概率。提示：定义 t，使得 $\Pr[$对所有的 $i,\pi_i>t]\leqslant 1/2\leqslant \Pr[$对所有的 $i,\pi_i\geqslant t]$。证明在两种相应策略（要么领取值至少为 t 的第一个奖励，要么领取值超过 t 的第一个奖励）中至少有一种符合要求。

8.2 先知不等式（定理 8.1）提供了相对于由一个先知获得的期望奖励值的 1/2 的近似值保证，它至少是（而且可能大于）由最优在线算法获得的期望奖励值。举例说明后一个量可以是前一个量的 50%~100%。

8.3 对于一个包括 6 个大小为 $1/2+\epsilon$、6 个大小为 $1/4+2\epsilon$、6 个大小为 $1/4+\epsilon$ 以及 12 个大小为 $1/4-2\epsilon$ 的物品的装箱问题实例，证明首次拟合递减算法使用了 11 个箱子，而最优解使用了 9 个箱子。

8.4 这道练习题和下一道练习题概述了定理 8.3 的证明。将区间 $[0,1]$ 平均分为 $n^{1/4}$ 个区间，用 I_j 表示子区间 $\left[\frac{j-1}{n^{1/4}},\ \frac{j}{n^{1/4}}\right]$，$j=1,2,\cdots,n^{1/4}$。设 P_j 表示大小落在子区间 I_j 内的物品的集合。

(a) Chernoff 界的一个版本说明了对于均值为 $p_1,p_2,\cdots,p_n$ 的 Bernoulli（0-1）随机变量的每个序列 $X_1,X_2,\cdots,X_n$ 以及每个 $\delta\in(0,1)$，有

$$\Pr[\,|X-\mu|\geqslant\delta\mu]\leqslant 2e^{-\mu\delta^2/3}$$

其中 X 和 μ 分别表示 $\sum_{i=1}^{n}X_i$ 和 $\sum_{i=1}^{n}p_i$。利用这个界证明当 $n\to\infty$ 时，以概率 $1-o(1)$ 有

$$|P_j|\in[n^{3/4}-\sqrt{n},n^{3/4}+\sqrt{n}],\quad j=1,2,\cdots,n^{1/4} \tag{8.6}$$

(b) 假定式（8.6）成立，证明对于常数 $c_1>0$，和式 $\sum_{i=1}^{n}s_i$ 至少为 $n/2-c_1n^{3/4}$。这对于最优解所使用的箱子的数量意味着什么？

(c) 假定式（8.6）成立，证明在 TM 算法的第三步，每对物品 i 和 $k-i+1$ 适合装在单一箱子里。

(d) 证明结论：存在常数 $c_2>0$，当性质（8.6）成立时，TM 算法使用的箱子数量最多是 $\frac{1}{2}n+c_2n^{3/4}=(1+o(1))\cdot \mathrm{OPT}$，其中 OPT 表示最优解所使用的箱子数量。

8.5 证明引理 8.4。

8.6 给定一个由 n 个来自正方形的以 x 坐标排序的点构成的集合 S，设计一个算法，在 $O(n)$ 时间内计算 S 的凸包。提示：独立地计算凸包的下半部分和上半部分。

8.7 证明从单位正方形上随机独立而且均匀抽取的 n 个点的凸包占据了正方形的比例为 $1-O\left(\frac{\log n}{n}\right)$ 的一部分。

8.8 证明引理 8.8。提示：将单位正方形平均切分成 n 个边长为 $n^{-1/2}$ 的子正方形，再将每一个子正方形进一步平均切分成 9 个边长为 $\frac{1}{3}n^{-1/2}$ 的微型正方形。对于一个给定的子正方形，输入包含其中心微型正方形的点而不包含其他 8 个微型正方形的点的概率是多少？

8.9 Chernoff 界的另一个变异是，对于均值为 $p_1,p_2,\cdots,p_n$ 的 Bernoulli（0-1）随机变量的每个序列 $X_1,X_2,\cdots,X_n$ 以及对于每个 $t\geqslant 6\mu$，有

$$\Pr[X\geqslant t]\leqslant 2^{-t}$$

其中 X 和 μ 分别表示 $\sum_{i=1}^{n}X_i$ 和 $\sum_{i=1}^{n}p_i$。利用这个界证明引理 8.9。

8.10 证明引理 8.10。

8.11 利用练习题 8.4（a）的 Chernoff 界证明：以接近 1 的概率，当 $n\to\infty$ 时，一个来自 $\mathcal{G}_{n,p}$ 的随机图的每个对分有 $(1\pm o(1))\cdot\frac{n^2}{8}$ 条穿越边。

8.12 对于常数 $c_1,c_2>0$，考虑具有参数 $p=c_1$ 和 $q=p-c_2$ 的植入对分问题。考虑以下用于恢复植入对分的简单组合算法：

- 任意选择一个顶点 v。
- 设 A 表示与 v 具有最少公共邻接点的 $n/2$ 个顶点。
- 设 B 表示其余顶点（包括 v）并返回 (A,B)。

证明：在 G 的随机选择上，算法以高概率（当 $n\to\infty$ 时逼近 1）准确恢复植入对分。提示：计算植入对分同侧和不同侧的顶点对的公共邻接点的期望数量。利用 Chernoff 界。

8.13 对于一个足够大的常数 c，考虑植入团的大小为 $k\geqslant c\log_2 n$ 的植入团问题（8.4.2 节）。设计一个运行时间为 $n^{O(\log n)}$ 的算法，当 $n\to\infty$ 时，算法以概率 $1-o(1)$ 恢复植入团。

第 9 章

Beyond the Worst-Case Analysis of Algorithms

半随机模型简介

Uriel Feige

摘要： 本章介绍半随机模型（semirandom model），其中输入实例由一个将随机分量和对抗分量相结合的过程生成。这些模型可以弥补输入实例的最坏情况假定（经常过于悲观）和纯粹随机的“平均情况”假定（可能过于乐观）之间的差距。我们讨论若干半随机框架，提出在处理半随机实例中已经被证明行之有效的算法范例，并解释在分析中使用的一些原则。我们还讨论了在半随机环境下的计算困难性结果。

9.1 引言

在半随机模型中，输入实例由一个将随机分量和对抗分量相结合的过程生成。存在不同的方法来将这些成分组合起来，而且研究者已经提出了许多不同的半随机模型。我们在这一节提出若干这类模型。9.2 节解释促使引入半随机模型的一些必须加以考虑的因素。9.3 节综述在半随机模型上一些有代表性的研究成果。9.4 节列出一些开放式问题。

9.1.1 半随机模型的示例

在分布模型（参见第 8 章）中，输入实例是由随机过程生成的。而在半随机模型中，输入实例的生成涉及一个随机分量和一个（最坏情况下的）对抗分量。我们在这里给出一些半随机模型的例子，并将它们与没有对抗分量的相关分布模型进行对比。本章考虑的所有模型中，面对一个计算问题的算法（包括 3SAT、3-着色、最小对分以及最大独立集）只能看到作为生成结果的输入实例，而不能看到实例的生成方式。

在我们的第一个例子中，对抗首先选择一个暂定的输入实例，然后通过对暂定输入实例施加一个小的随机扰动来生成最终的输入实例。这种性质的半随机模型属于平滑分析（smoothed analysis）领域的研究内容（见第四部分）。

3SAT

最坏情况。输入是一个任意的 3CNF 公式 ϕ。3CNF 公式（3 合取范式）是一个子句的集合，其中每一个子句包含三个文字（文字是一个布尔变量或者一个布尔变量的否定）。可满足赋值（satisfying assignment）是对公式中的布尔变量的真值赋值，它使得公式的每个子句中至少有一个文字为真。目标是确定 ϕ 是否可满足，即是否存在可满足赋值。

分布式。给定正整数参数 n（表示变量的个数）和 m（子句的个数），我们随机独立生成 m 个子句，其中每一个子句包含从 $\binom{n}{3}$ 个变量三元组中随机均匀选择的三个变量，而且每个子句中变量的极性（决定与变量相关联的文字是否取反）是随机均匀地选择的。目标是确定得到的 3CNF 公式 ϕ 是否可满足。

半随机。给定整数参数 n 和 m 以及参数 p（其中 $0<p<1$），对抗生成一个 3CNF 公式 ϕ'，其中包含由对抗选择的 m 个子句，这就完成了构造中的对抗部分。此后，对于 ϕ' 中的每一个文字，其极性以概率 p 独立反转。目标是确定结果得到的 3CNF 公式 ϕ 是否可满足。

在下一个例子中，首先以一种分布方式生成一个暂定的输入实例，然后允许对抗以某种受限的方式修改这个暂定的输入实例。通常情况下允许的修改形式是为了方便捕捉修改，经过修改得到的最终实例不应该比原始的暂定实例更难求解。我们把这样的对抗称为单调对抗（monotone adversary）。

最小对分

最坏情况。输入是一个具有偶数的 n 个顶点的任意图 $G(V,E)$。目标是输出一个基数为 $n/2$ 的集合 $S\subset V$，使得割边的数量 $|E(S,V\backslash S)|$ 最小化。

分布式。给定偶数 n 和参数 $1/n\leqslant p<q\leqslant 1-1/n$，按如下方式生成图 $G(V,E)$（这里 $|V|=n$）。随机选择一个大小为 $n/2$ 的子集 $S\subset V$。对于 $u\in S, v\in V\backslash S$ 的每个顶点对 (u,v)，边 (u,v) 以概率 p 独立地包含在 E 中。对于其他的顶点对 (u,v)（两个顶点都在 S 中或者都不在 S 中），边 (u,v) 以概率 q 独立地包含在 E 中。结果得到的图 $G(V,E)$ 作为输入图，目标是输出最小对分。集合 S 被称为植入对分（planted bisection）。如果 $q-p$ 足够大，那么以高概率唯一的最小对分就是 S。

半随机。给定 n,p,q，首先如前面所述生成一个随机输入图，这就完成了构造的随机分量部分。此后，对抗可能观察这个随机图，从割 $(S,V\backslash S)$ 中选择任意边并将其移除，在 S 内或 $V\backslash S$ 内添加选择的任意边。目标是输出结果得到的输入图中的最小对分。如果 S 是随机图中的最小对分，那么在半随机图中它仍然是最小对分。

在下面的例子中，分布模型中的随机步骤被对抗步骤所取代。我们在这里将这种模型称为可分离的（separable），这是因为我们把随机生成的分量和对抗生成的分量分开。3SAT 的半随机模型在 $p=1/2$ 的特殊情况下是一个这样的可分离模型，因为变量的选择是完全对抗的，而极性的选择是完全随机的。我们现在给出一个 3-着色的可分离模型。

3-着色

最坏情况。输入是任意图 $G(V,E)$。目标是在可能的情况下对它的顶点进行合法的 3-着色。合法的 3-着色将 V 中的顶点划分成三个集合，称为三个颜色类，其中每一个颜色类上的子图是一个独立集。

分布式。给定参数 n 和 $0<p<1$，首先生成图 $G(V,E')$ 作为 Erdös-Rényi $G_{n,p}$ 随机图（其中有 n 个顶点，每条边以概率 p 独立存在）。然后，每个顶点随机独立地与颜色 c_1、c_2 或 c_3 中的一个关联，这种关联被称为植入 3-着色。移除所有单色边（即两个端点与相同颜色关联的边），结果得到的图作为输入图 $G(V,E)$。目标是输出一个合法的 3-着色。如果 p 足够大$\left(\text{例如 } p\geqslant\frac{2\log n}{n}\text{就足够了}\right)$，那么植入的 3-着色以高概率是 $G(V,E)$ 的唯一合法的 3-着色。

半随机。给定参数 n 和 $0<p<1$，按如下方式生成输入图 $G(V,E)$。首先生成图 $G(V,E')$ 作为 Erdös-Rényi $G_{n,p}$ 随机图，从而完成构造的随机分量部分。此后，对抗观察这个随机图，并且将每个顶点与三种颜色 c_1、c_2 或 c_3 中的一个关联，唯一的限制是每个颜色类的大小是 $n/3$（将其舍入为整数值）。移除关于这个植入 3-着色的所有单色边。目标是为结

果得到的输入图 $G(V,E)$ 输出合法的 3-着色。在这里即使 p 相当大（但不大于 1/3），$G(V,E)$ 也可能具有不同于植入的 3-着色的另一个合法的 3-着色。

这一节最后的例子是一个半随机模型，它是分布植入模型的一种变异。在基础的分布植入模型中，植入解以高概率是唯一的最优解。相比之下，在半随机模型中植入解可能远远不是最优的。在半随机环境下，算法的目标是找到一个和植入解一样好的解。

最大独立集（MIS）

最坏情况。输入是任意图 $G(V,E)$。目标是输出一个基数最大的集合 $S\subset V$，S 导出一个独立集（即对于所有的 $u,v\in S,(u,v)\notin E$）。

分布式。给定参数 n,k 和 p（其中 $k<n$ 是正整数，$0<p<1$），首先生成图 $G(V,E')$ 作为 $G_{n,p}$ 随机图。然后考虑一个 k 个顶点的随机集合 $S\subset V$，对于所有的 $u,v\in S$，从 E'中移除边（u,v），从而将 S 变成一个独立集。这样的 S 称为植入独立集（planted independent set）。结果得到的图 $G(V,E)$ 作为输入图，目标是输出其中的一个最大独立集。如果 k 足够大(例如，对于 $p=1/2$，取 $k=3\log n$ 就足够了)，那么唯一的最大独立集以高概率就是 S。

半随机。给定参数 n,k 和 p，按照以下步骤生成一个 $|V|=n$ 的输入图 $G(V,E)$。首先，正如在分布模型中所做的，生成一个具有植入独立集 S 的图，这就完成了构造的随机分量部分。然后移除 $V\backslash S$ 中的所有边。最后，对抗观察这个随机图（图中只存在 S 和$V\backslash S$ 之间的边），并且可能添加其任意选择的边，只要添加的边中没有一条边的两个端点都在 S 中。因此，对抗完全控制了 $V\backslash S$ 上导出的子图，并且成为关于 S 和 $V\backslash S$ 之间的边的一个单调对抗。目标是为结果得到的输入图 $G(V,E)$ 输出一个大小至少为 k 的独立集。注意到如果不理会对抗添加的边，S 本身就是一个可行的解，但是如果依赖于由对抗添加的边（或者不是由对抗添加的边），就有可能存在其他可行的解。

9.2 为什么要研究半随机模型

半随机模型包括一个随机分量和一个对抗分量。在构建输入实例时，我们可以将许多不同的角色委托给对抗。接下来我们将讨论半随机模型涉及的一些必须考虑的因素。由于半随机模型通常被认为是分布模型的改进，我们还将讨论分布模型研究的一些动机，重点是那些也适用于半随机模型的动机。

在下面的讨论中，为了方便起见，我们对两类分布模型进行区分，其中一类称为 oblivious 随机模型（oblivious random model），另一类称为植入模型（planted model）。

在 oblivious 随机模型中，输入由一个独立于欲求解的最优化问题的随机过程生成。9.1.1 节给出的 3SAT 分布模型是 oblivious 随机模型的一个例子，而且这个模型无须改动就可以适用于其他的约束满足问题，比如 3AND（或称为非全等 3SAT）。图问题的一个 oblivious 随机模型的例子是 Erdös-Rényi $G_{n,p}$ 随机图模型。这个模型适用于任何图问题，尽管参数 p 的范围可能取决于人们所关注的最优化问题。例如，对于最大团我们可能选择 $p=1/2$，对于哈密顿性可能选择 $p=(\log n)/n$，而对于 3-着色可能选择 $p=4/n$。

在植入模型中，输入是由一个随机过程产生的，这个随机过程依赖于人们所关注的最优化问题。例如，9.1.1 节为最小对分、3-着色和最大独立集这三个图问题所考虑的植入分布模型彼此不同。在植入模型中，植入解往往是唯一的最优解。

9.2.1 平均情况分析

我们有时候假定分布模型代表实际中可能出现的输入实例。人们能够在多大程度上支持这样的假定取决于环境。

在一些环境下，分布模型能够精确获得人们关注的输入实例集合。最值得注意的是，这种情况发生在与密码学相关的环境中，密码学方案的参与者在指引下随机生成这个方案的各种各样的输入。例如，在诸如 RSA 的公钥密码方案中，参与者按照指引通过秘密选取两个很大的随机素数 p 和 q 来生成公钥：计算 $n=pq$，并将 n 发布作为公钥。[㊀]为这种特定的分布环境所定制的因子分解算法对背后的密码学方案具有深远的影响。

在另外一些环境下，人们推测分布模型是现实的一个好的近似。例如，统计物理学的研究经常涉及一些随机图模型，这些模型具有一种几何性质：图的顶点位于一个低维空间，并且只有在几何上彼此接近的顶点才可以通过边相互连接。这种模型的随机性可以在于顶点的位置，也可以在于选择哪些可能的边作为确定的连接边。

然而，在许多环境下，分布模型与实际出现的典型实例之间的关系并不十分明确。例如，在社交网络的研究中，人们经常考虑在由随机过程（比如优先链接）生成的图上的分布。这些分布可以获得社交网络的一些典型信息（比如典型的度序列），尽管对于人们关注的任何一个给定的社交网络，可能还存在其他一些基础分布模型无法良好把握的重要方面（比如各种小的子图的相对频率）。

oblivious 随机模型具有成对的彼此显著不同的接近最优的解，这典型地展示了一种接近最优的解的多重性。如第 5 章和第 6 章所论证的，在一些环境下，当一个最优化问题的最优解从根本上是唯一的时候，这样的最优解是最有用处的，而且比那些与之显著不同的解具有显著更好的价值。在这些情况下，植入模型可以作为人们关注的实例平均情况分析的基础，因为植入解通常是唯一的最优解。同时，植入模型只是抓住了“人们关注的”输入实例的某些方面，而可能没有抓住其他方面。

总结前面的讨论，分布模型（不管是 oblivious 还是植入的）有时候被认为代表平均情况分析。但是在许多情况下，对于实际可能出现的一系列问题，描述“适当的”分布模型是一个大难题。在这样的环境下，重要的是针对分布模型生成的输入所设计的算法是健壮的，而且算法对于由其他过程生成的输入也是有效的。解决这个问题的一种方法是利用半随机模型。在这些模型中，算法不知道输入实例的确切分布，因为输入实例的某些方面留给对抗自主决定。因此，为半随机模型设计的算法规避了“过度拟合”到一个特定输入分布的危险，并且可以期望它们相对于为分布模型设计的算法更加健壮。这是引入诸如单调对抗这样的半随机模型（例如最小对分）的主要原因之一。我们将在 9.3 节看到一些例子，说明这样的模型如何对算法设计进行引导以得到更加健壮的算法。

半随机模型的另一个贡献是提供了对平均情况分析的改进，澄清了实际上应该在什么上面进行平均。在半随机模型中，对抗选择输入实例的某些方面，而随机分布是在一些其他方面上的。例如，在平滑模型（比如 3SAT）中，算法需要在平均值上有效地工作，而不管平均值是所有输入实例上的一个全局平均值，还是围绕着任何一个特定的暂定输入实

㊀ RSA 公钥通常是由 n 和另一个素数 e 构成的二元组 $\langle e,n\rangle$，可选取 65 537 作为 e 的典型值。——译者注

例所采取的局部平均值（而不考虑这个暂定的输入实例是什么）。另一个例子是在线算法的随机顺序模型（见第 11 章），其中对抗可能选择一个最坏情况下的实例，而且只有到达顺序才是随机的。

9.2.2　被噪声污染的信号的恢复

输入实例生成过程中的随机性有时候可以被认为代表“噪声”，这使得我们更加难以找到另外一个明显的解。例如，对于在噪声信道上传输的编码消息的纠错，解码中遇到的困难源于噪声信道引入编码消息中的错误。在没有噪声的情况下，对传输的消息进行解码是很简单的。带有噪声的解码通常涉及两个方面。一方面是有关信息论的——有噪声的消息是否包含足够的信息以便（以高概率）唯一地恢复传输的消息？另一方面是有关算法的——能否设计一种高效的算法，从接收到的有噪声的消息中恢复编码消息？

噪声通常被建模为随机的。例如，在二进制对称信道（BSC）中，每一个传输的比特以概率 $p<1/2$ 独立反转。不过，将噪声建模为半随机模型也是合理的。例如我们可以假定每一个传输的比特 i 以概率 $p_i \leqslant p$（而不是精确的 p）反转，这里 p_i 的值由对抗决定。如果一个解码算法在前一个模型中可以工作，而在后一个模型中不能工作，这可能就是这个算法对模型“过度拟合”的迹象。噪声也经常被建模为完全对抗的。在汉明模型（Hamming model）中，在一个由比特构成的块内，反转的比特所占的总比例最多是 p，但是对抗可以决定哪些比特被反转。在信息论意义上，汉明模型的解码比 BSC 模型的解码更加困难（在汉明模型中，有可能进行唯一译码的传输速率比较低）。此外，在汉明模型中，算法意义上的解码显得更为困难。最后的这个说法得到以下观察的支持：对于每个 $p<1/2$ 和 $p'<p$，如果块的尺寸足够大，那么当错误概率为 p' 时，每个用于错误所占比例为 p 的汉明模型的解码算法也可以用于 BSC 模型。

类似于编码环境，植入模型也可以被视为表示一种受到噪声污染的理想对象。从这个角度出发，目标通常是恢复这个理想对象。求解与这个对象相关的一个最优化问题可能是得到这个结果的一种手段，但不是目标本身。这个观点与本章的大部分内容所采纳的观点不同，后者的目标通常是求解一个最优化问题，而且可以接受一个甚至与植入对象不一致的解。

作为一个例子，MIS 问题的理想对象是完全图中一个大小为 k 的独立集。这个理想对象被噪声污染，这里的噪声对应于移除图的一些边。如果图的每一条边是以相同的概率（类似于独立噪声）独立地被移除的，我们将得到植入独立集的标准分布模型（但目标是要找到植入独立集，而不是找到一个最大独立集）。MIS 的半随机模型对应于噪声不独立的模型，这使理想对象的恢复变得更加困难。

9.2.3　一个用于最坏情况实例的模型

为了在一个困难的计算问题的算法设计上取得进展（例如获得一个更好的近似比），必须了解哪些是这个问题最困难的实例。在一些问题上，人们猜测分布模型会生成与最坏情况下的实例本质上同样困难的输入实例。例如，有人推测具有 dn 个子句的随机 3CNF 公式上的 3SAT（对于一个很大的常数 d，这类公式不太可能是可满足的）本质上与由对抗选择的具有 dn 个子句的 3CNF 公式一样难以反驳。对于其他一些问题，例如稠密 k-子图问题（给定一个输入图和一个参数 k，在 k 个顶点上找到平均度数最高的导入子图），分布模型似乎抓住了现有算法的局限性，而且分布实例上的进展对于改进最坏情况实例的近似比也发挥了关键作用（参见（Bhaskara et al.，2010））。

有些问题的可逼近性还没有得到很好的理解（例如最稀疏割、唯一博弈），而且在一些（自然）分布模型产生的实例上，已知算法的性能远远好过最坏情况实例的已知最佳近似比。在这些情况下，探讨半随机实例并且尝试将算法的良好性能扩展到半随机实例（正如 Kula 等人（2011）已经做到的）将具有指导意义。这项努力的成功可以说明已知的算法方法或许也足以处理最坏情况实例（虽然我们可能缺乏支持这一观点的分析），而其失败则有助于澄清输入实例的哪些方面对当前的已知算法造成困难。

9.2.4 NP 困难性

NP 完全性理论的重要价值在于告诉我们某些问题没有多项式时间算法（除非 P=NP），因此我们不应该浪费精力为这些问题设计多项式时间算法（除非我们认真地试图证明 P=NP）。这个理论已经推广到证明近似结果的 NP 困难性。这在将近似算法的研究引导到那些仍有希望得到实质性改进的问题（例如最稀疏割）以及远离那些改进空间微乎其微的问题（例如 max-3SAT）方面起着关键作用。不幸的是，NP 完全性理论至今还没有成功地推广到分布问题，因此难以判断我们无法为一个分布问题找到好的算法（在失败的情况下）是因为确实没有好的算法来处理分布生成的实例，还是因为我们没有使用正确的算法工具来解决分布问题。这使我们很难区分哪些分布问题是容易的，哪些是困难的。

半随机模型的一个优点是，它们的对抗分量给了我们证明 NP 困难性结果的可能性。因此，就半随机模型而言，我们在参数的一定范围内拥有一些多项式时间算法并不稀奇，而且我们也有了一些 NP 困难性的结果，它们解释了为什么算法结果没有扩展到参数的其他范围。因此半随机模型的算法研究可以在 NP 完全性理论的指导下，面向有希望得到改进的问题，而远离改进无望的问题。这个方面是分布问题的算法研究所缺乏的。

9.3 一些代表性工作

这一节我们将介绍在半随机输入模型研究中形成的一些主要见解，同时也将提供一些关于这些思想如何发展的历史展望（尽管不一定按照历史时间顺序）。

9.3.1 半随机模型的一些初步结果

Blum 和 Spencer（1995）继 Blum（1990）的早期工作之后，推动并引进了关于 k-着色问题的若干半随机模型，其中的一个模型在他们的研究中被称为*染色博弈模型*（color-game model），这是一种 k-着色的*单调对抗*（monotone adversary）模型。在这个模型中，顶点集合被划分为 k 个大小相等的颜色类。然后对处于不同颜色类中的每对顶点 u,v，以概率 p 独立地引入一条边 (u,v)。在这个阶段引入的边称为*随机边*（random edge）。最后，对抗可以在颜色类之间引入任意附加的边，称为*对抗边*（adversarial edge）。目标是对大范围的 k 和 p 的取值，设计对生成的图进行 k-着色的多项式时间算法。与所有的半随机模型一样，着色算法不知道哪些边是随机边，哪些边是对抗边。

对于 $k=3$，Blum 和 Spencer（1995）提出以下算法。设 $N(v)$ 表示顶点 v 的邻居的集合。两个顶点 u 和 v 称为*链接的*（linked），如果由 $N(u)\cap N(v)$ 导出的子图包含至少一条边。注意到在每种合法的3-着色中，两个链接的顶点都必须用相同的颜色着色，这是因为在每种合法着色中，这两个链接的顶点的公共邻域至少需要两种颜色。因此，可以合并(merge)两个链接的顶点 u 和 v，即用单个顶点 w 代替它们，而且 $N(w)=N(u)\cup N(v)$。新的图是3-可着色的当且仅当原图是3-可着色的。在原图中链接的任何两个顶点也会在新图中链接，但可能有些在原图中未链接的顶点会在新图形中链接。尽可能（以任意顺序——所有的顺序都会给出相同的最终结果）重复合并链接的顶点，如果最终生成的图是一个三角形，则算法成功。在这种情况下，图有唯一的3-着色：对于这个三角形的每个顶点 t，在上述过程中为了给出 t 而被合并的那些顶点的集合构成一个颜色类。观察到该算法在以下意义上是单调的：如果它对图 G 是成功的，那么它对所有可以通过给 G 添加边得到的3-可着色的图 G' 也是成功的，这是因为在 G 中执行的任何合并操作序列也可以在 G' 中执行。唯一可以阻止两个链接的顶点 u 和 v 的合并的添边操作是添加边 (u,v)，但这是不允许的，因为生成的图将不可3-着色。

Blum 和 Spencer（1995）证明了当 $p>n^{-0.6+\epsilon}$ 时，这个算法以高概率（在随机边的选择上，不考虑对抗边的选择）确实对图进行了3-着色。在这个很低的边密度下，最初大多数顶点对没有任何公共邻域，因此它们不可能是链接的。证明的关键在于需要证明随着算法的进展，更多的顶点对成为链接的。这个算法适用于 k-可着色的半随机图的 k-着色（两个顶点是链接的，如果它们的公共邻域包含一个 K_{k-1}），尽管这时候要求的 p 值增大到 $n^{-\delta_k+\epsilon}$，这里 $\delta_k=\dfrac{2k}{k(k+1)-2}$。

Blum 和 Spencer（1995）还考虑了一个不平衡 k-可着色半随机模型，其中不同颜色类的大小可以有显著差异，并且证明了对这一类图进行着色的 NP 困难性结果。

定理 9.1（Blum and Spencer，1995）　*对于每个 $k\geq 4$ 和每个 $\epsilon>0$，如果 $p\leq n^{-\epsilon}$，那么对由关于 k-着色的单调对抗不平衡半随机模型产生的图进行 k-着色是 NP 困难的。*

证明　我们给出 $k=4$ 的概略证明。假设对于 $0<\epsilon<1$，有 $p=n^{-3\epsilon}$。设 H 是 $3n^{\epsilon}$ 个顶点上的任意图，我们希望找到这个图的一个3-着色。这个问题是 NP 困难问题，但是可以归约为对一个具有不平衡颜色类的半随机图进行4-着色的问题。这是通过创建图 G^* 来实现的，G^* 由 H 和一个大小为 $n-3n^{\epsilon}$ 的独立集 I 的不相交并集组成，并通过边 (u,v) 连接每两个顶点 $u\in H$ 和 $v\in I$。G^* 的每个4-着色必定是 H 的3-着色，此外，可以在多项式时间内从 G^* 的4-着色导出 H 的3-着色。因此，如果 H 的3-着色是 NP 困难的，那么 G^* 的4-着色也是 NP 困难的。

但是，G^* 作为非平衡半随机4-着色模型的结果能够以高概率得到。为了简单起见，假设 H 的三个颜色类大小相等，然后考虑具有一个大小为 $n-3n^{\epsilon}$ 的“大”颜色类和三个大小均为 n^{ϵ} 的“小”颜色类的不平衡4-着色半随机模型。以高概率在输入图构造中的所有随机边将至少有一个端点在大颜色类中，而且在小的颜色类之间没有边。如果这个高概率事件发生了，那么单调对抗可以在三个小颜色类之间添加一个边的集合，使在其上导出的子图与 H 同构，还可以在大颜色类和每个小颜色类之间添加所有缺失的边，从而得到图 G^*。我们之前说过对 G^* 进行4-着色是 NP 困难的，因此在非平衡半随机4-着色模型中，对图进行4-着色也是 NP 困难的。□

9.3.2　具有单调对抗的植入团/最大独立集

这一节我们将讨论最大独立集（MIS）问题的半随机模型的算法。基于这样的事实，

即一个顶点集合 S 在 G 中形成一个团当且仅当它在补图 $\overline{G}$ 中形成一个独立集，因此这个模型和相关算法也适用于团问题。

下面是用于 MIS 的标准分布模型 $G_{n,k,\frac{1}{2}}$，通常被称为植入 MIS 或隐藏 MIS（类似地有植入团/隐藏团的概念，参见第 8 章）。首先生成一个 $G_{n,\frac{1}{2}}$ 随机图 G'，我们在 G' 中随机选择一个 k 个顶点的集合 S 并删除 S 中的所有边，结果得到的图作为输入图 G。目标是设计一个多项式时间算法，以高概率（在 G 的选择上）求解 MIS 问题。对于足够大的 k（k 略大于 $2\log n$ 就足够了），S 以高概率（在 $G \in G_{n,k,\frac{1}{2}}$ 的随机选择上）是 G 中唯一的 MIS。在这种情况下，求解 MIS 的目标与找到 S 的目标一致。

对于足够大的常数 c，当 $k \geqslant c\sqrt{n\log n}$ 时，S 的顶点（几乎可以肯定）就是 G 中那些度最低的顶点。当 $k \geqslant c\sqrt{n}$ 时，（以高概率）恢复 S 更加具有挑战性，不过有若干已知的算法可以做到这一点。这些算法当中也许最简单的是由 Feige 和 Ron（2010）提出的算法，即以迭代方式从图中移除（剩余图中的）最高度顶点，直到只剩下一个独立集为止。Feige 和 Ron（2010）证明了这个独立集 I 以高概率是 S 的一个相对较大的子集，同时可以通过向 I 添加那些与 I 中的任何顶点都不相连的顶点来恢复 S。

Alon 等人（1998）开发了一种用于恢复 S 的谱算法。在植入团模型中展示他们的算法要比在植入 MIS 中更加容易。我们都知道对于 $G_{n,\frac{1}{2}}$ 随机图 G 的邻接矩阵 $\boldsymbol{A}$，几乎可以肯定它的最大特征值满足 $\lambda_1(\boldsymbol{A}_G) \simeq n/2$，而所有其他特征值都大致不会超过 $\sqrt{n}$。基于瑞利商（Rayleigh quotient）的标准论证指出，在随机图中植入一个大小为 $k>c\sqrt{n}$ 的团（对于足够大的常数 c）应该会创建一个大致为 $k/2$ 的特征值。因此对于输入图 G，我们期望它的邻接矩阵 $\boldsymbol{A}_G$ 满足 $\lambda_2(\boldsymbol{A}_G) \simeq k/2>\sqrt{n}$。Alon 等人（1998）证明了由特征值为 λ_2 的特征向量中的 k 个最大项构成的集合 K 与集合 S 以高概率有大小至少为 $(5k)/6$ 的重叠。迭代地从 K 中删除那些顶点之间没有边的顶点对，结果得到一个大小至少为 $(2k)/3$ 的团 K'。不难证明必定有 $K' \subset S$，而且 S 的所有其他顶点正是那些与 K' 的所有顶点相邻的顶点。

为了评价这些算法技术的健壮性，通过引入单调对抗，可以将 MIS 的分布 $G_{n,k,\frac{1}{2}}$ 模型扩展为半随机模型。具有无限计算能力的对抗可能对 G 进行观察，并在 G 上添加它选择的一些边，前提是保持 S 是一个独立集。这就给出了半随机图 $\hat{G}$。注意到如果 S 是 G 中的一个 MIS（唯一的），那么 S 必定也是 $\hat{G}$ 中的一个 MIS（唯一的）。我们的目标是设计一个多项式时间算法，以高概率（在 $G \in G_{n,k,\frac{1}{2}}$ 的选择上，对于所有可能由 G 生成的 $\hat{G}$）找到 S。

仅基于顶点的度的迭代算法很容易被对抗欺骗（尤其是那些有能力使 S 的所有顶点的度大大高于所有剩余顶点的度的对抗）。同样，谱算法也可以被对抗欺骗，也将无法在 $\hat{G}$ 中找到 S。不过谱算法可以通过额外的机制得以挽救。半随机模型中的算法基于半定规划（SDP），概而言之，人们可能会认为半定规划是一种将谱技术与线性规划相结合的技术，这是因为半定规划涉及两种类型的约束：谱约束（要求某一个矩阵没有负特征值）和线性约束（如同在线性规划中）。

这里我们给出（Feige and Krauthgamer，2000）中关于半随机 MIS 模型的算法，这个算法基于 Lovasz 的 ϑ 函数（稍后将扼要加以定义）。给定图 G，算法可以在多项式时

间内计算 $\vartheta(G)$（达到任意精度），而且提供了 $\alpha(G)$（G 中的 MIS 的大小）的一个上界（可能远非胎紧的上界）。（Feige and Krauthgamer，2000）中的主要技术性引理如下所述。

引理 9.2 对于足够大的 c，设 $k\geqslant c\sqrt{n}$。对于 $G\in G_{n,k,\frac{1}{2}}$，以至少为 $1-1/n^2$ 的概率（在 G 的选择上）$\vartheta(G)=\alpha(G)$ 成立。

虽然引理 9.2 是针对 $G\in G_{n,k,\frac{1}{2}}$ 而言的，但是它也适用于由半随机模型生成的 $\hat{G}$，这是因为 ϑ 是一个单调函数——向 G 添加边只会导致 ϑ 的减少。但是 ϑ 不可能降低到 $\alpha(\hat{G})$ 以下，因此等价性得以保持。

有了引理 9.2 之后，很容易在 $\hat{G}$ 中找到 S，其失败概率小到足以确保在高概率下对每个顶点 $v\in S$ 有 $\vartheta(\hat{G}\backslash v)=k-1$，以及对每个顶点 $v\notin S$ 有 $\vartheta(\hat{G}\backslash v)=k$（这里 $\hat{G}\backslash v$ 指的是从 $\hat{G}$ 中移除顶点 v 及其所有关联边得到的图）。这就给出了一个多项式时间测试，它可以正确地将 $\hat{G}$ 的每个顶点分类为要么在 S 中，要么不在 S 中。正如我们将看到的，事实上全部顶点只需要通过 $\vartheta(\hat{G})$ 的一次计算就可以同时得到测试。

现在我们给出一些关于引理 9.2 的细节。ϑ 函数有许多等价的定义，其中之一如下所述。$G(V,E)$ 的一个正交表示（orthonormal representation）将每一个顶点 $i\in V$ 与一个单位向量 $\boldsymbol{x}_i\in\mathbb{R}^n$ 相关联，使得只要 $(i,j)\in E$，就有 $\boldsymbol{x}_i$ 和 $\boldsymbol{x}_j$ 正交（即 $\boldsymbol{x}_i\cdot\boldsymbol{x}_j=0$）。在 G 的所有正交表示 $\{\boldsymbol{x}_i\}$ 上和所有单位向量 $\boldsymbol{d}$（$\boldsymbol{d}$ 称为 handle）上进行最大化，我们有

$$\vartheta(G)=\max_{\boldsymbol{d},\{\boldsymbol{x}_i\}}\sum_{i\in V}(\boldsymbol{d}\cdot\boldsymbol{x}_i)^2$$

通过将问题形式化为 SDP（这里省略了细节），可以在多项式时间内找到（达到任意精度）最大化上述 ϑ 公式的最优正交表示以及相关的 handle。为了理解 $\vartheta(G)\geqslant\alpha(G)$，观察到对于任何一个独立集 S，SDP 的一个可行解如下：对于所有的 $i\in S$，选择 $\boldsymbol{x}_i=\boldsymbol{d}$；对于 $j\notin S$，将所有余下的向量 $\boldsymbol{x}_j$ 选择为与 $\boldsymbol{d}$ 正交并且相互正交。还观察到 ϑ 确实如上所述是单调的（向 G 添加边会增加在正交表示上的约束，因此 ϑ 的值不会增加）。

现在我们解释如何利用引理 9.2 来恢复植入的独立集 S。对于每个可以通过在 G 中删去 S 的单一顶点得到的子图 G'，在少于 n 个的子图上应用联合界，引理 9.2 意味着以至少 $1-1/n$ 的概率（在 $G\in G_{n,k,\frac{1}{2}}$ 的选择上）$\vartheta(G')=\alpha(G')=\alpha(G)-1$ 成立。前述的各个等式意味着对于每个顶点 $i\in S$，在最优 SDP 解中 $\boldsymbol{d}\cdot\boldsymbol{x}_i\geqslant1-1/(2n)$ 成立。否则，在不改变 SDP 解的情况下，从 G 中删去 i，我们将得到 $\vartheta(G\backslash\{i\})>\vartheta(G)-1+1/(2n)>\alpha(G)-1$，与前面的等式相矛盾（这里 $G'=G\backslash\{i\}$）。对于任何一个顶点 $i\notin S$，不可能有 $\boldsymbol{d}\cdot\boldsymbol{x}_j\geqslant1-1/(2n)$，否则加上来自 S 的顶点的贡献，$\vartheta(G)$ 的值将超过 $|S|=\alpha(G)$，与引理 9.2 矛盾。因此我们能够以高概率（在 $G\in G_{n,k,\frac{1}{2}}$ 的选择上）得出结论，即对于在半随机模型中生成的 $\hat{G}$，S 的顶点正是那些与 d 的内积大于 $1-1/(2n)$ 的顶点。

现在我们解释如何证明引理 9.2。证明基于 ϑ 函数的一个对偶（等价）公式。给定图 $G(V,E)$，

$$\vartheta(G)=\min_{M}[\lambda_1(\boldsymbol{M})]$$

这里 $\boldsymbol{M}$ 的取值范围在所有 $n\times n$ 对称矩阵上，其中每当 $(i,j)\notin E$ 时 $M_{ij}=1$，而且 $\lambda_1(\boldsymbol{M})$ 表示 $\boldsymbol{M}$ 的最大特征值。作为一项健全性检查，注意到如果 G 有一个大小为 k 的独立集 S，则上述公式的最小值不可能小于 k，因为 $\boldsymbol{M}$ 包含一个 $k\times k$ 的元素为"1"的块（从瑞利商的论证推出 $\lambda_1(\boldsymbol{M})\geqslant k$）。给定 $G\in G_{n,k,\frac{1}{2}}$，G 包含一个大小为 k 的独立集 S，Feige 和

Krauthgamer（2000）构造了以下矩阵 $\boldsymbol{M}$：按照要求 $\boldsymbol{M}$ 是对称的，而且对于所有顶点 i,j，当（i,j）$\notin E$ 时（包括 $\boldsymbol{M}$ 的对角线元）$M_{ij}=1$。现在需要为（i,j）$\in E$ 的顶点对 i，j 设置 M_{ij} 的值（只有当 i 或者 j 至少有一个不在 S 中时才会发生这种情况）。具体做法如下：如果 i 和 j 都不在 S 中，那么 $M_{ij}=-1$。如果 $i\notin S$ 而且 $j\in S$，那么 $M_{ij}=-\frac{k-d_{i,S}}{d_{i,S}}$，这里 $d_{i,S}$ 是顶点 i 在集合 S 中的邻居数目。M_{ij} 的这个值大致等于-1，并且经过选择使得对于每个 $i\notin S$，$\sum_{j\in S}M_{ij}=0$。最后，如果 $i\in S$ 而且 $j\notin S$，那么 $\boldsymbol{M}$ 的对称性决定了 $M_{ij}=M_{ji}$。对于这个矩阵 $\boldsymbol{M}$，如果向量 $\boldsymbol{v}_S\in\{0,1\}^n$ 中与 S 的各个顶点对应的坐标上的值为 1，其他坐标上的值为 0，则 $\boldsymbol{v}_S$ 是特征值为 k 的一个特征向量。Feige 和 Krauthgamer（2000）证明了以高概率（在 G 的选择上）矩阵 $\boldsymbol{M}$ 没有任何一个大于 k 的特征值，这就确定了 $\vartheta(G)=k$。同样的 $\boldsymbol{M}$ 也适用于由一个单调对抗从 G 派生的任何图 $\hat{G}$，因为向 G 添加边只会删除在 $\boldsymbol{M}$ 上施加的约束。

综上所述，Alon 等人（1998）的谱算法可以在分布模型 $G_{n,k,\frac{1}{2}}$ 中找到植入的独立集。在计算 ϑ 函数的基础上利用半定规划，可以将这个结果推广到半随机模型。更一般地，值得记住的一条有用的经验法则是半定规划经常可以作为谱算法的一个健壮版本。

在前面的讨论中显然可以看到 SDP 方法的另一个优点，就是它不仅找到了植入的独立集，而且认证了它的最优性：对偶 SDP 的解可以作为 $\hat{G}$ 不包含任何大于 k 的独立集的一个证明。

9.3.3 反驳启发式算法

9.3.2 节介绍了在各种随机和半随机模型中搜索解的算法。一旦找到解，算法就终止了。一个互补的问题是判定一个输入实例没有任何一个好的解。例如，当试图验证给定的硬件设计或者软件代码是否符合其规格说明时，人们经常将验证任务简化为确定布尔公式的可满足性。布尔公式的一个可满足赋值对应于设计中的一个缺陷，没有可满足赋值则意味着设计符合规格说明。因此，人们希望有一个算法，它能够证明不存在任何解（在这个例子中就是要证明不存在任何可满足赋值）。这种算法被称为*反驳算法*（refutation algorithm）。

对于诸如 SAT 这样的 NP 困难问题，除非 P＝NP，否则不存在多项式时间的反驳算法。因此，考虑将随机和半随机模型用于反驳任务是很自然的。但是反驳任务涉及一个在搜索任务过程中不会出现的困难。NP 困难问题并没有为它们的不可满足性持有多项式大小的证据（除非 NP＝coNP）。因此反驳算法应该搜索什么，以及反驳算法可以收集哪些证据来确保输入实例不可能有解，这些都尚不清楚。

回忆一下 3SAT 的分布模型。在这个模型中，输入是一个带有 n 个变量和 m 个子句的随机 3CNF 公式 ϕ，目的是确定它是否可满足。规范地利用 Chernoff 界和在所有可能赋值上的联合界，可以证明当 $m>cn$（对于足够大的常数 c）时，ϕ 几乎肯定是不可满足的。因此，如果我们相信这个公式确实是根据分布模型生成的，并且愿意容忍一个小的错误概率，那么反驳算法可以简单地输出不可满足的结果，并且以高概率（在 ϕ 的选择上）是正确的。然而，出于多种原因，这种方法并不令人满意，原因之一是它并未提供在实践中如何设计反驳算法的任何建议。因此，对于一个给定的分布模型 D，具有以下性质的算法才是我们感兴趣的。

- 对于每个公式 ϕ，算法 A 都能正确判断 ϕ 是否可满足。
- 算法 A 以高概率（在 $\phi \in D$ 的选择上）在多项式时间内产生输出。

我们可以完全信任这样的算法 A 的输出。但是，A 可能会在某些实例上以指数时间运行，这时候我们可能需要在获得答案之前终止 A。如果由 D 生成的大多数输入是不可满足的，那么将 A 称为反驳启发式（refutation heuristic）算法是合适的。

在求解 SAT 的反驳启发式算法之前，考虑另一个不同的 NP 困难问题（MIS 问题）的反驳启发式算法不无裨益。考虑 MIS 的 $G_{n,\frac{1}{2}}$ 分布模型，并且固定 $k=n/5$。我们说 $\alpha(G)\geqslant k$ 的图 G 是可满足的。对于这样的设定，我们基于 ϑ 函数给出以下反驳启发式算法。

MIS 的反驳启发式算法。计算 $\vartheta(G)$。如果 $\vartheta(G)<k$，则输出不可满足的。如果 $\vartheta(G)\geqslant k$，则利用穷举搜索在 G 中找到 MIS，如果其大小至少为 k，则输出可满足的，如果其大小比 k 小，则输出不可满足的。

这个反驳启发式算法的输出总是正确的，因为对于所有的图 G，有 $\vartheta(G)\geqslant\alpha(G)$。对于大多数从 $G_{n,\frac{1}{2}}$ 生成的输入图 G，算法在多项式时间内运行，因为这类图以高概率有 $\vartheta(G)=O(\sqrt{n})$（间接证明这一点的方法是将引理 9.2 与 ϑ 函数的单调性结合起来），并且 ϑ 可以在多项式时间内计算到任意精度。

对于足够大的常数 c，在 $p\geqslant\frac{c}{n}$ 的情况下，这个反驳启发式算法可以不加改变地推广到 $G_{n,p}$ 模型，因为对于这类图也是以高概率有 $\vartheta(G)<n/5$。参见（Coja-Oghlan，2005）。

鉴于我们已经有了一个 MIS 的反驳启发式算法，我们可以希望通过将 3SAT 归约到 MIS，从而也能够为 3SAT 设计一个反驳启发式算法。然而，标准的“教科书式的”从 3SAT 到 MIS 的归约（应用到随机 3SAT 实例时）并没有给出随机的 $G_{n,p}$ 图。因此，对于这样的图，MIS 的反驳启发式算法可能不会在多项式时间内终止。Friedman 等人（2005）解决了这一难题，他们设计了一种不同的 3SAT 到 MIS 的归约方案。他们还设计了一种从 4SAT 到 MIS 的更加简单的归约方案，我们选择在这里解释的就是这个归约方案。

对于足够大的 c，我们考虑随机的 4CNF 公式 ϕ，其中包含 $m=cn^2$ 个子句。把 ϕ 划分成三个子公式：ϕ^+ 只包含那些所有文字都为正的子句，ϕ^- 只包含所有文字都为负的子句，ϕ' 包含其余的子句。我们完全忽略 ϕ' 并构造两个图：基于 ϕ^+ 的图 G^+ 以及基于 ϕ^- 的图 G^-。下面我们描述图 G^+ 的构造，图 G^- 的构造是类似的。

G^+ 的顶点集合 V 包含 $\binom{n}{2}$ 个顶点，其中每一个顶点由一对不同的变量标记，不同的顶点有不同的标记。对于 ϕ^+ 中的每个子句（我们假设它包含四个不同的变量），在图 G^+ 中添加一条边，连接由子句的前两个变量所标记的顶点和由子句的后两个变量所标记的顶点。

引理 9.3　*如果 ϕ 是可满足的，则图 G^+ 和 G^- 中至少有一个图，其中有一个大小至少是 $\binom{n/2}{2}\simeq|V|/4$ 的独立集。*

证明 考虑 ϕ 的任意可满足赋值，设 S^+ 是赋值为真的变量集合，S^- 是赋值为假的变量集合。考虑 G^+ 中由 S^- 中的顶点对标记的 $\binom{|S^-|}{2}$ 个顶点的集合，它们必定构成一个独立集，因为 ϕ 不可能有一个只包含来自 S^- 的变量的子句而其中所有的文字都是正的。类似地，G^- 有一个大小至少为 $\binom{|S^+|}{2}$ 的独立集。由于 $\max[|S^+|, |S^-|] \geqslant n/2$，引理得证。 □

注意到如果 ϕ 是随机的，那么 G^+ 和 G^- 都是随机图，每个图大约有 $m/16 \simeq c|V|/8$ 条边，因此平均度大约为 $c/4$。（说明：每个图中的确切边数并不是精确地像 $G_{n,p}$ 模型那样分布。但是给定边的数目之后，边的位置是随机而且独立的，就像 $G_{n,p}$ 模型一样。这足以满足应用 Coja-Oghlan(2005) 提出的 ϑ 函数的界的要求。）对于足够大的 c，MIS 的反驳启发式算法将以高概率在多项式时间内证实不管是 G^+ 还是 G^- 都没有大于 $|V|/5$ 的独立集，从而确定 ϕ 不能有可满足赋值。

在 $m>cn^{k/2}$ 的前提下，对于所有的 k 反驳随机 kCNF 公式，可以将 4SAT 的反驳启发式算法推广到 kSAT。当 k 的值是偶数时，这样做相当简单，而对于奇数 k（包括 $k=3$，3SAT）的扩展要困难得多。关于这个方面的最新结果参见（Allen et al.，2015）和其中的参考文献。

是否存在能够反驳明显少于 $n^{3/2}$ 个子句的随机 3CNF 公式的反驳启发式算法，这是一个开放式问题。这个问题的答案可能会影响各种 NP 困难问题（例如最小对分和稠密 k 子图，详见（Feige，2002））的可逼近性，还会影响一些统计学和机器学习中的问题（示例参见（Daniely et al.，2013））。

9.3.4 关于局部最优解的单调对抗

回忆 9.1.1 节中提出的 MIS 问题的半随机模型。这个模型（这里称之为 FK 模型，由 Feige 和 Kilian（2001）引入）比 9.3.2 节中提出的模型更具挑战性，因为单调对抗完全控制了在 $V\backslash S$ 上导出的子图。这个子图可能包含大于 S 的独立集，所以 S 不一定是 G 中的 MIS。因此，在 FK 模型中开发求解 MIS 的算法是没有希望的，因为解可能处于 $V\backslash S$ 之中，而且在 $V\backslash S$ 上导出的图可能是 MIS 的一个“最坏情况”实例。同样，在这个模型中清晰地恢复 S 也不是可行的任务，因为对抗可能会在 $V\backslash S$ 中植入其他大小为 k 的独立集，在统计上无法分辨这些集合与 S 自身。因此，为了简单起见，我们在这个模型中设定的目标是输出一个大小至少为 k 的独立集。需要指出的是，这个模型的算法通过输出一个独立集的列表（其中一个是 S）来满足这个目标。因此，这些算法可能无法判断输出的独立集中哪一个是 S 自身，但是算法确实找到了 S。

FK 模型试图解决下面的问题：独立集的哪些性质使得寻找独立集变得容易？显然，这些性质不包括作为图中最大的独立集，因为 MIS 是 NP 困难的。相反，FK 模型提供了一个不同的答案，可以表述为：如果独立集 S 是强局部最大值，那么可以找到 S。术语强局部最大值（strong local maximum）非正式地指出，对于 G 中的每个独立集 S'，要么 $|S'\cap S|$ 比 $|S|$ 小得多，要么 $|S'|$ 更加靠近 $|S'\cap S|$ 而不是靠近 $|S|$。S 的强局部最优性可以由 FK 模型的随机部分推出（以高概率），而且对 G 添加边（由单调对抗进行）的操作可以保持强局部最小值的性质。

FK 模型的另一个动机来自图的着色问题。每个颜色类都是一个独立集，但不一定是图的最大独立集。在 FK 模型中寻找独立集的算法容易转化为各种随机和半随机模型中求解图着色问题的图着色算法。

FK 模型的算法基于半定规划。然而引理 9.2 在这个模型中不一定成立。在 $V\backslash S$ 上导出的子图会导致 ϑ 函数大大超过 k——即使这个子图不包含任何大于 k 的独立集。因此，在 FK 模型中，9.3.2 节提出的算法不一定能够找到 S，也不一定能够在 G 中找到任何其他大小至少为 k 的独立集。

Feige 和 Kilian（2001）利用更为复杂的半定规划，在 FK 模型参数的一个确定状态下得到以下结果。

定理 9.4（Feige and Kilian，2001）　设 $k=\alpha n$，并设 $\epsilon>0$ 是任意的正常数。那么在 FK 模型中（其中 $|S|=k$，S 和 $V\backslash S$ 之间的边以概率 p 独立导入，对抗可以添加任意的边 $(u,v)\notin S\times S$）以下结果成立：

- 如果 $p\geqslant(1+\epsilon)\dfrac{\ln n}{\alpha n}$，那么存在一个随机多项式时间算法，它以高概率输出大小为 k 的独立集。
- 如果 $p\leqslant(1-\epsilon)\dfrac{\ln n}{\alpha n}$，那么对抗有一个策略，使得除非 NP$\subset$BPP，否则所有的随机多项式时间算法都以高概率无法输出大小为 k 的独立集。

定理 9.4 的证明中的算法有五个阶段，概略如下（我们省略了大部分细节）。

1. 重复利用 ϑ 函数从图中提取 $t\leqslant O(\log n)$ 个顶点集合 $S_1,\cdots,S_t$，S 的大多数顶点在被提取的顶点当中。

2. 重复利用 Goemas 和 Williamson（1995）的随机超平面舍入技术，在每一个 S_i 中找到一个相对较大的独立集 I_i。

3. 可以证明以高概率存在一些好的索引值 $i\in[t]$，使得 $|I_i\cap S|\geqslant\dfrac{3}{4}|I_i|$。“猜测”（通过尝试所有的可能性——它们的数量只是多项式的）哪些是好的索引值。取相应的 I_i 的并集，并从相应的导出子图中去掉一个最大匹配。剩下的顶点的结果集合 I 形成一个独立集（这是由于匹配的最大性）。此外，由于每条匹配边必须至少包含一个不是来自 S 的顶点，因此（对于正确的猜测）I 的大多数顶点都来自 S。

4. 在 I 和 $V\backslash I$ 之间设置一个匹配问题，标识一个要从 I 中移除的顶点的集合 M，结果得到 $I'=I\backslash M$。然后可以证明 $I'\subset S$。

5. 考虑在 I' 的非邻居上导出的子图（这个子图包含 I' 本身），在其中找到一个最大匹配，并删除这个匹配的顶点。这就得到了一个独立集，而且如果它比 I' 大，就以它代替 I'。可以证明，这个新的 I' 保持是 S 的子集不变。重复这个过程，直到 I' 的大小没有进一步的改善。如果此时 $|I'|\geqslant k$，则输出 I'。

在第 3 阶段，算法尝试了所有多项式数量的猜测，其中的几个猜测结果可能输出大小至少为 k 的独立集。Feige 和 Kilian（2001）证明了当 $p\geqslant(1+\epsilon)\dfrac{\ln n}{\alpha n}$ 时，植入的独立集 S 以高概率在算法输出的独立集当中。但是，当 $p\leqslant(1-\epsilon)\dfrac{\ln n}{\alpha n}$ 时，单调对抗有一个可能导致算法失败的策略。这个算法确实能够完成前三个阶段，并且找到一个相当大的独立集，但其大小略小于 k。难点在于算法的第四阶段和第五阶段。出现这种困难是因为可能存在一个小的（但不可忽略的）顶点集合 $T\subset(V\backslash S)$，其中没有到 S 的随机边。于是对抗可以在 T 和 S 之间这样选择边：一方面使 S 自身成为 $S\cup T$ 中的最大独立集，另一方面使算法很难确定 I（第三阶段的结果）的哪些顶点属于 T，这些顶点阻止将 I 扩展到一个更大的独立集。此外，这些考虑可用于获得定理 9.4 第二部分所述的 NP 困难性结果，思路与定理 9.1 的证明类似。

我们以一个开放式问题结束本节。

问题： 当 $p=1/2$ 时，k 的最小值（作为 n 的一个函数）是多少才能够在 FK 模型中高效地找到一个大小为 k 的独立集？

McKenzie 等人（2020）证明了当 $k\geqslant\Omega(n^{2/3})$ 时，一个基于半定规划的算法是有效的。与 9.3.2 节所述的结果类似，人们可能希望设计一种适用于 $k\geqslant\Omega(\sqrt{n})$ 的算法，尽管这种算法目前尚未可知，但是也没有表明不存在这种算法的困难性结果。

9.3.5 可分离半随机模型

在 9.3.2 节和 9.3.4 节中，我们讨论了半随机图模型，其中输入图的一些边是随机生成的，而其他边由对抗生成。因此，在生成输入实例时，随机决策和对抗决策都指向输入实例的同一个方面，即图的边。在这一节和后续章节中，我们将讨论被称为可分离（separable）的一类半随机模型。在这些模型中，输入实例的一些方面是随机的，而一些其他方面是对抗的。这样的模型有助于澄清究竟是问题的哪些方面导致了计算上的困难性。

回忆 3SAT 半随机模型，其中包含 n 个变量、m 个子句和一个变量的极性发生反转的概率 p。当设置 $p=\frac{1}{2}$时，它为 3SAT 提供了一个概念上很简单的可分离模型。人们可能会认为 3CNF 公式有两个不同的方面：一方面是每一个子句中的变量的选择，另一方面是每一个变量的极性。在分布模型中，变量的选择和它们的极性的选择都是随机的。在可分离半随机模型中，变量的选择完全留给对抗自行决定，而给定每一个子句中的变量集之后，变量的极性完全是随机设置的（每一个变量的出现被独立地设置为以概率 1/2 为正，以概率$\frac{1}{2}$为负）。在 3SAT 的分布模型中，当 $m>cn$ 时（对于足够大的常数 c），结果得到的输入公式几乎肯定是不可满足的。如 9.3.3 节所述，当 $m>cn^{3/2}$ 时，对分布模型存在反驳启发式算法。如前所述，这些启发式算法不适用于可分离半随机模型。为了理解其中的一些困难，观察 9.3.3 节描述的用于反驳 4SAT 的启发式算法，引理 9.3 中提到的图 G^+ 和 G^- 在半随机模型中不会是随机的。但是如果允许把子句的数量适当增加到 $m\geqslant cn^{3/2}\sqrt{\log\log n}$，那么存在一些方法可以让已知的 3SAT 的反驳启发式算法适应半随机模型（参见（Feige，2007））。这表明随机 3CNF 公式（具有足够多的子句）的高效反驳所要求的主要方面是变量极性的随机性，而变量选择的随机性看来没有起到重要作用。为了验证这一结论，不妨研究一下 3SAT 的一个互补的可分离半随机模型，其中每一个子句的变量的选择是随机的，而变量极性的选择是对抗的。我们尚不清楚已知的反驳启发式算法是否适用于这样的另一种可分离半随机模型。

9.3.6　唯一博弈的可分离模型

Kolla 等人（2011）提供了可分离半随机模型的一种指导性用法。他们考虑了一些唯一博弈（unique game）的实例。唯一博弈实例由以下内容说明：具有 n 个顶点的图 $G(V,E)$，标签集合$[k]$，以及对应于每条边（u,v）$\in E$ 的在［k］上的置换 π_{uv}。给每一个顶点 $v \in V$ 赋予一个标签 $L(v) \in [k]$，博弈的值是满足 $L(v)=\pi_{uv}(L(u))$ 的边（u,v）所占的比例。我们寻找一种能够最大化博弈值的标签的赋值方案。这个问题是 NP 困难的，Khot（2002）的唯一博弈猜想（Unique Games Conjecture，UGC）指出，对于每个 $\epsilon>0$，存在某一个 k，使得在值至少为 $1-\epsilon$ 的唯一博弈和值最多为 ϵ 的唯一博弈之间进行区分是 NP 困难的——由于它在近似的困难性问题上的影响，人们做出了很大的努力尝试证明和反驳 UGC。如果我们知道如何设计值为 $1-\epsilon$ 的唯一博弈实例（目前尚且没有任何算法能够找到一个值大于 ϵ 的解），那么这些努力可以被引导到有前途的研究道路上。给定 n,k 和 ϵ，这种唯一博弈实例的设计涉及四个方面：

1. 选择一个输入图 $G(V,E)$。
2. 选择一个给顶点赋标签的函数 $L:V\to[k]$，并选择一个导致赋值的结果为 1 的置换 π_{uv}。
3. 选择一个包含 $\epsilon|E|$ 条边的损坏集合 E'。
4. 对于（u,v）$\in E'$，选择一个替代的置换 π'_{uv}（这里有可能 $L(v)\neq\pi'_{uv}(L(u))$）。

如果一个对抗控制了输入实例的所有方面，那么我们将得到一个最坏情况下的唯一博弈实例。有四种可分离的半随机模型能够以最简单的方式削弱对抗。换句话说，对于每一种模型，上述的四个方面中有三个方面由对抗控制，而剩下的一个方面是随机的。有人可能会问，这些半随机模型中的哪一个会在输入上产生一个分布，在这个分布上 UGC 可能是真的。有些令人惊讶的是，Kolla 等人（2011）证明了这些模型都没有做到（如果输入图有足够多的边）。

定理 9.5（Kolla et al.，2011）　*对于任意 $\delta>0$，设 k 足够大，$\epsilon>0$（ϵ 是出错边所占的比例）足够小，并假设要求 G 的边数至少为 $f(k,\delta)n$（对于某一个明确给定的函数 f）。那么存在一个随机化的多项式时间算法，给定一个由上述四个可分离半随机模型中的任意一个生成的实例，算法以高概率找到一个值至少为 $1-\delta$ 的解。*

定理 9.5 中的概率既考虑了生成半随机输入实例时的随机选择，也考虑了算法的随机性。

由于篇幅有限，我们没有给出定理 9.5 的概略证明。我们确实想要指出的是当只有第三个方面（E'的选择）是随机的时候，对抗可以强大到足以挫败所有先前已知的近似唯一博弈的方法。为了处理这种情况，Kolla 等人（2011）引入了所谓的粗糙半定规划（crude SDP），并发展了一些技术，可以利用它的解来找到唯一博弈的近似解。半随机模型的目标之一是带来新的算法技术的发展，而唯一博弈的可分离模型很好地达到了这一目的。

9.3.7　宿主型着色框架

我们在这里讨论 3-着色的两种可分离半随机模型。回忆 3-着色分布模型，其中的关键参数是 p，即在不同颜色类的顶点之间引入边的概率。当 p 为常数时 3-着色可以得到恢复，这里利用了这样的事实，即对于度为 $\Omega(n)$ 的图，3-着色即使在最坏情况的实例上也可以在多项式时间内求解。（这里是关于如何做到这一点的概略说明。贪心算法在这样的图中找到一个大小为 $O(\log n)$ 的支配集 S，通过尝试所有的可能性来“猜测” S 中每个顶点的真实颜色。对于不在 S 中的每一个顶点，最多有两种可能的颜色可以保持着色的合法性。因此，将 S 的正确 3-着色推广到图的其余部分的问题可以转化为一个 2SAT 问题，而 2SAT 在多项式时间内是可解的。）随着 p 的减小，寻找植入的着色方案变得更加困难。事实上，如果对于 $p=p_0$ 存在一个能够以高概率找到植入 3-着色的算法，那么首先对图的边进行二次采样，保持每一条边的概率为$\frac{p_0}{p_1}$，就可以把相同的算法应用于所有的 $p_1>p_0$。

Blum 和 Spencer（1995）设计了一个组合算法，对于 $\epsilon>0$，当 $p\geqslant n^{\epsilon-1}$ 时算法以高概率找到植入 3-着色。他们的算法基于下面的原理。对于每两个顶点 u 和 v，计算 u 的 r 距离邻域和 v 的 r 距离邻域的交集的大小，其中 $r=\Theta\left(\frac{1}{\epsilon}\right)$ 是奇数。对于依赖于 p 和 r 的阈值 t，当且仅当交集的大小超过 t 时，顶点 u 和 v 以高概率处于同一颜色类中。例如，如果 $p=n^{-0.4}$，那么可以取 $r=1$ 和 $t=\frac{n}{2}p^2$，这是因为相同颜色类的顶点的公共邻居期望数目是 $p^2\frac{2n}{3}$，而不同颜色类的顶点的公共邻居期望数目只有 $p^2\frac{n}{3}$。

Alon 和 Kahale（1997）对 Blum 和 Spencer（1995）的结果做了很大的改进。他们设计了一种谱算法（基于与 G 的邻接矩阵的两个最小特征值相关联的特征向量），只要 $p\geqslant\frac{c\log n}{n}$（对于足够大的常数 c），就能够以高概率找到植入的 3-着色。此外，他们还通过额外的组合步骤来增强谱算法，设法在 $p\geqslant\frac{c}{n}$（对于足够大的常数 c）时以高概率对输入图进行 3-着色。在如此低的密度下，植入的 3-着色不再是输入图的唯一 3-着色（例如，这个图可能有一些可以放置在任何颜色类中的孤立顶点），因此，这个算法不一定恢复植入的 3-着色（在统计上无法与这个图的许多其他 3-着色进行区分）。

David 和 Feige（2016）为 3-着色问题引入了*宿主型 3-着色框架*。在他们的模型中有一个宿主图（host graph）的类 $\mathcal{H}$。为了生成输入图 G，我们首先选择图 $H\in\mathcal{H}$，然后在其中植入一个平衡的 3-着色（将顶点集合划分为三个大致相等的部分，并且删除每一部分中的所有边），结果得到的图 G 作为一个要对 G 进行 3-着色的多项式时间算法的输入。分布 3-着色模型是宿主型 3-着色框架的一个特例，其中 $\mathcal{H}$ 是一类 $G_{n,p}$ 图，随机选择一个成员 $H\in\mathcal{H}$，然后随机植入一个平衡 3-着色。宿主型 3-着色框架中的其他模型有可能将图的生成过程的一部分（或者甚至全部，如果类 $\mathcal{H}$ 受到足够的限制）交由对抗决定。

在这个框架内的一个可分离半随机模型中，$\mathcal{H}$ 是一类 d-正则谱扩展图。也就是说，对于每个图 $H\in\mathcal{H}$，除了其邻接矩阵的最大特征值外，所有其他特征值的绝对值都比 d 小得多。图 $H\in\mathcal{H}$ 是由对抗选择的，而且植入的 3-着色是随机选择的。David 和 Feige（2016）证明了可以对 Alon 和 Kahale（1997）的 3-着色算法进行修改以适应这种情况，这表明即使宿主图是由对抗选择的，只要宿主图是扩展图，也可以找到随机植入的 3-着色。

在这个框架内的另一个可分离半随机模型中，宿主图 H 是从 $\mathcal{H}=G_{n,p}$ 中随机选择的，而植入的平衡 3-着色由对抗在见到 H 之后选择。有些令人惊讶的是，David 和 Feige（2016）证明了在 p 的某一特定取值范围内，对应于平均度略小于$\sqrt{n}$的随机图，对结果得到的图进行 3-着色是 NP 困难的。我们在这里解释一下这个 NP 困难性结果的主要思想（为了把下面的非正式论证变成严格的证明，还需要大量的额外工作）。设 $\mathcal{Q}$ 是一类经过精心挑选的图，在这些图上进行 3-着色是 NP 困难的。首先我们证明给定任何一个在 n^{ϵ} 个顶点上的 3-可着色图 $Q \in \mathcal{Q}$，如果 p 足够大（这里要求 $p \geq n^{-2/3}$），那么 H 可能包含 Q 的许多副本。计算能力不受限制的对抗可以在 H 中找到 Q 的一个副本，并且在 H 中植入一个 3-着色，这个 3-着色不会修改 Q 的这个副本（通过让植入的着色与 Q 的某一个现有的 3-着色一致）。此外，如果 p 不是太大（这里要求 $p \leq n^{-1/2}$），那么可以这样进行植入，即让 Q 与 H 的其余部分分离（源于这样的事实：从 H 中移除了在植入的 3-着色下的单色边）。由于容易在 G 中找到 Q，所以任何对 G 进行 3-着色的算法都可以在多项式时间内推导出 Q 的 3-着色。由于假定对 Q 进行 3-着色是困难的，所以对 G 进行 3-着色也是困难的。

一般情况下，宿主型 3-着色框架中的结果有助于澄清在植入的着色模型中随机性的哪些方面是 3-着色算法成功的关键。

9.4　开放式问题

根据 9.3 节的讨论，显而易见存在许多不同的半随机模型。我们介绍了其中的一些，还有一些在本书的其他章节中进行了更为广泛的讨论。由于篇幅所限，一些更具创造性的模型，如 Makarychev 等人（2014）的置换不变随机边（Permutation-Invariant random Edge，PIE）模型没有纳入我们的讨论范围。

我们还尝试提供一些用于处理半随机模型的算法技术的概述，更多的细节参见参考文献。此外，我们提供了关于如何在半随机模型中证明困难性结果的一些简单说明。我们相信，具有困难性结果（而不仅仅是算法）是建立半随机模型的复杂性理论的一个关键组成部分。

存在许多与分布模型和半随机模型相关的开放式问题。我们在前面几节已经有所论及，在这里再列举几个例子。下面的前两个问题与参数的改进有关（在这些参数下已经有了能够有效工作的算法），另外两个问题与非标准化的研究方向有关。

- 回忆一下，Alon 和 kahale（1997）为关于 3-着色的分布模型设计了一种 3-着色方案，前提是对于足够大的常数 c，有 $p \geq cn$。这个算法能不能扩展到对所有的 p 都成立？在这种情况下，值得一提的是对于一个不同的 NP 困难问题即哈密顿性（Hamiltonicity）问题，存在一个多项式时间算法，对 p 的所有取值，算法在 $G_{n,p}$ 模型中有效。也就是说，不管 p 的值是多少，如果 G 不是哈密顿图，那么算法以高概率（在输入随机图 G 的选择上）为这一事实提供一个证据（证据只是一个度小于 2 的顶点），但是如果这个图是哈密顿图，算法会产生一个哈密顿回路（利用扩展-旋转技术）。详情参见（Bollobás et al.，1987）。
- 在定理 9.5（关于唯一博弈）中，可以去掉“边的数量足够大”的要求吗？
- 针对 MIS 问题，考虑以下半随机模型。首先，对抗选择一个任意的 n 顶点图 $H(V,E)$。然后，对于一个大小为 k 的随机子集 $S \subset V$，删除由 S 导出的所有边，使 S 成为一个独立集，从而使 S 成为一个随机植入独立集。结果得到的图 G（而不是 H）和参数 k（S 的大小）作为输入，任务是输出一个大小至少为 k 的独立集。是否存在一个多项式时间算法以高概率（在 S 的随机选择上）输出一个大小至少为 k 的独立集？是否能够证明这个问题是 NP 困难的？
- 回忆一下，当随机 3CNF 公式有超过 $n^{3/2}$ 个子句时，存在关于 3SAT 的反驳启发算法。以下问题可以作为对比较稀疏的公式进行反驳的第一步。

给定一个初始带有 n^{δ} 个子句的随机 3CNF 公式 ϕ，我们可以将所有变量的极性设为正，结果得到的公式是可满足的。问题是应该如何设置变量的极性，从而能够在多项式时间内证明公式 ϕ'是不可满足的。当 $\delta>3/2$ 时，可以通过随机设置极性来解决这个问题，因为随后可以利用 9.3.3 节的反驳启发算法。对于 $7/5<\delta<3/2$，以高概率（在 ϕ 的选择上）存在极性的设置（不一定通过多项式时间过程）使得在多项式时间内可以实现反驳。（提示：把 ϕ'分解成一个带有随机极性的前缀以及一个后缀，后缀的极性形成一个 0/1 串，对 Feige 等人（2006）的反驳证据进行编码。）对于 $\delta<7/5$，这是一个开放式问题，即是否存在任何极性的设置（无论是在多项式时间内还是在指数时间内完成）使得多项式时间反驳成为可能。

致谢

作者的工作部分地由以色列科学基金（批准号 1388/16）支持。我要感谢 Ankur Moitra、Tim Roughgarden 和 Danny Vilenchik 提出的有益的意见。

参考文献

Allen, Sarah R., O'Donnell, Ryan, and Witmer, David. 2015. How to refute a random CSP. In *IEEE 56th Annual Symposium on Foundations of Computer Science, FOCS*, pp. 689–708.

Alon, Noga, and Kahale, Nabil. 1997. A spectral technique for coloring random 3-colorable graphs. *SIAM Journal on Computing*, **26**(6), 1733–1748.

Alon, Noga, Krivelevich, Michael, and Sudakov, Benny. 1998. Finding a large hidden clique in a random graph. *Random Structures & Algorithms*, **13**(3-4), 457–466.

Bhaskara, Aditya, Charikar, Moses, Chlamtac, Eden, Feige, Uriel, and Vijayaraghavan, Aravindan. 2010. Detecting high log-densities: an $O(n^{1/4})$ approximation for densest k-subgraph. In *Proceedings of the 42nd ACM Symposium on Theory of Computing, STOC*, pp. 201–210.

Blum, Avrim. 1990. Some tools for approximate 3-coloring (extended abstract). In *31st Annual Symposium on Foundations of Computer Science*, Volume II, pp. 554–562. IEEE.

Blum, Avrim, and Spencer, Joel. 1995. Coloring random and semirandom k-colorable graphs. *Journal of Algorithms*, **19**(2), 204–234.

Bollobás, Béla, Fenner, Trevor I., and Frieze, Alan M. 1987. An algorithm for finding Hamilton cycles in a random graph. *Combinatorica*, **7**(4), 327–341.

Coja-Oghlan, Amin. 2005. The Lovász number of random graphs. *Combinatorics, Probability & Computing*, **14**(4), 439–465.

Daniely, Amit, Linial, Nati, and Shalev-Shwartz, Shai. 2013. More data speeds up training time in learning halfspaces over sparse vectors. In *Advances in Neural Information Processing Systems 26: 27th Annual Conference on Neural Information Processing Systems 2013*, pp. 145–153.

David, Roee, and Feige, Uriel. 2016. On the effect of randomness on planted 3-coloring models. In *Proceedings of the 48th Annual ACM SIGACT Symposium on Theory of Computing, STOC 2016*, pp. 77–90.

Feige, Uriel. 2002. Relations between average case complexity and approximation complexity. In *Proceedings on 34th Annual ACM Symposium on Theory of Computing*, pp. 534–543.

Feige, Uriel. 2007. Refuting smoothed 3CNF formulas. In *48th Annual IEEE Symposium on Foundations of Computer Science, FOCS*, pp. 407–417.

Feige, Uriel, and Kilian, Joe. 2001. Heuristics for semirandom graph problems. *Journal of Computer and System Sciences*, **63**(4), 639–671.

Feige, Uriel, and Krauthgamer, Robert. 2000. Finding and certifying a large hidden clique in a semirandom graph. *Random Struct. Algorithms*, **16**(2), 195–208.

Feige, Uriel, and Ron, Dorit. 2010. Finding hidden cliques in linear time. In *21st International Meeting on Probabilistic, Combinatorial, and Asymptotic Methods in the Analysis of Algorithms (AofA'10)*, pp. 189–204.

Feige, Uriel, Kim, Jeong Han, and Ofek, Eran. 2006. Witnesses for non-satisfiability of dense random 3CNF formulas. In *47th Annual IEEE Symposium on Foundations of Computer Science, FOCS 2006*, pp. 497–508.

Friedman, Joel, Goerdt, Andreas, and Krivelevich, Michael. 2005. Recognizing more unsatisfiable random k-SAT instances efficiently. *SIAM Journal of Computing*, **35**(2), 408–430.

Goemans, Michel X., and Williamson, David P. 1995. Improved approximation algorithms for maximum cut and satisfiability problems using semidefinite programming. *Journal of ACM*, **42**(6), 1115–1145.

Khot, Subhash. 2002. On the power of unique 2-prover 1-round games. In *Proceedings on 34th Annual ACM Symposium on Theory of Computing*, pp. 767–775.

Kolla, Alexandra, Makarychev, Konstantin, and Makarychev, Yury. 2011. How to play unique games Against a semirandom adversary: Study of semirandom models of unique games. In *IEEE 52nd Annual Symposium on Foundations of Computer Science, FOCS 2011*, pp. 443–452.

Makarychev, Konstantin, Makarychev, Yury, and Vijayaraghavan, Aravindan. 2014. Constant factor approximation for balanced cut in the PIE model. In *Symposium on Theory of Computing, STOC 2014*, pp. 41–49.

McKenzie, Theo, Mehta, Hermish, and Trevisan, Luca. 2020. A new algorithm for the robust semirandom independent set problem. In *Proceedings of the 2020 ACM-SIAM Symposium on Discrete Algorithms (SODA)*, pp. 738–746.

半随机的随机块模型

Ankur Moitra

摘要：本章介绍半随机的随机块模型（semirandom stochastic block model），并对其他机器学习应用中的半随机模型进行探索。

10.1 引言

随机块模型由 Holland 等人（1983）引入，此后成为统计学的一个支柱。此外，它在生物学、物理学和计算机科学中有着广泛的应用。随机块模型如下定义一个过程，用于在一个植入的社群结构上生成随机图。

（a）首先，n 个结点中的每一个结点被独立地分配给 k 个社群中的一个，其中 p_i 是结点被分配给社群 i 的概率。

（b）下一步，根据社群分配的结果对边进行独立抽样：如果结点 u 和 v 分别属于社群 i 和 j，则边（u,v）以独立于所有其他边的概率 $W_{i,j}$ 出现，这里 $\boldsymbol{W}$ 是一个 $k\times k$ 对称矩阵，其元素介于 0 和 1 之间。

我们的目标是对图进行观察，从而精确或者近似地恢复社群结构。但是如何才能做到呢?

我们从一个具体的例子开始建立一些直觉。假设只有两个社群而且 $W_{1,1}=W_{2,2}=p$，$W_{1,2}=W_{2,1}=q$。进一步假设 $p>q$，这种情况被称为相配（assortative）情况，是应用中很自然的情况（比如在社交网络中寻找社群的时候，我们会预计同一社群的成员更有可能成为彼此的朋友）。最后考虑割（cut）的稀疏性，它被定义为

$$\phi(U)=\frac{|E(U,V\backslash U)|}{\min(|U|,|V\backslash U|)}$$

其中 V 是所有结点的集合，$|E(U,V\backslash U)|$ 是一个端点在 U 中而另一个端点在 U 外的边的数目。容易看到，对于足够大的 n，期望的最稀疏的割正是将一个社群的所有结点放在一边，而将其余结点放在另一边的割。再稍微努力一下（并且对参数做一些限制），还可以证明下面的说法以高概率是正确的：对于足够大的 n，最稀疏的割（以高概率）与用于生成这个图的植入社群结构相同。因此，恢复植入的社群结构归约为计算从这个模型中抽样的随机图中的最稀疏割。

但是，事实证明在我们的计划中存在一个障碍：找到最稀疏的割（或者甚至只是对它进行近似）被认为是 NP 困难的。不过事实也证明了这是有办法解决的，例如我们可以写下一个半定规划松弛（稍后我们会这么做）。有些令人惊讶的是，在随机块模型的情况下，这个松弛的结果是精确的。

此外，存在各种可以成功地恢复植入社群结构的算法。历史上第一个被证明有效的算法利用度计数（即计算两个结点的公共邻居的数量）来判断两个结点是否属于相同的社群。这在本质上类似于 8.4.2 节介绍的针对植入团问题的最大度算法。还存在一些谱算

法，它们写下图的邻接矩阵，并利用具有最大特征值的特征向量找到植入的社群结构。甚至还存在一些基于马尔可夫链以及基于置信传播的方法。随机块模型自从首次提出以来，已经成为各种算法技术的测试平台，其侧重点在于获得在最大可能的参数范围内成功的算法。本章我们将从另一个角度研究各种算法适应这个模型中的变化的健壮性。

首先，我们将定义单调对抗的概念。这个定义只有在相配情况下才有意义。

定义 10.1　一个单调对抗在给定图 G 以及用于生成 G 的植入社群结构的情况下，被允许进行以下修改：

(a) 它可以在属于同一社群的任何一对结点 u 和 v 之间添加一条边 (u,v)。

(b) 它可以移除位于不同社群中的任何一对结点 u 和 v 之间的边 (u,v)。　◁

有点不太寻常的是，允许单调对抗做出的改变的类型在某种意义上似乎有助于使植入的社群变得更为明显。事实证明，对付单调对抗实际上是相当有挑战性的，而且会导致许多自然算法失效。还要引起重视的是，单调对抗可能做出的改变的数量是无法预计的。不过话又说回来，对抗的目标是进一步混淆社群结构，因此如果对抗只是简单地做出所有这些改变，在每个社群内部加上所有的边，并删除社群之间的所有边，那么找到社群结构将会是简单的事情。我们的对抗必须更加灵活才对。

为了了解单调对抗能够做些什么，我们研究两种算法，一种是单调对抗能够让其失效的，另一种是单调对抗无法让其失效的。假设存在大小完全相同的两个社群，这被称为植入对分模型（planted bisection model）。设置 $p=1/2$ 和 $q=1/4$ 分别为社群内部的和社群互连的概率。容易看出，对于来自同一社群的任何一对结点，它们所拥有的公共邻居的期望数量是

$$p^2\times\frac{n}{2}+q^2\times\frac{n}{2}=\frac{5}{32}\times n$$

相反，如果它们来自不同的社群，则公共邻居的期望数量是

$$pq\times n=\frac{4}{32}\times n$$

因此，如果我们选择一个阈值 $T=\frac{9}{64}\times n$，并且 n 足够大，那么至少有 T 个公共邻居的结点对将恰好就是那些来自同一社群的结点对。这是我们的第一种算法。

还要考虑最小对分问题：

$$\min_{|U|=\frac{n}{2}}|E(U,V\backslash U)|$$

如前所述（当我们考虑最稀疏割时），容易看出对于足够大的 n，切割最少数量的边的对分将（以高概率）与植入的社群结构相同。我们将通过暴力搜索来求解最小对分问题，这是我们的第二种算法。你觉得这两种算法中的哪一种能够在单调对抗下继续工作？

引理 10.2　当 $p=1/2$ 和 $q=1/4$ 时，最小对分能够成功克服单调对抗。

证明　首先，考虑这个对抗添加的任何一条边，其端点属于同一个社群，因此添加这条边不会增加植入对分所切割的边数，也不会减少任何其他对分所切割的边数。其次，考虑这个对抗移除的任何一条边，其端点属于不同的社群，因此删除这条边会将植入对分所切割的边数减少一个，而且对于任何其他对分所切割的边数最多可能减少一个。因此，无论如何，如果在开始时（在对抗做出任何改变之前）植入的对分是最小对分的唯一解，那么在此之后也是如此。　□

有许多办法可以让度计数算法失效。对抗可以在两个社群中的一个（比如第一个社群）的内部加上所有的边，那么来自第一个社群的两个结点的公共邻居的数目将大于来自不同社群的两个结点的公共邻居的数目，而后者的数目本身又大于同时来自第二个社群的两个结点的公共邻居的数目。现在，如果我们知道这是由对抗造成的，就可以反过来尝试修正度计数算法。但是目标是要找到不必在这种恶性循环中修正的算法。我们想要设计这样的算法，它们能够正常工作，而不必利用从生成模型中抽样的图中存在的某种脆弱结构。

10.2　借助半定规划的恢复

如前所述，设 G 是 n 个结点上具有一个植入对分的随机图，图中包含一条两个端点都在对分同一侧的边的概率为 p，而包含一条两个端点分属对分两侧的边的概率为 q。这一节我们将给出一个基于半定规划而且以高概率成功恢复植入对分的算法。随后我们将证明这个算法在面对单调对抗时继续有效。

10.2.1　最优性证书

首先给出松弛的定义。我们使用标准符号 $\boldsymbol{X}\geq 0$ 来表示 $\boldsymbol{X}$ 是对称的而且具有非负特征值的约束——$\boldsymbol{X}$ 是半正定的。现在考虑

$$\begin{aligned}\min\quad & \frac{m}{2}-\sum_{(u,v)\in E}\frac{X_{u,v}}{2}\\ \text{s.t.}\quad & \sum_{u,v}X_{u,v}=0\\ & X_{u,u}=1,\text{对所有的 } u\\ & \boldsymbol{X}\geq 0\end{aligned}$$

其中 E 是 G 中的边。

为了理解这确实是最小对分问题的一个松弛，考虑任意对分 $(U,V\backslash U)$，并且定义一个相应的长度为 n 的向量 $\boldsymbol{s}$，如果 $u\in U$ 则 $s_u=1$，其他情况下 $s_u=-1$。现在设置 $\boldsymbol{X}=\boldsymbol{s}\boldsymbol{s}^{\top}$。容易验证 $X_{u,u}=1$ 以及 $\boldsymbol{X}\geq 0$。此外，通过简单的计算可给出下面的等式：

$$\frac{m}{2}-\sum_{(u,v)\in E}\frac{X_{u,v}}{2}=|E(U,V\backslash U)|$$

这表明半定规划中的目标值正好是穿越对分的边数。最后，如果我们设 $\mathbf{1}$ 是全 1 向量，那么

$$\sum_{u,v}X_{u,v}=\mathbf{1}^{\top}\boldsymbol{X}\mathbf{1}=\Big(\sum_{u}s_u\Big)^2=0$$

因为 U 是一个对分。

我们现在证明下面由 Boppana（1987）提出的主要定理，这个定理由 Feige 和 Kilian（2001）进行了改进。

定理 10.3　对于某一个通用常数 C，如果 $(p-q)n\geqslant C\sqrt{pn\log n}$，那么半定规划松弛的值以高概率（在随机图 G 的生成上）正好是其最小对分的大小。

证明的方法是猜测对偶规划的一个可行解，以保证原规划不存在任何能够取得严格小于最小对分的值的可行解。对偶规划采用下面的形式：

$$\begin{aligned} \max \quad & \frac{m}{2}+\frac{\sum_{u} y_{u}}{4} \\ \text{s.t.} \quad & \boldsymbol{M} \triangleq -\boldsymbol{A}-y_{0}\boldsymbol{J}-\boldsymbol{Y} \succeq 0 \end{aligned}$$

这里 m 是 G 中的边数，$\boldsymbol{A}$ 是邻接矩阵，$\boldsymbol{J}$ 是全 1 矩阵，$\boldsymbol{Y}$ 是对角线矩阵。沿着 $\boldsymbol{Y}$ 的对角线是变量 y_u 的值，每一个变量对应于图的一个结点。此外还有一个特殊变量 y_0。

为了得到关于这个对偶的一些直觉，我们验证弱对偶性。考虑原始规划和对偶规划的一对可行的 $(\boldsymbol{X},\boldsymbol{M})$，设 $\langle \boldsymbol{X},\boldsymbol{M}\rangle=\sum_{u,v}X_{u,v}M_{u,v}$ 表示矩阵内积。首先利用 $\boldsymbol{X}\succeq 0$，$\boldsymbol{M}\succeq 0$ 的事实以及关于半正定矩阵的锥的标准事实，我们得到

$$\langle \boldsymbol{X},\boldsymbol{M}\rangle \geqslant 0$$

现在利用关于 $\boldsymbol{M}$ 的表达式，得到

$$-\langle \boldsymbol{X},\boldsymbol{A}\rangle-\langle \boldsymbol{X},y_0\boldsymbol{J}\rangle-\langle \boldsymbol{X},\boldsymbol{Y}\rangle \geqslant 0$$

我们可以利用下面的计算重写第一项：

$$\langle \boldsymbol{X},\boldsymbol{A}\rangle = 2\sum_{(u,v)\in E} X_{u,v}$$

第二项为零，这是因为 $\boldsymbol{X}$ 是可行的。第三项等于 $\sum_u y_u$，因为 $X_{u,u}=1$ 而且 $\boldsymbol{Y}$ 是对角矩阵。将原式重新排列，两边加上 $2m$ 再除以 4，得到

$$\frac{m}{2}-\frac{\sum_{(u,v)\in E} X_{u,v}}{2} \geqslant \frac{m}{2}+\frac{\sum_{u} y_{u}}{4}$$

左边是原始规划的目标函数，右边是对偶的目标函数，这正是我们想要的。

Feige 和 Kilian（2001）的主要观点是基于植入对分猜测对偶的一个解。第一次看到这样的把戏，你可能会觉得自己好像被骗了。毕竟找到植入对分是我们追求的目标，当你猜测对偶的解时，怎么可以假定自己知道植入对分？关键是你可以假装知道自己想知道的一切，而且如果你最后构造了一个真正可行的解，就知道在求解对偶规划达到最优时，将获得一个起码一样好的下界。除了作为我们后面将要讨论的内容的铺垫之外，这也是“为什么半定规划对于单调对抗是健壮的”这个问题背后的主要观点。在处理对偶时，你可以假装知道单调对抗也做了些什么，这有助于你对下界进行调整以适应被对抗修改的实例。

现在设 o_u 是结点 u 在对分另一侧的邻居的数目，类似地设 s_u 是 u 在对分同一侧的邻居的数目。我们的思路是设置 $y_0=1$，以及对每一个 y_u，设置 $y_u=o_u-s_u$。在这些变量的设置下，容易计算

$$\frac{m}{2}+\frac{\sum_{u} y_{u}}{4} = |E(U,V\backslash U)|$$

其中 U 是植入对分。余下要证明的是这种结构以高概率是可行的，即

$$\boldsymbol{M}=-\boldsymbol{A}+\boldsymbol{J}-\boldsymbol{Y}\succeq 0$$

Feige 和 Kilian（2001）利用迹（trace）的方法证明了这个界。具体而言，他们计算 $\boldsymbol{M}$ 的偶次幂的期望迹，从而掌握 $\boldsymbol{M}$ 的特征值的分布。相反，我们将给出一个启发式论证，即为什么人们会预期这个界是正确的。

10.2.2　随机矩阵理论

我们首先回顾一些经典的随机矩阵理论。Wigner（1993）在一项开创性工作中研究了

随机矩阵 $\boldsymbol{A}$ 的特征值分布，这里矩阵 $\boldsymbol{A}$ 的元素是独立同分布的，而且均值为零。

定理 10.4　假设 $\boldsymbol{Z}$ 是一个 $n\times n$ 的随机对称矩阵，其对角线元为零，其非对角元 $Z_{i,j}$ 是独立同分布的、均值为零而且方差为 σ^2。则 $\boldsymbol{Z}$ 的特征值的分布依分布收敛到半径为 $R=2\sigma\sqrt{n}$ 的半圆上，即分布为

$$\frac{2}{\pi R^2}\sqrt{R^2-x^2}$$

对这个半圆定律的利用存在一些弱点。当它告诉我们分布收敛到一个半圆时，可能有 $o(n)$ 个特征值散落在半圆之外。事实证明存在其他的方法，能够以高概率在谱半径上展现出基本相同的边界，如 Füredi 和 Komlós（1981）所述。甚至存在一些扩展，在 $\boldsymbol{Z}$ 的元素保持独立的情况下允许它们具有不同的分布，这一部分内容请参考（Bandeira et al.，2016）。

我们的目的是理解 $\boldsymbol{G}$ 的邻接矩阵 $\boldsymbol{A}$ 的谱。矩阵 $\boldsymbol{A}$ 的对角线元为零，非对角线元是一些伯努利随机变量，它们具有均值 p 或 q（这取决于对应行和列的一对结点是否位于植入对分的同一侧）。首先，注意到 $\boldsymbol{A}$ 的元素的均值不为零，这一点在很大程度上改变了我们对它的谱应有的样子的预期。直观上，我们应该期望一个大的特征值，其表现类似于平均度，而且其对应的特征向量应该靠近全 1 向量。如果 $\boldsymbol{G}$ 是正则的话，那么确实如此。就对 $\boldsymbol{M}$ 的贡献而言，$\boldsymbol{A}$ 中的大特征值被 $\boldsymbol{J}$ 项抵消。$\boldsymbol{J}$ 项的特征向量也是全 1 向量，但是这个特征向量有一个比$\frac{p+q}{2}n$ 大得多的特征值 n。

既然我们已经讨论了 $\boldsymbol{A}$ 的最大特征值，现在我们讨论其他的特征值。我们有理由期望它们的表现就像在元素均值为零的随机矩阵中那样。事实证明定理 10.4 存在一些扩展，它们允许元素是独立但非同分布的。实际上我们所需要的甚至比这个要稍强一点，因为我们需要谱半径上的界，而不是仅仅描述谱的极限分布看上去像什么。在任何情况下，我们都应该期望 $\lambda_2(\boldsymbol{A})\leqslant 2\sqrt{pn}$，因为 $\boldsymbol{A}$ 的元素的方差至多是 p。

最后，$\boldsymbol{Y}$ 的各个特征值是它的各个对角线元，它们的分布是一个均值为$\frac{q}{2}n$ 的二项式与一个均值为$\frac{p}{2}n$ 的二项式之差。综上得到

$$\lambda_{\min}(-\boldsymbol{A}+\boldsymbol{J}-\boldsymbol{Y})\gtrsim-\lambda_2(\boldsymbol{A})-\lambda_{\min}(\boldsymbol{Y})\gtrsim\frac{p-q}{2}n-2\sqrt{pn}\geqslant 0$$

如果 $\boldsymbol{G}$ 是正则的，则可以去掉第一个不等式中的颚化符。

10.3　单调对抗下的健壮性

这一节我们将证明即使在单调对抗下，半定规划松弛仍然是精确的。事实上，Feige 和 Kilian（2001）针对松弛的健壮性给出了简练的抽象。设 $h(G)$ 表示 G 上的松弛的最优值，$b(G)$ 表示最小对分的大小。

定义 10.5　我们说函数 h 关于一个单调对抗是健壮的，如果对于任何一个图 G，从 $h(G)=b(G)$ 能够推出 $h(H)=b(H)$，其中图 H 是从 G 中要么移除一条穿越最小对分的边、要么添加一条不穿越最小对分的边获得的。◁

注意到这是一个与单调变化稍微不同的概念，因为它是关于最小对分（而不是植入对分）的。不过对于随机块模型，在我们感兴趣的参数范围内，最小对分和植入对分以高概

率是一样的。事实表明，对 h 的某些有界单调性质进行验证就足以保证 h 是健壮的。特别地，Feige 和 Kilian（2001）证明了如下命题。

命题 10.6　假设 h 满足下列性质：

（1）对于所有图 G，$h(G)\leqslant b(G)$。

（2）如果 H 是通过给 G 添加一条边得到的，那么 $h(G)\leqslant h(H)\leqslant h(G)+1$。

那么 h 关于单调对抗是健壮的。

证明　假设 G 是一个图，$h(G)=b(G)$，H 是通过添加一条两个端点都在最小对分同一侧的边得到的。引用 h 的性质，我们有

$$h(G)\leqslant h(H)\leqslant b(H)=b(G)=h(G)$$

第一个不等式由单调性推出，第二个不等式来自下界的性质。第一个等式是因为添加这样的边不会改变最小对分的值。最后一个等式来自假定。因此 $h(H)=b(H)$，正如我们所要的。

现在假设 H 是通过移除一条穿越最小对分的边得到的。再次引用 h 的性质，我们有

$$h(G)-1\leqslant h(H)\leqslant b(H)=b(G)-1$$

第一个不等式来自有界单调性，第二个不等式来自下界的性质。因为删除边会使最小对分的值减少 1，这意味着 $h(H)=b(H)$ 并且完成了证明。□

现在剩下的工作就是要验证松弛满足命题中所述的性质。首先，$h(G)\leqslant b(G)$ 成立，因为它是一个最小对分的松弛。其次，如果 H 是通过在 G 上添加一条边（u,v）得到的，那么松弛中目标函数的变化就是我们增加了$\frac{1}{2}-\frac{X_{u,v}}{2}$这一项。因为 $\boldsymbol{X}\geq 0$ 以及 $X_{u,u}=X_{v,v}=1$，所以 $|X_{u,v}|\leqslant 1$（否则由 u 和 v 导出的 2×2 子矩阵的行列式为负）。因此，对于任何可行的 $\boldsymbol{X}$，目标函数的净变化在 0 和 1 之间，正如我们想要的。因此，我们得出以下主要结果。

定理 10.7　对于某一个通用常数 C，如果 $(p-q)n\geqslant C\sqrt{pn\log n}$，那么半定规划松弛可以恢复半随机植入对分模型中最小对分的精确值。

作为另外的选择，容易看出 Feige 和 Kilian（2001）构造的显式对偶证书追踪植入对分所切割的边的数量（如果删除一条穿越割的边，它的值将减少一个；如果添加一条不穿越割的边，它将保持不变），而且仍然是可行的。

总之，我们认识到虽然有多种算法可以恢复随机块模型中的植入划分，但是当我们允许单调变化时，其中的一些算法会失效，而半定规划不会失效。一旦能够证明它们是有效的而且获得植入对分的精确值，那么在单调变化后它们会继续追踪这个值。你可以要么利用松弛的约束进行有界单调性论证，要么通过直接推导对偶证书的选择来理解这一点。一般来说，我们对于如何获得在半随机模型中有效的算法的其他方法所知甚少，大多数分析都是通过对偶进行的，并且以某种内在的方式涉及凸规划。

10.4　精确恢复的信息理论极限

10.4.1　植入对分

这一节我们将研究植入对分模型中精确恢复的信息理论极限。到目前为止，我们的方法一直是近似最小对分，而且在参数的某一个范围内松弛是有效的，此外最小对分事实上就是植入对分。但是如果 p 和 q 足够靠近，那么最小对分不是植入对分，这就引发了一个

问题：在什么样的参数范围内，精确地恢复植入对分（或划分）在信息理论上是可能的？我们能否设计出达到这个极限的算法？

答案是肯定的。首先，Abbe 等人（2015）给出了在精确恢复的阈值上严格的界。

定理 10.8　设 n 为结点数，设置 $p=\frac{a\log n}{n}$，$q=\frac{b\log n}{n}$。那么在植入对分模型中，如果

$$\frac{a+b}{2}-\sqrt{ab}>1$$

那么以高概率精确恢复植入对分是可能的。而且如果

$$\frac{a+b}{2}-\sqrt{ab}<1$$

那么对于足够大的 n，以概率 $1-o(1)$ 精确恢复植入对分在信息理论上是不可能的。

此外，他们还证明了几乎同样的半定规划松弛在靠近信息理论阈值时有效。他们利用了 Goemans-Williamson 松弛：

$$\min \frac{m}{2}-\sum_{(u,v)\in E}\frac{X_{u,v}}{2}$$
$$X_{u,u}=1 \text{ 对所有的 } u$$
$$\boldsymbol{X}\succeq 0$$

这与我们早先讨论的松弛几乎相同，只是移除了 $\sum_{u,v}X_{u,v}=1$ 的约束。后来 Hajek 等人（2016）对此进行改进，达到了阈值。

定理 10.9　当 $\frac{a+b}{2}-\sqrt{ab}>1$ 时，Goemans-Williamson 松弛的唯一解是秩为 1 的矩阵 $\boldsymbol{X}=\boldsymbol{s}\boldsymbol{s}^{\top}$，其中 $\boldsymbol{s}$ 是植入对分的 ±1 指示向量。

定理的证明利用了许多我们之前了解的思路，包括类似地选择一个对偶证书（除了不再存在 y_0）。但是为了精确达到信息理论的极限，需要在关联的随机矩阵谱上有一个更加严格的界。

需要指出的是，我们有一个半定规划算法，它有效地达到了信息理论的阈值。这实际上给了我们一个甚至可以对付单调对抗的算法。这是一个有点令人惊讶的推论，因为它意味着在随机模型中能够做到的和在半随机模型中没有差别，至少对于精确恢复而言是这样。

推论 10.10　在植入对分模型中恢复的阈值和在半随机植入对分模型中的相同，都可以由半定规划求解。

10.4.2　一般随机块模型

到目前为止，我们只讨论了对分问题。经过大量的研究，Abbe 和 Sandon（2015）发现了在一般随机块模型中的精确恢复的严格信息理论极限，这里的一般随机块模型具有潜在不同大小的 k 个社群和一个表示连接概率的一般的 $k\times k$ 对称矩阵。事实证明，通过所谓的 Chernoff-Hellinger 散度，可以给阈值一个很好的信息理论解释。实际上，即便植入对分模型的界也会对应于这样的阈值，为此你预期 n 个结点中的每一个结点在对分的同一侧（与另一侧相比）拥有更多的邻居。

Abbe 和 Sandon（2015）的算法以一种非常复杂的方法利用每一个结点的局部邻域来猜测这个结点属于哪个社群，然后实施一个清理阶段来改进这些估计。然而，这个算法在

半随机模型中崩溃的方式与我们在 2.1 节中给出的度计数算法基本相同。Perry 和 Wein（2017）针对多社群情况给出了一个半定松弛。例如，在已知大小为 $s_1,\cdots,s_k$ 的 k 个社群的情况下，他们求解下面的半定规划：

$$\max\langle \boldsymbol{A},\boldsymbol{X}\rangle$$
$$\text{s.t.}\ \langle \boldsymbol{J},\boldsymbol{X}\rangle=\frac{k}{k-1}\sum_i s_i^2-\frac{1}{k-1}n^2$$
$$X_{u,u}=1,\text{对所有的}\ u$$
$$\boldsymbol{X}\geqslant\frac{-1}{k-1}$$
$$\boldsymbol{X}\succeq 0$$

这是最大 k-割问题的标准松弛。他们证明了这个方法能够达到精确恢复的信息理论极限，而且他们的结果再次扩展到了半随机模型。此时此刻人们自然想知道，各种各样的问题的恢复阈值在随机和半随机模型中是否相同。稍后我们将看到一些否定的例子，在这些例子中，对单调对抗具有健壮性与达到平均情况模型的信息理论极限确实是不一致的。

10.5　部分恢复和置信传播

到目前为止，我们一直把重点放在精确恢复问题上，而且必然地要求平均度是对数级别的。毕竟如果平均度不是至少对数级别的，那么以高概率我们生成的图会有孤立点，而且不可能断定这些孤立点属于哪个社群。这一节我们将换个角度研究这样的设定，其中平均度是常数级别的，但是我们放宽了目标。我们想要找到一个对分，它与真正的对分仅仅是 $1/2+\epsilon$ 相关的。这意味着，假如植入对分的一侧结点被给定隐藏的红色，而其他结点被给定蓝色，我们想要找到一个对分，其中有一侧至少有 $1/2+\epsilon$ 比例的结点被染成红色，而另一侧至少有 $1/2+\epsilon$ 比例的结点被染成蓝色。对于某一个独立于 n 而且有界非零的 ϵ，如果我们能够以概率 $1-o(1)$ 做到这一点，就说我们已经求解了部分恢复问题。

假设 $p=a/n$ 和 $q=b/n$ 分别是内部概率和互连概率，Decelle 等人（2011）提出了一个惊人的猜想。

猜想 1　如果 $(a-b)^2>2(a+b)$，那么存在一个求解植入对分模型的部分恢复问题的多项式时间算法。此外，如果 $(a-b)^2<2(a+b)$，那么在信息理论上不可能求解部分恢复问题。◁

10.5.1　置信传播

上述猜想基于统计物理学的深刻但是非严格的思想，最初是作为置信传播（belief propagation）的一种稳定性判断准则启发性地得到的。置信传播是一种用于执行概率性和因果性推理的迭代算法。在我们的设定中，每一个结点保持它属于每一个特定社群的概率的置信度。结点在每一步都向图中的所有邻居广播自己的置信度。在侦听到来自所有其他结点的消息后，结点会更新自己的置信度。这个过程会一直持续到收敛为止。

更准确地说，设 ϕ_u^i 是结点 u 属于社群 i 的置信度。由于技术上的原因，重要的是还有一个估计 $\phi_{u\leftarrow v}^i$，即在结点 v 不在社群 i 中的情况下，结点 u 属于社群 i 的估计。置信传播背后的假定是 u 的邻居有条件地独立于 u 的状态。这并不完全正确，不过稀疏随机

图在局部看起来像树，而对于树而言这个假定是正确的。因此，我们所遵循的更新规则是设置

$$\phi_{u\leftarrow v}^{i} \propto \prod_{w\neq v:(w,u)\in E}\sum_{j=1}^{2}\phi_{w\rightarrow u}^{j}p_{i,j}$$

其中，$p_{i,j}$ 是一对结点之间存在一条边的概率，其中一个结点在社群 i 中，另一个结点在社群 j 中。我们对右边进行规一化，使得 $\phi_{u\leftarrow v}^{i}$ 是一个分布。在达到收敛后，如下计算边缘概率：

$$\phi_{u}^{i} \propto \prod_{v:(u,v)\in E}\sum_{j=1}^{2}\phi_{w\rightarrow u}^{j}p_{i,j}$$

边的缺失也会产生一定的影响——如果结点 u 和 v 不共享任何边，那么它们在同一个社群中的可能性就比较小。不过这可以被视为一种全局影响，在这里可以忽略。

一般情况下，我们将到达置信传播方程组的一个固定点。但是存在一个平凡的固定点。直观上如果每一个结点对于它属于哪个社区一无所知，那么它就永远不会从邻居那里得到任何可以让它更新自己的置信度的信息。这体现在如果所有消息都被初始化为 1/2，则消息的下一轮也将还是 1/2，如此下去。令人困惑的是在参数的某一个范围内，这个固定点是不稳定的。如果我们扰动离开这个平凡固定点，那么将无法找回它。实际上，平凡固定点是不稳定的当且仅当 $(a-b)^2>2(a+b)$。Decelle 等人（2011）猜想的背后的动机是希望如果置信传播不会卡在平凡固定点上，那么它最终达到的解应该能够求解部分恢复问题。而这仅仅是猜想的一半，因为猜想还设想当平凡固定点稳定时，不但置信传播无法求解部分恢复问题，而且问题本身应该是信息理论上不可能的。

令人惊讶的是，这个猜想是正确的。Mossel 等人（2018）和 Massoulié（2014）证明了部分恢复是可解的当且仅当 $(a-b)^2>2(a+b)$。事实上，他们给出的算法是从置信传播中衍生出来的。Massoulié（2014）利用对数长度的无返回道路的谱特性来恢复植入对分，而 Mossel 等人（2018）代之以非回溯道路。

定理 10.11　*存在一个多项式时间算法，当 $(a-b)^2>2(a+b)$ 时，算法求解植入对分模型的部分恢复问题。此外，如果 $(a-b)^2<2(a+b)$，那么在信息理论上不可能求解部分恢复问题。*

Mossel 等人（2018）和 Massoulié（2014）分别独立证明了其中的上界，Mossel 等人（2018）证明了下界（下界还处理了相等的情况，这不是原始猜想的一部分）。

虽然用于精确恢复的达到严格信息理论阈值的算法（大部分）是基于半定规划的，而且它们的保证立即被扩展到半随机模型，但在这里并不正确。非回溯随机道路矩阵的谱不能自然地融入凸规划中，㊀而且它是置信传播（这是最初的猜想的基础）的一个重要部分。在置信传播中结点 u 发送到结点 v 的消息并不依赖于上一步从结点 v 到结点 u 的消息。直觉上你不希望一个结点由于它自己更早的置信度反射到自身而对自己的置信度变得更加自信。

还有另一种方式可以用来思考为什么非回溯道路是自然的。在稀疏随机图中，即使平均度是常数，也必然存在一些度为 $\Theta\left(\frac{\log n}{\log\log n}\right)$ 的结点。现在考虑图的邻接矩阵，除了具有最大特征值的特征向量外，与大特征值对应的其他特征向量将被局部化——它们的权重

㊀ 问题是这个矩阵不是对称的。

将集中在一个高度的结点及其邻居周围。所以，它们没有揭示任何人们关注的植入社群结构。相比之下，非回溯道路矩阵抑制了高度结点的影响，因为一旦道路离开一个高度结点，它就不能立即返回，而且高度结点通常彼此相距很远。

10.6　随机与半随机分离的对比

在精确恢复问题中，随机模型所能解决的一切问题都可以在半随机模型中求解，而且达到相同的信息理论极限。这一节我们将证明在随机模型和半随机模型之间关于部分恢复问题的结果存在着差异。

10.6.1　半随机模型中的信息理论极限

Moitra 等人（2016）证明了如下定理。

定理 10.12　*存在一个 $\delta>0$（取决于 a 和 b），使得如果*

$$(a-b)^2\leqslant(2+\delta)(a+b)$$

那么半随机植入对分模型的部分恢复在信息理论上是不可能的。

这是随机模型和相应的半随机模型的首次如此分离。我们需要消化一下这个结果，它意味着一些表面看上去有益的改变（比如在一个社群中添加边和删除不同社群之间的边）可能实际上是有害的，这些改变能够让置信传播失效。但是事实上强中自有强中手，任何达到信息理论极限的部分恢复算法都可以被固定的单调对抗瓦解（因为它能够移动信息理论阈值）。

Guédon 和 Vershynin（2016）给出了一个求解部分恢复问题的半定规划，但没有达到到信息理论极限（稍后我们将对此进行更多的讨论）。正如我们前面所看到的，当半定规划用于平均情况下的问题（比如随机块模型中的社群检测）时，它们的分析倾向于转移到单调变化。因此，当由置信传播获得的算法能够达到信息理论极限，而半定松弛看似无能为力时，这可能是因为置信传播是在一类分布上的一种严格预测，而半定规划用于处理那些可以从单调变化的随机块模型中获得的分布族。

另一个蕴含的意义是达到严格的信息理论阈值并不总是我们所追求的正确的目标。有时只有利用噪声结构才有可能达到阈值——这里的噪声指的是来自生成模型的位于不同侧的社群结点彼此连接的经常程度。因此，在达到部分恢复的严格阈值和面对单调对抗保持健壮性这两者之间存在紧张关系。你只能二择其一，这可不像在精确恢复的情况下那样。

10.6.2　广播树模型

我们将利用一个更加简单的模型来解释这种分离背后的直觉。在许多方面这个模型是随机块模型的前身，它被称为*广播树模型*（broadcast tree model）。

定义 10.13　在具有两种颜色的广播树模型中，我们从一个高度为 n 的 d 元树$\left(\text{其中 } d=\frac{a+b}{2}\right)$开始，将根结点随机均匀地染成红色或蓝色。每一个儿子结点以概率$\frac{a}{a+b}$染上与父亲结点相同的颜色，其他情况下染上相反的颜色。给定叶子的颜色，目标是以至少为$\frac{1}{2}+\epsilon$ 的概率正确猜测根的颜色，这里 ϵ 独立于 n。　◁

在随机块模型中（这里我们把对分的两边分别看作与红色和蓝色相关联），结点周围的局部邻域看起来像一棵树。每一个结点有一个关于邻居数量的泊松数，其期望值为 $d=\frac{a+b}{2}$。此外，每一个邻居拥有相同颜色的概率是$\frac{a}{a+b}$，其他情况下是相反的颜色。与随机块模型类比，我们将前述问题称为部分恢复。事实上，部分恢复的阈值可能看起来也很熟悉。

定理 10.14　*在双色广播树模型中，部分恢复是可能的当且仅当 $(a-b)^2>2(a+b)$。*

事实上，当 $(a-b)^2>2(a+b)$ 时，一个简单的算法是有效的：查看叶子结点的颜色，然后进行多数表决。Kesten 和 Stigum（1966）不仅证明了这一点，而且证明了马尔可夫分支过程的一般中心极限定理。Evans 等人（2000）通过细致的耦合论证，证明了当 $(a-b)^2\leqslant 2(a+b)$ 时，部分恢复在信息理论上是不可能的。其中的直觉是任何一个叶子和根的颜色之间的交互信息是

$$\left(\frac{a-b}{a+b}\right)^{2n}$$

而且存在 d^n 个叶子，所以如果 $(a-b)^2<2(a+b)$，我们可以预期，随着高度的增加，叶子中逐渐没有足够的信息。不过在这种情况下，交互信息不是次加性的，这需要更为细致的论证。这个阈值称为 Kesten-Stigum 界。

不过，让我们考虑一下在随机块模型中单调对抗在结点的局部邻域周围所产生的影响，并且找到将这个问题映射到广播树模型的办法。单调对抗可以删除红蓝结点之间的一条边，从而从局部邻域中删除相应的子树。（在社群中添加边的情况更难推断，因为我们添加了子树，但是应该允许我们添加什么样的子树呢?）在广播树模型中的直觉是：假设根染成了红色，那么在根的儿子结点中可能有一个蓝色的儿子结点，该结点的子树中红色的叶子多于蓝色的叶子。因此它的后代对根的颜色做出与它相反的表决，但还是有助于得到正确的答案。关键是那些有效达到 Kesten-Stigum 界的算法需要利用生成模型的这种“个性”，不然就无法真正达到信息理论的阈值。通过小心地删除这样的一些边，即其后代结点以正确的方式表决，但是最终结果与子树根相反，我们实际上能够移动信息理论阈值。

现在你可能想知道是否存在任何一个可以解决半随机模型中的部分恢复问题的算法。Moitra 等人（2016）证明了 Guédon 和 Vershynin（2016）的分析经过一些简单的修改后可以得到延续。

定理 10.15　*存在常数 $C>2$，使得如果 $a>20$ 而且*

$$(a-b)^2\leqslant C(a+b)$$

那么可以在多项式时间内求解半随机植入对分模型的部分恢复问题。

在广播树模型中还有一种求解部分恢复问题的算法：采用递归多数票决而不是叶子结点的多数票决。有意思的是，在实践中这些方法有时候比多数票决更受欢迎，或许可以解释为它们在达到严格的信息理论极限和具有更好的健壮性之间进行了权衡。在相关的研究方向上，Makarychev 等人（2016）给出了一个社群检测算法，这个算法可以容忍线性数量的边的插入或删除。他们的算法甚至可以扩展到两个以上社群的环境。

最后，我们要提及的是一篇引人注目的论文，Montanari 和 Sen（2016）证明了对于以下的分辨问题（distinguishing problem），Goemans-Williamson 松弛几乎达到 Kesten-Stigum 界：给定一个图，它要么由平均度为$\frac{a+b}{2}$的 Erdös-Rényi 模型生成，要么由植入对分模型生

成。我们的目标是指出图是由哪个模型生成的。这依然是一个有挑战性的问题。首先，两个模型的平均度是相同的。其次，证明了部分恢复不可能低于 Kesten-Stigum 界的信息理论下界，实际上也可以通过证明甚至上述分辨问题也是不可能求解的（就是说无法指出是否存在任何一个植入对分）来实现同样的证明。

Montanari 和 Sen（2016）的主要结果如下。

定理 10.16　可以利用 Goemans-Williamson 松弛以概率 $1-o(1)$ 求解上述分辨问题，前提是

$$(a-b)^2>(2+o(1))(a+b)$$

失效概率 $o(1)$ 作为 n 的函数趋向于零，而与 a 和 b 相关的 $o(1)$ 项随着 a 和 b 的增加（但不是作为 n 的函数）趋向于零。

因此，置信传播和半定规划松弛之间的性能差距随着度趋向于无穷大而趋向于零。Montanari 和 Sen（2016）的分析基于对松弛的局部可计算解的猜测，它反过来利用了来自置信传播的直觉，即一个结点的颜色应当通过所谓的高斯波依赖于其局部邻域。他们的分析非常复杂，而且或许可能证明这个分析在半随机模型中继续有效，但还不得而知。对于精确恢复问题，我们仅仅从松弛以高概率是精确的并且满足有界单调性的事实出发，就获得了克服单调对抗的健壮性。问题是在部分恢复中，松弛不再是精确的。

10.7　平均情况分析之上

这一节我们将探索半随机模型在机器学习中的一些应用。本书的大部分内容都把重点放在寻找模型上，我们在这些模型上得到的可证明的保证要比在最坏情况下的输入上得到的更好。在第 17 章，通过假定一个基于未受损数据的生成模型，我们能够得到一些计算上高效的估计值，可证明它们对于污染具有弹性。在第 16 章我们要么在输入分布上、要么在标记了最大噪声的位置上做出一些结构性假定，以求获得用于解决监督学习中一些基本问题的更好的算法。

相比之下，这里将重点关注一些平均情况设定，我们可以通过对各种算法的输入做出生成性假定来严格分析这些算法。我们已经看到了一些例子，例如当我们想在图中找到一些联系密切的结点集（well-connected set）时，我们假定存在一个植入划分，并且假定图是由随机块模型生成的。尽管我们的出发点是平均情况模型而不是最坏情况模型，但我们在超越最坏情况分析中看到的模型的类型依然是值得考虑的重要问题。不同于利用半随机模型作为一种围绕最坏情况困难性的方法，我们可以把半随机模型看作一种移动到“平均情况分析之上”的方法，并且针对算法在我们对模型做出改变的情况下是否继续有效进行压力测试。

事实证明，就像社群检测的情况一样，虽然存在许多在平均情况模型中有效的算法，但是只有半定规划层次结构在单调对抗的攻击下得以幸存。对于机器学习的许多其他经典问题，我们也可能预期标准算法中有一些是健壮的，而其他的则不然。

10.7.1　矩阵补全

为了理解同样的应用更为广泛的原理，我们讨论一下矩阵补全问题。这是无监督学习中的一个经典问题，其目标是根据一些部分观察来填充低秩矩阵的缺失元素。

定义 10.17　存在一个秩至多为 r 的未知的 $n\times m$ 矩阵 $\boldsymbol{M}$，我们从矩阵元素 $M_{i,j}$ 中随机均匀地选择 p 个元素进行观察。此外，$\boldsymbol{M}$ 是 μ-非相干的（粗略地说，非相干性度量了 $\boldsymbol{M}$

的奇异向量与标准基的不相关程度)。目标是在保持 p 尽可能小的情况下，填充 $\boldsymbol{M}$ 的缺失元素。 ◁

我们的讨论不需要非相干性的精确定义，因此可以省略。不过要记住的是如果 $\boldsymbol{M}$ 是对角矩阵，那么由于秩最多为 r，故矩阵最多有 r 个非零元。如果我们对从 $\boldsymbol{M}$ 中随机均匀选择的 p 个元素进行观察，那么需要 p 的取值大约为 mn（即 $\boldsymbol{M}$ 的元素的数目）以便看到所有的对角线元素，这样才能够正确地补全 $\boldsymbol{M}$。非相干性的概念通过确保 $\boldsymbol{M}$ 的元素在适当的意义下散布，从而排除了这种可能性。

在任何一种情况下，尝试的自然方法是寻找矩阵 $\boldsymbol{X}$，它与所有被观察的元素一致而且秩最小。更精确地说，设 $\Omega\subseteq[n]\times[m]$ 是被观察元素的集合，于是我们可以尝试求解：

$$\begin{aligned}&\min \operatorname{rank}(\boldsymbol{X})\\&\text{s. t. } X_{i,j}=M_{i,j},\text{对所有的}(i,j)\in\Omega\end{aligned}$$

这个问题是 NP 困难的。然而，受到在压缩感知中利用 ℓ_1-松弛找到线性系统稀疏解的结果的启发，我们可以利用秩的 ℓ_1-松弛。特别地，矩阵的秩是非零奇异值的数量，而记作 $\|\boldsymbol{X}\|_*$ 的核范数（nuclear norm）是奇异值的和。现在我们可以引入感兴趣的松弛：

$$\begin{aligned}&\min \|\boldsymbol{X}\|_*\\&\text{s. t. } X_{i,j}=M_{i,j},\text{对所有的}(i,j)\in\Omega\end{aligned}$$

这是一个可以高效求解的凸规划。（理解这个问题的一种简单方法是利用核范数 $\|\boldsymbol{X}\|_*=\max_{\boldsymbol{B}:\|\boldsymbol{B}\|\leq 1}\langle\boldsymbol{X},\boldsymbol{B}\rangle$ 的对偶公式，将目标函数合并到约束中，并利用椭球方法。不过存在一些求解这个凸规划的更快的算法。）在一项开创性的工作中，Candès 和 Tao（2010）证明了以下定理。

定理 10.18　假设 $\boldsymbol{M}$ 是一个秩为 r 的 $n\times m$ 矩阵，它是 μ-非相干的。我们从矩阵中随机均匀地选择 p 个元素进行观察。如果对于一个通用常数 C，$p\geq C\mu^2 r(n+m)\log^2(n+m)$，那么以高概率凸规划的解正好是 $\boldsymbol{M}$。

这个结果的惊人之处在于，一个秩为 r 的 $n\times m$ 矩阵大约有 $nr+mr$ 个参数。因此，如果我们的观察数量刚好超过一个多重对数因子，就可以精确地填充 $\boldsymbol{M}$ 的所有缺失元素。此外，存在一个高效的算法可以做到这一点。

10.7.2　交替最小化

凸规划方法仍然存在一些缺点。首先，实际求解凸规划可能在计算上过于昂贵。其次，我们寻找的答案占用空间达到 $nr+mr$，因此原则上我们也许不想把它作为一个 $n\times m$ 矩阵记下来——它可能过于庞大而无法存储在内存中。事实上还有另一种矩阵补全方法，这是一种在实践中经常首选的方法，称为交替最小化（alternating minimization）。设 $\boldsymbol{U}$ 是一个 $n\times r$ 矩阵，$\boldsymbol{V}$ 是一个 $m\times r$ 矩阵，交替最小化迭代以下步骤直到收敛：

1. $\boldsymbol{U}\leftarrow\operatorname{argmin}_{U}\sum_{(i,j)\in\Omega}|UV^{\top}_{i,j}-M_{i,j}|^2$
2. $\boldsymbol{V}\leftarrow\operatorname{argmin}_{V}\sum_{(i,j)\in\Omega}|UV^{\top}_{i,j}-M_{i,j}|^2$

上面的每一个步骤都是一个最小二乘问题而且可以高效地求解。注意到与凸规划方法相比，在分析时我们有一个不同的问题集合。输出的秩必然是 r，但是我们是在试图迭代地求解一个非凸问题，因此需要解释为什么不会陷入虚假的局部最小值。Keshavan 等人（2010）和 Jain 等人（2013）首次对交替最小化进行分析，并且证明了它在类似条件下是可证明有效的。事实上，对用于各种其他相关的非凸问题的迭代方法进行严格分析是有可能的，参见第 21 章。在任何一种情况下，Keshavan 等人（2010）和 Jain 等人（2013）的结果的某些方面在定量上比我们通过核范数最小化获得的结果更差。交替最小化的界对于 $\boldsymbol{M}$ 的条件数有一种较差的依赖性。事实上，凸规划方法对条件数丝毫没有依赖性。尽管如此，交替最小化的运算速度快得多而且所需要的空间要小得多（因为它以因式分解的形式跟踪答案），因此在这些方面具有更强的结果。

10.7.3 半随机的矩阵补全

现在我们可以引入 Moitra（2015）提出的用于矩阵补全的半随机模型。

定义 10.19 和前文一样，设 $\boldsymbol{M}$ 是一个秩为 r 的 $n\times m$ 矩阵，它是 μ-非相干的。假设包含 p 个元素的 $\Omega\subseteq[n]\times[m]$ 是随机均匀选择的。一个单调对抗被给定 $\boldsymbol{M}$ 和 Ω 并且选择 $\Omega'\supseteq\Omega$。最后，对所有的 $(i,j)\in\Omega'$，我们对 $M_{i,j}$ 进行观察。 ◁

随机块模型中的单调对抗以大致相同的方式使社群有了更好的内部联系，而使不同社群彼此的联系更少，所以这里的单调对抗看上去也是相当良性的。当我们正在填补 $\boldsymbol{M}$ 的缺失元素时，对抗也同时向我们展示 $\boldsymbol{M}$ 的更多的元素。事实证明，随着单调对抗的加入，凸规划方法和交替最小化方法的其中一个将继续有效，而另一个将失效。

断言 10.20 核范数最小化对于单调对抗是健壮的。

这里是一个理解其中原因的简单方法：当一个单调对抗向你展示更多的矩阵元素时，新的观察就变成了额外的约束（这些约束由 $\boldsymbol{M}$ 满足）。但是为什么交替最小化的分析会失效呢？设 $\boldsymbol{M}_\Omega$ 表示未知矩阵，我们把其中所有在 Ω 之外的元素归零。交替最小化分析中的一个关键步骤是 $\boldsymbol{M}_\Omega$（适当地重新缩放时）应该是 $\boldsymbol{M}$ 的一个良好的谱近似。由于矩阵的 Chernoff 界以及 $\boldsymbol{M}$ 被假定为非相干的，所以这是正确的。但是当单调对抗能够披露更多的 $\boldsymbol{M}$ 的元素时，它就不再是正确的了。例如，当 $\boldsymbol{M}=\boldsymbol{J}$（回想一下，$\boldsymbol{J}$ 是全 1 矩阵）时，$\boldsymbol{M}_\Omega$ 是一个随机二部图的邻接矩阵，并且在谱上靠近（重新缩放后的）完全二部图。但是单调对抗可以植入稠密子图并破坏这个关键属性。

因此，在理论计算机科学中，超越最坏情况分析通常意味着给出比其他方法更好的算法（或者近似算法），而在理论机器学习中，它可能意味着给出一些新的角度（超越平均情况模型），据此对算法进行比较。在平均情况模型中，交替最小化可以得到类似的性能保证，但是其速度更快，空间效率更高。当我们转向半随机模型并考验它有多脆弱时，我们确实看到了这两种算法之间的区别。

Cheng 和 Ge（2018）明确指出半随机模型中矩阵补全的几种非凸方法存在问题。他们给出了一个例子，其中非凸目标的所有局部最小值都远离真实矩阵，他们也证明了基于奇异值分解的初始化方法也无法接近真实矩阵。最后，Cheng 和 Ge（2018）给出了一个高效的预处理步骤，可以使非凸方法对于单调对抗具有健壮性。在 $\boldsymbol{M}=\boldsymbol{J}$ 的设置下，直觉可以再次得到解释。在随机模型中，我们的观察可以由一个随机二部图的邻接矩阵描述。在半随机模型中，对抗添加了额外的边，但是结果得到的图仍然包含扩展子图，而且通过给边重新加权，我们可以使它看起来更加随机。

在一项相关研究中，Ling 等人（2019）考虑了同步问题，其目标是找到一些耦合振荡器的相位偏移。我们知道存在一些半定规划，它们在描述哪些成对振子具有非零相互作用项的图的拓扑结构上的各种条件下被证明是有效的。如果获得存在低秩解的保证，那么还存在一些求解半定规划的非凸方法。Ling 等人（2019）证明了一个能够向网络添加更多边的单调对抗可以创建一些虚假的局部最小值。

综上所述，基于半定规划的算法有时候会自动继承令人心动的健壮特性，而在其他时候也有可能通过修改非凸方法使它们具有健壮性。也许还有其他有待发现的示例，在其中你可以教一个老手（非凸方法）玩一个新把戏（就像面对单调对抗保持健壮性），而不需要增加太多的计算开销。

10.8　半随机混合模型

还有其他一些令人关注的环境，将来自半随机模型的思想融入其中有助于探测我们的建模假定的脆弱性。从 Dasgupta（1999）开始，理论计算机科学领域一直在努力寻求学习高斯混合模型的参数的高效算法，最后以 Moitra 和 Valiant（2010）以及 Belkin 和 Sinha（2010）的结果画上句号。问题的目标是给出一些算法，它们选取多项式数量的样本，在多项式时间内运行，而且在最小可能的假定下是有效的。最初的研究假定各个分量的中心相距很远，后来的研究工作则仅仅假定这些中心两两之间的总变差距离非零有界。设 $\mathcal{N}(\mu,\Sigma)$ 表示具有均值 μ 和协方差 Σ 的 d 维高斯分布。Awasthi 和 Vijayaraghavan（2018）引入了一个半随机高斯混合模型。

定义 10.21　首先，样本 $x_1,\cdots,x_m$ 提取自 k 个 d 维高斯分布的混合：

$$w_1\mathcal{N}(\mu_1,\Sigma_1)+\cdots+w_k\mathcal{N}(\mu_k,\Sigma_k)$$

然后允许单调对抗审查样本并且如下移动每一个样本 x_i 到点 x_i'：假设 x_i 是从第 j 个分量中提取的，那么 x'_i 必须在连接 x_i 和 μ_j 的线段上。◁

类似 Moitra 和 Valiant（2010）以及 Belkin 和 Sinha（2010）中的基于矩量法的算法依赖于脆弱的代数性质，这些算法在半随机模型中失效。不过基于聚类的算法（它们做出关于各个分量中心彼此相距多远的相当强的假定）继续有效。Awasthi 和 Vijayaraghavan（2018）证明了如下定理。

定理 10.22　*假设由一个半随机高斯混合模型生成多项式数量的点，模型中的每一个协方差满足 $\Sigma_i \leq \sigma I$，而且对所有 $i\neq j$，有*

$$\|\mu_i-\mu_j\| \gtrsim \sqrt{d}\,\sigma$$

那么存在一种算法，它以高概率将各个点聚类到生成它们的分量。

具体而言，他们利用了 Lloyd 算法。事实上，Awasthi 和 Vijayaraghavan（2018）证明了分离准则（它比当数据实际来自高斯混合模型时所需要的显然更为强大）事实上稍微靠近最优：设 Δ 是一个参数，那么存在一个分离度为 $\Delta\sigma$ 的半随机高斯混合模型，对此任何一个算法都会对至少总共 kd/Δ^4 个点进行错误分类。算法在半随机模型中继续有效的事实，对它在如此多的领域中得到广泛使用的原因给出了某种理论上的解释。一个令人关注的开放式问题是对一些启发式算法（比如期望值最大化算法）给出一种类似的分析。

参考文献

Abbe, Emmanuel, and Sandon, Colin. 2015. Community detection in general stochastic block models: Fundamental limits and efficient algorithms for recovery. In *2015 IEEE 56th Annual Symposium on Foundations of Computer Science*, pp. 670–688. IEEE.

Abbe, Emmanuel, Bandeira, Afonso S, and Hall, Georgina. 2015. Exact recovery in the stochastic block model. *IEEE Transactions on Information Theory*, **62**(1), 471–487.

Awasthi, Pranjal, and Vijayaraghavan, Aravindan. 2018. Clustering semi-random mixtures of Gaussians. In Proceedings of the 35th *International Conference on Machine Learning* (ICML) 2018. Proceedings of Machine Learning Research, vol. 80, pp. 5055–5064.

Bandeira, Afonso S, Van Handel, Ramon, et al. 2016. Sharp nonasymptotic bounds on the norm of random matrices with independent entries. *The Annals of Probability*, **44**(4), 2479–2506.

Belkin, Mikhail, and Sinha, Kaushik. 2010. Polynomial learning of distribution families. In *2010 IEEE 51st Annual Symposium on Foundations of Computer Science*, pp. 103–112. IEEE.

Boppana, Ravi B. 1987. Eigenvalues and graph bisection: An average-case analysis. *28th Annual Symposium on Foundations of Computer Science (SFCS 1987)*, pp. 280–285. IEEE.

Candès, Emmanuel J., and Tao, Terence. 2010. The power of convex relaxation: Near-optimal matrix completion. *IEEE Transactions on Information Theory*, **56**(5), 2053–2080.

Cheng, Yu, and Ge, Rong. 2018. Non-convex matrix completion against a semi-random adversary. In 31st *Conference on Learning Theory (COLT 2018)*, Proceedings of Machine Learning Research, vol. 75, pp. 1362–1394.

Dasgupta, Sanjoy. 1999. Learning mixtures of Gaussians. *40th Annual Symposium on Foundations of Computer Science (Cat. No. 99CB37039)*, pp. 634–644. IEEE.

Decelle, Aurelien, Krzakala, Florent, Moore, Cristopher, and Zdeborová, Lenka. 2011. Asymptotic analysis of the stochastic block model for modular networks and its algorithmic applications. *Physical Review E*, **84**(6), 066106.

Evans, William, Kenyon, Claire, Peres, Yuval, Schulman, Leonard J, et al. 2000. Broadcasting on trees and the Ising model. *The Annals of Applied Probability*, **10**(2), 410–433.

Feige, Uriel, and Kilian, Joe. 2001. Heuristics for semirandom graph problems. *Journal of Computer and System Sciences*, **63**(4), 639–671.

Füredi, Zoltán, and Komlós, János. 1981. The eigenvalues of random symmetric matrices. *Combinatorica*, **1**(3), 233–241.

Guédon, Olivier, and Vershynin, Roman. 2016. Community detection in sparse networks via Grothendiecks inequality. *Probability Theory and Related Fields*, **165**(3-4), 1025–1049.

Hajek, Bruce, Wu, Yihong, and Xu, Jiaming. 2016. Achieving exact cluster recovery threshold via semidefinite programming. *IEEE Transactions on Information Theory*, **62**(5), 2788–2797.

Holland, Paul W, Laskey, Kathryn Blackmond, and Leinhardt, Samuel. 1983. Stochastic blockmodels: First steps. *Social Networks*, **5**(2), 109–137.

Jain, Prateek, Netrapalli, Praneeth, and Sanghavi, Sujay. 2013. Low-rank matrix completion using alternating minimization. In *Proceedings of the Forty-Fifth Annual ACM Symposium on Theory of Computing*, pp. 665–674. ACM.

Keshavan, Raghunandan H, Montanari, Andrea, and Oh, Sewoong. 2010. Matrix completion from a few entries. *IEEE Transactions on Information Theory*, **56**(6), 2980–2998.

Kesten, Harry, and Stigum, Bernt P. 1966. A limit theorem for multidimensional Galton-Watson processes. *The Annals of Mathematical Statistics*, **37**(5), 1211–1223.

Ling, Shuyang, Xu, Ruitu, and Bandeira, Afonso S. 2019. On the landscape of synchronization networks: A perspective from nonconvex optimization. *SIAM Journal on Optimization*, **29**(3), 1879–1907.

Makarychev, Konstantin, Makarychev, Yury, and Vijayaraghavan, Aravindan. 2016. Learning communities in the presence of errors. In 29th *Conference on Learning Theory (COLT 2016)*, Proceedings of Machine Learning Research, vol. 49.

Massoulié, Laurent. 2014. Community detection thresholds and the weak Ramanujan property. In *Proceedings of the Forty-Sixth Annual ACM Symposium on Theory of Computing*, pp. 694–703. ACM.

Moitra, Ankur. 2015. CAREER: Algorithmic aspects of machine learning. Available at: https://thmatters.files.wordpress.com/2016/07/ankur-moitra-proposal.pdf.

Moitra, Ankur, and Valiant, Gregory. 2010. Settling the polynomial learnability of mixtures of Gaussians. In *2010 IEEE 51st Annual Symposium on Foundations of Computer Science*, pp. 93–102. IEEE.

Moitra, Ankur, Perry, William, and Wein, Alexander S. 2016. How robust are reconstruction thresholds for community detection? In *Proceedings of the Forty-Eighth Annual ACM Symposium on Theory of Computing*, pp. 828–841. ACM.

Montanari, Andrea, and Sen, Subhabrata. 2016. Semidefinite programs on sparse random graphs and their application to community detection. In *Proceedings of the Forty-Eighth Annual ACM Symposium on Theory of Computing*, pp. 814–827. ACM.
Mossel, Elchanan, Neeman, Joe, and Sly, Allan. 2018. A proof of the block model threshold conjecture. *Combinatorica*, **38**(3), 665–708.
Perry, Amelia, and Wein, Alexander S. 2017. A semidefinite program for unbalanced multisection in the stochastic block model. In *2017 International Conference on Sampling Theory and Applications (SampTA)*, pp. 64–67. IEEE.
Wigner, Eugene P. 1993. Characteristic vectors of bordered matrices with infinite dimensions i. In *The Collected Works of Eugene Paul Wigner*, pp. 524–540. Springer-Verlag.

练习题

10.1 考虑本章较早讨论的植入对分模型：有两个大小都是 $n/2$ 的社群 A 和 B。来自同一社群的每一对结点以概率 $p=1/2$ 连接，来自不同社群的每一对结点以概率 $q=1/4$ 连接。这道练习题和下道练习题探讨针对单调对抗恢复植入对分的确定性准则。假设给定具有以下性质的对分（S,T）：

（a）对于每一个结点 $u\in S$，u 在 S 中的邻居严格多于 u 在 T 中的邻居。

（b）类似地，对于每一个结点 $u\in T$，u 在 T 中的邻居严格多于 u 在 S 中的邻居。

证明存在一个单调对抗，它可以创建具有上述性质的对分（S,T），但是创建的对分与植入的对分不相干（uncorrelated）。㊀

10.2 证明如果能够找到一个对分（S,T），它有这样的性质，即两个分别在 S 和 T 上的导出图都有至少 1/3 的边扩展，那么 S 和 T 以高概率与植入对分高度相干（highly correlated）。特别地，证明 S 与 A 或者 S 与 B 的对称差的大小为 $O(1)$，而且对于 T 也有类似的结论。

10.3 这道练习题考虑机器学习中的半随机模型的另一种流行的设定。具体而言，我们将考虑压缩感知，其中存在一个未知的 n 维 k-稀疏向量 $\boldsymbol{x}$。通常的设定是我们观察 $\boldsymbol{Ax}=\boldsymbol{b}$，其中 $\boldsymbol{A}$ 是一个 $m\times n$ 的矩阵，而且 m 比 n 小得多。尽管 $\boldsymbol{A}$ 是不可逆的，我们还是想要精确恢复 $\boldsymbol{x}$。事实证明，如果 $\boldsymbol{A}$ 满足约束等距性（restricted isometry property），则在 $m=Ck\log(n/k)$ 的情况下可以侥幸成功，而求解 $\boldsymbol{x}$ 的众多算法之一就是求解 ℓ_1 最小化：

$$\begin{aligned}&\min \|\boldsymbol{x}\|_1\\&\text{s.t.}\ \boldsymbol{Ax}=\boldsymbol{b}\end{aligned}$$

考虑下面的半随机模型：假设单调对抗可以将额外的行添加到 $\boldsymbol{A}$ 中从而形成 $\widetilde{\boldsymbol{A}}$，并且 $\widetilde{\boldsymbol{A}}\boldsymbol{x}=\widetilde{\boldsymbol{b}}$。证明如果 ℓ_1 最小化成功恢复了 $\boldsymbol{x}$，那么它能够继续成功地克服单调对抗。㊁

㊀ 这里不相干的意思是 S 集合和 T 集合中的每一个所拥有的结点中，分别来自两个社群的结点数各占一半。

㊁ 结果表明，即使 $\boldsymbol{x}$ 不是 k-稀疏的，也可以近似地恢复 $\boldsymbol{x}$。在这个意义上，可以为 $\boldsymbol{x}$ 恢复一个 k-稀疏近似。这被称为稳定恢复（stable recovery）。即使对于这种更一般的问题，ℓ_1 最小化也能克服单调对抗（而许多迭代算法不然），但要完全解决这个问题就离题太远了。

随机顺序模型

Anupam Gupta，Sahil Singla

摘要：本章介绍在线算法中的随机-顺序模型（random-order model）。这个模型的输入由对抗选择，然后在提交给算法之前随机排列。这种重组通常会削弱对抗的力量，并且考虑到改进的算法保证。我们在两大类问题上展示这样的改进，这些问题包括：装箱问题，其中我们必须选取一个受约束的物品集合来最大化总值；覆盖问题，其中我们必须以最小的总代价来满足一些给定的要求。我们还讨论了随机-顺序模型与其他用于非最坏情况竞争分析的随机模型之间的关联程度。

11.1 动机：选取一个大的元素

假设我们想要选取 n 个数中的最大值。一开始我们知道基数 n，但是对于数的取值范围一无所知。然后我们逐个得到不同的非负实数 $v_1, v_2, \cdots, v_n$：一旦看到数 v_i，我们要么立即选取它，要么永远放弃它。我们最多只能选取一个数，目标是最大化所选取的数的期望值，这里的期望值建立在算法的任何一种随机性上。我们希望这个期望值靠近最大值 $v_{\max} := \max_{i \in \{1,2,\cdots,n\}} v_i$。形式上，我们希望最小化竞争比（competitive ratio），这里竞争比定义为 $v_{\max}$ 与期望值的比率。注意到最大值 $v_{\max}$ 与元素的提交顺序无关。就我们的算法而言，在所有的数都呈现出来之前这个最大值是未知的。

如果使用确定性算法，我们的值可能会任意地小于 $v_{\max}$，即便 $n=2$ 也是如此。假如第一个数 $v_1=1$，如果确定性算法选取 v_1，那么对抗可以给出 $v_2=M \gg 1$；如果算法没有选取 v_1，那么对抗可以给出 $v_2=1/M \ll 1$。无论怎么选取，对抗都可以通过增大 M 使竞争比随心所欲地变差。

利用随机化算法对我们帮助不大：一种简朴的随机化策略是预先选择一个均匀随机的位置 $i \in \{1, \cdots, n\}$，并且选取第 i 个数 v_i。因为我们以概率 $1/n$ 选取每一个数，所以期望值为 $\sum_i v_i/n \geqslant v_{\max}/n$。只要输入序列被对抗所控制，而且最大值远远大于其他值，那么这就是我们能做到的最好的。实际上，对抗的一种策略是选择一个均匀随机的索引值 j，并给出请求序列 $1, M, M^2, \cdots, M^j, 0, 0, \cdots, 0$——这是一条包含 j 个数的快速上升链，后面跟着一些无用的数。如果 M 非常大，任何一个好的算法都必定选取上升链中的最后一个数（当看到它的时候）。但这等同于猜测 j，而随机猜测是一个算法所能做到的最好的（可以利用 Yao 的极小极大引理对这种直觉进行形式化。）

这些糟糕的例子表明，这个问题之所以难以解决有两个原因：第一个原因是涉及的数的范围很大，第二个原因是对抗有能力仔细设计这些困难的序列。考虑下面给出的可以减轻后者的影响的方法：如果对抗选择了 n 个数，那么把这些数的次序打乱并且以均匀随机的顺序提交给算法，会有什么样的结果？上述问题的随机-顺序版本通常被称为秘书问题（secretary problem）：在某个职位的应聘者以随机顺序出现的情况下，目标是雇佣最好的秘书（或至少是一位相当好的秘书）。

有些令人惊讶的是，把数随机打乱彻底改变了问题的复杂性。下面是简洁的 50% 算法。

1. 拒绝前 $n/2$ 个数。
2. 选取随后的第一个比前面所有数都大的数（如果有的话）。

定理 11.1 50%算法得到一个至少为 $v_{max}/4$ 的期望值。

证明 为简单起见，假设所有的数各不相同。如果最大数在随机顺序的后半部分（发生概率为 1/2），而且第二大的数在前半部分（以第一个事件为条件，发生概率至少为 1/2，这两个事件正相关），这个算法肯定选取了 v_{max}。因此，我们得到一个至少为 $v_{max}/4$ 的期望值。（我们得到了一个更强的保证：以至少为 1/4 的概率选取了最大值 v_{max} 本身，不过我们将不会进一步探讨这个“期望值-对比-概率”的方向。） □

11.1.1 模型和讨论

秘书问题（具有最坏情况设定下的下界和一个用于随机-顺序模型的简洁的算法）强调了一个事实，即顺序决策问题在最坏情况下往往是困难的，这不仅仅是因为求解请求的基础集合是困难的，还因为这些请求被仔细地编织成一个难解序列。在许多不存在对抗的情况下，可以合理地假定请求的顺序是良性的，这会把我们引导到随机-顺序模型。事实上，我们可以将其视为第 9 章的半随机模型，其中输入首先由一个对抗选择，然后在提交给算法之前对其进行随机加扰。

让我们回顾一下在线算法最坏情况分析中的竞争分析（competitive analysis）模型（第 24 章还会讨论）。这里对抗选择了一个请求序列，并将请求逐一提交给算法。在看到下一个请求之前，算法必须采取行动来响应当前请求，而且它不可以改变过去的决策。万般皆有果，比如竞争比是这个序列的最优回报（事后得到的）除以算法的回报。（对于寻求最小化代价而不是最大化回报的问题，竞争比是算法代价除以最优代价。）因为算法永远无法超越最优选择，所以竞争比总是至少为 1。

现在给定任何一个在线问题，随机-顺序模型（Randon-Order model，此后简称为 RO 模型）考虑这样的设定，由对抗首先选择一个请求的集合 S（而不是序列），然后将集合的元素以均匀随机顺序提交给算法。形式上，给定一个集合 $S=\{r_1, r_2, \cdots, r_n\}$，其中 $n=|S|$ 是请求的数量。我们设想自然抽取一个来自 $\{1, 2, \cdots, n\}$ 的均匀随机排列 $\boldsymbol{\pi}$，然后将输入序列定义为 $r_{\pi(1)}, r_{\pi(2)}, \cdots, r_{\pi(n)}$。与之前一样，在线算法一个接一个地看到这些请求，并且在看到 $r_{\pi(i+1)}$ 之前必须对 $r_{\pi(i)}$ 执行不可撤销的行动。根据问题的不同，输入序列的长度 n 也可能在开始时被提交给算法。竞争比（对于最大化问题）定义为 S 的最优值与算法期望值之间的比值，期望值现在同时取代了打乱的 $\boldsymbol{\pi}$ 的随机性和算法的随机性。（我们再次使用竞争比至少为 1 的约定，因此对于最小化问题必须将比率反转。）

RO 模型的一个优势是其简单性，它还可以用来体现其他通常考虑的随机输入模型。的确，由于 RO 模型没有假定算法对请求的基础集合具备任何先验知识（或许除了基数 n 之外），它体现了这样的情况，即输入序列包含来自一个固定而且未知分布的独立同分布（i. i. d.）随机抽样。RO 模型避免了把算法过度拟合到分布的任何特定属性，并通过设计使算法更加通用和健壮。

RO 模型的另一个动机是美观和实用：模型的简单性使其成为算法设计的良好起点。如果我们想为算法任务开发一个在线算法（甚至离线算法），一个有效的步骤是首先在 RO

模型中求解它，然后将结果扩展到最坏情况。这对于下面两种方式都是有效的：在最佳情况下，利用 RO 模型的成果，我们可以成功获得一个最坏情况下的算法；在其他情况下，虽然可能难以扩展，但是在随机-顺序到达这样的（温和的）假定下，我们还是了解了一个好的算法。

当然，在某些环境下，均匀随机顺序的假定可能是不合理的，特别是当算法性能在违反随机-顺序假设的情况下变得糟糕的时候。已经有一些改进这个模型的尝试，在仍然获得比最坏情况更好的性能的同时，降低对输入流的随机性的要求。我们在 11.5.2 节讨论其中的一些结果，但还是有许多尚未完成的工作。

11.1.2 路线图

11.2 节讨论秘书问题的最优算法。11.3 节给出选择多项而非仅仅选择单一项的算法，以及其他最大化装箱问题。11.4 节讨论最小化问题。11.5 节介绍 RO 模型的一些特殊化和扩展。

11.2 秘书问题

前面我们看到的 50%算法基于这样的思路，即利用随机顺序序列的前半部分计算一个剔除了“低”值的阈值。选择一个好的阈值的思路将在本章反复出现。选择等待序列的一半是为了简单化，真正的选择是在占输入比例 1/e≈37%的部分上等待，这便是 37%算法。

---

1. 拒绝前 n/e 个数。
2. 选取随后的第一个比前面所有数都大的数（如果有的话）。

（虽然 n/e 不是整数，但将其舍入到最接近的整数不会对算法保证产生实质性影响。）如果一个数是在它之前呈现的数中最大的，则将这个数称为前缀最大值（prefix-maximum）。注意到最大值只是数的集合的一个性质，而前缀最大值是随机序列和当前位置的性质。等待-选取（wait-and-pick）算法拒绝前 m 个数，然后选取第一个前缀最大值。

定理 11.2 随着 $n\to\infty$，37%算法以至少 1/e 的概率选取到最大数。因此，算法得到至少为 $v_{\max}/\mathrm{e}$ 的期望值。此外，在所有的等待-选取算法中，n/e 是 m 的最优选择。

证明 如果我们在拒绝前 m 个数后选取第一个前缀最大值，那么选取到最大值的概率为

$$\sum_{t=m+1}^{n}\Pr[v_t\text{ 是最大的}]\cdot\Pr[\text{前 }t-1\text{ 个数中的最大数落在前 }m\text{ 个位置中}]$$
$$\overset{(\star)}{=}\sum_{t=m+1}^{n}\frac{1}{n}\cdot\frac{m}{t-1}=\frac{m}{n}(H_{n-1}-H_{m-1})$$

其中 $H_k=1+\frac{1}{2}+\frac{1}{3}+\cdots+\frac{1}{k}$ 是第 k 个调和数。等式（★）利用了均匀随机顺序。现在，对大数 k 利用近似值 $H_k\approx\ln k+0.57$，当 m 和 n 是大数时，我们选取到最大值的概率大约是 $\frac{m}{n}\ln\frac{n-1}{m-1}$。如果我们选择 $m=n/\mathrm{e}$，那么这个概率的最大值为 1/e。 □

接下来，我们证明在不降低选取到最大值的概率的情况下，可以用等待-选取策略来替代任何策略（在基于比较的模型中）。

定理 11.3　可以假定最大化选取到最大数的概率的策略是等待-选取策略。

证明　把你自己想象成一个试图最大化选取到最大数的概率的玩家。显然，如果下一个数 v_i 不是前缀最大值，你就应该拒绝它。否则，只有当 v_i 是前缀最大值而且 v_i 是最大值的概率大于在剩余序列中选取到最大值的概率时，才应该选取 v_i。我们计算一下这些概率。

使用 Pmax 作为“前缀最大值”的缩写。对于位置 $i \in \{1,\cdots,n\}$，定义

$$f(i)=\Pr[v_i \text{ 是最大的} \mid v_i \text{ 是 Pmax}] \overset{(\star)}{=} \frac{\Pr[v_i \text{ 是最大的}]}{\Pr[v_i \text{ 是 Pmax}]} \overset{(\star\star)}{=} \frac{1/n}{1/i}=\frac{i}{n}$$

其中等式（★）利用了最大值也是前缀最大值的事实，等式（★★）利用了均匀随机顺序。注意到 $f(i)$ 随着 i 的增加而增加。

现在考虑一个问题，其中的数也是以随机序列呈现，但是我们必须拒绝前 i 个数。目标仍然是最大化从 n 个数中选取到最大数的概率。设 $g(i)$ 表示在这个问题中选取到全局最大值的最优策略的概率。

函数 $g(i)$ 必须是 i 的非递增函数，否则我们可以忽略前 $(i+1)$ 个数，并且用 $g(i)$ 来模拟 $g(i+1)$ 的策略。此外，$f(i)$ 是增函数。根据前面的讨论，不应该在 $f(i)<g(i)$ 的任何位置 i 选取前缀最大值，因为可以在后缀上做得更好。此外，当 $f(i)\geqslant g(i)$ 时，如果 v_i 是前缀最大值，就应该选取它，因为等待的结果将会更加糟糕。因此，等待直到 f 大于 g，然后选取第一个前缀最大值的方法是一种最优策略。□

定理 11.2 和定理 11.3 意味着对于 $n\to\infty$，没有一种算法能够以大于 $1/e$ 的概率选取到最大值。由于我们对数的大小没有限制，这也可以用来证明对于任何 $\varepsilon>0$，存在一个 n 以及数 $\{v_i\}_{i\in\{1,\cdots,n\}}$，其中每个算法的期望值最多为 $(1/e+\varepsilon)\cdot \max_i v_i$。

11.3　多秘书问题和其他最大化问题

现在把我们对问题的理解从单一项选择的情况扩展到可以选取多项的设置。每一个项有一个值，而且对我们的选取有所限制（例如，最多可以选取 k 项，或者选取一个图的边的任何一个无回路子集），目标是使总值最大化（我们将在 11.4 节研究最小化问题）。算法可以大致分为*忽视顺序*（order-oblivious）和*自适应顺序*（order-adaptive）两大类，这取决于它们对随机-顺序假定的依赖程度。

11.3.1　忽视顺序算法

单一项秘书问题的 50%策略有一个有趣的性质：如果每一个数位于前半部分或者后半部分的可能性都是相同的，那么即使由对抗选择前后两部分的到达序列，我们还是以概率 1/4 选取了 v_{max}。为了将这个性质形式化，定义*忽视顺序算法*为一个具有以下两阶段结构的算法。在第一阶段（长度为 m），算法获得 m 个项的一个均匀随机子集，但是不允许选取这些项中的任何一个。在第二阶段，剩余的项以对抗顺序到达，只有到了这个时候算法才可以在遵守任何存在的约束的同时选取项。（例如在秘书问题中，可能只会选取一个项。）显然，任何忽视顺序算法都在随机-顺序模型中运行，具有相同（或更好）的性能保证，因此我们可以将注意力集中在设计这一类算法上。专注于忽视顺序算法有两个好处。首先，这种算法比较容易设计和分析，当基础约束变得更加难以推断时，这一点至关重要。其次，只要我们能够离线访问基础分布的一些样本（将在 11.5 节讨论），那么即使在对抗到达的情况下，仍然可以认为这种算法的保证是有效的。为了使问题具体化，我们

从秘书问题最简单的推广开始。

多秘书问题：选取 k 个项

我们现在选取 k 个项并且最大化这些项的值的总和的期望值：$k=1$ 的情况就是上一节的秘书问题。我们将这些项与集合 $[n]=\{1,\cdots,n\}$ 关联，项 $i\in[n]$ 的值 $v_i\in\mathbb{R}$，而且各个项的值都各不相同。设 $S^\star\subseteq[n]$ 是 k 个值最大的项的集合，并设 $S^\star$ 的总值为 $V^\star:=\sum_{i\in S^\star}v_i$。

容易得到一个获得期望值 $\Omega(V^\star)$ 的算法，例如，将长度为 n 的输入序列拆分为 k 个大小相等的部分，并分别在每一部分运行选取单一项的算法；或者将阈值 τ 设置为（比如）前 50%的项中第$\lceil k/3\rceil$大的值，并在第二部分选取其值超过 τ 的前 k 个项（参见练习题 11.1）。由于这两种算法都忽略了常数比例数量的一部分项，因此它们的期望值至少损失了最优值的一个常数因子。不过我们可能有希望做得更好。实际上，50%算法在最大值的项和其余项之间获得阈值的一个（带噪声的）估计，然后选取第一个超过阈值的项。这个思路的最简单的扩展应该是在最大的 k 个项和其他项之间估计阈值。因为我们选取的是 $k\gg1$ 个元素，有希望通过对流的一个更小比例的抽样来获得这个阈值的准确估计。

下面的（忽视顺序）算法形式化了这种直觉，它得到一个期望值 $V^\star(1-\delta)$，其中当 $k\to\infty$ 时 $\delta\to0$。为了达到这个性能，我们在仅仅忽略 δn 个项之后取得对整个序列中的第 k 个最大项的精确估计，因此可以更早地开始对项进行选取。

---

1. 设置 $\varepsilon=\delta=O\left(\dfrac{\log k}{k^{1/3}}\right)$。
2. 第一阶段：忽略前 δn 个项。
   阈值 $\tau\leftarrow$在这个被忽略的项的集合中的第 $(1-\varepsilon)\delta k$ 个最高取值的项的值。
3. 第二阶段：选取所看到的值大于 τ 的前 k 个项。

定理 11.4　上述关于多秘书问题的忽视顺序算法具有期望值 $V^\star(1-O(\delta))$，其中 $\delta=O\left(\dfrac{\log k}{k^{1/3}}\right)$。

证明　第一阶段被忽略的 δn 个项中包含期望数量为 δk 的来自 $S^\star$ 的项，因此我们损失了期望值 $\delta V^\star$。现在，一个自然的阈值是在被忽略的项中的第 δk 个最高值。为了说明被忽略的元素中所包含的 $S^\star$ 中的元素的数量变化，我们设置一个稍高的阈值，即第 $(1-\varepsilon)\delta k$ 个最高值。

设 $v':=\min_{i\in S^\star}v_i$ 是我们实际想要选取的最低值。这个算法有两种失效模式：（ⅰ）如果 $\tau<v'$ 则阈值太低，这样一来我们可能选择了一些低值的项；（ⅱ）如果有少于 $k-O(\delta k)$ 个来自 $S^\star$ 的项落在被忽略的最后 $(1-\delta)n$ 个大于 τ 的项中，则阈值太高。让我们看看为什么这两类不良事件很少会发生。

- 阈值不会过低：如果事件（ⅰ）发生，那么有少于 $(1-\varepsilon)\delta k$ 个来自 $S^\star$ 的项落在前 δn 个位置，即它们的数量少于 $(1-\varepsilon)$ 乘以其期望值 δk。根据 Chernoff-Hoeffding 中心界（见下文的说明），这个概率不超过 $\exp(-\varepsilon^2\delta k)$。注意到如果 $\tau\geq v'$，那么我们不会用尽预计的 k。
- 阈值不会过高：对于事件（ⅱ），设 v''为 $S^\star$ 中第 $(1-2\varepsilon)k$ 个最高值。我们期望有 $(1-2\varepsilon)\delta k$ 个其值超过 v''的项出现在被忽略的项中，因此根据 Chernoff-Hoeffding 中

心界，数量至少为 $(1-\varepsilon)\delta k$ 的项出现的概率为 $\exp(-\varepsilon^2\delta k)$。这意味着以高概率 $\tau\leqslant v''$，而且大多数高值项在第二阶段出现（只要事件（i）没有发生，我们就会选取它，因为我们没有用尽预计的 k）。

最后，由于允许损失 $O(\delta V^\star)$ 的值，误差概率 $\exp(-\varepsilon^2\delta k)$ 不超过 $O(\delta)=1/\text{poly}(k)$ 就足够了。这要求我们设置 $\varepsilon^2\delta k=\Omega(\log k)$，而且一个好的参数选择是 $\varepsilon=\delta=O\left(\frac{\log k}{k^{1/3}}\right)$。□

题外话。我们熟悉的 Chernoff-Hoeffding 中心界用于有界独立随机变量的求和，但是 RO 模型具有相干性（例如，如果一个来自 $S^\star$ 的元素落在前 δn 个位置，那么另外一个元素出现这种情况的可能性就会稍低）。解决这个问题的最简单的方法并非忽略前 δn 个项，而是忽略一个随机数量的项，这个数量取自二项式分布 Binomial (n,δ)，其期望值为 δn。在这种情况下，每一个项以概率 δ 被忽略，而与其他项无关。实现独立性的第二种方法是设想在 $[0,1]$ 中均匀而且独立地选择每一次到达的时间。在算法上我们可以从 Uniform $[0,1]$ 抽取 n 个 i. i. d.（独立同分布）的时间样本，将它们按递增排序，并将第 i 个时间分配给第 i 次到达。现在，我们可以忽略在时间 $\delta\in[0,1]$ 之前发生的那些到达，而不是忽略前 δn 个到达。最后，第三种选择是不追求独立性，而是直接利用可交换随机变量的和的中心界。这三种选择中的每一种都有不同的优势，根据当前正在处理的问题，选择某种方法可能会比选择其他方法更容易分析。

定理 11. 4 中的 $\approx V^\star/k^{1/3}$ 的损失不是最优的。我们将在下一节看到一种自适应顺序算法，它取得 $V^\star(1-O(\sqrt{\log k/k}))$ 的期望值。这种算法将不利用单一的阈值，相反，随着算法看到序列的更多内容，它将自适应地改进阈值。在此之前我们再讨论若干用于其他组合约束的忽视顺序算法。

最大权森林

假设以随机顺序到达的项是（多重）图 $G=(V,E)$ 的 n 条边，边 e 具有值/权重 v_e。算法在开始时知道这个图，但不知道权重。当边 e 到达时，它的权重 v_e 被呈现出来，由我们决定是否选取这条边。我们的目标是选取一个总权重较大的边的子集，这些边构成一个森林（即不包含回路）。目标 $V^\star$ 是图的最大权森林的总权重：离线时我们可以利用 Kruskal 的贪心算法来求解这个问题。图秘书问题是秘书问题的一般化：设想图有两个顶点，它们之间有 n 条平行边。由于任意两条这样的边会形成一条回路，我们最多只可以选取一条边，这就建模了单一项问题。

作为算法的第一步，假设所有边的值要么是 0，要么是 v（但是我们事先不知道哪些边的值是什么）。贪心算法只要有可能就选取下一条权重为 v 的边（即当这条边不会与先前选取的边构成回路时）。这就返回了一个最大权森林，因为最优解是权重为 v 的边的所有子集中的最大森林，而且图中的所有最大森林都具有相同数量的边。这就提出了以下用于一般的取值的算法：如果我们知道对于值 v，存在一个包含无回路的边的子集，其中每一条边的值都为 v，总权重 $\geqslant\frac{1}{\alpha}V^\star$，那么我们只要有可能就贪心地选取值为 v 的边，从而获得一个 α-竞争的解。

我们如何才能找到这样的一个值 v，它给出了良好的近似？接下来的随机阈值算法利用了两种技术：对所有值进行桶存储，以及对一组算法进行（随机）混合。我们假定所有的值都是 2 的幂，事实上，将各个值舍入到最接近的 2 的幂在最终保证中最多损失一个 2 的因子。

1. 忽略前 $n/2$ 个项，并且设 $\hat{v}$ 是它们的最高值。
2. 选择一个均匀随机的 $r\in\{0,\cdots,\log n\}$，并且设置阈值 $\tau:=\hat{v}/2^r$。
3. 对后面的 $n/2$ 个项，贪心地选取任何一个项，它的值至少为 τ 而且不构成回路。

定理 11.5　图秘书问题的忽视顺序的随机阈值算法获得一个期望值 $\Omega\left(\frac{V^\star}{\log n}\right)$。

这里是主要的证明思路：如果最大值在单一项（比如 $v_{\max}$）中，当 $r=0$（以概率 $1/\log n$）时，这种情况与 50%算法相仿。否则，我们可以假定 $v_{\max}$ 落在前一半，这就给了我们一个损失不大的良好估计。现在，$V^\star$ 中只有极少数来自值小于 $v_{\max}/n$ 的项（因为只有 n 个项）。因此，我们可以重点关注这样的 $\log n$ 个桶，其中的项的值在 $[v_{\max}/2^{i+1},v_{\max}/2^i)$ 范围内。每一个这样的桶平均包含的值为 $V^\star/\log n$，因此可以随机选取一个。

一种改进的最大权森林算法。相对而言，上述随机阈值算法很少利用最大权森林的性质。实际上，利用这样的性质——如果所有值都是 0 或者 v，那么尽可能选取下一个值为 v 的元素，这将给出一个接近-最优解，即算法可以扩展到下闭集合（downward-closed set）系统。不过我们可以利用基础图的一些性质来取得更好的结果。这里是图秘书问题的一个常数-竞争算法，其主要思想是将问题分解为几个不相交的单一项秘书问题。

1. 选择图的顶点的一个均匀随机置换 $\hat{\pi}$。
2. 对于每一条边 $\{u,v\}$，如果 $\hat{\pi}(u)<\hat{\pi}(v)$，那么规定其方向从 u 指向 v。
3. 对于每一个顶点 u，独立地考虑那些指向 u 的边，并且在这些边上运行忽视顺序的 50%算法。

定理 11.6　上述关于图秘书问题的算法是忽视顺序的，并且得到一个至少为 $V^\star/8$ 的期望值。

证明　算法选取了一个森林，即在选取的边当中不存在回路（在去除方向的意义上）。事实上，在任何一条这样的回路上，（关于 $\hat{\pi}$ 的）最高编号的顶点将有两条或者更多条入边被选取，这是不可能的。

不过由于我们限制对每个顶点只选取一条入边，因此最优的最大权森林 $S^\star$ 可能不再是可行的。尽管如此，我们断言存在一个限制每个顶点只有一条入边的森林，其期望值为 $V^\star/2$。（这里的随机性是在置换 $\hat{\pi}$ 的选择上，而不是随机顺序。）由于 50%算法得到了这个值（在随机顺序上的期望值）的四分之一，我们得到了想要的 $V^\star/8$ 的界。

为了证明这个断言，对于 $S^\star$ 的每一个连通分支，选取其中一个任意结点作为根结点，并将每一个非根结点 u 与在无向图中朝向根结点的路径上的唯一边 $e(u)$ 相关联。对于每一个结点 u，建议的解选择边 $e(u)=\{u,v\}$，前提是 $\hat{\pi}(v)<\hat{\pi}(u)$，亦即这条边指向 u（如图 11.1 所示）。由于这个事件发生的概率为 1/2，根据期望值的线性特性得到定理的证明。 □

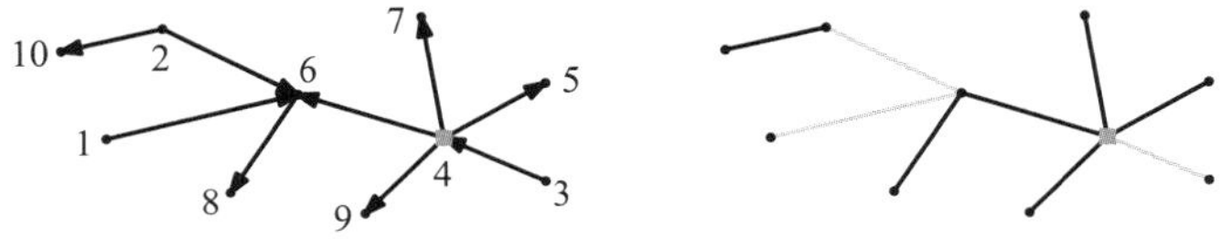

图 11.1　最优树：左图上的数由 $\hat{\pi}$ 给出，编号为 4 的灰色框是树根。右图中的边在得到的解中得以保留

这个算法是忽视顺序的，因为 50%算法具有这个性质。如果我们不在乎忽视顺序特性的话，可以代之以 37%算法，并且得到至少为 $V^\star/2e$ 的期望值。

拟阵秘书问题

秘书问题最诱人的推广之一是推广到*拟阵*（matroid）。（拟阵对向量空间中一个向量集的线性独立性进行推广，定义了元素子集的*独立性*的概念。例如，如果一个边的子集中不存在回路，我们就定义这个子集是独立的，这些边就形成了“图的”拟阵。）假设 n 个项构成一个已知拟阵的基础集合的元素，而且我们只能选取在这个拟阵中独立的项的子集。通过对 Kruskal 贪心算法的显而易见的推广，我们可以离线计算最大权独立集的权重（或者值）$V^\star$。开放式问题是要在 RO 模型中在线获得 $\Omega(V^\star)$ 的期望值。来自定理 11.5 的方法给出了期望值 $\Omega(V^\star/\log k)$，其中 k 是一个独立集的最大的大小（即独立集的秩）。目前最好的算法（也是忽视顺序的）取得了 $\Omega(V^\star/\log\log k)$ 的期望值。此外，对于许多特殊类型的拟阵，利用它们的一些特殊性质，我们可以取得 $\Omega(V^\star)$ 的期望值，就像之前对图拟阵所做的那样。参见本章注解。

11.3.2 自适应顺序算法

前面讨论的忽视顺序算法有若干好处，但是它们的竞争比通常不如*自适应顺序*算法，后者利用了整个到达顺序的随机性。现在让我们再次讨论选取 k 个项的问题。

再论多秘书问题

在忽视顺序的情况下，我们在第一阶段忽略了前面大约 $k^{-1/3}$ 部分的项，然后选择一个固定的阈值用于第二阶段。选择这个初始阶段的长度时需要平衡两个竞争问题：我们希望第一阶段短一些，这样只忽略了少量的项；但是又希望它足够长以获得对整个输入中的第 k 个最大项的良好的估计。改进算法的思路是分多个阶段运行，并利用一些时变阈值。粗略地说，算法利用前 $n_0=\delta n$ 个到达项来学习下一次 n_0 个到达项的阈值，然后在 $n_1=2n_0$ 时刻计算再下一次 n_1 个到达项的新阈值，依此类推。

与忽视顺序算法一样，我们的目标是 $S^\star$ 的第 $(1-\varepsilon)k$ 个最大元素——ε 给了我们一个安全间距，这样就不会选取低于 $S^\star$ 的第 k 个最大（也即最小）元素的阈值。但是我们会改变 ε 的值。一开始我们没有把握，所以对项的选取非常谨慎（通过设置很高的 ε_0，创建更大的安全间距）。随着我们看到更多的元素，我们对估计更加有信心，这时可以降低各个 ε_j 值。

---

1. 设置 $\delta := \sqrt{\frac{\log k}{k}}$，记 $n_j := 2^j\delta n$，忽略前 $n_0=\delta n$ 个项。
2. 对于 $j\in[0,\log 1/\delta]$，阶段 j 在窗口 $W_j := (n_j, n_{j+1}]$ 的到达项上运行。
   - 设 $k_j := (k/n)n_j$，并设 $\varepsilon_j := \sqrt{\delta/2^j}$。
   - 将阈值 τ_j 设置为前 n_j 个项中的第 $(1-\varepsilon_j)k_j$ 个最大值。
   - 在窗口 W_j 中选择任意一个值高于 τ_j 的项（直到耗尽预计的 k）。

定理 11.7 多秘书问题的自适应顺序算法具有期望值 $V^\star\left(1-O\left(\sqrt{\frac{\log k}{k}}\right)\right)$。

证明 如同定理 11.4 的证明，我们首先证明没有一个阈值 τ_j“过低”（因此不会用尽预计的 k）。实际上，对于低于 $v'=\min_{i\in S^\star}v_i$ 的 τ_j，应该有少于 $(1-\varepsilon_j)k_j$ 个来自 $S^\star$ 的

项落在前 n_j 个项中。由于我们期望它们的数量是 k_j，因此这个概率最多是 $\exp(-\varepsilon_j^2 k_j) = \exp(-\delta^2 k) = 1/\text{poly}(k)$。

接下来，我们断言 τ_j 不会"过高"：它以高概率不超过 $S^\star$ 中的第 $(1-2\varepsilon_j)k$ 个最高项的值（因此所有阈值都不超过第 $(1-2\varepsilon_0)k$ 个最高值）。事实上，我们期望这些最高项中有 $(1-\varepsilon_j)k_j$ 个项出现在前 n_j 个到达项中，而且出现的项的数量超过 $(1-\varepsilon_j)k_j$ 的概率为 $\exp(-\varepsilon_j^2 k_j) = 1/\text{poly}(k)$。

在所有的 $j \in [0, \log 1/\delta]$ 上取一个联合界，以高概率所有阈值既不过高也不过低。以此为条件，现在最大的 $(1-2\varepsilon_0)k$ 个项中的任何一个项如果在第一次的 n_0 个项到达之后到达则被选取（因为没有过高的阈值，而且不会用尽预计的 k），即概率为 $(1-\delta)$。类似地，在前 $(1-2\varepsilon_{j+1})k$ 个最大值中但不在前 $(1-2\varepsilon_j)k$ 个最大值中的任何一个项，如果在 n_{j+1} 个项到达之后到达则被选取，即概率为 $(1-2^{j+1}\delta)$。所以，如果 $v_{\max} = v_1 > \cdots > v_k$ 是前 k 个最大值项，我们得到期望值

$$\sum_{i=1}^{(1-2\varepsilon_0)k} v_i(1-\delta) + \sum_{j=0}^{\log 1/\delta - 1} \sum_{i=(1-2\varepsilon_j)k}^{(1-2\varepsilon_{j+1})k} v_i(1-2^{j+1}\delta)$$

这个值至少是 $V^\star(1-\delta) - \frac{V^\star}{k}\left(\sum_{j=0}^{\log 1/\delta} 2\varepsilon_{j+1} k \cdot 2^{j+1}\delta\right)$，这是因为当值最大的 k 个项都等于 $V^\star/k$ 时，负项被最大化。化简后我们得到 $V^\star(1-O(\delta))$，正如定理的结论。 □

可以移除 δ 中的对数项（参见本章注解），但基本上会损失 $\sqrt{k}$。这里是对下界的概略描述。根据 Yao 的极小极大引理，足以给出对任何一个确定性算法都会导致大的损失的实例上的一个分布。假设每一个项的值为 0 的概率是 $1-k/n$，否则它的值以相等的概率为 1 或者 2。于是非零项的数量以高概率是 $k \pm O(\sqrt{k})$，其中大约有一半的值为 1，一半的值为 2，即 $V^\star = 3k/2 \pm O(\sqrt{k})$。理想情况下，我们希望选取所有值为 2 的项，然后把剩余的 $k/2 \pm O(\sqrt{k})$ 个位置用值为 1 的项填满。然而需要考虑在 $n/2$ 个项到达之后算法的状态。由于算法不知道下半部分将会有多少个值为 2 的项到达，它并不知道在上半部分应该选取多少个 1。因此，它要么在第二部分损失了大约 $\Theta(\sqrt{k})$ 个值为 2 的项，要么在第一部分少选取了 $\Theta(\sqrt{k})$ 个值为 1 的项。无论如何，算法都将损失 $\Omega(V^*/\sqrt{k})$ 的值。

求解装箱问题的整数规划

选取 k 个项的一个最大值子集的问题可以得到广泛推广。事实上，如果每个项的大小 $a_i \in [0,1]$，而且我们可以选取一些大小总计为 k 的项，就得到了背包问题。更一般地，假设我们有 d 种不同的资源，每种资源有 k 个单位。项 i 由它在被选取时使用的每一种资源 $j \in \{1, \cdots, d\}$ 的数量 $a_{ij} \in [0,1]$ 说明。我们可以选取任何我们的资源能够支持的项（向量）的子集。形式上，一个包含 n 个不同的 d 维向量 $a_1, a_2, \cdots, a_n \in [0,1]^d$ 的集合以随机顺序到达，每一个向量都有一个关联值 v_i。我们可以选取项的任何子集，约束条件是它们的关联向量在每一个坐标上的值的总和最多是 k。（所有向量和值最初都是未知的，在一个向量到达时，我们必须不可撤销地选取或者丢弃它。）我们希望最大化选取的向量的期望值，这给出了装箱问题的整数规划：

$$\max \sum_i v_i x_i \quad \text{s.t.} \quad \sum_i x_i a_i \leqslant k \cdot \mathbf{1} \quad \text{而且} \quad x_i \in \{0,1\}$$

这里向量以随机顺序到达。设 $V^\star := \max_{x\in\{0,1\}^d}\{\boldsymbol{v}\cdot\boldsymbol{x} \mid \boldsymbol{A}\boldsymbol{x}\leqslant k\boldsymbol{1}\}$ 是最优值，其中 $\boldsymbol{A}\in[0,1]^{d\times n}$ 的列向量是 a_i。多秘书问题由具有单一全 1 行的 $\boldsymbol{A}$ 建模。通过对定理 11.7 的方法的扩展，我们可以取得 $(1-O(\sqrt{(\log d)/k}))$ 的竞争比。事实上，已知有若干种使用不同方法的算法，每一种算法都给出了这个竞争比。

我们现在大致描述一个更弱的结果。首先，我们允许变量可以是分数（$x_i\in[0,1]$）而不是整数（$x_i\in\{0,1\}$）。由于我们假设容量 k 比 $\log d$ 大得多，可以利用随机舍入从分数解返回整数解，而只带来少量的值的损失。其中一个关键思路是学习阈值可以被看作学习这个线性规划的最优对偶值。

定理 11.8　*存在一种在 RO 模型中求解装箱线性规划的算法，获得* $V^\star\left(1-O\left(\sqrt{\frac{d\log n}{k}}\right)\right)$ *的期望值。*

概略证明　本证明与定理 11.7 的证明类似。算法利用大小呈指数增长的窗口，并（重新）估计每一个窗口中的最优对偶。设 $\delta := \sqrt{\frac{d\log n}{k}}$，我们将很快给出这一选择的理由。一如既往地设 $n_j = 2^j\delta n$，$k_j=(k/n)n_j$，$\varepsilon_j=\sqrt{\delta/2^j}$，并且设窗口 $W_j=(n_j, n_{j+1}]$。现在，我们的阈值是下面的线性规划的 d 维最优对偶变量 τ_j：

$$\max\sum_{i=1}^{n_j} v_i x_i \quad \text{s.t.} \quad \sum_{i=1}^{n_j} x_i a_i \leqslant (1-\varepsilon_j)k_j\cdot\boldsymbol{1} \quad \text{而且} \quad x_i\in[0,1] \tag{11.1}$$

在时刻 n_j 完成 τ_j 的计算之后，算法选取一个项 $i\in W_j$，前提是 $v_i\geqslant\tau_j\cdot a_i$。在一维多秘书的情况下，对偶恰好就是前 n_j 个项中的第 $(1-\varepsilon_j)k_j$ 个最大值的项，与定理 11.7 中的选择相匹配。在一般情况下，对偶 τ_j 可以被认为是每种资源的单位消耗价格：只有当 i 的值 v_i 大于总价格 $\tau_j\cdot a_i$ 时，我们才会选择 i。

我们现在简要说明一下为什么对偶向量 τ_j 不会“过低”，即计算得到的对偶 τ_j（以高概率）使得所有满足阈值 τ_j 的列的集合 $\{a_i \mid \tau_j\cdot a_i\leqslant v_i, i\in[n]\}$ 仍然是可行的。事实上，假设价格向量 τ 是不合适的，利用它作为整个集合的阈值会导致某一种资源的用量超过 k。如果 τ 在时刻 n_j 是最优对偶，由线性规划（11.1），前 n_j 个项对同一种资源的用量将最多是 $(1-\varepsilon_j)k_j$。按照我们对 δ 的选择，Chernoff-Hoefding 界证明了这种情况发生的概率最多是 $\exp(-\varepsilon_j^2 k_j)=o(1/n^d)$。现在关键的思路是只考虑算法用来做出不同决策的向量的一个子集，从而将对偶向量的（无穷）集合修剪到不超过 n^d。大致上，d 个维度中的每一个维度都存在 n 个价格选择，这给了我们 n^d 个不同的可能是坏的对偶向量，现在由联合界可以得到定理的证明。　□

如前所述，这个结果的一个更强的版本具有加性损失 $O\left(\sqrt{\frac{\log d}{k}}\right)V^\star$。这样的结果只有在预计的 $k\gg\log d$ 时才是令人关注的，所以这被称为“大预算”假定。若没有这样的假定，我们能很好地解决装箱问题吗？特别地，给定一个向下封闭的族 $\mathcal{F}\subseteq 2^{[n]}$，假设我们想要选取一个项的子集，这个子集具有很高的总值而且位于 $\mathcal{F}$ 中。对于无须关注计算的信息理论问题，已知的最佳上界是 $\Omega(V^\star/\log^2 n)$，而且存在一些族，对它们而言 $\Omega\left(V^\star/\frac{\log n}{\log\log n}\right)$ 是不可能的（参见练习题 11.2）。我们能否缩小这个差距？还有，有哪些向下封闭的族 $\mathcal{F}$ 可以接受具有良好保证的高效算法？

最大权匹配

考虑在 n 个代理和 m 个项上的二部图。每个代理 i 都有一个关于项 j 的值 $v_{ij} \in \mathbb{R}_{\geq 0}$。最大权匹配问题是要找到一个赋值 $M:[n]\to[m]$ 使得 $\sum_{i\in[n]} v_{i,M(i)}$ 最大化，而且没有项 j 被分配给超过一个的代理，即对所有的 $j\in[m]$，有 $|M^{-1}(j)|\leq 1$。在线环境下（这样的环境下有一些关于广告分配的应用）提前给定 m 个项，而且 n 个代理逐个到达。代理 i 到达时展示关于 $j\in[m]$ 的值 v_{ij}，接着我们可能不可撤销地将剩余项中的一项分配给 i。设 $V^\star$ 表示最优匹配的值。$m=1$ 的单一项的情况正是单一项秘书问题。

这一节的主要算法技术乍一看似乎很简朴：在忽略前面少数首先到达的代理之后，我们根据到这个时刻为止到达的代理的最优解做出每一个后续决策，同时忽略所有过去的决策。对于匹配问题，这个思路可以转化为以下算法。

忽略前 n/e 个代理。当代理 $i\in(n/\mathrm{e},n]$ 到达时：

1. 为前 i 个到达的代理计算一个最大值匹配 $M^{(i)}$（同时忽略过去的决策）。
2. 如果 $M^{(i)}$ 将当前代理 i 与项 j 匹配，而且如果 j 仍然可用[㊀]，则将 j 分配给代理 i；否则不给代理 i 分配任何项。

（我们假定匹配 $M^{(i)}$ 只依赖于前 i 个请求，而且独立于它们的到达顺序。）我们证明了这一思路给出了匹配的最优竞争力，从而展现出这个方法的威力。

定理 11.9 上述算法给出了一个期望值至少为 $V^\star/\mathrm{e}$ 的匹配。

证明 证明中有两个要点。首先，$M^{(i)}$ 是在包含 n 个请求中的 i 个请求的一个随机子集上的匹配，因此其期望值至少是 $(i/n)V^\star$。第 i 个代理是 n 个请求中随机的一个请求，因此可以获得期望值 $V^\star/n$。

第二个思路是要证明（就像在定理 11.2 中那样）如果代理 i 与 $M^{(i)}$ 中的项 j 匹配，则 j 以概率 $n/(\mathrm{e}i)$ 是自由的。实际上，以前 i 个代理（它们固定了 $M^{(i)}$）以及第 i 个代理本身（它固定了 j）的集合（而不是顺序）作为条件，现在对任何 $k\in(n/\mathrm{e},i)$，项 j 以不超过 $1/k$ 的概率被分配给第 k 个代理（因为即使 j 在 $M^{(k)}$ 中得到匹配，对应的代理就是第 k 个代理的概率也不超过 $1/k$）。前 $k-1$ 个代理的到达顺序与这个事件无关，因此我们可以对所有的 $s<k$ 进行下面的论证：在 j 未分配给第 k 个代理的前提下，j 被分配给第 s 个代理的概率不超过 $1/s$。因此，j 可用于代理 i 的概率至少是 $\prod_{\frac{n}{\mathrm{e}}<k<i}\left(1-\frac{1}{k}\right)\approx\frac{n}{\mathrm{e}i}$。结合这两个思路并利用期望值的线性特性，期望的总匹配值至少是 $\sum_{i=1+n/\mathrm{e}}^{n}\left(\frac{n}{\mathrm{e}i}\cdot\frac{V^\star}{n}\right)\approx\frac{V^\star}{\mathrm{e}}$。□

这种方法可以扩展到组合拍卖问题，其中每一个代理 i 有一个次模（submodular）（或者一个 XOS）估价函数 v_i，给该代理分配一个项的子集 $S_i\subseteq[m]$，目标是最大化总福利 $\sum_i v_i(S_i)$。此外，跟随当前解（忽略过去的决策）的这种方法可以扩展到求解装箱问题的线性规划：算法在每一个步骤 i 求解当前线性规划的一个稍微缩小的版本，并且根据所获得的解来设置变量 x_i。

11.4 最小化问题

我们现在研究 RO 模型中的最小化问题。这些问题的目标是在满足某些需求的约束

㊀ 即项 j 仍未分配给任何其他代理。——译者注

下，最小化某一种代价（例如增广路径的长度，或者箱子的数量）。这一节的所有算法都是自适应顺序算法。我们用 OPT 表示实例 S 上的最优解及其代价。

11.4.1 在线匹配中的增量的最小化

我们从原因开始讨论，即为什么 RO 模型可能有助于求解在线离散最小化问题。一个问题如果总是存在代价≈OPT 的解来处理余下的请求，我们就认为这是一个“表现良好”的问题。在输入序列的开头，“表现良好”是显然的，而且我们希望它随着时间的推移继续保持下去，也就是说，过去糟糕的选择不应该导致提升在余下请求上的最优解的代价。此外，假设问题代价在请求上是“加性的”，那么满足下一个请求（根据 RO 的性质，该请求是 i 个余下请求中的一个随机请求）的期望代价应该≈OPT/i。对全部 n 个请求进行求和得出的期望代价 $\approx \mathrm{OPT}\left(\frac{1}{n}+\frac{1}{n-1}+\cdots+\frac{1}{2}+1\right)=O(\log n)\mathrm{OPT}$。（这个总体思路让人想起最大权匹配，尽管现在是在最小化环境下。）

为了说明这一思想，我们考虑在线二部匹配问题。设 $G=(U,V,E)$ 是一个二部图，$|U|=|V|=n$。最初算法不知道图的边集 E，因此初始匹配 $M_0=\varnothing$。在每一个时间步 $t\in[1,n]$ 呈现出所有与第 t 个顶点 $u_t\in U$ 关联的边。如果先前的匹配 M_{t-1} 不再是当前边集中的最大匹配，算法必须实现一个增量以获得最大匹配 M_t。我们不希望匹配的变化太过激进，因此将算法在步骤 t 所带来的代价定义为增广路径 $M_{t-1}\Delta M_t$ 的长度[㊀]，目标是最小化算法的总代价（为简单起见，假设 G 有一个完美匹配以及 OPT$=n$，因此我们需要在每一步进行增广）。一个自然的算法是*最短增广路径算法*（参见图 11.2）。

当请求 $u_t\in U$ 到达时：

1. 沿着从 u_t 到 V 中一个未匹配顶点的最短交替路径[㊁] P_t 进行增广。

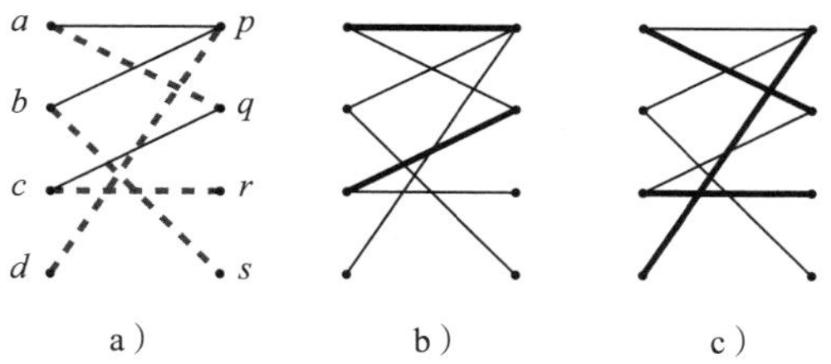

图 11.2 a）虚线边表示图 G 的一个完美匹配。b）一个中间匹配 M_2。c）下一个请求到达 d 之后的匹配 M_3

定理 11.10 在 RO 模型中，最短增广路径算法产生总共 $O(n\log n)$ 的期望增广代价。

证明 固定一个最优匹配 M^*，并考虑算法执行过程中的某一个时间步。假设当前最大匹配 M 的大小为 $n-k$。设想一下，如果马上呈现出 U 中所有剩余的 k 个顶点，则对称差 $M^*\Delta M$ 形成 k 条从这些剩余的 k 个顶点到 V 中的一些未匹配结点的结点不相交的交替路径。沿着这些路径的增广将给予我们最优匹配。这些路径的长度之和最多是 $|M^*|+|M|\leqslant 2n$。（观察到最优解在剩余请求上的代价确实会随着时间的推移而增加，但只会增加一个常数

㊀ 这里的“Δ”是集合的对称差运算。——译者注

㊁ 即一条最短可增广道。——译者注

因子。）现在，由于下一个顶点是均匀随机选择的，它在上述集合中的增广路径（因此从这个顶点开始的最短增广路径）的期望长度最多是 $2n/k$。现在在从 n 降低到 1 的所有 k 上求和，给出的总期望代价为 $2n\left(\frac{1}{n}+\frac{1}{n-1}+\cdots+\frac{1}{2}+1\right)=2nH_n=O(n\log n)$，定理得证。 □

对于 RO 模型中的这个匹配问题，$O(\log n)$-竞争性保证恰好是胎紧的。参见练习 11.3。

11.4.2　装箱问题

在经典的装箱问题中（你可能会回忆起第 8 章），请求序列由大小为 $s_1,s_2,\cdots,s_n$ 的物品组成，这些物品需要被装入单位容量的箱子中。（我们假设每个 $s_i\leqslant 1$。）目标是最小化使用的箱子的数量。一种流行的算法是最佳适应算法。

当下一个物品（大小为 s_t）到达时：

1. 如果该物品不适合装入任何当前已经使用的箱子，则将其放入一个新的箱子。
2. 否则，将该物品放入某一个箱子，使放入后箱子的剩余空间最小化（即拟合得“最好”）。

最佳适应算法在最坏情况下使用不超过 2OPT 个箱子。实际上，这些箱子中的任何两个箱子的所有物品的大小之和都严格大于 1，否则我们就不会启用后面的箱子。因此我们使用的箱子数量最多是$\lceil 2\sum_i s_i\rceil$，由于每个箱子最多容纳一个单位的总大小，所以 OPT 必须至少是$\lceil\sum_i s_i\rceil$。通过更加复杂的分析可以证明，最佳适应算法在任何请求序列上使用 $1.7\text{OPT}+O(1)$ 个箱子，而且 1.7 这个乘法因子可能是最佳的。

证明 1.7 的下界的示例相当复杂，不过证明 3/2 的下界要容易得多，这个下界还说明了为什么最佳适应算法在 RO 模型中的效果更好。考虑 $n/2$ 个大小为 $1/2^-:=1/2-\varepsilon$ 的物品，紧跟着的是 $n/2$ 个大小为 $1/2^+:=1/2+\varepsilon$ 的物品。最优解在这个对抗序列上使用了 $n/2$ 个箱子，而最佳适应算法使用了 $3n/4$ 个箱子，因为它将大小为 $1/2^-$的物品两两配对，于是每个大小为 $1/2^+$的物品必须使用一个箱子。另一方面，在 RO 的情况下，这两类物品之间的失衡表现得非常类似于在整数上的对称随机游走（它实际上就是这样的一种随机游走，只不过被约束在原点开始和结束）。各自占据一个箱子的大小为 $1/2^+$的物品的数量的界现在可以根据与原点的最大偏差来确定（参见练习 11.4），它以高概率是 $O(\sqrt{n\log n})=O(\text{OPT})$。因此，在这个实例中，最佳适应算法在 RO 模型中仅仅使用了 $(1+o(1))\text{OPT}$ 个箱子，相比之下，算法在对抗顺序中使用了 1.5OPT 个箱子。在一般的实例上，我们得到如下定理。

定理 11.11　在 RO 环境下，最佳适应算法最多使用 $(1.5+o(1))\text{OPT}$ 个箱子。

这一结果的证明中的关键是“缩放”的结果，亦即输入的任何一个长度为 εn 的子序列有一个 εOPT 加上一些低阶项的最优值。证明利用了随机顺序的性质和测度中心性。观察到最坏情况下的例子并不满足这个缩放特性：上述实例的下半部分有最优值 $n/2$，这也是整个实例的最优值。（这样的缩放特性通常是最坏情况和 RO 模型之间的重要差异：例如，我们在 11.3.2 节关于装箱问题的线性规划算法中利用了这个特性。）

RO 模型中最佳适应算法的精确性能尚未得到解决：已知的最佳下界使用了 1.07 OPT 个箱子。我们能否消除这个差距？此外，我们能否对这个模型中的其他常见启发式算法进行分析？例如，首次适应算法将下一个请求物品放置在最早启用并且可以容纳该物品的箱子中。练习题 11.5 要求证明下次适应启发式算法无法从随机顺序中受益，而且在对抗模型和 RO 模型中的竞争比均为 2。

11.4.3　设施选址

一种稍微不同的算法直觉被用于求解在线设施选址（online facility location）问题，该问题与 k-means 和 k-median 聚类问题有关。在这个问题中，给定一个度量空间（V，d），其中 V 为点的集合，距离 $d: V\times V\to\mathbb{R}_{\geq 0}$ 满足三角不等式。设 $f\geq 0$ 为开通一个设施的代价：算法可以推广到不同地点具有不同设施代价的情况。每一个请求由度量空间中的一个点说明，并设 $R_t=\{r_1,\cdots,r_t\}$ 是在时间 t 之前到达的请求点的（多重）集合。在 t 时刻的解是一个“设施”的集合 $F_t\subseteq V$，其开通代价为 $f\cdot|F_t|$，其连接代价是 R_t 中的每个请求与在 F_t 中同这个请求距离最近的设施的距离之和，即 $\sum_{j\in R_t}\min_{i\in F_t} d(j,i)$。已经开通的设施将一直保持开通状态，因此我们要求 $F_{t-1}\subseteq F_t$。我们希望算法在 t 时刻的总代价（即开通代价加上连接代价）最多是 RO 模型中 R_t 的最优总代价的常数倍。这样的结果在对抗到达模型中是不可能的，因为我们知道其最坏情况下的竞争性的一个胎紧界是 $\Theta\left(\frac{\log n}{\log\log n}\right)$。

构成代价的两个组成部分之间存在矛盾：开通更多设施会增加开通代价，但是可以降低连接代价。还有，当请求 r_t 到达时，如果它与 F_{t-1} 中最接近的设施的距离超过 f，那么在 r_t 到达时开通一个新的设施并且支付开通代价 f 肯定要比支付超过 f 的连接代价要好（从贪心的角度而言）。这就给出了以下算法。

当一个请求 r_t 到达时：

1. 设 $d_t:=\min_{i\in F_{t-1}} d(r_t,i)$ 是这个请求到 F_{t-1} 中最接近的设施的距离。
2. 以概率 $p_t:=\min\{1,d_t/f\}$ 设置 $F_t\leftarrow F_{t-1}\cup\{r_t\}$，其他情况下设置 $F_t\leftarrow F_{t-1}$。

观察到 p_t 的选择大致平衡了期望的开通代价 $p_t\cdot f\leq d_t$ 与期望的连接代价 $(1-p_t)d_t\leq d_t$。此外，由于设施的集合随着时间的推移而增大，在算法中一个请求有可能随后被重新分配给另一个更为接近的设施。不过，即使假定请求 r_t 被永久地分配给 F_t 中最接近的设施，这个分析仍然有效。

定理 11.12　上述算法在 RO 模型中是 $O(1)$-竞争的。

这个定理的证明背后的观点是一个“charging 论证”[㊀]：首先将每一个请求分类为“容易的”（如果它们靠近最优解中的一个设施，因此代价低廉）或者“困难的”（如果它们远离设施）。每一种请求类型的数量相等，而且随机排列确保了容易的请求和困难的请求大致交错出现。这样，每一个困难的请求都可以与它的前一个容易的请求配对，并且可以利用这种配对来确定它们的代价的界。

11.5　相关模型和扩展

目前已经存在其他一些与随机顺序到达相关的在线模型。广义上可以对这些模型进行

㊀ charging 论证用于将最优化算法的输出与最优解进行比较，通过证明存在一个特定的内射函数来表明算法确实产生了最优解。——译者注

这样的分类：要么在到达项上做出进一步的随机假定，对 RO 模型“加入更多随机性”；要么“限制随机性”，其到达序列不需要是均匀随机的。前者使我们可以利用增加的随机性来设计具有更好的性能保证的算法，后者有助于我们对算法的健壮性以及 RO 模型的局限性进行量化。

11.5.1　加入更多随机性

RO 模型起码与 i. i. d. 模型一样通用。i. i. d. 模型假定在可能的请求上的一个概率分布 $\mathcal{D}$，其中每一个请求是来自分布 $\mathcal{D}$ 的一次独立抽样。因此，前面所有的 RO 结果可以马上转化为 i. i. d. 模型的结果。反过来是否也是对的呢？即我们能否在两个模型中获得一致的算法结果？下一个案例研究给了这个问题一个否定的回答，然后说明如何利用基础分布来获得更好的性能。

RO 模型中的 Steiner 树

在线 Steiner 树问题中，可以把一个给定的度量空间（V,d）看作一个边权为 $d(u,v)$ 的完全图，每一个请求都是 V 中的一个顶点。设 $R_t=\{r_1,\cdots,r_t\}$ 是在时间 t 之前到达的请求顶点的（多重）集合。当请求 r_t 到达时，算法必须选取一些边 $E_t\subseteq\binom{V}{2}$，使迄今为止所选取的边 $E_1\cup\cdots\cup E_t$ 将 R_t 连接成一个连通分支。每条边 $\{u,v\}$ 的代价是其长度 $d(u,v)$，目标是最小化总代价。

我们能够想象到的第一个算法是贪心算法，它选择一条边，将 r_t 连接到 R_{t-1} 中离它最近的之前的请求（顶点）。这种贪心算法在最坏情况下对长度为 n 的任何请求序列都是 $O(\log n)$-竞争的。令人惊讶的是不仅对于对抗到达模型，而且对于 RO 模型都存在 $\Omega(\log n)$ 的下界。下面我们讨论对抗模型的对数下界是如何转换为 RO 模型的对数下界的。

Steiner 树问题的两个性质使这种转换成为可能。第一个性质是对请求进行复制不会改变 Steiner 树的代价，但是把一个请求复制很多份可能会使其中一个副本较早出现在 RO 序列中。因此，如果我们采用固定的请求序列 σ，将第 i 个请求复制 C^{n-i} 次（对于一个大的 $C>1$），应用均匀随机置换，并且移除每一个原始请求的第一个副本之外的所有副本，结果看上去以高概率靠近 σ。当然，序列长度从 n 增加到了 $\approx C^n$，因此下界从序列长度的对数变成了双重对数。

我们现在利用 Steiner 树的第二个性质：最坏情况下的示例包含可以用 $\log n$ 个批次给出的 n 个请求，其中第 i 批包含 $\approx 2^i$ 个请求——事实证明，并行地提供这么多信息对算法并没有帮助。由于我们并不在乎各个批次内部的相对顺序，因此可以将第 i 批请求复制 C^i 次，从而使结果的请求序列长度 $\leqslant C^{1+\log n}$。现在设置 $C=n$，容易得到一个下界 $\Omega\left(\frac{\log n}{\log\log n}\right)$，但是经过仔细分析之后，我们可以将 C 设置为一个常数，并获得 RO 环境下的一个下界 $\Omega(\log n)$。

i. i. d. 模型中的 Steiner 树

给定 RO 模型的上述下界，如果我们对输入的随机性做出更强的假定会有什么样的结果？如果到达的请求是从概率分布中 i. i. d. 抽取的呢？我们现在必须做出一个重要的区分，即算法知道这个分布还是不知道这个分布。前一小节的下界很容易扩展到到达的请求来自未知分布的情况，所以我们只需要考虑具有已知分布的 i. i. d. 模型。换言之，每一个

请求是图的一个随机顶点，其中顶点 v 的请求具有已知概率 $p_v \geqslant 0$（而且 $\sum_v p_v = 1$）。设 $\boldsymbol{p} = (p_1, p_2, \cdots, p_{|V|})$ 是这些概率的向量。为了简单起见，假定我们知道请求序列的长度 n。增广贪心算法如下。

1. 设 A 是由 $n-1$ 个来自分布 $\boldsymbol{p}$ 的 i. i. d. 样本再加上第一个请求 r_1 所构成的（多重）集合。
2. 构造一棵连接 A 中所有顶点的最小生成树 T。
3. 对于每一个后续请求 $r_i(i \geqslant 2)$：用一条有向边将 r_i 连接到 $A \cup R_{i-1}$ 中离 r_i 最近的顶点。

注意到我们的算法需要最少的关于基础分布的知识：它只是选取了一个与实际请求序列随机一致的样本集合，并构建与之连接的“预期”树。现在的希望是真正的请求看起来与样本相似，因此它们将拥有可以连接的附近的顶点。

定理 11.13 对于在已知分布的 i. i. d. 请求的设定下的 Steiner 树问题，增广贪心算法是 4-竞争的。

证明 由于集合 A 是从与实际请求序列 R_n 相同的分布中抽取的，因此 A 上的期望最优 Steiner 树的代价也是 OPT。已知把 A 连接起来的最小生成树给出一棵 2-近似 Steiner 树（练习题 11.6），因此 T 的期望代价为 2 OPT。

接下来，我们需要确定将 $r_t(t \geqslant 2)$ 连接到前一棵树的期望代价的界。设 A 中的样本为 $a_2, a_3, \cdots, a_n$，树 T 的根为 r_1，并设 a_t 的来自 T 的“份额”是在 a_t 到树根的路径上的第一条边的代价。所有份额的总和等于 T 的代价。现在，连接 r_t 的代价最多是从 r_t 到 $A \setminus \{a_t\}$ 中的一个顶点的期望最小距离。但是 r_t 和 a_t 来自同一个分布，所以这个期望最小距离的界由 a_t 到 T 中最近邻居的期望距离所确定，最多是 a_t 的期望份额。总之，r_t 请求的连接代价最多是 T 的期望代价，即最多是 2 OPT。这就完成了定理的证明。 □

这一证明可以扩展到从不同的已知分布中抽取不同请求的设定，参见练习题 11.6。

11.5.2 减少随机性

我们是否需要项的顺序是均匀随机的，还是较弱的假定就足以解决我们所关心的问题？这个问题在 11.3.1 节得到了部分解决，其中我们看到了一些忽视顺序算法。回忆一下：这些算法假定一个较低要求的到达模型，其中对抗的输入集合 S 中的一个随机部分在第一阶段提交给算法，输入集合的余下部分以对抗顺序在第二阶段到达。我们现在讨论一些用于减少输入所需要的随机性的其他模型。虽然对此已经取得了一些显著的成果，但仍有许多需要探索的地方。

随机到达顺序的熵

对随机性进行量化的一种原理性方法是测量输入序列的熵：n 个项上的均匀随机排列具有熵 $\log(n!) = O(n\log n)$，而忽视顺序算法（每一个项在各个阶段随机放置）需要最多 $\log\binom{n}{n/2} \leqslant n$ 比特的熵。是否存在具有更小的熵（对此我们可以给出良好的算法）的到达顺序分布？

这一系列研究由 Kesselheim 等人（2015）发起，他们证明了存在一些到达顺序的分布，它们的熵只有 $O(\log\log n)$。这使得 e-竞争的算法可以用于单一项秘书问题（还可以用于一些简单的多项问题）。此外，他们还证明了他们的结果的胎紧性——对于任何一个

熵为 $o(\log\log n)$ 的到达分布，没有任何一种在线算法可以是 $O(1)$-竞争的。这项研究还定义了“almost k-wise uniformity”的概念，要求 k 个项的每个子集上的导入分布接近均匀。他们证明了这个性质及其变异足以满足某些算法，但不能满足所有算法。

下面是一种不同的观点：由于 RO 模型中算法的性能分析仅仅取决于输入序列的某些随机性质（它们蕴含在随机顺序中），因此在某些情况下，（经验地）验证实际输入流上的这些特定性质可能是有意义的。例如，Bahmani 等人（2010）利用这种方法解释了他们在 RO 模型中用于计算个性化网页排名的算法的实验效果。

健壮性与 RO 模型

RO 模型假定对抗首先选择所有项的值，然后按照某一特定过程随机扰动到达顺序。这是一个非常吸引人的框架，问题是算法可能会过度拟合模型。如果像在其他一些半随机模型中那样，对抗在随机性被添加之后才做出少量的改变，那该怎么办？或者，如果输入的某些部分必须保持对抗顺序，而其余部分是随机排列的，那又该怎么办？例如，假设允许对抗在输入序列中指定必须到达某个特定位置的单一项，或者允许对抗在添加随机性之后更改单一项的位置。当前的大多数算法在面对模型的如此温和的修改时都会失败。例如，如果对抗在开始时就提交一个很大的项，那么 37%算法将选取不到任何项。当然，这些算法并不是为健壮性而设计的，但是在输入序列稍微损坏的情况下，我们是否还是能够得到相似的结果？

一种方法是给出所谓“两全其美”的算法，当输入呈随机排列时算法可以获得良好的性能，并且在所有情况下算法都具有良好的最坏情况性能。例如，Mirrokni 等人（2012）和 Raghvendra（2016）分别给出了关于在线广告分配和最低代价匹配的结果。由于秘书问题在最坏情况下的性能不佳，我们可能需要得到进一步完善的保证，即性能会随着损坏程度的增加而下降。这是一个不同于多秘书问题的半随机模型。在*拜占庭*（Byzantine）*模型*中，对抗不仅选择所有 n 个项的值，还选择这些项中某 εn 个项的相对或绝对顺序，剩余的 $(1-\varepsilon)n$ 个“良好的”项在剩余位置中随机排列。目标现在是只与这些良好的项中的前 k 个最大项进行比较。Bradač 等人（2019）取得这个模型的一些初步结果，但许多问题仍然悬而未决。总之，对于秘书问题或者本章考虑的其他优化问题，获取健壮算法仍然是一个重要的探索方向。

11.5.3　随机顺序算法到其他模型的扩展

用于 RO 模型的算法有助于为类似的模型设计好的算法。*先知模型*（prophet model）就是一个这样的例子，这个模型与最优停止问题密切相关。在这个模型中，给定 n 个独立的奖励值分布 $D_1,\cdots,D_n$，然后以对抗顺序给出来自这些分布的抽取 $v_i\sim D_i$。第 8 章介绍的阈值规则选取第一个高于某一个阈值（这个阈值只从这些分布中计算得到）的奖励值，得到至少为 $\frac{1}{2}E[\max_i v_i]$ 的期望值。注意到先知模型和 RO 模型之间的差异：先知模型更多地是对值的假定（也就是说这些值从给定的分布中抽取），但较少考虑顺序，因为各个项可能以对抗顺序呈现。有意思的是，RO 模型中的忽视顺序算法可以用来获得先知模型中的算法。

事实上，假设我们在先知模型中对分布 D_i 的访问受到限制：只能通过从每一个分布中抽取少量样本来获得关于它们的信息。（显然，我们需要从分布中获得至少一个样本，否则将退回到在线对抗模型。）我们能否利用这些样本在这个访问受限的先知模型中获得关于某一个装箱问题的约束族 $\mathcal{F}$ 的算法？下一个定理证明了我们可以将 RO 模型的忽视顺序算法转换成只利用每一个分布的单一样本的访问受限的先知模型的设定。

定理 11.14 给定装箱问题 $\mathcal{F}$ 的一个 α-竞争的忽视顺序在线算法，假定我们从每一个分布中获得一个（独立）样本，那么对于相应的未知概率分布的先知模型，存在一个 α-竞争算法。

证明的思路是在第一阶段选择项的一个随机子集并提交给忽视顺序算法，给子集中的项赋予我们得到的样本值，剩余的项则采用它们实际到达的值。细节留作练习题 11.7。

11.6 本章注解

经典的秘书问题及其变异在最优停止理论中已经得到长时间的研究，有关的历史性综述参见 Ferguson（1989）。在计算机科学领域，RO 模型已经被用来（例如在计算几何问题上）获得像凸包和线性规划等问题的快速而简洁的算法，参见 Seidel（1993）关于后向分析（backwards analysis）技术的综述。由于与在线拍卖的防策略机制（strategyproof mechanism）设计的联系，秘书问题已经得到更为广泛的关注（Hajiaghayi et al.，2004；Kleinberg，2005）。定理 11.3 由 Gilbert 和 Mosteller（1966）提出。

Azar 等人（2014）首先定义了忽视顺序算法的概念。忽视顺序多秘书算法是一种通俗的说法。Babaioff 等人（2018）提出了拟阵秘书问题，定理 11.5 是对他们关于一般拟阵的 $O(\log r)$-竞争算法的一种改进。Korula 和 Pál（2009）将定理 11.6 扩展到 $2e$-竞争的自适应顺序算法，目前最好的算法是 4-竞争的（Soto et al.，2018）。唯一已知的下界是来自定理 11.2 和定理 11.3 的 e 因子，即使对于任意拟阵也是如此，而对于一般拟阵的最佳算法具有竞争比 $O(\log\log \text{rank})$（Lachish，2014；Feldman et al.，2015）。参见 Dinitz（2013）关于引领这些结果的研究的综述。

多秘书问题（定理 11.7）和装箱问题线性规划（定理 11.8）的自适应顺序算法的基础源于 Agrawal 等人（2014）的研究。前一个结果可以得到改进并且给出 $1-O(\sqrt{1/k})$-竞争性（Kleinberg，2005）。通过对 AdWords 问题（参见 Mehta（2012）的专著）的研究结果进行扩展，Devanur 和 Hayes（2009）研究了 RO 模型中的装箱问题线性规划。最优的结果具有 $1-O(\sqrt{(\log d_{\text{nnz}})/k})$-竞争性（Kesselheim et al.，2018），其中 d_{nnz} 是任何列中非零元的最大数目，这些结果基于我们用于最大值匹配的所谓“忽略过去决策求解”的方法。Rubinstein（2016）以及 Rubinstein 和 Singla（2017）给出了一般装箱问题的次可加函数的 $O(\text{poly}\log n)$-竞争算法。定理 11.9（以及对组合拍卖的扩展）参见（Kesselheim et al.，2013）。

关于最短增广路径的定理 11.10 来自（Chaudhuri er al.，2009）。Berstein 等人（2018）给出了最坏情况下的 $O(\log^2 n)$ 的结果，缩小这一差距仍然是一个开放式的问题。Kenyon（1996）对定理 11.11 中的最佳适应算法进行了分析。关于设施选址的定理 11.12 由 Meyerson（2001）提出，关于 RO 设置中的其他网络设计问题参见（Meyerson et al.，2001）。关于对抗到达的胎紧的接近-对数竞争性归功于 Fotakis（2008）。

Garg 等人（2008）提出了关于 Steiner 树的定理 11.13。Grandoni 等人（2013）和 Dehghani 等人（2017）给出了 i. i. d. 或先知模型中关于集合覆盖和 k-server 的算法。RO 和 i. i. d. 模型（具有未知分布）之间的差距仍然是一个令人关注的探索方向。Correa 等人

(2019) 证明了单一项问题在两种模型中具有相同的竞争性。至于其他问题，我们能否证明类似的结果（或差距）?

Kesselheim 等人（2015）研究了熵与 RO 模型之间的联系。Bradač 等人（2019）提出了恶化的 RO 模型，他们还给出了多秘书问题在最优值上的弱估计的（$1-\varepsilon$）-竞争算法。Esfandiari 等人（2018）研究了混合（随机和最坏情况）到达的在线匹配的一个类似模型。最后，利用样本设计先知不等式的定理 11.14 由 Azar 等人（2014）提出。

致谢

我们要感谢 Tim Roughgarden、C. Seshadhri、Matt Weinberg 和 Uri Feige 对本章初稿的建议。

参考文献

Agrawal, Shipra, Wang, Zizhuo, and Ye, Yinyu. 2014. A dynamic near-optimal algorithm for online linear programming. *Operations Research*, **62**(4), 876–890.

Azar, Pablo D., Kleinberg, Robert, and Weinberg, S. Matthew. 2014. Prophet inequalities with limited information. In ACM-SIAM Symposium on Discrete Algorithms (SODA), 1358–1377.

Babaioff, Moshe, Immorlica, Nicole, Kempe, David, and Kleinberg, Robert. 2018. Matroid secretary problems. *Journal of the ACM*, **65**(6), 35:1–35:26.

Bahmani, Bahman, Chowdhury, Abdur, and Goel, Ashish. 2010. Fast incremental and personalized PageRank. *PVLDB*, **4**(3), 173–184.

Bernstein, Aaron, Holm, Jacob, and Rotenberg, Eva. 2018. Online bipartite matching with amortized $O(\log^2 n)$ replacements. In *ACM-SIAM Symposium on Discrete Algorithms (SODA)*, pp. 947–959.

Bradač, Domagoj, Gupta, Anupam, Singla, Sahil, and Žužic, Goran. 2019. Robust algorithms for the secretary problem. *Proceedings of the 11th Innovations in Theoretical Computer Science Conference (ITCS)*, pp. 32: 1–32:26.

Chaudhuri, Kamalika, Daskalakis, Constantinos, Kleinberg, Robert D., and Lin, Henry. 2009. Online bipartite perfect matching with augmentations.

Correa, José R., Dütting, Paul, Fischer, Felix A., and Schewior, Kevin. 2019. Prophet Inequalities for I.I.D. Random variables from an unknown distribution. *ACM Conference on Economics and Computation (EC)*, pp. 3–17.

Dehghani, Sina, Ehsani, Soheil, Hajiaghayi, MohammadTaghi, Liaghat, Vahid, and Seddighin, Saeed. 2017. Stochastic k-server: How should uber work? *International Colloquium on Automata, Languages, and Programming (ICALP)*, pp. 126:1–126:14.

Devanur, Nikhil R., and Hayes, Thomas P. 2009. The adwords problem: Online keyword matching with budgeted bidders under random permutations. *ACM Conference on Electronic Commerce (EC)*, pp. 71–78.

Dinitz, Michael. 2013. Recent advances on the matroid secretary problem. *SIGACT News*, **44**(2), 126–142.

Esfandiari, Hossein, Korula, Nitish, and Mirrokni, Vahab S. 2018. Allocation with traffic spikes: mixing adversarial and stochastic models. *ASM Transactions on Economics and Computing*, 6(3–4), 14:1–14.23.

Feldman, Moran, Svensson, Ola, and Zenklusen, Rico. 2015. A simple $O(\log\log(\text{rank}))$-competitive algorithm for the matroid secretary problem. *ACM-SIAM Symposium on Discrete Algorithms (SODA)*, 1189–1201.

Ferguson, Thomas S. 1989. Who solved the secretary problem? *Statistical Science*, **4**(3), 282–289.

Fotakis, Dimitris. 2008. On the Competitive ratio for online facility location. *Algorithmica*, **50**(1), 1–57.

Garg, Naveen, Gupta, Anupam, Leonardi, Stefano, and Sankowski, Piotr. 2008. Stochastic analyses for online combinatorial optimization problems. In *ACM-SIAM Symposium on Discrete Algorithms (SODA)*, 942–951.

Gilbert, John P., and Mosteller, Frederick. 1966. Recognizing the maximum of a sequence. *Journal of the American Statistical Association*, **61**(313), 35–73.

Grandoni, Fabrizio, Gupta, Anupam, Leonardi, Stefano, Miettinen, Pauli, Sankowski, Piotr, and Singh, Mohit. 2013. Set covering with our eyes closed. *SIAM Journal on Computing*, **42**(3), 808–830.

Hajiaghayi, Mohammad Taghi, Kleinberg, Robert D., and Parkes, David C. 2004. Adaptive limited-supply online auctions. *ACM Conference on Electronic Commerce (EC)*, pp. 71–80.

Kenyon, Claire. 1996. Best-fit bin-packing with random order. In *ACM-SIAM Symposium on Discrete Algorithms (SODA)*, 359–364.

Kesselheim, Thomas, Radke, Klaus, Tönnis, Andreas, and Vöcking, Berthold. 2013. An optimal online algorithm for weighted bipartite matching and extensions to combinatorial auctions. In *European Symposium on Algorithms (ESA)*, pp. 589–600.

Kesselheim, Thomas, Radke, Klaus, Tönnis, Andreas, and Vöcking, Berthold. 2018. Primal beats dual on online packing LPs in the random-order model. *SIAM Journal on Computing*, 47(5), 1939–1964.

Kesselheim, Thomas, Kleinberg, Robert D., and Niazadeh, Rad. 2015. Secretary problems with non-uniform arrival order. In *ACM Symposium on Theory of Computing (STOC)*, pp. 879–888.

Kleinberg, Robert. 2005. A multiple-choice secretary algorithm with applications to online auctions. In *ACM-SIAM Symposium on Discrete Algorithms (SODA)*, pp. 630–631.

Korula, Nitish, and Pál, Martin. 2009. Algorithms for secretary problems on graphs and hypergraphs. *International Colloquium on Automata, Languages, and Programming (ICALP)*, pp. 508–520.

Lachish, Oded. 2014. O(log log Rank) Competitive ratio for the matroid secretary problem. *FOCS*, pp. 326–335.

Mehta, Aranyak. 2012. Online matching and ad allocation. *Foundations and Trends in Theoretical Computer Science*, **8**(4), 265–368.

Meyerson, Adam. 2001. Online facility location. In *IEEE Symposium on Foundations of Computer Science (FOCS)*, pp. 426–431.

Meyerson, Adam, Munagala, Kamesh, and Plotkin, Serge A. 2001. Designing networks incrementally. In *IEEE Symposium on Foundations of Computer Science (FOCS)*, pp. 406–415.

Mirrokni, Vahab S., Gharan, Shayan Oveis, and Zadimoghaddam, Morteza. 2012. Simultaneous approximations for adversarial and stochastic online budgeted allocation. In *ACM-SIAM Symposium on Discrete Algorithms (SODA)*, pp. 1690–1701.

Raghvendra, Sharath. 2016. A robust and optimal online algorithm for minimum metric bipartite matching. In *Proceedings of the International Conference on Approximation Algorithms for Combinatorial Optimization Problems and on Randomization and Computation (APPROX-RANDOM)*.

Rubinstein, Aviad. 2016. Beyond matroids: secretary problem and prophet inequality with general constraints. In *ACM Symposium on Theory of Computing (STOC)*, pp. 324–332.

Rubinstein, Aviad, and Singla, Sahil. 2017. Combinatorial prophet inequalities. In *ACM-SIAM Symposium on Discrete Algorithms (SODA)*, pp. 1671–1687.

Seidel, Raimund. 1993. Backwards analysis of randomized geometric algorithms. In *New Trends in Discrete and Computational Geometry*. Algorithms and Combinatorics, Vol. 10. Springer-Verlag.

Soto, José A., Turkieltaub, Abner, and Verdugo, Victor. 2018. Strong algorithms for the ordinal matroid secretary problem. In *ACM-SIAM Symposium on Discrete Algorithms (SODA)*, pp. 715–734.

练习题

11.1　证明基于定理 11.4 的多秘书问题的两种算法均达到了期望值 $\Omega(V^\star)$。

11.2　说明为什么对于一般的装箱问题的约束族 $\mathcal{F}$（即 $A\in\mathcal{F}$ 和 $B\subseteq A$ 蕴含 $B\in\mathcal{F}$），没有任何具有 $O\left(\frac{\log n}{\log\log n}\right)$-竞争性的在线算法。提示：设想$\sqrt{n}\times\sqrt{n}$矩阵中的 n 个元素，$\mathcal{F}$ 由列的子集组成。

11.3　考虑在 $2n$ 个顶点上的一条回路，它有一个完美匹配。证明 11.4 节关于在线匹配的最小化增广的最短增广路径算法的期望代价是 $\Omega(n\log n)$。

11.4　假设在最佳适应装箱问题启发式算法中，大小为 $1/2^- := 1/2-\varepsilon$ 的 $n/2$ 个物品和大小为 $1/2^+ := 1/2+\varepsilon$ 的 $n/2$ 个物品按照随机顺序提交给算法。定义 t 个物品后的失衡 I_t 是大小为 $1/2^+$的物品的数量减去大小为 $1/2^-$的物品的数量。证明只放置了一个物品（因此浪费了约 1/2 空间）的箱子的数量最多是 $(\max_t I_t)-(\min_t I_t)$。利用 Chernoff-Hoefding 界证明以概率 $1-1/\mathrm{poly}(n)$ 这个数量不超过 $O(\sqrt{n\log n})$。

11.5　在关于装箱问题的下次适应启发式算法中，如果当前的箱子能够容纳下一个物品，则将该物品添加到当前箱子，否则我们将该物品放入一个新的箱子。证明这个算法在对抗模型和 RO 模型中的竞争比都是 2。

11.6　证明对于度量空间中的一个请求集合，在该集合上的最小生成树给出了 Steiner 树的一个 2-近似解。此外，将 Steiner 树算法从 i. i. d. 模型扩展到先知模型，其中 n 个请求从顶点上的 n 个独立（可能不同）已知分布 $\boldsymbol{p}^t$ 中抽取。

11.7　证明定理 11.14。

11.8　假设输入由 $(1-\varepsilon)n$ 个好项和 εn 个坏项组成。由对抗决定所有 n 个项的值以及坏项的位置，然后将好项随机排列在其余位置。如果 $v^\star$ 表示最大的好项的值，证明不存在期望值为 $\Omega(v^\star/(\varepsilon n))$ 的在线算法。提示：只存在一个非零的好项，并且所有坏项的值都比 $v^\star$ 小得多。坏项被安排作为单一项对抗到达的下界的实例。

自我改进算法

C. Seshadhri

摘要： 自我改进算法（self-improving algorithm）提供了一种处于最坏情况分析和平均情况分析之间的框架。在这种情况下，假定输入从一个未知的分布 $\mathcal{D}$ 生成。自我改进算法开始时作为一个平常的最坏情况算法，随着处理了更多的来自 $\mathcal{D}$ 的输入，它能够自行调整，成为关于来自 $\mathcal{D}$ 的输入的最优算法。本章我们讨论关于排序和 2D 坐标上的最大点的自我改进算法。

12.1 引言

在许多场景下，人们将算法设计为可以在来自某种"来源"的输入上重复使用。例如，我们可能想要在每天早上对一些商品的股价进行排序，或者想要为卡车送货服务设计一个每天都会使用的路由算法。理想的算法应该尝试利用输入中的结构，而不仅仅是标准的最坏情况算法。另一方面，输入几乎不可能来自我们能够完全描述的封闭式的来源。

我们假定输入是从分布 $\mathcal{D}$ 独立同分布生成的。对于算法设计者而言，这个分布是未知的。最坏情况分析采取的是悲观的观点，由于不可能描述 $\mathcal{D}$，因此算法应该尽量处理好最坏的可能输入。平均案例分析则采取乐观的方式，试图（竭尽所能地）对 $\mathcal{D}$ 进行描述，同时根据这个分布对算法进行裁剪。自我改进算法模型尝试在最坏情况分析的悲观与平均情况分析的乐观之间架起一座桥梁。它最初是由 Ailon 等人（2011）在排序问题的背景下构思的。自我改进算法从对输入分布 $\mathcal{D}$ 的最小假设开始，尝试了解 $\mathcal{D}$，并且最优化关于这个分布 $\mathcal{D}$ 的运行时间。

我们从形式化开始。存在一个固定但未知的分布 $\mathcal{D}$，它生成一些 i. i. d. 输入并记为 $I_1, I_2, \cdots$。给定输入 I_t，我们的目的是对于一个固定的函数 $f(\cdot)$ 计算 $f(I_t)$。（例如，$f(I)$ 可能表示的是输入数组 I 的有序版本。）自我改进算法并不知道 $\mathcal{D}$，但是随着 t 的增大，算法可以看到更多的输入，从而获得关于 $\mathcal{D}$ 的信息。

自我改进算法有两个阶段：

- 学习阶段：最初，自我改进算法利用最坏情况算法简单计算 $f(I_t)$。随着 t 的增大（即可以看到更多的输入），自我改进算法学习更多关于 $\mathcal{D}$ 的信息，并将其摘要存储在数据结构 T 中。
- 限制阶段：在这个阶段，算法利用数据结构 T 来更快速地计算 $f(I_t)$。

算法的目的是在较短的学习阶段建立一个小的数据结构 T，在限制阶段获得较快的运行时间。我们注意到，自我改进算法的概念对于任何一种算法性能的测量（比如解的质量）都是有效的，但是所有的杀手级应用关注的都是运行时间。

注意到存在一种对设定环境的离线/在线的自然的观点。自我改进算法可以被看作一种在线算法，而相应的离线算法知道完整的 $\mathcal{D}$。在理想情况下，"在线"的自我改进算法的性能应该能够与（知道 $\mathcal{D}$ 的）"离线"的最优算法形成竞争。

由于 I_t 是一个随机变量，因此在限制阶段讨论期望运行时间更有意义。每个算法通常都会有一个具有可忽略（但非零）概率的坏输入。因此，在一般情况下，想要克服最坏情况运行时间的话，看来需要在输入分布上进行平均化。

我们在考虑分布 $\mathcal{D}$ 是固定的而且输入是独立抽取的同时，还可以想象一些更进一步的设定。人们可能会考虑 $\mathcal{D}$ 本身会随着时间的推移而演变，或者输入是通过马尔可夫过程生成的，其中 I_t 依赖于前一个 I_{t-1}。目前已知的所有结果都把 $\mathcal{D}$ 看成固定的。

12.1.1　排序问题

我们在基于比较的排序问题上对自我改进模型进行彻底的检验。设 $\mathcal{D}$ 是在长度为 n 的实数组[㊀]上的分布。经典的最坏情况算法（比如 MergeSort 算法）可以在最坏情况下以时间 $O(n\lg n)$ 完成排序。我们的目标是在比 $O(n\lg n)$ 更好的时间内对 $I\sim\mathcal{D}$ 进行排序。我们从“离线”的设定开始。当已知 $\mathcal{D}$ 时，我们能否克服 $n\lg n$ 的时间下界进行排序呢?

我们可以利用信息论工具给这个问题一个相当满意的答案，这个答案将构成自我改进排序算法分析的基础。为了保持本章的流畅，我们将信息论中的形式定义和定理推迟到 12.2 节介绍。不熟悉熵的定义和最优搜索树概念的读者不妨在这一节之前阅读 12.2 节。

在 $o(n\lg n)$ 时间内进行排序的问题由 Fredman（1976）首先解决，这是对一些排列的子集进行排序的特殊情况。设 $[n]$ 表示集合 $\{1,2,\cdots,n\}$，考虑一个长度为 n 的输入数组 I，从 1 开始建立索引。在对 I 进行排序[㊁]时，每一个元素得到一个潜在的新位置。设数组 $\pi(I)$ 用于存放排序后的元素的最终位置[㊂]，那么 $\pi(I)$ 的第 i 个元素是对 I 进行排序后的第 i 个元素在 I 中的索引值。例如，假设 $I=[5,3,42,7]$，那么 $\pi(I)$ 是 $[2,1,4,3]$。

我们将 $\pi(I)$ 称为由 I 导出的排列。假设存在一个已知的集合 Γ，它包含一些排列，而且我们得到 $\pi(I)\in\Gamma$ 的保证。

定理 12.1　*固定一个包含一些排列的集合 Γ，存在一种算法，（在最坏情况下）利用 $\lg|\Gamma|+2n$ 次比较对任何一个数组 I 进行排序，使得 $\pi(I)\in\Gamma$。*

证明　设 $I=(x_1,x_1,\cdots,x_n)$，对于每一个 $k\leqslant n$，设 $I_{\leqslant k}=(x_1,x_1,\cdots,x_k)$。我们将按如下步骤执行插入排序。在第 k 次迭代中，$\pi(I_{\leqslant k})$ 已经确定。我们需要确定 x_{k+1} 在 $I_{\leqslant k}$ 的有序版本中的位置。

我们现在描述一个预处理步骤，它不涉及对 I 的元素的任何一次比较。这一步骤的目的是构造一棵“正确的”搜索树来找到 x_{k+1}。我们将构造一个大表格，对于所有的 $k\leqslant n$，表格由 $[k]$ 上的每个排列 τ 索引。在 $[k]$ 上固定一个这样的排列 τ。考虑 $[n]$ 上的这样一些排列 σ：σ 的前 k 个元素构成的子数组导入了排列 τ。（换句话说，如果用 $\sigma_{\leqslant k}$ 表示 σ 的前 k 个元素构成的子数组，那么 $\pi(\sigma_{\leqslant k})=\tau$。）设 Γ_τ 表示这些排列的集合。此外，按照下面所述将 Γ_τ 划分为集合 $\Gamma_\tau^1,\Gamma_\tau^2,\cdots,\Gamma_\tau^{k+1}$。集合 Γ_τ^i 包含这样的排列 σ：对 σ 的前（$k+1$）个元素进行排序后，第（$k+1$）个元素处于位置 i。等价地，$\pi(\sigma_{\leqslant k+1})$ 以 i 作为第（$k+1$）个元素。考虑在 $[k+1]$ 上的分布，其中 i 的概率为 $|\Gamma_\tau^i|/|\Gamma_\tau|$，并设 T 是这个分布的一棵最优搜索树（参照引理 12.9）。注意到 T 的叶子由 $[k+1]$ 标记。我们可以构造 T 使得：如果 $|\Gamma_\tau^i|/|\Gamma_\tau|\in[1/2^d,1/2^{d-1})$，那么在

㊀ 这个结果对任何一个全序结构都成立，只是为了方便起见假定了实数论域。

㊁ 按照从小到大的顺序。——译者注

㊂ 如果 I 中有重复元素，我们可以把 $\pi(I)$ 定义为 I 的一个稳定的排序。

T 中标记为 i 的叶子的深度最多是 $d+2$。

现在，我们描述如何将 x_{k+1} 插入已经有序的 $x_{\leqslant k}$ 中（将后者表示为 y）。在确定 $\pi(x_k)$ 之后，我们得到前面描述的相应的搜索树 T。T 的每一个内部结点表示与某个 $i\in[k]$ 的一次比较。（与 $k+1$ 的比较是多余的，因为它是 $[k+1]$ 中最大的元素。）算法通过比较 x_{k+1} 和 y_i 来处理这个结点。因此，通过遍历树 T，算法将正确地确定 x_{k+1} 在 y 中的位置，并确定 $\pi(I_{\leqslant k+1})$。

这个迭代的期望搜索时间是多少？假设搜索到达了标记为 i 的叶结点。搜索时间至多为 $\lg(|\Gamma_\tau|/|\Gamma_\tau^i|)+2$。注意到 τ 是由输入 I 的前 k 个元素导出的排列，i 是 x_{k+1} 在这个排列中的位置。现在我们定义 $\Gamma^{(k)}$ 是对 $\pi(I_{\leqslant \ell})$ 进行扩展的排列的集合，于是这个搜索时间最多是 $\lg(|\Gamma^{(k)}|/|\Gamma^{(k+1)}|)+2$。在所有 k 上求和并注意到 $\Gamma_1=\Gamma$，比较的总次数最多是 $\sum_{k=1}^{n}\left[\lg\left(\frac{|\Gamma^{(k)}|}{|\Gamma^{(k+1)}|}\right)+2\right]=\lg|\Gamma|+2n$，正如我们想要的。□

注意到 $|\Gamma|\leqslant n!$，所以 $\lg|\Gamma|\leqslant \lg n!=O(n\lg n)$。但是如果 $|\Gamma|=2^{O(n)}$，那么线性时间排序是有可能的。

证明中给出的算法尽管执行的比较次数为 $O(n\lg n)$，但是以指数时间运行。对于每个前缀排列 τ，算法需要遍历所有 Γ_τ 来计算一棵最优搜索树。

对于任意的分布，在排列上导出的分布的熵决定了排序的最小期望比较次数。

定理 12.2　*考虑长度为 n 的实数组上的任何一个分布 $\mathcal{D}$。存在一个排序算法（算法在每个输入上都是正确的），在输入 $I\sim\mathcal{D}$ 上的期望比较次数复杂度是 $H(\pi(I))+O(n)$。此外，任何基于比较的算法必须进行的比较的期望次数至少为 $H(\pi(I))$。*

这个算法与前一个算法类似，但是分析过程需要一些信息论上的处理，练习题 12.2 给出了其中的细节。定理给出的下界是香农编码定理（定理 12.7）的直接结果。

定理 12.2 给出了最优的“离线”界，这是自我改进算法必须追求的基准界。此外，证明过程对熵最优搜索树在克服排序的界 $n\lg n$ 中所起的作用给出了提示。我们现在说明自我改进排序算法的预期行为。

- 训练阶段：利用一种平常的排序算法（比如 MergeSort 算法）在 $\Theta(n\lg n)$ 时间内对每个输入进行排序。随着输入数量的增长，自我改进排序算法建立某个数据结构 T。
- 限制阶段：现在期望的运行时间是 $O(H(\pi(I)+n)$，或者至少靠近它。算法利用 T 来加快计算速度。

存在许多需要进行优化的复杂度参数[㊀]。

- 限制运行时间：使运行时间低于最坏情况复杂度是自我改进算法的重点。如前所述，我们的理想排序时间是 $O(H(\pi(I)+n)$。我们强调运行时间是 $I\sim\mathcal{D}$ 上的一个期望值。
- 数据结构 T 的大小。
- 训练阶段长度：这是构建 T 所需要看到的实例数量。这里存在一个自然的权衡：较长的学习阶段将引入更多关于 $\mathcal{D}$ 的信息，这可能有助于减少限制运行时间。

为了了解获得自我改进排序算法的途径，我们在开始时忽略训练阶段长度。我们实际

㊀ 一个相对不太重要的复杂度参数是构建 T 需要的总时间。我们会理想化地希望（在排序的情况下）构建 T 的时间是简单地把训练阶段长度乘以最坏情况下的排序时间。在讨论的所有自我改进排序算法中，这样的命题是成立的。为了方便陈述，我们忽略了这方面的讨论。

上假定自我改进算法能够准确地学习 $\mathcal{D}$。

进一步，假设我们只关心限制运行时间。在这种情况下，定理 12.2 给出了我们想要的自我改进算法（关于任何 $\mathcal{D}$）。观察到定理 12.1（和定理 12.2）的证明中构造的搜索树可以在训练阶段预先进行计算。利用这棵搜索树，每个导出了 Γ 中的一个排列的输入都可以在 $|\Gamma|+O(n)$ 时间内得到排序。需要注意的是，如上所述，搜索树需要 n 的指数级的存储。正如稍后解释的那样，自我改进算法的下界意味着对于任何一个达到定理 12.2 的界的算法，指数级存储都是必要的。

下一步是要找到那些可以构造更小的 T 的分布类型（即便假定 $\mathcal{D}$ 是已知的）。最后一步是要证明可以通过少量来自 $\mathcal{D}$ 的实例来构建 T，从而确定训练阶段的长度的界。

我们现在给出来自 Ailon 等人（2011）的关于自我学习排序算法的主要结果。我们要求自我改进算法在所有输入上总是给出正确的输出，而不管在训练阶段发生了什么。在限制运行时间上的保证是概率性的。训练阶段取决于所看到的随机输入，它可能以某一个小概率失败。为了方便起见，我们使用短语以高概率来表示概率至少为 $1-1/n$ 的事件。

我们要求输入分布 $\mathcal{D}$ 是一个乘积分布（product distribution）$\prod_{i\in[n]}\mathcal{D}_i$。因此，对所有的 $i\in[n]$，输入的第 i 个项来自独立分布 $\mathcal{D}_i$。

定理 12.3　对于任何一个 $\varepsilon\in(0,1]$，存在一个关于乘积分布的自我改进排序算法，并且以高概率下列保证成立：（ⅰ）限制运行时间 $O(\varepsilon^{-1}H(\pi(I))+n)$，（ⅱ）数据结构大小 $O(n^{1+\varepsilon})$，（ⅲ）训练阶段长度 $O(n^{\varepsilon})$，（ⅳ）训练运行时间 $O(n\lg n)$。

这个定理看来在两方面不能令人满意。首先是对乘积分布的限制，其次是大小超过线性的数据结构。存在证明这两者的必要性的一些下界。

定理 12.4　关于任意分布的任何一个限制运行时间为 $O(H(\pi(I))+n)$ 的自我改进排序算法需要的存储量是 $2^{\Omega(n\lg n)}$。

定理 12.4 表明，来自定理 12.1 和定理 12.2 的 Fredman 的构造（Fredman，1976）是空间最优的。基于这个下界的证明思路，我们可以证明关于乘积分布的自我改进排序算法需要超过线性的存储量。

定理 12.5　固定任何一个 $\varepsilon\in(0,1]$，对于任意的乘积分布，限制运行时间最多是 $\varepsilon^{-1}(H(\pi(I))+n)$ 的任何一个自我改进排序算法需要 $n^{1+\varepsilon}$ 的存储量。

12.3 节证明了定理 12.3 的一个较弱的版本，它具有大小为二次指数的数据结构。定理 12.4 将在 12.3.3 节中证明，可以独立于其他章节阅读。在描述自我改进算法之前，我们先对基本的信息论做进一步的了解。

12.2　信息论基础

信息论在自我改进算法的分析中起着核心作用。为了证明自我改进算法的最优性，我们需要一个关于最佳可能算法的性能的下界。在许多情况下，信息论提供了完美的工具来表达这样的下界。这一节采纳的大部分资料是标准的，可以在 Cover 和 Thomas（2006）的经典教科书中找到。

信息论始于香农熵（Shannon entropy）的概念。

定义 12.6　对于有限域 $\mathcal{X}$ 上的一个离散随机变量 X，香农熵是

$$H(X)=-\sum_{u\in\mathcal{X}}\Pr[X=u]\lg\Pr[X=u] \qquad \triangleleft$$

$\mathcal{X}$ 的唯一二进制编码（unique binary encoding）是一个一一对应函数 $f:\mathcal{X}\to\{0,1\}^*$。

（为了方便起见，我们简单地说成“编码”。）对于随机变量 X，一个重要的量是 X 的编码长度（encoding length）$|f(X)|$，其大小是码串的长度。因此，对于随机变量 X，人们想要的是能够最小化 X 的编码长度的编码函数 f。我们将提到的 X 的编码（encodings of X）实际上指的是在论域 $\mathcal{X}$ 中的编码，这样的说法有滥用概念之嫌，但是可以让我们忽略论域 $\mathcal{X}$。

香农的经典编码定理（如定理 12.7 所述）把编码长度与熵联系起来。

定理 12.7（Cover and Thomas，2006，定理 5.4.1）　*随机变量 X 的任何一个编码的期望长度至少为 $H(X)$。此外，存在一个期望长度最多是 $H(X)+1$ 的编码。*

这个定理主要应用于比较树（comparison tree）。大多数标准的排序算法都是通过对输入数组 I 中的各个元素进行比较（是否 $I[a] \leqslant I[b]$?）来实现排序的。我们可以想象把算法“展开”，将其表示为一棵二元树，其中每一个结点都是一种比较，这棵树被称为比较树。为了在输入上“运行”比较树，我们在一个结点上实施比较，并且根据比较结果移动到一个适当的孩子结点。比较树的叶子结点包含答案，关于排序问题的答案是导出的排列 $\pi(I)$。注意到这种对排序的抽象忽略了数据的移动，并且只考虑排序所需要的比较。

让我们更为抽象地描述比较树。设 $\mathcal{U}$ 是任意论域，$\mathcal{X}$ 是有限集。一个用于计算函数 X: $\mathcal{U} \to \mathcal{X}$ 的基于比较的算法 $\mathcal{A}$ 是一棵有根二元树 $\mathcal{A}$，使得：（ⅰ）$\mathcal{A}$ 的每个内部结点表示形式为“$f(I) \leqslant g(I)$?”的一种比较，其中 f，g: $\mathcal{U} \to \mathbb{R}$ 是在输入域 $\mathcal{U}$ 上的任意函数；（ⅱ）$\mathcal{A}$ 的叶子结点被标记为来自 $\mathcal{X}$ 的输出，使得对每个输入 $I \in \mathcal{U}$，沿着关于 I 的适当的路径可以得到正确的输出 $X(I)$。在我们的设定中，$\mathcal{U}$ 是数组的集合，$\mathcal{X}$ 是排列的集合，函数 f 和 g 通常用于在输入中选取特定元素。

如果 $\mathcal{A}$ 有最大深度 d，我们就说 $\mathcal{A}$ 需要 d 次比较（在最坏情况下）。对于 $\mathcal{U}$ 上的分布 $\mathcal{D}$，（关于 $\mathcal{D}$ 的）期望比较次数是 $\mathcal{A}$ 中一条从树根到一个叶子的路径的期望长度，其中的叶子是从 $\mathcal{D}$ 在 $\mathcal{X}$ 上导出的分布（这里的导出借助了 X）采样得到的。

在一棵二叉树中，任何结点都有一个由从根到该结点的路径给定的二进制编码。将到达左/右孩子结点的边分别编码为 0/1，从而给出路径的二进制串表示。因此，比较树隐式地给出了叶子（上的标签）的二进制编码，叶子的深度对应于编码长度。定理 12.7 的直接结果是下面的定理。

定理 12.8　*设 $\mathcal{D}$ 是论域 $\mathcal{U}$ 上的一种分布，并设 X: $\mathcal{U} \to \mathcal{X}$ 是随机变量。那么任何一个计算 X 的基于比较的算法需要的期望比较次数至少是 $H(X)$。*

比较树的一个具体、有用的例子是关于有序论域上的离散随机变量 X 的搜索树。对于论域 $\mathcal{X}$ 中的 v，每一次比较的形式都是“$X \leqslant v$?”[㊀]。

我们可以给出一个随机变量的一棵接近最优搜索树的详细构造过程。练习题 12.1 给出了证明。

引理 12.9　*设 X 是一个离散实值随机变量，其支持数（support size）（即支持集的大小）为 k。存在一棵搜索树，它确定 X 的值而且具有下列性质。*

- *这棵树做出期望次数为 $H(X)+2$ 的比较。*
- *比较次数的最大值最多是 $2\lg k$。*
- *如果元素 x（在 X 的值域内）的概率在 $[2^{-d}, 2^{-d+1})$ 的范围内，那么 x 在 T 中的深度至多是 $d+2$。*

㊀ 我们注意到通常意义下的二叉搜索树（BST）和我们在这里的定义有着技术上的区别。在标准的 BST 中，一个结点导出三种可能性（$<, =, >$），而我们的概念只有两种可能性（$\leqslant, >$）。标准的 BST 在技术上给出了三元编码，而我们的概念更为适合熵的标准定义。

- 给定 X 的一个详细描述，可以在 $O(k\lg k)$ 时间内计算搜索树。

下面的引理是自我改进算法分析的一个重要工具，而且是在引理所述的环境下首次发现的。为了构造一个这样的环境，考虑自我改进排序算法。在输入 I 上，算法做出一定数量的比较来确定 $\pi(I)$。我们的目标是确定这个数量的上界是 $H(\pi(I))$。我们将描述一个随机变量 Z（它是 I 的一个确定性函数），使得这些比较与在最优搜索树中对 Z 进行的搜索相对应。因此，自我改进算法执行的比较次数将是 $H(Z)$。下面的引理断定，如果可以利用来自 $\pi(I)$ 的少量比较来计算 Z，那么 $H(Z)$ 不会比 $H(\pi(I))$ 大很多。

为了进行形式化，我们考虑利用建议的随机变量 $\pi(I)$ 从 I 计算出 Z。引理通过一般的随机变量进行描述。

引理 12.10　设 $\mathcal{D}$ 是论域 $\mathcal{U}$ 上的一个分布，并设 X：$\mathcal{U}\to\mathcal{X}$ 和 Y：$\mathcal{U}\to\mathcal{Y}$ 是两个随机变量。假设函数 f 由 f：$(I,Y(I))\mapsto X(I)$ 定义，它可以由一个基于比较的算法在 $\mathcal{D}$ 上执行平均 C 次比较来计算。那么 $H(X)\leqslant H(Y)+C+1$。

证明　为简略起见，设 $\mathcal{X}$ 和 $\mathcal{Y}$ 分别表示函数 X 和 Y 的值域，这样我们可以把 X 看作 $\mathcal{X}$ 上的分布（对于 $\mathcal{Y}$ 也类似）。证明策略是获得 $\mathcal{X}$ 的一个编码，在 X 下其编码的期望长度是 $H(X)$ 的上界。$\mathcal{X}$ 的编码利用了集合 $\mathcal{Y}$ 在分布 Y 下的最优编码，而且利用了计算 X 的基于比较的算法的输出结果。

设 s 为 Y 的最优编码（具备最短的期望长度）。为了方便起见，设 s 的期望编码长度为 L_s。根据定理 12.7，$H(Y)\leqslant L_s\leqslant H(Y)+1$。

我们可以利用 f 将 s 转换为 $\mathcal{X}$ 的唯一编码 t。事实上，对每个 $I\in\mathcal{U}$，$X(I)$ 可以由串 $t(I)$ 唯一标识，串 $t(I)$ 是由 $s(Y(I))$ 和一些额外的二进制位进行串联的结果，这些额外的二进制位表示计算 $f(I,Y(I))$ 的算法所做出的比较的结果。因此，对于每个元素 $x\in\mathcal{X}$，我们可以将 $t(x)$ 定义为字典次序上最小的串 $t(I)$（这里 $X(I)=x$），并得到 $\mathcal{X}$ 的唯一编码 t。设 $c(I)$ 表示对 $(I,Y(I))$ 做出的比较次数，并设 t 的期望编码长度为 L_t。观察到

$$L_t=E_{\mathcal{D}}[\,|t(X(I))|\,]\leqslant E_{\mathcal{D}}[c(I)+s(Y(I))]=C+L_s\leqslant H(Y)+C+1$$

再次根据定理 12.7，$L_t\geqslant H(X)$，证明完成。□

最后，我们回顾一下独立随机变量的联合熵的广为人知的性质。随机变量 $X_1,X_2,\cdots,X_k$ 的联合熵可以被看作单一 k 元随机变量 $(X_1,X_2,\cdots,X_k)$ 的熵。

断言 12.11（Cover and Thomas，2006，定理 2.6.6）　设 $H(X_1,\cdots,X_n)$ 为独立随机变量 $X_1,\cdots,X_n$ 的联合熵，那么 $H(X_1,\cdots,X_n)=\sum_i H(X_i)$。

12.3　自我改进排序算法

这个排序算法是桶排序的一个版本。在本质上，训练阶段找到一个包含一些不相交区间（桶）的线性集合，使得在一个桶中输入数字的期望数量是恒定的。排序算法利用一棵最优搜索树在这些桶中查找每一个输入数字。各个桶自身由插入排序算法进行排序。由于桶是不相交的，最终的排序顺序可以在线性时间内确定。

我们先从描述将要学习的数据结构 T 开始。给定数据结构上的一些特定条件，我们可以完成限制阶段的分析。最后，我们展示如何在训练阶段构建 T。

一般情况下，期望值是在 $I\sim\mathcal{D}$ 上获取的。我们用 $i\in[n]$ 表示输入中的第 i 项，它的分布为 $\mathcal{D}_i$。我们将假定所有的 $\mathcal{D}_i$ 都是连续的，所以两个数完全相同的概率为零。这主要是为了技术上的便利，可以利用某些打破僵局的规则来移除这个假设。

构成 T 的数据结构将由 $\alpha>1$ 参数化。

桶 B_j：这是一个序列 $-\infty=b_1\leqslant b_2\leqslant\cdots\leqslant b_n\leqslant b_{n+1}=\infty$。我们把区间 $(b_j,b_{j+1}]$ 称为第 j 个桶 B_j。注意到这些桶对 $\mathbb{R}$ 进行了划分。我们要求落入任何一个桶中的输入数字的期望数量是恒定的（下面选择数量 10 只是为了具体化）。

性质 B：对于所有的 $j\in[n]$，$E[|I\cap B_j|]\leqslant 10$。

T_i**-树**：对于每一个 $i\in[n]$，T_i 是一棵"α-近似"搜索树，其叶子与桶对应。

定义 12.12　对于任何一个 $i\in[n]$，设 X_i 是表示包含 $x\sim\mathcal{D}_i$ 的桶的随机变量，X_i 的香农熵 $H(X_i)$ 由 H_i 表示。◁

性质 T：对所有的 $i\in[n]$，$E_{x\backsim\mathcal{D}_i}[x\text{ 在 }T_i\text{ 中的搜索时间}]\leqslant\alpha(H_i+1)$。

如果分布是已知的，我们可以构造一些"理想的"桶，使得 $E[|I\cap B_j|]=1$，并且构造一些 $\alpha=1$ 的树。考虑函数 $f(v):=E[|I\cap(-\infty,v)|]$，输入数字的数量最多是 v。（这是各个 $\mathcal{D}_i$ 的 CDF 之和。）记得分布 $\mathcal{D}_i$ 是连续的，于是 f 是一个从 0 到 n 的连续[㊀]单调函数。桶的边界由 $f^{-1}(1), f^{-1}(2),\cdots$ 简单定义，参见图 12.1a。给定桶和各个 $\mathcal{D}_i$ 的知识，引理 12.9 为我们提供了树 $T_i(\alpha=1)$。

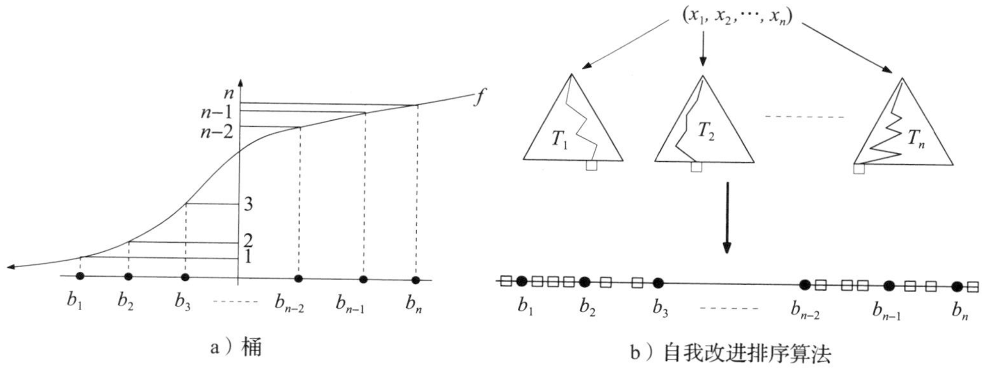

图 12.1　a）理想的桶的构造。b）限制阶段的图形描述。在这个图中，我们使用空方格来表示各个 x_i

12.3.1　限制阶段

限制阶段相当简单（参考图 12.1b）。为了方便起见，我们用 i 表示输入数字，用 j 表示桶。我们把输入表示为 $I=(x_1,x_2,\cdots,x_n)$。

定理 12.13　假设性质 B 和性质 T 成立，那么算法 SISLimiting(I)（见图 12.2）的期望运行时间是 $O(\alpha(H(\pi(I))+n))$。

SISLimiting（I）
1. 对于每一个 $i\in[n]$，利用 T_i 确定包含 x_i 的桶。
2. 初始化空输出。
3. 对于每一个 $j\in[n]$，利用插入排序算法对 $I\cap B_j$ 进行排序，并附加到输出。

图 12.2　自我改进排序算法：限制阶段

㊀ 失去连续性的话，桶 B_j 可能不存在，因为可能在输入中存在重复出现的数。当然这只会让排序更加容易。我们可以找到所有这样的数并将它们放入一些特殊的桶，在其中不需要做进一步的排序。

期望运行时间可以分解为确定桶所需要的时间和在每一个桶上进行插入排序的总运行时间（它是桶的大小的平方）。性质 B 让我们把握了前者，而后者的界则由性质 T 确定。期望运行时间最多是：

$$\sum_{i\in[n]} E_{x\sim\mathcal{D}_i}[T_i \text{ 中 } x \text{ 的搜索时间}] + \sum_{j\in[n]} E[|I\cap B_j|^2]$$
$$\leqslant \sum_{i\in[n]} \alpha H_i + \alpha n + \sum_{j\in[n]} E[|I\cap B_j|^2] \tag{12.1}$$

我们在引理 12.14 中证明了$\sum_i H_i \leqslant H(\pi(I))+O(n)$，而且对于所有的$j$，$E[|I\cap B_j|^2]=O(1)$。这些界完成了定理 12.13 的证明。

下面的引理把搜索时间的总和与$H(\pi(I))$的最优排序时间联系起来。各个$\mathcal{D}_i$的完全独立性是证明的关键。这个引理适用于桶的任何一个选择（不仅仅是由自我改进排序算法所构造的桶）。

引理 12.14 $\sum_i H_i \leqslant H(\pi(I))+2n$。

证明 设随机变量X_i表示包含x_i的桶。由于各个X_i是独立的，根据断言 12.11，联合熵$H(X_1,X_2,\cdots,X_n)$恰好是$\sum_{i\in[n]} H(X_i)=\sum_{i\in[n]} H_i$。

设X是随机变量$(X_1,X_2,\cdots,X_n)$。我们应用引理 12.10，其中$Y=\pi(I)$。我们需要给出一个基于比较的算法，为给定的$(I,\pi(I))$计算X。"建议"的$\pi(I)$允许算法对I自由排序。所需要的基于比较的算法利用$\pi(I)$对I进行排序（不需要额外的比较），然后将排好序的列表与$[b_1,b_2,\cdots,b_{n+1}=\infty]$合并。合并过程最多需要$2n$次比较，随后可以确定$I$中每个$x_i$的桶。因此，$H(X)\leqslant H(\pi(I))+2n$。 □

下一个断言由性质 B 证明，并且只要求各个$\mathcal{D}_i$之间的两两独立性（在练习题 12.7 中证明。）

断言 12.15 对于所有$j\in[n]$，$E[|I\cap B_j|^2]=O(1)$。

12.3.2 训练阶段

训练阶段利用独立的输入$I_1,I_2,\cdots,I_t$来构建数据结构。这里不是对完整的定理 12.3 进行直接证明，而是启发性地获得一个二次指数大小的T（$\varepsilon=1$的情况）。T的大小将是$O(n^2)$，而且训练阶段将持续$O(n^2\lg n)$轮。我们将训练阶段拆分为$\lambda+\ell$个轮次，前λ个轮次用于桶的学习，后ℓ个轮次用于树的学习。

我们使用c来表示一个足够大的常数，用于在 Chernoff-Hoeffing 界的应用中获得足够的集中度（有关 Chernoff 界的更多细节，参阅练习题 8.3）。

每一个"理想的"桶将包含来自λ个输入的并集的λ个元素。所以我们简单构造了一些关于λ个输入的实验性的桶。为了在n个桶上取一个联合界，我们要求$\lambda=\Omega(\lg n)$。

一旦完成桶的构造，我们就可以对X_i的分布（参见定义 12.12）进行简单估计，构造近似最优的搜索树。当然，我们需要证明这些树相对于原始分布是近似最优的。

断言 12.16 B_j-桶以至少$1-1/n^2$的概率满足性质 B。

证明 考虑图 12.1a 中给出的理想的桶。我们将采用带撇号的变量来表示这些桶，以区别于由算法构造的桶。理想桶由序列$-\infty=b'_0\leqslant b'_1\leqslant b'_2\leqslant\cdots\leqslant b'_n=\infty$给出，而且具有下面所述的性质。设第$j$个理想桶是$B'_j=(b'_{j-1},b'_j]$。对于每个$j$，$E[|I\cap B'_j|]=1$。观察到期望大小$E[|L\cap B'_j|]$正好是$\lambda$。注意到$|L\cap B'_j|$可以表示为独立的伯努利随机变量之和（练习题 12.7）。利用一个乘性的 Chernoff 界（Dubhashi and Panconesi，2009，第二部分，定理 1.1），对于每一个$j\in[n]$，有$\Pr[|L\cap B'_j|<\lambda/2|]\leqslant\exp(-\lambda/8)=\exp(-(c/8)\lg n)\leqslant 1/n^3$(对于足够大的$c$)。利用理想桶上的联合界，所有的理想桶以至少为$1-1/n^2$的概率包含$L$中的至少$\lambda/2$个点。在 Bucket（图 12.3）中构造的每一个桶包含L的

λ 个连续点。这些构造的桶最多包含两个理想桶，并且最多与四个理想桶相交。（每一个端点可能位于不同的理想桶中。）因此，对于每个构造的桶 B_j，有 $E[|I\cap B_j|]\leqslant 4$。 □

Bucket

1. 把数量为 $\lambda=\lceil c\ln n\rceil$ 的独立输入归并到一个长度为 λn 的有序数组 L 中。
2. 输出 $L(\lambda),L(2\lambda),\cdots,L(\lambda n)$ 作为桶的边界。

图 12.3　自我改进排序算法：构造桶

断言 12.17　通过算法 Tree（图 12.4）构造的 T_i-树以至少为 $1-1/n^2$ 的概率满足性质 T。形式上 T_i 中的期望搜索时间最多是 $2H_i+5$。

Tree

1. 取数量为 $\ell=\lceil cn^2\ln n\rceil$ 的独立输入。对于每一个 $i\in[n]$，设 S_i 表示由 ℓ 个来自 $\mathcal{D}_i$ 的独立抽取构成的集合。
2. 对于每一个 $i\in[n]$：
   （1）对于每一个 $j\in[n]$，设 $\hat{p}_{ij}$ 为 S_i 的元素中包含在 B_j 中的比例。
   （2）引理 12.9 应用于分布 $\{\hat{p}_{ij}\}$（在 j 上变化）得到各个桶，将这些桶上的搜索树作为 T_i 输出。

图 12.4　自我改进排序算法：构造搜索树

证明　首先固定 $i,j\in[n]$。设 p_{ij} 为 $x\sim\mathcal{D}_i$ 落在桶 B_j 中的概率，$\hat{p}_{ij}$ 为 S_i 的元素落在 B_j 中的比例。观察到 $E[\hat{p}_{ij}]=p_{ij}$，而且由 Hoeffding 界（Dubhashi and Panconesi，2009，第二部分，定理 1.1）得到 $\Pr[|p_{ij}-\hat{p}_{ij}|>1/2n]\leqslant 2\exp\left(1-\dfrac{2\ell}{n^2}\right)$。按照 ℓ 的选择，这个概率最多是 $1/n^5$。

我们在所有的 i,j 上取一个联合界。因此，对于所有的 $i,j\in[n]$，以至少为 $1-1/n^3$ 的概率有 $|\hat{p}_{ij}-p_{ij}|\leqslant 1/2n$。此后，我们假定这个结果总是成立。

现在固定 i 的一个选择。注意到 T_i 是关于 $\hat{p}_{ij}$ 的最优搜索树，但是需要根据 $x\sim\mathcal{D}_i$ 计算期望搜索时间。我们利用引理 12.9 给出的最优搜索树的性质。如果 $x\in B_j$，那么搜索时间是 B_j 在 T_i 中的深度，这个深度最多是 $\lceil \lg\hat{p}_{ij}^{-1}\rceil\leqslant\lg\hat{p}_{ij}^{-1}+1$。最长搜索时间最多是 $2\lg n$。我们把支持集 $[n]$ 划分成 $H:=\{j\mid p_{ij}\geqslant 1/n\}$ 和 $L:=[n]\setminus H$。T_i 中的期望搜索时间最多是：

$$
\begin{aligned}
&\sum_{j\in L}p_{ij}(2\lg n)+\sum_{j\in H}p_{ij}(\lg\hat{p}_{ij}^{-1}+1)\\
&=2\sum_{j\in L}p_{ij}\lg(1/p_{ij})+\sum_{j\in H}p_{ij}\lg(1/p_{ij})+\sum_{j\in H}p_{ij}\lg(p_{ij}/\hat{p}_{ij})+1\\
&=2H_i+1+\sum_{j\in H}p_{ij}\lg(p_{ij}/\hat{p}_{ij})
\end{aligned}
$$

这样我们得到了想要的最优时间 $2H_i+1$，它带有一个加性的“误差”项。误差项是真实分布和估计版本之间的 Kullback-Leibler（KL）散度。利用这样的事实，即对于 $j\in H$，有 $|\hat{p}_{ij}-p_{ij}|\leqslant 1/2n$ 以及 $p_{ij}\geqslant 1/n$，我们可以确定误差项的上界为 4（练习题 12.3）。 □

将 T 的存储量减少到 n^ε。前面的证明在末尾给出了减少树的大小的提示。事实上，如此准确地估计所有的 p_{ij} 是要求过度的。我们只需要将搜索时间控制在 H_i 的一个常数因子之内，这可以通过对 p_{ij} 的粗糙估计得到。直觉上假设（对一个固定的 i）我们只知道桶 B_j 以及 $p_{ij}\geqslant n^{-\varepsilon}$。最多存在 n^ε 个这样的“重载”桶。我们可以利用 n^ε 的存储量来存储只与这些桶有关的那棵最优搜索树，而对于余下的桶，可以简单地执行二分搜索。

考虑 $x\sim\mathcal{D}_i$。回忆一下，在 B_j 中找到 x 的最优时间近似地是 $\lg 1/p_{ij}$。如果 x 落在一个重载的桶里，那么搜索时间与最优时间相同，否则的话搜索需要 $\lg n$ 时间。由于桶不是重载的，最优时间为 $\lg 1/p_{ij} \geq \lg n^{-\varepsilon} = \varepsilon \lg n$ ㊀。因此，这个结构满足性质 T，此时因子 $\alpha = 1/\varepsilon$。

我们把树的构造的形式描述和最优性证明留作练习题 12.6。

12.3.3　自我改进排序算法的下界

上一小节描述的自我改进排序算法的关键是利用 $\mathcal{D}_i$ 分布的独立性。这一小节我们将研究 $\mathcal{D}_i$ 分布的（非）独立性与自我改进算法所需要的存储量之间的联系。

下面的结果表明，如果 $\mathcal{D}_i$ 之间是任意相关的，那么任何自我改进算法都需要指数级别的存储量。这个结果也意味着定理 12.1 中 Fredman 提出的构造方法所需要的存储量基本上是最优的（在忽略指数因子的情况下）。

我们需要下面的定义。

定义 12.18　对于参数 $\gamma>1$，一棵用于排序的比较树关于分布 $\mathcal{D}$ 是 γ-最优的，如果对一个来自 $\mathcal{D}$ 的输入进行排序的期望比较次数最多是 $\gamma(H(\pi(I))+n)$。

自我改进排序算法关于 $\mathcal{D}$ 是 γ-最优的，如果假定输入分布为 $\mathcal{D}$，限制运行时间最多是 $\gamma(H(\pi(I))+n)$。 ◁

这个下界在根本上是计数的参数。我们忽略训练阶段的运行时间（或长度），并且对训练阶段进行如下抽象。在训练阶段，自我改进算法对 $\mathcal{D}$ 的访问不受限制。在训练阶段结束时，只允许 s 比特的存储量。在限制阶段，算法不能改变这些比特。

我们可以将这 s 比特的存储量看作一个很小的 γ（隐式地）存储一棵 γ-最优比较树。我们把注意力集中在分布 $\mathcal{D}$，它在排列的各个子集上是均匀的，如同在定理 12.1 中一样。存在 $2^{\Omega(n!)}$ 个这样的分布。如果自我改进排序算法适用于所有分布，那么这 s 比特的存储量必定能够为所有 $2^{\Omega(n!)}$ 个分布编码一棵 γ-最优比较树。如果 $2^s \ll 2^{\Omega(n!)}$，那么 s 比特的相同设定必定对于许多分布是有效的。我们将证明这是不可能的，因此 s 必定是 $\Omega(n!)$。即使对于相当大的 γ，这个下界也惊人地健壮。

定理 12.19　设 $\gamma \in (1,(\lg n)/10)$。对于所有分布都是 γ-最优的自我改进排序算法需要 $\Omega(2^{(n\lg n)/6\gamma})$ 比特的存储量。

证明　设 $h=(6\gamma)^{-1}n\lg n$。对于 2^h 个排列的每个子集 Π，设 $\mathcal{D}_\Pi$ 表示 Π 上的均匀分布。这样的分布的总数量为 $\binom{n!}{2^h} > \left(\frac{n!}{2^h}\right)^{2^h}$。

根据定义，关于 $\mathcal{D}_\Pi$ 的 γ-最优比较树排序算法在来自 $\mathcal{D}_\Pi$ 的输入上做出比较的期望次数为 $\gamma(n+h)$。固定任何一个这样的排序算法 $\mathcal{A}$。根据马尔可夫不等式，Π 中的排列至少有一半由 $\mathcal{A}$ 通过最多 $2\gamma(n+h)$ 次比较进行排序。但是，在 $2\gamma(n+h)$ 次比较中，过程 $\mathcal{A}$ 只能对一个最多包含 $2^{2\gamma(n+h)}$ 个排列的集合 P 进行排序。因此，如果 $\mathcal{A}$ 关于分布 $\mathcal{D}_{\Pi'}$ 是 γ-最优的，那么，Π' 必定有一半的元素来自 P。这就将这样的 Π' 的数量限制为

$$\binom{n!}{2^h/2}\binom{2^2\gamma(n+h)}{2^h/2} < (n!)^{2^{h-1}} 2^{\gamma(n+h)2^h}$$

考虑一个由比较树构成的集合，使得对于每个 $\mathcal{D}_\Pi$，这个集合中存在一棵 γ-最优树。这个集合的大小至少是

$$(n!/2^h)^{2^h}/((n!)^{2^{h-1}}2^{\gamma(n+h)2^h}) > (n!)^{2^{h-1}}2^{-2^h(h(\gamma+1)+\gamma^n)}$$

自我改进排序算法必须有足够的存储空间来唯一地对这个集合中的每棵比较树进行编码。因此，算法的存储量 s 必须至少是上述界的对数。将 $h=(6\gamma)^{-1}n\lg n$ 插入并且利用 $\gamma<(\lg n)/10$，我们可以确定 s 的界为 $\Omega(2^h)$（练习题 12.8）。 □

㊀ 译者对此结果有点困惑。——译者注

对这个论证的一种改进证明了关于乘积分布的自我改进算法的时空权衡方案。

定理 12.20 设 $\gamma>1$。关于乘积分布的 γ-最优的自我改进排序算法需要 $n^{1+\Omega(\gamma)}$ 的存储量。

12.4 2D 最大点问题的自我改进算法

2D 坐标最大点问题是一个经典的计算几何问题。输入是一个包含 $\mathbb{R}^2$ 中 n 个点的集合 P，用一个包含坐标对的数组来表示。对于点 x，我们用 $x(1)$ 和 $x(2)$ 来表示点的坐标。对于点 x 和点 y，如果 $x(1)\geqslant y(1)$ 而且 $x(2)\geqslant y(2)$，则称点 x 支配（dominate）点 y。P 中不受任何其他点支配的点称为最大的（maximal）或者称为一个最大点（maximum）。问题是要找到 P 中的最大点集合。

（我们将使用左/右和上/下来表示平面中的相对位置。）多个最大点会形成一个“阶梯”，使得 P 的所有其他点（非最大点）都位于阶梯的下方。这个阶梯也被称为帕累托边界（Pareto frontier）。按照惯例，算法还必须沿着阶梯顺序输出最大点，这相当于对最大点（按坐标）进行了排序。参见图 12.5a，阴影区域中的所有点都被最大点支配。

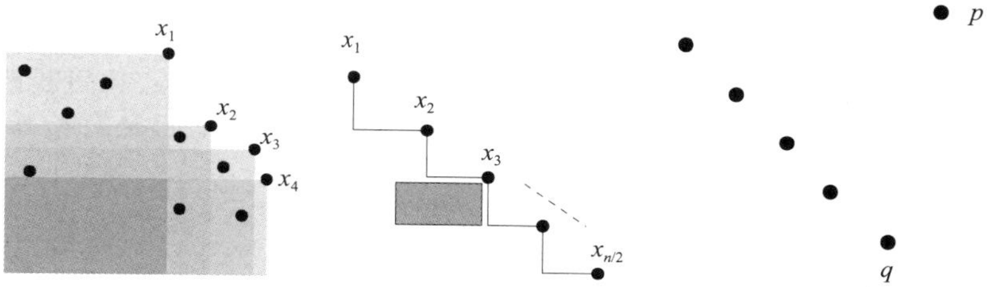

a）最大点　　b）一个具有挑战性的分布　　c）输出中的相关性

图 12.5 a）由最大点形成的阶梯。b）位于灰色区域的点容易丢弃，但是位于阶梯附近的点需要更多的处理时间。c）如果一个分布生成的是 p 而不是 q，那么输出会发生巨大的变化

利用扫描线方法，可以将计算最大点集合的问题简化为排序问题。一开始先从右到左对 P 进行排序。想象一条从右到左对点进行处理的垂直扫描线 ℓ。我们将保持这样的不变性，即处于 ℓ 右边的所有最大点已经得到确认（并且有序）。假设现在扫描线开始处理点 x。我们已经找到 x 右边的所有最大点，而且知道这些最大点中的最高点 y。如果 x 处于 y 的下方，则 x 被 y 支配（而且 x 可以被移除），否则 x 是一个最大点并且被添加到输出中。然后扫描线处理 x 左边的下一个点。观察到在完成初始排序之后，算法在 $O(n)$ 时间内运行。

Clarkson 等人（2014）设计了 2D 最大点的自我改进算法。输入是一个包含 n 个点的数组 $(x_1,x_2,\cdots,x_n)$，其中 $x_i\sim\mathcal{D}_i$。每一个 $\mathcal{D}_i$ 都是 $\mathbb{R}^2$ 上的一个独立分布。为什么我们不能简单地在 1-坐标上运行自我改进的排序算法，然后运行线性时间的扫描过程来获得最大点呢？这个问题的答案是在定义最大点计算的最优性时遇到了棘手的问题。

考虑图 12.5a。对于 $i\in[1,4]$，假设 $\mathcal{D}_i$ 生成固定点 x_i，其他 $(n-4)$ 个分布从最深的灰色区域各自生成一个随机均匀点。观察到后者的点的 1-坐标以等概率可以是$(n-4)!$个排列中的任何一个。因此，输入的 1-坐标的排序的熵为 $\Theta(n\lg n)$，这是自我改进排序算法的限制时间。另一方面，输出只是 (x_1,x_2,x_3,x_4)。实际上，Kirkpatrick 和 Seidel（1986）提出的经典的输出敏感的 2D 最大点算法在 $O(n\lg h)$ 时间内找到最大点，其中 h 是最大点的数目。（这里 $h=4$。）这就提出了准确描述“正确”的最优限制运行时间的问题。

考虑图 12.5b。对于 $i\leqslant n/2$，$\mathcal{D}_i$ 生成固定点 x_i，这些点都是最大点。对于 $i>n/2$，$\mathcal{D}_i$ 的做法是先在阶梯上生成一个点，以概率 $1/n$ 在阶梯的上方扰动这个点，再以剩余的概率

把这个点稍微移动到阶梯下方。最终的算法必定在所有输入上是正确的。对于每一个 $x_i(i>n/2)$，确定其最大性看来等同于相当精确地确定它关于 $x_1,x_2,\cdots,x_{n/2}$ 的位置。对于每一个这样的点，这将需要 $\Omega(\lg n)$ 的时间，看来 $\Omega(n\lg n)$ 的总时间是不可避免的。

将这种情况与 $\mathcal{D}_i(i>n/2)$ 以概率 $1-1/n$ 在灰色区域生成一个点的情况进行对比。它会以剩余的概率在阶梯上方生成一个点，与前面的设定相同。显然，通过简单地和 x_3 比较，我们可以在 $O(1)$ 时间内确定 x_i 是否处于灰色区域内。我们预计这些点中最多有一个位于阶梯的上方，对此我们可以通过二分搜索在 $O(\lg n)$ 时间内确定最大性。总之，在这个场景中存在一个 $O(n)$ 时间算法。我们的体会是非最大点的定位会影响最优运行时间。类似的考虑出现在*实例最优算法*中，如第 3 章所述。

相关性。排序分析的关键是我们可以将最优运行时间与桶上的独立搜索联系起来。定理 12.13 的最优性分析利用了这种独立性。直观上，输入中的一个数字不会影响其他数字的相对顺序。但对于最大点而言，情况并非如此。考虑图 12.5c。存在两个特殊点 p 和 q，其他的点被简单地看作“剩余点”。假设 $\mathcal{D}_1$ 在 p 或者 q 处放上一个点，而其他分布从剩余点中随机选择。最优算法只有在 $\mathcal{D}_1$ 生成 q 时才会确定 $x_2,\cdots,x_n$ 的相对顺序，这就在最优算法的行为中引入了非独立关系，因此无法像定理 12.13 那样进行分析。实际上，在这样的例子中，自我改进算法如何利用 $\mathcal{D}_i$ 的独立性尚不清楚。

我们将在本章的余下部分讨论特定的决策树模型，它被用于形式化自我改进最大点算法的最优性概念。然后，我们将描述现实的自我改进算法。我们没有给出任何分析的细节。

12.4.1　证书和线性决策树

我们需要把分布 $\mathcal{D}$ 上 2D 最大点的最优算法的概念精确化。不同于利用信息论达到这个目的的排序算法，我们在这里使用的是一种不一般的方法。如前一小节所述，最大点带来了许多挑战，而且我们不知道是否存在一个相对于任何可能的算法都是最优的自我改进算法。

我们首先设法解决输出敏感性问题。即使实际输出的规模可能很小，也需要额外的工作来确定输出了哪些点。我们还要考虑在所有（而不仅仅是那些在 $\mathcal{D}$ 的支持集中的）实例上都能够给出正确输出的算法。例如，假设对于所有在 $\mathcal{D}$ 的支持集中的输入，存在一个包含（比如）三个点的集合，这些点总是形成最大点。只与 $\mathcal{D}$ 有关的最优算法总是能够输出这样的三个点，但是这样的算法不是合法的最大点算法，因为它在其他的输入上可能是不正确的。

为了处理这些问题，我们要求任何算法都必须提供一个简单证明来证明输出是正确的。这个证明通过*证书*（certificate）形式化。

定义 12.21　设 $P\subseteq\mathbb{R}^2$ 是有限的。P 的一个*最大点证书* γ 包含：（ⅰ）P 中各个最大点的索引值，从左到右排序；（ⅱ）每一个非最大点 $p\in P$ 的证书，即一个支配 p 的输入点的索引值。如果证书 γ 满足关于 P 的条件（ⅰ）和（ⅱ），则 γ 对 P *有效*。 ◁

一个正确的算法也许不会产生证书，但是大多数已知的算法都会隐式地提供这样的证书。显然，简单的扫描线算法可以做到：点 x 被排除在外当且仅当算法发现一个支配 x 的输入点 y。注意到证书不是唯一的，这是设计最优最大点算法的挑战之一。在图 12.5a 中，越暗的区域，其非最大性证书就越多。最优算法看来需要发现“最快”的证书。我们的最优性概念关键取决于证书的定义。我们再次建议读者阅读第 3 章的实例最优算法，其中出现了类似的概念。

线性比较树。对于排序问题而言，最优限制时间的概念与比较树有关。直观上，一次操作只会生成一个比特的信息。而对于 2D 最大点问题，我们不知道如何与这样一个强大的模型竞争。相反，我们考虑一个较弱的模型，其中比较树中的结点对应于线性查询（linear query）。

定义 12.22　一棵线性比较树（Linear Comparison Tree，LCT）$\mathcal{T}$是一棵有根二元树。$\mathcal{T}$的每一个结点 v 都被标记了一个形式为“p 是否在 ℓ_v 的上方?”的查询，这里 p 是一个输入点，ℓ_v 是一条直线。有四种获得 ℓ_v 的方式，按照复杂性的递增顺序为：（ⅰ）一条独立于输入的固定直线（但是依赖于 v）；（ⅱ）一条经过一个给定输入点的具有固定斜率（斜率依赖于 v）的直线；（ⅲ）一条经过一个输入点和一个固定点 q_v 的直线，q_v 依赖于 v；（ⅳ）一条经过两个不同输入点的直线。◁

给定输入 P，对 P 上的一棵线性比较树 $\mathcal{T}$的评估（evaluation）是一个结点序列，它从根开始，并且根据当前在 P 上比较的结果在每一步中选择子结点。

这个模型不能处理超过三个点的关系的查询。尽管如此，正如 de Berg 等人（2008）所述，该模型有足够的能力处理标准的计算几何算法。通常，2D 最大点算法只是对单点之间的坐标进行比较，这是由查询（ⅱ）进行处理的。（直线的斜率要么为零，要么为无穷大。）最终的自我改进算法也将只使用查询（ⅱ）。

下面给出用于形式化我们所要的限制运行时间的关键定义。

定义 12.23　一棵线性比较树 $\mathcal{T}$计算了一个平面点集的最大点，如果 $\mathcal{T}$的每个叶子 v 都标记了一个对每个到达 v 的输入都有效的最大点证书（根据 $\mathcal{T}$做出的评估）。◁

$\mathcal{T}$中结点 v 的深度 d_v 是从 $\mathcal{T}$的根到 v 的路径长度。设 $v(P)$ 是在输入 P 上根据 $\mathcal{T}$的评估所到达的叶子，$\mathcal{T}$在 $\mathcal{D}$ 上的期望深度定义为

$$d_{\mathcal{D}}(\mathcal{T})=E_{P\sim\mathcal{D}}[d_{v(P)}]$$

最后，我们有了力求达到的基准限制运行时间。

定义 12.24　设 T 是计算 2D 最大点的线性比较树的集合。对于分布 $\mathcal{D}$，定义 OPTMAX（$\mathcal{D}$）为 $\inf_{\mathcal{T}\in T}d_{\mathcal{D}}(\mathcal{T})$。◁

因此，对于从 $\mathcal{D}$ 抽取的输入，这是用于计算 2D 最大点的最佳线性比较树的期望深度。我们的自我改进算法的限制运行时间将是 $O(\text{OPTMAX}(\mathcal{D})+n)$。

12.4.2　相关的自我改进算法

令人惊讶的是，在学习阶段所构建的数据结构与用于排序的数据结构完全相同，这些数据结构利用输入点的 1-坐标进行构建。有点违反直觉的是，尽管 OPTMAX($\mathcal{D}$) 可能是由一棵树定义的，这棵树可以进行任意的直线比较，但是我们的最优自我改进算法纯粹利用了垂直线（比较 1-坐标）。

回忆一下自我改进排序算法中使用的桶。各个桶的边界是 λ 个输入的 1-坐标的归并（排序）表中的所有第 λ 个元素。为了方便起见，将 1-坐标的任何一个区间 B 解释为 2D 区域 $B\times\mathbb{R}$。我们将后者称为一块板（slab）。使用符号 $b_1\leqslant b_2\leqslant b_3\leqslant\cdots\leqslant b_{n+1}$ 表示桶的边界，那么一块板可以定义为 $(b_j,b_k]\times\mathbb{R},j<k$。如果 $k=j+1$，我们就称这样的板是一块叶子板（leaf slab）。注意到 T_i-树的所有内部结点都可以解释为把一个点放置在一块板内。参见图 12.6，图中的黑色圆圈表示 b_j，两条垂直线之间的区域就是一块板。

自我改进算法（在限制阶段）可以被认为是 12.4 节开头所讨论的扫描线算法的改进，其关键思想是将 1-坐标的排序与最大点的发现相结合。搜索过程是保守的，我们只查找那些有可能成为下一个最大点的点。

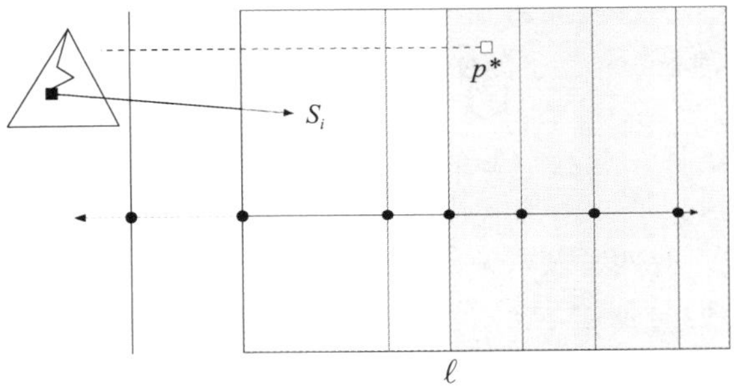

图 12.6　2D 最大点问题的自我改进算法图解

我们重温一下自我改进排序算法，设想在不同的 T_i 中的搜索是并行进行的。考虑一个适时的快照。对每一个 x_i 的（1-坐标的）查找在 T_i 的某一个结点上进行，等效地，每一个 x_i 已经被放置在某一块板中。这些搜索中有一些已经到达叶子板，而且相应的点已经被放置在叶子板。根据桶的性质，落在每一块叶子板上的点的期望数量为 $O(1)$。我们可以对叶子板上所有点的 1-坐标进行排序，并找出它们中间的最大点。通过谨慎地选择搜索次序，我们可以确保以下事实：在任何时候，都存在一个板的边界，使得这个边界右侧的所有最大点都已经被发现。无论何时推进对任何一个点的搜索时，我们首先检查它是否被任何已经发现的最大点所支配。如果是的话，我们可以移除这个点并且（在剩余时间里）节省搜索它的时间。这正是自我改进排序算法所节省的成本。

下面我们描述自我改进算法的限制阶段。为了阐述上的方便，我们将数据结构实现的细节推迟到练习题 12.10 和练习题 12.11。一些重要的变量是：

- ℓ：它等价于垂直扫描线，其取值仅限于板的边界。初始化时它被设置为 $b_{n+1}=\infty$ 并且只会减少。在不引起误解的情况下，我们说“减少 ℓ”的意思是将 ℓ 从 b_i 移动到 b_{i-1}。
- 活动点/非活动点：这些是当前正在搜索的点。非活动点要么被分类为最大点，要么被分配了一个非最大性证书。
- L：这是右边界为 ℓ 的叶子板。
- p^*：这是位于 ℓ 右侧的最靠左的最大点，它也是 ℓ 右侧的最高点。
- S_i 板：S_i 表示搜索的当前快照。每一个活动点 x_i 当前被放置在一块板 S_i 中，对应于 T_i 中的一个结点。初始化时这块板是 $(b_1,b_{n+1}]$，一次搜索的每个步骤都会更新这块板。

算法如图 12.7 所示。参考图 12.6，它给出了算法的一个快照。灰色区域中的所有最大点得到确定，而且 p^* 是这些最大点中最靠左的。所有在虚线以下的点都可以获得非最大性证书。浅阴影的板 S_i 与对于点 x_i 的搜索的当前状态相对应。

在每个阶段，活动点尚未被放置在叶子板中，但是已知它们位于 ℓ 的左侧。我们的目标是以最小的搜索量找到叶子板 L 中的所有（可能的最大）点。在所有各个 S_i 板的右边界中（记得这些板只对应于那些活动的点），设 r 表示最右侧的板的边界。如果 $r<\ell$，那么 L 中没有活动点，等价地相当于 L 中的所有点已经被找到，所以最大点的集合可以用 L 中的点来更新，ℓ 可以递减，这时候扫描过程得以推进。真正的工作量发生在当 $r=\ell$ 时，在 ℓ 中可能存在活动点。在这种情况下，算法找到一个任意的活动点 x_j，其对应的板 S_j 具有右边界 ℓ。如果 x_j 被 p^* 支配，那么可以立即终止对 x_j 的搜索。在其他情况下将搜索 x_j 的过程推进一步。这种自我改进算法的最优性取决于对非最大点的搜索的终止。

SIMaxima

while $\ell > b_1$：

1. 在所有活动的 S_i 中找到最右侧的板边界 r。找到以 r 作为右边界的任意一块活动板 S_j。
2. 如果 $r=\ell$：
   （1）如果 x_j 被 p^* 支配：将 x_j 标记为非活动和非最大点（由 p^* 保证）。
   （2）否则，如果 x_j 是 L（以 ℓ 作为右边界的叶子板）：x_j 的搜索已完成，将 x_j 标记为非活动。
   （3）否则：将搜索 x_j 的过程推进一步（从而更新 S_j）。
3. 否则（$r<\ell$）：
   （1）按照 1-坐标对 L 中的所有点进行排序，并更新最大点集合和 p^*。
   （2）减少 ℓ。

图 12.7　自我改进最大值算法

12.5　更多的自我改进算法

我们对自我改进算法的其他结果做简要的总结。

自我改进的 2D 德洛内三角剖分算法。德洛内三角剖分（Delaunay triangulation）及其对偶（Voronoi 图）是计算几何中的基本结构。对于 $\mathbb{R}^2$ 中的 n 个点，可以在 $O(n\lg n)$ 时间内构建上述结构。第一代自我改进排序算法之一就是用于德洛内三角剖分的（由 Ailon 等人（2011）提出）。在概念上，它几乎完全遵循排序范式，算法的每一个步骤以及每一个数据结构都被一个更为复杂的几何对象所取代。各个桶的边界由关于 disk 的 ε-net 所取代[㊀]，各个桶本身由关于这个 ε-net 的德洛内三角剖分所取代，搜索树是平面上的点的最优分布搜索树。一些简单的操作，比如合并有序数的列表或者在桶内进行排序，都会变成相当复杂的过程。不存在任何关于输出灵敏度的挑战（而这对于 2D 最大点是存在的），所以可以实现关于任意比较树的最优性。

自我改进的 2D 凸包算法。由于对输出结构的复杂的依赖性，想获得 2D 凸包的自我改进算法是极为棘手的。从概念上讲，这个方法与 2D 最大点类似。和后者一样，可以证明最优性只与线性比较树有关，而且它们所使用的板的结构和搜索树是相同的。主要的新思路是学习凸多胞形的一个嵌套序列，使得一个点位于凸包上的概率与其在这些嵌套多胞形中的位置有关。由最终算法做出的比较次数是最优的，但是数据结构操作增加了一个 $O(n\lg\lg n)$ 的加性时间开销。因此，最终的运行时间略为次优。Clarkson 等人（2010）发表的关于这个问题的第一篇论文声称得到了 $O(n)$ 的最优加性项，可惜有一个严重错误。最终的结果是由 Clarkson 等人（2014）结合 2D 最大点的研究结果取得的。

超越乘积分布的自我改进排序算法。鉴于面向任意分布的指数级的存储量下界，这是一个自然而且引人入胜的问题。Cheng 等人（2020）最近研究了两类更加丰富的分布：m 个乘积分布的混合以及线性相关类。前者是一个重要的推广，它提供了一般的乘积分布（$m=1$）和任意分布（$m=n!$）之间的插补，其限制时间和存储复杂度分别是 $O(\varepsilon^{-1}(H(\pi(I)+n)))$ 和 $O(m^{\varepsilon}n^{1+\varepsilon}+mn)$，符合定理 12.3 的 $m=1$ 的界。可惜训练阶段持续了 $O(mn)$ 个轮次，明显超过定理 12.3 的 n^{ε} 界。

㊀ 对 disk 和 ε-net 的相关概念有兴趣的读者可参考 *Handbook of Discrete and Computational Geometry*（CRC press，2017）。——译者注

12.6　关于自我改进模型的评判

成功之处。对于排序、2D 德洛内三角剖分和凸包等经典问题，自我改进框架提出了一些新的见解。计算几何学家经常研究一些假定，在这些假定下可以突破经典的 $O(n\lg n)$ 运行时间界。当前的一系列研究成果共享了一套通用技术，从而形成了一种基础理论（而不仅仅是一些成果的汇聚）。

缺点。当前所有的结果都是关于 $O(n\lg n)$ 时间问题的，这并不是巧合。在所有这些问题上，我们对下界有着细致的理解，从而给出了关于限制阶段的最优性的一种分析性处理手段。所有的运行时间改进都来自更加快速的搜索，它可能与类似熵的描述有关。一个类似的问题在第 3 章的实例最优算法中出现过。

这明确指出了在自我改进的图算法的设计中遇到的主要障碍。对于诸如最短路径、路由、流等问题，我们还没有好的办法去处理输入分布的下界。一个有点微妙的问题是，对于近似问题，中心不等式建议的是“平凡”的自我改进算法。在训练阶段，算法预先计算所有采样输入的解。在限制阶段，算法简单地尝试所有这些候选解，并输出最佳选择。例如，考虑在 n 个顶点上的最小生成树（MST）问题，其中每条边的权由一个独立分布生成。我们的目标是在 $o(n^2)$ 时间内求解这个问题。在一定的假定下，Goemans 和 Vondrák（2006）证明了存在一个 $O(n\lg n)$ 条边的集合，这些边以高概率包含 MST。因此，自我改进算法只需要在训练阶段找到这些边，然后在限制阶段在这个子集上运行 MST 算法。不幸的是，为了获得零失效概率，算法将不得不查看所有的边以找到不太可能的事件（这又回到了普通算法）。寻找能够取得令人信服的自我改进算法的图问题看来很有挑战性。

与其他模型的联系。第 3 章讨论了*实例最优算法*，这在观念上与自我改进算法有很大不同，因为实例最优性是关于简单的特定输入的，而不是关于简单的输入分布的。但是，对于 2D 最大点问题，这些模型在挑战和技术之间存在惊人的相似性，比如输出敏感算法的重要性、输出证书的概念以及在分析中出现的（类似）熵的项。那么在这些模型之间是否存在某种形式上的联系？

第 29 章讨论的是关于*数据驱动算法的选择*。在这个背景下，存在一类固定的算法和在输入上的一个分布 $\mathcal{D}$。假设我们从这一类算法中做如下选择：先抽样少量输入（即训练数据），然后输出这一类算法中关于这些训练数据的最佳算法。这种方法的一般化程度如何？这里与自我改进算法的联系是直接的。自我改进排序算法通过数据结构 T（桶和搜索树）隐式地构造一类潜在算法。训练阶段主要是根据目前看到的输入，从这一类算法中选择一个算法。自我改进算法的最优性论证可以被看作一般化证明。

最为令人关注的是与第 30 章的联系，后者将机器学习模型（比如深度学习）与算法相结合以适应算法的输入。这种方法与自我改进的框架惊人地相似。以下示例首先由 Kraska 等人（2018）提出，并随后由 Lykouris 和 Vassilvitskii（2018）加以形式化。考虑在一个包含 n 个对象的集合中进行（反复）搜索的简单例子。标准的求解是按照索引值顺序存储这些对象，然后当然是进行二分搜索。假设我们有一个预测器，它基于对象的一些其他特征对某一个查询元素的位置进行预测。预测器可以用来加速搜索，大致的做法是利用 finger 搜索树[㊀]在预测位置的周围进行搜索。如果预测是准确的，我们就击败了二分搜索。否则，我们希望不会比二分搜索做得更差。这类似于自我改进的排序算法，桶和树可以被认

㊀　这是一类二叉查找树，它保持了一些称为 finger 的指向内部结点的指针。——译者注

为是关于元素位置的预测器。如果能够正确地学习分布，这些预测器就足够精确。Lykouris 和 Vassilvitskii（2018）在这个背景下的在线缓冲问题上取得了一些结果。实际上，他们工作中最引人注目的一点是设计的算法对预测器一无所知（与自我改进算法不同，后者的“预测器”是通过数据结构显式构造的）。这些模型之间的联系是未来研究的一个令人兴奋的方向。

研究方向。我们提供一份关于自我改进算法的开放式问题和研究方向的清单。

- 对于 m 个乘积分布的混合，获得一个训练阶段长度为 $o(mn)$ 的自我改进的排序算法（参见（Cheng et al.，2020））。
- 获得一个运行时间为 $O(\mathrm{OPT}+n)$ 的自我改进的 2D 凸包算法。当前的界是由 Clarkson 等人（2014）给出的 $O(\mathrm{OPT}+n\lg\lg n)$。
- 获得关于一般比较树（而不仅仅是线性比较树）的自我改进 2D 凸包和最大点的最优性。这可能需要一系列新的技术。
- 获得 2D 凸包和最大点的自我改进算法，其中输入分布是一些乘积分布的混合。考虑到关于排序问题的最近的研究结果，这看来是未来工作的一个有希望的方向。
- 获得关于更高维的德洛内三角剖分和凸包的自我改进算法。这似乎是超越 $O(n\lg n)$ 问题的一个极好的候选者。人们可能不得不大大扩展当前的工具，特别是用于处理可变的输出复杂性的那些工具。
- 设计自我改进的图算法。这对于自我改进模型来说将是一个令人兴奋的进展，而且可能需要对当前框架重新进行思考。目前，我们要求算法总是正确的，这样的限制可能太严格了。可能的候选问题是生成子图、最短路径和路由/流问题。
- 考虑来自马尔可夫分布的输入的情况。目前，我们把输入分布 $\mathcal{D}$ 看成固定的，并且生成独立的输入。我们可以考虑存在一个未知的马尔可夫过程，它生成算法的输入。在这种情况下，即使只是提出一个玩具问题[㊀]，从而引入一些新的算法技术，也将是引人入胜的。
- 探索自我改进算法与最近在带有预测器的算法上的应用研究的联系。从理论扩展的角度上看，这似乎是最重要的方向。

致谢

作者要感谢 Jérémy Barbay、Anupam Gupta、Akash Kumar、Tim Roughgarden 和 Sahil Singla 对本章的宝贵评论。他们的建议对改善本章的阅读体验贡献良多。

参考文献

Ailon, Nir, Chazelle, Bernard, Clarkson, Kenneth L., Liu, Ding, Mulzer, Wolfgang, and Seshadhri, C. 2011. Self-improving algorithms. *SIAM Journal on Computing*, **40**(2), 350–375.

Cheng, Siu-Wing, Jin, Kai, and Yan, Lie. 2020. Extensions of self-improving sorters. *Algorithmica*, **82**, 88–102.

Clarkson, K. L., Mulzer, W., and Seshadhri, C. 2010. Self-improving algorithms for convex hulls. *ACM-SIAM Symposium on Discrete Algorithms (SODA)*, pp. 1546–1565.

Clarkson, Kenneth L., Mulzer, Wolfgang, and Seshadhri, C. 2014. Self-improving algorithms for coordinatewise maxima and convex hulls. *SIAM Journal on Computing*, **43**(2), 617–653.

㊀ 玩具问题是指科学领域的一些问题，它们没有科学上立即的重要性，不过可以作为工具用于说明更复杂的问题中的一些特征，或是用来解释一些问题求解上的技巧。玩具问题经常用来展示及测试不同的方法，研究者也经常利用玩具问题来比较不同算法的性能。——译者注

Cover, Thomas M., and Thomas, Joy A. 2006. *Elements of Information Theory*, 2nd ed. Wiley-Interscience.
de Berg, Mark, Cheong, Otfried, van Kreveld, Marc, and Overmars, Mark. 2008. *Computational Geometry*. Springer.
Dubhashi, D. P., and Panconesi, A. 2009. *Concentration of Measure for the Analysis of Randomized Algorithms*. Cambridge University Press.
Fredman, Michael L. 1976. How good is the information theory bound in sorting? *Theoretical Computer Science*, **1**(4), 355–361.
Goemans, Michel X., and Vondrák, Jan. 2006. Covering minimum spanning trees of random subgraphs. *Random Structures and Algorithms*, **29**(3), 257–276.
Kirkpatrick, David G., and Seidel, Raimund. 1986. The ultimate planar convex hull algorithm? *SIAM Journal on Computing*, **15**(1), 287–299.
Kraska, Tim, Beutel, Alex, Chi, Ed H., Dean, Jeffrey, and Polyzotis, Neoklis. 2018. The case for learned index structures. *International Conference on Management of Data (SIGMOD)*, pp. 489–504.
Lykouris, Thodoris, and Vassilvitskii, Sergei. 2018. Competitive caching with machine learned advice. In *International Conference on Machine Learning (ICML)*, pp. 3302–3311.

练习题

12.1 考虑在 $[n]$ 上的离散分布 $\mathcal{D}$，构造一棵期望搜索时间为 $O(H(\mathcal{D})+1)$ 的搜索树。提示：进行二分搜索，不过将概率质量一分为二。但是如果有一半是不可能的怎么办？为了限制最大深度，在进行一些比较后切换到普通的二分搜索。

12.2 在这道练习题中，我们将证明定理 12.2。这需要一些设置。

1. 条件熵 $H(Y|X)$ 定义为 $\sum_{x\in\mathcal{X}}\Pr[X=x]H(Y|X=x)$。证明链式法则：$H(Y|X)=H(X,Y)-H(X)$。
2. 推广定理 12.1 的证明的关键在于如下定义随机变量 Z_i。设 Z_i 是当 x_i 插入有序的 $I_{\leqslant i-1}$ 时的位置。按照定理 12.1 证明中的算法，并适当地推广到定理 12.2 的设定。证明可以以 $H(Z_{k+1}|Z_1,Z_2,\cdots,Z_k)$ 的期望比较次数完成 x_{k+1} 的插入。
3. 现在利用链式法则完成定理 12.2 的证明。

12.3 完成断言 12.17 的证明。证明 $\sum_{j\in H}p_{ij}\lg\left(\frac{p_{ij}}{\hat{p}_{ij}}\right)\leqslant 4$。回忆一下 $\forall j\in H$，$p_{ij}\geqslant 1/n$ 以及对所有 j，$|p_{ij}-\hat{p}_{ij}|\leqslant 1/2n$。提示：对于 $x\in(0,1)$，利用泰勒逼近 $\ln(1-x)\leqslant 2x$。

12.4 Tree（图 12.4）的构造和断言 12.17 的证明是要求过度的，其中 $O(n^2\lg n)$ 的输入数量并非必要。接下来的几道练习题将说明原因，并且将引入具有 $n^{1+\varepsilon}$ 的存储量的构造过程。我们不需要对各个 p_{ij} 的近似达到 $\Theta(1/n)$ 的加性精确性。假设我们从以下特性得到 $\hat{p}_{ij}$：如果 $p_{ij}>1/2n$，那么 $\hat{p}_{ij}=\Theta(p_{ij})$；如果 $p_{ij}\leqslant 1/2n$，那么 $\hat{p}_{ij}=O(1/n)$。证明在练习题 12.1 中利用 $\{\hat{p}_{ij}\}$ 构造的搜索树关于原始分布是 $O(1)$-最优搜索树。

12.5 当训练阶段的长度是 $O(n\lg n)$（而不是 $O(n^2\lg n)$）个独立输入时，利用练习题 12.4 证明断言 12.17。

12.6 前面的练习题使我们能够对任何一个 $\varepsilon>0$ 构造大小为 n^{ε} 的 T_i。如果 $p_{ij}\geqslant n^{-\varepsilon}$，就说桶 B_j 关于 i 是重载的。如果一个搜索会引起重载的桶，就称这个搜索是重搜索。首先，证明 $O(n^{\varepsilon}\lg n)$ 个独立输入可用于构建各个 T_i：对于所有 i，T_i 的大小为 $O(n^{\varepsilon})$，而且对于重搜索是 $O(1)$-最优的。接下来，利用这些树实现 $O(1/\varepsilon)$-最优搜索。提示：如果一个搜索不是重搜索，则执行标准的二分搜索。

12.7 设 $Y_1,Y_2,\cdots,Y_r$ 为两两独立的伯努利随机变量。证明 $E[(\sum_{i\leqslant r}Y_i)^2]=$

$O(E[\sum_{i\leqslant r}Y_i]^2+E[\sum_{i\leqslant r}Y_i])$。利用这个事实证明断言 12.15。提示：把 $|I\cap B_j|$ 写成伯努利随机变量的和。

12.8 通过证明以下命题完成定理 12.19 的证明：设 $h=(6\gamma)^{-1}n\lg n$ 以及 $\gamma<(\lg n)/10$，那么 $\lg[(n!)^{2^{h-1}}2^{-2^h(h(\gamma+1)+\gamma n)}]=\Omega(2^h)$。

12.9 考虑在定义 12.21 中定义的最大点证书。假设我们额外要求如果证书表明"x_i 被 x_j 支配"，那么 x_j 是最大点。因此，只有最大点才能证明其他点是非最大的。证明：给定一个最大点证书，存在一个线性时间过程，用于构造一个关于其他点的非最大性的证明。

12.10 考虑存储一个带关键字的对象的论域，对象的关键字在 $[n]$ 中。我们需要一个支持 find-max（找到一个带最大关键字的对象）、delete 和 decrement-key 操作的数据结构。对于后两个操作，假定有一个指针指向操作对象。最初，所有对象都有关键字 n，而且至多有 n 个对象。设计一个总运行时间为 $O(n+z)$ 的数据结构，其中 z 是执行的操作的数量。

12.11 利用练习题 12.10 中的数据结构实现图 12.7 的自我改进最大点算法。假设总搜索时间（T_i 中的操作次数）是 t，证明总运行时间为 $O(t+n)$。

第四部分

Beyond the Worst-Case Analysis of Algorithms

平滑分析

第 13 章
Beyond the Worst-Case Analysis of Algorithms

局部搜索的平滑分析

Bodo Manthey

摘要：局部搜索是一种有效求解难解的组合最优化问题的强大范例。然而，就许多局部搜索启发式算法而言，存在一些最坏情况的实例，在这些实例上算法的运行速度非常缓慢，或者算法提供的解远远不是最优的。

平滑分析是一种半随机输入模型，它被用来弥补算法在糟糕的最坏情况和良好的经验性能之间的差距。在平滑分析中，先由对抗选择一个任意输入，然后这个输入被轻微地随机扰动。特别地，平滑分析已经成功应用于各种情况下的局部搜索算法。

我们以求解旅行商问题的 2-opt 启发式算法和求解聚类问题的 k-means 方法为例来解释如何在平滑分析的框架下对局部搜索启发式算法进行分析。这两种算法与其他许多局部搜索算法一样，最坏情况下的运行时间是输入规模的指数，但是在平滑分析的框架内是多项式的。

13.1 引言

大规模的最优化问题出现在从工程界到科学界的许多领域。不幸的是，这些问题中有许多是计算困难的，因此寻找最优解是非常耗费时间的。然而，在实践中启发式方法往往能够以惊人的速度成功地找到接近最优解。其中一类特别流行的启发式算法是局部搜索启发式算法，这类算法通常极具吸引力，因为它们的速度很快，而且容易实现。

组合最优化问题的*局部搜索启发式算法*（local search heuristic）采用一个给定实例的某一个解进行初始化，然后在当前解的邻域中搜索具有更好的目标值的解。如果成功的话，局部搜索启发式算法就用这个更好的解替换当前解，我们称之为局部搜索启发式算法的一个*局部改进步骤*（local improvement step）。然后，局部搜索启发式算法再次执行相同的搜索。这里解的邻域指的是所有可以通过对这个解稍加修改得到的解。这个方法完全依赖于问题本身和局部搜索启发式策略。

如果在当前解的邻域中不存在任何更好的解，局部搜索启发式算法将终止。我们把这个当前解称为*局部最优解*（local optimum）。注意，局部最优解并不一定是全局最优解。

对于许多局部搜索算法，引人注目的是其最坏情况和观察到的性能之间存在差异。一方面，经常存在这样的实例，在达到局部最优值之前，算法在这些实例上的迭代次数是指数级的。另一方面，也经常容易找到一些实例，在这些实例上算法收敛到比全局最优解差得多的局部最优解。从复杂性理论的角度来看，在许多这样的局部搜索算法中，对给定的算法找到局部最优解是 PLS 完备的。（PLS 代表“多项式局部搜索”，它刻画了获得关于一个“邻域”的最优化问题的局部最优解的困难性。尽管 PLS 完备性弱于 NP 完备性，但 PLS 完备性被广泛认为是问题难解性的有力证据。参见（Schäffer and Yannakis，1991）。）

然而，这种悲观的论点似乎并没有反映实际情况，现实中的局部搜索算法因其速度而流行。呈现指数级运行时间的最坏情况的例子通常是在实践中很少出现的脆弱结构。有时候局部搜索启发式算法甚至可以获得良好的经验近似性能。即使并非如此，它们的速度优势也允许我们以不同的初始化值多次重复运行，这经常会带来更好的性能表现。

这种差异使得局部搜索启发式算法成为“超越最坏情况分析”的主要候选方法。特别是平滑分析已经相当成功地应用于解释局部搜索算法的经验性能。

平滑分析是一种半随机输入模型，它由 Spielman 和 Teng（2004）发明，用于解释线性规划单纯形法的经验性能。它是最坏情况和平均情况分析的混合，并在这两者之间进行插补：由对抗指定一个实例，然后这个实例被轻微地随机扰动。算法的平滑性能是对抗能够达到的最大期望性能，其中期望值是在随机扰动上取得的。

如果最坏情况的实例在输入空间中被隔离，那么我们可能很难在扰动后获得这样的坏实例。原则上，平滑分析可以应用于任何性能的测量，但是最为成功的是用于在最坏情况下是超多项式的但在实践中快速运行的算法的运行时间分析，例如我们在本章中讨论的两种局部搜索启发式算法。

接下来，我们主要通过旅行商问题（TSP）的 2-opt 启发式算法和聚类问题的 k-means 方法来解释局部搜索算法的平滑分析。我们将主要关注这些算法的运行时间，而对它们的近似性能只做简要介绍。

13.2　运行时间的平滑分析

这一节的目标是展示局部搜索算法的*平滑迭代次数*的界，这是最大的期望迭代次数，其中期望值是在随机扰动上取得的。

我们从 TSP 的 2-opt 启发式算法运行时间的简单分析开始这一节的讨论，然后将大致描述如何改进所得到的界。最后，我们将 k-means 方法作为局部搜索算法的一个例子进行分析，这里的分析远不如对 2-opt 的分析来得直接。

13.2.1　主要思想

到目前为止，对局部搜索启发式算法的运行时间进行平滑分析的主要思想是“势函数”方法，其中目标函数扮演了势函数的角色：

- 我们证明初始解的目标值不会太大。
- 我们证明迭代不太可能只是少量地改进目标值。

如果开始时目标值最多为 ν，并且不存在任何使目标值的减少量小于 ε 的迭代，则迭代次数最多是 ν/ε。

注意到这种方法仍然相当悲观。首先，我们不太可能总是做出尽可能小的改进，更有可能的是某些迭代会导致大得多的改进。其次，经常同时存在若干可能的局部改进步骤，在这种情况下，上述方法假设我们总是做出最坏的选择。

这种方法的主要优点是将迭代解耦。假如我们根据早期的迭代来对迭代进行分析，将会面临非常难处理的依赖性。

13.2.2　2-opt 的简单界

为了说明局部搜索启发式算法运行时间的平滑分析，我们以 TSP 的 2-opt 启发式算法为例。更具体地，我们考虑在欧几里得平面中的 TSP，其中两点 $a,b\in\mathbb{R}^2$ 之间的距离由 $\|a-b\|^2$ 给出（即两点之间的平方欧几里得距离）。这意味着在给定 n 个点的集合 $Y\subseteq\mathbb{R}^2$ 的情况下，目标是计算一条遍历 Y 的哈密顿回路（也称为旅行圈）H，它最小化

$$\sum_{\{a,b\}\in H}\|a-b\|^2$$

换言之，我们想找到这些点的循环顺序，它使连续点的平方距离之和最小。

我们选择这个问题有两个原因。首先，对于平面上的点，“小扰动”的概念是很自然的。其次，选择平方欧几里得距离（与更自然的欧几里得距离相比）是因为这样可以使运行时间的平滑分析相对紧凑一些（与许多其他非常技术化的平滑分析情况相比）。

TSP 和 2-opt 启发式算法

TSP 的 2-opt 启发式算法执行所谓的 2-opt 步骤，尽可能多地改进给定的初始旅行圈。2-opt 步骤的操作如下。设 H 是一个遍历点集合 Y 的任意哈密顿旅行圈。假设 H 包含边 $\{y_1,y_2\}$ 和 $\{y_3,y_4\}$，其中四个不同的点 y_1,y_2,y_3,y_4 按顺序出现在 H 中。进一步假设 $\|y_1-y_2\|^2+\|y_3-y_4\|^2>\|y_1-y_3\|^2+\|y_2-y_4\|^2$，那么我们把 $\{y_1,y_2\}$ 和 $\{y_3,y_4\}$ 分别替换成 $\{y_1,y_3\}$ 和 $\{y_2,y_4\}$，从而获得一个更短的哈密顿旅行圈。图 13.1 给出了一个示例。

2-opt 启发式算法先由一个遍历点集合 Y 的任意哈密顿旅行圈 H 初始化，然后执行若干 2-opt 步骤，直至达到局部最小值。

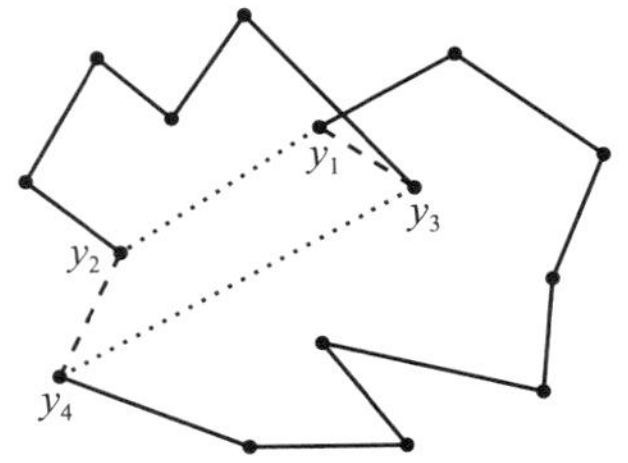

图 13.1　2-opt 步骤的示例，其中边 $\{y_1,y_2\}$ 和 $\{y_3,y_4\}$ 分别被 $\{y_1, y_3\}$ 和 $\{y_2,y_4\}$ 替换

模型和方法

我们利用下面的概率输入模型来分析 2-opt：由对抗指定一个包含单位正方形内的 n 个点的集合 $X=\{x_1,\cdots,x_n\}\subseteq[0,1]^2$，我们让每一个点 x_i 都由随机变量 g_i 进行扰动，得到实际输入 Y：

$$Y=\{y_i=x_i+g_i \mid i\in\{1,\cdots,n\}\}$$

我们假定 $g_1,\cdots,g_n$ 是独立的，并且遵循一个标准偏差为 σ、均值为 0 的二维高斯分布。我们称实例 Y 是一个受到 *σ-扰动的点集合*。

在平滑分析中，我们主要利用高斯分布的两个特性。第一，它们的最大密度是有界的。第二，二维高斯分布可以被看作在任何两个正交方向上的两个一维高斯分布的叠加。

我们的方法在前面已经描述过了。首先，我们证明初始旅行圈的长度以高概率为 $O(n)$。其次，我们证明存在任何一个使目标函数的减少量小于 ε 的 2-opt 步骤的概率的上界是 ε 乘以一个 n 和 $1/\sigma$ 的多项式。最后，我们把这两个要素与最坏情况的上界 $n!$ 结合起来作为迭代次数，获得迭代次数的平滑多项式界。

技术准备和假设

下面我们假定 $\sigma\leqslant\dfrac{1}{2\sqrt{n\log n}}$。根据练习题 13.2，这个假定不会失去一般性。

下面的引理是高斯随机变量的标准尾界（tail bound），在许多概率论教科书中可以找到相应的证明。

引理 13.1（高斯分布尾界）　*设 X 是一个均值为 $\mu\in\mathbb{R}$、标准偏差为 $\sigma>0$ 的高斯分布随机变量，那么*

$$P(X\geqslant\mu+\sigma t)=P(X\leqslant\mu-\sigma t)\leqslant\frac{1}{t\sqrt{2\pi}}\cdot\exp\left(-\frac{t^2}{2}\right)$$

引理 13.2（高斯分布区间引理）　*设 X 的分布符合具有任意均值和标准偏差 $\sigma>0$ 的高斯分布。设 $t\in\mathbb{R}$，并且设 $\varepsilon>0$，那么*

$$P(X \in (t, t+\varepsilon]) \leqslant \frac{\varepsilon}{2\sigma}$$

证明 引理源于这样的事实，即一个具有标准偏差 σ 的高斯随机变量的密度的上界是$\frac{1}{2\sigma}$。 □

初始旅行圈的上界

下面的引理给出了初始旅行圈长度的一个非常简单的上界。

引理 13.3 *以至少为 $1-\frac{1}{n!}$的概率，我们有 $L_{\text{init}} \leqslant 18n$。*

证明 如果 $Y \subseteq [-1,2]^d$，则 Y 中任意两点之间的最长距离（以平方欧几里得距离测量）最多为 18。因此，在这种情况下，任何旅行圈的长度最多为 $18n$。

如果 $Y \not\subseteq [-1,2]^d$，那么存在一个 i，使得 $\|g_i\|_\infty \geqslant 1$。因此，必定存在一个 $i \in \{1,\cdots,n\}$ 和一个相应的 $j \in \{1,2\}$，使得 g_i 的第 j 个项的绝对值至少为 1。我们以 $\sigma \leqslant \frac{1}{2\sqrt{n\log n}}$以及 $t=\frac{1}{\sigma}$应用引理 13.1，结果是单一项的绝对值至少为 1 的概率的上界是

$$\frac{1}{2\sqrt{2\pi n\ln n}} \cdot \exp(-2n\ln n) \leqslant n^{-2n} \leqslant (n!)^{-2}$$

在 i 的 n 个选择、j 的两个选择以及（非常松散的）界 $2n \leqslant n!$ 上的一个联合界产生引理的结果。 □

在本节的余下部分，设 $\Delta_{a,b}(c) = \|c-a\|^2 - \|c-b\|^2$。于是 2-opt 步骤的改进（其中 $\{y_1,y_2\}$ 和 $\{y_3,y_4\}$ 被分别替换成 $\{y_1,y_3\}$ 和 $\{y_2,y_4\}$）可以写成 $\Delta_{y_2,y_3}(y_1) - \Delta_{y_2,y_3}(y_4)$。

设 $\Delta_{\min}$ 是由任何可能的 2-opt 步骤做出的最小的正向改进，下面的引理可以用于 $\Delta_{\min}$ 的分析。

引理 13.4 *设 $a,b \in \mathbb{R}^2$，$a \neq b$。并设 $c \in \mathbb{R}^2$ 从一个标准偏差为 σ 的高斯分布中抽取。设 $I \subseteq \mathbb{R}$ 是一个长度为 ε 的区间。那么*

$$P(\Delta_{a,b}(c) \in I) \leqslant \frac{\varepsilon}{4\sigma \cdot \|a-b\|}$$

证明 由于高斯分布是旋转对称和平移不变的，不失一般性，我们可以假定 $a=(0,0)$ 和 $b=(\delta,0)$，这里 $\delta=\|a-b\|$。设 $c=(c_1,c_2)^\top$，那么 $\Delta_{a,b}(c) = (c_1^2+c_2^2) - ((c_1-\delta)^2+c_2^2) = 2c_1\delta-\delta^2$。由于 δ^2 是一个常数（与 a、b 和 c 无关），所以我们有 $\Delta_{a,b}(c) \in I$ 当且仅当 $2c_1\delta$ 落在一个长度为 ε 的区间。这等价于 c_1 落在一个长度为$\frac{\varepsilon}{2\delta}$的区间。

由于 c_1 是一个标准偏差为 σ 的一维高斯随机变量，因此引理 13.2 得证。 □

有了这个引理，我们就可以确定“任何一个对 2-opts 步骤的改进只会产生一个小的改进”的概率的界。

引理 13.5 $P(\Delta_{\min} \leqslant \varepsilon) = O\left(\frac{n^4\varepsilon}{\sigma^2}\right)$。

证明 考虑任何四个不同的点 $y_1,y_2,y_3,y_4 \in Y$ 以及 2-opt 步骤，这里两条边 $\{y_1,y_2\}$ 和 $\{y_3,y_4\}$ 被分别替换成 $\{y_1,y_3\}$ 和 $\{y_2,y_4\}$。我们证明这个 2-opt 步骤产生最多是 ε 的正改进的概率的界是 $O(\varepsilon/\sigma^2)$。那么通过在四个点 $y_1,y_2,y_3,y_4 \in Y$ 的选择上的一个联合界可以得到引理的证明。

由这个 2-opt 步骤带来的改进等于 $\Delta_{y_2,y_3}(y_1)-\Delta_{y_2,y_3}(y_4)$。我们利用延迟决策原理。首先，由对抗固定 y_2 和 y_3 的位置，y_4 的位置可以是任意的。这除了固定 y_2 和 y_3 之间的距离 $\delta=\|y_2-y_3\|$ 之外，还固定了 $\alpha=\Delta_{y_2,y_3}(y_4)$。因此，如果 $\Delta_{y_2,y_3}(y_1)\in(\alpha,\alpha+\varepsilon]$（这是一个大小为 ε 的区间），那么由这个 2-opt 步骤带来的改进只会处于区间 $(0,\varepsilon]$ 内。根据引理 13.4，发生这种情况的概率的上界是 $\frac{\varepsilon}{4\sigma\delta}$。

设 f 为 $\delta=\|y_2-y_3\|$ 的概率密度函数，那么这个 2-opt 步骤产生一个最多是 ε 的改进的概率的上界是

$$\int_{\delta=0}^{\infty}\frac{\varepsilon}{4\sigma\delta}\cdot f(\delta)\,\mathrm{d}\delta$$

现在我们观察到 $1/\delta$ 的分布由 $1/X$ 随机支配，其中 X 是 chi-分布的，这是因为 $\frac{\varepsilon}{4\sigma\delta}$ 随着 δ 减小。因此，“最坏情况”是 x_3（y_3 的未扰动版本）正好位于 y_2 的位置上。chi-分布描述了一个向量的长度，这个向量遵循均值为 0 的高斯分布。在二维情况下，chi-分布的密度由 $\frac{x}{\sigma^2}\cdot\exp\left(-\frac{x^2}{2\sigma^2}\right)$ 给出。

根据这一观察结果，我们可以用 chi-分布的密度函数来取代 f，从而得到有一个最多是 ε 的改进概率的上界：

$$\int_{\delta=0}^{\infty}\frac{\varepsilon}{4\sigma\delta}\cdot\frac{\delta}{\sigma^2}\cdot\exp\left(-\frac{\delta^2}{2\sigma^2}\right)\mathrm{d}\delta=\int_{\delta=0}^{\infty}\frac{\varepsilon}{4\sigma^3}\cdot\exp\left(-\frac{\delta^2}{2\sigma^2}\right)\mathrm{d}\delta=O\left(\frac{\varepsilon}{\sigma^2}\right)$$

我们在点 y_1,y_2,y_3,y_4 的 $O(n^4)$ 个选择上取一个联合界，从而完成引理的证明。□

前面的引理可以转化为 2-opt 收敛到局部最优所需要的迭代次数的尾界，这就产生了我们的第一个定理。

定理 13.6　设 $Y\subseteq\mathbb{R}^2$ 是一个受到 σ-扰动的点集合，并设 $\sigma\leqslant\frac{1}{2\sqrt{n\ln n}}$。则 2-opt 启发式算法所需要的用于计算关于平方欧几里得距离的局部最优 TSP 旅行圈的期望最大迭代次数的上界是 $O(n^6\log n/\sigma^2)$。

证明　如果 2-opt 至少运行 t 个步骤，那么必定有 $L_{\text{init}}\geqslant 18n$ 或者 $\Delta_{\min}\leqslant 18n/t$。根据引理 13.3 和引理 13.5，这些事件的任何一个发生的概率最多是 $\frac{1}{n!}+O\left(\frac{n^5}{\sigma^2 t}\right)$，这里概率是在随机扰动上取得的。

由于在任何 2-opt 的运行中没有一个 TSP 旅行圈会出现两次，因此我们知道迭代次数的上界是 $n!$。设 T 是 2-opt 在（随机）点集合 Y 上需要的最大可能迭代次数的随机变量，那么

$$E(T)=\sum_{t=1}^{n!}P(T\geqslant t)\leqslant\sum_{t=1}^{n!}\left(\frac{1}{n!}+O\left(\frac{n^5}{\sigma^2 t}\right)\right)=O\left(\frac{n^6\log n}{\sigma^2}\right)$$ □

13.2.3　界的改进的可能性

粗略地说，前一小节对 2-opt 运行时间做了如下分析：

- 我们将目标函数当作势函数使用，并且证明了任何初始旅行圈长度的一个（非常简单的）上界。

- 我们将算法可能采取的步骤进行分类。在我们的示例中，每个 2-opt 步骤恰好由四个点描述，即所涉及的边的四个端点。旅行圈的其余部分不起作用。
- 对于每一个这样的分类，我们证明了这个分类的任何迭代都不可能只产生一个小的改进。
- 我们在所有分类上取一个联合界，转化为迭代次数的尾概率界，并利用它获得在迭代的期望次数上的界。

这直接给出了下列可用于对这个界进行改进的选项：

- 我们可以证明一个关于初始旅行圈长度的更小的界，这将直接改进这个界。
- 我们可以尝试将 2-opt 启发式算法的可能迭代划分为更少的分类，那么我们能够在更少的分类上选取联合界。
- 我们可以尝试证明“一个分类的任何一个迭代都会产生一个小的改进”的概率的一个更强大的上界。这将为迭代次数产生更强的尾概率界，从而改进最终的界。

事实上，避免简单地应用联合界，而是巧妙地将迭代划分为可以同时分析的若干个分组，这通常是平滑分析的关键。在这一小节的余下部分，我们将简要介绍如何改进 2-opt 的平滑迭代次数的界。

改进初始旅行圈的长度

到目前为止，我们没有就如何构造初始旅行圈做出任何假定。然而，在实践中人们可能会从某种合理的近似而不是从一个随意（糟糕）的旅行圈开始。例如，我们可以找到一个长度为 $O(1)$ 的初始圈（Yukich，1998），这会直接把界减少一个线性因子。（这仅适用于二维空间中的平方欧几里得距离。对于标准欧几里得距离，我们只能保证长度为 $O(\sqrt{n})$ 的界。）

2-opt 步骤的链接对

对所谓“2-opt 步骤的链接对”进行分析的思路基于这样的观察：只考虑最小可能改进的想法是相当悲观的。为了对界做出改进，我们考虑两个共享顶点的 2-opt 步骤，这样的一对 2-opt 步骤不必在 2-opt 的一次运行中紧挨着执行。这种改进并非直接是之前提到过的改进的三种可能性之一。事实上，我们证明了“一个分类产生一个小的改进”的概率（而不是单一迭代）的一个更强的上界。我们考虑的是两次迭代，这样就增加了分类的数量。可以证明，更强的上界不仅仅只是抵消了不同分类数量的增长。

只共享单一顶点会使这两个 2-opt 步骤的边不相交，因此这种情况无助于对界的改进。事实证明，由于依赖关系，两个 2-opt 步骤的所有四个顶点都相同的情况很难分析。因此，我们把问题限制在有两个或三个重叠顶点的一对 2-opt 步骤。这种情况最多涉及六个顶点，因此这样成对的 2-opt 步骤的数量最多是 $O(n^6)$，这要比简单的 2-opt 步骤的数量 $O(n^4)$ 更糟糕。不过这一点得到了补偿，因为两个 2-opt 步骤都只产生一个小改进的概率要比单一 2-opt 步骤的情况小得多。总的来说，尽管从这样一对 2-opt 步骤中获得的改进不是独立的，我们还是可以将它们当作独立的进行分析。下面的引理对此做了总结，我们省略了引理的形式证明。

引理 13.7　*存在具有两个或者三个共同顶点的 2-opt 步骤链接对，而且这两个 2-opt 步骤对旅行圈只做出最多 $\varepsilon>0$ 的改进的概率最多是* $O\left(\frac{n^6\varepsilon^2}{\sigma^4}\right)$。

这种方法能够起作用的关键是，我们在任何一次 2-opt 的运行中都会遇到足够多的 2-opt 步骤的链接对。下面的引理主要说明每一个足够长的 2-opt 步骤序列必定包含一个恒定比例的构成不相交链接对的 2-opt 步骤。证明并不困难，但有点技术性。我们省略了这个证明。

引理 13.8（Röglin and Schmidt，2018）　每个由 t 个连续的 2-opt 步骤构成的序列包含数量至少为 $(2t-n)/7$ 的共享两个或者三个顶点的 2-opt 步骤的不相交链接对。

定理 13.9　设 $Y\subseteq\mathbb{R}^2$ 是一个受到 σ-扰动的点的集合，并设 $\sigma\leqslant\frac{1}{2\sqrt{n\ln n}}$。则 2-opt 启发式算法所需要的用于计算一个关于平方欧几里得距离的局部最优 TSP 旅行圈的期望最大迭代次数是 $O(n^4/\sigma^2)$。

证明　设 T 为随机变量，它是 2-opt 在（随机）点集合 Y 上需要的最大可能迭代次数。根据引理 13.8，存在常数 $c_1,c_2>0$，使得在每个包含至少 $t\geqslant c_1n^2$ 个迭代的序列中，有至少 c_2t 个共享两个或者三个顶点的链接的 2-opt 步骤的不相交对。

于是 $T\geqslant t$ 仅当 $t\leqslant c_1n^2$，或者仅当 $L_{\text{init}}\geqslant 18n$，或者仅当存在产生最多$\frac{18n}{c_2t}$的改进的一对链接的 2-opt 步骤。因此，存在常数 $c_3,c_4>0$，使得根据引理 13.7 有

$$E(T)\leqslant c_1n^2+\sum_{t\geqslant c_1n^2}P(T\geqslant t)\leqslant c_1n^2+\sum_{t\geqslant c_1n^2}\min\left\{1,c_3\cdot\frac{n^8}{t^2\sigma^4}\right\}$$

$$\leqslant c_4\cdot\frac{n^4}{\sigma^2}+\sum_{t\geqslant c_4n^4/\sigma^2}c_3\cdot\frac{n^8}{t^2\sigma^4}=O\left(\frac{n^4}{\sigma^2}\right)$$ □

通过前面关于初始旅行圈长度的讨论，我们甚至可以将定理 13.9 的界改进为 $O(n^3/\sigma^2)$。

13.2.4　*k*-means 方法的界

局部搜索启发式算法的第二个示例是聚类问题的 k-means 方法，我们想在平滑分析的框架下分析它的运行时间。

***k*-means 方法的描述**

在进行平滑分析之前，我们首先描述一下 k-means 聚类问题和 k-means 方法。

给定一个包含 n 个数据点的有限集 $X\subseteq\mathbb{R}^d$ 和簇的数量 $k\in\mathbb{N}$，k-means 聚类的目标是将这些点划分为 k 个簇 $C_1,\cdots,C_k$。除了这些簇以外，我们还想计算作为所在簇的代表元的各个簇中心 $c_1,\cdots,c_k\in\mathbb{R}^d$。簇中心不必是数据点。$k$-means 聚类的目标是找到簇和簇中心，它们最小化下面的数据点到簇中心的平方距离的总和：

$$\sum_{i=1}^{k}\sum_{x\in C_i}\|x-c_i\|^2$$

如果我们已经知道各个簇中心，那么按如下步骤可以得到一个聚类：将每个点分配给一个簇，前提是在各个簇中心中，这个簇的中心离这个点最近（存在若干可选项时，需要一种策略来处理僵局）。反过来，如果我们有了各个簇 $C_1,\cdots,C_k$，那么应该选择 C_i 的质心

$$\text{cm}(C_i)=\frac{1}{|C_i|}\cdot\sum_{x\in C_i}x$$

作为其簇中心 c_i。下面的引理是一个直接的结果，我们将其证明留作练习题 13.4。

引理 13.10　设 $C\subseteq\mathbb{R}^d$ 是点的有限集，$c=\text{cm}(C)$ 是 C 的质心，并设 $z\in\mathbb{R}^d$ 是任意的。那么

$$\sum_{x\in C}\|x-z\|^2=\sum_{x\in C}\|x-c\|^2+|C|\cdot\|c-z\|^2$$

k-means 方法的关键思想是利用聚类和中心之间的相互蕴含关系：k-means 方法在基于

给定的簇中心对聚类进行最优化和基于给定的聚类对簇中心进行最优化之间交替进行。其工作原理如下：

1. 选择初始簇中心 $c_1,\cdots,c_k$。
2. 从当前簇中心构造一个聚类 $C_1,\cdots,C_k$。
3. 对所有的 $i\in\{1,\cdots,k\}$，设置 $c_i=\mathrm{cm}(C_i)$。
4. 如果在步骤 2 或 3 中有任何更改，返回步骤 1。

k-means 方法是最为流行的聚类算法之一。它的流行源于两个事实：第一，它非常简单；第二，它在实际数据集上的运行速度非常快。第二个事实允许人们在不同的初始化下多次运行该方法，从而获得良好的聚类。

然而，与实际性能相比，k-means 方法在最坏情况下的运行时间是簇数量 k 的指数。我们可以选择 $k=\Theta(n)$，这表明最坏情况下的迭代次数可以是指数级的。这个下界的构造在欧几里得平面（即如果固定 $d=2$）中也是有效的。

目前唯一已知的最坏情况下迭代次数的上界，是基于不同聚类数量的计数以及没有任何一个聚类在 k-means 方法的一次运行中会出现两次的简单事实得到的。将 d 维空间中的 n 个点划分为 k 个由超平面分隔的簇，这样的不同聚类数量的上界是 n^{3kd}。

模型和方法

下面我们将平滑分析应用到 k-means 方法的运行时间。更具体地说，我们的目标是要证明一个 n^k 和 $1/\sigma$ 的多项式的上界。与最坏情况下的运行时间相比，它从指数中移除了因子 d。这样的界肯定不能解释观察到的算法的性能，它只是传递了分析的基本思想。为了保持分析相对简单，我们将第一个界 $\mathrm{poly}(n^k,1/\sigma)$ 与稍后在真正的多项式界的证明中所使用的技术相结合。

与 2-opt 启发式方法相比，我们必须解决 k-means 方法的平滑分析中的两个技术挑战：

- 2-opt 启发式方法的迭代可以用所涉及的四个顶点来紧凑地表示。对于 k-means 方法而言，这种迭代的紧凑表示法不太容易理解。
- 2-opt 启发式方法为了获得平滑运行时间的多项式界，只须考虑由单一迭代所带来的改进。这种情况似乎并不适合 k-means 方法。

我们用于平滑分析的模型与 2-opt 启发式方法的模型相同：由对抗指定一个包含 n 个点的集合 $X\subseteq[0,1]^d$，然后这些点受到标准偏差为 σ 的独立高斯随机变量的扰动。结果的点集合 $Y\subseteq\mathbb{R}^d$ 也称为受到 σ-扰动的点集合，我们在这个点集合 Y 上运行 k-means 方法。

同样，将 X 限制为单位超立方体只是一个比例缩放问题，并不会对通用性造成影响。我们再次将分析限制在 $\sigma\leqslant 1$ 的情况（这是由于练习题 13.2 的结果）。

下面我们还做出了（自然的）假设，即 $k,d\leqslant n$。在许多应用中，k 和 d 甚至被认为是常数。利用 n 作为 k 和 d 的上界有时可以简化计算。

主要的思想类似于 2-opt 启发式方法：我们将目标函数当作势函数使用，并证明它必定足够快地减少。然而，正如这一节的开头所述，有两个问题使得这比 2-opt 启发式方法更加困难：首先，k-means 方法不存在迭代的紧凑描述；其次，我们不能排除存在一些迭代，其中目标函数仅仅减少一个可忽略的量，因此有必要考虑一些更长的迭代序列。这一点类似于对 2-opt 步骤的链接对的分析，但是对 2-opt 步骤的链接对进行分析只是在对界进行改进的时候才是必要的，而这一点看来不可避免。

对于第一个问题，事实证明我们可以通过 $O(kd)$ 个点来足够精确地对迭代进行描述。

对于第二个问题，包含 2^k 个迭代的序列就足以令“所有迭代只产生一个小的改进”的情况不太可能发生。

目标函数的递减

为了对目标函数的递减进行分析，我们首先必须了解导致目标函数递减的原因。让目标函数变得更小的途径包括：通过移动各个簇中心，以及通过对数据点进行重新分配。

引理 13.10 意味着把一个簇中心 c_i 向它的点集合 C_i 的质心移动 ε 的距离会使目标值减少 $\varepsilon^2 \cdot |C_i| \geq \varepsilon^2$。

对于超平面 H 和点 z，我们用 dist (z,H) 表示 z 到 H 的欧几里得距离。为了分析由于重新分配一个点而导致的目标值的减少量，我们需要如下的对分超平面（bisecting hyperplane）的概念：对于两个点 $x,y\in\mathbb{R}^d, x\neq y$，如果超平面 H 与 $x-y$ 正交，而且 $\text{dist}(x,H)=\text{dist}(y,H)$，我们就称 H 是 x 和 y 的对分面（bisector）。这意味着

$$H=\{z\in\mathbb{R}^d \mid 2z^{\top}(x-y)=(x+y)^{\top}(x-y)\}$$

把一个数据点重新分配到另一个簇所导致的目标函数的减少量，取决于这个点与相应的对分超平面之间的距离以及所涉及的两个簇中心之间的距离。以下引理对此给出更加精确的描述（参见图 13.2）。我们将引理的证明留作练习题 13.5。

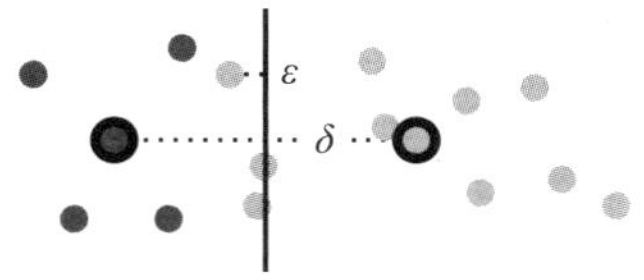

图 13.2 如果我们将最左侧的浅颜色点（它与对分超平面的距离是 ε）重新分配到深颜色簇，则目标函数值将减少 $2\varepsilon\delta$，其中 δ 是两个中心之间的距离

引理 13.11 设 c_i 和 c_j 是两个簇中心，H 是它们的对分超平面，并设 $y\in C_i$。如果 $\|y-c_j\|<\|y-c_i\|$，那么把 y 重新分配给 C_j 所导致的目标值的减少量为

$$2\cdot\text{dist}(y,H)\cdot\|c_i-c_j\|$$

平滑分析的大致思路如下：如果将许多点重新分配给一个新的簇，那么它们不太可能都靠近相应的对分超平面。如果只是重新分配了几个点，那么至少有一个簇中心会显著移动。这种希望对于单一迭代来说是错误的，所以我们必须考虑一些更长的迭代序列。

稠密迭代

对于 k-means 方法的一次迭代，如果至少有一个簇获得或者失去的点的数量总共至少为 $2kd$，我们就说这个迭代是稠密的。根据引理 13.11，我们必须证明，在稠密迭代中，所有这些点都靠近它们相应的对分超平面或者各个中心彼此太过靠近都是不大可能的。

我们称点集合 Y 是 ε-分离的，如果对于所有超平面 $H\subseteq\mathbb{R}^d$，存在少于 $2d$ 个点 $y\in Y$，使得 $\text{dist}(y,H)\leq\varepsilon$。下面的引理在 Y 是 ε-分离的前提下，量化了由任何一个稠密迭代引起的最小改进。

引理 13.12 如果 Y 是 ε-分离的，那么在每次稠密迭代中势的减少量至少是 $2\varepsilon^2/n$。

证明 由于迭代是稠密的，在这次迭代中必定存在一个簇 C_i，它与其他簇至少交换 $2kd$ 个点。因此，必定存在另一个簇 C_j，C_i 与 C_j 交换至少 $2d+1$ 个点。由于 Y 是 ε-分离的，因此至少有一个点 $y\in Y$，它在 C_i 和 C_j 之间切换，而且与 $c_i=\text{cm}(C_i)$ 和 $c_j=\text{cm}(C_j)$ 的对分超平面的距离至少为 ε，这里的 C_i 和 C_j 表示的是 y 切换前的簇。

为了把目标值的减少限制在 $2\varepsilon^2/n$ 以下，我们需要 $\|c_i-c_j\|$ 的下界 ε/n。存在一个分隔 C_i 和 C_j 的超平面 H'（这是上一次迭代的对分面）。在当前迭代中要切换的所有至少 $2d+1$ 个点中，至少有一个点 y，它与 H' 的距离必定至少为 ε，这是因为 Y 是 ε-分离的。不失一

般性，假设 $y \in C_i$。那么由于：（ⅰ）$|C_i| \leqslant n$；（ⅱ）y 与 H' 的距离至少为 ε，因为 Y 是 ε 分离的；（ⅲ）C_i 的所有点处于 H' 的同一侧，质心 $c_i = \mathrm{cm}(C_i)$ 与 H' 的距离必定至少为 ε/n。因此，$\varepsilon/n \leqslant \mathrm{dist}(c_i, H') \leqslant \| c_i - c_j \|$。（注意到这个论证适用于 H'，而不适用于 c_i 和 c_j 的对分面，因为有些点位于这个对分面的“错误一侧”。） □

一个简单的联合界与下面的引理一起产生了 Y 不是 ε-分离的概率的一个上界（引理 13.14）。

引理 13.13 *设 $P \subseteq \mathbb{R}^d$ 是至少包含 d 个点的任何一个有限集，$H \subseteq \mathbb{R}^d$ 是一个任意的超平面。那么存在一个超平面 $H' \subseteq \mathbb{R}^d$，它至少包含 P 中的 d 个点，使得*

$$\max_{p \in P}(\mathrm{dist}(p, H')) \leqslant 2d \cdot \max_{p \in P}(\mathrm{dist}(p, H))$$

我们跳过引理 13.13 的证明，读者可参考 Arthur 和 Vassilvitskii 的论文（Arthur and Vassilvitskii，2009，引理 5.8）。这个引理的直观理解是：如果存在一个超平面 H，使得某一个集合 $P \subseteq \mathbb{R}^d$ 的所有点都靠近 H，那么也存在一个超平面 H'，H' 包含了 P 中的 d 个点，而且 P 中的所有其他点都靠近 H'。由于对分超平面的位置和数据点之间的依赖关系，引理 13.13 很有用处。利用这个引理，我们可以用 d 个点固定一个超平面，然后利用另外 d 个点的独立随机性来证明它们不靠近这个超平面。

引理 13.14 *Y 不是 ε-分离的概率至多是 $n^{2d} \cdot \left(\frac{2d\varepsilon}{\sigma}\right)^d$。*

证明 根据引理 13.13，足以证明“存在两个不相交集合 P 和 P'，其中每一个集合都包含 Y 中的 d 个点，使得 P' 中所有的点都（$2d\varepsilon$）-靠近通过 P 的超平面”的概率的界由 $n^{2d} \cdot \left(\frac{2d\varepsilon}{\sigma}\right)^d$ 确定。

固定包含 d 个点的任何集合 P 和 P'。利用延迟决策原理，我们任意固定 P 中的点的位置，那么 P' 中所有的点都在距离通过 P 的超平面的 $2d\varepsilon$ 范围内的概率最多是 $\left(\frac{2d\varepsilon}{\sigma}\right)^d$。这是因为 P' 中的点的扰动是独立的，而且根据引理 13.2，一个点位于距离一个固定超平面的 $2d\varepsilon$ 范围内的概率的上界是 $2d\varepsilon/\sigma$。在 P 和 P' 的最多 n^{2d} 个选择上取一个联合界，引理得证。 □

结合引理 13.12 和引理 13.14，我们得到下面关于稠密迭代的结果。

引理 13.15 *对于 $d \geqslant 2$ 和 $\sigma \leqslant 1$，存在一个势的减少量小于 ε 的稠密迭代的概率的上界是*

$$\left(\frac{2n^{3.5}\sqrt{\varepsilon}}{\sigma}\right)^d$$

证明 根据引理 13.12，如果存在一个稠密迭代，其中势的减少量小于 ε，则 Y 不是 $\sqrt{n\varepsilon/2}$-分离的。由引理 13.14 和 $d \leqslant n$，这种情况发生的概率最多是

$$n^{2d} \cdot \left(\frac{2d\sqrt{n\varepsilon/2}}{\sigma}\right)^d \leqslant \left(\frac{2dn^{2.5}\sqrt{\varepsilon}}{\sigma}\right)^d \leqslant \left(\frac{2n^{3.5}\sqrt{\varepsilon}}{\sigma}\right)^d$$

证毕。 □

稀疏迭代

我们称一个迭代是稀疏的，如果每个簇获得或者失去的点的数量总共最多是 $2kd$。

设 C_i^t 为 k-means 方法的迭代 t 中第 i 个簇的点集合。我们将迭代的一代（an epoch）定义为一个连续迭代序列 $t,t+1,\cdots,t+\ell$，其中没有一个簇占用超过两个不同的点集。[㊀]这意味着对所有的 $i\in\{1,2,\cdots,k\}$，有 $|\{C_i^a \mid t\leqslant a\leqslant t+\ell\}|\leqslant 2$。下面的引理给出了每一代迭代长度的一个简单上界。事实上，可以证明每一代迭代的长度最多是 3（参见练习题 13.6），不过对于我们想要的界，这个结果不是必要的。

引理 13.16　*每一代迭代的长度的界都由 2^k 确定。*

证明　在经过 2^k 次迭代之后，至少有一个簇占用了第三个点集合。否则一个聚类将出现第二次，这是不可能的，因为目标值在每次迭代中都会严格减少。　□

设 $Y\subseteq\mathbb{R}^d$ 是一个数据点的集合。如果对于所有三元组 $P_1,P_2,P_3\subseteq Y$，其中 P_1,P_2,P_3 是不同的子集，而且 $|P_1\Delta P_2|\leqslant 2kd$ 以及 $|P_2\Delta P_3|\leqslant 2kd$，对于至少一个 $i\in\{1,2\}$，我们有 $\|\mathrm{cm}(P_i)-\mathrm{cm}(P_{i+1})\|>\eta\ (\eta>0)$，则称 Y 是 η-粗糙的。这里“Δ”表示两个集合的对称差。

引理 13.17　*假定 Y 是 η-粗糙的，考虑 k-means 方法的一个包含 2^k 个连续迭代的序列。如果这些迭代中的每一个都是稀疏的，那么势的减少量至少是 η^2。*

证明　经过 2^k 次迭代后，至少有一个簇占用了第三个点集合（引理 13.16）。由于迭代是稀疏的，因此存在集合 P_1,P_2,P_3，其中 $|P_1\Delta P_2|,|P_2\Delta P_3|\leqslant 2kd$，使得这个簇从点集 P_1 切换到 P_2，然后再切换到 P_3（也可以直接从 P_2 切换，或者在切换回 P_1 后——不一定是在连续迭代中）。由于实例是 η-粗糙的，我们有 $\|\mathrm{cm}(P_1)-\mathrm{cm}(P_2)\|>\eta$ 或者 $\|\mathrm{cm}(P_2)-\mathrm{cm}(P_3)\|>\eta$。因此相应的簇中心在一次迭代中必定至少移动了 η 的距离。根据引理 13.10，这将使势至少减少 η^2。　□

引理 13.18　*Y 非 η-粗糙的概率上界是 $(7n)^{4kd}\cdot(4nkd\eta/\sigma)^d$。*

证明　设 $P_1,P_2,P_3\subseteq Y$ 是三个集合而且 $|P_1\Delta P_2|\leqslant\ell$，$|P_2\Delta P_3|\leqslant\ell$。设 $A=P_1\cap P_2\cap P_3$，并设 B_1,B_2,B_3 为集合，使得对于 $i\in\{1,2,3\}$，有 $P_i=A\cup B_i$，而且 B_1,B_2,B_3 与 A 都不相交。我们有 $|B_1\cup B_2\cup B_3|\leqslant 2\ell$ 以及 $B_1\cap B_2\cap B_3=\varnothing$。

我们在集合 B_1,B_2,B_3 的选择上实现一个联合界。这些集合的可能选择的数量的上界是 $7^{2\ell}\cdot\binom{n}{2\ell}\leqslant 7n^{2\ell}$：我们选择 Y 的 2ℓ 个元素，然后为每一个元素选择它应该属于三个集合中的哪一个。这些元素中没有一个元素属于所有集合，但可以有不属于任何集合的元素。我们需要这种可能性，因为我们有 $|B_1\cup B_2\cup B_3|\leqslant 2\ell$。

对于 $i\in\{1,2,3\}$，我们有

$$\mathrm{cm}(P_i)=\frac{|A|}{|A|+|B_i|}\cdot\mathrm{cm}(A)+\frac{|B_i|}{|A|+|B_i|}\cdot\mathrm{cm}(B_i)$$

因此，对于 $i\in\{1,2\}$，我们可以将 $\mathrm{cm}(P_i)-\mathrm{cm}(P_{i+1})$ 写成

$$\mathrm{cm}(P_i)-\mathrm{cm}(P_{i+1})=\left(\frac{|A|}{|A|+|B_i|}-\frac{|A|}{|A|+|B_{i+1}|}\right)\cdot\mathrm{cm}(A)+\frac{|B_i|}{|A|+|B_i|}\cdot\mathrm{cm}(B_i)-\frac{|B_{i+1}|}{|A|+|B_{i+1}|}\cdot\mathrm{cm}(B_i+1)$$

我们区分三种情况。第一种情况是，对于某一个 $i\in\{1,2\}$，有 $|B_i|=|B_{i+1}|$。则前

㊀ 例如不会存在第 i 个簇，在三个不同的迭代 t_1,t_2,t_3 中的点集 $C_i^{t_1},C_i^{t_2},C_i^{t_3}$ 相同。——译者注

面的等式简化为

$$\begin{aligned}\mathrm{cm}(P_i)-\mathrm{cm}(P_{i+1}) &= \frac{|B_i|}{|A|+|B_i|}\cdot \mathrm{cm}(B_i)-\frac{|B_i|}{|A|+|B_i|}\cdot \mathrm{cm}(B_{i+1}) \\ &= \frac{1}{|A|+|B_i|}\cdot\left(\sum_{y\in B_i\setminus B_{i+1}} y-\sum_{y\in B_{i+1}\setminus Bi} y\right)\end{aligned}$$

由于 $B_i \neq B_{i+1}$ 而且 $|B_i|=|B_{i+1}|$，所以存在一个点 $y\in B_i\setminus B_{i+1}$。

我们利用延迟决策原理。首先任意固定 $(B_i\cup B_{i+1}|)\setminus\{y\}$ 中所有的点，于是 $\|\mathrm{cm}(P_i)-\mathrm{cm}(P_{i+1})\|\leqslant\eta$ 相当于这样一个事实，即 y 在一个半径为 $(|A|+|B_i|)\cdot\eta\leqslant n\eta$ 的超球中占用了一个位置。发生这种情况的概率的上界是一个高斯分布的最大密度乘以超球的体积，最多是 $(n\eta/\sigma)^d\leqslant(2n\eta\ell/\sigma)^d$。

第二种情况是 $A=\varnothing$，这种情况实际上与第一种情况相同。

第三种情况是 $|B_1|\neq|B_2|\neq|B_3|$。我们用 $\mathcal{B}(c,r)=\{x\in\mathbb{R}^d\mid\|x-c\|\leqslant r\}$ 表示围绕 c 的半径为 r 的超球。对于 $i\in\{1,2\}$，设

$$r_i=\left(\frac{|A|}{|A|+|B_i|}-\frac{|A|}{|A|+|B_{i+1}|}\right)^{-1}=\frac{(|A|+|B_i|)\cdot(|A|+|B_{i+1}|)}{|A|\cdot(|B_{i+1}|-|B_i|)}$$

以及

$$Z_i=\frac{|B_{i+1}|}{|A|+|B_{i+1}|}\mathrm{cm}(B_{i+1})-\frac{|B_i|}{|A|+|B_i|}\mathrm{cm}(B_i)$$

我们观察到，事件 $\|\mathrm{cm}(P_i)-\mathrm{cm}(P_{i+1})\|<\eta$ 等价于事件 $\mathrm{cm}(A)\in\mathcal{B}_i=\mathcal{B}(r_iZ_i,|r_i|\eta)$。结果对于任何 $i\in\{1,2\}$，事件 $\|\mathrm{cm}(P_i)-\mathrm{cm}(P_{i+1})\|<\eta$ 都会发生的一个必要条件是超球 $\mathcal{B}_1$ 和 $\mathcal{B}_2$ 相交。

两个超球相交当且仅当这两个超球的中心彼此之间的距离不超过 $(|r_1|+|r_2|)\cdot\eta$。因此，

$$\begin{aligned}&P(\|\mathrm{cm}(P_1)-\mathrm{cm}(P_2)\|\leqslant\eta \text{and} \|\mathrm{cm}(P_2)-\mathrm{cm}(P_3)\|\leqslant\eta)\\ &\leqslant P(\|r_1Z_1-r_2Z_2\|\leqslant(|r_1|+|r_2|)\eta)\end{aligned}$$

通过一些枯燥但并不太深奥的计算，我们可以看到，这一事件的概率确实具有我们想要的界。

□

引理 13.18 的证明中的主要技术问题是我们无法控制 cm（A）的位置，原因是 A 中的点有着太多可能的选择。因此，我们不能简单地对 A 的所有可能性应用一个联合界。

引理 13.18 的证明中的第一种情况表明，在相同数量的点离开以及进入一个簇的情况下，势很可能已经显著降低。此时不需要任何迭代，原因是当 $|B_i|=|B_{i+1}|$ 时，$\mathrm{cm}(A)$ 的影响在 $\mathrm{cm}(P_i)-\mathrm{cm}(P_{i+1})$ 中抵消掉了。这样，关于 $\mathrm{cm}(A)$ 的难题消失了。

如果 $|B_i|\neq|B_{i+1}|$，则 $\mathrm{cm}(A)$ 以不同的系数出现在 $\mathrm{cm}(C_i)$ 和 $\mathrm{cm}(C_{i+1})$ 中，因此它带着一个非零系数出现在 $\mathrm{cm}(P_i)-\mathrm{cm}(P_{i+1})$ 中。这意味着对于 $\mathrm{cm}(B_i)$ 和 $\mathrm{cm}(B_{i+1})$ 的任何位置，都为 $\mathrm{cm}(A)$ 留下了一个位置，使得 $\mathrm{cm}(P_i)$ 和 $\mathrm{cm}(P_{i+1})$ 相互靠近。但是，这只有当 $\mathrm{cm}(A)$ 在一个确定半径的超球中占用了一个位置时才有可能。这个超球的中心仅仅取决于 $\mathrm{cm}(B_i)$ 和 $\mathrm{cm}(B_{i+1})$。我们的结论是，只有当这些超球相交时，才能够同时得到 $\|\mathrm{cm}(P_1)-\mathrm{cm}(P_2)\|\leqslant\eta$ 以及 $\|\mathrm{cm}(P_2)-\mathrm{cm}(P_3)\|\leqslant\eta$。

引理 13.17 和引理 13.18 蕴含了下面的结果。

引理 13.19　存在一个包含 2^k 个连续的稀疏改进迭代的序列，使得在这个序列上的势

的减少量小于 ε 的概率最多是

$$(7n)^{4kd}\cdot\left(\frac{4nkd\sqrt{\varepsilon}}{\sigma}\right)^{d}\leqslant\left(\frac{c_{\text{sparse}}n^{4k+4}\sqrt{\varepsilon}}{\sigma}\right)^{d}$$

其中 c_{sparse} 是一个足够大的常数。

总结

为了获得迭代次数的平滑界，我们需要初始聚类的目标函数的上界。下面引理的证明几乎与引理 13.3 的证明相同，因此省略之。这里我们利用了 $\sigma\leqslant1$ 的假设。

引理 13.20 设 $\sigma\leqslant1$，$D=10\sqrt{kd\ln n}$，并设 Y 是一个受到 σ-扰动的点集合。则

$$P(Y\not\subseteq[-D,D]^{d})\leqslant n^{-3kd}$$

引理 13.20 的一个结果是，在第一次迭代之后，势的界由 $ndD^2=c_{\text{init}}nd^2k\ln n\leqslant c_{\text{init}}n^5$ 确定，其中 c_{init} 是一个常数。($c_{\text{init}}n^5$ 是一个很糟糕的上界，但是简化了界。)

定理 13.21 对于 $d\geqslant2$，k-means 方法的平滑迭代次数最多是 $O(2^kn^{14k+12}/\sigma^2)$。

证明 我们选择 $\varepsilon=\sigma^2\cdot n^{-14k-8}$。根据引理 13.15，存在一个将势至多降低 ε 的稠密迭代的概率最多是 cn^{-3kd}，其中 $c>0$ 是一个常数。根据引理 13.19，对于常数 $c'>0$，存在一个包含 2^k 个连续稀疏迭代的序列而且势的减少的总量至多是 ε 的概率也最多是 $c'n^{-3kd}$。根据引理 13.20，初始势大于 $O(n^5)$ 的概率也最多是 n^{-3kd}。

尽管如此，如果这些事件中有任何一个发生，我们就把最坏情况下的界 n^{-3kd} 作为迭代次数的界（Inaba et al., 2000），这仅仅对期望值做出 $O(1)$ 的贡献。否则，迭代次数的界由 $O(2^kn^{14k+13}/\sigma^2)$ 确定。 □

接近真正的多项式界

定理 13.21 中得到的界仍然很糟糕。特别地，它以簇的数量 k 作为指数。可以证明，k-means 的平滑迭代次数的界是一个 n 和 $1/\sigma$ 的多项式（而不是 k 或者 d 的指数）。这种改进的分析思路是将迭代的划分精细化为更多的类型，而不仅仅是稀疏迭代和稠密迭代。不过这样一来，分析在技术上会变得相当复杂，尽管这里给出的分析已经传达了其中的关键思路。

13.3 近似比的平滑分析

局部搜索启发式方法之所以广受欢迎，不仅仅因为它们速度快，而且因为它们在寻找不会比全局最优解差得太多的局部最优解方面相对比较成功。为了从理论上理解这一点，我们想要对找到的局部最优的目标值和全局最优的目标值的比率进行分析。然而，对此存在若干问题：

- 启发式算法找到的是哪一个局部最优值依赖于初始解。实际上只有当我们同时指出如何计算初始解的时候，局部搜索启发式算法才能够完全明确下来。对于运行时间，我们采取一种最坏情况下的方法（即假设我们总是做出最坏的可能选择来对最大运行时间进行分析）来避免这个问题。

  就近似比而言，我们将全局最优值和最坏的局部最优值进行比较，以同样的方式避免了这个问题。然而，这样做的缺点是得到的近似比要比利用非常简单的启发式方法构造初始解得到的结果差得多，致使得到的纯粹是理论上的结果。
- 虽然局部搜索启发式算法通常在速度方面表现很好，但是它们在近似比方面的性能有些参差不齐。实际上，关于近似比的最坏情况下的例子通常在抵抗小扰动上非常健壮。

- 一个纯粹的技术问题是，为了分析近似比，我们必须分析两个随机变量（即最优旅行圈的长度和由算法计算得到的旅行圈的长度）的比率，而这两个变量是高度相关的。

我们再次考虑 TSP 的 2-opt 启发式算法，但是这次使用（标准的）欧几里得距离来测量旅行圈的长度。

我们没有给出这一节余下部分的完整证明，因为大多数证明都太过冗长而且过于技术性，不便在这里展示。相反，我们只是给出一些直观的证明思路。

13.3.1 2-opt 近似比的简单界

如果遍历一个点集合的 TSP 旅行圈不能通过 2-opt 步骤来缩短，我们就称这个 TSP 旅行圈是 2-最优的。对于点集合 Y，我们用 WLO(Y)（worst local optimal，最坏的局部最优）表示遍历 Y 的最长的 2-最优旅行圈的长度，用 TSP(Y) 表示最短的 TSP 旅行圈的长度。

我们的目标是要证明 $O(1/\sigma)$ 的平滑近似比。这意味着 $E(\mathrm{WLO}(Y)/\mathrm{TSP}(Y))=O(1/\sigma)$。证明的思路如下：

1. 证明以高概率有 $\mathrm{TSP}(Y)=\Omega(\sigma\cdot\sqrt{n})$。
2. 证明以高概率有 $\mathrm{WLO}(Y)=O(\sqrt{n})$。
3. 如果任何一个界都不成立（这种情况只会以可以忽略不计的概率发生），那么我们使用 $n/2$ 作为近似比的简单上界。

下面不加证明地给出最优旅行圈长度的下界（参见第 8 章）。它是从关于欧几里得最优化问题的测度集中性的结果得到的。

引理 13.22 *存在一个常数 $c>0$，使得 $\mathrm{TSP}(Y)\geq c\cdot\sigma\sqrt{n}$ 的概率至少是 $1-\exp(-c'n)$。*

特别地，引理 13.22 蕴含 $E(\mathrm{TSP}(Y))=\Omega(\sigma\sqrt{n})$，我们把它留作练习题 13.3。

接下来，我们给出任何一个局部最优旅行圈长度的上界。这里的主要观点是，如果一个旅行圈太长，那么它必定包含两条几乎平行而且分开不太远的边。这些边随后可以通过一个 2-opt 步骤进行替换。因此，原始的旅行圈不是局部最优的。

引理 13.23 *设 $Y\subseteq[a,b]^2$ 是一个包含 n 个点的集合，$a<b$，并设 T 是遍历 Y 的任意一个 2-最优旅行圈。那么 T 的长度 $L(T)$ 的上界是 $O((b-a)\cdot\sqrt{n})$。*

将引理 13.23 与“不会有太多的点离开单位超立方体太远”这一事实相结合，我们得到以下引理。

引理 13.24 *存在常数 $c,c'>0$，使得对于所有 $\sigma\leq 1$，以下结论成立：存在一个长度大于 $c\cdot\sqrt{n}$ 的遍历 Y 的 2-最优旅行圈 T 的概率的界是 $\exp(-c'\sqrt{n})$。*

局部最优长度的上界加上最优旅行圈长度的下界，并考虑 2-opt 的近似比在最坏情况下的简单界 $n/2$，产生了以下结果。

定理 13.25 *设 $Y\subseteq\mathbb{R}^2$ 是受到 σ-扰动的点集合，那么*

$$E\left(\frac{\mathrm{WLO}(Y)}{\mathrm{TSP}(Y)}\right)=O\left(\frac{1}{\sigma}\right)$$

13.3.2 改进的 2-opt 的平滑近似比

上一小节我们概略给出了 2-opt 的平滑近似比的 $O(1/\sigma)$ 的界。这个界距离解释观察到的 2-opt 的近似性能仍然很遥远，2-opt 经常可以找到一个比最优解只差几个百分点的解。

这个界如此糟糕的最显著原因是：我们对全局最优的目标值和局部最优解完全独立地进行分析。这样做的明显的好处是回避了这两个量之间的所有依赖关系，而明显的缺点就是只产生一个非常差的界：局部最优解长度的上界和全局最优解长度的下界都是胎紧界，但是当未扰动点均匀分散在 $[0,1]^d$ 上时可以达到前一个界，而后一个界是通过将所有未扰动点放置在完全相同的位置上来实现的。

如果对未扰动点的位置加以考虑，就有可能把 2-opt 的平滑近似比改进成为 $O(\log(1/\sigma))$。

这个界看来几乎是胎紧界，因为存在 n 个点的实例 X，使得对于 $\sigma=O(1/\sqrt{n})$，有 $E\left(\frac{\mathrm{WLO}(Y)}{\mathrm{TSP}(Y)}\right)=\Omega\left(\frac{\log n}{\log\log n}\right)$。证明这个近似比的平滑下界的思路是，证明可以使得比值 WLO/TSP 为 $\Omega(\log n/\log\log n)$ 的已知最坏情况下界的例子面对 $\sigma=O(1/\sqrt{n})$ 的扰动是健壮的。

不过，即使是改进后的界 $O(\log(1/\sigma))$ 也要求 σ 为常数，以获得常数的近似比。对于 TSP 问题，许多简单的启发式算法也很容易得到这些结果。

13.4 讨论和开放式问题

13.4.1 运行时间

我们在 13.2 节介绍的两种平滑分析有一个共同点，就是它们都是基于对最小可能改进的分析，这样的改进要么是由单一迭代做出的，要么是由少数迭代做出的。

这个方法已经被扩展到最大割问题的翻转启发式算法的更长迭代序列。一个最大割的实例由无向图 $G=(V,E)$ 给出，其中图的边权 $w: E\rightarrow[-1,1]$。目标是找到一个顶点的划分 $\sigma: V\rightarrow\{-1,1\}$，它具有下面所描述的割的权重最大值

$$\frac{1}{2}\cdot\sum_{e=\{u,v\}\in E}w(e)\cdot(1-\sigma(u)\sigma(v))$$

最大割的翻转启发式算法从任意一个划分开始。如果翻转一个顶点的符号可以增加割的权重，那么执行这次翻转。这个过程迭代进行，直至收敛到局部最优值为止。

最大割的翻转启发式算法成为一个众所周知的难题已经有好几年了，因为它虽然简单，还是无法对其进行平滑分析。为了使这个算法的运行时间的平滑分析成为可能，需要考虑长得多的迭代序列，其长度达到顶点数量的线性关系。于是主要的挑战是要在这样的序列中找到足够的独立随机性。

总结起来，“迭代不太可能只带来非常小的改进”看来是所有关于局部搜索启发式算法运行时间的平滑分析共同具有的特点。相比之下，在这些启发式算法的运行时间上呈现指数级下界的那些最坏情况结构非常脆弱。它们通常基于所谓“二进制计数器”的实现，其中每一个二进制位由某个小部件表示。用于不同二进制位的部件是彼此的缩放版本，这意味着除了那些用于最高位的二进制位的部件之外，其他所有部件都很微小，它们在小的扰动下容易失灵。

我们以三个开放式问题结束这一小节的讨论。第一，证明 TSP 的 Lin-Kernighan 启发式算法具有多项式平滑运行时间。这个启发式算法在实践中具有难以置信的性能，比 2-opt 要好得多。然而，似乎难以找到迭代的一种紧凑表示，原因是每一个迭代都可以替

换数量不加限制的边。

第二，为局部搜索启发式算法的平滑分析设计通用技术。尽管存在许多相似之处，但是迄今为止局部搜索启发式算法的每一种平滑分析都是针对这个特定算法进行剪裁的。是否有可能开发出能够推导平滑多项式运行时间的通用框架或者一些通用条件？

第三，所有局部搜索启发式算法的平滑分析都是通过证明任何一个迭代（或一个序列中的所有迭代）都不太可能只产生一个小的改进，从而对目标函数的减少加以利用。这看起来还是相当悲观，因为局部搜索启发式算法不太可能非常经常地执行那些只产生最小可能改进的迭代。是否能够“超越最小改进”进行平滑分析来获得改进的界？特别是，在 k-means 方法和最大割的翻转启发式算法的平滑分析中得到的多项式界的次数相当大。我们认为，要想大幅度地改进这些界需要一些新的思路。

13.4.2　近似比

局部搜索启发式算法在运行时间方面有相对较强的结果，而在近似比方面的结果非常糟糕，问题在于为什么会出现这种情况。事实上，我们在这里给出的关于近似比的结果仅仅具有纯粹的理论意义，因为（以 TSP 为例）在最坏的情况下，甚至简单的插入启发式算法都会达到 2 的近似比。

对于 k-means 方法，情况略有不同。k-means 方法的近似性能不是很好。事实上，k-means 方法如此流行的主要原因是它的速度，这使我们能够在相同的数据集上让它以不同的初始化状态多次运行，希望至少从某一次初始化中获得良好的聚类。一般情况下，即使在平滑分析的框架内，也只可能得到很差的保证（练习题 13.8）。

因此产生的问题是：平滑分析是否是分析算法近似比的正确工具。少数的成功（尽管不简单）也只是具备了理论上的意义，原因之一可能是由于近似比的最坏情况的例子面对小扰动时似乎健壮得多。

我们以三个开放式问题结束这一小节：第一，证明前一小节提到的 TSP 的 Lin-Kernighan 启发式算法近似性能的一个非平凡界。

第二，将平滑分析应用于“混合启发式算法”。到目前为止，平滑分析仅仅应用于“纯粹的”局部搜索启发式算法。然而，近似比在很大程度上取决于良好的初始化。因此，我们必须考虑两种算法（初始化算法和实际的启发式算法）而不是只考虑其中一种。是否能够在这个设定下证明改进的界？例如，本章描述的 k-means 方法具有糟糕的近似性能。如果巧妙地进行初始化，是否有可能证明良好的近似性能？

第三，找到一种有意义的方法对近似比进行平滑分析，或者设计一种不同的方法来实现“超越最坏情况的近似比”（这确实解释了这些启发式方法在实践中的近似性能）。平滑分析的强项之一是它是一个相对独立于问题的半随机输入模型。本质上，平滑分析所需要的唯一特性是“小扰动”的概念对所考虑的问题具有意义。然而，这一优势也是一个劣势：由于问题的独立性，平滑分析完全忽略了所关注的实例可能具有的任何结构。因此，为了解决这个问题，可能需要为“非最坏情况”的实例提出更多的针对特定问题的输入模型。

13.5　本章注解

平滑分析由 Spielman 和 Teng（2004）引入，用以解释线性规划单纯形法的性能。Arthur 和 Vassilvitskii（2009）首先将平滑分析应用于局部搜索启发式算法，即用于 k-means

方法和迭代最近点（Iterative Closest Point，ICP）算法。

最初的2-opt平滑分析由Englert等人（2014）完成（引理13.8的修正版本参见（Röglin and Schmidt，2018）），用于运行时间和近似比，而且包括链接对的概念。他们还提供了一个欧几里得实例，其中2-opt需要指数级的迭代次数来计算局部最优值。此外，他们还提供了在（非欧几里得）一般图中TSP的2-opt平滑分析（Englert et al.，2016）。本章给出的在高斯噪声下利用平方欧几里得距离进行运行时间分析根据的是Manthey和Veenstra（2013）的简化证明。改进的近似比平滑分析归功于Künnemann和Manthey（2015）。Chandra等人（1999）提出局部最优旅行圈的绝对长度，他们还证明了2-opt近似比的最坏情况下的$O(\log n)$界。引理13.22中的高概率陈述源自Rhee的等周不等式（isoperimetric inequality）（Rhee，1993）。Johnson和McGeoch为2-opt和lin-Kernighan启发式算法的性能提供了实验证据（Johnson and McGeoch，1997，2002）。

Arthur和Vassilvitskii（2009）证明了k-means方法的平滑运行时间的界是n^k和$1/\sigma$的多项式，以及所谓ICP算法的多项式界。k-means方法的界已经被改进为多项式（Arthur et al.，2011）。本章给出的证明结合上述两个证明来简化论证。对于更一般的距离测量，可以得到一个较弱的界（Manthey and Röglin，2013）。Vattani（2011）提供了一个二维空间中的示例，其中k-means需要指数时间来计算局部最优值。最坏情况下运行时间的上界由Inaba等人（2000）给出。

关于有界度的图的最大割翻转启发式算法运行时间的首次平滑分析由Elsässer和Tscheushner（2011）完成（见练习题13.9）。Etscheid和Röglin（2014）证明了一般图中的拟多项式界。对于完全图的特殊情况，Angel等人（2017）将其改进为具有高概率的多项式界。

参考文献

Angel, Omer, Bubeck, Sébastien, Peres, Yuval, and Wei, Fan. 2017. Local max-cut in smoothed polynomial time. In *Proceedings of the 49th Annual ACM Symposium on Theory of Computing (STOC)*, pp. 429–437. ACM.

Arthur, David, and Vassilvitskii, Sergei. 2009. Worst-case and smoothed analysis of the ICP algorithm, with an application to the k-means method. *SIAM Journal on Computing*, **39**(2), 766–782.

Arthur, David, Manthey, Bodo, and Röglin, Heiko. 2011. Smoothed analysis of the k-means method. *Journal of the ACM*, **58**(5).

Chandra, Barun, Karloff, Howard, and Tovey, Craig. 1999. New results on the old k-opt algorithm for the traveling salesman problem. *SIAM Journal on Computing*, **28**(6), 1998–2029.

Elsässer, Robert, and Tscheuschner, Tobias. 2011. Settling the complexity of local max-cut (almost) completely. In *Proceedings of the 38th International Colloqium on Automata, Languages and Programming (ICALP)*. Lecture Notes in Computer Science, vol. 6755. Springer.

Englert, Matthias, Röglin, Heiko, and Vöcking, Berthold. 2014. Worst case and probabilistic analysis of the 2-opt algorithm for the TSP. *Algorithmica*, **68**(1), 190–264.

Englert, Matthias, Röglin, Heiko, and Vöcking, Berthold. 2016. Smoothed analysis of the 2-opt algorithm for the general TSP. *ACM Transactions on Algorithms*, **13**(1), 10:1–10:15.

Etscheid, Michael, and Röglin, Heiko. 2017. Smoothed analysis of local search for the maximum-cut problem. ACM Transactions on Algorithms, **13**(2), 25:1–25:12.

Inaba, Mary, Katoh, Naoki, and Imai, Hiroshi. 2000. Variance-based k-clustering algorithms by Voronoi diagrams and randomization. *IEICE Transactions on Information and Systems*, **E83-D**(6), 1199–1206.

Johnson, David S., and McGeoch, Lyle A. 1997. The traveling salesman problem: A case study. In Emile Aarts and Jan Karel Lenstra (eds), *Local Search in Combinatorial Optimization*. John Wiley & Sons.

Johnson, David S., and McGeoch, Lyle A. 2002. Experimental analysis of heuristics for the STSP. In Gregory Gutin and Abraham P. Punnen (eds.), *The Traveling Salesman Problem and Its Variations*, pp. 215–310. Kluwer Academic Publishers.

Künnemann, Marvin, and Manthey, Bodo. 2015. Towards understanding the smoothed approximation ratio of the 2-opt heuristic. *Proceedings of the 42nd International Colloquium on Automata, Languages and Programming (ICALP)*, pp. 369–443. Lecture Notes in Computer Science, vol. 9134. Springer.

Manthey, Bodo, and Röglin, Heiko. 2013. Worst-case and smoothed analysis of k-means clustering with Bregman Divergences. *Journal of Computational Geometry*, **4**(1), 94–132.

Manthey, Bodo, and Veenstra, Rianne. 2013. Smoothed analysis of the 2-opt heuristic for the TSP: Polynomial bounds for Gaussian noise. *Proceedings of the 24th Annual International Symposium on Algorithms and Computation (ISAAC)*. Lecture Notes in Computer Science, vol. 8283. Springer.

Rhee, WanSoo T. 1993. A matching problem and subadditive Euclidean functionals. *The Annals of Applied Probability*, **3**(3), 794–801.

Röglin, Heiko, and Schmidt, Melanie. 2018. *Randomized Algorithms and Probabilistic Analysis*. Technical Report, University of Bonn.

Schäffer, Alejandro A., and Yannakakis, Mihalis. 1991. Simple local search problems that are hard to solve. *SIAM Journal on Computing*, **20**(1), 56–87.

Spielman, Daniel A., and Teng, Shang-Hua. 2004. Smoothed analysis of algorithms: Why the simplex algorithm usually takes polynomial time. *Journal of the ACM*, **51**(3), 385–463.

Vattani, Andrea. 2011. k-Means requires exponentially many iterations even in the plane. *Discrete and Computational Geometry*, **45**(4), 596–616.

Yukich, Joseph E. 1998. *Probability Theory of Classical Euclidean Optimization Problems*. Lecture Notes in Mathematics, vol. 1675. Springer.

练习题

13.1 考虑以下关于 TSP 的概率模型：给定一个包含 n 个顶点的有限集合 V，任何两个顶点 $u,v \in V$ 之间的距离 $d(u,v)$ 随机独立而且均匀地从区间 $[0,1]$ 抽取。

证明 2-opt 启发式算法在这样的实例上所需要的期望迭代次数最多是 $O(n^6 \log n)$。

13.2 在 2-opt 启发式算法和 k-means 方法的分析中，我们把自己局限在“相当小的” σ，并且断言这不会造成任何严重的限制。通过证明这两种算法的平滑迭代次数在 σ 上单调递减来证明这一断言。

更为形式地，设 $T(n,\sigma)$ 表示上述任意一种局部搜索算法在由标准偏差为 σ 的高斯分布扰动的 n 个点的实例上的平滑迭代次数。证明 $T(n,\sigma)$ 在 σ 上是非递增的。

13.3 设 $X \subseteq \mathbb{R}^2$ 是欧几里得平面上一个包含 n 个点的集合，并设 Y 是如 13.2.2 节所述的 X 的扰动。证明 $E(\mathrm{TSP}(Y)) = \Omega(\sigma \cdot \sqrt{n})$。提示：对任何一个 $y \in Y$，估计其与 y 在 $Y \setminus \{y\}$ 中的一个最近邻的距离。

13.4 证明引理 13.10。

13.5 证明引理 13.11。

13.6 证明引理 13.16 的以下更强的版本：每个迭代长度的界是 3。

13.7 考虑下面的 k-means 方法的变异，我们称之为“懒惰 k-means 方法”：在每次迭代中，只有一个点被重新分配到新的簇中。在重新分配一个点之后，对两个涉及的簇中心进行调整。

证明懒惰 k-means 方法的平滑运行时间的界是 n 和 $1/\sigma$ 的多项式，没有任何在 d 或

k 上的指数依赖。提示：考虑一个迭代并适当调整 η-粗糙度的概念。为了避免 2^k 因子，必须利用练习题 13.6 的结果。

13.8 我们考虑用最坏局部最优的目标值除以全局最优的目标值的比率来表示 k-means 方法的近似比。

(a) 给出一个简单实例，说明 k-means 方法的近似比的界不是常数。

(b) 设 $\sigma \ll 1$，证明 k-means 方法的平滑近似比不是 $o(1/\sigma^2)$。这里平滑近似比指的也是最坏局部最优值与全局最优值的期望比率。

13.9 在最大度为 $O(\log n)$ 的图上证明最大割的翻转启发式算法的平滑多项式界比在一般图上容易得多。

对于图 $G=(V,E)$，设 Δ 是 G 的最大度，$n=|V|$，$m=|E|$。设 $\phi \geqslant 1$，并设 $f_e:[0,1]\to[0,\phi]$ 是 $e \in E$ 的一个密度函数。设 w_e 是根据 f_e 抽取的。我们考虑在实例 (G,w) 上的最大割的翻转启发式算法。设 $\delta_{\min}$ 是翻转启发式算法的任何一个可能迭代所引起的可能的最小改进，T 是翻转启发式算法在实例 (G,w) 上需要的最大迭代次数。

(a) 证明 $P(\delta_{\min} \leqslant \varepsilon) \leqslant 2^{\Delta} n\phi\varepsilon$。

(b) 证明对所有的 $t \in \mathbb{N}$，$t \geqslant 1$，有 $P(T \geqslant t) \leqslant 2^{\Delta} nm\phi/t$。

(c) 证明 $E(T)=O(2^{\Delta} n^2 m\phi)$。

单纯形法的平滑分析

Daniel Dadush，Sophie Huiberts

摘要：本章我们对线性规划的影子顶点单纯形法（shadow vertex simplex method）的平滑分析进行技术性回顾。我们首先介绍影子顶点单纯形法的性质及其相关的几何结构，以目标扰动下最小代价最大流问题的连续最短路径算法的分析作为出发点，开始对平滑分析的讨论，这是影子顶点单纯形法的经典实例化。然后，我们转向一般的线性规划问题，并对高斯约束扰动下基于影子顶点的线性规划算法进行分析。

14.1 引言

回忆一下，n 个变量和 m 个约束的线性规划（LP）的形式是

$$\max \boldsymbol{c}^{\top}\boldsymbol{x}$$
$$\boldsymbol{A}\boldsymbol{x}\leqslant \boldsymbol{b} \tag{14.1}$$

其中 $\boldsymbol{x}\in\mathbb{R}^n$ 是决策变量。LP 的数据包括目标 $\boldsymbol{c}\in\mathbb{R}^n$、约束矩阵 $\boldsymbol{A}\in\mathbb{R}^{m\times n}$ 以及相应的右侧向量 $\boldsymbol{b}\in\mathbb{R}^m$。我们把 $P=\{\boldsymbol{x}\in\mathbb{R}^n:\boldsymbol{A}\boldsymbol{x}\leqslant\boldsymbol{b}\}$ 看作可行多面体。在本章的讨论中，我们假定读者熟悉线性规划和多面体理论的基础知识（读者可以参阅（Matousek and Gärtner，2007），这是一本出色的参考书）。

由 Dantzig 在 1947 年引入的单纯形法是第一个为了在算法上求解线性规划问题而开发的过程。这是一类基于局部搜索的线性规划算法，算法沿着可行多面体的边从一个顶点移动到另一个顶点，直到找到一个最优解或者找到一条无界射线，从而实现线性规划问题的求解。这些方法因采用的选择要移动到的下一个顶点的规则不同而有所不同，这样的选择规则称为旋转规则（pivot rule，或称为主元规则）。三种流行的旋转规则是 Dantzig 规则（选择每松弛单位的目标增益在当前的胎紧约束下达到最大化的边）、Goldfarb 的最陡边规则以及它的“近亲”Harris’Devex 规则（选择与目标的角度达到最小化的边）。

本章结构。14.2 节详细介绍影子顶点单纯形法及其相关的几何结构。14.3 节分析目标扰动下最小代价最大流的连续最短路径算法。14.4 节对高斯约束扰动下的一般线性规划问题进行分析。

14.2 影子顶点单纯形法

影子顶点单纯形算法是这样一种单纯形法：给定两个目标 $\boldsymbol{c},\boldsymbol{d}$ 和一个最大化 $\boldsymbol{c}$ 的初始顶点 v，计算一条路径，路径上的顶点对任何一个中间目标 $\lambda\boldsymbol{c}+(1-\lambda)\boldsymbol{d}$ 都是最优（最大化）的，这里 $\lambda\in[0,1]$。

虽然在实践中并不会普遍使用影子顶点规则（例如，最陡下降规则在经验上要有效得多），但是在理论角度上它更加容易分析，因为它接受所访问顶点的一种易处理的特性，即一个顶点只有在最优化了 $\boldsymbol{c}$ 和 $\boldsymbol{d}$ 之间的一个目标时才能被访问，而这种最优化可以通过求解线性规划得到检验。

下面我们概述影子顶点单纯形法的一些主要性质以及如何在算法上实现这个方法。为此我们需要以下定义。

定义 14.1（最优面）　对于一个多面体 $P \subseteq \mathbb{R}^n$ 以及 $\boldsymbol{c} \in \mathbb{R}^n$，定义 $P[\boldsymbol{c}] := \{\boldsymbol{x} \in P : \boldsymbol{c}^\top \boldsymbol{x} = \sup_{z \in P} \boldsymbol{c}^\top \boldsymbol{z}\}$ 是 P 的最大化 $\boldsymbol{c}$ 的面。如果 $\sup_{z \in P} \boldsymbol{c}^\top \boldsymbol{z} = \infty$，那么 $P[\boldsymbol{c}] = \varnothing$ 并且说 P 关于 $\boldsymbol{c}$ 是无界的。 ◁

注意到在这种表示法中，如果对于 $\boldsymbol{d} \in \mathbb{R}^n$ 有 $P[\boldsymbol{c}] = P[\boldsymbol{d}] \neq \varnothing$，那么对所有 $\lambda \in [0,1]$，有 $P[\boldsymbol{c}] = P[\lambda \boldsymbol{c} + (1-\lambda)\boldsymbol{d}]$。

定义 14.2（切线锥面）　设 $P = \{\boldsymbol{x} \in \mathbb{R}^n : \boldsymbol{A}\boldsymbol{x} \leqslant \boldsymbol{b}\}$ 是一个多面体，这里 $\boldsymbol{A} \in \mathbb{R}^{m \times n}$，$\boldsymbol{b} \in \mathbb{R}^m$。对于 $\boldsymbol{x} \in P$，定义 $\mathrm{tight}_P(\boldsymbol{x}) = \{i \in [m] : \boldsymbol{a}_i^\top \boldsymbol{x} = \boldsymbol{b}_i\}$ 是在 $\boldsymbol{x}$ 上的胎紧的约束集合。在 $\boldsymbol{x}$ 上关于 P 的切线锥面 $T_P(\boldsymbol{x}) := \{\boldsymbol{w} \in \mathbb{R}^n : \exists \varepsilon > 0$ 使得 $\boldsymbol{x} + \varepsilon \boldsymbol{w} \in P\}$ 是 P 中围绕 $\boldsymbol{x}$ 的移动方向的集合，采用不等式表示为 $T_P(\boldsymbol{x}) := \{\boldsymbol{w} \in \mathbb{R}^n : \boldsymbol{A}_B \boldsymbol{w} \leqslant 0\}$，其中 $\boldsymbol{B} = \mathrm{tight}_P(\boldsymbol{x})$。 ◁

影子路径的结构。下面的引理给出了任何一条影子路径的一般结构，它通常会导出一条有效的单纯形路径。

引理 14.3（影子路径）　设 $P \subseteq \mathbb{R}^n$ 是一个多面体，$\boldsymbol{c}, \boldsymbol{d} \in \mathbb{R}^n$。那么存在唯一的 P 的面序列 $P(\boldsymbol{c},\boldsymbol{d}) := (\boldsymbol{v}_0, \boldsymbol{e}_1, \boldsymbol{v}_1, \cdots, \boldsymbol{e}_k, \boldsymbol{v}_k)$，$k \geqslant 0$，称为 P 关于 $(\boldsymbol{c},\boldsymbol{d})$ 的影子路径，而且存在标量 $0 = \lambda_0 < \lambda_1 < \cdots < \lambda_k < \lambda_{k+1} = 1$，使得

- 对于所有的 $1 \leqslant i \leqslant k$，我们有 $\boldsymbol{e}_i = P[(1-\lambda_i)\boldsymbol{c} + \lambda_i \boldsymbol{d}] \neq \varnothing$，而且 $\boldsymbol{e}_1, \cdots, \boldsymbol{e}_k$ 是 P 的不同的面。
- 对于所有的 $0 \leqslant i \leqslant k$ 以及 $\lambda \in (\lambda_i, \lambda_{i+1})$，有 $\boldsymbol{v}_i = P[(1-\lambda)\boldsymbol{c} + \lambda \boldsymbol{d}]$。
- 对于所有的 $0 < i < k$，各个面满足 $\boldsymbol{v}_i = \boldsymbol{e}_i \cap \boldsymbol{e}_{i+1} \neq \varnothing$，而且如果 $k \geqslant 1$，那么 $\boldsymbol{v}_0 \subset \boldsymbol{e}_1$ 而且 $\boldsymbol{v}_k \subset \boldsymbol{e}_k$。

此外，第一个面是 $\boldsymbol{v}_0 = P[\boldsymbol{c}][\boldsymbol{d}]$，这是最大化 $\boldsymbol{d}$ 的面 $P[\boldsymbol{c}]$；最后一个面是 $\boldsymbol{v}_k = P[\boldsymbol{d}][\boldsymbol{c}]$。对于每个 $i \in [k]$，我们有 $\boldsymbol{v}_{i-1} = \boldsymbol{e}_i[\boldsymbol{c}] = \boldsymbol{e}_i[-\boldsymbol{d}]$ 以及 $\boldsymbol{v}_i = \boldsymbol{e}_i[-\boldsymbol{c}] = \boldsymbol{e}_i[\boldsymbol{d}]$。

注意到作为一个集合，影子路径 $P(\boldsymbol{c},\boldsymbol{d})$ 正好对应于面的集合 $\{P[(1-\lambda)\boldsymbol{c} + \lambda \boldsymbol{d}] : \lambda \in (0,1)\}$，它最优化了 $(\boldsymbol{c},\boldsymbol{d})$ 中的一个目标。引理 14.3 表明，这些面有一种我们可以在算法上加以利用的连通性结构。参见图 14.1。

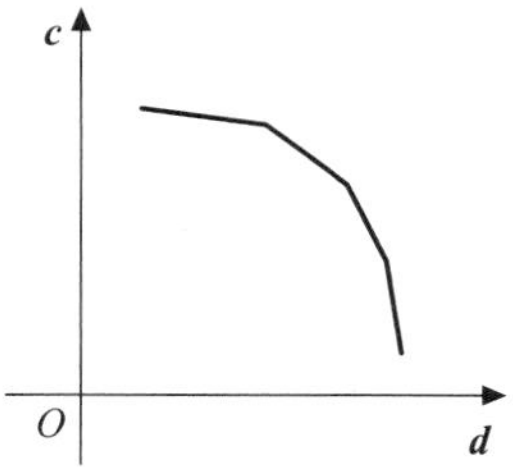

图 14.1　在 $(\boldsymbol{c},\boldsymbol{d})$ 空间中，一条影子路径从最高顶点开始移动到最右侧顶点（如果这个顶点存在的话）

定义 14.4（影子路径的性质）　给定一个多面体 P 以及 $\boldsymbol{c}, \boldsymbol{d} \in \mathbb{R}^n$，设 $P(\boldsymbol{c},\boldsymbol{d}) = (\boldsymbol{v}_0, \boldsymbol{e}_1, \boldsymbol{v}_1, \cdots, \boldsymbol{e}_k, \boldsymbol{v}_k)$，我们用 $P_V(\boldsymbol{c},\boldsymbol{d})$ 表示非空面的子序列 $(\boldsymbol{v}_0, \boldsymbol{v}_1, \cdots, \boldsymbol{v}_k)$，并且记 $P_E(\boldsymbol{c},\boldsymbol{d}) = (\boldsymbol{e}_1, \boldsymbol{e}_2, \cdots, \boldsymbol{e}_k)$。我们称每一个面 $F \in P(\boldsymbol{c},\boldsymbol{d})$ 是一个影子面。如果 $\dim(\boldsymbol{v}_0) \leqslant 0$ 而且 $\boldsymbol{e}_1, \cdots, \boldsymbol{e}_k$ 是 P 的边，则我们定义影子路径 $P(\boldsymbol{c},\boldsymbol{d})$ 是非退化的（nondegenerate）。注意到这会自动强制 $\boldsymbol{v}_1, \cdots, \boldsymbol{v}_{k-1}$ 是 P 的顶点以及 $\dim(\boldsymbol{v}_k) \leqslant 0$。如果 $P[\boldsymbol{c}][\boldsymbol{d}] \neq \varnothing$，我们就说 $P(\boldsymbol{c},\boldsymbol{d})$ 是真的（proper）。 ◁

我们感兴趣的是影子路径是真的而且非退化的情形。对于一条真的而且非退化的路径 $P(\boldsymbol{c},\boldsymbol{d}) = (\boldsymbol{v}_0, \cdots, \boldsymbol{e}_k, \boldsymbol{v}_k)$，集合 $\boldsymbol{v}_0 \cup \bigcup_{i=1}^{k} \boldsymbol{e}_i$ 是从顶点 $\boldsymbol{v}_0 = P[\boldsymbol{c}][\boldsymbol{d}]$ 开始，沿着 P 的边移动的一条连通多边形路径，因此形成一条有效的单纯形路径。最后的面 $\boldsymbol{v}_k$ 是非空的当且仅当 P 关于 $\boldsymbol{d}$ 是有界的。在这种情况下，$\boldsymbol{v}_k = P[\boldsymbol{d}][\boldsymbol{c}]$ 是最大化 $\boldsymbol{c}$ 的 $P[\boldsymbol{d}]$ 的顶点。如果

$\boldsymbol{v}_k=\varnothing$，那么 $\boldsymbol{e}_k$ 将是形式为 $\boldsymbol{e}_k=\boldsymbol{v}_{k-1}+[0,\infty)\cdot\boldsymbol{w}_k$ 的一条无界边（其中 $\boldsymbol{w}_k^{\top}\boldsymbol{d}>0$），这就产生了 P 关于 $\boldsymbol{d}$ 的无界性的保证。

解释影子路径的一种有效方法是借用由 $\boldsymbol{c},\boldsymbol{d}$ 导出的二维投影。我们利用 $\pi_{\boldsymbol{c},\boldsymbol{d}}$ 为这个投影建立索引，这里 $\pi_{\boldsymbol{c},\boldsymbol{d}}(z):=(\boldsymbol{d}^{\top}z,\boldsymbol{c}^{\top}z)$，并定义 $\boldsymbol{e}_x:=(1,0)$ 和 $\boldsymbol{e}_y:=(0,1)$ 分别为 x 轴和 y 轴在 $\mathbb{R}^2$ 中的生成元（generator）。在这个映射下，影子路径的面跟随一条沿着 $\pi_{\boldsymbol{c},\boldsymbol{d}}(P)$ 的上凸包的路径。这样的投影解释是 Borgwardt（1977）将这个参数目标方法称为影子顶点单纯形法的原因，这也是这个方法现在最为常见的名称。

引理 14.5 设 P 是一个多面体，$\boldsymbol{c},\boldsymbol{d}\in\mathbb{R}^n$。对于 $P(\boldsymbol{c},\boldsymbol{d})=(\boldsymbol{v}_0,\boldsymbol{e}_1,\boldsymbol{v}_1,\cdots,\boldsymbol{e}_k,\boldsymbol{v}_k)$，影子路径满足 $\pi_{\boldsymbol{c},\boldsymbol{d}}(P)(\boldsymbol{e}_y,\boldsymbol{e}_x)=(\pi_{\boldsymbol{c},\boldsymbol{d}}(\boldsymbol{v}_0),\cdots,\pi_{\boldsymbol{c},\boldsymbol{d}}(\boldsymbol{e}_k),\pi_{\boldsymbol{c},\boldsymbol{d}}(\boldsymbol{v}_k))$。此外，影子路径 $\pi_{\boldsymbol{c},\boldsymbol{d}}(P)(\boldsymbol{e}_y,\boldsymbol{e}_x)$ 是非退化的而且 $P(\boldsymbol{c},\boldsymbol{d})$ 是非退化的当且仅当 $\dim(\boldsymbol{v}_0)=\dim(\pi_{\boldsymbol{c},\boldsymbol{d}}(\boldsymbol{v}_0))$，而且对所有的 $i\in[k]$，有 $\dim(\boldsymbol{e}_i)=\dim(\pi_{\boldsymbol{c},\boldsymbol{d}}(\boldsymbol{e}_i))=1$。

引理 14.5 实际上意味着非退化性可以重新表述为要求 $\pi_{\boldsymbol{c},\boldsymbol{d}}$ 是在 $S=\boldsymbol{v}_0\cup\bigcup_{i=1}^{k}\boldsymbol{e}_i$ 和它的投影 $\pi_{\boldsymbol{c},\boldsymbol{d}}(S)$ 之间的一个双射。影子路径的非退化性实际上是一种通用的性质，即给定任何点状多面体（不包含任何线的多面体）$P\subseteq\mathbb{R}^n$ 和目标 $\boldsymbol{d}$，使 $P(\boldsymbol{c},\boldsymbol{d})$ 退化的目标 $\boldsymbol{c}$ 的集合在 $\mathbb{R}^n$ 中的测度为 0。结果是给定任意的 $\boldsymbol{c}$ 和 $\boldsymbol{d}$，都可以通过对 $\boldsymbol{c}$ 或者 $\boldsymbol{d}$ 进行极小的扰动来得到非退化性。

在 $\pi_{\boldsymbol{c},\boldsymbol{d}}$ 投影下，各个面 $\boldsymbol{v}_0,\cdots,\boldsymbol{v}_k$（除了可能为空的 $\boldsymbol{v}_0$ 和 $\boldsymbol{v}_k$ 外）总是映射到 $\pi_{\boldsymbol{c},\boldsymbol{d}}(P)$ 的顶点，而各个面 $\boldsymbol{e}_1,\cdots,\boldsymbol{e}_k$ 总是映射到 $\pi_{\boldsymbol{c},\boldsymbol{d}}(P)$ 的边。假设 $\boldsymbol{v}_0,\boldsymbol{v}_k\neq\varnothing$，那么 $\pi_{\boldsymbol{c},\boldsymbol{d}}(\boldsymbol{v}_0)$ 和 $\pi_{\boldsymbol{c},\boldsymbol{d}}(v_k)$ 分别是 $\pi_{\boldsymbol{c},\boldsymbol{d}}$ 中具有最大 y 坐标和最大 x 坐标的顶点，边 $\pi_{\boldsymbol{c},\boldsymbol{d}}(\boldsymbol{e}_1),\cdots,\pi_{\boldsymbol{c},\boldsymbol{d}}(\boldsymbol{e}_k)$ 从左到右跟随着 $\pi_{\boldsymbol{c},\boldsymbol{d}}(P)$ 在 $\pi_{\boldsymbol{c},\boldsymbol{d}}(\boldsymbol{v}_0)$ 和 $\pi_{\boldsymbol{c},\boldsymbol{d}}(\boldsymbol{v}_k)$ 之间的上凸包。这样看来，我们可以把引理 14.3 中的乘数 $\lambda_1<\cdots<\lambda_k\in(0,1)$ 解释为在 $\pi_{\boldsymbol{c},\boldsymbol{d}}$ 下 $\boldsymbol{e}_1,\cdots,\boldsymbol{e}_k$ 的斜率。精确地说，如果我们把 $\boldsymbol{c},\boldsymbol{d}$ 斜率定义为 $s_{\boldsymbol{c},\boldsymbol{d}}(\boldsymbol{e}_i):=\boldsymbol{c}^{\top}(\boldsymbol{x}_1-\boldsymbol{x}_0)/\boldsymbol{d}^{\top}(\boldsymbol{x}_1-\boldsymbol{x}_0)$，$i\in[k]$，其中 $\boldsymbol{x}_1,\boldsymbol{x}_0\in\boldsymbol{e}_i$ 是任意两个 $\boldsymbol{d}^{\top}\boldsymbol{x}_1\neq\boldsymbol{d}^{\top}\boldsymbol{x}_0$ 的点，那么 $s_{\boldsymbol{c},\boldsymbol{d}}(\boldsymbol{e}_i)=-\lambda_i/(1-\lambda_i)$。这直接源自以下事实：对于 $\lambda_i\in(0,1)$，目标 $(1-\lambda_i)\boldsymbol{c}+\lambda_i\boldsymbol{d}$ 在 $\boldsymbol{e}_i$ 上是常数。由此，我们还可以看到 $0>s_{\boldsymbol{c},\boldsymbol{d}}(\boldsymbol{e}_1)>\cdots>s_{\boldsymbol{c},\boldsymbol{d}}(\boldsymbol{e}_k)$，即各个斜率是负的而且严格递减。

影子顶点单纯形算法。 一次影子顶点的旋转（即穿过 P 的一条边的一次移动）对应于从当前顶点沿着最大的 $(\boldsymbol{c},\boldsymbol{d})$ 斜率方向的移动。这些方向的计算将通过求解切线锥面上的一些线性规划来实现。在连续最短路径算法中，这些线性规划通过一次最短路径计算来求解，而在高斯约束扰动模型中，则通过计算切线锥面的极限射线来显式地求解。算法 1 给出了影子顶点单纯形法的一种抽象实现。虽然第 3 行对如何达到最大化的选择在技术上是自由的，但是在非退化条件下，解实际上是唯一的。下面的定理 14.6 描述了算法的主要保证。

算法 1 影子顶点单纯形算法

要求： $P=\{\boldsymbol{x}\in\mathbb{R}^n:\boldsymbol{A}\boldsymbol{x}\leqslant\boldsymbol{b}\},\boldsymbol{c},\boldsymbol{d}\in\mathbb{R}^n$，初始顶点 $\boldsymbol{v}_0\in P[\boldsymbol{c}][\boldsymbol{d}]\neq\varnothing$。

确保： 如果非空则返回顶点 $P[\boldsymbol{d}][\boldsymbol{c}]$，否则返回关于 $\boldsymbol{d}$ 无界的 $\boldsymbol{e}\in\mathrm{edges}(P)$。

1: $i\leftarrow 0$

2: **loop**

3: $\boldsymbol{w}_{i+1}\leftarrow\operatorname{argmax}\{\boldsymbol{c}^{\top}\boldsymbol{w}:\boldsymbol{w}\in T_P(\boldsymbol{v}_i),\boldsymbol{d}^{\top}\boldsymbol{w}=1\}$ 中的顶点，如果不可行则为 $\varnothing$

4: **if** $\boldsymbol{w}_{i+1}=\varnothing$ **then**

```
5:      return v_i
6:    end if
7:    λ_{i+1} ← -w_{i+1}^⊤ c/(1-w_{i+1}^⊤ c)
8:    s_{i+1} ← sup{s ≥ 0: v_i + s w_{i+1} ∈ P}
9:    e_{i+1} ← v_{i+1} + [0, s_{i+1}] · w_{i+1}
10:    i ← i+1
11:    if s_i = ∞ then
12:      v_i ← ∅
13:      return e_i
14:    else
15:      v_i ← v_{i-1} + s_i w_i
16:    end if
17:  end loop
```

定理 14.6 算法 1 是正确而且有穷的。输入 $P,\boldsymbol{c},\boldsymbol{d}$ 以及 $\boldsymbol{v}_0\in P[\boldsymbol{c}][\boldsymbol{d}]\neq\varnothing$，由算法计算的顶点-边序列 $\boldsymbol{v}_0,\boldsymbol{e}_1,\boldsymbol{v}_1,\cdots,\boldsymbol{e}_k,\boldsymbol{v}_k$ 访问 $P(\boldsymbol{c},\boldsymbol{d})$ 的每个面，而且计算的乘数 $\lambda_1<\cdots<\lambda_k\in(0,1)$ 形成一个对所有的 $i\in[k]$，满足 $\boldsymbol{e}_i\subseteq P[(1-\lambda_i)\boldsymbol{c}+\lambda_i\boldsymbol{d}]$ 的非递减序列。如果 $P(\boldsymbol{c},\boldsymbol{d})$ 是非退化的，那么 $(\boldsymbol{v}_0,\boldsymbol{e}_1,\boldsymbol{v}_1,\cdots,\boldsymbol{e}_k,\boldsymbol{v}_k)=P(\boldsymbol{c},\boldsymbol{d})$。此外，执行的单纯形旋转的次数是 $|P_E(\boldsymbol{c},\boldsymbol{d})|$，算法的复杂度就是求解数量为 $|P_V(\boldsymbol{c},\boldsymbol{d})|$ 的切线锥面规划的复杂度。

就斜率而言，程序第 3 行得到的值等于 $(\boldsymbol{c},\boldsymbol{d})$-斜率 $s_{\boldsymbol{c},\boldsymbol{d}}(\boldsymbol{e}_{i+1})$。

算法 1 在出现退化的情况下还是有效的，但是我们不能再通过 $|P_E(\boldsymbol{c},\boldsymbol{d})|$ 来描述旋转的次数（尽管这仍然是一个下界），这是因为可能需要执行多次旋转才能穿过 $P_E(\boldsymbol{c},\boldsymbol{d})$ 的一个面，或者等效地，可能存在一个连续的迭代块 $[i,j]$，其中 $\lambda_i=\cdots=\lambda_j$。

根据所述的定理和算法，显然每一次迭代的复杂度取决于第 3 行求解切线圆锥规划的难度。一个容易求解的实例是非退化的不等式系统。

定义 14.7（非退化不等式系统） 将多面体 P 描述为 $\boldsymbol{A}\boldsymbol{x}\leqslant\boldsymbol{b},\boldsymbol{A}\in\mathbb{R}^{m\times n},\boldsymbol{b}\in\mathbb{R}^m$，$m\geqslant n$。如果 P 是点状的，而且对于每个顶点 $\boldsymbol{v}\in P$，集合 $\mathrm{tight}_P(\boldsymbol{v})$ 是 $\boldsymbol{A}$ 的一个基，我们就说 P 是非退化的。 ◁

当 P 的描述清晰时，我们说 P 是非退化的，意思是它的描述系统是非退化的。对于 $\boldsymbol{B}\subseteq[m]$，$|\boldsymbol{B}|=n$，如果与 $\boldsymbol{B}$ 中的行对应的子矩阵 $\boldsymbol{A}_{\boldsymbol{B}}$ 是不可逆的，我们就称 $\boldsymbol{B}$ 是 $\boldsymbol{A}$ 的基。基 $\boldsymbol{B}$ 是可行的，如果 $\boldsymbol{A}_{\boldsymbol{B}}^{-1}\boldsymbol{b}_{\boldsymbol{B}}$ 是 P 的一个顶点。对于非退化多面体 P 和 $\boldsymbol{v}\in\mathrm{vertices}(P)$，容易计算在 $\boldsymbol{v}$ 处的切线锥面的极限射线。更精确地说，设 $\boldsymbol{B}=\mathrm{tight}_P(\boldsymbol{v})$ 表示 $\boldsymbol{v}$ 的基，切线锥面 $T_P(\boldsymbol{v})$ 的极限射线可以由 $-\boldsymbol{A}_{\boldsymbol{B}}^{-1}$ 的列生成。有了 $T_P(\boldsymbol{v})$ 的极限射线这个显式描述之后，程序的第 3 行容易求解，因为 $\boldsymbol{w}_{i+1}$ 总是一个极限射线的生成元的标量倍数。

影子平面与极平面。在上一小节我们检验了由两个目标 $\boldsymbol{c},\boldsymbol{d}$ 导出的影子路径 $P(\boldsymbol{c},\boldsymbol{d})$。这对于我们要在 14.3 节中证明的结果已经足够了。为了方便 14.4 节的讨论，我们通过对平面 $W=\mathrm{span}(\boldsymbol{c},\boldsymbol{d})$ 上的影子进行检验来稍微扩展影子路径。设 π_W 表示在 W 上的正交投影，我们将利用 P 在 W 上的影子 $\pi_W(P)$，这将有助于获得更为全局的影子的性质。特别地，它将使我们能够关联到相应极平面的几何体，并能够在具备 W 的知识但不具备精确目标 $\boldsymbol{c},\boldsymbol{d}\in W$（我们将跟随它的影子路径）的知识的情况下获得影子路径长度的界。

定义 14.8（W 上的影子） 设 $P\subseteq\mathbb{R}^n$ 是一个多面体，$W\subseteq\mathbb{R}^n$ 是一个二维线性子空间。

我们把关于 W 的 P 影子面定义为 $P[W]=\{P[\boldsymbol{c}]:\boldsymbol{c}\in W\setminus\{0\}\}$，即最优化了 W 中的一个非零目标的 P 的面的集合。设 $P_V[W]$ 和 $P_E[W]$ 分别表示 $P[W]$ 中投影到 $\pi_W(P)$ 的顶点和边的面的集合。如果每个面 $F\in P[W]$ 都满足 $\dim(F)=\dim(\pi_W(F))$，那么定义 $P[W]$ 是非退化的。 ◁

下面的引理给出 W 上的影子路径与 $\pi_W(P)$ 的顶点数之间的直接关系。

引理 14.9　设 $P\subseteq\mathbb{R}^n$ 是一个多面体，$W\subseteq\mathbb{R}^n$，$\dim(W)=2$。那么对于 $\boldsymbol{c},\boldsymbol{d}\in W$，如果路径 $P(\boldsymbol{c},\boldsymbol{d})$ 是非退化的而且是真的，则算法 1 在输入 $P,\boldsymbol{c},\boldsymbol{d}$ 和 $P[\boldsymbol{c}][\boldsymbol{d}]$ 上执行的旋转操作次数的界由 $|P_V[W]|=|\text{vertices}(\pi_W(P))|$ 确定。此外，如果 $P[W]$ 是非退化的而且 $\text{span}(\boldsymbol{c},\boldsymbol{d})=W$，那么 $P(\boldsymbol{c},\boldsymbol{d})$ 是非退化的。

现在切换到极平面的角度，假定我们从一个形式为 $P=\{\boldsymbol{x}\in\mathbb{R}^n:\boldsymbol{A}\boldsymbol{x}\leqslant 1\}$ 的多面体开始。定义极多胞形为 $Q=\text{conv}(a_1,\cdots,a_m)$，其中 $a_1,\cdots,a_m$ 是约束矩阵 $\boldsymbol{A}$ 的行。我们使用的极多胞形的定义与通常的定义略有不同。标准的极多胞形定义是

$$P^{\circ}:=\{\boldsymbol{y}\in\mathbb{R}^n:\boldsymbol{y}^{\top}\boldsymbol{x}\leqslant 1,\ \forall\boldsymbol{x}\in P\}=\text{conv}(Q,0)$$

当 P 无界时，恰好有 $P^{\circ}\neq Q$。我们在图 14.2 中绘制了一个多面体及其极多胞形。

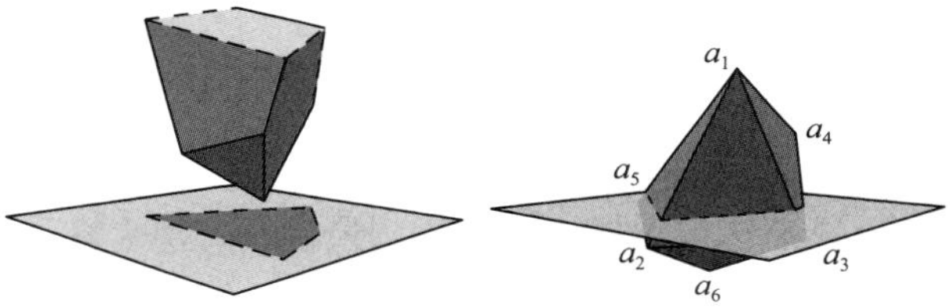

图 14.2　在左边，我们看到一个投影到平面 W 上的多面体 P，投影的边界唯一地上引到多面体。在右边，我们看到相应的极多胞形 $Q=P^{\circ}$，其中标记了交集 $Q\cap W$。Q 被 W 横切的每个刻面的相对内部被贯穿

从相对标准的多面体对偶性论证可以得出下面的引理。引理告诉我们可以利用极多胞形的相应切片来控制影子的顶点计数，这提供了我们将在 14.4 节确定其界的关键几何量。引理的证明留作练习题 14.2。

引理 14.10　设 $P=\{\boldsymbol{x}\in\mathbb{R}^n:\boldsymbol{A}\boldsymbol{x}\leqslant\boldsymbol{b}\}$ 是一个在 W 上有非退化影子的多面体，Q 是它的极多胞形。那么

$$|\text{vertices}(\pi_W(P))|\leqslant|\text{edges}(Q\cap W)|$$

如果 P 是有界的，那么上述不等式是胎紧的。

14.3　连续最短路径算法

这一节我们将研究在目标扰动下的最小代价最大流问题的经典连续最短路径（SSP）算法。

流多胞形。给定有向图 $G=(V,E)$，其源为 $s\in V$，汇为 $t\in V$，并给定一个包含弧的正容量的向量 $\boldsymbol{u}\in\mathbb{R}_+^E$，以及一个包含弧的成本的向量 $\boldsymbol{u}\in(0,1)^E$，我们想要找到一个流 $\boldsymbol{f}\in\mathbb{R}_+^E$，满足

$$\sum_{ij\in E}\boldsymbol{f}_{ij}-\sum_{ji\in E}\boldsymbol{f}_{ji}=0,\quad\forall i\in V\setminus\{s,t\}$$
$$0\leqslant\boldsymbol{f}_{ij}\leqslant\boldsymbol{u}_{ij},\quad\forall ij\in E\tag{14.2}$$

而且最大化从 s 到 t 的流量，同时最小化成本 $\boldsymbol{c}^{\top}\boldsymbol{f}$。我们用 P 表示可行流（即满足

式（14.2）的流）的集合。

为了简化下面的记号，我们假定 G 没有双向弧，即 E 最多只包含任意一对 $\{ij,ji\}$ 中的一个。为了尽量使影子顶点单纯形法容易识别，我们只考虑每条最短的 s-t 路径都是唯一的情况。

SSP 算法。我们现在描述 SSP 算法。为此，我们引入一些符号。设 $\overleftarrow{ij}=ji$，我们定义反向弧集合 $\overleftarrow{E}:=\{ji:ij\in E\}$，并通过以下方式将 $\boldsymbol{c}$ 扩展到 $\overleftarrow{E}$，即对于 $ji\in\overleftarrow{E}$，设 $\boldsymbol{c}_{ji}=-\boldsymbol{c}_{ij}$。对于 $\boldsymbol{w}\in\{-1,0,1\}^E$，我们定义它的关联子图 $R=\{a\in E:\boldsymbol{w}_a=1\}\cup\{\overleftarrow{a}:a\in E,\boldsymbol{w}_a=-1\}$，反之亦然。注意到 $\boldsymbol{c}^\top\boldsymbol{w}=\sum_{a\in R}\boldsymbol{c}_a$。给定一个可行流 $\boldsymbol{f}\in P$，残余图 $N[\boldsymbol{f}]$ 具有相同的结点集合 V 以及弧的集合 $A[\boldsymbol{f}]=F[\boldsymbol{f}]\cup R[\boldsymbol{f}]\cup B[\boldsymbol{f}]$，其中 $F[\boldsymbol{f}]=\{a\in E:\boldsymbol{f}_a=0\}$、$R[\boldsymbol{f}]=\{\overleftarrow{a}:a\in E:\boldsymbol{f}_a=\boldsymbol{u}_a\}$ 和 $B[\boldsymbol{f}]=\{a,\overleftarrow{a}:a\in E,0<\boldsymbol{f}_a<\boldsymbol{u}_a\}$ 分别称为关于 $\boldsymbol{f}$ 的前向、反向和双向弧。SSP 算法的组合描述如下：

1. 在 E 上将 $\boldsymbol{f}$ 初始化为 0。

2. 当 $N[\boldsymbol{f}]$ 包含一条 s-t 路径时：计算 $N[\boldsymbol{f}]$ 中关于成本 $\boldsymbol{c}$ 和关联向量 $\boldsymbol{w}_R\in\{-1,0,1\}^E$ 的一条最短 s-t 路径 R。沿着 R 增广 $\boldsymbol{f}$ 直到容量约束变成胎紧的，也即更新 $\boldsymbol{f}\leftarrow\boldsymbol{f}+\boldsymbol{s}_R\boldsymbol{w}_R$，其中 $\boldsymbol{s}_R=\max\{s\geqslant 0:\boldsymbol{f}+\boldsymbol{s}_R\boldsymbol{w}_R\in P\}$。重复步骤 2。

3. 返回 $\boldsymbol{f}$。

我们回忆一下，一条最短 s-t 路径是良定义的当且仅当 $N[\boldsymbol{f}]$ 不包含任何负成本回路。

对 SSP 算法而言，如果采用多次迭代才能找到最优解，那么在每一次迭代中路径长度之间的差异就应该非常小。只要成本不是由对抗选择的，这种情况似乎不太可能发生。我们将在本章的余下部分形式化并证明这一点。

SSP 作为影子顶点。我们现在证明，SSP 算法相当于在 P 上运行影子顶点单纯形算法，其起始目标是 $-\boldsymbol{c}$，而最终目标 $\boldsymbol{d}$ 是从 s 到 t 的流，即 $\boldsymbol{d}^\top\boldsymbol{f}:=\sum_{sj\in E}\boldsymbol{f}_{sj}$。这个对应性还将证明 SSP 的正确性。

为了理解与影子顶点单纯形算法的联系，我们从多面体的角度再次解释先前的观察结果。首先，可以直接检验面 $P[\boldsymbol{d}]$ 就是各个最大 s-t 流的集合。特别地，最小成本的最大流就是 $P[\boldsymbol{d}][-\boldsymbol{c}]$。由于弧的成本在 E 上是正的，任何一个非零流 $\boldsymbol{f}\in P$ 必定产生正成本。因此，零流是唯一的成本最小化子，即 $\{0\}=P[-\boldsymbol{c}]=P[-\boldsymbol{c}][\boldsymbol{d}]$。所以，根据定理 14.6，我们可以在流多胞形 P、目标 $-\boldsymbol{c}$ 和 $\boldsymbol{d}$ 以及开始顶点 0 上运行影子顶点单纯形算法，并且得到一个顶点 $\boldsymbol{v}\in P[\boldsymbol{d}][-\boldsymbol{c}]$ 作为输出。

为此，我们只需证明切线锥面的线性规划对应于最短 s-t 路径的计算，这是以下引理的一个结论，其证明留作练习题 14.3。

引理 14.11 对于具有残余图 $N[\boldsymbol{f}]$ 的 $\boldsymbol{f}\in P$，以下结论成立。

1. 切线锥面可以利用流量守恒和胎紧的容量约束显式描述为 $T_P(\boldsymbol{f}):=\{\boldsymbol{w}\in\mathbb{R}^A:\sum_{ij\in A}\boldsymbol{w}_{ij}-\sum_{ji\in A}\boldsymbol{w}_{ji}=0\ \forall i\in V\setminus\{s,t\},\boldsymbol{w}_a\geqslant 0\ \forall a\in F[\boldsymbol{f}],\boldsymbol{w}_a\leqslant 0\ \forall a\in R[\boldsymbol{f}]\}$。

2. 如果 $N[\boldsymbol{f}]$ 不包含负成本回路，则规划 $\inf\{\boldsymbol{c}^\top\boldsymbol{w}:\boldsymbol{w}\in T_P(\boldsymbol{f}),\boldsymbol{d}^\top\boldsymbol{w}=\delta\}$，$\delta\in\{\pm1\}$ 的任何一个顶点解对应于一条最小成本的 s-t 路径（如果 $\delta=1$）或者 t-s 路径（如果 $\delta=-1$）。如果不存在这样的路径，按照惯例其成本为 ∞。

3. 如果 f 是一个影子顶点而且影子路径是非退化的，则上述规划的值在 $\delta=1$ 时等于影子边 $\boldsymbol{e}$ 离开 $\boldsymbol{f}$ 的斜率 $s_{\boldsymbol{c},\boldsymbol{d}}(\boldsymbol{e})$，在 $\delta=-1$ 时等于影子边 $\boldsymbol{e}'$ 进入 $\boldsymbol{f}$ 的斜率 $s_{\boldsymbol{c},\boldsymbol{d}}(\boldsymbol{e}')$。

这里值得注意的是，由于我们从 $-\boldsymbol{c}$ 开始插补（这最小化了成本），影子 $P(-\boldsymbol{c},\boldsymbol{d})$ 实

际上将从左到右跟随 $\pi_{c,d}(P)$ 的下凸包的边。特别地，相应各条边的（$\boldsymbol{c},\boldsymbol{d}$）斜率（每单位流量的成本）将全部为正，并且形成一个递增序列。一条影子边的（$\boldsymbol{c},\boldsymbol{d}$）斜率总是等于某一条 s-t 路径 $\overleftrightarrow{E}$ 的成本。由于任何一条这样的路径最多使用成本在（$-1,1$）区间内的 $n-1$ 条边，因此任何一条影子边的斜率都严格小于 $n-1$，这对于下一节的分析至关重要。根据斜率与乘数的对应关系，斜率的界蕴含了一个相当强的性质，即在 P 中的任何一个最大值$-\boldsymbol{c}+\frac{n-1}{n}\boldsymbol{d}$ 都已经在最优面 $P[\boldsymbol{d}][-\boldsymbol{c}]$ 上。

14.3.1　SSP 的平滑分析

正如 Zadeh（1973）所证明的，存在一些输入，其中 SSP 算法需要指数次数的迭代才能收敛。在下面的讨论中，我们解释了 Brunsch 等人（2015）的主要结果。这篇论文指出，指数级别的行为可以通过对边的成本进行轻微扰动来补救。

这个扰动模型被称为一步模型。这是一种通用模型，其中我们只控制了支持集和扰动的最大密度。精确地说，每一条边的成本 $\boldsymbol{c}_e$ 将是一个由（0,1）支持的连续随机变量，其最大密度的上界由参数 $\phi\geqslant 1$ 确定。ϕ 的上界等价于这样的陈述，即对于任何区间 $[a,b]\subseteq[0,1]$，不等式 $\Pr[\boldsymbol{c}_e\in[a,b]]\leqslant\phi\,|b-a|$ 成立（也称为区间引理）。注意到当 $\phi\to\infty$ 时，成本向量 $\boldsymbol{c}$ 可以集中在单一向量上，从而收敛到一个最坏情况的实例。这一节的主要结果如下。

定理 14.12（Brunsch et al.，2015）　*设 $G=(V,E)$ 是具有 n 个结点和 m 条弧，一个源点 $s\in V$ 和一个汇点 $t\in V$，以及正容量 $\boldsymbol{u}\in\mathbb{R}_+^E$ 的图。那么对于一个具有独立坐标并具有最大密度 $\phi\geqslant 1$ 的随机成本向量 $\boldsymbol{c}\in(0,1)^E$，G 上的 SSP 算法的期望迭代次数的界是 $O(mn\phi)$。*

与许多平滑分析结果一样，我们想要量化每次迭代的某种形式的“期望进度”，困难在于识别足够的“独立随机性”，从而不会在第一次迭代中用尽所有的随机性。

为了证明这个定理，我们将确定 SSP 所跟随的随机影子路径上边的期望数量的上界。主要思路是确定 G 的一条弧能够被 SSP 算法找到的那些 s-t 路径所使用的期望次数的界。

为了便于分析，我们保留来自上一节的符号并采用下面的定义。对于 $\boldsymbol{f}\in P$，我们把胎紧的约束 $\mathrm{tight}_P(\boldsymbol{f})$ 和 $\overleftrightarrow{E}$ 中的弧看成一致的，也即 $a\in\mathrm{tight}_P(\boldsymbol{f})$ 当且仅当 $a\in E$ 而且 $\boldsymbol{f}_{ij}=0$，或者 $a\in\overleftarrow{E}$ 而且 $\boldsymbol{f}_{ij}=\boldsymbol{u}_{ij}$。类似地，我们定义 $P_a=\{\boldsymbol{f}\in P:a\in\mathrm{tight}_P(\boldsymbol{f})\}$。为了确认各个（$\boldsymbol{c},\boldsymbol{d}$）斜率，对于任何一个 $\boldsymbol{f}\in P$，我们用 $p_{s,t}(\boldsymbol{f}),p_{t,s}(\boldsymbol{f})\in\mathbb{R}\cup\{\pm\infty\}$ 分别表示 $N[\boldsymbol{f}]$ 中的最短 s-t 路径和最短 t-s 路径的成本。类似地，对于 $a\in\overleftrightarrow{E}$，我们用 $p_{s,t}^{a\pm}(\boldsymbol{f})$ 和 $p_{t,s}^{a\pm}(\boldsymbol{f})$ 分别表示不利用弧 a（上标为 $a-$）和利用弧 a（上标为 $a+$）的相应最小成本路径。

定理 14.12 的证明　为了证明这个定理，我们证明期望的影子顶点计数 $E_c[|P_E(-\boldsymbol{c},\boldsymbol{d})|]$ 的界是 $O(mn\phi)$。由于成本向量 $\boldsymbol{c}$ 是通用的，影子路径 $P(-\boldsymbol{c},\boldsymbol{d})$ 以概率 1 是非退化的。根据定理 14.6，这将建立所需要的影子顶点旋转操作次数的界。

设（$\boldsymbol{v}_0,\boldsymbol{e}_1,\boldsymbol{v}_1,\cdots,\boldsymbol{e}_k,\boldsymbol{v}_k$）表示随机影子路径 $P(-\boldsymbol{c},\boldsymbol{d})$。类似地，对于 $a\in\overleftrightarrow{E}$，设（$\boldsymbol{v}_0^a,\boldsymbol{e}_1^a,\boldsymbol{v}_1^a,\cdots,\boldsymbol{e}_{k_a}^a,\boldsymbol{v}_{k_a}^a$）是影子路径 $P_a(-\boldsymbol{c},\boldsymbol{d})$，我们可以假设它以概率 1 是非退化的。注意到由于 P 是多胞形，每一条影子路径要么是 $\varnothing$（如果相应的刻面是不可行的），要么包含一些非空面。把引理 14.11 自然扩展到 P 的刻面，我们得到的结果是对于 $a\in\overleftrightarrow{E}$ 和 $i\in[k_a]$，

边 $\boldsymbol{e}_i^a$ 的（$\boldsymbol{c},\boldsymbol{d}$）斜率等于 $s_{\boldsymbol{c},\boldsymbol{d}}(\boldsymbol{e}_i^a)=p_{s,t}^{a-}(\boldsymbol{v}_{i-1}^a)=-p_{t,s}^{a-}(\boldsymbol{v}_i^a)$，即在限定不使用弧 a 的情况下相应的最短路径长度。

由于每一个顶点 $\boldsymbol{v}_{i-1}\subset\boldsymbol{e}_i, i\in[k]$ 包含在其外向边中，必定存在一个胎紧的约束 $a\in\text{tight}_P(\boldsymbol{v}_{i-1})$，使得 $a\notin\text{tight}_P(\boldsymbol{e}_i)$。这就直接产生了以下不等式：

$$|P_E(-\boldsymbol{c},\boldsymbol{d})|=\sum_{i=1}^{k}1\leqslant\sum_{a\in\overleftrightarrow{E}}\sum_{i=1}^{k}1[a\in\text{tight}_P(\boldsymbol{v}_i),a\notin\text{tight}_P(\boldsymbol{e}_i)] \tag{14.3}$$

固定 $a\in\overleftrightarrow{E}$，我们现在证明式（14.3）中相应的项在 $\boldsymbol{c}$ 上的期望值的界是 $O(n\phi)$。对于 $i\in[k]$，因为（$\boldsymbol{c},\boldsymbol{d}$）斜率满足 $s_{\boldsymbol{c},\boldsymbol{d}}(\boldsymbol{e}_i)=p_{s,t}(\boldsymbol{v}_{i-1})$，所以我们知道 $a\in\text{tight}_P(\boldsymbol{v}_{i-1})\backslash\text{tight}_P(\boldsymbol{e}_i)$ 意味着 $N[\boldsymbol{v}_i]$ 中的最小成本 s-t 路径使用了弧 a。特别地，有 $p_{s,t}(\boldsymbol{v}_{i-1})=p_{s,t}^{a+}(\boldsymbol{v}_{i-1})$。由于 $-p_{t,s}(\boldsymbol{v}_{i-1})$ 是$\boldsymbol{v}_{i-1}$ 上内向边的（$\boldsymbol{c},\boldsymbol{d}$）斜率，根据斜率的递增性质，我们还可以得到不等式$-p_{t,s}(\boldsymbol{v}_{i-1})\leqslant p_{s,t}^{a+}(\boldsymbol{v}_{i-1})$。综上所述

$$\begin{aligned}&\sum_{i=1}^{k}1[a\in\text{tight}_P(\boldsymbol{v}_{i-1}),a\notin\text{tight}_P(\boldsymbol{e}_i)]\\ \leqslant&\sum_{i=0}^{k-1}1[a\in\text{tight}_P(\boldsymbol{v}_i),-p_{t,s}(\boldsymbol{v}_i)\leqslant p_{s,t}^{a+}(\boldsymbol{v}_i)\leqslant p_{s,t}(\boldsymbol{v}_i)]\\ \leqslant&\sum_{i=0}^{k-1}1[a\in\text{tight}_P(\boldsymbol{v}_i),-p_{t,s}^{a-}(\boldsymbol{v}_i)\leqslant p_{s,t}^{a+}(\boldsymbol{v}_i)\leqslant p_{s,t}^{a-}(\boldsymbol{v}_i)]\end{aligned}$$

其中最后一个不等式来自简单的不等式 $p_{s,t}^{a-}(\boldsymbol{v}_i)\geqslant p_{s,t}(\boldsymbol{v}_i)$ 和 $p_{t,s}^{a-}(\boldsymbol{v}_i)\geqslant p_{t,s}(\boldsymbol{v}_i)$。我们现在将其和 P_a 的影子联系起来。因为$\boldsymbol{v}_i$ 是 $P(-\boldsymbol{c},\boldsymbol{d})$ 中的一个影子面，$a\in\text{tight}_P(\boldsymbol{v}_i)$ 意味着$\boldsymbol{v}_i$ 也是 $P_a(-\boldsymbol{c},\boldsymbol{d})$ 中的一个影子面。根据这种包含关系以及 $P_a(-\boldsymbol{c},\boldsymbol{d})$ 中的边的斜率就是最短路径长度的特性，我们有

$$\begin{aligned}&\sum_{i=0}^{k-1}1[a\in\text{tight}_P(\boldsymbol{v}_i),-p_{t,s}^{a-}(\boldsymbol{v}_i)\leqslant p_{s,t}^{a+}(\boldsymbol{v}_i)\leqslant p_{s,t}^{a-}(\boldsymbol{v}_i)]\\ =&\sum_{i=0}^{k-1}1[\boldsymbol{v}_i\in P_a(-\boldsymbol{c},\boldsymbol{d}),-p_{t,s}^{a-}(\boldsymbol{v}_i)\leqslant p_{s,t}^{a+}(\boldsymbol{v}_i)\leqslant p_{s,t}^{a-}(\boldsymbol{v}_i)]\\ \leqslant&\sum_{i=0}^{k_a}1[-p_{t,s}^{a-}(\boldsymbol{v}_i^a)\leqslant p_{s,t}^{a+}(\boldsymbol{v}_i^a)\leqslant p_{s,t}^{a-}(\boldsymbol{v}_i^a)]\\ \leqslant&2+\sum_{i=1}^{k_a-1}1[s_{c,d}(\boldsymbol{e}_i^a)\leqslant p_{s,t}^{a+}(\boldsymbol{v}_i^a)\leqslant s_{c,d}(\boldsymbol{e}_{i+1}^a)]\end{aligned}$$

我们现在可以有效地取得关于 $\boldsymbol{c}_a$ 的期望值。这里的关键在于根据 $\boldsymbol{c}$ 的分量的独立性，影子路径 $P_a(-\boldsymbol{c},\boldsymbol{d})$ 独立于成本 $\boldsymbol{c}_a$，注意到在 P_a 中沿着弧 a 的流是固定的。此外，记 $a=pq\in\overleftrightarrow{E}$，我们可以有效地分解 $p_{s,t}^{a+}(\boldsymbol{v}_i^a)=\boldsymbol{c}_a+\boldsymbol{r}_{s,t}^{a+}(\boldsymbol{v}_i^a)$，其中 $\boldsymbol{r}_{s,t}^{a+}(\boldsymbol{v}_i^a)$ 是 $N[\boldsymbol{v}_i^a]$ 中的最短路径 s-p 和 q-t 的成本的总和。注意到 $N[\boldsymbol{v}_i^a]$ 中不包含 $\overleftarrow{a}$，我们留意到 $\boldsymbol{r}_{s,t}^{a+}(\boldsymbol{v}_i^a)$ 显然独立于 $\boldsymbol{c}_a$。利用边的斜率满足 $0<s_{\boldsymbol{c},\boldsymbol{d}}(\boldsymbol{e}_1^a)<\cdots<s_{\boldsymbol{c},\boldsymbol{d}}(\boldsymbol{e}_{k_a}^a)\leqslant n-1$，其中最后一个不等式如前所述源自与 s-t 路径长度的对应关系，并考虑到区间引理，我们确定期望值的界如下：

$$E_{\boldsymbol{c}_a}\left[\sum_{i=1}^{k_a-1}1[s_{\boldsymbol{c},\boldsymbol{d}}(\boldsymbol{e}_i^a)\leqslant p_{s,t}^{a+}(\boldsymbol{v}_i^a)\leqslant s_{\boldsymbol{c},\boldsymbol{d}}(\boldsymbol{e}_{i+1}^a)]\right]$$

$$
\begin{aligned}
&= \sum_{i=1}^{k_a-1} \Pr_{c_a}[c_a + r_{s,t}^{a+}(v_i^a) \in [s_{c,d}(e_i^a), s_{c,d}(e_{i+1}^a)]] \\
&\leqslant \sum_{i=1}^{k_a-1} \phi(s_{c,d}(e_{i+1}^a) - s_{c,d}(e_i^a)) \\
&= \phi(s_{c,d}(e_{k_a}^a) - s_{c,d}(e_1^a)) \leqslant (n-1)\phi
\end{aligned}
$$

综上所述，利用 $|\overleftrightarrow{E}| = 2m$，得到所要的期望的界

$$
\begin{aligned}
E_c[|P_E(-c,d)|] &\leqslant \sum_{a \in \overleftrightarrow{E}} E_c\left[\sum_{i=1}^{k} 1[a \in \mathrm{tight}_P(v_{i-1}), a \notin \mathrm{tight}_P(e_i)]\right] \\
&\leqslant 4m + \sum_{a \in \overleftrightarrow{E}} E_c\left[\sum_{i=1}^{k_a-1} 1[s_{c,d}(e_i^a) \leqslant p_{s,t}^{a+}(v_i^a) \leqslant s_{c,d}(e_{i+1}^a)]\right] \\
&\leqslant 4m + 2m\phi(n-1) = O(mn\phi)
\end{aligned}
$$

证毕（参见图 14.3）。

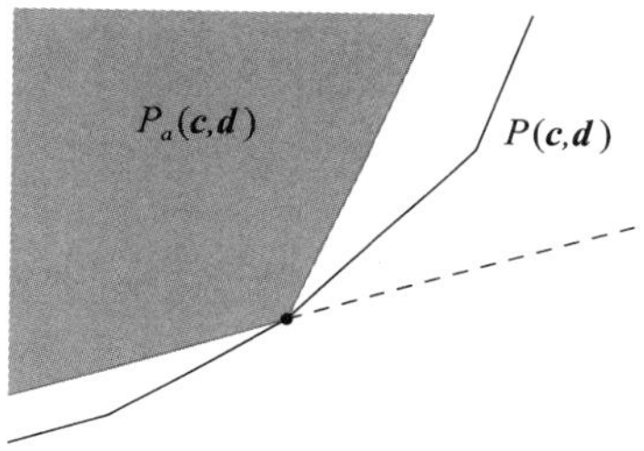

图 14.3 $P(c,d)$ 的任何一个顶点都是某一个 $P_a(c,d)$ 的顶点，并且 $P(c,d)$ 上的外向边的斜率介于 $P_a(c,d)$ 的相邻边的斜率之间

□

14.4 具有高斯约束的线性规划

这一节中的高斯约束扰动模型由 Spielman 和 Teng（2004）提出，是人们研究的第一个平滑复杂度模型。尽管这个模型并不完全符合实际情况——因为它没有保留诸如在大多数现实世界的线性规划问题中存在的稀疏结构，但是它确实证明了单纯形法在最坏情况下的表现非常脆弱。换言之，它证明了影子顶点单纯形法可以高效求解在基线性规划的任何一个足够大的邻域中的大多数线性规划问题。在一个相当高的层面上，这是因为平均水平的影子顶点旋转操作覆盖了初始目标和最终目标之间的“距离”的相当大一部分。

高斯约束扰动模型。在这个扰动模型中，我们从任何一个基线性规划开始

$$\max c^{\top} x, \bar{A}x \leqslant \bar{b} \quad \text{（基线性规划）}$$

$\bar{A} \in \mathbb{R}^{m\times n}$，$\bar{b} \in \mathbb{R}^m$，$c \in \mathbb{R}^n \setminus \{0\}$，其中（$\bar{A}$，$\bar{b}$）的各行被规一化，使得 ℓ_2 范数最多是 1。从这个基线性规划开始，我们通过向约束矩阵 $\bar{A}$ 和右侧的 $\bar{b}$ 添加高斯扰动来生成平滑线性规划（smoothed LP）。精确地说，平滑线性规划的数据是 $A = \bar{A} + \hat{A}$，$b = \bar{b} + \hat{b}$ 以及 c，其中扰动 $\hat{A}$ 和 $\hat{b}$ 是独立同分布（i. i. d.）、均值为 0、方差为 σ^2 的高斯分布项。目的是求解

$$\max c^{\top} x, Ax \leqslant b \quad \text{（平滑线性规划）}$$

不需要扰动这个模型中的目标，尽管我们确实要求 $c \neq 0$。基线性规划的数据必须进行

规一化才能使这个定义有意义，否则我们可以将基线性规划的数据放大从而忽略有效的扰动。

正如之前所提醒的，影子顶点单纯形算法的优势在于给定起始目标和最终目标向量之后，容易对一个基是否被访问过的特征进行描述。算法对于前面的旋转操作步骤所做出的决策不存在任何依赖性。为了保持这种独立性，我们对如何找到初始顶点和目标必须倍加小心。一方面，如果我们从了解平滑线性规划的一个可行基 $\boldsymbol{B}\subset[m]$ 开始，那么不能只设置 $\boldsymbol{d}=\sum_{i\in B}a_i$，其中 $a_1,\cdots,a_m$ 表示 $\boldsymbol{A}$ 的行。这将导致影子平面 span($\boldsymbol{c},\boldsymbol{d}$) 依赖于 $\boldsymbol{A}$，而且使计算更加困难。另一方面，无法独立于 $\boldsymbol{A}$ 和 $\boldsymbol{b}$ 选择起始目标 $\boldsymbol{d}$ 并找到最优化它的顶点，因为这正是我们要解决的问题。我们对独立于 $\boldsymbol{A}$ 和 $\boldsymbol{b}$ 的平面上的期望影子顶点数量进行分析，并且设计了一种算法，它利用影子顶点单纯形法作为一个只用在位于这种预先指定平面内的目标上的子例程，从而解决了这一问题。

平滑单位线性规划。作为概率分析的进一步简化，我们把影子的界限制在右侧等于 1 的线性规划，而且只有 $\boldsymbol{A}$ 受到高斯噪声的扰动（这样的线性规划称为平滑单位线性规划）：

$$\max \boldsymbol{c}^{\top}\boldsymbol{x}, \boldsymbol{A}\boldsymbol{x}\leqslant 1 \quad (\text{平滑单位线性规划})$$

这个假定保证了 0 是一个可行解。在这一小节的余下部分，我们把求解平滑线性规划简化为求解平滑单位线性规划（Smoothed Unit LP），并说明如何求解。

下面的定理是这一节的主要技术结果，并将在 14.4.2 节证明。利用引理 14.9 和引理 14.10，定理中的界延续成为在一个固定平面中具有参数 $\boldsymbol{c},\boldsymbol{d}$ 的平滑单位线性规划上的影子顶点单纯形法的旋转操作步骤的期望数量。

定理 14.13 设 $W\subset\mathbb{R}^n$ 是一个固定的二维子空间，$m\geqslant n\geqslant 3/2$，并设 $a_1,\cdots,a_m\in\mathbb{R}^n$ 是独立高斯随机向量，其方差为 σ^2，范数的期望值最多是 1。那么边的期望数量的界是

$$E[\,|\mathrm{edges}(\mathrm{conv}(a_1,\cdots,a_m)\cap W)|\,]$$
$$=O(n^2\sqrt{\ln m}\,\sigma^{-2}+n^{2.5}\ln m\sigma^{-1}+n^{2.5}\ln^{1.5}m)$$

我们求解的线性规划以及它们的影子以概率 1 是非退化的，因此定理 14.13 也将确定影子顶点单纯形法的一次运行的旋转操作步骤的期望数量的界。

首先，我们描述一种算法，它以这个影子路径长度的界为基础，求解一般的平滑线性规划。然后，我们将给出定理 14.13 的概略证明。

两阶段插补方法。给定数据 $\boldsymbol{A},\boldsymbol{b},\boldsymbol{c}$，定义阶段 I 的单位线性规划为：

$$\max \boldsymbol{c}^{\top}\boldsymbol{x} \quad (\text{阶段 I 的单位线性规划})$$
$$\boldsymbol{A}\boldsymbol{x}\leqslant 1$$

以及具有参数目标的阶段 II 的插补线性规划（Int. LP），这里 $\gamma\in(-\infty,\infty)$：

$$\max \boldsymbol{c}^{\top}\boldsymbol{x}+\gamma\boldsymbol{\lambda} \quad (\text{插补线性规划})$$
$$\boldsymbol{A}\boldsymbol{x}+(1-\boldsymbol{b})\boldsymbol{\lambda}\leqslant 1$$
$$0\leqslant\boldsymbol{\lambda}\leqslant 1$$

我们断言，如果能够求解平滑单位线性规划，就可以利用阶段 I 的单位线性规划和阶段 II 的插补线性规划这样一对规划来求解一般的平滑线性规划问题。

把插补线性规划的可行集写成 P，把在 $\boldsymbol{\lambda}$ 增加的方向上的基向量写成 $\boldsymbol{e}_{\boldsymbol{\lambda}}$，则阶段 I 的单位线性规划的最优解对应于 $P[-\boldsymbol{e}_{\boldsymbol{\lambda}}][\boldsymbol{c}]$。假定平滑线性规划是可行的，它的最优解对应于 $P[\boldsymbol{e}_{\boldsymbol{\lambda}}][\boldsymbol{c}]$。阶段 I 的单位线性规划和插补线性规划都是单位线性规划。我们首先描述如何在给定阶段 I 的单位线性规划的解的情况下求解平滑线性规划。

如果平滑线性规划是无界的（即系统 $c^{\top}x>0, Ax\leqslant 0$ 是可行的），这将在阶段 I 被检测到，因为单位线性规划也是无界的。

我们暂且假定平滑线性规划是有界而且可行的（即有最优解）。我们可以从顶点 $P[-e_{\lambda}][c]$ 开始，以 $\gamma e_{\lambda}+c$ 为目标（对于足够小的 $\gamma<0$）启动影子顶点单纯形法，通过移动来最大化 e_{λ} 从而找到 $P[e_{\lambda}][c]$。

如果平滑线性规划不可行但是有界，则影子顶点方法的运行将在一个 $\boldsymbol{\lambda}<1$ 的顶点上终止。因此，所有情况都可以由这个两阶段过程检测。

给定单位线性规划的解，我们给出求解插补线性规划所需的旋转操作步骤的数量的界，然后再描述如何求解单位线性规划。

考虑多面体 $P'=\{(x,\boldsymbol{\lambda})\in\mathbb{R}^{n+1}:Ax+(1-b)\boldsymbol{\lambda}\leqslant 1\}$，片 $H=\{(x,\boldsymbol{\lambda})\in\mathbb{R}^{d+1}:0\leqslant\boldsymbol{\lambda}\leqslant 1\}$，并设 $W=\mathrm{span}(c,e_{\lambda})$。此时 $P=P'\cap H$ 是插补线性规划的可行集，W 是插补线性规划的影子平面。我们通过将插补线性规划的影子 $\pi_W(P)$ 与 $\pi_W(P')$ 关联来得到其中的顶点数量的界。

P'的约束矩阵是 $(A,1-b)$，因此各行呈高斯分布，方差为 σ^2，而且范数的均值最多是 2。以因子 2 重新缩放后，定理 14.13 的所有条件得到满足。

由于这个影子平面包含满足不等式 $0\leqslant\boldsymbol{\lambda}\leqslant 1$ 的法向量 e_{λ}，因此这些约束以直角与影子平面 W 相交，于是 $\pi_W(P'\cap H)=\pi_W(P')\cap H$。向二维多面体添加两个约束最多可以增加两条新的边，因此 $\boldsymbol{\lambda}$ 上的约束最多可以添加四个新的顶点。结合这些观察结果，我们直接得到以下引理。

引理 14.14 如果单位线性规划是无界的，那么平滑线性规划也是无界的。如果单位线性规划是有界的，那么给定单位线性规划的最优解，我们可以在插补线性规划上利用期望次数为 $O(n^2\sqrt{\ln m}\,\sigma^{-2}+n^{2.5}\ln m\sigma^{-1}+n^{2.5}\ln^{1.5}m)$ 的影子顶点单纯形旋转操作求解平滑线性规划。

有了引理 14.14 之后，我们现在的主要任务是求解单位线性规划，即要么找到最优解，要么确定其无界性。只需利用预先确定的影子平面就能够工作的最简单的算法是 Borgwardt 的 DD（Dimension-by-Dimension）算法。

DD 算法。DD 算法通过迭代求解下面的约束来求解单位线性规划：

$$\begin{aligned}\max\ & c^{k\top}x \qquad (\text{单位 LP}_k)\\ & Ax\leqslant 1\\ & x_i=0,\ \forall i\in\{k+1,\cdots,n\}\end{aligned}$$

其中 $k\in\{1,\cdots,n\}$，$c^k:=(c_1,\cdots,c_k,0,\cdots,0)$。不失一般性，我们假定 $c_1\neq 0$。在这种情况下，关键的观察是单位 $\mathrm{LP}_k, k\in\{1,\cdots,n-1\}$ 的最优顶点 v^* 通常在关于 c^k 和 e_{k+1} 的单位 LP_{k+1} 的影子的一条边 w^* 上。为了初始化单位 LP_{k+1} 的解，我们移动到边 w^* 的一个顶点 v_0，并计算一个由 v_0 唯一最大化的目标 $d\in\mathrm{span}(c^k,e_{k+1})$。注意到 $c^{k+1}\in\mathrm{span}(c^k,e_{k+1})$，于是我们从$v_0$ 开始以起始目标 d 和最终目标 c^{k+1} 运行影子顶点单纯形法求解单位 LP_{k+1}。

我们注意到，只要适当的非退化条件成立（对于平滑线性规划，这个条件以概率 1 出现），Borgwardt 的算法可以应用于具有已知可行点的任何线性规划问题。此外，单位 LP_1 容易求解，因为其可行域是一个端点容易计算的区间。结合这些论证，我们得到下面的定理。

定理 14.15 设 S_k 表示在 $W_k=\mathrm{span}(c_{k-1},e_k)$ 上的单位 LP_k 的影子，$k\in\{2,\cdots,n\}$。如

果每一个单位 LP_k 和影子 S_k 对于 $k\in\{2,\cdots,n\}$ 是非退化的，那么 DD 算法使用次数最多是 $\sum_{k=2}^{n}|\text{vertices}(S_k)|$ 的旋转操作求解单位线性规划。

为了确定 S_k 的顶点数量的界，我们首先观察到单位 LP_k 的可行集并不依赖于约束向量的坐标 $k+1,\cdots,n$。忽略这些之后，显然在仅存的 k 个变量中存在一个与单位 LP_k 等价的单位线性规划，它具有高斯分布的行，其方差为 σ^2，范数的均值最多是 1。

对于 $k\geqslant 3$，利用定理 14.15 以及定理 14.13 中影子的界，而对于 $k=2$，利用定理 14.18（在 14.4.1 节中证明），我们得到以下求解平滑单位线性规划的复杂性估计。

推论 14.16　平滑单位线性规划可以由 DD 算法求解，其中使用的影子顶点旋转操作的期望次数的界为

$$\sum_{k=2}^{n}E[|\text{edges}(\text{conv}(a_1,\cdots,a_m)\cap W_k)|]$$
$$=O(n^3\sqrt{\ln m}\,\sigma^{-2}+n^{3.5}\sigma^{-1}\ln m+n^{3.5}\ln^{3/2}m)$$

14.4.1　二维中的影子界

作为对定理 14.13 进行概略证明之前的热身，我们看看比较简单的二维的情况。我们确定了高斯扰动点的凸包的期望复杂性的界，这个证明要比高维度的影子的界的证明简单得多，但它包含许多我们需要了解的主要思想。

首先，我们给出一个简单的引理。引理的证明留作练习题 14.4。

引理 14.17　设随机变量 $X\in\mathbb{R}$，$E[X]=\mu$，$\text{Var}(X)=\tau^2$。则 X 满足

$$\frac{E[X^2]}{E[|X|]}\geqslant(|\mu|+\tau)/2$$

定理 14.18　对于独立高斯分布的点 $a_1,\cdots,a_m\in\mathbb{R}^2$，每一个点都具有协方差矩阵 $\sigma^2\boldsymbol{I}_2$，而且对所有的 $i\in[m]$，有 $\|E[a_i]\|\leqslant 1$。则凸包 $Q:=\text{conv}(a_1,\cdots,a_m)$ 拥有的边的期望数量是 $O(\sigma^{-1}+\sqrt{\ln m})$。

证明　我们将证明，在平均意义上 Q 的各边长度较大，而且 Q 的周长较小，这足以确定边的期望数量的界。

对于 $i,j\in[m]$，$i\neq j$，设 $E_{i,j}$ 表示 a_i 和 a_j 是 Q 的一条边的两个端点的事件。根据期望值的线性特性，我们得到以下等式：

$$E[\text{perimeter}(Q)]=\sum_{1\leqslant i<j\leqslant m}E[\|a_i-a_j\|\mid E_{i,j}]\Pr[E_{i,j}]$$

我们通过在所有条件期望值中取最小值来确定右侧的下界，并且得到

$$\sum_{1\leqslant i<j\leqslant m}E[\|a_i-a_j\|\mid E_{i,j}]\Pr[E_{i,j}]\geqslant\min_{k\neq l}E[\|a_k-a_l\|\mid E_{k,l}]\sum_{1\leqslant i<j\leqslant m}\Pr[E_{i,j}]$$

同时在两边做除法，我们可以估计边的期望数量为

$$E[|\text{edges}(Q)|]=\sum_{1\leqslant i<j\leqslant m}\Pr[E_{i,j}]\leqslant\frac{E[\text{perimeter}(Q)]}{\min_{k\neq l}E[\|a_k-a_l\|\mid E_{k,l}]}\tag{14.4}$$

我们接下来确定右边的分子和分母的界。对于分子部分，我们观察到 Q 是凸的，因此它的周长最多是它所包含的任何圆盘（disc）的周长。利用标准高斯尾界产生下面的边界：

$$E[\text{perimeter}(Q)]\leqslant E[2\pi\max_i\|a_i\|]\leqslant 2\pi(1+6\sigma\sqrt{\ln m})\tag{14.5}$$

我们接下来确定分母部分的下界。不失一般性，固定 $k=1$，$l=2$。我们关心的量是

$$E[\|a_1-a_2\| \mid E_{1,2}] = \frac{\int_{\mathbb{R}^2}\int_{\mathbb{R}^2}\|a_1-a_2\|\Pr[E_{1,2}]\mu_1(a_1)\mu_2(a_2)\mathrm{d}a_1\mathrm{d}a_2}{\int_{\mathbb{R}^2}\int_{\mathbb{R}^2}\Pr[E_{1,2}]\mu_1(a_1)\mu_2(a_2)\mathrm{d}a_1\mathrm{d}a_2}$$

其中 μ_i 是 a_i 的概率密度，概率 $E_{1,2}:=E_{1,2}(a_1,\cdots,a_n)$ 来自 $a_3,a_4,\cdots,a_m$ 中的随机性。为了取得对事件 $E_{1,2}$ 的控制，我们执行一个从 $a_1,a_2\in\mathbb{R}^2$ 到 $t\in[0,\infty]$，$\theta\in\mathbb{S}^1$，$h_1,h_2\in\mathbb{R}$ 的坐标变换，满足

$$a_1=t\theta+R_\theta(h_1)$$
$$a_2=t\theta+R_\theta(h_2)$$

其中 R_θ：$\mathbb{R}\to\theta^\perp$ 是 $\mathbb{R}$ 到与 θ 正交的线性子空间中的等距线性嵌入，这里 $R_\theta(1)$ 的第一个坐标是正的。只要 a_1 和 a_2 是线性无关的而且 θ 的第一个坐标非零，这个变换就是唯一定义和连续的，这种情况发生的概率为 1。这个变换的雅可比行列式为 $|h_1-h_2|$，我们可以将上面表达式中的分数部分改写为

$$\frac{\int_0^\infty\int_{\mathbb{S}^1}\int_{-\infty}^\infty\int_{-\infty}^\infty|h_1-h_2|^2\Pr[E_{1,2}]\mu_1(t\theta+R_\theta(h_1))\mu_2(t\theta+R_\theta(h_2))\mathrm{d}h_1\mathrm{d}h_2\mathrm{d}\theta\mathrm{d}t}{\int_0^\infty\int_{\mathbb{S}^1}\int_{-\infty}^\infty\int_{-\infty}^\infty|h_1-h_2|\Pr[E_{1,2}]\mu_1(t\theta+R_\theta(h_1))\mu_2(t\theta+R_\theta(h_2))\mathrm{d}h_1\mathrm{d}h_2\mathrm{d}\theta\mathrm{d}t}$$

事件 $E_{1,2}$ 相当于询问是对于所有的 $i=3,4,\cdots,m$ 有 $\theta^\top a_i\leqslant t$，还是对于所有的 $i=3,4,\cdots,m$ 有 $\theta^\top a_i\geqslant t$。这使得 $E_{1,2}$ 仅仅是 $a_3,\cdots,a_m$ 以及 θ 和 t 的函数，即其值不依赖于 h_1,h_2。

现在，对于任何正可积分的 g,h，我们利用 $\dfrac{\int g(p)h(p)dp}{\int g(p)dp}\geqslant\inf_p h(p)$ 以及替换 $z=h_1-h_2$ 并化简，得到

$$\begin{aligned}
&E[\|a_1-a_2\| \mid E_{1,2}]\\
&\geqslant\inf_{t,\theta}\frac{\int_{-\infty}^\infty\int_{-\infty}^\infty|h_1-h_2|^2\mu_1(t\theta+R_\theta(h_1))\mu_2(t\theta+R_\theta(h_2))\mathrm{d}h_1\mathrm{d}h_2}{\int_{-\infty}^\infty\int_{-\infty}^\infty|h_1-h_2|\mu_1(t\theta+R_\theta(h_1))\mu_2(t\theta+R_\theta(h_2))\mathrm{d}h_1\mathrm{d}h_2}\\
&=\inf_{t,\theta}\frac{\int_{-\infty}^\infty z^2\left(\int_{-\infty}^\infty\mu_1(R_\theta(h_1))\mu_2(R_\theta(h_1-z))\mathrm{d}h_1\right)\mathrm{d}z}{\int_{-\infty}^\infty|z|\left(\int_{-\infty}^\infty\mu_1(R_\theta(h_1))\mu_2(R_\theta(h_1-z))\mathrm{d}h_1\right)\mathrm{d}z}
\end{aligned}$$

对于固定的 t,θ，我们可以将最后一个分数重新解释为 $E[Z^2]/E[|Z|]$，其中 Z 是一个随机变量，其概率密度与下式成正比

$$\int_{-\infty}^\infty\mu_1(R_\theta(h_1))\mu_2(R_\theta(h_1-z))dh_1$$

这与两个方差为 σ^2 的独立高斯随机变量之差的概率密度相同，意味着 Z 具有方差 $2\sigma^2$。如果我们将引理 14.17 应用到 Z 上，就可以推导出 $E[\|a_1-a_2\| \mid E_{1,2}]\geqslant\sigma/\sqrt{2}$。我们得出的结论是，期望的总边数的上界是

$$E[\mathrm{edges}(Q)]\leqslant2\pi\frac{1+6\sigma\sqrt{\ln m}}{\sigma/\sqrt{2}}\leqslant9\sigma^{-1}+54\sqrt{\ln m}$$

证毕。 □

14.4.2　更高维度中的影子界

这一节我们对定理 14.13 进行概略证明。在这一节的余下部分，设 $a_1,\cdots,a_m\in\mathbb{R}^n$ 是独立的方差为 σ^2 的高斯随机向量，$Q:=\mathrm{conv}(a_1,\cdots,a_m)$，而且 $W\subseteq\mathbb{R}^n$ 是一个固定的 2D 平面。

我们的任务是确定 $E[|\mathrm{edges}(Q\cap W)|]$ 的界。这个策略与定理 14.18 中的策略相同，即将周长与期望的最小边长联系起来。首先观察到的是，$Q\cap W$ 的一条边以概率 1 表现为 $\mathrm{conv}(a_i:i\in\boldsymbol{B})\cap W$ 的形式，其中 $\boldsymbol{B}\subseteq[m]$，$|\boldsymbol{B}|=n$，而且 $\mathrm{conv}(a_i:i\in\boldsymbol{B})$ 是 Q 的一个刻面（参见图 14.2）。由此，一个与式（14.4）相同的论证产生以下的关于边的计数的引理。

引理 14.19　对于基 $\boldsymbol{B}\subseteq[m]$，$|\boldsymbol{B}|=n$，设 $E_{\boldsymbol{B}}$ 表示事件“$\mathrm{conv}(a_i:i\in\boldsymbol{B})\cap W$ 是 $Q\cap W$ 的一条边”，那么以下的界成立：

$$E[|\mathrm{edges}(Q\cap W)|]\leqslant\frac{E[\mathrm{perimeter}(Q\cap W)]}{\min\limits_{\boldsymbol{B}\subseteq[m],|\boldsymbol{B}|=n}E[\mathrm{length}(\mathrm{conv}(a_i:i\in\boldsymbol{B})\cap W)\mid E_{\boldsymbol{B}}]}$$

引理 14.19 中分子部分的界可以沿用与定理 14.18 中相同的路线来确定。

引理 14.20　$E[\mathrm{perimeter}(Q\cap W)]\leqslant E[\mathrm{perimeter}(\pi_W(Q))]\leqslant O(1+\sigma\sqrt{\ln m})$。

现在我们将注意力局限在对固定的基 $\boldsymbol{B}\subseteq[m]$，确定 $E[\mathrm{length}(\mathrm{conv}(a_i:i\in\boldsymbol{B})\cap W)\mid E_{\boldsymbol{B}}]$ 的下界。不失一般性，可以假设 $\boldsymbol{B}=\{1,\cdots,n\}$。

正如我们在定理 14.18 的证明中所做的那样，我们对变量做了变换。$a_1,\cdots,a_n$ 的新参数化的第一部分由它们所包含的仿射子空间 H 组成，由 $\boldsymbol{\theta}\in\mathbb{S}^{n-1},\boldsymbol{t}\geqslant 0$ 表示，满足

$$\mathrm{aff}(a_1,\cdots,a_n)=:H=\{\boldsymbol{x}\in\mathbb{R}^n:\boldsymbol{\theta}^{\top}\boldsymbol{x}=\boldsymbol{t},\quad 对于所有的\ i\in[n]\}$$

如图 14.4 所示，其中的 $\mathrm{conv}(a_i:i\in\boldsymbol{B})\cap W$ 由线段 K 标记。

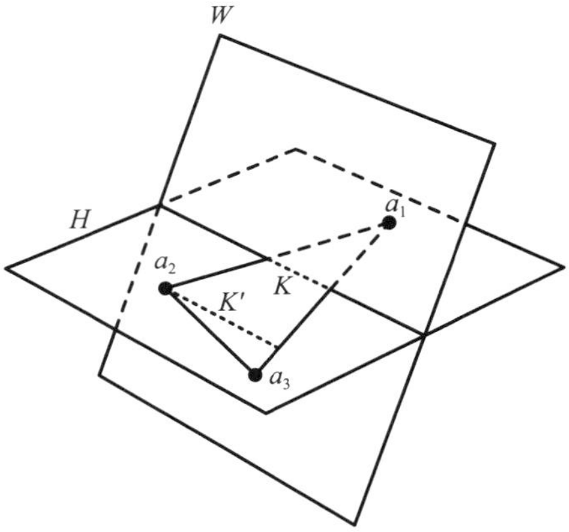

图 14.4　限制向量 $a_1,\cdots,a_n$ 使得 $\mathrm{conv}(a_1,\cdots,a_n)$ 与 W 相交并位于 H 中。短虚线段 $K=W\cap H\cap\mathrm{conv}(a_1,a_2,a_3)$ 是由基导入的 $Q\cap W$ 的边，长虚线段 K' 是与直线 $H\cap W$ 平行的单纯形的最长弦。我们的目标是确定线段 K 的期望长度的下界

为了描述超平面 H 内的点的位置，我们利用一系列正交嵌入 $R:=R_{\theta}:\mathbb{R}^{n-1}\to\boldsymbol{\theta}^{\perp}$，其中点 $b_1,\cdots,b_n$ 满足 $\boldsymbol{t\theta}+R_{\theta}(b_i)=a_i$，$\forall i\in[n]$。$R_{\theta}$ 的一个简单选择是 $R_{\theta}(b):=(b,0)-(\boldsymbol{e}_n+\boldsymbol{\theta})(\boldsymbol{\theta}^{\top}(b,0))/(1+\boldsymbol{\theta}_n)$，它先发送 $b\to(b,0)\in(\boldsymbol{e}_n)^{\perp}$，并将它与把 $\boldsymbol{e}_n$ 发送到 $\boldsymbol{\theta}$ 并且固定 $\mathrm{span}(\boldsymbol{e}_n,\boldsymbol{\theta})^{\perp}$ 的旋转进行组合。定理 14.21 给出了变量的这种变换的性质。

定理 14.21　变量的上述变换以概率 1 是良定义的而且有雅可比行列式 $(n-1)!\mathrm{vol}(\mathrm{conv}(b_1,\cdots,b_n))$。如果我们固定 $\boldsymbol{\theta},\boldsymbol{t}$，那么导入的 $b_1,\cdots,b_n$ 的概率密度函数与 $\mathrm{vol}(\mathrm{conv}(b_1,\cdots,b_n))\prod_{i=1}^{n}\mu_i(Rb_i)$ 成正比，其中 μ_i 是关于每一个 $i\in[n]$ 的 a_i 的概率密度函数。

定义直线 $\ell \subset \mathbb{R}^{n-1}$ 满足 $H\cap W=t\boldsymbol{\theta}+R\ell$。通过这种表示方式，我们得到 $\mathrm{conv}(a_1,\cdots,a_n)\cap W=t\boldsymbol{\theta}+R(\mathrm{conv}(b_1,\cdots,b_n)\cap\ell)$。当对所有的 $i=n+1,\cdots,m$ 都有 $\boldsymbol{\theta}^\top a_i>t$，或者对所有的 $i=n+1,\cdots,m$ 都有 $\boldsymbol{\theta}^\top a_i<t$ 时（即 $\mathrm{conv}(a_1,\cdots,a_n)$ 是 Q 的一个刻面），事件 $E_{\boldsymbol{B}}$ 成立，记为 $E_{\boldsymbol{B},f}$，并且 $\mathrm{conv}(b_i:i\in\boldsymbol{B})\cap\ell$ 的长度为正，记为 $E_{\boldsymbol{B},\ell}$。就像在二维情况下那样，在 $\boldsymbol{\theta},t$ 上进行条件化之后，事件 $E_{\boldsymbol{B},f}$ 和 $E_{\boldsymbol{B},\ell}$ 变成独立的。特别地，在这样条件化之后，$E_{\boldsymbol{B},\ell}$ 只依赖于 $b_1,\cdots,b_n$，而 $E_{\boldsymbol{B},f}$ 独立于 $b_1,\cdots,b_n$。

给定这种独立性，我们可以将注意力局限在证明 $E[\mathrm{length}(\mathrm{conv}(b_1,\cdots,b_n)\cap\ell)\mid E_{\boldsymbol{B},\ell}]$ 的下界，其中 $b_1,\cdots,b_n$ 以固定的 $\boldsymbol{\theta}$ 和 t 为条件。为了分析期望的边长度，我们需要以下概念。

定义 14.22 设 $\boldsymbol{\omega}\in\mathbb{R}^n$，$\|\boldsymbol{\omega}\|_2=1$ 以及 $\boldsymbol{p}\in\boldsymbol{\omega}^\perp$ 使得 $\ell=\boldsymbol{p}+\mathbb{R}\boldsymbol{\omega}$，并设 $\mathcal{L}:=\mathrm{conv}(b_i:i\in\boldsymbol{B})\cap\ell$。对于任何一个 $\boldsymbol{q}\in\boldsymbol{\omega}^\perp$，定义凸组合的集合为

$$C(\boldsymbol{q}):=\left\{\lambda\in\mathbb{R}^n_+:\sum_{i=1}^n\lambda_i=1,\sum_{i=1}^n\lambda_i\pi_{\boldsymbol{\omega}}^\perp(b_i)=\boldsymbol{q}\right\}$$

其 ℓ_1 直径记为 $\|C(\boldsymbol{q})\|_1$，按惯例当 $C(\boldsymbol{q})=\varnothing$ 时为 0。设 $\gamma:=\|C(\boldsymbol{p})\|_1$。定义 $\boldsymbol{z}\in\mathbb{R}^n$ 在忽略符号的情况下是 $\sum_{i=1}^n z_i\pi_{\boldsymbol{\omega}^\perp}(b_i)=0$ 的唯一解，而且 $\|\boldsymbol{z}\|_1=1$（唯一性以概率 1 成立）。◁

我们在这里给出上述定义的一些注解。$\boldsymbol{\omega}$ 是直线 ℓ 的方向，$\{\boldsymbol{p}\}=\pi_{\boldsymbol{\omega}^\perp}(\ell)$ 是这条直线与 $\boldsymbol{\omega}^\perp$ 的交点。$\mathcal{L}$ 是暂定边，我们想要确定它的期望长度的下界。集合 $C(\boldsymbol{q})$，$\boldsymbol{q}\in\boldsymbol{\omega}^\perp$ 是在 $\boldsymbol{z}$ 的方向的线段，注意到 $C(\boldsymbol{q})$ 中任何两点的差必须是 $\boldsymbol{z}$ 的倍数。特别地，如果 $C(\boldsymbol{p})\neq\varnothing$，我们可以把 $C(\boldsymbol{p})$ 表示成 $C(\boldsymbol{q})=[\lambda_0,\lambda_0+\gamma\boldsymbol{z}]$，其中 λ_0 是一个凸组合，$\gamma:=\|C(\boldsymbol{p})\|_1$，如上所述。我们可以等价地定义

$$C(\boldsymbol{p})=\left\{\lambda\in\mathbb{R}^n_+:\sum_{i=1}^n\lambda_i=1,\sum_{i=1}^n\lambda_i b_i\in\mathcal{L}\right\}$$

也就是说，$C(\boldsymbol{p})$ 是表示边 $\mathcal{L}$ 的凸组合的集合。现在可以直接看到 $\mathcal{L}$ 的长度是正的当且仅当 $\gamma>0$，也就是说，$E_{\boldsymbol{B},\ell}$ 等价于 $\gamma>0$。

下面的引理封装了我们需要的 $C(\boldsymbol{p})$ 的性质，其证明作为练习题 14.6。

引理 14.23 设 $\boldsymbol{y}:=\sum_{i=1}^n|z_i|\pi_{\boldsymbol{\omega}^\perp}(b_i)$ 以及 $h_1=\boldsymbol{\omega}^\top b_1,\cdots,h_n=\boldsymbol{\omega}^\top b_n$。那么以下描述成立：

1. $\|C(\boldsymbol{q})\|_1$ 是 $\boldsymbol{q}\in\mathrm{conv}(\pi_{\boldsymbol{\omega}^\perp}(b_i):i\in[n])$ 的一个非负凹函数。
2. $\max_{\boldsymbol{q}\in\mathrm{conv}(\pi_{\boldsymbol{\omega}^\perp}(b_i):i\in[n])}\|C(\boldsymbol{q})\|_1=\|C(\boldsymbol{y})\|_1=2$。
3. $\mathrm{length}(\mathcal{L})=\gamma\left|\sum_{i=1}^n z_ih_i\right|$。

在引理 14.23 的最后一项中，右边的因子具有确切的含义。$2\left|\sum_{i=1}^n z_ih_i\right|$ 是与 ℓ 平行的 $\mathrm{conv}(b_1,\cdots,b_n)$ 的最长弦的长度。在图 14.4 中，这条最长弦由线段 K' 表示，它类似于二维情况下的 h_1-h_2。剩余项 $\gamma/2$ 是边 $\mathcal{L}$ 的长度与最长弦的长度的比值。在图 14.4 中，这是线段 K 的长度与线段 K' 的长度的比值。我们注意到在二维情况下没有类似的项，因此需要新的思路来确定它的下界。我们现在可以如下确定 $\mathcal{L}$ 的期望长度的下界：

$$E\left[\gamma\left|\sum_{i=1}^n z_ih_i\right|\mid\gamma>0\right]\geqslant E[\gamma\mid\gamma>0]\inf_{\pi_{\boldsymbol{\omega}^\perp}(b_i):i\in[n]}E\left[\left|\sum_{i=1}^n z_ih_i\right|\mid\pi_{\boldsymbol{\omega}^\perp}(b_i):i\in[n]\right]\tag{14.6}$$

注意到 $(\pi_{\boldsymbol{\omega}^\perp}(b_i):i\in[n])$ 确定了 $\boldsymbol{z}$ 和 γ。

我们首先确定后一个项（即期望的最大弦长度）的下界，为此需要利用在 $h_1,\cdots,h_n$ 上导入的概率密度。以下引理给出了这个概率密度，引理的证明是通过对定理 14.21 中的雅可比行列式的直接处理得到的。

引理 14.24 对于投影 $\pi_{\omega^\perp}(b_1),\cdots,\pi_{\omega^\perp}(b_n)$ 的任何固定值，内积 $h_1,\cdots,h_n$ 的联合概率密度与下式成正比：

$$\left|\sum_{i=1}^{n} z_i h_i\right| \prod_{i=1}^{n} \mu_i(R(h_i\boldsymbol{\omega}))$$

利用引理 14.24 和类似于定理 14.18 中的论证，我们可以把 $E[\,|\sum_{i=1}^n z_i h_i|\,|\,\pi_{\omega^\perp}(b_i):i\in[n]]$ 表示成比值 $E[(\sum_{i=1}^n z_i x_i)^2]/E[\,|\sum_{i=1}^n z_i x_i|\,]$，其中 $x_1,\cdots,x_n$ 是独立的，而且每个 x_i 的分布遵循 $\mu_i(R(x_i\boldsymbol{\omega}))$。由于 $\sum_{i=1}^n z_i x_i$ 有方差 $\sigma^2\|\boldsymbol{z}\|_2^2 \geqslant \dfrac{\sigma^2\|\boldsymbol{z}\|_1^2}{n}=\sigma^2/n$，我们可以应用引理 14.17 推导出下面的下界。

引理 14.25 固定 $\pi_{\omega^\perp}(b_1),\cdots,\pi_{\omega^\perp}(b_n)$，我们有 $E[\,|\sum_{i=1}^n z_i h_i|\,]\geqslant \sigma/(2\sqrt{n})$。

剩下的任务是确定 $E[\gamma\,|\,\gamma>0]$ 的下界，这需要一些新的思路和一些简化假设，概略如下。

主要的直观观察是，基本上只有当 $p\in \mathrm{conv}(\pi_{\omega^\perp}(b_i):i\in[n])$ 靠近凸包的边界时，$\gamma>0$ 才是小的。为了证明这种情况在平均情况下不会发生，主要的思路是证明对于 γ 非常小的任何结构 $\pi_{\omega^\perp}(b_1),\cdots,\pi_{\omega^\perp}(b_n)$，存在一种几乎等概率的情况，此时 γ 成为 n、m 和 σ 的函数的下界。这里对结构的改进对应于把 $\mathrm{conv}(\pi_{\omega^\perp}(b_i):i\in[n])$ 的“中心” $\boldsymbol{y}$ 推向 $\boldsymbol{p}$，其中的 $\boldsymbol{y}$ 如引理 14.23 中所述。

为了能够证明近等概率性（near-equiprobability），我们将做出一个简化假设，即对于 $L=\Theta(\sqrt{n\ln m}/\sigma)$，原始密度 $\mu_1,\cdots,\mu_n$ 满足 L-对数利普西茨条件（L-log-Lipschitz，L 是利普西茨常数）。回忆一下：对于 $f:\mathbb{R}^n\to\mathbb{R}_+$，如果 $\forall x,y$，有 $f(x)\leqslant f(y)\mathrm{e}^{L\|x-y\|}$，那么 f 是 L-log-Lipschitz 函数。虽然一个方差为 σ^2 的高斯分布不满足全局 log-Lipschitz 条件，不过可以验证在其均值的 $\sigma^2 L$ 距离范围内满足 L-log-Lipschitz 条件。根据标准高斯尾界，任何 a_i 与其均值的距离为 $\sigma^2 L=\Omega(\sigma\sqrt{n\ln m})$ 的概率最多是 $m^{-\Omega(n)}$。由于一个以低于 $\binom{m}{n}^{-1}$ 的概率发生的事件对 $E[\,|\mathrm{edges}(Q\cap W)|\,]$ 的贡献最多为 1，注意到 $\binom{m}{n}$ 是一个确定的上界，直观上我们可以假设 L-对数利普西茨性（L-log-Lipschitz）“处处起作用”，尽管对这个结果的严格证明超出了本章的范围。

利用对数利普西茨性（log-Lipschitz），我们只能证明近旁的构造是等概率的。为了能够对 γ 产生显著影响，我们需要让 $\pi_{\omega^\perp}(b_1),\cdots,\pi_{\omega^\perp}(b_n)$ 一开始就不要相距太远。为此，对于 $D=\Theta(1+\sigma\sqrt{n\ln m})$，我们用 E_D 表示 $\max_{i,j}\|\pi_{\omega^\perp}(b_i)-\pi_{\omega^\perp}(b_j)\|\leqslant D$ 的事件。注意到利用与上面类似的关于尾界的论证，相距较远的原始的 $a_1,\cdots,a_m$ 已经以概率 $1-m^{-\Omega(n)}$ 满足了这个距离要求。

有了这些概念之后，我们将能够在引理 14.26 中确定 $E[\gamma\,|\,\gamma>0,E_D]$ 的下界。为了利用这个结果，我们希望

$$E[\gamma\,|\,\gamma>0]\geqslant E[\gamma\,|\,\gamma>0,E_D]/2 \tag{14.7}$$

但是这在一般情况下有可能不成立，可能失败的主要原因是如果起始的基 $\boldsymbol{B}$ 形成一条开始边的概率小于 $m^{-\Omega(n)}$，在这种情况下它总是可以被安全地忽略。此后我们将假定不等

式（14.7）成立。

引理 14.26 设 $L=\Theta(\sqrt{n\ln m}/\sigma)$，$D=\Theta(1+\sigma\sqrt{n\ln m})$，我们有 $E[\gamma\mid\gamma>0,E_D]\geqslant\Omega\left(\frac{1}{nDL}\right)$。

概略证明 对于所有的 $2\leqslant i\leqslant n$，固定 $s_i:=\pi_{\omega^\perp}(b_i)-\pi_{\omega^\perp}(b_1)$，其中对于所有的 $i,j\in\{2,\cdots,n\}$，条件 $\|s_i\|\leqslant D$，$\|s_i-s_j\|\leqslant D$ 成立。注意到这个条件等价于 E_D。设 $S=\text{conv}(0,s_2,\cdots,s_n)$ 表示投影的凸包的结果形状。我们现在再任意固定 $h_1,\cdots,h_n$。

此时，唯一剩下的自由度是 $\pi_{\omega^\perp}(b_1)$ 的位置。条件 $\gamma>0$ 现在等价于 $p\in\pi_{\omega^\perp}(b_1)+S\Leftrightarrow\pi_{\omega^\perp}(b_1)\in p-S$。由此，$\pi_{\omega^\perp}(b_1)$ 的条件密度 μ 满足

$$\mu\propto\mu_1(R(\pi_{\omega^\perp}(b_1)))\prod_{i=2}^{n}\mu_i(R(\pi_{\omega^\perp}(b_1)+s_i))$$

这里我们注意到，对 $h_1,\cdots,h_n$，$s_2,\cdots,s_n$ 的固定使得定理 14.21 中的雅可比行列式保持不变。

正如我们之前所提及的，假定 $\mu_1,\cdots,\mu_n$ 处处满足 L-log-Lipschitz 条件。这使得 μ 成为 nL-log-Lipschitz 函数。由于 $p-S$ 的直径最多是 D，而且根据引理 14.23，γ 是一个最大值是 2 的凹函数 $\pi_{\omega^\perp}(b_1)$，因此我们可以利用引理 14.27 来完成这个概略证明。 □

最后一个引理是练习题 14.7。

引理 14.27 对于由一个直径为 D 的凸集 S 支持并且具有 L-log-Lipschitz 密度的随机变量 $x\in S\subset\mathbb{R}^n$，以及一个凹函数 $f:S\to\mathbb{R}_+$，有

$$E[f(x)]\geqslant\mathrm{e}^{-2}\frac{\max\limits_{y\in S}f(y)}{\max(DL,n)}$$

综合引理 14.19、引理 14.20、引理 14.25、引理 14.26 和不等式（14.7），我们得到想要的结果

$$E[|\text{edges}(Q\cap W)|]\leqslant\frac{O(1+\sigma\sqrt{\ln m})}{\frac{\sigma}{2\sqrt{n}}\cdot\Omega\left(\frac{1}{nDL}\right)}=O(n^2\sigma^{-2}\sqrt{\ln m}(1+\sigma\sqrt{n\ln m})(1+\sigma\sqrt{\ln m}))$$

14.5 讨论

我们在两种不同的扰动模型中看到了线性规划的平滑复杂性结果。在第一种模型中，可行域是高度结构化的并且是“良态的”，也就是说它是一个流多胞形，而且只有目标受到扰动。在第二种模型中，可行域是一个一般的线性规划，其约束数据受到高斯扰动。

虽然后一种模型更为一般化，但是它生成的线性规划在许多方面与现实世界的线性规划不同。由于许多实际问题的组合本质，现实世界的线性规划经常是高度退化的。这些线性规划也经常是稀疏的，约束矩阵中通常只有 1%的非零项。高斯约束扰动模型并不具备任何一个这样的性质。另外，业界通常认为求解线性规划问题所采用的旋转操作步数大致与 m 或者 n 呈线性关系。至少从影子顶点单纯形法的角度看来，可以证明这不适用于高斯约束扰动模型。事实上，Borgwardt（1987）证明了当 $m\to\infty$ 而 n 固定的时候，高斯单位线性规划（这里的均值都是 0）的影子界是 $\Theta(n^{1.5}\sqrt{\ln m})$。

在这个领域有许多具体的开放式问题。定理 14.13 的影子界可能是可以改善的，因为它与前面提到的高斯单位线性规划的已知界 $\Theta(n^{1.5}\sqrt{\ln m})$ 不一致。在先前的二维情况

下，正如 Devillers 等人（2016）所讨论的，正确的界有可能更小。在独立同分布高斯情况下，引理 14.19 中边的计数策略是精确的，但是我们在期望的边长度上的下界远远小于真实值。在平滑情况下，当 $n=2$ 时，边的计数策略的损失看上去已经太大了。

定理 14.13 的证明也适用于任何具有足够强尾界的 log-Lipschitz 概率分布，但是是否适用于由有界支持的分布或者保持线性规划的某种有意义的结构的分布（例如约束矩阵中的项大多数为零），我们对此一无所知。扩展当前证明的一个困难在于它需要考虑基向量所在之处甚至不太可能是超平面的情况。

在实践中，影子顶点旋转操作规则的性能被经常使用的最消极降低成本规则、最陡边规则和 Devex 规则所超越。但是，目前对于为什么这些规则性能良好还没有理论上的解释。由于这里讨论的分析技术重度使用了判定一个给定的顶点是否被算法访问过这样的局部特征，因此不会扩展到上述这些旋转规则。

我们注意到，单纯形法流行的一个主要原因是它在关联线性规划的求解序列方面无与伦比的效率。在每一次求解之后，可以在当前规划中添加或删除列或者行。在这种情况下，单纯形法很容易从原始方向或者双向进行“热启动”，而且通常只需要几次额外的旋转操作就可以求解新的线性规划。这个场景在整数规划的情况下自然地发生，在其中我们必须在一棵分支与界树内或者在一个割平面方法的迭代过程中求解许多相关联的线性规划松弛。目前单纯形法的理论分析对这个场景没有任何解释。

14.6　本章注解

影子顶点单纯形法最早由 Gass 和 Saaty（1955）引入，用于求解双目标线性规划问题，也被称为参数单纯形算法。

Murty（1980）、Goldfarb（1983，1994）、Amenta 和 Ziegler（1998）以及 Gärtner 等人（2013）构建了一些线性规划族，对于这些线性规划，影子顶点单纯形法需要指数数量的求解步骤。练习题 14.1 的主题就是实现这样的构建。Disser 和 Skutella（2018）给出了一个非常有趣的构建，他们给出了一个 NP 完全的流网络，用于判定 SSP 算法是否会使用一条给定的边。因此，影子顶点单纯形算法隐式地耗费了指数运行时间来求解一些硬问题。

单纯形法的第一个概率分析由 Borgwardt 完成（参见（Borgwardt，1987）），他研究了当 $\boldsymbol{A}$ 的行从一个球对称分布中取样时，求解 $\max \boldsymbol{c}^{\top}\boldsymbol{x}, \boldsymbol{A}\boldsymbol{x} \leqslant 1$ 的复杂性。他证明了一个胎紧的影子界 $\Theta(n^2 m^{1/(n-1)})$，这个界对于任何一个这种分布都有效；他还证明了前面提到的高斯分布的胎紧的极限。这两个界都可以利用 Borgwardt 的 DD 算法在损失一个因子 n 的情况下进行算法化。

SSP 算法的平滑分析归功于 Brunsch 等人（2015）的研究。他们还证明了用于最小成本流问题时 SSP 算法的运行时间界成立，并证明了一个接近匹配的下界。

Spielman 和 Teng（2004）首次对单纯形法进行平滑分析。他们引入了平滑分析的概念和 14.4 节中的扰动模型。他们获得了界 $O(n^{55} m^{86} \sigma^{-30} + n^{70} m^{86})$。随后 Deshpande 和 Spielman（2005）、Vershynin（2009）、Schnalzger（2014）、Dadush 和 Huiberts（2018）对这个界进行了改进。

本章我们对阶段 I 的单位线性规划利用 DD 算法遍历了 $n-1$ 条影子路径。另一种求解阶段 I 的单位线性规划的算法遍历了期望的 $O(1)$ 条影子路径，可以将平滑复杂度的界降低到 $O(n^2 \sigma^{-2} \sqrt{\ln m} + n^3 \ln^{3/2} m)$。这个过程是 Vershynin（2009）算法的变异，也是定理 14.13 的严格证明，可以在（Dadush and Huiberts，2018）中找到。

在此之前，Damerow 和 Sohler（2004）、Schnalzger（2014）以及 Devillers 等人（2016）研究了来自定理 14.18 的高斯扰动点的二维凸包复杂性，他们得到的最好的通用界是 $O(\sqrt{\ln n}+\sigma^{-1}\sqrt{\ln n})$，渐近地比定理 14.18 中的界稍差。

Schnalzger（2014）首次将 DD 算法用于平滑分析。Kelner 和 Spielman（2006）提出了基于周长和最小边长的边计数策略，他们证明了基于影子顶点单纯形法的算法可以在弱多项式时间内求解线性规划问题。这里使用的两阶段插补法首次由 Vershynin（2009）在平滑分析的背景下引入和分析。定理 14.21 中的坐标变换称为 Blaschke-Petkantschin 恒等式，它是研究随机凸包问题的一个标准工具。

Shamir（1987）对实践中的旋转操作步数进行了综述。一些更为近期的实验，例如 Makhorin（2017）的界，仍然由一个小的 $n+m$ 的线性函数确定，尽管根据 Andrei（2004）的研究，一个稍微超线性的函数可以更好地适应数据。

参考文献

Amenta, Nina, and Ziegler, Günter M. 1998. Deformed products and maximal shadows. *Contemporary Mathematics*, **223**, 57–90.

Andrei, Neculai. 2004. On the complexity of MINOS package for linear programming. *Studies in Informatics and Control*, **13**(1), 35–46.

Borgwardt, Karl-Heinz. 1977. *Untersuchungen zur Asymptotik der mittleren Schrittzahl von Simplexverfahren in der linearen Optimierung*. Ph.D. thesis, Universität Kaiserslautern.

Borgwardt, Karl-Heinz. 1987. *The Simplex Method: A Probabilistic Analysis*. Algorithms and Combinatorics: Study and Research Texts, vol. 1. Springer-Verlag.

Brunsch, Tobias, Cornelissen, Kamiel, Manthey, Bodo, Röglin, Heiko, and Rösner, Clemens. 2015. Smoothed analysis of the successive shortest path algorithm. *SIAM Journal on Computing*, **44**(6), 1798–1819. Preliminary version in SODA '13.

Dadush, Daniel, and Huiberts, Sophie. 2018. A friendly smoothed analysis of the simplex method. In *Proceedings of the 50th Annual ACM SIGACT Symposium on Theory of Computing*. ACM, pp. 390–403.

Damerow, Valentina, and Sohler, Christian. 2004. Extreme points under random noise. In *European Symposium on Algorithms*, pp. 264–274. Springer.

Deshpande, Amit, and Spielman, Daniel A. 2005. Improved smoothed analysis of the shadow vertex simplex method. *Proceedings of the 46th Annual IEEE Symposium on Foundations of Computer Science*, pp. 349–356. FOCS '05.

Devillers, Olivier, Glisse, Marc, Goaoc, Xavier, and Thomasse, Rémy. 2016. Smoothed complexity of convex hulls by witnesses and collectors. *Journal of Computational Geometry*, **7**(2), 101–144.

Disser, Yann, and Skutella, Martin. 2018. The simplex algorithm is NP-mighty. *ACM Transactions on Algorithms (TALG)*, **15**(1), 5.

Gärtner, Bernd, Helbling, Christian, Ota, Yoshiki, and Takahashi, Takeru. 2013. Large shadows from sparse inequalities. *arXiv preprint arXiv:1308.2495*.

Gass, Saul, and Saaty, Thomas. 1955. The computational algorithm for the parametric objective function. *Naval Research Logistics Quarterly*, **2**, 39–45.

Goldfarb, Donald. 1983. *Worst case complexity of the shadow vertex simplex algorithm*. Technical report. Columbia University, New York.

Goldfarb, Donald. 1994. *On the Complexity of the Simplex Method*, pp. 25–38. Springer Netherlands.

Kelner, Jonathan A., and Spielman, Daniel A. 2006. A randomized polynomial-time simplex algorithm for linear programming. In *Proceedings of the 38th Annual ACM Symposium on Theory of Computing*, pp. 51–60. STOC '06. ACM, New York.

Makhorin, Andrew. 2017. GLPK (GNU Linear Programming Kit) documentation.

Matousek, Jiri, and Gärtner, Bernd. 2007. *Understanding and Using Linear Programming*. Springer Science+Business Media.

Murty, Katta G. 1980. Computational complexity of parametric linear programming. *Mathematical Programming*, **19**(2), 213–219.

Schnalzger, Emanuel. 2014. *Lineare Optimierung mit dem Schatteneckenalgorithmus im Kontext probabilistischer Analysen*. PhD thesis, Universität Augsburg. Original in German. English translation by K.H. Borgwardt available at www.math.uni-augsburg.de/prof/opt/mitarbeiter/Ehemalige/borgwardt/Downloads/Abschlussarbeiten/Doc_Habil.pdf.

Shamir, Ron. 1987. The efficiency of the simplex method: A survey. *Management Science*, **33**(3), 301–334.

Spielman, Daniel A., and Teng, Shang-Hua. 2004. Smoothed analysis of algorithms: why the simplex algorithm usually takes polynomial time. *Journal of ACM*, **51**(3), 385–463 (electronic).

Vershynin, Roman. 2009. Beyond Hirsch conjecture: walks on random polytopes and smoothed complexity of the simplex method. *SIAM Journal on Computing*, **39**(2), 646–678. Preliminary version in FOCS '06.

Zadeh, Norman. 1973. A bad network problem for the simplex method and other minimum cost flow algorithms. *Mathematical Programming*, **5**, 255–266.

练习题

14.1 我们将在本练习题中证明线性规划的投影在具有 n 个变量和 $2n$ 个约束的实例上可以有 2^n 个顶点。在维度 n 上的 Goldfarb 立方体是线性规划

$$\max x_n$$
$$0 \leqslant x_1 \leqslant 1$$
$$\alpha x_1 \leqslant x_2 \leqslant 1-\alpha x_1$$
$$\alpha(x_{k-1}-\beta x_{k-2}) \leqslant x_k \leqslant 1-\alpha(x_{k-1}-\beta x_{k-2}), \quad 3 \leqslant k \leqslant n$$

其中 $\alpha<1/2, \beta<\alpha/4$。

(a) 证明：该线性规划有 2^n 个顶点。

(b) 证明：对于线性组合 $\alpha e_{n-1}+\beta e_n$ 的某一个范围，每个顶点都是最优的。提示：如果目标可以写成胎紧约束的约束向量的一个非负线性组合。那么一个顶点可以最大化这个目标。

(c) 证明：由（b）可以得出影子顶点单纯形法的最坏运行时间是 n 的指数。

(d) 你能否调整实例，使得当影子平面被随机扰动时，期望的影子顶点计数仍然保持指数级？

(e) 保零扰动（zero-preserving pertubation）定义为只扰动约束矩阵的非零项的一类扰动。在应用方差为 $O(1)$ 的高斯保零扰动后，最坏情况实例是否仍然具有指数数量的顶点的影子？

14.2 证明引理 14.10。具体而言，证明如果基 $\boldsymbol{B} \subset [m]$ 关于目标 $\boldsymbol{c}$ 导入 P 的最优顶点，那么 $\boldsymbol{B}$ 导入 Q 的一个与射线 $\boldsymbol{c}\mathbb{R}_{++}$ 相交的刻面。然后，证明这个事实蕴含了所要证明的引理。

14.3 证明引理 14.11。

14.4 证明引理 14.17。

14.5 验证定理 14.18 中的坐标变换的雅可比行列式是 $|h_1-h_2|$。

14.6 证明引理 14.23。

14.7 证明引理 14.27。提示：设 $y=\operatorname{argmax}_{y\in S} f(y)$，并定义 $S':=y+\alpha(S-y)$。证明对于 $\alpha=1-\dfrac{1}{\max(DL,n)}$，有 $\Pr[x\in S'] \geqslant e^{-2}$。而且对所有的 $x\in S'$，有 $f(x)\geqslant(1-\alpha)f(y)$。

多目标最优化中帕累托曲线的平滑分析

Heiko Röglin

摘要：在多目标最优化问题中，如果对解的任何一个准则的改善都会导致这个解的至少一个其他准则的退化，则称这个解是帕累托最优的。计算包含全部帕累托最优解的集合是多目标最优化中的一项常见任务，用于过滤掉一些不合理的权衡方案。

对于大多数问题而言，帕累托最优解的数量只会随着应用中输入的规模适度增加。然而，对于几乎所有多目标最优化问题，存在一些最坏情况，它们具有指数级数量的帕累托最优解。为了解释这种矛盾，我们利用平滑分析模型对一大类多目标最优化问题进行分析，并且证明了帕累托最优解的期望数量的一个多项式界。

我们还提出了一些针对不同最优化问题计算帕累托最优解集合的算法，并讨论了最优化问题的平滑复杂性的一些有关结果。

15.1 计算帕累托曲线的算法

假设你想要预订航班去参加一场特别喜欢的研讨会，你的抉择可能会受到不同因素的影响，例如价格、停靠次数和到达时间。通常你找不到在各方面都是最优的航班，你必须选择最佳的权衡方案。这是我们每天所面临的许多决策的典型特点。

"最佳权衡"的概念很难形式化，在不同的准则之间应该如何进行权衡往往没有共识。然而，几乎没有分歧的观点是，在合理的输出结果中，没有一个准则可以在不导致至少一个其他准则退化的情况下得到改善。具有这种性质的结果称为帕累托最优的（Pareto-optimal），它们在多准则决策中起着至关重要的作用，因为它们有助于过滤掉不合理的解。这一节我们讨论计算一些不同问题的帕累托最优解集合的算法。

15.1.1 背包问题

背包问题（knapsack problem）是著名的 NP 困难的最优化问题。这个问题的实例由一个项的集合和一个容量组成，每一个项有一个收益和一个权重。目标是在包含的项的总权重不超过容量的所有子集中，找到一个最大化总收益的子集。设 $p=(p_1,\cdots,p_n)^\top\in\mathbb{R}^n_{\geqslant 0}$，$w=(w_1,\cdots,w_n)^\top\in\mathbb{R}^n_{\geqslant 0}$ 分别表示收益和权重，并设 $\boldsymbol{W}\in\mathbb{R}_{\geqslant 0}$ 表示容量。形式上，背包问题可以表述如下：

$$
\begin{aligned}
&\text{最大化} \quad \boldsymbol{p}^\top\boldsymbol{x}=p_1x_1+\cdots+p_nx_n\\
&\text{约束条件} \quad \boldsymbol{w}^\top\boldsymbol{x}=w_1x_1+\cdots+w_nx_n\leqslant W\\
&\qquad\qquad \text{而且 } \boldsymbol{x}=(x_1,\cdots,x_n)^\top\in\{0,1\}^n
\end{aligned}
$$

背包问题在理论上和实践上都引起了广泛的关注。理论学家对背包问题感兴趣是由于它的简单结构：它可以表示成具有一个线性目标函数和一个线性约束的二元规划。另一方面，与背包问题类似的问题经常出现在各种应用中，实践者已经开发了许多启发式算法来求解它们。这些启发式算法在随机实例和现实世界实例上都非常有效，即使对于非常大的实例，它们通常也能很快找到最优解。

下面假定给定了背包问题的一个任意实例 $\mathcal{I}$。我们使用的解（solution）这个术语指的是向量 $\boldsymbol{x} \in \{0,1\}^n$。对于解 $\boldsymbol{x}$，如果 $\boldsymbol{w}^\top \boldsymbol{x} \leqslant W$，我们就说这个解是可行的（feasible）。如果 $x_i=1$，我们就说解 $\boldsymbol{x}$ 包含项 i，否则说 $\boldsymbol{x}$ 不包含项 i。

求解背包问题的一种简单方法是枚举所有可行解并选择一个收益最大的解。这种方法效率不高，因为通常存在指数数量的可行解。为了减少需要考虑的解的数量，我们把背包问题看成双准则最优化问题，并且限制只对帕累托最优解进行枚举。

定义 15.1　对于解 $\boldsymbol{x},\boldsymbol{y}$，如果 $\boldsymbol{p}^\top \boldsymbol{y} \geqslant \boldsymbol{p}^\top \boldsymbol{x}$，$\boldsymbol{w}^\top \boldsymbol{y} \leqslant \boldsymbol{w}^\top \boldsymbol{x}$，而且其中至少有一个不等式是严格的，则说解 $\boldsymbol{y}$ 支配解 $\boldsymbol{x}$。一个不受任何其他解支配的解 $\boldsymbol{x}$ 称为帕累托最优的（Pareto-optimal）。帕累托集合（Pareto set）或帕累托曲线（Pareto curve）是所有帕累托最优解的集合。　◁

根据以下观察，一旦知道了帕累托集合，背包问题的给定实例就可以在这个集合大小上的线性时间内得到最优解。

引理 15.2　总是存在这样一个最优解，它同时也是帕累托最优的。

证明　取一个任意的最优解 $\boldsymbol{x}$，并且假设它不是帕累托最优的。不可能存在一个解 $\boldsymbol{y}$ 使得 $\boldsymbol{p}^\top \boldsymbol{y} > \boldsymbol{p}^\top \boldsymbol{x}$ 而且 $\boldsymbol{w}^\top \boldsymbol{y} \leqslant \boldsymbol{w}^\top \boldsymbol{x}$，否则 $\boldsymbol{y}$ 是一个比 $\boldsymbol{x}$ 更好的解。因此，如果 $\boldsymbol{x}$ 不是帕累托最优的，那么它由解 $\boldsymbol{y}$ 所支配，$\boldsymbol{p}^\top \boldsymbol{y} = \boldsymbol{p}^\top \boldsymbol{x}$ 而且 $\boldsymbol{w}^\top \boldsymbol{y} < \boldsymbol{w}^\top \boldsymbol{x}$。于是或者 $\boldsymbol{y}$ 是帕累托最优的，或者我们重复这个论证，直到找到解 z，$\boldsymbol{p}^\top z = \boldsymbol{p}^\top \boldsymbol{y}$ 而且 $\boldsymbol{w}^\top z < \boldsymbol{w}^\top \boldsymbol{y}$。这个构造过程经过有限次迭代后终止，并得到一个也是帕累托最优的最优解。　□

我们用 $\mathcal{P} \subseteq \{0,1\}^n$ 表示帕累托集合。有可能存在两个或者更多的帕累托最优解，它们具有相同的收益和权重，这时候假定 $\mathcal{P}$ 只包含这些解中的一个（可以任意选择）。根据前面的引理，解

$$\boldsymbol{x}^* = \arg\max_{x \in \mathcal{P}} \{\boldsymbol{p}^\top \boldsymbol{x} \mid \boldsymbol{w}^\top \boldsymbol{x} \leqslant W\}$$

是背包问题的给定实例的一个最优解。

下面我们介绍 Nemhauser 和 Ullmann（1969）发明的一种算法，用于计算背包问题的一个给定实例的帕累托集合。我们将这个基于动态规划的算法称为 Nemhauser-Ullmann 算法。对于每一个 $i \in \{0,1,\cdots,n\}$，算法计算只包含给定实例 $\mathcal{I}$ 的前 i 个项的受限实例 $\mathcal{I}_i$ 的帕累托集合 $\mathcal{P}_i$。于是 $\mathcal{P}_n = \mathcal{P}$ 就是我们正在寻找的集合。设

$$\mathcal{S}_i = \{\boldsymbol{x} \in \{0,1\}^n \mid x_{i+1} = \cdots = x_n = 0\}$$

表示不包含项 $i+1,\cdots,n$ 的解的集合。形式上，实例 $\mathcal{I}_i$ 的解是长度为 i 的二进制向量，不过我们将它们表示为来自 S_i 的长度为 n 的二进制向量。[㊀]对于解 $\boldsymbol{x} \in \{0,1\}^n$ 和项 $i \in \{1,\cdots,n\}$，我们用 $\boldsymbol{x}^{+i}$ 表示把项 i 添加到解 $\boldsymbol{x}$ 中所得到的解：

$$\boldsymbol{x}_j^{+i} = \begin{cases} x_j, & j \neq i \\ 1, & j = i \end{cases}$$

此外，对于解的集合 $\mathcal{S} \subseteq \{0,1\}^n$，设

$$\mathcal{S}^{+i} = \{\boldsymbol{y} \in \{0,1\}^n \mid \exists x \in \mathcal{S}: \boldsymbol{y} = \boldsymbol{x}^{+i}\}$$

如果对于某一个 $i \in \{1,\cdots,n\}$，已知集合 $\mathcal{P}_{i-1}$，那么可以借助下面的引理计算集合 $\mathcal{P}_i$。对于这个引理，在具有相同收益和相同权重的解之间我们假定有一个一致的选择策略。[㊁]特

㊀ 在后面追加 0 分量，把向量长度从 i 扩展到 n。——译者注

㊁ 即在其中选择一个的策略。——译者注

别地，如果对于两个解 $\boldsymbol{x}$ 和 $\boldsymbol{y}$，$\boldsymbol{p}^\top \boldsymbol{x}=\boldsymbol{p}^\top \boldsymbol{y}$，$\boldsymbol{w}^\top \boldsymbol{x}=\boldsymbol{w}^\top \boldsymbol{y}$，而且选择策略相对于 $\boldsymbol{y}$ 更加有利于 $\boldsymbol{x}$，那么对于任何 i，这个策略相对于 $\boldsymbol{y}^{+i}$ 也应该更加有利于 $\boldsymbol{x}^{+i}$。

引理 15.3　对所有的 $i\in\{1,\cdots,n\}$，集合 $\mathcal{P}_i$ 是 $\mathcal{P}_{i-1}\cup\mathcal{P}_{i-1}^{+i}$ 的一个子集。

证明　设 $\boldsymbol{x}\in\mathcal{P}_i$。基于 x_i 的值我们区分两种情况。

首先考虑 $x_i=0$ 的情况。我们断言在这种情况下有 $\boldsymbol{x}\in\mathcal{P}_{i-1}$。假定 $\boldsymbol{x}\notin\mathcal{P}_{i-1}$（这是一个矛盾假设），那么存在一个支配 $\boldsymbol{x}$ 的解 $\boldsymbol{y}\in\mathcal{P}_{i-1}\subseteq\mathcal{S}_{i-1}\subseteq\mathcal{S}_i$。由于 $\boldsymbol{y}\in\mathcal{S}_i$，解 $\boldsymbol{x}$ 不能是 $\mathcal{S}_i$ 中的帕累托最优解。因此 $\boldsymbol{x}\notin\mathcal{P}_i$，与 $\boldsymbol{x}$ 的选择矛盾。

现在我们考虑 $x_i=1$ 的情况。我们断言在这种情况下有 $\boldsymbol{x}\in\mathcal{P}_{i-1}^{+i}$。由于 $\boldsymbol{x}\in\mathcal{S}_i$ 而且 $x_i=1$，存在一个解 $\boldsymbol{y}\in\mathcal{S}_{i-1}$ 使得 $\boldsymbol{x}=\boldsymbol{y}^{+i}$。我们需要证明 $\boldsymbol{y}\in\mathcal{P}_{i-1}$。假定存在一个支配 $\boldsymbol{y}$ 的解 $\boldsymbol{z}\in\mathcal{P}_{i-1}$（这也是一个矛盾假设），那么 $\boldsymbol{p}^\top \boldsymbol{z}\geqslant\boldsymbol{p}^\top \boldsymbol{y}$，$\boldsymbol{w}^\top \boldsymbol{z}\leqslant\boldsymbol{w}^\top \boldsymbol{y}$，而且其中至少有一个不等式是严格的。把项 i 添加到解 $\boldsymbol{y}$ 和 $\boldsymbol{z}$ 中，我们得到 $\boldsymbol{p}^\top \boldsymbol{z}^{+i}\geqslant\boldsymbol{p}^\top \boldsymbol{y}^{+i}$，$\boldsymbol{w}^\top \boldsymbol{z}^{+i}\leqslant\boldsymbol{w}^\top \boldsymbol{y}^{+i}$，而且其中至少有一个不等式是严格的。因此，解 $\boldsymbol{z}^{+i}$ 支配解 $\boldsymbol{x}=\boldsymbol{y}^{+i}$。由于 $\boldsymbol{z}^{+i}\in\mathcal{S}_i$，这意味着 $\boldsymbol{x}\notin\mathcal{P}_i$，与 $\boldsymbol{x}$ 的选择矛盾。□

根据前面的引理，在已知帕累托集合 $\mathcal{P}_{i-1}$ 的情况下，容易计算帕累托集合 $\mathcal{P}_i$。为此，我们只需要计算集合 $\mathcal{P}_{i-1}\cup\mathcal{P}_{i-1}^{+i}$，并且从这个集合中删除那些由这个集合的其他解所支配的解。再利用 $\mathcal{P}_0=\mathcal{S}_0=\{0^n\}$，我们得到以下最优化求解背包问题的算法（参见图 15.1 给出的示例）。

算法 1　Nemhauser-Ullmann 算法

1:　$\mathcal{P}_0:=\{0^n\}$;
2:　**for** $i=1,\cdots,n$ **do**
3:　　$\mathcal{Q}_i:=\mathcal{P}_{i-1}\cup\mathcal{P}_{i-1}^{+i}$;
4:　　$\mathcal{P}_i:=\{\boldsymbol{x}\in\mathcal{Q}_i \mid \neg(\exists\boldsymbol{y}\in\mathcal{Q}_i:\boldsymbol{y}\text{ 支配 }\boldsymbol{x})\}$;
5:　**return** $\boldsymbol{x}^*:=\operatorname{argmax}_{\boldsymbol{x}\in\mathcal{P}_n}\{\boldsymbol{p}^\top \boldsymbol{x}\mid \boldsymbol{w}^\top \boldsymbol{x}\leqslant W\}$;

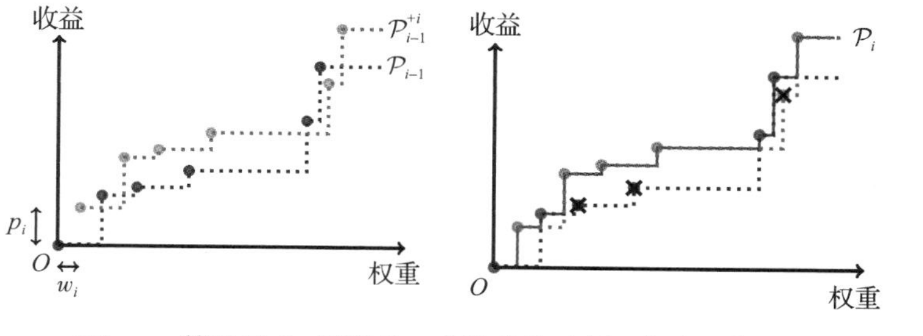

图 15.1　Nemhauser-Ullmann 算法的 for 循环的一次迭代的示例：集合 $\mathcal{P}_{i-1}^{+i}$ 是被平移了 (w_i,p_i) 的集合 $\mathcal{P}_{i-1}$ 的一个副本。集合 $\mathcal{P}_i$ 是通过删除被支配的解得到的

在算法的第 4 行，我们假定有一个选择策略，因此 $\mathcal{P}_i$ 不会包含两个具有相同的收益和权重的解。

观察到 Nemhauser-Ullmann 算法的所有步骤（第 5 行除外）都与容量 W 无关。为了加快算法的速度，可以在第 3 行删除来自 $\mathcal{Q}_i$ 的权重已经大于 W 的解。

我们利用单位成本的 RAM（Random Access Machine）模型来分析 Nemhauser-Ullmann 算法的运行时间。在这个模型中，算术运算（比如两个数的相加和比较）可以在恒定时间内完成，而不必理会它们的比特长度。我们使用这个模型是为了简化问题，以便将注意力集中在运行时间分析的重要细节上。

定理 15.4　Nemhauser-Ullmann 算法最优求解了背包问题。存在一个运行时间为 $\Theta(\sum_{i=0}^{n-1}|\mathcal{P}_i|)$ 的实现。

证明　从前面的讨论可以立即得到算法的正确性。为了达到定理声称的运行时间，我们不直接计算集合 $\mathcal{P}_i$，而只计算这些集合中的解的值。也就是说，不计算 $\mathcal{P}_i$，而只计算集合 $\mathrm{val}(\mathcal{P}_i):=\{(\boldsymbol{p}^\top\boldsymbol{x},\boldsymbol{w}^\top\boldsymbol{x})\mid\boldsymbol{x}\in\mathcal{P}_i\}$。类似于 $\mathcal{P}_i$ 的计算，如果已知 $\mathrm{val}(\mathcal{P}_{i-1})$，则容易计算 val（$\mathcal{P}_i$）。如果我们从一开始就为 $\mathrm{val}(\mathcal{P}_i)$ 的每一个元素存储一个指向其来源的 $\mathrm{val}(\mathcal{P}_{i-1})$ 元素的指针，那么在算法的第 5 步，可以通过集合 $\mathrm{val}(\mathcal{P}_i)$ 和这些指针高效地重建解 $\boldsymbol{x}^*$。

第 1 步和第 5 步的运行时间分别是 $O(1)$ 和 $O(n+|\mathcal{P}|)$，其中的项 n 是一旦确定了解 $\boldsymbol{x}^*$ 的值（$\boldsymbol{p}^\top\boldsymbol{x}^*,\boldsymbol{w}^\top\boldsymbol{x}^*$）之后重建 $\boldsymbol{x}^*$ 的运行时间。在 for 循环的每次迭代 i 中，第 3 步计算 $\mathrm{val}(\mathcal{Q}_i)$ 的运行时间是 $\Theta(|\mathcal{P}_{i-1}|)$，这是因为在单位成本的 RAM 上，可以在时间 $\Theta(|\mathcal{P}_{i-1}|)$ 内从集合 $\mathrm{val}(\mathcal{P}_{i-1})$ 计算得到集合 $\mathrm{val}(\mathcal{P}_{i-1}^{+i})$。

在简单的实现中，第 4 步的运行时间是 $\Theta(|\mathcal{Q}_i|^2)=\Theta(|\mathcal{P}_{i-1}|^2)$，因为我们需要对 $\mathrm{val}(\mathcal{Q}_i)$ 中的每对值进行比较，而且每一次比较需要时间 $O(1)$。第 4 步可以更加高效地实现，为此我们将每一个集合 $\mathrm{val}(\mathcal{P}_i)$ 中的值以权重非递减的顺序存储。如果 $\mathrm{val}(\mathcal{P}_{i-1})$ 以这个方式排序，那么不需要任何额外的计算量，就可以实现第 3 步对集合 $\mathrm{val}(\mathcal{Q}_i)$ 的计算，使 $\mathrm{val}(\mathcal{Q}_i)$ 也得到排序——能够在时间 $\Theta(|\mathcal{P}_{i-1}|)$ 内计算得到有序集合 $\mathrm{val}(\mathcal{P}_{i-1}^{+i})$。于是，为了计算集合 $\mathrm{val}(\mathcal{Q}_i)$，只需要将两个有序集合 $\mathrm{val}(\mathcal{P}_{i-1})$ 和 $\mathrm{val}(\mathcal{P}_{i-1}^{+i})$ 在时间 $\Theta(|\mathcal{P}_{i-1}|)$ 内进行归并。如果集合 $\mathrm{val}(\mathcal{Q}_i)$ 是有序的，那么第 4 步可以作为以权重的非递减次序遍历一次 $\mathrm{val}(\mathcal{Q}_i)$ 的扫描算法加以实现，运行时间为 $\mathrm{val}(\mathcal{Q}_i)$（参见练习题 15.1）。　□

定理 15.4 确保了如果所有的帕累托集合 $\mathcal{P}_i$ 均为多项式大小，则 Nemhauser-Ullmann 算法能够有效地求解背包问题[⊖]。由于背包问题是 NP 困难问题，因此存在一些具有指数数量的帕累托最优解的实例并不奇怪。如果为每一个项 $i\in\{1,\cdots,n\}$ 设置 $p_i=w_i=2^i$，那么甚至来自 $\{0,1\}^n$ 的所有解都是帕累托最优的。

15.1.2　最短路径问题

最短路径问题的出现往往自然地伴随着多个目标。以汽车导航系统为例，人们通常可以在最短、最便宜以及最快的路线之间进行选择。我们现在考虑*双准则单源最短路径问题*（bicriteria single-source shortest path problem）。这个问题的一个实例由有向图 $G=(V,E)$ 描述，包括成本 $c:E\to\mathbb{R}_{>0}$，权重 $w:E\to\mathbb{R}_{>0}$，以及源顶点 $s\in V$。目标是对于每一个 $v\in V$，计算如下定义的帕累托最优 s-v 路径的集合 $\mathcal{P}^v$。

定义 15.5　对于一条 s-v 路径 P，我们用 $w(P)=\sum_{e\in P}w(e)$ 表示路径的权重，用 $c(P)=\sum_{e\in P}c(e)$ 表示路径的代价。对于 s-v 路径 P_1 和 P_2，如果 $w(P_1)\leqslant w(P_2),c(P_1)\leqslant c(P_2)$，而且这两个不等式中至少有一个是严格的，则称 P_1 支配 P_2。一条不受任何其他 s-v 路径支配的 s-v 路径称为是*帕累托最优的*。　◁

⊖ 我们注意到，帕累托集合的大小通常不是单调的，而且对于某一个 i，存在一些 $|\mathcal{P}_{i+1}|<|\mathcal{P}_i|$ 的实例。因此，只有帕累托集合 $\mathcal{P}=\mathcal{P}_n$ 具有多项式大小是不够的。然而，我们不了解这样的一类实例，其中 $|\mathcal{P}_n|$ 的界是多项式的，而对于某一个 i，$|\mathcal{P}_i|$ 是超多项式的。

单准则单源最短路径问题（图的边只有权重但没有成本）的一个著名算法是 Bellman-Ford 算法。它为每一个顶点存储一个距离标号，除了源 s 的标号被初始化为零之外，其他顶点的标号都被初始化为无穷大。然后算法对各条边执行一系列松弛操作，如算法 2 所示。

算法 2 Bellman-Ford 算法

$\mathrm{dist}(s)=0$;
for $v\in V\setminus\{s\}$ **do** $\mathrm{dist}(v)=\infty$;
for $i=1,\cdots,|V|-1$ **do**
  for 每一个 $(u,v)\in E$ **do**
    $\mathrm{RELAX}(u,v)$;
procedure $\mathrm{RELAX}(u,v)$
  if $\mathrm{dist}(v)>\mathrm{dist}(u)+w(u,v)$ **then**
    $\mathrm{dist}(v):=\mathrm{dist}(u)+w(u,v)$;

可以证明，算法终止后每一个顶点 v 的距离标号 $\mathrm{dist}(v)$ 等于 G 中的最短 s-v 路径长度。通过一些标准方法，人们可以对算法进行调整，用于计算每一个顶点的实际最短 s-v 路径。如果将每一个距离标号 $\mathrm{dist}(v)$ 替换成 s-v 路径的列表 L_v，也可以轻松地把这个算法用于双准则最短路径问题。最初 L_s 仅包含从 s 到 s 的长度为 0 的平凡路径，所有其他列表 L_v 为空。在关于边 (u,v) 的每一次松弛操作中，把边 (u,v) 追加到来自 L_u 的每一条路径，从 L_u 获得一个新的集合 $L_u^{+(u,v)}$。随后来自 $L_u^{+(u,v)}$ 的路径被追加到 L_v。最后，从 L_v 中删除所有被这个列表中的其他路径所支配的路径，对 L_v 进行清理。算法 3（双准则 Bellman-Ford 算法）展示了这个过程。

算法 3 双准则 Bellman-Ford 算法

$L_s=$ {从 s 到 s 的长度为 0 的路径};
for $v\in V\setminus\{s\}$ **do** $L_v=\varnothing$;
for $i=1,\cdots,|V|-1$ **do**
  for 每一个 $(u,v)\in E$ **do**
    $\mathrm{RELAX}(u,v)$;
procedure $\mathrm{RELAX}(u,v)$
  把边 (u,v) 追加到来自 L_u 的每条路径，从 L_u 获得 $L_u^{+(u,v)}$。
  $L_v:=L_v\cup L_u^{+(u,v)}$;
  从 L_v 中删除被支配的路径。

与 Nemhauser-Ullmann 算法类似，双准则 Bellman-Ford 算法的运行时间在很大程度上取决于在整个算法中用到的列表 L_v 的大小。我们对这个算法的观察需要稍微仔细一些，从而给出其运行时间的一个上界。算法执行的松弛操作的次数是 $M:=(|V|-1)\cdot|E|$，我们把这些松弛操作表示为 $R_1,\cdots,R_M$。对于一个对边 (u,v) 进行松弛的松弛操作 R_k，我们定义 $u(R_k)=u$ 以及 $v(R_k)=v$。设 $k\in[M]$，并且考虑前 k 次松弛操作。我们为每个顶点 $v\in V$ 定义了一个可以由前 k 次松弛操作发现的 s-v 路径的集合 S_v^k。更精确地说，S_v^k 恰好包

含那些 s-v 路径，它们作为 $(u(R_1),v(R_1),\cdots,u(R_k),v(R_k))$ 中的子序列出现。在单准则版本中，在 k 次松弛操作后，距离标号 $\mathrm{dist}(v)$ 包含 S_v^k 中的最短路径的长度。在双准则版本中，在 k 次松弛操作后，列表 L_v 包含来自集合 S_v^k 的所有路径，在这个集合中这些路径是帕累托最优的（即它们不受这个集合中其他路径的支配）。我们随后将用 L_v^k 表示 k 次松弛操作后的列表 L_v。

定理 15.6　双准则 Bellman-Ford 算法终止后，对于每个顶点 $v\in V$，列表 L_v 等于帕累托最优 s-v 路径的集合。存在一个运行时间为 $\Theta(\sum_{k=1}^{M}(|L_{u(R_k)}^{k-1}|+|L_{v(R_k)}^{k-1}|))$ 的实现。

证明　算法的正确性可以由一个归纳过程证明，证明的路线与单规则版本的分析一致（参见练习题 15.4）。运行时间的分析类似于定理 15.4 的证明。支配因子是算法 3 第 9 行从 L_v 中删除被支配路径的时间。对于第 k 次松弛操作，一个简单实现的运行时间是 $\Theta(|L_{u(R_k)}^{k-1}|\cdot|L_{v(R_k)}^{k-1}|)$，与此同时，当各个列表按照权重的非递减顺序排序时，可以通过扫描列表实现 $\Theta(|L_{u(R_k)}^{k-1}|+|L_{v(R_k)}^{k-1}|)$ 的运行时间。□

在双准则最短路径问题出现的应用中，人们已经观察到帕累托最优解的数量通常不是很大，因此容易构造双准则最短路径问题的实例，其中帕累托最优路径的数量是图的大小的指数函数（见练习题 15.3）。

读者可能想知道为什么我们采用 Bellman-Ford 算法而不是 Dijkstra 算法来求解双准则单源最短路径问题。事实上，Hansen（1979）指出，关于双准则最短路径问题存在一个推广的 Dijkstra 算法，它执行的一系列操作也类似于 Bellman-Ford 算法的松弛操作。但是与 Bellman-Ford 算法相比，这个算法的松弛操作的顺序不是事先确定的，而是取决于边的实际成本和权重。因此，目前还不清楚如何分析期望运行时间，特别是 15.2 节给出的分析不适用于这个推广的 Dijkstra 算法。

15.1.3　多目标和其他最优化问题

为了简单起见，我们在前面只讨论了带有两个目标的问题，然而我们可以很容易地让帕累托最优解的定义和提出的两个算法适合两个以上的目标。考虑多维背包问题，这是背包问题的一个版本，其中每个项仍旧有单一收益，但与单一权重不同的是有一个来自 $\mathbb{R}_{\geqslant 0}^{d-1}$（$d\geqslant 2$）的权重向量，容量也是一个来自 $\mathbb{R}_{\geqslant 0}^{d-1}$ 的向量。这个问题引出了 d 个目标的多目标最优化问题：最大化收益 $\boldsymbol{p}^{\top}\boldsymbol{x}$，而且对于每一个 $i\in[d-1]$，最小化第 i 个权重 $(\boldsymbol{w}^{(i)})^{\top}\boldsymbol{x}$。同样，我们通常会自然地考虑超过两个目标的多目标最短路径问题。

没有必要为了计算多维背包问题或者多目标最短路径问题实例的帕累托集合而修改 Nemhauser-Ullmann 算法（算法 1）和双准则 Bellman-Ford 算法（算法 3）的伪代码，但是必须对算法的实现和运行时间分析做出调整。主要的不同之处是再也无法在这些集合大小上的线性时间内实现从 Q_i 和 L_v 中删除被支配的解，因为扫描方法假定解是根据其中一个目标排序的，对于两个以上的目标无能为力。如果采用对解进行成对比较的简单实现方案，那么这两个算法的运行时间将分别变成 $\Theta(\sum_{i=0}^{n-1}|\mathcal{P}_i|^2)$ 和 $O(\sum_{i=1}^{M}(|L_{u(R_i)}^{i-1}|\cdot|L_{v(R_i)}^{i-1}|))$。

利用一些关于最大向量问题的已知算法来过滤掉被支配的解，我们可以获得更好的渐近的结果。在这个问题上，给定 $\mathbb{R}^k$ 中 m 个向量的集合，我们想要计算其中的帕累托最优向量集合。这个问题的已知最快算法由 Kung 等人（1975）提出，它依赖于分治策略，运行时间为 $O(m\log^{k-2}m)$。对于 d 个目标，由此得到的 Nemhauser-Ullmann 算法和 Bellman-Ford 算法的运行时间分别是 $\Theta(\sum_{i=0}^{n-1}|\mathcal{P}_i|\log^{d-1}(|\mathcal{P}_i|))$ 和

$$O\left(\sum_{i=1}^{M}\left(\left|L_{u(R_i)}^{i-1}\right|+\left|L_{v(R_i)}^{i-1}\right|\right)\cdot\log^{d-2}\left(\left|L_{u(R_i)}^{i-1}\right|+\left|L_{v(R_i)}^{i-1}\right|\right)\right)$$

Nemhauser-Ullmann 算法和双准则 Bellman-Ford 算法只是关于计算各种多目标最优化问题的帕累托集合的文献中众多算法中的两个例子。例如，关于多目标网络流问题存在类似的算法。作为一个经验法则，通过动态规划求解最优化问题单准则版本的算法通常可以用来计算多目标版本的帕累托集合。

不过还存在一些问题，目前还不知道关于这些问题是否存在这样的算法，它们计算帕累托集合的运行时间是在帕累托集合的大小以及相应子问题的帕累托集合大小上的多项式。多目标生成树问题就是一个这样的例子，其中计算帕累托集合的最著名的方法本质上是先计算所有生成树的集合，然后删除那些被支配的。一个甚至更高的要求是需要高效的输出敏感的算法，在帕累托集合大小和输入数量的多项式时间内计算帕累托集合。Bkler 等人（2017）证明了对于最小割问题的多目标版本形式存在这样的算法，而对于双准则最短路径问题不存在这样的算法，除非 P = NP。对于许多其他的多目标问题，包括背包问题和多目标生成树问题，是否存在高效的输出敏感的算法是一个开放式问题。

15.1.4　近似帕累托曲线

对于几乎所有的多目标最优化问题，在最坏情况下的帕累托最优解的数量可能都是指数级的。应对这个问题的一种方法是放松寻找完整的帕累托集合的要求。如果在每一个目标中，解 $\boldsymbol{y}$ 比解 $\boldsymbol{x}$ 差的程度最多是一个 $1+\varepsilon$ 的因子，则称 $\boldsymbol{x}$ 是由 $\boldsymbol{y}$ ε-支配的（即对于每一个将被最小化的准则 w，有 $w(\boldsymbol{y})/w(\boldsymbol{x})\leqslant 1+\varepsilon$；而对于每一个将被最大化的准则 p，有 $p(\boldsymbol{x})/p(\boldsymbol{y})\leqslant 1+\varepsilon$）。如果对于帕累托集合 $\mathcal{P}$ 中的任何一个解，在 $\mathcal{P}_\varepsilon$ 中都存在一个 ε-支配它的解，我们就说 $\mathcal{P}_\varepsilon$ 是 $\mathcal{P}$ 的一个 ε-近似。

Hansen（1980）在其开创性工作中提出了一种计算双准则最短路径问题的 ε-近似帕累托集合的近似方案。Papadimitriou 和 Yannakakis（2000）证明了对于多目标最优化问题的任何一个实例，存在帕累托集合的一个 ε-近似，其大小是输入规模大小和 $1/\varepsilon$ 上的多项式，也是目标数量的指数形式。此外，他们定义了一个 d 个目标的多目标最优化问题的所谓 gap 版本：给定问题的实例以及向量 $\boldsymbol{b}\in\mathbb{R}^d$，要么返回一个解，其目标向量支配 $\boldsymbol{b}$；要么（正确地）报告确实不存在任何这样的解，即在所有目标中解的目标向量比 $\boldsymbol{b}$ 好的程度超过一个（$1+\varepsilon$）的因子。他们证明了存在对一个多目标最优化问题的帕累托集合进行近似的 FPTAS（完全多项式时间近似方案），当且仅当问题的 gap 版本可以在多项式时间内求解。特别地，这意味着如果一个问题的精确的单准则版本（即问题"是否存在一个权重正好为 $\boldsymbol{x}$ 的解"）可以在伪多项式时间内求解，那么其多目标版本允许一个对帕累托集合进行近似的 FPTAS。例如，生成树问题、所有顶点对的最短路径问题和完美匹配问题都是这种情况。

Vassilvitskii 和 Yannakakis（2005）展示了如何计算这样的 ε-近似帕累托集合，这个集合的大小最多是 gap 版本可以在多项式时间内求解的双准则问题的最小帕累托集合的三倍。Diakonikolas 和 Yannakakis（2007）将这个因子改进为 2，并且证明了这是在多项式时间内可能达到的最佳结果，除非 P = NP。

15.2　帕累托最优解的数量

对于背包问题和双准则最短路径问题，帕累托最优解的数量只是随着应用中的输入数量适度增加，这与最坏情况下指数级的表现形成对比（参见练习题 15.3）。为了解释这种差异，我们将在平滑分析的框架内对帕累托最优解的数量进行分析。我们首先把注意力集中在背包问题上，但是随后我们将看到已经证明的界适用于更多的这类问题，包括双准则最短路径问题和许多其他自然的双准则最优化问题。我们还将对具有两个以上目标的问题的一些已知结果进行简要讨论。

15.2.1　背包问题

我们现在考虑背包问题。在最坏情况分析中，允许对抗精确选择收益 $p_1,\cdots,p_n$ 和权重 $w_1,\cdots,w_n$（对抗也可以选择容量，不过帕累托最优解的数量与容量无关）。这使得对抗非常强大，而且使得对抗有可能选择一个实例，其中所有的解都是帕累托最优的。为了限制对抗构建这种不同于通常输入的人为实例的能力，我们在对抗的决策中添加了一些随机性。

设 $\phi\geqslant 1$ 是一个参数。在下面的分析中，我们假定对抗还是能够精确地确定收益，但是对于每一个权重，它只能挑选一个长度为 $1/\phi$ 的区间，从中随机均匀地独立于其他权重进行选择。这意味着对抗指定的每一个权重的精度只能是 $1/\phi$。我们对权重进行规一化，并将对抗限制在一些区间内，这些区间是 $[0,1]$ 的子集。规一化是必要的，它确保不能通过将输入中的所有权重按照某一个大比例放大来排除噪声的影响。

可以观察到参数 ϕ 度量了对抗的强度。如果 $\phi=1$，则从 $[0,1]$ 中随机均匀地选择所有权重，这类似于平均情况分析。另一方面，在 $\phi\to\infty$ 的极限情况下，对抗可以（几乎）精确地确定权重，这个模型接近经典的最坏情况分析。因此，我们想要证明的帕累托最优解的期望数量的界随 ϕ 增长并不奇怪。但是，我们将看到它只是随着 n 和 ϕ 呈多项式增长，这意味着少量的随机噪声已经足以排除最坏情况，并且得到一个期望的良性实例。

定理 15.7　*考虑一个具有任意收益 $p_1,\cdots,p_n\in\mathbb{R}_{\geqslant 0}$ 的背包问题实例 $\mathcal{I}$，其中每个权重 w_i 从任意的长度为 $1/\phi$ 的区间 $A_i\subseteq[0,1]$ 中随机均匀地独立于其他权重进行选择。那么 $\mathcal{I}$ 中帕累托最优解的期望数量的上界是 $n^2\phi+1$。*

这一节的其余部分详细介绍定理 15.7 的证明。这里先给出简短的提要。由于所有权重都在 0 和 1 之间取值，因此所有解的权重都在 0 和 n 之间。我们将区间 $[0,n]$ 均匀地划分为 k 个（k 是一个较大的数）子区间，每一个子空间的长度为 n/k。对于足够大的 k，由于权重是连续的随机变量，不太可能存在两个权重位于同一个子区间的帕累托最优解。假定不会发生这种情况，那么帕累托最优解的数量就等于其中包含一个帕累托最优解的子区间的数量。于是最重要而且没那么容易的步骤是为每一个子区间确定这个子区间包含一个帕累托最优解的概率的界。一旦我们对此证明了一个上界，由于期望值的线性特性，可以通过对所有子区间的这个上界求和得到定理的证明。

在证明定理之前，我们先对所考虑的随机变量的一个简单但是重要的性质加以说明。

引理 15.8　*设 X 是从一个长度为 $1/\phi$ 的区间 A 中随机均匀选择的随机变量。此外，设 I 是一个长度为 ε 的区间。那么 $\Pr[X\in I]\leqslant\phi\varepsilon$。*

证明　由于 X 是从 A 中随机均匀选择的，我们得到

$$\Pr[X\in I]=\frac{|A\cap I|}{|A|}\leqslant\frac{|I|}{|A|}\leqslant\frac{\varepsilon}{1/\phi}=\phi\varepsilon$$

证毕。□

定理 15.7 的证明　每个解 $\boldsymbol{x}\in\{0,1\}^n$ 在区间 $[0,n]$ 内有一个权重 $\boldsymbol{w}^{\top}\boldsymbol{x}$，这是因为每一个权重 w_i 都位于 $[0,1]$ 内。我们把区间 $(0,n]$ 均匀划分成 k 个区间 $I_0^k,\cdots,I_{k-1}^k$，

$k\in\mathbb{N}$ 是随后选择的一个较大的数。形式上设 $I_i^k=\left(\frac{ni}{k},\ \frac{n(i+1)}{k}\right]$。如果存在一个帕累托最优解 $\boldsymbol{x}\in\mathcal{P}$ 而且 $\boldsymbol{w}^\top\boldsymbol{x}\in I_i^k$，我们就说区间 I_i^k 是非空的。

我们用 X^k 表示非空区间 I_i^k 的数量加上 1。这里的+1 项解释为解 0^n，它总是帕累托最优的而且不属于任何区间 I_i^k。然而，变量 X^k 可以比 $|\mathcal{P}|$ 小得多，因为许多帕累托最优解可能位于同一区间 I_i^k。我们将通过选择一个足够大的 k 来确保每个区间 I_i^k 以高概率最多包含一个帕累托最优解。那么，以高概率有 $|\mathcal{P}|=X^k$。

下面我们让这个论证更为形式化。对于 $k\in\mathbb{N}$，设 $\mathcal{F}_k$ 表示存在两个不同的解 $\boldsymbol{x},\boldsymbol{y}\in\{0,1\}^n$ 而且 $|\boldsymbol{w}^\top\boldsymbol{x}-\boldsymbol{w}^\top\boldsymbol{y}|\leqslant n/k$ 的事件。由于每一个区间 I_i^k 的长度都是 n/k，如果事件 $\mathcal{F}_k$ 不发生，那么每个区间 I_i^k 最多包含一个帕累托最优解。

引理 15.9 对于所有的 $k\in\mathbb{N}$，$\Pr[\mathcal{F}_k]\leqslant\frac{2^{2n+1}n\phi}{k}$。

证明 $\boldsymbol{x}$ 和 $\boldsymbol{y}$ 各有 2^n 个选择。我们通过在所有这些选择上的一个联合界来证明这个引理。设有固定的 $\boldsymbol{x},\boldsymbol{y}\in\{0,1\}^n$ 而且 $\boldsymbol{x}\neq\boldsymbol{y}$，那么存在一个下标 i，$x_i\neq y_i$。不失一般性地，假定 $x_i=0$，$y_i=1$。我们利用延迟决策原理，并假定除了 w_i 以外的所有权重 w_j 都已经被固定。于是对于一个依赖于 $\boldsymbol{x}$ 和 $\boldsymbol{y}$ 的常数 α 以及固定权重 w_j，有 $\boldsymbol{w}^\top\boldsymbol{x}-\boldsymbol{w}^\top\boldsymbol{y}=\alpha-w_i$。下面的式子成立：

$$\Pr\left[|\boldsymbol{w}^\top\boldsymbol{x}-\boldsymbol{w}^\top\boldsymbol{y}|\leqslant\frac{n}{k}\right]\leqslant\sup_{\alpha\in\mathbb{R}}\Pr_{w_i}\left[|\alpha-w_i|\leqslant\frac{n}{k}\right]$$

$$=\sup_{\alpha\in\mathbb{R}}\Pr_{w_i}\left[w_i\in\left[\alpha-\frac{n}{k},\alpha+\frac{n}{k}\right]\right]\leqslant\frac{2n\phi}{k}$$

其中最后一个不等式从引理 15.8 ㊀得到。现在，在 $\boldsymbol{x}$ 和 $\boldsymbol{y}$ 的所有选择上的一个联合界给出了证明的结论。 □

在分析中最重要的部分是下面的引理。对于任意的区间，该引理指出该区间包含帕累托最优解的概率的一个上界。我们把这个引理的证明推迟到这一节的末尾。

引理 15.10 对于每个 $t\geqslant0$ 以及每个 $\varepsilon>0$，有

$$\Pr[\exists x\in\mathcal{P}\mid\boldsymbol{w}^\top\boldsymbol{x}\in(t,t+\varepsilon]]\leqslant n\phi\varepsilon$$

下面的引理是定理证明的基本构成部分。

引理 15.11 对于每个 $k\in\mathbb{N}$，有 $E[X^k]\leqslant n^2\phi+1$。

证明 设 X_i^k 表示一个随机变量，当区间 I_i^k 非空时这个随机变量为 1，否则为 0。于是

$$X^k=1+\sum_{i=0}^{k-1}X_i^k$$

而且根据期望值的线性特性有

$$E[X^k]=E\left[1+\sum_{i=0}^{k-1}X_i^k\right]=1+\sum_{i=0}^{k-1}E[X_i^k] \tag{15.1}$$

由于 X_i^k 是 0-1 随机变量，其期望值可以写成

$$E[X_i^k]=\Pr[X_i^k=1]=\Pr[\exists x\in\mathcal{P}\mid\boldsymbol{w}^\top\boldsymbol{x}\in I_i^k] \tag{15.2}$$

利用每一个区间 I_i^k 的长度为 n/k 以及引理 15.10 和式（15.2），可以推出

㊀ 形式上，我们以 $w_j(j\neq i)$ 的结果为条件。这个结果决定了 α 的值。然后我们应用全概率公式，但不是对 $w_j(j\neq i)$ 的全部可能结果进行整合，而是只考虑 α 的最差选择来推导一个上界。

$$E[X_i^k] \leqslant \frac{n^2\phi}{k}$$

再加上式（15.1），可以推出

$$E[X^k] = 1 + \sum_{i=0}^{k-1} E[X_i^k] \leqslant 1 + k \cdot \frac{n^2\phi}{k} = n^2\phi + 1$$

证毕。 □

借助引理 15.9 和引理 15.11，我们可以完成定理的证明，如下所示：

$$\begin{aligned} E[|\mathcal{P}|] &= \sum_{i=1}^{2^n}(i \cdot \Pr[|\mathcal{P}| = i]) \\ &= \sum_{i=1}^{2^n}(i \cdot \Pr[|\mathcal{P}| = i \wedge \mathcal{F}_k] + i \cdot \Pr[|\mathcal{P}| = i \wedge \neg \mathcal{F}_k]) \\ &\overset{(1)}{=} \sum_{i=1}^{2^n}(i \cdot \Pr[\mathcal{F}_k] \cdot \Pr[|\mathcal{P}| = i \mid \mathcal{F}_k]) + \sum_{i=1}^{2^n}(i \cdot \Pr[X^k = i \wedge \neg \mathcal{F}_k]) \\ &\leqslant \Pr[\mathcal{F}_k] \cdot \sum_{i=1}^{2^n}(i \cdot \Pr[|\mathcal{P}| = i \mid \mathcal{F}_k]) + \sum_{i=1}^{2^n}(i \cdot \Pr[X^k = i]) \\ &\overset{(2)}{\leqslant} \frac{2^{2n+1}n\phi}{k} \cdot \sum_{i=1}^{2^n}(2^n \cdot \Pr[|\mathcal{P}| = i \mid \mathcal{F}_k]) + E[X^k] \\ &\overset{(3)}{\leqslant} \frac{2^{3n+1}n\phi}{k} + n^2\phi + 1 \end{aligned} \tag{15.3}$$

我们对上面计算过程中的一些步骤做一些解释。

- 求和式的索引值的上界是 2^n，这是因为 $|\mathcal{P}|$ 不会超过解的总数，即 2^n。
- （1）中第一项的重构根据的是条件概率的定义，第二项的重构是因为当事件 $\neg\mathcal{F}_k$ 发生时，$X^k = |\mathcal{P}|$。
- （2）从引理 15.9 和期望值的定义得到。
- （3）从等值性 $\sum_{i=1}^{2^n}\Pr[|\mathcal{P}| = i \mid \mathcal{F}_k] = 1$ 和引理 15.11 得到。

由于式（15.3）对所有的 $k \in \mathbb{N}$ 成立，因此必定有 $E[|\mathcal{P}|] \leqslant n^2\phi + 1$。 □

现在剩下需要证明的是引理 15.10。要想获得在区间 $(t, t+\varepsilon]$ 中存在帕累托最优解的概率的一个上界，一个简单的方法是在所有的解上应用一个联合界。由于解的数量是指数级的，因此这个方法不会产生有用的界。在引理 15.10 的证明中，主要的改进是只在 n 维上应用联合界。

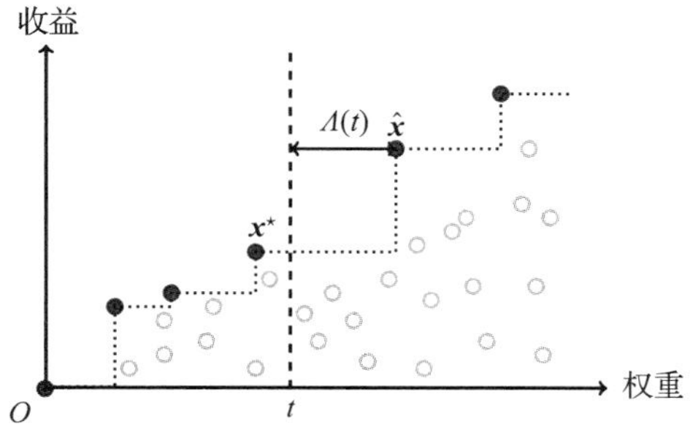

图 15.2 赢家 $\boldsymbol{x}^\star$、输家 $\hat{\boldsymbol{x}}$ 和随机变量 $\Lambda(t)$ 的定义

引理 15.10 的证明 固定 $t \geqslant 0$ 和 $\varepsilon > 0$。首先我们定义一个随机变量 $\Lambda(t)$。为了定义 $\Lambda(t)$，我们定义赢家 $\boldsymbol{x}^\star$ 是满足 $\boldsymbol{w}^\top \boldsymbol{x} \leqslant t$ 的最有价值的解，即

$$\boldsymbol{x}^\star = \arg\max\{\boldsymbol{p}^\top \boldsymbol{x} \mid \boldsymbol{x} \in \{0,1\}^n \text{ 而且 } \boldsymbol{w}^\top \boldsymbol{x} \leqslant t\}$$

对于 $t \geqslant 0$，必定总存在这样的解 $\boldsymbol{x}^\star$。如果解 $\boldsymbol{x}$ 的收益高于 $\boldsymbol{x}^\star$，我们就说 $\boldsymbol{x}$ 是输家。根据 $\boldsymbol{x}^\star$ 的选择，输家不能满足约束 $\boldsymbol{w}^\top \boldsymbol{x} \leqslant t$（因此而得名）。我们用 $\hat{\boldsymbol{x}}$ 表示权重最小的输家（见图 15.2），即

$$\hat{\boldsymbol{x}}=\operatorname{argmin}\{\boldsymbol{w}^{\top}\boldsymbol{x} \mid \boldsymbol{x}\in\{0,1\}^{n}\text{ 而且 }\boldsymbol{p}^{\top}\boldsymbol{x}>\boldsymbol{p}^{\top}\boldsymbol{x}^{\star}\}$$

如果不存在满足 $\boldsymbol{p}^{\top}\boldsymbol{x}>\boldsymbol{p}^{\top}\boldsymbol{x}^{\star}$ 的解 $\boldsymbol{x}$，则 $\hat{\boldsymbol{x}}$ 是未定义的，我们用 $\hat{\boldsymbol{x}}=\perp$ 来表示。基于 $\hat{\boldsymbol{x}}$，我们定义随机变量 $\Lambda(t)$ 如下

$$\Lambda(t)=\begin{cases}\boldsymbol{w}^{\top}\hat{\boldsymbol{x}}-t, & \boldsymbol{x}\neq\perp\\ \infty, & \boldsymbol{x}=\perp\end{cases}$$

随机变量 $\Lambda(t)$ 满足以下等价性：

$$\Lambda(t)\leqslant\varepsilon\Leftrightarrow\exists x\in\mathcal{P}:\boldsymbol{w}^{\top}\boldsymbol{x}\in(t,t+\varepsilon] \tag{15.4}$$

为了理解这一点，假定存在一个帕累托最优解，其权重落在 $(t,t+\varepsilon]$ 范围内，并设 $\boldsymbol{y}$ 表示在 $(t,t+\varepsilon]$ 范围内权重最小的帕累托最优解，那么 $\boldsymbol{y}=\hat{\boldsymbol{x}}$，因此 $\Lambda(t)=\boldsymbol{w}^{\top}\hat{\boldsymbol{x}}-t\in(0,\varepsilon]$。反过来，如果 $\Lambda(t)\leqslant\varepsilon$，那么 $\hat{\boldsymbol{x}}$ 必定是帕累托最优解，其权重位于区间 $(t,t+\varepsilon]$ 范围内。综合起来就得到了等价性（15.4）。因此，

$$\Pr[\exists\boldsymbol{x}\in\mathcal{P} \mid \boldsymbol{w}^{\top}\boldsymbol{x}\in(t,t+\varepsilon]]=\Pr[\Lambda(t)\leqslant\varepsilon] \tag{15.5}$$

现在剩下的工作就是确定 $\Lambda(t)$ 不超过 ε 的概率的界。为了分析这个概率，我们定义一个辅助随机变量 $\Lambda^{1}(t),\cdots,\Lambda^{n}(t)$ 的集合，保证 $\Lambda(t)$ 所取的值总是这些辅助随机变量中的至少一个所取的值。然后我们分析这些辅助随机变量，并利用一个联合界得到想要的 $\Lambda(t)$ 的界。

设 $i\in[n]$ 是固定的。随机变量 $\Lambda^{i}(t)$ 的定义类似于 $\Lambda(t)$，但只有不包含项 i 的解才有资格成为赢家，只有包含项 i 的解才有资格成为输家。下面我们对此进行更加形式的定义。对于 $j\in\{0,1\}$，我们定义

$$\mathcal{S}^{x_i=j}=\{\boldsymbol{x}\in\{0,1\}^{n} \mid x_i=j\}$$

而且我们定义

$$\boldsymbol{x}^{\star,i}=\operatorname{argmax}\{\boldsymbol{p}^{\top}\boldsymbol{x} \mid \boldsymbol{x}\in\mathcal{S}^{x_i=0}\text{ 而且 }\boldsymbol{w}^{\top}\boldsymbol{x}\leqslant t\}$$

也即 $\boldsymbol{x}^{\star,i}$ 是那些不包含项 i 的解中的赢家。我们将注意力局限在包含项 i 的输家身上，并且定义

$$\hat{\boldsymbol{x}}^{i}=\operatorname{argmin}\{\boldsymbol{w}^{\top}\boldsymbol{x} \mid \boldsymbol{x}\in\mathcal{S}^{x_i=1}\text{ 而且 }\boldsymbol{p}^{\top}\boldsymbol{x}>\boldsymbol{p}^{\top}\boldsymbol{x}^{\star,i}\}$$

如果不存在解 $\boldsymbol{x}\in\mathcal{S}^{x_i=1}$ 而且 $\boldsymbol{p}^{\top}\boldsymbol{x}>\boldsymbol{p}^{\top}\boldsymbol{x}^{\star,i}$，则$\hat{\boldsymbol{x}}^{i}$ 是未定义的，即$\hat{\boldsymbol{x}}^{i}=\perp$。基于$\hat{\boldsymbol{x}}^{i}$，我们定义随机变量 $\Lambda^{i}(t)$ 为

$$\Lambda^{i}(t)=\begin{cases}\boldsymbol{w}^{\top}\hat{\boldsymbol{x}}^{i}-t, & \hat{\boldsymbol{x}}^{i}\neq\perp\\ \infty, & \hat{\boldsymbol{x}}^{i}=\perp\end{cases}$$

引理 15.12　对于收益和权重的每个选择，要么 $\Lambda(t)=\infty$，要么存在一个索引值 $i\in[n]$ 使得 $\Lambda(t)=\Lambda^{i}(t)$。

证明　假定 $\Lambda(t)\neq\infty$，那么存在一个赢家 $\boldsymbol{x}^{\star}$ 和一个输家 $\hat{\boldsymbol{x}}$。由于 $\boldsymbol{x}^{\star}\neq\hat{\boldsymbol{x}}$，必定存在一个索引值 $i\in[n]$，使得 $x_i^{\star}\neq\hat{x}_i$。由于所有权重都是非负的而且 $\boldsymbol{w}^{\top}\boldsymbol{x}^{\star}<\boldsymbol{w}^{\top}\hat{\boldsymbol{x}}$，必定存在一个索引值 $i\in[n]$，使得 $x_i^{\star}=0$ 而且 $\hat{x}_i=1$。我们断言对于这个索引值 i，$\Lambda(t)=\Lambda^{i}(t)$。为了理解这一点，我们首先观察到 $\boldsymbol{x}^{\star}=\boldsymbol{x}^{\star,i}$，这是因为 $\boldsymbol{x}^{\star}$ 是权重不超过 t 的所有解中收益最高的解。由于属于$\mathcal{S}^{x_i=0}$，因此它特别地是所有不包含项 i 而且权重不超过 t 的解中具有最高收益的解。由于 $\boldsymbol{x}^{\star}=\boldsymbol{x}^{\star,i}$，通过类似的论证可以得到 $\hat{\boldsymbol{x}}=\hat{\boldsymbol{x}}^{i}$。这直接意味着 $\Lambda(t)=\Lambda^{i}(t)$。 □

引理 15.13　对于每个 $i\in[n]$ 以及每个 $\varepsilon\geqslant0$，有

$$\Pr[\Lambda^{i}(t)\in(0,\varepsilon]]\leqslant\phi\varepsilon$$

证明　利用权重 w_i 的随机性就足以证明这个引理。我们应用延迟决策原理，并假定所有其他权重都是任意固定的，于是所有来自 $\mathcal{S}^{x_i=0}$ 的解的权重都是固定的，因此解 $\boldsymbol{x}^{\star,i}$ 也是固定的，这是因为 w_i 不影响 $\mathcal{S}^{x_i=0}$ 中的解，而且收益 $p_1,\cdots,p_n$ 是固定的。如果解 $\boldsymbol{x}^{\star,i}$ 是固定的，那么输家的集合 $\mathcal{L}=\{x\in\mathcal{S}^{x_i=1}\mid \boldsymbol{p}^\top\boldsymbol{x}>\boldsymbol{p}^\top\boldsymbol{x}^{\star,i}\}$ 也是固定的。根据定义，$\mathcal{L}$ 中的所有解都包含项 i，因此解 $\hat{x}^i$ 的特性不依赖于 w_i。（当然，权重 $\boldsymbol{w}^\top\hat{\boldsymbol{x}}^i$ 依赖于 w_i。但是哪个解将成为$\hat{\boldsymbol{x}}^i$ 与 w_i 无关。）这意味着，给定各个权重 $w_j(j\neq i)$ 的固定值，对于一个固定的解 $\hat{\boldsymbol{x}}^i$，我们可以将事件 $\Lambda^i(t)\in(0,\varepsilon]$ 重写为 $\boldsymbol{w}^\top\hat{\boldsymbol{x}}^i-t\in(0,\varepsilon]$。对于一个依赖于各个权重 $w_j(j\neq i)$ 的固定值的常数 $\alpha\in\mathbb{R}$，我们可以将这个事件重写为 $w_i\in(\alpha,\alpha+\varepsilon]$。根据引理 15.8，这个事件的概率的上界是 $\phi\varepsilon$。□

结合引理 15.12 和引理 15.13，得到

$$\Pr[\Lambda(t)\leqslant\varepsilon]\leqslant\Pr\left[\exists i\in[n]:\Lambda^i(t)\in(0,\varepsilon]\leqslant\sum_{i=1}^{n}\Pr[\Lambda^i(t)\in(0,\varepsilon]]\right]\leqslant n\phi\varepsilon$$

再结合式（15.5），这就证明了引理 15.10。□

定理 15.7 蕴含了下面关于 Nemhauser-Ullmann 算法运行时间的结果。

推论 15.14　考虑一个具有任意收益 $p_1,\cdots,p_n\in\mathbb{R}_{\geqslant 0}$ 的背包问题实例 $\mathcal{I}$，其中每个权重 w_i 在一个长度为 $1/\phi$ 的任意区间 $A_i\subseteq[0,1]$ 范围内随机均匀而且独立于其他权重进行选择。那么 Nemhauser-Ullmann 算法的期望运行时间为 $O(n^3\phi)$。

证明　从定理 15.4 可以得到，Nemhauser-Ullmann 算法的期望运行时间的上界是

$$O\left(E\left[\sum_{i=0}^{n-1}|\mathcal{P}_i|\right]\right)$$

其中 $\mathcal{P}_i$ 表示只包含前 i 项的受限实例的帕累托集合。利用期望值的线性特性和定理 15.7，我们得到这个运行时间的上界

$$O\left(\sum_{i=0}^{n-1}E[|\mathcal{P}_i|]\right)=O\left(\sum_{i=0}^{n-1}(i^2\phi+1)\right)=O(n^3\phi)$$

证毕。□

仅仅将随机性添加到权重的策略难免有点武断。当然，如果收益和权重都是从长度为 $1/\phi$ 的区间范围内随机均匀而且独立地进行选择的，那么这个上界仍然适用。对这个分析稍做修改也可以适用于只有收益是随机的而权重是对抗的情况。

15.2.2　一般模型

定理 15.7 可以通过几种方式进行扩展。首先，噪声模型可以推广到一类更加广泛的分布。事实上，我们所利用的关于随机权重的唯一性质是引理 15.8，它表示落入长度为 ε 的任何区间的概率最多是 $\phi\varepsilon$。这对于所有由上界为 ϕ 的概率密度函数描述的随机变量都是正确的。因此，我们不允许对抗为每一个权重 w_i 选择一个长度为 $1/\phi$ 的区间，但还是可以允许对抗选择一个密度函数 $f_i:[0,1]\to[0,\phi]$，并据此独立于其他权重选择 w_i。这包括了作为特殊情况的在一个长度为 $1/\phi$ 的区间范围内的均匀分布，还允许不同类型的随机噪声。注意到我们已经把密度函数限制在 $[0,1]$ 来规一化权重。

下面我们将使用术语 ϕ-扰动随机变量来指代一个由密度函数 $f:\mathbb{R}\to[0,\phi]$ 描述的随机变量。如果我们在定理 15.7 的证明中把引理 15.8 出现的地方全部代以下面的引理，那么定理 15.7 对于来自 $[0,1]$ 的一般的 ϕ-扰动权重也成立。

引理 15.15　设 X 是一个由密度函数 $f:[0,1]\to[0,\phi]$ 描述的 ϕ-扰动随机变量。对于

任何一个长度为 ε 的区间 I，有 $\Pr[X \in I] \leqslant \phi\varepsilon$。

证明　通过下面的简单计算可以得到引理的结果：

$$\Pr[X \in I] = \int_I f(x)\,\mathrm{d}x \leqslant \int_I \phi \mathrm{d}x = \phi\varepsilon$$

证毕。□

接下来，我们说明定理 15.7 的一个更为一般的版本。与定理 15.7 相比，第一个推广是给定任意的由解构成的集合 $\mathcal{S} \subseteq \{0,1\}^n$。在背包问题的情况下，来自 $\{0,1\}^n$ 的每个向量都是解，即 $\mathcal{S}=\{0,1\}^n$。第二个推广是对抗的目标函数 p 不必是线性的。事实上，它可以是将每个解映射到某个实值的任意函数。第三个推广是我们将 ϕ-扰动权重的范围从 $[0,1]$ 扩展到 $[-1,1]$。

定理 15.16　设 $\mathcal{S} \subseteq \{0,1\}^n$ 而且函数 p: $\mathcal{S} \to \mathbb{R}$ 是任意的。设 $w_1, \cdots, w_n$ 是来自区间 $[-1,1]$ 的受到 ϕ-扰动的任意数值。那么关于目标函数 $p(x)$ 和 $\boldsymbol{w}^\top \boldsymbol{x}$ 的帕累托最优解 $\boldsymbol{x} \in \mathcal{S}$ 的期望数量是 $O(n^2\phi)$。无论目标函数是最大化还是最小化，这个上界都成立。

我们不在这里证明定理 15.16，而只是指出它的证明与定理 15.7 的证明非常相似。事实上，我们在证明中从未利用过 $\mathcal{S}=\{0,1\}^n$ 以及 p 是线性的。所有的权重 w_i 都是正的这一事实只是用来证明一定存在一个索引值 i，使得 $x_i^\star=0$ 而且 $\hat{x}_i=1$。对于一般化的 w_i，也可能正好相反。对这个问题的处理是证明中不那么直截了当而唯一需要修改之处。

为了说明定理 15.16 的影响力，我们下面讨论定理 15.16 在图问题上的意义。对于一个给定的具有 m 条边 $e_1, \cdots, e_m$ 的图，我们可以把每个向量 $\boldsymbol{x} \in \{0,1\}^n$ 等同于边的子集 $E'=\{e_i \mid x_i=1\}$，于是 $\boldsymbol{x}$ 就是边集 E' 的所谓关联向量。例如，给定源顶点 s 和目标顶点 v，可以选择可行解集合 $\mathcal{S}$ 作为给定图中从 s 到 v 的所有路径的关联向量的集合。利用这个方法，定理 15.16 意味着在双准则最短路径问题中的帕累托最优 s-v 路径的期望数量是 $O(m^2\phi)$。类似地，我们可以选择 $\mathcal{S}$ 作为一个给定图的所有生成树的关联向量的集合。结果表明，在双准则生成树问题中，帕累托最优生成树的期望数量只有 $O(m^2\phi)$。在旅行商问题（TSP）中，给定带边权的无向图，目标是要找到访问所有顶点恰好一次的最短行程（即哈密顿回路）。如同在双准则最短路径问题中一样，定理 15.16 意味着在 TSP 的双准则版本中，帕累托最优行程的数量只有 $O(m^2\phi)$。

关于双准则 Bellman-Ford 算法，我们得到以下推论。

推论 15.17　考虑具有任意成本和来自区间 $[0,1]$ 的非负 ϕ-扰动权重的双准则最短路径问题的实例。设 n 和 m 分别表示顶点数和边数，那么双准则 Bellman-Ford 算法的期望运行时间是 $O(nm^3\phi)$。

证明　我们可以利用定理 15.16 确定在整个算法中出现的每个列表 L_v^i 的期望大小的界为 $O(m^2\phi)$，其中 m 表示图中的边数。利用期望值的线性特性和定理 15.6 得出期望运行时间为

$$\Theta\left(\sum_{i=1}^{M}\left(E[\,|L_{u(R_i)}^{i-1}|\,] + E[\,|L_{v(R_i)}^{i-1}|\,]\right)\right)$$

利用每个列表的期望长度为 $O(m^2\phi)$ 以及 $M=(n-1)\cdot m$，可以得到所声称的界。□

最后我们指出，定理 15.16 也可以适用于对于 $k \in \mathbb{N}$，可行解集合 $\mathcal{S}$ 是 $\{0,\cdots,k\}^n$ 的任意子集的情况，这时帕累托最优解的期望数量是 $O(n^2k^2\phi)$。这对于建模非常有用，例如有界背包问题的建模，其中每个项都有许多相同的副本。

15.2.3 多目标最优化问题

尽管定理 15.16 已经相当一般化，但它仍然有一个苛刻的限制：只适用于具有两个目标函数的最优化问题。将其推广到具有两个以上目标的最优化问题是相当具有挑战性的，而且需要不同的方法。这一节我们对主要结果进行总结。

在定理 15.16 中，假定目标函数是任意的，而另一个目标函数是具有 ϕ-扰动系数的线性函数。我们现在考虑具有任意目标函数和 d 个具有 ϕ-扰动系数的线性目标函数的最优化问题。Röglin 和 Teng（2009）首次对这个模型进行研究，他们证明了帕累托最优解期望数量的一个上界 $O((n^2\phi)^{f(d)})$，其中 f 是一个快速增长函数（大致是 $2^d d!$）。Moitra 和 O' Donnell（2012）将这个上界改进为 $O(n^{2d}\phi^{d(d+1)/2})$。Brunsch 和 Röglin（2015）在假设所有密度函数都是单峰函数的情况下，将这个上界进一步改进为 $O(n^{2d}\phi^d)$。（对于函数 f: $\mathbb{R}\to\mathbb{R}$，如果存在一个 $x\in\mathbb{R}$，使得 f 在 $(-\infty,x]$ 上单调递增，而在 $[x,\infty)$ 上单调递减，则称 f 是一个单峰函数。）

随机变量 X 的第 c 个矩是期望值 $E[X^c]$（如果存在的话）。Brunsch 和 Röglin（2015）还证明了帕累托最优解的数量的矩的上界。特别地，他们证明了对于任何常数 c，第 c 个矩相对于一般密度和单峰密度的上界分别是 $O((n^{2d}\phi^{d(d+1)/2})^c)$ 和 $O((n^{2d}\phi^d)^c)$。这些矩的上界带来了非平凡的尾界。考虑 $d=1$ 的情形，第 c 个矩的上界是 $b_c(n^2\phi)^c$，其中 b_c 是一个依赖于 c 的常量。将马尔可夫不等式应用到第 c 个矩，对于所有 $\alpha\geqslant 1$ 得到下面的结果

$$\Pr[|\mathcal{P}|\geqslant\alpha\cdot(n^2\phi)]=\Pr[|\mathcal{P}|^c\geqslant\alpha^c(n^2\phi)^c]=\Pr\left[|\mathcal{P}|^c\geqslant\frac{\alpha^c}{b_c}\cdot b_c(n^2\phi)^c\right]\leqslant\frac{b_c}{\alpha^c}$$

而如果将马尔可夫不等式直接应用于 $|\mathcal{P}|$，得到的界仅仅（大致）是 $1/\alpha$。矩的上界如此重要还有另一个原因：如果一个算法的运行时间多项式地而非线性地依赖于帕累托最优解的数量（就像超过两个目标函数的 Nemhauser-Ullmann 算法的运行时间），那么定理 15.16 不能用于推导其期望运行时间上的任何界，这是因为在 $E[|\mathcal{P}|]$ 上的一个界并不蕴含任何（例如）$E[|\mathcal{P}|^2]$ 上的界。有了 Brunsch 和 Röglin 的关于 $|\mathcal{P}|$ 的矩的结果，才能得到关于这些算法的期望运行时间的多项式界。

Brunsch（2014）改进了 Brunsch 等人（2014）更早的工作，证明了帕累托最优解的期望数量的下界在 $d=1$ 时是 $\Omega(n^2\phi)$，而当 $d\geqslant 2$ 时是 $\Omega(n^{d-1.5}\phi^d)$。因此，定理 15.16 中双准则情况的上界是渐近胎紧的。

一个受 ϕ-扰动的数以概率 1 是非零的，这意味着 d 个目标函数的每一个都依赖于所有变量。这限制了模型的可表达性，因为存在许多问题的例子，其中一个目标函数只依赖于变量的一个确定的子集。Brunsch 和 Röglin（2015）对这个微妙的问题进行了更加详细的讨论，他们还给出了一些具体的例子。为了解决这个问题，他们引入了 *0-保留扰动*（或称*保零扰动*）。在他们的模型中，对抗可以决定每一个系数应该是受到 ϕ-扰动的数还是确定地设置为零。对于这个模型，他们证明了对于单峰的和一般的 ϕ-扰动系数，帕累托最优解的期望数量的上界分别是 $O(n^{O(d^3)}\phi^d)$ 和 $O((n\phi)^{O(d^3)})$。

15.3 二元最优化问题的平滑复杂性

关于帕累托最优解的期望数量的研究结果表明，背包问题的具有 ϕ-扰动权重或者 ϕ-扰动收益的实例可以在多项式期望时间内求解（推论 15.14）。一个自然的问题是，类似的结果是否也适用于其他 NP 困难的最优化问题。例如，如果所有距离都是 ϕ-扰动的，

TSP 是否可以接受具有多项式期望运行时间的算法？我们现在并非对每一个问题进行单独研究，而是给出来自 Beier 和 Vöcking（2006）的一般性的表述，其中组合最优化问题可以在具有 ϕ-扰动数的实例上高效地求解。

虽然文献中的大多数平滑分析侧重于对具体算法的分析，但是这一节将从复杂性理论的角度考虑问题。我们将研究线性二元最优化问题（linear binary optimization problem）。在这样的问题 Π 的实例中，线性目标函数 $\boldsymbol{c}^{\top}\boldsymbol{x}=c_1x_1+\cdots+c_nx_n$ 将在一个任意的可行解集合 $\mathcal{S}\subseteq\{0,1\}^n$ 上被最小化或最大化。例如，问题 Π 可能是 TSP，而系数 c_i 可能是边的长度。（参见 15.2.2 节关于如何将图问题编码为二元最优化问题的讨论。）我们还可以将背包问题编码为线性二进制最优化问题，于是 $\mathcal{S}$ 包含所有这样的由项构成的子集，子集中的项的总权重不超过容量。

我们将研究线性二元最优化问题的平滑复杂性（smoothed complexity），我们指的是具有来自区间 $[-1,1]$ 的 ϕ-扰动系数 $c_1,\cdots,c_n$ 的实例的复杂性。不失一般性，我们将假定要被最小化的是目标函数 $\boldsymbol{c}^{\top}\boldsymbol{x}$。由于受到 ϕ-扰动的数的编码长度以概率 1 是无限的，我们必须对将在下面使用的机器模型进行讨论。我们可以改变输入模型，并且假定在多项式数量（比如 n^2）的比特之后对 ϕ-扰动系数进行舍入从而将其离散化。这种舍入的影响小到不会影响结果。不过我们不会显式地做出这个假定，而且为了简单起见，我们在概率分析中利用连续随机变量。在定义输入规模时，我们将不考虑系数 c_i 的编码长度，而是假定系数 $c_1,\cdots,c_n$ 对输入长度的总贡献只有 n。

为了说明主要的结果，我们回顾一下计算复杂性的两个定义。如果一个线性二元最优化问题被限制在具有整系数 c_i 的实例时已经是 NP 困难问题，其中各个系数的最大绝对值 $C:=\max_i|c_i|$ 的界是输入长度的多项式，则称这个线性二元最优化问题是*强 NP 困难的*。例如，TSP 是强 NP 困难问题，因为当所有边的长度为 1 或者 2 时，它已经是 NP 困难的。另一方面，背包问题不是强 NP 困难问题，因为那些所有收益为整数而且界是输入数量的多项式的实例可以通过动态规划在多项式时间内求解。

对于语言 L，如果存在一个随机化算法 A，能够在多项式期望时间内判定每一个输入 x 是否属于 L，那么 L 属于 ZPP（零错误概率多项式时间）复杂性类。也就是说，A 总能够产生正确的答案，但是 A 的运行时间是一个随机变量，对于每一个输入 x，这个随机变量的期望值的界是多项式的。我们需要指出的是，期望值只与算法的随机判定有关，而与随机选择的输入无关。目前还不清楚是否 P=ZPP。无论如何，属于 ZPP 的语言通常会被认为是容易判定的，而且相信 NP 困难问题不在 ZPP 中。

定理 15.18　*设 Π 是一个强 NP 困难的线性二元最优化问题，则不存在任何关于 Π 的这样的算法，即对于具有来自 $[-1,1]$ 的 ϕ-扰动系数的实例，算法的期望运行时间的界是输入长度 N 和 ϕ 的多项式，除非 NP⊆ZPP。*

这个定理的主要证明思路可以概括如下：A 是一个关于 Π 的算法，它的期望运行时间是 N 和 ϕ 的多项式，A 可以在期望的多项式时间内最优求解 Π 的具有多项式界定数值的最坏情况实例。给定一个这种最坏情况实例，我们可以向其中的所有数值添加少量的随机噪声，所产生的实例由 A 在 N 和 ϕ 的多项式的期望时间内求解。如果这个随机噪声足够小（$\phi=\Theta(C)$），那么它不会改变最优解。通过这种方法，我们得到了一种在多项式期望时间内求解各个数值由多项式界定的最坏情况实例的算法，这意味着 NP⊆ZPP。

定理 15.18 表明，强 NP 困难的最优化问题的 ϕ-扰动实例不会比最坏情况实例更容易求解。因此，这些问题在平滑分析模型中的求解还是困难的。这个结果的一个后续结论是，当边的长度被随机扰动时，不可能高效地求解 TSP。这与背包问题形成了鲜明对比——背包问题在随机扰动的输入上容易求解。我们现在阐述一个更为一般的积极的结果。对于线性二元最优化问题 Π，如果存在一个算法，它在整数系数实例上的运行时间的上界是 $p(N)\cdot C$，其中 p 表示多项式，N 表示输入长度，C 表示在所有系数中的最大绝对值，我们就说 Π 可以在伪线性时间内求解。

定理 15.19　在最坏情况下可以在伪线性时间内求解的线性二元最优化问题 Π，在具有来自 $[-1,1]$ 的 ϕ-扰动数值的实例上可以在多项式期望时间（关于输入长度和 ϕ）内求解。

设 A_p 是一个在伪线性时间内求解 Π 的整型实例的算法。在定理 15.19 的证明中，算法 A_p 被用来构造在多项式期望时间内求解 ϕ-扰动数值实例的算法 A。算法 A 首先在二进制小数点后的一个比特数 b 之后对所有的 ϕ-扰动系数进行舍入，然后利用算法 A_p 求解舍入后的实例。可以证明，对于 $b=\Theta(\log n)$，对所有系数进行舍入以高概率不会改变最优解。这是基于以下观察，即对于具有 ϕ-扰动数值的实例，最优解通常明显优于次优解，因此即使对所有系数进行舍入之后，它仍然保持最优（参见练习题 15.8）。对于 $b=\Theta(\log n)$，A_p 最优求解舍入后的实例的运行时间是多项式的。这就产生了一个算法，它总是在多项式时间内运行，并且以高概率正确求解 Π 的 ϕ-扰动实例。对这个方法加以修改，有可能获得一个总是在多项式的期望运行时间内计算最优解的算法。

15.4　结论

我们已经证明了帕累托最优解在期望数量上的界，并且在平滑分析的框架内研究了线性二元最优化问题的复杂性。我们的结果在许多情况下与经验观察结果是一致的。例如，背包问题在应用中容易求解但是几乎没有帕累托最优解。与此同时，尽管在过去几十年中已经取得了许多进展，通用求解算法的速度也有了巨大的提升，但是最优求解大规模 TSP 实例的计算成本仍然居高不下。

我们在本章中考虑的模型是非常一般化的，特别是因为可行解集合 $\mathcal{S}$ 在 15.2 节和 15.3 节中都可以任意选择。不过这种普遍性也是我们的结果的一个缺点，这是由于对抗还是相当强大，而且能够精确地确定问题的组合结构。通常问题在应用中要比在最坏情况下更容易求解，因为实例会遵循一定的结构特性。依赖于问题和应用，输入图可能是平面的或者度比较小，距离可能满足三角不等式，等等。我们的一般模型中没有考虑这一类结构特性。因此我们通常建议需要针对应用中真正相关的实例进行更为详细的研究，而不是仅仅假定某些系数是随机的。

Müller-Hannemann 和 Weihe（2006）对多目标最短路径问题进行了例证实验性研究。他们研究了从德国铁路网的每日列车时刻表得到的一幅图，并且发现从旅行时间、票价和换乘次数考虑的帕累托最优列车中转的数量非常小（在实验中没有任何一对结点之间存在超过 8 个帕累托最优连接），这比定理 15.16 所给出的要小得多。一种可能的解释是，在这个应用和许多其他应用中，目标函数不是独立的，而是在一定程度上相互关联，这可能会减少帕累托最优解的数量。为相互关联的目标函数找到一个可以解释在这种情况下观察到的帕累托最优解的极少数量的形式模型，这个问题将是令人关注的。

15.5　本章注解

Corley 和 Moon（1985）描述了双准则 Bellman-Ford 算法。本章对其运行时间的分析也可以在 Beier（2004）中找到。Beier 和 Vöcking（2004）开创了在平滑分析框架内对帕累托最优解的数量的研究。定理 15. 7 的证明遵循 Beier 等人（2007）的改进和简化的分析，这个分析还将 Beier 和 Vöcking 起初的工作推广到整数最优化问题。在 $S \subseteq \{0, \cdots, k\}$ 时，Beier 等人（2007）声明的界是 $O(n^2k^2\log(k)\phi)$，Röglin 和 Rösner（2017）将其改进为 $O(n^2k^2\phi)$。

15. 3 节的结果可以在 Beier 和 Vöcking（2006）中找到。定理 15. 18 和定理 15. 19 并没有给出线性二元最优化问题的平滑复杂性的完整表述，因为定理 15. 19 只适用于伪线性算法，而不适用于一般的伪多项式算法。Beier 和 Vöcking 通过引入多项式平滑复杂性的概念（不是基于期望运行时间，这类似于多项式平均情况复杂度）规避了这个问题。后来 Röglin 和 Teng（2009）证明了所有在最坏情况下可以在伪多项式时间内求解的问题都可以在 ϕ-扰动实例上在多项式期望时间内求解，从而完成了完整的表述。

参考文献

Beier, René. 2004. *Probabilistic Analysis of Discrete Optimization Problems*. PhD thesis, Universität des Saarlandes.

Beier, René, and Vöcking, Berthold. 2004. Random knapsack in expected polynomial time. *Journal of Computer and System Sciences*, **69**(3), 306–329.

Beier, René, and Vöcking, Berthold. 2006. Typical properties of winners and losers in discrete optimization. *SIAM Journal on Computing*, **35**(4), 855–881.

Beier, René, Röglin, Heiko, and Vöcking, Berthold. 2007. The smoothed number of Pareto optimal solutions in bicriteria integer optimization. In *Proceedings of the 12th International Conference on Integer Programming and Combinatorial Optimization (IPCO)*, pp. 53–67.

Brunsch, Tobias. 2014. *Smoothed Analysis of Selected Optimization Problems and Algorithms*. PhD thesis, Universität Bonn.

Brunsch, Tobias, and Röglin, Heiko. 2015. Improved smoothed analysis of multiobjective optimization. *Journal of the ACM*, **62**(1), 4:1–4:58.

Brunsch, Tobias, Goyal, Navin, Rademacher, Luis, and Röglin, Heiko. 2014. Lower bounds for the average and smoothed number of Pareto-optima. *Theory of Computing*, **10**, 237–256.

Bkler, Fritz, Ehrgott, Matthias, Morris, Christopher, and Mutzel, Petra. 2017. Output-sensitive complexity of multiobjective combinatorial optimization. *Journal of Multi-Criteria Decision Analysis*, **24**(1-2), 25–36.

Corley, H. William, and Moon, I. Douglas. 1985. Shortest paths in networks with vector weights. *Journal of Optimization Theory and Application*, **46**(1), 79–86.

Diakonikolas, Ilias, and Yannakakis, Mihalis. 2007. Small approximate Pareto sets for bi-objective shortest paths and other problems. *Proceedings of the 10th International Workshop on Approximation Algorithms for Combinatorial Optimization Problems (APPROX)*, pp. 74–88.

Hansen, Pierre. 1980. Bicriterion path problems. In *Multiple Criteria Decision Making: Theory and Applications*. Lecture Notes in Economics and Mathematical Systems, vol. 177, pp. 109–127. Springer-Verlag.

Kung, H. T., Luccio, Fabrizio, and Preparata, Franco P. 1975. On finding the maxima of a set of vectors. *Journal of the ACM*, **22**(4), 469–476.

Moitra, Ankur, and O'Donnell, Ryan. 2012. Pareto optimal solutions for smoothed analysts. *SIAM Journal on Computing*, **41**(5), 1266–1284.

Müller-Hannemann, Matthias, and Weihe, Karsten. 2006. On the cardinality of the Pareto set in bicriteria shortest path problems. *Annals of Operations Research*, **147**(1), 269–286.

Nemhauser, George L., and Ullmann, Zev. 1969. Discrete dynamic programming and capital allocation. *Management Science*, **15**(9), 494–505.

Papadimitriou, Christos H., and Yannakakis, Mihalis. 2000. On the approximability of trade-offs and optimal access of Web sources. In *Proceedings of the 41st Annual IEEE Symposium on Foundations of Computer Science (FOCS)*, pp. 86–92.

Röglin, Heiko, and Rösner, Clemens. 2017. The smoothed number of Pareto-optimal solutions in non-integer bicriteria optimization. *Proceedings of the 14th Annual Conference on Theory and Applications of Models of Computation (TAMC)*, pp. 543–555.
Röglin, Heiko, and Teng, Shang-Hua. 2009. Smoothed analysis of multiobjective optimization. In *Proceedings of the 50th Annual IEEE Symposium on Foundations of Computer Science (FOCS)*, pp. 681–690.
Vassilvitskii, Sergei, and Yannakakis, Mihalis. 2005. Efficiently computing succinct trade-off curves. *Theoretical Computer Science*, **348**(2–3), 334–356.

练习题

15.1 实现 Nemhauser-Ullmann 算法，使你的实现达到 $\Theta(\sum_{i=0}^{n-1}|\mathcal{P}_i|)$ 的运行时间。

15.2 找到背包问题的一个实例，使得对于某一个 i，$|\mathcal{P}_{i+1}|<|\mathcal{P}_i|$。

15.3 对于顶点 s 和 v，构造具有指数数量的帕累托最优 s-v 路径的双准则最短路径问题的一些实例。

15.4 证明双准则 Bellman-Ford 算法是正确的，即算法终止后，对于每个顶点 $v\in V$，列表 L_v 等于帕累托最优 s-v 路径的集合。

15.5 关于单准则的任意两个顶点之间的最短路径问题的著名算法是 Floyd-Warshall 算法。将此算法应用于双准则的任意两个顶点之间的最短路径问题（给定一个具有成本和权重的图 G，计算 G 中每一个顶点对 (u,v) 的帕累托最优 u-v 路径集合）。以与定理 15.6 相同的方式说明其运行时间的界。如果权重受到 ϕ-扰动，期望的运行时间是多少?

15.6 0-保留扰动（或保零扰动）的概念也可以应用于具有对抗目标函数和带 ϕ-扰动系数的线性目标函数的双准则的情况。证明：与多目标情况相比，在双准则最优化问题上保零扰动并没有增加可表达性。为此，证明如果适当调整可行解集合 $\mathcal{S}$，双准则情况下的保零扰动可以用 ϕ-扰动系数来模拟。为什么这个模拟不适用于有三个或者更多目标的问题?

15.7 证明：从单位正方形独立并且随机均匀抽取的 n 个点中，帕累托最优点的期望数量为 $O(\log n)$。

15.8 给定线性二元最优化问题 Π 的一个实例 $\mathcal{I}$，$\mathcal{S}\subseteq\{0,1\}^n$ 是它的一个可行解集合，赢家间隙定义为

$$\Delta=\boldsymbol{c}^\top\boldsymbol{x}^{\star\star}-\boldsymbol{c}^\top\boldsymbol{x}^{\star}$$

其中

$$\boldsymbol{x}^{\star}=\operatorname{argmin}\{\boldsymbol{c}^\top\boldsymbol{x}\mid\boldsymbol{x}\in\mathcal{S}\}\quad 以及\quad \boldsymbol{x}^{\star\star}=\operatorname{argmin}\{\boldsymbol{c}^\top\boldsymbol{x}\mid\boldsymbol{x}\in\mathcal{S}\setminus\{\boldsymbol{x}^{\star}\}\}$$

分别表示 $\mathcal{I}$ 的最优解和次优解。设 $\mathcal{I}$ 是扰动系数为 $c_1,\cdots,c_n$ 的 Π 的实例。证明对于所有的 $\varepsilon>0$，有

$$\Pr[\Delta\leqslant\varepsilon]\leqslant 2n\phi\varepsilon$$

提示：通过与引理 15.10 类似的论证可以得到这个命题。

第五部分

Beyond the Worst-Case Analysis of Algorithms

机器学习和统计学中的应用

分 类 噪 声

Maria-Florina Balcan，Nika Haghtalab

摘要： 本章讨论在存在噪声的情况下学习线性阈值的计算和统计方面的问题。当没有噪声时，有几种算法可以利用少量数据高效地学习接近最优的线性阈值。但是即使是少量的对抗噪声也会让这个问题在最坏情况下变得非常困难。我们将利用数据生成过程中的一些自然假定来讨论处理这些负面结果的方法。

16.1 引言

机器学习研究的是基于以前的观察和经验做出准确预测和有效决策的自动方法。从应用的角度来看，机器学习已经成为在自然语言处理、语音识别和计算机视觉等复杂领域中行之有效的成功学科。此外，机器学习的理论基础引导了一些功能强大而且用途广泛的技术的发展，这些技术日常用于当今世界上各种各样的商业系统。但是在机器学习的理论和实践中，一个日益重要的主要挑战是提供在对抗噪声下健壮的算法。

本章我们重点关注分类（classification）问题，其目标是仅仅从一些得到标记的示例中学习分类规则。例如，考虑这样的任务，它将社交媒体的帖子自动分类为适合发布的或者不适合发布的。为了实现这一目标，我们可以检验过去的社交媒体帖子及其特征（比如作者、词库和标签），以及它们是否适合发布。可以利用这些数据，例如通过找到做出这类预测的线性分类器的最佳参数，来学习一个能够最佳判定一篇新帖是否适合发布的分类器。分类是机器学习在实践中最常用的范例之一，但是从最坏情况的角度来看，它往往是计算困难的，而且需要大量的难以获取的信息。分类问题的主要挑战之一是在数据集合中存在的噪声。例如，标记算法在判定一篇帖子是否适合发布时有可能出错，还有可能正确的判定不是线性分离器做出的，甚至有可能没有任何完美的分类规则（例如当一篇适当的帖子和一篇不适当的帖子映射到同一个特征向量时）。事实上，当分类中的噪声是对抗设计时，我们相信分类问题是困难的。另一方面，对于能够抵御环境中的蓄意对抗行为（例如制造占很大比例的不适合发布的社交媒体帖子并试图穿透部署的分类器）的学习算法的需求持续增长。因此，在现实世界的对抗存在的情况下，为学习算法的性能提供理论基础是必不可少的。

本章我们将超越最坏情况来研究分类中的噪声，并将重点放在学习线性阈值分类器上。学习线性阈值（learning linear threshold）是机器学习中的一个经典问题，也是其他若干学习问题（比如支持向量机和神经网络）的基础。在没有噪声的情况下，存在若干能够学习高精度线性阈值的计算高效的算法。但是即使只引入少量的对抗噪声，都会使这个问题具有在特性的数量上非常高的运行时间，从而变得非常难解。本章我们将展示在数据生成过程的假定下，在存在噪声的情况下学习线性阈值的一些新进展。第一种方法考虑在实例边缘分布（例如对数凹分布或者高斯分布）上的限制。第二种方法进一步考虑实例的真实分类如何与我们满意的最精确的分类器所表示的分类进行匹配，例如假定贝叶斯最优分类器也是线性阈值分类器。在技术层面上，本章中的很多结果对高维几何有所贡献，同时也从中获得一些观点，用于限制噪声对学习算法的影响。

16.2 节描述有关的形式设定，16.3 节概述在分类的计算和统计上一些经典的最坏情况和最佳情况的结果。16.4 节展示一些在实例边缘分布上的一般假定，这些假定导致了计算性能的改进。16.5 节通过对标记噪声本质的一些额外假定的研究，取得在计算和统计上的进一步改进。最后，我们把研究拓展到更为广泛的背景，从而结束本章。

16.2 模型

我们考虑实例空间 $\mathcal{X}$ 和标记集合 $\mathcal{Y}=\{-1,+1\}$。分类器（classifier）是一个函数 f: $\mathcal{X}\to\mathcal{Y}$，它把实例 $x\in\mathcal{X}$ 映射到分类 y。例如，x 可以表示一篇社交媒体的帖子，y 可以表示该帖子是否适合发布。我们考虑分类器集合 $\mathcal{F}$。我们把 $\mathcal{F}$ 的 Vapnik-Chervonenkis（VC）维数记为 $\dim(\mathcal{F})$，[㊀]它用来度量 $\mathcal{F}$ 的可表示性。我们进一步考虑 $\mathcal{X}\times\mathcal{Y}$ 上的一种分布 $\mathcal{D}$。由于假定 $\mathcal{D}$ 是未知的，我们假定访问一个来自 $\mathcal{D}$ 的 i. i. d. 样本集合 S。对于分类器 f，我们用 $\mathrm{err}_{\mathcal{D}}(f)=\Pr_{(x,y)\sim\mathcal{D}}[y\neq f(x)]$ 和 $\mathrm{err}_S(f)=\frac{1}{|S|}\sum_{(x,y)\in S}\mathbf{1}_{(y\neq f(x))}$ 分别表示其期望误差和经验误差。分类（classification）是这样的任务，它从分类器集合 $\mathcal{F}$ 中学习一个接近最优误差的分类器，即找到 f，使得 $\mathrm{err}_{\mathcal{D}}(f)\leqslant \mathrm{opt}+\epsilon$，其中 $\mathrm{opt}=\min_{f^*\in\mathcal{F}}\mathrm{err}_{\mathcal{D}}(f^*)$。我们在一些不同的设定下考虑分类问题。不可知学习（agnostic learning）是这样的设定，其中没有就分类器集合 $\mathcal{F}$ 或者实例分布 $\mathcal{D}$ 做出任何额外的假定。可实现学习（realizable learning）是这样的设定，其中存在 $f^*\in\mathcal{F}$ 使得 $\mathrm{err}_{\mathcal{D}}(f^*)=0$，在这种情况下，我们将寻找一个具有 $\mathrm{err}_{\mathcal{D}}(f)\leqslant\epsilon$ 的分类器 f。

在本章的部分内容中，我们的研究涉及这样一类线性阈值分类器，即对于 $d\in\mathbb{N}$，我们假定输入空间为 $\mathcal{X}=\mathbb{R}^d$，并且把一个实例看成它的 d 维向量表达式 $\boldsymbol{x}\in\mathbb{R}^d$。齐次线性阈值（homogeneous linear threshold）分类器也称为通过原点的半空间（halfspace through the origin），它是关于单位向量 $\boldsymbol{w}\in\mathbb{R}^d$ 的函数 $h_{\boldsymbol{w}}(\boldsymbol{x})=\mathrm{sign}(\boldsymbol{w}\cdot\boldsymbol{x})$。这一类 d 维齐次线性阈值的 VC 维数为 $\dim(\mathcal{F})=d$。

16.3 最佳情况和最坏情况

这一节我们在困难性的两个极端——可实现设定和不可知设定——对分类的计算和统计方面做一些回顾。

16.3.1 样本复杂性

众所周知，要在可实现设定中找到一个误差为 ϵ 的分类器，只需要取一个包含 $\widetilde{\Theta}(\dim(\mathcal{F})/\epsilon)$ 个来自 $\mathcal{D}$ 的 i. i. d. 样本的集合，然后选择完美地分类了所有这些样本的分类器 $f\in\mathcal{F}$。[㊁]形式上，对于任何 $\epsilon,\delta\in(0,1)$，存在

$$m_{\epsilon,\delta}^{\mathrm{real}}\in O\left(\frac{1}{\epsilon}\left(\dim(\mathcal{F})\ln\left(\frac{1}{\epsilon}\right)+\ln\left(\frac{1}{\delta}\right)\right)\right)$$

使得在 $S\sim\mathcal{D}^{m_{\epsilon,\delta}^{\mathrm{real}}}$ 上以概率 $1-\delta$，如果 $\mathrm{err}_S(f)=0$，那么 $\mathrm{err}_{\mathcal{D}}(f)\leqslant\epsilon$。

㊀ VC 维数是可以由 $\mathcal{F}$ 中的函数设法进行标记的最大的 $X\subseteq\mathcal{X}$ 的大小。

㊁ 我们使用符号 $\widetilde{\Theta}$ 来隐藏在 $1/\epsilon$ 和 $1/\delta$ 上的对数依赖。

然而，在大多数机器学习的应用中，要么完美分类器比包含在 $\mathcal{F}$ 中的分类器要复杂得多，要么没有办法对实例进行完美分类。这就是不可知学习的用武之地。在没有对分类器的性能做出任何假定的情况下，我们选择经验误差最小的 $f\in\mathcal{F}$。让这样的选择生效的一种方法是在样本的抽取上以高概率估计所有分类器的误差在 ϵ 范围内。这被称为一致收敛（uniform convergence），而且要求样本数量为 $\Theta(\dim(\mathcal{F})/\epsilon^2)$。更加形式地，对于任何 ϵ，$\delta\in(0,1)$，存在

$$m_{\epsilon,\delta}\in O\left(\frac{1}{\epsilon^2}\left(\dim\left(\mathcal{F}\right)+\ln\left(\frac{1}{\delta}\right)\right)\right)$$

使得在样本集合 $S\sim\mathcal{D}^{m_{\epsilon,\delta}}$ 上以概率 $1-\delta$，对于所有的 $f\in\mathcal{F}$，有 $|\mathrm{err}_{\mathcal{D}}(f)-\mathrm{err}_S(f)|\leqslant\epsilon$。我们知道这些样本复杂度几乎是胎紧的。我们建议读者参考（Anthony and Bartlett，1999）以了解更多的细节。㊀

从这些结果可以清楚地看到，在最坏情况下，不可知学习比可实现学习需要明显更多的数据，即大约为 $1/\epsilon$ 的因子。不幸的是，在很多应用和领域（例如医学成像）中可能无法获得如此大量的数据。另一方面，机器学习的日常应用很少出现类似于不可知学习的最坏情况。16.5 节展示了对噪声的本质做出额外假定时，不可知学习的样本复杂性如何得到明显的改善。

16.3.2　计算复杂性

给定一个足够大的样本集合，分类的计算复杂性与是否能够在样本上高效地计算一个质量良好的分类器有关。在可实现设定中，这涉及计算一个在样本集合上不会出错的分类器 f。更一般地，在不可知设定中，我们需要计算一个（近似）最小误差的分类器 $f\in\mathcal{F}$，这可以在 $\mathrm{poly}(|\mathcal{F}|)$ 运行时间内完成。然而在大多数情况下，$\mathcal{F}$ 是无穷大的或者（即使在 $\mathcal{F}$ 有限的情况下）在问题的自然表示下其运行时间是指数级的，例如包含所有线性阈值函数、决策树、布尔函数等的集合。这一节我们重点讨论一种设定，其中 $\mathcal{F}$ 是齐次线性阈值函数的集合，这是在机器学习中研究的最流行的分类器之一。

考虑这样的可实现设定，其中存在 $f_{\boldsymbol{w}}\in\mathcal{F}$，它与从 $\mathcal{D}$ 采样的集合 S 一致，即对所有的 $(\boldsymbol{x},y)\in S$，有 $y=\mathrm{sign}(\boldsymbol{w}\cdot\boldsymbol{x})$。那么可以通过找到具有虚拟目标的线性规划的一个解 $\boldsymbol{v}$，在时间 $\mathrm{poly}(d,|S|)$ 内计算向量 $\boldsymbol{w}=\dfrac{\boldsymbol{v}}{\|\boldsymbol{v}\|_2}$：

$$\begin{aligned}&\text{最小化}_{\boldsymbol{v}\in\mathbb{R}^d} && 1\\ &\text{约束} && y(\boldsymbol{v},\boldsymbol{x})\geqslant 1,\quad\forall(\boldsymbol{x},y)\in S\end{aligned}\tag{16.1}$$

在不可知的情况下，我们能否利用这个线性规划？答案取决于数据集中存在的噪声的大小（通过最佳分类器的误差来测量）。毕竟，如果噪声很小，以至于它没有出现在样本集中，那么我们可以继续利用上面的线性规划。为了更加形式地理解这一点，设 $\mathcal{O}_{\mathcal{F}}$ 是一个关于下述可实现设定的预言（oracle）：取样本集合 S，并且返回一个在 S 上完美的分类器 $f\in\mathcal{F}$（如果存在的话）。注意到前面提到的线性规划通过返回满足约束条件的 $\boldsymbol{w}$ 或者证明不存在这样的向量来体现这一点。在下面的算法中，我们将这个为可实现设定而设计的

㊀ 非正式地说，函数类的 VC 维度控制学习所需的样本数量。这是因为如果样本数量远小于 VC 维度，则可能有两个函数在训练集上执行相同的操作，但是它们在真实分布上的性能之间存在很大差距。这些结果令人惊讶的是，VC 维度还表述了足够用于学习的样本数量。

预言应用于噪声水平非常小的不可知学习问题。令人关注的是，这些保证超越了学习线性阈值，而且适用于任何在可实现设定中能够高效求解的学习问题。

算法 1　针对小噪声的高效不可知学习

输入： 对 $\mathcal{D}$ 的采样读取，分类器集合 $\mathcal{F}$，预言 $\mathcal{O}_{\mathcal{F}},\epsilon,\delta$。

1. 设 $m=m^{\text{real}}_{\frac{\epsilon}{4},0.5}$，$r=m^2\ln(2/\delta)$。
2. 对于 $i=1,\cdots,r$，取一个包含 m 个来自 $\mathcal{D}$ 的 i. i. d. 样本的集合 S_i。设 $f_i=\mathcal{O}_{\mathcal{F}}(S_i)$，如果对于 S_i 不存在任何完美的分类器，则设 $f_i=$ "none"。
3. 取一个包含 $m'=\dfrac{1}{\epsilon}\ln(r/\delta)$ 个来自 $\mathcal{D}$ 的 i. i. d. 样本的新的样本集合 S。
4. 返回具有最小的 $\text{err}_S(f_i)$ 的 f_i。

定理 16.1（Kearns and Li，1988）　考虑一个不可知学习问题。问题具有分布 $\mathcal{D}$ 和分类器集合 $\mathcal{F}$，使得对于一个足够小的常数 c，有 $\min_{f\in\mathcal{F}}\text{err}_{\mathcal{D}}(f)\leqslant c\epsilon/\dim(\mathcal{F})$。算法 1 对可实现的预言做出 $\text{poly}\left(\dim(\mathcal{F}),\ \dfrac{1}{\epsilon},\ \ln\left(\dfrac{1}{\delta}\right)\right)$ 次调用，并以概率 $1-\delta$ 返回一个 $\text{err}_{\mathcal{D}}(f)\leqslant\epsilon$ 的分类器 f。

概略证明　不难理解，算法的步骤 2 返回至少一个分类器 $f_i\in\mathcal{F}$，它以高概率完美地对大小为 $m=\widetilde{\Theta}(\dim(\mathcal{F})/\epsilon)$ 的 S_i 进行分类，因而在 $\mathcal{D}$ 上的误差最多是 $\epsilon/4$。由于 $m=\Theta(\epsilon^{-1}\dim(\mathcal{F})\ln(1/\epsilon))$，对于固定的 i，S_i 被最优分类器完美标记的概率是 $(1-c\epsilon/\dim(\mathcal{F}))^m\geqslant\dfrac{1}{m^2}$。重复这个过程 $r=m^2\ln(2/\delta)$ 次，以至少为 $1-\dfrac{\delta}{2}$ 的概率至少有一个样本集被最优分类器完美标记。

我们利用 Chernoff 界在乘性因子 2 之内估计误差。[㊀]在 m' 个样本的 S 的选择上，以概率 $1-\delta$，任何一个 $\text{err}_{\mathcal{D}}(f_i)\leqslant\epsilon/4$ 的这种分类器 f_i 都有 $\text{err}_S(f_i)\leqslant\epsilon/2$，而且任何一个 $\text{err}_{\mathcal{D}}(f_i)>\epsilon$ 的这种分类器都有 $\text{err}_S(f_i)>\epsilon/2$。因此，算法 1 返回一个误差为 ϵ 的分类器。

□

定理 16.1 说明了当噪声水平为 $O(\epsilon/d)$ 时，如何在不可知设定下高效地学习 d 维线性阈值。定理 16.1 依赖于这样一个作为其核心思想的事实：当噪声较小时，线性规划（16.1）以合理的概率仍然是可行的。另一方面，不可知学习中的显著噪声会导致线性规划（16.1）中的约束不可满足。事实上，在线性方程组中，当我们可以满足占比例（$1-\epsilon$）的一部分方程时，找到一个满足占比例 $\Theta(1)$ 的部分方程的解是 NP 困难的。Guruswami 和 Raghavendra（2009）利用这个结论证明了即使存在一个接近完美的线性阈值 $f^*\in\mathcal{F}$ 而且 $\text{err}_{\mathcal{D}}(f^*)\leqslant\epsilon$，要在 $\mathcal{F}$ 中找到任何一个误差 $\leqslant 1/2-\Theta(1)$ 的分类器仍然是 NP 困难的。线性阈值的不可知学习是困难的，即便允许算法返回分类器 $f\notin\mathcal{F}$。这种情况称为不当学习（improper learning），这通常比从 $\mathcal{F}$ 学习一个分类器的问题更加简单。但是，假定在一定的状况下对随机约束满足问题进行反驳是困难的，那么即使在不当学习中，当最优线性阈值具有一个小的常数误差 opt 时，学习一个误差为 $O(\text{opt})$ 的分类器也是困难的（Daniely，2016）。

㊀ 这里，乘性的（而不是加性的）近似相比 16.3.1 节的讨论中需要的样本数量更少。

这些困难性结果表明，即使我们已经取得了无穷的数据，在不可知设定下可高效学习和在可实现设定下可高效学习这两者之间仍然存在差距。在 16.4 节和 16.5 节中，我们通过对边缘分布的形状或者对噪声本质的简单假定来规避这些困难性结果。

16.4　在边缘分布上的假定所带来的好处

这一节我们展示对实例空间 $\mathcal{X}$ 上的 $\mathcal{D}$ 的边缘分布的一些额外假定如何在分类问题的计算方面带来改进。机器学习的理论和实践中常见的一类分布是对数凹分布（log-concave distribution），包括高斯分布和凸集上的均匀分布。形式描述如下。

定义 16.2　密度为 p 的分布 $\mathcal{P}$ 是对数凹分布，如果 $\log(p(\cdot))$ 是凹的。如果 $\mathcal{P}$ 的均值位于原点而且有一个单位协方差矩阵，则称 $\mathcal{P}$ 是各向同性的。◁

这一节我们假设 $\mathcal{D}$ 的边缘分布是对数凹的和各向同性的。除此之外，我们不做进一步的假定，并且允许任意的标记噪声。我们首先说明各向同性对数凹分布的几个有用的性质，感兴趣的读者请参考关于这些性质的证明（Lovász and Vempala，2007；Balcan and Long，2013；Awasthi et al.，2017b）。

定理 16.3　设 $\mathcal{P}$ 是 $\mathcal{X}=\mathbb{R}^d$ 上的各向同性对数凹分布。

1. $\mathcal{P}$ 的所有边缘分布也都是各向同性对数凹分布。
2. 对于任何一个 r，有 $\Pr[\|\boldsymbol{x}\|\geqslant r\sqrt{d}]\leqslant\exp(-r+1)$。
3. 存在常数 $\overline{C}_1$ 和 $\underline{C}_1$，使得对于任何两个单位向量 $\boldsymbol{w}$ 和 $\boldsymbol{w}'$，有 $\underline{C}_1\theta(\boldsymbol{w},\boldsymbol{w}')\leqslant\Pr_{x\backsim\mathcal{P}}[\operatorname{sign}(\boldsymbol{w}\cdot\boldsymbol{x})\neq\operatorname{sign}(\boldsymbol{w}'\cdot\boldsymbol{x})]\leqslant\overline{C}_1\theta(\boldsymbol{w},\boldsymbol{w}')$，其中 $\theta(\boldsymbol{w},\boldsymbol{w}')$ 是向量 $\boldsymbol{w}$ 和 $\boldsymbol{w}'$ 的夹角。
4. 存在常数 $\overline{C}_2$ 和 $\underline{C}_2$，使得对于任何单位向量 $\boldsymbol{w}$ 和 γ，有 $\underline{C}_2\gamma\leqslant\Pr_{x\backsim\mathcal{P}}[|\boldsymbol{x}\cdot\boldsymbol{w}|\leqslant\gamma]\leqslant\overline{C}_2\gamma$。
5. 对于任何常数 C_3，存在常数 C_3'，使得对于任何两个具有 $\theta(\boldsymbol{w},\boldsymbol{w}')\leqslant\alpha\leqslant\pi/2$ 的单位向量 $\boldsymbol{w}$ 和 $\boldsymbol{w}'$，我们有 $\Pr_{x\backsim\mathcal{P}}[|\boldsymbol{x}\cdot\boldsymbol{w}|\geqslant C_3'\alpha$ 以及 $\operatorname{sign}(\boldsymbol{w}\cdot\boldsymbol{x})\neq\operatorname{sign}(\boldsymbol{w}'\cdot\boldsymbol{x})]\leqslant\alpha C_3$。

定理 16.3 的第 1 部分有助于建立对数凹分布的其他一些性质。例如，$\boldsymbol{x}$ 在任何一个正交子空间上的投影等价于在新的子空间坐标上的边缘分布，从而形成一个各向同性对数凹分布。这使得我们能够通过分析 $\boldsymbol{x}$ 在相应单位向量 $\boldsymbol{w}$ 和 $\boldsymbol{w}'$ 上的投影来证明定理 16.3 的余下部分。第 1 部分和对数凹分布的指数尾部特性（如第 2 部分所述）在 16.4.1 节中被用于证明可以利用对数凹分布上的低阶多项式来近似线性阈值。

第 3 部分使我们能够根据候选分类器与最优分类器的夹角来确定该候选分类器的误差的界。此外，对数凹分布的指数尾部意味着分布的很大一部分落在围绕分类器的决策边界的一定范围之内（也称为带内）（第 4 部分）。更进一步，当应用于那些逐渐离开原点并且落在候选分类器和最佳分类器之间的差异区范围内的区域时，指数尾部特性意味着候选分类器和最佳分类器之间的差异只有一小部分落到带外（第 5 部分）。16.4.2 节和 16.5.2 节利用这些性质将学习问题定位在候选分类器的决策边界附近，并且获得关于学习线性阈值的强大的计算结果。

16.4.1　借助多项式回归的计算上的改进

不可知学习的计算困难性背后的原因之一是它涉及非凸而且非光滑的函数 $\operatorname{sign}(\cdot)$。此外，$\operatorname{sign}(\cdot)$ 不能通过低阶多项式或者其他可以被高效优化的凸光滑函数在所有的 $\boldsymbol{x}$ 上均匀地进行近似。不过我们只需在生成数据的分布上近似 $\operatorname{sign}(\cdot)$ 的期望值，这在边缘分布具有指数尾部（例如对数凹分布）时尤其有用，因为这样一来我们可以专注于逼近 $\text{sign}(\cdot)$ 靠近其决策边界，代价是远离边界的近似值会变得更差，不过总体上不会减少（期望的）近似因子。

这就是 Kalai 等人（2008）的研究背后的思想，证明了如果 $\mathcal{D}$ 具有对数凹边缘分布，则对于固定的函数 κ，我们可以在时间 $\text{poly}(d^{\kappa(1/\epsilon)})$ 内学习一个误差为 $\text{opt}+\epsilon$ 的分类器。重要的是，这一结果证实了低阶多项式的阈值可以近似 $\text{sign}(\cdot)$ 的期望值。我们在下面给出这一断言，感兴趣的读者请参考（Kalai et al.，2008）中的有关证明。

定理 16.4（Kalai et al.，2008）　*存在函数 κ，使得对于 $\mathbb{R}$ 上的任何一个对数凹（不一定是各向同性）分布 $\mathcal{P}$，对于任何 ϵ 和 θ，存在阶为 $\kappa(1/\epsilon)$ 的多项式函数 $q:\mathbb{R}\to\mathbb{R}$，使得 $E_{z\sim\mathcal{P}}[\,|q(z)-\text{sign}(z-\theta)|\,]\leqslant\epsilon$。*

这一结果给出了一种将多项式（在 L_1 距离内）拟合到从 $\mathcal{D}$ 观测到的样本集的学习算法。算法 2 对这个算法做了形式表述。概而言之，对于一个包含标记实例的集合 S，我们的目标是计算阶为 $\kappa(1/\epsilon)$ 的多项式 $q:\mathbb{R}^d\to\mathbb{R}$，它最小化了 $E_{(\boldsymbol{x},y)\sim S}[\,|p(\boldsymbol{x})-y|\,]$。这可以在时间 $\text{poly}(d^{\kappa(1/\epsilon)})$ 内实现，方法是把每一个 d 维实例 $\boldsymbol{x}$ 扩展到 $\text{poly}(d^{\kappa(1/\epsilon)})$ 维实例 $\boldsymbol{x}'$，其中包含 $\boldsymbol{x}$ 中所有阶不超过 $\kappa(1/\epsilon)$ 的单项式。然后，我们可以执行一个在各个 $(\boldsymbol{x}',y)$ 上的 L_1 回归，在时间 $\text{poly}(d^{\kappa(1/\epsilon)})$ 内找到 p（例如利用线性规划）。获得了 p 之后，我们选择阈值 θ 以便最小化 $\text{sign}(p(\boldsymbol{x})-\theta)$ 的经验误差。这使我们能够利用定理 16.4 来证明以下结果。

算法 2　L_1 多项式回归

输入： 来自 $\mathcal{D}$ 的包含 $\text{poly}\left(\frac{1}{\epsilon}d^{\kappa(1/\epsilon)}\right)$ 个样本的集合 S。

1. 找到阶为 $\kappa(1/\epsilon)$ 的最小化 $E_{(x,y)\sim S}[\,|p(\boldsymbol{x})-y|\,]$ 的多项式 p。
2. 对于 $\theta\in[-1,1]$，$f(\boldsymbol{x})=\text{sign}(p(\boldsymbol{x})-\theta)$ 最小化了 S 上的经验误差。

定理 16.5（Kalai et al.，2008）　*L_1 多项式回归算法（算法 2）实现在 S 的选择上的期望误差 $\text{err}_{\mathcal{D}}(f)\leqslant\text{opt}+\epsilon/2$。*

证明　设 $f(\boldsymbol{x})=\text{sign}(p(\boldsymbol{x})-\theta)$ 是算法 2 在样本集 S 上的输出结果。不难理解，f 的经验误差最多是 p 的 L_1 误差的一半，即 $\text{err}_S(f)\leqslant\frac{1}{2}E_S[\,|y-p(\boldsymbol{x})|\,]$，其中 E_S 表示与经验分布 $(\boldsymbol{x},y)\sim S$ 有关的期望值。为了理解这一点，注意到 $f(\boldsymbol{x})$ 只有当 θ 落在 $p(\boldsymbol{x})$ 和 y 之间时才会出错。如果我们从 $[-1,1]$ 中随机均匀地选取 θ，那么 $f(\boldsymbol{x})$ 期望出错的概率是 $|p(\boldsymbol{x})-y|/2$。但是 θ 是由算法特别选取用来最小化 $\text{err}_S(f)$ 的，所以它胜过期望值而且达到 $\text{err}_S(f)\leqslant\frac{1}{2}E_S[\,|y-p(\boldsymbol{x})|\,]$。

下面我们利用定理 16.4 证明存在多项式 p^*，它在一个对数凹分布上，在期望值上近似最优分类器。设 $h^*=\text{sign}(\boldsymbol{w}^*\cdot\boldsymbol{x})$ 是关于分布 $\mathcal{D}$ 的最优线性阈值。注意到 $\boldsymbol{w}^*\cdot\boldsymbol{x}$ 是一个一维各向同性对数凹分布（根据定理 16.4 的第 1 部分）。设 $p^*(\boldsymbol{x})=\boldsymbol{q}(\boldsymbol{x}\cdot\boldsymbol{w}^*)$ 是一个阶为 $\kappa(1/\epsilon)$ 的多项式，根据定理 16.4，它近似 h^*，即 $E_{\mathcal{D}}[\,|p^*(\boldsymbol{x})-h^*(\boldsymbol{x})|\,]\leqslant\epsilon/2$。于是我们有

$$\underset{S}{\operatorname{err}}(f) \leqslant \frac{1}{2} E_S[\,|y-p(\boldsymbol{x})|\,] \leqslant \frac{1}{2} E_S[\,|y-p^*(\boldsymbol{x})|\,]$$
$$\leqslant \frac{1}{2}(E_S[\,|y-h^*(\boldsymbol{x})|\,]+E_S[\,|p^*(\boldsymbol{x})-h^*(\boldsymbol{x})|\,])$$

考虑最终表达式$\frac{1}{2}(E_S[\,|y-h^*(\boldsymbol{x})|\,]+E_S[\,|p^*(\boldsymbol{x})-h^*(\boldsymbol{x})|\,])$ 的期望值，其中 S 是包含从 $\mathcal{D}$ 中抽取的 m 个样本的集合。由于只要 $y \neq h^*(\boldsymbol{x})$ 就有 $|y-h^*(\boldsymbol{x})|=2$，我们有 $E_{S\sim\mathcal{D}^m}\left[\frac{1}{2}E_S[\,|y-h^*(\boldsymbol{x})|\,]\right]=\mathrm{opt}$。此外，$E_{S\sim\mathcal{D}^m}\left[\frac{1}{2}E_S[\,|p^*(\boldsymbol{x})-h^*(\boldsymbol{x})|\,]\right]\leqslant\epsilon/4$，这是因为 $E_{x\sim\mathcal{D}}[\,|p^*(\boldsymbol{x})-h^*(\boldsymbol{x})|\,]\leqslant\epsilon/2$。因此，最终表达式的期望值最多为 $\mathrm{opt}+\epsilon/4$。初始表达式 $\mathrm{err}_S(f)$ 的期望值是所产生的假设的期望经验误差。利用以下事实，即阶为 $\kappa(1/\epsilon)$ 的多项式阈值类的 VC 维数为 $O(d^{\kappa(1/\epsilon)})$ 以及算法 2 使用了 $m=\mathrm{poly}(\epsilon^{-1}d^{\kappa(1/\epsilon)})$ 个样本，可以得到 h 的期望经验误差在其期望真实误差的 $\epsilon/4$ 内，从而证明了定理。 □

注意到定理 16.5 在 $S\sim\mathcal{D}^m$ 上确定了期望误差的界，但不是以高概率确定的。这是因为 $|p^*(\boldsymbol{x})-h^*(\boldsymbol{x})|$ 的期望值很小，但是在最坏情况下是无界的。不过这足以证明算法 2 的单次运行以概率 $\Omega(\epsilon)$ 有 $\mathrm{err}_{\mathcal{D}}(f)\leqslant\mathrm{opt}+\epsilon$。为了获得一个高概率的界，我们运行这个算法 $O\left(\frac{1}{\epsilon}\log\frac{1}{\delta}\right)$ 次，并计算一个大小为 $\widetilde{O}\left(\frac{1}{\epsilon^2}\log\frac{1}{\delta}\right)$ 的分离样本上的各个输出结果。形式化如下。

推论 16.6 对于任何 ϵ 和 δ，在包含 $O(\epsilon^{-1}\ln(1/\delta))$ 个独立生成的样本集合 S_i 上重复算法 2 来学习 f_i。从 $\mathcal{D}$ 中取另外的 $\widetilde{O}(\epsilon^{-2}\log(1/\delta))$ 个样本并返回最小化了这个样本集上的误差的 f_i^*。以概率 $1-\delta$ 这个分类器有 $\mathrm{err}_{\mathcal{D}}(f_i^*)\leqslant\mathrm{opt}+\epsilon$。

算法 2 的一个令人关注的方面是它是不当（学习）的，即它利用多项式阈值函数在线性阈值函数类上学习。此外，这个算法在多项式时间内运行，当 $\mathrm{opt}=\mathrm{err}_{\mathcal{D}}(h^*)$ 是任意小的常数时，算法学习一个误差为 $O(\mathrm{opt})$ 的分类器。如 16.3.2 节所述，任何计算效率高的算法都无法获得在一般分布下的这种保证（Daniely，2016）。这凸显了对于利用对数凹分布的结构特性来获得改进的学习保证的需求。

虽然 L_1 多项式回归是一种非常强大的算法，它对于 ϵ 的任何取值都可以在 $\mathrm{poly}(d^{\kappa(1/\epsilon)})$ 时间内获得 $\mathrm{opt}+\epsilon$ 的误差，但是它的运行时间只有在 ϵ 为常数时才是多项式的。有一种与此不同的简单而且高效的算法，称为 Averaging 算法，它可以对任何一个足够大于 opt 的 ϵ 的值实现非平凡的学习保证。Averaging 算法（Servedio，2001）返回标记加权的实例的平均值[㊀]

$$\text{分类器 } h_{\boldsymbol{w}} \text{ 其中 } \boldsymbol{w}=\frac{E_S[y\boldsymbol{x}]}{\|E_S[y\boldsymbol{x}]\|} \quad (\text{Averaging 算法})$$

Averaging 算法背后的思想很简单：如果一个分布是可实现的而且对称地围绕着原点（比如高斯分布），那么 $E[y\boldsymbol{x}]$ 指向完美分类器的方向。但是，即使少量的对抗噪声也能够创建一个与 $\boldsymbol{w}^*$ 正交的向量分量。不过 Kalai 等人（2008）证明了在 opt 足够小于 ϵ 的情况下，Averaging 算法能够在角度 ϵ 内恢复 $\boldsymbol{w}^*$。

㊀ 有意思是，Averaging 算法相当于高斯分布上的一阶 L_2 多项式回归。

定理 16.7（Kalai et al.，2008） 考虑一个具有高斯和单位方差边缘的分布 $\mathcal{D}$。存在常数 c，对于任何 δ 和 $\epsilon > c\ \text{opt}\sqrt{\ln(1/\text{opt})}$，有 $m \in O\left(\frac{\delta^2}{\epsilon^2}\ln\left(\frac{d}{\delta}\right)\right)$，使得以概率 $1-\delta$，Averaging 算法在一个包含 m 个样本的集合上的输出结果满足 $\text{err}_{\mathcal{D}}(h_w) \leqslant \text{opt}+\epsilon$。此外，Averaging 算法的运行时间是 $\text{poly}\left(d, \frac{1}{\epsilon}\right)$。

这个定理表明，当 $\epsilon \in \Omega(\text{opt}\sqrt{\ln(1/\text{opt})})$ 时，我们可以高效地学习一个误差为 $\text{opt}+\epsilon$ 的线性阈值。下一节我们将介绍一种更加强大的算法，它基于一种能够进一步限制对抗噪声的力量的自适应局部化技术，在 $\epsilon \in \Omega(\text{opt})$ 的情况下达到相同的学习保证。

16.4.2 借助局部化的计算上的改进

我们在设计高计算效率的学习算法时所面临的挑战之一是，算法在分布的各处对噪声的敏感性不同。这往往是容易最优化的替代损失函数（用于近似非凸符号函数）在空间上具有非均匀近似保证这一事实的副产品。这就构成了一个挑战，因为对抗能够破坏一些更为敏感的区域中的一小部分数据，并且不成比例地降低算法的输出结果的质量。识别并删除这些区域通常需要知道目标分类器，因此无法完全实现为预处理步骤。但是如果预先知道一个相当好的分类器，就有可能近似地识别这些区域并且将问题*局部化*来学习一个更好的分类器。这是 Awasthi 等人（2017b）的研究工作背后的思路，它基于在实例空间和假设空间上的局部化（即把注意力集中在靠近当前决策边界的数据和靠近当前猜测的分类器），创建一个精心设计的最优化问题的自适应序列。在靠近当前决策边界的实例上的局部化减少了对抗噪声对学习过程的影响，而假设空间上的局部化确保历史不会被遗忘。Awasthi 等人（2017b）利用这个思路来学习线性分离器，当 $\mathcal{D}$ 具有各向同性的对数凹边缘时，对于 $\epsilon \in \Omega(\text{opt})$，这个线性分离器在时间 $\text{poly}\left(d, \frac{1}{\epsilon}\right)$ 内运行，误差为 $\text{opt}+\epsilon$。

*关键的技术思想。*局部化的核心思想充分利用这样一个事实，即合理的分类器和最优分类器之间的差异的大部分，靠近前者在各向同性对数凹分布上的决策边界。为了理解这一点，考虑图 16.1a，它说明分类器 h_w 和 h_{w^*} 之间的差异是全概率分布的楔（wedge）。

$$\underset{\mathcal{D}}{\text{err}}(h_w) - \underset{\mathcal{D}}{\text{err}}(h_{w^*}) \leqslant \Pr[h_w(\boldsymbol{x}) \neq h_{w^*}(\boldsymbol{x})] \leqslant \overline{C}_1\theta(\boldsymbol{w}, \boldsymbol{w}^*) \tag{16.2}$$

其中的 $\overline{C}_1$ 是常数（根据定理 16.3 的性质 3）。这个区域可以被划分为在 $\boldsymbol{w}$ 的某一个 γ-边界范围内（带内）的实例（垂直条纹）和远离这个边界范围（带外）的实例（水平条纹）。由于分布是对数凹分布，其中占比例 $\Theta(\gamma)$ 的一部分落在与 h_w 的决策边界距离为 γ 的范围内（见定理 16.3 的第 4 部分）。此外，远离决策边界并且由 h_w 和 h_{w^*} 进行不同分类的实例构成了总差异区域的一小部分。形式上，利用定理 16.3 的性质 4 和 5，对于已选择的常数 $C_3 = \underline{C}_1/8$ 以及 $\gamma := \alpha \cdot \max\left\{C_3', \frac{\overline{C}_1}{\overline{C}_2}\right\}$，对于使得 $\theta(\boldsymbol{w}, \boldsymbol{w}^*) \leqslant \alpha$ 的任何 $\boldsymbol{w}$，有

$$\Pr[\,|\boldsymbol{w}\cdot\boldsymbol{x}| \leqslant \gamma \text{ 而且 } h_w(x) \neq h_{w^*}(\boldsymbol{x})] \leqslant \Pr[\,|\boldsymbol{w}\cdot\boldsymbol{x}| \leqslant \gamma] \leqslant \overline{C}_2\gamma \tag{16.3}$$

以及

$$\Pr[\,|\boldsymbol{w}\cdot\boldsymbol{x}|>\gamma \text{ 而且 } h_{\boldsymbol{w}}(\boldsymbol{x})\neq h_{\boldsymbol{w}^*}(\boldsymbol{x})\,]\leqslant C_3\alpha\leqslant\frac{\overline{C}_2}{8}\gamma \tag{16.4}$$

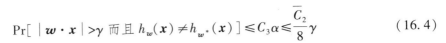

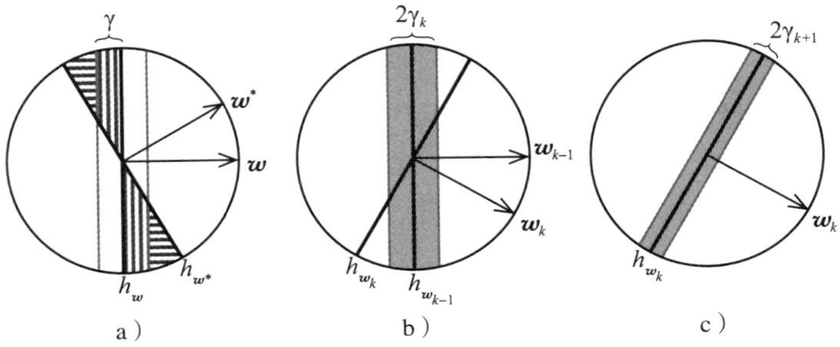

图 16.1　举例说明局部化和基于边缘的分析。图 a 举例说明带内和带外实例的 $h_{\boldsymbol{w}}$ 与 $h_{\boldsymbol{w}^*}$ 不一致的区域。图 b 和图 c 举例说明在误差不超过 c_0 的 $\boldsymbol{w}_{k-1}$ 的 α_k 角度范围内搜索 $\boldsymbol{w}_k$，以及算法 3 步骤 2 的后续迭代中的带

由于 $h_{\boldsymbol{w}}$ 在远离其决策边界的地方具有很低的不一致性（如式（16.4）所示），这表明为了改进整体性能，我们可以把注意力集中在 $h_{\boldsymbol{w}}$ 的决策边界附近的误差。考虑使 $\theta(\boldsymbol{w},\boldsymbol{w}^*)\leqslant\alpha$ 的 $\boldsymbol{w}$，以及在 $\boldsymbol{w}$ 的 α 角度范围内的任何一个 $\boldsymbol{w}'$。把注意力集中在靠近边界 $\{(\boldsymbol{x},y):|\boldsymbol{w}\cdot\boldsymbol{x}|\leqslant\gamma\}$（以下称为带）的实例，以及在带中由 $\mathcal{D}_{\boldsymbol{w},\gamma}$ 表示的被标记的实例的相应分布。如果在此带内 $h_{\boldsymbol{w}'}$ 和 $h_{\boldsymbol{w}^*}$ 的差异最多是 $c_0=\min\left\{\frac{1}{4},\frac{C_1}{4\overline{C}_2C_3'}\right\}$，那么利用式（16.3）最右边的不等式和式（16.4）最左边的不等式，以及事实 $\{\boldsymbol{x}:|\boldsymbol{w}\cdot\boldsymbol{x}|>\gamma, h_{\boldsymbol{w}'}(\boldsymbol{x})\neq h_{\boldsymbol{w}^*}(\boldsymbol{x})\}\subseteq\{\boldsymbol{x}:|\boldsymbol{w}\cdot\boldsymbol{x}|>\gamma, h_{\boldsymbol{w}}(\boldsymbol{x})\neq h_{\boldsymbol{w}^*}(\boldsymbol{x})$ 或者 $h_{\boldsymbol{w}}(\boldsymbol{x})\neq h_{\boldsymbol{w}'}(\boldsymbol{x})\}$，我们有

$$\Pr_{\mathcal{D}}[h_{\boldsymbol{w}'}(\boldsymbol{x})\neq h_{\boldsymbol{w}^*}(\boldsymbol{x})]\leqslant\overline{C}_{2\gamma}\cdot\Pr_{\mathcal{D}_{\boldsymbol{w},v}}[h_{\boldsymbol{w}'}(\boldsymbol{x})\neq h_{\boldsymbol{w}^*}(\boldsymbol{x})]+2\alpha C_3\leqslant\frac{\alpha C_1}{2} \tag{16.5}$$

因此，根据定理 16.3 的性质 3，有 $\theta(\boldsymbol{w},\boldsymbol{w}^*)\leqslant\alpha/2$。即给定一个与最优分类器的夹角不超过 α 的分类器 $h_{\boldsymbol{w}}$，通过在 $\boldsymbol{w}$ 的 α 角度范围内进行搜索，我们甚至可以找到一个夹角不超过 $\alpha/2$ 的更好的分类器，而且在带上与最优分类器的差异不超过常数 c_0。这表明局部化把在各向同性对数凹分布上不可知地学习一个误差为 opt+ϵ 的线性阈值的问题简化为带内的学习问题。

更详细地说，我们现在假定有一个关于这个带的预言，只要 $h_{\boldsymbol{w}^*}$ 在带内的误差与前面所定义的常量 c_0 相比足够小，即对于一个固定的函数 $g(\cdot)$ 有 $\mathrm{err}_{\mathcal{D}_{\boldsymbol{w},\gamma}}(h_{\boldsymbol{w}^*})\leqslant g(c_0)$，那么预言返回在 $\boldsymbol{w}^*$ 的 α 角度范围内的 $\boldsymbol{w}'$，使得 $h_{\boldsymbol{w}'}$ 和 $h_{\boldsymbol{w}^*}$ 的差异不超过 c_0。

预言 $\mathcal{O}(\boldsymbol{w},\gamma,\alpha,\delta)$　给定 $\boldsymbol{w},\gamma,\alpha,\delta$ 和固定的容错函数 $g(\cdot)$，使得 $\theta(\boldsymbol{w},\boldsymbol{w}^*)\leqslant\alpha$ 和 $\mathrm{err}_{\mathcal{D}_{\boldsymbol{w},\gamma}}(h_{\boldsymbol{w}^*})\leqslant g(c_0)$。预言从 $\mathcal{D}$ 中取 $m(\gamma,\alpha,\delta)$ 个样本并返回 $h_{\boldsymbol{w}'}$，使得 $\theta(\boldsymbol{w}',\boldsymbol{w})\leqslant\alpha$，而且以概率 $1-\delta$ 有 $\Pr_{\mathcal{D}_{\boldsymbol{w},\gamma}}[h_{\boldsymbol{w}'}(x)\neq h_{\boldsymbol{w}^*}(\boldsymbol{x})]\leqslant c_0$。◁

算法 3 反复使用这个预言来寻找一个误差为 opt+ϵ 的分类器。注意到当我们在更窄的带中将问题局部化时，可能会增加带的条件分布中的总体噪声，这在本质上会使得关于这个预言的学习更具挑战性。因此，我们利用函数 $g(\cdot)$ 来强调这个预言成功的先决条件。

算法 3 带有预言的局部化

输入： 给定 ϵ,δ，从 $\mathcal{D}$ 读取的样本，一个带内的最优化预言 $\mathcal{O}$，以及一个初始分类器 $h_{\boldsymbol{w}_1}$ 使得 $\theta(\boldsymbol{w}_1,\boldsymbol{w}^*)<\pi/2$。

1. 设常数 $c_\gamma=\max\{C_3',\underline{C}_1/\overline{C}_2\}$，对于所有的 k，设 $\alpha_k=2^{-k}\pi,\gamma_k=\alpha_k\cdot c_\gamma$。
2. 对于 $k=1,\cdots,\log\left(\frac{\overline{C}_1\pi}{\epsilon}\right)-1=r$，令 $h_{\boldsymbol{w}_{k+1}}\leftarrow\mathcal{O}\left(\boldsymbol{w}_k,\gamma_k,\alpha_k,\frac{\delta}{r}\right)$。
3. 返回 $h_{\boldsymbol{w}_r}$。

引理 16.8（基于边缘的局部化） 假定存在预言 $\mathcal{O}$ 以及一个相应的容错函数 $g(\cdot)$，它们满足在算法 3 中使用的输入序列（$\boldsymbol{w}_k,\gamma_k,\alpha_k,\delta/r$）上的预言的后置条件。那么存在常数 c，使得对于任何具有各向同性对数凹边缘的分布 $\mathcal{D}$，δ 以及 $\epsilon\geqslant c\ \mathrm{opt}$，算法 3 从 $\mathcal{D}$ 中取数量为

$$m=\sum_{k=1}^{\log(\overline{C}_1/\epsilon)}m\left(\gamma_k,\alpha_k,\frac{\delta}{\log(\overline{C}_1/\epsilon)}\right)$$

的样本并返回 $h_{\boldsymbol{w}}$，使得以概率 $1-\delta$ 有 $\mathrm{err}_{\mathcal{D}}(h_{\boldsymbol{w}})\leqslant\mathrm{opt}+\epsilon$。

证明 算法 3 从与 $\boldsymbol{w}^*$ 的夹角不超过 α_1 的 $\boldsymbol{w}_1$ 开始。现在假定对于算法使用的所有 $\boldsymbol{w}_k$ 和 γ_k，有 $\mathrm{err}_{\mathcal{D}_{\boldsymbol{w}_k,\gamma_k}}(h_{\boldsymbol{w}^*})\leqslant g(c_0)$，因而预言的先决条件得以满足。随后，每次算法执行步骤 2，预言都会返回 $\boldsymbol{w}_{k+1}\leftarrow\mathcal{O}(\boldsymbol{w}_k,\gamma_k,\alpha_k,\delta/r)$，使得以概率 $1-\delta/r$ 有 $\Pr_{\mathcal{D}_{\boldsymbol{w}_k,\gamma_k}}[h_{\boldsymbol{w}_{k+1}}(\boldsymbol{x})\neq h_{\boldsymbol{w}^*}(\boldsymbol{x})]\leqslant c_0$。利用式（16.5）得到 $\theta(\boldsymbol{w}_{k+1},\boldsymbol{w}^*)\leqslant\theta(\boldsymbol{w}_k,\boldsymbol{w}^*)/2\leqslant\alpha_{k+1}$，即候选分类器与 $\boldsymbol{w}^*$ 的夹角被减半。经过 $r=\log(\overline{C}_1\pi/\epsilon)-1$ 次迭代后，我们有 $\theta(\boldsymbol{w}_r,\boldsymbol{w}^*)\leqslant\epsilon/\overline{C}_1$。利用 $h_{\boldsymbol{w}}$ 的误差与 $h_{\boldsymbol{w}}$ 和 $h_{\boldsymbol{w}^*}$ 的夹角之间的关系（如式（16.2）所述），有 $\mathrm{err}_{\mathcal{D}}(h_{\boldsymbol{w}_r})\leqslant\mathrm{err}_{\mathcal{D}}(h_{\boldsymbol{w}^*})+\overline{C}_1\theta(\boldsymbol{w}^*,\boldsymbol{w}_r)\leqslant\mathrm{opt}+\epsilon$。这个方法适用于所有的噪声类型。

现在，我们利用（对抗）噪声的性质来证明只要这个带的宽度不比 opt 小太多，预言的先决条件就可以得到满足。也就是说，对所有的 $k\leqslant r$，当 $\epsilon>c\ \mathrm{opt}$ 时，有 $\mathrm{err}_{\mathcal{D}_{\boldsymbol{w}_k,\gamma_k}}(h_{\boldsymbol{w}^*})<g(c_0)$。当我们关注一个宽度为 γ_k 的带时，可以把注意力集中在 $h_{\boldsymbol{w}^*}$ 出错的区域。但是，对于 $k\leqslant r$，任何一个宽度为 γ_k 的带构成了 $\mathcal{D}$ 的至少占比例 $\underline{C}_2\gamma_k\in\Omega(\epsilon)$ 的一部分。因此，存在常数 c，对所有的 $\epsilon\geqslant c\ \mathrm{opt}$，有 $\mathrm{err}_{\mathcal{D}_{\boldsymbol{w}_k,\gamma_k}}(h_{\boldsymbol{w}^*})\leqslant\frac{\mathrm{opt}}{\underline{C}_2\gamma_k}\leqslant g(c_0)$。 □

引理 16.8 表明，只要高效实现预言 $\mathcal{O}$ 就足以得到一个在对数凹分布上学习的计算高效的算法。我们利用铰链损失最小化（hinge loss minimization）来达到这个目的。形式上，具有参数 τ 的铰链损失定义为 $\ell_\tau(\boldsymbol{w},\boldsymbol{x},y)=\max\left\{0,1-\frac{y(\boldsymbol{w}\cdot\boldsymbol{x})}{\tau}\right\}$。注意到只要 $h_{\boldsymbol{w}}$ 在（$\boldsymbol{x},y$）上出一次错，铰链损失就至少是 1。因此 $\mathrm{err}(h_{\boldsymbol{w}})\leqslant E[\ell_\tau(\boldsymbol{w},\boldsymbol{x},y)]$。这就足以证明对于任何一个分布 $\mathcal{D}_{\boldsymbol{w}_k,\gamma_k}$，我们可以找到 $\boldsymbol{w}_{k+1}$，其关于 τ_k 的期望铰链损失最多是 c_0。由于铰链损失函数是凸函数，我们可以利用算法 4 在带上对其进行高效优化。因此，主要的技术挑战是证明存在一个铰链损失充分小于 c_0 的分类器（即 $h_{\boldsymbol{w}^*}$），在这种情况下算法 4 返回一个

铰链损失也小于 c_0 的分类器。这是通过一系列技术步骤完成的，先证明当分布没有噪声时 h_{w^*} 只有少量的铰链损失，然后证明噪声只会少量增加 h_{w^*} 的铰链损失。请读者参考（Awasthi et al.，2017b）以获得更多详情。

算法 4　带内的铰链损失最小化

输入： 单位向量 $\boldsymbol{w},\gamma_k,\alpha_k,\delta$，以及对 $\mathcal{D}$ 的采样读取。

1. 取一个包含 $\widetilde{\Theta}\left(\frac{d^2}{\gamma_k c_0^2}\ln\left(\frac{1}{\epsilon}\right)\ln\left(\frac{1}{\delta}\right)\right)$ 个样本的集合 S，并且设 $S_k=\{(\boldsymbol{x},y)\,\|\,\boldsymbol{w}_k\cdot\boldsymbol{x}\,|\leqslant\gamma_k\}$。
2. 设 $\tau_k=\gamma_k c_0\,\underline{C}_2/4\overline{C}_2$，对于凸集 $\mathcal{K}=\{\boldsymbol{v}\colon\|\boldsymbol{v}\|\leqslant 1$ 而且 $\theta(\boldsymbol{v},\boldsymbol{w})\leqslant\alpha_k\}$，令 $\boldsymbol{v}_{k+1}\leftarrow\operatorname{argmin}_{\boldsymbol{v}\in\mathcal{K}}E_S[\ell_{\tau_k}(\boldsymbol{v},\boldsymbol{x},y)]$。
3. 返回 $\boldsymbol{w}_{k+1}=\frac{\boldsymbol{v}_{k+1}}{\|\boldsymbol{v}_{k+1}\|}$。

引理 16.9（铰链损失最小化）　存在函数 $g(z)\in\Theta(z^4)$，使得对于任何具有各向同性对数凹边缘的分布 $\mathcal{D}$，给定用于算法 3 的使 $\theta(\boldsymbol{w}_k,\boldsymbol{w}^*)\leqslant\alpha_k$ 以及 $\mathrm{err}_{\mathcal{D}_{\boldsymbol{w}_k,\gamma_k}}(h_{\boldsymbol{w}^*})\leqslant g(c_0)$ 的 $\boldsymbol{w},\gamma_k$ 和 α_k，算法 4 从 $\mathcal{D}$ 取数量为 $n_k=\widetilde{\Theta}\left(\frac{d^2}{\gamma_k c_0^2}\ln\left(\frac{1}{\epsilon}\right)\ln\left(\frac{1}{\delta}\right)\right)$ 的样本并且返回 $\boldsymbol{w}_{k+1}$，使得 $\theta(\boldsymbol{w}_{k+1},\boldsymbol{w}_k)\leqslant\alpha_k$，并且以概率 $1-\delta$ 有 $\Pr_{\mathcal{D}_{\boldsymbol{w}_k,\gamma_k}}[h_{\boldsymbol{w}_{k+1}}(\boldsymbol{x})\neq h_{\boldsymbol{w}^*}(\boldsymbol{x})]\leqslant c_0$。

引理 16.8 和引理 16.9 证明了这一节的主要结果。

定理 16.10（Awasthi et al.，2017b）　考虑具有各向同性对数凹边缘的分布 $\mathcal{D}$。存在常数 c，使得对所有的 δ 和 $\epsilon\geqslant c$ opt，存在 $m\in\widetilde{O}\left(\frac{d^2}{\epsilon}\ln\left(\frac{1}{\delta}\right)\right)$，对此算法 3 利用算法 4 在带内进行优化，从 $\mathcal{D}$ 中取 m 个样本，并且以概率 $1-\delta$ 返回一个误差为 $\mathrm{err}_{\mathcal{D}}(h_{\boldsymbol{w}})\leqslant\mathrm{opt}+\epsilon$ 的分类器 $h_{\boldsymbol{w}}$。

局部化的惊人威力。局部化技术还可以用于对付更强的恶意对抗，这些对抗不仅可以改变一小部分实例的标记，还能够改变基础分布的形状。这种噪声通常被称为恶意噪声或者毒化攻击。

考虑当原始分布具有各向同性对数凹边缘时，在存在恶意噪声的情况下应用算法 3。由于恶意噪声改变了各个实例的边缘分布，我们不清楚引理 16.9 的铰链损失最小化能否找到一个合适的分类器 $h_{\boldsymbol{w}_{k+1}}$。为了处理这个问题，Awasthi 等人（2017b）引入了一种软异常值消除（soft outlier removel）技术，在算法 3 的每个步骤进行铰链损失最小化之前应用。概括地说，这个过程给带内的实例赋权重，以表明算法对于这些实例并非由“恶意噪声”引入的置信度。这些权重由线性规划计算，考虑了带内的各个实例在角度靠近 $\boldsymbol{w}_k$ 的方向上的方差。算法利用加权铰链损失最小化来找到 $\boldsymbol{w}_{k+1}$，其保证类似于在引理 16.9 中所述的保证。这表明当原始分布具有各向同性对数凹边缘时，算法 3 的一种变异能够处理恶意对抗。

定理 16.11（Awasthi et al.，2017b）　考虑具有各向同性对数凹边缘的可实现的分布 $\mathcal{D}$，并且考虑一个设定，其中，数据中占比例（1−opt）的一部分来自 $\mathcal{D}$ 的 i.i.d. 样本，而其他占比例 opt 的部分由恶意对抗选择。存在常数 c，使得对于所有的 δ 和 $\epsilon\geqslant c$ opt，存在一个算法，该算法取 $m \in \text{poly}\left(d, \frac{1}{\epsilon}\right)$ 个样本，在时间 $\text{poly}\left(d, \frac{1}{\epsilon}\right)$ 内运行，并且以概率 $1-\delta$ 返回一个误差为 $\text{err}_{\mathcal{D}}(h_{\boldsymbol{w}}) \leqslant \epsilon$ 的分类器 $h_{\boldsymbol{w}}$。

定理 16.11 表明，局部化可以扩展定理 16.10 的保证来对付更强的对抗。这个结果改进了之前已知的 Klivans 等人（2009）的结果（后者只处理了少量与维度相关的噪声）。第 17 章则考虑了在无监督环境中的恶意噪声。

在 16.5.2 节我们将看到，当遇到可引入数据的噪声类型受到进一步限制的真实（而且较弱的）对抗时，局部化也有助于获得更强的学习保证。

16.5 在噪声上的假定所带来的好处

学习半空间也可以在很多中等的噪声环境中进行研究。关于分类噪声的一个自然的假定是贝叶斯最优分类器属于我们所考虑的分类器集合。也就是说，任何一个实例都更有可能带着正确的标记（而不是不正确的标记）出现。换言之，在学习线性阈值的情况下，对于 $\boldsymbol{w}^*$，有 $f_{\text{bayes}}(\boldsymbol{x}) = \text{sign}(E[y \mid \boldsymbol{x}]) = h_{\boldsymbol{w}^*}(\boldsymbol{x})$。这种类型的噪声及其变异通常用于对众包(crowdsourcing) 数据集中发现的噪声进行建模，其中对噪声的假定转化为关于任何一个给定实例都会被大多数标记器正确标记的置信度。带有参数 $v<\frac{1}{2}$ 的随机分类噪声考虑这样的环境，即对于所有 $\boldsymbol{x}$，有 $E[yh_{\boldsymbol{w}^*}(\boldsymbol{x}) \mid \boldsymbol{x}] = (1-2v)$。更一般地，带有参数 $v<\frac{1}{2}$ 的有界噪声只要求对于所有 $\boldsymbol{x}$，有 $E[yh_{\boldsymbol{w}^*}(\boldsymbol{x}) \mid \boldsymbol{x}] \geqslant (1-2v)$。等效地，随机分类噪声和有界噪声可以描述为添加到一个可实现分布上的噪声，分布中的每个实例 $\boldsymbol{x}$ 都分别以概率 v 或者 $v(\boldsymbol{x}) \leqslant v$ 进行了错误的标记。除非另有说明，否则我们假定 v 以一个常数有界远离 1/2。

这一节我们将探讨对噪声的良性（niceness）假定如何让我们获得更好的计算和统计的学习保证。

16.5.1 对更为良性的噪声模型在统计上的改进

随机分类噪声和有界噪声的一个主要特性是，确定了分类器的过量误差与该分类器和最优分类器的差异之间的关系的严格上下界。即对于任何一个分类器 h，有

$$(1-2v)\Pr_{\mathcal{D}}[h(\boldsymbol{x}) \neq h_{\boldsymbol{w}^*}(\boldsymbol{x})] \leqslant \text{err}_{\mathcal{D}}(h) - \text{err}_{\mathcal{D}}(h_{\boldsymbol{w}^*}) \leqslant \Pr_{\mathcal{D}}[h(\boldsymbol{x}) \neq h_{\boldsymbol{w}^*}(\boldsymbol{x})] \tag{16.6}$$

无论噪声模型如何，根据三角不等式，这个不等式的右侧都成立。这个不等式的左侧主要利用有界噪声和随机分类噪声的性质来证明如果 h 和 $h_{\boldsymbol{w}^*}$ 在 $\boldsymbol{x}$ 上不一致，那么 $\boldsymbol{x}$ 及其期望标记 $E[y \mid \boldsymbol{x}]$ 对这两个分类器的误差都有贡献。结果 h 只是在 $h_{\boldsymbol{w}^*}$ 的误差上产生了一个小的过量误差。

式（16.6）特别有用，因为其右侧表示 h 和 $h_{\boldsymbol{w}^*}$ 之间的差异，也是 h 的过量误差的方差，即

$$E_{\mathcal{D}}[(\underset{(\boldsymbol{x},y)}{\text{err}}(h) - \underset{(\boldsymbol{x},y)}{\text{err}}(h_{\boldsymbol{w}^*}))^2] = \Pr_{\mathcal{D}}[h(\boldsymbol{x}) \neq h_{\boldsymbol{w}^*}(\boldsymbol{x})]$$

因此，h 的差异的上界也确定了其过量误差的方差的界，而且允许更强的集中界。例如，利用 Bernstein 不等式和 VC 理论，以概率 $1-\delta$（在包含来自 $\mathcal{D}$ 的 m 个 i. i. d. 样本的集合 S 的选择上），对于所有的线性阈值 h，我们有

$$\underset{\mathcal{D}}{\operatorname{err}}(h)-\underset{\mathcal{D}}{\operatorname{err}}(h_{\boldsymbol{w}^*})\leqslant\underset{S}{\operatorname{err}}(h)-\underset{S}{\operatorname{err}}(h_{\boldsymbol{w}^*})+\sqrt{\frac{(\operatorname{err}_{\mathcal{D}}(h)-\operatorname{err}_{\mathcal{D}}(h_{\boldsymbol{w}^*}))\left(d+\ln\left(\frac{1}{\delta}\right)\right)}{(1-2v)m}}+O\left(\frac{1}{m}\right)$$

也就是说，存在 $m\in O\left(\frac{d+\ln(1/\delta)}{(1-2v)\epsilon}\right)$，使得最小化 m 个样本上的经验误差的分类器 h' 以概率 $1-\delta$ 有 $\operatorname{err}_{\mathcal{D}}(h)\leqslant\mathrm{opt}+\epsilon$。

这表明如果 $\mathcal{D}$ 表现出有界噪声或者随机分类噪声，则可以利用比不可知情况下所需要的样本更少的样本来学习 $\mathcal{D}$。这是由于我们对 h 的误差和 $h_{\boldsymbol{w}^*}$ 的误差进行直接比较（并且利用了更强的集中界），而不是通过一致收敛的方法。在不可知情况下我们需要数量为 $\Omega(d/\epsilon^2)$ 的样本来学习一个误差为 opt+ϵ 的分类器，而在存在随机分类噪声或者有界噪声的情况下，我们的学习只需要数量为 $\Omega(d/\epsilon)$ 的样本。我们注意到这个结果纯粹是信息理论上的，例如，这并不意味着存在一个可以在这种类型的噪声中学习的多项式时间算法。下一节我们将详细讨论存在随机分类噪声和有界噪声时的计算效率问题。

16.5.2　对更为良性的噪声模型在计算上的改进

这一节我们将证明在存在随机分类噪声或者有界噪声的情况下，存在一些计算高效的算法，与不可知情况相比，这些算法具备改进的噪声健壮性保证。特别地，在出现随机分类噪声的情况下，我们可以高效地学习线性阈值。

定理 16.12（Blum et al.，1998）　*对于任何具有随机分类噪声的分布 $\mathcal{D}$，存在一种算法，算法在 $\mathrm{poly}(d,1/\epsilon,\ln(1/\delta))$ 时间内运行，并且以概率 $1-\delta$ 学习向量 $\boldsymbol{w}$，使得 $\operatorname{err}_{\mathcal{D}}(h_w)\leqslant$ opt+ϵ。*

感兴趣的读者可以参考 Blum 等人（1998）的工作，从而了解实现定理 16.12 中保证的算法的更多细节。需要注意的是，当除了随机分类噪声（这是一种高度对称的噪声）之外，边缘分布也是对称的时候，有若干种简单的算法能够学习一个误差为 opt+ϵ 的分类器。例如，当分布为高斯分布而且具有随机分类噪声时，Averaging 算法可以恢复 $\boldsymbol{w}^*\propto E_{\mathcal{D}}[\boldsymbol{x}y]$。

虽然随机分类噪声引入了多项式时间学习算法，但是它无法提供超越最坏情况的令人信服的学习模型。特别是随机分类噪声的高度对称性并不适用于部分数据可能比其他数据具有更低的噪声的真实环境。这就是有界噪声的用武之地——它既松弛了随机分类噪声的对称性质，又假定没有实例会包含太多的噪声。但是，与随机分类噪声相反，当边缘分布不受限制时，迄今为止还没有任何一种为人所知的高效算法能够在存在有界噪声的情况下学习一个误差为 opt+ϵ 的分类器。因此，在这一节的余下部分，我们将重点讨论这样一种设定，其中除了有界噪声之外，$\mathcal{D}$ 还具有良性的边缘分布，特别是各向同性对数凹边缘分布。

我们先考虑 16.4.2 节的迭代局部化技术。假设有界噪声是一个比对抗噪声更强的假定，定理 16.10 意味着对于足够小的 $\mathrm{opt}\in O(\epsilon)$，我们可以学习一个误差为 opt+$\epsilon$ 的线性阈值。有意思的是，同样的算法可以得到一个关于有界噪声的好得多的保证，这里的关键是对于任何 $\boldsymbol{w}$ 和 γ，有 $\operatorname{err}_{\mathcal{D}_{\boldsymbol{w},\gamma}}(h_{\boldsymbol{w}^*})\leqslant v$。

引理 16.13（关于有界噪声的基于边缘的局部化）　*假定存在预言 $\mathcal{O}$ 以及一个相应的容错函数 $g(\cdot)$，它们满足预言在算法 3 中使用的输入序列（$\boldsymbol{w}_k,\gamma_k,\alpha_k,\delta/r$）上的后置条件。对于任何具有各向同性对数凹边缘，以及 $v\leqslant g(c_0)$ 的 v-有界噪声的分布 $\mathcal{D}$，以及任何 ϵ,δ，算法 3 从 $\mathcal{D}$ 中抽取数量为*

$$m=\sum_{k=1}^{\log(\bar{C}_1/\epsilon)} m\left(\gamma_k,\alpha_k,\frac{\delta}{\log(\bar{C}_1/\epsilon)}\right)$$

的样本，并且返回 $h_{\boldsymbol{w}}$，使得以概率 $1-\delta$ 有 $\mathrm{err}_{\mathcal{D}}(\boldsymbol{h}_{\boldsymbol{w}})\leqslant \mathrm{opt}+\epsilon$。

这个引理的证明遵循引理 16.8 的证明，除了带内噪声的增长从未超过 $v\leqslant g(c_0)$，这是因为实例 $\boldsymbol{x}$ 在 $\mathcal{D}$ 的任何一个带中存在噪声的概率最多是 $v\leqslant g(c_0)$。注意到当噪声有界时，预言的先决条件对于任意小的带都可以得到满足，这一点与对抗环境相反。在对抗环境中，只有当带的宽度超过 $\boldsymbol{\Omega}(\mathrm{opt})$ 时先决条件才能得到满足。因此，利用带内的铰链损失最小化（引理 16.9），当噪声参数 $v<g(c_0)$ 是一个小的常数时，我们能够学习一个误差为 $\mathrm{opt}+\epsilon$ 的线性阈值。这比我们的对抗噪声保证要好得多，因为在对抗噪声保证中，噪声必须不超过 $\mathrm{opt}<\epsilon/c$。

引理 16.9 中的 $g(c_0)$ 会小到什么程度，以及由此产生的 v 会小到什么程度？正如 Awasthi 等人（2015）所证明的，v 的阶约为 10^{-6}，几乎可以忽略不计。因此，我们的问题是对于任何一个 $v\leqslant 1/2-\Theta(1)$，是否有替代算法能够处理有界噪声。注意到在带内应用铰链损失最小化所需要的关键特性是在 $\mathcal{D}_{\boldsymbol{w}_k,\gamma_k}$ 中的噪声不超过 $g(c_0)$，而无须考虑 v 的值。因此，保证这一特性的一种自然方法是消除带中数据的噪声，并且将噪声从一个任意常数 v 降低到一个更小的常数 $g(c_0)$。这里可以利用多项式回归（算法 2），因为它可以在多项式时间内学习具有小的常数误差的多项式阈值 f_{k+1}。如果 f_{k+1} 已经是线性阈值，那么我们已经设置了 $h_{\boldsymbol{w}_{k+1}}=f_{k+1}$ 并且继续进行下一轮的局部优化。但是，对于一般的多项式阈值，我们需要让 f_{k+1} 近似一个线性阈值。幸运的是，f_{k+1} 已经接近 $h_{\boldsymbol{w}^*}$。因此，算法 4 的铰链损失最小化技术可用于学习线性阈值 $h_{\boldsymbol{w}_{k+1}}$，其预测靠近 f_{k+1}，因此靠近 $h_{\boldsymbol{w}^*}$。这个过程在算法 5 和下面的引理中被形式化。

引理 16.14（带有铰链损失最小化的多项式回归）　考虑一个分布 $\mathcal{D}$，它具有各向同性对数凹边缘，还具有带参数 v 的有界噪声。对于算法 3 所述的使 $\theta(\boldsymbol{w}_k,\boldsymbol{w}^*)\leqslant\alpha_k$ 的任何 $\epsilon,\delta,\boldsymbol{w}_k,\gamma_k,\alpha_k$，算法 5 从 $\mathcal{D}$ 中抽取数量为 $n_k=\mathrm{poly}\left(d^{\mathrm{poly}\left(\frac{1}{1-2v}\right)},\frac{1}{\epsilon},\ln\left(\frac{1}{\delta}\right)\right)$ 的样本并且返回 $\boldsymbol{w}_{k+1}$，使得 $\theta(\boldsymbol{w}_{k+1},\boldsymbol{w}_k)\leqslant\alpha_k$，而且以概率 $1-\delta$ 有 $\Pr_{\mathcal{D}_{\boldsymbol{w}_k,\gamma_k}}[h_{\boldsymbol{w}_{k+1}}(\boldsymbol{x})\neq h_{\boldsymbol{w}^*}(\boldsymbol{x})]\leqslant c_0$。

证明　根据引理 16.9，设 $g(c_0)\in\Theta(c_0^4)$ 为铰链损失最小化的容错函数。注意到对于对数凹分布 $\mathcal{D}$，任何一个带内的分布也是对数凹的。因此，算法 5 的步骤 1 利用多项式回归来学习一个多项式阈值 f_{k+1}，使得 $\mathrm{err}_{\mathcal{D}_{\boldsymbol{w}_k,\gamma_k}}(f_{k+1})\leqslant\mathrm{opt}+(1-2v)g(c_0)$（见图 16.2b）。现在设分布 $\mathcal{P}$ 与 $\mathcal{D}$ 相同，除了所有实例都根据 f_{k+1} 进行了标记之外。由于噪声是有界的，根据式（16.6）有

$$\begin{aligned}\underset{\mathcal{P}_{\boldsymbol{w}_k,\gamma_k}}{\mathrm{err}}(h_{\boldsymbol{w}^*})&=\underset{\mathcal{D}_{\boldsymbol{w}_k,\gamma_k}}{\Pr}[f_{k+1}(\boldsymbol{x})\neq h_{\boldsymbol{w}^*}(\boldsymbol{x})]\\&\leqslant\frac{1}{1-2v}\left(\underset{\mathcal{D}_{\boldsymbol{w}_k,\gamma_k}}{\mathrm{err}}(f_{k+1})-\underset{\mathcal{D}_{\boldsymbol{w}_k,\gamma_k}}{\mathrm{err}}(h_{\boldsymbol{w}^*})\right)\leqslant g(c_0)\end{aligned}$$

于是分布 $\mathcal{P}$ 满足引理 16.9 的条件。因此，算法 5 返回 $h_{\boldsymbol{w}_{k+1}}$，使得

$$\underset{\mathcal{D}_{\boldsymbol{w}_k,\gamma_k}}{\Pr}[h_{\boldsymbol{w}_{k+1}}(\boldsymbol{x})\neq h_{\boldsymbol{w}^*}(\boldsymbol{x})]=\underset{\mathcal{P}_{\boldsymbol{w}_k,\gamma_k}}{\Pr}[h_{\boldsymbol{w}_{k+1}}(\boldsymbol{x})\neq h_{\boldsymbol{w}^*}(\boldsymbol{x})]\leqslant c_0$$

这就完成了引理的证明。　□

算法 5　多项式回归和带内铰链损失最小化

输入： 单位向量 $\boldsymbol{w}_k,\gamma_k,\alpha_k,\delta,c_0$，以及对 $\mathcal{D}$ 的采样读取。

1. 从 $\mathcal{D}$ 中抽取 $n_k=\text{poly}\left(d^{\text{poly}\left(\frac{1}{1-2v}\right)},\frac{1}{\epsilon},\ln\left(\frac{1}{\delta}\right)\right)$ 个 i. i. d. 样本，设 S_k 包含满足 $\{\boldsymbol{x}\,\|\,\boldsymbol{w}_k\cdot\boldsymbol{x}\,|\leqslant\gamma_k\}$ 的样本。设 f_{k+1} 是算法 2 的具有过量误差 $(1-2v)g(c_0)$ 的输出结果。
2. 从 $\mathcal{D}$ 中抽取 $\widetilde{\Theta}\left(\frac{d^2}{\gamma_k c_0^2}\ln\left(\frac{1}{\epsilon}\right)\ln\left(\frac{1}{\delta}\right)\right)$ 个 i. i. d. 样本，设 S'_k 包含样本 $(\boldsymbol{x},f_{k+1}(\boldsymbol{x}))$，满足 $\{\boldsymbol{x}\|\,\boldsymbol{w}_k\cdot\boldsymbol{x}\,|\leqslant\gamma_k\}$。设 $\tau_k=\frac{c_0C_2}{4C_2}\gamma_k$，而且对于凸集 $\mathcal{K}=\{\boldsymbol{v}:\|\boldsymbol{v}\|\leqslant1$ 而且 $\theta(\boldsymbol{v},\boldsymbol{w})\leqslant\alpha_k\}$，令 $\boldsymbol{v}_{k+1}\leftarrow\text{argmin}_{\boldsymbol{v}\in\mathcal{K}}E_{S'_k}[\ell_{\tau_k}(\boldsymbol{v},\boldsymbol{x},y)]$。
3. 返回 $\boldsymbol{w}_{k+1}=\frac{\boldsymbol{v}_{k+1}}{\|\boldsymbol{v}_{k+1}\|}$。

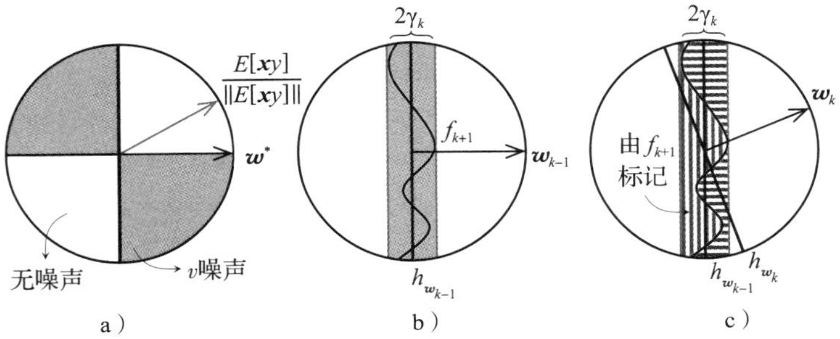

图 16.2　图 a 举例说明 Averaging 算法在有界噪声上具有糟糕的性能，即使在分布对称的情况下。图 b 说明算法 5 的步骤 1，其中多项式回归用于学习 f_{k+1}。图 c 说明在算法 5 的步骤 2 中，在由 f_{k+1} 标记的分布上利用铰链损失最小化，其中水平条纹和垂直条纹分别表示由 f_{k+1} 标记为正和负的区域

在应用多项式回归和带内铰链损失最小化的同时迭代使用基于边缘的局部化，可以证明以下定理。

定理 16.15（Awasthi et al.，2016）　设 $\mathcal{D}$ 是具有各向同性对数凹边缘和带参数 v 的有界噪声的分布，对于任何 ϵ 和 δ，存在 $m=\text{poly}\left(d^{\text{poly}\left(\frac{1}{1-2v}\right)},\frac{1}{\epsilon},\ln\left(\frac{1}{\delta}\right)\right)$，使得算法 3（它利用算法 5 在带内进行最优化）从 $\mathcal{D}$ 中取 m 个样本，在 poly(m) 时间内运行，而且以概率 $1-\delta$ 返回一个误差为 $\text{err}_{\mathcal{D}}(h_{\boldsymbol{w}})\leqslant\text{opt}+\epsilon$ 的分类器 $h_{\boldsymbol{w}}$。

定理 16.15 表明，只要 $v\leqslant\frac{1}{2}-\Theta(1)$，就存在一个多项式时间算法，该算法学习一个在各向同性对数凹分布上的误差为 $\text{opt}+\epsilon$ 的线性阈值。算法的样本复杂度和运行时间是 $1-2v$ 的倒指数。注意到这个样本复杂度的指数级大于 16.5.1 节给出的信息理论边界。是否存在与一般的对数凹分布的信息理论边界相匹配的计算高效的算法，仍有待验证。

16.6 结束语和当前研究方向

将本章与机器学习的更广阔的视野联系起来，我们注意到在当今世界，机器学习的有效性直接受到早期基础研究工作的影响，这些基础研究穿越最坏情况，并且利用了现实生活中学习问题的一些特性，例如有限 VC 维度和边缘（Cristianini and Shawe Taylor，2000）。接下来，我们重点介绍与超越算法最坏情况分析相关的一些当前的研究方向。

对抗噪声。16.4.1 节的多项式回归来自（Kalai et al.，2008）。定理 16.7 的结果是应用于均匀分布的（Kalai et al.，2008）的原始结果的一种变异。Klivans 等人（2009）证明了当分布为各向同性对数凹时，采用硬异常值消除技术的 Averaging 算法的一种变异实现了 opt+ϵ 的误差，这里 opt $\in O(\epsilon^3/\ln(1/\epsilon))$。引理 16.8 的基于边缘的局部化技术及其变异首次出现在（Balcan et al.，2007）的*主动学习*（active learning）的背景下。16.4.2 节的基于边缘的局部化技术和铰链损失最小化的结合归因于（Awasthi et al.，2017b），这个结果在主动学习的环境下仍然有效。Daniely（2015）将这项技术与多项式回归相结合，获得了多项式时间近似方案（PTAS），用于学习均匀分布上的线性阈值。Diakonikolas 等人（2018）将基于边缘的局部化结果进一步扩展到非齐次线性阈值。展望未来，将这些技术推广到一些更具表现力的假设类是未来工作的一个重要方向。这里的主要挑战是定义一个适当的局部化区域。对于线性分离器，我们通过分析推导出基于边缘的局部化。然而，在一些更为一般的环境中（比如深度神经网络），可能无法进行封闭形式的推导。我们能否取而代之，利用正在处理的问题的性质（例如利用未标记的数据），通过算法计算一个良好的局部化区域，这将会很有意思。

有界噪声。16.5.2 节关于有界噪声的对数凹分布的结果来自（Awasthi et al.，2015，2016）。Yan 和 Zhang（2017）把这个算法的一种变异用于单位球上的均匀分布的特殊情况，改进了样本复杂度和运行时间对 $1/(1-2v)$ 的依赖。最近，Diakonikolas 等人（2019）提出了一种多项式时间算法，用于计算噪声 v-有界时的分布无关的 $v+\epsilon$ 误差界，并且证明了他们的技术以及变异因此无法学习一个误差为 opt+ϵ 的分类器。这是一个明显较弱的保证，因为在典型应用中，opt 远远小于 v，这里 v 表示在一个给定点上的噪声的最大值。迄今为止，就有界噪声的情况下获得分布无关的 opt+ϵ 的误差而言，是存在高计算效率的算法还是困难性结果，仍然是机器学习理论中一个重要的开放式问题。另一方面，有界噪声及其变异的研究的主要动机之一是众包问题，其中每个实例至少由占比例 $1-v$ 的一部分标记器正确标记。假如我们除了学习算法之外还设计了数据收集协议，Awasthi 等人（2017a）证明了任何一个能够在可实现设定中利用 $m_{\epsilon,\delta}^{\text{real}}$ 个样本高效学习的分类器集合 $\mathcal{F}$，都可以通过向群体（crowd）发出 $O(m_{\epsilon,\delta}^{\text{real}})$ 次查询进行高效学习。这有效地证明了*非持久有界噪声*（nonpersistent bounded noise）的计算和统计方面与可实现设定相同。

除了研究有界噪声模型的现实动机之外，有界噪声还与超越算法最坏情况分析的其他概念有关。例如，式（16.6）把分类器的过量误差与这个分类器的预测和最佳分类器的预测之间的差异相关联，这是在聚类问题中使用的*近似稳定性*假定的一个监督模拟，即任何一个在目标值上靠近最优分类器的聚类在分类中也应该靠近最优分类器。有关近似稳定性的更多细节参见第 6 章。

针对其他对抗攻击的健壮性。如上所述，本章介绍的局部化技术也可以用于处理恶意噪声（Awasthi et al.，2017b）。一个相关模型考虑了*毒化攻击*（poisoning attack），其中对抗将恶意制作的伪造数据点插入训练集中，目的是引起学习算法的特定故障。值得关注的

是如何针对这一类对抗提供额外的形式保证。另一种类型的攻击称为对抗示例（adversarial example），这是一种只在测试过程中影响分布的破坏行为，因此需要在分布 $\mathcal{D}$ 上学习一个分类器 $f\in\mathcal{F}$，当 $\mathcal{D}$ 被噪声破坏时仍能达到良好的性能（Goodfellow et al.，2015）。这个学习模型的动机大体上源于对学习系统的视听攻击，其目标是保护学习算法抵御蓄意通过错误分类造成伤害的对抗（Kurakin et al.，2017）。关于测试时间健壮性的超越最坏情况的观点也可以对学习算法在若干非对抗损坏下的健壮性进行改进，比如分布转移（distribution shift）和误说明（misspecification），因此是未来研究的一个有前途的方向。

参考文献

Anthony, Martin, and Bartlett, Peter L. 1999. *Neural Network Learning: Theoretical Foundations*. Cambridge University Press.

Awasthi, Pranjal, Balcan, Maria-Florina, Haghtalab, Nika, and Urner, Ruth. 2015. Efficient learning of linear separators under bounded noise. *Proceedings of the 28th Conference on Computational Learning Theory*, pp. 167–190.

Awasthi, Pranjal, Balcan, Maria-Florina, Haghtalab, Nika, and Zhang, Hongyang. 2016. Learning and 1-bit compressed sensing under asymmetric noise. In *Proceedings of the 29th Conference on Computational Learning Theory*, pp. 152–192.

Awasthi, Pranjal, Blum, Avrim, Haghtalab, Nika, and Mansour, Yishay. 2017a. Efficient PAC learning from the crowd. In *Proceedings of the 30th Conference on Computational Learning Theory*, pp. 127–150.

Awasthi, Pranjal, Balcan, Maria Florina, and Long, Philip M. 2017b. The power of localization for efficiently learning linear separators with noise. *Journal of the ACM*, **63**(6), 50.

Balcan, Maria-Florina, and Long, Phil. 2013. Active and passive learning of linear separators under log-concave distributions. In *Proceedings of the 26th Conference on Computational Learning Theory*, pp. 288–316.

Balcan, Maria-Florina, Broder, Andrei, and Zhang, Tong. 2007. Margin based active learning. In *Proceedings of the 20th Conference on Computational Learning Theory*, pp. 35–50.

Blum, Avrim, Frieze, A., Kannan, Ravi, and Vempala, Santosh. 1998. A polynomial-time algorithm for learning noisy linear threshold functions. *Algorithmica*, **22**(1–2), 35–52.

Cristianini, Nello, and Shawe-Taylor, John. 2000. *An Introduction to Support Vector Machines and Other Kernel-Based Learning Methods*. Cambridge University Press.

Daniely, Amit. 2015. A PTAS for agnostically learning halfspaces. In *Proceedings of the 28th Conference on Computational Learning Theory*, pp. 484–502.

Daniely, Amit. 2016. Complexity theoretic limitations on learning halfspaces. In *Proceedings of the 48th Annual ACM Symposium on Theory of Computing*, pp. 105–117.

Diakonikolas, Ilias, Kane, Daniel M, and Stewart, Alistair. 2018. Learning geometric concepts with nasty noise. *Proceedings of the 50th Annual ACM Symposium on Theory of Computing*, pp. 1061–1073.

Diakonikolas, Ilias, Gouleakis, Themis, and Tzamos, Christos. 2019. Distribution-independent PAC learning of halfspaces with Massart noise. In *Proceedings of 32nd Annual Conference on Neural Information Processing System*, pp. 4751–4762.

Goodfellow, Ian J., Shlens, Jonathon, and Szegedy, Christian. 2015. Explaining and harnessing adversarial examples. In *Proceedings of the 3rd International Conference on Learning Representations*.

Guruswami, Venkatesan, and Raghavendra, Prasad. 2009. Hardness of learning halfspaces with noise. *SIAM Journal on Computing*, **39**(2), 742–765.

Kalai, Adam Tauman, Klivans, Adam R, Mansour, Yishay, and Servedio, Rocco A. 2008. Agnostically learning halfspaces. *SIAM Journal on Computing*, **37**(6), 1777–1805.

Kearns, Michael J., and Li, M. 1988. Learning in the presence of malicious errors. In *Proceedings of the 20th Annual ACM Symposium on Theory of Computing*, pp. 267–280.

Klivans, Adam R., Long, Philip M., and Servedio, Rocco A. 2009. Learning halfspaces with malicious noise. *Journal of Machine Learning Research*, **10**, 2715–2740.

Kurakin, Alexey, Goodfellow, Ian J., and Bengio, Samy. 2017. Adversarial examples in the physical world. In *Fifth International Conference on Learning Representations (Workshop)*.

Lovász, László, and Vempala, Santosh. 2007. The geometry of logconcave functions and sampling algorithms. *Random Structures and Algorithms*, **30**(3), 307–358.

Servedio, Rocco Anthony. 2001. *Efficient algorithms in computational learning theory*. PhD thesis, Harvard University.

Yan, Songbai, and Zhang, Chicheng. 2017. Revisiting Perceptron: Efficient and label-optimal learning of halfspaces. In *Proceedings of the 31st Annual Conference on Neural Information Processing Systems*, pp. 1056–1066.

练习题

16. 1 对于具有单位方差的高斯分布 $\mathcal{D}$，证明定理 16. 3 所述的对数凹分布的性质。

16. 2 证明分布 $\mathcal{D}$ 具有 v-有界噪声当且仅当对于实例空间（除了零测度子集外）中的所有 $\boldsymbol{x}$，有 $E[yh_{\boldsymbol{w}^*}(\boldsymbol{x}) \mid \boldsymbol{x}] \geqslant (1-2v)$。类似地，证明 $\mathcal{D}$ 具有参数为 v 的随机分类噪声当且仅当对所有 $\boldsymbol{x}$，有 $E[yh_{\boldsymbol{w}^*}(\boldsymbol{x}) \mid \boldsymbol{x}] = (1-2v)$。

16. 3 对于一个具有 v-有界噪声的分布，证明式（16. 6）。

第 17 章

Beyond the Worst-Case Analysis of Algorithms

健壮的高维统计

Ilias Diakonikolas，Daniel M. Kane

摘要：在存在异常点的情况下学习是统计学中的一个基本问题。直到最近，所有已知的高效无监督学习算法都对高维异常点非常敏感。特别地，即使在自然分布假定下的健壮的均值估计，就我们所知也没有高效的算法。最近的一系列研究给出了与一些基本统计任务有关的首批高效健壮的估计算法，这些统计任务包括均值和协方差估计。本章介绍算法的高维健壮统计的新兴领域中的一些核心思想和技术，重点介绍健壮的均值估计。

17.1 引言

考虑下面的基本统计任务：给定在 $\mathbb{R}^d$ 上的一个未知均值的球面高斯分布 $\mathcal{N}(\boldsymbol{\mu},\boldsymbol{I})$ 的 n 个独立样本，估计该分布在小的 ℓ_2-范数内的均值向量 $\boldsymbol{\mu}$。不难看出，$\boldsymbol{\mu}$ 的经验均值的 ℓ_2-误差以高概率最多是 $O(\sqrt{d/n})$。此外，这个误差的上界在所有 n 样本的估计算法中可能是最好的。

经验估计算法的阿喀琉斯之踵是它主要依赖于这样的假定，即观测结果是由球面高斯分布生成的。甚至单一孤立的异常点也会影响这个估计算法的性能。不过高斯假定只是近似有效的，因为真实的数据集通常会暴露在某种污染源中。因此，实际使用的任何一种估计算法在存在异常点时都必须是健壮的。

在存在异常点的情况下学习是统计学中的一个重要目标，而且自 20 世纪 60 年代以来，健壮统计领域的研究者已经对此进行了研究（Huber，1964）。统计学在传统上将健壮的高维估计的样本复杂度局限在若干感兴趣的环境中。相比之下，直到最近人们对这一领域中的大多数基本计算问题还是知之甚少。例如，Tukey 中值（Tukey，1975）是面向球面高斯分布的健壮的均值估计值。但是，一般而言 Tukey 中值在计算上是 NP 困难的（Johnson and Preparata，1978），而且人们提出的用于逼近它的启发式算法的近似质量会随着维数的增加而降低。

直到最近，所有已知的高计算效率的高维估计算法都只能容忍一小部分异常点，即使对于均值估计的基本统计任务也是如此。Diakonikolas、Kamath、Kane、Li、Moitra 和 Stewart（Diakonikolas et al.，2016）以及 Lai、Rao 和 Vempala（Lai et al.，2016）的近期研究首次为各种高维无监督任务（包括均值和协方差估计）提供了一些高效的健壮估计算法。具体而言，Diakonikolas 等人（2016）首次获得了一些误差与维度无关的健壮估计算法，即误差的大小只与受损样本所占的比例有关，而与数据的维度无关。自此，在各种环境下设计高计算效率的健壮估计算法成为一项重要的研究活动。

污染模型。本章我们自始至终重点关注以下健壮估计模型，这个模型是对现有其他几种模型的推广。

定义 17.1 给定 $0<\epsilon<1/2$ 以及一个在 $\mathbb{R}^d$ 上的分布族 $\mathcal{D}$，对抗的操作如下：算法指定样本的数量 n，从某一个未知分布 $D\in\mathcal{D}$ 中抽取 n 个样本。允许对抗检查样本，移除其中

最多 ϵn 个样本，并用任意点替换它们。然后将这个修改后的 n 个点的集合作为算法的输入。我们说，如果一个样本集合是由这个过程生成的，那么它是 ϵ-受损的。 ◁

定义 17.1 的污染模型定性地与第 9 章和第 10 章中研究的半随机模型类似：首先，自然从感兴趣的统计模型中抽取一个 i. i. d. 样本集合 S，然后允许对抗以有界的方式改变集合 S 来获得 ϵ-受损的集合 T。参数 ϵ 是污染的比例，并且量化了对抗的力量。直观上，在我们的样本中，占（$1-\epsilon$）比例的一部分是由我们感兴趣的分布生成的，这些样本称为内围点（inlier），而其余样本称为外围点（outlier，或称为异常点）。

我们可以考虑一些较弱的对抗，从而引入一些较弱的污染模型。一个对抗可能：适应或者忽略各个内围点；只被允许添加受损的点，或者只被允许删除现有的点，或两者兼而有之。例如，在 Huber 的污染模型中（Huber，1964），对抗忽略内围点，而且只允许添加异常点。

在健壮的均值估计的背景下，给定来自表现良好的分布（例如 $\mathcal{N}(\boldsymbol{\mu},\boldsymbol{I})$）的一个 ϵ-受损的样本集合，我们想要输出一个最小化了 ℓ_2-误差的向量 $\hat{\boldsymbol{\mu}}$。这里的目标是实现维度无关的误差，即误差的变化仅仅与异常点所占的比例 ϵ 有关。

样本高效的健壮估计。健壮的均值估计问题看上去如此平淡乏味，人们自然想知道为什么简单的方法无法奏效。在一维情况下，我们知道中值是在高斯分布环境下的均值的一个健壮估计值。容易证明（见练习题 17.1），中值的几种自然的高维推广（例如坐标中值、几何中值等）会导致在 d 维上的 ℓ_2-误差 $\Omega(\epsilon\sqrt{d})$。

还应该注意的是与未受损的 i. i. d. 的情况相反，在受污染的情况下，不可能获得一致的估计值（一致的估计值指的是随着样本的大小无限增加，误差在概率上收敛为零的估计值）。通常在最小化误差上存在一个信息理论极限，它取决于 ϵ 和基础分布族的结构化性质。特别地，对于一维高斯分布的情况，我们有如下事实

事实 17.2 *任何一个关于 $\mathcal{N}(\boldsymbol{\mu},\boldsymbol{I})$ 的均值的健壮估计值必定有 ℓ_2-误差 $\Omega(\epsilon)$，即使在 Huber 污染模型中也是如此。*

我们如下证明这一事实：给定两个分布 $\mathcal{N}(\mu_1,\boldsymbol{I})$ 和 $\mathcal{N}(\mu_2,\boldsymbol{I})$，其中 $|\boldsymbol{\mu}_1-\boldsymbol{\mu}_2|=\Omega(\epsilon)$。对抗构造两个噪声分布 N_1,N_2，使得（$1-\epsilon$）$\mathcal{N}(\boldsymbol{\mu}_1,\boldsymbol{I})+\epsilon N_1=(1-\epsilon)$ $\mathcal{N}(\mu_2,I)+\epsilon N_2$（参见练习题 17.2）。

忽略计算上的考虑，不难获得一个样本上高效的健壮估计值，它在任何一个维度上与这个误差保证相匹配。

命题 17.3 *存在一种（低效的）算法，它以一个来自 $\mathcal{N}(\boldsymbol{\mu},\boldsymbol{I})$ 的大小为 $\Omega((d+\log(1/\tau))/\epsilon^2)$ 的 ϵ-受损的样本集作为输入，输出 $\hat{\boldsymbol{\mu}}\in\mathbb{R}^d$，使得以至少为 $1-\tau$ 的概率有 $\|\hat{\boldsymbol{\mu}}-\boldsymbol{\mu}\|_2=O(\epsilon)$。*

命题 17.3 背后的算法依赖于以下的简单思想，这也是 Tukey 中值（Tukey，1975）的基本思想：有可能将高维的健壮均值估计问题简化为一组（指数级数量的）一维健壮均值估计问题。更详细地说，对于一个包含 $2^{O(d)}$ 个单位向量 $\boldsymbol{v}\in\mathbb{R}^d$ 的适当集合，算法利用一维健壮均值估计值来估计 $\boldsymbol{v}\cdot\boldsymbol{\mu}$，然后将这些估计值结合起来，得到 $\boldsymbol{\mu}$ 的精确估计（参见练习题 17.2）。Tukey 中值对球面高斯分布给出了相同的保证，并且可以证明对更一般的对称分布是健壮的。另一方面，上述估计也适用于非对称分布，前提是对于每一个单变量投影都存在一个精确的健壮均值估计值。

本章结构。17.2 节介绍一些用于健壮均值估计的高效算法。17.2 节是本章的主要技术部分，展示了可应用于若干高维健壮估计任务的核心思想和技术。17.3 节针对更一般化的健

壮估计任务提供关于近期的算法进展的概要性综述。最后，17.4 节对相关文献进行评述，作为本章的结束。

17.2　健壮的均值估计

这一节我们把注意力集中在健壮的均值估计问题上，阐述高维健壮估计的新算法背后的一些主要观点。这一节的目的是以一种可理解的方式为开发健壮的学习算法提供所需的直觉和背景。因此，我们除了证明所提供的算法在有关参数上具有多项式复杂度之外，不会试图最优化算法的样本或者计算复杂性。

在健壮的均值估计问题中，给定 $\mathbb{R}^d$ 上的分布 X 的一个 ϵ-受损的样本集合，我们的目标是在 ℓ_2-范数（欧几里得距离）的小误差范围内近似 X 的均值。为了使这样一个目标在信息理论上成为可能，要求 X 属于一个适当的表现良好的分布族。一种典型的假定是 X 属于这样一个分布族，其各个矩被保证满足一定的条件，或者等价地，X 属于一个具有适当集中性的分布族。我们在初始讨论阶段将利用一个球面高斯分布的运行示例，尽管这里提供的结果具有更大的通用性。也就是说，我们鼓励读者想象 X 的形式是 $\mathcal{N}(\boldsymbol{\mu},\boldsymbol{I})$，这里 $\boldsymbol{\mu}\in\mathbb{R}^d$ 是未知的。

本节结构。17.2.1 节讨论所提出的方法背后的基本直觉。17.2.2 节将描述本章的算法取得成功所需要的稳定性条件。接着我们以不同的方式利用稳定性条件，提出两种相关的算法技术。具体而言，17.2.3 节描述一种依赖于凸规划的算法，17.2.4 节描述一种迭代的消除异常点的技术，这已经成为在实践中选择的方法。

17.2.1　主要困难和高层次的直觉

可以说，健壮地估计一个分布的均值的最自然的思路是识别异常点并且输出剩余点的经验均值。主要的概念性困难在于，在高维的情况下，即使异常点明显地移动了均值，也无法在个体的水平上识别异常点。在很多情况下，我们可以借助一个利用内围点集中性的修剪程序轻松识别出一些“极端异常点”。然而，这种原始的方法通常不足以获得非平凡的误差保证。

说明这一困难的最简单的例子是高维球面高斯分布，典型的样本与真实均值的 ℓ_2-距离近似于 $\Theta(\sqrt{d})$。也就是说，我们无疑可以将数据集中所有与数据集的坐标中值距离超过 $\Omega(\sqrt{d})$ 的点识别为异常点。我们不可以通过这样的过程来删除所有的其他点，因为这可能会导致很多内围点也被删除。但是对抗可以在与未知均值的距离为$\sqrt{d}$的同一方向上放置占比例 ϵ 的异常点，从而造成对样本均值的损坏多达 $\Omega(\epsilon\sqrt{d})$。

这种情况让算法设计者进退两难。一方面，与未知均值的距离为 $\Theta(\sqrt{d})$ 的潜在异常点可能导致大的 ℓ_2-误差，而且误差以 d 的多项式增长。另一方面，如果对抗将异常点放置在与真实均值的距离大约为 $\Theta(\sqrt{d})$ 的地方而且方向是随机的，则在信息理论上可能无法将它们与内围点区分开来。走出困境的方法是认识到，实际上并不需要检测并且删除所有异常点。我们只要求算法能够检测“后果严重的异常点”，即那些会显著影响我们对均值的估计的异常点。

不失一般性，我们假定不存在极端异常点（因为可以通过预处理来删除这些异常点）。那么，经验均值可能远离真实均值的唯一途径是当存在很多异常点的“合谋”，即所有产生的误差的方向大致相同时。直观上，如果受损点与真实均值的距离为 $O(\sqrt{d})$ 而且方向是随机的，那么它们的贡献将平均抵消，只会引起样本均值的一个小的误差。总之，只要能够检测到异常点的这类“合谋”就足够了。

下一个主要观点简单而且强大。设 T 是一个从 $\mathcal{N}(\boldsymbol{\mu},\boldsymbol{I})$ 中抽取的 ϵ-受损的点集合。如果异常点的这样一个合谋实质上移动了 T 的经验均值 $\hat{\boldsymbol{\mu}}$，那么它必定向某一个方向移动 $\hat{\boldsymbol{\mu}}$。也就是说，存在这样的一个单位向量 $\boldsymbol{v}$，这些异常点会导致 $\boldsymbol{v}\cdot(\hat{\boldsymbol{\mu}}-\boldsymbol{\mu})$ 变大。如果这种情况发生，这些异常点必定在 $\boldsymbol{v}$-方向上平均远离 $\boldsymbol{\mu}$。特别地，对于 T 上的均匀分布 X，如果 T 中占比例 ϵ 的受损点将样本平均值 $\boldsymbol{v}\cdot(\boldsymbol{X}-\boldsymbol{\mu})$ 移动超过 δ(δ 应该被看成很小，但实质上要大于 ϵ)，则平均而言，受损点 $\boldsymbol{x}$ 对应的 $\boldsymbol{v}\cdot(\boldsymbol{x}-\boldsymbol{\mu})$ 必定至少为 δ/ϵ。这反过来意味着这些受损点对方差 $\boldsymbol{v}\cdot\boldsymbol{X}$ 的贡献至少为 $\epsilon\cdot(\delta/\epsilon)^2=\delta^2/\epsilon$。幸运的是，实际上可以通过算法检测到这种情况。特别地，通过计算样本协方差矩阵的顶部特征向量，我们可以高效地确定是否存在任何一个这样的方向 $\boldsymbol{v}$，在这个方向上样本方差 $\boldsymbol{v}\cdot\boldsymbol{X}$ 异常大。

上述讨论把我们引向了将在这一章描述的算法的总体结构。从一个 ϵ-受损的点集合 T（也许以某种方式加权）开始，我们计算样本协方差矩阵，并且找到具有最大特征值 λ^* 的特征向量 $\boldsymbol{v}^*$。如果 λ^* 的值不会比它本应该有的值（在没有异常点的情况下）大太多，那么由上面的讨论，经验均值靠近真实均值，我们可以将其作为答案返回。否则，我们得到了一个特定的方向 $\boldsymbol{v}^*$，我们知道在这个方向上异常点扮演着一个不寻常的角色，也就是说，它们的行为明显不同于内围点。于是可以利用在方向 $\boldsymbol{v}^*$ 上投影的点的分布来执行某种删除异常点的操作。异常点删除过程可以非常灵活，主要取决于我们对洁净数据的分布假定。

17.2.2 良好集和稳定性

这一节我们给出本章的算法取得成功所需要的未受损数据的确定性条件（定义 17.4）。我们还提供一个高效的可检验条件，在此条件下，经验均值可证明地靠近真实均值（引理 17.6）。

设 S 是一个由从 X 中抽取的 n 个 i. i. d. 样本构成的集合，我们通常称这些样本点为良好的。对抗可以选择 S 中占比例 ϵ 的一部分点，并且用任意点替换它们，从而获得一个作为算法输入的 ϵ-受损集 T。为了确立算法的正确性，我们需要证明：以在集合 S 的选择上的高概率，对于对抗做出的任何选择，算法将输出目标均值的一个准确估计。

为了方便进行这样的分析，我们显式地说明一组在集合 S 上的充分的确定性条件。具体而言，我们将定义一个“良好的”或者“稳定的”集合的概念，并通过污染比例 ϵ 和分布 $\boldsymbol{X}$ 对其进行量化。精确的稳定性条件根据其基础的估计任务和在未受损数据的分布族上的假定有很大不同。粗略地说，在高阶矩和（可能的）尾界方面，我们要求稳定集 S 上的均匀分布的行为类似于分布 $\boldsymbol{X}$。重要的是，我们要求即使移除了 S 中占比例 ϵ 的任意一部分点，这些条件仍然成立。

稳定集的概念必须具有两个关键性质：对于一个由包含来自 X 的 N 个 i. i. d. 样本构成的集合，当 N 至少是在关联参数上的一个足够大的多项式时，集合以高概率是稳定的；如果 S 是稳定集，而且 T 是通过改变 S 中占比例不超过 ϵ 的一部分点得到的，那么算法将在集合 T 上成功运行。

这一章介绍的健壮均值估计算法主要依赖于对样本均值和协方差的考虑。以下稳定性条件是这些算法成功的标准的重要组成部分。

定义 17.4（稳定性条件） 固定 $0<\epsilon<1/2$ 以及 $\delta\geqslant\epsilon$。一个有限集合 $S\subset\mathbb{R}^d$ 是（ϵ,

δ)-稳定的（关于分布 X），如果对于每个单位向量 $\boldsymbol{v}\in\mathbb{R}^d$ 以及每个 $S'\subseteq S(|S'|\geqslant(1-\epsilon)|S|)$，以下条件成立：

1. $\left|\frac{1}{|S'|}\sum_{x\in S'}\boldsymbol{v}\cdot(\boldsymbol{x}-\boldsymbol{\mu}_X)\right|\leqslant\delta$

2. $\left|\frac{1}{|S'|}\sum_{x\in S'}(\boldsymbol{v}\cdot(\boldsymbol{x}-\boldsymbol{\mu}_X))^2-1\right|\leqslant\delta^2/\epsilon$ ◁

上述稳定性条件或其变异用于几乎所有已知的健壮均值估计算法。定义 17.4 要求在限定了 $(1-\epsilon)$-密度的子集 S'之后，S'的样本均值在 $\boldsymbol{\mu}_X$ 的 δ 范围内，而且在所有方向上的 S'的样本方差为 $1\pm\delta^2/\epsilon$。对于 S 的每个大的子集 S'，这些条件都必须成立，这一事实可能导致无法确定它们是否能够以高概率成立。不过不难证明以下命题。

命题 17.5　一个由来自球面高斯分布的 i. i. d. 样本构成的大小为 $\Omega(d/\epsilon^2)$ 的集合以高概率是 $(\epsilon,O(\epsilon\sqrt{\log(1/\epsilon)}))$-稳定的。

我们给出命题 17.5 的概略证明。证明所需的唯一性质是未受损数据的分布在每一个方向上都具有单位协方差和次高斯尾，即每一个单变量投影的尾概率以高斯尾为上界。

固定方向$\boldsymbol{v}$。为了证明第一个条件，注意到我们可以通过从 S 中移除$\boldsymbol{v}\cdot\boldsymbol{x}$ 最小的占比例 ϵ 的一部分点 $\boldsymbol{x}$ 来最大化$\frac{1}{|S'|}\sum_{x\in S'}\boldsymbol{v}\cdot(\boldsymbol{x}-\boldsymbol{\mu}_X)$。由于 S 的经验均值以高概率靠近$\boldsymbol{\mu}_X$，我们需要了解这个量在多大程度上是通过沿着$\boldsymbol{v}$-方向移除 ϵ-尾来改变的。鉴于我们对未受损数据的分布的假定，移除 ϵ-尾只会令均值改变 $O(\epsilon\sqrt{\log(1/\epsilon)})$。因此，如果 $\boldsymbol{v}\cdot\boldsymbol{x}$ 的经验分布（这里 $\boldsymbol{x}\in S$）以这种方式与球面高斯分布相类似，那么第一个条件得到了满足。

第二个条件可以通过类似的分析得到。我们可以通过移除那些$|\boldsymbol{v}\cdot(\boldsymbol{x}-\boldsymbol{\mu}_X)|$尽量大的占比例 ϵ 的一部分点 $\boldsymbol{x}$ 来最小化相关的量。如果$\boldsymbol{v}\cdot\boldsymbol{x}$ 的分布类似单位方差高斯分布，那么它在 ϵ-尾上的平方的总质量为 $O(\epsilon\log(1/\epsilon))$。因此，我们可以确定对于任何一个固定的方向，这两个条件以高概率成立。通过适当的覆盖论证，可以证明条件以高概率在所有方向上同时成立。

更一般地，在不同的分布假定下，我们可以证明数量不同的稳定性条件。特别地，如果只是假定未受损数据的分布的协方差矩阵以单位矩阵为界（以 Loewner 顺序），则可以证明一个大小为 $\widetilde{\Omega}(d/\epsilon)$ 的样本以高概率是 $(\epsilon,O(\sqrt{\epsilon}))$-稳定的。（更多的示例参见练习题 17.3。）

前面提到的稳定性概念非常强大，足以满足健壮的均值估计的需要。本章将要介绍的算法中，有一些算法将良好集认同于稳定集，而另外一些算法则要求良好集还要满足稳定性之外的一些附加条件。

稳定性足以满足需要的主要原因在以下引理中进行了量化。

引理 17.6（经验均值的证书）　对于某些 $\delta\geqslant\epsilon>0$，设 S 是关于分布 X 的一个 (ϵ,δ)-稳定集，T 是 S 的一个 ϵ-受损版本，$\boldsymbol{\mu}_T$ 和 $\boldsymbol{\Sigma}_T$ 分别是 T 的经验均值和协方差。如果 $\boldsymbol{\Sigma}_T$ 的最大特征值最多是 $1+\lambda$，那么 $\|\boldsymbol{\mu}_T-\boldsymbol{\mu}_X\|_2\leqslant O(\delta+\sqrt{\epsilon\lambda})$。

粗略地说，引理 17.6 表明，如果我们考虑任何稳定集 S 的 ϵ-受损的版本 T，使得 T 的经验协方差没有任何大的特征值，那么 T 的经验均值非常接近真实均值。这个引理或者其变异是所有已知的健壮均值估计算法的主要结果。

引理 17.6 的证明 设 $S'=S\cap T, T'=T\backslash S'$。不失一般性，我们可以假定 $|S'|=(1-\epsilon)|S|$，$|T'|=\epsilon|S|$。设 $\boldsymbol{\mu}_{S'}, \boldsymbol{\mu}_{T'}, \boldsymbol{\Sigma}_{S'}, \boldsymbol{\Sigma}_{T'}$ 分别表示 S' 和 T' 的经验均值和协方差矩阵。一个简单的计算给出

$$\boldsymbol{\Sigma}_T=(1-\epsilon)\boldsymbol{\Sigma}_{S'}+\epsilon\boldsymbol{\Sigma}_{T'}+\epsilon(1-\epsilon)(\boldsymbol{\mu}_{S'}-\boldsymbol{\mu}_{T'})(\boldsymbol{\mu}_{S'}-\boldsymbol{\mu}_{T'})^{\top}$$

设 $\boldsymbol{v}$ 为 $\boldsymbol{\mu}_{S'}-\boldsymbol{\mu}_{T'}$ 方向上的单位向量。我们有

$$\begin{aligned}1+\lambda \geqslant \boldsymbol{v}^{\top}\boldsymbol{\Sigma}_T\boldsymbol{v}&=(1-\epsilon)\boldsymbol{v}^{\top}\boldsymbol{\Sigma}_{S'}\boldsymbol{v}+\\&\quad\epsilon\boldsymbol{v}^{\top}\boldsymbol{\Sigma}_{T'}\boldsymbol{v}+\epsilon(1-\epsilon)\boldsymbol{v}^{\top}(\boldsymbol{\mu}_{S'}-\boldsymbol{\mu}_{T'})(\boldsymbol{\mu}_{S'}-\boldsymbol{\mu}_{T'})^{\top}\boldsymbol{v}\\&\geqslant(1-\epsilon)(1-\delta^2/\epsilon)+\epsilon(1-\epsilon)\|\boldsymbol{\mu}_{S'}-\boldsymbol{\mu}_{T'}\|_2^2\\&\geqslant 1-O(\delta^2/\epsilon)+(\epsilon/2)\|\boldsymbol{\mu}_{S'}-\boldsymbol{\mu}_{T'}\|_2^2\end{aligned}$$

这里我们利用了特征值的变分特性、$\boldsymbol{\Sigma}_{T'}$ 是半正定的事实以及 S' 的第二个稳定性条件。重新整理后，我们得到 $\|\boldsymbol{\mu}_{S'}-\boldsymbol{\mu}_{T'}\|_2=O(\delta/\epsilon+\sqrt{\lambda/\epsilon})$。因此，我们可以写下

$$\begin{aligned}\|\boldsymbol{\mu}_T-\boldsymbol{\mu}_X\|_2&=\|(1-\epsilon)\boldsymbol{\mu}_{S'}+\epsilon\boldsymbol{\mu}_{T'}-\boldsymbol{\mu}_X\|_2=\|\boldsymbol{\mu}_{S'}-\boldsymbol{\mu}_X+\epsilon(\boldsymbol{\mu}_{T'}-\boldsymbol{\mu}_{S'})\|_2\\&\leqslant\|\boldsymbol{\mu}_{S'}-\boldsymbol{\mu}_X\|_2+\epsilon\|\boldsymbol{\mu}_{S'}-\boldsymbol{\mu}_{T'}\|_2=O(\delta)+\epsilon\cdot O(\delta/\epsilon+\sqrt{\lambda/\epsilon})\\&=O(\delta+\sqrt{\lambda\epsilon})\end{aligned}$$

这里我们利用了 S' 的第一个稳定性条件以及 $\|\boldsymbol{\mu}_{S'}-\boldsymbol{\mu}_{T'}\|_2$ 上的界。 □

引理 17.6 指出，如果我们的输入点集合 T 是稳定集 S 的一个 ϵ-受损版本，而且具有有界协方差，则 T 的样本均值必定靠近真实均值。不幸的是，给定集合 T，我们并不总是能够得到 T 具有上述性质的保证。为了解决这个问题，我们希望找到 T 的一个子集，它具有有界协方差而且与 S 有大的交集。不过，对于我们介绍的一些算法，找到 T 上的概率分布而不是子集将更加方便。为此，我们需要对引理 17.6 稍加推广。

引理 17.7 对于某些 $\delta\geqslant\epsilon>0$，设 S 是一个关于分布 X 的 (ϵ,δ)-稳定集，$|S|>1/\epsilon$。设 W 是 S 上的概率分布，W 与 S 上的均匀分布 U_S 不同，其全变差距离最多是 ϵ。设 $\boldsymbol{\mu}_W$ 和 $\boldsymbol{\Sigma}_W$ 分别为 W 的均值和协方差。如果 W 的最大特征值最多是 $1+\lambda$，那么 $\|\boldsymbol{\mu}_W-\boldsymbol{\mu}_X\|_2\leqslant O(\delta+\sqrt{\epsilon\lambda})$。

注意到如果设 W 是 T 上的均匀分布，这就包含了引理 17.6。证明基本上和引理 17.6 的证明相同，除了我们还需要证明条件分布 $W|S$ 的均值和方差是近似正确的，而在引理 17.6 中，可以直接从稳定性得到 $S\cap T$ 的均值和方差的界。

引理 17.7 阐明了我们删除异常点过程的目标。特别地，给定初始的 ϵ-受损集 T，我们将尝试找到一个由 T 支持的分布 W，使得 $\boldsymbol{\Sigma}_W$ 没有任何大的特征值。对于 $\boldsymbol{x}\in T$，权重 $W(\boldsymbol{x})$ 量化了我们对点 $\boldsymbol{x}$ 是内围点还是异常点的可信度。我们还需要确保所选择的任何一个这样的 W 靠近 S 上的均匀分布。

我们现在更具体地描述一个表达了健壮均值估计算法的框架。我们从下面的定义开始。

定义 17.8 设 S 是关于 X 的 $(3\epsilon,\delta)$-稳定集，T 是 S 的 ϵ-受损版本。设 C 是所有由 T 支持的概率分布 W 的集合，这里对于所有的 $\boldsymbol{x}\in T$，有 $W(\boldsymbol{x})\leqslant\dfrac{1}{|T|(1-\epsilon)}$。 ◁

我们注意到 C 中的任何一个分布与 S 上的均匀分布 U_S 的差异最多为 3ϵ。事实上，对于 $\epsilon\leqslant1/3$，我们有

$$\begin{aligned} d_{\mathrm{TV}}(U_S, W) &= \sum_{x \in T} \max\{W(\boldsymbol{x}) - U_S(\boldsymbol{x}), 0\} \\ &= \sum_{\boldsymbol{x} \in S \cap T} \max\{W(\boldsymbol{x}) - 1/|T|, 0\} + \sum_{\boldsymbol{x} \in T \setminus S} W(\boldsymbol{x}) \\ &\leqslant \sum_{\boldsymbol{x} \in S \cap T} \frac{\epsilon}{|T|(1-\epsilon)} + \sum_{\boldsymbol{x} \in T \setminus S} \frac{1}{|T|(1-\epsilon)} \\ &\leqslant |T| \left(\frac{\epsilon}{|T|(1-\epsilon)} \right) + \epsilon |T| \left(\frac{1}{|T|(1-\epsilon)} \right) \\ &= \frac{2\epsilon}{1-\epsilon} \leqslant 3\epsilon \end{aligned}$$

因此，如果我们找到 $W \in \mathcal{C}$ 而且 $\boldsymbol{\Sigma}_W$ 没有任何大的特征值，则引理 17.7 可以推出 $\boldsymbol{\mu}_W$ 是 $\boldsymbol{\mu}_X$ 的一个良好近似。幸运的是，我们知道这样的 W 是存在的。特别地，如果我们把 W 取作 $S \cap T$ 上的均匀分布 W^*，其最大特征值最多是 $1+\delta^2/\epsilon$，因此我们得到了 ℓ_2-误差 $O(\delta)$。

此时，我们有了一个用于近似 $\boldsymbol{\mu}_X$ 的低效算法：寻找任意一个具有有界协方差的 $W \in \mathcal{C}$。剩下的问题是如何才能高效地找到这样的 W。有两种基本的算法技术可以实现这一点，我们将在接下来的小节中介绍。

我们将描述的第一种算法技术是基于凸规划的，称为*未知凸规划方法*（unknown convex programming method）。注意到 $\mathcal{C}$ 是一个凸集，因此在 $\mathcal{C}$ 中寻找具有有界协方差的点差不多就是凸规划。它并不完全是凸规划，因为对于固定的 $\boldsymbol{v}$ 而言，方差 $\boldsymbol{v} \cdot \boldsymbol{W}$ 不是 W 的凸函数。不过可以证明，给定在某一个方向上的方差显著大于 $1+\delta^2/\epsilon$ 的 W，我们可以高效地构造一个将 W 从 W^* 分离的超平面（回忆一下，W^* 是 $S \cap T$ 上的均匀分布）（参见 17.2.3 节）。这个方法的优点是只需要在稳定性假定下就能够自然地工作。另一方面，由于它依赖于椭球算法，因此速度非常慢（尽管是多项式时间）。

我们称之为过滤（filtering）的第二种技术是一种迭代的异常点消除方法。这种方法通常更加快速，因为它依赖于谱技术。过滤方法的主要思想如下：如果 $\boldsymbol{\Sigma}_W$ 没有大的特征值，那么经验均值靠近真实均值。否则，存在某一个单位向量 $\boldsymbol{v}$，使得 $\mathrm{Var}(\boldsymbol{v} \cdot \boldsymbol{W})$ 比它本应该有的值大得多。只有当 W 将大量的质量分配给 $T \setminus S$ 的元素而且这些元素的值 $\boldsymbol{v} \cdot \boldsymbol{x}$ 与真实均值 $\boldsymbol{v} \cdot \boldsymbol{\mu}$ 相差甚远时，这种情况才有可能出现，这样的观察使我们能够实现某种异常点消除操作，特别是通过移除具有过大的 $\boldsymbol{v} \cdot \boldsymbol{x}$ 的点 $\boldsymbol{x}$（或降低其权重）。一个重要的性质是我们无法保证删除的只是异常点，但是或许能够确保删除的异常点多于内围点。给定 W，其 $\boldsymbol{\Sigma}_W$ 有一个大的特征值，过滤步骤将给出一个新的分布 $W' \in \mathcal{C}$，而且 $d_{\mathrm{TV}}(W', W^*) < d_{\mathrm{TV}}(W, W^*)$。重复这个过程，最终会给出一个没有任何大特征值的 W。我们将在 17.2.4 节讨论过滤方法及其变异。

17.2.3　未知凸规划方法

根据引理 17.7，找到一个其 $\boldsymbol{\Sigma}_W$ 没有任何大的特征值的分布 $W \in \mathcal{C}$ 就足够了。我们注意到这个条件差不多定义了一个凸规划，这是因为 $\mathcal{C}$ 是一个概率分布的凸集，而且有界协方差条件指出，对于所有的单位向量 $\boldsymbol{v}$，有 $\mathrm{Var}(\boldsymbol{v} \cdot \boldsymbol{W}) \leqslant 1+\lambda$。不幸的是，方差 $\mathrm{Var}(\boldsymbol{v} \cdot \boldsymbol{W}) = E[|\boldsymbol{v} \cdot (\boldsymbol{W} - \boldsymbol{\mu}_W)|^2]$ 在 W 上不是线性的。（如果我们代之以 $E[|\boldsymbol{v} \cdot (\boldsymbol{W} - \boldsymbol{v})|^2]$，其中 $\boldsymbol{v}$ 是一个固定向量，这就是在 W 上线性的。）不过我们将证明，找到 $\mathrm{Var}(\boldsymbol{v} \cdot \boldsymbol{W})$ 过大的单位向量 $\boldsymbol{v}$ 的过程可以被利用来获得一个分离预言（separation oracle），即获得在 W 上的一个被违背的线性函数。

假设我们确定了一个单位向量 $\boldsymbol{v}$，使得 $\mathrm{Var}(\boldsymbol{v}\cdot\boldsymbol{W})=1+\lambda$，其中对于足够大的通用常数 $c>0$，有 $\lambda>c(\delta^2/\epsilon)$。将引理 17.7 应用到一维投影 $\boldsymbol{v}\cdot\boldsymbol{W}$，得到 $|\boldsymbol{v}\cdot(\boldsymbol{\mu}_W-\boldsymbol{\mu}_X)|\leqslant O(\delta+\sqrt{\epsilon\lambda})=O(\sqrt{\epsilon\lambda})$。

设 $L(\boldsymbol{Y}):=E[|\boldsymbol{v}\cdot(\boldsymbol{Y}-\boldsymbol{\mu}_W)|^2]$。注意到 L 是概率分布 Y 的线性函数，$L(\boldsymbol{W})=1+\lambda$。我们可以写下

$$\begin{aligned}L(\boldsymbol{W}^*)&=E_{W^*}[|\boldsymbol{v}\cdot(\boldsymbol{W}^*-\boldsymbol{\mu}_W)|^2]=\mathrm{Var}(\boldsymbol{v}\cdot\boldsymbol{W}^*)+|\boldsymbol{v}\cdot(\boldsymbol{\mu}_W-\boldsymbol{\mu}_{W^*})|^2\\&\leqslant 1+\delta^2/\epsilon+2|\boldsymbol{v}\cdot(\boldsymbol{\mu}_W-\boldsymbol{\mu}_X)|^2+2|\boldsymbol{v}\cdot(\boldsymbol{\mu}_{W^*}-\boldsymbol{\mu}_X)|^2\\&\leqslant 1+O(\delta^2/\epsilon+\epsilon\lambda)<1+\lambda=L(\boldsymbol{W})\end{aligned}$$

总之，我们有一个显式的概率分布的凸集 $\mathcal{C}$，想要从中找到一个特征值以 $1+O(\delta^2/\epsilon)$ 为界的分布。给定任何一个不满足这个条件的 $W\in\mathcal{C}$，我们可以构造一个线性函数 L，它把 W 从 W^* 中分离。利用椭球算法，我们得到下面的一般定理。

定理 17.9 *设 S 是关于分布 X 的 $(3\epsilon,\delta)$-稳定集，T 是 S 的 ϵ-受损版本。存在多项式时间算法，给定 T 之后，算法返回 $\hat{\boldsymbol{\mu}}$，使得 $\|\hat{\boldsymbol{\mu}}-\boldsymbol{\mu}_X\|_2=O(\delta)$。*

17.2.4 过滤方法

与凸规划方法一样，过滤方法的目标是找到一个分布 $W\in\mathcal{C}$，使得 $\boldsymbol{\Sigma}_W$ 具有有界特征值。给定 $W\in\mathcal{C}$，要么 $\boldsymbol{\Sigma}_W$ 具有有界特征值（在这种情况下加权的经验均值有效），要么存在 $\mathrm{Var}(\boldsymbol{v}\cdot\boldsymbol{W})$ 过大的方向 $\boldsymbol{v}$。在后一种情况下，投影 $\boldsymbol{v}\cdot\boldsymbol{W}$ 的表现必定与投影 $\boldsymbol{v}\cdot\boldsymbol{S}$ 或 $\boldsymbol{v}\cdot\boldsymbol{X}$ 有很大的不同。特别地，由于占比例 ϵ 的一部分异常点导致标准偏差大幅度增加，这意味着 $\boldsymbol{v}\cdot\boldsymbol{W}$ 的分布将有很多“极端点”——在 $v\cdot S$ 中会找到不止一个。这一事实使我们能够确定一个极端点的非空子集，其中大多数是异常点。然后我们可以删除这些点（或者将这些点的权值减少），以便“净化”样本。形式上，给定一个不具备有界特征值的 $W\in\mathcal{C}$，我们可以高效地找到 $W'\in\mathcal{C}$，使得 $d_{\mathrm{TV}}(W',W^*)<d_{\mathrm{TV}}(W,W^*)-\gamma$，其中 $\gamma>0$ 下方有界。迭代这个过程，最终结束时得到一个具有有界特征值的 W。

我们注意到，尽管对于点上的一般分布 W，考虑上述方案在概念上可能是有意义的，但是在大多数情况下，只要 W 是在点的某一个集合 T 上的均匀分布就足够了。这种情况下的过滤步骤包括用某一个子集 $T'=T\setminus R$ 代替 T，其中 $R\subset T$。要保证这个过程向着 W^*($S\cap T$ 上的均匀分布）推进，只要确保 R 的元素中最多有三分之一也在 S 中就足够了，或者相当于移除的点中至少有三分之二是异常点（也许是期望的）。在当前的点集 T' 具有有界的经验协方差时，算法将终止，并且输出 T' 的经验均值。

在进行更详细的技术讨论之前，我们注意到存在几种可能的方法来实现这个过滤步骤，而且所使用的方法对分析会产生重大影响。通常过滤步骤会移除在大的方差方向上所有“远离”样本均值的点，不过对其进行量化的精确方法在一些重要方面可以有所不同。

基本的过滤

这一小节我们介绍一种适用于单位协方差（或者更一般情况下的已知的协方差）分布的过滤方法，这些分布的单变量投影满足适当的集中界（concentration bound）。这一节我们的讨论将仅限于高斯分布。我们注意到，这个方法经过适当修改后，立即可以扩展到具有较弱集中性（例如亚指数甚至逆多项式集中性）的分布。

我们注意到，这里提出的过滤方法要求在样本的良好集上附加一个条件，即稳定性条件。在以下定义中对此进行了量化。

定义 17.10　集合 $S\subset\mathbb{R}^d$ 是尾界良好的（关于 $X=\mathcal{N}(\boldsymbol{\mu}_X,\boldsymbol{I})$），如果对于任何一个单位向量$\boldsymbol{v}$，以及任何一个 $t>0$，我们有

$$\Pr_{\boldsymbol{x}\sim_u S}(|\boldsymbol{v}\cdot(\boldsymbol{x}-\boldsymbol{\mu}_X)|>2t+2)\leqslant \mathrm{e}^{-t^2/2} \tag{17.1}$$

◁

由于 X 的任何一个投影的分布都类似标准高斯分布，如果 S 上的均匀分布被 X 所取代，则式（17.1）应该成立。可以证明，如果 S 包含足够多的来自 X 的 i. i. d. 随机样本，则以高概率这个条件成立。

直观上，我们需要定义 17.10 中附加的尾界条件以保证过滤算法将会移除比内围点更多的异常点。形式上，我们有以下结果。

引理 17.11　设 $\epsilon>0$ 是一个足够小的常数。对于 $X=\mathcal{N}(\boldsymbol{\mu}_X,\boldsymbol{I})$，设 $S\subset\mathbb{R}^d$ 是 $(2\epsilon,\delta)$-稳定的而且是尾界良好的，这里 $\delta=c\epsilon\sqrt{\log(1/\epsilon)}$，而且 $c>0$ 是一个足够大的常数。设 $T\subset\mathbb{R}^d$ 使得 $|T\cap S|\geqslant(1-\epsilon)\min(|T|,|S|)$，并且假定给定单位向量 $\boldsymbol{v}\in\mathbb{R}^d$，其中 $\mathrm{Var}(\boldsymbol{v}\cdot\boldsymbol{T})>1+2\delta^2/\epsilon$。那么存在一个多项式时间算法，该算法返回子集 $R\subset T$，满足 $|R\cap S|<|R|/3$。

证明　设 $\mathrm{Var}(\boldsymbol{v}\cdot\boldsymbol{T})=1+\lambda$。对集合 T 应用引理 17.6，我们得到 $|\boldsymbol{v}\cdot\boldsymbol{\mu}_X-\boldsymbol{v}\cdot\boldsymbol{\mu}_T|\leqslant c\sqrt{\lambda\epsilon}$。由式（17.1）可以推出$\Pr_{\boldsymbol{x}\sim_u S}(|\boldsymbol{v}\cdot(\boldsymbol{x}-\boldsymbol{\mu}_T)|>2t+2+c\sqrt{\lambda\epsilon})\leqslant\mathrm{e}^{-t^2/2}$。我们断言存在阈值 t_0，使得

$$\Pr_{\boldsymbol{x}\sim_u T}(|\boldsymbol{v}\cdot(\boldsymbol{x}-\boldsymbol{\mu}_T)|>2t_0+2+c\sqrt{\lambda\epsilon})>4\mathrm{e}^{-t_0^2/2} \tag{17.2}$$

其中的各个常数尚未最优化。以这个断言为前提，集合 $R=\{\boldsymbol{x}\in T:|\boldsymbol{v}\cdot(\boldsymbol{x}-\boldsymbol{\mu}_T)|>2t_0+2+c\sqrt{\lambda\epsilon}\}$ 将满足引理的条件。

为了证明这个断言，我们分析 $\boldsymbol{v}\cdot\boldsymbol{T}$ 的方差并注意到超出的大部分是由 $T\setminus S$ 中的点引起的。特别地，根据我们对$\boldsymbol{v}$-方向的方差的假定，$\sum_{\boldsymbol{x}\in T}|\boldsymbol{v}\cdot(\boldsymbol{x}-\boldsymbol{\mu}_T)|^2=|T|\mathrm{Var}(\boldsymbol{v}\cdot\boldsymbol{T})=|T|(1+\lambda)$，其中 $\lambda>2\delta^2/\epsilon$。来自点 $x\in S\cap T$ 的贡献最多是

$$\begin{aligned}\sum_{\boldsymbol{x}\in S}|\boldsymbol{v}\cdot(\boldsymbol{x}-\boldsymbol{\mu}_T)|^2&=|S|(\mathrm{Var}(\boldsymbol{v}\cdot\boldsymbol{S})+|\boldsymbol{v}\cdot(\boldsymbol{\mu}_T-\boldsymbol{\mu}_S)|^2)\leqslant|S|(1+\delta^2/\epsilon+2c^2\lambda\epsilon)\\&\leqslant|T|(1+2c^2\lambda\epsilon+3\lambda/5)\end{aligned}$$

其中第一个不等式利用了 S 的稳定性，最后一个不等式利用了 $|T|\geqslant(1-\epsilon)|S|$。如果 ϵ 相对于 c 足够小，则可以推出$\sum_{\boldsymbol{x}\in T\setminus S}|\boldsymbol{v}\cdot(\boldsymbol{x}-\boldsymbol{\mu}_T)|^2\geqslant|T|\lambda/3$。另一方面，按照定义我们有

$$\sum_{\boldsymbol{x}\in T\setminus S}|\boldsymbol{v}\cdot(\boldsymbol{x}-\boldsymbol{\mu}_T)|^2=|T|\int_0^\infty 2t\Pr_{\boldsymbol{x}\sim_u T}(|\boldsymbol{v}\cdot(\boldsymbol{x}-\boldsymbol{\mu}_T)|>t,x\notin S)\mathrm{d}t \tag{17.3}$$

为了引出矛盾，假定不存在任何能够满足式（17.2）的 t_0，则式（17.3）的右侧最多为

$$\begin{aligned}&|T|\left(\int_0^{2+c\sqrt{\lambda\epsilon}+10\sqrt{\log(1/\epsilon)}}2t\Pr_{\boldsymbol{x}\sim_u T}(\boldsymbol{x}\notin S)\mathrm{d}t+\right.\\&\left.\int_{2+c\sqrt{\lambda\epsilon}+10\sqrt{\log(1/\epsilon)}}^\infty 2t\Pr_{\boldsymbol{x}\sim_u T}(|\boldsymbol{v}\cdot(\boldsymbol{x}-\boldsymbol{\mu}_T)|>t)\mathrm{d}t\right)\\\leqslant&|T|\left(\epsilon(2+c\sqrt{\lambda\epsilon}+10\sqrt{\log(1/\epsilon)})^2+\int_{5\sqrt{\log(1/\epsilon)}}^\infty 16(2t+2+c\sqrt{\lambda\epsilon})\mathrm{e}^{-t^2/2}\mathrm{d}t\right)\\\leqslant&|T|(O(c^2\lambda\epsilon^2+\epsilon\log(1/\epsilon))+O(\epsilon^2(\sqrt{\log(1/\epsilon)}+c\sqrt{\lambda\epsilon})))\\\leqslant&|T|O(c^2\lambda\epsilon^2+(\delta^2/\epsilon)/c)<|T|\lambda/3\end{aligned}$$

这是一个矛盾。因此，这些尾界再加上对集中性的违背可以推出 t_0 的存在性（t_0 可以通过高效计算得到）。□

我们注意到，虽然需要指数数量的样本来确保式（17.1）以高概率成立，但是我们可以小心地弱化式（17.1），从而在不破坏上述分析的情况下，利用多项式数量的样本来实现这个保证。

随机化过滤

上一小节的基本过滤方法是确定性的，它建立在对内围点所满足的一个集中性不等式的违背之上。在某些设定下确定性过滤可能失败，这个时候我们需要对过滤过程随机化。这种设定的一个具体例子是仅仅假定未受损的分布具有有界协方差的情况。

随机化过滤的主要思想很简单：假设我们能够确定一个定义在样本 $\boldsymbol{x}$ 上的非负函数 $f(\boldsymbol{x})$，对于这个函数（在内围点上的某一个高概率条件下）有 $\sum_T f(\boldsymbol{x}) \geqslant 2\sum_S f(\boldsymbol{x})$，其中 T 是样本的 ϵ-受损集合，S 是相应的内围点集合。然后，对于每一个样本点 $\boldsymbol{x}$，我们以与 $f(\boldsymbol{x})$ 成比例的概率移除 $\boldsymbol{x}$，这就创建了一个随机化过滤算法。算法确保移除的异常点的期望数量至少是移除的内围点的期望数量。这种随机化过滤算法的分析更加细致，因此我们在下面的段落对它进行讨论。

前面提到的随机化过滤算法所确保的关键性质是跨过各个迭代的由随机变量（移除的内围点的数量）-（移除的异常点的数量）（其中“内围点”是 S 中的点，“异常点”是 $T\setminus S$ 中的点）构成的序列是一个上鞅（supermartingale）。由于在所有迭代中被移除的异常点的总数占总样本数的比例最多是 ϵ，这意味着以至少为 2/3 的概率，算法移除的内围点的比例绝不会超过 2ϵ。下面是一个形式表述。

定理 17.12　设 $S\subset\mathbb{R}^d$ 是关于 X 的 $(3\epsilon,\delta)$-稳定集，T 是 S 的 ϵ-受损版本。进一步假设给定任何一个 $T'\subset T$，其中 $|T'\cap S|\geqslant(1-3\epsilon)|S|$ 而且 $\mathrm{Cov}(T')$ 有一个大于 $1+\lambda$ 的特征值，存在计算非零函数 $f:T'\to\mathbb{R}_+$ 的高效算法，使得 $\sum_{\boldsymbol{x}\in T'} f(\boldsymbol{x}) \geqslant 2\sum_{\boldsymbol{x}\in T'\cap S} f(\boldsymbol{x})$。那么存在多项式时间的随机化算法，这个算法计算一个以至少为 2/3 的概率满足 $\|\hat{\boldsymbol{\mu}}-\boldsymbol{\mu}\|_2=O(\delta+\sqrt{\epsilon\lambda})$ 的向量 $\hat{\boldsymbol{\mu}}$。

算法的伪代码如下。

算法 1　随机化过滤

1. 计算 $\mathrm{Cov}(T)$ 及其最大特征值 v。
2. 如果 $v\leqslant 1+\lambda$，则返回 $\boldsymbol{\mu}_T$。
3. 否则：
   - 按照定理所表述的保证计算 f。
   - 以概率 $f(\boldsymbol{x})/\max_{\boldsymbol{x}\in T} f(\boldsymbol{x})$ 移除每一个 $\boldsymbol{x}\in T$，并以新的集合 T 返回第 1 步。

定理 17.12 的证明　首先，容易看出这个算法是在多项式时间内运行的。事实上，在每一次过滤迭代中，由于达到 $f(\boldsymbol{x})$ 的最大值的点 $\boldsymbol{x}\in T$ 肯定被移除，$|T|$ 至少减少 1。为了确立正确性，我们将证明以至少为 2/3 的概率，在算法的每一次迭代中 $|S\cap T|\geqslant(1-3\epsilon)|S|$ 成立。假定这个断言成立，那么从引理 17.6 可以推出我们的最终误差就是所要的结果。

为了证明这个断言，我们考虑跨过算法的各个迭代的随机变量序列 $d(T)=|S\setminus T|+|T\setminus S|$。注意到，初始 $d(T)=2\epsilon|S|$，因此 $d(T)$ 不会掉到 0 以下。最后，我们注意到，在算法的每一个阶段，$d(T)$ 的增量是（移除的内围点的数量）-（移除的异常点的数量），这个量的期望值为

$$\sum_{\boldsymbol{x}\in S\cap T} f(\boldsymbol{x}) - \sum_{\boldsymbol{x}\in T\setminus S} f(\boldsymbol{x}) = 2\sum_{\boldsymbol{x}\in S\cap T} f(\boldsymbol{x}) - \sum_{\boldsymbol{x}\in T} f(\boldsymbol{x}) \leqslant 0$$

这意味着 $d(T)$ 是一个上鞅（至少在我们达到 $|S\cap T|\geqslant(1-3\epsilon)|S|$ 的点之前）。但是，如果我们将这个条件第一次失败的时刻设置为停止时间，可以注意到 $d(T)$ 的期望值最多为 0。由于它至少是 $-\epsilon|S|$，这意味着以至少为 2/3 的概率，它绝不会超过 $2\epsilon|S|$，这意味着在整个算法过程中，$|S\cap T|\geqslant(1-3\epsilon)|S|$。这就完成了证明。□

移除点的方法。随机化过滤方法只要求以概率 $f(\boldsymbol{x})/\max_{\boldsymbol{x}\in T}f(\boldsymbol{x})$ 移除每一个点 $\boldsymbol{x}$，而不需要任何有关独立性的假定。因此，给定 f，有若干种方法可以实现这个方案。这里给出了几种自然的方法：

- *随机化阈值*：或许实现我们的随机化过滤算法的最简单方法是生成一个均匀随机数 $y\in[0,\max_{\boldsymbol{x}\in T}f(\boldsymbol{x})]$ 并且移除所有满足 $f(\boldsymbol{x})\geqslant y$ 的点 $\boldsymbol{x}\in T$。这种方法在很多应用中是实际有效的。找到这样的点的集合通常相当容易，因为这个条件可能恰好对应一个简单的阈值。
- *独立移除*：以概率 $f(\boldsymbol{x})/\max_{\boldsymbol{x}\in T}f(\boldsymbol{x})$ 独立移除每一个点 $\boldsymbol{x}\in T$。这种方案的优点是使得 $d(T)$ 中的方差更小。对所涉及的随机游动进行仔细分析可以让我们将失败概率降低到 $\exp(-\Omega(\epsilon|S|))$。
- *确定性重新加权*：这种方案考虑点的加权集合，而不是移除点。特别地，每一个点将被赋予一个在 $[0,1]$ 中的权值，而我们将考虑加权后的均值和协方差。我们可以与 $f(\boldsymbol{x})$ 成比例地将 $\boldsymbol{x}$ 的权值移除一部分，而不是以与 $f(\boldsymbol{x})$ 成比例的概率移除一个点。这确保了 $d(T)$ 的适当的加权版本肯定是非递增的，同时说明了算法的正确性。

通用的过滤

这一小节我们展示如何利用随机化过滤来构造一种只在稳定性条件（定义 17.4）下工作的通用过滤算法—不需要基本过滤的尾界条件（引理 17.11）。形式上我们给出：

命题 17.13　*对于足够小的常数 δ，$\epsilon>0$，而且 δ 至少是 ϵ 的一个足够大的倍数，设 $S\subset\mathbb{R}^d$ 是 (ϵ,δ)-稳定集。设 T 是 S 的 ϵ-受损版本。假设 $\mathrm{Cov}(T)$ 有最大特征值 $1+\lambda>1+8\delta^2/\epsilon$。那么存在一个算法，在输入 ϵ,δ,T 上算法计算一个函数 $f:T\to\mathbb{R}_+$，同时满足 $\sum_{\boldsymbol{x}\in T}f(\boldsymbol{x})\geqslant2\sum_{\boldsymbol{x}\in T\cap S}f(\boldsymbol{x})$。*

证明　用于构造 f 的算法如下：首先计算样本均值 $\boldsymbol{\mu}_T$ 和 $\mathrm{Cov}(T)$ 的顶部（单位）特征向量 $\boldsymbol{v}$。对于 $\boldsymbol{x}\in T$，设 $g(\boldsymbol{x})=(\boldsymbol{v}\cdot(\boldsymbol{x}-\boldsymbol{\mu}_T))^2$。设 L 是 T 的 $\epsilon|T|$ 个 $g(\boldsymbol{x})$ 最大的元素 $\boldsymbol{x}$ 的集合。我们如下定义 $f(\boldsymbol{x})$：对于 $\boldsymbol{x}\notin L$，$f(\boldsymbol{x})=0$；对于 $\boldsymbol{x}\in L$，$f(\boldsymbol{x})=g(\boldsymbol{x})$。

证明的基本过程如下。首先，我们注意到 $g(\boldsymbol{x})$ 在 $\boldsymbol{x}\in T$ 上的总和（这是 $\boldsymbol{v}\cdot\boldsymbol{Z}$ 的方差，$\boldsymbol{Z}\sim_u T$）大大超过 $g(\boldsymbol{x})$ 在 S 上的总和（近似为 $\boldsymbol{v}\cdot\boldsymbol{Z}$ 的方差，$\boldsymbol{Z}\sim_u S$）。因此，$g(\boldsymbol{x})$ 在 $T\setminus S$ 的 $\epsilon|S|$ 个元素上的总和必定相当大。事实上，利用稳定性条件，我们可以证明后一个量必定大于 $g(\boldsymbol{x})$ 在 $\boldsymbol{x}\in S$ 上的最大的 $\epsilon|S|$ 个值之和。但是由于 $|T\setminus S|\leqslant|L|$，我们有 $\sum_{\boldsymbol{x}\in T}f(\boldsymbol{x})=\sum_{\boldsymbol{x}\in L}g(\boldsymbol{x})\geqslant\sum_{\boldsymbol{x}\in T\setminus S}g(\boldsymbol{x})\geqslant2\sum_{\boldsymbol{x}\in S}f(\boldsymbol{x})$。

我们现在进行详细分析。首先，注意到

$$\sum_{\boldsymbol{x}\in T}g(\boldsymbol{x})=|T|\mathrm{Var}(\boldsymbol{v}\cdot\boldsymbol{T})=|T|(1+\lambda)$$

此外，对于任何一个 $S'\subseteq S$，而且 $|S'|\geqslant(1-2\epsilon)|S|$，我们有

$$\sum_{\boldsymbol{x}\in S'}g(\boldsymbol{x})=|S'|(\mathrm{Var}(\boldsymbol{v}\cdot\boldsymbol{S}')+(\boldsymbol{v}\cdot(\boldsymbol{\mu}_T-\boldsymbol{\mu}'_S))^2)\tag{17.4}$$

根据稳定性条件，我们有 $|\mathrm{Var}(\boldsymbol{v}\cdot\boldsymbol{S}')-1|\leqslant\delta^2/\epsilon$。此外，稳定性条件和引理 17.6 给出

$$\|\boldsymbol{\mu}_T-\boldsymbol{\mu}'_S\|_2\leqslant\|\boldsymbol{\mu}_T-\boldsymbol{\mu}\|_2+\|\boldsymbol{\mu}-\boldsymbol{\mu}'_S\|_2=O(\delta+\sqrt{\epsilon\lambda})$$

由于 $\lambda \geqslant 8\delta^2/\epsilon$，这意味着 $\sum_{x\in T\setminus S} g(\boldsymbol{x}) \geqslant (2/3)|S|\lambda$。此外，由于 $|L| \geqslant |T\setminus S|$，而且由于 g 在各个点 $\boldsymbol{x}\in L$ 上取得最大值，我们有

$$\sum_{x\in T} f(\boldsymbol{x}) = \sum_{x\in L} g(\boldsymbol{x}) \geqslant \sum_{x\in T\setminus S} g(\boldsymbol{x}) \geqslant (16/3)|S|\delta^2/\epsilon$$

将式（17.4）的结果与 $S'=S$ 和 $S'=S\setminus L$ 进行比较，我们发现

$$\begin{aligned}\sum_{x\in S\cap T} f(\boldsymbol{x}) &= \sum_{x\in S\cap L} g(\boldsymbol{x}) = \sum_{x\in S} g(\boldsymbol{x}) - \sum_{x\in S\setminus L} g(\boldsymbol{x})\\ &= |S|(1 \pm \delta^2/\epsilon + O(\delta^2+\epsilon\lambda)) - |S\setminus L|(1 \pm \delta^2/\epsilon + O(\delta^2+\epsilon\lambda))\\ &\leqslant 2|S|\delta^2/\epsilon + |S|O(\delta^2+\epsilon\lambda)\end{aligned}$$

当 δ 和 ϵ/δ 是足够小的常数时，后一个量最多是 $(1/2)\sum_{x\in T} f(\boldsymbol{x})$。这就完成了命题 17.13 的证明。 □

实际的考虑。虽然上述各种移除点的方法具有相似的理论保证，但最近的一些实现（Diakonikolas et al., 2018c）表明，它们在真实数据集上有着不同的实际性能。确定性重新加权方法在实践中稍为慢一些，这是因为它的最坏情况运行时间和它的典型运行时间之间具有可比性。更详细地说，我们可以通过设置比例常数，使得在每一个步骤至少有一个非零权被设置为零，从而保证算法终止。但是在实际环境下我们没有办法做得更好。也就是说，这个算法很可能被迫进行 $\epsilon|S|$ 次迭代。另一方面，这个算法的随机化版本可能会在每一个过滤步骤移除 T 中的若干个点。

随机化版本可能更为可取的另一个原因与结果的质量有关。随机化算法只有在有可能以非常大的 $d(T)$ 告终的情况下才会产生糟糕的结果。但是由于 $d(T)$ 是一个上鞅，只有当存在 $d(T)$ 非常小的可能性时才会出现这种情况。因此，尽管随机化算法有可能在某些时候给出更差的结果（这种情况将很少发生），它们还是会给出比理论保证更好的结果。在这样的考虑下，随机化阈值过程可能确实比独立移除过程更加具有优势，因为后者有更高的失败概率。这一点已经在（Diakonikolas et al., 2018c）中得到了实验性观察：在一些真实的数据集中（这些数据集被占常数比例的一部分的对抗异常点所毒化），随机化过滤的迭代次数通常以一个小常数为界。

17.3 超越健壮均值估计

这一节我们简要概述最近为更加通用的统计任务而开发的健壮估计算法背后的思想。

17.3.1 健壮的随机最优化

一个简单而强大的思想是，用于健壮的均值估计的高效算法能够以一种基本上是黑盒的方式被用来获得一系列随机最优化问题的健壮的学习算法。考虑下面的一般随机最优化问题：在（凸）函数 $f:\mathcal{W}\to\mathbb{R}$ 上存在某一个未知的真实分布 p^*，目标是找到 $F(w)=E_{f\sim p^*}[f(w)]$ 的一个近似极小化子。这里 $\mathcal{W}\subseteq\mathbb{R}^d$ 是一个可能的参数空间。例如，线性回归问题就适合这个框架，其中 $f(w)=(1/2)(w\cdot x-y^2)$，而且 $(x,y)\in\mathbb{R}^d\times\mathbb{R}$ 是从数据分布中抽取的。

给定一个未受污染的样本集合，即包含函数 $f_1,\cdots,f_n\sim p^*$ 的 i. i. d. 集合，这个问题可以通过（随机）梯度下降得以高效求解。在健壮的情况下，我们可以读取一个从 p^* 中抽取的函数 $f_1,\cdots,f_n$ 的 ϵ-受损训练集。不幸的是，即使是单一受损样本也可能完全破坏了标准的梯度下降。Charikar 等人（2017）首次研究了这个问题在存在大量异常点时的健壮版本。两批不同的研究人员（Diakonikolas et al., 2018c；Prasad et al., 2018）对一般的异

常点的健壮情况（其中 $\epsilon<1/2$）同时进行了研究。在这两项研究中表现出来的主要直觉是对目标函数的梯度的健壮估计可以被视为健壮的均值估计问题。Diakonikolas 等人（2018c）将这个联系推进了一步：他们不再利用健壮梯度估计算法作为黑盒子，而是每当标准的 SGD 达到经验风险的一个近似临界点时应用过滤步骤。这个方法的正确性依靠的是过滤算法的性质。重要的是，事实证明这种方法在实践中更加有效。

17.3.2　健壮的协方差估计

本章描述的健壮估计技术可以推广到健壮地估计高维分布的协方差。高斯分布就是一个具体的例子，我们特别假定内围点是从 $G=\mathcal{N}(0,\boldsymbol{\Sigma})$ 中抽取的。（需要注意的是，考虑到独立样本之间的差异，我们可以将问题简化为中心分布的情形，而且这种简化也适用于健壮的情况。）高层次的思路是根据经验四阶矩张量进行过滤。更详细地说，设 $\boldsymbol{X}$ 是随机变量 $\boldsymbol{G}\boldsymbol{G}^{\top}$，并且注意到 $\mathrm{Cov}(\boldsymbol{G})=E[\boldsymbol{X}]$。

我们可以尝试在 $\boldsymbol{X}$ 上利用前面描述的健壮均值估计技术。但是这些技术需要一个在 $\boldsymbol{X}$ 的协方差 $\mathrm{Cov}(\boldsymbol{X})$ 上的先验界。为了解决这个问题，我们利用了这样的事实，即 $\boldsymbol{X}$ 的协方差可以表示为 $\boldsymbol{G}$ 的协方差的函数。虽然我们可能会遇到鸡蛋相生问题，但事实上这样做有可能引导出越来越好的协方差 $\mathrm{Cov}(\boldsymbol{X})$ 的近似值。

特别地，$\boldsymbol{G}$ 的协方差的任何一个上界都将意味着 $\boldsymbol{X}$ 的协方差的一个上界，这反过来可以用来健壮地估计 $\boldsymbol{X}$ 的均值，同时提供对 $\mathrm{Cov}(\boldsymbol{G})$ 的一个良好估计。通过仔细的迭代改进，我们可以证明，在 Frobenius 范数上的相对误差 $O(\epsilon\log(1/\epsilon))$ 的范围内学习方差 $\mathrm{Cov}(\boldsymbol{G})$ 是有可能的，这相当于在全变差距离的 $O(\epsilon\log(1/\epsilon))$ 的误差范围内健壮地估计 $\boldsymbol{G}$。

17.3.3　可解码列表的学习

本章我们的注意力集中在经典的健壮设定上，其中异常点在数据集中占了一小部分，并且由受损比例 $\epsilon<1/2$ 进行量化，目标是获得误差（作为 ϵ 的函数，而且与维度 d 无关）的估计值。我们感兴趣的一种相关设定专注于真正的数据所占的比例 α 较小（严格小于 1/2）的状况。也就是说，我们观察 n 个样本，其中占比例 α 的一部分样本（$\alpha<1/2$）是从所讨论的问题的分布中抽取的，而其余的样本是任意指定的。

Charikar 等人（2017）首次在均值估计的背景下研究了这个模型。首先可以观察到在这种状况下，信息理论上不可能用单一假设来估计均值。事实上，一个对抗可以产生 $\Omega(1/\alpha)$ 个由一些点构成的具有不同均值的簇，其中的每一个点都从一个具有不同均值的良好分布中抽取。即使算法能够精确地学习样本的分布，它仍然无法识别哪一个簇是正确的。为了避免这种情况，对学习的定义必须有所放宽。特别地，应当允许算法返回一个小的假设列表清单，并保证其中*至少有一个*假设靠近真实均值。此外，与 ϵ 很小的情形相反，当 α 趋向 0 时，误差的增长在信息理论上通常是不可避免的。总之，给定多项式数量的样本，我们希望能够输出数量为 $O(1/\alpha)$ 的假设，并且保证以高概率至少有一个假设处于真实均值的 $f(\alpha)$ 范围内，其中 $f(\alpha)$ 取决于所讨论问题的分布的集中特性。

Charikar 等人（2017）利用基于半定规划的方法来求解这个问题。我们注意到，本章讨论的技术可以适应这种环境。特别地，如果样本协方差矩阵没有任何大的特征值，就可以保证真实均值和样本均值之间的距离不会太远。但是如果存在一个较大的特征值，则过滤算法的构造会更加复杂。在某种程度上这种困难是必然的，因为算法必定返回超过一个的假设。为了处理这个问题，我们需要构造一个多重过滤算法，它能够返回原始样本集合的若干子集，并且保证其中至少有一个比原始数据集更加洁净（受污染程度更低）。Diakonikolas 等人（2018a）介绍了一个这种多重过滤算法。

17.3.4 健壮的稀疏估计

在高维参数估计中利用稀疏性是统计学中一个得到深入研究的问题。在健壮估计的背景下，Balakrishnan 等人（2017）首先考虑了这个问题，他们采用本章前面描述的 Diakonikolas 等人（2016）的未知凸规划方法。这里我们描述在这种情况下的健壮稀疏均值估计问题的过滤方法。

形式上，给定一些来自 $\mathcal{N}(\boldsymbol{\mu},\boldsymbol{I})$ 的 ϵ-受损样本，其中均值 $\boldsymbol{\mu}$ 是未知的并且假定是 k-稀疏的（即其支持集是一个包含 k 个坐标的未知集合），我们希望在 ℓ_2-距离上近似 $\boldsymbol{\mu}$。在没有受损的情况下，这个问题容易解决：抽取 $O(k\log(d/k)/\epsilon^2)$ 个样本并输出经验均值（在样本的 k 个最大值元素中截取）。目标是在健壮环境下获得类似的样本复杂性和误差保证。

在概要层次上，我们注意到，只要不存在真实均值和样本均值之间的误差较大的 k-稀疏方向，截取的样本均值应该是精确的。只要我们知道对于所有的单位 k-稀疏向量 $\boldsymbol{v}$，样本方差 $\boldsymbol{v}\cdot\boldsymbol{X}$ 靠近 1，这个条件就可以得到保证。这将反过来使我们能够创建一个基于过滤的算法，用于仅使用 $O(k\log(d/k)/\epsilon^2)$ 个样本的 k-稀疏健壮均值估计。不幸的是，确定是否存在具有大方差的 k-稀疏方向的问题在计算上是困难的。利用这个问题的凸松弛，我们可以得到这个算法的多项式时间版本，它需要 $O(k^2\log(d/k)/\epsilon^2)$ 个样本。此外，存在这样的证据（Diakonikolas et al.，2017b），它以统计查询模型（一种受限但功能强大的计算模型）中的一个下界的形式表明，这种样本复杂性的增加是必要的。

最近，Diakonikolas 等人（2019）开发了一些用于健壮稀疏估计的迭代的谱算法（包括稀疏均值估计和稀疏主成分分析）。这些算法实现了与 Balakrishnan 等人（2017）相同的误差保证，同时具有显著更快的速度。

17.3.5 高阶矩的健壮估计

设想我们对健壮地估计分布 X 的第 k 阶矩很感兴趣。在某种意义上，这个问题等价于估计随机变量 $Y=X^{\otimes k}$ 的均值。不幸的是，为了健壮地估计 Y 的均值，我们需要 Y 上的集中界，而这些集中界很少是直接可用的。一般情况下，Y 上的集中界由 X 的更高阶矩的上界推出。特别地，对于某一个 $k'>k$，X 的 k'阶中心矩的上界可以推出 Y 上的集中界。不幸的是，仅仅知道 X 的中心矩上的界通常在计算上很难加以利用。给定一个点的集合，即使只是确定这些点是否具有有界中心矩，也是一个计算上难解的问题。反而一些已知的算法方法（Hopkins and Li，2018；Kothari et al.，2018）在一般情况下只要求一些可高效证明的有界矩条件（例如，通过一个平方和的证明），这使我们能够寻找样本点的一些子集，这些样本点的中心矩可以类似地被证实是有界的，这些将使我们能够近似 X 的更高阶的矩。

17.4 本章注解

本章描述的凸规划和过滤方法参见（Diakonikolas et al.，2016，2017a）。通过投影到经验方差的顶部特征向量上来移除异常点的思想可以回溯到（klivans et al.，2009），他们在健壮地学习线性分离器的背景下利用了这个思想。Klivans 等人（2009）采用“硬”过滤步骤，该步骤只是移除异常点，结果导致误差随着维度呈对数扩展，即使在 Huber 的模型中也是如此。

Lai 等人（2016）开发了一种用于健壮的均值估计的递归维数减半技术。他们的技术用于 Huber 污染模型中的高斯分布健壮均值估计所引起的误差是 $O(\epsilon\sqrt{\log(1/\epsilon)}\sqrt{\log d})$。Diakonikolas 等人（2016）和 Lai 等人（2016）获得了关于各种其他统计任务的健壮估计值，这些任务包括健壮协方差估计、球面高斯分布和乘积分布的混合分布的健壮密度估计以及独立分量分析。

本章描述的算法方法在定义 17.1 的强污染模型中健壮地估计一个在 $O(\epsilon\sqrt{\log(1/\epsilon)}$ 的误差范围内的球面高斯分布的均值。Diakonikolas 等人（2018b）开发了一种更为复杂的过滤技术，可以在加性污染模型中实现 $O(\epsilon)$ 的最优误差。对于强污染模型，Diakonikolas 等人（2017b）证明了对误差 $O(\epsilon\sqrt{\log(1/\epsilon)}$ 的任何改进都需要统计查询模型中的超多项式时间。Steinhardt 等人（2018）给出了一种在所有 ℓ_p-范数上的健壮均值估计的高效算法。

最后，我们注意到，Diakonikolas 等人（2016）的思想引发了在遗传数据分析（Diakonikolas et al., 2017a）和对抗的机器学习（Diakonikolas et al., 2018c）中对概念验证（proof-of-concept）的改进。

参考文献

Balakrishnan, S., Du, S. S., Li, J., and Singh, A. 2017. Computationally efficient robust sparse estimation in high dimensions. Pages 169–212 of: *Proc. 30th Annual Conference on Learning Theory*.

Charikar, M., Steinhardt, J., and Valiant, G. 2017. Learning from untrusted data. Pages 47–60 of: *Proc. 49th Annual ACM Symposium on Theory of Computing*.

Diakonikolas, I., Kamath, G., Kane, D. M., Li, J., Moitra, A., and Stewart, A. 2016. Robust estimators in high dimensions without the computational intractability. In *Proceedings of the 57th IEEE Symposium on Foundations of Computer Science (FOCS)*, pp. 655–664.

Diakonikolas, I., Kamath, G., Kane, D. M., Li, J., Moitra, A., and Stewart, A. 2017a. Being robust (in high dimensions) can be practical. In *Proceedings of the 34th International Conference on Machine Learning (ICML)*, pp. 999–1008.

Diakonikolas, I., Kane, D. M., and Stewart, A. 2017b. Statistical query lower bounds for robust estimation of high-dimensional Gaussians and Gaussian mixtures. In *Proceedings of the 58th IEEE Symposium on Foundations of Computer Science (FOCS)*, pp. 73–84.

Diakonikolas, I., Kane, D. M., and Stewart, A. 2018a. List-decodable robust mean estimation and learning mixtures of spherical Gaussians. In *Proceedings of the 50th Annual ACM Symposium on Theory of Computing (STOC)*, pp. 1047–1060.

Diakonikolas, I., Kamath, G., Kane, D. M., Li, J., Moitra, A., and Stewart, A. 2018b. Robustly learning a Gaussian: Getting optimal error, efficiently. In *Proceedings of the 29th Annual Symposium on Discrete Algorithms*, pp. 2683–2702.

Diakonikolas, I., Kamath, G., Kane, D. M., Li, J., Steinhardt, J., and Stewart, A. 2018c. Sever: A robust meta-algorithm for stochastic optimization. *CoRR*, **abs/1803.02815**. Conference version in ICML 2019.

Diakonikolas, I., Karmalkar, S., Kane, D., Price, E., and Stewart, A. 2019. Outlier-robust high-dimensional sparse estimation via iterative filtering. In *Advances in Neural Information Processing Systems 33, NeurIPS 2019*, pp. 10688–10699.

Hopkins, S. B., and Li, J. 2018. Mixture models, robustness, and sum of squares proofs. *Proc. 50th Annual ACM Symposium on Theory of Computing (STOC)*, pp. 1021–1034.

Huber, P. J. 1964. Robust estimation of a location parameter. *Annals of Mathematical Statistics*, **35**(1), 73–101.

Johnson, D. S., and Preparata, F. P. 1978. The densest hemisphere problem. *Theoretical Computer Science*, **6**, 93–107.

Klivans, A., Long, P., and Servedio, R. 2009. Learning halfspaces with malicious noise. *Journal of Machine Learning Research*, **10**, 2715–2740.

Kothari, P. K., Steinhardt, J., and Steurer, D. 2018. Robust moment estimation and improved clustering via sum of squares. In *Proceedings of the 50th Annual ACM Symposium on Theory of Computing (STOC)*, pp. 1035–1046.

Lai, K. A., Rao, A. B., and Vempala, S. 2016. Agnostic estimation of mean and covariance. In *Proceedings of the 57th IEEE Symposium on Foundations of Computer Science (FOCS)*, pp. 665–674.

Prasad, A., Suggala, A. S., Balakrishnan, S., and Ravikumar, P. 2018. Robust estimation via robust gradient estimation. *arXiv preprint arXiv:1802.06485*.

Steinhardt, J., Charikar, M., and Valiant, G. 2018. Resilience: A criterion for learning in the presence of arbitrary outliers. *Proceedings of the 9th Innovations in Theoretical Computer Science Conference (ITCS)*, pp. 45:1–45:21.

Tukey, J. W. 1975. Mathematics and picturing of data. *Proceedings of ICM* **6**, pp. 523–531.

练习题

17.1 设 S 是一个由来自 $\mathcal{N}(\boldsymbol{\mu},\boldsymbol{I})$ 的样本构成的足够大的 ϵ-受损样本集合。

(a) 离散点集合的几何中值是这样的一个点，它最小化到集合中各个点的欧几里得距离之和。证明以高概率 S 的几何中值与 $\boldsymbol{\mu}$ 的 ℓ_2-距离是 $O(\epsilon\sqrt{d})$。

(b) 证明对于一个最坏情况下的对抗，这个上界是胎紧的。

17.2 （健壮均值估计的样本复杂度）

(a) 证明事实 17.2 和命题 17.3。

(b) 当未受损数据的分布具有有界 k 阶矩（k 是偶数）时，事实 17.2 和命题 17.3 将如何变化？

17.3 (ϵ,δ) 如何取值才能使以下分布族满足定义 17.4 的稳定性条件：有界协方差（$\boldsymbol{\Sigma}\leq\boldsymbol{I}$）、有界协方差和每个方向上的次高斯尾、单位协方差和对数凹（即概率密度函数的对数是凹的）、具有有界 k 阶中心矩的单位协方差？

17.4 证明引理 17.7。

17.5 (Diakonikolas et al. , 2016) 设 S 是 $\{\pm1\}^d$ 上的一个二元乘积分布的足够大的 ϵ-受损样本集合。修改 17.2.4 节的基本过滤算法来获得 ℓ_2-距离上的误差为 $O(\epsilon\sqrt{\log(1/\epsilon)})$ 的均值估计。提示：利用修正的经验协方差，使其对角线为零。

17.6 （重尾分布的健壮估计）设 X 是 $\mathbb{R}^d$ 上的乘积分布，它关于中心 m 呈中心对称。假设有常数 $c>0$，对于每一个边缘分布的概率密度函数，在所有与中值的距离在 1 之内的 x 上，函数下方以 c 为界。给出一个多项式时间算法，在受损部分占比例 ϵ 的情况下，算法在 ℓ_2 误差 $\widetilde{O}(\cdot)$ 范围内估计 m。（$\widetilde{O}(\cdot)$ 符号在其变元中隐藏了多重对数因子。）

备注： 这个算法适用于甚至可能没有良定义的均值的分布，例如一些柯西分布的乘积。

提示：将问题简化为一个二元乘积分布的健壮均值估计，并且利用前面的练习题。

17.7 （球面高斯分布的 2-混合分布的健壮估计）本练习题将采用过滤方法健壮地学习球面高斯分布的 2-混合分布。设 $F=(1/2)\mathcal{N}(\mu_1,\boldsymbol{I})+(1/2)\mathcal{N}(\mu_2,\boldsymbol{I})$ 是由两个具有未知均值的球面高斯分布构成的未知平衡混合，设 T 是来自 F 的 ϵ-受损样本集合。

(a) 证明：如果在给定方向上的经验协方差的特征值为 $1+\delta$，那么在这个方向上的两个均值在 $\widetilde{O}(\sqrt{\epsilon+\delta})$ 范围内都是精确的。

(b) 证明：如果经验协方差只有一个大的特征值，那么存在一个以小误差学习均值的简单过程。

(c) 证明：如果经验协方差有至少两个大的特征值，那么我们可以构造一个过滤算法。

(d) 结合上面的结果给出一个多项式时间算法，算法以高概率在误差 $\widetilde{O}(\sqrt{\epsilon})$ 内学习均值。

备注：这个准确性基本上是信息理论最佳可能的。我们可以有两种混合 $F^{(i)}=(1/2)\mathcal{N}(\mu_1^{(i)},\boldsymbol{I})+(1/2)\mathcal{N}(\mu_2^{(i)},\boldsymbol{I})$，$i=1,2$ 而且有 $d_{\mathrm{TV}}(F^{(1)},F^{(2)})=\epsilon$，其中 $\mu_1^{(2)},\mu_2^{(2)}$ 与 $\mu_1^{(1)},\mu_2^{(1)}$ 的距离是 $\Omega(\sqrt{\epsilon})$。

最近邻分类与搜索

Sanjoy Dasgupta，Samory Kpotufe

摘要：在最近邻搜索的算法分析以及最近邻分类的收敛的统计速率中，最简单的最坏情况的界是悲观的和令人沮丧的，它们不能准确反映实践中的性能。本章我们讨论一些经过尝试的更为精练的分析类型，并指出还有许多待完成的工作。

18.1 引言

最近邻搜索（nearest neighbor search）是信息检索的一种基本工具：给定一个新的数据项（比如一位新病人的医疗记录或者来自一项航天任务的最新测量数据），任务是找到那些过去遇到过的最相似的数据项。这些数据项有助于将新的数据项联系起来，例如确定这个新的数据项是我们所熟悉的——因而易于处理，还是一件需要特别注意的新鲜事物。特别地，最近邻的输出结果（或标签）的知识可用于预测新的实例的输出结果。

最近邻搜索引出了一些算法和统计问题。如何快速找到最近邻？利用这些邻居所做出的预测的质量如何？这些问题经过了几十年的研究，但仍然是很有价值的探索领域。困难的很大部分在于这些问题的最简单的最坏情况的界是如此宽松以至于毫无意义，它们几乎无助于了解现实中观察到的行为。因此，开发更为精练的、对数据的结构或者分布加以考虑来获得精确性的分析方法很有意义。

18.2 最近邻搜索的算法问题

在给定一个包含 n 个点的集合 S 的情况下，查询 q 的最近邻指的是在我们关注的某一个距离函数下 S 中最靠近 q 的点。直觉上找到最近邻需要 $O(n)$ 的时间，这在很多具有很大的 n 的实际环境中可能是一个严重的阻碍。[㊀]为了加快这一速度，能否从 S 构建一个数据结构，使后续的查询 q 可以快速得到回答？

对于一维数据，存在一种简单的解决方案：数据结构只是 S 的一个有序版本，利用这个数据结构可以通过二分搜索在 $O(\log n)$ 时间内找到任何查询的最近邻。但是将其推广到更高维度并非易事。一个特别棘手的情况是点集 S 和查询 q 都是从 $\mathbb{R}^D$ 中的单位球面上随机均匀选择的。假如 $D \gg \log n$，一个简单的计算表明，所有的点（包括查询点）彼此之间的距离将以高概率为$\sqrt{2} \pm O(1)$。因此，所有的点与 q 的距离只比 q 的最近邻与 q 的距离稍微远一点。难以想象什么类型的数据结构可以在如此微小的差异中快速地确定最近邻。在下面的讨论中，我们将这个示例称为经典的坏情况。

有两种方法可以消除这场噩梦。第一种方法是满足最近邻的 c-近似：任何一个点，它与 q 的距离最多是 q 的最近邻与 q 的距离的 c 倍，这里 c 是一个小常数。对于均匀分布在

㊀ 这里忽略了用于计算点与点之间距离的时间。在 d 维欧几里得空间，这个时间是 $O(d)$，当 d 较大时会产生重要影响。有相当多的研究致力于缓解这种情况（例如利用降维的方法），但是大部分与我们在这里的讨论无关，并且少有“超越最坏情况”的味道。

一个高维球面上的数据，S 中的任何一个点都是可以接受的答案。第二种方法是将这个特殊示例看作病态的，在实践中不太可能发生，并且对数据的配置做出一些假定，在这种情况下有可能进行高效的搜索。

18.2.1　近似的最近邻搜索的哈希法

最近邻搜索的一种非常流行而且成功的方法是局部性敏感哈希（Locality-Sensitive Hashing，LSH）法。这种方法在 20 世纪 90 年代末被首次引入（Indyk and Motwani，1998；Charikar，2002；Andoni and Indyk，2008），它不是一个具体的算法，而是一种用于提高简单随机哈希函数性能的框架。对于 $\mathbb{R}^D$ 中的数据，最常见的实例化利用随机线性投影进行哈希：

- 点 $x \in \mathbb{R}^D$ 被映射到整数 $\lfloor (u \cdot x)/b \rfloor$，其中 u 是从单位球面随机选择的一个方向，b 是存储桶的宽度[㊀]。
- 取 m 个这样的映射 $h_1, \cdots, h_m$，于是点 x 被存储在一个 m 维表中，存储位置为 $(h_1(x), \cdots, h_m(x))$。m 的值可以被看作 $O(\log n)$，但实际上通常会利用一个样本查询集合进行调整。无论 m 如何取值，这个表都可以利用标准的哈希技术存储在大小为 $O(n)$ 的空间。
- 通过查看落在位置 $(h_1(q), \cdots, h_m(q))$ 的所有的点并且选择其中的最近邻点来回答查询 q。

上述过程返回一个 c-近似的最近邻的失败概率可以是有界的，而且利用多个独立构建的表，可以使失败概率如我们预期的小。

对于欧几里得空间中的 n 个数据点，LSH 可用于创建一个大小为 $O(n^{1+1/c^2})$ 的数据结构，然后能够在时间 $O(n^{1/c^2})$ 内以任意小常数的失败概率回答 c-近似的最近邻查询（Andoni and Indyk，2008）。对于 $c=2$，这将解释为 $O(n^{5/4})$ 的空间和 $O(n^{1/4})$ 的查询时间。人们已经开发了很多 LSH 的变异，其中有一些用于处理与欧几里得距离不同的其他距离和相似性函数（Charikar，2002；Datar et al.，2004；Andoni et al.，2018），还有一些可以适应特定的数据分布（Andoni and Razenshteyn，2015），不过欧几里得模式是一个实用的代表性案例。

LSH 分析的一个显著特点是回避了所有肯定会影响最近邻搜索困难性的特定于问题的特征（比如数据的维数），而且完全以点的数量 n 和近似因子 c 的形式给出一个界。这个近似因子本身有点难以解释，因为对于不同的数据集它的意义不同。以 $c=2$ 为例（比这小得多的值会导致一些不合理的大数据结构）：对于某些数据集，2-近似可能会产生非常接近真正的最近邻的点，并且产生通常正确的分类；而在一些其他数据集上，2-近似可能意味着返回点本质上是一个来自数据集的随机抽取。简而言之，这一保证本质上并不令人放心。

举例来说，下表展示了在手写数字的 MNIST 数据集上，作为 c 的函数的 c-近似最近邻的分类错误率。

c	1.0	1.2	1.4	1.6	1.8	2.0
错误率（%）	3.1	9.0	18.4	29.3	40.7	51.4

对于 c 的每一个取值，显示的错误率是分类器选取一个随机的 c-近似最近邻并且利用其标签进行预测的错误率。在这种情况下，即使是像 $c=1.2$ 这么小的值也会导致分类性能

㊀ bucket width，即一个存储桶可以存储的不同哈希值的数量。——译者注

(相对于真正的最近邻) 大幅下降。

拥有一个只依赖于 c 的界虽然显得简练，但是其他相关参数的缺乏可能使这样的界过于宽松而无法为问题关注的特定数据集提供指导。回顾关于 MNIST 的表格，我们可能倾向于相信需要一个比如 $c=1.1$ 的 c-近似，因此 LSH 是一个糟糕的选择，因为它需要的空间将接近二次幂。但事实远非如此，实际上即使是一个大得多的 c 的设置，上述的 LSH 方案通常也能返回这个数据集上的*精确*最近邻。

局部性敏感哈希方法是一个漂亮的算法框架，它在实践中非常有效，但是在其分析上仍然存在改进的余地。了解这个数据结构返回精确的最近邻（或者可能只是那些 1%最近邻中的一个）的概率会很有帮助。这种情况可能取决于数据点的配置，而且令人感兴趣的是了解数据的何种结构性质会有助于高效搜索。

18.2.2　精确的最近邻搜索的树结构

关于*精确*的最近邻搜索的数据结构的文献极为丰富，其中最为广泛使用的数据结构可能是 k-d 树（Bentley，1975），这是一个从 $\mathbb{R}^D$ 到一些超矩形单元的划分，划分基于一个给定的包含数据点的集合 $S\subseteq\mathbb{R}^D$。树根是一个对应于整个空间的单一单元。选择一个坐标方向，沿着这个方向在数据的中值处拆分这个单元（图 18.1）。然后在两个新创建的单元上递归调用这个过程，直到每个叶子单元包含的点的数量最多是某一个预先确定的 n_o。当有 n 个数据点时，树的深度大约是 $\log_2(n/n_o)$。

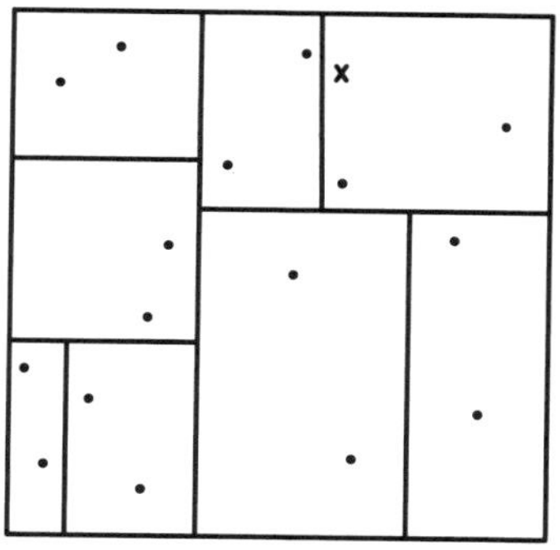


```
function MakeTree(S)
If |S| < n_o: return (Leaf)
Rule = ChooseRule(S)
LeftTree = MakeTree({x ∈ S : Rule(x) = true})
RightTree = MakeTree({x ∈ S : Rule(x) = false})
return (Rule, LeftTree, RightTree)

function ChooseRule(S)
选择一个坐标方向 i
Rule(x) = (x_i ≤ median({z_i : z ∈ S}))
return (Rule)
```

图 18.1　k-d 树：示例和伪代码。在示例中，树根处的拆分是垂直的，下一层的两个拆分是水平的，再下一层的四个拆分是水平和垂直的混合。用交叉符号标记查询点 q

给定一棵从数据点集合 S 构建的 k-d 树，有两种方法可以回答最近邻查询 q。临时应急的选择是将 q 沿着树向下移动到一个相应的叶子单元，然后返回这个单元中的最近邻。这种*失败主义者搜索*（defeatist search）只需要 $O(n_o+\log(n/n_o))$ 的时间。如果 n_o 是常数，那么这个时间为 $O(\log n)$。问题在于 q 的最近邻很可能位于另一个单元，如图 18.1 所示。结果这个方案的失败概率（比如在一个随机选择的查询上）可以高到不可接受。另一种可选的方法是*综合搜索*（comprehensive search），它利用几何推理来判定还有哪些叶子单元可能也需要探测，而且总是返回真正的最近邻，但是在最坏的情况下可能需要 $O(n)$ 的时间。

流行的偏见坚持认为 k-d 树的性能（无论是以失败主义者搜索的成功概率还是以综合搜索的查询时间来衡量）会随着维数的增加而迅速恶化，不过这尚有待数学上的解释。特别令人关注的是确定高维数据上 k-d 树能够有效发挥作用的简单条件。

人们已经开发出 k-d 树的许多变异，试图弥补其已经被认识到的弱点。其中一个值得注意的例子是主成分分析树（principal component analysis tree）（Sproull，1991；McFee and Lanckriet，2011），它沿着最大方差的方向而不是沿着单独的坐标对数据进行拆分。对其查询复杂性的严格分析仍然是一个开放式问题，尽管在这方面已经有了一些尝试（Abdullah et al.，2014）。

在 20 世纪 80 年代和 90 年代，人们引入了多种树状结构，这些结构保证了运行时间与 $\log n$ 成正比，同时也是 D 的指数，参见 Clarkson（1999）的综述。注意到这与前面描述的经典的坏情况是一致的。在 $\mathbb{R}^D$ 中，可能有彼此距离大致相等的 2^D 个点，因此在最坏情况下，与这些点的数量成比例的查询时间并不令人惊讶。有意思的是，这些数据结构中有一些还可以在任意的度量空间中运行。更为近期的一些版本试图通过适应数据的内蕴维数（intrinsic dimension）很低的状况（当其表观维数较高时甚至会更低）来克服这些最坏情况的界所带来的悲观情绪。在深入到这项研究之前，我们扼要讨论一下维数的概念。

18.2.3　内蕴维数的概念

内蕴维数的测度出现在各个不同的领域（Cutler，1993；Clarkson，2006），对其最常见的理解是量化（数据）空间 $\mathcal{X}$ 的复杂性，或者量化由 $\mathcal{X}$ 支持（通常这时候 $\mathcal{X}$ 是生成数据的分布）的测度 μ 的复杂性。我们现在看看最近邻方法的分析中最常出现的两个这样的量。

对于第一个量背后的直觉，考虑这样一个事实，即一个 d 维而且侧边长度为 r 的超立方体可以被 2^d 个侧边长度为 $r/2$ 的超立方体所覆盖。

定义 18.1　度量空间 $(\mathcal{X},\rho)$ 被称为具有**倍增维数**（doubling dimension）d，如果对于所有的 $r>0$ 和 $x\in\mathcal{X}$，球 $B(x,r)$ 可以由半径为 $r/2$ 的 2^d 个球覆盖。 ◁

这里是一些常见的低维结构的类型，它们是通过倍增维数得到的，更多详情参见（Dasgupta and Freund，2008）。

- 任何一个 k 维仿射子空间 $\mathcal{X}\subseteq\mathbb{R}^D$ 都有倍增维数 $\leqslant c_o k$，这里 c_o 是一个绝对常数。
- 对于任何一个集合 $\mathcal{X}\subseteq\mathbb{R}^D$，如果其中每一个元素最多有 k 个非零坐标（即 $\mathcal{X}$ 是一个稀疏集），则 $\mathcal{X}$ 的倍增维数最多是 $c_o k+\log D$。当 $\mathcal{X}$ 的维数是任意的，但是可以由一个大小为 D 的未知字典稀疏表示时（即如果存在向量 $\{a_i\}_{i=1}^D$，使得任何一个 $x\in\mathcal{X}$ 都是这些向量中的最多 k 个向量的线性组合），同样的结果成立。
- 设 M 是 $\mathbb{R}^D$ 中 reach 值为 τ 的一个 k 维黎曼子流形（reach 是曲率的一种测度，reach 值为 τ 意味着每个与 M 的距离小于 τ 的点在 M 中都有唯一的最近邻[㊀]），那么半径为 τ 的 M 的每个邻域都有倍增维数 $O(k)$。

同样值得注意的是，如果倍增维数为 d 的 $\mathcal{X}$ 是有界的（即 $\sup_{x,x'}\rho(x,x')<\infty$），则对于任何一个 $r>0$，$\mathcal{X}$ 都可以被 $C_d\cdot r^{-d}$ 个半径为 r 的球覆盖，这里 C_d 是常数（练习题 18.1）。具备这个性质的任何一个 $(\mathcal{X},\rho)$ 称为具有**度量维数**（metric dimension）d。

有一个听起来很相似的概念称为倍增测度（doubling measure），它试图通过观察一个球的测度随着球的半径的增加而增长的速度，来获得在一个度量空间上的一种测度（通常是一种概率测度）的内蕴维数。

定义 18.2　设 μ 是 $(\mathcal{X},\rho)$ 上的一个测度。如果对于在 μ 的支持集（此后记为 $\text{supp}(\mu)$）中的任何一个 x 以及任何一个 $r>0$，我们都有 $\mu(B(x,r))\leqslant 2^d\cdot\mu(B(x,r/2))$，则

㊀ reach 的概念由数学家费德勒在 1959 年提出，目前没有通用的中文术语，有建议称为“能达性”。有兴趣的读者可参考 H FEDERER. Cuevatures Measures［M］. Trans. Amer. Math. soc. 93（1959），418-491。——译者注

称 μ 以指数 d **倍增**。 ◁

与仅仅依赖于集合 $\mathcal{X}$ 的倍增维数不同，倍增测度的变化依据的是在 $\mathcal{X}$ 上的测度。练习题 18.2 探讨了这两个概念之间的关系。

还要注意的是，如果具有倍增测度 μ 的 $(\mathcal{X},\rho)$ 有界，那么对于任何一个 $r>0$ 和 $x\in\operatorname{supp}(\mu)$，我们有 $\mu(B(x,r))\geq C_d\cdot r^d$，这里 C_d 是常数（练习题 18.1）。于是我们说 μ 以参数 (C_d,d) 在 $\operatorname{supp}(\mu)$ 上是**齐次的**（homogeneous）。

18.2.4 对最近邻搜索中的内蕴维数的自适应性

一种超越了最坏情况分析的悲观主义的方法是确定一些这样的实例族，它们在实践中出现，而且在允许更好的界的意义上还“容易一些”。对于最近邻搜索，这种方法主要集中在对低内蕴维数的数据集进行分析，寄希望于精确的最近邻搜索的最坏情况界中对维数的指数级依赖能够被一种对内蕴维数（它可能小得多）的类似的依赖所代替。

Clarkson（2006）在其出色的综述中描述了一些方法，据此可以调整最近邻数据结构以适应不同类型的内蕴维数。或许，有效的最简单假定是我们现在引入的倍增测度的一个有限样本版本。假设数据位于度量空间 $\mathcal{X}$。我们称子集 $T\subseteq\mathcal{X}$ 具有*膨胀常数*（expansion constant）c，如果对于任何一个点 $p\in\mathcal{X}$ 和任何一个半径 $r>0$，我们都有 $|T\cap B(p,2r)|\leq c|T\cap B(p,r)|$。在数据集 S 上的假定是存在一个小的 c，使得对于任何一个查询点 q，$S\cup\{q\}$ 的膨胀常数最多为 c。于是内蕴维数可以被视为 $\log c$。

覆盖树（cover tree）是一种广泛使用的数据结构，Beygelzimer 等人（2006）在上述条件下对覆盖树进行了分析。覆盖树可以在任何度量空间中用于精确的最近邻搜索。它的工作是通过维护数据集的一个层次覆盖进行的，我们下面对此做更加详细的描述。假设有数据点 $x_1,\cdots,x_n$，而且为了简单起见假定所有的点间距离均小于等于 1。于是任何一个点 x_i 都是整个集合的一个 1-覆盖，将它取作树的根。下一层将包含由形成 (1/2)-覆盖的 x_i 所构成的一个子集，再下一层将是 (1/4)-覆盖，等等。给定第 j-1 层，第 j 层可如下构建：从第 j-1 层取所有的点，并且重复添加一个不在那些已选择点的距离 $1/2^j$ 的范围内的数据点。在数据点 $x_1,\cdots,x_n$ 上最终生成的覆盖树是具有以下性质的一棵有根无穷树：

- 树的每一个结点与一个数据点 x_i 关联。
- 如果一个结点与 x_i 关联，那么这个结点的子结点中的一个也与 x_i 关联。
- 深度为 j 的所有结点彼此之间的距离至少为 $1/2^j$。
- 深度为 j+1 的每一个结点与其父结点（深度为 j）的距离在 $1/2^j$ 以内。

如图 18.2 所示。实际上并不需要将结点复制为其自身的子结点，因此树占用的空间是 $O(n)$。此外，每次添加一个点，在线构建这棵树并不困难。

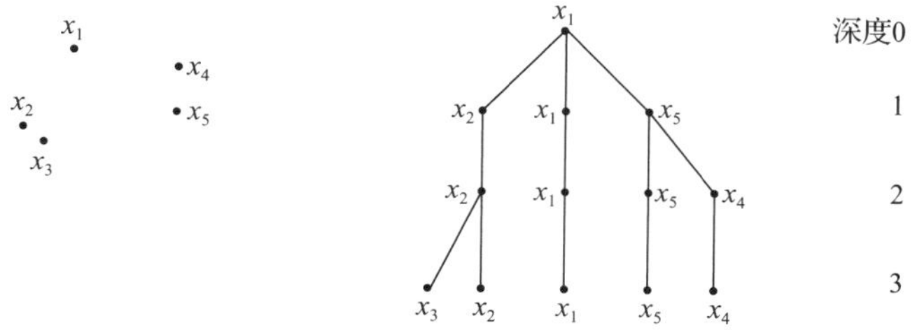

图 18.2　一棵包含五个点的数据集的覆盖树。从树的结构我们可以推断（例如）x_1,x_2,x_5 彼此之间的距离大于等于 1/2，因为它们都处在深度 1，还可以推断 x_2 和 x_3 之间的距离小于等于 1/4

当需要回答查询 q 时，我们将它沿着树一层一层向下移动。在第 j 层（称为 L_j），利用几何推理确定结点的一个子集 $S_j \subseteq L_j$，其后代可能包括 q 的最近邻——这个结论基于 q 到 L_j 中的最近点的距离，并且与三角不等式相结合。下一层 L_{j+1} 只检验 S_j 的子结点，并且将它们进一步限制到子集 S_{j+1}，依此类推。结果表明，对于膨胀常数 c，在每一层只需要考虑 $|S_j| = O(\text{poly}(c))$ 个结点，而且找到精确的最近邻的总时间是 $O(\text{poly}(c)\log n)$。

覆盖树是一种流行而且高效的数据结构，特别是对于非欧几里得距离度量而言。然而，它的分析受到膨胀常数假定的脆弱性的影响。为了理解这一点，我们观察到，即便是 $\mathbb{R}^D$ 中的数据，在欧几里得距离下也可以具有任意高的 c，而不受 D 的任何函数的限制。因此，设计更合理的条件，并且在这些条件下研究这个方案是很有意义的。

关于数据集的一个较弱但是更为现实的假定是它具有低的倍增维数 d。在这种情况下，存在一些大小为 $O(n)$ 的数据结构，它们或者在时间 $O(2^{O(d)}\log n+(1/\epsilon)^{O(d)})$ 内产生一个 $(1+\epsilon)$-近似的最近邻（Krauthgamer and Lee，2004），或者当查询分布与数据分布相匹配时，在时间 $O(2^d\log n)$ 内产生正确的最近邻（Clarkson，1999，2006）。我们将在下一节更为详细地讨论另一种这样的数据结构。

对倍增维数的自适应性是非平凡的，例如 k-d 树就不具备这种特性（Dasgupta and Sinha，2015）。这使得它在技术上令人关注，而且引发了围绕这一概念的大量的计算几何研究。不过这实际上只是一种超越最近邻搜索的最坏情况的特殊方法。无监督学习领域已经确定了数据中普遍存在的多种几何结构，其中的少数几种结构（比如流形结构）是通过内蕴维数获得的，但是很多其他的结构（比如集群结构）并非如此。因此，在提出结构上的“良性”假定的时候（在这些假定下可以高效实现最近邻搜索），超越内蕴维数将是有益的。

除了根据预先指定的几何参数（比如内蕴维数）来确定一个最近邻数据结构的查询时间的界之外，一种替代方法是显式地描述能够高效处理的数据类型。在理想情况下，我们可以通过这种方法获得一些严格的、特定于实例的结果。下面讨论一个这样的方案。

18.2.5　一种具有特定于实例的界的随机化树结构

局部性敏感哈希法为最近邻搜索领域带来了一种简单而高效的范例：设计一种快餐式的而且在任何一个实例上都具有非零的成功概率的数据结构，然后通过制作多个副本来提高成功概率。我们现在讨论一种给 k-d 树带来大致相同的灵敏度的方法。

随机投影（RP）树（图 18.3）将两种形式的随机性注入 k-d 树中：它不是沿着坐标轴拆分单元，而是从单位球面随机均匀地选取拆分方向；它不是将拆分点精确地放置在中值位置上，而是将其放置在从 $[1/4,3/4]$ 中随机均匀选择的分位数处。

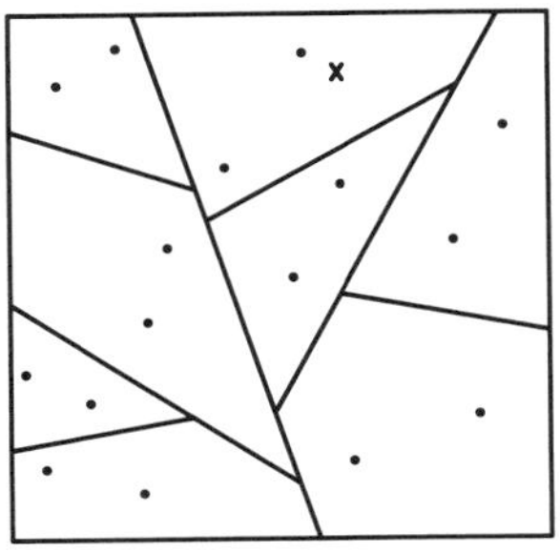

```
function ChooseRule(S)
随机均匀地从单位球面中选取U
随机均匀地从 [1/4, 3/4] 中选取β
设 v 是S 在U上的投影的β-分位数的点
Rule(x) = (x·U≤v )
return (Rule)
```

图 18.3　随机投影树：示例和伪代码。同样用交叉符号标记样本查询点

求解的思路是在这种随机化树结构上利用失败主义的搜索来回答最近邻查询，需要的时间是 $O(\log(n/n_o)+n_o)$，其中 n_o 是在任何一个叶子中的数据点数量的上界。对于任何一个数据集 $x_1,\cdots,x_n\in\mathbb{R}^D$ 以及任何一个查询 $q\in\mathbb{R}^D$，在数据结构的随机性上，可以利用一个基本参数来确定没有找到最近邻的概率的界（Dasgupta and Sinha，2015）。事实证明，这个界与点的配置的一个简单函数成正比，

$$\Phi(q,\{x_1,\cdots,x_n\})=\frac{1}{n}\sum_{i=2}^{n}\frac{\|q-x_{(1)}\|}{\|q-x_{(i)}\|}$$

其中 $x_{(1)},x_{(2)},\cdots$ 表示按照与 q 的距离递增的 x_i 的一种排序。

我们仔细研究一下这个势函数。如果 Φ 接近 1，那么所有的点与 q 的距离大致相同，因此我们可以预计最近邻查询不容易回答，这是我们从 18.2 节开始时所讨论的经典的坏情况中得到的结论。另一方面，如果 Φ 接近 0，那么大多数点与 q 的距离要比最近邻点远得多，因此后者应该容易确定。所以，这个势函数是对一个最近邻搜索实例的难度的一种直观上合理的测度。

在数据具有低的倍增测度或者倍增维数的情况下，不难给出 Φ 的上界。这就引出了以下结果：

- 当 $x_1,\cdots,x_n$ 从一个指数为 d 的倍增测度中 i.i.d. 抽取时，RP 树能够在时间 $O(d)^d+O(\log n)$ 内回答任意的精确最近邻查询，误差概率是一个任意小的常数。
- 当查询 q 可以与数据 $x_1,\cdots,x_n$ 交换（也就是说 q 从 $\{x_1,\cdots,x_n,q\}$ 中随机抽取）并且它们一起形成一个有界的倍增维数集合时，类似的结果成立，但是需要额外依赖于数据的方向比。

这些结果接近利用其他数据结构获得的最佳结果。失败概率建立在树结构的随机性之上，可以通过构建多棵树来获得 RP 森林（RP forest），从而降低失败概率。

尽管人们在实践中已经发现 RP 森林是有效的（Hyvonen et al.，2016），但还是希望通过提高树的随机化程度来获得更好的结果，这样可以通过构建森林来降低误差概率，而且与数据更加协调，这种情况与在实践中单一的 PCA 树优于单一的 RP 树的情况大致相同。寻找一种既能够凭经验有效工作又允许进行净室分析（clean analysis）的方法是一个令人关注的开放式问题。

18.2.6　小结：最近邻搜索算法的分析

自 20 世纪 70 年代以来，最近邻搜索一直是算法研究的主题，人们为此开发了很多数据结构，其中的一些（比如局部性敏感哈希表、k-d 树和覆盖树）非常容易实现，而且在实践中看来是有效的。但是为了理解它们的相对优势和劣势（例如衡量哪一种可能更适合给定类型的数据）以及为了开发更好的算法，重要的是要有分析这些方案的方法。目前在这方面缺少先进的技术。

对于某些数据结构，以 k-d 树为例，目前还没有对于它能够有效工作的数据种类的任何特征性描述。对于其他的数据结构，虽然有了出色的分析，但是仍然无法深入了解这些方案能够有效工作的条件和原因。以 LSH 的界为例，它们单独以一个近似因子的形式给出，因此非常宽松；又例如覆盖树的界，它们基于一种维数假定，这种假定脆弱到难以置信的程度。

一个很好的开放式问题是如何认识在数据上除了低倍增维数之外的其他结构性假定，这些假定在很多情况下可能成立而且使最近邻搜索变得高效。第二个问题是选取任何一个

现有实用的最近邻算法，并且对它能够有效工作的数据条件进行严格的形式化。

18.3 *k*-最近邻分类的统计复杂性

我们现在转向最近邻问题的另一方面：它作为分类策略时的统计性能。虽然统计和计算问题从根本上是不同的，而且事实上它们的研究属于不同社区：一边是机器学习和统计，另一边是算法。我们将看到有一些思路是相同的，它们都抓住了数据的良好结构的概念，其优点和缺点和上面所讨论的类似。

最近邻分类是*非参数估计*（nonparametric estimation）的一种形式：也就是说，它是一种预测策略，其复杂性（例如大小）可能是无界的，而且能够对任何一个决策边界建模。统计社区已经开发了一种对非参数估计值进行分析的标准框架，并且获得了一些基本界，这些界提供了一些关于一般行为的深刻见解。

18.3.1 统计学习框架

设 $\mathcal{X}$ 是数据所在的空间，$\mathcal{Y}$ 是标签的空间。为了简单起见，我们假定 $\mathcal{Y}=\{0,1\}$。统计学习的标准模型是：在 $\mathcal{X}\times\mathcal{Y}$ 上存在一个（未知的）基础分布 $P_{X,Y}$，所有数据（包括过去、现在和未来）都从这个基础分布上 i. i. d. 抽取。训练数据 $\{X_i,Y_i\}_1^n \overset{\text{i.i.d.}}{\sim} P_{X,Y}$ 是有效的，确切地说是因为它提供了一些关于 $P_{X,Y}$ 的信息，我们构建的任何一种模型都是按照它在 $P_{X,Y}$ 上的性能来评估的。

分类器（classifier）是任何一个函数 h：$\mathcal{X}\to\mathcal{Y}$，它可以由下述的01-风险来评估

$$R(h)=P_{X,Y}(h(X)\neq Y)$$

不需要任何零风险的分类器：考虑任何一个具有内在不确定性的场景，以医学预测问题为例，其中 x 是患者的病历，y 表示该患者是否会在明年中风。这在形式上对应这样的一些情况，其中将 Y 在给定 $X=x$ 下的条件分布记为 $P_{Y|x}$，它给两个输出结果 0 和 1 都赋予非零概率。

设 $\eta(x)=P_{Y|x}(1)=E[Y|x]$，01-风险由所谓的*贝叶斯分类器*最小化。贝叶斯分类器预测在每一个点 x 上最可能的标签：

$$h^*(x)\doteq\text{argmax}\{P_{Y|x}(1),P_{Y|x}(0)\}=1\{\eta(x)\geqslant 1/2\}$$

此后，对于任何一个分类器 h，我们将根据其风险超过 h^* 的风险的程度进行评估，这种超过的程度称为*超额风险*（excess-risk），

$$\mathcal{E}(h)\doteq R(h)-R(h^*)\text{，依赖于 }P_{X,Y}$$

现在考虑任何一个学习过程，它取 n 个从 $P_{X,Y}$ 独立同分布采样的数据点并且产生一个分类器 $\hat{h}_n$。对于这个过程，我们所要求的最基本条件是一致性：随着 n 趋向于∞，超额风险 $\mathcal{E}(\hat{h}_n)$ 趋向于零。确保了这一点之后，下一步就是将超额风险的收敛速度设立为 n 和其他问题参数的函数。

由于决策边界可以是任意复杂的，我们知道在非参数估计中，离开了数据分布上的条件就谈不上存在任何普遍的收敛速度（Devroye et al.，1997）。但是在 $P_{X,Y}$ 上能够做出什么样的合理假定呢？近几十年来，在统计学文献中一些特定的假定已经根深蒂固，它们也许更多的只是为了数学上的方便，而且已经成为收敛速度的标准背景。我们将讨论这些问题以及产生的界和实现这些界的估计值，我们还将讨论这个理论是否能够充分描述什么情况下最近邻分类法才是有效的。

18.3.2　极小极大最优性

我们感兴趣的是性能的极限，它由作为样本数量 n 的函数的超额风险 $\mathcal{E}(\hat{h})$ 进行评估。超额风险可以由任何一个只有很少或者根本没有关于贝叶斯分类器 h^* 的信息的过程[1] $\hat{h}$ 达成，这样的过程几乎没有 $P_{X,Y}$ 的信息。假定 $P_{X,Y}$ 属于某一类 $\mathcal{P}$，对 h^* 上的信息进行编码后可以通过下述的极小极大（minimax）分类风险获得性能极限：

$$\mathcal{E}(\mathcal{P}) \doteq \inf_{\hat{h}} \sup_{P_{X,Y}\in\mathcal{P}} E_{P^n_{X,Y}} \mathcal{E}(\hat{h})$$

sup 表示由任何一个给定的 $\hat{h}$ 实现的 $\mathcal{P}$ 上的最坏情况下的超额风险。任何一个对所有的 $P_{X,Y}\in\mathcal{P}$ 都实现了超额风险 $O(\mathcal{E}^*)$ 的分类器 $\hat{h}$ 称为关于 $\mathcal{P}$ 是极小极大最优的（minimax-optimal）。作为一个经典的例子，$\mathcal{P}\doteq\{P_{X,Y}\}$ 对应假定 $\mathcal{X}\subset\mathbb{R}^D$，而 $\eta(x)$ 是在 $\mathcal{X}$ 上的 λ-Lipschitz 函数，即对于某一个 $\lambda>0$，有 $|\eta(x)-\eta(x')|\leqslant\lambda\|x-x'\|$，它表示 $\mathcal{X}$ 中的邻近点具有相似的 Y 值的希望。在这些假定下，我们知道 $\mathcal{E}^*(\mathcal{P})$ 的阶是 $n^{-1/(2+D)}$，例如选择一个适当的 $k\propto n^{2/(2+D)}$，通过 k-最近邻（k-NN）分类可以达到这样的收敛速度。不幸的是，只要 D 很大，这就是一个相当缓慢的速度，因为看来需要 $n=\Omega(\epsilon^{-(2+D)})$ 的样本数量才能达到超额风险 $0<\epsilon<1$，这是一种维数的魔咒（a curse of dementionality）。在 $\mathcal{P}$ 的最坏情况下，这样的速度是不可避免的，因此人们希望在 $\mathcal{P}$ 中存在一些更为有利的分布 $P_{X,Y}$，其中像 k-NN 这样的过程会做得更好。情况确实如此，这也是这一节余下部分的重点。

18.3.3　自适应速度与最坏情况速度的对比

如同前面的讨论，设 $\mathcal{P}$ 表示所有分布 $P_{X,Y}$ 的类，其中的边缘分布 P_X 由 $\mathcal{X}\subset\mathbb{R}^D$ 支持（$\mathcal{X}$ 可能是未知的），而且 $\eta(x)$ 是一个 λ-Lipschitz 回归函数（regression function）。为简单起见，在下面的讨论中，我们将设 $\mathcal{X}$ 是有界的，因此不失一般性地设 $\sup_{x,x'\in\mathcal{X}}\|x-x'\|=1$。

现在需要注意的是，$\mathcal{P}$ 包含分布 $P_{X,Y}$ 的一些子类 $\mathcal{P}_d$（这是一些其他的有利分布），使得 $\mathcal{X}\doteq\mathrm{supp}(P_X)$（或 P_X 自身）具有较低的内蕴维数 $d\ll D$，其中内蕴维数被形式化为 18.2.3 节中定义的概念中的任何一个。如果我们事先知道 $P_{X,Y}\in\mathcal{P}_d\subset\mathcal{P}$，就可以得到比极小极大速度 $\mathcal{E}^*(\mathcal{P})\propto n^{-1/(2+D)}$ 好得多的结果：当 d 代表欧几里得维数，也即 $\mathcal{X}$ 是维数 d 的一个仿射子空间时，可以立即看到这个结果，这是因为根据前面的讨论，例如利用 $k\propto n^{2/(2+d)}$ 的 k-NN，将会有 $\mathcal{E}^*(\mathcal{P}_d)\propto n^{-1/(2+d)}\ll n^{-1/(2+D)}$。因此，问题变成了能否在下列情形下获得更好的速度：在内蕴维数 d 的一般概念下，这里 $\mathcal{X}$ 是非线性的（例如，位于 $\mathbb{R}^D$ 中的一个维数为 d 的流形）；在没有 $P_{X,Y}\in\mathcal{P}_d$ 的知识的情况下。一个分类过程如果对于所有的 $\mathcal{P}_d\subset\mathcal{P}$（即在第二种情况下）都能够同时达到（或几乎达到）速度 $\mathcal{E}^*(\mathcal{P}_d)$，则称这个分类过程在 $\{\mathcal{P}_d\}_{d\leqslant D}$ 上是极小极大自适应的（minimax adaptive），或者通俗地说这个过程自适应内蕴维数 d。

我们将在后续证明，对于 18.2.3 节的任何一个内蕴维数 d 的概念，k-NN 的情况确实如此，因为恰好控制性能的关键的量（即到达最近邻的典型距离）仅仅取决于内蕴维数 d，而不是环境维数 D。为了展开这个主题，我们首先假定 P_X 以参数 (C_d,d) 在 $\mathcal{X}$ 上是齐次的，即半径为 r 的球的 P_X-质量最多是 $C_d\cdot r^d$（参见 18.2.3 节）。

---

[1] 我们常常对于将 $\mathcal{X}^n$ 中的数据映射到分类器 $\mathcal{X}\to\mathcal{Y}$ 的分类过程 $\hat{h}$ 和它返回的分类器不加区分。换句话说，$\mathcal{E}(\hat{h})$ 是过程 $\hat{h}$ 返回的分类器的超额风险。

在这种情况下，有下面的定理。我们自始至终假定在任何 x 上的 k-NN 估计是恰好在 $k(k\leqslant n)$ 个点上定义的，即或者在到 x 的距离上不存在任何选择性困难，或者采用一种确定性规则来打破僵局（例如，选择前 k 个有序指标）——我们设 k-NN(x) 是 x 的 k 个最接近的邻居的保留集。

利用 k-NN(x) 这个符号，k-NN 分类由 $\hat{h}\doteq 1\{\hat{\eta}\geqslant 1/2\}$ 给出，其中

$$\hat{\eta}(x) \doteq \frac{1}{k}\sum_{X_i\in \mathrm{kNN}(x)} Y_i \tag{18.1}$$

定理 18.3　设 P_X 在有界支持集 $\mathcal{X}\subset\mathbb{R}^D$ 上是 (C_d,d) 齐次的，并设 $\eta(x)$ 是 λ-Lipschitz 函数。设 $\hat{h}$ 表示一个 k-NN 估计，其中 $k\propto n^{2/(2+d)}$。我们有

$$E\mathcal{E}(\hat{h})\leqslant C\left(\frac{1}{\sqrt{k}}+\left(\frac{k}{n}\right)^{1/d}\right)\leqslant C'n^{-1/(2+d)}$$

其中的期望值建立在 $\{X_i,Y_i\}_{i=1}^n$ 的随机抽取上，C 和 C' 依赖于 C_d,d 和 λ，但不依赖于 D。

在没有进一步的分布假定的情况下，这个速度是胎紧的：因为它与 $\mathbb{R}^d$ 上的分布的极小极大速度相匹配。将分类简化为回归可以得到这个结果，为此我们回顾这样一个事实，即贝叶斯分类器是由 $h^*=1\{\eta\geqslant 1/2\},\eta(x)\doteq E[Y|x]$ 给出的。因此，可以利用 $\hat{\eta}$ 对回归函数 η 的估计的良好程度来评估 k-NN 的性能。设 $\|\hat{\eta}-\eta\|_1\doteq E|\hat{\eta}-\eta|$，有如下命题。

命题 18.4（回归到分类）　$\mathcal{E}(\hat{\eta})\leqslant 2\|\hat{\eta}-\eta\|_1$。

证明　设 $\mathcal{X}_{\neq}\doteq\{x\in\mathcal{X}:\hat{h}(x)\neq h(x)\}$，并且注意到

$$\mathcal{E}(\hat{h})=\int_{\mathcal{X}\neq}|P_{Y|x}(1)-P_{Y|x}(0)|\,\mathrm{d}P_X=\int_{\mathcal{X}\neq}|2\eta(x)-1|\,\mathrm{d}P_X$$

同时，只要 $\hat{h}\neq h$，就必定有 $|\hat{\eta}-\eta|\geqslant|\eta-1/2|$。　□

现在我们的目标是确定 $E\|\hat{\eta}-\eta\|_1$ 的界，一种确定 $\|\hat{\eta}-\eta\|_1$ 的界的方法是利用 $\|\hat{\eta}-\eta\|_2\doteq(E_X|\hat{\eta}(X)-\eta(X)|^2)^{1/2}$。我们首先在 $\boldsymbol{X}\doteq\{X_i\}_{i=1}^n$ 上设置条件，同时只考虑 $\boldsymbol{Y}\doteq\{Y_i\}_{i=1}^n$ 中的随机性。设 $\tilde{\eta}(x)$ 表示条件期望值 $E_{\boldsymbol{Y}|\boldsymbol{X}}\hat{\eta}=\frac{1}{k}\sum_{X_i\in\mathrm{kNN}(x)}\eta(X_i)$。显然，$\tilde{\eta}$ 与 η 的关系最为直接。利用这样的事实，即对任何一个随机变量 Z，$E[Z-c]^2=E(Z-EZ)^2+(EZ-c)^2$，我们有以下的偏差-方差分解：

$$E_{\boldsymbol{Y}|\boldsymbol{X}}|\hat{\eta}(x)-\eta(x)|^2=\underbrace{E_{\boldsymbol{Y}|\boldsymbol{X}}|\hat{\eta}(x)-\tilde{\eta}(x)|^2}_{\text{方差}}+\underbrace{|\tilde{\eta}(x)-\eta(x)|^2}_{\text{平方偏差}} \tag{18.2}$$

方差的界。利用 Y_i 的值在条件作用下的独立性，我们有

$$E_{\boldsymbol{Y}|\boldsymbol{X}}|\hat{\eta}(x)-\tilde{\eta}(x)|^2=\frac{1}{k^2}\sum_{X_i\in\mathrm{kNN}(x)}\mathrm{Var}(Y_i)\leqslant\frac{1}{k} \tag{18.3}$$

偏差的界。给定 η 上的 Lipchitz 假定，我们有

$$|\tilde{\eta}(x)-\eta(x)|\leqslant\frac{1}{k}\sum_{X_i\in\mathrm{kNN}(x)}|\eta(X_i)-\eta(x)|\leqslant\max_{X_i\in\mathrm{kNN}(x)}\lambda\|X_i-x\|$$

最近邻距离。设 $r_k(x)\doteq\max_{X_i\in\mathrm{kNN}(x)}\|X_i-x\|$ 表示从 x 到它在 $\boldsymbol{X}$ 中的第 k 个最靠近的邻居的距离。事实证明，r_k 的典型值依赖于 d，而不是环境维数 D。直觉上，注意到球 $B(x,r_k(x))$ 的质量可能最多为 $c\cdot\frac{k}{n}$（因为它至少有 $\frac{k}{n}$ 的经验质量），因此我们将有不等式 $c\cdot\frac{k}{n}\geqslant P_X(B(x,r_k(x)))\geqslant C_d\cdot r_k^d(x)$（来自 P_X 是 (C_d,d)-齐次的事实），这意味着

$r_k(x)\leqslant C'_d\left(\frac{k}{n}\right)^{1/d}$。这个过程形式化如下。

设 $r_k^*(x)=\inf\left\{1\geqslant r>0:P_X(B(x,r))\geqslant 2\frac{k}{n}\right\}$。首先注意到必定有 $P_X(B(x,r_k^*(x)))\geqslant 2\frac{k}{n}$（根据 P_X 在事件的单调序列上的连续性）。同样，由于 $P_X\left(B\left(x,\frac{1}{2}r_k^*(x)\right)\right)<2\frac{k}{n}$，必定有 $r_k^*(x)\leqslant C'_d\left(\frac{k}{n}\right)^{1/d}$。现在，我们只需要证明以高概率有 $r_k(x)\leqslant r_k^*(x)$，换句话说，就是球 $B(x,r_k^*(x))$ 至少包含 k 个点。这是肯定的，因为球的经验质量集中在它们的期望值周围。也就是说，设 $P_{X,n}$ 表示由 $\boldsymbol{X}$ 通过一个乘性的 Chernoff 界导入的经验分布，这个 Chernoff 界如下：

$$P\left(P_{X,n}(B(x,r_k^*(x)))<\frac{k}{n}\leqslant\frac{1}{2}P_X(B(x,r_k^*(x))\right)\leqslant\exp\left\{-\frac{1}{8}n\cdot P_X(B(x,r_k^*(x))\right\}$$
$$\leqslant\exp\left\{-\frac{k}{4}\right\}\leqslant\frac{4}{k}$$

可以推导出

$$E_{\mathbf{X}}[r_k^2(x)]\leqslant r_k^{*2}(x)+P(r_k(x)>r_k^*(x))\leqslant C_d'^2\left(\frac{k}{n}\right)^{2/d}+\frac{4}{k} \tag{18.4}$$

引用式（18.2）中的偏差–方差分解，将式（18.4）和式（18.3）相结合，然后取 $\boldsymbol{X}$ 上的期望值，这就得到了定理 18.3 的结果。 □

因此，假如 k 是根据 d 来设置的，k-NN 分类实现了一个仅依赖于 $d\ll D$（即使支持集 $\mathcal{X}$ 是非线性的）的超额风险。至此，一个尚未了结的问题是参数 k 是否能够在不具备 d 的知识的情况下进行最佳设置。

k 的数据–驱动选择。最简单的方法是交叉验证，即将样本分成两个（几乎）大小相等的独立子样本，其中一个子样本用于定义一些分类器（对应于 k 的选择），另一个子样本用于测试它们的性能。不失一般性，假定这两部分样本的大小均为 n，将 $\hat{h}_k$ 定义为在子样本 $\{X_i,Y_i\}_{i=1}^n$ 上利用参数选择 $k\in[n]$ 的分类器（允许选择 $k\propto n^{2/(2+d)}$，其中 d 是未知的）。现在，在验证样本 $\{X'_i,Y'_i\}_{i=1}^n$ 上定义经验风险 $R'_n(h_k)\doteq\frac{1}{n}\sum_i 1\{h(X'_i)\neq Y'_i\}$，并且定义选择 $\hat{k}\doteq\operatorname{argmin}_{k\in[n]}R'_n(\hat{h}_k)$。设 $k^*\doteq\operatorname{argmin}_{k\in[n]}R(\hat{h}_k)$，注意到

$$R(\hat{h}_{\hat{k}})\leqslant R(\hat{h}_{k^*})+2\max_{k\in[n]}|R(h_k)-R'_n(h_k)|$$

结合 Chernoff 界和联合界，我们以至少为 $1-\delta$ 的概率有：

$$\max_{k\in[n]}|R(h_k)-R'_n(h_k)|\leqslant\sqrt{\frac{\log(2n/\delta)}{2n}},\text{阶低于 } n^{-1/(2+d)}$$

换句话说，选取 $\delta=1/n$，我们以至少为 $1-1/n$ 的概率有 $\mathcal{E}(\hat{h}_{\hat{k}})\leqslant\mathcal{E}(\hat{h}_{k^*})+2\sqrt{\frac{2\log(2n)}{2n}}$。现在，利用事实 $E\mathcal{E}(\hat{h}_{k^*})\leqslant\min_{k\in[n]}E\mathcal{E}(\hat{h}_k)$，有以下推论。

推论 18.5 *在定理 18.3 的假定下，经验的 $\hat{k}$ 满足*

$$E\mathcal{E}(\hat{h}_{\hat{k}})\leqslant C'n^{-1/(2+d)}$$

类似的论证可以扩展到更一般的设置，下面进行概述。

一般度量和内蕴维数的概念。首先，注意到前面的论证可以直接扩展到允许（C_d，

d)-齐次的测度 P_X 的任何一个度量空间（$\mathcal{X},\rho$）。我们还可以先假定 P_X 是倍增的，因为这样一来它就是齐次的（18.2.3 节）。相反，如果我们只假定了（$\mathcal{X},\rho$）具有度量维数 d（留下倍增维数 d 的空间），自适应速度 $n^{-1/(2+d)}$ 仍然成立，但是这样的结果需要对 k-NN 距离 r_k 进行更加精确的分析：虽然在任何一个给定点 x 上，$r_k(x)$ 可能不会与 d 成比例，但是可以证明 $Er_k(X)$ 的阶为 $(k/n)^{1/d}$（将（Györfi et al.，2006）中一个关于覆盖的论证用于度量 $\mathcal{X}$），这已经足够了。

η 上的光滑性条件。前面的论证容易推广到 η 是 Hölder 连续的情况，即对 $0<\alpha\leqslant 1$ 以及 $\lambda>0$，有 $|\eta(x)-\eta(x')|\leqslant\lambda\rho^{\alpha}(x,x')$。设置 $k\propto n^{2/(2+d/\alpha)}$（或者利用先前定义的 $\hat{k}$），我们得到极小极大速度 $n^{-1/(2+d/\alpha)}$，这是通过把偏差的界限定在 $\lambda r_k^{\alpha}(x)$ 得到的。注意到速度 $n^{-1/(2+d/\alpha)}$ 随着 $\alpha\to 0$ 趋于恶化，这证实了当 η 在 $\mathcal{X}$ 上变化太快时，分类极其困难。

虽然 η 上的 Hölder 或 Lipschitz 条件抓住了我们想要的条件，即 Y 在 $\mathcal{X}$ 上不应该变化太快，但是这些条件不允许 η 中的不连续性，这就违背了分类中的客观直觉。解决这个问题的一种方法是假定 η 是分段 Hölder 连续的，或者可能是在 $\mathcal{X}$ 上局部 Hölder 连续的，而且被适当形式化（参见（Willett et al.，2006；Urner et al.，2011））。更为近期的（Chaudhuri and Dasgupta，2014）形式化了这样的直觉，即 k-NN 的成功所需要的一切（无论 η 的连续性如何）只是在任何一个 x 的邻域内的 Y 的平均值接近 $\eta(x)$（即 x 上的平均 Y 值），特别是当邻域的 P_X 质量变小时。这个直觉可以如下进行参数化：对于任何一个集合 $B\subset\mathcal{X}$，设 $\eta(B)=E[\eta\,|\,B]$，然后假定

$$\forall x\in\mathcal{X},r>0,|\eta(B(x,r))-\eta(x)|\leqslant C_\gamma\cdot P_X(B(x,r))^\gamma,\text{其中 } C_\gamma,\gamma>0$$

直觉上，如果设 $r=r_k(x)$，我们将得到 $\tilde{\eta}(x)\approx\eta(B(x,r))$，而 $P_X(B(x,r))\approx k/n$，于是偏差 $|\tilde{\eta}(x)-\eta(x)|$ 的阶将是 $(k/n)^\gamma$。因此，通过对 k 进行最优化，这个阶连同阶为 $1/k$ 的方差将产生一个阶为 $n^{-1/(2+\gamma)}$ 的超额风险。

特别地，在先前的 Hölder 条件下，可以证明 $\gamma=\alpha/d$ 成立。因此，这个更一般的条件产生了一个类似的阶为 $(k/n)^{\alpha/d}$ 的偏差的界，并且恢复了上述的极小极大速度。

非齐次数据，以及 k-NN 的扩展。前面的分布条件虽然经典，但是并未考虑 $P_{X,Y}$ 的空间变化。举例来说，P_X 的密度（例如，与 $\mathcal{X}=\mathbb{R}^d$ 上的 Lebesgue 函数相关）可能在空间上发生明显变化：$\mathcal{X}$ 可能由一些这样的子区域 $\mathcal{X}_i$ 组成，它们具有不同的内蕴维数 $d_i\ll D$，而且在 $P_{Y|X}$ 中具有不同的复杂度（例如 η 可能满足各个 $\mathcal{X}_i$ 之间不同的 Hölder 条件）。支持集 $\mathcal{X}$ 可能是无界的，需要考虑远端的异常值。这些情况在实践中可能很常见，但是它们现在才开始得到理论上的重视。特别地，它们通常由 k-NN 的一些扩展（例如局部 k-NN，即在每个 $x\in\mathcal{X}$ 上对 k 做出局部选择 $k=k(x)$）进行处理。虽然这些过程本质上有无限数量的超参数（例如 $\{k(x):x\in\mathcal{X}\}$），但是仍然可以证明它们即便在 $k(x)$ 由数据驱动选择的情况下也能够进行推广，也就是说仍然能够达到接近极小极大的收敛速度（参见（Kpotufe，2011；Samworth et al.，2012；Gadat et al.，2016）关于在边缘分布 P_X 的传统的假定松弛情况下，扩展到 k-NN 预测的加权版本的通用处理方法）。

18.3.4 低噪声条件和快收敛速度

分类的另一个有利的状况是 Y 标签具有确定性（或者接近具有确定性）。特别地，假设 $\eta(x)$ 在某一个点 x 上与 1/2 之间有一个间距，即有 $|\eta(x)-1/2|>\tau$，$0<\tau<1/2$。回忆一下，贝叶斯分类器满足 $h^*=1\{\eta\geqslant 1/2\}$，而 k-NN 估计 $\hat{h}(x)=1\{\hat{\eta}(x)\geqslant 1/2\}$，其中 $\hat{\eta}$ 对 η 进行估计。因此，如果 $|\hat{\eta}(x)-\eta(x)|\leqslant\tau$，则必定有 $\hat{h}(x)=h^*(x)$，即在 x 上的超额风险为 0。

在定理 18.3 的条件下，当 $k \propto n^{2/(2+d)}$ 而且 n 足够大时，将以高概率有 $|\hat{\eta}(x)-\eta(x)| \leqslant Cn^{-1/(2+d)} \leqslant \tau$：这可以由 $|\hat{\eta}(x)-\eta(x)| \leqslant |\hat{\eta}(x)-\tilde{\eta}(x)|+|\tilde{\eta}(x)-\hat{\eta}(x)|$ 推断出来，并且确定在高概率中（而不是在期望值中）方差和偏差项的界（它们的阶分别是 $(1/k)$ 和 $(k/n)^{1/d}$）。事实证明，这样的结果在 $x \in \mathcal{X}$ 上一致成立：设 $0<\delta<1$，有

$$P\left(\sup_x |\hat{\eta}(x)-\eta(x)| \leqslant C\left(\frac{\log(n/\delta)}{n}\right)^{1/(2+d)}\right) \geqslant 1-\delta \tag{18.5}$$

获得公式（18.5）的一种方法是利用在以 $x \in \mathcal{X}$ 为中心的一类球上的一致 Vapnik-Chervonenkis（VC）集中性论证，此时常数 C 也依赖于这一类 VC 维数（参见（Kpotufe，2011））。

现在假定所谓的 Marssart 噪声条件成立，即 $\forall x \in \mathcal{X}$，有 $|\eta(x)-1/2|>\tau$。于是从式（18.5）可以得到，如果 n 大于 $n_0(\tau)$，则存在高概率使得 $\mathcal{E}(\hat{h})=0$。这个结果非同凡响，它对应于期望值的一个指数级快速收敛速度，即对于大的 n，假如 $\delta=\omega(\mathrm{e}^{-n})$，那么有 $E\mathcal{E}(\hat{h}) \leqslant \delta$。

Marssart 条件的一种常见的松弛是所谓的 Tsybakov 噪声条件，这个条件对具有间距 τ 的可能性进行参数化：

$$\forall\, 0<\tau<1/2, P_X(x: |\eta(x)-1/2| \leqslant \tau) \leqslant C_\beta \tau^\beta, \text{其中 } C_\beta, \beta>0$$

现在，对于足够大的 n，定义 $\tau_{n,\delta} \doteq C\left(\frac{\log\left(\frac{n}{\delta}\right)}{n}\right)^{\frac{1}{2+d}}<1/2$。在式（18.5）的情况下，在 $\mathcal{X}_> \doteq \{x: |\eta(x)-1/2|>\tau_{n,\delta}\}$ 中的所有点上的超额风险均为 0。设 $\mathcal{X}_\leqslant \doteq \mathcal{X} \setminus \mathcal{X}_>$，则以至少为 $1-\delta$ 的概率有

$$\mathcal{E}(\hat{h}) \leqslant \int_{\mathcal{X}_\leqslant} 2|\eta(x)-1/2|\,\mathrm{d}P_X \leqslant 2\tau_{n,\delta} \cdot \int_{\mathcal{X}_\leqslant} \mathrm{d}P_X \leqslant 2C_\beta \cdot \tau_{n,\delta}^{\beta+1}$$

因此，我们有 $E\mathcal{E}(\hat{h}) \leqslant C\left(\frac{\log(n/\delta)}{n}\right)^{(\beta+1)/(2+d)}+\delta$。换句话说，对于大的 β，这个速度要比 $n^{-1/(2+d)}$ 快得多。例如，设 $\delta=1/n$ 和 $\beta \geqslant d/2$，则速度最快可以达到 $n^{-1/2}$。

评述（参数之间的冲突） 更大的 $\beta>d$ 的取值只有在 η 超出 $\mathrm{int}(\mathcal{X})$ 的 1/2 的受限情况下才会发生，这是因为 η 上的 Lipschitz 假定禁止来自 1/2 的急剧转变（参见（Audibert and Tsybakov，2007））。这种冲突在比齐次的 P_X（对应于所谓的强密度条件）更一般的分布中消失。但是如果在 P_X 上假定一些更一般的条件（例如，只假定它的支持集 $\mathcal{X}$ 具有度量维数 d），那么极小极大速度会变得更慢，其形式为 $n^{-(\beta+1)/(2+d+\beta)}$。 ◁

***k* 的依赖于数据的选择。**目前尚不清楚是否 k 的一个全局选择（例如，通过交叉验证）能够达到上述由 β 描述的速度。特别地，上述论证如同式（18.5）那样要求在 x 上的逐点保证，而交叉验证只是产生在全局误差上的保证。不过，在事先不知道 d 或 β 的情况下，k 的一些适当的局部选择 $k=k(x)$（例如通过一些所谓交叉置信水平（ICI）的变异）可以达到上述速度（在忽略 log 项的情况下）（参见（Kpotuf and Martinet，2018））。

多类别设置。在常见的分类问题中（例如对象检测、语音），我们实际上需要处理大量的类别，因此设 $Y \in \{1,2,\cdots,L\}$。而且为了方便起见，考虑等效编码 $\tilde{Y} \in \{0,1\}^L$，其中坐标 $\tilde{Y}_l=1\{Y=l\}$。我们现在可以设回归函数 $\eta(x) \doteq E[\tilde{Y} \mid x]$，以及相应的 k-NN 估计 $\hat{\eta}(x)=\frac{1}{k}\sum_{X_i \in \mathrm{kNN}(x)} \tilde{Y}_i$。

现在贝叶斯分类器由 $h^*(x)=\mathrm{argmax}_{l \in [L]} \eta_l(x)$ 给出，并且类似地得到 k-NN 分类器

$\hat{h}(x)=\operatorname{argmax}_{l\in[L]}\hat{\eta}_l(x)$。$\hat{h}(x)\neq h^*(x)$ 是否成立与 $\hat{\eta}(x)$ 对 $\eta(x)$ 的估计的良好程度有关，这种估计是关于 $\eta(x)$ 的最大坐标（即 $\eta_{(1)}(x)$）和次大坐标（即 $\eta_{(2)}(x)$）的分辨程度的函数。因此，上述噪声条件的一个自然延伸如下：

$$\forall\, 0<\tau<1/2, P_X(x:\eta_{(1)}(x)\leqslant\eta_{(2)}(x)+\tau)\leqslant C_\beta\tau^\beta, \text{其中 } C_\beta,\beta>0$$

在 η 上的 Lipschitz 条件下，结果的速度是相似的（虽然在速度中多了一个 $\log L$ 项，参见(Reeve and Brown，2018)）。

18.3.5　小结：统计复杂性

我们给出从最坏情况到更为有利的统计性能的条件（或者数据空间参数化）的概述：

- 维数的概念类似于在最近邻搜索算法分析中所使用的。仅凭这些概念本身是不够的，也就是说，即使在这种条件下，收敛速度也可以是任意缓慢的，因为 η（或者 $P_{Y|X}$）可以任意复杂。
- 在 η 光滑性上的 Lipschitz 或者 Hölder 条件连同上一个条件一起可以给出形式为 $n^{-1/(2+d)}$ 的界。对于 $x\in\mathbb{R}^D$，这个界自适应于 $d\ll D$。
- 在“间距”上的 Marssart/Tsybakov 条件：η 离开 1/2 有多远。在这些条件下，可能有好得多的速度，例如 $1/\sqrt{n}$。

第一个条件有时是可验证的，例如通过诉诸流形结构或者稀疏性。但是后两个条件在实践中可能很难检验，尽管它们可能被认为大致成立。

总之，这些条件利用有利的分布参数，缓解了极小极大方法的最坏情况。然而，许多预测算法虽然在这些条件下可以被证明是速度最优的（例如 k-NN、ϵ-NN 以及各种分类树），但是它们在实践中观察到的性能却大不相同，可见这些条件还是不够精细。

与快速搜索的权衡。有意思的是，我们注意到只要快速搜索方法返回近似的最近邻，前面的分析和速度就仍然有价值（在忽略常数的意义上），这是因为在任何情况下，我们只需要近似地确定最近邻距离的界就可以获得这些速度。然而，常数级的变化在实践中很重要（参见 18.2.1 节中 MNIST 的讨论），遗憾的是先前所述的分析类型并未抓住这一点。在设计快速搜索方法时，还存在对统计因素的一种通用的需求——这些方法主要涉及基于边缘分布 X 的决策，而不考虑 Y 中的标志（例如在 X 空间上标签 Y 变化的缓慢程度）。

18.4　本章注解

本章正文提供了最近邻搜索的算法方面的主要参考文献，特别推荐的是 Clarkson（1999）关于度量空间的最近邻方法的文章，以及 Cutler（1993）关于维数概念的综述。关于局部性敏感哈希技术的最新进展，可以参考由 Andoni 维护的网页，网址为 www.mit.edu/~Andoni/LSH/。

Fix 和 Hodges（1951）、Stone（1977）以及 Devroye 等人（1994）首次建立了最近邻方法的普遍一致性，近年来 Chaudhuri 和 Dasgupta（2014）以及 Hanneke 等人（2019）将其推广到度量空间以及度量空间之外。早期的收敛速度由 Cover（1968）、Wagner(1971)、Fritz（1975）、Kulkarni 和 Posner（1995）以及 Gyorfi（1981）给出。可以证明，其他各种预测算法（本质上是局部的）以自适应于数据的未知内蕴维数的速度收敛，参见(Scott and Nowak，2006)、(Bickel and Li，2007)、(Kpotufe and Dasgupta，2012)、(Yang and Dunson，2016）以及（Madrid Padilla et al.，2020)。最后，Chen 等人（2018）的新书对最近邻方法给出了全面的理论综述。

参考文献

Abdullah, A., Andoni, A., Kannan, R., and Krauthgamer, R. 2014. Spectral approaches to nearest neighbor search. In *55th Annual Symposium on Foundations of Computer Science*, pp. 581–590.

Andoni, A., and Indyk, P. 2008. Near-optimal hashing algorithms for approximate nearest neighbor in high dimensions. *Communications of the ACM*, **51**(1), 117–122.

Andoni, A., and Razenshteyn, I. 2015. Optimal data-dependent hashing for approximate near neighbors. In *ACM Symposium on Theory of Computing*, pp. 793–801.

Andoni, A., Naor, A., Nikolov, A., Razenshteyn, I., and Waingarten, E. 2018. Data-dependent hashing via nonlinear spectral gaps. In *ACM Symposium on Theory of Computing*, pp. 787–800.

Audibert, J.-Y., and Tsybakov, A. B. 2007. Fast learning rates for plug-in classifiers. *Annals of Statistics*, **35**(2), 608–633.

Bentley, J. L. 1975. Multidimensional binary search trees used for associative Searching. *Communications of the ACM*, **18**(9), 509–517.

Beygelzimer, A., Kakade, S., and Langford, J. 2006. Cover trees for nearest neighbor. In *Proceedings of the 23rd International Conference on Machine Learning*, pp. 97–104.

Bickel, P. J., and Li, B. 2007. Local polynomial regression on unknown manifolds. In *Complex Datasets and Inverse Problems*. Institute of Mathematical Statistics, pp. 177–186.

Charikar, M. 2002. Similarity estimation techniques from rounding algorithms. In *Proceedings of the 34th ACM Symposium on Theory of Computing*, pp. 380–388.

Chaudhuri, K., and Dasgupta, S. 2014. Rates of convergence for nearest neighbor classification. In *Advances in Neural Information Processing Systems*, pp. 3437–3445.

Chen, George H., Shah, Devavrat, et al. 2018. Explaining the success of nearest neighbor methods in prediction. *Foundations and Trends in Machine Learning*, **10**(5-6), 337–588.

Clarkson, K. 1999. Nearest neighbor queries in metric spaces. *Discrete and Computational Geometry*, **22**, 63–93.

Clarkson, K. 2006. Nearest-neighbor searching and metric space dimensions. In *Nearest-Neighbor Methods for Learning and Vision: Theory and Practice*, pp. 15–59. MIT Press.

Cover, T. M. 1968. Rates of convergence for nearest neighbor procedures. In *Proceedings of the Hawaii International Conference on System Sciences*, pp. 413–415.

Cutler, C. 1993. A review of the theory and estimation of fractal dimension. In Tong, H. (ed), *Dimension Estimation and Models*, pp. 1–107. World Scientific.

Dasgupta, S., and Freund, Y. 2008. Random projection trees and low dimensional manifolds. In *ACM Symposium on Theory of Computing*, pp. 537–546.

Dasgupta, S., and Sinha, K. 2015. Randomized partition trees for nearest neighbor search. *Algorithmica*, **72**(1), 237–263.

Datar, M., Immorlica, N., Indyk, P., and Mirrokni, V. 2004. Locality-sensitive hashing based on p-stable distributions. In *Proceedings of the Twentieth Annual Symposium on Computational Geometry*, pp. 253–262.

Devroye, L., Gyorfi, L., Krzyzak, A., Lugosi, G., et al. 1994. On the strong universal consistency of nearest neighbor regression function estimates. *Annals of Statistics*, **22**(3), 1371–1385.

Devroye, L., Gyorfi, L., and Lugosi, G. 1997. *A Probabilistic Theory of Pattern Recognition*. Springer.

Fix, E., and Hodges, J. 1951. Discriminatory analysis, nonparametric discrimination. *USAF School of Aviation Medicine, Randolph Field, Texas, Project 21-49-004, Report 4, Contract AD41(128)-31*.

Fritz, J. 1975. Distribution-free exponential error bound for nearest neighbor pattern classification. *IEEE Transactions on Information Theory*, **21**(5), 552–557.

Gadat, S., Klein, T., Marteau, C., et al. 2016. Classification in general finite dimensional spaces with the k-nearest neighbor rule. *The Annals of Statistics*, **44**(3), 982–1009.

Gyorfi, L. 1981. The rate of convergence of k_n-NN regression estimates and classification rules. *IEEE Transactions on Information Theory*, **27**(3), 362–364.

Györfi, L., Kohler, M., Krzyzak, A., and Walk, H. 2006. *A Distribution-Free Theory of Nonparametric Regression*. Springer Science+Business Media.

Hanneke, S., Kontorovich, A., Sabato, S., and Weiss, R. 2019. Universal Bayes consistency in metric spaces. *arXiv preprint arXiv:1906.09855*.

Hyvonen, V., Pitkanen, T., Tasoulis, S., Jaasaari, E., Tuomainen, R., Wang, L., Corander, J., and Roos, T. 2016. Fast nearest neighbor search through sparse random projections and voting. In *Proceedings of the 2016 IEEE International Conference on Big Data*, pp. 881–888.

Indyk, P., and Motwani, R. 1998. Approximate nearest neighbors: Towards removing the curse of dimensionality. In *Proceedings of the 30th Annual ACM Symposium on Theory of Computing*, pp. 604–613.

Kpotufe, S. 2011. k-NN regression adapts to local intrinsic dimension. In *Advances in Neural Information Processing Systems*, pp. 729–737.

Kpotufe, S., and Dasgupta, S. 2012. A tree-based regressor that adapts to intrinsic dimension. *Journal of Computer and System Sciences*, **78**(5), 1496–1515.

Kpotufe, S., and Martinet, G. 2018. Marginal singularity, and the benefits of labels in covariate-shift. In *Proceedings of the Conference on Learning Theory (COLT)*, pp. 1882–1886.

Krauthgamer, R., and Lee, J.R. 2004. Navigating nets: Simple algorithms for proximity search. In *ACM-SIAM Symposium on Discrete Algorithms*, pp. 798–807.

Kulkarni, S., and Posner, S. 1995. Rates of convergence of nearest neighbor estimation under arbitrary sampling. *IEEE Transactions on Information Theory*, **41**(4), 1028–1039.

Luukkainen, J., and Saksman, E. 1998. Every complete doubling metric space carries a doubling measure. *Proceedings of the American Mathematical Society*, **126**(2), 531–534.

Madrid Padilla, O. H., Sharpnack, J., Chen, Y., & Witten, D. M. (2020). Adaptive nonparametric regression with the K-nearest neighbour fused lasso. Biometrika, 107(2), 293–310.

McFee, B., and Lanckriet, G. 2011. Large-scale music similarity search with spatial trees. In *12th Conference of the International Society for Music Retrieval*, pp. 55–60.

Reeve, H. W. J., and Brown, G. 2018. Minimax rates for cost-sensitive learning on manifolds with approximate nearest neighbours. *arXiv preprint arXiv:1803.00310*.

Saksman, E. 1999. Remarks on the nonexistence of doubling measures. In *Annales-Academiae Scientiarum Fennicae Series A1 Mathematica*, vol. 24, pp. 155–164. Academia Scientiarum Fennicae.

Samworth, R. J., et al. 2012. Optimal weighted nearest neighbour classifiers. *Annals of Statistics*, **40**(5), 2733–2763.

Scott, C., and Nowak, R.D. 2006. Minimax-optimal classification with dyadic decision trees. *IEEE Transactions on Information Theory*, **52**(4), 1335–1353.

Sproull, R.F. 1991. Refinements to nearest-neighbor searching in k-dimensional trees. *Algorithmica*, **6**(1), 579–589.

Stone, C.J. 1977. Consistent nonparametric regression. *Annals of Statistics*, **5**(4), 595–620.

Urner, R., Shalev-Shwartz, S., and Ben-David, S. 2011. Access to unlabeled data can speed up prediction time. In *Proceedings of the 28th International Conference on Machine Learning (ICML-11)*, pp. 641–648.

Wagner, T. J. 1971. Convergence of the nearest neighbor rule. *IEEE Transactions on Information Theory*, **17**(5), 566–571.

Willett, R., Nowak, R., and Castro, R. M. 2006. Faster rates in regression via active learning. In *Advances in Neural Information Processing Systems*, pp. 179–186.

Yang, Y., and Dunson, D. B. 2016. Bayesian manifold regression. *Annals of Statistics*, **44**(2), 876–905.

练习题

18.1 倍增性质的含义。

(a) 证明：如果（$\mathcal{X},\rho$）是一个有界度量，其倍增维数是 d，则它有度量维数 d。

（b）证明：如果 μ 是在一个有界度量（$\mathcal{X},\rho$）上具有指数 d 的倍增测度，那么对于 C_d，它以参数（C_d,d）在其支持集上是齐次的。

18.2 倍增测度和度量之间的关系。

（a）证明：如果在度量（$\mathcal{X},\rho$）上存在一个具有指数 d 的倍增测度 μ，则（$\mathcal{X},\rho$）必定是倍增的，其倍增维数为 $O(d)$。提示：考虑在一个球中装入一些更小的球的最大化装箱问题。

反过来经常也是对的，即每个完全的倍增度量都允许一个倍增测度（Luukkainen and Saksman，1998；Saksman，1999）。

（b）证明：如果在度量（$\mathcal{X},\rho$）上存在一个具有指数 d 的倍增测度 μ，那么（$\mathcal{X},\rho$）有度量维数 d（实际上，$\forall \epsilon \in (0,1]$ 和一个独立于 x 和 r 的常数 C_d，每个球 $B(x,r)$ 都可以被 $C_d\epsilon^{-d}$ 个半径为 ϵr 的球所覆盖）。

18.3 k-d 树的综合搜索。给定建立在数据集 $S\subset\mathbb{R}^D$ 上的一棵 k-d 树和一个查询 q，综合搜索首先在包含 q 的叶子单元中找到最近的点，称这个点为 x_o。然后将搜索扩展到可能包含一个更接近的点的其他叶子单元，即那些与球 $B(q,r)$ 相交的叶子单元，其中 $r=\|q-x_o\|$。在这个过程中，不断更新当前最佳的最近邻和搜索半径 r，并得到返回真正的最近邻的保证。具体给出一个借助适当的树遍历来实现上述逻辑的算法。

18.4 ϵ-NN 分类。在定理 18.3 的假定下，对于 $C>0$，设 $\epsilon=Cn^{-1/(2+d)}$。设 $\hat{h}(x)=1\{\hat{\eta}(x)\geqslant 1/2\}$，对于 $n_\epsilon(x)\doteq|\boldsymbol{X}\cap B(x,\epsilon)|$，有

$$\hat{\eta}(x)=\frac{1}{n_\epsilon(x)}\sum_{X_i\in B(x,\epsilon)}Y_i\cdot 1\{n_\epsilon(x)\geqslant 1\},\forall x\in \operatorname{supp}(P_X)$$

（a）论证 $E_{Y\mid X}\|\hat{\eta}(x)-\eta(x)\|^2\leqslant\frac{1}{n_\epsilon(x)}1\{n_\epsilon(x)\geqslant 1\}+\lambda\epsilon^2+1\{n_\epsilon(x)=0\}$。

（b）论证对于适当的 C 和 C'，有 $E_{\boldsymbol{X}}1\{n_\epsilon(x)=0\}\leqslant C'/(nP_XB(x,\epsilon))$。

（c）对于一个使得 $EZ\geqslant 1$ 的二项式随机变量 Z，我们有 $E\frac{1\{Z\geqslant 1\}}{Z}\leqslant 3/EZ$((Györfi et al.，2006）的引理 4.1)。利用这个事实确定 $E\mathcal{E}(\hat{\langle})$ 的界，并且证明结论，即 $\hat{h}$ 达到了与定理 18.3 的 k-NN 估计所获得的相同的速度。

第 19 章

Beyond the Worst-Case Analysis of Algorithms

高效的张量分解

Aravindan Vijayaraghavan

摘要： 本章研究将一个张量分解为若干个秩一张量的和的问题。在对学习算法和数据分析进行设计时，张量分解非常有效，但是它们在最坏情况下是 NP 困难的。我们将看到如何在温和的假设下设计具有可证明保证的高效算法，而且同时利用超越最坏情况的框架（比如平滑分析）。

19.1 张量导引

张量是多维数组，而且被认为是矩阵的自然推广。张量是基本的线性代数实体，在物理学、科学计算和信号处理等领域广泛用于表示多维数据或者捕捉多重相关性。数组的不同维称为不同的模式（mode），张量的阶（order）是数组的维数或模式数，如图 19.1 所示。张量的阶也对应于说明张量的一个项（entry）所需要的索引（index）的数量。因此每个 $(i_1, i_2, i_3) \in [n_1]\times[n_2]\times[n_3]$ 说明了三阶张量 $\boldsymbol{T}$ 的一个项，在图 19.1 中用 $\boldsymbol{T}(i_1, i_2, i_3)$ 表示。

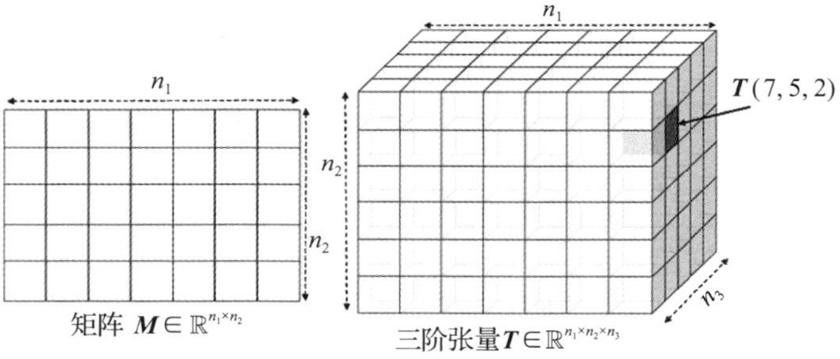

图 19.1 一个矩阵 $\boldsymbol{M}$（它是一个二阶张量）以及一个三阶张量 $\boldsymbol{T}$，其中 $n_1=7, n_2=6, n_3=5$。项 $\boldsymbol{T}(7,5,2)$ 的位置用深灰色显示。一阶张量对应于向量，零阶张量是标量

尽管我们拥有一个强大的算法工具包（比如矩阵的低秩近似和特征值分解），但在张量世界中我们对算法的理解是有限的。我们很快会看到，许多像低秩分解这样的基本算法问题在张量（三阶及以上）的最坏情况下是 NP 困难的。但是另一方面，很多高阶张量满足强大的结构性质，而这些性质是矩阵所不能满足的，这就使得它们对于机器学习和数据分析的应用特别有效。本章我们将看到如何在某些自然的非退化假定下或者利用平滑分析来克服这种最坏情况下的难解性，并且利用这些强大的特性来设计高效的学习算法。

19.1.1 低秩分解和秩

我们从秩一张量的定义开始。ℓ 阶张量 $\boldsymbol{T}\in\mathbb{R}^{n_1\times\cdots\times n_\ell}$ 是一个秩一张量（rank one tensor）㊀，

㊀ 也称单秩张量。——译者注

当且仅当 $\boldsymbol{T}$ 可以写成向量 $\boldsymbol{v}_1 \in \mathbb{R}^{n_1}, \cdots, \boldsymbol{v}_\ell \in \mathbb{R}^{n_\ell}$ 的外积 $\boldsymbol{v}_1 \otimes \boldsymbol{v}_2 \otimes \cdots \otimes \boldsymbol{v}_\ell$，即

$$\boldsymbol{T}(i_1, i_2, \cdots, i_\ell) = \boldsymbol{v}_1(i_1) v_2(i_2) \cdots \boldsymbol{v}_\ell(i_\ell) \ \forall (i_1, \cdots, i_\ell) \in [n_1] \times \cdots \times [n_\ell]$$

注意到当 $\ell = 2$ 时，这对应于将 $\boldsymbol{T}$ 表示为 $\boldsymbol{v}_1 \boldsymbol{v}_2^\top$。

定义 19.1（k 秩分解） 张量 $\boldsymbol{T}$ 有 k 秩分解当且仅当它可以表示为 k 个秩一张量的和，即

$$\exists \{ \boldsymbol{u}_i^{(j)} \mid i \in [k], j \in [\ell] \}, \text{使得 } \boldsymbol{T} = \sum_{i=1}^{k} \boldsymbol{u}_i^{(1)} \otimes \boldsymbol{u}_i^{(2)} \otimes \cdots \otimes \boldsymbol{u}_i^{(\ell)}$$

此外，$\boldsymbol{T}$ 的秩为 k 当且仅当 k 是 $\boldsymbol{T}$ 具有 k 秩分解的最小自然数。 ◁

向量集合 $\{ \boldsymbol{u}_i^{(j)} : i \in [k], j \in [\ell] \}$ 中的各个向量称为这个分解的因子（factor）。为了记录不同模式的因子是如何分组的，对于 $j \in [\ell]$，我们将使用 $\boldsymbol{U}^{(j)} = (\boldsymbol{u}_i^{(j)} : i \in [k])$ 来表示这些因子。这些“因子矩阵”都有 k 列，每列对应一个分解项。最后，我们还将考虑对称张量（symmetric tensor）——ℓ 阶张量 $\boldsymbol{T}$ 是对称的当且仅当对于 $\{1, 2, \cdots, r\}$ 上的每个置换 σ，有 $\boldsymbol{T}(i_1, i_2, \cdots, i_r) = \boldsymbol{T}(i_{\sigma(1)}, i_{\sigma(1)}, \cdots, i_{\sigma(r)})$（参见练习题 19.1 关于对称张量分解的讨论）。

与矩阵代数的差异和陷阱。注意到秩和低秩分解的定义针对的是矩阵（$\ell = 2$）的标准概念。由于几个根本性的差异，利用我们从矩阵代数发展而来的直觉来对张量进行推断是危险的。首先，矩阵的秩的等价定义是行空间的维数或者列空间的维数。对于三阶及以上的张量，情况并非如此。事实上，对于 $\mathbb{R}^{n^{\times \ell}}$ 中的 ℓ 阶张量，我们所定义的秩可以大到 $n^{\ell-1}$，而在任何一个模式下的 n 维向量的生成空间的维数最多只能是 n。我们在定义 19.1 中所讨论的定义（与其他概念比如 Tucker 分解相反）基于其在统计学和机器学习中的应用。

其次，涉及特征向量和特征值的矩阵谱理论大多数没有扩展到更高阶的张量。就矩阵而言，我们知道最佳的 k 秩近似由奇异值分解（SVD）的前 k 项组成。然而，张量分解并非如此。最佳的 1 秩近似可能并不是最佳的 2 秩近似中的一个因子。最后也是最重要的是，寻找一个张量的最佳 k 秩近似的算法问题（特别是对于大的 k）在最坏情况下是 NP 困难的。[㊀]而对于矩阵而言，这个问题当然可以利用 SVD 来求解。事实上，高阶张量的这种最坏情况下的 NP 困难性适用于大多数的张量问题，包括秩的计算、谱范数的计算等（Håstad，1990；Hillar and Lim，2013）。

基于以上所有以及更多的原因，[㊁]人们自然会问，为什么还要为张量分解费心呢？我们将看到大多数高阶张量的低秩分解满足一个异乎寻常的特性，即唯一性（而矩阵并不满足），这也为张量分解带来许多有意义的用途。

低秩分解的唯一性。高阶张量的一个显著特性是（在通常成立的一定条件下）它们的最小秩分解在忽略微小的缩放和置换的意义下是唯一的，这与矩阵分解形成了鲜明的对比。对于任何有 k 秩分解（$k \geqslant 2$）的矩阵 $\boldsymbol{M} = \boldsymbol{U}\boldsymbol{V}^\top = \sum_{i=1}^{k} \boldsymbol{u}_i \boldsymbol{v}_i^\top$，存在若干其他的 k 秩分解 $\boldsymbol{M} = \boldsymbol{U}'(\boldsymbol{V}')^\top$，其中 $\boldsymbol{U}' = \boldsymbol{U}\boldsymbol{O}$，$\boldsymbol{V}' = \boldsymbol{V}\boldsymbol{O}$，$\boldsymbol{O}$ 是任何一个旋转矩阵，即 $\boldsymbol{O}\boldsymbol{O}^\top = \boldsymbol{I}_k$。特别地，SVD 就是其中之一。当在因子分析中使用矩阵分解时，*旋转问题*（rotation problem）是一个常见的问题（因为只有通过旋转才能找到那些因子）。

㊀ 对于小的 k，有一些算法可以在 k 的指数时间内找到近似最优的 k 秩近似值（参见（Bhaskara et al.，2014b；Song et al.，2019））。

㊁ 还有其他一些与秩有关的定义问题——存在一些具有某个特定秩的张量，它们可以被秩小得多的张量任意近似，即“极限秩”（或正式地称为边界秩）可能不等于张量的秩。有关示例参见练习题 19.2。

在著名的“满秩条件”的假定下，张量分解的首个唯一性结果归功于 Harshman (1970)（他反过来将其归功于 Jennrich）。特别地，如果 $\boldsymbol{T} \in \mathbb{R}^{n\times n\times n}$ 有一个分解

$$\boldsymbol{T} = \sum_{i=1}^{k} \boldsymbol{u}_i \otimes \boldsymbol{u}_i \otimes \boldsymbol{u}_i, \text{使得} \{\boldsymbol{u}_i : i \in [k]\} \subset \mathbb{R}^n \text{ 是线性无关的}$$

（或者说因子矩阵 $\boldsymbol{U}$ 是满秩的），那么这就是在忽略项的置换的意义上的唯一 k 秩分解。（这个陈述实际上更具普遍性，它还可以处理非对称张量，参见定理 19.4。）注意到满秩条件要求 $k \leqslant n$（而且当向量位于维数 $n \geqslant k$ 中的一般位置时满秩条件成立）。更加令人惊讶的是上述结果的证明是算法性的。事实上，我们将在 19.3.1 节看到相应的算法和证明，这也将作为本章的大多数算法性结果的主要工具。Kruskal（1977）通过一个出色的非算法性证明给出了更为一般的条件，保证了秩 $3n/2-1$ 上的唯一性。唯一性也适用于秩 $k=\Omega(n^2)$ 的泛型（generic）张量（此处“泛型”指除了 k 秩张量的零测度集合之外的所有张量）。下面我们将看到唯一性这个非凡特性在学习隐变量模型等应用中是非常有用的。

19.2　在学习隐变量模型上的应用

无监督学习中的一种常见方法是假定提供给我们的数据（输入）是从一个概率模型中抽取的，这个模型中包含一些隐变量（latent variable）和（或）适用于正在处理的任务的未知参数 θ，这就是我们想要寻找的结构。这样的模型包括混合模型（比如高斯混合模型）、用于文档分类的主题模型等。一个首要的学习问题是从观测数据中得到的这一类隐模型的参数的高效估计。

高效学习的一个必要步骤是证明在对多项式数量的样本进行观察后，参数是确实可识别的。Pearson 首创的矩量法从经验矩（比如均值或者成对相关性和其他高阶相关性）推断模型参数。一般而言，这种方法可能需要非常高阶的矩才能成功，而这些矩的经验估计的不可靠性导致了大样本复杂性（参见（Moitra and Valiant，2010；Belkin and Sinha，2015））。事实上，对于隐变量模型（比如 k 高斯混合模型），如果我们不做额外的假定，则 $\exp(\Omega(k))$ 的指数样本复杂度是不可避免的。

在计算方面，对于许多隐变量模型，最大似然估计即 $\arg\max_\theta \Pr_\theta[\text{data}]$ 是 NP 困难的（Tosh and Dasgupta，2018）。此外，像期望值最大化（EM）这样的迭代启发式算法容易陷入局部最优化的困境。在可能的情况下，高效的张量分解提供了一个在统计和计算上都能够高效恢复参数的算法框架。

19.2.1　借助张量分解的矩量法：一种通用的“秘方”

矩量法是一种通过计算分布的经验矩并且对未知参数进行求解来推断该分布的参数的通用方法。在 $\mathbb{R}^n$ 上，一个分布的矩自然地由张量表示。协方差或者二阶矩是一个 $n\times n$ 矩阵，三阶矩由 $\mathbb{R}^{n\times n\times n}$ 中的一个三阶张量表示（张量的第 (i_1, i_2, i_3) 个项是 $E[x_{i_1}x_{i_2}x_{i_3}]$），而通常情况下 ℓ 阶矩是 ℓ 阶张量。更重要的是，对于许多具有参数 $\bar{\theta}$ 的隐变量模型 $\mathcal{D}(\bar{\theta})$，矩张量（或者它的一个适当的修改）在模型的未知参数 $\bar{\theta}$ 上有一个低秩分解（可能是在忽略一个小误差的情况下）。因此，张量的低秩分解可以用来实现通用的矩量法，具有统计和计算意义。于是张量分解的唯一性直接意味着模型参数的可识别性（特别地，意味着参数的唯一解）。此外，一个用于恢复张量因子的计算上高效的算法给出了一种用于恢复参

数 $\bar{\theta}$ 的高效方法。

通用的“秘方”。这里是一个用于参数估计的算法框架。考虑一个具有模型参数 $\bar{\theta}=(\theta_1,\theta_2,\cdots,\theta_k)$ 的隐变量模型，这些参数分别对应隐变量的 k 个可能的值（例如，在一个 k 高斯混合模型中，θ_i 可能表示单位方差的第 i 个高斯分量的均值）。

1. 定义分布（通常是基于矩的）的一个适当的统计量 $\mathcal{T}$，使得对于 $\ell\in\mathbb{N}$ 以及已知的标量 $\{\lambda_i:i\in[k]\}$，$\mathcal{T}$ 的期望值有一个低秩分解：

$$\boldsymbol{T}=E_{\mathcal{D}(\theta)}[\mathcal{T}]=\sum_{i=1}^{k}\lambda_i\theta_i^{\otimes\ell}$$

2. 从数据中（例如从经验矩中）以小的误差（由误差张量 $\boldsymbol{E}$ 表示）得到张量 $\boldsymbol{T}=E[\mathcal{T}]$ 的估计 $\widetilde{\boldsymbol{T}}$。

3. 利用张量分解来求解系统 $\sum_{i=1}^{k}\lambda_i\theta_i^{\otimes\ell}\approx\widetilde{\boldsymbol{T}}$ 中的参数 $\bar{\theta}=(\theta_1,\theta_2,\cdots,\theta_k)$，从而获得参数的估计 $\hat{\theta}_1,\cdots,\hat{\theta}_k$。

上述过程中，涉及张量分解的最后一步是这个方法的技术重点，它用来证明可识别性并且获得高效算法。许多现有的关于张量分解的算法保证（它们在关于分解的一定的自然条件下成立，例如定理 19.4 和定理 19.8）可证明地恢复了 k 秩分解，从而也给出了唯一性的算法性证明。不过，上述过程的第一步需要设计一个具有低秩分解的适当的统计量 $\mathcal{T}$，这就需要极大的灵活性和创造性。19.2.2 节将介绍两种重要的隐变量模型，它们将作为我们的案例研究对象。读者将在下一章看到在主题建模上的另一种应用。

对误差的健壮性的需要。到目前为止，我们假定可以获得准确的期望值 $\boldsymbol{T}=E[\mathcal{T}]$，而完全忽略了样本复杂性，因此误差 $\boldsymbol{E}=0$（这需要无穷多个样本）。在多项式时间内，算法只能得到多项式数量的样本。对一个简单的一维统计量进行估计的准确率要达到 $\epsilon=1/\text{poly}(n)$ 的话，通常需要 $\Omega(1/\epsilon^2)$ 个样本；而一个分布的 ℓ 阶矩的估计需要 $n^{O(\ell)}$ 个样本才能达到逆多项式误差（比如在 Frobenius 范数中）。因此，为了获得参数估计的多项式时间保证，至关重要的是张量分解保证的抗噪性，即在逆多项式误差上具有健壮性（这还是在假定了不存在模型的错误设定的情况下）。幸运的是，确实存在这样的健壮性保证，我们将在 19.3.1 节证明 Harshman 唯一性定理的一个健壮的类似版本和一些相关算法（参见（Bhaskara et al.，2014b），这是关于 Kruskal 唯一性定理的一个健壮版本）。获得已知唯一性的健壮的类似版本和算法结果在很多情况下是非常重要和开放式的（参见 19.6 节）。

19.2.2　案例研究

案例研究 1：球面高斯混合模型。我们的第一个案例研究是高斯混合模型，这可能是机器学习中研究最为广泛的隐变量模型，用于异质群体的聚类和建模。给定一些随机样本，其中每一个样本点 $x\in\mathbb{R}^n$ 根据混合权重 $w_1,w_1,\cdots,w_k$ 从 k 个高斯分量中的一个独立抽取，其中每一个高斯分量 $j\in[k]$ 有均值 $u_j\in\mathbb{R}^n$ 以及协方差 $\sigma_j^2\boldsymbol{I}\in\mathbb{R}^{n\times n}$。目标是以要求的精度 $\epsilon>0$ 对参数 $\{(w_j,u_j,\sigma_j):j\in[k]\}$ 进行估计，需要的时间和样本数量是 $k,n,1/\epsilon$ 的多项式。基于矩量法的现有算法的样本复杂度和运行时间通常是 k 的指数（Moitra and Valiant，2010；Belkin and Sinha，2015）。但是我们将看到，只要满足一定的非退化条件，就可以利用张量分解得到一些只是多项式依赖于 k 的易解算法（在定理 19.6 和推论 19.16 中描述）。

为了便于解释，我们将把注意力限制在混合权重全部相等而且方差 $\sigma_j^2=1(\forall i\in[k])$ 的均匀情况。这些思路中的大多数也适用于更为一般的设定（Hsu and Kakade，2013）。在通用的“秘方”的第一步，我们将设计一个具有低秩分解的由均值 $\{u_i : i\in[k]\}$ 表示的统计量。

命题 19.2　对于任何整数 $\ell\geqslant 1$，我们可以从前 ℓ 阶矩高效计算一个统计量 $\mathcal{T}_\ell$，使得 $E[\mathcal{T}]=\boldsymbol{T}_\ell:=\sum_{i=1}^{k}\boldsymbol{u}_i^{\otimes\ell}$。

设 $\boldsymbol{\eta}\sim N(0,I)$ 表示一个高斯随机变量。统计量 $\boldsymbol{x}^{\otimes\ell}$ 的期望值是

$$\mathrm{Mom}_\ell := E[\boldsymbol{x}^{\otimes\ell}] = \sum_i w_i E_\eta[(\boldsymbol{\mu}_i+\boldsymbol{\eta})^{\otimes\ell}] = \frac{1}{k}\sum_{i=1}^{k}\sum_{\substack{x_j\in\{\mu_i,\eta\}\\ \forall j\in[\ell]}} E_\eta\left[\bigotimes_{j=1}^{\ell} x_j\right] \qquad (19.1)$$

现在我们关注的是内部展开式（其中每个 $x_j=\boldsymbol{\mu}_i$）中的第一项，所以我们将尝试利用分布的前 $(\ell-1)$ 阶矩“减掉”其他项。为了获得更多的直觉，考虑 $\ell=3$ 的情况。由于 $\boldsymbol{\eta}$ 的奇数阶矩为零，我们有

$$\begin{aligned}\mathrm{Mom}_3 &:= E[\boldsymbol{x}^{\otimes 3}]\\ &=\frac{1}{k}\sum_{i=1}^{k}(\boldsymbol{\mu}_i^{\otimes 3}+E_\eta[\boldsymbol{\mu}_i\otimes\boldsymbol{\eta}\otimes\boldsymbol{\eta}]+E_\eta[\boldsymbol{\eta}\otimes\boldsymbol{\eta}\otimes\boldsymbol{\mu}_i]+E_\eta[\boldsymbol{\eta}\otimes\boldsymbol{\mu}_i\otimes\boldsymbol{\eta}])\\ &=T_3+(\mathrm{Mom}_1\otimes \boldsymbol{I}+\text{两个其他已知项})\end{aligned}$$

因此，我们可以利用 Mom_3 和 Mom_1 的组合来获得所需的张量 $\boldsymbol{T}_3$：相应的统计量是 $\boldsymbol{x}^{\otimes 3}-(\boldsymbol{x}\otimes\boldsymbol{I}+\text{两个其他已知项})$。我们可以利用类似的归纳方法来获得 $\boldsymbol{T}_\ell$（或者利用 Iserlis 恒等式，它以均值和协方差的形式表示高斯分布的更高阶矩）。[㊀]

案例研究 2：学习隐马尔可夫模型。我们的下一个例子是隐马尔可夫模型（Hidden Markov Model，HMM），它广泛用于具有顺序结构的数据。在 HMM 中，有一个在 $[k]$ 中取值的隐态序列 $Z_1,Z_2,\cdots,Z_m$，形成一条平稳的马尔可夫链 $Z_1\to Z_2\to\cdots\to Z_m$，它具有转移矩阵 $\boldsymbol{P}$ 和初始分布 $\boldsymbol{w}=\{w_j\}_{j\in[k]}$（假定为平稳分布）。观测值 X_t 由一个在 $x^{(t)}\in\mathbb{R}^n$ 中的向量表示。给定 t 时刻的状态 Z_t，X_t 条件独立于所有其他观测值和状态。将观测矩阵记为 $\boldsymbol{O}\in\mathbb{R}^{n\times k}$：$\boldsymbol{O}$ 的列表示观测值 $X_t\in\mathbb{R}^n$ 的均值，它们以隐态 Z_t 为条件，即 $E[X_t\mid Z_t=i]=\boldsymbol{O}_i$，其中 $\boldsymbol{O}_i$ 表示 $\boldsymbol{O}$ 的第 i 列。我们还假定 X_t 满足足够强的集中界以方便利用经验估计，参数为 $\boldsymbol{P}$，$\boldsymbol{O}$，$\boldsymbol{w}$。

我们现在遵循（Allman et al.，2009）定义一些适当的统计量。对于我们随后选择的 ℓ，设 $m=2\ell+1$，统计量 $\mathcal{T}$ 是 $\boldsymbol{X}_{2\ell+1}\otimes\boldsymbol{X}_{2\ell}\otimes\cdots\otimes\boldsymbol{X}_1$。我们也可以将这个 $(2\ell+1)$ 矩张量看作一个形式为 $n^\ell\times n\times n^\ell$ 的 3-张量。第一个模式对应于 $\boldsymbol{X}_\ell\otimes\boldsymbol{X}_{\ell-1}\otimes\cdots\otimes\boldsymbol{X}_1$，第二个模式是 $\boldsymbol{X}_{\ell+1}$，第三个模式是 $\boldsymbol{X}_{\ell+2}\otimes\boldsymbol{X}_{\ell+3}\otimes\cdots\otimes\boldsymbol{X}_{2\ell+1}$。为什么它有一个低秩分解？我们可以将隐态 $\boldsymbol{Z}_{\ell+1}$ 视为取 k 个可能值的隐变量。

命题 19.3　上述统计量 $\mathcal{T}$ 有一个低秩分解 $\sum_{i=1}^{k}\boldsymbol{A}_i\otimes\boldsymbol{B}_i\otimes\boldsymbol{C}_i$，其中因子矩阵 $\boldsymbol{A}\in\mathbb{R}^{n^\ell\times k}$，$\boldsymbol{B}\in\mathbb{R}^{n\times k}$，$\boldsymbol{C}\in\mathbb{R}^{n^\ell\times k}$，使得 $\forall i\in[k]$，有

$$\boldsymbol{A}_i=E[\otimes_{j=\ell}^{1}\boldsymbol{X}_j\mid\boldsymbol{Z}_{\ell+1}=i],\quad \boldsymbol{B}_i=E[\boldsymbol{X}_{\ell+1}\mid\boldsymbol{Z}_{\ell+1}=i],$$
$$\boldsymbol{C}_i=E[\otimes_{i=\ell+2}^{2\ell+1}\boldsymbol{X}_j\mid\boldsymbol{Z}_{\ell+1}=i]$$

此外，$\boldsymbol{O},\boldsymbol{P},\boldsymbol{w}$ 可以从 $\boldsymbol{A},\boldsymbol{B},\boldsymbol{C}$ 恢复。

对于 $\ell=1$，有 $\boldsymbol{C}=\boldsymbol{OP},\boldsymbol{B}=\boldsymbol{O},\boldsymbol{A}=\boldsymbol{OP}'$，其中 $\boldsymbol{P}'=\mathrm{diag}(\boldsymbol{w})\boldsymbol{P}^\top\mathrm{diag}(\boldsymbol{w})^{-1}$ 是反向转移矩

㊀ 另一种获得在这个维度中只损失了一些常数因子的统计量 $\mathcal{T}_\ell$ 的技巧是，将 n 个坐标划分为 ℓ 个大小相等的块之后，查看张量 Mom_ℓ 的一个非对角块。

阵。如定理 19.7 和 19.4.4 节所述，张量分解将能够高效恢复 $\boldsymbol{O},\boldsymbol{P},\boldsymbol{w}$。我们把命题 19.3 的证明留作练习题 19.4。进一步的细节参见（Allman et al.，2009）。

19.3 满秩设定下的高效算法

19.3.1 同时诊断算法（Jennrich 算法）

我们现在讨论 Jennrich 算法（算法首次在文献（Harshman，1970）中描述），该算法为在一个称为满秩设定的自然非退化条件下寻求三阶张量的分解提供了理论上的保证。此外，这个算法还具有合理的健壮性，可以作为一种构件，用于处理更一般的设定和很多机器学习上的应用。考虑一个三阶张量 $\boldsymbol{T}\in\mathbb{R}^{n\times m\times p}$，它有一个 k 秩分解：

$$\boldsymbol{T}=\sum_{i=1}^{k}\boldsymbol{u}_i\otimes\boldsymbol{v}_i\otimes\boldsymbol{w}_i$$

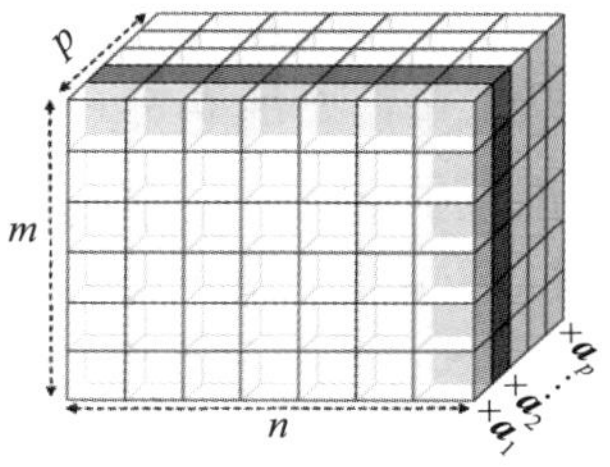

图 19.2 张量 $\boldsymbol{T}$ 以及深灰色显示的一个特定的矩阵切片（对应于 $i_3=2$）。切片 $\boldsymbol{T}(\cdot,\cdot,\boldsymbol{a})$ 的线性组合采用根据 $\boldsymbol{a}\in\mathbb{R}^p$ 加权的这些矩阵切片的一个线性组合。对于两个随机选择的向量 $\boldsymbol{a},\boldsymbol{b}\in\mathbb{R}^p$，算法考虑两个矩阵 $\boldsymbol{M}_a=\boldsymbol{T}(\cdot,\cdot,\boldsymbol{a})$ 和 $\boldsymbol{M}_b=(\cdot,\cdot,\boldsymbol{b})$

算法的目标是恢复未知因子 $\boldsymbol{U},\boldsymbol{V},\boldsymbol{W}$。当然，我们希望只在忽略向量的某种微小的缩放（在秩一项的范围内）和项的置换的意义上对因子进行恢复。注意到这里的算法目标比通常情况下更强。由于张量分解的唯一性，这是有可能做到的——事实上，算法的正确性证明也将给出一种唯一性证明。

这个算法考虑两个矩阵 $\boldsymbol{M}_a$ 和 $\boldsymbol{M}_b$，它们由张量切片的随机线性组合构成，如图 19.2 所示。

我们将随后在式（19.2）中指出，$\boldsymbol{M}_a$ 和 $\boldsymbol{M}_b$ 都具有以未知因子 $\{\boldsymbol{u}_i,\boldsymbol{v}_i\}$ 表示的低秩分解。因此，这个算法把分解一个三阶张量的问题归约为获得两个矩阵 $\boldsymbol{M}_a$ 和 $\boldsymbol{M}_b$ 的一个"同时"分解的问题（也称为同时对角化）。

在 Jennrich 算法中，$\boldsymbol{M}^{\dagger}$ 指 $\boldsymbol{M}$ 的伪逆矩阵或者 Moore-Penrose 逆矩阵（如果 k 秩矩阵 $\boldsymbol{M}$ 有一个奇异值分解 $\boldsymbol{M}=\boldsymbol{U}\boldsymbol{\Sigma}\boldsymbol{V}^{\top}$，其中 $\boldsymbol{\Sigma}$ 是 $k\times k$ 对角矩阵，那么 $\boldsymbol{M}^{\dagger}=\boldsymbol{V}\boldsymbol{\Sigma}^{-1}\boldsymbol{U}^{\top}$）。

Jennrich 算法

输入： 张量 $\boldsymbol{T}\in\mathbb{R}^{n\times m\times p}$

1. 独立抽取 $\boldsymbol{a},\boldsymbol{b}\sim N\left(0,\dfrac{1}{p}\right)^p\in\mathbb{R}^p$。设定 $\boldsymbol{M}_a=\boldsymbol{T}(\cdot,\cdot,\boldsymbol{a}),\boldsymbol{M}_b=(\cdot,\cdot,\boldsymbol{b})$。
2. 设 $\{\boldsymbol{u}_i:i\in[k]\}$ 是对应于 $\boldsymbol{M}_a(\boldsymbol{M}_b)^{\dagger}$ 的 k 个最大（在数量上）特征值的特征向量。类似地，设 $\{\boldsymbol{v}_i:i\in[k]\}$ 是对应于 $((\boldsymbol{M}_b)^{\dagger}\boldsymbol{M}_a)^{\top}$ 的 k 个最大（在数量上）特征值的特征向量。
3. 如果 $\boldsymbol{u}_i$ 和 $\boldsymbol{v}_i$ 对应的特征值（近似地）是彼此的倒数，那么将 $\boldsymbol{u}_i$ 和 $\boldsymbol{v}_i$ 配对。
4. 为向量 $\boldsymbol{w}_i$ 求解线性系统 $\boldsymbol{T}=\sum_{i=1}^{k}\boldsymbol{u}_i\otimes\boldsymbol{v}_i\otimes\boldsymbol{w}_i$。
5. 返回因子矩阵 $\boldsymbol{U}\in\mathbb{R}^{n\times k},\boldsymbol{V}\in\mathbb{R}^{m\times k},\boldsymbol{W}\in\mathbb{R}^{p\times k}$。

下面的 $\|\boldsymbol{T}\|_F$ 表示张量的 Frobenius 范数（$\|\boldsymbol{T}\|_F^2$ 是所有项的平方和），矩阵 $\boldsymbol{U}\in\mathbb{R}^{n\times k}$

的条件数 κ 由 $\kappa(\boldsymbol{U})=\sigma_1(\boldsymbol{U})/\sigma_k(\boldsymbol{U})$ 给出，其中 $\sigma_1 \geqslant \sigma_2 \geqslant \cdots \geqslant \sigma_k \geqslant 0$ 是奇异值。在容错方面的保证将是条件数 κ 的逆多项式，而条件数 κ 只有当矩阵具有秩 k（即满秩）时才是有限的。

定理 19.4　假设给定张量 $\widetilde{\boldsymbol{T}}=\boldsymbol{T}+\boldsymbol{E} \in \mathbb{R}^{m \times n \times p}$，其中 $\boldsymbol{T}$ 有一个分解 $\boldsymbol{T}=\sum_{i=1}^{k} \boldsymbol{u}_i \otimes \boldsymbol{v}_i \otimes \boldsymbol{w}_i$ 并且满足以下条件：

- 矩阵 $\boldsymbol{U}=(\boldsymbol{u}_i : i \in [k])$ 和 $\boldsymbol{V}=(\boldsymbol{v}_i : i \in [k])$ 的条件数最多为 κ。
- 对于所有的 $i \neq j$，$\left\|\dfrac{\boldsymbol{w}_i}{\|\boldsymbol{w}_i\|}-\dfrac{\boldsymbol{w}_j}{\|\boldsymbol{w}_j\|}\right\|_2 \geqslant \delta$。
- $\boldsymbol{E}$ 的每一个项的界由 $\|\boldsymbol{T}\|_F \cdot \epsilon/\mathrm{poly}\left(\kappa, \max\{n,m,p\}, \dfrac{1}{\delta}\right)$ 确定。

那么 Jennrich 算法在输入 $\widetilde{\boldsymbol{T}}$ 上以多项式时间运行，并且返回一个分解 $\{(\widetilde{\boldsymbol{u}}_i, \widetilde{\boldsymbol{v}}_i, \widetilde{\boldsymbol{w}}_i) : i \in [k]\}$，使得存在一个置换 $\pi : [k] \to [k]$，满足

$$\forall i \in [k], \|\widetilde{\boldsymbol{u}}_i \otimes \widetilde{\boldsymbol{v}}_i \otimes \widetilde{\boldsymbol{w}}_i-\boldsymbol{u}_{\pi(i)} \otimes \boldsymbol{v}_{\pi(i)} \otimes \boldsymbol{w}_{\pi(i)}\|_F \leqslant \varepsilon \|\boldsymbol{T}\|_F$$

我们从一个简单的断言开始讨论，这个断言利用了高斯线性组合 $\boldsymbol{a},\boldsymbol{b}$ 的随机性（事实上，这是论证中唯一利用随机性的步骤）。设 $\boldsymbol{D}_a := \mathrm{diag}(\boldsymbol{a}^\top \boldsymbol{w}_1, \boldsymbol{a}^\top \boldsymbol{w}_2, \cdots, \boldsymbol{a}^\top \boldsymbol{w}_k)$，$\boldsymbol{D}_b := \mathrm{diag}(\boldsymbol{b}^\top \boldsymbol{w}_1, \boldsymbol{b}^\top \boldsymbol{w}_2, \cdots, \boldsymbol{b}^\top \boldsymbol{w}_k)$。

引理 19.5　在 $\boldsymbol{a},\boldsymbol{b}$ 的随机性上，$\boldsymbol{D}_a \boldsymbol{D}_b^{-1}$ 的对角线元以高概率彼此分离并且非 0，即

$$\forall i \in [k] \left|\frac{\langle \boldsymbol{w}_i, \boldsymbol{a}\rangle}{\langle \boldsymbol{w}_i, \boldsymbol{b}\rangle}\right| > \frac{1}{\mathrm{poly}(p)}, \text{而且} \forall i \neq j \left|\frac{\langle \boldsymbol{w}_i, \boldsymbol{a}\rangle}{\langle \boldsymbol{w}_i, \boldsymbol{b}\rangle}-\frac{\langle \boldsymbol{w}_j, \boldsymbol{a}\rangle}{\langle \boldsymbol{w}_j, \boldsymbol{b}\rangle}\right| > \frac{1}{\mathrm{poly}(p)}$$

引理的证明只须利用简单的高斯分布的反集中性和一个联合界。我们现在开始着手定理 19.4 的证明。

定理 19.4 的证明　我们首先证明当 $\boldsymbol{E}=0$ 时，前面所述的算法将精确地恢复分解。当 $\boldsymbol{E} \neq 0$ 时，健壮性保证的证明利用了关于特征值和特征向量的扰动界。

无噪声设定（$\boldsymbol{E}=0$）。回忆一下，$\boldsymbol{T}$ 在因子 $\boldsymbol{U},\boldsymbol{V},\boldsymbol{W}$ 上有一个 k 秩分解。因此

$$\boldsymbol{M}_a=\sum_{i=1}^{k}\langle \boldsymbol{a}, \boldsymbol{w}_i\rangle \boldsymbol{u}_i \boldsymbol{v}_i^\top=\boldsymbol{U}\boldsymbol{D}_a\boldsymbol{V}^\top, \text{而且类似地 } \boldsymbol{M}_b=\boldsymbol{U}\boldsymbol{D}_b\boldsymbol{V}^\top \tag{19.2}$$

另外，根据假定 $\boldsymbol{U},\boldsymbol{V}$ 是满秩的，而且对角矩阵 $\boldsymbol{D}_a,\boldsymbol{D}_b$ 以高概率有满列秩 k（引理 19.5）。因此

$$\boldsymbol{M}_a(\boldsymbol{M}_b)^\dagger=\boldsymbol{U}\boldsymbol{D}_a\boldsymbol{V}^\top(\boldsymbol{V}^\top)^\dagger\boldsymbol{D}_b^\dagger\boldsymbol{U}^\dagger=\boldsymbol{U}\boldsymbol{D}_a\boldsymbol{D}_b^\dagger\boldsymbol{U}^\dagger$$

$$\text{而且 } \boldsymbol{M}_a^\top(\boldsymbol{M}_b^\top)^\dagger=\boldsymbol{V}\boldsymbol{D}_a\boldsymbol{D}_b^\dagger\boldsymbol{V}^\dagger$$

此外，根据引理 19.5，以高概率 $\boldsymbol{D}_a\boldsymbol{D}_b^\dagger$ 的项两两不同并且非零。因此，$\boldsymbol{U}$ 的列向量是具有特征值（$\langle \boldsymbol{w}_i,\boldsymbol{a}\rangle/\langle \boldsymbol{w}_i,\boldsymbol{b}\rangle : i \in [k]$）的 $\boldsymbol{M}_a(\boldsymbol{M}_b)^\dagger$ 的特征向量。类似地，$\boldsymbol{V}$ 的列是具有特征值（$\langle \boldsymbol{w}_i,\boldsymbol{b}\rangle/\langle \boldsymbol{w}_i,\boldsymbol{a}\rangle : i \in [k]$）的（$\boldsymbol{M}_b^\dagger\boldsymbol{M}_a$）$^\top$的特征向量。因此，$\boldsymbol{M}_a\boldsymbol{M}_b^\dagger$ 和（$\boldsymbol{M}_b^\dagger\boldsymbol{M}_a$）$^\top$ 的特征分解是唯一的（在忽略特征向量的缩放的意义上），相应的特征值是彼此的倒数。

最后，一旦我们得到 $\{\boldsymbol{u}_i,\boldsymbol{v}_i : i \in [k]\}$（忽略缩放），算法的第 4 步对未知的 $\{\boldsymbol{w}_i : i \in [k]\}$ 求解一个线性系统。一个简单的断言证明了由 $\{\boldsymbol{u}_i\boldsymbol{v}_i^\top : i \in [k]\}$ 给出的相应的系数矩阵具有"满"秩，即秩为 k。因此，这个线性系统有唯一的解 $\boldsymbol{W}$，算法恢复了分解。

健壮性保证（$\boldsymbol{E}$ 非零）。当 $\boldsymbol{E} \neq 0$ 时，我们需要分析 $\boldsymbol{M}_1 := \boldsymbol{M}_a\boldsymbol{M}_b^\dagger$ 的特征向量（在最坏情况下）在扰动 $\boldsymbol{E}$ 下能够改变的程度。证明利用了矩阵的特征向量（这些要比特征值脆弱得多）的扰动的界进行分析。我们现在给出这个方法的概要描述，同时指出一些细致的

问题和困难。主要的问题源于这样的一个事实，即矩阵 $\boldsymbol{M}_1=\boldsymbol{M}_a\boldsymbol{M}_b^{\dagger}$ 不是对称矩阵（我们可以利用关于奇异向量的 Davis-Kahan 定理得到这个结论）。在我们的例子中，虽然知道 $\boldsymbol{M}_1$ 是可对角化的，但是对于 $\boldsymbol{M}_1'=\boldsymbol{M}_a\boldsymbol{M}_b^{\dagger}+\boldsymbol{E}'$ 并没有这样的保证，这里 $\boldsymbol{E}'$ 是在这一步由于 $\boldsymbol{E}$ 而产生的误差矩阵。这里对我们有所帮助的关键属性是引理 19.5，它确保了 $\boldsymbol{M}_1$ 的所有非零特征值是分离的。在这种情况下，利用 Gershgorin 圆盘定理的一个标准加强版，我们得知矩阵 $\boldsymbol{M}_1'$ 也是可对角化的。我们可以利用 $\boldsymbol{M}_1$ 的特征值的分离来证明特征向量 $\boldsymbol{M}_1$ 和 $\boldsymbol{M}_1'$ 是接近的，这里需要用到不变子空间的扰动理论的一些思想（Stewart and Sun，1990）。关于定理 19.4 的独立证明还可以参考（Goyal et al.，2014）和（Bhaskara et al.，2014a）。 □

19.3.2　在学习应用中的意义

这些（唯一地）恢复一个低秩张量分解的因子的高效算法为利用 19.2.1 节给出的“秘方”来学习若干隐变量模型的非退化实例提供了多项式时间保证。这个方法已经用在若干问题上，包括但不限于隐马尔可夫模型、系统发育模型、高斯混合模型、独立成分分析模型、主题模型、混合社区成员模型、排序模型、众包模型以及某些神经网络的参数估计（关于这一主题的出色论述参见（Anandkumar et al.，2014；Moitra，2018））。

以我们的两个案例研究为例。对于高斯混合模型，假定 k 个均值是线性独立的（因此 $n\geqslant k$），我们把定理 19.4 应用到来自命题 19.2 的 $\ell=3$ 阶张量。

定理 19.6（Hsu and Kakade，2013）　*给定来自一个 k 球面高斯混合模型的一些样本，存在一种算法，算法以误差 ϵ 在 $\mathrm{poly}(n,1/\epsilon,1/\sigma_k(\boldsymbol{M}))$ 时间内（以及同样的样本数量内）学习参数，其中 $\boldsymbol{M}$ 是 $n\times k$ 均值矩阵。*

对于 HMM 模型，我们假定观测矩阵 $\mathcal{O}$ 和转移矩阵 $\boldsymbol{P}$ 的列是线性独立的（因此 $n\geqslant k$）。我们把定理 19.4 应用到来自命题 19.2 的 $\ell=3$ 阶张量。

定理 19.7（Mossel and Roch，2006；Hsu et al.，2012）　*给定来自 HMM 模型（如 19.2.2 节所述）的 $m=3$ 个连续观测值（对应于任何一个长度为 3 的固定窗口）的样本，而且 $\sigma_k(\mathcal{O})\geqslant 1/\mathrm{poly}(n)$，$\sigma_k(\boldsymbol{P})\geqslant 1/\mathrm{poly}(n)$，我们可以以误差 ϵ 在 $\mathrm{poly}(n,1/\epsilon)$ 时间内（以及同样的样本数量内）恢复 $\boldsymbol{P}$ 和 $\mathcal{O}$。*

19.4　平滑分析和过完备设定

我们在前一节讨论的张量分解算法要求因子矩阵具有满列秩。正如我们在 19.3.2 节中看到的，这给出了一些多项式时间算法，用于在满秩假定下学习各种各样的隐变量模型。然而，在无监督学习中有许多应用，其中的关键是隐藏的表示所具有的维数（或者因子数目 k）比特征空间 n 的维数要高得多。当秩比维数大得多的时候（在满秩设定 $k\leqslant n$ 中，甚至当 k 个因子在 $\mathbb{R}^n$ 中是随机的或者处于一般的位置时），利用张量分解为这些问题获得多项式时间保证将需要多项式时间的算法保证。当秩 $k\gg n$ 时，我们有没有希望获得可证明的保证呢？

当秩大于维数时，这种挑战性的设定常常被称为*过完备设定*。过完备设定中的张量分解问题通常是 NP 困难的。但是对于比较高阶的张量，我们将在这一节的余下部分看到如何通过修改 Jennrich 算法来获得多项式时间保证（甚至在非退化实例的非常过完备的设定中）——我们将利用平滑分析对此进行形式化。

19.4.1　平滑分析模型

用于张量分解的平滑分析模型针对分解中的因子并非最坏情况的状况进行建模。

- 一个对抗选择一个张量 $\boldsymbol{T}=\sum_{i=1}^{k}\boldsymbol{u}_i^{(1)}\otimes\boldsymbol{u}_i^{(2)}\otimes\cdots\otimes\boldsymbol{u}_i^{(\ell)}$。
- 利用在每一个方向上都具有均值 0 和方差 ρ^2/n 的独立高斯分布 $N(0,\rho^2/n)^n$ 对每一个向量 $\boldsymbol{u}_i^{(j)}$ 进行随机"ρ-扰动"。㊀
- 设 $\widetilde{\boldsymbol{T}}=\sum_{i=1}^{k}\widetilde{\boldsymbol{u}}_i^{(1)}\otimes\widetilde{\boldsymbol{u}}_i^{(2)}\otimes\cdots\otimes\widetilde{\boldsymbol{u}}_i^{(\ell)}$。
- 输入实例是 $\hat{\boldsymbol{T}}=\widetilde{\boldsymbol{T}}+\boldsymbol{E}$，其中 $\boldsymbol{E}$ 是一个小的潜在对抗噪声。

我们的目标是恢复（当 $\boldsymbol{E}\neq 0$ 时近似地恢复）ℓ 个因子集合 $\boldsymbol{U}^{(1)},\cdots,\boldsymbol{U}^{(\ell)}$（在忽略重新调整缩放比例和重新标号的意义上），其中 $\boldsymbol{U}^{(j)}=(\widetilde{\boldsymbol{u}}_i^{(j)}:i\in[k])$。我们关注的参数设定是 ρ，它至少是 n 的一个逆多项式，而且 $\boldsymbol{E}$ 的最大项小于一个足够小的逆多项式 $1/\text{poly}(n,1/\rho)$。我们还将假定因子 $\{\boldsymbol{u}_i^{(j)}\}$ 的欧几里得长度具有多项式上界。需要提醒的是如果 $k\leqslant n$（正如在满秩设定中），定理 19.4 已经给出了当 $\varepsilon<\rho/\text{poly}(n)$ 时的平滑多项式时间保证，因为以高概率条件数 $\kappa\leqslant\text{poly}(n)/\rho$。

备注　存在一种可替代的平滑分析模型，其中随机扰动针对的是张量本身的每一个项，而不是随机扰动分解的因子。这两种随机扰动的风格有很大不同。当整个张量被随机扰动时，我们有 n^ℓ 个"比特"的随机性，而当只是因子被扰动时，我们有 ℓn 个"比特"的随机性。另一方面，从计算的角度看，不太容易处理整个张量被随机扰动的模型，因为这可能意味着需要具有良好的最坏情况近似保证的随机算法。 ◁

为什么我们要研究针对因子的扰动呢？在大多数应用中，每一个因子代表一个参数，例如在高斯混合模型中的一个分量均值。直觉上如果模型的这些参数不是在一种最坏情况环境中选择的，我们就有可能通过这种平滑分析保证获得大幅度改进的学习算法。

平滑分析模型也可以被视为对代数几何启发下的"普遍性"结果的定量模拟，特别是在我们需要针对噪声的健壮性时。这种一般化的风格为除了一个零测度实例集合之外的所有其他实例提供了保证。然而，这些结果远不是定量的，正如我们稍后将看到的，对于多项式时间保证，我们通常需要以高概率达到逆多项式误差的健壮性。

19.4.2　使 Jennrich 算法适用于过完备设定

我们将给出一个在平滑分析设定中用于过完备张量分解的具有多项式时间保证的算法。在下面的定理中，我们考虑 19.4.1 节的模型，其中低秩张量 $\widetilde{\boldsymbol{T}}=\sum_{i=1}^{k}\widetilde{\boldsymbol{u}}_i^{(1)}\otimes\widetilde{\boldsymbol{u}}_i^{(2)}\otimes\cdots\otimes\widetilde{\boldsymbol{u}}_i^{(\ell)}$，因子 $\{\widetilde{\boldsymbol{u}}_i^{(j)}\}$ 是向量 $\{\boldsymbol{u}_i^{(j)}\}$ 的 ρ-扰动，我们将假定它们的界由 n 的一个多项式确定。输入张量是 $\widetilde{\boldsymbol{T}}+\boldsymbol{E}$，其中 $\boldsymbol{E}$ 表示对抗噪声。

定理 19.8　*对于常数 $\ell\in\mathbb{N}$ 以及 $\varepsilon\in[0,1)$，设 $k\leqslant n^{\lfloor\frac{\ell-1}{2}\rfloor}/2$。存在这样一个算法，它以如 19.4.1 节所述的张量 $\hat{\boldsymbol{T}}=\widetilde{\boldsymbol{T}}+\boldsymbol{E}$ 作为输入，$\boldsymbol{E}$ 的每个项在数值上最多为 $\epsilon/(n/\rho)^{O(\ell)}$。算法以在 Frobenius 范数中测量的加性误差 ε 在时间 $(n/\rho)^{O(\ell)}$ 内运行，以至少为 $1-\exp(-\Omega(n))$ 的概率恢复所有秩一项 $\{\otimes_{i=1}^{\ell}\widetilde{\boldsymbol{u}}_i^{(j)}:i\in[k]\}$。*

为了描述其中主要的算法思想，我们考虑一个五阶张量 $\boldsymbol{T}\in\mathbb{R}^{n\times n\times n\times n\times n}$。我们可以"展平"$\boldsymbol{T}$ 来得到一个三阶张量

$$\boldsymbol{T}=\sum_{i=1}^{k}\underbrace{\boldsymbol{u}_i^{(1)}\otimes\boldsymbol{u}_i^{(2)}}_{\text{因子}}\otimes\underbrace{\boldsymbol{u}_i^{(3)}\otimes\boldsymbol{u}_i^{(4)}}_{\text{因子}}\otimes\underbrace{\boldsymbol{u}_i^{(5)}}_{\text{因子}}$$

㊀ 这一节中的许多结果也适用于随机扰动的其他形式，只要分布满足弱反集中特性，这与第 13～15 章中的设定类似。详情参见（Anari et al.，2018）。

这给了我们一个大小为 $n^2\times n^2\times n$ 的三阶张量 $\boldsymbol{T}'$。“展平”操作对因子的影响可以由以下操作简洁描述。

定义 19.9（Khatri-Rao 乘积） $\boldsymbol{A}\in\mathbb{R}^{m\times k}$ 和 $\boldsymbol{B}\in\mathbb{R}^{n\times k}$ 的 Khatri-Rao 乘积是一个 $mn\times k$ 矩阵 $\boldsymbol{U}\odot\boldsymbol{V}$，其第 i 列为 $\boldsymbol{u}_i\otimes\boldsymbol{v}_i$。 ◁

新的三阶张量 $\boldsymbol{T}'$ 也有一个 k 秩分解，其因子矩阵分别是 $\boldsymbol{U}'=\boldsymbol{U}^{(1)}\odot\boldsymbol{U}^{(2)}$，$\boldsymbol{V}'=\boldsymbol{U}^{(3)}\odot\boldsymbol{U}^{(4)}$，$\boldsymbol{W}'=\boldsymbol{U}^{(5)}$。注意到 $\boldsymbol{U}'$ 和 $\boldsymbol{V}'$ 的列在 n^2 维中（通常它们将是 $n^{\lfloor(\ell-1)/2\rfloor}$ 维的）。我们现在希望对于 $k=\omega(n)$，定理 19.4 中关于条件数 $\boldsymbol{U}'$ 和 $\boldsymbol{V}'$ 的假定可以得到满足。这在最坏情况下是不正确的（参见练习题 19.3 的反例），但是，我们将证明在平滑分析模型中这以高概率是正确的。

由于 $\boldsymbol{U}^{(1)},\cdots,\boldsymbol{U}^{(\ell)}$ 中的因子都有多项式上界，最大奇异值也最多是一个 n 的多项式。以下命题给出了取因子矩阵的一个子集的 Khatri-Rao 乘积后，最小奇异值的高置信的下界——这当然意味着条件数以高概率有一个多项式上界。

命题 19.10 设 $\delta\in(0,1)$ 是使 $k\leqslant(1-\delta)n^{\ell}$ 的常数。给定任意 $\boldsymbol{U}^{(1)},\boldsymbol{U}^{(2)},\cdots,\boldsymbol{U}^{(\ell)}\in\mathbb{R}^{n\times k}$，那么对于它们的随机 ρ-扰动，我们有

$$P\left[\sigma_k(\widetilde{\boldsymbol{U}}^{(1)}\odot\widetilde{\boldsymbol{U}}^{(2)}\odot\cdots\odot\widetilde{\boldsymbol{U}}^{(\ell)})<\frac{c_1(\ell)\rho^{\ell}}{n^{\ell}}\right]\leqslant k\exp(-c_2(\ell)\delta n)$$

其中 $c_1(\ell)$ 和 $c_2(\ell)$ 是仅依赖于 ℓ 的常数。

这个命题意味着定理 19.4 的条件适用于被展平的三阶张量 $\boldsymbol{T}'$。特别地，现在以高概率确定了因子矩阵的条件数的多项式上界。因此，正如定理 19.8 所述，对三阶张量 $\boldsymbol{T}'$ 运行 Jennrich 算法能够以高概率恢复秩一因子。这一节的余下部分概述了命题 19.10 的证明。

失败概率。我们讨论一下关于平滑分析保证的失败概率（这是由命题 19.10 满足的）的技术要求。我们要求在条件数（或者 $\sigma_{\min}$）上的界能够以一个足够小的失败概率得到保持——这里的失败概率以 $\boldsymbol{n}^{-\omega(1)}$ 甚至以指数衰减（在扰动的随机性上）。这一点很重要，因为在平滑分析应用中，失败概率本质上描述了任何一个对算法不利的给定点周围的点所占的比例。在许多这类应用中，时间/样本复杂度对于最小奇异值有一种逆多项式依赖。例如，如果我们有这样的一个保证，即以至少为 $1-\gamma^{1/2}$ 的概率有 $\sigma_{\min}\geqslant\gamma$，那么运行时间超过 T（在扰动时）的概率最多为 $1/\sqrt{T}$。这样的一个保证不足以证明期望运行时间是多项式的（多项式的运行时间也称为多项式平滑复杂度）。

注意到我们的矩阵 $\widetilde{\boldsymbol{U}}^{(1)}\odot\widetilde{\boldsymbol{U}}^{(2)}\odot\cdots\odot\widetilde{\boldsymbol{U}}^{(\ell)}$ 是一个随机矩阵，其中的元素是高度相关的，例如，只存在 $kn\ell$ 个独立变量，但是有 kn^{ℓ} 个矩阵元素。这就提出了与随机矩阵理论中得到充分研究的设定（其中所有元素都是独立的）相比迥然不同的挑战。

虽然最小奇异值可能难以直接处理，不过它与通常更容易处理的留一距离（leave-one-out distance）密切相关。

定义 19.11 给定矩阵 $\boldsymbol{M}\in\mathbb{R}^{n\times k}$，其列是 $\boldsymbol{M}_1,\cdots,\boldsymbol{M}_k$。$\boldsymbol{M}$ 的留一距离定义为 $\ell(\boldsymbol{M})=\min_{i\in[k]}\|\boldsymbol{\Pi}_{-i}^{\perp}\boldsymbol{M}_i\|_2$，其中 $\boldsymbol{\Pi}_{-i}^{\perp}$ 是与 $\{\boldsymbol{M}_j:j\neq i\}$ 的生成空间正交的投影。 ◁

下面的简单引理指出，留一距离与最小奇异值密切相关，其相关性受限于 $\boldsymbol{M}$ 的列数的一个因子多项式。

引理 19.12 对于任何一个矩阵 $\boldsymbol{M}\in\mathbb{R}^{n\times k}$，我们有

$$\frac{\ell(\boldsymbol{M})}{\sqrt{k}}\leqslant\sigma_{min}(\boldsymbol{M})\leqslant\ell(\boldsymbol{M}) \tag{19.3}$$

下面的（更为一般的）核心引理给出了在一个随机扰动的秩一张量的任何一个给定子空间上的投影的下界，从而推出命题 19.10。

引理 19.13　设 $\ell \in \mathbb{N}$ 以及 $\delta \in \left(0, \frac{1}{\ell}\right)$ 是常数，并设 $W \subseteq \mathbb{R}^{n \times \ell}$ 是一个维数至少为 δn^{ℓ} 的任意子空间。给定任何 $\boldsymbol{x}_1, \cdots, \boldsymbol{x}_{\ell} \in \mathbb{R}^n$，那么它们的随机 ρ-扰动 $\widetilde{\boldsymbol{x}}_1, \cdots, \widetilde{\boldsymbol{x}}_{\ell}$ 满足

$$\Pr\left[\|\Pi_W(\widetilde{\boldsymbol{x}}_1 \otimes \widetilde{\boldsymbol{x}}_2 \otimes \cdots \otimes \widetilde{\boldsymbol{x}}_{\ell})\|_2 < \frac{c_1(\ell)\rho^{\ell}}{n^{\ell}}\right] \leqslant \exp(-c_2(\ell)\delta n)$$

其中 $c_1(\ell)$ 和 $c_2(\ell)$ 是只依赖于 ℓ 的常数。

在失败概率的指数中，n 的多项式是胎紧的，但是尚不清楚在最小奇异值界中对 n 的多项式依赖以及对 ℓ 的依赖究竟应该如何才是正确的。引理 19.13 可以用来确定命题 19.10 中的矩阵 $\widetilde{\boldsymbol{U}}^{(1)} \odot \cdots \odot \widetilde{\boldsymbol{U}}^{(\ell)}$ 的最小奇异值的下界，我们可以通过对每一列 $i \in [k]$ 应用引理 19.13 来确定引理 19.12 中的留一距离的下界，其中 W 是由 $\Pi_{-i}^{\perp}$ 给定的子空间，而且 $\boldsymbol{x}_1, \cdots, \boldsymbol{x}_{\ell}$ 是 $\boldsymbol{u}_i^{(1)}, \cdots, \boldsymbol{u}_i^{(\ell)}$；在 k 列上的一个联合界给出了命题 19.10 的结果。这个引理的第一个版本由 Bhaskara 等人（2014a）证明，其中的多项式依赖更为糟糕，既与条件数的下界也与失败概率的指数相关。这里给出的改进后的陈述和 19.4.3 节给出的概略证明基于（Anari et al.，2018）。

与多项式反集中性的关系。我们现在简要描述与低阶多项式的反集中性界的联系，并描述一种证明策略，它可以产生引理 19.13 的一个较弱的版本。对于 ℓ 阶多项式 $g: \mathbb{R}^n \to \mathbb{R}$，其中 $\|\boldsymbol{g}\|_2 \geqslant \eta$ 而且 $x \sim N(0,1)^n$，反集中不等式（例如 Carbery-Wright 不等式）的形式是

$$\Pr_{x \sim N(0,1)^n}[|g(x) - t| < \varepsilon\eta] \leqslant O(\ell) \cdot \varepsilon^{1/\ell} \tag{19.4}$$

考虑一个系数“落在”子空间 W 中的多项式，这可用于获得引理 19.13 的一个具有逆多项式失败概率的较弱版本。正如我们在前一节所讨论的，这个失败概率不足以满足期望的多项式运行时间（或多项式平滑复杂度）。另一方面，考虑了 $n^{\Omega(1)}$ 个不同的多项式之后，引理 19.13 以指数衰减的失败概率设法得到了一个逆多项式下界。事实上，我们可以反过来利用引理 19.13 给出一个向量赋值的 Carbery-Wright 反集中界的变异，如果我们有 $m \geqslant \delta n^{\ell}$ 个“充分不同”的多项式 $g_1, g_2, \cdots, g_m: \mathbb{R}^n \to \mathbb{R}$，其中每一个多项式的阶都是 ℓ，那么对于常数 $c(\ell) > 0$，可以得到 $\epsilon^{c(\ell)\delta n}$ 作为式（19.4）中的界。这样的好处是当我们失去 ℓ 阶的“小球”概率（small ball probability）时，可以在指数中获得一个 δn 因子，原因是有一个具有 m 个坐标的向量赋值函数。有关的陈述和证明参见（Bhaskara et al.，2019）。

19.4.3　引理 19.13 的概略证明

引理 19.13 的证明是一个周密的归纳证明。我们将概略给出 $\ell \leqslant 2$ 时的证明以演示其中的论证，完整的证明可参见（Anari et al.，2018）。为了方便起见，设 $\widetilde{\boldsymbol{x}} := \widetilde{\boldsymbol{x}}^{(1)}, \widetilde{\boldsymbol{y}} := \widetilde{\boldsymbol{x}}^{(2)}$。下面是概略证明。我们将证明存在 $n \times n$ 矩阵 $\boldsymbol{M}_1, \boldsymbol{M}_2, \cdots, \boldsymbol{M}_r \in W$，它们在 Frobenius 范数中度量的长度是有界的（对于一般的 ℓ，它们将是长度不超过 $n^{\ell/2}$ 的 ℓ 阶张量），另外还满足一定的“正交性”特性（r 的值将是 $\Omega_{\ell}(\delta n^{\ell})$）。对于 $i \in [r]$，我们将利用正交特性从 $\langle \boldsymbol{M}_i, (\widetilde{\boldsymbol{x}} \otimes \widetilde{\boldsymbol{y}}) \rangle$ 中提取足够的“独立性”，其中利用了扰动的随机性。这样能够得出结论，即以概率 $\geqslant 1 - \exp(-\Omega(\delta n))$，这 r 个内积中至少有一个内积的数值不小于 $\rho/\sqrt{n}$。

那么，我们想要什么样的正交特性呢？

情形 $\ell = 1$。让我们从 $\ell = 1$ 开始。在这种情况下，我们有一个子空间 $W \subset \mathbb{R}^n$，其维数

至少为 δn。这里我们只需要选择 r 个向量 $\boldsymbol{v}_1,\cdots,\boldsymbol{v}_r\in\mathbb{R}^n$ 作为 W 的一个正交基，就可以推断出引理，因为 $\langle \boldsymbol{v}_i,\boldsymbol{g}\rangle$ 是独立的。然而，让我们考虑一个稍微不同的构造，其中 $\boldsymbol{v}_1,\cdots,\boldsymbol{v}_r$ 不是正交的，这样能够推广到更高的 $\ell>1$。

断言 19.14（对于 $\ell=1$） 对于 $r=\dim(W)$，存在一组 $\boldsymbol{v}_1,\cdots,\boldsymbol{v}_r\in W$ 和一组不同的索引值 $i_1,i_2,\cdots,i_r\in[n]$，使得对于所有的 $j\in\{1,2,\cdots,r\}$：

$$(\mathrm{a})\ \|\boldsymbol{v}_j\|_\infty\leqslant 1,\quad (\mathrm{b})\ |\boldsymbol{v}_j(i_j)|=1,\quad (\mathrm{c})\ \boldsymbol{v}_j(i_{j'})=0, j'<j$$

因此，每一个向量 $\boldsymbol{v}_j$ 都有一个与 $\boldsymbol{v}_{j+1},\cdots,\boldsymbol{v}_r$ 的生成空间正交的不可忽略的分量，这将给我们提供在随机变量 $\langle \boldsymbol{v}_1,\tilde{\boldsymbol{x}}\rangle,\cdots,\langle \boldsymbol{v}_r,\tilde{\boldsymbol{x}}\rangle$ 上足够的独立性。以相反的次序考虑这 r 个内积，即 $\langle \boldsymbol{v}_r,\tilde{\boldsymbol{x}}\rangle,\langle \boldsymbol{v}_{r-1},\tilde{\boldsymbol{x}}\rangle,\cdots,\langle \boldsymbol{v}_1,\tilde{\boldsymbol{x}}\rangle$。设 $\tilde{\boldsymbol{x}}=\boldsymbol{x}+\boldsymbol{z}$，其中 $\boldsymbol{z}\sim N(0,\rho^2/n)^n$。首先 $\langle \boldsymbol{v}_r,\tilde{\boldsymbol{x}}\rangle=\langle \boldsymbol{v}_r,\boldsymbol{x}\rangle+\langle \boldsymbol{v}_r,\boldsymbol{z}\rangle$。归因于高斯分布的旋转不变性，其中的 $\langle \boldsymbol{v}_r,\boldsymbol{z}\rangle$ 是一个独立的高斯分布 $N(0,\rho^2/n)$。因此由简单的高斯反集中性，对于某一个绝对常数 $c>0$，以概率 1/2 有 $|\langle \boldsymbol{v}_r,\boldsymbol{x}\rangle|<c\rho/\sqrt{n}$。现在，对 $\langle \boldsymbol{v}_{j+1},\tilde{\boldsymbol{x}}\rangle,\cdots,\langle \boldsymbol{v}_r,\tilde{\boldsymbol{x}}\rangle$ 的值进行约束后，我们分析事件 $\langle \boldsymbol{v}_j,\boldsymbol{x}\rangle$ 是小概率的。按照构造过程，$|\boldsymbol{v}_j(i_j)|=1$，而 $\boldsymbol{v}_{j+1}(i_j)=\cdots=\boldsymbol{v}_r(i_j)=0$。因此

$$\Pr\left[\,|\langle \boldsymbol{v}_j,\tilde{\boldsymbol{x}}\rangle|<\frac{c\rho}{\sqrt{n}}\,\middle|\,\langle \boldsymbol{v}_{j+1},\tilde{\boldsymbol{x}}\rangle,\cdots,\langle \boldsymbol{v}_r,\tilde{\boldsymbol{x}}\rangle\right]\leqslant\sup_{t\in\mathbb{R}}\Pr\left[\,|z(i_j)-t|<\frac{c\rho}{\sqrt{n}}\right]\leqslant\frac{1}{2}$$

$$\text{由此 }\Pr\left[\forall j\in[r],|\langle \boldsymbol{v}_j,\tilde{\boldsymbol{x}}\rangle|<\frac{c\rho}{\sqrt{n}}\right]\leqslant\exp(-r)\text{ 正是所要的}$$

断言 19.14 的证明 我们将迭代构造这些向量。对于第一个向量，选择 W 中的任意一个向量 $\boldsymbol{v}_1$ 并且调整缩放比例使得 $\|\boldsymbol{v}_1\|_\infty=1$。设 $i_1\in[n]$ 是使 $|\boldsymbol{v}_1(i_1)|=1$ 的索引值。对于第二个向量，考虑受限子空间 $\{x\in W:x(i_1)=0\}$，其维数为 $\dim(W)-1$。因此，我们可以在其中再次选择任意一个向量，并调整缩放比例以获得必要的 $\boldsymbol{v}_2$。我们可以重复这个过程，直到获得 $r=\dim(W)$ 个向量（这时候受限子空间变为空）。 □

情形 $\ell=2$ 的概略证明。我们可以利用一个相似的论证，归纳出类似的一组矩阵 $\boldsymbol{M}_1,\boldsymbol{M}_2,\cdots,\boldsymbol{M}_r$。为了方便起见，将这些矩阵中的每一个 $\boldsymbol{M}_j$ 用一个（行，列）索引值来标记，$I_j=(i_j,i'_j)\in[n]\times[n]$。我们还将为所有的索引值对建立一个全序列。首先为所有有效的行索引值建立一个序列 $R=\{i_j:j\in[r]\}$（即 $i_1<i_2<\cdots<i_r$）。进一步，为同一行 i^* 的所有索引值对 R_{i^*}（即 $R_{i^*}:=\{I_j=(i^*,i'_j)\}$）建立一个全序列（注意到可能出现 $(2,4)<(2,7)$ 以及 $(3,7)<(3,4)$ 的情况，因为关于 $i^*=2$ 的次序和关于 $i^*=3$ 的次序可能不同）。

断言 19.15（对于 $\ell=2$） 给定任何一个维数 $\dim(W)\geqslant\delta n^2$ 的子空间 $W\subset\mathbb{R}^{n\times n}$，存在 r 个（行，列）索引值对 $I_1<I_2<\cdots<I_r$（如前所述）以及一组相关矩阵 $\boldsymbol{M}_1,\boldsymbol{M}_2,\cdots,\boldsymbol{M}_r$，使得对于所有的 $j\in\{1,2,\cdots,r\}$：$\|\boldsymbol{M}_j\|_\infty\leqslant 1$；$|\boldsymbol{M}_j(I_j)|=1$；对所有的 $j'<j$ 有 $\boldsymbol{M}_j(I_{j'})=0$，对任何一个 $i_1<i_j$ 和所有的 $i_2\in[n]$ 有 $\boldsymbol{M}_j(i_1,i_2)=0$，其中 $I_j=(i_j,i'_j)$。

此外，存在至少 $|R|=\Omega(\delta n)$ 个有效的行索引值，并且这些索引值中的每一个都有 $\Omega(\delta n)$ 个与之关联的索引值对。

证明上述断言的方法与证明断言 19.14 的方法大致相似。证明过程重复地将 W 中的向量处理为 $\mathbb{R}^{n\times n}$ 中的向量，再应用断言 19.14 提取一个具有 $\Omega(\delta n)$ 个有效列索引值的有效行，并进行迭代。我们把形式证明留作练习题 19.5。

一旦有了断言 19.15，就可以证明引理 19.13。首先，因为 $\|\boldsymbol{M}_j\|_\infty\leqslant 1$，所以 $\|\boldsymbol{M}_j\|_2\leqslant n$。因此，我们只需要证明存在 $j\in[r]$，使得在数值上以概率 $\geqslant 1-\exp(-\Omega(\delta n))$ 有 $|\langle \boldsymbol{M}_j,\tilde{\boldsymbol{x}}\otimes\tilde{\boldsymbol{y}}\rangle|\geqslant c\rho/n$。考虑只应用 $\tilde{\boldsymbol{y}}$ 得到的向量 $\{\boldsymbol{M}_1\tilde{\boldsymbol{y}},\boldsymbol{M}_2\tilde{\boldsymbol{y}},\cdots,\boldsymbol{M}_r\tilde{\boldsymbol{y}}\}\subset\mathbb{R}^n$。对于每一个有效的

行 $i^* \in R$，只考虑那些具有行索引值 i^* 的来自 $\{M_j \widetilde{y} : j \in [r]\}$ 的对应向量，并将 v_{i^*} 设置为拥有坐标 i^* 中最大数值的项的向量。按照关于 $\ell=1$ 的论证，可以看到，对于某一个常数 $c>0$，以至少为 $1-\exp(-\Omega(\delta n))$ 的概率有 $|v_{i^*}(i^*)|>\tau := cp/\sqrt{n}$。现在对这些向量 $\{v_i : i \in [R]\}$ 的每一个进行比例不超过 $1/\tau$ 的缩放，可以看到它们满足断言 19.14。因此，再次利用关于 $\ell=1$ 的论证，我们得到引理 19.13。把这个论证扩展到更高的 $\ell>2$ 只是技术性过程，我们略过了相应的细节。

19.4.4 在应用中的意义

过完备张量分解的平滑多项式时间保证反过来意味着在若干学习问题上的多项式时间平滑分析保证。在关于这些参数估计问题的平滑分析模型中，模型的未知参数 θ 被随机扰动得到 $\widetilde{\theta}$，样本从具有参数 $\widetilde{\theta}$ 的模型中抽取。

然而，正如我们早些时候提到的，由此出现的相应的张量分解问题（例如命题 19.2 和命题 19.3）并不总是正好适合 19.4.1 节中的平滑分析模型。例如，对因子 $\{u_i^{(j)} : i \in [k], j \in [\ell]\}$ 的随机扰动可能并不都是独立的。在学习球面高斯混合模型时，对于一个适当的 $\ell>1$，分解的因子是 $\widetilde{\mu}_i^{\otimes \ell}$，其中 $\widetilde{\mu}_i$ 是第 i 个分量的均值。在学习 HMM 时，每一个因子都是一些形式为 $\widetilde{a}_{i_1} \otimes \widetilde{a}_{i_2} \otimes \cdots \otimes \widetilde{a}_{i_\ell}$ 的适当的单项式的和，其中 $i_1 i_2 \cdots i_\ell$ 对应于图中长度为 ℓ 的路径。

幸运的是，命题 19.10 中的界可用于推导在随机矩阵的最小奇异值上的类似的高置信下界，这些随机矩阵是在使用解耦不等式的一类应用中产生的。例如，我们可以为第 i 列是 $\widetilde{\mu}_i^{\otimes \ell}$（如同球面高斯混合模型所要求的）的 $k \times n^\ell$ 矩阵证明这样的界（如同在命题 19.10 中）。这样的界对于其他广泛可用于 HMM 等其他应用的各类随机矩阵也是成立的（Bhaskara et al.，2019）。

在用于球面高斯混合模型的平滑分析模型中，均值 $\{\mu_i : i \in [k]\}$ 被随机扰动。以下推论给出了用于估计 k 球面混合高斯模型的均值的多项式时间平滑分析保证。有关细节参见（Anderson et al.，2014）和（Bhaskara et al.，2014a）。

推论 19.16（维数 $n \geq k^\epsilon$ 的 k 球面混合高斯模型） *对于任何 $\epsilon>0$，$\eta>0$，存在一种算法，该算法在平滑分析设定中以精度 $\eta>0$ 学习一个维数 $n \geq k^\epsilon$ 的 k 球面高斯混合模型的均值，其运行时间和样本复杂度为 $\mathrm{poly}(n, 1/\eta, 1/\rho)^{O(1/\epsilon)}$，而且成功的概率至少为 $1-\exp(-\Omega(n))$。*

HMM 的平滑分析设定中的模型是利用一个随机扰动的观测矩阵 $\widetilde{\mathcal{O}}$ 生成的，矩阵 $\widetilde{\mathcal{O}}$ 则是通过向 $\mathcal{O}$ 的每一列添加从 $N(0, \rho^2/n)^n$ 中抽取的独立高斯随机向量得到的。在过完备设定下，当维数 $n \geq k^\epsilon$ 时（利用 $O(1/\epsilon)$ 次连续观测），并且在转换矩阵足够稀疏的情况下，这些技术为学习 HMM 提供了类似的平滑分析保证。详情参见（Bhaskara et al.，2019）。平滑分析在其他问题上也获得了一些结果，这些问题包括过完备独立分量分析（Goyalet al.，2014）、学习一般高斯混合模型（Ge et al.，2015）、用于高阶张量分解的其他算法（Ma et al.，2016；Bhaskara et al.，2019），以及恢复神经元集合（Anari et all.，2018）。

19.5 用于张量分解的其他算法

我们所讨论的算法（基于同时对角化）在相当一般化的平滑分析设定中具有可证明的保证。但是，存在其他一些需要考虑的因素，比如运行时间和噪声容限。对于这些因素，这个算法是次优的，例如，迭代启发式算法（比如交替最小二乘法或交替最小化）在实践中更受欢迎，因为它们的运行速度更快（Kolda and Bader，2009）。还有若干其他的用于张量分解的算法方法，它们工作在不同的输入条件下。我们自然要考虑算法假定的通用性和算法的运行时间。另一个重要的考虑因素是算法对噪声或者误差的健壮性。下面将简要介绍如何挑选这些算法并且从这些角度做出评价。正如我们将在下一节中讨论的，不同的算法是不可比较的，因为它们在不同的角度有着不同的优缺点。

张量幂法。张量幂法（tensor power method）是一种在满秩设定下的对称张量的替代算法，其灵感来源于矩阵幂法。这个算法是为对称张量 $\boldsymbol{T}\in\mathbb{R}^{n\times n\times n}$ 设计的，$\boldsymbol{T}$ 有一个秩 $k\leqslant n$ 而且形式为 $\sum_{i=1}^{k}\boldsymbol{\lambda}_i\boldsymbol{v}_i^{\otimes 3}$ 的正交分解，其中向量 $\boldsymbol{v}_1,\cdots,\boldsymbol{v}_k$ 是归一化的。注意到并非所有矩阵都需要有一个这样的正交分解。但是，在许多学习应用中（其中我们需要访问二阶矩矩阵），我们可以利用一种称为*白化*（whitening）的技巧，通过一个简单的基变换把问题归约到正交分解的情况。

张量幂法的主要组成部分是一个迭代算法，它用于在分解中找到一个项，其中的分解重复下面的幂迭代更新过程（在随机初始化之后）直至收敛 $\boldsymbol{z}\leftarrow\dfrac{\boldsymbol{T}(\cdot,\boldsymbol{z},\boldsymbol{z})}{\|\boldsymbol{T}(\cdot,\boldsymbol{z},\boldsymbol{z})\|_2}$。这里向量 $\boldsymbol{T}(\cdot,\boldsymbol{z},\boldsymbol{z})=\boldsymbol{u}$，其中 $u(i)=\sum_{i_2,i_3}\boldsymbol{T}(i,i_2,i_3)\boldsymbol{z}_{i_2}\boldsymbol{z}_{i_3}$。然后，算法移除这个分量，并且在剩余张量上递归。已知这个方法对逆多项式噪声也是健壮的，而且在白化后会快速收敛。关于这样的保证参见（Anandkumar et al., 2014）。

FOOBI 算法和变异。在一系列的研究工作中，Cardoso 等人（Cardoso, 1991; De Lathauwer et al., 2007）设计了一种算法，这种算法被通俗地称为*四阶纯盲识别*（Fourth-Order Blind Only Identifcation, FOOBI）算法，用于四阶及以上的过完备张量的对称分解。在技术层面，FOOBI 算法通过设计一个“秩一检测工具”在线性子空间中找到秩一张量。最近的研究表明，FOOBI 算法及其推广形式在秩 $k\leqslant n^{\ell}$ 的 2ℓ 阶张量的平滑分析设定中，关于逆多项式误差是健壮的（Ma et al., 2016; Bhaskara et al., 2019）。

交替最小化和迭代算法。最近，Anandkumar 等人（2017）分析了流行的迭代启发式算法（比如用于三阶过完备张量的交替最小化），并给出了关于局部收敛和全局收敛的一些充分条件。最后，一个密切相关的非凸问题是计算“谱范数”，即在约束 $\|\boldsymbol{x}\|_2=1$ 下最大化 $\langle\boldsymbol{T},\boldsymbol{x}^{\otimes\ell}\rangle$。在一定条件下，可以证明全局最大化子（maximizer）正是潜在的因子。最近有学者研究了与张量有关的这个问题的最优化前景（Ge and Ma, 2017），但是这些结果主要用于随机选择分解因子的情况，其一般性远不如平滑分析的设定。

平方和算法。平方和（Sum-of-Square, SoS）层次结构（或称 Lasserre 层次结构）是一个基于半定规划的强大的算法族。基于 SoS 的算法通常将一个多项式最优化问题与一些多项式不等式联系起来考虑。这些论证中的一个关键步骤是给出一个低阶的 SoS 唯一性证明，然后利用 SoS 层次结构将这个过程“算法化”。基于 SoS 的算法给出了可用于过完备设定的保证——即使面对的是三阶张量（当因子随机时），并且具有更高的噪声容限。特别地，当因子从单位球面随机抽取时，算法可以处理秩 $k=\widetilde{O}(n^{1.5})$ 的三阶对称张量（Ma et al., 2016）。SoS 层次结构还提供了 FOOBI 算法的健壮变异，并且在其他不可比较条件下获得拟多项式时间保证（Ma et al., 2016）。由于需要大量的多项式运行时间，在实践中基于 SoS 的算法的速度太慢。一些近期的研究对一个有趣的中间地带进行了探索，研究者在这些 SoS 层次结构的启发下设计了一些谱算法，它们具有更快的运行时间（Hopkins et al., 2016）。

19.6 讨论和一些开放式问题

用于张量分解的不同算法因其不同的优缺点而不可比较。基于 SoS 的算法的一个主要优点是其明显更好的抗噪性：在某些环境下，它可以达到由（一个适当的矩阵展平的）谱范数测量的恒定误差，而其他算法最多只能获得逆多项式误差容限。这在学习应用中尤其重要，因为在实践中存在显著的建模误差。然而，这些结果中有许多在因子是随机的（或者非相干的）限制环境下才能奏效。另一方面，基于同时分解的算法和 FOOBI 算法的变异在更一般的平滑分析设定中是有效的，但是其容错性要差得多。最后，迭代启发式算法（比如交替最小化）在实践中最受欢迎，因为它们具有明显更快的运行时间，但是，已知的理论保证明显不如其他方法。

在我们的理解上存在较大空白的另一个方面是关于高效恢复的条件和限制。在保证低秩分解（健壮）唯一的条件下，这一点特别引人注目，因为它们意味着关于学习的保证。我们列出了在这个范围内的一些开放式问题。

对于 $\mathbb{R}^{n\times n\times n}$ 中的 3-张量的特殊情况，回忆一下，Jennrich 算法要求因子是线性独立的，因此 $k\leqslant n$。另一方面，Kruskal 唯一性定理（及其健壮的类似定理）甚至在秩为 $3n/2-1$ 的情况下也保证了唯一性。Kruskal（1977）实际上给出了一个更一般的关于唯一性的充分条件，被称为向量集合的 Kruskal 秩，但是目前还没有已知的算法性证明。

开放式问题 在 Kruskal 唯一性定理的条件下，是否存在用于分解 3-张量 $\boldsymbol{T}$ 的（健壮的）算法？

我们还不知道对于任何常数 $\epsilon>0$，是否存在任何适用于秩为（$1+\epsilon$）n 的平滑多项式时间算法。此外，我们了解到一些利用代数几何思想的有力表述，即一般的三阶张量在秩达到 $n^2/3$ 的情况下有唯一分解（Chiantini and Ottaviani，2012）。但是，这些表述甚至对于逆多项式误差都不是健壮的。在平滑分析设定中，是否存在与这些表述相似的健壮性版本？这些问题对于 ℓ 阶张量也是令人关注的。大多数已知的用于张量分解的算法性结果最终以恢复了分解而结束（从而证明了唯一性）。然而，即使对于具有随机因子的 3-阶张量，在保证唯一性的条件与确保易处理性的条件之间存在很大差距。

开放式问题 是否存在用于分解一个具有随机因子的秩为 $k=\omega(n^{3/2})$ 的 3-张量 $\boldsymbol{T}$ 的（健壮的）算法？

致谢

我要感谢 Aditya Bhaskara、Rong Ge、Tim Roughgarden 和 Paul Valiant 对本章初稿提出的意见。

参考文献

Allman, Elizabeth S, Matias, Catherine, and Rhodes, John A. 2009. Identifiability of parameters in latent structure models with many observed variables. *The Annals of Statistics*, **37**, 3099–3132.

Anandkumar, Animashree, Ge, Rong, Hsu, Daniel, Kakade, Sham M., and Telgarsky, Matus. 2014. Tensor decompositions for learning latent variable models. *Journal of Machine Learning Research*, **15**(1), 2773–2832.

Anandkumar, Animashree, Ge, Rong, and Janzamin, Majid. 2017. Analyzing tensor power method dynamics in overcomplete regime. *Journal of Machine Learning Research*, **18**, 1–40.

Anari, Nima, Daskalakis, Constantinos, Maass, Wolfgang, Papadimitriou, Christos, Saberi, Amin, and Vempala, Santosh. 2018. Smoothed analysis of discrete tensor decomposition and assemblies of neurons. In *37th Conference on Neural Information Processing Systems (NeurIPS)*, pp. 10880–10890.

Anderson, Joseph, Belkin, Mikhail, Goyal, Navin, Rademacher, Luis, and Voss, James R. 2014. The more, the merrier: The blessing of dimensionality for learning large Gaussian mixtures. *Journal of Machine Learning Research: Workshop and Conference Proceedings*, vol. 35, pp. 1–30.

Belkin, Mikhail, and Sinha, Kaushik. 2015. Polynomial learning of distribution families. *SIAM Journal on Computing*, 44(4), 889–911.

Bhaskara, Aditya, Charikar, Moses, Moitra, Ankur, and Vijayaraghavan, Aravindan. 2014a. Smoothed analysis of tensor decompositions. In *Symposium on the Theory of Computing (STOC)*, pp. 594–603.

Bhaskara, Aditya, Charikar, Moses, and Vijayaraghavan, Aravindan. 2014b. Uniqueness of tensor decompositions with applications to polynomial identifiability. In *Proceedings of 27th Conference on Learning Theory* (Proceedings of Machine Learning Research 35, 742–748).

Bhaskara, Aditya, Chen, Aidao, Perreault, Aidan, and Vijayaraghavan, Aravindan. 2019. Smoothed analysis in unsupervised learning via decoupling. In *Foundations of Computer Science (FOCS)*, pp. 582–610.

Cardoso, J. 1991. Super-symmetric decomposition of the fourth-order cumulant tensor. Blind identification of more sources than sensors. In *Proceedings of International Conference on Acoustics, Speech, and Signal Processing (ICASSP'91)*vol. 5, 3109–3112.

Chiantini, L., and Ottaviani, G. 2012. On generic identifiability of 3-tensors of small rank. *SIAM Journal on Matrix Analysis and Applications*, **33** (3), 1018–1037.

De Lathauwer, L., Castaing, J., and Cardoso, J. 2007. Fourth-order cumulant-based blind identification of underdetermined mixtures. *IEEE Transactions on Signal Processing*, **55**(6), 2965–2973.

Ge, Rong, and Ma, Tengyu. 2017. On the optimization landscape of tensor decompositions. In *Annual Conference on Neural Information Processing Systems*, pp. 3653–3663.

Ge, Rong, Huang, Qingqing, and Kakade, Sham M. 2015. Learning mixtures of Gaussians in high dimensions. In: *Proceedings of the 47th Annual ACM Symposium on Theory of Computing*, pp. 761–770.

Goyal, Navin, Vempala, Santosh, and Xiao, Ying. 2014. Fourier PCA and robust tensor decomposition. In *Proceedings of the 47th Annual ACM Symposium on Theory of Computing*, pp. 584–593.

Harshman, Richard A. 1970. Foundations of the PARAFAC procedure: Models and conditions for an explanatory multimodal factor analysis. CLA Working Papers in Phonetics, 16, 1–84.

Håstad, Johan. 1990. Tensor rank is NP-complete. *Journal of Algorithms*, **11**(4), 644–654.

Hillar, Christopher J., and Lim, Lek-Heng. 2013. Most tensor problems are NP-hard. *Journal of the ACM*, **60**. Article 45.

Hopkins, Samuel B., Schramm, Tselil, Shi, Jonathan, and Steurer, David. 2016. Fast spectral algorithms from sum-of-squares proofs: Tensor decomposition and planted sparse vectors. In *Proceedings of the Forty-eight Annual ACM Symposium on Theory of Computing*, pp. 178–191.

Hsu, Daniel, and Kakade, Sham M. 2013. Learning mixtures of spherical Gaussians: Moment methods and spectral decompositions. In: *Proceedings of the 4th conference on Innovations in Theoretical Computer Science* pp. 11–20.

Hsu, Daniel, Kakade, Sham M., and Zhang, Tong. 2012. A spectral algorithm for learning hidden Markov models. *Journal of Computer and System Sciences*, **78**(5), 1460–1480.

Kolda, Tamara G, and Bader, Brett W. 2009. Tensor decompositions and applications. *SIAM Review*, **51**(3), 455–500.

Kruskal, Joseph B. 1977. Three-way arrays: Rank and uniqueness of trilinear decompositions, with application to arithmetic complexity and statistics. *Linear Algebra and Its Applications*, **18**(2).

Ma, Tengyu, Shi, Jonathan, and Steurer, David. 2016. Polynomial-time tensor decompositions with sum-of-squares. In *IEEE Symposium on the Foundations of Computer Science*, pp. 438–446.

Moitra, Ankur. 2018. *Algorithmic aspects of machine learning*. Cambridge University Press.

Moitra, Ankur, and Valiant, Gregory. 2010. Settling the polynomial learnability of mixtures of Gaussians. In *Foundations of Computer Science (FOCS)*, pp. 93–102.

Mossel, Elchanan, and Roch, Sébastien. 2006. Learning nonsingular phylogenies and hidden Markov models. *The Annals of Applied Probability*, **16**(2), 583–614.

Song, Zhao, Woodruff, David P., and Zhong, Peilin. 2019. Relative error tensor low rank approximation. In *Proceedings of the Thirtieth Annual ACM-SIAM Symposium on Discrete Algorithms (SODA)*.

Stewart, G. W., and Sun, Ji-guang. 1990. *Matrix perturbation theory*. Academic Press.

Tosh, Christopher, and Dasgupta, Sanjoy. 2018. Maximum likelihood estimation for mixtures of spherical Gaussians is NP-hard. *Journal of Machine Learning Research*, **18**, 1–11 .

练习题

19.1 对称张量 $\boldsymbol{T}$ 的对称秩是最小整数 $r>0$，使得对于某些 $\{\boldsymbol{u}_i\}_{i=1}^k$，$\boldsymbol{T}$ 可以表示成 $\boldsymbol{T}=\sum_{i=1}^r \boldsymbol{u}_i^{\otimes\ell}$。证明对于任何一个 ℓ 阶的对称张量，其对称秩最多是该张量的秩的 $2^\ell \ell!$ 倍。[⊖]提示：对于 $\ell=2$，如果 $\boldsymbol{u}_i\otimes\boldsymbol{v}_i$ 是分解中的一个项，我们可以写出表达式 $\boldsymbol{u}_i\otimes\boldsymbol{v}_i+\boldsymbol{v}_i\otimes\boldsymbol{u}_i=\frac{1}{2}(\boldsymbol{u}_i+\boldsymbol{v}_i)^{\otimes 2}-\frac{1}{2}(\boldsymbol{u}_i-\boldsymbol{v}_i)^{\otimes 2}$。

19.2 设 $\boldsymbol{u}$，$\boldsymbol{v}\in\mathbb{R}^n$ 是两个正交向量，考虑张量 $\boldsymbol{A}=\boldsymbol{u}\otimes\boldsymbol{u}\otimes\boldsymbol{v}+\boldsymbol{v}\otimes\boldsymbol{u}\otimes\boldsymbol{u}+\boldsymbol{u}\otimes\boldsymbol{v}\otimes\boldsymbol{u}$，证明它的秩是 3，并且证明它可以由一个秩为 2 的张量任意良好地近似。提示：尝试将 $\boldsymbol{A}$ 表示成两个具有大项（Frobenius 范数为 $\Theta(m)$）的秩一对称张量的差，那么误差项为 $O(1/m)$。

19.3 构造一个矩阵 $\boldsymbol{U}$ 的示例，使 $\boldsymbol{U}\odot\boldsymbol{U}$ 的 Kruskal 秩最多是 $\boldsymbol{U}$ 的 Kruskal 秩的两倍。提示：对于两个不同的正交基，将单位矩阵表示为 $\sum_i \boldsymbol{u}_i\boldsymbol{u}_i^\top$。

19.4 证明命题 19.3。

19.5 完成断言 19.15 的证明，从而证明引理 19.13 在 $\ell=2$ 时成立。

⊖ Comon 猜想的问题是对于任意的对称张量，对称秩是否等于秩。Shitov 最近给出了一个反例。作为 ℓ 的一个函数，“这两个秩之间的最佳差距可以是多少”是一个开放式问题。

第 20 章

主题模型与非负矩阵因式分解

Rong Ge，Ankur Moitra

摘要： 本章我们介绍非负矩阵因式分解和主题建模。我们将看到，有一种称为可分性（separability）的自然结构假定，它使我们能够规避非负矩阵因式分解的最坏情况的 NP 困难性结果。我们将为可分的非负矩阵因式分解设计一个简单的算法，并将其应用于主题模型参数的学习问题。最后，我们给出一种可替代的基于低秩张量分解的主题建模算法。

20.1 引言

本章我们将介绍主题建模和非负矩阵因式分解，这是两个经典而且相互关联的问题，在其中来自超越最坏情况分析的观点带来了显著的算法上的进展。主题建模的目标是通过提取主题结构来理解大量文档。参见图 20.1 的示例，其中的主题是从《纽约时报》的一组文章中自动提取的。主题模型在群体遗传学和其他领域也有重要的应用，不过出于篇幅的考虑，我们将不在这里讨论这些问题。

anthrax，official，mail，letter，worker，attack
president，clinton，white_house，bush，official，bill_clinton
father，family，elian，boy，court，miami
oil，prices，percent，million，market，united_states
microsoft，company，computer，system，window，software
government，election，mexico，political，vicente_fox，president
fight，mike_tyson，round，right，million，champion
right，law，president，george_bush，senate，john_ashcroft

图 20.1 从《纽约时报》的一个文集中自动提取的主题的示例。每一行包含一个主题中的词，并且按概率的降序排列。这是运行（Arora et al.，2018）中的算法得到的结果，我们将在 20.3.4 节介绍这个算法

主题建模的核心是一个简单的生成模型。首先，每一个文档都被表示为一个词频向量。这看上去是一种过于简单的方法，因为它没有考虑任何顺序或者语法的概念。然而，在直觉上即使只给出这种所谓“词袋”（bag-of-words）表示法，你仍然能够说出文档的内容。如此看来，这样的表示法似乎是主题建模的一个足够好的近似。最重要的假定是有一个固定的包含（比如）好几百个主题（topic）的集合，这些主题在每一个文档中被共享并且以不同的比例反复出现。例如一篇与退休账户立法相关的新闻文章可能被描述为 0.7 的政治主题和 0.3 的个人金融主题的混合。此外，每一个主题都与词的分布相关联。注意到（比如）账户这样的词可以出现在多个主题中，但是分配给它的概率可能因主题而异。最后，每一个文档的各个主题比例从某一个分布中生成，然后从具体文档的词的分布中对每一个词进行抽样。

下面介绍一些我们将在本章使用的概念。设 n 是词汇表的大小，k 为主题数量，那么存在一个 $n \times k$ 阶的主题矩阵 $\boldsymbol{A}$，每一个主题在词上的分布由 $\boldsymbol{A}$ 矩阵的列描述。进而，设 m

为文档数量，$\boldsymbol{W}$ 是一个 $k\times m$ 阶矩阵，每一个文档的构成由 $\boldsymbol{W}$ 矩阵的列表示为若干主题。此外，我们假定 $\boldsymbol{W}$ 的各个列是在 k 维单纯形上的某一个分布中抽样的。使用这些符号，如果我们将 $\boldsymbol{A}$ 和 $\boldsymbol{W}$ 相乘，则可以得到一个文档-词矩阵 $\boldsymbol{M}=\boldsymbol{AW}$，$\boldsymbol{M}$ 的每一列 $\boldsymbol{M}_i$ 表示一个文档。由于 $\boldsymbol{M}_i=\sum_{j=1}^{k}\boldsymbol{W}_{i,j}\boldsymbol{A}_j$，我们意识到第 i 个文档可以表示成一些主题的组合（混合）。最后，我们并不直接观察 $\boldsymbol{M}=\boldsymbol{AW}$。我们不是观察 $\boldsymbol{M}$ 的每一列，而是观察来自相关分布的 L 个独立样本，这将对应于每一个文档的长度都为 L 的情况。我们也可以直接接受大小不同的长度，或者从另一个分布中对长度的大小进行抽样，不过在我们的讨论中将避开这些复杂情况。

我们感兴趣的主要问题是：能否从主题模型生成的文档集合中恢复主题矩阵 $\boldsymbol{A}$？事实证明，存在各种各样的算法，它们在实践中能够有效工作，提取有意思的和有用的主题结构。本章我们将主要关注主题建模的理论方面：*是否能够为主题建模设计出具有可证明保证的高效算法？*对于我们而言，这种探索将与基于实际问题的生成模型的进一步假定密切相关。

最简单的设定是所谓的*纯主题模型*（pure topic model），如定义 20.1 所述

定义 20.1（纯主题模型）　存在一个未知的 $n\times k$ 主题矩阵 $\boldsymbol{A}$，并且 $\boldsymbol{W}$ 的各列是通过以概率 $p_1,\cdots,p_k$ 抽样出标准基向量 $\{\boldsymbol{e}_i\}_i^k$ 来选择的。 ◁

特别地，每一个文档只涉及一个主题。纯主题模型由 Hoffman（1999）以*概率隐语义索引*（probabilistic latent semantic indexing）[㊀]为名进行了研究，这个模型是 k 个不同的单项式分布的混合。稍后我们将研究更为复杂的模型，其中 $\boldsymbol{W}$ 的列不是基向量——或者换句话说，每个文档都可以有超过一个的主题——我们称这些为*混合模型*（mixed model）。纯主题模型已经不算简单。事实上，我们将做出更强的假定来展示第一个主题建模算法。我们假定 L 无穷大，因此我们真正观察的是 $\boldsymbol{M}=\boldsymbol{AW}$，而不必去对付抽样噪声。此外，假设 $\boldsymbol{A}$ 的各列的支持集互不相交，因此每一个词只会出现在一个主题中。Papadimitriou 等人（2000）证明了在这种情况下，奇异值分解是有效的——它确实恢复了被用于生成文档的主题。

引理 20.2　*假设 $\boldsymbol{M}=\boldsymbol{AW}$，而且 $\boldsymbol{W}$ 的每一列和 $\boldsymbol{A}$ 的每一行都恰好只有一个非零元。此外，假设 $\boldsymbol{A}$ 的各列的支持集是互不相交的。最后，假定 $\boldsymbol{M}$ 的非零奇异值各不相同。那么 $\boldsymbol{M}$ 的左奇异向量就是 $\boldsymbol{A}$ 的列（经过重新缩放后）。*

证明　考虑置换矩阵 $\boldsymbol{P}$，它置换词的索引值，使得在同一主题中出现的所有词都是连续的。那么

$$\boldsymbol{PMM}^{\top}\boldsymbol{P}^{\top}$$

是块对角矩阵。每一个主题有一个块，块的维度等于在这个主题中的词数。此外，每一个文档只添加到与其主题对应的块，因此每一个块的秩都是 1。$\boldsymbol{PM}$ 的列是 $\boldsymbol{PMM}^{\top}\boldsymbol{P}^{\top}$ 的特征向量，这反过来意味着 $\boldsymbol{A}$ 的列是 $\boldsymbol{M}$ 的左奇异向量。$\boldsymbol{M}$ 具有不同的非零奇异值这一事实意味着奇异值分解是唯一的，因此 $\boldsymbol{A}$ 的列是 $\boldsymbol{M}$ 的唯一左奇异向量。 □

（Papadimitriou et al.，2000）的开头首次介绍了文档的自然两级生成模型。这个模型还有其他的应用。以协同过滤为例，我们假定每一个用户都表示为一种兴趣上的分布，而每一个兴趣都是在用户可能购买的物品上的分布。他们还给出了扰动界，从而量化了奇异值分解在存在抽样噪声的情况下（即当文档长度并非无限时）的性能。通过文档矩阵把奇

㊀ 也称为概率隐语义分析。——译者注

异值分解应用于项的方法称为隐语义索引（latent semantic indexing），由 Deerwester 等人（1990）的开创性论文引入。

我们在上文做出了许多假定，但可能最过分的是主题不相交的假定。现实世界的主题有着高度的重叠性。那么当我们去掉这个假定时会发生什么情况呢？

从根本上说，奇异值分解不再是正确的做法。它找到的向量必然是正交的，尽管我们正在寻找的向量（即 $\boldsymbol{A}$ 的列）并不是正交的。奇异值分解能够找到 $\boldsymbol{A}$ 的生成空间，但是它给出的向量通常是稠密的，而且常常难以解释。这就引出了非负矩阵因式分解的概念。

定义 20.3（非负矩阵因式分解）　一个元素非负的 $n\times m$ 矩阵 $\boldsymbol{M}$ 的内维数为 k 的非负矩阵因式分解（Nonnegative Matrix Factorization，NMF）是下列分解

$$\boldsymbol{M}=\boldsymbol{A}\boldsymbol{W}$$

其中 $\boldsymbol{A}$ 是 $n\times k$ 矩阵，$\boldsymbol{W}$ 是 $k\times m$ 矩阵，而且两者都是元素非负的。此外，用非负秩（nonnegative rank）$\mathrm{rank}^{+}(\boldsymbol{M})$ 表示存在这样的因式分解的最小的 k。　◁

非负矩阵因式分解已经被独立引入许多不同的环境中。Yannakakis（1991）证明了在组合优化中非负秩对多面体复杂性扩展的影响，Lee 和 Seung（1999）发现了在图像分割中的应用。事实上，它最初是在化学计量学中以自模式曲线分辨（self-modeling curve resolution）的名义引入的。虽然这看起来是在主题建模环境中使用的完全合适的工具（起码在文档的长度足够长，我们无须担心抽样噪声的极限情况下），但是有一个潜在的困难。Vavasis（2009）证明了如下定理。

定理 20.4　计算一个矩阵的非负秩是 NP 困难的。

本章致力于研究尽管存在这些计算障碍，我们还可以做些什么。事实证明，存在着一些基于唯一性和健壮性考虑的自然假定，在这些假定下，我们可以给出一些用于可证明和高效地计算一个具有最小内维数的非负矩阵因式分解的简单算法，这些算法也将对主题建模产生重要影响。我们还将在这里详细介绍其他一些基于张量分解的主题建模方法。

20.2　非负矩阵因式分解

这一节我们将详细讨论非负矩阵因式分解（NMF）。回忆一下，对于一个矩阵 $\boldsymbol{M}\in\mathbb{R}^{n\times m}$，如果我们能够写出

$$\boldsymbol{M}=\boldsymbol{A}\boldsymbol{W}$$

其中 $\boldsymbol{A}\in\mathbb{R}^{n\times k}$，$\boldsymbol{W}\in\mathbb{R}^{k\times m}$ 是带非负元素的因子矩阵，就称矩阵 $\boldsymbol{M}$ 有一个非负矩阵因式分解。对于像主题模型这样的应用，非负性约束是自然的。这一节我们将看到非负性约束自然会导致 NMF 的一种几何解释，这个几何解释是 NMF 的 NP 困难性证明中的关键步骤。一个类似的解释还给出了 NMF 唯一而且易于找到的条件，并且引出计算 NMF 的一些快速算法。

20.2.1　非负矩阵因式分解的困难性

Vavasis（2009）证明了寻找一个具有最小可能内维数的非负矩阵因式分解是 NP 困难的。他的证明围绕着 NMF 的一种实用的几何解释和各种几何工具展开。

Vavasis（2009）指出，NMF 实际上等价于一个称为中间单纯形（intermediat simplex）的几何问题。

问题 20.5（中间单纯形）　给定一个多面体 $P=\{\boldsymbol{x}\in\mathbb{R}^{k-1}:\boldsymbol{A}\boldsymbol{x}\geqslant\boldsymbol{b}\}$，其中 $\boldsymbol{A}\in\mathbb{R}^{n\times(k-1)}$ 而且 $\boldsymbol{b}\in\mathbb{R}^{n}$，使得 $[\boldsymbol{A},\boldsymbol{b}]$ 有秩 k。再给定一个包含 m 个点的集合 $S\subset\mathbb{R}^{k-1}$，这些点全部包

含在 P 中而且不完全包含在任何超平面中（即它们仿射生成 $\mathbb{R}^{k-1}$）。问题是：是否存在一个 $(k-1)$-单纯形 T，使得 $S \subset T \subset P$。◁

考虑精确 NMF 问题：给定一个矩阵 $\boldsymbol{M}$，我们的目标是确定它是否有一个秩 k 的非负矩阵因式分解。Vavasis（2009）证明了下面的定理。

定理 20.6　*存在一个从精确 NMF 到中间单纯形的多项式时间的归约，反之亦然。*

直观上，精确 NMF 与中间单纯形有关，因为人们总可以通过 $\boldsymbol{A}$ 的列的一个非负组合来表示 $\boldsymbol{M}$ 的一列：

$$\boldsymbol{M}_i = \sum_{j=1}^{k} \boldsymbol{W}_{i,j}\boldsymbol{A}_j$$

如果各个 $\boldsymbol{M}_i$ 和 $\boldsymbol{A}_j$ 被归一化为具有 ℓ_1 范数 1（这总是可能的，参见随后的断言 20.9），则列 $\boldsymbol{M}_i$ 位于 $\{\boldsymbol{A}_1, \boldsymbol{A}_2, \cdots, \boldsymbol{A}_k\}$ 的凸包中。概括地讲，可以将各列 $\{\boldsymbol{M}_i\}$ 视为中间单纯形中的集合 S，将各个 $\{\boldsymbol{A}_i\}$ 视为 T 的顶点，并且将所有非负向量的集合视为多面体 P。实际的归约过程更为技术性。

因为精确 NMF 和中间单纯形是等价的（关于多项式时间归约），想要证明精确 NMF 的困难性，我们只需要证明中间单纯形的困难性。Vavasis 的证明的关键思想是构造正好有两个解的中间单纯形问题，并将它们用作工具，如图 20.2 所示。图中的边界框表示外部多面体 P，黑点表示集合 S，虚线表示两个可能的中间单纯形。

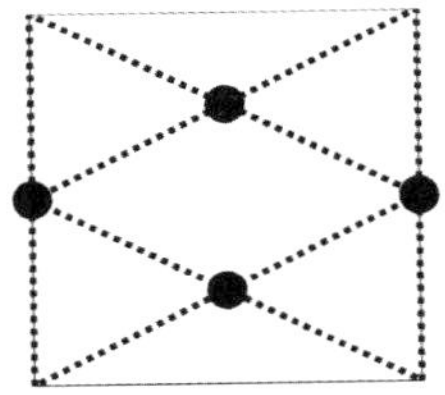

图 20.2　用于在 NP 困难性归约中的变量的工具。原图出自（Vavasis，2009）

20.2.2　非负矩阵因式分解的唯一性

在诸如主题模型之类的应用中，人们常常希望找到一个对应于文本语料库背后真正的主题的唯一解。然而，对于矩阵 $\boldsymbol{M} \in \mathbb{R}^{n \times m}$，其非负矩阵因式分解并不总是唯一的。在这种情况下，即使我们已经找到了具有最小内维数的非负矩阵因式分解，但是对于是否已经找到关于该应用的正确的解，仍然存在不确定性。因此，我们很自然会问：对于一个固定的内维数，非负矩阵因式分解什么时候是唯一的？

我们观察到 NMF 有一些固有的对称性：如果 $\boldsymbol{M}=\boldsymbol{A}\boldsymbol{W}$，那么至少存在两类我们可以执行的操作来得到具有相同内维数的 NMF：可以对 $\boldsymbol{A}$ 的各列进行置换，并对 $\boldsymbol{W}$ 的各行应用相同的置换；可以把 $\boldsymbol{A}$ 的一列缩放一个正因子 c，并且利用 $1/c$ 来缩放 $\boldsymbol{W}$ 的相应行。

这些 NMF 问题中的自然对称性对于特定的应用而言通常不成问题。倘若我们再次考虑主题模型，置换操作只会改变主题的顺序，这与实际的主题模型无关，因为我们只关心主题集合。此外，不必担心重新缩放，因为我们感兴趣的是一种特定的缩放，其中 $\boldsymbol{A}$ 的每一列的元素之和为一。后面当我们说起 NMF 是唯一的时候，我们的意思是 NMF 在忽略置换和缩放操作的意义上是唯一的。

Donoho 和 Stodden（2004）考虑了在图像数据集上的应用，并且给出了使 NMF 唯一的一个包含充分条件的集合。这里我们在一般的 NMF 环境下重申他们的主要假定，即可分性（separability）。

定义 20.7（可分性）　非负矩阵 $\boldsymbol{A} \in \mathbb{R}^{n \times k}$ 是可分的（separable），如果对于每列 $i=1,2,\cdots,k$，都存在一行 $a_i \in [n]$，使得这一行中的唯一非 0 元位于第 i 列。也就是说，$\boldsymbol{A}_{i,a_i}>0$，而且对所有

的$j \neq i$，有$A_{j,a_i}=0$。此外，我们说非负矩阵因式分解$M=AW$是可分的，如果A是可分的。 ◁

直观上，可分性要求 NMF 的每个分量（A 矩阵的每列）都有唯一的坐标，这个坐标指出该分量是否存在于 NMF 中。当矩阵M有精确的 NMF 时，可分性本身就足以保证唯一性。

定理 20.8　假设$M=AW$是M的一个 NMF，其分量的数量等于$\mathrm{rank}^+(M)$。如果矩阵A是可分的，那么这个 NMF 在忽略置换和缩放的意义上是唯一的。

可以在（Arora et al.，2016a）中找到这个定理的一个证明，他们还给出了一个高效寻找这一类 NMF 的算法。我们不在这里证明这个定理，不过下一节我们将解释这个证明背后的几何直觉，而且随后的定理 20.11 引出了这个定理的一个较弱版本。

20.2.3　可分性的几何解释

断言 20.9　如果$M \in \mathbb{R}^{n\times m}$的每行都有$\ell_1$范数 1，而且$M$有非负秩$k$，那么存在一个非负矩阵因式分解$M=AW$，其中$A \in \mathbb{R}^{n\times k}$，$W \in \mathbb{R}^{k\times m}$，使得$A$或者$W$的每行的$\ell_1$范数也等于 1。

我们将使用$A_{i,:}$表示A的第i行，对于矩阵M和W也采用类似的符号。如果A是可分的，那么归一化后的每一行$A_{a_i,:}$将等于基向量e_i。

现在，将M的行看作$\mathbb{R}^m$中的点。由于我们可以写出

$$M_{i,:} = \sum_{j=1}^{k} A_{i,j} W_{j,:}$$

我们知道每行$M_{i,:}$是W中的行的一个凸组合。如果再加上A是可分的，那么我们知道$M_{a_i,:}=W_{i,:}$（即W的每行）实际上作为M中的一行出现。这使我们可以将问题重申如下。

断言 20.10（可分的 NMF 的几何解释）　假设$M=AW$是一个可分的 NMF，M的行被归一化为具有ℓ_1范数 1。NMF 问题等价于：给定$\mathbb{R}^m$中的n个点（即M的行），从中找出k个点（即W的行），使n个点中的每个点都在这k个点的凸包中。

20.2.4　关于可分的 NMF 的算法

基于上述的几何解释，有许多方法可以设计高效的算法来寻找因式分解$M=AW$。第一个多项式时间算法由 Arora 等人（2016a）给出，这里我们给出一个来自 Arora 等人（2018）的更简单而且更高效的算法。这个算法具备很有吸引力的噪声健壮特性，这也是我们随后将要讨论的。我们将依赖于断言 20.10 中建立的几何描述。

算法 1　可分的 NMF

要求： M有一个可分的$M=AW$，n个对应于M的行的点$v_1,v_2,\cdots,v_n \in \mathbb{R}^m$。

确保： k个对应于W的行的点$w_1,w_2,\cdots,w_k \in \mathbb{R}^m$。

　　归一化$\{v_1,v_2,\cdots,v_n\}$，使它们有ℓ_1范数 1。

　　设$w_1=\mathrm{argmin}_{v_j}\|v_j\|_2$（具有最大$\ell_2$范数的向量）

　　for $i=2$ **to** k **do**

　　　　设w_i为$\{v_1,v_2,\cdots,v_n\}$中的向量，它在ℓ_2距离上离开$\{w_1,w_2,\cdots,w_{i-1}\}$的仿射生成空间最远。

　　end for

在这个算法中，向量 $\{\boldsymbol{w}_1,\boldsymbol{w}_2,\cdots,\boldsymbol{w}_i\}$ 的仿射生成空间（affine span）[㊀]被定义为集合 $\mathrm{aff}(\{\boldsymbol{w}_1,\boldsymbol{w}_2,\cdots,\boldsymbol{w}_i\})=\{\boldsymbol{w}\mid\boldsymbol{w}=\sum_{j=1}^{i}\boldsymbol{a}_j\boldsymbol{w}_j,\ \sum_{j=1}^{i}\boldsymbol{a}_j=1\}$，点$\boldsymbol{v}$ 到这个仿射生成空间的 ℓ_2 距离是从$\boldsymbol{v}$ 到生成空间中的任何一个点的最小 ℓ_2 距离。一旦算法为每行 $\boldsymbol{M}_{i,:}$ 找到 $\boldsymbol{w}_i$，我们就可以求解一个简单的线性方程组来恢复系数 $\boldsymbol{A}_{i,:}$。

图 20.3 给出了算法 1 的一个运行示例。图中的点是各个输入点 $\{\boldsymbol{v}_i\}$，灰色点表示凸包的顶点，这就是算法想要的输出。图 20.3b 中，第一个向量 $\boldsymbol{w}_1$ 被选中为具有最大 ℓ_2 范数的向量；图 20.3c 中，$\boldsymbol{w}_2$ 被选中为与 $\boldsymbol{w}_1$ 距离最远的向量（因为仿射包 $\mathrm{aff}(\{\boldsymbol{v}_1\})$ 只是 $\boldsymbol{v}_1$ 自身）；图 20.3d 中，$\boldsymbol{w}_3$ 被选中为与通过 $\boldsymbol{w}_1$ 和 $\boldsymbol{w}_2$ 的连线距离最远的向量。算法将在最后一个子图之后运行另一次迭代，并选取剩余的灰色顶点。

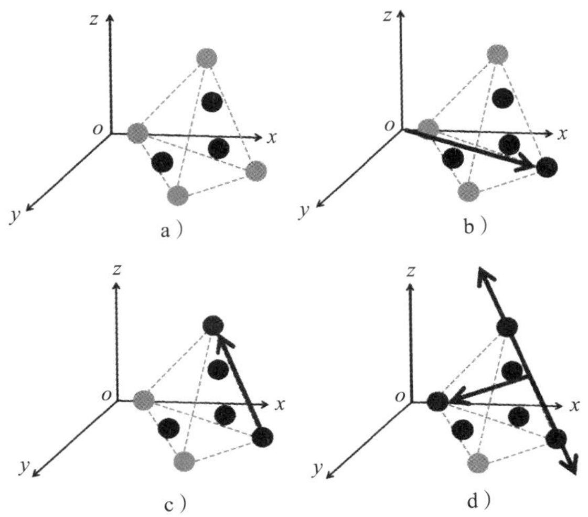

图 20.3 算法 1 的运行示例。原图出自（Arora et al.，2018）

现在我们准备好了给出这个算法的保证。

定理 20.11 *如果 $\boldsymbol{M}$ 有一个具有非负秩 k 的可分的 NMF $\boldsymbol{M}=\boldsymbol{AW}$，而且 $\boldsymbol{W}$ 的秩等于 k，那么算法 1 返回与 $\boldsymbol{W}$ 的行对应的 k 个向量。*

这个定理可以由简单的归纳法加以证明，我们把它留作练习题。这里令人惊讶的是对于同样的假定（可分性），我们最初引入它是为了理解何时 NMF 是唯一的，结果却证明了它在为 NMF 设计高效算法的这种貌似互不相关的目标上有所作为。事实上，与本书中的其他章节相比，我们所使用的假定不仅用于分析某一个通用算法，而且还用于启发一些事实证明高度实用的新算法。

算法 1 的健壮性。定理 20.11 中的分析要求被观察的矩阵 M 有精确的 NMF。这是一个强假定：在实践中，人们常常只能观察到 $\boldsymbol{M}$ 的一个近似版本。假设 $\hat{\boldsymbol{M}}$ 是真实矩阵 $\boldsymbol{M}=\boldsymbol{AW}$ 的一个小扰动矩阵，我们也可以应用同一个算法 1 来观察 $\hat{\boldsymbol{M}}$。在这种情况下，我们还需要额外的假定，即由 $\boldsymbol{W}$ 的行构成的单纯形是健壮的。

定义 20.12（健壮的单纯形） 单纯形 P 是 γ-健壮的，如果 P 的每个顶点与其余顶点的凸包的 ℓ_2 距离至少是 $\boldsymbol{\gamma}$。 ◁

当然，当输入受到扰动时，我们也不能指望能够恢复一个精确解。于是我们的目标变成要找到一个接近单纯形顶点的顶点集合，形式化如下。

定义 20.13（覆盖） 设$\boldsymbol{v}_1,\boldsymbol{v}_2,\cdots,\boldsymbol{v}_n\in\mathbb{R}^m$ 是一个点集合，其凸包 P 是一个顶点为 $\boldsymbol{w}_1,\boldsymbol{w}_2,\cdots,\boldsymbol{w}_k$ 的单纯形。如果当$\boldsymbol{v}_i$ 被写成顶点的一个凸组合$\boldsymbol{v}_i=\sum_{l=1}^{k}\boldsymbol{c}_l\boldsymbol{w}_l$ 时，系数 $\boldsymbol{c}_j\geqslant 1-\epsilon$，我们就说$\boldsymbol{v}_i$*$\epsilon$-覆盖* $\boldsymbol{w}_j$。此外，我们说一个包含 k 个点的集合 ϵ-覆盖这些顶点，如果这些顶点中的每一个顶点都被这个集合中的某一个点 ϵ-覆盖。 ◁

容易看出，如果 $\epsilon=0$，则 0-覆盖这些顶点的集合必定是顶点本身的集合。根据这些定

㊀ 也称为 affine hull，即下文中的仿射包。——译者注

义，Arora 等人（2018）证明了算法 1 的以下健壮性保证。

定理 20.14 设 $\boldsymbol{v}_1,\boldsymbol{v}_2,\cdots,\boldsymbol{v}_n\in\{\boldsymbol{v}\in\mathbb{R}^m,\ \|\boldsymbol{v}\|_2\leqslant 1\}$ 是一个点集合，其凸包 P 是一个顶点为 $\boldsymbol{w}_1,\boldsymbol{w}_2,\cdots,\boldsymbol{w}_k$ 的单纯形。如果凸包 P 是 γ-健壮的，而且算法 1 的输入为 $\boldsymbol{v}_i'$，对于所有的 $i=1,2,\cdots,n$，有 $\|\boldsymbol{v}_i'-\boldsymbol{v}_i\|_2\leqslant\epsilon$，那么算法 1 返回一个子集 $\{\boldsymbol{v}_{i_1}',\boldsymbol{v}_{i_2}',\cdots,\boldsymbol{v}_{i_k}'\}$，其未扰动版本 $\{\boldsymbol{v}_{i_1},\boldsymbol{v}_{i_2},\cdots,\boldsymbol{v}_{i_k}\}$ $O(\epsilon/\gamma)$-覆盖顶点 $\{\boldsymbol{w}_1,\boldsymbol{w}_2,\cdots,\boldsymbol{w}_k\}$。这里假设 $20\epsilon k<\gamma^3$。

20.2.5 进一步的应用和讨论

迄今为止，我们的大部分讨论都围绕着可分性假定展开。我们讨论了它如何引出 NMF 的唯一性、用于 NMF 的新算法以及在主题建模中的应用。这里我们简要回顾有关 NMF 的一些其他相关文献。首先，如果不做出可分性假定，Arora 等人（2016a）指出，在假定了指数时间假说（Exponential Time Hypothesis，ETH，参见（Impagliazzo and Paturi，2001））的情况下，很难在 $(mn)^{o(k)}$ 时间内计算精确的 NMF。他们还给出了一种算法，利用来自一阶实数理论的工具（Basu et al.，1996；Renegar，1992）在 $(mn)^{O(k^2 2^k)}$ 时间内计算精确的 NMF。随后 Moitra（2016）将其时间改进为 $(mn)^{O(k^2)}$。此外，还有许多其他关于可分 NMF 的具有可证明保证的算法，例如 Recht 等人（2012）以及 Gillis 和 Vavasis（2013）提出的算法。这些算法基于我们提出的思想，但是有不同的运行时间以及无法直接比较的健壮性保证。Gillis（2014）的综述中提供了更多的参考文献。

最后，在主题建模以外的其他应用中，可分性被证明是一种自然的假设。甚至在这一节所介绍的研究工作开始之前，可分性就被以纯像素假定之名应用于高光谱解混（Winter，1999），这一部分的更多参考资料参见（Ma et al.，2013）。Halpern 和 Sontag（2013）以及 Jernite 等人（2013）将可分性假定应用于 niosy-or 网络，为疾病-症状相互作用建模。Cohen 和 Collins（2014）将可分性假定应用于学习隐变量概率上下文无关语法，这是用于句法解析等问题的流行模型。受生物标志物应用的推动，Ge 和 Zou（2016）将可分性假定扩展到在单纯形的低维面上存在许多点的情况（而不是要求在顶点附近存在点）。

20.3 主题模型

这一节我们将研究 Blei 等人（2003）的隐狄利克雷分配（Latent Dirichlet Allocation，LDA）模型。我们在本章的前面介绍了一种模型，称之为纯主题模型，其中每一个文档只涉及一个主题。这当然是一个不切实际的假定，因为许多文档可能会涉及多个主题。Blei 等人（2003）提出文档矩阵的主题列应该从 Dirichlet 分布中抽样。

定义 20.15（Dirichlet 分布） 参数为 $\alpha_1,\cdots,\alpha_k$ 的 Dirichlet 分布是在 k 维单纯形上的分布，它具有密度函数

$$f(x_1,\cdots,x_k)=\frac{\prod_{i=1}^{k}x_i^{\alpha_i-1}}{B(\alpha)}$$

其中 $B(\alpha)$ 是归一化常数。 ◁

在更为直观的层面上，我们可以这样生成样本：从 k 个伽马分布中抽取一些独立样本，然后对它们进行重新归一化，使它们的总和为 1。第 i 个坐标的期望值等于 α_i/α_0，其中 $\alpha_0=\sum_{i=1}^{k}\alpha_i$。在具有相同期望值的情况下，当 α_0 较小时，这个分布有利于稀疏向量。我们可以将 α_0 视为向量的一种近似稀疏性（Telgarsky，2013）。在主题模型中，α_0

通常是一个小常数（比如1），它有利于非常稀疏的主题向量（即只涉及少量不同主题的文档）。与之前一样，我们的目标是从模型生成的大量文档中估计背后的主题矩阵。我们将给出两种不同类型的算法，其中一种基于张量分解，另外一种基于非负矩阵因式分解。它们各自做出的技术假定以及它们在不同建模假定上的灵活性具有不同的优势和劣势。

20.3.1　张量分解

这一小节我们将介绍张量分解的基础知识，我们需要将它们用于构建学习混合主题模型的算法。为了简单起见，我们将专门对三阶张量进行讨论。我们可以从多个角度来看待这些张量，但是以最简单的形式，它们只不过是数字 $\{\boldsymbol{T}_{a,b,c}\}_{a,b,c}$ 的三维网格。对我们而言，与一个张量相关的最重要的参数是它的秩。

定义 20.16（张量秩）　三阶秩一张量 $\boldsymbol{T}$ 是三个向量 $\boldsymbol{u},\boldsymbol{v},\boldsymbol{w}$ 的张量积，其元素为

$$\boldsymbol{T}_{a,b,c}=\boldsymbol{u}_a\boldsymbol{v}_b\boldsymbol{w}_c$$

此外，张量 $\boldsymbol{T}$ 的秩是我们可以将 $\boldsymbol{T}$ 写成 r 个秩一张量的和的最小整数 r。◁

张量秩的概念中有着许多矩阵所不具备的细微之处。需要牢牢记住的最重要的因素是计算这个秩是 NP 困难的。Håstad（1990）证明了：

定理 20.17　计算一个张量的秩是 NP 困难的。

不过事实证明，在一些机器学习应用中出现的张量类型有时可以避免这些病态。当我们将其应用于主题建模时，就会出现这种情况。特别地，有一个重要的算法称为 Jennrich 算法，它发表在（Harshman et al.，1970）中，将是我们这里的算法的基础。第 19 章详细介绍了 Jennrich 算法，我们在此总结一下算法的保证。

定理 20.18　假设给定一个张量 $\boldsymbol{T}$，它具有以下形式：

$$\boldsymbol{T}=\sum_{i=1}^{r}\boldsymbol{u}^{(i)}\otimes\boldsymbol{v}^{(i)}\otimes\boldsymbol{w}^{(i)}$$

其中，向量 $\{\boldsymbol{u}^{(i)}\}_i$ 是线性独立的，向量 $\{\boldsymbol{v}^{(i)}\}_i$ 是线性独立的，$\{\boldsymbol{w}^{(i)}\}_i$ 中的每对向量是线性独立的。那么存在一种算法，可以在多项式时间内恢复先前分解中的秩一张量（在忽略置换的意义上）。

存在一些构思这个保证的技巧。我们无法恢复集合 $\{\boldsymbol{u}^{(i)}\}_i,\{\boldsymbol{v}^{(i)}\}_i,\{\boldsymbol{w}^{(i)}\}_i$，因为当我们对求和式中的索引值的顺序进行排列时，甚至当我们以 α,β,γ 因子（$\alpha\beta\gamma=1$）对任何向量的三元组修改缩放比例时，$\boldsymbol{T}$ 保持不变。

同样重要的是要知道 Jennrich 算法在存在噪声的情况下也能工作。特别地，如果给定一个 $\boldsymbol{T}$ 的元素上的近似，我们就可以根据问题的其他性质（比如向量 $\{\boldsymbol{u}^{(i)}\}_i$ 被良好约束的程度）把误差限制在我们恢复秩一项的良好程度的范围内。这对我们来说很重要，因为我们将利用张量来存储关于主题模型的矩的信息，即词的三元组彼此同现的频率。对于任何有限数量的样本，我们无法精确地得到这些矩，但是能够很好地近似它们。

20.3.2　纯主题模型的应用

这一小节将给出把张量方法用于主题建模的首次应用。这些结果最早出现在（Mossel and Roch，2005）中，尽管他们研究的是学习系统进化树和隐马尔可夫模型的更一般的问题。他们的结果后来被重新发现。我们回到纯主题模型设定。设 m 是词汇表中词的数量，$\boldsymbol{A}$ 是主题矩阵，p_i 是一个文档与第 i 个主题相关的概率。现在假设我们从主题模型中抽取

一个随机文档连同一个由三个词组成的三元组（w_1, w_2, w_3）。设 $\boldsymbol{T}$ 为 $m\times m\times m$ 的张量，其中 $\boldsymbol{T}_{a,b,c}$ 是 $w_1=a$，$w_2=b$，$w_3=c$ 的概率。

首先，我们断言 $\boldsymbol{T}$ 可以由未知的主题矩阵 $\boldsymbol{A}$ 表示。设 $\boldsymbol{A}_\ell$ 为 $\boldsymbol{A}$ 的第 ℓ 列。

引理 20.19　*在纯主题模型中，我们有*

$$\boldsymbol{T} = \sum_{e=1}^{k} p_\ell \boldsymbol{A}_\ell \otimes \boldsymbol{A}_\ell \otimes \boldsymbol{A}_\ell$$

现在我们可以将 Jennrich 算法应用于表示主题模型的三阶矩的张量。姑且将我们需要多少样本以及在存在抽样噪声的环境中应用 Jennrich 算法的扰动界这些问题放在一边，我们得出以下定理。

定理 20.20　*存在一个多项式时间算法来学习纯主题模型中的主题矩阵 $\boldsymbol{A}$，前提是 $\boldsymbol{A}$ 是满秩的。*

这里的关键是如果 $\boldsymbol{A}$ 是满秩的，那么我们所需要的能够将 Jennrich 算法应用于 $\boldsymbol{T}$ 的条件将得到满足。算法将输出 $\boldsymbol{A}$ 的估计，它可以收敛到真实的主题矩阵（在忽略其列的置换的意义上），而且收敛速度多项式地取决于问题中的各种参数，例如词数、主题数、$\boldsymbol{A}$ 的条件数等。我们可以将张量方法和谱方法在学习纯主题模型方面的功效进行比较：应用奇异值分解时，我们只有在做出强假定的情况下（比如要求 $\boldsymbol{A}$ 的各列有互不相交的支持集）才能恢复主题（见引理 20.2）。现在我们可以庆幸有了一个合理得多的假定，即它具有满列秩。

20.3.3　扩展到混合模型

这一小节我们将展示如何将张量方法应用到混合主题模型，这里允许一个文档涉及超过一个主题。我们将跟随 Anandkumar 等人（2012）的研究路线。回忆一下，在 LDA 模型中，每一个文档的组成成分都是从 Dirichlet 分布中提取的。

如果我们简单地尝试沿用与纯主题模型相同的方法并且计算以三阶矩为元素的张量 $\boldsymbol{T}^{(3)}$，将得到一个由 $\boldsymbol{A}$ 表示的不同的 $\boldsymbol{T}^{(3)}$ 的表达式（这里引入了 $\boldsymbol{T}^{(3)}$ 的名称，因为我们最终将不得不使用许多不同的三阶张量）。正如 p_i 表示的是纯主题模型中文档与第 i 个主题相关的概率，设 $p_{a,b,c}$ 表示我们抽样的三个词分别从第 a 个、第 b 个和第 c 个主题生成的概率。三个主题之间的相关性可以显式地写成[㊀]

$$p_{a,b,c}=\begin{cases}\dfrac{\alpha_a(\alpha_a+1)(\alpha_a+2)}{\alpha_0(\alpha_0+1)(\alpha_0+2)} & a=b=c\\[2ex] \dfrac{\alpha_a(\alpha_a+1)\alpha_c}{\alpha_0(\alpha_0+1)(\alpha_0+2)} & a=b\neq c\\[2ex] \dfrac{\alpha_a\alpha_b\alpha_c}{\alpha_0(\alpha_0+1)(\alpha_0+2)} & a,b,c\text{ 两两不同}\end{cases}$$

引理 20.21　*在隐 Dirichlet 分配模型中，我们有*

$$\boldsymbol{T}^{(3)} = \sum_{a,b,c} p_{a,b,c} \boldsymbol{A}_a \otimes \boldsymbol{A}_b \otimes \boldsymbol{A}_c$$

所以我们现在碰到了一个拦路虎。在此之前，我们的办法是估计三阶矩，然后再应用

㊀ 这些相关性的计算依赖于这样的事实，即 Dirichlet 分布是分类分布的共轭先验，这也是 Blei 等人（2003）使用 Dirichlet 分布的部分原因。更多信息参见维基百科词条（2019）。

Jennrich 算法。但在目前的情况下，$\boldsymbol{T}^{(3)}$ 不一定是低秩的。实际上，它是 k^3 个秩一张量的和。关键的思路是我们可以构造其他种类的三阶张量，并且利用它们将 $\{p_{a,b,c}\}_{a,b,c}$ 的非对角元素归零。例如，如果我们取三个从生成模型中抽取的文档，并且从每一个文档中随机均匀地选择一个词，那么它们的联合分布可以写成张量

$$\boldsymbol{T}^{(1)} = \sum_{a,b,c} p_a p_b p_c \boldsymbol{A}_a \otimes \boldsymbol{A}_b \otimes \boldsymbol{A}_c$$

其中 $p_i = \alpha_i / \alpha_0$。这些张量几乎相同。它们具有相同的因子 $\{\boldsymbol{A}_i\}_i$，不同之处只是在于 $\boldsymbol{T}^{(3)}$ 给予了具有重复指标的三元组相对更多的权重。（直觉上，这是因为当第一个词来自第 i 个主题时，第二个单词更有可能也来自同一主题。）

我们需要引入最后一个张量来描述这个算法。假设我们抽样出两个文档，并且从第一个文档中均匀随机地提取两个词，从第二个文档中均匀随机地提取一个词。结果得到的张量是

$$\boldsymbol{T}^{(2)}_{\{1,2\}} = \sum_{a,b,c} p_{a,b} p_c \boldsymbol{A}_a \otimes \boldsymbol{A}_b \otimes \boldsymbol{A}_c$$

其中我们有

$$p_{a,b} = \begin{cases} \dfrac{\alpha_a(\alpha_a+1)}{\alpha_0(\alpha_0+1)} & a=b \\ \dfrac{\alpha_a\alpha_b}{\alpha_0(\alpha_0+1)} & \text{其他} \end{cases}$$

注意到现在在指标 a,b,c 之间存在不对称，这是由于第一个和第二个词来自同一个文档。相反，如果我们想（比如）从同一个文档中提取第一个和第三个词并且计算三阶矩，就写成 $\boldsymbol{T}^{(2)}_{\{1,3\}}$。首先，我们引进一些有用的符号。

定义 20.22　设 $\boldsymbol{T} = \alpha_0(\alpha_0+1)(\alpha_0+2)\boldsymbol{T}^{(3)} - \alpha_0^2(\alpha_0+1)(\boldsymbol{T}^{(2)}_{\{1,2\}} + \boldsymbol{T}^{(2)}_{\{1,3\}} + \boldsymbol{T}^{(2)}_{\{2,3\}}) + 2\alpha_0^3\boldsymbol{T}^{(1)}$。　◁

现在，我们可以给出下面的关键引理，它将使我们能够学习 LDA 模型的参数。

引理 20.23　在隐 Dirichlet 分配模型中，有

$$\boldsymbol{T} = \sum_{a,b,c} R_{a,b,c} \boldsymbol{A}_a \otimes \boldsymbol{A}_b \otimes \boldsymbol{A}_c \tag{20.1}$$

其中 $R_{a,b,c}$ 非零当且仅当 $a=b=c$。特别地，$R_{a,a,a} = 2\alpha_a$。

现在我们可以再次应用 Jennrich 算法。设 $\hat{\boldsymbol{T}}^{(3)}$ 表示对 $\boldsymbol{T}^{(3)}$ 的经验近似，并且类似地表示其他张量。整体算法如算法 2 所示。

算法 2　借助张量分解的主题建模

要求： 由一个主题模型生成的长度为 L 的 m 个文档。

　　计算张量 $\hat{\boldsymbol{T}}^{(1)}$，$\hat{\boldsymbol{T}}^{(2)}_{\{i,j\}}$，$\hat{\boldsymbol{T}}^{(2)}_{\{i,k\}}$，$\hat{\boldsymbol{T}}^{(2)}_{\{j,k\}}$，$\hat{\boldsymbol{T}}^{(3)}$。

　　利用它们构造 $\hat{\boldsymbol{T}}$。

　　应用 Jennrich 算法，重新归一化各个因子以使它们的总和为 1，并且将它们收集到一个矩阵 $\boldsymbol{A}$ 中。

Anandkumar 等人（2012）的主要结果如下。

定理 20.24　在隐 Dirichlet 分配模型中，存在一个用于学习主题矩阵的多项式时间算法，前提是 $\boldsymbol{A}$ 是满秩的而且所有的 α_i 是非零的。

同样，该算法将输出 $\boldsymbol{A}$ 的一个收敛到真实主题矩阵的估计（在忽略其列的置换的意义上），而且收敛速度多项式地依赖于相关参数，如词数、主题数、$\boldsymbol{A}$ 的条件数、α_i 接近零的程度等。虽然这个算法表明张量方法可以扩展到一些混合模型，但是有一个重要的告诫，就是如果我们将 Dirichlet 分布替换成其他的分布，则公式（20.1）将不再有效（而且可能无法仅仅利用低阶矩来获得一个低秩张量）。我们将在下一小节处理的主要问题是：是否存在这样的学习混合模型的算法，它们不需要对矩进行脆弱的假定而仍然有效？

20.3.4 锚定词算法

我们在前一小节展示了如何利用张量分解来学习 LDA 模型的参数。这种方法的一个局限性是需要估计三个词之间的相关性，这在实践中可能代价高昂。这一节我们将介绍一种基于可分的 NMF 的新算法，该算法适用于两两相关性，其优点是适用于更一般的主题模型族。

主题模型和 NMF。回忆一下，在主题模型中，$\boldsymbol{M}\in\mathbb{R}^{n\times m}$ 表示一个矩阵，矩阵的列表示每一个文档的固有的词的分布。然而，我们在实践中并不观察 $\boldsymbol{M}$。相反，对于每份文档，我们观察 L 个词，它们独立地从其在 $\boldsymbol{M}$ 中的对应列给出的分布中抽样。这 L 个词使我们能够构造经验的文档词矩阵 $\hat{\boldsymbol{M}}$，其中 $\hat{\boldsymbol{M}}_{i,j}$ 是词 i 在文档 j 中出现的相对频率。容易看出 $E[\hat{\boldsymbol{M}}]=\boldsymbol{M}$。然而，在实践中，$L$（通常以百为单位）可能比词汇表中的词数 n（通常起码以万为单位）小很多，因此 $\hat{\boldsymbol{M}}$ 的列是稀疏的。以标准范数（比如 ℓ_1 和 ℓ_2）衡量，它是 $\boldsymbol{M}$ 的一个糟糕的近似。即使就我们在 20.2.4 节所讨论的健壮的 NMF 算法而言，这样的误差也大到无法忍受。

问题是当我们增加文档的数量时，$\hat{\boldsymbol{M}}$ 并没有聚集起来。我们将改为利用格拉姆矩阵（Gram matrix）$\boldsymbol{Q}$：设 w_1,w_2 是来自同一个文档的两个词，那么对于任何一对词 i，j，我们有 $\boldsymbol{Q}_{i,j}=P\ [w_1=i,w_2=j]$。进而，设 $\boldsymbol{R}$ 表示一个源于主题矩阵的矩阵，其第 i 行第 j 列元素是 w_1 从主题 i 中抽样而且 w_2 从主题 j 中抽样的概率。利用以下断言，我们可以将 $\boldsymbol{Q}$，$\boldsymbol{R}$ 和 $\boldsymbol{A}$ 联系起来：

断言 20.25 $\boldsymbol{Q}=\boldsymbol{A}(\boldsymbol{R}\boldsymbol{A}^{\mathrm{T}})$。

现在，$\boldsymbol{Q}$ 是一个矩阵，其大小不会随着文档数量的增加而增加，因此我们可以希望经验估计 $\hat{\boldsymbol{Q}}$ 收敛到 $\boldsymbol{Q}$。此外，断言 20.25 表明，$\boldsymbol{Q}$ 可以方便地分解成一些我们想要估计的矩阵的形式。

这一节我们将假定 $\boldsymbol{A}$ 是可分的（我们还需要强化它，使其成为定量的）。我们现在把这个假定的含义转化为主题建模的设定。

定义 20.26（锚定词假定） 主题矩阵 $\boldsymbol{A}\in\mathbb{R}^{n\times k}$ 满足 p-锚定词假定（p-anchor words assumption），如果对于每个主题 $i=1,2,\cdots,k$，存在一个锚定词 $\pi(i)$，使得 $\boldsymbol{A}_{\pi(i),i}\geqslant p$，而且对于所有 $j\neq i$，有 $\boldsymbol{A}_{\pi(i),j}=0$。 ◁

这并不是说关于主题 i 的每个文档都必须包含词 $\pi(i)$。相反，它说的是当词 $\pi(i)$ 出现时，文档必须至少部分地与这个主题相关。例如，如果词 401k 出现在一份文档中，那么它确实是一个强有力的标志，表明这个文档至少部分涉及个人金融[㊀]。自然语言看来包含许多如此毫不含糊的词。（而且事实上当主题矩阵如同通常的假定那样利用

㊀ 401k 计划是美国的一种养老保险制度。——译者注

Dirichlet 分布生成时，对于参数的自然设定，它将产生一个可分的主题矩阵。参见（Ding et al.，2015）。）

到目前为止，我们已经从几何角度考虑了可分性，现在我们转向一种概率解释。设 w_1 是文档中的第一个词，并且设 t_1 表示它从中抽样的主题。

引理 20.27 *词 j 是主题 i 的一个锚定词当且仅当*

$$P[t_1=i' \mid w_1=j]=1_{i=i'}$$

直觉上，这个引理说的是锚定词 j 是一种标志，说明这个词必定来自主题 i。类似地我们有如下引理。

引理 20.28 *如果 j 是主题 i 的一个锚定词，w_1，w_2 是同一文档中的两个词，那么 $P[w_1=j \mid t_2=i]=P[w_1=j \mid w_2=\pi(i)]$。*

我们把证明作为练习题留给读者。

这个算法背后的基本思想是利用 Gram 矩阵建立一个线性方程组来求解一个特定的后验概率，我们可以从中计算 $\boldsymbol{A}$。特别地，利用全概率定律和引理 20.28，我们有

$$P[w_1=j \mid w_2=j']=\sum_{i'} P[w_1=j \mid w_2=\pi(i')]P[t_2=i' \mid w_2=j'] \tag{20.2}$$

由于 Gram 矩阵 $\boldsymbol{Q}$ 满足 $\boldsymbol{Q}=\boldsymbol{A}(\boldsymbol{R}\boldsymbol{A}^{\top})$，我们可以将 $\boldsymbol{A}$ 视为第一个 NMF 因子，而将 $\boldsymbol{R}\boldsymbol{A}^{\top}=\boldsymbol{W}^{\top}$ 视为第二个 NMF 因子。因此，通过求解可分的 NMF，我们可以计算 $\boldsymbol{W}=\boldsymbol{R}\boldsymbol{A}^{\top}$ 的各行的缩放版本。有了这些之后，利用算法 1，我们可以找到对应于锚定词 $\pi(1),\pi(2),\cdots,\pi(k)$ 的那些行。现在公式（20.2）中的项 $P[w_1=j \mid w_2=\pi(i')]$ 可以被估计为 $\hat{\boldsymbol{Q}}_{j,\pi(i')}/\sum_{j'}\hat{\boldsymbol{Q}}_{j',\pi(i')}$，公式的左侧也可以被估计为 $\hat{\boldsymbol{Q}}_{j,j'}/\sum_{j''}\hat{\boldsymbol{Q}}_{j'',j'}$，这就给了我们一个方程组来求解未知的 $P[t_2=i' \mid w_2=j']$。事实证明，如果 $\boldsymbol{R}$ 是满秩的，那么方程组有唯一解，所以我们可以解出这些未知量。

最后，我们可以利用贝叶斯规则计算 $\boldsymbol{A}$：

$$\begin{aligned} P[w=j \mid t=1] &= \frac{P[t=i \mid w=j]P[w=j]}{P[t=i]} \\ &= \frac{P[t=i \mid w=j]P[w=j]}{\sum_{j'} P[t=i \mid w=j']P[w=j']} \end{aligned}$$

概括起来，算法如下所示。

算法 3 借助 NMF 的主题建模

要求： 由一个带锚定词的主题模型生成的长度为 L 的 m 个文档。

计算 Gram 矩阵 $\hat{\boldsymbol{Q}}$。

利用可分的 NMF 计算锚定词（算法 1）。

求解 $P[t=i \mid w=j]$。

利用贝叶斯规则计算 $P[w=j \mid t=i]$。

（Arora et al.，2012，2013）中的主要定理如下。

定理 20.29 *在一般的主题模型中，存在一个学习主题矩阵 $\boldsymbol{A}$ 的多项式时间算法，前提是 A 满足 p-锚定词假定而且 $\boldsymbol{R}$ 是满秩的。*

完整的分析要求在每一个步骤中确定误差的界。文档的数量可以用来确定 $\hat{\boldsymbol{Q}}$ 和 $\boldsymbol{Q}$ 之间的误差的界。于是，在存在噪声的情况下，我们可以援用可分的 NMF 的保证来确保它

可以找到邻近-锚定词。我们可以通过 $\boldsymbol{R}$ 的条件数来分析线性方程组求解 $P[t=i \mid w=j]$ 的稳定性。最终可以确定当我们应用贝叶斯规则时误差扩大的程度的界。

20.3.5 进一步的讨论

除了隐 Dirichlet 分配外，还存在许多其他的主题模型的变异，包括相关主题模型（Correlated Topic Model）（Blei and Lafferty，2006）和弹球分配（Pachinko Allocation）（Li and McCallum，2006），它们用于捕获主题之间的相关性。算法 2 难以推广到这些模型，因为它们的矩结构更加复杂。算法 3 可以应用于这些模型并且学习一个正确的主题矩阵（尽管我们还不清楚如何学习用于生成主题比例向量的附加参数）。还有一些主题模型的扩展，它们增加了对词或者文档的排序的考虑，参见 Blei（2012）的综述。为这些扩展设计可证明的算法仍然是一个开放式问题。

Bhattacharya 等人（2016）和 Bansal 等人（2014）为主题模型设计了一些算法，它们不依赖于 LDA 模型或者锚定词假定。他们把锚定词假定的限制放宽到标示词（catch word），这是一类在一个主题中出现的概率高于在所有其他主题中出现的概率的词。在主题矩阵上的假定是每个主题都有一个标示词集合，这些词以大概率在这个主题中出现。通过在主题比例上的更强的假定（特别是只涉及单一主题的纯文档的存在性），他们的算法还能够可证明地学习主题模型。

即使给定主题矩阵和 Dirichlet 分布的参数，计算主题比例的后验值仍然是一个棘手的问题。Sontag 和 Roy（2011）指出，LDA 的最大后验概率（MAP）估计是 NP 困难问题。在实践中，人们往往希望计算后验分布的期望值，而不是 MAP，但是目前还没有在最一般的情况下的这个问题的已知算法。Arora 等人（2016c）在一些得到协同过滤（Kleinberg and Sandler，2008）的启发的条件下为主题推理提供了保证。

变分推理是在关于 LDA 的原始论文中发展起来的算法（Blei et al.，2003）。类似的技术已经扩展到许多其他概率模型。Awasthi 和 Risteski（2015）为变分推理提供了在可分性和其他假定下的初始保证。

20.4 结语：词嵌入以及进一步的讨论

主题模型可以被看作将词汇表中的每个词映射到一个表示该词在 k 个主题中的概率的 k 维向量。最近，Mikolov 等人（2013）和 Pennington 等人（2014）等人构建了新的词嵌入（words embedding）模型，这些模型同样将词映射到低维空间中的向量。与主题模型不同，这些新的词嵌入的单个元素没有概率解释，也不一定是非负的。新的词嵌入被证明在广泛的自然语言处理任务中是有效的。也许新的词嵌入最令人关注的特性是它们可以解决类比任务（Levy and Goldberg，2014；Pennington et al.，2014）：对于“男人：女人：：国王：??”这样的类比，我们只需将向量 $\boldsymbol{v}_m, \boldsymbol{v}_w, \boldsymbol{v}_k$ 分别用于词“男人”“女人”和“国王”，并构造一个新的向量 $\boldsymbol{v}=\boldsymbol{v}_k-\boldsymbol{v}_m+\boldsymbol{v}_w$。新的向量 $\boldsymbol{v}$ 非常接近“王后”的嵌入，这就是类比的正确答案。Arora 等人（2016b）构建的模型部分解释了词嵌入的一些特性。

最近，有人提出利用向量来表示词的更为复杂的模型，比如 Peters 等人（2018）的 ELMo 和 Devlin 等人（2019）的 BERT。这些模型依赖于词的上下文，目前还缺乏理论上的认识。我们希望未来的理论见解能够有助于解释这些嵌入可能获得的信息，并且为词嵌入带来新的切实可行的变异。

参考文献

Anandkumar, Anima, Foster, Dean P., Hsu, Daniel J., Kakade, Sham M., and Liu, Yi-Kai. 2012. A spectral algorithm for latent Dirichlet allocation. In *Advances in Neural Information Processing Systems*, pp. 917–925.

Arora, Sanjeev, Ge, Rong, and Moitra, Ankur. 2012. Learning topic models–going beyond SVD. In *2012 IEEE 53rd Annual Symposium on Foundations of Computer Science*, pp. 1–10. IEEE.

Arora, Sanjeev, Ge, Rong, Halpern, Yonatan, Mimno, David, Moitra, Ankur, Sontag, David, Wu, Yichen, and Zhu, Michael. 2013. A practical algorithm for topic modeling with provable guarantees. In *International Conference on Machine Learning*, pp. 280–288.

Arora, Sanjeev, Ge, Rong, Kannan, Ravi, and Moitra, Ankur. 2016a. Computing a nonnegative matrix factorization – Provably. *SIAM Journal on Computing*, **45**(4), 1582–1611.

Arora, Sanjeev, Li, Yuanzhi, Liang, Yingyu, Ma, Tengyu Ma, and Risteski, Andrej. 2016b. A latent variable model approach to PMI-based word embeddings. *Transactions of the Association for Computational Linguistics*, **4**, pp. 385–399.

Arora, Sanjeev, Ge, Rong, Koehler, Frederic, Ma, Tengyu, and Moitra, Ankur. 2016c. Provable algorithms for inference in topic models. In *International Conference on Machine Learning*, pp. 2859–2867.

Arora, Sanjeev, Ge, Rong, Halpern, Yoni, Mimno, David, Moitra, Ankur, Sontag, David, Wu, Yichen, and Zhu, Michael. 2018. Learning topic models – provably and efficiently. *Communications of the ACM*, **61**(4), 85–93.

Awasthi, Pranjal, and Risteski, Andrej. 2015. On some provably correct cases of variational inference for topic models. In *Advances in Neural Information Processing Systems*, pp. 2098–2106.

Bansal, Trapit, Bhattacharyya, Chiranjib, and Kannan, Ravindran. 2014. A provable SVD-based algorithm for learning topics in dominant admixture corpus. In *Advances in Neural Information Processing Systems*, pp. 1997–2005.

Basu, Saugata, Pollack, Richard, and Roy, Marie-Françoise. 1996. On the combinatorial and algebraic complexity of quantifier elimination. *Journal of the ACM (JACM)*, **43**(6), 1002–1045.

Bhattacharya, Chiranjib, Goyal, Navin, Kannan, Ravindran, and Pani, Jagdeep. 2016. Non-negative matrix factorization under heavy noise. In *International Conference on Machine Learning*, pp. 1426–1434.

Blei, David, and Lafferty, John. 2006. Correlated topic models. *Advances in Neural Information Processing Systems*, **18**, 147.

Blei, David M. 2012. Probabilistic topic models. *Communications of the ACM*, **55**(4), 77–84.

Blei, David M, Ng, Andrew Y, and Jordan, Michael I. 2003. Latent Dirichlet allocation. *Journal of Machine Learning Research*, **3**(Jan), 993–1022.

Cohen, Shay B, and Collins, Michael. 2014. A provably correct learning algorithm for latent-variable PCFGs. In *Proceedings of the 52nd Annual Meeting of the Association for Computational Linguistics (Vol. 1: Long Papers)*, pp. 1052–1061.

Deerwester, Scott, Dumais, Susan T, Furnas, George W, Landauer, Thomas K, and Harshman, Richard. 1990. Indexing by latent semantic analysis. *Journal of the American Society for Information Science*, **41**(6), 391–407.

Devlin, Jacob, Chang, Ming-Wei, Lee, Kenton, and Toutanova, Kristina. 2019. BERT: Pre-training of deep bidirectional transformers for language understanding. In *Proceedings of the 2019 Conference of the North American Chapter of the Association for Computational Linguistics: Human Language Technologies, Vol. 1 (Long and Short Papers)*, pp. 4171–4186.

Ding, Weicong, Ishwar, Prakash, and Saligrama, Venkatesh. 2015. Most large topic models are approximately separable. In *2015 Information Theory and Applications Workshop (ITA)*, pp. 199–203. IEEE.

Donoho, David, and Stodden, Victoria. 2004. When does non-negative matrix factorization give a correct decomposition into parts? In *Advances in Neural Information Processing Systems*, pp. 1141–1148.

Ge, Rong, and Zou, James. 2016. Rich component analysis. In *International Conference on Machine Learning*, pp. 1502–1510.

Gillis, Nicolas. 2014. The why and how of nonnegative matrix factorization. *Regularization, Optimization, Kernels, and Support Vector Machines*, **12**(257), 257–291.

Gillis, Nicolas, and Vavasis, Stephen A. 2013. Fast and robust recursive algorithmsfor separable nonnegative matrix factorization. *IEEE Transactions on Pattern Analysis and Machine Intelligence*, **36**(4), 698–714.

Halpern, Yoni, and Sontag, David. 2013. Unsupervised learning of noisy-or Bayesian networks. In *Proceedings of the Twenty-Ninth Conference on Uncertainty in Artificial Intelligence*, p. 272–281. UAI'13. Arlington, VA: AUAI Press.

Harshman, Richard A., et al. 1970. Foundations of the PARAFAC procedure: Models and conditions for an" explanatory" multimodal factor analysis. In *UCLA Working Papers in Phonetics*, **16**, 1–84.

Håstad, Johan. 1990. Tensor rank is NP-complete. *Journal of Algorithms*, **11**(4), 644–654.

Hoffman, Thomas. 1999. Probabilistic latent semantic indexing. In *Proceedings of the 22nd Annual ACM Conference on Research and Development in Information Retrieval, 1999*, pp. 50–57.

Impagliazzo, Russell, and Paturi, Ramamohan. 2001. On the complexity of k-SAT. *Journal of Computer and System Sciences*, **62**(2), 367–375.

Jernite, Yacine, Halpern, Yonatan, and Sontag, David. 2013. Discovering hidden variables in noisy-or networks using quartet tests. In *Advances in Neural Information Processing Systems*, pp. 2355–2363.

Kleinberg, Jon, and Sandler, Mark. 2008. Using mixture models for collaborative filtering. *Journal of Computer and System Sciences*, **74**(1), 49–69.

Lee, Daniel D, and Seung, H Sebastian. 1999. Learning the parts of objects by non-negative matrix factorization. *Nature*, **401**(6755), 788.

Levy, Omer, and Goldberg, Yoav. 2014. Linguistic regularities in sparse and explicit word representations. In *Proceedings of the Eighteenth Conference on Computational Natural Language Learning*, pp. 171–180.

Li, Wei, and McCallum, Andrew. 2006. Pachinko allocation: DAG-structured mixture models of topic correlations. In *Proceedings of the 23rd International Conference on Machine Learning*, pp. 577–584. ACM.

Ma, Wing-Kin, Bioucas-Dias, José M, Chan, Tsung-Han, Gillis, Nicolas, Gader, Paul, Plaza, Antonio J, Ambikapathi, ArulMurugan, and Chi, Chong-Yung. 2013. A signal processing perspective on hyperspectral unmixing: Insights from remote sensing. *IEEE Signal Processing Magazine*, **31**(1), 67–81.

Mikolov, Tomas, Chen, Kai, Corrado, Greg, and Dean, Jeffrey. 2013. Efficient estimation of word representations in vector space. In: *Proceedings of the International Conference on Learning Representations.*

Moitra, Ankur. 2016. An almost optimal algorithm for computing nonnegative rank. *SIAM Journal on Computing*, **45**(1), 156–173.

Mossel, Elchanan, and Roch, Sébastien. 2005. Learning nonsingular phylogenies and hidden Markov models. In *Proceedings of the Thirty-Seventh Annual ACM Symposium on Theory of Computing*, pp. 366–375. ACM.

Papadimitriou, Christos H, Raghavan, Prabhakar, Tamaki, Hisao, and Vempala, Santosh. 2000. Latent semantic indexing: A probabilistic analysis. *Journal of Computer and System Sciences*, **61**(2), 217–235.

Pennington, Jeffrey, Socher, Richard, and Manning, Christopher. 2014. Glove: Global vectors for word representation. In *Proceedings of the 2014 Conference on Empirical Methods in Natural Language Processing (EMNLP)*, pp. 1532–1543.

Peters, Matthew E., Neumann, Mark, Iyyer, Mohit, Gardner, Matt, Clark, Christopher, Lee, Kenton, and Zettlemoyer, Luke. 2018. Deep contextualized word representations. In *Proceedings of the North American Chapter of the Association for Computational Linguistics.*.

Recht, Ben, Re, Christopher, Tropp, Joel, and Bittorf, Victor. 2012. Factoring nonnegative matrices with linear programs. In *Advances in Neural Information Processing Systems*, pp. 1214–1222.

Renegar, James. 1992. On the computational complexity and geometry of the first-order theory of the reals. Part I: Introduction. Preliminaries. The geometry of semi-algebraic sets. The decision problem for the existential theory of the reals. *Journal of Symbolic Computation*, **13**(3), 255–299.

Sontag, David, and Roy, Dan. 2011. Complexity of inference in latent Dirichlet allocation. In *Advances in Neural Information Processing systems*.

Telgarsky, Matus. 2013. Dirichlet draws are sparse with high probability. *arXiv preprint arXiv:1301.4917*.

Vavasis, Stephen A. 2009. On the complexity of nonnegative matrix factorization. *SIAM Journal on Optimization*, **20**(3), 1364–1377.

Wikipedia contributors. 2019. *Dirichlet distribution. Wikipedia*. [Online; accessed October 1, 2019].

Winter, Michael E. 1999. N-FINDR: An algorithm for fast autonomous spectral end-member determination in hyperspectral data. In *Imaging Spectrometry V*, vol. 3753, pp. 266–275. International Society for Optics and Photonics.

Yannakakis, Mihalis. 1991. Expressing combinatorial optimization problems by linear programs. *Journal of Computer and System Sciences*, **43**(3), 441–466.

练习题

20.1 证明断言 20.9：如果 $\boldsymbol{M}\in\mathbb{R}^{n\times m}$ 的每行都有 ℓ_1 范数 1，而且 $\boldsymbol{M}$ 有非负秩 k，那么存在一个非负矩阵因式分解 $\boldsymbol{M}=\boldsymbol{A}\boldsymbol{W}$，其中 $\boldsymbol{A}\in\mathbb{R}^{n\times k}$，$\boldsymbol{W}\in\mathbb{R}^{k\times m}$，使得 $\boldsymbol{A}$ 或者 $\boldsymbol{W}$ 的每行的 ℓ_1 范数也等于 1。

20.2 证明定理 20.11：如果 $\boldsymbol{M}$ 有一个可分的非负秩 k 的非负矩阵因式分解 $\boldsymbol{M}=\boldsymbol{A}\boldsymbol{W}$，而且 $\boldsymbol{W}$ 的秩等于 k，那么算法 1 返回与 $\boldsymbol{W}$ 的行对应的 k 个向量。

(a) 设 $\boldsymbol{v}_1,\cdots,\boldsymbol{v}_k\in\mathbb{R}^m$ 是 k 个向量，P 是它们的凸包。证明每个 $\max_{v\in P}\|\boldsymbol{v}\|_2$ 必定是 k 个顶点中的一个。

(b) 利用（a）通过归纳法证明定理 20.11。

20.3 证明引理 20.28：如果 j 是主题 i 的一个锚定词，w_1,w_2 是同一文档中的两个词，那么 $P[w_1=j\mid t_2=i]=P[w_1=j\mid w_2=\pi(i)]$。

为什么局部方法能够求解非凸问题

Tengyu Ma

摘要：非凸最优化在现代机器学习中无处不在。研究者设计非凸目标函数，并且利用现成的最优化程序（比如随机梯度下降及其变异）对目标函数进行最优化，这些最优化程序充分利用了局部的几何构造并进行迭代更新。尽管在最坏情况下求解非凸函数是 NP 困难的，但是实际上最优化质量通常不成问题——最优化程序在很大程度上被认为能够找到近似的全局最小值。对这一有趣的现象，我们设想有一种统一的解释：实际使用的目标的大多数局部最小值近似地是全局最小值。我们针对机器学习问题的具体实例对这个设想进行了严格的形式化。

21.1 引言

非凸函数的最优化已经成为现代机器学习和人工智能的标准算法技术。了解现有非凸函数最优化的启发式算法的工作原理变得越来越重要，这使我们能够设计更加高效的最优化程序并且提供保证。最坏情况下的难解性结果表明，找到一个非凸最优化问题的全局最小值（甚至仅仅是一个 4 次多项式）是 NP 困难的。因此，具有全局保证的理论分析必须依赖于我们最优化的最终函数的特殊性质。为了描述现实世界的目标函数的特性，研究者设想机器学习问题的许多目标函数具有下面的特性：

$$\text{所有或者大部分局部最小值近似地是全局最小值} \tag{21.1}$$

基于局部微分（local derivative）的最优化程序可以在多项式时间内（在将要讨论的一些附加的技术假定下）求解这类函数。实证证据还指出，机器学习和深度学习的实际目标函数可能具有这种性质。我们在 21.2 节形式地描述了这样的算法结果，即局部方法能够求解具有性质（21.1）的目标函数。然后我们严格证明了这个性质对于一些主要的机器学习问题的若干目标是成立的，这些问题包括：广义线性模型（21.3 节）、主成分分析（PCA）（21.4.1 节）、矩阵补全（24.4.2 节）和张量分解（21.5 节）。我们还将简要介绍神经网络的一些新的研究成果（21.6 节）。

21.2 分析技术：landscape 的特征描述[⊖]

在这一节我们将指出，性质（21.1）的一个技术性的和更强的版本意味着许多最优化程序可以收敛到目标函数的一个全局最小值。

21.2.1 收敛到局部最小值

我们考虑目标函数 f，假定它是从 $\mathbb{R}^d$ 到 $\mathbb{R}$ 的二次可微函数。回忆一下，如果存在一个 $\boldsymbol{x}$ 的开放邻域 N，其中的函数值至少是 $f(\boldsymbol{x}): \forall z \in N, f(z) \geqslant f(\boldsymbol{x})$，那么 $\boldsymbol{x}$ 是 $f(\cdot)$ 的一

⊖ 深度学习中的 landscape 通常指学习模型和对应的最优化方法及其性能之间的关系，其中包括梯度、Hessian 矩阵、全局最大最小值、局部最大最小值和鞍点等基本概念。——译者注

个局部最小值（local minimum）。如果点 $\boldsymbol{x}$ 满足 $\nabla f(\boldsymbol{x})=0$，那么 $\boldsymbol{x}$ 是一个驻点（stationary point）。鞍点（saddle point）是一个既不是局部最小值也不是局部最大值的驻点。我们用 $\nabla f(\boldsymbol{x})$ 表示函数的梯度，并且用 $\nabla^2 f(\boldsymbol{x})$ 表示函数的 Hessian 矩阵（$\nabla^2 f(\boldsymbol{x})$ 是一个 $d\times d$ 的矩阵，其中 $[\nabla^2 f(\boldsymbol{x})]_{i,j}=\frac{\partial^2}{\partial_i\partial_j}f(\boldsymbol{x})$）。局部最小值 $\boldsymbol{x}$ 必须满足最优性的一阶必要条件，即 $\nabla f(\boldsymbol{x})=0$，还需要满足最优性的二阶必要条件，即 $\nabla^2 f(\boldsymbol{x})\succeq 0$。（这里 $\boldsymbol{A}\succeq 0$ 表示 $\boldsymbol{A}$ 是一个半正定矩阵。）因此，局部最小值是驻点，全局最小值也是驻点。

在以下的严格鞍（strict-saddle）假定下，我们可以高效地找到函数 f 的一个局部最小值。一个严格鞍函数满足这样的条件，即每个鞍点在某一个方向上必定有严格负的曲率。

定义 21.1 对于 $\alpha,\beta,\gamma\geqslant 0$，我们说 f 是一个 (α,β,γ)-严格鞍函数，如果每个 $\boldsymbol{x}\in\mathbb{R}^d$ 至少满足以下三个条件之一：

- $\|\nabla f(\boldsymbol{x})\|_2\geqslant\alpha$。
- $\lambda_{\min}(\nabla^2 f)\leqslant-\beta$。
- 存在一个局部最小值 $\boldsymbol{x}^\star$，这个值在欧几里得距离上 γ-靠近 $\boldsymbol{x}$。 ◁

我们猜想严格鞍函数的条件对于许多现实的函数是成立的，并且将具体地证明它对于许多问题是成立的。不过一般而言，从数学上或者经验上对它进行验证可能有困难。在这个条件下，正如我们所述，许多算法可以在多项式时间内收敛到 f 的一个局部最小值。[㊀]

定理 21.2 *假设 f 是一个从 $\mathbb{R}^d$ 到 $\mathbb{R}$ 的二次可微的 (α,β,γ)-严格鞍函数，那么许多最优化算法（比如随机梯度下降法）可以在时间 $\mathrm{poly}(d,1/\alpha,1/\beta,1/\gamma,1/\varepsilon)$ 内以误差 ε 在欧几里得距离上收敛到一个局部极小值。*

21.2.2 局部最优性与全局最优性

如果函数 f 满足性质“所有的局部最小值都是全局最小值”和严格鞍特性，那么我们能够可证明地找到它的一个全局最小值。

定理 21.3 *假设函数 f 满足“所有的局部最小值都是全局最小值”和严格鞍特性，即所有近似地满足必要的一阶和二阶最优性条件的点应该靠近一个全局极小值。*

存在 $\varepsilon_0,\tau_0>0$ 和普适常数 $c>0$，使得如果点 x 满足 $\|\nabla f(\boldsymbol{x})\|_2\leqslant\varepsilon\leqslant\varepsilon_0$ 和 $\nabla^2 f(\boldsymbol{x})\succeq-\tau_0\cdot\boldsymbol{I}$，那么 $\boldsymbol{x}$ 将 ε^c-靠近 f 的一个全局最小值。

那么，许多最优化算法（包括随机梯度下降法和三次正则化）可以在时间 $\mathrm{poly}(1/\delta,1/\tau_0,d)$ 内在域内找到 f 的一个全局最小值（在忽略 ℓ_2 范数误差 δ 的意义上）。

这个定理的技术条件通常被简洁地称为“所有的局部最小值都是全局最小值”，其实它的精确形式是“所有的局部最小值都是全局最小值”和严格鞍条件的结合，这一点至关重要。存在这样的一些函数，它们虽然满足“所有的局部最小值都是全局最小值”，但并不能得到高效的优化。忽略严格鞍条件可能会导致误导性的强化表述。

定理 21.3 的条件可以被替换成一些更强的有时候可能更容易验证的条件，前提是这些替换条件对于相关的函数确实是真的。这种条件的其中一个是“任何一个驻点都是一个全局最小值”。我们知道梯度下降会线性收敛到一个全局最小值（如定理 21.4 所述），但是因为这个条件有效地排除了多个不连贯的局部最小值的存在，它并不适用于许多与神经

㊀ 本章我们允许在 $1/\epsilon$ 上的多项式依赖，其中 ϵ 是误差。这对于下游的机器学习应用而言是有意义的，因为不需要非常高精度的解（无论如何，存在固有的统计误差）。

网络相关的目标函数。由于一定程度上的对称性，它保证了有多个局部最小值和驻点。

定理 21.4　假设函数 f 具有 L-Lipschitz 连续梯度而且满足 Polyak-Lojasiewicz 条件：$\exists\mu>0$ 和 $\boldsymbol{x}^*$，使得对于每个 x，有

$$\|\nabla f(\boldsymbol{x})\|_2^2 \geqslant \mu(f(\boldsymbol{x})-f(\boldsymbol{x}^*)) \geqslant 0 \tag{21.2}$$

那么步长小于 $1/(2L)$ 的梯度下降的误差呈几何衰减。

验证 Polyak-Lojasiewicz 条件可能很有挑战性，因为 $\|\nabla f(\boldsymbol{x})\|_2^2$ 经常是 $\boldsymbol{x}$ 的一个复函数。一个更容易验证但是更强的条件是拟凸性。直观上，拟凸性的意思是在任何一个点 $\boldsymbol{x}$ 上，梯度应该与指向最优值方向的 $\boldsymbol{x}^*-\boldsymbol{x}$ 负相关。

定义 21.5（弱拟凸性）　我们说目标函数 f 在区域 $\mathcal{B}$ 上关于全局最小值 $\boldsymbol{x}^*$ 是 τ-弱拟凸的，如果存在一个正常数 $\tau>0$，使得对于所有 $\boldsymbol{x}\in\mathcal{B}$，都有

$$\nabla f(\boldsymbol{x})^\top(\boldsymbol{x}-\boldsymbol{x}^*) \geqslant \tau(f(\boldsymbol{x})-f(\boldsymbol{x}^*)) \tag{21.3}$$

下面是另外一个有关的条件，有时候被称为受限正割不等式（Restricted Secant Inequality，RSI）：

$$\nabla f(\boldsymbol{x})^\top(\boldsymbol{x}-\boldsymbol{x}^*) \geqslant \tau\|\boldsymbol{x}-\boldsymbol{x}^*\|_2^2 \tag{21.4}$$

◁

我们注意到凸函数满足式（21.3）的 $\tau=1$ 的情况。条件（21.4）比条件（21.3）更强，因为对于光滑函数而言，对于某些常数 L 我们有 $\|\boldsymbol{x}-\boldsymbol{x}^*\|_2^2 \geqslant L(f(\boldsymbol{x})-f(\boldsymbol{x}^*))$。[㊀]条件（21.2）~（21.4）都意味着所有驻点都是全局最小值，因为 $\nabla f(\boldsymbol{x})=0$ 意味着 $f(\boldsymbol{x})=f(\boldsymbol{x}^*)$ 或者 $\boldsymbol{x}=\boldsymbol{x}^*$。

21.2.3　流形约束最优化的 landscape

我们可以将前一节的许多结果拓展到光滑流形上的约束最优化设定。这一节的内容只适用 21.5 节中的问题，不感兴趣的读者可以跳过。

设 $\mathcal{M}$ 是一个黎曼流形（Riemannian manifold）。设 $T_x\mathcal{M}$ 是在 $\boldsymbol{x}$ 处的 $\mathcal{M}$ 的切空间，并设 $\boldsymbol{P}_x$ 是到切空间 $T_x\mathcal{M}$ 的投影算子。设 grad $f(\boldsymbol{x})\in T_x\mathcal{M}$ 是 f 在 $\mathcal{M}$ 上 $\boldsymbol{x}$ 处的梯度，Hess $f(\boldsymbol{x})$ 是 Riemannian Hessian 矩阵。注意到 Hess $f(\boldsymbol{x})$ 是从 $T_x\mathcal{M}$ 到其自身的一个线性映射。

定理 21.6（非形式的）　考虑约束最优化问题 $\min_{x\sim\mathcal{M}} f(\boldsymbol{x})$。在适当的正则性条件下，当把 ∇f 和 $\nabla^2 f$ 分别替换成 grad f 和 Hess f 时，定理 21.2 和定理 21.3 仍然成立。

流形梯度和 Hessian 矩阵的背景。在后面的 21.5 节中，d 维空间中的单位球面将是我们的约束集，即 $\mathcal{M}=S^{d-1}$。这里我们给出关于如何计算流形梯度和 Hessian 矩阵的进一步的背景。我们将 f 看作光滑函数 $\bar{f}$ 在流形 $\mathcal{M}$ 上的限制。在这种情况下，我们有 $T_x\mathcal{M}=\{z\in\mathbb{R}^d : z^\top \boldsymbol{x}=0\}$，而且 $\boldsymbol{P}_x=\boldsymbol{I}-\boldsymbol{x}\boldsymbol{x}^\top$。我们得到 f 在 $\mathcal{M}$ 上的流形梯度：grad $f(\boldsymbol{x})=\boldsymbol{P}_x\nabla\bar{f}(\boldsymbol{x})$，其中 ∇ 是在环绕空间 $\mathbb{R}^d$ 中通常的梯度。而且我们得到 Riemannian Hessian 矩阵：Hess $f(\boldsymbol{x})=\boldsymbol{P}_x\nabla^2\bar{f}(\boldsymbol{x})\boldsymbol{P}_x-(\boldsymbol{x}^\top\nabla\bar{f}(\boldsymbol{x}))\boldsymbol{P}_x$。

21.3　广义线性模型

我们考虑广义线性模型（generalized linear model）的学习问题，我们将证明它的损失函数是非凸的，但是它的所有局部最小值是全局最小值。假设我们观察 n 个数据点

㊀ 熟悉凸优化的读者可能会意识到条件（21.4）是强凸性的扩展。

$\{(\boldsymbol{x}_i,\boldsymbol{y}_i)\}_i^n$，其中各个 $\boldsymbol{x}_i$ 是从 $\mathbb{R}^d$ 上的一个分布 $D_{\boldsymbol{x}}$ 独立同分布抽取的。在广义线性模型中，我们假定标签 $\boldsymbol{y}_i \in \mathbb{R}$ 从下式生成：

$$\boldsymbol{y}_i=\sigma(\boldsymbol{w}_\star^\top \boldsymbol{x}_i)+\boldsymbol{\varepsilon}_i$$

其中 σ：$\mathbb{R}\to\mathbb{R}$ 是一个已知的单调激活函数，$\boldsymbol{\varepsilon}_i\in\mathbb{R}$ 是均值为零的独立同分布噪声（与 $\boldsymbol{x}_i$ 无关），而 $\boldsymbol{w}_\star\in\mathbb{R}^d$ 是一个固定而且未知的真实系数向量。我们把 $(\boldsymbol{x}_i,\boldsymbol{y}_i)$ 的联合分布记为 D。

我们的目标是从数据中近似恢复 $\boldsymbol{w}_\star$。我们最小化了平方经验风险（empirical squared risk，也称平方训练误差）：$\hat{L}(\boldsymbol{w})=\dfrac{1}{2n}\sum_{i=1}^n(\boldsymbol{y}_i-\sigma(\boldsymbol{w}^\top \boldsymbol{x}))^2$。设 $L(\boldsymbol{w})$ 为相应的群体风险（population risk，也称泛化误差）：$L(\boldsymbol{w})=\dfrac{1}{2n}E_{(\boldsymbol{x},\boldsymbol{y})\sim D}[(\boldsymbol{y}-\sigma(\boldsymbol{w}^\top \boldsymbol{x}))^2]$。

我们将借助对 $\hat{L}$ 的 landscape 的特性描述来分析 $\hat{L}$ 的最优化。我们的路线图包括两部分：群体风险的所有局部最小值都是全局最小值，经验风险 $\hat{L}$ 具有相同的性质。

当 σ 是恒等函数，即 $\sigma(t)=t$ 时，我们的问题是线性回归的，而且损失函数是凸的。在实践中，人们将 σ 取为 sigmoid 等函数，于是目标 $\hat{L}$ 不再是凸的。

在这一节的余下部分，我们在这个问题上做出下面的正则性假定。为了便于阐述，这些假定比必要的更强。但是，我们注意到，一些关于数据的假定是必要的，因为在最坏情况下这个问题是难解的（例如，在各个 $\boldsymbol{y}_i$ 上的生成性假定（21.4）是一个关键假定）。

假定 21.7　*我们假定分布 $D_{\boldsymbol{x}}$ 和激活函数 σ 满足：*

- *向量 $\boldsymbol{x}_i$ 是有界的而且是非退化的：$D_{\boldsymbol{x}}$ 的支持集是球 $\{\boldsymbol{x}:\|\boldsymbol{x}\|_2\leqslant B\}$，而且对于 $\lambda>0$，有 $E_{\boldsymbol{x}\sim D_{\boldsymbol{x}}}[\boldsymbol{x}\boldsymbol{x}^\top]\geqslant\lambda I$，其中 I 是恒等函数。*
- *真实（ground truth）系数向量满足 $\|\boldsymbol{w}_\star\|_2\leqslant R$ 以及 $BR\geqslant 1$。*
- *激活函数 σ 是严格递增的，而且二次可微。此外，它满足下面的界：*
  $$\sigma(t)\in[0,1],\sup_{t\in\mathbb{R}}\{|\sigma'(t)|,|\sigma''(t)|\}\leqslant 1,\text{而且}\inf_{t\in[-BR,BR]}\sigma'(t)\geqslant\gamma>0$$
- *各个噪声 ε_i 的均值为零而且是有界的：以概率 1 有 $|\varepsilon_i|\leqslant 1$。*

21.3.1　群体风险分析

在这一节我们证明群体风险 $L(\boldsymbol{w})$ 的所有局部最小值都是全局最小值。事实上，$L(\boldsymbol{w})$ 有唯一的也是全局最小值的局部最小值。（但是，对于 σ 的许多选择，$L(\boldsymbol{w})$ 仍然可能不是凸的。）

定理 21.8　*目标 $L(\cdot)$ 有唯一的局部最小值，它等于 $\boldsymbol{w}_\star$，而且也是一个全局最小值，特别地，$L(\cdot)$ 是弱拟凸的。*

直接检查拟凸性的定义之后可以得出定理的证明。直觉上，从拟凸性的角度来看，广义线性模型的行为与线性模型非常相似：证明的不等式的许多步骤包含用一个恒等函数有效替换 σ（或者用 1 替换 σ'）。

概略证明　利用性质 $E[\boldsymbol{y}|\boldsymbol{x}]=\sigma(\boldsymbol{w}_\star^\top \boldsymbol{x})$，我们有以下偏差-方差分解（可以通过基本操作得到）：

$$L(\boldsymbol{w})=\frac{1}{2}E[(\boldsymbol{y}-\sigma(\boldsymbol{w}^\top \boldsymbol{x}))^2]=\frac{1}{2}E[(\boldsymbol{y}-\sigma(\boldsymbol{w}_\star^\top \boldsymbol{x}))^2]+\frac{1}{2}E[(\sigma(\boldsymbol{w}_\star^\top \boldsymbol{x})-\sigma(\boldsymbol{w}^\top \boldsymbol{x}))^2] \tag{21.5}$$

第一项独立于 $\boldsymbol{w}$，第二项是非负的而且在 $\boldsymbol{w}=\boldsymbol{w}_\star$ 处等于零。因此，我们可以看到 $\boldsymbol{w}_\star$ 是 $L(\boldsymbol{w})$ 的一个全局最小值。

为了证明 $L(\cdot)$ 是拟凸的，我们首先计算 $\nabla L(\boldsymbol{w})$：

$$\nabla L(\boldsymbol{w})=E[(\sigma(\boldsymbol{w}^\top \boldsymbol{x})-\boldsymbol{y})\sigma'(\boldsymbol{w}^\top \boldsymbol{x})\boldsymbol{x}]=E[(\sigma(\boldsymbol{w}^\top \boldsymbol{x})-\sigma(\boldsymbol{w}_\star^\top \boldsymbol{x}))\sigma'(\boldsymbol{w}^\top \boldsymbol{x})\boldsymbol{x}]$$

其中最后一个等式利用了这样一个事实：$E[\boldsymbol{y}\mid \boldsymbol{x}]=\sigma(\boldsymbol{w}_\star^\top \boldsymbol{x})$。因此

$$(\nabla L(\boldsymbol{w}),\boldsymbol{w}-\boldsymbol{w}_\star)=E[(\sigma(\boldsymbol{w}^\top \boldsymbol{x})-\sigma(\boldsymbol{w}_\star^\top \boldsymbol{x}))\sigma'(\boldsymbol{w}^\top \boldsymbol{x})\langle \boldsymbol{w}-\boldsymbol{w}_\star,\boldsymbol{x}\rangle]$$

现在，根据中值定理和假定 21.7 中的第 3 项，我们得到

$$(\sigma(\boldsymbol{w}^\top \boldsymbol{x})-\sigma(\boldsymbol{w}_\star^\top \boldsymbol{x}))\langle \boldsymbol{w}-\boldsymbol{w}_\star,\boldsymbol{x}\rangle\geqslant\gamma(\boldsymbol{w}^\top \boldsymbol{x}-\boldsymbol{w}_\star^\top \boldsymbol{x})^2$$

对于每个 $|t|\leqslant BR$，利用 $|\sigma'(t)|\geqslant\gamma$ 和 $|\sigma'(t)|\leqslant 1$，并且利用 σ 的单调性，

$$\begin{aligned}(\nabla L(\boldsymbol{w}),\boldsymbol{w}-\boldsymbol{w}_\star)&=E[(\sigma(\boldsymbol{w}^\top \boldsymbol{x})-\sigma(\boldsymbol{w}_\star^\top \boldsymbol{x}))\sigma'(\boldsymbol{w}^\top \boldsymbol{x})\langle \boldsymbol{w}-\boldsymbol{w}_\star,\boldsymbol{x}\rangle]\\&\geqslant\gamma E(\sigma(\boldsymbol{w}^\top \boldsymbol{x})-\sigma(\boldsymbol{w}_\star^\top \boldsymbol{x}))(\boldsymbol{w}^\top \boldsymbol{x}-\boldsymbol{w}_\star^\top \boldsymbol{x})]\\&\geqslant\gamma E[(\sigma(\boldsymbol{w}^\top \boldsymbol{x})-\sigma(\boldsymbol{w}_\star^\top \boldsymbol{x}))^2]\geqslant 2\gamma(L(\boldsymbol{w})-L(\boldsymbol{w}_\star))\end{aligned}\tag{21.6}$$

其中最后一步利用了群体风险 $L(\boldsymbol{w})$ 的分解（21.5）。□

21.3.2 经验风险的集中性

我们接下来分析经验风险 $\hat{L}(\boldsymbol{w})$。我们将证明当有足够多的范例时，经验风险 $\hat{L}$ 足够靠近群体风险 L，因此 $\hat{L}$ 也满足“所有的局部最小值都是全局最小值”。

定理 21.9（经验风险没有任何不良的局部最小值）　在问题的假定下，以至少为 $1-\delta$ 的概率，对于所有符合 $\|\boldsymbol{w}\|_2\leqslant R$ 的 $\boldsymbol{w}$，经验风险在 $\boldsymbol{w}_\star$ 的一个小邻域之外没有局部最小值：对于任何一个使得 $\|\boldsymbol{w}\|_2\leqslant R$ 的 $\boldsymbol{w}$，如果 $\nabla\hat{L}(\boldsymbol{w})=0$，那么

$$\|\boldsymbol{w}-\boldsymbol{w}_\star\|_2\leqslant\frac{C_1B}{\gamma^2\lambda}\sqrt{\frac{d(C_2+\log(nBR))+\log\frac{1}{\delta}}{n}}$$

其中 $C_1,C_2>0$ 是不依赖于 (B,R,d,n,δ) 的通用常数。

定理 21.9 表明，$\hat{L}(\boldsymbol{w})$ 的所有驻点必定位于 $\boldsymbol{w}_\star$ 的一个小邻域内。不过还可以证明一个更强的 landscape 特性：在 $\boldsymbol{w}_\star$ 的邻域中存在唯一的局部最小值。

主要的直觉是如果想要验证关于 $\hat{L}$ 的拟凸性或者 RSI 的话，证明下面的结果就足够了：在数据的随机性上，对于任何使 $\|\boldsymbol{w}\|_2\leqslant R$ 的 $\boldsymbol{w}$，以高概率有

$$\langle\nabla L(\boldsymbol{w}),\boldsymbol{w}-\boldsymbol{w}_\star\rangle\approx\langle\nabla\hat{L}(\boldsymbol{w}),\boldsymbol{w}-\boldsymbol{w}_\star\rangle\tag{21.7}$$

统计学习理论社区和概率论社区已经开发了许多工具来证明这种集中不等式，对它们的全面阐述已经超出了本章的范围。

21.4 矩阵因式分解问题

这一节我们将讨论两个基于矩阵因式分解的问题的最优化 landscape。这两个问题是主成分分析（PCA）和矩阵补全，它们与广义线性模型的根本区别在于目标函数有一些不是局部最小值或者全局最小值的鞍点。这意味着拟凸条件或 Polyak-Lojasiewicz 条件对于这些目标不成立。因此，我们需要能够区分鞍点和局部最小值的更加复杂的技术。

21.4.1 主成分分析

PCA 的一种解释是通过矩阵的最佳低秩近似来逼近这个矩阵。给定一个矩阵 $\boldsymbol{M}\in\mathbb{R}^{d_1\times d_2}$，我们的目标是找到它的最佳秩-$r$ 近似（在 Frobenius 范数或谱范数中）。为了便于说明，我们取 $r=1$，并且假定 $\boldsymbol{M}$ 是维数为 $d\times d$ 的对称半正定矩阵。在这种情况下，最佳秩-1 近似

的形式为 $xx^\top$，其中 $x \in \mathbb{R}^d$。

存在许多广为人知的寻找低秩因子 x 的算法。我们特别感兴趣的是下面的非凸规划，它直接最小化在 Frobenius 范数中的近似误差：

$$\min_x g(x) := \frac{1}{2} \cdot \|M - xx^\top\|_F^2 \tag{21.8}$$

我们将证明，即使 g 不是凸的，g 的所有局部最小值也都是全局的，并且 g 还满足严格鞍特性。因此，局部搜索算法可以在多项式时间内求解式（21.8）。㊀

定理 21.10　*在前面的设定中，目标函数 $g(x)$ 的所有局部最小值都是全局最小值。*㊁

我们的分析包括两个主要步骤：（1）特征化函数 g 的所有驻点，这些驻点是 M 的特征向量；（2）检查每一个驻点，并且证明只有 g 的各个顶部特征向量才有可能是局部最小值。步骤（2）蕴含了这个定理，因为顶部特征向量也是 g 的全局最小值。我们从步骤（1）开始，并且利用以下引理。

引理 21.11　*在定理 21.10 的设定中，目标 $g()$ 的所有驻点都是 M 的特征向量。此外，如果 x 是一个驻点，那么 $\|x\|_2^2$ 是对应于 x 的特征值。*

证明　由初等微积分，我们有

$$\nabla g(x) = -(M - xx^\top)x = \|x\|_2^2 \cdot x - Mx \tag{21.9}$$

因此，如果 x 是 g 的一个驻点，那么 $Mx = \|x\|_2^2 \cdot x$，这意味着 x 是 M 的一个特征向量，其特征值等于 $\|x\|_2^2$。□

现在我们准备证明步骤（2）和定理。主要直觉如下所述。假设我们在点 x 上，它是一个特征向量，但不是顶部特征向量——在顶部特征向量方向 v_1 上移动或者在 $-v_1$ 的方向上移动，都会得到目标函数的二阶局部改进。因此，x 不会是局部最小值，除非 x 是顶部特征向量。

定理 21.10 的证明　由引理 21.11，我们知道局部最小值 x 是 M 的一个特征向量。如果 x 是 M 的一个具有最大特征值的顶部特征向量，那么 x 是一个全局最小值。为了构造矛盾，我们假定 x 是一个具有严格小于 λ_1 的特征值 λ 的特征向量。根据引理 21.11，我们有 $\lambda = \|x\|_2^2$。由初等微积分㊂，我们得到

$$\nabla^2 g(x) = 2xx^\top - M + \|x\|_2^2 \cdot I \tag{21.10}$$

设 v_1 是 M 的特征值为 λ_1 的顶部特征向量，具有 ℓ_2 范数 1。那么，由于 $\nabla^2 g(x) \geqslant 0$，我们有

$$v_1^\top \nabla^2 g(x) v \geqslant 0 \tag{21.11}$$

半正定矩阵的特征向量的一个基本性质是：任何一对具有不同特征值的特征向量彼此正交。因此我们得到 $\langle x, v_1 \rangle = 0$。根据式（21.11）和式（21.10）得到

$$\begin{aligned}
0 &\leqslant v_1^\top (2xx^\top - M + \|x\|_2^2 \cdot I) v_1 = \|x\|_2^2 - v_1^\top M v_1 && (\text{根据} \langle x, v_1 \rangle = 0) \\
&= \lambda - \lambda_1 && (\text{因为 } v_1 \text{ 的特征值是 } \lambda_1 \text{ 而且 } \lambda = \|x\|_2^2) \\
&< 0 && (\text{根据假定})
\end{aligned}$$

这是一个矛盾。□

㊀ 事实上，局部方法可以很快地解决这个问题。参见（Li et al.，2018）中的定理 1.2。

㊁ 函数 g 还满足（α,β,γ）-严格鞍特性（定义 21.1），其中 $\alpha,\beta,\gamma>0$（可能依赖于 M）。为了简单起见，我们略过了这个结果的证明。

㊂ 原文 by elementary calculation 意思不明，梯度计算应属于初等微积分范畴。——译者注

21.4.2 矩阵补全

矩阵补全是这样的问题，它根据一些部分观察到的元素来恢复一个低秩矩阵，在协同过滤、推荐系统、维数缩减以及多类别学习中有着广泛的应用。尽管存在简练的凸松弛解，但是由于其可扩展性，在实践中非凸目标上的随机梯度下降方法仍然得到广泛采纳。这一节我们将重点讨论秩-1 对称矩阵补全，它展现了分析过程的精髓。

矩阵补全的秩-1 情形。设 $\boldsymbol{M}=zz^{\top}$ 是一个秩-1 对称矩阵，其因子 $z\in\mathbb{R}^d$。我们的目标是恢复 z。假定我们以概率 p 独立观察 $\boldsymbol{M}$ 的每一个元素，㊀设 $\Omega\subset[d]\times[d]$ 是观察到的元素的集合。

我们的目标是根据观察到的 $\boldsymbol{M}$ 的元素在忽略符号翻转的意义上恢复向量 z（这相当于恢复 $\boldsymbol{M}$）。

矩阵补全的一个已知问题是，如果 $\boldsymbol{M}$ 与标准基“对齐”，那么恢复 $\boldsymbol{M}$ 是不可能的。例如，当 $\boldsymbol{M}=\boldsymbol{e}_j\boldsymbol{e}_j^{\top}$，其中 $\boldsymbol{e}_j$ 是第 j 个标准基时，我们很可能只观察到值为零的元素，因为 $\boldsymbol{M}$ 是稀疏的。不过这样的场景在实践中不太经常出现。以下的标准假定将排除这些困难和病态的情况。

假定 21.12（非相干性）　不失一般性，我们假定 $\|z\|_2=1$。此外，我们假定 z 满足 $\|z\|_\infty\leqslant\frac{\mu}{\sqrt{d}}$。我们将把 μ 当成一个小常数或者 d 的对数，而且样本复杂度将多项式依赖于 μ。 ◁

在这个设定中，假设样本数量为 $\widetilde{\Omega}(d)$，向量 z 在忽略一个符号翻转的意义上可以被精确恢复。不过为了简单起见，在这一小节我们的目标仅仅是以一个 ℓ_2 范数的误差 $\epsilon\ll1$ 恢复 z。我们假定 $p=\mathrm{poly}(\mu,\log d)/(d\varepsilon)$，这意味着期望的观察数量近似于 $d/\epsilon\cdot\mathrm{polylog}\,d$。我们分析下面最小化在观察到的元素上的总平方误差的目标：

$$\mathrm{argmin}_x f(\boldsymbol{x}):=\frac{1}{2}\sum_{(i,j)\in\Omega}(\boldsymbol{M}_{ij}-\boldsymbol{x}_i\boldsymbol{x}_j)^2=\frac{1}{2}\cdot\|\boldsymbol{P}_\Omega(\boldsymbol{M}-\boldsymbol{x}\boldsymbol{x}^{\top})\|_F^2 \tag{21.12}$$

这里 $\boldsymbol{P}_\Omega(A)$ 表示将 $\boldsymbol{A}$ 中所有不在 Ω 中的元素归零得到的矩阵。为了简单起见，我们的注意力只集中在对域 $\mathcal{B}$ 中的目标的 landscape 进行特征描述。域 $\mathcal{B}$ 由包含真实向量 z 的非相干向量构成（带有一个因子 2 作为缓冲），如下所示：

$$\mathcal{B}=\left\{\boldsymbol{x}:\|\boldsymbol{x}\|_\infty<\frac{2\mu}{\sqrt{d}}\right\} \tag{21.13}$$

我们注意到，只对 $\mathcal{B}$ 内部的 landscape 进行分析是不够的，因为算法的迭代可能会离开集合 $\mathcal{B}$。至于在整个空间上的 landscape 的分析，可参阅原始论文（Ge et al.，2016）。

$f(\cdot)$ 的全局最小值是函数值为 0 的 z 和 $-z$。在这一节的余下部分，我们将证明 $f(\cdot)$ 的所有局部最小值都 $O(\sqrt{\varepsilon})$-靠近 $\pm z$。㊁

定理 21.13　在上述设定中，函数 $f(\cdot)$ 在集合 $\mathcal{B}$ 内只有两个局部最小值，它们 $O(\sqrt{\varepsilon})$-靠近 $\pm z$。

当 $\Omega=[d]\times[d]$ 时，与完整观察的情况进行比较可以加深对问题的理解。相应的目标

㊀ 技术上，因为 $\boldsymbol{M}$ 是对称的，在 (i,j) 和 (j,i) 处的元素相同。因此，我们假定以概率 p 观察到这两个元素，而在其他情况下观察不到其中的任何一个元素。

㊁ 同样正确的是唯一的局部极小值恰好是 $\pm z$，并且 f 具有严格鞍特性。不过这些证明很复杂，而且超出了本章的范围。

正是在公式（21.8）中定义的 PCA 目标 $g(\boldsymbol{x})=\frac{1}{2}\|\boldsymbol{M}-\boldsymbol{x}\boldsymbol{x}^{\top}\|_{\mathrm{F}}^{2}$。注意到 $f(\boldsymbol{x})$ 是 $g(\boldsymbol{x})$ 的一个抽样版本，因此我们期望它们具有相同的几何特性。特别地，回忆一下，$g(\boldsymbol{x})$ 没有伪局部最小值，因此我们期望 $f(\boldsymbol{x})$ 也没有。

然而，将定理 21.10 的证明推广到部分观察的情况并不简单，因为它重度利用了特征向量的性质。的确，假设我们模仿定理 21.10 的证明，将首先计算 $f(\cdot)$ 的梯度：

$$\nabla f(\boldsymbol{x})=\boldsymbol{P}_{\Omega}(\boldsymbol{z}\boldsymbol{z}^{\top}-\boldsymbol{x}\boldsymbol{x}^{\top})\boldsymbol{x} \tag{21.14}$$

然后，我们遇到了一个直接的困难——如何求解关于驻点的方程 $f(\boldsymbol{x})=\boldsymbol{P}_{\Omega}(\boldsymbol{M}-\boldsymbol{x}\boldsymbol{x}^{\top})\boldsymbol{x}=0$? 此外，即使我们能够得到驻点的一个合理的近似值，如果不利用特征向量的精确的正交性，也很难检验这些驻点的 Hessian 矩阵。

从这次讨论中得到的教训是，我们可能需要 PCA 目标（完整观察）的一个替代证明，这个证明更少依赖于精确地求解驻点。然后，更有可能的是将证明拓展到矩阵补全（在部分观察下）的情况。我们按照这个计划，首先给出定理 21.10 的另一种证明，它不需要求解方程 $\nabla g(\boldsymbol{x})=0$。然后通过集中不等式将其扩展到定理 21.13 的证明。主要直觉是：包含在 $\mathbf{1}_{\Omega}$ 中是线性的不等式的证明往往容易推广到部分观察的情况。

这里，“在 $\mathbf{1}_{\Omega}$ 中是线性的”指的是形式 $\sum_{ij}\mathbf{1}_{(i,j)\in\Omega}\boldsymbol{T}_{ij}\leqslant a$。这一节我们将这一类证明称为“简单”证明。实际上，根据大数定律，当抽样概率 p 足够大时，我们有

$$\underbrace{\sum_{(i,j)\in\Omega}\boldsymbol{T}_{ij}}_{\text{部分观察}}=\sum_{i,j}\mathbf{1}_{(i,j)\in\Omega}\boldsymbol{T}_{ij}\approx p\underbrace{\sum_{i,j}\boldsymbol{T}_{ij}}_{\text{完整观察}} \tag{21.15}$$

因此，我们期望 $p\sum\boldsymbol{T}_{ij}\leqslant a$ 的数学含义与 $\sum_{(i,j)\in\Omega}\boldsymbol{T}_{ij}\leqslant a/p$ 的含义在忽略由近似引入的一些小误差的意义上是类似的。更准确地说，我们将利用集中不等式，比如以下定理。

定理 21.14　设 $\epsilon>0$，$p=\operatorname{poly}(\mu,\log d)/(d\varepsilon)$。那么，以在 Ω 的随机性上的高概率，对于所有的 $\boldsymbol{A}=\boldsymbol{u}\boldsymbol{u}^{\top}$，$\boldsymbol{B}=\boldsymbol{v}\boldsymbol{v}^{\top}\in\mathbb{R}^{d\times d}$，其中 $\|\boldsymbol{u}\|_2\leqslant 1$，$\|\boldsymbol{v}\|_2\leqslant 1$ 而且 $\|\boldsymbol{u}\|_\infty,\|\boldsymbol{v}\|_\infty\leqslant 2\mu/\sqrt{d}$，我们有

$$|\langle\boldsymbol{P}_{\Omega}(\boldsymbol{A}),\boldsymbol{B}\rangle-p\langle\boldsymbol{A},\boldsymbol{B}\rangle|\leqslant p\epsilon \tag{21.16}$$

我们将在下面给出两个断言，它们结合起来证明了定理 21.10。在这两个断言的证明中，所有不等式都是公式（21.15）左侧的形式。在每一个断言之后，我们将立即给出该断言在部分观察情况下的拓展。

断言 1f　假设 $\boldsymbol{x}\in\mathcal{B}$ 满足 $\nabla g(\boldsymbol{x})=0$，那么 $\langle\boldsymbol{x},\boldsymbol{z}\rangle^2=\|\boldsymbol{x}\|_2^4$。　◁

证明　由初等微积分可得

$$\begin{aligned}&\nabla g(\boldsymbol{x})=(\boldsymbol{z}\boldsymbol{z}^{\top}-\boldsymbol{x}\boldsymbol{x}^{\top})\boldsymbol{x}=0\\&\Rightarrow\langle\boldsymbol{x},\nabla g(\boldsymbol{x})\rangle=\langle\boldsymbol{x},(\boldsymbol{z}\boldsymbol{z}^{\top}-\boldsymbol{x}\boldsymbol{x}^{\top})\boldsymbol{x}\rangle=0\\&\Rightarrow\langle\boldsymbol{x},\boldsymbol{z}\rangle^2=\|\boldsymbol{x}\|_2^4\end{aligned} \tag{21.17}$$

直观上，驻点 $\boldsymbol{x}$ 的范数由其与 $\boldsymbol{z}$ 的相关性决定。　□

以下断言对应于断言 1f 在部分观察下的情况。

断言 1p　假设 $\boldsymbol{x}\in\mathcal{B}$ 满足 $\nabla f(\boldsymbol{x})=0$，那么 $\langle\boldsymbol{x},\boldsymbol{z}\rangle^2=\|\boldsymbol{x}\|^4-\varepsilon$。　◁

证明　模仿断言 1f 的证明：

$$\nabla f(\boldsymbol{x})=\boldsymbol{P}_{\Omega}(\boldsymbol{z}\boldsymbol{z}^{\top}-\boldsymbol{x}\boldsymbol{x}^{\top})\boldsymbol{x}=0$$

$$\Rightarrow\langle\boldsymbol{x},\nabla f(\boldsymbol{x})\rangle=\langle\boldsymbol{x},\boldsymbol{P}_{\Omega}(\boldsymbol{z}\boldsymbol{z}^{\top}-\boldsymbol{x}\boldsymbol{x}^{\top})\boldsymbol{x}\rangle=0 \tag{21.18}$$

$$\Rightarrow\langle\boldsymbol{x},\nabla g(\boldsymbol{x})\rangle=|\langle\boldsymbol{x},(\boldsymbol{z}\boldsymbol{z}^{\top}-\boldsymbol{x}\boldsymbol{x}^{\top})\boldsymbol{x}\rangle|\leqslant\epsilon \tag{21.19}$$

$$\Rightarrow\langle\boldsymbol{x},\boldsymbol{z}\rangle^2\geqslant\|\boldsymbol{x}\|^4-\varepsilon$$

其中，从式（21.18）到式（21.19）的推导根据以下事实，即式（21.18）是式（21.19）

的一个抽样版本。从技术上讲，我们可以通过分别以 $A=B=xx^\top$ 以及 $A=xx^\top$，$B=zz^\top$ 两次应用定理 21.9 得到结果。 □

断言 2f 如果 $x\in\mathcal{B}$ 有正 Hessian 矩阵 $\nabla^2 g(x)\succeq 0$，那么 $\|x\|^2\geqslant 1/3$。

证明 根据对 x 的假设，我们有 $\langle z,\nabla^2 g(x)z\rangle\geqslant 0$。通过计算 Hessian 矩阵的二次型（可以通过初等微积分完成，为简单起见略过这一步），我们得到

$$\langle z,\nabla^2 g(x)z\rangle=\|zx^\top+xz^\top\|_F^2-2z^\top(zz^\top-xx^\top)z\geqslant 0 \tag{21.20}$$

这意味着

$$\Rightarrow\|x\|^2+2\langle z,x\rangle^2\geqslant 1$$
$$\Rightarrow\|x\|^2\geqslant 1/3 \qquad (\text{因为}(z,x)^2\leqslant\|x\|^2)$$

证毕。 □

断言 2p 如果 $x\in\mathcal{B}$ 有正 Hessian 矩阵 $\nabla^2 g(x)\succeq 0$，那么 $\|x\|^2\geqslant 1/3-\varepsilon$。

证明 模仿断言 2f 的证明，在 z 上计算 Hessian 矩阵的二次型，我们有

$$\langle z,\nabla^2 f(x)z\rangle=\|P_\Omega(zx^\top+xz^\top)\|_F^2-2z^\top P_\Omega(zz^\top-xx^\top)z\geqslant 0 \tag{21.21}$$

注意到这个公式只是式（21.20）的一个抽样版本，多次应用定理 21.14（而且注意到 $\langle P_{\text{Omega}}(A),P_\Omega(B)\rangle=\langle P_\Omega(A),B\rangle$），可以得到

$$\|P_\Omega(zx^\top+xz^\top)\|_F^2-2z^\top P_\Omega(zz^\top-xx^\top)z$$
$$=p\cdot(\|zx^\top+xz^\top\|_F^2-2z^\top(zz^\top-xx^\top)z\pm O(\epsilon))$$

然后，根据断言 2f 的证明中的推导，在近似的意义下我们得出了与断言 2f 相同的结论：$\|x\|^2\geqslant 1/3-\varepsilon$。 □

有了这些断言，我们准备证明定理 21.10（再次证明）和定理 21.13。

定理 21.10 的再次证明和定理 21.13 的证明 根据断言 1f 和 2f 可知 x 满足 $\langle x,z\rangle^2\geqslant\|x\|^4\geqslant 1/9$。此外，$\nabla g(x)=0$ 意味着

$$\langle z,\nabla g(x)\rangle=\langle z,(zz^\top-xx^\top)x\rangle=0 \tag{21.22}$$
$$\Rightarrow\langle x,z\rangle(1-\|x\|^2)=0$$
$$\Rightarrow\|x\|^2=1 \qquad (\text{根据}(x,z)^2\geqslant 1/9)$$

然后再次利用断言 1f，我们得到 $\langle x,z\rangle^2=1$，因此 $x=\pm z$。定理 21.13 的证明是类似的（注意到这种类似是由设计决定的。） □

21.5 张量分解的 landscape

这一节我们分析另外一个机器学习问题，即张量分解的最优化的 landscape。张量分解与矩阵因式分解问题或者广义线性模型的基本区别在于这里的非凸目标函数具有多个孤立的局部最小值，因此局部最小值集合不具备旋转不变性（而在矩阵补全或者 PCA 中，局部最小值集合是旋转不变的）。这在本质上使我们无法单独利用各种线性代数技术，因为这些技术在本质上是旋转不变的。

21.5.1 正交张量分解的非凸最优化和全局最优性

我们把注意力集中在最简单的张量分解问题上，即正交四阶张量分解。假设给定一个四阶张量 $T\in\mathbb{R}^{d\times d\times d\times d}$ 的项，T 有一个低秩结构，即

$$T=\sum_{i=1}^{n}a_i\otimes a_i\otimes a_i\otimes a_i \tag{21.23}$$

其中 $a_1,\cdots,a_n\in\mathbb{R}^d$。我们的目标是恢复基础分量 $a_1,\cdots,a_n$。在这一小节我们假定 $a_1,\cdots,a_n$

是 $\mathbb{R}^d$ 中具有单位范数的正交向量（因此我们隐式地假定 $n \leqslant d$）。考虑目标函数

$$\begin{aligned} &\operatorname{argmax} f(\boldsymbol{x}) := \langle \boldsymbol{T}, \boldsymbol{x}^{\otimes 4} \rangle \\ &\text{s.t. } \|\boldsymbol{x}\|_2^2 = 1 \end{aligned} \tag{21.24}$$

目标的最优值是张量 $\boldsymbol{T}$ 的（对称）内射范数。在我们的案例中，式（21.24）中的目标的那些全局最大化子恰好是我们正在寻找的分量的集合。

定理 21.15 假设 $\boldsymbol{T}$ 满足公式（21.23），其中的分量 $\boldsymbol{a}_1, \cdots, \boldsymbol{a}_n$ 是正交的，那么目标函数（21.24）的全局最大化子恰好就是 $\pm\boldsymbol{a}_1, \cdots, \pm\boldsymbol{a}_n$。

21.5.2 所有局部最优解都是全局最优解

接下来我们证明目标函数（21.24）的所有局部最大值也是全局最大值。换言之，我们将证明 $\pm\boldsymbol{a}_1, \cdots, \pm\boldsymbol{a}_n$ 是仅有的局部最大值。我们注意到，这里的所有几何特性都是在单位球面 $\mathcal{M} = S^{d-1}$ 上定义的。（有关流形梯度、流形局部最大值等概念的简要介绍参见 21.2.3 节。）

定理 21.16 在与定理 21.15 相同的设定中，目标函数（21.24）的所有局部最大值（在流形 S^{d-1} 上）也是全局最大值。[㊀]

为了证明定理 21.16，我们首先注意到一个函数的 landscape 特性就我们用来表示它的坐标系而言是不变的。我们利用 $\boldsymbol{a}_1, \cdots, \boldsymbol{a}_n$ 的方向以及 $\boldsymbol{a}_1, \cdots, \boldsymbol{a}_n$ 的补全子空间中一个任意的基作为坐标系是很正常的。一个更为便捷的观点是坐标系的这种选择等价于假定 $\boldsymbol{a}_1, \cdots, \boldsymbol{a}_n$ 就是自然标准基 $\boldsymbol{e}_1, \cdots, \boldsymbol{e}_n$。此外，我们可以验证，对于目标函数，剩余的方向 $\boldsymbol{e}_{n+1}, \cdots, \boldsymbol{e}_d$ 是无关紧要的，因为在这些方向上放置任何质量都是不合算的。因此，为了证明的简单性，我们不失一般性地做出下面的假定：

$$n = d, \quad \boldsymbol{a}_i = \boldsymbol{e}_i, \forall i \in [n] \tag{21.25}$$

于是我们有 $f(\boldsymbol{x}) = \|\boldsymbol{x}\|_4^4$。我们可以利用 21.2.3 节中 grad $f(\boldsymbol{x})$ 和 Hess $f(\boldsymbol{x})$ 的公式计算流形梯度和流形的 Hessian 矩阵，

$$\operatorname{grad} f(\boldsymbol{x}) = 4\boldsymbol{P}_{\boldsymbol{x}} \nabla \bar{f}(\boldsymbol{x}) = 4(\boldsymbol{I}_{d\times d} - \boldsymbol{x}\boldsymbol{x}^\top)\begin{bmatrix} \boldsymbol{x}_1^3 \\ \vdots \\ \boldsymbol{x}_d^3 \end{bmatrix} = 4\begin{bmatrix} \boldsymbol{x}_1^3 \\ \vdots \\ \boldsymbol{x}_d^3 \end{bmatrix} - 4\|\boldsymbol{x}\|_4^4 \cdot \begin{bmatrix} \boldsymbol{x}_1 \\ \vdots \\ \boldsymbol{x}_d \end{bmatrix} \tag{21.26}$$

$$\begin{aligned} \operatorname{Hess} f(\boldsymbol{x}) &= \boldsymbol{P}_{\boldsymbol{x}} \nabla^2 \bar{f}(\boldsymbol{x}) \boldsymbol{P}_{\boldsymbol{x}} - (\boldsymbol{x}^\top \nabla \bar{f}(\boldsymbol{x})) \boldsymbol{P}_{\boldsymbol{x}} \\ &= \boldsymbol{P}_{\boldsymbol{x}} (12\operatorname{diag}(\boldsymbol{x}_1^2, \cdots, \boldsymbol{x}_d^2) - 4\|\boldsymbol{x}\|_4^4 \cdot \boldsymbol{I}_{d\times d}) \boldsymbol{P}_{\boldsymbol{x}} \end{aligned} \tag{21.27}$$

其中，对于向量 $\boldsymbol{v} \in \mathbb{R}^d$，$\operatorname{diag}(\boldsymbol{v})$ 表示以 $\boldsymbol{v}_1, \cdots, \boldsymbol{v}_d$ 为对角线元素的对角矩阵。现在我们准备证明定理 21.16。在证明过程中，我们将首先计算目标函数的所有驻点，然后对其中的每一个进行检验，并且证明只有 $\pm\boldsymbol{a}_1, \cdots, \pm\boldsymbol{a}_n$ 才可以是局部最大值。

定理 21.16 的证明 我们在上述假设和简化下进行证明。首先通过求解 grad $f = 0$ 来计算目标函数（21.24）的所有驻点。利用公式（21.26），得知驻点满足

$$\boldsymbol{x}_i^3 = \|\boldsymbol{x}\|_4^4 \cdot \boldsymbol{x}_i, \forall i \tag{21.28}$$

从中可以推出 $\boldsymbol{x}_i = 0$ 或者 $\boldsymbol{x}_i = \pm\|\boldsymbol{x}\|_4^{1/2}$。假定 s 非零，采纳第二个选择我们得到

$$1 = \|\boldsymbol{x}\|_2^2 = s \cdot \|\boldsymbol{x}\|_4^4 \tag{21.29}$$

这意味着 $\|\boldsymbol{x}\|_4^4 = 1/s$，于是 $\boldsymbol{x}_i = 0$ 或者 $\boldsymbol{x}_i = \pm 1/s^{1/2}$。换言之，对于某一个 $s \in [d]$，f 的所有

㊀ 该函数也满足严格鞍特性，因此我们可以严格调用定理 21.6。不过为了简单起见，我们略过了这个证明。

驻点的形式（忽略在索引值上的排列）都是 $(\pm 1/s^{1/2},\cdots,\pm 1/s^{1/2},0,\cdots,0)$，其中存在 s 个非零元。

接下来，我们检验这些驻点中哪些是局部最大值。为了简单起见，设 $\tau=1/s^{1/2}$，这意味着 $\|\boldsymbol{x}\|_4^4=\tau^2$。考虑驻点 $\boldsymbol{x}=(\sigma_1\tau,\cdots,\sigma_s\tau,0,\cdots,0)$，其中 $\sigma_i\in\{-1,1\}$。设 $\boldsymbol{x}$ 是一个局部最大值，那么 Hess $f(\boldsymbol{x})\preceq 0$。我们将证明这意味着 $s=1$。为了引入矛盾，我们假定 $s\geqslant 2$。通过找到一个特定方向，在这个方向上 Hessian 矩阵具有正二次形式，我们将证明 Hessian 矩阵不可能是负半定的。

公式（21.27）的形式意味着对于使 $\langle\boldsymbol{v},\boldsymbol{x}\rangle=0$ 的所有 $\boldsymbol{v}$（$\langle\boldsymbol{v},\boldsymbol{x}\rangle=0$ 说明 $\boldsymbol{P}_x\boldsymbol{v}=\boldsymbol{v}$），我们有

$$\boldsymbol{v}^{\top}((12\mathrm{diag}(\boldsymbol{x}_1^2,\cdots,\boldsymbol{x}_d^2)-4\|\boldsymbol{x}\|_4^4\boldsymbol{I})\boldsymbol{v}\leqslant 0 \tag{21.30}$$

我们取 $\boldsymbol{v}=(1/2,-1/2)$ 作为测试方向。于是公式（21.30）的左侧简化为

$$3\boldsymbol{x}_1^2-3\boldsymbol{x}_2^2-2\|\boldsymbol{x}\|_4^4=6\tau^2-2\|\boldsymbol{x}\|_4^4=4\tau^2>0 \tag{21.31}$$

这与公式（21.30）相矛盾。因此 $s=1$，而且我们得出结论，即所有的局部最大值是 $\pm\boldsymbol{e}_1,\cdots,\pm\boldsymbol{e}_d$。 □

21.6 综述与展望：神经网络的最优化

学习神经网络算法的理论分析极具挑战性，我们仍然缺乏得心应手的数学工具。我们将阐述几个技术挑战，并且对其中的努力和进展进行总结。

按照监督学习的标准设定，设 $f_{\boldsymbol{\theta}}$ 是由参数 $\boldsymbol{\theta}$ 参数化的神经网络，[㊀] ℓ 是损失函数，$\{(\boldsymbol{x}^{(i)},\boldsymbol{y}^{(i)})\}_{i=1}^n$ 是从分布 D 中提取的一个独立同分布的示例的集合。经验风险 $\hat{L}(\boldsymbol{\theta})=\frac{1}{n}\sum_{i=1}^n\ell(f_{\boldsymbol{\theta}}(\boldsymbol{x}^{(i)}),\boldsymbol{y}^{(i)})$，群体风险 $L(\boldsymbol{\theta})=E_{(\boldsymbol{x},\boldsymbol{y})\sim D}[\ell(f_{\boldsymbol{\theta}}(\boldsymbol{x}),\boldsymbol{y})]$。

对 $\hat{L}$ 或 L 的 landscape 特性进行分析的主要挑战来自神经网络的非线性，即 $f_{\boldsymbol{\theta}}(\boldsymbol{x})$ 在 $\boldsymbol{x}$ 和 $\boldsymbol{\theta}$ 中都不是线性的，因此 $\hat{L}$ 和 L 在 $\boldsymbol{\theta}$ 中都不是凸的。线性代数与神经网络并不一致：神经网络在参数或者数据点的旋转方面不具备良好的不变特性。

线性化神经网络。深度学习中的早期最优化研究利用线性化神经网络对问题进行简化：$f_{\boldsymbol{\theta}}$ 被假定为一个没有任何激活函数的神经网络。例如设 $f_{\boldsymbol{\theta}}=\boldsymbol{W}_1\boldsymbol{W}_2\boldsymbol{W}_3\boldsymbol{x}$，其中 $\boldsymbol{\theta}=(\boldsymbol{W}_1,\boldsymbol{W}_2,\boldsymbol{W}_3)$，那么 $f_{\boldsymbol{\theta}}$ 是一个三层前馈线性化神经网络。在这种情况下，模型 $f_{\boldsymbol{\theta}}$ 在 $\boldsymbol{\theta}$ 中仍然不是线性的，但是在 $\boldsymbol{x}$ 中是线性的。这种简化在保持了 $\hat{L}$ 或 L 在 $\boldsymbol{\theta}$ 中仍然是非凸函数的特性的同时，让我们能够利用线性代数工具来分析 $\hat{L}$ 或 L 的最优化 landscape。

Baldi 和 Hornik（1989）以及 Kawaguchi（2016）证明了当 ℓ 是平方损失函数而且 $f_{\boldsymbol{\theta}}$ 是线性前馈神经网络时，$L(\boldsymbol{\theta})$ 的所有局部最小值都是全局最小值（但是 $L(\boldsymbol{\theta})$ 没有退化鞍点，因此不满足严格鞍特性）。Hardt 等人（2018）以及 Hardt 和 Ma（2016）分析了学习线性化残差和递归神经网络的 landscape，并且证明了（在一个区域中）所有的驻点都是全局最小值。读者可参考（Arora et al.，2018）和其中的参考文献以了解这方面的研究进展。

还有许多结果，它们来自另外一种简化：具有两层隐藏层和二次激活函数的神经网络。在这种情况下，模型 $f_{\boldsymbol{\theta}}(\boldsymbol{x})$ 在 $\boldsymbol{x}\otimes\boldsymbol{x}$ 中是线性的，而且是参数的二次函数，线性代数技术让我们能够获得相对强大的理论。参见（Li et al.，2018）、（Soltanolkotabi et al.，2018）、（Du and Lee，2018）以及其中的参考文献。

㊀ 例如，两层神经网络将有 $f_{\boldsymbol{\theta}}(\boldsymbol{x})=\boldsymbol{W}_1\sigma(\boldsymbol{W}_2\boldsymbol{x})$，其中 $\boldsymbol{\theta}=(\boldsymbol{W}_1,\boldsymbol{W}_2)$，$\sigma$ 是一些激活函数。

通过（例如）过参数化改变 landscape。与本章前几节所述的简洁情况有所不同，人们从经验上已经发现，神经网络的 landscape 特性取决于各种因素，包括损失函数、模型参数化以及数据分布。特别地，对模型参数化和损失函数进行适当的改变可以降低最优化的难度。

改变 landscape 的一种有效方法是过参数化神经网络——通过扩大网络宽度来使用大量参数，这些参数通常不是表达所必需的，并且通常大于训练样本的总数。事实上，我们从经验上发现，较宽的神经网络可以缓和在对宽度较窄的网络进行训练时可能出现的不良局部最小值问题。这引发了对过参数化神经网络的最优化 landscape 的大量研究。参见（Safran and Shamir，2016）、（Venturi et al.，2018）、（Soudry and Carmon，2016）、（Haefele and Vidal，2015）以及其中的参考文献。

在深度学习中，两种在实证上非常成功的方法是残差神经网络（He et al.，2016）和批量归一化（Ioffe and Szegedy，2015）。据推测这两种方法都能够改变训练目标的 landscape，并且让最优化变得更加容易。这是一个令人关注而且充满希望的方向，它有可能规避一定的数学难题，不过现有的工作经常受到诸如（Hardt and Ma，2017）中的线性化假定等强假设的影响，以及（Ge et al.，2017）中的高斯数据分布假定的影响。

过参数化模型和核方法之间的联系：神经正切核（Neural Tangent Kernel，NTK）的观点。近期的另外一个研究领域是学习过参数化神经网络的最优化动态（而不是表征目标函数的完整的 landscape），参见（Li and liang，2018）、（Du et al.，2018）、（Jacot et al.，2018）和（Allen-Zhu et al.，2019）以及其中的参考文献。主要结论是对于某些初始化和参数化，采用梯度下降法对过参数化神经网络进行最优化，可以收敛到一个零训练误差解。

我们现在稍为深入地了解这一方法的优点和局限性。主要思路是从一个特定规模的随机初始化开始，然后在初始化邻域附近局部最优化神经网络。考虑一个非线性模型 $f_{\boldsymbol{\theta}}(\cdot)$ 和一个初始化 $\boldsymbol{\theta}_0$。我们可以通过在 $\boldsymbol{\theta}_0$ 处的泰勒展开，用线性模型来近似这个模型：

$$f_{\boldsymbol{\theta}}(\boldsymbol{x}) \approx g_{\boldsymbol{\theta}}(\boldsymbol{x}) \triangleq \langle \boldsymbol{\theta}-\boldsymbol{\theta}_0, \nabla f_{\boldsymbol{\theta}_0}(\boldsymbol{x}) \rangle + f_{\boldsymbol{\theta}_0}(\boldsymbol{x}) = \langle \boldsymbol{\theta}, \nabla f_{\boldsymbol{\theta}_0}(\boldsymbol{x}) \rangle + c(\boldsymbol{x}) \tag{21.32}$$

其中 $c(\boldsymbol{x})$ 仅依赖于 $\boldsymbol{x}$，而不依赖于 $\boldsymbol{\theta}$。忽略非本质的位移 $c(\boldsymbol{x})$，模型 $g_{\boldsymbol{\theta}}$ 可以被视为在特征向量 $\nabla f_{\boldsymbol{\theta}_0}(\boldsymbol{x})$ 上的线性函数。

因此，假设式（21.32）中的近似值在整个训练过程中足够精确，那么我们本质上是在对线性模型 $f_{\boldsymbol{\theta}}(\boldsymbol{x})$ 进行最优化。这里的关键是，对于某些初始化和参数化设定，线性近似值确实足够精确。（我们将在后面讨论这些设定是否真实以及真实程度如何。）

一个具体而且简单的设定如下。假设 $f_{\boldsymbol{\theta}}(\boldsymbol{x}) = \sum_{i=1}^{m} a_i [\boldsymbol{w}_i^{\top}\boldsymbol{x}]_+$，其中 $a_i \in \mathbb{R}$，$\boldsymbol{w}_i \in \mathbb{R}^d$，而且 $[t]_+$是 $\max\{t,0\}$ 的简写（这个函数也称为 ReLU 激活函数）。假定各个 a_i 是从 $\{\pm 1/\sqrt{m}\}$ 独立均匀生成的，而且在整个训练过程中是固定的。（因此，模型变量 $\boldsymbol{\theta} = [\boldsymbol{w}_1, \cdots, \boldsymbol{w}_m]$。）我们假定损失是均方损失。

我们使用单位球面上的均匀随机向量来初始化权重 $\boldsymbol{w}_1, \cdots, \boldsymbol{w}_m$，并且将初始化记为 $\boldsymbol{\theta}_0$。以下两点可以通过线性模型的标准工具获得，它们是分析的关键。

- 假设我们只是最优化近似模型 $g_{\boldsymbol{\theta}}(\boldsymbol{x})$，那么损失函数是 $\boldsymbol{\theta}$ 上的二次函数，损失的 Hessian 矩阵是由特征映射 $\boldsymbol{x} \to \nabla f_{\boldsymbol{\theta}_0}(\boldsymbol{x})$ 导出的核矩阵 $\boldsymbol{H} \triangleq [\langle \nabla f_{\boldsymbol{\theta}_0}(\boldsymbol{x}^{i}), \nabla f_{\boldsymbol{\theta}_0}(\boldsymbol{x}^{(j)}) \rangle]_{i,j \in [n]}$。根据标准集中不等式，我们可以证明它对于足够大的 m 是良态的。因此，根据梯度下降的标准结果，我们有一个几何衰减的损失。此外，直接的计算表明，每一个权向量 $\boldsymbol{w}_i$ 的总移动是$\frac{1}{\sqrt{m}}$阶的范数。（可以凭直觉理解这一说

法——我们拥有的神经元越多，它们中的每一个为了拟合数据所需要的移动就越少。）

- 在初始化的 $1/\sqrt{m}$ 邻域（其中的距离由单个权向量的最大变化来测量），当 m 趋向于无穷大时，近似值（21.32）足够好。更具体地说，对于一个在邻域内的 $\boldsymbol{\theta}$，设 $\boldsymbol{H} \triangleq [\langle \nabla f_{\boldsymbol{\theta}_0}(\boldsymbol{x}^{i}), \nabla f_{\boldsymbol{\theta}_0}(\boldsymbol{x}^{(j)}) \rangle]_{i,j\in[n]}$ 是控制神经网络在 $\boldsymbol{\theta}$ 处的更新的核矩阵。我们可以证明当 m 趋向于无穷大时，$\boldsymbol{H}(\boldsymbol{\theta})$ 足够靠近 $\boldsymbol{H}$，这表明近似值（21.32）在这个邻域内足够精确。

对 $f_{\boldsymbol{\theta}}(\boldsymbol{x})$ 进行最优化的最终分析将在每步归纳地利用以上两点。我们利用第二点证明近似值是精确的，然后利用第一点证明迭代 $\boldsymbol{\theta}$ 不会离开 $1/\sqrt{m}$ 的邻域。

关于 NTK 方法的讨论。 基于 NTK 的这些分析的一个共同的局限性是它们直接对经验风险进行分析，但是未必提供了足够好的泛化保证。这部分地是由于这个方法无法处理正则化神经网络，以及实际使用的具体的学习速率。在实践中，通常参数 $\boldsymbol{\theta}$ 也并非紧靠着初始值。当 $\boldsymbol{\theta}$ 中的参数数量大于 n 时，如果不做任何正则化，我们就不能期望 $\hat{L}$ 均匀集中在群体风险周围。这就提出了一个问题，即获得的解是否只是记忆了训练数据，而没有泛化到测试数据。可以通过 NTK 方法限定最终解和初始化之间的差的范数的界来得到一个泛化界。然而，这样的泛化界只与核方法所能提供的一样有效。事实上，Wei 等人（2019）证明了对于一个简单分布，NTK 的样本复杂度在根本上比神经网络的正则化目标更差。

正则化神经网络。 分析一个正则化目标的 landscape 或者最优化要比分析非正则化目标更具挑战性。在后一种情况下，我们知道实现零训练损失就意味着我们达到了一个全局最小值。而在前一种情况下，我们对全局最小值的函数值知之甚少。在无限宽度的两层神经网络上有一些研究进展（Chizat and Bach，2018；Mei et al.，2018；Rotskoff and Vanden Eijnden，2018；Sirignano and Spiliopoulos，2018；Wei et al.，2019）。例如，Wei 等人（2019）证明了对于具有齐次激活函数的无限宽度的两层神经网络，多项式数量的扰动梯度下降的迭代能够找到 ℓ_2 正则化目标函数的一个全局最小值。但是如果我们对数据不做额外的假设，那么对于多项式宽度的神经网络，很可能无法得到相同的一般化结果。

算法上的或者隐式的正则化。 有点令人惊讶的是，实证研究表明，即使是过参数化的未正则化神经网络也可以泛化（Zhang et al.，2017）。此外，不同的算法显然收敛到目标函数的本质上不同的全局最小值，而且这些全局最小值具有不同的泛化性能。这意味着算法有一种正则化的效果，而且从根本上存在一种可能性，即精细地分析最优化算法的迭代动态，从而精确地推断出它究竟收敛到哪个全局最小值。这一类结果尤其具有挑战性，因为它们要求对最优化动态进行细粒度控制，并且通常只能对相对简单的模型才能获得严格的理论。这些简单模型的例子包括线性模型（Soudry et al.，2018；Woodworth et al.，2019）、矩阵传感（Gunasekar et al.，2017）、二次神经网络（Li et al.，2019）以及具有 ReLU 激活函数的两层神经网络的特例（Li et al.，2018）。

在数据分布上的假定。 本章作者和其他许多人都怀疑在最坏情况下获得神经网络的最佳泛化性能可能是计算上难以处理的。在最坏情况分析之外，人们在数据分布上做出了一些更强的假设，比如高斯输入（Brutzkus and Globerson，2017；Ge et al.，2017）以及高斯混合或者线性可分离数据（Brutzkus et al.，2017）。在输入上做出高斯假定的局限性是双重的：它们不是实事求是的假定；它们有可能高估和低估了在不同方面学习现实世界数据的难度。高斯假定可能将问题过于简单化，这也许并不奇怪，但是可能有其他的非高斯假定能够使问题比采用高斯假定更加容易求解，参见深度学习理论的早期研究（Arora et al.，2014）。

21.7 本章注解

Hillar 和 Lim（2013）证明了最优化度多项式是 NP 困难的，Murty 和 Kabadi（1987）证明了检查一个点是否不是局部最小值也是 NP 困难的。我们对拟凸性的定量定义（定义 21.5）来自（Hardt et al.，2018）。Polyak-Lojasiewicz 条件由 Polyak（1963）引入，参见（Karimi et al.，2016）中关于定理 21.4 的证明的一项近期研究。RSI 条件最初是在（Zhang and Yin，2013）中引入的。

严格鞍条件最初在（Ge et al.，2015）中定义，我们利用了（Lee et al.，2016）和（Agarwal et al.，2017）中的形式化定义的变异。用于各种具体算法的定理 21.2 和定理 21.3 的形式化版本参见（Nesterov and Polyak，2006）、（Ge et al.，2015）、（Agarwal et al.，2017）以及（Carmon et al.，2018）。

定理 21.6 源于（Boumal et al.，2019）中的定理 12。关于 21.2.3 节中流形的梯度和 Hessian 矩阵的定义，建议参考（Absil et al.，2007）一书。[㊀]

21.3 节所讨论的结果源于（Kakade et al.，2011）和（Hazan et al.，2015）。其独特的阐述最早是由 Yu Bai 为斯坦福大学的统计学习理论课程撰写的。

对 PCA 目标的 landscape 的分析来自（Baldi and Hornik，1989）以及（Srebro and Jaakkola，2013）。21.4.2 节涵盖的主要结果基于（Ge et al.，2016）的工作。有关矩阵补全问题的进一步参考资料，参见（Ge et al.，2016）中的参考资料。

21.5 节基于（Ge et al.，2015）。最近，有学者对更加复杂的张量分解情况进行了研究，例如将 Kac-Rice 公式（Ge and Ma，2017）用于随机过完备张量。有关张量问题的进一步参考资料，参见（Ge et al.，2017）。

参考文献

Absil, P. A., Mahony, R., and Sepulchre, R. 2007. *Optimization Algorithms on Matrix Manifolds*. Princeton University Press.

Agarwal, Naman, Allen Zhu, Zeyuan, Bullins, Brian, Hazan, Elad, and Ma, Tengyu. 2017. Finding approximate local minima faster than gradient descent. In *Proceedings of the 49th Annual ACM SIGACT Symposium on Theory of Computing*, pp. 1195–1199.

Allen-Zhu, Zeyuan, Li, Yuanzhi, and Song, Zhao. 2019. On the convergence rate of training recurrent neural networks. In *Annual Conference on Neural Information Processing Systems (NeurIPS)*, pp. 6673–6685.

Arora, Sanjeev, Bhaskara, Aditya, Ge, Rong, and Ma, Tengyu. 2014. Provable bounds for learning some deep representations. *International Conference on Machine Learning*, pp. 584–592.

Arora, Sanjeev, Cohen, Nadav, and Hazan, Elad. 2018. On the optimization of deep networks: Implicit acceleration by overparameterization. In *Proceedings of the 35th International Conference on Machine Learning (ICML)*, pp. 244–253.

Baldi, Pierre, and Hornik, Kurt. 1989. Neural networks and principal component analysis: Learning from examples without local minima. *Neural Networks*, **2**(1), 53–58.

Boumal, N., Absil, P.-A., and Cartis, C. 2019. Global rates of convergence for nonconvex optimization on manifolds. *IMA Journal of Numerical Analysis*, 39(1), 1–33.

㊀ 例如，梯度在（Absil et al.，2007）3.6 节的公式（3.31）中定义，Hessian 矩阵在（Absil et al.，2007）5.5 节的定义 5.5.1 中定义。（Absil et al.，2007）中的 5.4.1 节给出了球面 S^{d-1} 的 Riemannian 连接，可用于计算 Hessian 矩阵。

Brutzkus, Alon, and Globerson, Amir. 2017. Globally optimal gradient descent for a ConvNet with Gaussian inputs. In *Proceedings of the 34th International Conference on Machine Learning (ICML)*, pp. 605–614.

Brutzkus, Alon, Globerson, Amir, Malach, Eran, and Shalev-Shwartz, Shai. 2017. SGD learns over-parameterized networks that provably generalize on linearly separable data. *arXiv preprint arXiv:1710.10174*.

Carmon, Yair, Duchi, John C, Hinder, Oliver, and Sidford, Aaron. 2018. Accelerated methods for non-convex optimization. *SIAM Journal on Optimization*, 28(2), 1751–1772.

Chizat, Lenaic, and Bach, Francis. 2018. On the global convergence of gradient descent for over-parameterized models using optimal transport. In *Annual Conference on Neural Information Processing Systems (NeurIPS)*, pp. 3040–3050.

Du, Simon S, and Lee, Jason D. 2018. On the power of over-parametrization in neural networks with quadratic activation. In *Proceedings of the 35th International Conference on Machine Learning (ICML)*, pp. 1328–1337.

Du, Simon S, Zhai, Xiyu, Poczos, Barnabas, and Singh, Aarti. 2018. Gradient descent provably optimizes over-parameterized neural networks. *arXiv preprint arXiv:1810.02054*.

Ge, Rong, and Ma, Tengyu. 2017. On the optimization landscape of tensor decomposition. In *Annual Conference on Neural Information Processing Systems (NIPS)*, pp. 3653–3663.

Ge, Rong, Huang, Furong, Jin, Chi, and Yuan, Yang. 2015. Escaping from saddle points—online stochastic gradient for tensor decomposition. In *Proceedings of the 28th Conference on Learning Theory (COLT)*, pp. 797–842.

Ge, Rong, Lee, Jason D, and Ma, Tengyu. 2016. Matrix completion has no spurious local minimum. In *Annual Conference on Neural Information Processing Systems (NIPS)*, pp. 2973–2981.

Ge, Rong, Lee, Jason D, and Ma, Tengyu. 2017. Learning one-hidden-layer neural networks with landscape design. *arXiv preprint arXiv:1711.00501*.

Gunasekar, Suriya, Woodworth, Blake E, Bhojanapalli, Srinadh, Neyshabur, Behnam, and Srebro, Nati. 2017. Implicit regularization in matrix factorization. *Advances in Neural Information Processing Systems*, pp. 6151–6159.

Haeffele, Benjamin D, and Vidal, René. 2015. Global optimality in tensor factorization, deep learning, and beyond. *arXiv preprint arXiv:1506.07540*.

Hardt, Moritz, and Ma, Tengyu. 2016. Identity matters in deep learning. *arXiv preprint arXiv:1611.04231*.

Hardt, Moritz, Ma, Tengyu, and Recht, Benjamin. 2018. Gradient descent learns linear dynamical systems. *Journal of Machine Learning Research*, 19, 29:1–29:44.

Hazan, Elad, Levy, Kfir, and Shalev-Shwartz, Shai. 2015. Beyond convexity: Stochastic quasi-convex optimization. *Advances in Neural Information Processing Systems*, pp. 1594–1602.

He, Kaiming, Zhang, Xiangyu, Ren, Shaoqing, and Sun, Jian. 2016. Deep residual learning for image recognition. In *IEEE Conference on Computer Vision and Pattern Recognition (CVPR)*, pp. 770–778.

Hillar, Christopher J., and Lim, Lek-Heng. 2013. Most tensor problems are NP-hard. *Journal of the ACM*, **60**(6), 45.

Ioffe, Sergey, and Szegedy, Christian. 2015. Batch normalization: Accelerating deep network training by reducing internal covariate shift. In *Proceedings of the 32nd International Conference on Machine Learning (ICML)*, pp. 448–456.

Jacot, Arthur, Gabriel, Franck, and Hongler, Clément. 2018. Neural tangent kernel: Convergence and generalization in neural networks. In *Advances in Neural Information Processing Systems (NeurIPS)*, pp. 8580–8589.

Kakade, Sham M, Kanade, Varun, Shamir, Ohad, and Kalai, Adam. 2011. Efficient learning of generalized linear and single index models with isotonic regression. *Advances in Neural Information Processing Systems*, pp. 927–935.

Karimi, Hamed, Nutini, Julie, and Schmidt, Mark. 2016. Linear convergence of gradient and proximal-gradient methods under the polyak-łojasiewicz condition. *Joint European Conference on Machine Learning and Knowledge Discovery in Databases*, pp. 795–811. Springer.

Kawaguchi, Kenji. 2016. Deep learning without poor local minima. In *Advances in Neural Information Processing Systems (NIPS)*, pp. 586–594.

Lee, Jason D, Simchowitz, Max, Jordan, Michael I, and Recht, Benjamin. 2016. Gradient descent only converges to minimizers. In *Proceedings of the 29th Conference on Learning Theory (COLT)*, pp. 1246–1257.

Li, Yuanzhi, and Liang, Yingyu. 2018. Learning overparameterized neural networks via stochastic gradient descent on structured data. *Advances in Neural Information Processing Systems*, pp. 8157–8166.

Li, Yuanzhi, Ma, Tengyu, and Zhang, Hongyang. 2018. Algorithmic regularization in over-parameterized matrix sensing and neural networks with quadratic activations. In *Proceedings of the 31st Conference on Learning Theory (COLT)*, pp. 2–47.

Li, Yuanzhi, Wei, Colin, and Ma, Tengyu. 2019. Towards explaining the regularization effect of initial large learning rate in training neural networks. In *Advances in Neural Information Processing Systems (NeurIPS)*, pp. 11669–11680.

Mei, Song, Montanari, Andrea, and Nguyen, Phan-Minh. 2018. A mean field view of the landscape of two-layers neural networks. *Proceedings of the National Academy of Sciences*, E7665–E7671.

Murty, Katta G, and Kabadi, Santosh N. 1987. Some NP-complete problems in quadratic and nonlinear programming. *Mathematical Programming*, **39**(2), 117–129.

Nesterov, Yurii, and Polyak, Boris T. 2006. Cubic regularization of Newton method and its global performance. *Mathematical Programming*, **108**(1), 177–205.

Polyak, Boris Teodorovich. 1963. Gradient methods for minimizing functionals. *Zhurnal Vychislitel'noi Matematiki i Matematicheskoi Fiziki*, **3**(4), 643–653.

Rotskoff, Grant M, and Vanden-Eijnden, Eric. 2018. Neural networks as interacting particle systems: Asymptotic convexity of the loss landscape and universal scaling of the approximation error. *arXiv preprint arXiv:1805.00915*.

Safran, Itay, and Shamir, Ohad. 2016. On the quality of the initial basin in overspecified neural networks. *International Conference on Machine Learning*, pp. 774–782.

Sirignano, Justin, and Spiliopoulos, Konstantinos. 2018. Mean field analysis of neural networks: A law of large numbers. *arXiv preprint arXiv:1805.01053*.

Soltanolkotabi, Mahdi, Javanmard, Adel, and Lee, Jason D. 2018. Theoretical insights into the optimization landscape of over-parameterized shallow neural networks. *IEEE Transactions on Information Theory*, **65**(2), 742–769.

Soudry, Daniel, and Carmon, Yair. 2016. No bad local minima: Data independent training error guarantees for multilayer neural networks. *arXiv preprint arXiv:1605.08361*.

Soudry, Daniel, Hoffer, Elad, Nacson, Mor Shpigel, Gunasekar, Suriya, and Srebro, Nathan. 2018. The implicit bias of gradient descent on separable data. *The Journal of Machine Learning Research*, **19**(1), 2822–2878.

Srebro, Nathan, and Jaakkola, Tommi. 2013. Weighted low-rank approximations. In *Proceedings of the Twentieth International Conference on Machine Learning (ICML)*, pp. 720–727.

Venturi, Luca, Bandeira, Afonso, and Bruna, Joan. 2018. Neural networks with finite intrinsic dimension have no spurious valleys. *arXiv preprint arXiv:1802.06384*.

Wei, Colin, Lee, Jason D., Liu, Qiang, and Ma, Tengyu. 2019. Regularization matters: Generalization and optimization of neural nets v.s. their induced kernel. *arXiv e-prints*, Oct, In *Advances in Neural Information Processing Systems (NeurIPS)*, pp. 9709–9721.

Woodworth, Blake, Gunasekar, Suriya, Lee, Jason, Moroshko, Edward, Savarese, Pedro, H. P., Golan, Itay, Soudry, Daniel, and Srebro, Nathan. 2019. Kernel and deep regimes in overparametrized models. *arXiv preprint arXiv:1906.05827*.

Zhang, Chiyuan, Bengio, Samy, Hardt, Moritz, Recht, Benjamin, and Vinyals, Oriol. 2017. Understanding deep learning requires rethinking generalization. In *5th International Conference on Learning Representations (ICLR)*.

Zhang, Hui, and Yin, Wotao. 2013. Gradient methods for convex minimization: better rates under weaker conditions. *arXiv preprint arXiv:1303.4645*.

过参数化模型中的泛化

Moritz Hardt

摘要： 简而言之，泛化的目标是将学习模型在已经看到的示例上的性能与其在还未看到的示例上的性能联系起来。传统的泛化的界将两者之间的差距与模型复杂度的各种度量联系起来。在实践中，即使模型没有凭借对模型参数进行计数来获得有效的复杂度界，这样的模型仍然可以很好地泛化。这种过参数化（overparameterized）模型已经占据了当今众多机器学习基准测试的制高点。我们考察了在当今的机器学习实践中与过参数化和泛化有关的一些有趣的经验现象，然后回顾一些可利用的理论（其中有一些是陈旧的，而有一些是新兴的），以便更好地理解和预测是什么在促进泛化的性能。

22.1 背景和动机

机器学习中的泛化是这样的一个领域，其中最坏情况分析的算法范式通常难以实例化。当模型在实践中得以成功泛化时，往往是由于数据和算法之间微妙的相互作用。尽管如此，本章我们将探讨为什么泛化超越了最坏情况分析，以及我们有什么理论可以用来推导泛化问题。

我们的重点是监督学习的标准形式设定。假定在与我们的学习问题相关的标记示例上，存在一个基础分布 D。标记示例（labeled example）是一个序偶 $(x,y)\in X\times Y$，其中 X 是包含可能数据点的空间，Y 是类别标签的离散集合。例如，集合 X 可能表示一定维度的图像，而集合 Y 包含一些描述图像中的对象的标签。

预测器（这里，其同义词是分类器）是一个从点到标签的映射 $f:X\to Y$。预测器通常由一个包含实值参数的向量 $\boldsymbol{w}\in\mathbb{R}^d$ 说明。我们使用术语模型来描述参数和预测器之间的关系。例如，线性模型指的是二元预测器 $f_w(\boldsymbol{x})=\operatorname{sign}(\langle\boldsymbol{w},\boldsymbol{x}\rangle)$，由参数 $\boldsymbol{w}\in\mathbb{R}^d$ 确定，即如果内积 $\langle\boldsymbol{w},\boldsymbol{x}\rangle$ 为正，则预测器输出 1，否则输出 -1。也就是说，术语“模型”已经成为机器学习中的一种口语，它可能指函数形式的预测器，也可能指描述预测器的参数。

我们借助损失函数 ℓ 来测量预测器的质量。损失函数 $\ell:Y\times Y\to\mathbb{R}_{\geqslant 0}$ 将一对标签映射到一个非负实数。一个例子是 0/1-损失函数 $\ell_{01}(\boldsymbol{y},\boldsymbol{y}')=\mathbf{1}\{\boldsymbol{y}\neq\boldsymbol{y}'\}$，它对应于分类误差。为了方便起见，经常把 $\ell(f,(\boldsymbol{x},\boldsymbol{y}))=\ell(f(\boldsymbol{x}),\boldsymbol{y})$ 作为简略写法（abusing notation）[㊀]来表示预测器 f 在标记示例 $(\boldsymbol{x},\boldsymbol{y})$ 上的损失。进一步的简略写法是我们将使用 $\ell(\boldsymbol{w},\boldsymbol{z})$ 来表示由标记示例 $\boldsymbol{z}$ 上的参数 $\boldsymbol{w}$ 描述的预测器的损失。

定义 22.1（风险） 预测器 $f:X\to Y$ 的风险定义为

$$R(f)=\underset{(\boldsymbol{x},\boldsymbol{y})\sim D}{E}[\ell(f(\boldsymbol{x}),\boldsymbol{y})] \qquad \triangleleft$$

监督学习的目的是找到一个最小化风险的预测器。实现这一点的一种方法是直接最小化风险，例如，针对一个随机样本，利用应用于模型参数的随机梯度法（stochastic

㊀ 也称符号滥用。——译者注

gradient method)：

$$\boldsymbol{w}_{t+1}=\boldsymbol{w}_t-\eta\ \nabla\ \ell(\boldsymbol{w}_t,\boldsymbol{z}_t)\text{ 其中 } \boldsymbol{z}_t\sim D$$

标量 $\eta>0$ 被称为步长（step size）。随机梯度法有很多变异，是现代机器学习以及深度学习新发展中的主力。我们无法利用梯度法直接最优化 0/1 损失函数，因此我们会在训练期间使用一些适当的“替代”损失。

例 22.2（感知器）　与随机梯度法对应的著名的感知器算法应用于线性模型，其损失函数是铰链损失（hinge loss）：

$$\ell_{\text{hinge}}(\boldsymbol{w},(\boldsymbol{x},y))=\max\{1-\langle\boldsymbol{w},\boldsymbol{x}\rangle y,0\}$$

感知器是 Rosenblatt 在 1958 年发现的，《纽约时报》将它描述为“一台电子计算机的胚胎，（海军）期望它能够行走、说话、观看、书写、自我复制并且具备自我意识”。　◁

22.1.1　经验风险与泛化差距

在算法的每步抽取一个新的示例，就有可能将随机最优化直接应用于风险目标。然而，在实践中，通常每一个训练示例都会被多次使用。这就造成了模型在训练示例上的性能与其在新的示例上的性能之间产生脱节。为了分析这一差距，我们再引入一些术语。

定义 22.3（经验风险）　考虑一个包含 n 个标记实例的元组，

$$S=((x_1,y_1),\cdots,(x_n,y_n))\in(X\times Y)^n$$

其中 $z_i=(x_i,y_i)$ 表示第 i 个标记示例。经验风险（empirical risk）定义为：

$$R_S(f)=\frac{1}{n}\sum_{i=1}^{n}\ell(f(x_i),y_i)$$ ◁

经验风险的最小化是指在一个特定的类 $\mathcal{F}$ 中设法找到最小化经验风险的预测器 f^*：

$$f^*=\arg\min_{f\in\mathcal{F}}R_S(f) \tag{22.1}$$

在经验风险最小化的背景下，经验风险通常被称为*训练误差*或者*训练损失*，因为它对应于由某些最优化方法造成的损失。然而，取决于最优化问题，我们可能无法找到精确的经验风险最小化子，并且它也可能不是唯一的。

经验风险最小化通常被用作代理来最小化未知的群体风险。问题是这个代理有多好呢？

理想情况下，我们希望通过经验风险最小化找到的预测器 f 满足 $R_S(f)\approx R(f)$。但是实际情况可能并非如此，因为风险 $R(f)$ 在未见的示例中捕捉损失，而经验风险 $R_S(f)$ 却是在已见的示例中捕捉损失。

一般而言，我们预期在已见的示例上比在未见的示例上做得更好。已见示例和未见示例之间的性能差距就是我们所说的*泛化差距*（generalization gap）。

定义 22.4（泛化差距）　预测器 f 相对于数据集 S 的泛化差距定义为

$$\Delta_{\text{gen}}(f)=R(f)-R_S(f)$$ ◁

这个量有时也称为*泛化误差*（generalization error）或者*超额风险*（excess risk）。请注意下面这个虽然意义与上面的式子重复，但是很重要的恒等式：

$$R(f)=R_S(f)+\Delta_{\text{gen}}(f) \tag{22.2}$$

这特别表明了如果我们通过最优化设法使经验风险 $R_S(f)$ 变小，那么剩下要担心的就是泛化差距。

22.2 推导泛化的工具

那么，怎样才能确定泛化差距的界呢？我们将首先了解一种被称为算法稳定性（algorithmic stability）的算法健壮特性的严格描述。直观上，算法稳定性度量一个算法对单一训练示例中的变化的敏感程度，它将为我们提供一种强大而且直观的推导泛化的方法。

22.2.1 算法稳定性

为了引入稳定性的概念，我们引入两个独立的样本 $S=(z_1,\cdots,z_n)$ 和 $S'=(z'_1,\cdots,z_n')$，每一个样本都是从分布 D 中独立而且一致抽取的。我们称第二个样本 S' 为幽灵样本（ghost sample），因为它只是一个分析手段。我们从来不会真正收集第二个样本，也不会在它的上面运行任何算法。

对于 $i\in\{1,\cdots,n\}$，我们引入 n 个混合样本 $S^{(i)}$：

$$S^{(i)}=(z_1,\cdots,z_{i-1},z_i',z_{i+1},\cdots,z_n)$$

其中 $S^{(i)}$ 的第 i 个示例来自 S'，而其所有其他示例来自 S。

凭借这个符号，我们可以引入一个数据相关的概念，即算法的平均稳定性。在这个定义上，我们将算法视为一个确定性映射 A，它在 $(X\times Y)^n$ 中取一个训练样本，映射到某输出空间 $\Omega\subseteq\mathbb{R}^d$ 中的一个模型参数集合。

定义 22.5（平均稳定性） 算法的平均稳定性（average stability）$A:(X\times Y)^n\to\Omega$：

$$\Delta(A)=\underset{S,S'}{E}\left[\frac{1}{n}\sum_{i=1}^{n}\left(\ell(A(S),z_i')-\ell(A(S^{(i)}),z_i')\right)\right] \qquad \lhd$$

为了解析这个定义，注意到从 $A(S)$ 的角度看来，示例 z_i'是未见的，因为它不是 S 的一部分。但是从 $A(S^{(i)})$ 的角度看来，示例 z_i'是可见的，因为它是 $S^{(i)}$ 的一部分。这表明 $\Delta(A)$ 度量了算法用来自分布的新的示例样本替换其训练示例的平均灵敏度。这个直觉说明了为什么平均稳定性实际上等于期望的泛化差距。

命题 22.6（期望差距等于平均稳定性）

$$E[\Delta_{\text{gen}}(A(S))]=\Delta(A)$$

证明 由期望值的线性特性，

$$\begin{aligned}E[\Delta_{\text{gen}}(A(S))]&=E[R(A(S))-R_S(A(S))]\\&=E\left[\frac{1}{n}\sum_{i=1}^{n}\ell(A(S),z'_i)\right]-E\left[\frac{1}{n}\sum_{i=1}^{n}\ell(A(S),z_i)\right]\end{aligned}$$

这里我们利用了这样的事实，即 z_i'是从分布中抽取的一个示例，它不出现在集合 S 中，而 z_i 出现在集合 S 中。同时，z_i 和 z_i'是同分布的，而且独立于其他示例。所以，

$$E\ell(A(S),z_i)=E\ell(A(S^{(i)}),z_i')$$

将此恒等式应用于经验风险表达式中的每一项，并与 $\Delta(A)$ 的定义进行比较，我们得出结论 $E[R(A(S))-R_S(A(S))]=\Delta(A)$ □

22.2.2 均匀稳定性

虽然平均稳定性为我们提供了泛化误差的一种精确刻画，但是很难和在 S 及 S'上的期望值一起使用。均匀稳定性用上确界取代算术平均值，从而引入了一个更加强大而且实用的概念。

定义 22.7（均匀稳定性） 算法 A 的均匀稳定性（uniform stability）定义为

$$\Delta_{\sup}(A)=\sup_{S,S'\in(X\times Y)^n}\sup_{1\leqslant i\leqslant n}|\ell(A(S),z_i')-\ell(A(S^{(i)},z_i')| \quad \triangleleft$$

由于均匀稳定性确定了平均稳定性的上界，于是我们知道均匀稳定性确定了泛化差距（期望值）的上界。

推论 22.8 $E[\Delta_{\text{gen}}(A(S))]\leqslant\nabla_{\sup}(A)$。

这个推论特别有效，因为许多算法是均匀稳定的。例如，损失函数的强凸性足以保证经验风险最小化的均匀稳定性，正如我们将在下面看到的。

22.2.3 经验风险最小化的稳定性

下一个定理表明，假如损失函数 $\ell(\boldsymbol{w},\boldsymbol{z})$ 在模型参数 $\boldsymbol{w}$ 中对于每个示例 z 都是强凸的，则经验风险最小化是可以泛化的。满足这个假定的一种情况是具有平方损失函数 $\ell(\boldsymbol{w},(\boldsymbol{x},y))=(\langle\boldsymbol{w},\boldsymbol{x}\rangle-y)^2$ 的线性模型，这里假定 $\|\boldsymbol{w}\|\leqslant 1$ 而且 $\|\boldsymbol{x}\|\leqslant 1$。

定理 22.9 假定对于每个 z，$\ell(\boldsymbol{w},\boldsymbol{z})$ 在域 Ω 的 $\boldsymbol{w}$ 上是 α-强凸的，即对所有 $\boldsymbol{w},\boldsymbol{w}'\in\Omega$，有 $\ell(\boldsymbol{w}',\boldsymbol{z})\geqslant\ell(\boldsymbol{w},\boldsymbol{z})+\langle\nabla\ell(\boldsymbol{w},\boldsymbol{z}),\boldsymbol{w}-\boldsymbol{w}'\rangle+\dfrac{\alpha}{2}\|\boldsymbol{w}-\boldsymbol{w}'\|^2$。进一步假定对于每个 z，$\ell(\boldsymbol{w},\boldsymbol{z})$ 在 $\boldsymbol{w}$ 上是 L-Lipschitz 的，即 $\|\nabla\ell(\boldsymbol{w},\boldsymbol{z})\|\leqslant L$。

那么经验风险最小化（ERM）满足

$$\Delta_{\sup}\text{（ERM）}\leqslant\frac{4L^2}{\alpha n}$$

证明 设 $\hat{\boldsymbol{w}}_S=\operatorname{argmin}_{\boldsymbol{w}\in\Omega}\dfrac{1}{n}\sum_{i=1}^n\ell(\boldsymbol{w},\boldsymbol{z}_i)$ 表示在样本 S 上的经验风险最小化子。固定任意大小为 n 的样本 S、S' 以及索引值 $i\in\{1,\cdots,n\}$。我们需要证明

$$|(\ell(\hat{\boldsymbol{w}}_{S^{(i)}},\boldsymbol{z}_i')-\ell(\hat{\boldsymbol{w}}_S,\boldsymbol{z}_i'))|\leqslant\frac{4L^2}{\alpha n}$$

一方面，从强凸性可以得到

$$R_S(\hat{\boldsymbol{w}}_{S^{(i)}})-R_S(\hat{\boldsymbol{w}}_S)\geqslant\frac{\alpha}{2}\|\hat{\boldsymbol{w}}_S-\hat{\boldsymbol{w}}_{S^{(i)}}\|^2 \tag{22.3}$$

另一方面

$$\begin{aligned}
&R_S(\hat{\boldsymbol{w}}_{S^{(i)}})-R_S(\hat{\boldsymbol{w}}_S)\\
&=\frac{1}{n}(\ell(\hat{\boldsymbol{w}}_{S^{(i)}},\boldsymbol{z}_i)-\ell(\hat{\boldsymbol{w}}_S,\boldsymbol{z}_i))+\frac{1}{n}\sum_{i\neq j}(\ell(\hat{\boldsymbol{w}}_{S^{(i)}},\boldsymbol{z}_j)-\ell(\hat{\boldsymbol{w}}_S,\boldsymbol{z}_j))\\
&=\frac{1}{n}(\ell(\hat{\boldsymbol{w}}_{S^{(i)}},\boldsymbol{z}_i)-\ell(\hat{\boldsymbol{w}}_S,\boldsymbol{z}_i))+\frac{1}{n}(\ell(\hat{\boldsymbol{w}}_S,\boldsymbol{z}_i')-\ell(\hat{\boldsymbol{w}}_{S^{(i)}},\boldsymbol{z}_i'))+\\
&\quad(R_{S^{(i)}}(\hat{\boldsymbol{w}}_{S^{(i)}})-R_{S^{(i)}}(\hat{\boldsymbol{w}}_S))\\
&\leqslant\frac{1}{n}|\ell(\hat{\boldsymbol{w}}_{S^{(i)}},\boldsymbol{z}_i)-\ell(\hat{\boldsymbol{w}}_S,\boldsymbol{z}_i)|+\frac{1}{n}|(\ell(\hat{\boldsymbol{w}}_S,\boldsymbol{z}_i')-\ell(\hat{\boldsymbol{w}}_{S^{(i)}},\boldsymbol{z}_i'))|\\
&\leqslant\frac{2L}{n}\|\hat{\boldsymbol{w}}_{S^{(i)}}-\hat{\boldsymbol{w}}_S\|
\end{aligned} \tag{22.4}$$

这里我们利用了

$$R_{S^{(i)}}(\hat{\boldsymbol{w}}_{S^{(i)}})-R_{S^{(i)}}(\hat{\boldsymbol{w}}_S))\leqslant 0$$

以及 ℓ 是 L-Lipschitz 的事实。

合并考虑式（22.3）和式（22.4），我们发现 $\|\hat{\boldsymbol{w}}_{S^{(i)}}-\hat{\boldsymbol{w}}_S\|\leqslant\frac{4L}{\alpha n}$。再次应用 Lipschitz 条件，

$$\frac{1}{n}\left|(\ell(\hat{\boldsymbol{w}}_{S^{(i)}},z_i')-\ell(\hat{\boldsymbol{w}}_S,z_i'))\right|\leqslant L\|\hat{\boldsymbol{w}}_{S^{(i)}}-\hat{\boldsymbol{w}}_S\|\leqslant\frac{4L^2}{\alpha n}$$

因此，$\Delta_{\sup}(\mathrm{ERM})\leqslant\frac{4L^2}{\alpha n}$。 □

关于这个结果的有意思的一点是没有显式地引用由 Ω 引入的模型类的复杂度。

22.2.4　正则化

一些经验风险最小化问题（比如我们前面看到的感知器）是凸的，但不是严格凸的。通过在损失函数中添加一个 ℓ_2-正则化项：

$$r(\boldsymbol{w},\boldsymbol{z})=\ell(\boldsymbol{w},\boldsymbol{z})+\frac{\alpha}{2}\|\boldsymbol{w}\|^2 \tag{22.5}$$

我们可以将凸问题转化为强凸问题。

正则化损失（regularized loss）$r(\boldsymbol{w},\boldsymbol{z})$ 是 α-强凸的。最后一项根据应用领域和上下文命名为 ℓ_2-正则化（ℓ_2-regularization）、权重衰减（weight decay）或者 Tikhonov 正则化（Tikhonov regularization）。正则化为我们提供了以下对凸经验风险最小化有效的蕴含链：正则化⇒强凸性⇒均匀稳定性⇒泛化。

一个简单的论证进一步表明，解决了正则化目标也就解决了非正则化目标。其思路是假定 $\|\boldsymbol{w}\|\leqslant B$，我们可以设定正则化参数 $\alpha\approx\frac{L^2}{B^2n}$，因此，正则化风险的最小化子在误差 $\mathcal{O}\left(\frac{LB}{\sqrt{n}}\right)$ 内也最小化了非正则化风险。此外，将 α 的选择引入定理 22.9 后，泛化差距也将是 $\mathcal{O}\left(\frac{LB}{\sqrt{n}}\right)$。

因此，与显式正则化和凸性相结合的稳定性分析为泛化的推导提供了一种具有吸引力的概念和数学方法。然而，涉及非线性模型的经验风险最小化在实践中越来越成功，通常会带来非凸最优化问题。

22.2.5　均匀收敛

我们简要回顾其他一些用于推导泛化的有效工具。可以认为，最基本的应该是基于对可以由给定的模型参数来描述的不同函数数量的统计。

给定一个样本 S，它包含来自同一个基础分布的 n 个独立取样。对于固定的函数 f，经验风险 $R_S(f)$ 是 n 个随机变量的算术平均值，其中每一个随机变量的均值等于风险 $R(f)$。为了简单起见，假定损失函数的范围被限定在区间［0,1］内，那么 Hoeffding 界给定如下尾界：

$$\Pr\{R_S(f)>R(f)+t\}\leqslant\exp(-2nt^2)$$

将联合界应用于一个由函数构成的有限集合 $\mathcal{F}$，我们可以保证对于所有函数 $f\in\mathcal{F}$，以概率 $1-\delta$ 有

$$\Delta_{\text{gen}}(f) \leqslant \sqrt{\frac{\ln|\mathcal{F}|+\ln(1/\delta)}{n}} \tag{22.6}$$

基数的界 $|\mathcal{F}|$ 是模型族 $\mathcal{F}$ 的复杂度的一种基本度量，我们可以把 $\ln|\mathcal{F}|$ 项看作函数类 $\mathcal{F}$ 的复杂度的一种度量，尽管这种度量相当粗糙。泛化的界的形态 $\sqrt{\text{complexity}/n}$ 照例以不同的复杂度度量出现。

确定一个函数类中所有函数的泛化差距上界的过程称为均匀收敛（uniform convergence）。推导均匀收敛的一种经典工具是函数类 $\mathcal{F}\subseteq X\rightarrow Y$ 的 Vapnik-Chervonenkis 维度（VC dimension），记为 $\text{VC}(\mathcal{F})$。它被定义为满足下列要求的最大集合 $Q\subseteq X$ 的大小：对于任何一个布尔函数 $h:Q\rightarrow\{-1,1\}$，存在一个预测器 $f\in\mathcal{F}$，使得对于所有 $x\in Q$，有 $f(x)=g(x)$。换言之，如果存在一个大小为 d 的样本，使得 $\mathcal{F}$ 的函数导出 S 的所有 2^d 个可能的二元标记，那么 $\mathcal{F}$ 的 VC 维度至少为 d。

VC 维度衡量相应的模型类符合一个点集合的一种任意标记的能力。所谓的 VC 不等式意味着对于所有函数 $f\in\mathcal{F}$，以概率 $1-\delta$ 有

$$\Delta_{\text{gen}}(f) \leqslant \sqrt{\frac{\text{VC}(\mathcal{F})\ln n+\ln(1/\delta)}{n}} \tag{22.7}$$

我们可以看到，复杂度项 $\text{VC}(\mathcal{F})$ 改进了先前的基数界，因为 $\text{VC}(\mathcal{F})\leqslant\log|\mathcal{F}|+1$。然而，VC 维度也适用于无限模型类。$\mathbb{R}^d$ 上的线性模型具有 VC 维度 d，它对应于模型参数的数量。一般而言，对于许多受到关注的模型家族，VC 维度往往随着模型参数的数量一起增长。在这种情况下，一旦模型参数的数量超过样本的大小，式（22.7）中的界就失去意义了。

我们在这里看到的泛化界是关于数据分布的最坏情况的，这是因为它只依赖于模型类，而不考虑那些数据相关的属性。

22.2.6　Rademacher 复杂度

VC 维度的一个弱点是它只是模型类的一个单独的属性，没有从数据或者特定于问题的角度去思考，比如在分布族上的限制或者损失函数的属性。Rademacher 复杂度提供了一种灵活的工具，它可以缓解其中的一些缺点。为了获得一个以 Rademacher 复杂度表示的泛化界，我们通常不是将定义应用于模型类 $\mathcal{F}$ 本身，而是应用于形为 $h(z)=\ell(f,z)$ 的函数类 $\mathcal{L}$，其中 $f\in\mathcal{F}$，ℓ 是损失函数。通过对损失函数进行调整，我们可以得到不同的泛化界。

固定一个函数类 $\mathcal{L}\subseteq Z\rightarrow\mathbb{R}$，这个函数类随后将对应于一个预测器和一个损失函数的组合，这就是为什么我们选择了符号 $\mathcal{L}$。把域 Z 看成标记示例 $\boldsymbol{z}=(\boldsymbol{x},\boldsymbol{y})$ 的空间。在空间 Z 上固定一个分布 P。

对于从分布 P 中独立同分布抽取的样本 $Q=\{z_1,\cdots,z_n\}\subseteq Z$，函数类 $\mathcal{L}\subseteq Z\rightarrow\mathbb{R}$ 的经验 Rademacher 复杂度定义为

$$\hat{\mathfrak{R}}_n(\mathcal{L}) = \underset{\sigma\in\{-1,1\}^n}{E}\left[\frac{1}{n}\sup_{h\in\mathcal{L}}\left|\sum_{i=1}^{n}\sigma_i h(z_i)\right|\right] \tag{22.8}$$

取这个样本的经验 Rademacher 复杂度的期望值，我们得到 Rademacher 复杂度 $\mathfrak{R}_n(\mathcal{L})=E[\hat{\mathfrak{R}}_n(\mathcal{L})]$。Rademacher 复杂度衡量一个函数类把随机给定的符号模式插补到一个点集合的能力。

Rademacher 复杂度的一种应用涉及这样的一些损失函数：对于每个示例 $\boldsymbol{z}$，它们在模

型类的参数化上是 L-Lipschitz 的。这个界表明，对于所有的函数 $f \in \mathcal{F}$，以概率 $1-\delta$ 有

$$\Delta_{\text{gen}}(f) \leqslant 2L\,\mathfrak{R}_n(\mathcal{F}) + 3\sqrt{\frac{\log(1/\delta)}{m}} \tag{22.9}$$

Rademacher 复杂度经常会带来比单独的 VC 维度更好的界。例如，它既取决于数据的分布，也取决于损失函数的特性。

22.3　过参数化：经验现象

当模型复杂度超过数据点的数量时，经典的均匀收敛界让我们没有任何理由期望良好的泛化性能。我们现在将看到，这种过参数化的模型在实践中经常泛化得很好。通过对相关的经验观察的了解，我们可以明白什么样的挑战是过参数化模型的泛化理论必须努力克服的，以及为什么这样的理论必定超越了最坏情况分析。

22.3.1　模型复杂度的影响

图 22.1 描述了所谓偏差-方差权衡的传统概念。随着模型复杂度的增加，经验风险（即训练风险）会降低，这是由于模型插补训练数据的能力得到了改进。然而，模型复杂度增长过度最终会导致风险（测试风险）增加，这与过拟合（overfitting）的迹象相对应。

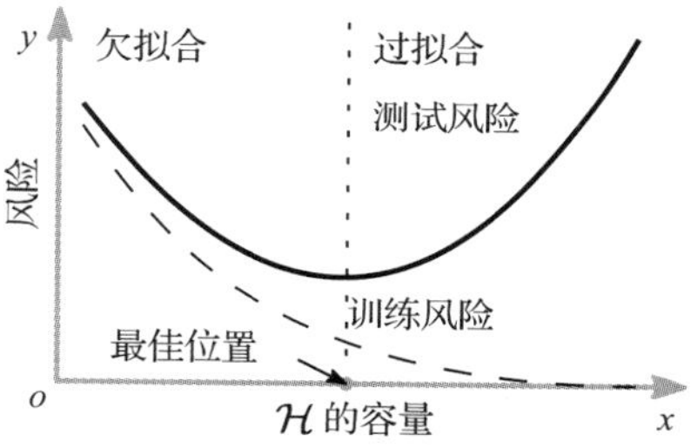

图 22.1　所谓的偏差-方差权衡代表与 22.2.5 节的均匀收敛界一致的泛化的一种传统观点

这一类图解已经在一些机器学习的教科书和课程中出现。但是，实践者观察到复杂模型经常在实现接近零的训练损失的同时仍然能够良好地泛化。此外，在许多情况下，随着模型复杂度的增加和训练数据得到精确插补以至达到几乎为零的训练损失，风险会持续降低。过参数化和风险之间的这种经验关系看来似乎是健壮的，而且可以在许多模型类（包括过参数化线性模型、集成方法和神经网络）中得到。

在缺乏正则化的情况下，对于某些模型族，可以通过一张类似图 22.2 的图解更准确地获得模型复杂度和风险之间的经验关系。存在一个插补阈值，在这个阈值上一个给定复杂度的模型可以精确地拟合训练数据。复杂度范围低于这个阈值的是*参数化不足区域*，复杂度范围超过这个阈值的是*过参数化区域*。在过参数化区域，增加模型复杂度会持续无限地降低风险，直到某一个收敛点（虽然边际收益在不断减少）。双下降曲线并不是普遍的，在许多情况下，我们实际观察到的是在整个复杂度范围内的一条单下降曲线。

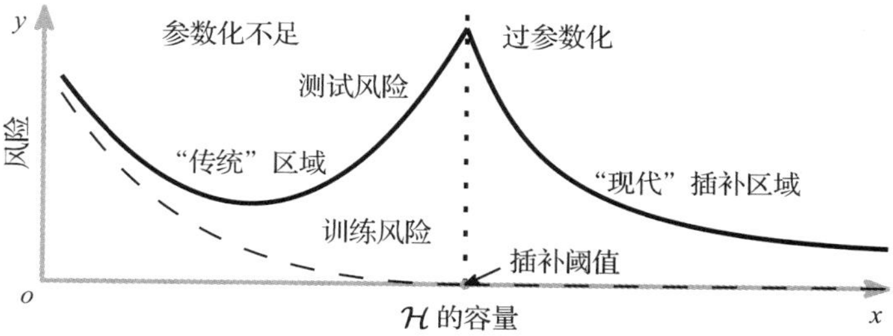

图 22.2　具有“双下降”形状的扩展图，对过参数化区域做出了解释

22.3.2 最优化与泛化的对比

通过以随机梯度下降法对神经网络进行训练（这是在实践中通常的做法），研究者尝试求解非凸优化问题。我们知道非凸优化的推导是困难的。因此，理论学家看到了一个有价值的目标，即试图从数学上证明随机梯度法成功地最小化了大型人工神经网络的训练目标。上一章讨论了为达到这一目的而取得的进展。

人们普遍认为，使最优化变得容易的关键在于实际上模型的参数数量比训练点多得多。在使最优化易于处理的同时，过参数化给泛化带来了负担。

在下面的一个简单实验中，我们可以强制将最优化和泛化分离。结论是即使一个数学上的证明为了训练某一类大型神经网络而建立了随机梯度下降的收敛保证，证明本身还是不一定能够告诉我们太多关于为什么结果模型能够很好地泛化到测试目标的答案。

事实上，考虑下面的实验。固定训练数据 $(x_1,y_1),\cdots,(x_n,y_n)$，并且固定一个训练算法 A，这个算法在这些数据上达到零训练损失，而且达到良好的测试损失。

现在，将所有标签 $y_1,\cdots,y_n$ 替换为随机而且独立抽取的标签 $\widetilde{y}_1,\cdots,\widetilde{y}_n$。如果我们在具有噪声标签 $(x_1,\widetilde{y}_1),\cdots,(x_n,\widetilde{y}_n)$ 的训练数据上运行相同算法，将会出现什么情况？

有一点很清楚。如果从 k 个离散类中选择，我们预期在随机标签上训练的模型将具有不超过 $1/k$ 的测试精度，这就是通过随机猜测获得的精度。毕竟在模型能够学习的训练标签和测试标签之间不存在任何统计关系。

更有意思的是最优化会发生什么情况。图 22.3a 显示了在标准神经网络架构的流行的 CIFAR-10 图像分类基准上进行这种随机化测试的结果。可以看到，即使标签是随机化的，训练算法仍然会将训练损失降至零。此外，其他的各种随机化也是如此。我们甚至可以用随机像素替换原始图像来获得一个随机标记的随机像素图像 $(\widetilde{x}_i,\widetilde{y}_i)$，算法将继续成功地最小化损失函数。

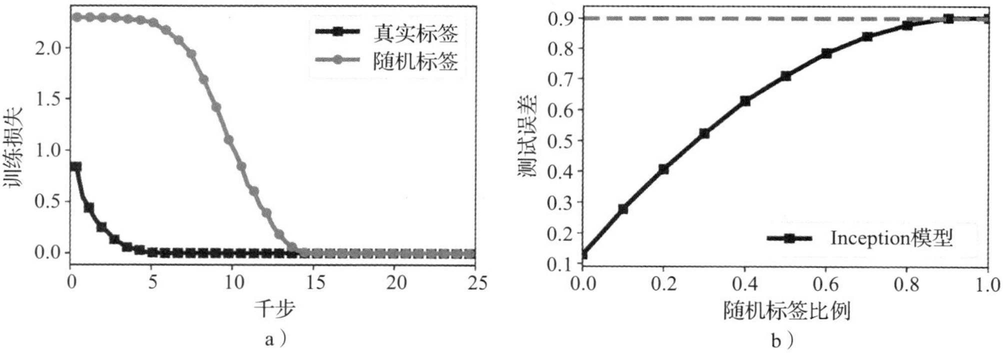

图 22.3　在 CIFAR-10 上的随机试验。a）随机化如何影响训练损失。即使在完全随机化的标签上，训练还是会收敛到零损失。b）增加损坏的训练标签的比例如何影响测试集上的分类误差。完全随机化时，测试误差降低到 90%，与从 10 个类别中猜测 1 个的误差一样好

随机化实验表明，即使在泛化性能没有超过随机猜测的情况下（即在有 10 个类的 CIFAR-10 基准下，精度为 10%），最优化仍然效果良好。此外，最优化方法对数据的标记不敏感，因为它甚至在随机标记上还是有效的。这个简单实验的结论是，关于最优化方法的收敛性证明可能无助于我们对泛化本质的深入理解。

22.3.3　被弱化的显式正则化的作用

正则化在凸经验风险最小化理论中起着重要作用。正则化的最常见形式是 ℓ_2-正则化，对应于将参数向量的一个平方欧几里得范数标量添加到目标函数中，正如我们在式（22.5）中看到的那样。

一种更加激进的正则化形式称为*数据增广*（data augmentation），在深度学习的实践中很常见。数据增广通过图像的*随机裁剪*（random crop）等操作在整个训练过程中重复变换每一个训练点。在这些随机修改的数据点上进行训练是为了减少过拟合，因为模型决不会两次遇到完全相同的数据点。

正则化仍然是大型神经网络训练中的一个组成部分。然而，正则化的本质尚不清晰。我们可以在表 22.1 中看到一个具有代表性的经验观察结果。

表 22.1　在一个称为 Inception 的具有代表性的模型架构上，具备或者不具备数据增广[㊀]以及具有或者不具有 ℓ_2-正则化的各种情况下的训练精度和测试精度（百分比）。显式的正则化会有所帮助，但是它对于非平凡的泛化性能不是必要的

参数数量	随机剪裁	ℓ_2-正则化	训练精度（%）	测试精度（%）
1 649 402	是	是	100.0	89.05
	是	否	100.0	89.31
	否	是	100.0	86.03
	否	否	100.0	85.75

表 22.1 显示了在标准 CIFAR-10 图像分类基准上一个称为 Inception 的通用神经模型架构的性能。这个模型有超过 150 万个可训练参数，尽管只有 50 000 个训练示例分散在 10 个类中。训练过程采用两种显式正则化形式，一种是随机剪裁的数据增广形式，另外一种是 ℓ_2-正则化。通过这两种形式的正则化，完全训练的模型达到了接近 90%的测试精度。但是，即使我们同时关闭这两个选项，这个模型仍然可以达到接近 86%的测试精度（甚至不需要重新调整任何超参数，比如优化器的学习速率）。同时，这个模型完全插补了训练数据，这意味着不会对训练数据产生任何误分类误差。

这些发现表明，虽然显式正则化可能有助于改善泛化性能，但是对于严重过参数化模型的强泛化而言，它绝不是必要的。

22.4　过参数化模型的泛化界

我们转向讨论一些陈旧的和一些最近的理论方法，这些方法有可能揭示在过参数化环境中的泛化性能。

22.4.1　集成方法的 margin 值的界

集成方法（ensemble method）将许多弱预测值组合成一个强预测值，组合步骤通常包括对各个弱预测值进行加权平均或者多数投票。推进法（boosting，或称提升法）和随机森林（random-forest）是两种集成方法，它们在许多环境中依然深受欢迎而且富于竞争力。这两种方法都是训练一系列的小决策树，每一棵决策树本身都能够在训练任务中实现适度的精确性。不过只要不同的树所产生的误差的相关性不太大，我们就可以通过（比如）对

㊀　这里指随机剪裁。——译者注

各棵树的个体预测进行多数投票来获得一个较高精度的模型。

20 世纪 90 年代，研究者已经观察到随着向集成中加入更多的弱预测值，推进法通常会持续改善测试精度。整个集成的复杂度因此经常太大而无法应用标准的均匀收敛界。

一种解释是推进法在增大总体复杂度的同时也改善了总体预测值的 margin 值。将最终集成的总体表示为一个函数 $f:X\to\mathbb{R}$，它在示例 $(\boldsymbol{x},\boldsymbol{y})$ 上的 margin 值定义为 $\boldsymbol{y}f(\boldsymbol{x})$ 的值。margin 值越大，集成总体对这个数据点的标签就越"有信心"。一个略高于 0 的 margin 值 $\boldsymbol{y}f(\boldsymbol{x})$ 表明集成总体中的各个弱预测值在它们的加权投票中几乎被均匀分开。

一个简练的泛化界把任何一个预测值 f 的风险关联到训练示例在给定的 margin 值 θ 上得到正确标记的比例。下面设 $R(f)$ 是 f 关于分类误差的风险。设 $R_S^\theta(f)$ 是 f 关于 θ 级别的 margin 值的误差的经验风险，即损失函数 $\mathbf{1}(\boldsymbol{y}f(\boldsymbol{x})\leqslant\theta)$ 用来处理预测器在 margin 值的一个加性 θ 范围内出错所造成的误差。

定理 22.10　对于每个 $\theta>0$，一个给定族 $\mathcal{H}$ 中的基分类器的每个凸组合 f 以概率 $1-\delta$ 满足下面的界：

$$R(f)-R_S^\theta(f)\leqslant O\left(\frac{1}{\sqrt{n}}\left(\frac{\mathrm{VC}(\mathcal{H})\log n}{\theta^2}+\log(1/\delta)\right)^{1/2}\right)$$

这个定理可以利用 Rademacher 复杂度加以证明。至关重要的是，这个界仅依赖于基类 $\mathcal{H}$ 的 VC 维度，与总体的复杂度无关。此外，对于所有 $\theta>0$，这个界都成立，因此我们可以在获得训练过程中呈现的 margin 值后再选择 θ。

22.4.2　线性模型的 margin 值的界

margin 值在线性分类中也发挥了十分重要的作用。我们将在这里说明一个简单的最小二乘问题的结果：

$$\boldsymbol{w}^*=\arg\min_{\boldsymbol{w}:\,\|\boldsymbol{w}\|\leqslant B}\frac{1}{n}\sum_{i=1}^{n}(\langle\boldsymbol{x}_i,\boldsymbol{w}\rangle-y)^2$$

换言之，我们最小化了由范数界定的线性分离器上的平方损失的经验风险，我们称这类分离器为 $\mathcal{W}_B$。进一步假定所有数据点都满足 $\|\boldsymbol{x}_i\|\leqslant1$ 以及 $y\in\{-1,1\}$。类似定理 22.10 的 margin 值的界，可以证明，对于由 $\mathcal{W}_B$ 中的权重说明的每个线性预测值 f，以概率 $1-\delta$ 有

$$R(f)-R_S^\theta(f)\leqslant4\frac{\mathfrak{R}(\mathcal{W}_B)}{\theta}+O\left(\frac{\log(1/\delta)}{\sqrt{n}}\right)$$

此外，给定我们在数据和模型类上做出的假定，Rademacher 复杂度满足 $\mathfrak{R}(\mathcal{W})\leqslant B/\sqrt{n}$。我们可以从这个界中得知，泛化的有意义的量是复杂度与 margin 值的比 B/θ。margin 值是一个尺度敏感的概念，只有在参数向量适当归一化后讨论它才有意义。对于线性预测值，欧几里得范数提供了一种自然而且通常适用的归一化。其他的标准范数也是有意义的，而且上述结果的变异成立。

22.4.3　神经网络的 margin 值的界

线性模型的 margin 理论在概念上扩展到了神经网络。margin 值的定义没有发生变化，它只是量化了网络接近做出不正确的预测的程度。不同的是对于多层神经网络，需要更加小心地选择合适的范数。

为了理解这样做的原因，我们有必要引进一些符号。我们考虑由 L 层组成的多层神经网络，每一层都是一个输入的线性变换，紧跟着是一个坐标上的非线性映射：

$$\text{Input}\,\boldsymbol{x}\to\boldsymbol{A}\boldsymbol{x}\to\sigma(\boldsymbol{A}\boldsymbol{x})$$

与线性变换不同，非线性映射并不具备可训练的参数。为了符号上的简单性，假定我们让每一层的同一个非线性的 σ 进行缩放，使得这个映射是 1-Lipschitz 的。例如，流行的在坐标上的 ReLU $\max\{\boldsymbol{x},0\}$ 运算满足这一假定。

给定 L 个权矩阵 $\mathcal{A}=(\boldsymbol{A}_1,\cdots,\boldsymbol{A}_L)$，设 $f_{\mathcal{A}}:\mathbb{R}^d\to\mathbb{R}^k$ 表示由下面的相应网络计算的函数：

$$f_{\mathcal{A}}(\boldsymbol{x}):=\boldsymbol{A}_L\sigma(\boldsymbol{A}_{L-1}\cdots\sigma(\boldsymbol{A}_1\boldsymbol{x})\cdots) \tag{22.10}$$

在分量上取 arg max（以一种任意的权衡策略），将网络的输出 $f_{\mathcal{A}}(\boldsymbol{x})\in\mathbb{R}^k$ 转换为 $\{1,\cdots,k\}$ 中的一类标签。我们假定 $d\geqslant k$ 只是出于符号上的方便。

我们现在的目标是定义一个神经网络的复杂度度量，它将使我们能够证明 margin 值的界。回忆一下，如果离开这个网络的一个适当的归一化，那么 margin 值是没有意义的。不幸的是，我们即将定义的复杂度度量有点烦琐，需要相当多的符号。

设 $\|\cdot\|_{\mathrm{op}}$ 表示谱范数。同样，设 $\|\boldsymbol{A}\|_{2,1}=\|(\|\boldsymbol{A}_{:,1}\|_2,\cdots,\|\boldsymbol{A}_{:,m}\|_2)\|_1$ 表示矩阵范数，这里我们将 ℓ_2-范数应用于矩阵的每一列，然后对结果得到的向量取 ℓ_1-范数。

一个带权 $\mathcal{A}$ 的网络 $F_{\mathcal{A}}$ 的谱复杂度（spectral complexity）$R_{\mathcal{A}}$ 定义为

$$R_{\mathcal{A}}:=\left(\prod_{i=1}^{L}\|\boldsymbol{A}_i\|_{\mathrm{op}}\right)\left(\sum_{i=1}^{L}\left(\frac{\|\boldsymbol{A}_i^{\top}-\boldsymbol{M}_i^{\top}\|_{2,1}}{\|\boldsymbol{A}_i\|_{\mathrm{op}}}\right)^{2/3}\right)^{3/2} \tag{22.11}$$

这里的“参考矩阵”$\boldsymbol{M}_1,\cdots,\boldsymbol{M}_L$ 是自由参数，我们可以选择它们来对界进行最小化。随机矩阵往往是很好的选择。

对于具有固定的非线性，而且权矩阵 $\mathcal{A}$ 的谱复杂度 $R_{\mathcal{A}}$ 有界的神经网络，以下定理给出了一个泛化界。

定理 22.11 给定从 $\mathbb{R}^d\times\{1,\cdots,k\}$ 上的任何一个概率分布中独立同分布抽取的数据 $(x_1,y_1),\cdots,(x_n,y_n)$，对于每个 margin 值 $\theta>0$ 和每个网络 $f_{\mathcal{A}}$：$\mathbb{R}^d\to\mathbb{R}^k$，以至少 $1-\delta$ 的概率有

$$R(f_{\mathcal{A}})-R_S^{\theta}(f_{\mathcal{A}})\leqslant\widetilde{\mathcal{O}}\left(\frac{R_{\mathcal{A}}\sqrt{\sum_i\|\boldsymbol{x}_i\|_2^2}\ln(d)}{\theta n}+\sqrt{\frac{\ln(1/\delta)}{n}}\right)$$

其中 $R_S^{\theta}(f)\leqslant n^{-1}\sum_i\mathbf{1}[f(x_i)_{y_i}\leqslant\theta+\max_{j\neq y_i}f(x_i)_j]$。

定理的证明涉及 Rademacher 复杂度和所谓数据依赖覆盖的论证。尽管可以从经验上证明，以 $R_{\mathcal{A}}$ 作为复杂度度量，式（22.11）在某些情况下与泛化有一定的相关性，但是没有理由相信它就是“正确的”复杂度度量。这个界还有其他一些不需要的特性，比如对网络深度的指数依赖以及对网络规模的隐式依赖。我们在 22.7 节讨论了一些改进这个界的工作。

22.4.4 隐式正则化

在 22.3.3 节我们看到显式正则化对于优秀的泛化性能并不是必需的。因此，研究者相信，将数据生成分布和最优化算法相结合可以实现隐式正则化（implicit regularization）。隐式正则化描述了这样一种倾向：一个算法在不需要显式校正的情况下，在一个给定数据集上找出能够很好地自我泛化的解。由于我们回顾的经验现象都基于梯度方法，因此研究梯度下降的隐式正则化是有意义的。虽然非凸问题的泛化理论依然难以捉摸，不过在线性模型上已经取得了进展。

下面的定理适用于具有对数损失函数的梯度下降。这是一种标准的损失函数，我们忽略了其形式定义。

定理 22.12 对于严格线性可分的几乎所有数据集（即除了一个零测度集），具有对数损失函数和足够小的步长的未正则化的梯度下降收敛到具有最大 margin 值的解。即

$$\lim_{t\to\infty}\frac{\boldsymbol{w}_t}{\|\boldsymbol{w}_t\|}=\frac{\boldsymbol{w}^*}{\|\boldsymbol{w}^*\|}$$

其中 $\boldsymbol{w}^*=\operatorname{argmin}_{\boldsymbol{w}\in\mathbb{R}^d}\|\boldsymbol{w}\|^2$ 使得 $y_i\langle w,x_i\rangle\geqslant 1$。

一个简单的练习证明了优化器 $\boldsymbol{w}^*$ 对应于当数据线性可分时（即有可能达到 0 分类误差）具有最大 margin 值的解。这个定理证明，梯度下降本身可以在不需要显式正则化的情况下最大化 margin 值。

最近，研究者致力于将这种结果从线性的情况扩展到多层神经网络。关键的挑战是建立一个在给定 margin 值的情况下能够导出泛化的范数，并且证明梯度下降在这个范数下偏向一些小的解。

22.4.5 插补的界

大多数关于泛化的推导工具都具有这样的特性，即它们将风险与经验风险联系起来，并且以泛化差距随着数据的增加趋向于 0 而告终。当风险有界远离 0 时，假如我们期望学习算法总是能够实现零训练误差，对此这些工具并不一定有效。

一个重要的例外是最近邻分类理论。回忆一下，给定一个测试输入 $\boldsymbol{x}$，最近邻分类器预测最接近 $\boldsymbol{x}$ 的训练点的标签。形式上，输入 $\boldsymbol{x}\in\mathbb{R}^d$ 的预测标签是 $\boldsymbol{y}_i$，使得 $i\in\arg\min_j\|\boldsymbol{x}-\boldsymbol{x}_j\|$。我们把这里的范数取作欧几里得距离，尽管最近邻分类器可以利用点与点之间的任何其他非负距离进行度量。

一个值得注意的经典结果是，最近邻分类器的风险渐近地（随着示例数量趋向于无穷大）最多两倍于贝叶斯最优风险（即基于条件期望值 $E[\boldsymbol{y}\mid\boldsymbol{x}]$ 分配标签的分类器所带来的风险）。

利用最近邻分类作为推导其他模型类（比如神经网络）的一个指导案例是很有诱惑力的。然而，关于神经网络的类似理论在很大程度上是缺失的。

22.5 实证检验和留出估计

由于理论上的泛化界仍然只能为实际的建模选择提供薄弱的指导，机器学习社区严重依赖于经验的泛化估计，他们主要利用一种称为*留出法*（holdout method）的工具。

22.5.1 留出法

我们总是可以通过收集新数据并且根据收集到的数据计算分类器的经验风险，从而经验地估计一个分类器的风险。这就引出了一种常见的做法，即留出一个*测试集*（test set），用于估计在一个单独的*训练集*（training set）上训练的分类器的风险。有时候实践者将数据分为训练、留出和测试等多个部分，不过就我们这里的讨论而言，这是没有必要的。

基数的界（式（22.6））表明，假定损失函数是有界的，那么在 k 个模型上的*留出法*的误差上界以高概率为 $O\left(\sqrt{\frac{\log k}{n}}\right)$。这个界似乎使大量的分类器能够依据测试数据进行评估。

然而，存在一个陷阱。基数界假定了 k 个分类器 $f_1,\cdots,f_k$ 是独立于测试数据固定的。在实践中，模型体现了分析人员从先前针对测试数据的评估中所学到的知识。模型的构建

是一个迭代过程，在这个过程中，模型的性能会影响后续的设计选择。这个迭代过程在分析员和测试集之间创建了一个反馈循环。特别地，分析员选择的分类器并不独立于测试集，而是自适应的。

自适应性可以解释为过参数化的一种形式。在一个自适应选择的分类器序列 $f_1,\cdots,f_k$ 中，第 k 个分类器具备体现至少 $k-1$ 比特的关于先前选择的分类器的性能信息的能力。这表明由于 $k\geqslant n$，留出法的统计保证失去意义。这种直觉被证明是正确的。事实上，存在一个相当自然的 k 个自适应选择模型的序列（与集成方法的实践类似），在这个序列上留出估计值至少偏离了 $\Omega\sqrt{k/n}$。一个上界的匹配表明这个误差糟糕透顶。

如果这个悲观的界在实践中显现出来，留出数据将很快失去价值。不过确实是这样吗？

22.5.2 机器学习的基准

留出法是机器学习社区的科学和工业活动的核心。在机器学习的许多领域，进步是在基于留出法的基准上衡量的。在计算机视觉中，CIFAR-10 基准是由来自 10 个类的 50 000 个训练图像和 10 000 个测试图像组成的数据集。ImageNet 基准有来自 1 000 个类的 120 万个训练示例和 50 000 个测试图像。

总的来说，这些测试集被使用的次数已经数以万计。因此，有必要提出一个疑问：这些年来分析人员在多大程度上过拟合了这些测试集。

在最近的复证工作中，研究者为 CIFAR-10 和 ImageNet 分类基准仔细重建了新的测试集，这是根据与原始测试集完全相同的程序创建的。然后，研究者收集了多年来提出的大量的代表性模型，并且在新的测试集上对所有这些模型进行了评估，结果如图 22.4 所示。

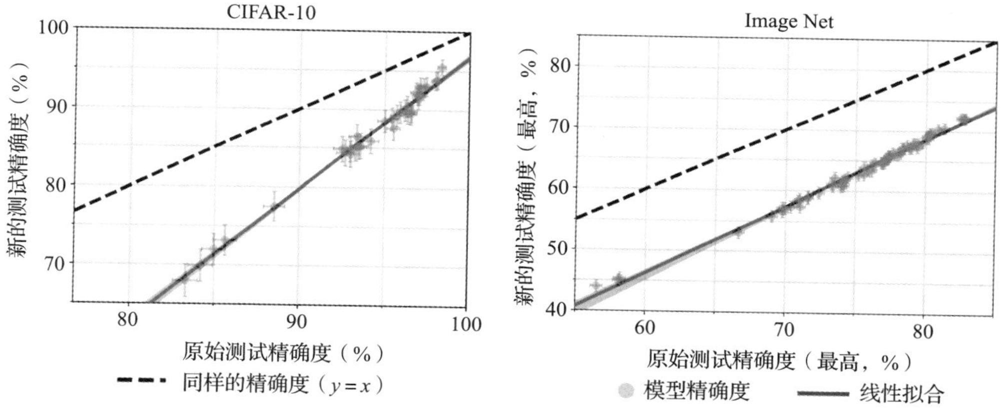

图 22.4 原始测试集与新测试集的模型精确度对比。每一个数据点对应于在代表性模型的测试床中的一个模型（以 95%的 Clopper-Pearson 置信区间显示）。这些图揭示了两个主要现象：从原始测试集到新测试集，精确度通常显著下降；模型精确度密切跟随一个斜率大于 1 的线性函数（对于 CIFAR-10 斜率为 1.7，对于 ImageNet 斜率 1.1）。这意味着原始测试集上的每一个进度百分点都会转化为新测试集上超过一个百分点的进度。绘制两幅图时应确保它们具有相同的纵横比，即直线的斜率在视觉上具有可比性。窄阴影区域是来自 100 000 个引导样本的线性拟合的 95%置信区域

注意到更新的模型（即那些在原始测试集上具有较高性能的模型）有更多的时间来适应测试集并且体现更多关于测试集的信息。尽管如此，一个在旧测试集上执行得比较好

的模型，在新测试集上也执行得比较好。此外，在 CIFAR-10 上，我们可以清楚地看到，在旧测试集上，绝对性能的下降随着精确度的提高而减少。

这些自适应性的良性影响以及性能下降的原因是正在进行的研究的主题。

22.6　展望未来

尽管人们付出了巨大努力并且取得了许多新进展，过参数化模型中的泛化理论仍然落后于实证现象学。究竟是什么因素影响了泛化，仍然是研究社区争论不休的问题。

现有的泛化界往往由于它们的假定而不能直接应用于实践，它们在定量上太弱而无法应用于过参数化模型，或者无法解释一些重要的经验观察结果。然而，限制我们对泛化的理解的不仅仅是定量的清晰度的缺乏。

概念上的问题仍然悬而未决：成功的泛化理论应该做些什么？形式上的成功准则是什么？即便是一种定性的泛化理论，在具体环境中它的定量是不精确的，但是如果能够带来成功的算法介入，它也可能是有效的。在这种情况下，我们又如何最恰当地评估一个理论的价值呢？

本章的关注点显然是狭隘的。我们讨论了如何将风险与经验风险联系起来。这个视角只能捕捉到这样的一些问题，它们把在一个样本上的性能与在一个分布上的性能联系起来，而这个样本恰恰就是从这个分布中抽取的。从一个训练环境到不同于训练环境的测试条件的外推方法是我们未加讨论的重要问题。即使环境发生了微小的变化，在狭义上讲泛化良好的过参数化模型也可能会遭遇严重的失败。我们在图 22.4 中看到了一个例子，其中即使是一个仔细收集的新测试集也会导致模型性能显著下降。

22.7　本章注解

Shalev-Shwartz 等人（2010）在平均稳定性以及 ERM 和正则化的稳定性方面对泛化差距进行了严格描述。均匀稳定性归因于 Bousquet 和 Elisseeff（2002）。有关 VC 维度和 Rademacher 的其他背景，参阅（Shalev-Shwartz and Ben-David，2014）。

22.3.1 节的图归功于 Belkin 等人（2019b）。一些早期的研究指出了类似的经验风险，即复杂性关系（Neyshabur et al.，2014）。22.3.2 节的实证结果和图解来自 Zhang 等人（2017b）。22.4.1 节中的结果由 Schapire 等人（1998）给出。后来的研究从理论上证明 boosting 最大化了 margin 值（Zhang and Yu，2005；Telgarsky，2013）。22.4.2 节的结果来自 Kakade 等人（2009）在（Bartlett and Mendelson，2002）和（Koltchinskii et al.，2002）的基础上得出的更一般的结果。22.4.3 节来自（Bartlett et al.，2017）。另外可参见 Bartlett（1998）沿着这些思路的早期工作，以及近期关于其他范数如何阐述泛化的探索研究（Neyshabur et al.，2017）。Golowich 等人（2018）改进了定理 22.11 中的界。

有关 22.4.5 节讨论的插补界的更多信息，参阅（Belkin et al.，2018，2019a）。

22.4.4 节的隐式正则化结果由 Soudry 等人（2018）得出，另请参见（Hardt et al.，2016）以及 Hardt 等人从稳定性方面解释泛化性能随机梯度下降的后续工作。近年来，关于泛化和过参数化的研究激增，我们的论述绝不是对这一主题的广泛文献的代表性综述。我们没有涵盖几项正在进行的研究：PAC-Bayes 界（Dziugaite and Roy，2017）、压缩界（Arora et al.，2018）以及关于最优化的 landscape 的特性的论证（Zhang et al.，2017a）。

留出重用（holdout reuse）中的自适应性是（Dwork et al.，2015）及 Dwork 等人后续工作的主题。22.5.2 节的结果和图解来自（Recht et al.，2019）。

致谢

感谢 Mikhail Belkin 的有益评论以及为我们提供的图 22. 1 和图 22. 2。Ludwig Schmidt 慷慨地提供了图 22. 4 以及有益的评论。感谢 Daniel Soudry 和 Matus Telgarsky 提供的有益的反馈和评论。关于稳定性的材料部分基于 Berkeley EE 227C（2018 年春季）的课堂讲稿——我要对学生抄写员致以谢意。

参考文献

Arora, Sanjeev, Ge, Rong, Neyshabur, Behnam, and Zhang, Yi. 2018. Stronger generalization bounds for deep nets via a compression approach. In *Proceedings of the 35th International Conference on Machine Learning (ICML)*, pp. 254–263.

Bartlett, Peter L. 1998. The sample complexity of pattern classification with neural networks: The size of the weights is more important than the size of the network. *IEEE Transactions on Information Theory*, **44**(2), 525–536.

Bartlett, Peter L, and Mendelson, Shahar. 2002. Rademacher and Gaussian complexities: Risk bounds and structural results. *Journal of Machine Learning Research*, **3**(Nov), 463–482.

Bartlett, Peter L, Foster, Dylan J, and Telgarsky, Matus J. 2017. Spectrally-normalized margin bounds for neural networks. In *Proceedings of the 31st Conference on Neural Information Processing Systems (NeurIPS)*, pp. 6240–6249.

Belkin, Mikhail, Hsu, Daniel J, and Mitra, Partha. 2018. Overfitting or perfect fitting? risk bounds for classification and regression rules that interpolate. In *Proceedings of the 32nd Conference on Neural Information Processing (NeurIPS)*, pp. 2300–2311.

Belkin, Mikhail, Rakhlin, Alexander, and Tsybakov, Alexandre B. 2019a. Does data interpolation contradict statistical optimality? In *Proceedings of the International Conference on Artificial Intelligence and Statistics (AISTATS)*, pp, 1611–1619.

Belkin, Mikhail, Hsu, Daniel, Ma, Siyuan, and Mandal, Soumik. 2019b. Reconciling modern machine-learning practice and the classical bias–variance trade-off. *Proceedings of the National Academy of Sciences of the USA*, 116(32) 15849–15854.

Bousquet, Olivier, and Elisseeff, André. 2002. Stability and generalization. *JMLR*, **2**(Mar), 499–526.

Dwork, Cynthia, Feldman, Vitaly, Hardt, Moritz, Pitassi, Toniann, Reingold, Omer, and Roth, Aaron. 2015. The reusable holdout: Preserving validity in adaptive data analysis. *Science*, **349**(6248), 636–638.

Dziugaite, Gintare Karolina, and Roy, Daniel M. 2017. Computing nonvacuous generalization bounds for deep (stochastic) neural networks with many more parameters than training data. In *Proceedings of the 33rd Conference on Uncertainty in Artificial Intelligence (UAI)*.

Golowich, Noah, Rakhlin, Alexander, and Shamir, Ohad. 2018. Size-independent sample complexity of neural networks. In *Proceedings of the 31st Conference on Learning Theory (COLT)*, pp. 207–299.

Hardt, Moritz, Recht, Benjamin, and Singer, Yoram. 2016. Train faster, generalize better: Stability of stochastic gradient descent. In *Proceedings of the 33rd International Conference on Machine Learning (ICML)*, pp. 1225–1234.

Kakade, Sham M, Sridharan, Karthik, and Tewari, Ambuj. 2009. On the complexity of linear prediction: Risk bounds, margin bounds, and regularization. In *Proceedings of the 23rd Conference on Neural Information Processing (NeurIPS)*, pp. 793–800.

Koltchinskii, Vladimir, Panchenko, Dmitry, et al. 2002. Empirical margin distributions and bounding the generalization error of combined classifiers. *The Annals of Statistics*, **30**(1), 1–50.

Neyshabur, Behnam, Tomioka, Ryota, and Srebro, Nathan. 2014. In search of the real inductive bias: On the role of implicit regularization in deep learning. *arXiv preprint arXiv:1412.6614*.

Neyshabur, Behnam, Bhojanapalli, Srinadh, McAllester, David, and Srebro, Nati. 2017. Exploring generalization in deep learning. In *Proceedings of the 31st Conference on Neural Information Processing (NeurIPS)*, pp. 5947-5956.

Recht, Benjamin, Roelofs, Rebecca, Schmidt, Ludwig, and Shankar, Vaishaal. 2019. Do ImageNet classifiers generalize to ImageNet? In *Proceedings of the 36th International Conference on Machine Learning (ICML)*, pp. 5389–5400.

Schapire, Robert E, Freund, Yoav, Bartlett, Peter, Lee, Wee Sun, et al. 1998. Boosting the margin: A new explanation for the effectiveness of voting methods. *Annals of Statistics*, **26**(5), 1651–1686.

Shalev-Shwartz, Shai, and Ben-David, Shai. 2014. *Understanding Machine Learning: From Theory to Algorithms*. Cambridge University Press.

Shalev-Shwartz, Shai, Shamir, Ohad, Srebro, Nathan, and Sridharan, Karthik. 2010. Learnability, stability and uniform convergence. *JMLR*, **11**(Oct), 2635–2670.

Soudry, Daniel, Hoffer, Elad, Nacson, Mor Shpigel, Gunasekar, Suriya, and Srebro, Nathan. 2018. The implicit bias of gradient descent on separable data. *JMLR*, **19**(1), 2822–2878.

Telgarsky, Matus. 2013. Margins, shrinkage, and boosting. In *Proceedings of the 36th International Conference on Machine Learning (ICML)*, pp. 307–315.

Zhang, Chiyuan, Liao, Qianli, Rakhlin, Alexander, Sridharan, Karthik, Miranda, Brando, Golowich, Noah, and Poggio, Tomaso. 2017a. *Theory of deep learning III: Generalization properties of SGD*. Tech. rept. Discussion paper, Center for Brains, Minds and Machines (CBMM). Preprint.

Zhang, Chiyuan, Bengio, Samy, Hardt, Moritz, Recht, Benjamin, and Vinyals, Oriol. 2017b. Understanding deep learning requires rethinking generalization. In *Proceedings of the 5th International Conference on Learning Representations (ICLR)*.

Zhang, Tong, and Yu, Bin. 2005. Boosting with early stopping: Convergence and Consistency. *Annals of Statistics*, **33**, 1538–1579.

练习题

22. 1　请再现 22. 3. 1 节的实证结果。

22. 2　使用你选择的神经网络架构再现 22. 3. 2 节的实证结果。

22. 3　在维数 d 大于样本数 n 的情况下，考虑线性模型的经验风险最小化。按照存在或者不存在 ℓ_2-正则化以及其对泛化的影响进行实验。

实例最优的分布检验与学习

Gregory Valiant，Paul Valiant

摘要：本章考虑这样的一个挑战，即在给定有限数量样本的情况下尽量描述一个概率分布。传统的研究重点是要么开发当数据量趋向于无穷大时在渐近意义上最优的算法，要么开发当由一些相关的量（比如支持集的大小）参数化时在最坏情况的意义上最优的算法。相比之下，本章考虑两种标准设定，即从样本中学习（learning）一个离散分布以及检验（testing）一个样本集合是否从特定的分布中抽样，并且开发了在每个实例上都接近最优的若干算法。

23.1 检验和学习离散分布

本章回顾一些最基本的分布学习和假说检验问题，目的是为这些任务设计比经典的最坏情况分析更加强大的最优算法。我们首先考虑从独立抽取的样本中学习一个离散支持的分布的问题。为了解释在这里展现的结果，值得先考虑的是只返回样本的经验分布的原始方法。这个经验分布在一个很强的最坏情况的意义上是最优的：对于每个误差参数 $\epsilon>0$ 和整数 k，给定 $n=k/\epsilon^2$ 个从由 k 个元素支持的分布中独立抽取的样本，样本的真实分布和经验分布之间的期望全变差距离（total variation distance）的界是 $O(\epsilon)$。此外，对于由 k 个元素支持的最坏情况分布，没有任何算法可以凭借 $n=o(k/\epsilon^2)$ 个样本实现期望误差 ϵ。尽管这个经验估计具有这种最坏情况下的最优性，但是对于许多具有可利用结构的非最坏情况分布，我们可能希望能够比这种原始算法做得更好。事实上，本章提出了一种“实例最优”（instance-optimal）算法。具体而言，这种算法可以最优地利用在所讨论的分布中存在的任何结构，甚至不需要有关这个结构的任何先验知识。

本章接下来考虑以下基本假说检验问题，有时也称为“一致性检验”：给定一个误差容限 $\epsilon>0$ 的分布 p 的描述，以及从一个未知分布 q 独立抽样的 n 个样本，问题要求分辨是 $p=q$，还是 p 和 q 的全变差距离至少为 ϵ 这两种情况。Pearson 的经典卡方检验（chi-squared test）是解决这个问题的常用算法之一，不过在我们预期在 n 个样本中有许多域元素没有被观察到或者只观察到一次的情况下，这个算法远远不是最优的。2000 年后开始出现一些新的算法，它们针对由支持集的大小进行参数化的最坏情况分布 p 确定执行这个检验所需要的最佳样本量。与此相反，本章提供了 Pearson 卡方检验的一种变异，它对于在离散可数支持集上定义的每个分布 p 和误差参数 ϵ 都是最优的。对这个算法进行分析可以得到一个简洁的表达式，它作为分布 p 和 ϵ 的函数给出检验 p 的一致性所需要的样本复杂度。

实例最优学习和本章的一致性检验部分都需要某种机制，这种机制在概念上和技术上都是有意义的，而不仅仅只是将它们直接应用于眼前的问题。本章对这一部分进行单独处理。23.2.3 节描述了一种算法：给定来自分布 p 的 n 个样本，算法可以精确恢复分布概率的多重集；当给定 $n\log n$ 个样本时，算法基本上达到了经验估计能够达到的精确程度。

23.4 节描述了一种用于证明一定形式的不等式的高效算法，这一类不等式出现在一致性检验算法的分析和理论计算机科学的许多其他环境中。

23.2 实例最优的分布学习

给定从未知离散支持集上的一个未知分布独立抽取的样本，将这些样本聚合形成这个分布的一个近似分布的最佳方法是什么？最明显的方法是简单地返回这些样本的经验分布。我们在何种程度上可以改进这种原始的方法？

如果我们先验地知道所讨论的分布具有某种特殊结构，那么这些信息似乎可以被用来对经验分布“去噪”。例如，如果知道分布在域上是均匀的，那么只需要确定分布的支持集并且估计支持集的大小，这两项任务似乎比估计每一个元素的概率更为容易。一种更加现实的情况可能是当我们知道这个分布具有离散幂律概率属性（即对于常数 s，第 i 个最可能的域元素所拥有的概率大致与 $1/i^s$ 成比例，比如 Zipfian 分布）时，这样的信息似乎可以被利用来“纠正”这个经验分布，方法是对经验概率进行微调，使它们符合我们对整体幂律形状的先验知识。

对于每种输入分布，是否存在一种算法，可以在没有任何结构类型先验信息的情况下，最佳地利用现有的“结构”？本章表明，如果我们把一个分布的“结构”解释为在任何一种域元素的置换或者重新标记下（即对于元素出现概率的多重集的任何一个函数）都保持不变的属性（比如支持集的大小或者熵值），那么答案在忽略一个亚常数[㊀]加法项的意义上是肯定的。

为了方便对这个实例最优学习算法进行构建及分析，我们首先定义一个无法实现的良好基准，它将量化给定实例中的结构实际上能够提供帮助的程度。这个基准将对应于一个算法的期望性能，这个算法除了接收样本之外还接收关于分布的附加信息，然后最优地利用附加信息和样本。确切地说，移除标记之后，这个附加信息将是所讨论的分布的完整描述。可以将这个附加信息典型地表示为对有序的概率向量的访问，这些概率是域元素出现的概率：$p_1 \geqslant p_2 \geqslant p_3 \geqslant \cdots$。事实证明，对一个最优利用附加信息的算法结构进行推导并不太困难，算法的分析可以通过设计一个不接收附加信息，但仍然模拟这个无法实现的良好基准的算法来实现。分析结果表明，算法在每个输入分布上的性能几乎与这个无法实现的良好基准相同。

定义 23.1 设 $\mathrm{ErrOpt}^*(\boldsymbol{p},n)$ 是任何一个算法在下面的学习任务中能够达到的最小期望的 ℓ_1 误差：给定 p 的描述以及从一个与 p 一致的分布 p'（在忽略域的任意重新标记的意义上）独立抽取的 n 个样本，学习分布 p'。设 Opt^* 是以上述样本和（置换后的）概率向量作为输入的相应的算法。 ◁

下面的定理总结了这样的意义，即对于每个离散分布，一个实例最优算法的学习效果就像它已经知道了分布的情况一样好（忽略域的重新标记）。

定理 23.2 当给定从任何一个离散支持集上的分布 p 中独立抽取的 n 个样本时，算法 1 中概述的实例最优学习算法输出一个标记向量 $\boldsymbol{q}$，使得以至少为 $1-n^{-\omega(1)}$ 的概率有

$$\|\boldsymbol{p}-\boldsymbol{q}\|_1 \leqslant \mathrm{ErrOpt}^*(p,n)+1/\mathrm{polylog}(n)$$

定理 23.2 的证明归结为论证如果有足够的样本使 Opt^* 能够精确地把域元素的标记赋予真实的（未标记）概率向量，那么就有足够的样本，仅仅从这些样本中就可以近似学习

㊀ 复杂度 $o(1)$ 称为是亚常数的（subconstant）。——译者注

未标记的概率向量。根据定理，实例最优学习算法可以仿真 Opt*，同时与基准相比仅仅损失一个 1/polylog（n）的加性误差。事实证明这个 1/polylog（n）加性误差项是必要的。不过，如果允许 ErrOpt* 前面有一个乘法常数，那么，一个稍微不同的算法可以将 1/polylog（n）误差项改进为 $O(1/\text{poly}(n))$。在这两种情况下，误差项仅仅是 n 的函数，特别是与所讨论的分布无关。

定理 23.3 当给定从任何一个离散支持集上的分布 $\boldsymbol{p}$ 中独立抽取的 n 个样本时，算法 2 中描述的 Good-Turing 去噪算法输出一个标记向量 $\boldsymbol{q}$，使得以至少为 $1-n^{-\omega(1)}$ 的概率有

$$\|\boldsymbol{p}-\boldsymbol{q}\|_1 \leqslant 2\cdot \text{ErrOpt}^*(\boldsymbol{p},n)+\widetilde{O}(1/n^{1/6})$$

定理 23.2 和定理 23.3 的一个令人惊讶的含义是，对于大的样本数量 n，分布“形状”的先验知识或者分布的尾部衰减率的知识不能显著提高学习任务的精确性。例如，定理 23.2 意味着，典型的贝叶斯假设（比如自然语言中的词频满足 Zipf 分布，或者人类肠道中不同种类细菌的频度满足伽马分布或各种其他的幂律分布）可以改善学习分布的期望误差，改进量不超过样本数量的一个消没函数（vanishing function）。

以下两个例子强调了这些结果的局限性和影响力。

例 23.4 设 $p=\text{Unif}(2)$ 表示由两个域元素支持的分布，每一个元素的概率为 1/2。不可达到的基准 Opt* 只需要学习这个支持集，因此对于 $n\geqslant 1$，误差只是两个元素都未观察到的概率的 1/2，即 $\text{ErrOpt}^*(\text{Unif}(2),n)=\dfrac{1}{2}\dfrac{1}{2^{n-1}}=2^{-n}$。另一方面，如果不具备关于这些概率的先验知识，任何算法都不可能利用 n 次抛硬币以误差 $O(1/\sqrt{n})$ 来学习一个（可能偏心的）硬币的概率。 ◁

例 23.4 说明概率向量的先验知识可能非常有效，它把期望误差从逆多项式降低到了逆指数。这表明，在一般情况下，如果没有额外的误差项，我们就不能希望得到定理 23.2 所述形式的结果。定理 23.2 的误差项作为样本数量的消没函数与分布无关，这意味着对于足够大的 n，不存在任何可以利用概率的先验知识将期望误差改进一个常数的分布。下面的示例对前面的设定的一个自然拓展进行检验，其中的 Opt* 和实例优化算法都实现了比返回样本经验分布的原始算法显著更小的误差。

例 23.5 设 $p=\text{Unif}(k)$ 对应于 k 个元素上的一个均匀分布。Opt* 基准需要学习分布的支持集，因为它先验地知道每个以非零概率出现的域元素以 $1/k$ 的概率出现。因此，给定 n 个样本，期望误差是未观察到的域元素的期望数量的 $1/k$ 倍：

$$\text{ErrOpt}^*(\text{Unif}(k),n)=\Pr[\text{Binomial}(n,1/k)=0]\approx e^{-n/k}$$

相比之下，样本的经验分布的期望误差将是

$$\text{ErrEmp}(\text{Unif}(k),n)=\frac{k}{n}E[\,|\text{Binomial}(n,1/k)-n/k|\,]\approx\min(\sqrt{k/n},1)$$

当 $n=c\cdot k$ 时，这两个期望误差相差很大，即 $\text{ErrOpt}^*\approx\exp(-c)$，而 $\text{ErrEmp}\approx 1/\sqrt{c}$。例如，如果 $c=10$，那么每一个域元素预期会出现 10 次；如果一个域元素出现了 9 次或者 11 次，那么经验估计算法将分别过高或者过低估计其概率，而最优估计算法会一致处理样本中的这种过高或过低表示，只是在指数上产生一个误差（$\approx e^{-10}$），而不会出现这种域元素在样本中完全缺失的情况。

定理 23.2 表明，实例最优学习算法实现了误差 $\exp(-c)+O_n(1)$，只要 n 很大，这个误差将接近 ErrOpt*。 ◁

23.2.1　理解 Opt* 基准

与试图直接理解 Opt* 相反，这里的分析将考虑一种接收更多的附加信息的算法。假设给定一个样本集合，而且对于每一个整数 $i \geqslant 1$，你被告知恰好观察到 i 次的域元素的概率的多重集。有了这些附加信息之后，就很容易描述这个最优算法。

首先，对于所有整数 i，最优算法将为被观察到恰好 i 次的所有域元素赋予相同的概率。如果不是这样的话，不难证明存在一个被标记的分布，算法在这个分布上的性能是次优的。在这种情况下，问题是赋予什么样的概率？以下事实提供了答案，其证明留作练习（练习题 23.1）。

事实 23.6　给定一个实数的多重集 $S=\{s_1,\cdots,s_m\}$，$x=\text{median}(S)$ 的设定最小化了 S 的元素和 x 之间的绝对差之和：

$$\sum_{i=1}^{m} |s_i - \text{median}(S)| = \inf_{x \in \mathbb{R}} \sum_{i=1}^{m} |s_i - x|$$

（即对于 $x \in \mathbb{R}$，当 $x=\text{median}(S)$ 时，$\sum_{i=1}^{m} |s_i - x|$ 取得下确界。）

因此，我们得出了以下仿真 Opt* 的实例最优算法的概要轮廓。

算法 1　仿真 Opt* 的实例最优算法的概要，达到定理 23.2 的实例最优保证

输入： 一个包含在未知分布上独立抽取的 n 个样本的集合。

输出： 一个标记的概率向量。

1. 如 23.2.3 节所述，利用这些样本准确重建未标记的概率向量。
2. 对于每一个 $i \geqslant 1$，利用重建的向量对出现 i 次的元素的期望中值概率进行近似，并将这个概率赋予所有出现 i 次的域元素。

算法 1 中最复杂的部分是重建未标记的概率向量。这是一个非常有用的原语，它独立于我们当前的实例最优学习目标。23.2.3 节概述了这个重建问题的方法，并描述了这个子例程的一些其他应用。定理 23.2 的完整证明相当复杂，不过可以解释为在忽略加性 $1/\text{polylog}\, n$ 误差项的意义上，我们总能够恢复未标记概率向量的一个近似值，而且比消歧和标记这样的向量更加精确。本章不涉及证明的细节，我们建议感兴趣的读者阅读（Valiant and Valiant，2016）。

证明定理 23.2 的困难之一是中值的表现不是特别好，很难为一个分布的中值设计无偏离的（或者很小偏离的）估计算法。然而，均值有着非常好的表现，可以用来构造一个易于分析的简单算法，从而实现定理 23.3 的保证。以下事实总结了分析中使用的均值的关键属性（其证明请见练习题 23.2）。

事实 23.7　给定一个实数的多重集 $S=\{s_1,\cdots,s_m\}$，设定 $x=\text{mean}(S)$，它最多是 S 的元素和 x 的绝对差之和的最小值的 2 倍：

$$\sum_{i=1}^{m} |s_i - \text{mean}(S)| \leqslant 2\inf_{x \in \mathbb{R}} \sum_{i=1}^{m} |s_i - x|$$

下一节描述 Good-Turing 频率估计方案，它为观察到 i 次的元素的期望平均概率提供了一个非常简单的估计算法。这个估计算法引出了实现定理 23.3 的保证的简单算法。

23.2.2　Good-Turing 频率估计与定理 23.3 的证明

在 Bletchley 公园英国二战密码破译工作的背景下，I. J. Good 和 Alan Turing 开发了一种灵活的方法来估计离散分布的简单泛函数，包括“缺失质量”的数量——缺失质量是在一个给定样本集合中还未观察到的元素组成的总概率质量。概而言之，他们的方法是为关注的量编写一个表达式，然后重新表达为一些项的线性组合，即 $\sum_{j\geq 1}c_jE[F_j]$，其中 F_j 表示恰好观察到 j 次的元素的数量。考虑到 F_j 将紧密集中在其期望值周围，这将产生一个良好的估计，前提是系数 c_j 不会太大。

首先，我们将这种方法用于估计由恰好观察到 i 次的元素组成的期望总概率质量，从而得出一个通常被称为 Good-Turing 频率估计的变异方法。

命题 23.8　给定从分布 p 独立抽取的 n 个样本，设 F_i 表示恰好观察到 i 次的元素的数量，而且设 m_i 表示由这些元素组成的总概率质量。那么对于 $i\leqslant n$，有

$$E[m_i]=\frac{i+1}{n-i}E[F_{i+1}]+O((i+1)/(n-1))$$

证明　我们首先根据 $E[F_{i+1}]$ 重写 $E[m_i]$ 的表达式。下面的总和是在分布的域上的，$p(x)$ 表示分布赋予元素 x 的概率。

$$\begin{aligned}E[m_i] &= \sum_x p(x)\Pr[\text{Binomial}(n,p(x))=i]\\ &=\sum_x p(x)(p(x))^i(1-p(x))^{n-i}\binom{n}{i}\\ &=\frac{i+1}{n-i}\sum_x (p(x))^{i+1}(1-p(x))^{n-i}\binom{n}{i+1}\\ &=\frac{i+1}{n-i}\sum_x (1-p(x))\Pr[\text{Binomial}(n,p(x))=i+1]\\ &=\frac{i+1}{n-i}E[F_{i+1}]-\frac{i+1}{n-i}\sum_x p(x)\Pr[\text{Binomial}(n,p(x))=i+1]\end{aligned}$$

最后一行的第二项的界是 1，这是因为 $\sum_x p(x)=1$，而且每一个二项式概率最多为 1，从而得出命题。 □

我们现在准备描述应用定理 23.3 的算法。对于多次观察到的元素，算法利用它们的经验概率；而对于观察到的次数很少的元素，算法利用上述的 Good-Turing 估计来估计这一类元素所包含的期望概率质量。

算法 2　Good-Turing 去噪算法，达到定理 23.3 的实例最优保证

输入： 一个包含在未知分布上独立抽取的 n 个样本的集合。
输出： 一个标记的概率向量。

1. 对于每一个 $i\geqslant n^{1/3}$，对于在 n 个样本中恰好观察到 i 次的每个域元素，将其经验概率赋为 i/n。
2. 对于每一个 $i<n^{1/3}$，对于 F_i 个每一个恰好观察到 i 次的元素，将其概率赋为 $\frac{i+1}{n-i}\cdot\frac{F_{i+1}}{F_i}$，其中 F_j 表示在 n 个样本中恰好观察到 j 次的域元素的数量。

定理 23.3 的证明将依赖于以下直观的集中性结果。

引理 23.9　对于任何分布 p，以概率 $1-n^{-\omega(1)}$，我们有以下尾界：

- 出现超过 $n^{1/3}$ 次的元素对误差的贡献很小：

$$\sum_{x:\mathrm{freq}(x)\geq n^{1/3}} |p(x)-\hat{p}(x)| \leq \sum_{x:\mathrm{freq}(x)\geq n^{1/3}} \frac{\sqrt{\mathrm{freq}(x)}}{n}\mathrm{polylog}\, n \leq \widetilde{O}(n^{-1/6})$$

其中 $\hat{p}(x)=\mathrm{freq}(x)/n$ 表示 x 的经验概率。

- 对于 $i\geq 1$，有 $|F_i-E[F_i]|\leq\sqrt{1+F_i}\,\mathrm{polylog}\, n$，而且由看到 i 次的元素构成的质量 m_i 满足 $|m_i-E[m_i]|\leq\frac{i}{n}\sqrt{1+E[F_i]}\,\mathrm{polylog}\, n$。对于来自我们对概率均值的近似 $m_i/F_i\approx\frac{i+1}{n-i}\cdot\frac{F_{i+1}}{F_i}$的误差的贡献，其界如下确定：

$$F_i\left|\frac{m_i}{F_i}-\frac{(i+1)F_{i+1}}{(n-i)F_i}\right|=\left|m_i-\frac{(i+1)F_{i+1}}{n-i}\right|\leq\frac{i}{n}\sqrt{1+E[F_i]}\,\mathrm{polylog}\, n$$

引理 23.9 的证明留作练习。证明这些集中界是复杂的，因为所讨论的量不容易表示为独立随机变量的总和——即便是表示恰好观察到 i 次的元素的数量的 F_i 也涉及依赖性。因此，与其利用仅适用于独立随机变量之和的基本 Chernoff 界来进行分析，还不如利用 Azuma 不等式（对鞅的标准的模拟）对 Doob 鞅（它随着 n 个样本的逐一展现，考虑问题中的量的期望值）进行分析。

我们现在完成证明：算法 2 的 Good-Turing 去噪算法实现了定理 23.3 的保证。具体而言，算法 2 的误差在 n 个独立样本的选择上以高概率最多是 $2\cdot\mathrm{ErrOpt}^*+\widetilde{O}(1/n^{1/6})$，其中 ErrOpt^* 是除了样本之外还接收了无标记真实分布的描述的最优算法的期望误差。我们将证明一个稍强的陈述，即算法 2 以高概率实现的误差最多是 $2\cdot\mathrm{ErrOpt}'+\widetilde{O}(1/n^{1/6})$，其中 ErrOpt'是最优算法的期望误差：对于每一个 $i\geq 0$，最优算法接收一个概率向量，它对应于所有恰好出现 i 次的元素的未标记概率向量。

定理 23.3 的证明　根据事实 23.6，这个更好的基准算法 Opt′简单计算每一个概率向量的中值。再根据事实 23.7，对于 $i\geq 1$，如果我们代之以计算每一个向量的均值 μ_i，并且将 μ_i 赋予每一个观察到 i 次的元素，最多会产生 2ErrOpt′的期望误差。引理 23.9 的第一部分保证了至少出现 $n^{1/3}$ 次的元素对误差的贡献的界由 $\widetilde{O}(n^{-1/6})$ 确定。引理 23.9 的第二部分表明，真实均值和估计均值之间的差异对误差的贡献量最多是 $\sum_{i\in\{1,\cdots,n^{1/3}\}}\frac{i}{n}\sqrt{1+E[F_i]}$ $\mathrm{polylog}\, n$。因为约束了 $\sum_{i\geq 1}iF_i=n$，当对所有 $i\leq n^{1/3}$ 有 $E[F_i]\approx n^{1/3}$ 时，这个表达式在忽略一个常数因子的意义上是最大化的，在这种情况下的界为

$$\sum_{i\in\{1,\cdots,n^{1/3}\}}\frac{i}{n}\sqrt{1+E[F_i]}\,\mathrm{polylog}\, n\leq n^{1/3}\frac{n^{1/3}}{n}\sqrt{1+n^{1/3}}\,\mathrm{polylog}\, n=\widetilde{O}(n^{-1/6})$$ □

23.2.3　估计未看到的元素：在忽略置换的意义上重建分布

这一节我们描述一种算法。给定对一些独立样本的访问，算法精确地近似一个分布的概率的未标记向量。这是满足定理 23.2 的保证的实例最优学习算法（其概要在算法 1 中描述）中的主要子例程。我们还简要讨论了这个子例程在实例最优学习之外的一些应用。

针对这种重建的恢复保证大致说明了对于任何一个分布 p，给定 n 个独立抽取的样本，我们可以精确恢复未标记向量的一部分，其中包含由大于 $c/n\log n$ 的概率构成的真实概率，c 是一个适当的常数。尽管事实上我们观察到的元素的所有经验概率都是 $1/n$ 的整数倍，而且对于概率$\ll 1/n$ 的元素，我们不能指望学习其中大多数元素的标记，因为绝大多

数这样的元素在 n 个样本中不会被观察到。以下定理对恢复保证进行形式化。

定理 23.10 设 c 表示绝对常数。对于分布 p，设 $p_1 \geqslant p_2 \geqslant \cdots$ 表示由赋予域元素的概率构成的有序向量。对于足够大的 n 和任何一个 $w \in [1, \log n]$，给定 n 个从 p 独立抽取的样本：

a. 我们可以恢复向量 $\boldsymbol{q}=(q_1 \geqslant q_2 \geqslant \cdots)$，使得以概率 $1-\mathrm{e}^{-n^{\Omega(1)}}$ 有

$$\sum_{i: p_i \geqslant w/(n \log n)} |p_i - q_i| \leqslant \frac{c}{\sqrt{w}}$$

b. 设 $\mathrm{cdf}_p(v) = \sum_{x: p(x) \leqslant v} p(x)$ 表示 p 的累积密度函数，我们可以恢复分布 q，使得以概率 $1-\mathrm{e}^{-n^{\Omega(1)}}$ 有

$$\int_{v=w/(n \log n)}^{1} \frac{1}{v} |\mathrm{cdf}_p(v) - \mathrm{cdf}_q(v)| \mathrm{d}v \leqslant \frac{c}{\sqrt{w}}$$

在 w 是一个大常数的情况下，定理 23.10 保证能够以至少为 $\Theta(1/n \log n)$ 的概率精确学习由域元素的概率构成的多重集。虽然这些元素中有许多可能不会出现在样本中，但是定理 23.10 断言，可以健壮地检测到这些元素的存在。

除了本身备受关注之外，能够如定理 23.10 所保证的那样尽可能精确地重建未标记的概率向量的这种能力还有一些直接应用，用于估计分布的标记不变特性（通常称为对称特性）。事实上，任何一种在定理 23.10 中的距离度量上 Lipschitz 连续的性质都可以通过对恢复的分布 q 上的属性值进行评估来进行估计。这些连续性质包括一个更大的独立样本集的函数的期望值。例如，定理 23.10 的一个简单推论是可以精确估计在一个 $m>n$ 的独立样本集中观察到的不同元素的数量，m 可以达到 $O(n \log n)$。

推论 23.11 给定来自任意分布 p 的 n 个样本，以在样本的随机性上的概率 $1-\mathrm{e}^{-n^{\Omega(1)}}$，可以估计从 p 中抽取的 m 个样本的集合中能够看到的唯一元素的期望数量，估计的误差范围是 $m \cdot c\sqrt{\dfrac{m}{n \log n}}$，其中 c 是一个通用常数。

从实践的立场来看，这个推论对于许多数据收集成本高昂的环境有多种含义。例如，在（Zou et al, 2016）中，这个框架被有效地用于估计新的与医学有关的基因突变的数量。如果对更大的遗传队列进行测序，可能会发现这些基因突变。

学习未标记的概率向量的算法将解决一个最优化问题。这个最优化问题返回一个分布 q，它具有这样的特性，即如果 n 个样本是从 q 中抽取的，我们预期将会看到与观察到的实际样本的统计量类似的统计量。具体而言，这个最优化问题将是一个线性规划，它返回一个分布，而且这个分布具有这样的特性，即在由 n 个独立抽样的样本构成的集合中观察到一次、两次等的元素的期望数量将与观察到的数量 $F_1, F_2, \cdots$ 紧密吻合。以与标准偏差的倒数成正比（近似为 $1/\sqrt{F_i+1}$）的方式，对 F_i 和 F_i 在返回的分布下的期望值之间的差异进行惩罚。这样的近似是合理的，因为 F_i 的方差与 F_i 的期望值大致相等，就像 Poison 随机变量的情况一样。

这个线性规划将由概率值 $x_1, \cdots, x_\ell \in (0,1]$ 的一个精细的 ϵ-网格来描述，这些概率值离散近似于返回的分布中的元素可能出现的潜在概率值。线性规划的变量 $h_1, \cdots, h_\ell$ 的解释是 h_i 表示以概率 x_i 出现的域元素的数量。因为目标是要返回一个分布，总概率质量被约束为等于 1，即 $\sum_i h_i x_i = 1$，这是由变量 h_i 表示的一个线性约束。此外，根据期望值的线性特性，F_j 的期望值在变量 h_i 中也是线性的，即 $E[F_i] = \sum_j h_j \Pr[\mathrm{Binomial}(n, x_j) = i]$，其

中期望值与由变量$\{h_i\}$表示的分布有关。我们暂时忽略以下事实，即允许这个线性规划返回h_i的非整数值——作为一个附加步骤，算法可以执行一个舍入/截断步骤来处理这个小问题。

最后的一个微妙之处是，这个线性规划将只用于与看到的次数不会太多的域元素所对应的一部分分布。对于很大的i值，我们实际上不会预期F_i集中在它的期望值周围。例如，即使存在一个以概率1/2出现的域元素，我们也不会预期$F_{i/2}$过于紧密地集中在它的期望值周围——实际上$F_{i/2}$要么是0，要么是1（或者2）。幸运的是，对于经常出现的元素，它们的经验概率可能是精确的。因此，对于频繁看到的元素（见到的次数至少为n^α，$\alpha>0$是一个适当选择的绝对常数），算法可以简单地使用它们的经验概率。对于潜在大量的只被观察到几次（最多n^α次）的每一个元素，可以利用线性规划来恢复分布的相应部分。事实上线性规划只负责潜在分布的其中一小部分，这意味着这个线性规划将会很小，它只有$O(n^\alpha)$个约束，对应于强制$E[F_i]\approx F_i(i\leqslant n^\alpha)$。这将确保在理论上和实践中，这个线性规划可以在样本数量n的次线性时间内求解。不过，出于本章的目的，我们省略了实现次线性运行时所需的少量修改。

算法描述中有两个正常数B，C，在不等式$0.1>B>C>B/2>0$成立的情况下它们可以任意地定义。

定理23.10的建立相当复杂，算法3的正确性证明将线性规划的目标值直接关联到一个适当的距离概念，这里的距离指的是由返回的偶对(x_i,h_i)所表示的分布与真实概率向量之间的距离。关于这个分析的细节，我们建议读者参考（Valiant and Valiant，2017b）中的处理过程。

算法3　频率谱恢复算法，用于重建未标记的概率向量，实现定理23.10的保证

输入： 向量$F_1,F_2,\cdots$，其中F_i表示在一个包含n个样本的集合中恰好观察到i次的域元素的数量。

输出： 由偶对$(x_1,h_1),\cdots,(x_t,h_t)$构成的向量。

1. 定义集合$X=\left\{\frac{1}{n^2},\frac{2}{n^2},\frac{3}{n^2},\cdots,\frac{n\ (n^B+n^C)}{n^2}\right\}$。
2. 对于每一个$x\in X$，定义相关变量h_x，并且求解LP如下：

$$\text{minimize}\sum_{i=1}^{n^B}\frac{1}{\sqrt{F_i+1}}\left|F_i-\sum_{x\in X}h_x\Pr[\text{Binomial}(n,x)=i]\right|$$

依赖于：

- $\sum_{x\in X}x\cdot h_x+\sum_{i>n^B+2n^C}^{n}\frac{i}{n}F_i=1$（总概率质量$=1$）
- $\forall x\in X$，$h_x\geqslant 0$

3. 对于那些出现次数$i>n^B+2n^C$的域元素，返回偶对(x_i,h_{x_i})的集合以及$(i/n,F_i)$。

23.3　一致性检验

我们现在转向讨论一个基本的分布假说检验问题：给定一个离散支持集上的分布p的描述，误差容限$\epsilon>0$，以及从未知分布q中独立抽取的n个样本，在样本随机性上以至少为2/3的成功概率分辨$p=q$的情况与p和q的全变差距离至少为ϵ的情况。本节以2/3的成功概率为标准，如有必要可以通过采用新样本进行重复检验并且返回占多数的结果来对这个概率进行指数级放大。

23.3.1　概述

23.2 节提出的算法对于从中抽取样本的未知分布是实例最优的。与这个结果相反，这一节我们将努力寻求一种算法，它对于已知分布 p 是最优的，在未知分布 q 的最坏情况下也是最优的。既然算法已经知道分布 p，我们不失一般性地假定分布 p 的支持集是正整数，并且使用 p_i 表示赋予元素 i 的概率。

求解这个假说检验问题的经典方法是 Pearson 卡方检验。设 X_i 表示元素 i 在包含 n 个样本的集合中出现的次数，卡方检验根据量 $\sum_i \frac{(X_i-np_i)^2}{p_i}$ 是否超过一个给定的阈值来决定接受或者拒绝。对于具有大支持集的分布 p，这个检验远远不是最优的。例如，如果 p 是 k 个元素上的均匀分布，对于误差常数 ϵ，卡方检验需要 k 个样本，相比之下最优的样本数是 $\sqrt{k}$（参见练习题 23.5）。我们能否开发出一种一致性检验，它对于每个分布 p 和每个误差参数 ϵ 都是最优的？

答案是肯定的，这样的最优算法是卡方检验的一个修改版本。对这个算法的分析还额外产生了一个表达式，它作为 p 和 ϵ 的函数描述了实现这个假说检验所需要的必要和充分的数据量。在总结这一结果之前，我们引入下列符号，这些符号将用于这一节的余下部分。

符号。给定一个分布 p，用 $p^{-\max}$ 表示移除单一最高概率元素之后的分布的概率向量；用 $p_{-\epsilon}$ 表示逐个移除最低概率元素，在移除的总概率质量达到 ϵ 之前停止移除操作得到的分布。我们使用 ℓ_p 范数的标准符号，其中对于实向量 $\boldsymbol{v}$ 和实数 a，$\boldsymbol{v}$ 的 ℓ_a 范数是 $\|\boldsymbol{v}\|_a=(\sum_i|v_i|^a)^{1/a}$。不同寻常的是 $a=2/3$ 范数对分析至关重要，而不是标准的 ℓ_1 范数或者 ℓ_2 范数。我们稍微简化一下，符号 p 既用于表示分布，也用于表示其概率向量，$\boldsymbol{p}=(p_1,p_2,\cdots)$。

定理 23.12　定义函数 $f(p,\epsilon)=\max\left\{\frac{1}{\epsilon},\frac{\|p_{-\epsilon}^{-\max}\|_{2/3}}{\epsilon^2}\right\}$。存在一个检验程序和常数 c_1，$c_2>0$，使得对于任何 $\epsilon>0$ 和任何分布 p，给定来自任何一个未知分布 q 的一些样本：

a. 在包含至少 $f(p,c_1\epsilon)$ 个从 q 中抽取的样本的集合上运行时，检验程序将以概率 $\geqslant 2/3$ 分辨 $q=p$ 还是 $\|\boldsymbol{p}-\boldsymbol{q}\|_1\geqslant\epsilon$。

b. 没有任何一个检验程序能够用少于 $f(p,c_2\epsilon)$ 个样本的集合来完成这项任务。

23.3.2　样本复杂度 $f(p,\epsilon)$ 的解释

定理 23.12 中定义的函数 $f(p,\epsilon)$ 表示假设的检验分布 p 的最优样本复杂度。虽然这个表达式可能看起来有些古怪，不过它对于每一个分布 p 是常数因子最优的，这个事实意味着每一个怪异的 $f(p,\epsilon)=\max\left\{\frac{1}{\epsilon},\frac{\|p_{-\epsilon}^{-\max}\|_{2/3}}{\epsilon^2}\right\}$ 都代表一种真实的现象，而且这一定义本质上是一种自然法则。

p 的 2/3 范数可能是这个表达式中最神秘的部分（尽管这是自然的），因为当 p 是 k 个元素上的均匀分布时，$\|\boldsymbol{p}\|_{2/3}=\sqrt{k}$，这匹配了一致性检验的胎紧的界（Batu et al.，2013；

Paninski，2008）。此外，对于支持集大小不超过 k 的分布，均匀分布的 2/3 范数达到最大值，而且修饰符“$-\max$”“$-\epsilon$”只会减小它的值，这意味着对于所有这一类分布有 $f(p,\epsilon)\leqslant\sqrt{k}/\epsilon^2$，这是支持集大小不超过 k 的分布在最坏情况下的胎紧界。

$f(p,\epsilon)$ 中的 $1/\epsilon^2$ 乘数在统计量中反复出现，表示需要 $1/\epsilon^2$ 次硬币翻转来估计一个硬币偏离精度 $O(\epsilon)$ 的程度，因为样本均值的标准差随着样本数的平方根而减小。带有 $1/\epsilon$ 的最大值反映了这样一个事实，即无论我们从什么分布开始，都不可能分辨在数量少于 $\Omega(1/\epsilon)$ 的样本上的概率质量为 ϵ 的差异。这个项只有在 $\|\boldsymbol{p}_{-\epsilon}^{-\max}\|_{2/3}<\epsilon$ 的“边缘情况”下才有意义，而这种情况只有当最大概率元素具有的质量至少为 $1-2\epsilon$ 时才会发生。

23.3.3 实例最优算法

满足定理 23.12 的检验算法对 Pearson 卡方检验中计算的量 $\sum_i(X_i-np_i)^2/p_i$ 逐项进行了三个关键修改：（1）从分子中减去 X_i，以降低很少看到的元素所引起的方差；（2）将分母从 p_i 修改为 $p_i^{2/3}$，以减少对小概率差异的惩罚；（3）总体上只检查最小概率的域元素，同时忽略单一最大的域元素。在形式描述算法之前，我们简短解释前两项修改。前两项修改的结果得到表达式 $\sum_i\dfrac{(X_i-np_i)^2-X_i}{p_i^{2/3}}$，我们称之为（实例最优）检验统计量。

第 i 项的分子 $(X_i-np_i)^2-X_i$ 有两个有用的性质。首先，它给出了 $(p_i-q_i)^2$ 的一个缩放后几乎无偏离的估计。由于 $E[X_i]=nq_i$ 和 $E[X_i^2]=n^2q_i^2+nq_i(1-q_i)$，我们有

$$\begin{aligned}E[(X_i-np_i)^2-X_i]&=E[X_i^2]-2np_iE[X_i]+(np_i)^2-E[X_i]=n^2(q_i-p_i)^2-nq_i^2\\&\approx n^2(q_i-p_i)^2\end{aligned}$$

其次，对于域元素 i，如果 $np_i,nq_i\ll 1$，那么对于这个表达式，域元素 i 将贡献很小的方差。对于这一类元素，有 $(X_i-np_i)^2-X_i\approx X_i^2-X_i$，当 $X_i=0$ 和 $X_i=1$ 时，求得的结果都为 0。换一种说法，就是这个表达式本质上不知道一个少见的元素是出现零次还是出现一次。相比之下，标准的卡方统计量可以从这一类元素带来显著的方差。

将第 i 项按照 $1/p_i^{2/3}$ 进行缩放并不存在完全纯粹的动机。按照 $1/p_i$ 进行缩放（就如同在卡方检验中那样）补偿了这样的事实，即分子部分的期望值为 $(p_i-q_i)^2$，而不是想要的 $|p_i-q_i|$。例如，如果 p_i 和 q_i 相差一个常数因子，那么经过这样的缩放后的期望贡献还是会与 $|p_i-q_i|$ 成比例。对于某一个 $\alpha<1$，按 $1/p_i^{\alpha}$ 进行缩放的直觉是，即使 $p=q$，对于较小的 p_i 值，我们期望 np_i 和 X_i 之间的偏差也会成比例增大，因此我们必须减少对这一类偏差的惩罚。

下界的构造在证明了这个检验算法的最优性的同时，在每一个项的 $1/p_i^{2/3}$ 缩放上产生了一个不同的视角。粗略地说，对于任何一个分布 p，这个假说检验的最困难实例是分辨究竟是 $p=q$，还是一个这样的分布，其中 q 的每一个元素对于扰动 δ_i（扰动的总和为 ϵ）的一些选择具有随机扰动概率 $q_i=p_i\pm\delta_i$。从下界的角度看来，问题是如何将偏差 δ 分配给不同的元素。设置 $\delta_i=\epsilon\cdot p_i$（即按比例分配）显然是次优的，因为 q_i 的一个经验估计的相对精度的变化与 q_i 成反比，因此对于较大的 q_i，容易检测到比例偏差。这就促成了对于某一个 $\alpha<1$，将 δ_i 的值 $\delta_i=|q_i-p_i|$ 设置成与 p_i^{α} 成比例。事实证明，设置 $\delta_i=p_i^{2/3}$ 是最优的，

它匹配了统计量 $\sum_i \frac{(X_i-np_i)^2-X_i}{p_i^{2/3}}$ 中的缩放比例 $1/p_i^{2/3}$。

最后，我们形式描述算法 4 中的检验算法，并且简单介绍定理 23.12 的证明。

算法 4　2/3-范数检验算法，最优检验了是 $\boldsymbol{p}=\boldsymbol{q}$，还是 $\|\boldsymbol{p}-\boldsymbol{q}\|_1 \geqslant \epsilon$

输入： 分布 $\boldsymbol{p}=(p_1,p_2,\cdots)$，参数 $\epsilon>0$，向量 $X_1,X_2,\cdots$，其中 X_i 表示在一个包含来自未知分布 q 的 n 个样本的集合中域元素 i 出现的次数。

输出： 要么"$\|\boldsymbol{p}-\boldsymbol{q}\|_1 \geqslant \epsilon$"，要么"$p=q$"。

0. 不失一般性，假定 p 的域元素按照概率的非递增排序。定义 $s=\min\{i:\sum_{j>i}p_j \leqslant \epsilon/8\}$，并设 $S=\{s+1,s+2,\cdots\}$（"小"元素）以及 $M=\{2,\cdots,s\}$（"中等"元素）。
1. 确定检验统计量的阈值：如果 $\sum_{i\in M}\frac{(X_i-np_i)^2-X_i}{p_i^{2/3}}>4n\|\boldsymbol{p}_M\|_{2/3}^{1/3}$，则输出"$\|\boldsymbol{p}-\boldsymbol{q}\|_1 \geqslant \epsilon$"。
2. 如果 $\sum_{i\in S}X_i>\frac{3}{16}\epsilon n$，则输出"$\|\boldsymbol{p}-\boldsymbol{q}\|_1 \geqslant \epsilon$"。
3. 在其他情况下输出"$p=q$"。

定理 23.12a 的证明在确立了算法 4 的检验算法的性能保证的同时，在概念上却很简单。分析的核心是将 Chebyshev 不等式应用于算法第 1 步和第 2 步中计算的表达式来证明（以声称的概率）我们接受真实假说，并且拒绝远离真实的假说。（有关这两个检验在算法中的互补作用的分析，参见练习题 23.6。）Chebyshev 不等式指出，一个随机变量离开其均值超过 c 个标准差的概率最多是 $1/c^2$。算法分析的首要任务是证明在 $p=q$ 以及 $\|\boldsymbol{p}-\boldsymbol{q}\|_1 \geqslant \epsilon$ 这两种情况下，由算法计算的表达式的期望值存在显著的差异，而且与这些量的标准差相比，这个差异很大。不幸的是，这种简单的方法归约到一个问题（在一些直接但是烦琐的代数演算之后，为了清晰起见，我们略过了这个过程），即证明一个极其凌乱的不等式对于所有分布 p 以及所有来自假设的差异 $\boldsymbol{\Delta}=(p_1-q_1,p_2-q_2,\cdots)$ 都成立：

$$\sum_{i\in M}\left(\frac{p_i^{2/3}\|\boldsymbol{\Delta}_M\|_1^4}{\|\boldsymbol{p}_M\|_{2/3}^2}+2\frac{\Delta_i\|\boldsymbol{\Delta}_M\|_1^3}{\|\boldsymbol{p}_M\|_{2/3}^{4/3}}+\frac{p_i^{-2/3}\Delta_i^2\|\boldsymbol{\Delta}_M\|_1^2}{\|\boldsymbol{p}_M\|_{2/3}^{2/3}}+2\frac{p_i^{-1/3}\Delta_i^2\|\boldsymbol{\Delta}_M\|_1^2}{\|\boldsymbol{p}_M\|_{2/3}}+2\frac{p_i^{-1}\Delta_i^3\|\boldsymbol{\Delta}_M\|_1}{\|\boldsymbol{p}_M\|_{2/3}^{1/3}}\right) \leqslant 8\left(\sum_{i\in M}\Delta_i^2 p_i^{-2/3}\right)^2 \tag{23.1}$$

下节将描述一种自动化证明这一类不等式的方法：这将产生关于这一类不等式何时为真的完整特征描述以及一个多项式时间算法，这个算法要么在不等式为真的情况下产生一个证明，要么在不等式非真的情况下产生一个反驳。

23.4　题外话：一种自动化不等式证明算法

给定一个三元组序列 (a_i,b_i,c_i)，对于所有正向量 $\boldsymbol{x}=(x_1,\cdots)$ 和 $\boldsymbol{y}=(y_1,\cdots)$，下列不等式是否成立？

$$\prod_{i=1}^{r}\left(\sum_j x_j^{a_i}y_j^{b_i}\right)^{c_i} \geqslant 1 \tag{23.2}$$

几种常见的不等式，包括 Cauchy-Schwarz 不等式、Hölder 不等式和 ℓ_p 范数单调性不等式都可以采用这种形式来描述，如下列不等式所示。此外，公式（23.1）的不等式的证明对应于证明上述形式的五个不等式——每一个不等式用右侧限定左侧中的一个项。

$$\left(\sum_j x_j^2\right)^{1/2}\left(\sum_j y_j^2\right)^{1/2}\left(\sum_j x_jy_j\right)^{-1}\geqslant 1 \qquad \text{(Cauchy-Schwarz)}$$

$$\left(\sum_j x_j^{1/\lambda}\right)^{\lambda}\left(\sum_j y_j^{1/(1-\lambda)}\right)^{1-\lambda}\left(\sum_j x_jy_j\right)^{-1}\geqslant 1 \qquad \text{(Hölder)}$$

$$\left(\sum_j x_j^{1/\lambda}\right)^{-\lambda}\left(\sum_j x_j\right)\geqslant 1 \qquad (\ell_p\ \text{单调性})$$

这一节我们证明一个具有公式（23.2）形式的不等式是真的当且仅当它可表示为Hölder 不等式的正幂和 ℓ_p 单调性不等式的乘积。此外，存在一种高效的算法可以自动证明或者反驳这样一个不等式：给定三元组（a_i,b_i,c_i），算法要么产生不等式的一个推导，要么产生一对反驳不等式的反例序列 x，y。

定理 23.13　对于一个三元组序列 $(a,b,c)_i=(a_1,b_1,c_1),\cdots,(a_r,b_r,c_r)$，对于所有正数的有穷序列 $(x)_i,(y)_j$，不等式$\prod_{i=1}^{r}\left(\sum_j x_j^{a_i}y_j^{b_i}\right)^{c_i}\geqslant 1$ 成立当且仅当它可以表示成形式为 $\left(\sum_j x_j^{a'}y_j^{b'}\right)^{\lambda}\cdot\left(\sum_j x_j^{a''}y_j^{b''}\right)^{1-\lambda}\geqslant\sum_j x_j^{\lambda a'+(1-\lambda)a''}y_j^{\lambda b'+(1-\lambda)b''}$ 的 Hölder 不等式的正幂和形式为 $\left(\sum_j x_j^{a}y_j^{b}\right)^{\lambda}\leqslant\sum_j x_j^{\lambda a}y_j^{\lambda b}$ 的 ℓ_p 单调性不等式的有限积，其中 $\lambda\in[0,1]$。只要不等式为真，就能够通过线性规划在多项式时间内找到一个推导；只要不等式为假，就能够找到一个反驳的紧凑表示。

例 23.14　考虑 $\epsilon\geqslant 0$，单一序列不等式

$$\left(\sum_j x_j^{-2}\right)^{-1}\left(\sum_j x_j^{-1}\right)^{3}\left(\sum_j x_j^{0}\right)^{-2-\epsilon}\left(\sum_j x_j^{1}\right)^{3}\left(\sum_j x_j^{2}\right)^{-1}\geqslant 1$$

可以通过三元组 $(a_i,b_i,c_i)=(-2,0,\ -1),(-1,0,\ 3),(0,0,-2-\epsilon),(1,0,\ 3),(2,0,-1)$ 表示成公式（23.2）的形式。这个不等式对于 $\epsilon=0$ 为真，但是对于任何正的 ϵ 为假。然而，最短的反例序列的长度随着 ϵ 接近 0 呈 $\exp\left(\frac{1}{\epsilon}\right)$ 增长。因此，反例虽然容易表达，但是却很难记下。例如，设 $n=64^{1/\epsilon}$，长度为 $2+n$ 而且由 n、$1/n$ 后接 n 个 1 构成的序列 x 违反了不等性。 ◁

23.4.1　不等式的非数学证明：peg 游戏

定理 23.13 认为，存在一种基于线性规划的算法可以有效地证明或者反驳特定形式的不等式。不过可以利用定理 23.13 的证明背后的直觉将证明这一类不等式的任务表述为在二维棋盘上的简单直观的“peg 游戏”。借助 peg 游戏的解释让我们能够利用基本的几何直觉，只需要笔和纸就可以轻松推导出许多这样的不等式的证明。

我们在证明以下不等式（对应公式（23.1）的第四个分量，其中 Δ 被替换成 x，p 被替换成 y）的具体设定中描述这种 peg 游戏：

$$\left(\sum_j x_j^2y_j^{-2/3}\right)^{2}\left(\sum_j x_j^2y_j^{-1/3}\right)^{-1}\left(\sum_j x_j\right)^{-2}\left(\sum_j y_j^{2/3}\right)^{3/2}\geqslant 1 \qquad (23.3)$$

用定理 23.13 的形式表示这个不等式，我们有三元组 $(a_i,b_i,c_i)=\left(2,-\frac{2}{3},2\right)$，$\left(2,-\frac{1}{3},-1\right),(1,0,-2),\left(0,\frac{2}{3},\frac{3}{2}\right)$。如图 23.1 所示的 peg 游戏首先将每一个三元组（a_i，b_i,c_i）表示为平面位置（a_i,b_i）上的数字 c_i。在任何时候，游戏棋盘都包含一些写在平面上的数字（按照惯例，每个没有数字的点都被解释为具有 0），如果你可以通过以下两种

类型的“移动”组合从棋盘上移除所有数字，你就“赢”了：

- （Hölder）任何两个正数都可以移动到它们的位置的加权平均处。（例如，我们可以从平面上的一个位置减去 1，从平面上的第二个位置减去 3，然后将位于从第一个位置到第二个位置的路径的 3/4 处的点上的数字加上 1+3=4。）
- （ℓ_p 单调性）任何一个负数都可以向原点移动一个因子 $\lambda \in (0,1)$ 的距离并缩放 $1/\lambda$。（例如，我们可以将 1 添加到平面上的一个位置，并且从距离原点一半的位置减去 2。）[一]

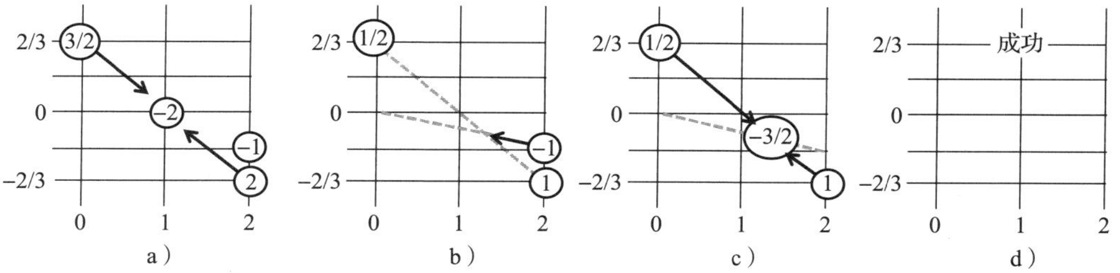

图 23.1　游戏中与不等式 $(\sum_j x_j^2 y_j^{-2/3})^2 (\sum_j x_j^2 y_j^{-1/3})^{-1} (\sum_j x_j)^{-2} (\sum_j y_j^{2/3})^{3/2} \geqslant 1$ 对应的一个成功的“移动”序列的描述，证明了不等式为真。图 a 说明了正权重和负权重的初始配置，以及“Hölder 型移动”：从（0,2/3）和（2,-2/3）处的每一个点各取一个权值单位，并将其移动到点（1,0），消去起初在（1,0）的权值-2。图 b 说明了结果的情况以及“ℓ_p 单调性移动”：将位于（2,-1/3）的权值-1 向原点移动到 2/3 处，同时将权值缩放 3/2，结果得到权值-3/2 的点（4/3,-2/9），它现在与其余两点共线。图 c 说明了最后一次“Hölder 型移动”，将两个具有正权值的点移动到它们的加权均值位置，同时将所有权值清零

游戏规则只允许这两种移动：你可以将正数推到一起，将负数（按比例缩放）推到原点。定理 23.13 可以换成这样一种说法，即当且仅当相应的不等式为真时，这种 peg 游戏才能获胜；此外，小的线性规划要么产生一个获胜的组合动作，要么提供一个游戏不能获胜的证明。我们的几何直觉非常擅长求解这类难题，即使面对的是像当前示例这样复杂的反直觉不等式。

如图 23.1 所示，对应公式（23.3）的游戏的一个获胜序列背后的直觉是，首先意识到有三个点位于一条直线上，其中-2 介于 3/2 和 2 的正中间。因此我们在每个端点各提取 1 个单位，并通过一次 Hölder 移动消去-2。现在没有三个点是共线的，所以我们需要将一个点移动到由另外两个点形成的直线上：-1 是负数，可以向原点移动，所以我们移动它，直到它与由剩下的两个点形成的直线交叉。这将-1 在到原点的路程上移动了 1/3 距离[二]，因此-1 缩放后成为-3/2。令人惊讶的是，这个数字所在位置 2/3（2,-1/3）=（4/3,-2/9）现在是从余下的位于（0,2/3）的数字 1/2 到位于（2，-2/3）的数字 1 的路程的 2/3 处，这意味着我们可以在一次移动中从棋盘上移除最后三个数字，赢得比赛。因此，我们总共做了三次移动：两次是 Hölder 型，一次是 ℓ_p 单调型。将这些移动重新表示为不等式，可以得到公式（23.3）所需要的推导（作为 Hölder 不等式的幂和 ℓ_p 单调性不等式的乘积）。或者更明确地，作为下列三个不等式的乘积，分别是：（1）Cauchy-Schwarz

[一] 例如，将一个正数 m 添加到平面上的一个位置相当于从这个位置上的数字中移走一个$-m$，然后将位于从这个位置到原点的路径的 $\lambda=1/2$ 处的点上的数字加上 $(1/\lambda)(-m)=-2m$。假如原位置上的数字为$-m$，那么经过这次操作后将变成 0，而 $\lambda=1/2$ 处的点上的数字增加了 $(1/\lambda)(-m)=-2m$，直观上相当于将$-m$ 缩放 $1/\lambda$ 后向原点推进了 1/2 距离，同时原位置被清零。——译者注

[二] 此时 $\lambda=2/3$。——译者注

不等式的平方，（2）$\lambda=2/3$ 的 ℓ_p 单调性不等式的 3/2 次幂，（3）$\lambda=2/3$ 的 Hölder 不等式的 3/2 次幂。这三个不等式如下：

$$\left(\sum_j x_j^2 y_j^{-2/3}\right)\left(\sum_j x_j^0 y_j^{2/3}\right)\left(\sum_j x_j^1 y_j^0\right)^{-2} \geqslant 1$$

$$\left(\sum_j x_j^{4/3} y_j^{-2/9}\right)^{3/2}\left(\sum_j x_j^2 y_j^{-1/3}\right)^{-1} \geqslant 1$$

$$\left(\sum_j x_j^2 y_j^{-2/3}\right)\left(\sum_j x_j^0 y_j^{2/3}\right)^{1/2}\left(\sum_j x_j^{4/3} y_j^{-2/9}\right)^{-3/2} \geqslant 1$$

23.5　其他检验问题的超越最坏情况分析

除了本章强调的两种设定之外，还存在各种各样的检验和学习问题，可以从最坏情况分析以外的角度来考虑这些问题。在许多情况下，挑战的重点在于定义一个合理的基准或者最优性概念，从而能够产生纯粹的、概念上有吸引力的结果和实际有意义的算法。

23.3 节简要描述了一个示例：在给定 p 的描述和一些从 q 中抽取的样本的情况下，考虑分辨两个分布 p 和 q 是相等还是具有显著距离的问题。在 p 和 q 均未知的情况下，也可以提出类似的问题，即给定一些来自这两个分布的样本，希望能够推导出是 $p=q$ 还是 $\|\boldsymbol{p}-\boldsymbol{q}\|_1\geqslant\epsilon$。如果 p 和 q 在最多 n 个元素上得到支持，则能够利用 $O(\max(n^{2/3}/\epsilon^{4/3}, n^{1/2}\epsilon^2))$ 来检验这个假说，这在最坏情况下是最优的（Batu et al.，2013；Chan et al.，2014）。

在最坏情况分析之外，Acharya 等人（2011，2012）的研究将竞争分析（competitive analysis）的观点应用于这个问题。他们不是根据分布的支持集的大小来确定这个任务所需要的样本规模的界，而是将样本规模的界确定为在下列条件下算法所需要的样本规模的一个（超线性）函数：算法已知分布 p 和 q，而且算法需要分辨两组样本是从一对分布 p 和 q 中抽取的还是两组样本都是从单一分布中提取的。

Lam Weil 等人（2019）的工作对具有两个未知分布的一致性检验问题采取了完全不同的方法。作者开发了一种算法，对于每个分布 p 和 q 利用尽可能少的样本，即使我们已经“近似地”知道了 q 的分布。具体而言，给定一个概率向量 $\boldsymbol{\pi}$，他们的问题是：如果分布 q 是借助从多重集 $\boldsymbol{\pi}$ 中随机均匀地抽样 q 的元素概率的随机过程得到的，而且 p 是一个与 q 的距离为 ϵ 的最坏情况分布，那么分辨是 $p=q$ 还是 $\|\boldsymbol{p}-\boldsymbol{q}\|_1\geqslant\epsilon$ 的难度有多大？这里的目标是要借助一个不需要 $\boldsymbol{\pi}$ 的知识的算法来获得一个作为 $\boldsymbol{\pi}$ 的函数的最优样本复杂度。

23.6　本章注解

23.2 节基于（Valiant and Valiant，2016）的结果，23.3 节和 23.4 节基于（Valient and Valient，2017a）。对于 23.2 节中讨论的实例最优学习问题，Orlitsky 和 Suresh（2015）的工作（与（Valiant and Valiant，2016）同时发表）考虑了关于 KL-散度的学习问题，而不是全变差距离（L1 距离）。在这种情况下，他们展示了 Good-Turing 去噪算法（算法 2）的一种变异，在类似于 23.2 节中讨论的结果的意义上，这个算法对于学习 KL-散度而言是实例最优的。

关于 2/3-范数如何出现在实例最优检验的样本复杂度中（定理 23.12）的更多直觉，我们建议读者参考（Diakonikolas and Kane，2016），他们利用通用框架获得了一个具有额外多重对数因子的类似的表达式，这个框架用于将这一类假说检验问题简化为在 ℓ_2 距离上实现类似检验的更为简单的任务。

有关分布特性检验和估计的最新问题和观点的概述，可参阅 Canonne（2015）的综述，或者 Rubinfeld 和 Shapira（2011）的稍旧的综述。这些综述还提供了关于这些基本统计问题如何得到理论计算机科学社区的青睐的历史背景：先是在检验图扩展的情况下——本质上一致性检验问题与均匀分布有关（Goldreich and Ron，2011），随后被抽象并且推广到假说检验以及不同分布之间的 ℓ_1 和 ℓ_2 范数的估计（Batu et al.，2013）。

参考文献

Acharya, J., Das, H., Jafarpour, A., Orlitsky, A., and Pan, S. 2011. Competitive closeness testing. In *Conference on Learning Theory (COLT)*, pp. 47–68.

Acharya, J., Das, H., Jafarpour, A., Orlitsky, A., and Pan, S. 2012. Competitive classification and closeness testing. In *Proceedings of the 25th Conference on Learning Theory (COLT)*, **23**, 22.1–22.18.

Batu, T., Fortnow, L., Rubinfeld, R., Smith, W.D., and White, P. 2013. Testing closeness of discrete distributions. *Journal of the ACM*, 60(1), 4: 1–4: 25.

Canonne, Clément L. 2015. A survey on distribution testing: Your data is big, but is it blue? In *Electronic Colloquium on Computational Complexity (ECCC)*, vol. 22.

Chan, Siu-On, Diakonikolas, Ilias, Valiant, Paul, and Valiant, Gregory. 2014. Optimal algorithms for testing closeness of discrete distributions. In *Proceedings of the Twenty-fifth Annual ACM-SIAM Symposium on Discrete Algorithms*, pp. 1193–1203. SIAM.

Diakonikolas, Ilias, and Kane, Daniel M. 2016. A new approach for testing properties of discrete distributions. In *2016 IEEE 57th Annual Symposium on Foundations of Computer Science (FOCS)*, pp. 685–694. IEEE.

Goldreich, Oded, and Ron, Dana. 2011. On testing expansion in bounded-degree graphs. In *Studies in Complexity and Cryptography. Miscellanea on the Interplay between Randomness and Computation*, pp. 68–75. Springer.

Lam-Weil, Joseph, Carpentier, Alexandra, and Sriperumbudur, Bharath K. 2019. Local minimax rates for closeness testing of discrete distributions. *arXiv preprint arXiv:1902.01219*.

Orlitsky, Alon, and Suresh, Ananda Theertha. 2015. Competitive distribution estimation: Why is Good-Turing good. In *Advances in Neural Information Processing Systems 28*. Curran Associates, pp. 2143–2151.

Paninski, L. 2008. A coincidence-based test for uniformity given very sparsely-sampled discrete data. *IEEE Transactions on Information Theory*, **54**, 4750–4755.

Rubinfeld, Ronitt, and Shapira, Asaf. 2011. Sublinear time algorithms. *SIAM Journal on Discrete Mathematics*, **25**(4), 1562–1588.

Valiant, Gregory, and Valiant, Paul. 2016. Instance optimal learning of discrete distributions. In *Proceedings of the Forty-eighth Annual ACM Symposium on Theory of Computing*, pp. 142–155. STOC '16. ACM.

Valiant, Gregory, and Valiant, Paul. 2017a. An automatic inequality prover and instance optimal identity testing. *SIAM Journal on Computing*, **46**(1), 429–455.

Valiant, Gregory, and Valiant, Paul. 2017b. Estimating the unseen: Improved estimators for entropy and other properties. *Journal of ACM*, **64**(6), 37:1–37:41.

Zou, James, Valiant, Gregory, Valiant, Paul, Karczewski, Konrad, Chan, Siu On, Samocha, Kaitlin, Lek, Monkol, Sunyaev, Shamil, Daly, Mark, and MacArthur, Daniel G. 2016. Quantifying unobserved protein-coding variants in human populations provides a roadmap for large-scale sequencing projects. *Nature Communications*, **7**, 13293.

练习题

23.1 证明事实 23.6，即对于任何实数的多重集 $S=\{s_1,\cdots,s_m\}$，中值最小化了到 S 中的元素的绝对距离之和：

$$\sum_{i=1}^{m} |s_i-\text{median}(S)| = \inf_{x\in\mathbb{R}} \sum_{i=1}^{m} |s_i-x|$$

23.2 证明事实 23.7，即对于任何实数的多重集 $S=\{s_1,\cdots,s_m\}$，均值和 S 的元素之间的绝对差之和最多是 S 中的元素到中值的距离之和的两倍：

$$\sum_{i=1}^{m} |s_i-\text{mean}(S)| \leqslant 2\cdot \sum_{i=1}^{m} |s_i-\text{median}(S)| = 2\cdot \inf_{x\in\mathbb{R}} \sum_{i=1}^{m} |s_i-x|$$

23.3 给定从一个具有离散支持集的分布中独立抽取的 n 个样本，对于整数 $i\geqslant 1$，设 F_i 表示恰好在样本中出现 i 次的域元素的数量。证明 F_i 严格集中在它的均值周围，即对于任何 $c>0$，有 $\Pr[|F_i-E[F_i]|\geqslant c\sqrt{n}]\leqslant O(\exp(-\Omega(c^2)))$。（提示：设 x_i 表示第 i 个独立样本，考虑 Doob 鞅：$X_0=E[F_i],X_1=E[F_i|x_1],X_2=E[F_i|x_1,x_2],\cdots,X_n=E[F_i|x_1,\cdots,x_n]=F_i$，并且应用 Azuma 鞅集中不等式。）

23.4 证明如果 $E[F_i]\ll n$：那么上一道练习题的集中界可以得到改进：证明 $\Pr[|F_i-E[F_i]|\geqslant c\sqrt{1+E[F_i]}]=O(\exp(-\Omega(c^2)))$。

23.5 设 $p=\left(\frac{1}{2},\frac{1}{2k},\frac{1}{2k},\cdots,\frac{1}{2k}\right)$ 表示这样的分布：将质量 1/2 分配给元素 1，并且将剩余的质量分配给元素 $2,\cdots,k+1$。设 $q=\left(\frac{1}{2},\frac{1}{k},\frac{1}{k},\cdots,\frac{1}{k}\right)$ 表示一个类似的分布，它将剩余质量分配给元素 $2,\cdots,k/2+1$。考虑利用卡方统计量 $\sum_i(X_i-np_i)/p_i$ 来分辨 n 个样本是从 p 中抽取的，还是从 q 中抽取的情况。证明这个分辨算法需要 $n=\Omega(k)$ 个样本来达到至少 2/3 的成功概率。

23.6 本题解释了算法 4 的两个步骤：第 1 步检测“中等”概率元素中的差异，第 2 步检测“小”概率元素是否拥有过多的总概率质量。回忆一下，小元素的集合 S 的构造使得 $\sum_{i\in S}p_i\leqslant\frac{\epsilon}{8}$，而集合 M 包含除了 $p_{\max}$ 以外的剩余元素。证明如果 $\|\boldsymbol{p}-\boldsymbol{q}\|_1\geqslant\epsilon$，那么下式之一必定成立：

- $\sum_{i\in M}\|p_i-q_i\|_1\geqslant\frac{\epsilon}{8}$（这将可能触发算法的第 1 步）
- $\sum_{i\in S}q_i\geqslant\frac{\epsilon}{4}$（这将可能触发算法的第 2 步）

23.7 证明 ℓ_p 范数的单调性：对于向量 $\boldsymbol{x}$ 以及 $\lambda\in(0,1)$，有 $\|\boldsymbol{x}\|_1\leqslant\|\boldsymbol{x}\|_\lambda$。

23.8 以不同的方式赢得图 23.1 中的“peg 游戏”，其中的第 1 步不同于位置（1,0）处的−2 归零。将你的获胜策略表示为 Hölder 不等式和 ℓ_p 单调不等式的组合。

23.9 当 $\epsilon=0$ 时（或者更一般地，当 $\epsilon\leqslant 0$ 时），通过 23.4.1 节的“peg 游戏”技术证明例 23.14 的不等式。

第六部分

Beyond the Worst-Case Analysis of Algorithms

进一步的应用

第 24 章

Beyond the Worst-Case Analysis of Algorithms

超越竞争分析

Anna R. Karlin，Elias Koutsoupias

摘要： 竞争分析（competitive analysis）经常是不现实的，因为输入“在实践中”很少表现出由竞争分析的悲观对抗性环境所假定的最坏情况的特征。本章讨论一些超越竞争分析的方法，并且尝试将不完全信息下的最优化问题的分析带入一个更加现实的领域。我们考虑了相关文献中的各种方法，包括对允许对抗提供的输入集加以限制、为在线算法提供更强的能力、改变对性能进行度量的方式以及直接对在线算法进行比较。

24.1 引言

在竞争分析中，将在线算法的性能与全能的对抗在一个最坏情况输入上进行比较。一个问题的竞争比（competitive ratio）是对这个领域的最坏情况渐近复杂度的模拟，可以定义为：

$$c=\inf_{\mathcal{A}}\sup_{\sigma}\frac{\mathcal{A}(\sigma)}{\mathrm{OPT}(\sigma)} \tag{24.1}$$

这里 $\mathcal{A}$ 的范围是所有在线算法，σ 是在所有的“输入”上：$\mathrm{OPT}(\sigma)$ 和 $\mathcal{A}(\sigma)$ 分别表示当提交了输入 σ 时，最优离线算法 OPT 的代价和在线算法 $\mathcal{A}$ 的代价。考虑到在线算法可能存在的初始缺陷，通常从分子中减去一个常数项来调整这个定义。这个聪明的定义既是竞争分析的弱点，同时也是竞争分析的优势。它是一种优势，因为设定清晰、问题明确而且时有挑战性，结果往往简练而且引人注目。但是出于几个原因，它也是一个弱点。面对与全能的离线算法的“毁灭性”比较，大量在线算法（不管是好的、坏的还是中庸的）的表现可能同样糟糕。因此，竞争比可能提供的信息量不大，而且可能无法分辨并且提出好的方法。同一个问题的另一方面是由于最坏情况输入决定了算法的性能，那些最优算法有时候是不自然的和不切实际的，而且它们的界过于悲观，因而无法在实践中提供有用的信息。支持在期望值最大化问题上的竞争分析的主要理由是：分布通常是未知的。然而，竞争分析过度利用了这个理由。它假定关于输入绝对没有什么是已知的，而且输入的任何一种分布在原则上都是可能的；竞争分析中普遍存在的最坏情况“分布”当然是概率为 1 的一种最坏情况输入。无论是对于实践者（我们总是知道或者可以学习输入分布的一些情况）还是理论学家（对于概率论者或数理经济学家来说，缺乏先验分布或者与之有关的信息似乎非常不现实），这种完全无能为力的感觉似乎不切实际。

第 1 章介绍了分页问题（paging problem），这是最简单、最基本而且实际上很重要的在线问题之一。我们看到了范围极其广泛的确定性算法（最近最少使用（LRU）算法和经验上中庸的先进先出（FIFO）算法在实践中都是有益的；还有荒谬的满时刷新（FWF）算法，它在每次缺页时都会清空缓存），它们具有相同的竞争比 k，即可用内存量。即便对于在更为强大的信息体系中的算法（例如任何预读取 $\ell>0$ 个页面的算法），可以证明情况并未改善。一种改进算法的竞争比的方法是与随机化相结合。对于分页问题，这可以将竞争比降低到 $\ln k$（McGeoch and Sleator，1991；Achlioptas et al.，2000）。然而，这一改进并没有真正解决竞争分析研究方案的缺点，也没有影响实际使用的算法。

我们已经看到了两种实现超越最坏情况分析的方法：在第 1 章我们看到了分页问题中的参数化界，而在第 4 章我们看到了资源增广。本章我们将对文献中采用的一些其他方法进行综述。

概要而言，研究在线算法实现超越最坏情况的文献采用了三种方法：修改在线算法可用的资源，弱化对抗/基准，改变衡量在线算法性能的方式。

在本章的余下部分，我们将给出这些方法的示例（主要是在分页问题的环境下）。读者可参阅第 1 章和第 4 章，了解分页模型、基本结果和基本算法。

24.2 访问图模型

竞争分析将算法和由对抗生成的输入之间的相互作用视为一种零和博弈。改进最坏情况的一种方法是限制允许对抗提供的输入集，一种理想的限制方式是捕获我们在实践中可能看到的输入的种类。

我们现在把重点放在分页问题上，并询问在实践中可能会出现什么样的输入。一个自然的回答是，大多数程序都表现出*引用局部性*（locality of reference）。引用局部性被认为可以用来解释 LRU 在实践中的成功，它意味着如果一个页面被引用，这个页面在不久的将来更有可能被引用（时间局部性），而在内存中靠近它的页面也更有可能在不久的将来被引用（空间局部性）。确实，只有在请求序列不是随心所欲的情况下，一个存储层次结构才是有效的。

因此，很自然地我们会问如何将引用局部性融入输入模型当中。在第 1 章我们看到了 Albers 等人（2005）采取的方法。Borodin 等人（1995）引入了另一种方法，即所谓的*访问图*（access graph）模型，把它作为分页问题中对引用局部性进行建模的方法。程序的访问图 $G=(V,E)$ 是一个这样的图，程序能够引用的每一个页面对应于图的一个顶点。引用局部性由图的边约束——一个在页面 p 的引用之后可以引用的页面只能是 G 中 p 的邻居或者 p 本身。在访问图模型中，请求序列 σ 必须是 G 上的一条*道路*（walk）。

给定一个访问图，除了把请求序列限制为 G 上的道路之外，竞争分析没有做出其他改变。我们把在访问图 G 上具有 k 页缓存的在线算法 $\mathcal{A}$ 的竞争比表示为：

$$c_{\mathcal{A}}(G) := \sup_{\sigma\text{是}G\text{上的道路}} \frac{\mathcal{A}(\sigma)}{\mathrm{OPT}(\sigma)}$$

其中，如前所述，$\mathcal{A}(\sigma)$ 是算法 $\mathcal{A}$ 在输入 σ 上产生的缺页数，$\mathrm{OPT}(\sigma)$ 是算法 OPT 在输入 σ 上产生的缺页数。然后我们定义：

$$c(G) = \inf_{\text{在线算法}\mathcal{A}} c_{\mathcal{A}}(G)$$

因此，$c(G)$ 是任何一个在线算法在作为 G 上的道路的请求序列上所能达到的最佳竞争比。如果 G 是完全图，则请求序列不受任何限制，$c(G)$ 是标准竞争比。因此，访问图提供了一种在最坏情况输入和高度结构化输入之间进行插补的灵活方法。

访问图可以是有向图或者无向图。当页面引用模式被程序使用的数据结构控制时，无向访问图可能是一个合适的模型。例如，如果一个程序对树数据结构执行操作，而且树结点到虚拟内存页的映射表示树的一次收缩，那么适当的访问图可能是一棵树。或者如果我们完全忽略数据，而只关注程序结构中固有的控制流，那么有向访问图可能是一个合适的模型。

定理 24.1（Borodin et al.，1995） *设 G 是在至少 $k+1$ 个结点上的任何一个无向图，*

并且设 H_{k+1} 是 G 的 $(k+1)$-结点连通子图的集合，那么 G 上任何一个确定性在线算法的竞争比为：

$$c(T) \geqslant \max_{T \in \mathcal{T}_{k+1}(G)} (\ell(T)-1)$$

其中

$$\mathcal{T}_{k+1}(G)=\{T \mid \exists H \in H_{k+1} \text{ 使得 } T \text{ 是 } H \text{ 的一棵生成树}\}$$

而且 $\ell(T)$ 是树 T 的叶子的数量。

为了证明这个定理，我们将请求序列划分成多个阶段，定义如下。

定义 24.2（阶段）　请求序列的第一阶段从第一个请求开始。一个阶段恰好在请求第 $(k+1)$ 个不同结点之前结束，从这个点开始一个新的阶段。◁

定理 24.1 的证明　设 $\mathcal{A}$ 是任何一个确定性算法，T 是 $\mathcal{T}_{k+1}(G)$ 中任何一棵包含 $k+1$ 个结点的树。采用标准的对抗策略，并且分阶段实施。一个阶段从对页面 p 的请求开始，这里 p 是由 T 覆盖的 $k+1$ 个页面中的一个页面，而且 p 当前不在缓存中。接下来，沿着树中 p 和被 $\mathcal{A}$ 逐出的页面之间的路径请求页面。重复这个操作，直到树中的所有页面都已经得到请求。（请求的最后一个页面是下一阶段的第一个请求。）假定 $\mathcal{A}$ 和 OPT 从相同的缓存状态开始，那么 OPT 在这个阶段仅仅发生一次缺页（通过开始时替换未来最远请求的页面）。另一方面，任何在线算法 $\mathcal{A}$ 在这个阶段至少有 $\ell(T)-1$ 次缺页，因为直到所有叶子被请求之前，树中总会存在一个不在 $\mathcal{A}$ 的缓存中的结点。□

下一个定理表明，对于树而言 LRU 实际上具有最优竞争比。

定理 24.3（Borodin et al.，1995）　如果访问图 G 是一棵树，那么 LRU 是最优的，即它的竞争比等于

$$\max_{T \in \mathcal{T}_{k+1}(G)} (\ell(T)-1)$$

证明　我们给出树中有 $k+1$ 个结点的特殊情况下的概略证明。考虑将请求序列划分为多个阶段。注意到如果总共只有 $k+1$ 个结点，则 OPT 在每一个阶段仅产生一次缺页：在每一个阶段开始时，替换未来最远请求的页面，这个页面将是下一阶段的第一个请求。因此，为了证明这个定理，只需要证明在每一个阶段，LRU 最多产生 $\ell(T)-1$ 次缺页。要了解这一点，注意到任何一个阶段（第一阶段除外）的第一个请求必定是树的一个叶子，而且在这个阶段的任何时间，最近最少使用的页面也是树的一个叶子。（参见图 24.1 的解释。）最后，由于在同一阶段中没有页面被逐出两次，而且当请求树中的最后一片叶子时开始一个新的阶段，因此 LRU 在每个阶段最多产生 $\ell(T)-1$ 次缺页。□

因此，举例来说，假如图是一条直线，那么 LRU 是最优的（具有竞争比 1）。相反，在一条直线上 FIFO 具有竞争比 k（参见练习题 24.1）。更一般地，在只有少量叶子的树上，LRU 的竞争比相对较低。相反，可以证明对于所有具有至少 $k+1$ 个结点的图，FIFO 的竞争比至少为 $(k+1)/2$。此外，Chrobak 和 Noga（1998）证明了对于每个图 G，在作为 G 的道路的输入上，LRU 的性能至少和 FIFO 的性能一样好。

不过 LRU 并非对所有的图都具有竞争比 $c(G)$。例如，假设 G 是 $k+1$ 个结点上的一条回路，请求序列包含重复的回路遍历。那么在经过初始的短时间后，LRU 将在每个单一请求上产生缺页。注意到这个请求序列可以说是符合实际的，例如它可能用于在一个数据集上进行多次传递的任何应用（比如机器学习中的随机梯度下降）。

Borodin 等人（1995）引入了一种能够在一条回路上有效工作的算法，作为 LRU 的替代方案，称为 FAR。这是一种标记算法（marking algorithm）。（LRU 也是一种标记算法。）

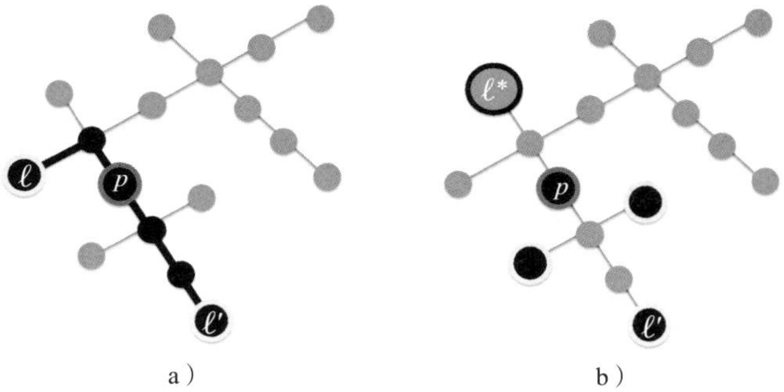

图 24.1　图 a 说明了为什么内部结点（例如 p）不能成为一个新的阶段中请求的第一个结点。由于 p 位于两个叶子（例如 ℓ 和 ℓ'）之间的路径上，如果 p 是一个新的阶段中请求的第一个结点，则 ℓ 和 ℓ' 必须在前一个阶段中被请求。但这在还没有请求 p 的情况下是不可能的，因为请求序列是树上的一条道路。因此，在第一阶段之后的每一个阶段中的第一个请求必须是向一个叶子做出的请求。现在假设新阶段从一个请求（比如对 ℓ^* 的请求）开始。图 b 说明了为什么在新的阶段没有内部结点（比如 p）可以是最近最少使用的页面。首先，观察到在前一阶段 p 的请求时间比 ℓ' 更近（并且比任何一个由于 p 的移除而与 ℓ^* 断开连接的叶子的请求时间更近），这是因为在前一阶段的最后一个对 ℓ' 的请求之后，这条道路继续返回 ℓ^* 从而开始新的阶段。最后，在新的阶段，p 在 ℓ' 之前被请求，因为新的阶段的道路从 ℓ^* 开始。因此，当 ℓ' 被逐出然后被再次请求时，p 不再“有资格”成为最近最少请求的结点

定义 24.4（标记算法）　在任何时候，一个页面要么已标记，要么未标记。初始时所有页面都是未标记的。

标记算法由以下规则定义：在一个阶段开始之前，立即取消所有页面的标记。当页面在一个阶段内被请求时，对这个页面进行标记。在一个阶段内，已标记的页面不会被逐出。　◁

当缓存未命中时，FAR 选择逐出的未标记页面是*访问图中距离已标记结点集合最远的*那个页面。

在一条包含 $k+1$ 个结点的回路上，在第一阶段之后，㊀FAR 每阶段产生 $O(\log_2 k)$ 次缺页。为了理解这一点，注意到对于第二阶段的第一个请求，唯一已标记的页面是导致新阶段开始的那个页面。因此，最远的未标记结点处于回路的一半处，在下一次缺页之前将有 $k/2$ 个页面被请求并且标记。当下一次缺页发生时，距离已标记结点集合最远的未标记结点将在大约 $k/4$ 个页面之外。因此，在下一次缺页之前将会增加 $k/4$ 个被标记页面，以此类推。有关匹配的下界，参见练习题 24.2。

此外，定理 24.3 指出 LRU 对于树而言是最优的（在竞争比的意义上），定理的证明几乎可以一字不差地用于证明 FAR 对于树也是最优的。事实证明，树和回路这两种简单情况在处理和图的道路相对应的序列时，几乎捕捉到需要处理的所有内容。这是 Irani 等人（1996）提出的证明的基础。事实上，FAR 的竞争比为 $O(c(G))$，即在一个常数因子范围内与图 G 的特定最优算法的性能相匹配。因此，对于通过图进行参数化的实例，FAR 是一个“实例最优”算法。

㊀　如果初始缓存是空的，那么这一阶段在每一个新的请求页面上都会有一次缺页，但是没有页面被逐出。

24.3　扩散对抗模型

扩散对抗模型是竞争分析的一种推广，它假定输入来自一个分布，然后尝试利用给定问题的可用数据。它取消了我们对分布一无所知的假定，因而偏离了经典竞争分析——但是它也没有依靠同样不切实际的经典假定，即我们对分布了如指掌。在这个模型中，我们假定输入的实际分布 D 是一类已知的可能分布 Δ 的成员。也就是说，对于给定的一类分布 Δ，我们试图确定性能比

$$R(\Delta)=\inf_{A}\sup_{D\in\Delta}\frac{E_D(A(x))}{E_D(\mathrm{OPT}(x))} \tag{24.2}$$

这里对抗在 Δ 中选取一个分布 D，使得算法的期望性能与离线最优算法之间的比较是一个尽可能糟糕的结果。注意到如果 Δ 是所有可能的分布，那么式（24.1）和式（24.2）是一致的，因为最坏可能分布是这样的分布，它将概率 1 赋予最坏情况输入，而所有其他情况的概率为零。

这里我们将再次考虑分页问题和一类特别简单的分布 Δ_ϵ。这类分布从本质上削弱了对抗，使其无法以大于 ϵ 的概率为下一个请求选择任何特定的页面。Δ_ϵ 包含这样的分布 D，它使得对于任何一个请求序列 s 和任何一个页面 a，都有 $\Pr_D(a\mid s)\leqslant\epsilon$，其中 $\Pr_D(a\mid s)$ 表示假如到目前为止的序列是 s，在这种情况下下一个请求是 a 的概率。参数 ϵ 抓住了请求序列固有的不确定性，而且我们假定 ϵ 很小，但是不小于缓存大小的倒数。当然，这个参数的较小的值对应于一个较弱的对抗。

我们研究了一些惰性（lazy）标记算法的竞争比，这是一类包含 LRU 和 FIFO 的算法。惰性意味着只有当因为缺页而需要腾出空间时，才会逐出一些页面。因此，FWF 不是惰性算法（但是一种标记算法）。

定理 24.5（Young，2000）　*任何一个惰性标记算法的竞争比最多是*

$$2+2\sum_{m=1}^{k-1}\frac{1}{\max\{\epsilon^{-1}-m,1\}} \tag{24.3}$$

特别地，对于 $k\epsilon=o(1)$，竞争比最多是 $2+O(k\epsilon)$。

我们在这里给出这个定理的非形式证明，其中忽略了条件概率的一些枝节问题。严格的证明过程请参见 Young（2000）的原始论文。为了简化演示起见，我们将假定 $1/\epsilon$ 是一个大于 k 的整数。这在本质上等同于这样的模型：对抗选择一个包含 $1/\epsilon$ 个潜在请求的集合，然后从这个集合中均匀随机地抽取实际的请求。

考虑一个分阶段工作的通用惰性标记算法 DMark 的执行过程：在每一个阶段开始时，内存中的所有 k 个页面都未标记；在当前阶段的过程中标记每一个被请求的页面；当出现缺页时，从内存中移除一个未标记的页面，为新的请求腾出空间；如果不存在这样的页面，[1]那么取消内存中所有页面的标记并且开始一个新的阶段。[2]有两种类型的页面请求会导致 DMark 产生缺页：fresh 页面和 worrisome 页面。fresh 页面是那些在前一阶段或者当前阶段没有出现过的页面，worrisome 页面是这样的页面，它们在当前阶段开始时位于算法内存中，但是在处理某一次缺页时被移走。

将请求序列划分为多个阶段所带来的很好的特性之一是我们可以通过每一个阶段中

[1] 即全部页面都已经被标记。——译者注

[2] 注意到这里所述的是内存的分页管理，与第 1 章和第 4 章所述的高速缓存分页管理在原理上是一样的。——译者注

fresh 页面的数量来确定最优成本的界。更准确地说，对于一个给定的请求序列，设 f_i 是那些在第 i 阶段请求但不在第 $i-1$ 阶段请求的页面的数量。那么对请求序列进行处理的最优成本在 $\sum_i f_i/2$ 和 $\sum_i f_i$ 之间。上界是显而易见的，至于下界，注意到在第 $i-1$ 阶段和第 i 阶段期间必定至少存在 f_i 次缺页，因为它们一起包含了 $k+f_i$ 个请求。

在接下来的分析中，我们不会将 DMark 与最优算法进行比较，而是将其与最优分摊成本（optimal amortized cost）$\sum_i f_i/2$ 进行比较。把这个方法用在最优离线成本上，现在可以直观地看出，对抗更愿意通过 worrisome 页面而不是 fresh 页面来造成缺页，因为 fresh 页面也会增加最优分摊成本。按照惯例，如果在一个阶段内请求一个页面，我们就说这个页面被标记。

为了获得一些直觉，考虑有 m 个已标记页面和 w 个 worrisome 页面的情况。对抗应该如何选择下一个包含 $1/\epsilon$ 个潜在页面的集合？理想情况下，从对抗的角度看来，这个集合必须只包含 worrisome 页面，因为它们会增加 DMark 的成本，同时不会影响最优分摊成本。然而可能没有足够的 worrisome 页面，这时候对抗将被迫也选择其他页面。还注意到对于对抗而言，对已标记页面的请求也不成问题，因为这样的请求不会带来任何改变。但是如果 $1/\epsilon$ 足够大，将没有足够的 worrisome 或者已标记页面，对抗将不得不将概率赋予其他页面。这正是扩散对抗模型体现其威力之处：对抗不得不偏离原始模型的获胜策略。

为了进行分析，我们固定一个阶段，并且设 F 是一个随机变量，用于表示在这个阶段中的 fresh 请求的数量。分析思路是估计与 F 相关的成本。

这个阶段的最优分摊成本至少为 $F/2$。我们现在确定 DMark 的期望成本的界。考虑有 m 个已标记页面和 w 个 worrisome 页面的情况。由于下一个请求是一个已标记页面的概率最多是 $m\epsilon$，因此增多一个标记页面的概率至少为 $1-m\epsilon$。假如这个请求将增加已标记页面的数量，则请求的页面是 worrisome 页面的概率最多是 $w\epsilon/(1-m\epsilon)$。诀窍是用 $F\epsilon/(1-m\epsilon)$ 作为它的上界，因为 $w\leqslant F$ 是 worrisome 页面请求的数量，只有在处理 fresh 页面请求时才会增加。因此，由于 worrisome 页面的因素，DMark 的期望成本最多是 $E[\sum_{m=1}^{k-1}F\epsilon/(1-m\epsilon)]$。如果加上来自 fresh 页面的期望成本 $E[F]$，再除以期望分摊成本 $E[F/2]$，我们就得到了竞争比

$$2\left(1+\sum_{m=1}^{k-1}\frac{\epsilon}{1-m\epsilon}\right)=2+2\sum_{m=1}^{k-1}\frac{1}{\epsilon^{-1}-m}\tag{24.4}$$

当 $\epsilon^{-1}\geqslant k$ 时如同定理 24.5 所述。

给定 $H_t=1+\cdots+1/t\approx\ln t$，在 $k\epsilon=o(1)$ 的假定下，上述表达式近似为 $2+2(\ln(\epsilon^{-1}-1)/(\epsilon^{-1}-(k-1))\approx 2-2\ln(1-k\epsilon)\approx 2+2k\epsilon$。

定理 24.5 并没有区分 LRU 和 FIFO。来自（Koutsoupias and Papadimitriou，2000）的以下陈述对于 LRU 是成立的，但是尚不清楚这个陈述对于 FIFO 是否成立。

定理 24.6（Koutsoupias and Papadimitriou，2000）　*在所有关于分布 Δ_ϵ 的扩散对抗模型的在线算法中，LRU 具有最优竞争比。*

24.3.1　讨论

访问图和扩散对抗是对输入进行限制的两种不同方式，两者都保留了一些最坏情况下的竞争分析（因此具有健壮性），同时试图捕捉现实世界的输入的某些方面，从而对结果是最坏情况的程度加以限制。

- 这两种模型使我们能够在非常简单而且易于处理的输入和复杂而且是最坏情况的输入之间进行插补，从而定义了一个包含更加强大的对抗和更高的竞争比的层次结构。换言之，这两种分析都是参数化分析（如 1.3 节所述）：输入是由一个参数定义的（访问图的参数是 G，扩散对抗的参数是 ϵ），并且提供关于每一个参数的最优解。
- 访问图模型的独特之处在于它引发了一些新的可以说是自然的算法（例如 FAR），在某些情况下，这些算法可能优于 LRU。Fiat 和 Rosen（1997）已经尝试了一些受到 FAR（以及马尔可夫分页算法）启发的真正的在线算法，[⊖]而且发现在模拟中，这些新算法实际上确实胜过 LRU。相比之下，在分页问题上的大量研究为实践者的信心提供了理论依据（例如，LRU 是一种非常高效的算法），但是并没有产生新的实用算法。
- 扩散对抗模型和访问图模型都限制了对抗选择下一个请求的能力。在访问图模型中，这个限制强制下一个请求来自最近请求的（小的）邻居集合，但是在扩散对抗模型中，情况正好相反：下一个请求的选择是来自一个至少包含 $1/\epsilon$ 个页面的集合的随机页面。因此，在分页的环境下，分布 Δ_ϵ 的具体选择不一定能够捕捉呈现引用局部性的真实的页面请求序列。
- FIFO 已经被证明在这两种模型中都不具备比 LRU 更好的竞争比。然而，在访问图模型中，存在 LRU 明显优于 FIFO 的图，而在分布 Δ_ϵ 的扩散对抗模型中，它们的竞争比在因子 2 的范围内：这源于一个下界，它在因子 2 的范围内匹配定理 24.5（Young，2000）。访问图模型比扩散对抗模型能够更好地捕捉引用局部性，这一事实合理地解释了为什么第一个模型具有更大的能力来区分这两种在线算法。
- 访问图模型专门针对分页问题。另一方面，扩散对抗模型是解决任何在线问题的适宜而且有效的方法，我们只需要选择一类合适的分布 Δ。在第 26 章这个模型利用了同样的分布集合 Δ_ϵ。
- 最后，同属于这两种模型的一个很好的特点（可能不仅仅是巧合）是对于参数的每个值，都有单一的最优算法（扩散对抗的 LRU）或几乎最优的算法（访问图的 FAR）。这就表明这两个模型以及相应算法对扰动具有健壮性。

24.4 随机模型

当然，最坏情况分析的标准替代方案是假定输入从某一个已知或者未知的先验分布抽取。人们已经从这个角度对许多在线算法进行了分析。最简单的随机模型（比如用于分页问题）的请求独立同分布地从一个先验分布中抽取。另一种常见的模型是假定输入是由对抗选择的一个最坏情况序列的随机排列，如第 11 章所述。

24.4.1 马尔可夫模型

分页问题的马尔可夫模型由马尔可夫链 P 定义，其状态是程序能够引用的页面，转移概率 P_{ij} 表示在请求页面 i 之后立即请求页面 j 的概率。注意到现在与对抗设置不同的是，最优在线算法的概念是良定义的：它是具有最小期望成本的在线算法，其中的期望值与假定的输入分布有关。事实上，由于这是一个马尔可夫决策过程，因此可以将最优策略表述

[⊖] 所谓真正的在线，我们指的是无法提前知道图形，而是在看到输入时才构建图形的算法。

为一个线性规划的解。㊀不过它的大小是 $O(kn^{k+1})$，其中 n 是可能被请求的页面的数量，而 k 如同往常是缓存的大小。这种类型的运行时间令人望而却步。

这促使人们去寻求在马尔可夫设定下的简单而且近似最优的在线算法。一个自然的思路是，在页面 p 出现缺页时，找到一个其请求时间可能比高速缓存（cache）中任何其他页面的请求都要晚的页面来“模拟”最优离线策略。㊁回忆一下第 1 章，最优的离线策略是未来最远（furthest-in-the-future）策略，如果出现缺页，它将逐出在未来最远时间请求的页面。例如，我们可以考虑逐出页面 q，使得从 p 到达 q 对应的马尔可夫链的期望步数最多，或者逐出页面 q，使得 q 最后才被请求的概率最大。不幸的是可以证明，在某些马尔可夫链上，这两个算法产生的缺页次数都是 $\Omega(k)$，与最优在线算法的相同。

Lund 等人（1994）提出利用一种随机方法来取代上面的方法：每当缺页时，根据某一个分布 $y=\{y_q\}$ 选择一个页面逐出。因此，缓存中的页面 q 以概率 y_q 被逐出。

选择分布 y，使得对于任何一个可能已经被逐出的其他页面 p（而不是随机选择的页面 q），在 p 之前请求 q 的机会最小化。也就是说，我们寻找一个分布 y，使得对于缓存中的所有页面 p（我们用 S 表示由缓存中的页面构成的集合），有

$$\sum_{q\in S} y_q P[q<p] \text{ 是小的，其中 } q<p := q \text{ 在 } p \text{ 之前被请求}$$

（定义 $P(q<q):=0$。）等价地，我们在以下定义的双人零和博弈中寻求最优策略 y：

$$\min_{y=\{y_q\}} \max_p \sum_q P[q<p] y_q = \min_{y=\{y_q\}} \max_{x=\{x_p\}} \sum_p \sum_q x_p P[q<p] y_q$$

其中 x 和 y 都是在缓存中的页面上的分布。根据极大极小定理（minimax theorem），这与下式相同：

$$\max_x \min_y \sum_p \sum_q x_p P[q<p] y_q$$

但是后者最多是 1/2，因为如果我们选择 $y:=x$，则有

$$\begin{aligned}\sum_p \sum_q x_p P[q<p] x_q &= \sum_{\{p,q\},\text{其中} p\neq q} x_p x_q (P[q<p] + P[p<q]) \\ &\leqslant \frac{1}{2} \sum_p \sum_q x_p x_q = \frac{1}{2}\end{aligned}$$

由于 $P[q<p]+P[p<q]=1$（或者当 $p=q$ 时为 0），我们得出结论：存在一个分布 y，它保证了

$$\sum_{q\in S} y_q P[q<p] \leqslant \frac{1}{2}, \quad \forall p \text{ 在缓存中}$$

而且可以利用线性规划来高效地计算这个分布。这就给出了以下近似最优在线算法 ALG：

给定当前缓存内容，在缓存未命中时，根据先前根据当前缓存内容 S 计算的分布 y 选择要逐出的页面。

Lund 等人（1994）证明了 ALG 产生的期望缺页次数最多是最优在线算法 OptON 的四倍。㊂

㊀ 对于每一种可能的缓存状态、请求的页面以及逐出页面的选择，存在一个变量。

㊁ 与 2.4.3 节不同，这里作者的讨论转向第 1 章的高速缓存分页管理问题。——译者注

㊂ 直观上，逐出操作中被 ALG 替换的页面的请求时间经常比被 OptON 逐出的页面的请求要晚。在这种情况下，OptON 在 ALG 之前会出现缺页。然而，只有当两种算法的缓存状态相同时（当然，这种状态相同的情况很少出现），这种说法才是正确的。因此，证明竞争比的这个界（相对于最优在线的界）很棘手，需要设置一种“charging 方案”，它具有这样的特性，即每次 ALG 逐出一个页面 p 时，页面 p 都会在某个页面 q 放上一个“charge”，这里 q 是已经被 OptON 逐出但是对它的请求可能不迟于 p 的页面。必须非常小心地定义这个“charging 方案”，避免有的页面上被放置了太多的“charge”。

讨论。随机模型可能是实现超越最坏情况分析的最显而易见的方式。与往常一样，人们关注的是随机模型是否捕捉到了真实世界的输入的特性。马尔可夫分页问题是从独立同分布序列迈向正确方向的一步，但是由于其无记忆的本质，其适用性仍然受到限制。

正如我们所讨论的，前面描述的马尔可夫分页算法对于最优在线算法具有竞争力。我们没有与最优离线算法进行比较。虽然在随机环境中利用最优在线算法作为基准顺理成章，但是在文献中并不常见，主要是因为我们没有太多的技术来处理最优在线算法或在随机环境中对任意在线算法进行比较。

24.4.2 两全其美吗

在 24.2 节和 24.3 节中，我们看到了参数化分析的示例，其中考虑了在简单输入和最坏情况输入之间插补的输入限制。然而，即使在对抗非常弱的时候，输入还是处于最坏情况：我们只是限制了对抗可能从中选择的输入子集。

一种替代方法是尝试在随机模型的乐观和对抗模型的悲观之间进行插补。[㊀]例如，如果输入恰好来自一个好的随机模型，那么可以寻求一种在线算法，该算法具有最佳或者接近最佳的可能竞争比，同时获得更好的性能。Albers 和 Mitzenmacher（1998）在这个研究方向上的一个示例中考虑了*列表更新问题*（list update problem），解决如何在线重排一个链表来响应对表项的访问请求序列。[㊁]他们证明了对于最坏情况输入，一个称为 TimeStamp 的算法具有最优竞争比 2，但是当输入从一个独立同分布来源生成时，可以获得好得多的性能。

Lykouris 和 Vassilvitskii（2018）提出的一种更为现代的方法是通过一个机器学习到的预言（oracle）来增强在线算法，目的是在预言具有较低误差的情况下显著降低竞争比。关于这个方法的更多信息，参见第 30 章。

我们还可以尝试直接定义这样的输入模型，它们在随机输入和对抗输入之间进行插补。例如，Blelloch 等人（2016）针对列表更新问题提出了以下模型：在列表中存储的表项上存在一个概率分布 $\boldsymbol{p}=(p_1,\cdots,p_n)$ 以及一个参数 ϵ。然后如下生成输入：对于每一个请求，以概率 ϵ 让对抗选择下一个要请求的表项，再以概率 $1-\epsilon$ 从分布 p 中抽样。这里 $\epsilon=0$ 对应于在从一个静态概率分布中抽取的输入上的纯粹平均情况分析，$\epsilon=1$ 对应于标准的最坏情况竞争分析。希望是能够设计一种算法，当我们的“旋钮”转向随机情况即 $\epsilon\to 0$ 时，算法具有更好的性能。这个方法类似于其他半随机模型，如第 16 章和第 17 章中讨论的模型。

在第 13~15 章中，我们将平滑分析视为一种在离线问题上实现超越最坏情况的方法。这一概念最近也应用于在线算法，Becchetti 等人（2006）引入了平滑竞争比，定义为：

$$c:=\sup_{\widetilde{\sigma}} E_{\sigma:=\text{pert}(\widetilde{\sigma})}\left(\frac{\mathcal{A}(\sigma)}{\text{OPT}(\sigma)}\right)$$

其中，上确界被所有可能的输入 $\widetilde{\sigma}$ 接管，期望值被所有输入 σ 接管，这些输入 σ 是按照某一个概率模型对 $\widetilde{\sigma}$ 稍加扰动得到的。他们将这一概念应用于一种在线调度算法的分析。

㊀ 这个措辞是 R. Ravi（Blelloch et al.，2016）提出的。

㊁ 访问列表中一个表项的成本是到达这个表项所需要的遍历的指针的数量。表项一旦被访问，就可以无成本地将它移到列表的最前面。此外，列表中相邻的表项能够以成本 1 交换位置。

24.5　在线算法的直接比较

在线算法是一些复杂的对象，通过投影到竞争比的一维空间对它们进行评估经常面临信息不足的问题，甚至具有误导性。那么，直接比较在线算法而不是比较它们的竞争比会不会更好？这一节探讨比较分析，这恰恰是一种直接比较在线算法的具体方法。

24.5.1　比较分析

假设 $\mathcal{A}$ 和 $\mathcal{B}$ 是算法类——通常但不一定有 $\mathcal{A}\subseteq\mathcal{B}$，也就是说，$\mathcal{B}$ 通常是一类范围更加广泛的算法，是一个更为强大的信息体系。比较比率（comparative ratio）$R(\mathcal{A},\mathcal{B})$ 定义如下：

$$R(\mathcal{A},\mathcal{B})\sup_{B\in\mathcal{B}}\inf_{A\in\mathcal{A}}\sup_{\sigma}\frac{A(\sigma)}{B(\sigma)} \tag{24.5}$$

这个定义在博弈论上最容易理解：$\mathcal{B}$ 想向 $\mathcal{A}$ 证明自己是一类更加强大的算法。为此，$\mathcal{B}$ 在自己的算法类中提出了算法 B。作为回应，$\mathcal{A}$ 提出一个算法 A。然后 $\mathcal{B}$ 选择一个输入 σ。最后，$\mathcal{A}$ 将比率 $A(\sigma)/B(\sigma)$ 发给 $\mathcal{B}$。这个比率越大，$\mathcal{B}$ 与 $\mathcal{A}$ 相比就越强大。注意到如果我们将 $\mathcal{A}$ 设为在线算法类，$\mathcal{B}$ 设为所有算法类——包括在线或离线，那么式（24.1）和式（24.5）是一致的，而且 $R(\mathcal{A},\mathcal{B})$ 与竞争比 c 相同。因此，比较分析是竞争分析的细化。

为了说明比较分析的用途，我们考虑预读取机制在分页问题中的作用。如果 $\mathcal{L}_\ell$ 是预读取 ℓ 个页面的所有分页算法的类（因此特别地 $\mathcal{L}_0$ 是通常的在线算法的类），分页问题的比较分析给出

$$R(\mathcal{L}_0,\mathcal{L}_\ell)=\min\{\ell+1,k\}$$

扩展分页问题的下界可以直接证明比较比率至少为 $\ell+1$（当 $\ell+1\leqslant k$ 时）。事实上，考虑一个预读取 ℓ 个页面的算法，这个算法从来不会逐出下 ℓ 个请求中的任何一个。因此，对于每个请求序列 ρ，这个算法每经过 $\ell+1$ 个连续请求最多出现一次缺页。另一方面，对于不带预读取的任何一个算法 A，存在一个请求序列 ρ，使得 A 在每个请求中都会出现缺页。

下一个定理表明这个界实际上是胎紧的。

定理 24.7（Koutsoupias and Papadimitriou，2000）　*对于分页问题，有*

$$R(\mathcal{L}_0,\mathcal{L}_\ell)=\min\{\ell+1,k\}$$

证明　设 $m=\min\{\ell,k-1\}$，并且设 B 是 $\mathcal{L}_\ell$ 类中关于分页问题的一个算法，即 B 预读取 ℓ 个页面。不失一般性，我们假定 B 仅仅通过移动页面来处理请求。考虑以下在线算法 A，它是 LRU 的推广：

为了处理一个不在缓存中的请求 r，A 逐出一个页面，这个页面不是 m 个最近的不同请求（包括 r）之一。在剩余的页面中，A 选择逐出一个页面，使得结果的配置尽可能接近 B 的最后一个已知配置。A 对在缓存中的请求不做任何处理。

为了证明 A 的比较比率为 $m+1$，只需要证明对于 A 的每 $m+1$ 次连续缺页，B 至少会遇到一次缺页。这可以通过证明每当 A 连续遇到 m 次缺页而 B 没有遇到缺页时，A 收敛到 B 的配置来实现。为此，我们在请求的数量上采用归纳法来证明一个更有力的说法：如果 A 连续遇到 c 次缺页，而 B 没有遇到任何缺页，则 A 和 B 的配置最多相差 $m-c$ 个页面。

固定一个请求序列 $\rho=r_1\,r_2\cdots$，并设 $A_0,A_1,\cdots$ 和 $B_0=A_0,B_1,\cdots$ 分别是处理 ρ 的 A 和 B 的

配置（即内存中的页面集合）。归纳基础很简单。假定归纳假设对 $t-1$ 成立。我们必须处理几种情况。这里处理这种情况：最近的请求 r_t 在 $B_{t-1}-A_{t-1}$ 中，而且算法 A 为了处理请求 r_t 而逐出的页面 $x_t \in A_{t-1} \cap B_{t-1}$。我们将其他情况留作练习题 24.3。

由于 x_t 不是 m 个最近的请求之一，所以 x_t 也在 B_{t-m} 中。由此可知 $A_t \subseteq B_{t-m}+\{r_{t-m+1},\cdots,r_{t-1},r_t\}$。我们还有 $B_t \subseteq B_{t-m}+\{r_{t-m+1},\cdots,r_{t-1},r_t\}$。如果算法 B 在最后的 c 个请求中没有遇到缺页，那么集合 $B_{t-m}+\{r_{t-m+1},\cdots,r_{t-1},r_t\}$ 的基数至多为 $k+m-c$，我们可以得出结论 $|A_t-B_t| \leqslant m-c$。□

24.6　我们该何去何从

竞争分析提供了一个清晰而且通用的基准即竞争比，据此评估在线算法的质量。此外，其严格的框架迫使我们去搜索在线算法的空间，并且发现新颖、简练、偶尔出乎意料的算法。

尽管如此，在我们寻求超越最坏情况分析的同时，还有很多事情要做。我们介绍了文献中采用的几种方法。随着我们的进步，在对这一领域的研究进行评估时，我们必须扪心自问的关键问题是：

- 它是否有助于解释算法在实践中的性能，并且指导我们在算法之间进行选择？
- 它是否提出了比目前使用的算法更好的新算法？
- 模型/基准是否支持这样的分析，它将性能捕捉为输入的重要参数的函数？
- 当我们从“好的”输入转移到“最坏情况的”输入时，性能是否平稳下降？在“简单”输入上的性能是否接近最优？

24.7　本章注解

有关在线算法竞争分析的研究成果的概述，可参阅 Borodin 和 El-Yaniv（1998）的专著或 Albers（2003）以及 Albers 和 Leonardi（1999）的综述。有关分页问题和列表更新问题的基本模型和结果，可参阅 Sleator 和 Tarjan（1985）的开创性论文，或 Irani（1998）以及 Kamali 和 López-Ortiz（2013）的综述。

我们可以将有关在线算法实现超越最坏情况的研究文献大致分为三类：对在线算法可用资源的修改，对抗的削弱，在线算法性能衡量方式的改变。

对在线算法可用资源的修改。第 4 章关于分页问题的内容中讨论了资源增广，其中在线算法使用一个大于离线算法可用的缓存。也许研究得最充分的资源增广应用是在线调度，其中的在线算法要么拥有更多的机器，要么拥有的机器的速度比离线算法的更快，例如（Kalyanasundaram and Pruhs，2000）和（Phillips et al.，2002）。

修改可用资源的其他方法包括：让算法参考一些建议（Dobrev et al.，2009；Boyar et al.，2016）；给在线算法一个小预算来修改先前的决策或忽略一些请求，例如（Albers and Hellwig，2012）、（Gupta et al.，2014，2017）、（Gu et al.，2016）、（Megow et al.，2016）、（Boyar et al.，2017）、（Cygan et al.，2018）、（Epstein et al.，2018）以及（Feldkord et al.，2018）；允许算法延迟处理某些请求，例如（Emek et al.，2016）以及（Azar et al.，2017a，b）；允许算法对请求重新排序，例如（Englert et al.，2007，2008）、（Adamaszek et al.，2011）、（Azar et al.，2014）以及（Englert and Räcke，2017）；给在线算法一定的预读取量，例如（Albers，1998）。

对抗的削弱。在 24.2 节和 24.3 节我们讨论了通过限制可能输入的集合（例如利用访问图或扩散对抗）来削弱对抗。这种方法的另一个例子是第 1 章的工作集模型。Panagiotou 和 Souza（2006）以及 Albers 和 Frascaria（2018）考虑了将对抗限制为只能生成满足一定的页面间请求距离条件的输入，并且分析由此改善 LRU 竞争比的情况。其他的参数化分析包括（Albers and Lauer，2008）、（Dorrigiv et al.，2009）以及（Dorrigov and López-Ortiz，2012）。

Raghavan（1992）提出了*统计对抗模型*（statistical adversary model），其中要求对抗生成一个满足一定的统计特性的输入，另见（Chou et al.，1995）。当然，限定对抗的极端版本是假定一个随机模型，参见第 11 章及其参考文献。

24.4.1 节中讨论的马尔可夫链模型由 Shedler 和 Tung（1972）、Lewis 和 Shedler（1973）以及 Karlin 等人（1992）引入。

在线算法性能衡量方式的改变。文献中引入了许多不同的在线算法性能的测量方法作为竞争分析的替代方法。例如，Ben-David 和 Borodin（1994）提出的*最大/最大比*（max/max ratio）考虑在线算法在任何一个长度为 n 的输入上的最大成本和最优算法在任何一个长度为 n 的输入上的最大成本，然后测量它们之间的比率的上确界。因此，这种比较不是在相同输入上对算法的性能进行比较。Kenyon 等人（1996）建议使用*随机顺序比*（random order ratio），这个比率考虑在线算法在输入 σ 的随机排列上的平均成本在 σ 上的最坏情况，以及在 σ 上的最优离线成本。有关这些模型的结果综述和许多其他测量方法，可参阅 Dorrigiv（2010）的博士论文，或 Boyar 等人（2015）以及 Dorrigiv 和 López-Ortiz（2005）的综述。

在 24.5 节我们讨论了以比较比率作为直接比较在线算法的一种方式。这只是文献中的许多建议之一。例如，Angelopoulos 等人（2007）引入了*双射分析*，对在同一个输入的置换上的算法进行比较。具体而言，假设 $\mathcal{A}$ 和 $\mathcal{B}$ 是两种不同的在线算法，并且设 I_n 表示长度为 n 的请求序列集合。如果对于所有足够大的 n，存在一个双射 $\pi: I_n \to I_n$，使得对于所有的 $\sigma \in I_n$，有 $\mathcal{A}(\sigma) \leqslant \mathcal{B}(\pi(\sigma))$，那么 $\mathcal{A} \leq \mathcal{B}$，也就是说 $\mathcal{A}$ *不比* $\mathcal{B}$ *差*。

这一概念的利用已经取得了许多引人注目的结果。例如，Angelopoulos 等人（2007）证明，根据双射分析，具有预读入的 LRU 严格地比没有预读入的 LRU 更好，而且所有惰性分页算法都是等价的。Angelopoulos 和 Schweitzer（2013）已经证明了如果采用一个凹函数为局部性建模，那么 LRU 不会比任何其他在线算法差（参见 1.3.1 节）。

本章借用了一些我们早期的论文，其中包括（Karlin et al.，1992）以及（Koutsoupias and Papadimitriou，2000）。

参考文献

Achlioptas, Dimitris, Chrobak, Marek, and Noga, John. 2000. Competitive analysis of randomized paging algorithms. *Theoretical Computer Science*, **234**(1-2), 203–218.

Adamaszek, Anna, Czumaj, Artur, Englert, Matthias, and Räcke, Harald. 2011. Almost tight bounds for reordering buffer management. In *Proceedings of the Forty-third Annual ACM Symposium on Theory of Computing*, ACM, pp. 607–616.

Albers, Susanne. 1998. A competitive analysis of the list update problem with lookahead. *Theoretical Computer Science*, **197**(1-2), 95–109.

Albers, Susanne. 2003. Online algorithms: A survey. *Mathematical Programming*, **97**(1-2), 3–26.

Albers, Susanne, and Frascaria, Dario. 2018. Quantifying competitiveness in paging with locality of reference. *Algorithmica*, **80**(12), 3563–3596.

Albers, Susanne, and Hellwig, Matthias. 2012. On the value of job migration in online makespan minimization. In *European Symposium on Algorithms*, pp. 84–95. Springer.

Albers, Susanne, and Lauer, Sonja. 2008. On list update with locality of reference. In *International Colloquium on Automata, Languages, and Programming*, pp. 96–107. Springer.

Albers, Susanne, and Leonardi, Stefano. 1999. Online algorithms. *ACM Computing surveys*, **31**(3), Article 4.

Albers, Susanne, and Mitzenmacher, Michael. 1998. Average case analyses of list update algorithms, with applications to data compression. *Algorithmica*, **21**(3), 312–329.

Albers, Susanne, Favrholdt, Lene M, and Giel, Oliver. 2005. On paging with locality of reference. *Journal of Computer and System Sciences*, **70**(2), 145–175.

Angelopoulos, Spyros, and Schweitzer, Pascal. 2013. Paging and list update under bijective analysis. *Journal of the ACM (JACM)*, **60**(2), 7.

Angelopoulos, Spyros, Dorrigiv, Reza, and López-Ortiz, Alejandro. 2007. On the separation and equivalence of paging strategies. In *Proceedings of the Eighteenth Annual ACM-SIAM Symposium on Discrete Algorithms*, pp. 229–237. Society for Industrial and Applied Mathematics.

Azar, Yossi, Englert, Matthias, Gamzu, Iftah, and Kidron, Eytan. 2014. Generalized reordering buffer management. In *31st International Symposium on Theoretical Aspects of Computer Science (STACS 2014)*, pp. 87–94. Schloss Dagstuhl-Leibniz-Zentrum fuer Informatik.

Azar, Yossi, Ganesh, Arun, Ge, Rong, and Panigrahi, Debmalya. 2017a. Online service with delay. In *Proceedings of the 49th Annual ACM SIGACT Symposium on Theory of Computing*, pp. 551–563. ACM.

Azar, Yossi, Chiplunkar, Ashish, and Kaplan, Haim. 2017b. Polylogarithmic bounds on the competitiveness of min-cost perfect matching with delays. In *Proceedings of the Twenty-Eighth Annual ACM-SIAM Symposium on Discrete Algorithms*, pp. 1051–1061. SIAM.

Becchetti, Luca, Leonardi, Stefano, Marchetti-Spaccamela, Alberto, Schäfer, Guido, and Vredeveld, Tjark. 2006. Average-case and smoothed competitive analysis of the multilevel feedback algorithm. *Mathematics of Operations Research*, **31**(1), 85–108.

Ben-David, Shai, and Borodin, Allan. 1994. A new measure for the study of on-line algorithms. *Algorithmica*, **11**(1), 73–91.

Blelloch, G., Dhamdhere, K.and Pongnumkul, S., and Ravi, R. 2016. Interpolating between stochastic and worst-case optimization. *Lecture* at the Simons Institute of Computing.

Borodin, A., and El-Yaniv, R. 1998. *Online Computation and Competitive Analysis*. Cambridge University Press.

Borodin, Allan, Irani, Sandy, Raghavan, Prabhakar, and Schieber, Baruch. 1995. Competitive paging with locality of reference. *Journal of Computer and System Sciences*, **50**(2), 244–258.

Boyar, Joan, Irani, Sandy, and Larsen, Kim S. 2015. A comparison of performance measures for online algorithms. *Algorithmica*, **72**(4), 969–994.

Boyar, Joan, Favrholdt, Lene M, Kudahl, Christian, Larsen, Kim S, and Mikkelsen, Jesper W. 2016. Online algorithms with advice: a survey. *ACM SIGACT News*, **47**(3), 93–129.

Boyar, Joan, Favrholdt, Lene M, Kotrbčík, Michal, and Larsen, Kim S. 2017. Relaxing the irrevocability requirement for online graph algorithms. In *Workshop on Algorithms and Data Structures*, pp. 217–228. Springer.

Chou, Andrew, Cooperstock, Jeremy R, El-Yaniv, Ran, Klugerman, Michael, and Leighton, Frank Thomson. 1995. The statistical adversary allows optimal money-making trading strategies. In *SODA*, vol. 95, pp. 467–476.

Chrobak, Marek, and Noga, John. 1998. LRU is better than FIFO. In *Proceedings of the 9th Symposium on Discrete Algorithms (SODA)*, pp. 78–81. ACM/SIAM.

Cygan, Marek, Czumaj, Artur, Mucha, Marcin, and Sankowski, Piotr. 2018. Online facility location with deletions. In *Proceedings of the 26th Annual European Symposium on Algorithms (ESA)*, pp. 21: 1–21: 15.

Dobrev, Stefan, Královič, Rastislav, and Pardubská, Dana. 2009. Measuring the problem-relevant information in input. *RAIRO-Theoretical Informatics and Applications*, **43**(3), 585–613.

Dorrigiv, Reza. 2010. Alternative measures for the analysis of on-line algorithms. PhD dissertation, University of Waterloo.

Dorrigiv, Reza, and López-Ortiz, Alejandro. 2005. A survey of performance measures for online algorithms. *SIGACT News*, **36**(3), 67–81.

Dorrigiv, Reza, and López-Ortiz, Alejandro. 2012. List update with probabilistic locality of reference. *Information Processing Letters*, **112**(13), 540–543.

Dorrigiv, Reza, Ehmsen, Martin R, and López-Ortiz, Alejandro. 2009. Parameterized analysis of paging and list update algorithms. In *International Workshop on Approximation and Online Algorithms*, pp. 104–115. Springer.

Emek, Yuval, Kutten, Shay, and Wattenhofer, Roger. 2016. Online matching: Haste makes waste! In *Proceedings of the forty-eighth annual ACM symposium on Theory of Computing*, pp. 333–344. ACM.

Englert, Matthias, and Räcke, Harald. 2017. Reordering buffers with logarithmic diameter dependency for trees. In *Proceedings of the Twenty-Eighth Annual ACM-SIAM Symposium on Discrete Algorithms*, pp. 1224–1234. SIAM.

Englert, Matthias, Räcke, Harald, and Westermann, Matthias. 2007. Reordering buffers for general metric spaces. In *Proceedings of the Thirty-ninth Annual ACM Symposium on Theory of Computing*, pp. 556–564. ACM.

Englert, Matthias, Özmen, Deniz, and Westermann, Matthias. 2008. The power of reordering for online minimum makespan scheduling. In *2008 49th Annual IEEE Symposium on Foundations of Computer Science*, pp. 603–612. IEEE.

Epstein, Leah, Levin, Asaf, Segev, Danny, and Weimann, Oren. 2018. Improved bounds for randomized preemptive online matching. *Information and Computation*, **259**, 31–40.

Feldkord, Björn, Feldotto, Matthias, Gupta, Anupam, Guruganesh, Guru, Kumar, Amit, Riechers, Sören, and Wajc, David. 2018. Fully-dynamic bin packing with little repacking. In *45th International Colloquium on Automata, Languages, and Programming (ICALP 2018)*, pp. 51:1-51-24.

Fiat, Amos, and Rosen, Ziv. 1997. Experimental studies of access graph based heuristics: Beating the LRU standard? In *ACM-SIAM Symposium on Discrete Algorithms*, pp. 63–72.

Gu, Albert, Gupta, Anupam, and Kumar, Amit. 2016. The power of deferral: maintaining a constant-competitive steiner tree online. *SIAM Journal on Computing*, **45**(1), 1–28.

Gupta, Anupam, Kumar, Amit, and Stein, Cliff. 2014. Maintaining assignments online: Matching, scheduling, and flows. In *Proceedings of the Twenty-fifth Annual ACM-SIAM Symposium on Discrete Algorithms*, pp. 468–479. Society for Industrial and Applied Mathematics.

Gupta, Anupam, Krishnaswamy, Ravishankar, Kumar, Amit, and Panigrahi, Debmalya. 2017. Online and dynamic algorithms for set cover. In *Proceedings of the 49th Annual ACM Symposium on Theory of Computing*, pp. 537–550. ACM.

Irani, Sandy. 1998. Competitive analysis of paging. In *Online Algorithms*, pp. 52–73. Springer.

Irani, Sandy, Karlin, Anna R, and Phillips, Steven. 1996. Strongly competitive algorithms for paging with locality of reference. *SIAM Journal on Computing*, **25**(3), 477–497.

Kalyanasundaram, B., and Pruhs, K. 2000. Speed is as powerful as clairvoyance. *Journal of the ACM*, **47**(4), 617–643.

Kamali, Shahin, and López-Ortiz, Alejandro. 2013. A survey of algorithms and models for list update. In *Space-Efficient Data Structures, Streams, and Algorithms*, pp. 251–266. Springer.

Karlin, Anna R, Phillips, Steven J, and Raghavan, Prabhakar. 1992. Markov paging. In *Proceedings, 33rd Annual Symposium on Foundations of Computer Science*, pp. 208–217. IEEE.

Kenyon, Claire, et al. 1996. Best-fit bin-packing with random order. In *ACM-SIAM Symposium on Discrete Algorithms*, pp. 359–364.

Koutsoupias, Elias, and Papadimitriou, Christos H. 2000. Beyond competitive analysis. *SIAM Journal on Computing*, **30**(1), 300–317.

Lewis, PAW, and Shedler, GS. 1973. Empirically derived micromodels for sequences of page exceptions. *IBM Journal of Research and Development*, **17**(2), 86–100.

Lund, Carsten, Phillips, Steven, and Reingold, Nick. 1994. IP over connection-oriented networks and distributional paging. In *Proceedings 35th Annual Symposium on Foundations of Computer Science*, pp. 424–434. IEEE.

Lykouris, Thodoris, and Vassilvitskii, Sergei. 2018. Competitive caching with machine learned advice. In *Proceedings of the 35th International Conference on Machine Learning (ICML)*, pp. 3302–3311.

McGeoch, Lyle A, and Sleator, Daniel D. 1991. A strongly competitive randomized paging algorithm. *Algorithmica*, **6**, 816–825.

Megow, Nicole, Skutella, Martin, Verschae, José, and Wiese, Andreas. 2016. The power of recourse for online MST and TSP. *SIAM Journal on Computing*, **45**(3), 859–880.

Panagiotou, Konstantinos, and Souza, Alexander. 2006. On adequate performance measures for paging. *Proceedings of the Thirty-eighth Annual ACM Symposium on Theory of Computing*, pp. 487–496. ACM.

Phillips, C. A., Stein, C., Torng, E., and Wein, J. 2002. Optimal time-critical scheduling via resource augmentation. *Algorithmica*, **32**(2), 163–200.

Raghavan, Prabhakar. 1992. A statistical adversary for on-line algorithms. *DIMACS Series in Discrete Mathematics and Theoretical Computer Science*, **7**, 79–83.

Shedler, Gerald S., and Tung, C. 1972. Locality in page reference strings. *SIAM Journal on Computing*, **1**(3), 218–241.

Sleator, D. D., and Tarjan, R. E. 1985. Amortized efficiency of list update and paging rules. *Communications of the ACM*, **28**(2), 202–208.

Young, Neal E. 2000. On-line paging against adversarially biased random inputs. *Journal of Algorithms*, **37**, 218–235. Preliminary version in SODA'98 titled "Bounding the Diffuse Adversary."

练习题

24.1　证明：在无向访问图模型中，如果图是一条包含 $k+1$ 个结点的直线，那么 FIFO 有竞争比 k。

24.2　证明：在无向访问图模型中，每个在线算法在长度为 $k+1$ 的回路上的竞争比都是 $\Omega(\log k)$。

24.3　将定理 24.7 的证明补充完整。

论 SAT 求解器的不合理的有效性

Vijay Ganesh，Moshe Y. Vardi

摘要： 布尔可满足性（Satisfiability，SAT）可以说是典型的 NP 完全问题，一般认为是难解的。然而，在过去二十年中，工程师设计并实现了一些冲突驱动子句学习（Conflict-Driven Clause Learning，CDCL）SAT 求解算法，这些算法可以有效地求解一些现实世界的实例，这些实例包含上千万个变量和子句。SAT 求解算法尽管产生了巨大的影响，但仍然没有得到很好的认识。我们在关于这些求解算法如此有效的原因的理论认识上仍然存在着明显不足。“为什么 CDCL SAT 求解器对许多类别的大型现实世界实例是高效的，但与此同时在相对较小的随机生成实例或者加密实例上表现不佳”，这一问题困扰了理论学家和实践者二十多年。本章我们对有关这个问题的理论认识、未来发展方向以及一些开放式问题进行综述。

25.1 引言：布尔 SAT 问题及其求解器

布尔可满足性是计算机科学和数学的核心问题之一，一般认为是难解的。Cook（1971）证明了这个问题是 NP 完全的，此后，理论学家对这个问题进行了深入研究。该问题可以表述如下。

问题陈述 25.1（布尔可满足性问题） 给定一个布尔变量 $x_1,x_2,\cdots,x_n$ 上的布尔公式 ϕ（$x_1,x_2,\cdots,x_n$）的合取范式（Conjunctive Normal Form，CNF），确定其是否是可满足的。我们说一个公式 $\phi(x_1,x_2,\cdots,x_n)$ 是可满足的，如果存在一个对 $\phi(x_1,x_2,\cdots,x_n)$ 的变量的赋值，使得这个公式在这个赋值下的值为真。否则，我们就说这个公式是不可满足的。这个问题有时也称为 CNF-SAT。

SAT 问题存在许多变异，从最坏情况的理论复杂性的角度来看，它们都是等价的。除非另有说明，否则我们所说的 SAT 通常指的是 CNF-SAT 问题。SAT 求解器是一种旨在求解布尔可满足性问题的计算机程序。

最近，软件工程（广义上理解为包括软件测试、验证、程序分析、程序合成等内容）、计算机安全和人工智能（AI）的实践者对 SAT 求解器表现出相当大的兴趣，这是由于求解器在软件工程（Cadar et al.，2006）、验证（Clarke et al.，2001）和人工智能规划（Kautz et al.，1992）这些领域所具备的效率、实用性和影响。SAT 求解器的成功可归因于工程师设计并且实现了高度可扩展的 CDCL SAT 求解器（或简单地称为 SAT 求解器㊀），这些算法能够高效求解从现实世界应用中获得的数百万个变量实例。更令人惊讶的是，这些求解器的性能往往胜过专门为上述应用所设计的专用算法。话虽如此，我们也知道 SAT 求解器在相对较小的随机生成实例上或者加密实例上的性能糟糕（Balyo et al.，2017）。

㊀ 虽然研究者研究了布尔 SAT 问题的各种算法，但是本章我们的注意力只集中在顺序 CDCL SAT 求解器。原因是迄今为止，只有这些求解器看来能够很好地适用于大型的现实世界工业级实例，这也是这里想要解决的主要谜团。

因此，SAT 求解器研究中的关键问题是：“为什么 CDCL SAT 求解器对许多类别的现实世界实例是高效的，但与此同时在随机生成实例或者加密实例上表现不佳?”

这个问题困扰了理论学家和实践者二十多年。为了解决这个问题，我们必须超越传统的最坏情况复杂性，发展一种对现实世界公式的参数化理论复杂性的认识（在这些公式上 CDCL 求解器具有良好的性能）。本章综述我们目前了解的知识与对 SAT 求解器能力的理论复杂性的认识的关系，以及一些工业级实例的实证研究。这些实例清楚地阐明了这一核心问题。

25.1.1 核心问题

这里我们列出了一系列关键问题，这些问题对于更加深入地认识 SAT 求解器至关重要，我们在随后的章节中讨论这些问题的答案。

将 SAT 求解器建模为证明系统。在认识 SAT 求解器时，可能最重要的问题是：“什么是能够解释 CDCL SAT 求解器的效率和局限性的合适的数学模型?” 这个问题不仅在理论角度上至关重要，而且正如我们在下文中所述，从实际的求解器设计角度来看也是至关重要的。（我们在 25.3 节讨论有关这个问题的详细答案。）

在过去二十年中，大多数理论学家和实践者达成共识，认为 SAT 求解器最好建模为证明系统，即一些证明规则和公理。形成这一共识的历史相当有趣，可以追溯到关于 Davis-Putnam-Logemann-Loveland（DPLL）SAT 求解器的一些民俗定理[㊀]（Davis et al.，1962），这些定理指出 DPLL 求解器本质上等同于树状归结（对于不可满足的输入）。鉴于 DPLL SAT 求解器构成了更加强大的 CDCL 方法的基础，DPLL 和树状归结之间的已知联系自然引发了下面的猜测以及随后的证明，即 CDCL（具有非确定性的变量/值选择和重启）求解器多项式地等同于一般归结（这是一种已知比树状归结更强的证明系统），参见（Atserias et al.，2011）以及（Pipatsrisawat and Darwiche，2011）。这一结果突出了将求解器建模为证明系统的数学价值。首先，“求解器作为证明系统” 这样的抽象使人们能够利用来自证明复杂性（proof complexity）的强大方法和结果来获得由求解器构造的证明的长度上界和下界。其次，证明复杂性意味着有许多不同类型的证明规则，例如可以将扩展归结（Krajícek，2019）并入求解器，从而进一步强化求解器。最后，或许也是最重要的一点是证明复杂性使我们能够更加深入地认识某些求解器启发式算法（例如子句学习）的能力，通过证明规则（一般归结）可以充分理解这些算法。

虽然证明系统是建模 SAT 求解器的一种自然而简练的方式，但鉴于它们是为了构造不可满足公式的证明而设计的，那么它们是否也适用于研究可满足实例上的求解器行为，这是非常合理的质疑。事实证明，即使一个输入公式是可满足的，SAT 求解器也会生成证明，通过建立搜索空间（所有赋值的集合）中不包含可满足赋值部分的不可满足性来引导求解器远离搜索空间中徒劳无功的部分。因此可以说证明系统是研究 SAT 求解器的复杂性（对于可满足和不可满足实例）的一种优秀的数学模型。

证明搜索和 SAT 求解器。虽然将求解器建模为证明系统使我们能够证明上界和下界，但是这并没有完全解决证明搜索的问题。证明系统就其本质而言，最好是定义为非确定性对象。SAT 求解器是证明系统的高效实现，因此，为了正确构建证明搜索的概念，我们需要将求解器看作试图为一个给定输入找到最优（例如最短）证明的最优化过程。理论学家

㊀ 指长期获得广泛接受而无须证明的结论。——译者注

称之为证明系统的可自动化性（automatizability）（Bonet et al.，2000）。非正式地说，如果存在一个算法，它能够找到不可满足公式的一个证明，而且在最优证明上仅仅需要多项式开销（在公式的大小上），我们就说这个证明系统是可自动化的。（我们将在 25.4 节对此进行说明。）

布尔公式的参数化认识。在认识求解器时，可能最受关注的主题是布尔公式的参数化（即那些让我们能够按照求解器的易解或者难解将公式进行分类的参数）。这个问题可以重新表述为，“如果 SAT 求解器在一些工业级或者商业应用实例上的性能良好，那么这些实例的精确的数学参数化特征是什么”，以及相对应地，“令 SAT 求解器的性能表现不佳的实例族的精确的数学参数化特征又是什么”。已经得到广泛研究的参数的例子包括子句可变比率、后门、主干、社群结构和归并（度），我们讨论了这些参数的优缺点。这些参数必须满足的主要要求是：它们既要便于进行理论分析（能够实现参数化的理论复杂性的界），又要与实践相关联（能够从经验上解释求解器的能力，并且能够设计更好的求解器）。我们将在 25.5 节对此进行讨论。（关于参数化复杂性的一般性讨论参见第 2 章。）

证明复杂性和求解器设计。除了上述“求解器作为证明系统”模型带来的好处之外，证明复杂性理论还使得我们能够将实际的求解器设计系统化。如果没有证明复杂性的帮助，实际的求解器看起来就像是一堆极其复杂的启发式算法。从证明系统的角度来看，我们可以发现，有一些求解器启发式算法对应于证明规则（例如，子句学习对应于归结证明规则），而其他方法的目的是对证明规则进行最优排序/选择（例如对于分支转移规则）或者（重新）初始化证明搜索（例如重启）。此外，旨在对证明规则进行排序或者初始化证明搜索的求解器启发式算法可以利用在线、动态和自适应机器学习方法加以实现。在一系列论文中，Liang 等人（2016，2018）通过设计和实现一系列高效的基于机器学习的 CDCL SAT 求解器确切地证明了这一点。25.6 节讨论了如何将理论概念（证明系统）和实践见解（基于机器学习的证明规则排序/选择）结合起来，从而设计出更好的求解器。（基于机器学习的算法设计另见第 30 章。）

25.2　冲突驱动子句学习的 SAT 求解器

这一节我们简要介绍 CDCL SAT 求解器（Marques Silva and Sakallah，1996；Moskewicz et al.，2001），其伪代码在算法 1 中给出。CDCL 算法建立在最初由 Davis 等人（1962）开发的著名的 DPLL 方法之上，主要的不同之处在于它使用了以下启发式方法：冲突分析和子句学习（Marques Silva et al.，1996），有效的变量和值选择启发式算法（Moskewicz et al.，2001；Liang et al.，2016），重启（Liang et al.，2018），子句删除（Audemard and Simon，2013），惰性数据结构（Moskewicz et al.，2001）。CDCL 算法是布尔逻辑的一个可靠、完整和终止回溯的决策过程。它以一个布尔公式 ϕ 的 CNF 和初始为空的赋值作为输入，如果输入公式 ϕ 有一个解，那么输出 SAT，否则输出 UNSAT。

算法 1　CDCL SAT 求解算法

function CDCL(ϕ,μ)
　输入：一个 CNF 公式 ϕ，以及一个初始为空的赋值轨迹 μ
　输出：SAT 或者 UNSAT

　dl=0;　　▷初始的决策层次 dl 为 0

```
6:   if (CONFLICT==Boolean_Constraint_Propagation(ϕ,μ)) then
7:      return UNSAT;
8:   else if(所有变量已经被赋值)then
9:      return SAT;
10:  end if
11:  do                                                 ▷搜索循环
12:     x=DecisionHeuristic(ϕ,μ);                       ▷变量选择和值选择启发式函数
13:     dl=dl+1;                                        ▷增大 dl
14:     μ=μ∪(x,dl);                                     ▷将文字 x 加到赋值轨迹 μ
15:     if (CONFLICT==Boolean_Constraint_Propagation(ϕ,μ)) then
16:        {β,C}=ConflictAnalysis(ϕ,μ);
17:                                                     ▷分析冲突,学习子句 C 并回跳到 β 层
18:        AddLearnedClause(C)
19:        if β<0 then                                  ▷β 是回跳的层次
20:           return UNSAT;                             ▷顶层冲突
21:        else if (遇到重启条件)then
22:           restart;                                  ▷dl 被设为 0,并清空赋值轨迹 μ
23:        else
24:           backtrack(ϕ,μ,β);                         ▷回跳并再次开始搜索
25:           dl=β;
26:        end if
27:     end if
28:  while (所有变量未被赋值)
29:  return SAT;
30: end function
```

鉴于 CDCL 算法的复杂性，我们很难用短短几页的篇幅来详细描述算法的实现。相反，我们将注意力集中在概念和理论上引人注目的表现上。例如，我们讨论子句学习和布尔约束传播（Boolean Constraint Propagation，BCP）等子例程而不是讨论惰性数据结构的实现，这些子例程对于从理论上解释求解器如此高效的原因至关重要。此外，我们所有的理论模型都没有任何子句删除策略，部分原因是我们对这一类策略在求解器行为上的影响几乎没有理论上的认识。

另一个重要的建模决策通常是假定某些求解器启发式算法（例如，重启和变量/值选择）是非确定的或者全能的。也就是说，对于一个不可满足的输入，这些启发式算法所做的动态选择使 CDCL 求解器能够找到输入的不可满足性的最短证明（在证明的步数上），而且这个输入的最优解的证明搜索只需要多项式时间的开销。这种建模选择非常有价值，原因有二：首先它们使我们能够建立最强的可能下界（在非确定性的假设下），其次它们简化了理论分析。

布尔逻辑约束传播（Boolean Constraint Propagation，BCP）。CDCL 算法首先在输入公式上调用 BCP 子例程，而不需要事先在其中的变量上执行分支转移（算法 1 中的第 6 行）。如果在这个层次检测到冲突（即顶层冲突），则 CDCL 返回 UNSAT。BCP 子例程

（也称为单元传播）是一个不完整的 SAT 求解器，它以 CNF 中的布尔公式作为输入，并且输出 SAT、CONFLICT（冲突）或 UNKNOWN（未知）。它对输入公式重复应用单元归结规则，直至到达一个定点。单元归结规则是一般归结规则的特例，其中输入规则的子句中至少有一个是单元子句（即在当前的部分赋值下正好包含一个未赋值文字）。例如，考虑子句 (x) 和 $(\neg x \vee \alpha)$，归结得到派生子句 (α)，写成 $(x)(\neg x \vee \alpha) \vdash (\alpha)$。（我们选择使用符号$\vdash$ 表示一个推导或者证明步骤，前件在符号左侧，后件或者结果在符号右侧。）

对输入公式重复应用单元归结规则，直至到达一个定点。这相当于维护一个单元子句队列，根据“当前”单元子句对公式（以及在求解器的学习子句数据库中的所有学习子句）进行化简（即公式中出现的当前单元文字都被赋值为真，出现的这个单元文字的补都被赋值为假，输入公式中的各个子句被适当化简），从队列中弹出“当前”单元文字，并将各个蕴含单元[一]添加到单元子句队列中，然后重复这个过程直到队列为空。一个被赋值的变量 x（或者说一个被设置了值的变量）作为应用 BCP 的结果（一次或者多次应用单元归结）而被称为是蕴含的（implied）或者传播的（propagated）。

BCP 可能返回 CONCLICT（冲突，即对于输入公式而言当前的部分赋值不可满足）、SAT（即所有变量的赋值为真或为假）或 UNKNOWN（未知）。如果 BCP 在顶层返回冲突而没有做出决策（第 7 行和第 20 行），这意味着输入公式是 UNSAT 的。另一方面，如果输入公式的所有变量都已经赋值，这意味着求解器已经找到一个可满足的赋值，返回 SAT（第 9 行和第 29 行）。在其他情况下 BCP 子例程返回 UNKNOWN，即它无法自行决定公式是 SAT 还是 UNSAT。这将导致变量和值选择启发式算法的调用，这些启发式算法选择一个未赋值变量并且对其赋值为真（第 12 行），[二]通过扩展当前的部分赋值（第 11 行）来迭代搜索输入公式的一个可满足赋值。

变量选择和值选择启发式算法。变量选择启发式算法[三]是一些子例程，它们将求解器的部分状态（例如学习子句和当前的部分赋值）作为输入，计算输入公式中未赋值变量的一个偏序结构，并且以此顺序输出排名最高的变量（第 12 行）。值选择启发式算法是一些子例程，它们以一个变量作为输入，输出一个真值。变量选择启发式算法选择一个未分配变量来执行分支转移，所选变量将被赋予由值选择算法给定的真值，并且添加到当前的部分赋值中（第 14 行）。研究者早已认识到变量选择和值选择这两种启发式算法在求解器的性能中起着至关重要的作用，并且对它们的设计进行了大量研究（Liang et al.，2016，2018）。遗憾的是，由于篇幅的限制，我们将只给出关于这个主题的研究情况的极其简短的概述。

决策层次、赋值轨迹和前件。在 CDCL 算法 1 的第 5 行，求解器将变量 dl（当前决策层次（current decision level）的缩写）初始化为 0。当求解器遍历输入公式的搜索树中的路径时，变量 dl 跟踪当前部分赋值中的决策的数量。每当在输入公式的一个变量上执行分支转移时（此时该变量为决策变量），CDCL 算法中的 dl 递增 1（第 13 行）。当求解器从 ConflictAnalysis 回跳时，当前的决策层次将被修改为求解器回跳到的层次（第 25 行）。

赋值轨迹（assignment trail，也称为决策栈或者部分赋值）μ 是一种栈数据结构，其中

[一] 即归结得到的结果。——译者注

[二] 由求解器的变量选择启发式算法赋值的变量有时也称为分支（转移）变量或者决策变量。

[三] 变量选择启发式算法有时也称为分支（转移），它们输出的变量称为分支变量或者决策变量。术语决策启发式算法通常指变量选择启发式算法和值选择启发式算法的组合。一个决策启发式算法返回的文字简称为决策或者决策文字。术语决策变量是指与一个决策相对应的变量。

每个项对应于一个变量、变量的赋值及其决策层次。每当在一个变量 x 上执行分支或决策时，对应于 x 的一个项被压入赋值轨迹。此外，每当求解器从层次 d 回跳到某一个层次 $d-\beta$ 时，决策层次高于 $d-\beta$ 的所有项从赋值轨迹中弹出。变量的决策层次计算如下：未赋值的变量被初始化为-1，输入公式中的单元变量被赋予决策层次 0。每当在一个变量上执行分支或决策时，这个变量的决策层次都设置为 dl+1。最后，一个蕴含文字 x_i ㊀的决策层次与赋值轨迹中当前决策变量的决策层次相同。

除了决策层次和赋予变量的真值之外，求解器还为每个变量 x 维护另外一个动态对象，即其前件（antecedent）。当求解器分支转移、传播、回跳或重启时，这个对象的取值可能会发生变化。一个变量 x 的前件或者原因子句（reason clause）是 BCP 用来蕴含（imply）x 的单元子句 c（在当前的部分赋值下）。决策变量或者未赋值变量的前件为 NIL。

CDCL 中的搜索循环。如果顶层没有冲突，即 dl=0（第 6 行），那么算法检查输入公式的所有变量是否都已经被赋值（第 8 行）。如果是的话，求解器简单返回 SAT。否则，它进入第 11 行的 do-while 循环体，利用输入公式的变量选择和值选择启发式算法（第 12 行的 DecisionHeuristic 决策启发式子例程）在输入公式的一个变量上做出决策，增加决策层次（第 13 行），将决策变量连同其决策层次压入部分赋值或者赋值轨迹 μ，并执行 BCP（第 15 行）。如果 BCP 返回 CONFLICT（即当前赋值 μ 不能满足输入公式），则触发冲突分析（第 17 行）。

冲突分析和子句学习。冲突分析和子句学习子例程可能是 CDCL SAT 求解器最重要的部分。ConflictAnalysis 冲突分析子例程（第 17 行）确定一个冲突的原因或者根本原因，学习一个相应的冲突或者学习子句，并且计算*回跳层次*。大多数 CDCL 求解器实现了所谓的*断言子句学习方案*（asserting clause learning schemes），即从最高决策层次学习恰好包含一个变量的子句（25.3 节对此进行更详细的讨论）。如果回跳层次低于 0，则求解器返回 UNSAT（第 20 行），因为这对应于导出了错误。否则，CDCL 求解器可能会回跳搜索树中的若干决策层次（第 24 行），这与 DPLL 的情况不同。在 DPLL 的情况下求解器仅仅回溯一个决策层次。

子句学习的最简单形式之一是决策学习方案（Decision Learning Scheme，DLS）。虽然它不是最有效的（这个荣誉归于 Moskewicz 等人（2001）提出的 1-UIP 方法），但是 DLS 确实很容易解释。DLS 背后的主要思想可以解释如下：所有求解器，无论其实现的断言学习方案如何，都保持着蕴含关系的一个有向无环图，图的结点是变量（要么是决策变量，要么是传播变量），而且如果设置结点 a 会导致 BCP 在当前的部分赋值下设置结点 b，那么从 a 到 b 存在一条边。每当求解器检测到一个冲突时，ConflictAnalysis 子例程对这个图进行分析，目的是确定冲突的根本原因。在 DLS 中，ConflictAnalysis 子例程只是简单地对导致冲突的决策的合取取否定，并且将由此计算的学习子句存储在学习子句数据库中。这样的学习子句可以防止随后调用 BCP 时出现相同的导致冲突的错误（即决策）的组合。重复此过程，直到求解器正确确定了输入公式的可满足性。

回跳。DPLL 求解器中形式最为简单的回溯步骤如下：在到达一个冲突时，求解器撤销导致冲突的最后一个决策，这将导致求解器回溯到上一个决策层次并且继续其搜索。人们已经探索了 CDCL 求解器的许多回溯方法。也许最著名的是所谓的非时序回溯（或简单称为回跳），其中求解器在断言学习子句的所有变量上回跳到第二高的决策层次。这样回

㊀ 即一个应用 BCP 得到赋值的文字。——译者注

跳的好处是断言子句现在在“当前”部分赋值下（在回跳之后）是单元子句。[㊀]

重启。Gomes 等人（1998）在 DPLL SAT 求解器的背景下首次提出了最初的重启启发式算法。重启策略背后的思想非常简单：在求解器运行期间，以精心选择的间隔擦除其赋值轨迹（未删除的学习单元子句除外）。我们知道，无论是从经验上还是从理论上讲，重启都是一个关键的求解器启发式算法。重启背后的原始思路称为重尾分布解释，指的是由于随机化的原因，SAT 求解器的运行时间存在差异，有可能运气不好而导致异常长的运行时间。在这种情况下，重启给了求解器第二次机会来获得更短的运行时间。这一解释现在已经被部分放弃，取而代之的是一个经验上更为健壮的论点，这个论点认为重启使求解器能够更好地对学习从句进行学习，因为重启策略缩短了求解器运行期间赋值轨迹的几个间隔（Liang et al.，2018）。在理论前沿，Bonet 等人（2014）的最新研究表明，不重启（但具有非确定性的变量和值选择）的 CDCL SAT 求解器严格来说比常规的归结更强大。不过，无论从理论上还是从实证角度来看，为什么重启对 CDCL SAT 求解器的效率如此重要，这个问题仍然悬而未决。

25.3 SAT 求解器的证明复杂性

25.3.1 CDCL 和归结之间的等价性

这一小节我们围绕“SAT 求解器作为证明系统”模型，综述一些已知的结果。具体而言，我们讨论 Pipatsrisawat 和 Darwiche（2011）以及 Atserias 等人（2011）的开创性模拟结果，他们证明了 CDCL SAT 求解器（具有非确定性分支转移、重启和断言学习方案）多项式地等价于一般归结（Res）证明系统。这些模拟结果的历史可以追溯到 Beame 等人（2004）的论文，他们首先证明了 CDCL SAT 求解器（假定求解器可以在一个赋值为真的变量上分支转移）多项式地等价于一般归结。

虽然理论学家早就预期 CDCL SAT 求解器和一般归结证明系统之间存在多项式等价性，但是直到 2011 年这种等价性才得以形式地建立起来（Atserias et al.，2011；Pipatsrisawat and Darwiche，2011）。在他们的开创性工作中，Pipatsrisawat 和 Darwiche 以及 Atserias 等人认识到，CDCL 求解器不一定通过精确生成 Res-证明来模拟 Res，而是通过“吸收”Res-证明的子句来模拟 Res。我们应该把被吸收的子句看作被“隐式地学习”——被吸收的子句可能不一定出现在公式 $\mathcal{F}$ 或者其证明中。但是，如果我们将子句中的所有文字只保留一个，其他都赋为 false，那么 CDCL 中的单元传播将把最终文字设置为 true。也就是说，即使被吸收的子句 C 不在 $\mathcal{F}$ 中，单元传播子例程表现得就“好像”被吸收的子句就在 $\mathcal{F}$ 中。被吸收子句概念的对偶是 1-赋能子句的概念。[㊁]非正式地说，1-赋能子句是这样的子句，它们还没有被“隐式地学习”，而且可能使 BCP 能够取得进展。我们现在更为精确地定义这些概念，然后对模拟证明背后的主要思想进行概括。

定义 25.2（断言子句） 回忆一下，赋值轨迹是一个偶对序列 $\sigma=\{(\ell_1,d_1),(\ell_2,d_2),\cdots,(\ell_t,d_t)\}$，其中每一个文字 ℓ_i 是来自公式的文字，每一个 $d_i\in\{d,p\}$ 分别表示文字 ℓ_i 的设置是由求解器通过决策还是通过单元传播来设置的。分支转移序列中的文字 ℓ_i

---

㊀ 虽然我们没有详细讨论子句删除策略，但是它们确实值得一提，因为它们是 CDCL SAT 求解器背景下的一个重要的启发式算法。删除策略的主要目的是删除在证明搜索中已经失效的导出子句或学习子句。读者可能已经很清楚，一般来说预测导出子句的效用是一个非常困难的问题。

㊁ 1-赋能子句的思想首先由 Pipatsrisawat 和 Darwiche（2011）提出，而它的对偶概念即吸收子句由 Atserias 等人（2011）引入。

的决策层次是 σ 中出现的包含 ℓ_i 的决策文字的数量。CDCL 求解器在其运行期间在一个给定点的状态可以定义为（$\mathcal{F},\Gamma,\sigma$），其中 $\mathcal{F}$ 是输入的 CNF 公式，Γ 是一个学习子句的集合，σ 是求解器运行期间在给定点的赋值轨迹。给定一个赋值轨迹 σ 和一个子句 C，如果 C 恰好包含一个在 σ 中以最高决策层次出现的文字，我们就说 C 是一个*断言子句*（asserting clause）。如果一个子句学习方案产生的所有冲突子句关于冲突时刻的赋值轨迹都是断言子句，就说这个方案是断言的（asserting）。 ◁

定义 25.3（扩展分支序列）　*扩展分支序列*（extended branching sequene）是一个有序序列 $B=\{\beta_1,\beta_2,\cdots,\beta_t\}$，其中每个 β_i 要么是一个分支文字，要么是一个表示重启的符号 R。如果 A 是一个 CDCL 求解器，我们使用扩展分支序列来指定求解器 A 在 $\mathcal{F}$ 上的操作：每当求解器调用分支方案时，我们消耗序列中的下一个 β_i。如果它是一个文字，那么我们在这个文字上相应地执行分支转移；否则，按照扩展分支序列的指示重启。如果分支序列为空，那么只需要利用算法定义的启发式算法继续下去。 ◁

定义 25.4（单元一致性）　我们说 CNF 公式 $\mathcal{F}$ 是单元不一致的（unit inconsistent），当且仅当存在一个 $\mathcal{F}$ 的不可满足性证明，而且这个证明仅使用单元归结（或者通过 BCP）。一个非单元不一致的公式被称为是单元一致的（unit consistent），有时也写成 1-一致的（1-consistent）。 ◁

定义 25.5（1-赋能子句）　设 $\mathcal{F}$ 是一个子句集，A 是一个 CDCL 求解器。设 $C=(\alpha\Rightarrow\ell)$ 是一个子句，其中 α 是文字的合取式。如果下列条件成立，我们说 C *关于* $\mathcal{F}$ *在* ℓ *上是赋能的*（empowering）：$\mathcal{F}\models C$；$\mathcal{F}\wedge\alpha$ 是单元一致的；A 在 $\mathcal{F}$ 上的一次执行如果证明了 α 中所有文字均为 false，则不会借助单元传播（即 BCP）推导出 ℓ。此时称文字 ℓ 是*赋能的*。如果满足第一项，但第二项或第三项中有一项为假，我们就说求解器 A 和 $\mathcal{F}$ *在* ℓ *上吸收*（absorbs）C；如果 A 和 $\mathcal{F}$ 在每个文字上都吸收 C，那么简称子句 C 被吸收（absorbed）。 ◁

定义 25.6（一般和树状归结证明）　一般归结证明可以定义为一个有向无环图（DAG），图的结点是输入或者导出的子句。对于图的结点 A 和 B，如果通过归结证明规则可以从 A 和 B 导出 C，那么从 A 和 B 到 C 各有一条边。设（$\alpha\vee x$）和（$\neg x\vee\beta$）表示两个子句，其中 α，β 是文字的析取，那么归结证明规则导出（$\alpha\vee\beta$），而且通常被写成

$$(\alpha\vee x)(\neg x\vee\beta)\vdash(\alpha\vee\beta)$$

我们假定 α 和 β 不包含相反的文字。树状归结证明是一般归结证明的一种限制形式，其中各个证明不能共享子证明，即它们是树状的。 ◁

为了让子句 C 能够被 CDCL 求解器学习，在运行时的求解器学习 C 的时间点上，C 必须在某一个文字 ℓ 上是 1-赋能的。要了解这一点，考虑对 CDCL 求解器进行追踪，这个求解器在学习了一个子句 C 之后立即停止。因为我们已经学习了 C，所以很容易看出必定有 $\mathcal{F}\models C$。设 σ 为导致冲突的分支序列，在其中我们学习了 C，并且设 ℓ 为求解器遇到冲突之前在 σ 中赋值的最后一个决策文字（如果 CDCL 使用一种断言子句学习方案，则必定存在一个这样的文字）。可以写成 $C\equiv(\alpha\Rightarrow\neg\ell)$，而且明显 $\alpha\subseteq\sigma$。因此，在分支序列 σ 中我们给 ℓ 赋值之前的那个点上，$\mathcal{F}\wedge\alpha$ 必定是单元一致的，因为我们在给 α 的每一个文字赋值之后，已经给另一个文字赋值。最后，$\mathcal{F}\wedge\alpha\nvdash_1\ell$，因为在我们设定了 α 中的文字之后，$\neg\ell$ 被选择为决策文字。（$\alpha\vdash_1\beta$ 指文字 β 仅仅使用 BCP 从子句集合 α 导出。）

定义 25.7（1-可证明子句）　给定一个 CNF 公式 $\mathcal{F}$，子句 C 关于 $\mathcal{F}$ 是 1-可证明的（1-provable）当且仅当 $\mathcal{F}\wedge\neg C\vdash_1$false。换言之，我们说子句 C 关于 CNF 公式 $\mathcal{F}$ 是 1-可证

明的，如果仅仅使用 BCP 可以从 $\mathcal{F}$ 导出 C。 ◁

定理 25.8 CDCL 多项式地等价于一般归结（Res）。

概略证明 这个模拟的概要思路如下：我们需要证明的是，对于一个有关输入公式 $\mathcal{F}$ 的不可满足性的 Res 证明，CDCL 求解器（具有非确定性扩展分支序列和断言子句学习方案）可以在证明的规模上（以子句的数量计算）仅仅以多项式开销来模拟这个证明。这里的主要观点是对于仅仅依靠 BCP 无法确定不可满足性的公式 $\mathcal{F}$，存在一些 $\mathcal{F}$ 蕴含的赋能子句，当把这些子句添加到求解器的学习子句数据库中时，会让 BCP 能够正确地确定输入公式是 UNSAT。此外，对于 1-一致的公式 $\mathcal{F}$ 的一般归结证明 π，π 中存在一个子句 C，它关于该公式是 1-赋能的，并且是 1-可证明的（在证明 π 中 C 被导出的那个点上）。最后，这样的子句可以由 CDCL 求解器在时间 $O(n^4)$ 内吸收，其中 n 是输入公式中的变量数量。重复这个过程，直至不再存在任何需要被吸收的子句，因此我们得到结论，即 CDCL 多项式地模拟了一般归结。（容易证明相反的方向。） □

讨论。 定理 25.8 有三个方面的价值：首先，我们可以轻松地根据从 Res 到 CDCL SAT 求解器的证明复杂性文献来提升下界，从而回答求解器为什么会失败的问题。此外，CDCL 和 Res 之间的多项式等价性有助于解释子句学习的威力，因为 CDCL 中的子句学习对应于一般归结规则的应用。换言之，证明复杂性使我们能够更好地认识 SAT 求解器中的某些启发式算法。最后，证明复杂性理论是建立在这样的证明系统之上的知识库，这些证明系统可以被用来构建针对不同应用类型（比如密码学或者验证）的具有不同强度的求解器。 ◁

25.3.2 Res 和 CDCL SAT 求解器的下界和上界

人们在 Res 的证明复杂性上已经进行了大量的研究，遗憾的是我们无法在本章恰如其分地讨论这个主题。不过我们确实概要给出了一些与 CDCL SAT 求解器相关的结果。第一个归结的超多项式下界是由 Haken（1985）证明的。更准确地说，Haken 证明了对鸽子巢原理（Propositional Pigeonhole Principle，PHP）进行编码的公式族需要大小至少为 c^n（$c>1$）的归结证明。Res 困难性的另一个源头来自随机生成的公式。此外，Urquhart 还证明了如果 CNF 公式的图是扩展图（expander），那么它们是 Res 困难的，因此也是 CDCL 困难的（Urquhart，1987）。

还有大量的我们在这里没有涵盖的关于证明系统复杂性的文献（Krajícek，2019）。理论学家已经对许多强大的证明系统进行了广泛研究，比如不具备已知下界的扩展归结（Tseitin，1983）。虽然存在一些比 Res 更加强大的系统，但是迄今为止，它们作为求解器的实现似乎只在狭窄的背景下有效，而不像得到广泛应用的 CDCL SAT 求解器。这表明仅凭证明系统的力量可能无法产生强大的求解器，我们还必须对证明搜索进行深入研究，我们在下一节对此进行讨论。

25.4 证明搜索、可自动化性以及 CDCL SAT 求解器

证明复杂性为我们提供了强大的工具，使我们能够证明 SAT 求解器的下界（从而能够描述那些使求解器遭受严重失败的公式族）。然而，它并没有完全解决证明搜索的问题。证明系统的证明搜索问题是：给定一个不可满足的公式 F，是否存在一种算法，它在给定的证明系统中仅仅以多项式开销找到证明？特别地，如果公式 F 有一个简短的证明，那么问题是求解器是否能够在多项式时间内找到证明。

Bonet 等人（2000）借用了证明系统的可自动化性（automatizability）的概念，首次将高效证明搜索的思想形式化。（尽管 Iwama（1997）在证明搜索方面做了一些早期工作，他证明了寻找最短 Res 证明的问题是 NP 困难的。）回忆一下，25.3 节中的多项式模拟结果表明，如果公式 φ 有一个简短的证明 π，那么存在一个非确定性 CDCL 求解器（即具有非确定性变量/值选择以及重启的 CDCL SAT 求解器）的一次运行，产生一个大小为 $O(n^4)*|\pi|$ 的证明。定理的证明依赖于所考虑的 CDCL 求解器所具备的非确定性能力，但是现实生活中的求解器并非如此奢侈。因此，人们很自然地会问这样一个问题："对于一类确实存在简短证明的公式，是否存在一个求解器，它总是在输入公式规模大小的多项式时间内找到这样的证明？"

Bonet 等人（2000）的开创性论文定义了证明系统的可自动化性的概念。设 P 是一个证明系统，如果存在一个多项式界的确定性算法 A，它以一个不可满足的公式 φ 作为输入，并且输出一个 φ 的 P-证明，证明的规模最多是多项式地（在 φ 的规模的大小上）超过 φ 的最短 P-证明的规模，那么证明系统 P 就称为是可自动化的。已经有了若干试图解决关于归结和树状归结的可自动化性问题的尝试，例如，BenSasson 和 Wigderson（2001）证明了树状归结在拟多项式时间内是可自动化的。一项最近的突破性结果来自 Atserias 和 Müller（2019），他们指出 Res 在拟多项式时间内是不可自动化的，除非 NP 被包含在 SUB-EXP 中。

可自动化性和 CDCL SAT 求解器。研究（参数）可自动化性问题的价值在于它最终可能会揭示关键的上界问题（即为什么求解器对于某些类别的工业级实例是高效的），正如 Res 系统的证明复杂性可以帮助我们更好地认识 CDCL 求解器的下界一样。可自动化性触及了证明搜索问题的核心，而这也正是设计求解器的目的所在。虽然我们还远远没有得出结论性的答案，但是我们确实拥有一些很有希望的线索。例如，基于拟可自动化性的用于树状归结（等价地用于 DPLL 求解器）的结果，我们知道如果一个不可满足公式具有多项式大小的树状证明，那么 DPLL 求解器可以在拟多项式时间内求解这个公式。人们可能会问，对于一般归结（以及等价地对于 CDCL 求解器）是否也会得到一些（参数上）类似的结果。这自然引发了我们对公式及其证明的参数研究。

25.5　布尔公式的参数认识

到目前为止，我们已经讨论了在将 SAT 求解器建模为证明系统的问题上如何做到最好，讨论了通过求解器和证明系统之间的等价性获得的下界与证明的规模的关系，以及 Res 的可自动化性下界。虽然这些讨论让我们深入了解了一些 SAT 求解器性能较差的实例类别，但是并没有完全解决求解器研究的核心问题，即为什么 CDCL SAT 求解器对于来自现实世界应用的实例如此高效。为了更好地认识这个问题，我们需要将注意力转向布尔公式的参数化以及布尔公式的证明。

SAT 的研究者普遍认为，求解器以某种方式利用了现实世界的 CNF 公式中（或者在公式的证明中）存在的结构，而且这种结构的特征描述可用于建立理论上的参数的证明复杂性和证明搜索的上界。结果人们在研究现实世界公式的结构方面花费了大量精力。我们已经知道，参数化（比如 2-SAT 或者 Horn 子句，它们在 Res 上容易实现）并不能真正捕捉到求解器具有良好性能的现实世界实例的类别。

事实上，这一研究领域面临的挑战是提出在实践中（即描述现实世界实例的结构）和理论上（即遵循理论分析）都有意义的参数。虽然研究者已经提出了若干参数，但是似乎还没有一个参数能够胜任应对这一挑战的任务。理论上易于使用的参数（例如后门）似乎无法描述现实世界的实例。从理论的角度来看，那些似乎描述了现实世界实例特征的参数（例如社群结构或者模块化）又很难处理。即便如此，我们还是可以从迄今为止所研究的参数中学到很多经验教训，这些可能最终有助于证明我们所寻求的在证明复杂性和证明搜索上的参数的上界。

子句变量比。鉴于其直观的吸引力，*子句/变量比*（Clause/Variable Ratio，CVR）或者*子句密度*（clause density）可能是首批研究的参数之一，而且肯定是研究最为广泛的参数。k-CNF 公式的 CVR 定义为公式中子句的总数与变量的数量的比率。Cheeseman 等人（1991）最早进行了关于 CVR 的实验，他们证明了对于随机生成的固定宽度的 CNF 公式，这些实例的可满足性的概率围绕一个固定的 CVR 经历相变（phase-transition），这个相变仅取决于子句宽度（随机生成的 3-CNF 公式的相变为 4.26）。低于相变的公式更有可能是可满足的（随着 CVR 下降到低于 3.52 时，可满足的渐近概率接近 1（Kaporis et al.，2006）），而高于相变的公式更有可能是不可满足的（随着 CVR 升高到超过 4.489 8，不可满足的渐近概率接近 1（Díaz et al.，2009））。此外，根据观察，低于或者超过相变的公式容易求解，而相变附近的公式很难求解（即所谓的“易-难-易”模式）（Mitchell et al.，1992）。

这些结果在第一次报道时引起了轰动，因为似乎布尔可满足性问题的最坏情况的理论复杂性的困难性有了一种非常简单的解释。但是人们很快就发现这些结果存在许多问题。首先，众所周知的是即使像 2-SAT 这种容易求解的 SAT 问题也存在相变（Chvátal and Reed，1992）。其次，当我们保持 CVR 恒定并且缩放实例的大小，从而更为深入地了解相变附近的实例求解困难性的经验的“易-难-易”模式时，观察到的模式更像是“易-更难-不太难”（Coarfa et al.，2003），从“易”到“难”的转变主要发生在可满足区域。这一经验发现后来在（Achlioptas and Coja Oghlan，2008）中得到证实，他们示范了在 CVR 为 3.8 附近的解空间的“坍塌”。

树宽。图的*树宽*（treewidth）用来测量一个给定的图接近一棵树的程度（Bodlander，1994）。树的树宽为 1。回路是最简单的不是树的图，但是它可以被“挤压”成一条树宽为 2 的路径。如果存在一个 $k>0$，使得一个图的家族中的所有图的树宽最多为 k，就说这个图家族是*有界树宽的*（bounded treewidth）。研究结果表明，许多图问题在一般的图上是 NP 困难的，但是可以在有界树宽的图家族上以多项式时间求解（Freuder，1990）。这个思路也可以应用于 SAT。给定一个 CNF 公式 ϕ，我们可以构造一个二部图 G_ϕ，图的结点是 ϕ 的子句和变量，当变量 v 出现在子句 c 中时，在 c 和 v 之间有一条边。于是 ϕ 的树宽就是 G_ϕ 的树宽。因此，对于一个有界树宽的公式家族，SAT 可以在多项式时间内求解。

假如工业级公式的树宽是有界的，这也许可以解释 CDCL 求解器在这类公式上的成功。例如，由*有界模型检查器*（bounded model checker）生成的公式是通过展开一个电路获得的（Clarke et al.，2001），这就生成了具有有界树宽（事实上，甚至是有界路径宽度）的公式（Ferrara et al.，2005）。不过尚不清楚这种解释是否令人满意。树宽最多为 k 的图家族的多项式时间算法通常具有形式为 $n^{O(k)}$ 的最坏情况时间复杂度（Kolaitis and Vardi，2000），因此，这种多项式时间算法在实践中对非常小的 k 才是可行的，但是事实似乎并非如此，例如在进行有界模型检查的时候。

后门和主干。关于布尔公式的*后门*（backdoor）的概念首先由 Williams 等人（2003）引入。这一概念背后的直觉相当简练，就是说对于每个布尔公式，都有一个该公式的变量的（小）子集，当子集中的变量被赋予适当的值时，能够使这个公式易于求解。进一步的推测是工业级实例必定有小后门。Williams 等人介绍了两类后门，即*弱后门*（weak backdoor）和*强后门*（strong backdoor）。可满足公式 φ 的弱后门 B 是 φ 的变量的一个子集，其中存在映射 $\delta:B\mapsto\{0,1\}$，使得受限公式 $\varphi[\delta]$ 可以由一个子求解器 S（例如 BCP）在多项式时间内求解。相反，公式 φ 的强后门 B 是 φ 的变量的一个子集，使得对于从 B 中的变量到真值的映射 $\delta:B\mapsto\{0,1\}$，受限公式 $\varphi[\delta]$ 可以由一个多项式时间的子求解器求解。弱后门的定义只是针对可满足的实例，而强后门是关于可满足实例和不可满足实例的良定义。可满足布尔公式 φ 的*主干*（backbone）可以定义为该公式的变量的一个最大子集 B，前提是 B 中的变量在所有可满足赋值中取相同的值。Kilby 等人（2005）从理论上证明了即使假定 $P\neq NP$，近似公式的主干甚至也是困难的。遗憾的是这两类后门（和主干）似乎都不能解释为什么工业级实例很容易求解。通常，工业级实例似乎有很大的后门（Zulkoski et al.，2018b）。此外，对于工业级实例而言，后门的大小与求解器运行时间之间所假设的相关性（即后门越小，问题越容易）看起来至少是薄弱的（Zulkoski et al.，2018b）。CDCL SAT 求解器看来似乎无法自动识别和利用小的后门或者主干。

模块性和社群结构。另一种得到广泛研究的结构是 CNF 公式的变量关联图（Variable-Incidence Graph，VIG）的社群结构（公式的变量对应于 VIG 中的结点，如果两个变量出现在同一子句中，则相应的两个结点之间存在一条边）。非形式地说，一个图的社群结构定义了图的各个簇“可分离”的程度。VIG 的理想聚类是每个簇对应于一个包含一些容易独立求解的子句的子句集，而且簇与其他簇“弱连接”。将图划分为自然社群的概念由 Claus 等人（2004）发展起来。概而言之，我们说图 G 具有良好的社群结构，就是说存在 G 的一个最优分解（我们称每一个子图/分量是一个社群/模块），使得社群内部的边的数量远远超过社群之间的边的数量。Claus 等人（2004）定义了图的模块性的概念，表示为 Q。更具体地说，相比一个具有低 Q 值的图（它更接近于随机生成的图），一个具有高 Q 值的图更加“可分离”（即相对于社群的数量，社群之间的边的数量很少）。

Ansótegui 等人（2012）的开创性论文确认了工业级实例具有良好的社群结构。Newsham 等人（2014）证明了社群结构和求解器性能之间的强相关性。具体而言，他们证明了与低 Q 的公式相比，具有良好社群结构（高 Q）的公式对应于较低的求解器运行时间。他们的后续工作利用这些结果并且提出了更好的求解器启发式算法。不过，社群结构作为“求解器为何性能良好”的理论认识的基础的承诺尚未实现。

合并归结和可合并性。除了我们迄今已经讨论的参数之外，“合并度”是研究人员从理论（Andrews，1968）和实践（Zulkoski et al.，2018a）两个角度进行研究的另一个令人关注的参数。我们回顾一下前面给出的归结规则来说明合并参数研究的动机。设 A 表示前件子句 $(\alpha\vee x)$，B 表示前件子句 $(\neg x\vee\beta)$，C 表示导出子句或者结果 $(\alpha\vee\beta)$。对于子句 A，设 $|A|$ 表示其中的文字数量（子句的长度）。容易看出，归结结果 C 的长度 $|C|$ 等于 $|A|+|B|-\ell-2$，其中 $\ell=|A\cap B|$ 是 A 和 B 中重叠文字的数量。换句话说，Res 证明系统中导出子句的长度随着前件重叠文字的数量的增加而减少。在一个归结证明规则应用的前件中，这个重叠文字的数量 ℓ 称为*合并度*（merge）。

我们可以进一步观察合并度与 Res 证明系统完整性之间的关系。首先，我们观察到一个归结证明中导出子句的长度的减少与合并度（即前件子句之间的重叠文字的数量）的增加成比例。此外，为了让一个不可满足性 Res 证明终止，导出子句的长度必须在证明中的某个点开始“收缩”（即导出子句的长度严格小于至少一个前件的长度），最终以空子句结束。事实证明，在一些具有大的合并度的子句上重复应用归结规则是获得短子句的强有力的方法，它最终使归结证明系统能够获得完备的证明。

事实上，Andrews（1968）首次观察到合并度的威力，他将合并归结定义为 Res 证明系统的一种改进。合并归结证明系统对命题逻辑而言是合理而且完备的，它在一些具有高合并程度的子句上应用归结证明规则，相对于不采用这种偏好的证明系统能够更快地获得更短的导出子句。直觉上，这是一种强大的贪心启发式算法，因为最大化合并度可能意味着一个证明的*归结宽度*（resolution width）在证明搜索期间也会下降（Ben Sasson and Wigderson，2001）。不过合并度和归结宽度之间的形式联系仍有待建立。

在实证方面，Zulkoski 等人（2018a）研究了在随机生成公式和工业级公式上 CDCL SAT 求解器的效率和合并度之间的联系。他们定义了一个新的概念，称为*可合并性*（mergebility）：设 $m(A,B)$ 是某一对可归结子句 A 和 B 中的重叠文字的数量，对于所有可归结子句 A 和 B，将 M 定义为 $\sum m(A,B)$。设 ℓ 为输入公式 ϕ 中的子句数量。那么 ϕ 的可合并性被定义为 M/ℓ^2。他们在研究中提出的经验假说是："随着公式 ϕ 的可合并性的增加（同时公式的大多数其他主要特性保持不变），公式变得更加容易求解。"

Zulkoski 等人（2018a）的论文报告确认了这个事实。他们提出了一种随机的类工业级实例生成器。该生成器以一个公式作为输入，然后在保持公式的其他主要属性（比如变量出现的分布、基础社群结构的属性等）不变的同时增加这个公式的可合并性。事实证明，在他们的可合并性概念下，CDCL SAT 求解器的运行时间与在随机生成的不可满足实例上的可合并性呈负相关。他们的另一个观察结果是随着输入公式的可合并性的增加，他们在实验中使用的 CDCL 求解器将生成平均宽度越来越短的子句。这些实验有力地表明了合并度可能是一个关键参数，它有助于解释 CDCL 求解器在工业级实例上的能力。

目前还未有定论的是如何证明一个有意义的上界，它在实践中非常重要，在理论上则具有启发性。显然我们需要参数化，但是尚不清楚上述参数中的哪一个会起作用。我们的猜测是，上界可能是在参数（一个或多个）和输入规模的大小（变量的数量 n）两者上的指数。然而，参数和 n 可能以这样一种方式相互作用：对于相对较小的 n 值，上界可能表现为一个多项式；而对于较大的 n 而言，上界可能表现得更像一个指数函数。

25.6 证明复杂性、机器学习和求解器设计

我们在本章重点讨论了 CDCL SAT 求解器的理论证明模型以及证明的规模和搜索的上下界问题。在接近尾声时，我们理应反思这些理论研究如何帮助我们进行实际的求解器设计。假如我们想要研究一个典型的 CDCL SAT 求解器的源代码，在没有证明复杂性的帮助的情况下，很有可能我们将看到的是一堆难以理解的启发式算法。幸运的是，证明理论复杂性这一视角有助于对求解器设计适当地进行抽象。

虽然 SAT 求解器是决策过程，但是在内部它们是一组相互作用的复杂的最优化启发式算法，其目的是最小化求解器的运行时间。许多求解器启发式算法对应于证明规则（例如，BCP 对应于单元归结规则的重复应用，而子句学习对应于一般归结规则），其他算法（比如分支启发式算法）对应于证明规则的排序或者选择，而重启则对应于证明搜索的初始化。这一视角提出了一个求解器设计的原则：了解什么样的证明系统最适合眼前的应用，开发最优化过程来排序、选择和初始化证明规则，从而有效实现求解器的设计。可以利用我们已经了解的一系列丰富的在线和自适应机器学习方法来实现这些最优化过程。

Liang 等人（2016，2018）的一系列论文对这一经验原理做了适当的阐述，这反过来又引发了近年来最快的求解器之一——MapleSAT 的设计和开发。

25.7 结论和未来的方向

为什么 CDCL SAT 求解器对于工业级实例是高效的，而在某些精心制作和随机生成的实例族上却表现不佳，这是 SAT 求解器研究的核心问题之一（Vardi，2014）。我们讨论了证明和参数化复杂性如何提供一些适当的视角，透过它们我们有希望回答这个问题。迄今为止最强的结果表明，CDCL 求解器（具有非确定性分支和重启）与 Res 证明系统一样强大。这种模拟在一定程度上回答了这样的问题，即为什么将 Res 的已知下界提升到 CDCL 环境下会导致求解器在某些类别的实例上失败。证明复杂性还通过可自动化性概念将证明搜索问题形式化，这为认识参数化 CDCL 证明搜索的上界提供了强有力的帮助。我们还讨论了在实践和理论中可能非常重要的参数搜索，其中最有前途的是合并度和社群结构参数。话虽如此，我们仍需努力争取更多的进展，因为我们还不了解关于工业级实例的正确的参数化。最后，我们讨论了如何将求解器视为一组相互作用的启发式算法，其中的一些算法实现了适当的证明规则，而另一些算法则执行一些包括证明规则排序、选择以及初始化的任务，其中有许多可以通过在线和自适应机器学习技术得以实现。

虽然已经取得了很大进展，但是核心问题仍然没有答案。我们希望本章能够恰当地描述迄今为止所取得的进展，并且给出在不久的将来可能会带来突破性成果的一些思路的框架。也许最重要的未能回答的问题是工业级实例的适当参数化。尽管许多杰出的实践者和理论学家进行了二十多年的努力，我们仍然没有很好的候选参数来确定关于工业级实例的证明的规模和证明搜索的上界。另一个阻碍了所有求解尝试的开放式问题是重启的影响力（即为什么重启在实践中如此重要，它们是否在求解器的理论证明上有着重要影响）。最后，还有一些未解的谜团，比如局部分支转移的作用（参照 VSIDS 启发式算法）和 1-UIP 子句学习方案。这些启发式算法似乎不可或缺，但是没有人能够令人信服地解释其中的原因。

参考文献

Achlioptas, Dimitris, and Coja-Oghlan, Amin. 2008. Algorithmic barriers from phase transitions. *2008 49th Annual IEEE Symposium on Foundations of Computer Science*, pp. 793–802. IEEE.

Andrews, Peter B. 1968. Resolution with merging. *Automation of Reasoning*, pp. 85–101. Springer.

Ansótegui, Carlos, Giráldez-Cru, Jesús, and Levy, Jordi. 2012. The community structure of SAT formulas. In Cimatti, Alessandro, and Sebastiani, Roberto (eds), *Theory and Applications of Satisfiability Testing – SAT 2012*, pp. 410–423. Springer.

Atserias, Albert, and Müller, Moritz. 2019. Automating resolution is NP-hard. In *60th IEEE Annual Symposium on Foundations of Computer Science (FOCS)*, pp. 498–509.

Atserias, Albert, Bonet, Maria Luisa, and Esteban, Juan Luis. 2002. Lower bounds for the weak pigeonhole principle and random formulas beyond resolution. *Information and Computation*, **176**(2), 136–152.

Atserias, Albert, Fichte, Johannes Klaus, and Thurley, Marc. 2011. Clause-learning algorithms with many restarts and bounded-width resolution. *Journal of Artificial Intelligence Research*, **40**, 353–373.

Audemard, Gilles, and Simon, Laurent. 2013. Glucose 2.3 in the SAT 2013 competition. In *Proceedings of SAT Competition 2013*, pp. 42–43.

Balyo, Tomás, Heule, Marijn J. H., and Järvisalo, Matti. 2017. SAT competition 2016: Recent developments. In Singh, Satinder P., and Markovitch, Shaul (eds), *Proceedings of the Thirty-First AAAI Conference on Artificial Intelligence*, pp. 5061–5063. AAAI Press.

Beame, Paul, Kautz, Henry, and Sabharwal, Ashish. 2004. Towards understanding and harnessing the potential of clause learning. *Journal of Artificial Intelligence Research*, **22**, 319–351.

Ben-Sasson, Eli, and Wigderson, Avi. 2001. Short proofs are Resolution made simple. *Journal of the ACM*, **48**(2), 149–169.

Bodlaender, Hans L. 1994. A tourist guide through treewidth. *Acta Cybernetica*, **11**(1-2), 1.

Bonet, Maria Luisa, Pitassi, Toniann, and Raz, Ran. 2000. On interpolation and automatization for Frege systems. *SIAM Journal on Computing*, **29**(6), 1939–1967.

Bonet, Maria Luisa, Buss, Sam, and Johannsen, Jan. 2014. Improved separations of regular resolution from clause learning proof systems. *Journal of Artificial Intelligence Research*, **49**, 669–703.

Cadar, Cristian, Ganesh, Vijay, Pawlowski, Peter M., Dill, David L., and Engler, Dawson R. 2006. EXE: Automatically generating inputs of death. In *Proceedings of the 13th ACM Conference on Computer and Communications Security*, pp. 322–335. CCS '06. ACM.

Cheeseman, Peter C, Kanefsky, Bob, and Taylor, William M. 1991. Where the really hard problems are. In *International Joint Conference on Artificial Intelligence (IJCAI)*, pp. 331–337.

Chvátal, Vašek, and Reed, Bruce. 1992. Mick gets some (the odds are on his side)(satisfiability). *Proceedings, 33rd Annual Symposium on Foundations of Computer Science*, pp. 620–627. IEEE.

Clarke, Edmund, Biere, Armin, Raimi, Richard, and Zhu, Yunshan. 2001. Bounded model checking using satisfiability solving. *Formal Methods in System Design*, **19**(1), 7–34.

Clauset, Aaron, Newman, M. E. J., and Moore, Cristopher. 2004. Finding community structure in very large networks. *Physical Review E*, **70**(Dec), 066111.

Coarfa, Cristian, Demopoulos, Demetrios D., Aguirre, Alfonso San Miguel, Subramanian, Devika, and Vardi, Moshe Y. 2003. Random 3-SAT: The plot thickens. *Constraints*, **8**(3), 243–261.

Cook, Stephen A. 1971. The complexity of theorem-proving procedures. *Proceedings of the Third Annual ACM Symposium on Theory of Computing*, pp. 151–158. ACM.

Davis, Martin, Logemann, George, and Loveland, Donald. 1962. A machine program for theorem-proving. *Communications of the ACM*, **5**(7), 394–397.

Díaz, Josep, Kirousis, Lefteris, Mitsche, Dieter, and Pérez-Giménez, Xavier. 2009. On the satisfiability threshold of formulas with three literals per clause. *Theoretical Computer Science*, **410**(30-32), 2920–2934.

Ferrara, Andrea, Pan, Guoqiang, and Vardi, Moshe Y. 2005. Treewidth in verification: Local vs. global. *International Conference on Logic for Programming Artificial Intelligence and Reasoning*, pp. 489–503. Springer.

Freuder, Eugene C. 1990. Complexity of K-tree structured constraint satisfaction problems. In *Proceedings of the 8th National Conference on Artificial Intelligence*, pp. 4–9. AAAI Press / The MIT Press.

Gomes, Carla P., Selman, Bart, and Kautz, Henry. 1998. Boosting combinatorial search through randomization. In *Proceedings of the Fifteenth National/Tenth Conference on Artificial Intelligence/Innovative Applications of Artificial Intelligence*, pp. 431–437. AAAI '98/IAAI '98. American Association for Artificial Intelligence.

Haken, Armin. 1985. The intractability of resolution. *Theoretical Computer Science*, **39**, 297–308.

Iwama, Kazuo. 1997. Complexity of finding short resolution proofs. In *International Symposium on Mathematical Foundations of Computer Science*, pp. 309–318. Springer.

Kaporis, Alexis C, Kirousis, Lefteris M, and Lalas, Efthimios G. 2006. The probabilistic analysis of a greedy satisfiability algorithm. *Random Structures & Algorithms*, **28**(4), 444–480.

Kautz, Henry A, Selman, Bart, et al. 1992. Planning as satisfiability. In *European Conference on Artificial Intelligence (ECAI)*, pp. 359–363. Citeseer.

Kilby, Philip, Slaney, John, Thiébaux, Sylvie, Walsh, Toby, et al. 2005. Backbones and backdoors in satisfiability. In *AAAI Conference on Artificial Intelligence*, pp. 1368–1373.

Kolaitis, Phokion G, and Vardi, Moshe Y. 2000. Conjunctive-query containment and constraint satisfaction. *Journal of Computer and System Sciences*, **61**(2), 302–332.

Krajíček, Jan. 2019. *Proof Complexity* vol. 170. Cambridge University Press.

Liang, Jia Hui, Ganesh, Vijay, Poupart, Pascal, and Czarnecki, Krzysztof. 2016. Learning rate based branching heuristic for SAT solvers. In Creignou, Nadia, and Le Berre, Daniel (eds), *Theory and Applications of Satisfiability Testing – SAT 2016*, pp. 123–140. Springer International Publishing.

Liang, Jia Hui, Oh, Chanseok, Mathew, Minu, Thomas, Ciza, Li, Chunxiao, and Ganesh, Vijay. 2018. Machine learning-based restart policy for CDCL SAT solvers. *Theory and Applications of Satisfiability Testing - SAT 2018 - 21st International Conference, SAT 2018, Held as Part of the Federated Logic Conference, FloC 2018*.

Marques-Silva, João P, and Sakallah, Karem A. 1996. GRASP: A new search algorithm for satisfiability. In *Proceedings of the 1996 IEEE/ACM International Conference on Computer-Aided Design*, pp. 220–227. ICCAD '96. IEEE Computer Society.

Mitchell, David, Selman, Bart, and Levesque, Hector. 1992. Hard and easy distributions of SAT problems. In *AAAI Conference on Artificial Intelligence*, pp. 1368–1373.

Moskewicz, Matthew W., Madigan, Conor F., Zhao, Ying, Zhang, Lintao, and Malik, Sharad. 2001. Chaff: Engineering an efficient SAT solver. In *Proceedings of the 38th Annual Design Automation Conference*, pp. 530–535. DAC '01. ACM.

Newsham, Zack, Ganesh, Vijay, Fischmeister, Sebastian, Audemard, Gilles, and Simon, Laurent. 2014. Impact of community structure on SAT solver performance. Sinz, Carsten, and Egly, Uwe (eds), *Theory and Applications of Satisfiability Testing – SAT 2014*, pp. 252–268. Cham: Springer International.

Pipatsrisawat, Knot, and Darwiche, Adnan. 2011. On the power of clause-learning SAT solvers as resolution engines. *Artificial Intelligence*, **175**(2), 512–525.

Tseitin, Grigori S. 1983. On the complexity of derivation in propositional calculus. *Automation of Reasoning*, pp. 466–483. Springer.

Urquhart, Alasdair. 1987. Hard examples for resolution. *Journal of the ACM (JACM)*, **34**(1), 209–219.

Vardi, Moshe Y. 2014. Boolean satisfiability: Theory and engineering. *Communications of the ACM*, **57**(3), 5–5.

Williams, Ryan, Gomes, Carla, and Selman, Bart. 2003. Backdoors to typical case complexity. In *Proceedings of the International Joint Conference on Artificial Intelligence (IJCAI)*, pp. 1173–1178.

Zulkoski, Edward, Martins, Ruben, Wintersteiger, Christoph M., Liang, Jia Hui, Czarnecki, Krzysztof, and Ganesh, Vijay. 2018a. The effect of structural measures and merges on SAT solver performance. In *Principles and Practice of Constraint Programming - 24th International Conference, CP 2018*, pp. 436–452.

Zulkoski, Edward, Martins, Ruben, Wintersteiger, Christoph M., Robere, Robert, Liang, Jia Hui, Czarnecki, Krzysztof, and Ganesh, Vijay. 2018b. Learning-sensitive backdoors with restarts. *International Conference on Principles and Practice of Constraint Programming*, pp. 453–469. Springer.

简单哈希函数何时可以满足需求

Kai-Min Chung，Michael Mitzenmacher，Salil Vadhan

摘要：本章我们描述了一个半随机数据模型，在这个模型中简单、显式的哈希函数族（比如 2-全域的或者 $O(1)$-wise 独立的那些哈希函数族）的性能与理想化的随机哈希法（其中每一个数据项独立而且均匀地映射到值域）的性能几乎没有区别。具体而言，我们证明了只要数据来自“块源”就足以满足需求，此时每一个新的数据项在给定了先前数据项的情况下都具有一个“熵值”。这为以下的观察结果提供了可能的解释：简单哈希函数（包括 2-全域哈希函数）尽管通常具有明显较弱的最坏情况保证，但是它们的性能常常与真随机哈希函数的理想化模型的分析所预测的一样。

26.1 引言

哈希技术包括各种哈希表、Bloom 过滤器及其多种变异、数据流摘要算法等，是许多基本算法和数据结构的核心。在分析哈希技术应用时，传统的做法是将哈希函数视为一个真随机函数（也称为随机预言），它将每一个数据项独立而且均匀地映射到哈希函数的值域。然而，这种理想化模型可以说是不切实际的，因为一个将 $\{0,1\}^n$ 映射到 $\{0,1\}^m$ 的真随机函数需要（在 n 上的）指数级数量的二进制位来描述。

出于这个原因，当使用显式的哈希函数族（例如描述和计算复杂度都是 n 和 m 的多项式的函数族）时[㊀]，人们做了大量的理论工作来寻求提供性能上的严格的界。第一批例子利用了 2-全域哈希函数族，其特性是对于每两个不同的输入 $x \neq x' \in \{0,1\}^n$，如果我们从函数族中选择一个随机哈希函数 H，则 x 和 x' 在 H 下碰撞（即 $H(x)=H(x')$）的概率最多是 $1/2^m$。存在一些 2-全域族，其中每一个哈希函数的描述长度都是（在 n 上）线性的而且可以在接近线性的时间内进行计算，并且可以证明 2-全域特性足以满足许多哈希技术应用的需要。有时候使用的一个更强的特性是 s-wise 独立性，其中对于每 s 个不同的输入 $x_1,\cdots,x_s \in \{0,1\}^n$，哈希值 $H(x_1),\cdots,H(x_s)$ 在 $\{0,1\}^m$ 中是均匀而且独立的。不过，实现 s 独立性将要求描述长度和评估时间至少在 $s \cdot m$ 上是线性的。

虽然在这类哈希函数上已经有许多非常好的结果，但是它们并不总是像我们希望的那样强大。在一些情况下，可以非常高效地实现上述分析的哈希函数类型（例如，全域或者 $O(1)$-wise 独立哈希函数），但是它们的性能保证明显弱于理想的哈希法。在其他情况下，虽然哈希函数的性能保证（基本上）是最优的，但是哈希函数更加复杂而且代价更高（例如要求超线性的时间或空间）。举例来说，如果要哈希的项不超过 T 个，那么一个 T-wise 独立哈希函数的行为将与理想哈希函数完全相同。但是，一个映射到 $\{0,1\}^m$ 的 T-wise 独立哈希函数至少需要 $T \cdot m$ 个比特来表示，这通常太大了。在一些应用上，人们证明了较少的独立性（比如 $O(\log T)$-wise 独立性）已经足够满足需要，但是这类函数的

㊀ 显式的哈希函数指的是显函数形式的哈希函数。——译者注

效率仍然远远低于 2-全域哈希函数。

然而，在实践中标准的全域哈希法的性能往往与理想哈希法的预测性能相匹配，因此可能并不总是需要使用能够证明[㊀]这种性能的更加复杂的哈希函数。正如本书中的许多其他示例一样，这种理论和实践之间的差距可能是由于最坏情况分析造成的。在一些情况下，确实可以证明存在一些全域哈希法没有提供最佳性能的数据项序列，不过这些不良序列可能是在实践中不太可能出现的病态情况。也就是说，在实践中全域哈希函数的强大性能可能来自哈希函数的随机性和数据的随机性的结合。

当然，进行平均情况分析（即每一个数据项独立均匀地分布在 $\{0,1\}^n$ 中）也是非常不现实的（更不用说它会漠视许多应用）。本章我们描述了一个之前在关于所谓“随机性提取器”的文献中研究过的中间模型，它可能是一些哈希技术应用的合适的数据模型。在假定数据能够拟合这个模型的情况下，我们将看到相对较弱的哈希函数实现了与理想哈希函数基本相同的性能。

26.1.1　模型

我们将把数据建模为来自一个随机源，其中的数据项可能远远不是均匀的而且具有任意相关性，前提是假如每一个（新）数据项在给定先前的项的情况下都是充分不可预测的。这些描述通过块源（block source）的概念形式化，其中我们要求第 i 个项（块）X_i 具有以先前的项（块）$X_1,\cdots,X_{i-1}$ 为条件的至少 k 比特的“熵”。这里可以选择使用熵的各种度量。在关于随机性提取器的文献中最为常用的是最小熵（min-entropy），不过这里给出的结果大多数甚至适用于相对宽松的 Rényi 熵（Rényi entropy）的度量。（Rényi 熵的形式定义参见 26.2.3 节。）

对于许多现实世界的数据源，我们相信其中每一个数据项都存在一定的内在随机性，由此看来块源似乎是一个合理的模型，前提是每块所需要的熵值 k 不是太大。不过在一些设定中，数据的结构可能与块源特性冲突，在这种情况下本章的结果可能不适用。有关这个模型的进一步讨论参见 26.1.4 节。

26.1.2　结果

我们在这里概要给出本章的结果，有关定义和结果的形式处理参见后文。

事实证明，关于“随机性提取器”[㊁]的文献中的标准结果意味着全域哈希法的性能接近理想哈希法，前提是数据项具有足够的熵值。具体而言，如果我们有 T 个数据项，它们来自块源 $(X_1,\cdots,X_T)$，其中每一个数据项的（Rényi）熵至少为 $m+2\log(T/\epsilon)$（本章中所有 log 函数均以 2 为底），并且 H 是一个映射到 $\{0,1\}^m$ 的随机 2-全域哈希函数，那么 $(H(X_1),\cdots,H(X_T))$ 与 $\{0,1\}^m$ 的 T 个均匀独立元素之间的统计距离最多是 ϵ。因此，在理想哈希法下以概率 p 发生的任何事件现在都将以在 $[p-\epsilon,p+\epsilon]$ 范围内的概率发生。这使我们能够自动地将理想哈希法的现有结果转换成为块源模型中的全域哈希法的结果。

在许多哈希技术应用中，可以改进前面的分析并且减少所需要的来自数据项的熵的量。假定我们的哈希函数的描述大小为 $o(mT)$，那么每一个项必须至少有 $(1-o(1))m$ 比特的熵，才能使哈希法“表现得像”理想哈希法，这是因为 $(H(X_1),\cdots,H(X_T))$ 的熵最

㊀　这里指的是理论上的证明。——译者注

㊁　有关随机性提取器的简要介绍和形式定义参见 26.2.4 节。

多是 H 和各个 X_i 的熵之和。前面提到过的标准分析需要每块额外增加 $2\log(T/\epsilon)$ 比特的熵。在关于随机性提取的文献中，所需的额外增加的熵值通常并不重要，因为 $\log(T/\epsilon)$ 比 m 小得多。但是它在我们的应用中可能很重要。例如，一个典型的设定是将数量为 $T=\Theta(m)$ 的项哈希到 $2^m=M$ 个容器中。这里 $m+2\log(T/\epsilon)\geqslant 3m-O(1)$，因此，标准分析需要的熵是下界 $(1-o(1))m$ 的三倍。（从下文中提到的具体应用中取得的界甚至更大，有时是因为需要一个亚常量 $\epsilon=o(1)$，有时是因为每一个项都需要几个独立的哈希值。）

根据更加精细的分析，使 $(H(X_1),\cdots,H(X_T))$ 在统计距离上 ϵ-接近均匀的每块需要的熵可以从 $m+2\log(T/\epsilon)$ 减少到 $m+\log T+2\log(1/\epsilon)$，这个界已知是胎紧的。对于一些应用，甚至以不同方式（而不是利用统计距离）对输出质量进行度量，或者利用 4-wise 独立哈希函数（它们也可以快速实现）都可以进一步降低所需要的熵值。

26.1.3　应用

如果 T 个项通过单一的随机哈希函数哈希到 T 个桶中，可以考虑一种称为**链式哈希法**（chained hashing）的标准方法。当哈希函数是一个理想化的真随机函数时，任何一个桶的最大负载以高概率为 $(1+o(1))\cdot(\log T/\log\log T)$。相反，对于一个自然的 2-全域哈希函数族，对抗可以选择一个包含 T 个项的集合，使最大负载总是 $\Omega(T^{1/2})$。本章的结果反过来表明，2-全域哈希法渐近地实现了与理想哈希法相同的性能，前提是数据来自一个块源，其中每项的（Rényi）熵大约是 $2\log T$。26.6 节和 26.7 节描述了哈希技术的其他应用的类似结果，比如“线性探测”“均衡分配”和“Bloom 过滤器”。

26.1.4　前景

我们在本章考虑的块源模型与本书中介绍的其他半随机模型非常相似，因为对抗可以从一个受到约束的分布族（即每个数据项都具有足够的条件熵的分布族）中选择最坏情况的输入分布。事实上，第 9 章中讨论的半随机图模型也受到随机性提取器文献中“半随机源”模型的启发。半随机源模型相当于每块包含一个比特的块源，这启发了我们研究更一般的块源概念。此外，块源模型本身（在最大概率方面）与第 24 章在线分页问题中“扩散对抗”所考虑的分布类相同。

就第 1 章提出的算法分析目标而言，促成本章的模型的动机正是“性能预测”。的确，我们的目标是理解一个具有显式而且高效的哈希函数族的哈希算法的一个实例化在什么情况下其性能类似于这个算法利用真随机函数的理想化分析。最优化理想化性能的算法设计已经是既成事实，唯一可自由选择的是用于实例化算法的哈希函数族。

从“自然科学家”的角度来看，块源模型似乎相对没有争议，它的目的是解释为什么以前的实验没有发现全域哈希法和最坏情况理论预测的理想化分析之间的差距。事实上，这些实验可能使用了本身就是块源的输入分布，也可能以类似的方式与哈希函数交互。

从“工程”的角度来看，目的是选择一个哈希族以便在一个新的应用中达到良好的性能，因此在判断数据分布是否可能适合块源模型时需要更加谨慎。即使每一个数据项本身具有足够的熵值，数据项之间的相关性也会使条件熵变得非常小，甚至为零。一个极端的例子是数据项是一个区间的连续元素，即 $x_{i+1}=x_i+1$。如果初始数据项 x_1 具有高熵值，那么所有其他项 x_i 也具有高熵值，但是给定了 $x_1,\cdots,x_{i-1}$ 的 x_i 的条件熵将为零。在实践中确实有时会出现这种数据分布，而且已经发现实际的 2-全域哈希族在这种数据分布上的性能很糟糕（例如用于线性探测时）。不幸的是，确定一个分布是否接近一个块源通常很困难：它需要的样本数量是块的数量的指数函数（练习题 26.5）。

出于这个原因，一个令人关注的未来研究方向是发现其他数据分布族（而不仅仅是块源模型），其中简单的哈希函数族在一大类哈希技术应用上的表现能够类似于理想化的哈希函数。如果这个目标无法实现，那么除了转向更加复杂的哈希族（比如 $\omega(1)$-wise 独立性或者加密哈希函数）之外，可能没有其他选择。

需要提醒的是，密码学文献围绕着利用哈希技术的加密协议的实现也在努力解决一个类似的问题。采用“随机预言模型”（random oracle model）通常更容易提供这类协议的安全性，其中哈希函数被建模为一个真随机函数，由所有各方（诚实方或者对抗方）作为一个预言进行查询。但是以任何一种显式的多项式时间的实例化来实现哈希函数时，随机预言模型中的安全性一般不再奏效。因此，人们做了大量研究试图确认密码协议和哈希族的现实的、非理想化的属性的种类，使得在实例化下（假定哈希族的确具有所述属性）能够保持随机预言模型中的安全性。

加密设定通常比算法设定更具挑战性，因为对抗通常可以基于哈希函数本身的描述或者至少基于对输入-输出行为的先前的观察来影响提供给哈希函数的输入。相反，即使在哈希算法的最坏情况分析中，我们通常也会假定哈希函数是随机选择的，与数据项无关。在哈希算法的应用中（特别是在安全环境中使用时），应该仔细检查这个假定。如果假定不成立，那么加密哈希函数或者“伪随机函数”可能是一种更为安全但是代价也更加高昂的选择。

26.2　准备工作

26.2.1　符号

$[N]$ 表示集合 $\{0,\cdots,N-1\}$。所有 log 函数都以 2 为底。对于随机变量 X 和事件 E，$X|_E$ 表示以 E 为条件的 X。X 的支持集（support）是 $\mathrm{supp}(X)=\{x:\Pr[X=x]>0\}$。对于一个有穷集合 S，U_S 表示一个在 S 上均匀分布的随机变量。

26.2.2　哈希法

设 $\mathcal{H}$ 是哈希函数 $h:[N]\to[M]$ 的函数族（多重集合），并且设 H 在 $\mathcal{H}$ 上均匀分布。我们使用 $h\leftarrow H$ 表示 h 是按照分布 H 采样的。如果 $\mathcal{H}$ 是所有从 $[N]$ 映射到 $[M]$ 的函数的集合，我们就说 $\mathcal{H}$ 是一个真随机族，即 N 个随机变量 $\{H(x)\}_{x\in[N]}$ 在 $[M]$ 上独立而且均匀地分布。对于 $s\in\mathbb{N}$，如果对于不同元素 $x_1,\cdots,x_s\in[N]$ 的每个序列，随机变量 $H(x_1),\cdots,H(x_s)$ 在 $[M]$ 上独立而且均匀地分布，就说 $\mathcal{H}$ 是 s-wise 独立的，也称为强 s-全域的（strongly s-universal）。如果对于包含不同元素 $x_1,\cdots,x_s\in[N]$ 的每个序列，我们有 $\Pr[H(x_1)=\cdots=H(x_s)]\leqslant 1/M^s$，就说 $\mathcal{H}$ 是 s-全域的（s-universal）。$H\in\mathcal{H}$ 的描述的大小是用来描述 H 的比特数，简单地用 $\log|H|$ 表示。

为了得到一个将全域 $[N]$ 哈希到值域 $[M]$ 的 2-全域族的标准示例，选择一个素数 $p\geqslant\max\{N,M\}$ 并且利用族

$$h_{a,b}(x)=((ax+b)\bmod p)\bmod M$$

这里 a 和 b 是分别从 $\{1,\cdots,p-1\}$ 和 $\{0,1,\cdots,p-1\}$ 中随机地独立而且均匀选择的整数。在练习题 26.2 中，我们请读者证明：对于 $x\neq y$，$h_{a,b}(x)=h_{a,b}(y)$ 的概率最多是 $1/M$。一

个定义域和值域是同一个有限域 $\mathbb{F}$ 的 s-wise 独立族的标准示例是如下哈希函数族：

$$h_{a_0,a_1,\cdots,a_{s-1}}(x)=a_0+a_1x+a_2x^2+\cdots+a_{k-1}x^{s-1} \tag{26.1}$$

这里，从函数族中选择一个哈希函数对应于从 $\mathbb{F}$ 中随机独立均匀地选择各个 a_i。也就是说，哈希函数是一个次数最多是 $s-1$ 的随机多项式。同样，在练习题 26.3 中，我们请读者证明：对于一个从这个函数族中随机选择的哈希函数，$\mathbb{F}$ 的元素的哈希值均匀而且独立地分布在 $\mathbb{F}$ 上。为了得到一个值域小于定义域的函数族，对于素数 p 和整数 $k>1$，我们可以利用一个大小为 p^k 的域 $\mathbb{F}$，选择任何一个正整数 $\ell<k$，并且将公式（26.1）中的哈希函数与一个固定映射 $g:\mathbb{F}\to[p^\ell]$ 相结合，g 的所有原像的大小是 $|\mathbb{F}|/p^\ell$（例如，将 y 解释为 $[p^k]$ 的元素之后，$g(y)=y \bmod p^\ell$）。

26.2.3　块源

我们将数据项看作分布在一个大小为 N 的有限集上的随机变量，用 $[N]$ 表示这个有限集。我们利用以下各个量来度量一个数据项中的随机性。对于一个随机变量 X，X 的最大概率（max probability）是 $\mathrm{mp}(X)=\max_x\Pr[X=x]$，$X$ 的碰撞概率（collision probability）是 $\mathrm{cp}(X)=\sum_x\Pr[X=x]^2$。对这些量进行度量等同于度量最小熵（min-entropy）

$$H_\infty(X)=\min_x\log(1/\Pr[X=x])=\log(1/\mathrm{mp}(X))$$

和 Rényi 熵

$$H_2(X)=\log(1/\Pr[X=X'])=\log(1/\mathrm{cp}(X))$$

其中 X' 是 X 的 i. i. d. 副本。（这些熵的度量来自 Rényi 的 q-熵族。对于正的和有穷的 $q\neq1$，q-熵定义为

$$H_q(X)=\frac{1}{1-q}\log\left(\sum_x(\Pr[X=x])^q\right)$$

取极限 $q\to\infty$ 得到 $H_\infty(X)$，而且可以通过取极限 $q\to1$ 得到香农熵。）如果 X 的支持集大小为 K，则 $\mathrm{mp}(X)\geqslant\mathrm{cp}(X)\geqslant1/K$（即 $H_\infty(X)\leqslant H_2(X)\leqslant\log K$），这些不等式取等号当且仅当 X 在其支持集上是均匀的。因此，X 至少有 k 比特的 Rényi 熵的假定严格地弱于 X 至少有 k 比特的最小熵的假定，所以利用 Rényi 熵可以加强正面的结果。另一方面，$\mathrm{mp}(X)\leqslant\mathrm{cp}(X)^{1/2}$ 也成立（即 $H_\infty(X)\geqslant H_2(X)/2$，参见练习题 26.1），因此最小熵和 Rényi 熵的值始终在彼此的 2 倍以内。

我们将一个数据项序列建模为一个相关随机变量的序列 $(X_1,\cdots,X_T)$，保证其中每一个项具有一个以先前的项为条件的熵值。

定义 26.1（块源）　一个在 $[N]^T$ 中取值的随机变量序列 $(X_1,\cdots,X_T)$ 是一个每块的碰撞概率为 p（或者每块的最大概率为 p）的块源，如果对于每个 $i\in[T]$ 和每个 $(x_1,\cdots,x_{i-1})\in\mathrm{supp}(X_1,\cdots,X_{i-1})$，我们有 $\mathrm{cp}(X_i|_{X_1=x_1,\cdots,X_{i-1}=x_{i-1}})\leqslant p$（或者 $\mathrm{mp}(X_i|_{X_1=x_1,\cdots,X_{i-1}=x_{i-1}})\leqslant p$）。[⊖]　◁

当使用最大概率作为熵的度量时，这就是在随机性提取器文献中所使用的源的标准模型。我们将主要使用碰撞概率的表述作为熵的度量，因为它使得陈述更为通用。

定义 26.2　$(X_1,\cdots,X_T)$ 是一个 K-块源，如果它是一个块源而且每块的碰撞概率最多是 $p=1/K$。　◁

26.2.4　随机性提取器

在块源上获得结果之前，我们需要证明对单一项进行哈希运算会使它接近均匀分散，

⊖ 定义 26.1 给出了两个定义，分别是每块的碰撞概率为 p 的块源和每块的最大概率为 p 的块源。——译者注

然后我们将这个结果泛化。随机性提取器（randomness extractor）可以被看作哈希函数族，它具有这样的特性，即对于任何具有足够熵值的随机变量 X，如果我们从函数族中选取一个随机哈希函数 h，则 $h(X)$ 在哈希函数的值域上"接近"均匀分布。随机性提取器是伪随机性理论的一个核心对象，在理论计算机科学中有着许多应用，因此人们在构建随机性提取器方面做了大量的研究。这一方面的研究重点是构造提取器，其中只需要极少数量（例如对数数量）的随机比特就可以从函数族中选择一个哈希函数。这个参数对我们来说不太关键，所以我们的重点在于对简单而且非常高效的哈希函数（例如全域哈希函数）加以利用，以及最小化所需要的来自源 X 的熵值。为此，我们将以适合我们的应用的方式来度量哈希函数族的质量，而不必拘泥于提取器的标准定义。

当要求哈希值 $h(X)$"接近"均匀时，提取器的标准定义利用了最自然的"接近度"度量。具体而言，对于在 $[N]$ 中取值的随机变量 X 和 Y，它们的统计距离定义为：

$$\Delta(X,Y)=\max_{S\subseteq[N]}\left|\Pr[X\in S]-\Pr[Y\in S]\right|$$

如果 $\Delta(X,Y)\leqslant\epsilon$（或者 $\Delta(X,Y)\geqslant\epsilon$），就说 X 和 Y 是 ϵ-接近的（或者是 ϵ-远离的）。

经典的剩余哈希引理（Leftover Hash Lemma）表明，全域哈希函数是关于统计距离的随机性提取器。

引理 26.3（剩余哈希引理）　设 $H:[N]\to[M]$ 是来自 2-全域族 $\mathcal{H}$ 的一个随机哈希函数。对于每个在 $[N]$ 中取值的随机变量 X 而且 $\mathrm{cp}(X)\leqslant 1/K$，我们有

$$\mathrm{cp}((H,H(X)))\leqslant\frac{1}{|\mathcal{H}|}\cdot\left(\frac{1}{M}+\frac{1}{K}\right)$$

所以 $(H,H(X))$ 是 $(1/2)\cdot\sqrt{M/K}$-接近 $(H,U_{[M]})$ 的。

注意到引理 26.3 指出，$(H,H(X))$ 的联合分布是 ϵ-接近均匀的（对于 $\epsilon=(1/2)\cdot\sqrt{M/K}$），实现这种特性的哈希函数族被称为"强"随机性提取器。忽略在参数 ϵ 上的一定的损失（我们后面希望减少对这个参数的依赖）[㊀]，这个强提取特性等价于随机变量 $h(X)$ 以在 $h\leftarrow H$ 上的高概率接近均匀。

证明　设 (H',X') 是 (H,X) 的一个 i. i. d. 副本。碰撞概率的界来自以下的计算。

$$\begin{aligned}\mathrm{cp}(H,H(X))&=\Pr[H=H'\wedge H(X)=H'(X')]\\&=\Pr[H=H']\cdot\Pr[H(X)=H(X')]\\&\leqslant(1/|\mathcal{H}|)\cdot(\Pr[X=X']+\Pr[H(X)=H(X')\mid X\neq X'])\\&\leqslant\frac{1}{|\mathcal{H}|}\cdot\left(\frac{1}{M}+\frac{1}{K}\right)\end{aligned}$$

在统计距离上的界直接从下面引理的第二点得出（第一点更具普遍性，稍后会被用到）。 □

引理 26.4　如果 X 在 $[M]$ 中取值，而且 $\mathrm{cp}(X)\leqslant 1/M+1/K$，那么有以下引理。

1. 对于每个函数 $f:[M]\to\mathbb{R}$，有

$$|E[f(X)]-\mu|\leqslant\sigma\cdot\sqrt{M/K}$$

其中 μ 是 $f(U_{[M]})$ 的期望值，σ 是其标准偏差。特别地，如果 f 在区间 $[a,b]$ 内取值，那么

$$|E[f(X)]-\mu|\leqslant\sqrt{(\mu-a)\cdot(b-\mu)}\cdot\sqrt{M/K}$$

㊀ 参见 26.5 节定理 26.10。——译者注

2. X 是 $(1/2)\cdot\sqrt{M/K}$-接近 $U_{[M]}$ 的。

证明　根据引理的前提，有

$$\begin{aligned}|E[f(X)]-\mu| &= \left|\sum_{x\in[M]}(f(x)-\mu)\cdot(\Pr[X=x]-1/M)\right| \\ &\leqslant \sqrt{\sum_{x\in[M]}(f(x)-\mu)^2}\cdot\sqrt{\sum_{x\in[M]}(\Pr[X=x]-1/M)^2} \qquad \text{(Cauchy-Schwarz)} \\ &= \sqrt{M\cdot \mathrm{Var}[f(U_{[M]})]}\cdot\sqrt{\sum_{x\in[M]}(\Pr[X=x]^2-2\Pr[X=x]/M+1/M^2)} \\ &= \sqrt{M}\cdot\sigma\cdot\sqrt{\mathrm{cp}(X)-2/M+1/M} \\ &\leqslant \sigma\cdot\sqrt{M/K}\end{aligned}$$

关于第一点中的“特别地”，其结果源于这样的事实：对于每个在区间 $[a,b]$ 内取值而且期望值为 μ 的随机变量 Y，有 $\sigma(Y)\leqslant\sqrt{(\mu-a)\cdot(b-\mu)}$（直观上，如果 Y 以适当的概率质量只取两个极端值 a 和 b 来获得期望值 μ，则方差被最大化。证明提示：$\sigma[Y]^2=E[(Y-a)^2]-(\mu-a)^2\leqslant(b-a)\cdot(\mu-a)-(\mu-a)^2=(\mu-a)\cdot(b-\mu)$。）

关于引理的第二点的证明，注意到 X 和 $U_{[M]}$ 之间的统计距离是在布尔函数 f 上的 $|E[f(X)]-E[f(U_{[M]})]|$ 的最大值，因为一个布尔函数可以被视为在统计距离的定义中的一个子集 S 的指示函数（或者特征函数）。因此，根据引理的第一点，统计距离最多是 $\sqrt{\mu(f)\cdot(1-\mu(f))}\cdot\sqrt{M/K}\leqslant(1/2)\cdot\sqrt{M/K}$。 □

26.3　块源的哈希

这一节我们证明当将数据建模为每块具有足够熵值的块源时，利用 2-全域哈希函数的哈希法的性能接近理想哈希法的性能。更准确地说，在理想哈希法中，哈希值 $(H(x_1),\cdots,H(x_T))$ 的分布只是 $[M]^T$ 上的一个均匀分布。以下定理表明，当数据是每块具有足够熵值的块源 $(X_1,\cdots,X_T)$ 而且 H 是 2-全域时，哈希值的分布 $(H(X_1),\cdots,H(X_T))$ 在统计距离上接近均匀。

定理 26.5　设 $H:[N]\to[M]$ 是来自 2-全域族 $\mathcal{H}$ 的一个随机哈希函数。对于每个 K-块源 $(X_1,\cdots,X_T)$，随机变量 $(H,H(X_1),\cdots,H(X_T))$ 是 $(T/2)\cdot\sqrt{M/K}$-接近 $(H,U_{[M]^T})$ 的。

证明　将剩余哈希引理（引理 26.3）应用于源的每一个块，并且对 T 个块上的统计距离求和。具体而言，由于 $(X_1,\cdots,X_T)$ 是一个 K-块源，从剩余哈希引理可以推出对于每个 $x_{<i}=(x_1,\cdots,x_{i-1})\in[M]^{i-1}$，分布 $(H,H(X_i)|_{X_{<i}=x_{<i}})$ 是 $(1/2)\cdot\sqrt{M/K}$-接近 $(H,U_{[M]})$ 的。

将混合分布 $D_1,\cdots,D_{T+1}$ 定义为

$$D_i=(H,H(X_1),\cdots,H(X_{i-1}),U_{[M]}^{(i)},\cdots,U_{[M]}^{(T)}),\quad i\in[T+1]$$

注意到前面的表述意味着：对于每个 $i\in[T]$，有 $\Delta(D_i,D_{i+1})\leqslant(1/2)\cdot\sqrt{M/K}$（因为表述对于每个 $x_{<i}\in[M]^{i-1}$ 都成立）。还注意到 $D_1=(H,U_{[M]^T})$ 以及 $D_{T+1}=(H,H(X_1),\cdots,H(X_T))$。由于统计距离满足三角不等式，所以

$$\Delta(D_1,D_{T+1})\leqslant\sum_{i=1}^{T}\Delta(D_i,D_{i+1})\leqslant(T/2)\cdot\sqrt{M/K}$$

证毕。 □

假定 $K\geqslant MT^2/(4\epsilon^2)$，定理 26.5 意味着哈希值 $(H(X_1),\cdots,H(X_T))$ 的分布是 ϵ-接近

均匀的。因此，在理想哈希法下以概率 p 发生的任何事件现在都以在 $[p-\epsilon,p+\epsilon]$ 范围内的概率发生。这让我们能够轻而易举地将理想哈希法的现有结果转换为块数据源模型中的全域哈希法的结果。

已知定理 26.5 有一个胎紧的版本，它把对 T 的线性依赖改进为$\sqrt{T}$。

定理 26.6　设 $H:[N]\to[M]$ 是来自 2-全域族 $\mathcal{H}$ 的一个随机哈希函数。对于每个 K-块源 $(X_1,\cdots,X_T)$，随机变量 $(H,H(X_1),\cdots,H(X_T))$ 是$\sqrt{MT/K}$-接近 $(H,U_{[M]^T})$ 的。

根据定理 26.6，只要假定 $K\geqslant MT/\epsilon^2$ 就足以得出哈希值 ϵ-接近均匀的结论。在 26.4 节，作为一个示例，我们讨论定理 26.6 对链式哈希法的作用。

定理 26.6 的证明相当复杂，需要在不同的距离概念之间小心切换，从而度量到 T 个块上的均匀分布的距离的增长。我们这里省略了这个证明。

26.4　应用：链式哈希法

我们首先简要回顾一下链式哈希算法及其在理想哈希法下的结果。使用链式哈希法的哈希表将集合 $\bar{x}=\{x_1,\cdots,x_T\}\in[N]^T$ 存储在一个包含 M 个桶的数组中。设 h 是一个从 $[N]$ 映射到 $[M]$ 的哈希函数。我们将每一个项 x_i 放入桶 $h(x_i)$，当这个过程结束时，桶的负载（load）就是桶中的项的数量。

定义 26.7　给定 $h:[N]\to[M]$ 以及一个数据项序列 $\bar{x}=\{x_1,\cdots,x_T\}$，其中的数据项来自 $[N]$，并且利用 h 通过链式哈希法存储，我们将最大负载（maximum load）$\mathrm{MaxLoad}_{\mathrm{CH}}(\bar{x},h)$ 定义为放置了所有数据项之后各个存储桶的负载的最大值。 ◁

已知在理想哈希法的条件下，当 $M=T$ 时，期望的最大负载渐近地是 $\log T/\mathrm{loglog}\ T$。现在这个界以高概率也成立。更确切地说，我们有以下定理。

定理 26.8　设 H 是一个从 $[N]$ 映射到 $[T]$ 的真随机哈希函数。对于每个包含不同数据项的序列 $\bar{x}\in[N]^T$，我们有

$$\Pr\left[\mathrm{MaxLoad}_{\mathrm{CH}}(\bar{x},H)\leqslant(1+o(1))\cdot\frac{\log T}{\mathrm{loglog}\ T}\right]=1-o(1)$$

其中随着 $T\to\infty$，$o(1)$ 项趋向于零。

这个定理背后的计算要求哈希函数是 $\Omega(\log T/\mathrm{loglog}\ T)$-wise 独立的。实际上，练习题 26.4 证明了存在一些 2-全域族和输入集 $\bar{x}$，其中最大负载始终至少为$\sqrt{T}$。不过，假设我们将数据建模为一个块源而且利用 2-全域哈希法，并且假定数据的每块具有足够的熵值，定理 26.6 使我们能够推导出定理 26.8 的结论。

定理 26.9　设 H 是从一个由 $[N]$ 映射到 $[T]$ 的 2-全域哈希族 $\mathcal{H}$ 中随机选取的。对于在 $[N]^T$ 中取值的每个 K-块源 $\bar{X}$，其中 $K=\omega(T^2)$，我们有

$$\Pr\left[\mathrm{MaxLoad}_{\mathrm{CH}}(\bar{X},H)\leqslant(1+o(1))\cdot\frac{\log T}{\mathrm{loglog}\ T}\right]=1-o(1)$$

其中随着 $T\to\infty$，$o(1)$ 项趋向于零。

证明　设置 $M=T$。注意到$\mathrm{MaxLoad}_{\mathrm{CH}}(\bar{x},h)$ 的值可以单独由哈希序列 $(h(x_1),\cdots,h(x_T))\in[M]^T$ 确定，而且不另外依赖于数据序列 $\bar{x}$ 或者哈希函数 h。因此对于函数 $\lambda:N\to N$，我们可以设 $S\subseteq[M]^T$ 是包含所有符合下述条件的序列的集合：这些序列包含这样的哈希值，它们产生一个最大负载超过 $\lambda(T)$ 的位置。根据定理 26.8，我们可以取 $\lambda(T)=(1+o(1))\cdot(\log T)/(\mathrm{loglog}\ T)$，因此有：

$$\Pr[U_{[M]^T} \in S] = \Pr[\text{MaxLoad}_{\text{CH}}(\bar{x}, I) > \lambda(T)] = o(1)$$

其中 I 是一个从 $[N]$ 映射到 $[M]=[T]$ 的真随机哈希函数，$\bar{x}$ 是一个包含不同数据项的任意序列。

我们关注的是以下的数量：

$$\Pr[\text{MaxLoad}_{\text{CH}}(\bar{X}, H) > \lambda(T)] = \Pr[(H(X_1), \cdots, H(X_T)) \in S]$$

其中 H 是来自 2-全域族的随机哈希函数。给定 $K=\omega(T^2)$，我们设置 $\epsilon=\sqrt{MT/K}=o(1)$。根据定理 26.6，$(H(X_1),\cdots,H(X_T))$ 是 ϵ-接近均匀分布的。因此，我们有

$$\begin{aligned}\Pr[(H(X_1), \cdots, H(X_T)) \in S] &\leqslant \Pr[U_{[M]^T} \in S] + \epsilon \\ &= o(1)\end{aligned}$$

□

26.5 块源提取的最优化

我们已经看到，对于一些应用，当数据来自每块具有足够熵值的块源时，2-全域哈希法的性能几乎与理想哈希法一样好。我们自然会问，需要多大的熵值？答案可能取决于应用场景的需要，以及具体使用的哈希算法及其分析。根据我们迄今的分析，所需要的熵值的范围可以是从非常合理到不现实。

这一节我们讨论一些降低所需要的熵值的一般方法。一个主要的观察结果是，与采用统计距离的严格概念不同，对于一些应用，只需要确保哈希值 $(H(X_1),\cdots,H(X_T))$ 的集合具有（或者在统计上接近有）足够小的碰撞概率，例如在均匀分布的碰撞概率的 $O(1)$ 因子内。定理 26.10 提供了这种形式的结果，其中所需要的来自块源的熵值更小，这降低了一些应用所需要的熵值（见 26.6 节）。

定理 26.10　设 $H:[N]\to[M]$ 是来自 2-全域族 $\mathcal{H}$ 的一个随机哈希函数。对于每个 K-块源 $(X_1,\cdots,X_T)$ 和每个 $\epsilon>0$，随机变量 $(H,\bar{Y})=(H,H(X_1),\cdots,H(X_T))$ 是 ϵ-接近分布 $(H,\bar{Z})$ 的，这个分布具有以下碰撞概率：

$$\text{cp}(H,\bar{Z}) \leqslant \frac{1}{|\mathcal{H}| \cdot M^T} \cdot \left(1+\frac{M}{\epsilon K}\right)^T$$

特别地，如果 $K \geqslant MT/\epsilon$，那么 $(H,\bar{Z})$ 的碰撞概率最多是

$$\frac{1}{|\mathcal{H}| \cdot M^T} \cdot \left(1+\frac{2MT}{\epsilon K}\right)$$

注意到因子 $1/(|\mathcal{H}| \cdot M^T)$ 是均匀分布 $(H,U_{[M]^T})$ 的碰撞概率，而因子 $(1+(M/\epsilon K))^T$ 和 $(1+(2MT/\epsilon K))$ 量化了与理想哈希法相比在碰撞概率上的放大程度。还要留意的是，与定理 26.6 相比，关键是降低了对 ϵ 的依赖性。具体而言，为了实现统计距离 ϵ，只需要 K 是 $\Omega(MT/\epsilon)$，而不是 $\Omega(MT/\epsilon^2)$。因此，这对于在分析中要求 $\epsilon=o(1)$ 的应用特别有价值。

这里我们省略了定理 26.10 的证明。粗略地说，为了证明定理 26.10，我们首先利用剩余哈希引理（引理 26.3）和一个马尔可夫论证来证明哈希块的（条件）碰撞概率的某种平均形式以高概率是小的。然后，证明对基于第一步建立的特性的分布 $(H,\bar{Y})$ 进行仔细修改，可以获得分布 $(H,\bar{Z})$，从而得到定理。

我们可以利用以下定理所述的 4-wise 独立哈希函数对界做进一步改进，其中对 ϵ 的依赖性得到进一步改善。概要地说，改进所依据的是这样一个事实，即 4-wise 独立哈希法使

我们能够在证明中用 Chebyshev 不等式代替马尔可夫论证。

定理 26.11　设 $H:[N]\to[M]$ 是来自 4-wise 独立族 $\mathcal{H}$ 的一个随机哈希函数。对于每个 K-块源 $(X_1,\cdots,X_T)$ 和每个 $\epsilon>0$，随机变量 $(H,\overline{Y})=(H,H(X_1),\cdots,H(X_T))$ ϵ-接近分布 $(H,\overline{Z})$，这个分布具有以下碰撞概率：

$$\mathrm{cp}(H,\overline{Z})\leqslant\frac{1}{|\mathcal{H}|\cdot M^T}\left(1+\frac{M}{K}+\sqrt{\frac{2M}{\epsilon K^2}}\right)^T$$

特别地，如果 $K\geqslant MT+\sqrt{2MT^2/\epsilon}$，那么对于 $\gamma=2\cdot(MT+\sqrt{2MT^2/\epsilon})/K$，$(H,\overline{Z})$ 的碰撞概率最多是 $(1+\gamma)/(|\mathcal{H}|\cdot M^T)$。

26.6　应用：线性探测法

这一节我们举例说明：定理 26.10 和定理 26.11 对于一些应用的分析可以强于定理 26.6。我们首先要提及的是，当用于链式哈希法中的“高概率”陈述时，定理 26.10 和定理 26.11 并没有显著改进定理 26.6。另一方面，对于那些我们只有期望的界的应用，定理 26.10 和定理 26.11 可以减少所需要的熵值。正如我们将在下面的线性探测法（linear probing）的示例中看到的，这是因为在分析中只需要很小的 $\epsilon=o(1)$。

我们首先对线性探测法（见第 8 章）做简短回顾。利用线性探测法的哈希表，使用 M 个存储位置来保存一个来自 $[N]$ 的数据项的序列 $\overline{x}=(x_1,\cdots,x_T)$。给定一个哈希函数 $h:[N]\to[M]$，我们按如下顺序放置数据项 $x_1,\cdots,x_T$：数据项 x_i 首先尝试放置在 $h(x_i)$，如果这个位置已经被填充，则持续尝试位置 $(h(x_i)+1)\bmod M$，$(h(x_i)+2)\bmod M$，直至找到一个空位置为止。比值 $\gamma=T/M$ 称为哈希表的负载。[㊀]线性探测法的效率作为负载的函数由新数据项的插入时间来度量。（还有其他一些人们经常研究的度量指标，比如对表中已有数据项进行搜索的平均时间。这里的结果也可以推广到这些指标。）

定义 26.12　给定 $h:[N]\to[M]$ 和一个数据项集合 $\overline{x}=\{x_1,\cdots,x_T\}$，其中的数据项来自 $[N]$ 并且利用 h 通过线性探测法存储。给定一个额外的数据项 $y\notin\overline{x}$，我们将插入次数 $\mathrm{Time}_{\mathrm{LP}}(h,\overline{x},y)$ 定义为 j 的取值，使得 y 被放置在位置 $h(y)+(j-1)\bmod M$。　◁

众所周知，理想哈希法（即利用真随机哈希函数的哈希法）的期望插入次数的界可以作为负载的一个函数而被严格确定。

定理 26.13　设 H 是一个从 $[N]$ 映射到 $[M]$ 的真随机哈希函数。对于每个序列 $\overline{x}\in[N]^{T-1}$ 和 $y\notin\overline{x}$，我们有 $E[\mathrm{Time}_{\mathrm{LP}}(H,\overline{x},\ y)]\leqslant1/(1-\gamma)^2$，其中 $\gamma=T/M$ 是负载。

我们知道，只需利用 $O(1)$-wise 独立性，可以由 γ（独立于 T）确定期望的查找次数的界。具体而言，对于任何一个序列 $\overline{x}$，在 5-wise 独立的情况下，一次插入的期望次数是 $O(1/(1-\gamma)^{2.5})$。另一方面，我们还知道存在序列 $\overline{x}$ 和两两独立的哈希族的例子，使得一次查找的期望次数是 T 的对数函数（甚至在负载 γ 独立于 T 的情况下）。

现在，假设我们考虑来自一个 K-块源 $(X_1,\cdots,X_{T-1},X_T)$ 的数据项，其中要插入的项 $Y=X_T$ 是最后的块。只利用一个 2-全域哈希族，定理 26.6 的一个直接应用给出：如果 $K\geqslant MT/\epsilon^2$，那么元素哈希产生的分布是 ϵ-接近均匀的。统计距离 ϵ 对期望插入次数的影响最多是 ϵT，因为最大插入次数是 T。也就是说，如果我们设 E_U 是利用一个真随机哈希函数时一次插入的期望次数，而 E_P 是利用两两独立的哈希函数时一次插入的期望次数，那么

㊀　通常也称为负载因子。——译者注

我们有

$$E_P \leqslant E_U + \epsilon T$$

一个自然的选择是 $\epsilon = o(1/T)$，使得 ϵT 项是 $o(1)$，得到的结果是在标准情况下 K 必须是 $\omega(MT^3)=\omega(M^4)$，这里的标准情况指的是对于常数 $\gamma \in (0,1)$，有 $T=\gamma M$（此后我们都将如此假设）。另一种可选择的解释是，哈希表的行为以概率 $1-\epsilon$ 就像使用了一个真随机哈希函数一样。在一些应用中，常数 ϵ 可能已经满足需要，在这种情况下 $K=\omega(M^2)$ 也就足够了。

应用引理 26.4 并且结合定理 26.10 可以获得一些更好的结果。特别地，对于线性探测法，已知插入次数的标准偏差 σ 为 $O(1/(1-\gamma)^2)$。在 2-全域族的情况下，只要 $K \geqslant MT/\epsilon$，根据定理 26.10，结果得到的哈希值 ϵ-接近一个碰撞概率最多是 $(1+2MT/(\epsilon K))/M^T$ 的块源。我们现在可以应用引理 26.4，利用在碰撞概率上的这个界，将期望插入次数的界确定为

$$E_P \leqslant E_U + \epsilon T + \sigma\sqrt{\frac{2MT}{\epsilon K}}$$

当 K 是 $\omega(M^3)$ 时，选择 $\epsilon = o(1/T)$，得到的结果是 E_P 和 E_U 在忽略低阶项的意义上是相同的。定理 26.11 给出了进一步的改进：对于 $K \geqslant MT+\sqrt{\frac{2MT^2}{\epsilon}}$，我们有

$$E_P \leqslant E_U + \epsilon T + \sigma\sqrt{\frac{2MT+\sqrt{\frac{2MT^2}{\epsilon}}}{K}}$$

现在选择 $\epsilon = o(1/T)$，这使得 K 仅仅是 $\omega(M^2)$。

换言之，当利用 4-wise 独立哈希函数时，Rényi 熵只需要 $2\log(M)+\omega(1)$ 比特，而对于 2-全域哈希函数，则需要 $3\log(M)+\omega(1)$ 比特。我们把在 2-全域哈希函数下的结果形式化如下。

定理 26.14　设 H 是从一个由 $[N]$ 映射到 $[M]$ 的 2-全域哈希族 $\mathcal{H}$ 中随机抽取的。对于在 $[N]^T$ 中取值的每个 K-块源（$K \geqslant MT/\epsilon$），我们有 $E[\mathrm{Time}_{\mathrm{LP}}(H,\overline{X},Y)] \leqslant \frac{1}{(1-\gamma)^2} + \epsilon T + \sigma\sqrt{\frac{2MT}{\epsilon K}}$，这里 $\gamma = T/M$ 是负载，$\sigma = O(1/(1-\gamma)^2)$ 是在真随机哈希函数的情况下插入次数的标准偏差。

26.7　其他应用

这一节我们介绍本章的方法在其他几种基于哈希法的算法中的应用。

在均衡分配（balanced allocation）范例中，已知当 T 个项哈希到 T 个桶而且每一个项顺序放置到 d 个选择中负载最小的一个（对于 $d \geqslant 2$）时，以高概率最大负载为 $\log\log T/\log d + O(1)$。注意到从 $d=1$ 到 $d=2$ 会使最大负载产生从 $O(\log T/\log\log T)$ 到 $O(\log\log T)$ 的指数级降低。利用本章的方法，当哈希函数从一个 2-全域哈希族中选择时，如果数据项来自这样的块源，其中每个数据项大约有 $(d+1)\log T$ 比特的熵，那么相同的结果成立。

Bloom 过滤器是一种用于近似地存储集合的数据结构，其中成员资格的测试结果可能

以一个有界概率出现假阳性。可以证明，当采用 $O(1)$-wise 独立哈希函数代替真随机哈希函数时，对于最坏情况下的数据，假阳性的概率存在一个常数差距。另一方面，如果数据来自一个块源，块源的每个项大约有 3log M 比特的（Rényi）熵，其中 M 是 Bloom 过滤器的大小，那么 2-全域哈希法的假阳性概率渐近地与理想哈希法相同。

表 26.1 中总结了上述应用中每项所需的（Rényi）熵值。

表 26.1　每项所需的熵值

哈希族类型	需要的熵值
线性探测	
2-全域哈希法	3log T
4-wise 独立	2log T
链式哈希法	
2-全域哈希法	2log T
具有 d 个选择的均衡分配	
2-全域哈希法	$(d+1)\log T$
Bloom 过滤器	
2-全域哈希法	3log T

注：每一个条目表示为了确保所给定的应用的性能“接近”使用真随机哈希函数时的性能，每项所需要的（Rényi）熵值。所有情况下的界都忽略了加性项，这些加性项取决于所要求的性能的接近程度。我们把问题限制在（标准）情况下，即哈希表的大小与被哈希的项的数量呈线性关系。也就是说 $m=\log T+O(1)$。

26.8　本章注解

本章中的材料主要来自（Chung et al.，2013）。

Knuth（1998）、Broder 和 Mitzenmacher（2005）以及 Muthukrishnan（2005）对哈希法的算法应用进行了综述。Carter 和 Wegman（1979）以及 Wegman 和 Carter（1981）分别引入了全域和 s-wise 独立哈希法。在（Schmidt and Siegel，1990）以及（Pagh and Rodler，2004）中可以找到对 T 个项的 $O(\log T)$-wise 独立哈希法的分析。在许多标准教科书中可以找到对全域和 s-wise 独立族的内容的进一步覆盖，例如（Mitzenmacher and Upfal，2017）和（Vadhan，2011）。Gonnet（1981）以及 Raab 和 Steger（1998）对利用理想哈希函数的链式哈希法的最大负载进行了分析（例如定理 26.8）。Alon 等人（1999）对 2-全域哈希族下的链式哈希法进行了最坏情况分析（包括练习题 26.4）。Knuth（1998）分析了在理想哈希函数下线性探测的期望插入次数（即定理 26.13），其方差可参见（Gonnet and Baeza-Yates，1991）。Pagh 等人（2009）以及 Patrascu 和 Thorup（2010）对 $O(1)$-wise 独立性下的线性探测进行了最坏情况分析，Thorup 和 Zhang（2012）对此进行了实验（以及 4-wise 独立哈希法的快速实现）。均衡分配范式归因于 Azar 等人（2000），Bloom 过滤器则归因于 Bloom（1970）。标准全域哈希法的性能通常与理想哈希法的预测结果相匹配，这一事实在（Ramakrishna，1988，1989；Ramakrichna et al.，1997；Broder and Mitzenmacher，2001；Dharmapurikar et al.，2004；Pagh and Rodler，2004）中进行了实验性观察。

Nisan 和 Ta Shma（1999）、Shaltiel（2002）以及 Vadhan（2011）对随机性提取器进行了综述。Chor 和 Goldreich（1988）（以“概率有界源”为名）引入块源，推广了 Santha 和 Vazirani（1986）引入的“半随机源”模型。剩余哈希引理（引理 26.3）由 Bennett 等人（1988）和 Impagliazzo 等人（1989）提出。我们给出的证明归因于 Rackoff（Impagliazzo and Zuckerman，1989）。定理 26.5 给出的对块源的全域哈希法和随机性提取的分析遵循

Chor 和 Goldreich（1988）以及 Zuckerman（1996）的思路。Blum 和 Spencer（1995）引入了图的半随机模型，Koutsoupias 和 Papadimitriou（2000）引入了在线分页问题的扩散对抗模型。

密码学中的随机预言模型是由 Fiat 和 Shamir（1987）以及 Bellare 和 Rogaway（1993）引入的。Canetti 等人（2004）证明了在使用显式哈希函数实例化随机预言时可能无法保持安全性的事实。寻求允许安全实例化的协议类别和哈希族的特性的努力可以在（Bellare et al.，2013）及其参考文献中找到。

致谢

Kai-Min 获得台湾省“中央研究院”Career Development Award（批准号：23-17）的部分资助。Michael 获得 NSF（批准号：CCF-1563710，CCF-1535795）的资助。Salil 获得 NSF（批准号：CCF-1763299）的资助并且获得一次 Simons Investigator Award。我们感谢 Elias Koutsoupias 和 Tim Roughgarden，他们的反馈意见使本章得以改进。

参考文献

Alon, Noga, Dietzfelbinger, Martin, Miltersen, Peter Bro, Petrank, Erez, and Tardos, Gábor. 1999. Linear hash functions. *Journal of the ACM*, **46**(5), 667–683.

Azar, Yossi, Broder, Andrei Z., Karlin, Anna R., and Upfal, Eli. 2000. Balanced allocations. *SIAM Journal on Computing*, **29**(1), 180–200.

Bellare, Mihir, and Rogaway, Phillip. 1993. Random oracles are practical: A paradigm for designing efficient protocols. In Denning, Dorothy E., Pyle, Raymond, Ganesan, Ravi, Sandhu, Ravi S., and Ashby, Victoria (eds), *CCS '93, Proceedings of the 1st ACM Conference on Computer and Communications Security*, pp. 62–73. ACM.

Bellare, Mihir, Hoang, Viet Tung, and Keelveedhi, Sriram. 2013. Instantiating random oracles via UCEs. In Canetti, Ran, and Garay, Juan A. (eds.), *Advances in Cryptology – CRYPTO 2013–33rd Annual Cryptology Conference*. Lecture Notes in Computer Science, vol. 8043, pp. 398–415. Springer.

Bennett, Charles H., Brassard, Gilles, and Robert, Jean-Marc. 1988. Privacy amplification by public discussion. *SIAM Journal on Computing*, **17**(2), 210–229. Special issue on cryptography.

Bloom, Burton H. 1970. Space/time trade-offs in hash coding with allowable errors. *Communications of the ACM*, **13**(7), 422–426.

Blum, Avrim, and Spencer, Joel. 1995. Coloring random and semi-random k-colorable graphs. *Journal of Algorithms*, **19**(2), 204–234.

Broder, A., and Mitzenmacher, M. 2001. Using multiple hash functions to improve IP lookups. In *INFOCOM 2001: Proceedings of the Twentieth Annual Joint Conference of the IEEE Computer and Communications Societies*, pp. 1454–1463.

Broder, A., and Mitzenmacher, M. 2005. Network applications of Bloom filters: A survey. *Internet Mathematics*, **1**(4), 485–509.

Canetti, Ran, Goldreich, Oded, and Halevi, Shai. 2004. The random oracle methodology, revisited. *Journal of the ACM*, **51**(4), 557–594.

Carter, J. Lawrence, and Wegman, Mark N. 1979. Universal classes of hash functions. *Journal of Computer and System Sciences*, **18**(2), 143–154.

Chor, Benny, and Goldreich, Oded. 1988. Unbiased bits from sources of weak randomness and probabilistic communication complexity. *SIAM Journal on Computing*, **17**(2), 230–261.

Chung, Kai-Min, Mitzenmacher, Michael, and Vadhan, Salil P. 2013. Why simple hash functions work: Exploiting the entropy in a data stream. *Theory of Computing*, **9**, 897–945.

Dharmapurikar, S., Krishnamurthy, P., Sproull, T. S., and Lockwood, J. W. 2004. Deep packet inspection using parallel Bloom filters. *IEEE Micro*, **24**(1), 52–61.

Fiat, Amos, and Shamir, Adi. 1987. How to prove yourself: Practical solutions to identification and signature problems. In *Advances in cryptology—CRYPTO '86*. Lecture Notes in Computer Science, vol. 263, pp. 186–194. Springer.

Gonnet, Gaston H. 1981. Expected length of the longest probe sequence in hash code searching. *Journal of the ACM*, **28**(2), 289–304.

Gonnet, GH, and Baeza-Yates, R. 1991. *Handbook of Algorithms and Data Structures: In Pascal and C*. Addison-Wesley Longman.

Impagliazzo, Russell, and Zuckerman, David. 1989 (Oct. 30 – Nov. 1). How to recycle random bits. In *30th Annual Symposium on Foundations of Computer Science*. IEEE, pp. 248–253.

Impagliazzo, Russell, Levin, Leonid A., and Luby, Michael. 1989 (May 15-17). Pseudo-random generation from one-way functions (Extended Abstracts). In *Proceedings of the Twenty First Annual ACM Symposium on Theory of Computing*, pp. 12–24.

Knuth, D.E. 1998. *The Art of Computer Programming*, vol. 3: *Sorting and Searching*. Addison Wesley Longman.

Koutsoupias, Elias, and Papadimitriou, Christos H. 2000. Beyond competitive analysis. *SIAM Journal on Computing*, **30**(1), 300–317.

Mitzenmacher, Michael, and Upfal, Eli. 2017. *Probability and Computing*, ed. Cambridge University Press. 2nd Randomization and Probabilistic Techniques in Algorithms and Data Analysis.

Muthukrishnan, S. 2005. Data Streams: Algorithms and Applications. *Foundations and Trends in Theoretical Computer Science*, **1**(2), 117–236.

Nisan, Noam, and Ta-Shma, Amnon. 1999. Extracting randomness: A survey and new constructions. *Journal of Computer and System Sciences*, **58**(1), 148–173.

Pagh, Anna, Pagh, Rasmus, and Ruzic, Milan. 2009. Linear probing with constant Independence. *SIAM Journal on Computing*, **39**(3), 1107–1120.

Pagh, R., and Rodler, F. F. 2004. Cuckoo hashing. *Journal of Algorithms*, **51**(2), 122–144.

Patrascu, Mihai, and Thorup, Mikkel. 2010. On the k-independence required by linear probing and minwise independence. In Abramsky, Samson, Gavoille, Cyril, Kirchner, Claude, Meyer auf der Heide, Friedhelm, and Spirakis, Paul G. (eds), *ICALP (1)*. Lecture Notes in Computer Science, vol. 6198, pp. 715–726. Springer.

Raab, Martin, and Steger, Angelika. 1998. "Balls into bins": A simple and tight analysis. In *Randomization and approximation techniques in computer science (Barcelona, 1998)*. Lecture Notes in Computer Science, vol. 1518, pp. 159–170. Springer.

Ramakrishna, M. V. 1988. Hashing practice: Analysis of hashing and universal hashing. *SIGMOD '88: Proceedings of the 1988 ACM SIGMOD International Conference on Management of Data*, pp. 191–199. ACM Press.

Ramakrishna, M. V. 1989. Practical performance of Bloom filters and parallel free-text searching. *Communications of the ACM*, **32**(10), 1237–1239.

Ramakrishna, M. V., Fu, E., and Bahcekapili, E. 1997. Efficient hardware hashing functions for high performance computers. *IEEE Transactions on Computing*, **46**(12), 1378–1381.

Santha, Miklos, and Vazirani, Umesh V. 1986. Generating quasi-random sequences from semi-random sources. *Journal of Computer and System Sciences*, **33**(1), 75–87.

Schmidt, Jeanette P., and Siegel, Alan. 1990. The analysis of closed hashing unr limited randomness (Extended Abstract). In *Proceedings of the 22nd Annual ACM Symposium on Theory of Computing (STOC)*, pp. 224–234. ACM.

Shaltiel, Ronen. 2002. Recent developments in explicit constructions of extractors. *Bulletin of the European Association for Theoretical Computer Science*, **77**(June), 67–95.

Thorup, Mikkel, and Zhang, Yin. 2012. Tabulation-based 5-independent hashing with applications to linear probing and second moment estimation. *SIAM Journal on Computing*, **41**(2), 293–331.

Vadhan, Salil P. 2011. Pseudorandomness. *Foundations and Trends® in Theoretical Computer Science*, **7**(1-3), front matter, 1–336.

Wegman, Mark N., and Carter, J. Lawrence. 1981. New hash functions and their use in authentication and set equality. *Journal of Computer and System Sciences*, **22**(3), 265–279.

Zuckerman, David. 1996. Simulating BPP using a general weak random source. *Algorithmica*, **16**(4/5), 367–391.

练习题

26.1 证明 $H_{\infty}(X) \geqslant H_2(X)/2$，并且找到一个分布 X 使得这个不等式（几乎）是胎紧的。提示：考虑这样的 X，它以常数概率（比如 1/2）取一个固定值，而对于余下的概率质量是均匀的。

26.2 证明形式为 $h_{a,b}(x)=((ax+b) \bmod p) \bmod M$ 的哈希函数族是一个从 $[N]$ 映射到 $[M]$ 的 2-全域族，其中 $p \geqslant \max\{N,M\}$，$a \in \{1,\cdots,p-1\}$，$b \in \{0,\cdots,p-1\}$。

26.3 证明对于一个有限域 $\mathbb{F}$ 和正整数 s，如下形式的函数族

$$h_{a_0,a_1,\cdots,a_{s-1}}(x)=a_0+a_1x+a_2x^2+\cdots+a_{k-1}x^{s-1}$$

是一个 s-wise 独立族。提示：对于每 s 个不同的值 $x_1,\cdots,x_s \in \mathbb{F}$ 和每个 $y_1,\cdots,y_s \in \mathbb{F}$，存在唯一的一个次数最多是 s 的多项式 h，使得对于所有的 i，有 $h(x_i)=y_i$。

26.4 设 $\mathbb{F}$ 是一个有限域，其大小是一个完全平方数。设 $\mathbb{F}_0 \subseteq \mathbb{F}$ 是大小为 $\sqrt{|\mathbb{F}|}$ 的 $\mathbb{F}$ 的子域。考虑从 $\mathbb{F}\times\mathbb{F}$ 映射到 $\mathbb{F}$ 的哈希函数族 $\mathcal{H}$，它由 $h_{a,b}(x,y)=ax+by$ 给出，其中 a，b 在整个 $\mathbb{F}$ 上变化。

（1）证明 $\mathcal{H}$ 是一个 2-全域族。

（2）设 γ 是 $\mathbb{F}$-$\mathbb{F}_0$ 的一个固定元素，考虑集合

$$S=\left\{\left(\frac{1}{u+\gamma},\frac{v}{u+\gamma}\right):u,v \in \mathbb{F}_0\right\}$$

观察到 $|S|=|\mathbb{F}_0|^2=|\mathbb{F}|$。证明对于所有的 a，$b \in \mathbb{F}$，我们有

$$\text{MaxLoad}_{\text{CH}}(S,h_{a,b}) \geqslant |\mathbb{F}_0|=\sqrt{|\mathbb{F}|}$$

提示：当 $b=0$ 时，考虑 S 的子集，其中 $u=0$。如果 $b\neq0$，则可以认为存在一个 $c \in \mathbb{F}$ 使得 c/b 和 $(\gamma c-a)/b$ 都在 $\mathbb{F}_0$ 中，此时考虑 S 的子集，其中 $v=(c/b)u+(\gamma c-a)/b$。

26.5 假设有算法 A 和 $[N]^T$ 上的一个未知分布 X，A 的输入是来自 X 的 s 个 i. i. d. 样本 $X^{(1)},\cdots,X^{(s)}$，并且有下列属性：

- 如果 X 是 $[N]^T$ 上的均匀分布，那么 $A(X^{(1)},\cdots,X^{(s)})$ 接受的概率至少为 2/3。
- 如果 X 与每个块源的统计距离至少为 1/2 而且每块的碰撞概率最多是 1/4，那么 $A(X^{(1)},\cdots,X^{(s)})$ 接受的概率最多是 1/3。

证明 A 的样本复杂度 s 必须至少为 $\Omega(N^{(T-1)/2})$。提示：考虑 $X=(X_1,\cdots,X_T)$，其中 $X_1,\cdots,X_T$ 是均匀独立的，而且对于一个随机选择的函数 $f:[N]^{T-1}\to[N]$，有 $X_T=f(X_1,\cdots,X_{T-1})$。考虑在 s 个样本中必定发生了什么，A 才能将 X 与 $[N]^T$ 上的均匀分布区分开来。

第 27 章

Beyond the Worst-Case Analysis of Algorithms

先验独立拍卖

Inbal Talgam-Cohen

摘要：本章讨论先验独立拍卖，目标是设计一种单一拍卖，它对于一个给定类别中的每种分布都近似于为这种分布专门设计的最优拍卖。我们探讨设计这一类拍卖的两种主要方法：第一种是基于样本的（sample-based），将问题归结为学习足够的分布情况（通过实施"动态交易分析"）来取得和完全了解分布情况一样的效果；第二种是基于竞争的（competition-based），思路是充分增加交易竞争以推高价格，同时保留对分布的难得糊涂。㊀

27.1 引言

拍卖作为最坏情况分析和平均情况分析的交汇点。拍卖是关于资源分配的算法，它具有额外的复杂化难题，即其输入（"对于每一项资源，谁的估值是多少"）来自可能出价失误的战略性代理人。拍卖的算法性研究也只是在近二十年才刚刚开始，这缘于拍卖在互联网时代的巨大重要性，它是谷歌等公司的主要收入来源。拍卖的经典理论主要是在微观经济学中发展起来的（并获得了几项诺贝尔奖）。

与以最坏情况方法为核心的算法理论不同，微观经济学的主流方法是平均情况分析。在拍卖的背景下，这意味着假定了买家对不同资源的估值来源于已知的先验分布。这些先验信息被硬编码到拍卖中以便最大化通过出售资源获得的预期收益。例如，如果已知的分布告诉我们，一个潜在买家对一件物品的估值可能很高，那么我们设计的拍卖也将要价很高——要价到底多高取决于分布的细节。

对分布式知识的假定有着平均情况方法的所有常见缺点，例如对噪声过于脆弱。当然，最坏情况的方法也有自己的缺点，例如过于悲观。本章的前提是拍卖为平均情况下的经济学方法和最坏情况下的计算机科学方法提供了一个引人入胜的交汇点。特别地，拍卖和其他经济学机制是一种自然的试验平台，用于测试算法的最坏情况方法能够为其他学科做出何种贡献，例如可以使各种设计更加健壮，或者解释为何在实践中简单设计如此盛行。它还用于测试最坏情况方法的局限性以及如何通过拉近与平均情况分析的距离使其更加适合于实际应用。

本章主要内容如下。27.2 节是诺贝尔奖得主 Roger Myerson 的收益最优拍卖理论的"速成课程"（熟悉这部分内容的读者可以放心地跳过这一节）。27.3 节定义了先验独立性——这是本书第三部分介绍的半随机模型的一个极好的示例。27.4 节将先验独立性应用于 Myerson 理论。27.5 节讨论了一个更具挑战性的目标，即通过出售几件不同的物品来实现收益最大化，对此 Myerson 理论已经不再适用——幸运的是，资源增广（第 4 章）前来拯救了危机。27.6 节对本章内容进行总结。

㊀ blissfully ignorant，源自 Thomas Gray（1742）：Where ignorance is bliss，it's folly to be wise。——译者注

27.2 收益最大化拍卖"速成课程"

基本问题。有一件待售的单一物品和一个包含 n 个参与物品拍卖的竞拍者的集合。为了拍得物品，每个竞拍者 i 都有一个仅为本人所知的估值（value）$v_i \in \Re_{\geq 0}$。[一]这个估值服从具有正分布密度 f_i 的分布 F_i，[二]并且作为对物品的出价（bid）向拍卖商报告（未必如实）。在设计拍卖时通常有两个主要目标：第一个是*社会福利*（social welfare）目标，即竞拍者从拍卖中获得的总值（在我们的简单设定中，如果物品由竞拍者 i 拍得，那么福利是 v_i）。第二个是*收益*（revunue）目标，即竞拍者向拍卖商支付的总金额（在我们的设定中是拍得物品的获胜者为物品支付的金额）。拍卖按照如下方式进行：拍卖商收到 n 个竞拍者的出价 $\vec{b}=(b_1,\cdots,b_n)$，对这些出价应用*分配规则*（allocation rule）x 来决定如何分配物品（在我们的设定中，$x_i(\vec{b}) \in \{0,1\}$ 表示竞拍者 i 拍得或者未拍得物品），[三]并应用*支付规则*（payment rule）p 来决定收费金额（其中 $p_i(\vec{b})$ 是竞拍者 i 的支付金额）。因此，拍卖是一种算法，它将各个估值-出价作为输入，并返回一个分配结果和支付金额作为输出，目标是最大化福利或者收益。[四]

诚实性。与其他算法相比，设计拍卖的"扭曲"之处在于出价是由*战略性竞拍者*（strategic bidder）报告的，除非符合他们的最佳利益，否则他们不会如实出价。这就带来了一个挑战，例如，在一次拍卖中物品被免费交付出价最高的竞拍者，那么出于最大化福利的目的，你将会如何出价？事实上，你将有强烈的动机报出比该物品在你心目中的真实价值高得多的出价！如果拍卖参与者有动机利用过高出价来增加获胜的机会，拍卖商又如何找到估值最高的竞拍者？在拍卖中，如果对于每个 i，无论其他人出价多少，竞拍者 i 报出真实估值的效用会比过高或者过低出价（稍微）更好一些，那么这个拍卖是（占优策略[五]）诚实的。出于方便起见，用符号 b_{-i} 表示除了 i 以外的所有其他竞拍者的出价的向量。利用这个符号，我们可以将竞拍者 i 从出价 v_i 中得到的效用写成 $v_i \cdot x_i(v_i,b_{-i})-p_i(v_i,b_{-i})$。诚实性意味着如果竞拍者 i 想要出价 $b_i' \neq v_i$，那么从出价 v_i 中得到的效用至少与效用 $v_i \cdot x_i(b_i',b_{-i})-p_i(b_i',b_{-i})$ 一样高。拍卖设计理论的大部分目标是要获得具有良好的福利或者收益保证的诚实拍卖。从现在起，我们将集中关注诚实拍卖，并且假定竞拍者以他们的估值出价（即对于每个 $i, b_i=v_i$）。

27.2.1 福利最大化：次高价格拍卖和 VCG 拍卖

1961 年，Vickrey 解决了设计一个最大限度地提高社会福利的诚实拍卖的问题，其概要思路是利用收费来调整竞拍者的利益与社会的利益。结果，在我们的单一物品设定下的拍卖非常简单：在收到出价 $\vec{v}$ 之后，分配规则将物品交付出价最高的竞拍者（即竞拍者 $i^*=\arg\max_i\{v_i\}$），并且将次高的出价作为物品的价格收取费用，这被称为*次高价格*（second price）拍卖。例如，如果三个竞拍者对一件物品出价 $\vec{v}=(5,8,3)$，那么第二个竞拍者拍得物品并支付金额 5。直观上，无论是胜者还是败者都无法通过出价高于或者低于

[一] 估值 v_i 即竞拍者 i 为拍得物品而愿意支付的最高数额。——译者注

[二] 已知可以扩展到离散分布。

[三] 分配也可以被随机化，在这种情况下，$x_i(\vec{b}) \in [0,1]$ 表示竞拍者 i 分配到物品的概率。

[四] 由此看来，本章关注的是密封拍卖模式。——译者注

[五] 比占优策略诚实性更弱的要求是贝叶斯诚实性，我们将在 27.5 节短暂回到这个问题。

他们对物品的真实估值而获益，确实次高价格拍卖是诚实拍卖。更大的好处是 Vickrey 的拍卖可以从单一物品推广到多物品，这种推广以 Vickrey、Clarke 和 Groves 命名，被称为 VCG 拍卖（VGG auction）。在推广情况下，多件物品在各个竞拍者之间以最大化福利的方式进行划分，㊀每一位竞拍者因为参与拍卖而被收取关于其他竞拍者的“外在性”费用（即其他竞拍者损失的福利）。注意到对于单一物品拍卖，获胜者在次高出价的竞拍者上的外在性费用正好是该竞拍者因为自身未能成为获胜者而遭受的损失，即次高的估值。

27.2.2　最坏情况下的收益最大化

迄今为止，v_i 从分布 F_i 中抽取的建模假定没有起到任何作用。Vickrey 的次高价格拍卖只是基于竞拍者上报的估值资料进行分配而忽略了分布，而且总是选择给出最高估值的竞拍者作为获胜者。因此，次高价格拍卖*逐点*（pointwise）最大化福利，即最大化各个随机估值的每次实现的福利。这确保了最坏情况下的最优性：对于问题的每个实例（估值资料），保证拍卖对福利的最大化。

不幸的是，试图用同样的方法来实现最大化收益（而不是最大化福利）注定要失败——对于收益而言，没有任何一种诚实拍卖在最坏情况下的收益是最优的，甚至是近似最优的。㊁为了理解这一点，考虑最简单的可能设定，其中只有单一的竞拍者对物品㊂感兴趣。直观上，一个想要增加收益的拍卖所能做到的只是为物品设定一个“要么接受，要么放弃”的价格。为了保持诚实性，这个价格不能依赖于竞拍者报告的估值。将价格设定为零显然不是最坏情况下的最优，而且对于任何设定价格 $p>0$ 的拍卖，都存在一个最坏情况实例，在这个实例上拍卖获得零收益（例如，设竞拍者的估值为 $v=p-\epsilon$）。因此，从最坏情况下的方法切换到平均情况下的方法（其目标是在估值的随机性上最大化*预期收益*）看来是有意义的。平均情况下的方法的确是经济学文献中关于收益最大化拍卖设计的标准方法。

27.2.3　平均情况下的收益最大化和 Myerson 理论

Myerson 在 1981 年解决了为单一物品设计一个诚实拍卖来最大化预期收益的问题。正如以上所讨论的，最优拍卖必须依赖于估值分布 $F_1,\cdots,F_n$。因此，拍卖的设计依赖于一个额外的关于完整的分布知识的假定。

下面为了简单起见，我们忽略了“非正则”的分布（例如“太过长尾”的分布或者双峰分布，下文将给出正则性的形式定义）。Myerson 从本质上证明了最优拍卖对分布的依赖是非常特别的——分布被利用来将估值转换为新的估值，这些新的估值被称为*虚拟估值*（virtual value），转换方法是从每个估值中减去一个依赖于分布的称为*信息租金*（information rent）的“惩罚值”。一旦我们有了虚拟估值，就可以通过简单地在这些新的估值上最大化福利来执行分配规则。在本节的余下部分，我们给出 Myerson 理论的细节。

Myerson 引理。我们将 Myerson 的第一个贡献称为 Myerson 引理，它是对单一物品情况下的诚实拍卖的一种*特征描述*。事实证明，诚实拍卖恰恰是那些实行“估值单调”分配，而且按照唯一的支付规则收费的拍卖，*支付规则的公式仅取决于分配规则*（前提是不向出价为零的竞拍者收费）。“单调分配”的意思是对于每个竞拍者 i 和其他竞拍者的估值

㊀ 一个警告是，这种分配任务通常是计算上难解的。

㊁ 为了维持最坏情况的状况，文献提出的一个选择方案是在线拍卖的竞争分析。

㊂ 这件物品也是单一的。——译者注

v_{-i}，竞拍者 i 的分配 $x_i(b_i, v_{-i})$ 在其出价 b_i 上是非递减的。直觉上，如果更高的出价会降低你的分配，你就会想给出一个低于真实估值的出价，这就违反了诚实性。Myerson 证明了单调性不仅是必要的，而且是充分的，而且一旦固定了单调分配规则，支付实际上也就被固定了（因此我们永远不必担心支付的设计）。

应用于单一竞拍者。现在我们利用 Myerson 的特征描述来找到在单一竞拍者的情况下的最优拍卖（即定价机制）。为了简化描述起见，我们把注意力集中在确定性分配规则上。[㊀]因此，单调分配规则必须将 0（“失败”）分配给低于某一个阈值 p 的所有估值，将 1（“获胜”）分配给高于该阈值的所有估值。这相当于向竞拍者提供物品的价格 p，并且让竞拍者决定是否以此价格购买物品。我们希望在给定竞拍者的估值分布 F 的情况下，针对预期收益对 p 进行优化。在给定价格 p 的情况下，预期收益为 $p(1-F(p))$，因为 $1-F(p)$ 恰好就是竞拍者的估值至少为 p（即该竞拍者买到了物品）的概率。

我们称表达式 $p(1-F(p))$ 为*估值空间收益曲线*（revenue curve in value space）。对于简单的正则分布 F，我们可以最大化表达式 $p(1-F(p))$——取该表达式的导数 $(1-F(p))-pf(p)$ 并将其设置为零。最优价格 p^* 就是 $p-\dfrac{1-F(p)}{f(p)}=0$ 的解，称为 F 的*垄断价格*（monopoly price）。这基本上给出了在单一竞拍者的情况下的结论。现在，我们给出这个解的另外一种解释，这将有助于多竞拍者的情况。

正则性和虚拟估值。称 $v-\dfrac{1-F(v)}{f(v)}$ 为对应于从分布 F 中抽取的报价 v 的虚拟估值。由于从 v 中减去了信息租金 $\dfrac{1-F(v)}{f(v)}$，因此虚拟估值可以是负的。[㊁]我们现在可以将分布 F 的*正则性*（regularity）形式地定义为这样的假定，即与 F 相对应的虚拟估值函数在 v 上是（弱）递增的。均匀分布、高斯分布和指数分布都是正则分布的例子，而像 $F(v)=1-1/\sqrt{v}$ 这样的长尾分布以及双峰分布是非正则的。

借助虚拟估值的概念，我们在单一竞拍者的情况下完成的拍卖设计最大化了“虚拟福利”（即与虚拟估值相应的福利），因为它将物品交付某一位竞拍者当且仅当该竞拍者的虚拟估值≥0。在单一竞拍者的情况下，我们的结论是对虚拟福利的最大化正是最大化预期收益所需要的。事实上，来自竞拍者的收益在预期上等于该竞拍者的虚拟估值。

多竞拍者和 i. i. d. 假定。Myerson 证明了在多竞拍者情况下相同的法则成立，而且最大化虚拟福利（再加上来自 Myerson 引理的唯一支付规则）会产生最优拍卖。事实上，任何一个拍卖的预期收益都等于其分配规则所带来的预期虚拟福利。

也许从 Myerson 理论得出的最简洁的结论是当竞拍者的估值是 i. i. d. 时（也就是说，所有估值都从单一的正则分布 F 独立抽取）要进行什么样的拍卖。在 i. i. d. 的情况下，我们可以跳过转换成虚拟估值这一步，因为所有的估值都将使用相同的单调转换函数进行转换。我们只需要设置一个阈值，使得没有任何一个估值低于阈值（这意味着虚拟估值低于零）的竞拍者会获胜。因此，最优拍卖可以简单地归结为以 F 的垄断价格作为保留价格

㊀ Myerson 理论的一个结论是：在出售单一物品时，与确定性拍卖相比，随机化对于获得更多的预期收益没有帮助。

㊁ 这个减去的“惩罚值”是所谓的分布 F 的风险率的倒数。

(reserve price) 的次高价格拍卖。[一]这实际上是一种著名的拍卖形式，在 eBay 上被用作示例。i. i. d. 的情况将在我们考虑先验独立性时发挥重要作用。

要点。这一节关于 Myerson 理论的讨论的一个重要结论是：*收益最优拍卖高度依赖于估值分布及其知识*。一般情况下，分布信息用于计算出精确的惩罚值，再从每个估值中减去惩罚值来获得虚拟估值。即使是在简单的单一竞拍者或 i. i. d. 的情况下，最优保留价格也与分布密切相关。

超越单一物品。不幸的是，除了单一物品之外，Myerson 提出的简练的最优拍卖理论并没有拓展到（至少不是以简单明了的形式）买家对于不同物品有着不同估值的设定中。这种设定被正式称为*多参数*（multiparameter）设定，因为其复杂性源于竞拍者的偏好是多维的，而不是物品本身的多样性。[二]为了简单起见，我们在本章中将这些设定称为多物品设定，以区别于迄今所讨论过的单一物品设定。我们将在 27.5 节讨论多物品（多维估值）带来的复杂化。

27.3　先验独立性的定义

拍卖设计的一个长期目标是减弱收益最优拍卖所依赖的强信息假定。分布知识的*健壮性*（robustness）已经得到跨学科提倡。在经济学领域，Robert Wilson 大力呼吁减弱拍卖对经济环境细节的依赖，这一立场在该领域被称为“威尔逊主义”。在运筹学领域，Herbert Scarf 在 1958 年写道，我们“有理由怀疑未来的需求将来自一种分布，这种分布以一种不可预测的方式区别于那些支配过去的历史的分布”。在计算机科学领域，对平均情况下的解（参见第 8 章）的普遍不信任直接扩展到了拍卖设计。

但究竟什么是健壮性？非正式地说，设计者寻求的是这样的拍卖，它们具有对环境细节*不敏感*（insensitive）的性能保证，即在一个“大范围”的经济环境中“性能良好”。我们现在形式定义*先验独立性*（prio-independence）的健壮性概念。

定义。为了简单起见，我们重点关注具有 i. i. d. 估值的单一物品的情况。首先考虑一个特定的分布 F，从中独立抽取竞拍者的估值。设 OPT_F 是一个具备 F 的全部知识的诚实拍卖在这种环境下能够实现的最优预期收益，并且设 $\alpha \in (0,1]$ 是一个近似因子。如果一个拍卖的预期收益至少为 $\alpha\mathrm{OPT}_F$，那么这个拍卖关于 F 是 *α-最优的*（这是目前算法通常使用的近似的概念）。现在设 $\mathcal{F}$ 是一个族，它包含一些被称为*先验*的估值分布。特别地，我们将集中关注这样的分布族，其中的分布满足虚拟估值单调性的正则特性。

定义 27.1（先验独立性）　一个拍卖关于先验族 $\mathcal{F}$ 是*健壮 α-最优的*（robustly α-optimal），如果对于每种先验分布 $F \in \mathcal{F}$，这个拍卖关于 F 都是 α-最优的。◁

定义 27.1 充实了先前用于描述健壮性的非形式术语的内容：为了让一个先验独立拍卖“性能良好”，它必须同时为 $\mathcal{F}$ 类中的每种分布实现近似最优的预期收益，分布的“大范围”通常包含所有正则分布的类。这个定义可以自然扩展到多物品设定。

27.3.1　关于定义的讨论

先验独立健壮性的定义是平均和最坏情况保证的一种有趣的混合。一方面，性能由在随机输入（估值资料）上的期望值进行度量；另一方面，它的度量是在属于一个类 $\mathcal{F}$ 的

[一] 保留价格是拍卖商愿意出售的最低价格。

[二] Myerson 理论确实可以扩展到所有的单一参数设定，比如同一种待售物品的多个相同单元的设定。

所有分布上的最坏情况下进行的。

先验独立健壮性的定义背后的基本原理是什么？特别地，为什么要通过将一个健壮的拍卖与具有“不公平”优势（即确切地知道来自 $\mathcal{F}$ 的分布）的最优拍卖进行比较来度量该健壮拍卖是否具有良好的性能？既然有了这个度量，又为什么要把 $\mathcal{F}$ 看作正则分布的集合？这个问题可以分成两个子问题：为什么不让 $\mathcal{F}$ 的规模再大一些？为什么允许 $\mathcal{F}$ 包含如此大范围的分布？

我们首先要解决的问题是，作为设计目标，为什么先验独立性是一个好主意。第一个原因是存在定义 27.1 所描述的良好的先验独立拍卖，这是一个强大而且有效的结果。一个在所有的“合理”分布中性能良好的拍卖非常适合以下情况：卖方只有极少乃至没有关于实际的估值分布的信息，比如一个进入交易市场的新卖家、交易市场上的一件新物品或者一件分布不断变化的物品。在其他情况下，卖方或许能够获得有关估值分布的一些信息，但是需要付出极高的成本或者受限于严重的噪声。即使假定卖方在某种程度上拥有关于估值分布的可靠、可承受而且最新的信息，将这样的信息硬连接到拍卖中也会损害灵活性，因为一旦一个拍卖成为交易标准，就不容易进行改变。将先验独立性作为设计目标的第二个重要原因是，事实证明它通常会以简单自然的形式引导拍卖。因此，先验独立性为一些著名的拍卖形式提供了理论基础，并且引入了一些有前途的新形式。

$\mathcal{F}$ 上的正则性类型的假定是必要而且充分的。以下来自（Dhangwatnoai et al.，2015）的示例说明了对 $\mathcal{F}$ 类进行某种尾部限制假定的必要性，正则性是这种假定的典型示例。固定 i. i. d. 竞拍者的数量 n，考虑一个非正则的估值分布 F_z，其中估值为 z 的概率是 $1/n^2$，估值为零的概率是 $1-1/n^2$，竞拍者的估值从 F_z 中抽取。一个能够接触到先验分布 F_z 的拍卖可以从 n 个竞拍者中提取 $\Omega(z/n)$ 的预期收益，相比之下，任何一个先验独立的诚实拍卖本质上都必须猜测 z 的值，因为使用获胜者的出价违反了诚实性，而且所有其他出价有可能都为零（因此没有提供任何有关 z 的信息）。结论是，在缺乏尾部假定的情况下，对于每种分布 F_z，一个先验独立拍卖的预期收益不能都落在 z/n 的常数因子范围内。㊀

另一方面，正则分布的类 $\mathcal{F}$ 所包含的分布的数量不会“太大”：本章给出的结果表明，正则性假定足以实现对 OPT_F 的期望甚高的基准的一个常数近似，即便在像多物品设定（对此最优拍卖仍然难以捉摸）这样的挑战性环境中也是如此。

替代的 BWCA 模型。一种关于健壮性的自然替代方法并非针对 $\mathcal{F}$ 中的每种分布去近似最优拍卖，而是设计一个最大化期望收益最小值的拍卖，其中的最小值是在 $\mathcal{F}$ 的所有分布上的最小值。这种方法在运筹学文献中称为*健壮的最优化*（robust optimization）（Bandi and Bertsimas，2014），而且由经济学家 Gabriel Carroll 和其他学者在拍卖和机制设计的背景下继续进行研究。

先验独立性和最大-最小方法都引发了一些引人注目的见解，但是两者是不可比较的。就先验独立性而言，通过利用*近似方法*（approxomation）或者*资源增广方法*（resource augmentation），在发现一些自然且有趣的机制方面取得了显著成功。注意到 $\mathcal{F}$ 类越小，就越容易取得一个先验独立结果。而对于最大-最小方法，目前最有意义和可解释的结果来自对于取得精确最大值的机制（其中的最小值是在 $\mathcal{F}$ 的一个审慎选择的分布上的最小值）的刻画。注意到如果 $\mathcal{F}$ 包含的分布太少，那么取得一个精确的“最大-最小”的结果可能

㊀ 除了正则性之外，还有其他可替代的尾部假定，例如 Sivan 和 Syrgkanis（2013）证明了由少量正则分布构成的凸组合的先验独立性结果。

会变得相当有挑战性。例如，对于多物品设定，如果 $\mathcal{F}$ 仅包含单一分布，则最大-最小机制就是多物品的收益最优机制，而我们知道多物品设定中并不具备任何有用的特征。有意思的是，对于通常用于挑选出自然和有意义的机制的这两种方法中的任何一种方法，$\mathcal{F}$ 都应该表现出足够的丰富性。

先验独立性的另外一种替代的 BWCA 模型是*无先验拍卖*。无先验方法并不假定估值来自一个潜在（尽管未知）的分布，因此与先验独立性有着根本区别。不过这两种方法之间存在有趣的联系。特别地，对关于一个经济上有意义的基准的机制进行评估的无先验分析将产生一个先验独立的结果作为推论。（“经济上有意义”的定义参见（Hartline，2019a）。）还有一些与这两种方法都有关系的技术，比如将竞拍者随机分成两组，一组作为“训练集”，学习适用于另一组的拍卖参数（Balcan et al.，2008）。这在思路上类似于单一样本方法：以一个竞拍者作为“训练样本”来了解适用于其他竞拍者的保留价格。当然，无先验保证与先验独立保证相比有更高的要求（这是由于更少的假定），因此目前对于像多物品这一类设定的影响力较小。

关于诚实性的说明。在 27.2 节关于收益最大化的讨论中，我们重点讨论了诚实拍卖。诚实性本身就是拍卖的一个重要属性——它简化了参与，从而吸引了更多的竞争，并且在老练和幼稚的竞拍者之间创造了公平的竞争环境。至于最优拍卖设计，不失一般性，它显然归因于一种称为*揭示原理*（revelation principle）[㊀]的基本观察。根据揭示原理，一个诚实机制可以在一个非诚实机制中模拟竞拍者的均衡策略来获得相同的结果。Feng 和 Hartline（2018）指出，在代理的均衡策略是先验的一个函数的贝叶斯环境中，通过揭示原理构建的贝叶斯诚实机制（这是比占优策略更弱的诚实性保证）不是先验独立的。他们指出，在有预算竞拍者（budgeted bidder）参与的福利最大化的环境下，在非诚实机制的健壮近似最优性与诚实机制的健壮近似最优性之间存在差距。在收益最大化的环境下是否也存在类似的差距是一个开放式问题。

27.4 基于样本的方法：单一物品问题

在大数据时代，对竞拍者的估值分布 F 缺乏了解听起来好像是一个只要获得足够多的样本就可以解决的问题，例如与同一群体中的其他竞拍者进行互动（另见第 29 章）。这需要假定存在具有相同估值分布的竞拍者群体，我们对一个竞拍者的估值分布的了解可以通过其他竞拍者的估值来实现。的确，这样的一个 i. i. d. 估值假定对于获得积极的先验独立性结果而言是必要的。但是在拍卖的背景下，对大量数据的依赖很不理想。这一节的主要目标是最小化所需的样本数量，从少至未知分布 F 中的单一样本开始。显然，由于样本如此之少，经验分布一般不会与真正的分布相似。这使得计算机科学方法不同于以往的经济学研究，后者通常依赖于渐增交易（Segal，2003）。我们在 27.4.4 节讨论样本复杂性的一般度量，在 27.4.5 节给出其下界并结束这一节的讨论。

27.4.1 如何获取样本

对样本数量和性质的限制。正如 Hartline（2019b）所指出的，最优拍卖设计可能在稀薄交易市场（thin market）中最为重要，这一类交易的在售物品没有太多的竞争对手，因此缺乏历史数据。这可能是由于物品的性质（比如一幅独特的现代艺术画），也可能是由

㊀ 也称显示原理或者启示原则。——译者注

于有意识地针对一小部分竞拍者（拍卖物品特别适合他们的需求，比如在线广告交易市场）。在稠密交易市场（thick market），我们容易获得许多样本，但是一般认为在这样的交易市场上拍卖形式并不太重要（例如，无论拍卖的诚实性如何，竞拍者可能都无法有效地制定策略，因为每个竞拍者的行为对结果几乎没有影响）。

依赖历史数据的另一个问题是，一旦常客意识到卖方正在学习如何从出价中获取收益，他们就有动机为了长远利益而撒谎。有越来越多的文献对存在战略性行为时的学习问题进行研究，为此通常需要对竞拍者做出行为假定，这些已经超出了本章范围。Tang 和 Zeng（2018）对这些假定进行了抽象，转而考虑分布报告博弈（distribution-reporting game）的均衡问题，其中的分布是由竞拍者内生地报告的。他们证明了当竞拍者对他们的出价所反映的分布具有战略眼光时，先验依赖拍卖不如先验独立拍卖，他们将这一事实称为先验依赖代价（price of prior-dependence）。如果设定是不重复的（想象一下，例如一次性的门票），那么长期战略行为就不是什么问题。不过现在无论怎样没有任何过去的数据。

利用额外的竞拍者作为样本。根据前面的讨论，我们经常会假定样本来自竞拍者自身。也就是说，我们随机选择一个（或多个）竞拍者来免除拍卖，在这种情况下，诚实地报告成为他们的一个支持策略。然后我们利用这些诚实报告作为来自 F 的样本。

在提供非常宝贵的信息的同时，丢弃一些竞拍者也会损失一小部分预期收益。以下引理给出了一个预期收益损失量的界：

引理 27.2 在竞拍者具有 i. i. d. 估值的单一物品设定中，考虑作为竞拍者数量的函数的最优预期收益 OPT。那么对于每对整数 k，$\ell>0$，有 $\mathrm{OPT}(k)\geqslant\frac{k}{k+\ell}\mathrm{OPT}(k+\ell)$。

引理 27.2 可以解释为最优预期收益在竞拍者数量上是次可加性的。我们将其证明留作练习（参见练习题 27.1）。引理 27.2 的应用包括证明如果我们从一定数量的竞拍者开始（比如 $n=2$），并且随机丢弃其中一个竞拍者，那么损失的最优预期收益不会超过 1/2。它还可以应用于对加大招募额外的竞拍者参加拍卖的营销力度的收益效应进行分析，然后利用额外竞拍者作为数据样本。

27.4.2 单一竞拍者，单一样本

回顾 27.2 节，在单一竞拍者和已知分布 F 的情况下，最优拍卖给物品开出垄断价格 p^*，从而最大化预期收益 $p(1-F(p))$。对于正则分布 F，估值 p^* 使得对应的虚拟估值为零。现在假定我们不知道 F，但是可以访问单一样本 $p\sim F$。一个自然的尝试是简单地将物品的价格设置为这个样本 p。结果表明这个方法的期望值可以至少达到最优预期收益的一半。在这一节我们利用 Dhangwatnoai 等人（2015）的几何证明建立这个结果。

命题 27.3 考虑一个从 F 中抽取估值的单一竞拍者。设 F 是一个正则分布，p^* 是它的垄断价格。那么利用一个随机价格可以达到期望最优值的一半：

$$E_{p\sim F}[p(1-F(p))]\geqslant\frac{1}{2}p^*(1-F(p^*))$$

正则性的等价定义。为了简单起见，我们在这一节假定 F 是连续的，而且具有有界支持集（命题 27.3 的证明可以扩展到这些假定之外）。在下面的证明中，可以方便地使用以下正则性的替代定义。

回忆一下，正则性意味着虚拟估值函数 $v-\frac{1-F(v)}{f(v)}$ 在 v 上是（弱）递增的。再回忆一

下，我们将 $v(1-F(v))$ 称为“估值空间中的收益曲线”。我们现在有目的地切换到一个等价的、更加方便的公式，它用在分位数空间（quantile space）。我们的想法是，虽然预期收益可以表示成一个价格 p 的函数，其中 p 的取值范围是所有可能的估值，但是预期收益也可以表示成一个价格分位数（quantile）的函数，即 $q=1-F(p)$。p 的分位数 q 的取值范围在 0 到 1 之间，并且告诉我们人群中占多大比例部分会以价格 p 购买物品。我们用 $R(q)$ 表示作为分位数 q 的函数的预期收益（也称为分位数空间收益曲线）。例如，如果将价格设定为在分位数 0.5 处的值（即中值），那么 $R(0.5)$ 就是预期收益，在这种情况下一个随机竞拍者购买的概率是 0.5。

我们现在可以说明正则性的另一种定义：一个分布是正则的当且仅当它的分位数空间收益曲线 $R(q)$ 是 q 的凹函数。为了验证这一点，我们可以检查收益曲线在 q 处的斜率 $R'(q)$ 恰好对应于估值 $v=F^{-1}(1-q)$ 的虚拟估值。我们将在以下证明中利用这个特征。

命题 27.3 的证明　考虑 F 的分位数空间收益曲线。我们可以无损失地假定 F 的支持集中的最小值为零（这是最困难的情况）。因此，在极端分位数 0 和 1 处，预期收益为零（根据定义，没有人会在分位数 0 处购买物品；而根据假定，每个人都会在分位数 1 处购买物品，但是不支付任何费用）。我们在图 27.1 中绘制了收益曲线。由于 F 的正则性，曲线是凹的。我们现在利用图示把需要关联起来的这两个量可视化，以便证明这个命题。

最优预期收益基准 $p^*(1-F(p^*))$ 可以写为 $R(q^*)$，其中 q^* 是 p^* 的分位数。在几何上 $R(q^*)$ 是图中矩形的面积（因为这个矩形的宽度为 1，高度为 $R(q^*)$）。至于通过设定一个随机抽取的价格 p 得到的预期收益 $E_{p\sim F}[p(1-F(p))]$，我们可以将它改写为 $E_{q\sim U[0,1]}[R(q)]$。这是因为按照估值分布 F 随机选择一个价格 p 等价于随机均匀选择一个分位数 q，然后取相应的价格 $F^{-1}(1-q)$。在几何上 $E_{q\sim U[0,1]}[R(q)]$ 是图 27.1 中收益曲线下的面积。

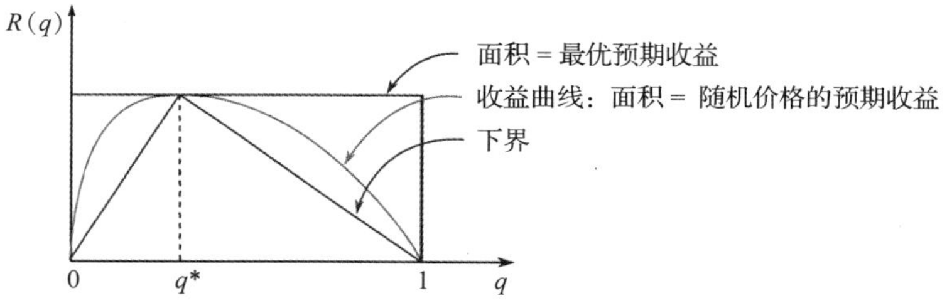

图 27.1　命题 27.3 的几何证明

按照要求，为了将这两个面积联系起来，我们只需利用收益曲线的凹性：根据凹性，图 27.1 所示的三角形的面积不大于曲线下的面积。由于这个三角形的面积正好是矩形的一半，这就完成了证明。□

命题 27.3 中的保证是胎紧的：考虑 $[0,H]$ 上的正则分布 F，其中对于每个 $v\in[0,H)$，有 $F(v)=1-1/(v+1)$，而且 $F(H)=1$。随着 $H\to\infty$，这个分布的分位数空间收益曲线基本上是一个三角形，因此命题 27.3 证明中的分析是胎紧的。

27.4.3　多竞拍者，单一样本

这一节我们以上一节的命题 27.3 为基础，为多个竞拍者设计一种健壮地近似最优的先验独立拍卖。命题 27.3 的一个稍微更一般化的版本证实了在相同条件下，对于每个阈

值 $t \geqslant 0$，设定 t 和样本 $p \sim F$ 之间的最大值作为竞拍者的价格所得到的预期收益可以达到将价格设定为 t 和垄断价格 p^* 之间的最大值所得到的预期收益的 1/2-近似（练习题 27.2）。这可以用来证实以下称为单一样本（single sample）拍卖的先验独立拍卖是健壮地 $\frac{n-1}{2n}$-最优的，其中 n 是竞拍者的数量。

算法 27.4　单一样本拍卖具有以下分配规则：

（1）随机均匀选择一个“保留”的竞拍者 i。

（2）在非保留竞拍者之间进行次高价格拍卖，设 i^* 是暂定的获胜者并且设 t 是次高出价。

（3）将物品交付给 i^* 当且仅当 $v_{i^*} \geqslant v_i$。按照 Myerson 引理中的支付规则，当 i^* 获得物品时，其支付金额为 $\max\{t, v_i\}$。　◁

单一样本拍卖显然是先验独立的，因为其分配规则的定义并没有涉及估值分布。利用 Myerson 引理也不难验证其诚实性。单一样本拍卖的性能保证如下。

定理 27.5　*对于每种单一物品设定，如果 i.i.d. 竞拍者的数量 $n \geqslant 2$，那么单一样本拍卖关于正则分布是健壮 $\frac{n-1}{2n}$-最优的。*

定理 27.5 的证明首先应用引理 27.2 来确定单一样本拍卖步骤 1 的损失的界，同时保证能够维持一个 $(n-1)/n$ 因子的最优预期收益，然后利用命题 27.3 的推广版本，通过随机价格 $p = v_i$ 和阈值 t 将步骤 2 和步骤 3 的损失的界确定为另一个 1/2 因子。定理 27.5 中的保证的胎紧性将在稍后讨论。

我们结束这一小节的讨论，同时指出，单一样本拍卖还扩展到了多样本（multiple sample）——其推广版本称为“经验收益最大化”（Empirical Revenue Maximization，ERM）拍卖[㊀]，以及 Devanur 等人（2011）以及 Goldner 和 Karlin（2016）的多物品（multiple item）拍卖。

27.4.4　多样本：样本复杂性

术语“样本复杂性”是从机器学习借用的，在拍卖方面的样本复杂性研究由 Cole 和 Roughgarden（2014）发起（另见一些早期的研究如（Elkind，2007；Balcan et al.，2008），从中可以得到一些样本复杂性的结果）。一个包含多种设定的族的样本复杂性，度量需要多少来自先验分布的样本才能以高概率实现这样的预期收益，它在忽略一个给定的乘性因子（通常为 $1-\epsilon$）的情况下接近最终的最优预期收益（当已知分布时）。当然，所需的样本数量将随着精确度参数 ϵ 的倒数而增加，令人关注的是样本数量的其他依赖情况。[㊁]样本复杂性是一种信息理论度量，它关系到从样本中学习的易学性，但是又与这个问题分离（这是样本复杂性研究与我们在前面章节中看到的具体的先验独立拍卖不同的另一方面）。

文献中已经有了两种确定样本复杂性的界的主要方法，Guo 等人（2019）对此进行了很好的总结（参见其中的参考文献）。第一种方法是考虑一类这样的拍卖（比如 ϵ-net），对于相关族中的每种设定，这一类拍卖中始终存在一个近似最优拍卖。于是可以应用统计

㊀ ERM 给定经验分布（即样本上的均匀分布）的收益。例如，对于单一竞拍者，ERM 拍卖将价格设置为经验分布的垄断价格。对于单一样本而言，垄断价格就是样本自身。

㊁ 例如，对于多个非同分布的竞拍者，可以证明每个分布所需的样本数量多项式依赖于竞拍者的总数。

学习理论中的类 VC 学习维度来度量这一类拍卖的复杂性（或者简单性），同时告诉我们需要多少样本才能找到其中的最佳拍卖。

另一种可选的方法在思路上更接近单一样本方法，这种方法需要充分了解分布情况，从而获得一个具有近似最优预期收益的拍卖。与单一样本方法不同的是要求近似因子非常接近 1。目标往往是学习一个包含统计量的小集合（例如足够多的分位数），借助标准的集中不等式，这些统计量相对容易进行准确估计，而且足够健壮，因此估计误差不会对收益带来太大的损害。例如，在单一物品以及单一竞拍者的情况下，可以证明当分布的支持集的界被 H 限定时，即使没有正则性，数量达到 $\Theta(\log H)$ 的经验分位数对于一个接近 1 的近似值而言也是足够的。

需要提醒的是，具有挑战性的多物品情况下的样本复杂性也得到了研究，其重点主要集中在信息理论上而不是建设性成果上（对于单一物品问题，许多最新的结果实际上是建设性的）。

27.4.5　下界和胎紧性

我们讨论单一物品情况的下界，这是这一节的主要关注点。存在三种类型的下界，它们对应于我们已经看到的三类结果：（1）一个给定样本数量的健壮的近似保证（命题 27.3）；（2）一个给定 i.i.d. 竞拍者数量的健壮的近似保证（定理 27.5）；（3）在足以获得健壮的（$1-\epsilon$）-最优拍卖的样本数量上的保证。

对于第一种类型，Fu 等人（2015）证明了对于单一样本，虽然没有任何确定性拍卖可以优于 1/2，但是随机拍卖能够打破 1/2 的障碍。对于第二种类型，给定 i.i.d. 竞拍者的数量 $n\geqslant 2$，只需在没有保留竞拍者的情况下进行次高价格拍卖，即可获得一个近似因子 $(n-1)/n$（我们在 27.5 节进一步讨论这种在充分竞争下进行福利最大化拍卖的方法）。然而这个 $(n-1)/n$ 因子并不是胎紧的：在竞拍者数量 $n=2$ 的特殊情况下，Fu 等人（2015）展示了一个具有保证 0.512 的先验独立随机拍卖；Allouah 和 Besbes（2018）证明了任何拍卖的保证都不能超过 0.556。最后，对于第三种类型，近期最前沿的关于单一物品的样本复杂性的研究结果都是在多重对数因子下渐近胎紧的。例如，在（Guo et al.，2019）中，如果先验分布是正则的，那么存在一个样本数量为 $\Omega(n\epsilon^{-3})$ 的下界。他们还展示了一个匹配上界（在忽略多重对数因子的意义上）。

27.5　基于竞争的方法：多物品问题

我们现在将注意力转移到多个不同物品的设定上。在这种情况下，Myerson 的理论不再成立，即使给定了完全的分布知识，设计最优拍卖也是一项挑战性任务。[㊀]

解决多物品挑战的一种方法（我们在这一节将不探究这个问题）是把注意力集中在简单的、近似最优的拍卖上。近年来，这一类拍卖已经被开发用于许多多物品交易家族。为了让这些拍卖先验独立，可以应用上一节的“动态交易分析”方法。先验依赖拍卖的预期收益中的常数比例部分的损失当然由这些拍卖的先验独立部分承担。

为了避免这种损失，这一节我们探索一种沿着资源增广路线的替代方法。注意到这一节的模型仍然是一个半随机模型，因为仍然假定竞拍者的估值来自未知的先验分布。把这两个模型结合起来有什么好处呢？

㊀ 事实上，即使对于单一竞拍者和两件物品，收益最优拍卖也涉及各种复杂情况，比如复杂的彩票菜单。

结合半随机模型和资源增广模型。回忆一下，样本的主要来源是交易需求侧的“丢弃”部分。考虑我们正在丢弃的那些竞拍者，他们除了能够提供我们感兴趣的分布样本之外，同时还具有购买力和为物品支付的意愿。这是利用这些额外竞拍者的最佳方式吗？另一个想法是将额外竞拍者视为可以增加交易市场上对竞拍物品的竞争。直观上，竞争自然会抬高收益，同时减少对谨慎定价的设计或者运气的需求。事实上，我们可以利用额外竞拍者来获得相对于最优预期收益基准（在这个基准中没有额外竞拍者，而且具有已知的分布。这也是基于样本的方法近似的同一个基准）具有竞争力的收益。这一点即使在进行极其简单的拍卖时也可以实现。

VCG。我们最为关注的简单拍卖是福利最大化的 VCG 拍卖。回顾 27.2.1 节，VCG 拍卖是次高价格拍卖在多物品设定上的推广。和在次高价格拍卖中一样，VCG 的分配规则以最大化社会福利的方式在竞拍者之间划分物品。在这种情况下，社会福利就是竞拍者的总估值。支付规则不像收取次高出价那么简单，它是关于多物品的自然类比：每一个竞拍者都要被收取外部性费用（对于单一物品，获胜者在次高出价的竞拍者上的外部性费用就是该竞拍者的估值）。结果得到的 VCG 拍卖具有确定性、占优策略诚实性和固有的先验独立性。虽然我们的首要目标是收益，但是作为使用 VCG 的额外奖励，我们“免费”获得了最大福利。

27.5.1　竞争复杂性

热身：微观经济学的一个开创性结果。Bulow 和 Klemperer（1996）率先利用前面概述的基于竞争的方法建立了一些积极的结果。他们论文中的主要结果针对的是单一物品设定（他们在分析中利用了 Myerson 理论）。

定理 27.6　*对于每个单一物品设定，如果其中有 n 个 i.i.d. 竞拍者而且竞拍者的估值从一个正则分布 F 中抽取，那么其最优预期收益最多是 $n+1$ 个这一类竞拍者进行次高价格拍卖的预期收益。*

换言之，有一个单一额外竞拍者的次高价格拍卖是健壮地最优的。在 $n=1$ 的情况下，定理 27.6 指出，如果我们利用依赖于分布的垄断价格将物品出售给单一竞拍者，我们得到的预期收益比招募第二个竞拍者并且进行次高价格拍卖的预期收益要少。对于这种 $n=1$ 的情况，可以观察到每一个竞拍者都有效地面对从 F 中抽取的一个随机价格 p，因此从命题 27.3 可以得到定理 27.6。

多物品。我们能够将 Bulow 和 Klemperer（1996）的基于竞争的方法推进到什么程度？考虑具有多件物品的复杂设定，为了使 VCG 拍卖超过在 n 个竞拍者和已知分布的情况下的最优预期收益的基准，如果在原来的 n 个竞拍者的基础上添加一个恒定数量或至少是有限数量的额外竞拍者，这样做是否就足够了？换言之，我们寻求 Bulow-Klemperer 风格的这种形式的结果：具有 $n+C$ 个 i.i.d. 竞拍者而且竞拍者的估值都从一个正则分布 F 中抽取的福利最大化拍卖的收益的期望值至少与具有 n 个这类竞拍者的最优收益一样高。如果这样的陈述对于一个包含拍卖设定的家族成立，我们就称最小的 C 是这个家族的竞争复杂性（Eden et al.，2017）。竞争复杂性属于资源增广范畴，因为我们将一个具有额外资源（额外竞拍者）的简单拍卖的性能与一个没有额外资源的复杂拍卖的性能进行比较。

我们的模型。我们在以下模型中研究多物品设定的竞争复杂性，这个模型将 i.i.d. 假定推广到多物品情况：考虑 m 件物品，其中每一件物品 $j\in[m]$ 与一个正则分布 F_j

相关联。我们假定对于每个 $i \in [n]$ ㊀，竞拍者 i 对第 j 件物品的估值 $v_{i,j}$ 从 F_j 中独立抽取。

剩下要做的是具体说明如何将物品的估值扩展到物品集合的估值。设集函数 $v_i:2^{[m]} \to \Re_{\geqslant 0}$ 是竞拍者 i 的估值函数。我们考虑两种情况：对于每个 i，v_i 要么是单位需求的（unit-demand）㊁，要么是可叠加的（additive）㊂。在前一种情况下，$v_i(S) = \max_{j \in S}\{v_{i,j}\}$，而在后一种情况下，$v_i(S) = \sum_{j \in S} v_{i,j}$。举个例子，如果多件物品是不同的甜点，那么一个低糖饮食的竞拍者可以被建模为有一个单位需求估值函数——该竞拍者最多只能吃一种甜点。一个不受饮食限制的竞拍者可以被建模为可叠加的，因为他可以享受任何数量的甜点。注意到在前一种情况下，福利最大化分配只是一个最大估值匹配，而在后一种情况中，福利最大化分配是将每件物品交付给对这件物品估值最高的竞拍者。

27.5.2　单位需求的竞拍者

这一节我们分析在 n 个单位需求竞拍者和 m 件物品的设定下的竞争复杂性。Roughgarden 等人（2019）首次获得了多物品的竞争复杂性结果，证明了 Bulow 和 Klemperer（1996）的经典方法在比之前实现的更加复杂的环境中是有效的。Roughgarden 等人（2019）使用的基准是最优确定性拍卖，这种拍卖在单位需求背景下的预期收益离开最优随机化拍卖的预期收益只有一个小常数比例的距离。27.5.4 节将放宽对一个确定性基准的限制。

定理 27.7　对于每个具有 n 个单位需求竞拍者和 m 个分别呈正则分布 $F_1, \cdots, F_m$ 的物品的设定，一个确定性诚实㊃拍卖的最优预期收益最多是具有 $n+m$ 个这一类竞拍者的 VCG 拍卖的预期收益。

定理 27.7 将定理 27.6 扩展到 $m=1$ 之外，并且表明具有 m 个额外竞拍者的 VCG 拍卖是健壮地最优的。在这一节的余下部分，我们分三步概述定理 27.7 的证明：确定最优预期收益的上界，确定 VCG 拍卖的预期收益的下界，然后将这两个界关联起来。

概略证明　证明的第一部分在于取得对多物品最优拍卖的充分认识，从而获得它们的收益的一个合理上界。虽然尚未得到这些拍卖的简单封闭形式的描述，但是近年来在近似方法的前沿研究上已经取得了很大进展。Chawla 等人（2010）取得了关于单位需求竞拍者的一个有效的界。

引理 27.8　一个具有 n 个单位需求竞拍者和正则估值分布的确定性诚实拍卖的最优预期收益的上界，由通过次高价格拍卖将每件物品 j 出售给 $n+1$ 个 i. i. d. 估值来自 F_j 的竞拍者所获得的预期收益所确定。

证明的第二部分利用了 VCG 的预期收益上的一个简单界，这个界源自向一件物品的获胜者收取在其他竞拍者上的外部性费用。

引理 27.9　设 U 是未分配的竞拍者（VCG 未为之分配任何物品）的集合。VCG 拍卖的预期收益的下界由 $\sum_j \max_{i \in U}\{v_{i,j}\}$ 确定，即由 U 中的竞拍者对物品 j 的最高估值在所有物品 j 上的总和所确定。

证明的第三部分利用上界和下界具有相似形式的事实将这两个界联系起来。固定一件

㊀ n 是竞拍者数量。——译者注
㊁ 即竞拍者最多只购买一件物品。——译者注
㊂ 即竞拍者可以购买超过一件物品。——译者注
㊃ 在这一节，重要的是我们将重点放在最优的占优策略拍卖上。

物品 j：上界是 $n+1$ 个从 F_j 独立抽取的估值中预期的次高值，下界是物品 j 的未分配竞拍者的 n 个估值中的最高值，其中竞拍者关于 j 的估值也是从 F_j 独立抽取的。这就是证明中利用具有更多竞拍者的交易的增广之处——在增广的情况下，$n+m$ 个竞拍者中只有 m 个被分配，因此还有 n 个未分配的竞拍者。这就出现了一个依赖性问题：以一个竞拍者未得到 VCG 分配的事件为条件，该竞拍者关于物品 j 的估值不再像一个来自 F_j 的随机样本那样分布。换言之，VCG 拍卖中的失败者可能具有较低的估值。幸运的是，在单位需求设定中，VCG 按照最大匹配进行分配，而且由于这种匹配的组合特性，对于一个失败的竞拍者对物品 j 的估值，唯一能够推断出来的是这个估值低于获得物品 j 的获胜者的估值。因此，适当的耦合参数可以将物品 j 的预期贡献与上界和下界联系起来，从而完成证明。

27.5.3 下界和胎紧性

在转向可叠加竞拍者的竞争复杂性之前，让我们对下界做简要讨论。

单位需求。定理 27.7 是胎紧的，因为在 VCG 拍卖中增加少于 m 个额外的单位需求竞拍者可能无法保证最初环境中的最佳预期收益。考虑一种特殊情况：单一的单位需求竞拍者（$n=1$）以及 m 件物品，物品的估值都从一个点质量分布抽取（因此它们是一致的）。如果不超过 $m-1$ 个额外竞拍者被添加到最初的单一竞拍者中，每一个单位需求竞拍者可以获得 m 个估值一致的物品中的一个，因此不存在抬高收益的竞争。事实上，在这种特定情况下，（总计）最多有 m 个单位需求竞拍者的 VCG 拍卖实现的预期收益为零。

可叠加的。再次考虑 $n=1$ 的情况。我们现在认为，VCG 拍卖所需的额外竞拍者的数量的最佳下界为 $\Omega(\log m)$（比较一下单位需求的 m）。

设物品分布都是在 $[1,m^2]$ 范围内的正则“等收益”分布 F，其中对每个 $v\in[1,m^2)$，有 $F(v)=1-1/v$ 以及 $F(m^2)=1$。对于足够大的 m，将物品出售给最初的单一竞拍者的最佳预期收益为 $\Omega(m\log m)$。[㊀]现在考虑有 k 个额外竞拍者的 VCG 的预期收益。对于可叠加竞拍者而言，VCG 只是一个包含了 m 次的次高价格拍卖的集合（每件物品一次）。因此，预期收益是 m 乘以从 F 中抽取估值的一次（$k+1$）-竞拍者拍卖的预期的次高价格（直接计算的结果为 k，在此省略计算过程）。为了使 mk 与基准 $\Omega(m\log m)$ 相匹配，额外竞拍者的数量 k 必须是 $\Omega(\log m)$。即使我们愿意失去一个占比例 ϵ 的一部分最优预期收益，这个下界仍然成立（Feldman et al.，2018）。

27.5.4 可叠加的竞拍者

这一节我们讨论具有可叠加竞拍者和 m 件物品的设定，从而完成对现有已知的竞争复杂性的描述。对于单一的可叠加竞拍者，Beyhaghi 和 Weinberg（2019）证明了上一节的下界在常数因子下是胎紧的。

定理 27.10 对于具有单一可叠加竞拍者和 m 个分别呈正则分布 $F_1,\cdots,F_m$ 的物品的所有可能设定，一个诚实[㊁]拍卖的最佳预期收益最多是进行有 $O(\log m)$ 个额外竞拍者的 VCG 拍卖的预期收益。

㊀ 这是通过将所有 m 件物品捆绑在一起实现的，它们各自的预期估值为 $\Omega(\log m)$，因此捆绑后集中在 $\Omega(m\log m)$ 附近。

㊁ 在这一节，竞争复杂性的结果甚至适用于最优贝叶斯诚实拍卖的基准。

定理的证明遵循与定理 27.7 相同的一般结构，但是定理的界和与界相关的参数要复杂得多。

对于 n 个可叠加竞拍者，我们得到一种有趣的竞争复杂性对 n 的依赖关系：它是 $O\left(n\log\frac{m}{n}\right)$ 和 $O(\sqrt{nm})$ 两者之间的最小值（其中当 $n\leqslant m$ 时，前者是胎紧的）。类似于样本复杂性的情况，了解竞争复杂性包含哪些参数是从这些关于拍卖设定的复杂性度量的研究中产生的令人关注的见解之一。

27.6 总结

本章我们对先验独立拍卖进行了综述，这是半随机模型的一个极好的示例，其目标是最大化预期收益，但是从中抽取期望值的分布是对抗的。我们从单一物品开始，其中的收益最优拍卖很好理解。我们看到了在关于分布的信息非常少的情况下以单一样本的形式，或者更好一些以具有相同估值分布的单一额外竞拍者的形式能够实现的结果。当我们只有如此之少的关于未知分布的信息时，我们追求的自然是近似结果。然而，失去一个常数的近似因子也有其不利之处，特别是在经济环境下，例如，各家公司通常不会满足于实现最优收益的一半。

一种解决方案是让拍卖学习大量关于已知分布的信息而不仅仅是单一样本，从而拉近和该分布的经济学方法之间的距离。这可以通过访问多个样本或者引入多个额外竞拍者来实现，这两种替代方案各有利弊。特别地，即使无法招募到额外竞拍者，也可以从历史数据中获取样本。具有额外竞拍者的拍卖形式变得极其简单，也降低了对战略性行为的开放性。也许额外竞拍者的资源增广方法的最大优点是与基准相比不会损失一个近似因子，这个方法也是迄今为止能够得到这一结果的唯一方法。

开放式问题。我们以未来研究的三个方向结束本章。从单一样本（或单一额外竞拍者）到无限数量的样本（或竞拍者）之间的整个范围令人关注，它与先验独立性相关，而且几乎没有被探索过（作为讨论的起点，参见（Babaioff et al.，2018）。在多物品设定的情况下，阐明单位需求和可叠加之外的竞争复杂性的界是新的挑战（讨论的起点参见（Eden et al.，2017））。除了完全消除分布依赖（就像在先验依赖中）之外，减少分布依赖也是一种重要的替代方案，这在很大程度上是开放式的。有两种情况可供选择：假定先验知识非常有限，例如仅仅知道分布的均值；允许拍卖只有数量有限的分布依赖参数（讨论的起点参见（Azar et al.，2013）和（Morgenstern and Roughgarden，2016））。

27.7 本章注解

在 Hartline（2019b）的书中有一章是面向机制设计者的对先验独立拍卖的深入阐述。感兴趣的读者还可以参考 Yan（2012）和 Sivan（2013）的博士论文，他们从不同的角度讨论了先验独立性。图 27.1 摘自（Roughgarden，2017）。

在先验独立性文献中有许多是对本章结果的扩展，我们在这里给出几个例子：利用关于先验分布的有限的参数知识（Azar et al.，2013；Azar and Micali，2013），规避风险的竞拍者（Fu et al.，2013），相互依存的竞拍者（Roughgarden and Talgam Cohen，2016），具有非同分布估值的竞拍者（Fu et al.，2019），在可叠加或者单位需求之外的多物品的竞拍者（Eden et al.，2017），动态拍卖（Liu and Psomas，2018），其他目标如机器调度中的最小化最大完工时间（Chawla et al.，2013），预算代理和福利的先验独立性（Feng and Hartline，2018），正则分布的不规则组合（Sivan and Syrgkanis，2013），限制供应而不是增加竞拍者（Roughgarden et al.，2019）。

致谢

本章从 Maria-Florina Balcan、Jason Hartline、Balasubramanian Sivan、Qiqi Yan 以及 Konstantin Zabarnyi 的有益和有见地的评论中受益匪浅。感谢 ISRAEL SCIENCE FOUNDATION（批准号：336/18）和 Taub Family Foundation 的资助。

参考文献

Allouah, Amine, and Besbes, Omar. 2018. Prior-independent optimal auctions. In *Proceedings of the 19th ACM Conference on Economics and Computation (EC)*, p. 503.

Azar, Pablo Daniel, and Micali, Silvio. 2013. Parametric digital auctions. In *Proceedings of the 4th Innovations in Theoretical Computer Science Conference*, pp. 231–232.

Azar, Pablo Daniel, Daskalakis, Constantinos, Micali, Silvio, and Weinberg, S. Matthew. 2013. Optimal and efficient parametric auctions. In *Proceedings of 24th ACM-SIAM Symposium on Discrete Algorithms (SODA)*, pp. 596–604.

Babaioff, Moshe, Gonczarowski, Yannai A., Mansour, Yishay, and Moran, Shay. 2018. Are two (samples) really better than one? In *Proceedings of the 19th ACM Conference on Economics and Computation (EC)*, p. 175.

Balcan, Maria-Florina, Blum, Avrim, Hartline, Jason D., and Mansour, Yishay. 2008. Reducing mechanism design to algorithm design via machine learning. *Journal of Computer and System Sciences*, **74**(8), 1245–1270.

Bandi, Chaithanya, and Bertsimas, Dimitris. 2014. Optimal design for multi-item auctions: A robust optimization approach. *Mathematics of Operations Research*, **39**(4), 1012–1038.

Beyhaghi, Hedyeh, and Weinberg, S. Matthew. 2019. Optimal (and benchmark-optimal) competition complexity for additive buyers over independent items. In *Proceedings of the 51st ACM Symposium on Theory of Computing (STOC)*, pp. 686–696.

Bulow, Jeremy, and Klemperer, Paul. 1996. Auctions versus negotiations. *American Economic Review*, **86**(1), 180–194.

Chawla, Shuchi, Hartline, Jason D., Malec, David L., and Sivan, Balasubramanian. 2010. Multi-parameter mechanism design and sequential posted pricing. In *Proceedings of the 42nd ACM Symposium on Theory of Computing (STOC)*, pp. 311–320.

Chawla, Shuchi, Hartline, Jason D., Malec, David L., and Sivan, Balasubramanian. 2013. Prior-independent mechanisms for scheduling. In *Proceedings of the 45th ACM Symposium on Theory of Computing (STOC)*, pp. 51–60.

Cole, Richard, and Roughgarden, Tim. 2014. The sample complexity of revenue maximization. In *Proceedings of the 46th ACM Symposium on Theory of Computing (STOC)*, pp. 243–252.

Devanur, Nikhil R., Hartline, Jason D., Karlin, Anna R., and Nguyen, C. Thach. 2011. Prior-independent multi-parameter mechanism design. In *Proceedings of the 7th Conference on Web and Internet Economics (WINE)*, pp. 122–133.

Dhangwatnotai, Peerapong, Roughgarden, Tim, and Yan, Qiqi. 2015. Revenue maximization with a single sample. *Games and Economic Behavior*, **91**, 318–333.

Eden, Alon, Feldman, Michal, Friedler, Ophir, Talgam-Cohen, Inbal, and Weinberg, S. Matthew. 2017. The competition complexity of auctions: A Bulow-Klemperer result for multi-dimensional bidders. In *Proceedings of the 18th ACM Conference on Economics and Computation (EC)*, p. 343.

Elkind, Edith. 2007. Designing and learning optimal finite support auctions. In *Proceedings of the 18th ACM-SIAM Symposium on Discrete Algorithms (SODA)*, pp. 736–745.

Feldman, Michal, Friedler, Ophir, and Rubinstein, Aviad. 2018. 99% revenue via enhanced competition. In *Proceedings of the 19th ACM Conference on Economics and Computation (EC)*, pp. 443–460.

Feng, Yiding, and Hartline, Jason D. 2018. An end-to-end argument in mechanism Design.

In *59th IEEE Symposium on Foundations of Computer Science (FOCS)*, pp. 404–415.

Fu, Hu, Hartline, Jason D., and Hoy, Darrell. 2013. Prior-independent auctions for risk-averse agents. In *Proceedings of the 14th ACM Conference on Electronic Commerce (EC)*, pp. 471–488.

Fu, Hu, Immorlica, Nicole, Lucier, Brendan, and Strack, Philipp. 2015. Randomization beats second price as a prior-independent auction. In *Proceedings of the 16th ACM Conference on Economics and Computation (EC)*, p. 323.

Fu, Hu, Liaw, Christopher, and Randhawa, Sikander. 2019. The Vickrey auction with a single duplicate bidder approximates the optimal revenue. In *Proceedings of the 20th ACM Conference on Economics and Computation (EC)*, pp. 419–426.

Goldner, Kira, and Karlin, Anna R. 2016. A prior-independent revenue-maximizing auction for multiple additive bidders. In *Proceedings of the 12th Conference on Web and Internet Economics (WINE)*, pp. 160–173.

Guo, Chenghao, Huang, Zhiyi, and Zhang, Xinzhi. 2019. Settling the sample complexity of single-parameter revenue maximization. In *Proceedings of the 51st ACM Symposium on Theory of Computing (STOC)*, pp. 662–673.

Hartline, Jason D. 2019a. Prior-free mechanisms. *Mechanism Design and Approximation*, Chapter 6. Book draft available at http://jasonhartline.com/MDnA/.

Hartline, Jason D. 2019b. Prior-independent approximation. *Mechanism Design and Approximation*, Chapter 5.

Liu, Siqi, and Psomas, Christos-Alexandros. 2018. On the competition complexity of dynamic mechanism design. *Proceedings of the 29th ACM-SIAM Symposium on Discrete Algorithms (SODA)*, pp. 2008–2025.

Morgenstern, Jamie, and Roughgarden, Tim. 2016. Learning simple auctions. In *Proceedings of the 29th COLT*, pp. 1298–1318.

Roughgarden, Tim. 2017. *Beyond Worst-Case Analysis*. Lecture notes available at http://timroughgarden.org/w17/w17.html.

Roughgarden, Tim, and Talgam-Cohen, Inbal. 2016. Optimal and robust mechanism design with interdependent values. *ACM Transactions on Economics and Comput.*, **4**(3), 18:1–18:34.

Roughgarden, Tim, Talgam-Cohen, Inbal, and Yan, Qiqi. In press. Robust auctions for revenue via enhanced competition. To appear in *Operations Research*.

Segal, Ilya. 2003. Optimal pricing mechanisms with unknown demand. *American Economic Review*, **93**(3), 509–529.

Sivan, Balasubramanian. 2013. *Prior Robust Optimization*. PhD thesis, University of Wisconsin.

Sivan, Balasubramanian, and Syrgkanis, Vasilis. 2013. Vickrey Auctions for Irregular distributions. In *Proceedings of the 9th WINE*. pp. 422–435.

Tang, Pingzhong, and Zeng, Yulong. 2018. The price of prior dependence in auctions. In *Proceedings of the 19th ACM Conference on Economics and Computation (EC)*, pp. 485–502.

Yan, Qiqi. 2012. *Prior Independence: A New Lens for Mechanism Design*. PhD thesis, Stanford University.

练习题

27.1 证明引理27.2：在单一物品设定中，设OPT(k)是来自k个具有i. i. d. 估值的竞拍者的最优预期收益。证明对于每对整数k，$\ell>0$，有

$$\mathrm{OPT}(k) \geqslant \frac{k}{k+\ell}\mathrm{OPT}(k+\ell)$$

27.2 设F是一个具有有界支持集的连续正则分布，并且设p^*是其垄断价格。固定一个阈值$t \geqslant 0$。证明

$$E_{p\sim F}[\max\{t,p\}(1-F(\max\{t,p\}))] \geqslant \frac{1}{2}\max\{t,p^*\}(1-F(\max\{t,p^*\}))$$

社交网络的无分布模型

Tim Roughgarden，C. Seshadri

摘要： 大规模社交网络的结构主要利用生成模型来阐述，这是一种平均情况分析的形式。本章综述了最近提出的有关这一类网络的一些更为健壮的模型。这些模型设想的是确定性的以及由经验支持的组合结构，而不是一种特定的概率分布。我们讨论这些模型的形式定义以及它们与社交网络中的经验观察如何发生联系，还有关于相应图类的已知的结构上和算法上的结果。

28.1 引言

21 世纪的技术发展催生了大规模社交网络，比如由 Facebook 上的朋友关系或者 Twitter 上的追随者所定义的图。这样的网络可以说是十多年来图分析最重要的新的应用领域。

28.1.1 社交网络具有特殊的结构

人们普遍认为，社交网络具有可预测的结构和特征，因此无法由任意的图进行良好建模。从结构上看，社交网络经过最为充分的研究和经验验证的特性是：

- 一种重尾度分布，比如幂律分布。
- 三元闭包，意味着一对具有公共邻居的顶点往往会直接连接，也即朋友的朋友往往会成为朋友。
- 存在“类似社群的结构”，即内部连接比外部连接更为丰富的子图。
- 小世界特性，意味着可以使用非常少的跳数从任何一个顶点移动到任何一个其他顶点。

这些特性通常是 Erdös-Rényi 随机图（其中每一条边以概率 p 独立出现）所不具备的，需要一种新的模型来体现。

从算法的立场来看，经验结果表明，最优化问题在社交网络中通常比在最坏情况的图中更加容易求解。例如，在实践中，轻量级启发式算法在寻找最大团或者恢复一个大型社交网络的稠密子图方面具有不合理的有效性。

有关体现社交网络特殊结构的模型的文献几乎完全出于寻求这样的生成模型（即概率模型），这些模型复制了前面列出的四种特性中的一些或者全部特性。目前人们已经提出的建议包括几十种生成模型，但是对于哪一种是“合适”的却几乎没有共识。过多的模型对社交网络上有意义的理论研究提出了一个挑战，即哪种模型（如果有的话）值得相信？我们如何确定一个给定的算法上或者结构上的结果不是所选择的模型的人为现象？

本章对最近关于大规模社交网络的更为健壮的模型的研究进行综述，这些模型假定了一些确定性的组合特性，而不是一个特定的生成模型。仅仅依赖于这些确定性特性的结构和算法结果会自动传递到任何一个产生了拥有这些特性的图的生成模型（以高概率）。这样的结果可以有效地“在所有似乎合理的生成模型的最坏情况下”应用。这种最坏情况（在各个输入分布上）和平均情况（关于确切分布的）的混合类似于本书其他部分讨论的若干半随机模型，比如在伪随机数据上的模型（第 26 章）以及先验独立拍卖（第 27 章）。

28.2 节和 28.3 节涵盖由三元闭包促成的两种社交网络模型，三元闭包是社交网络四个特性中的第二个特性。28.4 节和 28.5 节讨论了由重尾度分布促成的两个模型。

28.2 c-闭合图的团

28.2.1 三元闭包

三元闭包是这样的一种特性，当社交网络中的两个成员有一个共同的朋友时，这两个成员之间也可能是朋友。在图论术语中，三元闭包指的是两跳路径往往会导出三角形。

在社会科学领域，三元闭包已经有了几十年的研究历史，至于为什么社交网络会表现出强大的三元闭包特性，这在直觉上是令人信服的。两个有着共同朋友的人比两个任意的人更加容易遇见，并且可能有共同兴趣。他们也可能会感到成为朋友的压力以避免给他们和共同朋友的关系造成紧张。

这种直觉得到了数据的支持。大量有关在线社交网络的大规模研究为三元闭包提供了压倒性的经验证据。图 28.1 中的曲线图具有代表性，它来自能源公司 Enron 的电子邮件通信网络[⊖]。其他一些社交网络也表现出类似的三元闭包特性。

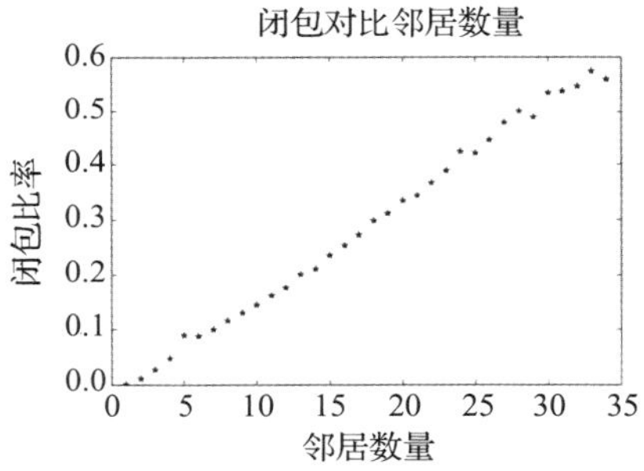

a）Enron公司的电子邮件网络中的三元闭包

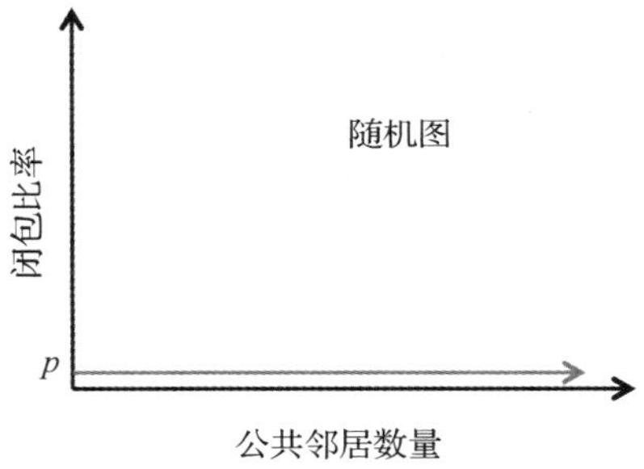

b）一个随机图中的三元闭包

图 28.1 在 Enron 公司的电子邮件图中，顶点对应于 Enron 的员工，如果一名员工向另一名员工至少发送了一封电子邮件，则存在连接这两名员工的一条边。在图 a 中，图的成对顶点按照公共邻居的数量（在 x 轴上指示）进行分组。y 轴表示这样的顶点对自身有一条边连接所占的比例。边密度（直接连接的任意顶点对所占的比例）大约为 10^{-4}。图 b 展示了一个模拟 Erdös-Rényi 图的草图，其边密度为 $p=10^{-4}$。对于像 Enron 网络这样的网络，Erdös-Rényi 图并非是一种良好的模型——Erdös-Rényi 图的闭包比率太小，而且无法随着公共邻居数量的增加而增加

28.2.2 c-闭合图

三元闭包的最极端版本断定只要两个顶点有一个公共邻居，那么这两个顶点本身就是邻居：只要 (u,v) 和 (v,w) 在边集 E 中，则 (u,w) 也在边集 E 中。一类满足这个特性的图并不会特别令人感兴趣——它正是各个团的（顶点）不相交并集——但是对于人们

⊖ Enron 公司曾经是世界上最大的能源、商品和服务公司之一。2001 年底 Enron 公司突然向纽约破产法院申请破产保护，投资者损失惨重。——译者注

更加关注的参数化定义，它构成了一个自然的基础案例。㊀

我们对一类具有强三元闭包特性的图的第一个定义是 c-闭合图（c-closed graph）。

定义 28.1（Fox et al.，2020）　对于一个正整数 c，图 $G=(V,E)$ 称为是 c-闭合的（c-closed），如果只要 u，$v\in V$ 至少有 c 个公共邻居，就有 $(u,v)\in E$。 ◁

对于固定数量的顶点，参数 c 在各个团的并集（此时 $c=1$）和所有的图（此时 $c=|V|-1$）之间插补。2-闭合的一类图已经不简单了，这是一些不包含正方形（即图 $K_{2,2}$）或者菱形（即图 K_4 减去一条边）作为导出子图的图。c-闭合的条件粗略地代表了在社交网络中观察到的经验闭包比率（如图 28.1 所示），它断言那些具有 c 个或者更多公共邻居的顶点的闭包比率会跳至 100%。

下面是上述定义的一个不太严格的版本，这个版本对于这一节的主要算法结果而言已经足够了。

定义 28.2（Fox et al.，2020）　对于一个正整数 c 以及一个图 $G=(V,E)$，图 G 的一个顶点 v 称为 c-good，如果只要 v 和 G 的另外一个顶点 u 至少有 c 个公共邻居，就有 $(u,v)\in E$。图 G 称为是弱 c-闭合的（weakly c-closed），如果图 G 的每个导出子图都有至少一个 c-good 顶点。 ◁

c-闭合图也是弱 c-闭合的，因为图的每一个顶点在图的每一个导出子图中都是 c-good。反之不成立，例如一个路径图不是 1-闭合的，但它是弱 1-闭合的（因为路径的两个端点都是 1-good）。与定义 28.2 等价的是这样的条件，即图 G 有一个 c-good 顶点的消除顺序，意思是说各个顶点可以按照 $v_1,v_2,\cdots,v_n$ 排序，使得对于每个 $i=1,2,\cdots,n$，在由 $v_i,v_{i+1},\cdots,v_n$ 导出的子图中，顶点 v_i 是 c-good（练习题 28.1）。对于合理的 c 的取值，现实世界的社交网络是 c-闭合的还是弱 c-闭合的？表 28.1 总结了一些具有代表性的数字。

表 28.1　四个得到充分研究的社交网络的 c-闭包和弱 c-闭包，它们来自基准的 SNAP（Stanford Large Network Dataset，斯坦福大型网络数据集）（http://snap.stanford.edu/）

	n	m	c	弱 c
email-Enron	36 692	183 831	161	34
p2p-Gnutella04	10 876	39 994	24	8
wiki-Vote	7 115	103 689	420	42
ca-GrQc	5 242	14 496	41	9

注：email-Enron 是图 28.1 中描述的网络；p2p-Gnutella04 是大约 2002 年的一个 Gnutella 对等网络的拓扑结构；wiki-Vote 是指在维基百科的促销案例中，由谁投票给谁的网络；ca-GrQc 是上传到 arXiv 的广义相对论和量子宇宙学部分的论文作者的协作网络。对于每一个网络 G，n 表示顶点的数量，m 表示边的数量，c 表示使 G 是 γ-闭合的最小值 γ，“弱 c” 表示使 G 是弱 γ-闭合的最小值 γ。

这些社交网络对于比平凡界 $n-1$ 小得多的 c 值是 c-闭合的，而对于非常温和的 c 的取值是弱 c-闭合的。

28.2.3　计算最大团：一种回溯算法

一旦定义了一类图（比如 c-闭合图），一个自然的议题就是研究这一类图的基本最优化问题。我们挑选了寻找图的最大团的问题，主要是因为它是社交网络分析中最核心的问题之一。在一个社交网络中，可以把团解释为社群的最极端形式。

㊀ 回忆一下，图 $G=(V,E)$ 的团是 G 的顶点集合的一个全连通子集 $S\subseteq V$，这意味着对于 S 的每对不同顶点 u，v，有 $(u,v)\in E$。

计算图的最大团问题可以简化为对图的极大团[一]进行枚举——最大团也是极大的，因此它作为最大的团出现在枚举中。

c-闭合的条件如何帮助我们高效计算最大团？接下来我们观察到，当 c 是一个固定常数时，报告所有极大团的问题在 c-闭合图中是多项式时间可解的。这个求解算法是基于回溯的。为了方便起见，我们给出一个过程，即对于任何一个顶点 v，找到所有包含 v 的极大团（完整的过程在所有顶点上循环）。

1. 维护一个初始为空的历史 H。
2. 设 N 表示这样的顶点集，它包含 v 以及所有与 v 和 H 中所有顶点相邻的顶点 w。
3. 如果 N 是一个团，则报告团 $H\cup N$ 并且返回。
4. 否则，在每一个顶点 $w\in N\setminus\{v\}$ 以及历史 $H:=H\cup\{v\}$ 上递归。

这个子例程报告所有包含 v 的极大团，而无论图是否为 c-闭合图（练习题 28.2）。在 c-闭合图中，递归的最大深度是 c——一旦 $|H|=c-1, N\setminus\{v\}$ 中的每对顶点都有 c 个公共邻居（即 $H\cup\{v\}$），因此 N 必定是一个团。因此，在 c-闭合图中，回溯算法的运行时间为 $n^{c+O(1)}$。

这种过分简单的回溯算法的速度非常慢，除非 c 值非常小。我们能否做得更好？

28.2.4　计算最大团：固定参数的易处理性

存在一个虽然简单但是聪明的算法，对于任意图，该算法枚举所有极大团而且每个团只用了多项式时间。

定理 28.3（Tsukiyama et al.，1977）　*存在一种算法，给定任何一个具有 n 个顶点和 m 条边的输入图，算法输出图的所有极大团，而且每个极大团的计算时间是 $O(mn)$。*

定理 28.3 把在多项式时间内枚举所有极大团的问题简化为证明在极大团的数量上的一个多项式上界的组合任务。

计算任意图的最大团是一个 NP 困难问题，因此很可能存在具有指数数量的极大团的图。Moon-Moser 图是一个简单但是著名的例子。对于 3 的倍数 n，具有 n 个顶点的 Moon-Moser 图是完全平衡的 $n/3$-部图，这意味着顶点被划分为 $n/3$ 组，每组包含 3 个顶点，每个顶点与除了同组的 2 个顶点外的其他顶点相连（图 28.2）。从每一个组中选择一个顶点会产生一个极大团，总共有 $3^{n/3}$ 个极大团，而且这些就是这个图的全部极大团。更一般地说，图论中的一个基本结果断言，任何 n 顶点图的极大团的数量都不会超过 $3^{n/3}$。

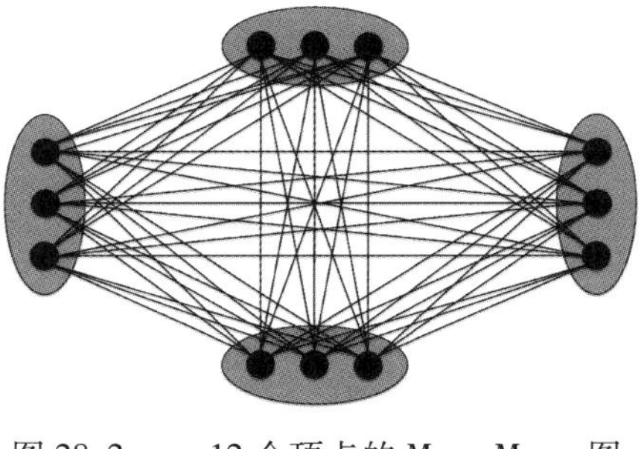

图 28.2　$n=12$ 个顶点的 Moon-Moser 图

定理 28.4（Moon and Moser，1965）　*每个 n-顶点图最多有 $3^{n/3}$ 个极大团。*

n 个顶点的 Moon-Moser 图即使对于 $c=n-3$ 也不是 c-闭合的，因此，对于 c 较小的 c-闭合图，仍然有希望得到一个正面的结果。Moon-Moser 图确实表明，c-闭合图的极大团的数量可以是 c 的指数函数（因为 c 个顶点的 Moon-Moser 图是最简单的 c-闭合图）。因此，对一个 c-闭合图的极大团进行枚举的最佳情况的场景是一个固定参数的易解性结果（关于参

[一] 极大团是一个这样的团，它不是另一个团的严格子集。

数 c)，这说明对于函数 f 和常数 d（独立于 c），n 个顶点的 c-闭合图中极大团的数量为 $O(f(c)\cdot n^d)$。下一个定理表明，即使对于弱 c-闭合图，结果也确实如此。

定理 28.5（Fox et al.，2020） 每个 n 个顶点的弱 c-闭合图最多有

$$3^{(c-1)/3}\cdot n^2$$

个极大团。

下面的推论直接来自定理 28.3 和定理 28.5。

推论 28.6 设 $c=O(\log n)$，在 n 个顶点的弱 c-闭合图中，最大团问题是多项式时间可解的。

28.2.5 定理 28.5 的证明

定理 28.5 的证明是通过对顶点数 n 的归纳实现的（上界中的因子之一 n 来自归纳过程中的 n 个步骤）。设 G 是一个 n 个顶点的弱 c-闭合图，并且假定 $n\geqslant 3$（否则这个界将会很简单）。

由假定，G 有一个 c-good 顶点 v。根据归纳法，$G\setminus\{v\}$ 最多有 $(n-1)^2\cdot 3^{(c-1)/3}$ 个极大团。（弱 c-闭合图的导出子图也是弱 c-闭合图。）$G\setminus\{v\}$ 的每个极大团 C 在 G 中产生唯一的极大团（即 C 或者 $C\cup\{v\}$，这取决于后者是否为一个团）。剩下要做的是确定 G 的还未清点的极大团的数量的界，还未清点的极大团指的是那些 G 的极大团 K，其中 $K\setminus\{v\}$ 在 $G\setminus\{v\}$ 中不是极大团。

一个未清点的极大团 K 必定包括 v，而且 K 包含在 v 的邻域中（即在由 v 以及其相邻顶点导出的子图中）。而且必定存在一个顶点 $u\notin K$，使得 $K\setminus\{v\}\cup\{u\}$ 是 $G\setminus\{v\}$ 中的一个团。我们说 u 是 K 的一个见证顶点，因为它证明了 $K\setminus\{v\}$ 在 $G\setminus\{v\}$ 中的非极大性。这样的一个见证顶点必须与 $K\setminus\{v\}$ 的每个顶点相连。它不会是 v 的邻居，否则 $K\cup\{u\}$ 将是 G 中的一个团，与 K 的极大性相矛盾。

为 G 的每一个未清点的团任意选择一个见证顶点，并且将这些团按照它们的见证顶点进行分类。回忆一下，所有的见证顶点都不是 v 的邻居。对于每个以 u 为见证顶点的未清点的团 K，团 $K\setminus\{v\}$ 的所有顶点都连接到 v 和 u。此外，因为 K 是 G 中的极大团，所以 $K\setminus\{v\}$ 是由 u 和 v 的公共邻居导出的子图 G_u 中的一个极大团。

这样的子图 G_u 能有多大？这是弱 c-闭合条件起到重要作用的证明步骤：因为 u 不是 v 的邻居，而 v 是一个 c-good 顶点，所以 u 和 v 最多有 $c-1$ 个公共邻居，因此 G_u 最多有 $c-1$ 个顶点（图 28.3）。根据 Moon-Moser 定理（定理 28.4），每一个子图 G_u 最多有 $3^{(c-1)/3}$ 个极大团。累加上 u 的最多 n 个选择，未清点的团的数量最多是 $n\cdot 3^{(c-1)/3}$：在可能的见证顶点上的这个总和是定理 28.5 中 n 的第二个因子的来源。将未清点的团上的这个界与剩余的 G 的极大团上的归纳界相结合，产生了所要的上界

$$(n-1)^2\cdot 3^{(c-1)/3}+n\cdot 3^{(c-1)/3}\leqslant n^2\cdot 3^{(c-1)/3}$$

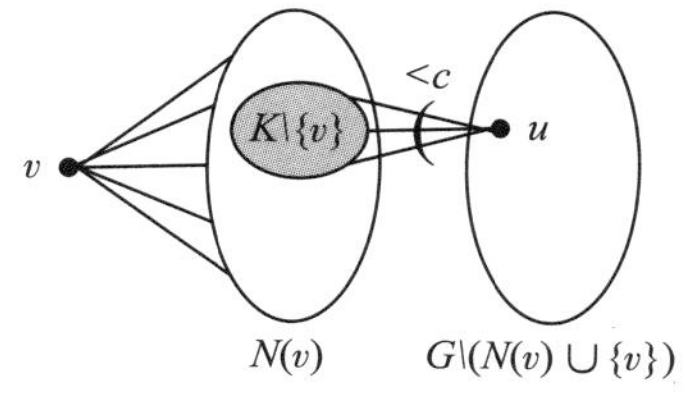

图 28.3 定理 28.5 的证明。$N(v)$ 表示 v 的邻域，K 表示 G 的一个极大团，它使得 $K\setminus\{v\}$ 在 $G\setminus\{v\}$ 中不是极大的。存在一个与 v 不相连的顶点 u，它见证了 $K\setminus\{v\}$ 在 $G\setminus\{v\}$ 中的非极大性。因为 v 是一个 c-good 顶点，所以 u 和 v 最多有 $c-1$ 个公共邻居

28.3　三角形稠密图的结构

28.3.1　三角形稠密图

受到社交和信息网络的强三元闭包特性的启发，我们的第二类图是 δ-三角形稠密图（δ-triangle-dense graph）。在这些图中，在那些有至少一个公共邻居的顶点对中，一个常数比例部分的顶点对的两个顶点通过一条边直接连接。等价地，这种图的楔形（即两跳路径）的一个常数比例部分属于一个三角形。

定义 28.7（Gupta et al.，2016）　无向图 G 的三角形密度（triangle density）定义为 $\tau(G):=3t(G)/w(G)$，其中 $t(G)$ 和 $w(G)$ 分别表示 G 的三角形和楔形的数量。（如果 $w(G)=0$，我们定义 $\tau(G)=0$。）δ-三角形稠密图的类由 $\tau(G)\geqslant\delta$ 的图 G 构成。 $\triangleleft$

在社交网络文献中，也称之为传递性（transitivity）或者全局聚类系数（global clustering coefficient）。因为图的每个三角形都包含三个楔形，而且没有两个三角形共享一个楔形，所以图的三角形密度介于 0 和 1 之间——这是属于一个三角形的楔形的比例。三角形密度是社交网络中观察到的经验闭包比率的另一种粗糙的代理（如图 28.1a 所示）。

1-三角形稠密图恰好是不相交团的并集，而无三角形图构成 0-三角形稠密图。一个边概率为 p 的 Erdös-Rényi 图的三角形密度集中在 p 附近（参见图 28.1b）。如果想要 Erdös-Rényi 图具有恒定的三角形密度，我们需要设置 $p=\Omega(1)$。这将意味着该图是稠密的，与社交网络截然不同。例如，2011 年计算出来的 Facebook 图的三角形密度为 0.16，这比具有相同顶点数（当时大约为 10 亿）和边数（大约 1 000 亿）的随机图在数值上大了五个数量级。

28.3.2　三角形稠密图的可视化

δ-三角形稠密图看上去是什么样的？我们能否做出关于它们的任何结构性断言，就像平面图的分隔定理（允许它们被看作“近似网格”）或者稠密图的正则性引理（允许它们被看作一些随机二部图的近似并集）那样？

考虑到 1-三角形稠密图是团的并集，最先可能会猜测 δ-三角形稠密图看起来像一些近似团的近似并集（如图 28.4a 所示）。这种图肯定有高的三角形密度。是否有可能存在一个“逆定理”，说明在某种意义上这些图是唯一具有这种性质的图？

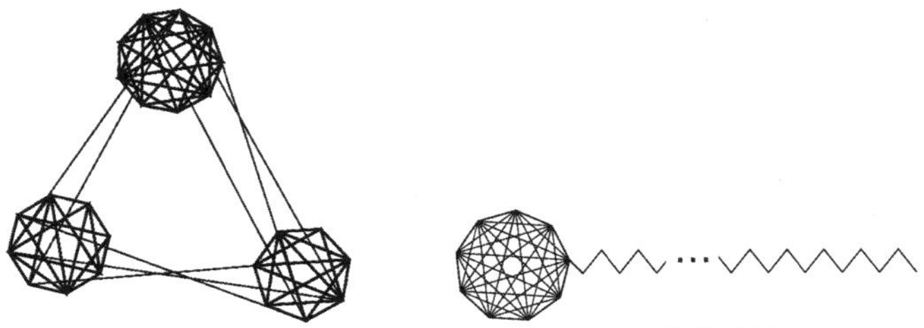

a）理想的三角形稠密图　　b）棒棒糖图

图 28.4　两个 δ-三角形稠密图的示例，其中 δ 接近 1

以最简单的形式，这个问题的答案是“否”，因为一旦 δ 有界低于 1，δ-三角形稠密图就会变得非常多样。例如，对任意一个 n 个顶点而且度有界的图，在图的 $n^{2/5}$ 个顶点上添加一个团，生成一个 δ-三角形稠密图，当 $n\rightarrow\infty$ 时，$\delta=1-O(1)$（见图 28.4b）。

尽管如此，如果我们用一个包含一些近似团的汇集来重新定义近似一个图的含义，那么逆定理确实成立。我们并非试图捕获大多数顶点或者边（如前一个示例所示，这是不可能的），而是考虑通过一个稠密子图的汇集来捕获图的三角形的一个常数比例部分。

28.3.3 逆定理

为了说明三角形稠密图的逆定理，我们需要一个预备定义。

定义 28.8（紧密族） 设 $\rho>0$。包含图 $G=(V,E)$ 的一些不相交顶点集合的汇集 V_1，$V_2,\cdots,V_k$ 构成一个 ρ-紧密族（ρ-tightly-knit family），如果

1. 对于每一个 $i=1,2,\cdots,k$，由 V_i 导出的子图至少具有 $\rho\cdot\binom{|V_i|}{2}$ 条边和 $\rho\cdot\binom{|V_i|}{3}$ 个三角形（即最大可能的边的数量和三角形的数量的一个比例 ρ）。

2. 对于每一个 $i=1,2,\cdots,k$，由 V_i 导出的子图的半径最多是 2。 ◁

在定义 28.8 中，各个顶点集合 $V_1,V_2,\cdots,V_k$ 是不相交的，但是并不需要覆盖 V 中的所有顶点。特别地，从技术上讲，空汇集是一个紧密族。

下面的逆定理表明，每个三角形稠密图都包含一个紧密族，它捕获了“有意义的社交结构”中的大部分——图的三角形的一个常数比例部分。

定理 28.9（Gupta et al.，2016） *存在一个函数 $f(\delta)=O(\delta^4)$，使得对于每个 δ-三角形稠密图 G，都存在一个 $f(\delta)$-紧密族，它包含 G 的三角形的一个 $f(\delta)$ 比例部分。*

非三角形稠密图（比如稀疏 Erdös-Rényi 随机图）通常不允许具有常数 ρ 的 ρ-紧密族。完全三部图表明，如果在定义 28.8 中“半径为 2”的条件强化为“半径为 1”，则定理 28.9 不再成立（练习题 28.4）。

28.3.4 定理 28.9 的概略证明

定理 28.9 的证明是构造性的，并且交错使用两个子例程。为了说明第一个子例程，将图 G 的一条边 (u,v) 的 Jaccard 相似度（Jaccard similarity）定义为在 u 的邻居和 v 的邻居中同时是 u 和 v 的邻居的占比：

$$\frac{|N(u)\cap N(v)|}{|N(u)\cup N(v)|-2}$$

其中 $N(\cdot)$ 表示一个顶点的邻域，“-2”用于避免计算 u 和 v 本身。第一个子例程称为 cleaner：给定一个参数 ϵ 作为输入，重复删除 Jaccard 相似度小于 ϵ 的边，直到没有可删除的边。从图中删除边可能会带来麻烦，因为同时也删除了一些三角形，而定理 28.9 的结论保证了最终的紧密族会获得原始图形的三角形的一个常数比例。但是，删除具有低 Jaccard 相似度的边所破坏的楔形会比破坏的三角形更多，而图中的三角形的数量至少是楔形数量的一个常数比例（因为它是 δ-三角形稠密的）。沿着这些思路的一个 charging 论证[㊀]表明，如果 ϵ 最多是 $\delta/4$，那么 cleaner 破坏的图的三角形不会超过一个常数比例。

第二个子例程称为 extractor，它负责从一个所有边的 Jaccard 相似度至少为 ϵ 的图中提取紧密族的一个簇。（进一步的考虑是可以丢弃孤立顶点。）这种 Jaccard 相似度条件有什么用处？容易观察到执行 cleaner 例程后的图是“近似地局部正则的”，这意味着任何一条边的两个端点的度都在彼此的 $1/\epsilon$ 因子内。从这一事实出发，通过简单的代数可以证明

㊀ 关于 charging 的论证参见 11.4 节的译者注。——译者注

图的每个单跳邻域（即由一个顶点及其邻域导出的子图）的边和三角形都具有恒定（取决于 ϵ）密度，这正如定理 28.9 所要求的。坏消息是提取一个单跳邻域会破坏图的几乎所有三角形（练习题 28.4）。好消息是用相应的两跳邻域（即邻居的邻居）的一个审慎选择的子集对一个单跳邻域进行增补可以解决这个问题。准确地说，给定一个图 G，其中每条边的 Jaccard 相似度至少为 ϵ，如下执行 extractor 子例程：

1. 设 v 为 G 的一个最大度顶点，$d_{\max}$ 表示 v 的度，$N(v)$ 表示 v 的邻域。

2. 为 $\{v\}\cup N(v)$ 之外的每个顶点 w 计算一个评分 θ_w，它等于由 w 和两个 $N(v)$ 中的顶点所构成的三角形的数量。换言之，θ_w 是通过 w 对单跳邻域 $\{v\}\cup N(v)$ 进行增补而保留的三角形的数量（反过来，这也会破坏由 w 和两个 $N(v)$ 之外的顶点所构成的三角形）。

3. 返回 $\{v\}$、$N(v)$ 以及 $\{v\}\cup N(v)$ 之外的 $d_{\max}$ 个具有最大的非零 θ-评分的顶点的并集。

显然，extractor 输出了一个顶点集合 S，由 S 导出一个半径最多是 2 的子图。就像单跳邻域的情况一样，通过简单的代数可以证明，由于每条边的 Jaccard 相似度至少为 ϵ，这个导出子图的边和三角形都是稠密的。这里省略了一个重要的而且并非明显的事实，即 extractor 保留的三角形（所有三个顶点都在 extractor 的输出中）的数量至少是它破坏的三角形（只有一个或者两个顶点在 extractor 的输出中）的数量的一个常数比例。因此，cleaner 和 extractor 之间的交替应用（直到没有残留边）将产生一个符合定理 28.9 的承诺的紧密族。

28.4 幂律有界网络

可以说社交和信息网络最著名的特性（甚至比三元闭包更著名）是一种*幂律度分布*（power-law degree distribution），也称为*重尾的*（heavy-tailed）或者*无标度的*（scale-free）度分布。

28.4.1 幂律度分布及其性质

考虑一个有 n 个顶点的简单图 $G=(V,E)$。对于每一个正整数 d，设 $n(d)$ 表示 G 的具有度 d 的顶点数目。序列 $\{n(d)\}$ 称为 G 的*度分布*。非正式地说，一个度分布被称为*指数 $\gamma>0$ 的幂律度分布*，如果 $n(d)$ 由 n/d^{γ} 衡量。

对于如何将幂律分布最佳拟合到数据，以及是否这一类分布“正确地”拟合了现实世界社交网络中的度分布（比如与对数正态分布相反），目前存在一些争议。不过就社交网络而言，幂律度分布假定下的一些结论是没有争议的，因此幂律分布是数学分析的一个合理的起点。

这一节以基础图问题的快速算法的形式，研究在假定一个图具有（近似）幂律度分布的情况下算法上的受益。为了利用我们在这一类图上的直觉，对于每个 d（达到最大度 $d_{\max}$），我们在假定 $n(d)=cn/d^{\gamma}$（c 是一个常数）的情况下进行一些粗略的计算：将 $d_{\max}$ 视为 n^{β}，其中 $\beta\in(0,1)$ 是常数。

首先，我们有蕴含式

$$\sum_{d\leqslant d_{\max}} n(d)=n \Rightarrow cn\sum_{d\leqslant d_{\max}} d^{-\gamma}=n \tag{28.1}$$

当 $\gamma\leqslant 1$ 时，$\sum_{d<\infty} d^{-\gamma}$ 是一个发散级数。在这种情况下，我们无法用一个常数 c 满足

式（28.1）的右侧。出于这个原因，幂律度分布通常假定 $\gamma>1$。

接下来，边的数量正好是

$$\frac{1}{2}\sum_{d\leqslant d_{\max}} d\cdot n(d)=\frac{cn}{2}\sum_{d\leqslant d_{\max}} d^{-\gamma+1} \tag{28.2}$$

因此，在忽略常数因子的意义上，$\sum_{d\leqslant d_{\max}} d^{-\gamma+1}$ 是平均度。对于 $\gamma>2$，$\sum_{d<\infty} d^{-\gamma+1}$ 是一个收敛级数，而且图的平均度为常数。出于这个原因，关于具有幂律度分布的图的很多早期文献大多集中在 $\gamma>2$ 的区域。当 $\gamma=2$ 时，平均度与 $\log n$ 成比例。而对于 $\gamma\in(1,2)$，平均度与 $(d_{\max})^{2-\gamma}$ 成比例，它是 n 的多项式。

幂律度分布的主要作用之一是推导度高的顶点数量的上界。具体而言，在我们假定 $n(d)=cn/d^{\gamma}$ 的情况下，度至少为 k 的顶点数的上界可以确定如下：

$$\sum_{d=k}^{d_{\max}} n(d)\leqslant cn\sum_{d=k}^{\infty} d^{-\gamma}\leqslant cn\int_{k}^{\infty} x^{-\gamma}\mathrm{d}x=cnk^{-\gamma+1}/(\gamma-1)=\Theta(nk^{-\gamma+1}) \tag{28.3}$$

28.4.2　PLB 图

这一节的主要定义是关于 $n(d)=cn/d^{\gamma}$ 的假定的一个似乎更为合理的和更健壮的版本，对此像 28.4.1 节中的那些计算结论仍然有效。这个定义允许 $n(d)$ 的单个值可以偏离一个真正的幂律，同时要求（本质上）在足够大的 d 的各个区间内 $n(d)$ 的平均值确实遵循一个幂律。

定义 28.10（Berry et al.，2015；Brach et al，2016）　一个度分布为 $\{n(d)\}$ 的图 G 是一个指数 $\gamma>1$ 的幂律有界（Power-Law Bounded，PLB）图，如果存在一个常数 $c>0$，对所有 $r\geqslant 0$，有

$$\sum_{d=2^r}^{2^{r+1}} n(d)\leqslant cn\sum_{d=2^r}^{2^{r+1}} d^{-\gamma}$$　◁

许多现实世界的社交网络满足这个定义的一种温和的扩展，允许 $n(d)$ 由 $n/(d+t)^{\gamma}$ 衡量，其中 $t\geqslant 0$ 是一个“偏移值”，详情参见本章注解。为了简单起见，我们在这一节假定 $t=0$。

定义 28.10 与一个纯粹的幂律假定有一些相同的结果，包括以下引理（参见式（28.2））。

引理 28.11　假设 G 是一个指数 $\gamma>1$ 的 PLB 图。对于每个 $c>0$ 和自然数 k，有

$$\sum_{d\leqslant k} d^{c}\cdot n(d)=O\left(n\sum_{d\leqslant k} d^{c-\gamma}\right)$$

引理 28.11 的证明是技术性的，但是不太困难，我们不在这里讨论证明的细节。

下一个引理的第一部分给出了对度高的顶点数的限制，这也是许多图问题在 PLB 图上比在一般图上更容易求解的主要原因。引理的第二部分在 $\gamma\geqslant 3$ 时限定了图的楔形数量的界。

引理 28.12　假设 G 是一个指数 $\gamma>1$ 的 PLB 图，那么

1. $\sum_{d\geqslant k} n(d)=O(nk^{-\gamma+1})$。

2. 设 W 表示楔形（即两跳路径）的数量。如果 $\gamma=3$，则 $W=O(n\log n)$。如果 $\gamma>3$，则 $W=O(n)$。

引理的第一部分将式（28.3）中的计算扩展到 PLB 图，而第二部分源自引理 28.11（参见练习题 28.5）。

28.4.3 三角形的计数

PLB 图中的许多图问题似乎比一般图更加容易求解。为了说明这一点，我们挑选了三角形计数（triangle counting）问题，这是社交网络分析中最典型的问题之一。这一节我们假定算法可以在常数时间内确定在一对给定的顶点之间是否存在一条边：这些检查可以通过一个精细的实现得以避免（练习题 28.6），但是这样的细节会分散我们对主要分析的注意力。

作为热身，考虑以下简单算法，它计算一个给定图 G 的三角形的（三倍）数量。

算法 1

- 对于 G 的每个顶点 u：
  -对于 u 的每对邻居 v,w，检查 u,v,w 是否形成一个三角形。

注意到算法 1 的运行时间与图 G 中的楔形的数量成比例。PLB 图中三角形计数的以下运行时间界是引理 28.12 第二部分的直接推论，可用于算法 1。

推论 28.13 n 个顶点的指数为 3 的 PLB 图中的三角形计数可以在 $O(n\log n)$ 时间内完成。如果 PLB 图的指数严格大于 3，那么可以在 $O(n)$ 时间内完成。

现在考虑算法 1 的一个最优化。

每一个三角形都由算法 2 精确计数一次。迭代中三角形的三个顶点中度最低的顶点起到 u 的作用。值得注意的是，在实践中这种简单的思路节省了大量时间。

算法 2

- 将 G 的每一条边从度较低的端点指向度较高的端点（两个端点的度相同时按字典次序确定边的方向），从而获得一个有向图 D。
- 对于 D 的每个顶点 u：
  -对于 u 的每对外邻接的邻居 v,w，检查 u,v,w 是否在 G 中形成一个三角形。

在数学上改进这个运行时间的经典方法是通过输入图 G 的退化度（degeneracy）来参数化图 G，退化度可以被认为是最大度的改进。可以如下计算图 G 的退化度 $\alpha(G)$：迭代移除一个最小度顶点（在每一次迭代之后更新顶点的度），直至没有剩余顶点，$\alpha(G)$ 就是一个顶点被移除时的最大度。（例如，每棵树的退化度等于 1。）对于算法 2 我们有以下保证（由图的退化度参数化）。

定理 28.14（Chiba and Nishizeki，1985） 对于每个有 m 条边和退化度 α 的图，算法 2 的运行时间为 $O(m\alpha)$。

指数 $\gamma>1$ 的每个 PLB 图都具有退化度 $\alpha=O(n^{1/\gamma})$，参见练习题 28.8。对于 $\gamma>2$ 的 PLB 图，我们可以应用引理 28.11 并且令 $c=1$，得到 $m=O(n)$，因此算法 2 的运行时间为 $O(m\alpha)=O(n^{(\gamma+1)/\gamma})$。

对于所有 $\gamma\in(2,3)$ 的 PLB 图，经过更加精细的分析，我们的最终结果改进了这个运行时间界。㊀

定理 28.15（Brach et al.，2016） 对于指数 $\gamma\in(2,3)$ 的 PLB 图，算法 2 的运行时间

㊀ 这个运行时间界实际上对于所有 $\gamma\in(1,3)$ 都成立，但是对于 $\gamma>2$ 只是一种改进。

是 $O(n^{3/\gamma})$。

证明　设 $G=(V,E)$ 表示一个 $\gamma\in(2,3)$ 的 n 个顶点的 PLB 图。用 d_v 表示 G 中顶点 v 的度，用 d_v^+ 表示对应的有向图 D 中顶点 v 的出度。算法 2 的运行时间为 $O\left(n+\sum_v\binom{d_v^+}{2}\right)=O(n+\sum_v(d_v^+)^2)$，因此分析归结为确定 D 的出度的界。对于每个 $v\in V$，一个简单的上界是 $d_v^+\leqslant d_v$。因为每条边的方向都是从其较低度端点指向较高度端点，所以我们也有 $d_v^+\leqslant\sum_{d\geqslant d_v}n(d)$。根据引理 28.12 的第一部分，第二个界为 $O(nd_v^{-\gamma+1})$。当 $d_v\geqslant nd_v^{-\gamma+1}$ 时，第二个界大致比第一个界要好。当 $d_v\geqslant n^{1/\gamma}$ 时，这两个界大致相当。

设 $V(d)$ 表示 G 的 d 度顶点集合。我们根据顶点的度与 $n^{1/\gamma}$ 的比较情况来拆分在顶点上的求和：对于度低的顶点使用第一个界，而度高的顶点使用第二个界。结果如下：

$$\begin{aligned}\sum_{v\in V}(d_v^+)^2&=\sum_d\sum_{v\in V(d)}(d_v^+)^2\\&\leqslant\sum_{d\leqslant n^{1/\gamma}}\sum_{v\in V(d)}d^2+\sum_{d>n^{1/\gamma}}\sum_{v\in V(d)}O(n^2d^{-2\gamma+2})\\&=\sum_{d\leqslant n^{1/\gamma}}d^2\cdot n(d)+O\left(n^2\cdot\sum_{d>n^{1/\gamma}}d^{-2\gamma+2}\cdot n(d)\right)\end{aligned}$$

将引理 28.11（令 $c=2$）应用于度低的顶点上的求和，并且利用这样的事实，即 $\gamma<3$ 的求和 $\sum_d d^{2-\gamma}$ 是发散的，我们得到

$$\sum_{d\leqslant n^{1/\gamma}}d^2\cdot n(d)=O\left(n\sum_{d\leqslant n^{1/\gamma}}d^{2-\gamma}\right)=O(n(n^{1/\gamma})^{3-\gamma})=O(n^{3/\gamma})$$

第二个求和是在度最高的顶点上计算的，引理 28.11 不再适用。另一方面，我们可以利用引理 28.12 的第一部分来获得所需的界：

$$\begin{aligned}n^2\sum_{d>n^{1/\gamma}}d^{-2\gamma+2}\cdot n(d)&\leqslant n^2(n^{1/\gamma})^{-2\gamma+2}\sum_{d>n^{1/\gamma}}n(d)\\&=O(n^{2/\gamma}\cdot n(n^{1/\gamma})^{-\gamma+1})\\&=O(n^{3/\gamma})\end{aligned}$$

□

同样的推理证明了算法 2 在指数 $\gamma=3$ 的 n 个顶点的 PLB 图中的运行时间为 $O(n\log n)$，在 $\gamma>3$ 的 PLB 图上的运行时间为 $O(n)$（练习题 28.9）。

28.4.4　讨论

除了三角形计数之外，我们还期望哪些计算问题在 PLB 图上要比在一般图上更为容易？一个良好的起点是那些在度有界的图上相对容易的问题。在许多情况下，在度有界的图上的快速算法在退化度有界的图上能够保持快速，在这种情况下 PLB 图的退化度的界（练习题 28.8）已经可以引发这种图上的快速算法。例如，这个方法可用于证明指数 $\gamma>1$ 的 PLB 图的所有团都可以在次指数时间内被枚举（练习题 28.10）。在一些情况下（就像在定理 28.15 中那样），我们可以通过更为精细的参数来改进来自基于退化度的分析的界。

28.5　BCT 模型

这一节对 Borassi 等人（2017）提出的另外一系列旨在体现“典型网络”特性的确定性条件（下面称之为 BCT 模型）给出主观的概述。精确的 BCT 模型是技术性的，带有许多参数。我们只给出一个概要描述，其中忽略了若干复杂化的问题。

为了说明其主要思想，考虑计算一个无向而且无加权的 n-顶点图 $G=(V,E)$ 的直径

$\max_{u,v\in V}\mathrm{dist}(u,v)$ 的问题，其中 $\mathrm{dist}(u,v)$ 表示 G 中 u 和 v 之间的最短路径距离。定义一个顶点 u 的偏心率为 $\mathrm{ecc}(u)=\max_{v\in V}\mathrm{dist}(u,v)$，因此直径是最大的偏心率。单一顶点的偏心率可以在线性时间内利用宽度优先搜索进行计算，这就给出了计算直径的二次时间算法。尽管付出了很多努力，目前尚未发现用于计算一般图的直径的次二次的 $(1+\epsilon)$-近似算法。不过在现实世界的网络中存在许多性能良好的启发式算法，其中的大多数计算一个精心选择的顶点子集的偏心率。一个极端的例子是 TwoSweep 算法：

1. 选择一个任意顶点 s，从 s 开始执行宽度优先搜索来计算一个顶点 $t\in\arg\max_{v\in V}\mathrm{dist}(s,v)$。
2. 再次使用宽度优先搜索来计算 $\mathrm{ecc}(t)$ 并返回结果。

这个启发式算法总是产生一个在图的直径上的下界，并且在实践中通常获得一个很接近的近似值。“现实世界”的图的哪些属性能够解释这种经验性能呢?

BCT 模型主要受到随机图的度量特性的启发。为了解释这一点，对于顶点 s 和自然数 k，设 $\tau_s(k)$ 表示最小长度 ℓ，使至少有 k 个顶点与 s 的（精确）距离为 ℓ。忽略随机图模型的细节，随机图中一个顶点的 ℓ-步邻域（即那些与该顶点的距离恰好为 ℓ 的顶点）类似于大小随 ℓ 的增加而增加的均匀随机集合。接下来，我们利用这个性质获得 $\mathrm{dist}(s,t)$ 上的一个启发式上界。定义 $\ell_s:=\tau_s(\sqrt{n})$ 以及 $\ell_t:=\tau_t(\sqrt{n})$。因为 s 的 ℓ_s-步邻域和 t 的 ℓ_t-步邻域表现得就像大小为$\sqrt{n}$的随机集合，生日悖论表明它们以非平凡概率相交。如果它们确实相交，那么 $\ell_s+\ell_t$ 是 $\mathrm{dist}(s,t)$ 的一个上界。在任何情况下，我们都可以将下列不等式作为一种确定性的图的属性，可以针对真实的网络数据对这种属性进行测试。㊀

性质 28.16　对于所有 s，$t\in V$，有 $\mathrm{dist}(s,t)\leqslant\tau_s(\sqrt{n})+\tau_t(\sqrt{n})$。 ◁

我们会估计到对于彼此相距很远的一对顶点，这个距离的上界是胎紧的。而且在一个适度随机的图中，这个结论对于大多数顶点对都是正确的。这就将我们引导到了下一个性质。㊁

性质 28.17　对于所有 $s\in V$：对于“大多数的” $t\in V$，有 $\mathrm{dist}(s,t)>\tau_s(\sqrt{n})+\tau_t(\sqrt{n})-1$。 ◁

第三个性质确认了在数量为 $\tau_s(\sqrt{n})$ 的值上的一个分布。设 $T(k)$ 表示平均值 $n^{-1}\sum_{s\in V}\tau_s(k)$。

性质 28.18　存在常数 c，$\gamma>0$，使得满足 $\tau_s(\sqrt{n})\geqslant T(\sqrt{n})+\gamma$ 的顶点 s 所占比例大致为 $c^{-\gamma}$。 ◁

这个性质的一个结论是 $\tau_s(\sqrt{n})$ 个值中的最大值是 $T(\sqrt{n})+\log_c n+\Theta(1)$。

正如我们在下文中所讨论的，这些性质将意味着简单的启发式算法可以有效计算图的直径。另一方面，这些性质在现实世界的图中并非普遍成立。实际的 BCT 模型有一个在这些性质上存在细微差别的版本，它由顶点度参数化。此外，基于幂律有界图（定义 28.10），BCT 模型采用了一种近似幂律度分布。这些有着细微差别的性质可以在大量现实世界的图上得到经验验证。

不过，如果只想了解度量的性质与直径的计算的关系的话，查看性质 28.16～性质 28.18 就已经足够了。我们现在可以确定顶点的偏心度的界，这些性质意味着：

$$\mathrm{dist}(u,v)\leqslant\tau_u(\sqrt{n})+\tau_v(\sqrt{n})\leqslant\tau_u(\sqrt{n})+T(\sqrt{n})+\log_c n+O(1)$$

㊀ 实际的 BCT 模型利用上界 $\tau_s(n^x)+\tau_t(n^y)$，其中 $x+y>1+\delta$ 来确保以足够高的概率相交。

㊁ 我们省略了 BCT 模型中这个属性的相当复杂的精确定义。

固定 u 并设想通过改变 v 来估计 $\mathrm{ecc}(u)$。对于“大多数”顶点 v，$\mathrm{dist}(u,v)\geqslant\tau_u(\sqrt{n})+\tau_v(\sqrt{n})-1$。根据性质 28.18，满足这个下界的顶点 v 之一也将满足 $\tau_v(\sqrt{n})\geqslant T(\sqrt{n})+\log_c n-\Theta(1)$。结合起来，我们可以通过下式确定偏心率的界：

$$\mathrm{ecc}(u)=\max_v \mathrm{dist}(u,v)=\tau_u(\sqrt{n})+T(\sqrt{n})+\log_c n\pm\Theta(1) \tag{28.4}$$

式（28.4）给出的界很重要，因为它把在 $u\in V$ 上最大化 $\mathrm{ecc}(u)$ 的问题归约成为最大化 $\tau_u(\sqrt{n})$ 的问题。

挑选任意一个顶点 s，并且考虑最大化了 $\mathrm{dist}(s,u)$ 的顶点 u。通过与上面类似的论证（而且因为大多数顶点远离 s），我们预期 $\mathrm{dist}(s,u)\approx\tau_s(\sqrt{n})+\tau_u(\sqrt{n})$。因此，一个最大化了 $\mathrm{dist}(s,u)$ 的顶点 u 几乎就是一个最大化了 $\tau_u(\sqrt{n})$ 的顶点，根据式（28.4），它也几乎就是一个最大化了 $\mathrm{ecc}(u)$ 的顶点。这就为 TwoSweep 算法的出色性能给出了一个解释。算法的第一次宽度优先搜索获得一个（几乎）最大化了 $\mathrm{ecc}(u)$ 的顶点 u。然后，第二遍宽度优先搜索（从 u 开始）计算直径的一个接近的近似值。

这一节中的分析是启发式的，但是它抓住了 BCT 模型中算法分析的大部分本质。TwoSweep 的这些结果可以扩展到通过随机过程选择一个顶点集合来确定直径的下界的其他启发式方法。在一般情况下，主要的观点是 BCT 模型中的大多数距离 $\mathrm{dist}(u,v)$ 可以很接近地近似为仅仅依赖于 u 或者 v 的一些量的和。

28.6　讨论

让我们对本章进行概览。本章所述的研究领域的最大挑战是图的种类和性质的形式化，它们既反映了现实世界中的图，又引导了一种令人满意的理论。看来任何一类图都不太可能同时捕获（比如）社交网络的所有相关性质。因此，本章描述了若干类图，它们的目标是特定的经验观察到的图的性质，而且每一种性质都有其自身的算法经验：

- 三元闭包有助于稠密子图的计算。
- 幂律度分布有助于子图的计数。
- ℓ-跳的邻域结构影响了最短路径的结构。

这些经验表明，当定义一类图来捕获“现实世界”的图时，牢记一个目标算法应用可能很重要。

不同类的图的差异在于其定义与领域知识和经验观察的统计数据紧密结合的程度。c-闭合图和三角形稠密图类符合经典的图族（例如平面图或者有界树宽图）的思路，它们为了提供一般性、更为清晰的定义以及论证上更加简练的理论而牺牲了精度。PLB 和 BCT 框架则采取相反的观点：图的性质非常技术性而且包含许多参数，换来的是它们紧紧抓住了“现实世界”的图的性质。这些额外的细节能够提高针对简单启发式算法的令人惊讶的有效性的理论解释的精确度。

组合方法定义的各类图（这是理论计算机科学中图论研究的一个标志）的一大优势是能够在实际数据上对它们进行经验验证。网络科学采用的标准统计的观点引入了数十种相互竞争的生成模型，通过网络数据来验证一个这样的模型的细节几乎是不可能的。本章定义的确定性的各类图为现实世界的图算法提供了一个更为令人满意的基础。

现实世界问题的复杂算法可以是有效的，但是用于图分析的实际算法（像回溯算法或者贪心算法）通常基于简单的思想。一个理想的理论会反映这一现实，并且针对为什么相对简单的算法在实践中具有如此惊人的功效的原因提供令人信服的解释。

我们以一些开放式问题结束这一节。

- 对于常数 c，定理 28.5 给出了一个 c-闭合图中的极大团数量的界 $O(n^2)$。Fox 等人（2020）还证明了一个更严格的界 $O(n^{2(1-2^{-c})})$，当 $c=2$ 时，这个界是渐近胎紧的。是否它对 c 的所有取值都是胎紧的？此外，假如由边数（m）而不是顶点数（n）进行参数化，$c=O(1)$ 的 c-闭合图中的极大团数量的界是否由 $O(m)$ 确定？对于具有常数 c 的 c-闭合图，能否存在一个用于极大团枚举的线性时间算法？
- 定理 28.9 保证了通过一个紧密族可以捕获 δ-三角形稠密图的三角形的一个 $O(\delta^4)$ 比例部分。指数中可能最佳的常数是什么？上界是否可以得到改进，这或许需要一些额外的假定（例如关于图的聚类系数的分布，而不仅仅是关于它们的平均值）？
- Ugander 等人（2013）观察到，现实世界中 4 个顶点的子图的计数呈现出可预测的和独特的行为。通过在 4 个顶点的子图的计数上施加条件（除了三角形密度之外），能否证明比定理 28.9 更好的分解定理？
- 对于可以由紧密族近似的图，是否存在一个令人信服的算法应用？
- Benson 等人（2016）和 Tsourakakis 等人（2017）定义了一个图的三角形传导性（triangle conductance），其中切割由三角形切割的数量（而不是边的数量）来度量。经验证据表明，具有低三角形传导性的切割提供了比具有低（边）传导性的切割更有意义的社群（即更加稠密的子图）。对于这一观察，是否存在一个合理的理论解释？
- 一个更为开放的目标是利用本章所述的理论见解，为基础的图问题开发新的实用算法。

28.7　本章注解

Easley 和 Kleinberg（2010）的书是对社交网络分析的很好的介绍，其中包括对重尾度分布和三元闭包的讨论。Chakrabarti 和 Faloutsos（2006）对社交和信息网络的生成模型进行了很好的回顾，尽管有点过时。Enron 的电子邮件网络最早由 Klimt 和 Yang（2004）研究。

c-闭合图和弱 c-闭合图的定义（定义 28.1 和定义 28.2）以及最大团问题的固定参数易解性结果（定理 28.5）来自（Fox et al.，2020）。Eppstein 等人（2010）证明了在不同参数（输入图的退化度）下的类似结果。Tsukiyama 等人（1977）提出了一种把高效枚举极大团归约到确定极大团的数量的方法（定理 28.3）。Moon-Moser 图和一个图的极大团的最大数量的 Moon-Moser 界来自（Moon and Moser，1965）。

三角形稠密图的定义（定义 28.7）及其逆定理（定理 28.9）来自（Gupta et al.，2016）。Ugander 等人（2011）详细介绍了 Facebook 图的三角形密度计算。

幂律有界图的定义（定义 28.10）首次出现在（Berry et al.，2015）的三角形计数背景下，不过（Brach et al.，2016）将其形式化并且应用于许多不同的问题，包括三角形计数（定理 28.15）、团的枚举（练习题 28.10）以及具有非零模式的矩阵的线性代数问题，这个非零模式导出了一个 PLB 图。Brach 等人（2016）还进行了详细的实证分析，在真实数据上验证了定义 28.10（带有小偏移 t）。关于三角形计数的退化度-参数化界主要归于（Chiba and Nishizeki，1985）。

BCT 模型以及计算一个图的直径的快速算法应该归于（Borassi et al.，2017）。

致谢

感谢 Michele Borassi、Shweta Jain、Piotr Sankowski 和 Inbal Talgam-Cohen 对本章较早的草稿提出的意见。

参考文献

Benson, A., Gleich, D. F., and Leskovec, J. 2016. Higher-order organization of complex networks. *Science*, **353**(6295), 163–166.

Berry, J. W., Fostvedt, L. A., Nordman, D. J., Phillips, C. A., Seshadhri, C., and Wilson, A. G. 2015. Why do simple algorithms for triangle enumeration work in the real world? *Internet Mathematics*, **11**(6), 555–571.

Borassi, M., Crescenzi, P., and Trevisan, L. 2017. An axiomatic and an average-case analysis of algorithms and heuristics for metric properties of graphs. *Proceedings of the Twenty-Eighth Annual ACM-SIAM Symposium on Discrete Algorithms (SODA)*, pp. 920–939.

Brach, Pawel, Cygan, Marek, Lacki, Jakub, and Sankowski, Piotr. 2016. Algorithmic complexity of power law networks. *Proceedings of the Twenty-Seventh Annual ACM-SIAM Symposium on Discrete Algorithms (SODA)*, pp. 1306–1325.

Chakrabarti, D., and Faloutsos, C. 2006. Graph mining: Laws, generators, and algorithms. *ACM Computing Surveys*, **38**(1), Article 2.

Chiba, N., and Nishizeki, T. 1985. Arboricity and subgraph listing algorithms. *SIAM Journal on Computing*, **14**(1), 210–223.

Easley, D., and Kleinberg, J. 2010. *Networks, Crowds, and Markets*. Cambridge University Press.

Eppstein, D., Löffler, M., and Strash, D. 2010. Listing all maximal cliques in sparse graphs in near-optimal time. *Proceedings of the 21st International Symposium on Algorithms and Computation (ISAAC)*, pp. 403–414.

Fox, J., Roughgarden, T., Seshadhri, C., Wei, F., and Wein, N. 2020. Finding cliques in social networks: A new distribution-free model. SIAM Journal on Computing, **49**(2), 448–464.

Gupta, R., Roughgarden, T., and Seshadhri, C. 2016. Decompositions of triangle-dense graphs. *SIAM Journal on Computing*, **45**(2), 197–215.

Klimt, B., and Yang, Y. 2004. The Enron corpus: A new dataset for email classification research. *Proceedings of the 15th European Conference on Machine Learning (ECML)*, pp. 217–226.

Moon, J., and Moser, L. 1965. On cliques in graphs. *Israel Journal of Mathematics*, **3**, 23–28.

Tsourakakis, Charalampos E., Pachocki, Jakub W., and Mitzenmacher, Michael. 2017. Scalable motif-aware graph clustering. In *Proceedings of the Web Conference (WWW)*, vol. abs/1606.06235, pp. 1451–1460.

Tsukiyama, S., Ide, M., Ariyoshi, H., and Shirakawa, I. 1977. A new algorithm for generating all the maximal independent sets. *SIAM Journal on Computing*, **6**(3), 505–517.

Ugander, J., Karrer, B., Backstrom, L., and Marlow, C. 2011. The Anatomy of the Facebook Social Graph. arXiv:1111.4503.

Ugander, J., Backstrom, L., and Kleinberg, J. 2013. Subgraph frequencies: Mapping the empirical and extremal geography of large graph collections. *Proceedings of World Wide Web Conference*, pp. 1307–1318.

练习题

28.1 证明：一个图在定义 28.2 的意义下是弱 c-闭合的当且仅当其顶点可以排成序 $v_1, v_2, \cdots, v_n$，使得对于每个 $i=1,2,\cdots,n$，在由 $v_i, v_{i+1}, \cdots, v_n$ 导出的子图中，v_i 是一个 c-good 顶点。

28.2 证明：28.2.3 节中的回溯算法枚举了一个图的所有极大团。

28.3 证明：一个图有三角形密度 1 当且仅当它是一个团的不相交并集。

28.4 设 G 是有 n 个顶点的完全正则三部图：图中包含三个顶点集合，每一个顶点集合的大小为 $n/3$，每一个顶点连接到其他两个集合中的每个顶点，并且与同一个集合中的其他顶点不连接。

(a) 这个图的三角形密度是多少？

(b) 将 cleaner 应用于该图时的输出是什么，extractor 的输出又是什么？

(c) 证明：G 不允许任何一个这样的紧密族，它包含图的三角形的一个常数比例部分（当 $n\to\infty$ 时），并且只用了半径-1 的簇。

28.5 证明引理 28.12。提示：为了证明第一部分，将度上的求和式拆分为 2 的幂次之间的子求和式，并且将定义 28.10 应用于每一个子求和式。

28.6 在 $O(\sum_v (d_v^+)^2+n)$ 时间内实现 28.4.3 节中的算法 2，其中 d_v^+ 是在 G 的有向版本 D 中 v 的外向邻居数，并且假定输入 G 只用邻接表表示。提示：你可能需要存储 D 的内邻接表和外邻接表。

28.7 证明：每个有 m 条边的图的退化度最多是 $\sqrt{2m}$。通过展示一系列的图来说明（在忽略低阶项的意义上）这个界是胎紧的。

28.8 假设 G 是一个指数 $\gamma>1$ 的 PLB 图。

(a) 证明：G 的最大度为 $O(n^{1/(\gamma-1)})$。

(b) 证明：退化度为 $O(n^{1/\gamma})$。

提示：对于（b），利用练习题 28.7 的证明中的主要思路以及引理 28.12。

28.9 证明：28.4.3 节中的算法 2 在 n 个顶点而且指数分别是 $\gamma=3$ 和 $\gamma>3$ 的 PLB 图中的运行时间分别是 $O(n\log n)$ 和 $O(n)$。

28.10 证明：可以在 $O(n2^{\alpha})$ 时间内枚举一个退化度为 α 的图的所有团。（根据练习题 28.8(b)，这立即给出了用于枚举 PLB 图的团的次指数时间算法。）

数据驱动的算法设计

Maria-Florina Balcan

摘要： 数据驱动的算法设计是现代数据科学和算法设计的一个重要方向。实践者经常不愿利用只具备最坏情况下的性能保证的现成算法，而宁可在参数化算法族上进行优化，利用一个来自他们的研究领域的问题实例的训练集来调整这些算法的参数，从而确定一个在未来的实例上具有高期望性能的配置。然而，其中大部分的工作都不具备任何性能保证。人们面临的挑战是对于许多非常重要的组合问题（包括划分、子集选择和对齐问题），参数的一个小调整能够导致算法行为的一连串的变化，因此算法的性能是算法参数的一个不连续函数。

本章我们综述了最近的研究工作，这项工作有助于将数据驱动的组合算法设计置于坚实的基础之上。我们为批处理和在线这两个场景提供了计算上和统计上的强性能保证。在这些场景中汇集了来自给定应用的一些典型的问题实例，根据场景的不同，这些实例要么同时呈现，要么以一种在线方式呈现。

29.1 动机和背景

自从开始有了算法研究和应用，组合算法就一直是这个领域的支柱。设计和分析组合算法的经典方法假定我们为一个给定问题所设计的算法将用于求解该问题的最坏情况实例，算法完全不具备任何关于该问题的信息。在这个经典框架中，我们所追求的典型的性能保证要求我们设计的算法即使只是求解基础算法问题的一个一次性的、最坏情况下的实例也必须成功。这种最坏情况保证尽管在原则上是理想的，但是在许多问题上往往是靠不住的。此外，就许多问题而言，经验上针对不同的环境采用不同的方法会取得更好的效果，而且常有我们可以尝试利用的各种方法的大量甚至无限多的参数化族。结果，实践者经常宁可采用数据驱动的算法设计方法，而不愿利用具有软弱无力的最坏情况保证的现成算法。具体而言，确定一个应用领域之后，他们利用机器学习和来自特定领域的问题实例来学习在该领域最有效的方法。这一想法早就在不同社区的实践中使用，这些社区包括人工智能（Horvitz et al.，2001；Xu et al，2008）、计算生物学（Blasio and Kececioglu，2018）和拍卖设计（Sandholm，2003）。但是，到目前为止其中大部分的工作都不具备任何性能保证。

本章我们对最近的研究工作进行综述，这项工作为这种数据驱动的算法设计方法提供了形式保证，这是通过构建以及大力扩展学习理论工具实现的。我们讨论了批处理和在线这两个场景，其中汇集了来自给定应用的一些典型的问题实例，根据场景的不同，这些实例要么同时呈现，要么以一种在线方式呈现。这里包括批处理场景的接近最优样本复杂度的界以及许多重要算法族的在线场景的无憾保证（no-regret guarantees），这些算法族包括一些经典模块，比如贪心、局部搜索、动态规划以及带舍入的半定松弛。这些算法广泛应用于从数据科学到计算生物学再到拍卖设计等不同领域的各种组合问题（比如子集选择、聚类、划分以及对齐问题）。主要的技术挑战是对于许多这一类问题，对参数的一个小调整都会导致算法行为的一连串变化，因此算法的性能是算法参数的一个不连续函数。

在技术层面上，这项工作借鉴了其他一些超越最坏情况的算法方法，包括第 5 章讨论的扰动稳定性和第 6 章讨论的近似稳定性。这里的动机是一致的：许多重要的最优化问题即使只是在最坏情况实例上进行良好近似也是困难的，因此利用具有最坏情况保证的算法可能是悲观的。这里主要的差异在于这项工作的研究目标是阐明输入实例可能满足的特定的正则性或者稳定性属性，并且设计一些利用这些属性的算法，同时克服满足这些属性的实例的最坏情况的困难性。这些分析除了在稳定性条件成立的时候为算法提供可证明的保证之外，还提出了一些在数据驱动的算法方法中学习的令人关注的算法族，它们有着更加广泛的适用性（包括那些可能难以对这些属性进行验证的场景）。事实上，我们在本章研究的一些算法族（特别是在聚类问题的背景下）直接受到这些分析的启发。

这个主题本质上与机器学习中的若干广泛流行的主题有关，其中包括超参数调整和元学习。这里主要的差异是我们把注意力集中在由求解离散最优化问题的算法所导入的函数的参数族，而离散最优化引入了具有明显的间断点的成本函数。这也引发了一些非常有意思的挑战，这些挑战同样需要新的技术来协助大力拓展学习理论的边界。

如第 12 章所述，数据驱动的算法设计目标与自我改进算法的目标类似。这一章的主要结论是我们可以在学习理论的基础上构建和扩展工具，为种类繁多的算法问题实现这些目标。

29.2　借助统计学习的数据驱动的算法设计

Gupta 和 Roughgarden（2016，2017）提出通过对包括 PAC（Valiant，1984）和统计学习理论（Vapnik，1998）在内的经典学习理论模型加以利用和扩展，将数据驱动算法设计作为一个分布式学习问题进行分析。在这个框架中，对于一个给定的算法问题，我们把一个应用建模为问题实例上的一种分布，并且假定我们可以访问从这个固定但是未知的分布中 i. i. d. 抽取的训练实例。在这个框架中我们所追求的形式保证是一些泛化的保证，它们对于“需要多少训练问题实例才能确保一个在训练实例上具有良好性能的算法在未来的问题实例上也表现出良好的性能”这一问题进行量化。这样的保证依赖于搜索空间的内在复杂性，在这种情况下搜索空间是眼前的问题的一个参数化算法族，而且空间的内维度由学习理论上的度量进行量化。

这里的挑战以及需要进行理论分析的原因是对训练数据的过拟合，在过去的实例上有效的参数设定可能在未来的实例上性能糟糕。特别地，虽然过去和未来的实例都是从相同的概率分布中 i. i. d. 抽取的，但是如果算法族足够复杂，就有可能设定一些能够捕获训练数据特殊性的参数（甚至在极端情况下能够记住训练实例的特定解），它们在训练数据上性能良好，而在实例分布上并非真正能够做到。样本复杂度分析提供了在必需的训练实例数量上的保证，它作为算法族复杂度的一个函数，确保以高概率不会出现这种过拟合。接下来，我们给出问题的设置以及如何通过一致收敛分析来解决过拟合问题的形式描述。

问题的公式化。我们固定一个算法问题（例如一个子集选择问题或者一个聚类问题），并用 Π 表示由这个问题所关注的问题实例所构成的集合。我们还固定一个大的（可能无穷的）算法族 $\mathcal{A}$，本章总是假定这个算法族由一个集合 $\mathcal{P}\subseteq\mathbb{R}^d$ 参数化，用 $A_{\boldsymbol{\rho}}$ 表示 $\mathcal{A}$ 中由 $\boldsymbol{\rho}$ 参数化的算法。我们还固定一个效用函数 $u:\Pi\times\mathcal{P}\to[0,H]$，其中 $u(x,\boldsymbol{\rho})$ 度量了算法 $A_{\boldsymbol{\rho}}$ 在问题实例 $x\in\Pi$ 上的性能。我们用 $u_{\rho}(\cdot)$ 表示由 A_{ρ} 导出的效用函数 $u_{\rho}:\Pi\to[0,H]$，其中 $u_{\rho}(x)=u(x,\boldsymbol{\rho})$。注意到 u 是有界的，例如，对于 u 与一个算法的运行时间相关的情况，

H 可以是超时的截止时间。

所谓“特定于应用的信息”由未知的输入分布 $\mathcal{D}$ 建模。学习算法获得 m 个来自 $\mathcal{D}$ 的 i. i. d. 样本 $x_1,\cdots,x_m\in\Pi$ 以及（可能隐式地）在输入 x_i 上的每一个算法 $A_{\boldsymbol{\rho}}\in\mathcal{A}$ 的相应性能 $u_{\boldsymbol{\rho}}(x)$。学习算法利用这个信息来推荐一个在从 $\mathcal{D}$ 中抽取的未来输入上执行的算法 $A_{\hat{\boldsymbol{\rho}}}\in\mathcal{A}$。我们寻求这样的学习算法，它们几乎总是输出 $\mathcal{A}$ 的一个在分布 $\mathcal{D}$ 上的性能几乎与最优算法 $A_{\boldsymbol{\rho}^*}$ 的性能一样的算法，这里的最优算法 $A_{\boldsymbol{\rho}^*}$ 在 $A_{\boldsymbol{\rho}}\in\mathcal{A}$ 上最大化了 $E_{x\sim\mathcal{D}}[u_{\boldsymbol{\rho}}(x)]$。

背包问题。作为一个示例，我们在本章考虑的一个经典问题是背包问题。一个背包实例 x 由 n 项组成，其中每个项 i 具有值 v_i 和大小 s_i，此外还有一个总背包容量 C。我们的目的是找到由那些大小的总和不超过 C 而且值的总和最大的项所构成的子集。为了解决这个问题，我们分析由一个一维集合 $\mathcal{P}=\mathbb{R}$ 参数化的贪心算法族。对于 $\boldsymbol{\rho}\in\mathcal{P}$，算法 $A_{\boldsymbol{\rho}}$ 的操作如下：将项 i 的评分设置为 v_i/s_i^{ρ}，然后按照评分的递减顺序将每一个项添加到背包中，前提是背包存在足够的剩余容量（存在多种选择时，选择索引值最小的项）。效用函数 $u_{\boldsymbol{\rho}}(x)=u(x,\boldsymbol{\rho})$ 定义为参数 $\boldsymbol{\rho}$ 的贪心算法在输入 x 上选择的项的值。

一致收敛。我们依靠一致收敛的结果来实现想要的保证。粗略地说，一致收敛结果说明了我们需要多少训练实例才能保证以高概率（在多个实例的训练集的样本上）得到以下结果，即类 $\mathcal{A}$ 中的所有算法在这个样本上的平均性能一致加性地接近于它们在一个典型（随机）问题实例上的期望性能，这个典型问题实例来自与训练集相同的分布。从经验过程和学习理论可知：这些一致收敛结果依赖于实值效用函数族 $\{u_{\boldsymbol{\rho}}(\cdot)\}_{\boldsymbol{\rho}}$ 的内在复杂性。本章我们将伪维数（pseudo-dimension）视为复杂性的一种度量，粗略地说，它对这个函数类对复杂模式的拟合能力进行量化。

定义 29.1（伪维数）　设 $\{u_{\boldsymbol{\rho}}(\cdot)\}_{\boldsymbol{\rho}}$ 是由 $\mathcal{A}=\{A_{\boldsymbol{\rho}}\}_{\boldsymbol{\rho}}$ 和效用函数 $u(x,\boldsymbol{\rho})$ 导出的性能度量族。

（a）设 $\mathcal{S}=\{x_1,\cdots,x_m\}\subset\Pi$ 是一个问题实例集合，并设 $z_1,\cdots,z_m\in\mathbb{R}$ 是一个目标集合。我们说 $z_1,\cdots,z_m$ 见证 $\mathcal{S}$ 被 $\{u_{\boldsymbol{\rho}}(\cdot)\}_{\boldsymbol{\rho}}$ 分散，如果对于所有子集 $T\subseteq\mathcal{S}$，存在参数 $\boldsymbol{\rho}\in\mathcal{P}$，使得对所有元素 $x_i\in T$ 有 $u_{\boldsymbol{\rho}}(x_i)\leqslant z_i$，而且对所有 $x_i\notin T$ 有 $u_{\boldsymbol{\rho}}(x_i)>z_i$。我们说 $\mathcal{S}$ 被 $\{u_{\boldsymbol{\rho}}(\cdot)\}_{\boldsymbol{\rho}}$ 分散，如果存在见证其分散的 $z_1,\cdots,z_m$。

（b）设 $\mathcal{S}\subseteq\Pi$ 是可以被 $\{u_{\boldsymbol{\rho}}(\cdot)\}_{\boldsymbol{\rho}}$ 分散的大集合，则函数类 $\{u_{\boldsymbol{\rho}}(\cdot)\}_{\boldsymbol{\rho}}$ 的伪维数 $\mathrm{Pdim}(\{u_{\boldsymbol{\rho}}(\cdot)\}_{\boldsymbol{\rho}})=|\mathcal{S}|$。 ◁

当 $\{u_{\boldsymbol{\rho}}(\cdot)\}_{\boldsymbol{\rho}}$ 是一个二值函数集合时，伪维数的概念简化为 VC 维数的概念，如第 16 章所述。

定理 29.2　设 $d_{\mathcal{A}}$ 是由算法类 $\mathcal{A}$ 和效用函数 $u(x,\boldsymbol{\rho})$ 导出的效用函数族 $\{u_{\boldsymbol{\rho}}(\cdot)\}_{\boldsymbol{\rho}}$ 的伪维数，并且假定 $u(x,\boldsymbol{\rho})$ 的值域是 $[0,H]$。对于任何一个 $\epsilon>0$，任何一个 $\delta\in(0,1)$ 和任何一个 Π 上的分布 $\mathcal{D}$，数量为 $m=O\left(\frac{H^2}{\epsilon^2}\left(d_{\mathcal{A}}+\ln\frac{1}{\delta}\right)\right)$ 的样本就足以确保在 m 个样本 $\mathcal{S}=\{x_1,\cdots,x_m\}\sim\mathcal{D}^m$ 上以 $1-\delta$ 的概率，对于所有 $\boldsymbol{\rho}\in\mathcal{P}$，算法 $A_{\boldsymbol{\rho}}$ 在这些样本上的平均效用与其期望效用之间的差 $\leqslant\epsilon$，即 $\left|\frac{1}{m}\sum_{i=1}^{m}u_{\boldsymbol{\rho}}(x_i)-E_{x\sim\mathcal{D}}[u_{\boldsymbol{\rho}}(x)]\right|\leqslant\epsilon$。

定理 29.2 意味着为了获得样本复杂度保证，只需要确定函数族 $\{u(x,\boldsymbol{\rho})\}_{\boldsymbol{\rho}\in\mathcal{P}}$ 的伪维数的界就足够了。令人关注的是，文献中许多关于这个问题的证明都是通过（隐式或者显式地）提供对偶函数类 $\{x(\boldsymbol{\rho})\}_{x\in\Pi}$ 的一个结构化结果来进行的，其中 $u_x(\boldsymbol{\rho})=u(x,\boldsymbol{\rho})=u_{\boldsymbol{\rho}}(x)$。引理 29.3 是我们给出的这种形式的简单但是强大的引理，我们将在本章利用这个引理来处理参数向量$\boldsymbol{\rho}$只是单一实数的情况。有几篇论文（Gupta and Roughgarden，2016；Balcan et al.，2017，2018d）隐式或者显式地使用了这个引理。

引理 29.3 假设对于每个实例$x \in \Pi$，函数$u_x(\boldsymbol{\rho})$：$\mathbb{R} \rightarrow \mathbb{R}$是最多有$N$个分段的分段常值函数，则函数族$\{u_{\boldsymbol{\rho}}(x)\}$有伪维数$O(\log n)$。

证明 考虑一个问题实例$x \in \Pi$。由于函数$u_x(\boldsymbol{\rho})$是最多有N个分段的分段常值函数，这意味着最多有$N-1$个临界点（critical point）$\rho_1^*, \rho_2^*, \cdots$使得在任何两个连续临界点$\rho_i^*$和$\rho_{i+1}^*$之间，函数$u_x(\boldsymbol{\rho})$是常数。

考虑m个问题实例$x_1, \cdots, x_m$。取它们的临界点的并集并且进行排序，于是在这些临界点的任何两个连续点之间，所有函数$u_{x_j}(\boldsymbol{\rho})$都是常数。由于这些临界点将实线分解为最多$(N-1)m+1 \leqslant Nm$个区间，而且所有$u_{x_j}(\boldsymbol{\rho})$在每一个区间内都是常数，这意味着总共最多有$Nm$个不同的$m$元组，这些$m$元组中的取值是在所有$\boldsymbol{\rho}$上产生的。等价地，各个函数$u_{\boldsymbol{\rho}}(x)$在$m$个输入$x_1, \cdots, x_m$上最多产生$Nm$个不同的$m$元组的取值。但是为了分散这$m$个实例，我们必须生成$2^m$个不同的$m$元组的值。求解$Nm \geqslant 2^m$，说明了只有大小$m = O(\log N)$的实例集才能够被分散。 □

29.2.1 子集选择问题的贪心算法

这一节我们讨论在（Gupta and Roughgarden，2016）中介绍和分析的子集选择问题的贪心算法的无穷参数化族。我们首先讨论关于经典背包问题的一个具体的算法族，然后给出一个适用于包括最大加权独立集在内的其他问题的一般结果。

背包问题。对于背包问题，设$\mathcal{A}_{\text{knapsack}} = \{A_{\boldsymbol{\rho}}\}$是前面所述的贪心算法族。对于这个算法族，$\mathcal{P} = \mathbb{R}_{\geqslant 0}$，而且对于$\boldsymbol{\rho} \in \mathcal{P}$以及一个实例$x$（其中$v_i$和$s_i$是项$i$的取值和大小），算法$A_{\boldsymbol{\rho}}$在服从容量约束的条件下，按照$v_i/s_i^{\rho}$的降序将各个项添加到背包中。效用函数$u(x, \boldsymbol{\rho})$定义为参数$\boldsymbol{\rho}$的贪心算法在输入$x$上选择的项的取值。我们可以证明$\mathcal{A}_{\text{knapsack}}$类不太复杂，这意味着它的伪维数很小。

定理 29.4 与$\mathcal{A}_{\text{knapsack}}$对应的效用函数族$\{u_{\boldsymbol{\rho}}(x)\}$有伪维数$O(\log n)$，其中$n$是在一个实例中的项的最大数量。

证明 我们首先证明每一个函数$u_x(\boldsymbol{\rho})$都是最多有n^2个分段的分段常值函数，然后应用引理 29.3。

为了证明第一部分，先固定一个实例x。现在，假设对于$\rho_1 < \rho_2$，算法A_{ρ_1}和A_{ρ_2}在x上产生不同的解。我们认为必定存在某个临界值$c \in [\rho_1, \rho_2]$和某两个项$i, j \in x$，使得$v_i/s_i^c = v_j/s_j^c$，原因是如果算法A_{ρ_1}和A_{ρ_2}在x上产生不同的解，则它们必须在某一个点上做出关于将哪个项添加到背包中的不同决策。考虑第一个它们做出不同决策的点：假设A_{ρ_1}将项i添加到背包中，而A_{ρ_2}添加的是项j，那么必定有$v_i/s_i^{\rho_1} - v_j/s_j^{\rho_1} \geqslant 0$但是$v_i/s_i^{\rho_2} - v_j/s_j^{\rho_2} \leqslant 0$。由于函数$f(\rho) = v_i/s_i^{\rho} - v_j/s_j^{\rho}$是连续的，必定存在某一个值$c \in [\rho_1, \rho_2]$，使得$v_i/s_i^c - v_j/s_j^c = 0$成立，这正是我们所要的。

现在，对于任何一对给定的项i，j，最多存在一个$\rho \geqslant 0$使得$v_i/s_i^{\rho} = v_j/s_j^{\rho}$。这相当于$\rho = \log(v_i/v_j)/\log(s_i/s_j)$。[㊀]这就意味着对于某两个项$i$，$j \in x$，最多存在$\binom{n}{2}$个临界值$c$，使

㊀ $s_i = s_j$和$v_i = v_j$的特殊情况除外，但是在这种情况下，所考虑的项的顺序由出现僵局时的选择规则确定，因此我们可以忽略任何这样的一对项。

得 $v_i/s_i^c=v_j/s_j^c$。根据前面的论证，任何两个连续临界值之间的区间内的所有 $\boldsymbol{\rho}$ 值必须在实例 x 上得到相同的结果。这意味着最多存在 $\binom{n}{2}+1\leqslant n^2$ 个区间，使得同一区间内的所有 $\boldsymbol{\rho}$ 值通过算法 $A_{\boldsymbol{\rho}}$ 得到完全相同的解。

现在，我们只需令 $N=n^2$ 并且应用引理 29.3，完成定理的证明。 □

最大加权独立集。另一个典型的子集选择问题是最大加权独立集（Maximum Weighted Independent Set，MWIS）问题。实例 x 是一个图，其中每一个顶点 v 的权重为 $w(v)\in\mathbb{R}_{\geqslant 0}$。目的是要找到一个顶点的集合，其中的顶点互不相邻，而且集合具有最大总权重。Gupta 和 Roughgarden（2017）分析了一个贪心启发式算法族 $\mathcal{A}_{\text{MWIS}}$，算法的每一步选择最大化 $w(v)/(1+\deg(v))^{\boldsymbol{\rho}}$ 的顶点 v，其中 $\boldsymbol{\rho}\in\mathcal{P}=[0,B]$，$B\in\mathbb{R}$，然后从图中移除 v 及其邻居。利用一个类似定理 29.4 的论证，我们可以证明对应于 $\mathcal{A}_{\text{MWIS}}$ 的效用函数族 $\{u_{\boldsymbol{\rho}}(x)\}$ 有伪维数 $O(\log n)$，其中 n 是一个实例中顶点数量的最大值。

关于贪心启发式算法的一般分析。我们现在更一般地考虑这样的问题，其中输入是具有不同属性的 n 个对象的集合，可行解由从各个对象到一个有限集 Y 的赋值构成，而且服从可行性约束条件。一个对象的属性表示为一个抽象集合的元素 ξ。例如，在背包问题中，ξ 将对象的取值和大小进行编码；在 MWIS 问题中，ξ 对一个顶点的权重和（原始的或者残余的）度进行编码。在背包问题和 MWIS 问题中，$Y=\{0,1\}$ 表示是否选择了一个给定对象。

Gupta 和 Roughgarden（2017）为以下形式的一般贪心启发式算法提供了伪维数的界。

当还存在未赋值对象时，重复执行下列步骤：

1. 利用一个评分规则 σ（一个从属性到 $\mathbb{R}$ 的函数）为每一个未赋值对象 i 计算一个评分 $\sigma(\xi_i)$，作为其当前属性 ξ_i 的函数。

2. 对于评分最高的未赋值对象 i，利用一个赋值规则给 i 分配一个 Y 中的值，并且在必要时更新其他未赋值对象的属性。假定在若干对象评分相同的情况下总是按字典次序选择对象。

不修改对象属性的赋值规则产生非自适应的贪心启发式算法，它们只利用每一个对象的原始属性（例如背包问题中的 v_i 或 v_i/s_i）。而修改对象属性的赋值规则产生自适应的贪心启发式算法，比如前面讨论的自适应 MWIS 启发式算法。在单一参数的评分规则族中，对于区间 $I\subseteq\mathbb{R}$ 中的每一个参数值 $\boldsymbol{\rho}$，存在一个形式为 $\sigma(\boldsymbol{\rho},\ \xi)$ 的评分规则。此外，对于 ξ 的每一个固定值，假定 σ 在 $\boldsymbol{\rho}$ 上是连续的。对于 $\boldsymbol{\rho}\in[0,1]$ 或者 $\boldsymbol{\rho}\in[0,\infty)$，自然的示例包括形式为 $v_i/s_i^{\boldsymbol{\rho}}$ 的背包问题的评分规则和形式为 $w(v)/(1+\deg(v))^{\boldsymbol{\rho}}$ 的 MWIS 评分规则。

对于每一对不同的属性 ξ'，ξ''，单一参数的评分规则族如果最多有 $\boldsymbol{\kappa}$ 个 $\boldsymbol{\rho}$ 值，使得 $\sigma(\boldsymbol{\rho},\xi')=\sigma(\boldsymbol{\rho},\xi'')$，就说这个评分规则族是 *$\boldsymbol{\kappa}$-交叉的*。例如，上面提到的所有评分规则都是 1-交叉规则。

以在背包问题和 MWIS 问题中的赋值规则为例。规则在可行的情况下简单地将 i 赋为 1，否则将 i 赋为 0。在 MWIS 问题的自适应贪心启发式算法中，每当赋值规则将 1 赋予顶点 v 时，它会相应地更新其他未赋值顶点（在两跳之外）的剩余度。一个赋值规则被称为 *β-有界的*，如果能够保证每个对象 i 最多取 β 个不同的属性值。例如，从来不修改对象的属性的赋值规则是 1-有界的。自适应 MWIS 算法中的赋值规则是 n-有界的，因为它只修改一个顶点（位于 $\{0,1,2,\cdots,n-1\}$ 中）的度。将一个单一参数的 $\boldsymbol{\kappa}$-交叉评分规则族与一个固定的β-有界赋值规则相结合，可以产生一个（κ,β）-单一参数的贪心启发式算法族。背包问题的贪心启发式算法是一个（1,1）-单一参数族，而自适应 MWIS 启发式算法是一个（$1,n$）-单一参数族。

定理 29.5　设 $\mathcal{A}_{\text{greedy}}$ 是贪心启发式算法的一个（κ,β）-单一参数族，并且设 $\{u_{\boldsymbol{\rho}}(x)\}$ 是其相应的效用函数族。那么 $\{u_{\boldsymbol{\rho}}(x)\}$ 的伪维数是 $O(\log(\kappa\beta n))$，其中 n 是对象的数量。

证明　固定一个实例 x，并且考虑当我们改变 $\boldsymbol{\rho}$ 时算法的行为。因为有 n 个项而且赋值规则是β-有界的，所以在 $\boldsymbol{\rho}$ 的所有选择上，最多可能存在 $n\beta$ 个不同的属性值。对于任何两个这样的属性值 ξ'，ξ''，根据 κ-交叉的假定，我们知道最多有 κ 个不同的临界值 c，使得 $\sigma(c,\xi')=\sigma(c,\xi'')$。因此，总共最多存在（$n\beta$）$^2\kappa$ 个不同的临界值。现在，在任何两个连续的临界值之间，算法对于这个区间内的所有 $\boldsymbol{\rho}$ 的行为必须是一致的。特别是如果 ρ_1 和 ρ_2 在 x 上表现不同，则必定存在两个属性值 ξ'，ξ''，使得其中的一个在 ρ_1 下有较高评分，但是另一个在 ρ_2 下有较高评分。根据 σ 的连续性，这意味着 ρ_1 和 ρ_2 必须由一个临界值分开。由于算法在每一个区间中的表现一致，而且最多存在（$n\beta$）$^2\kappa+1$ 个区间，这就意味着每一个函数 $u_x(\boldsymbol{\rho})$ 都是最多有（$n\beta$）$^2\kappa+1$ 个分段的分段常值函数。由引理 29.3，本定理得证。 □

29.2.2　聚类问题

这一节我们讨论数据驱动方法如何帮助克服聚类问题的一些不可能性结果。聚类是数据科学中最基本的问题之一：给定一个很大的复杂数据集合（例如图像或新闻文章），目的是对它进行分组，每个组由类似的数据项构成。尽管各个研究社区十分努力，但是聚类问题仍然是一项巨大的挑战。传统方法侧重于“一次性”设置，其目的是聚类单一的潜在最坏情况数据集。不幸的是，在这样的情况下存在一些重要的不可能性结果。首先，在大多数应用中，对于给定的数据集，不清楚使用什么目标函数来恢复一个良好聚类；其次，即使在可以自然指定目标函数的情况下，基础组合聚类问题的最优求解通常也很棘手。一种规避最坏情况实例的困难性的方法（在第 5 章和第 6 章中讨论过）是设定一些关于输入实例的特定的稳定性假定，设计在这种实例上具有良好性能的高效算法。另一种方法是以数据驱动的方式选择一个良好的聚类算法，这种方法特别适用于这样的环境（包括文本和图像分类），其中我们必须求解许多在一个给定的应用领域中出现的聚类问题。特别地，给定来自同一个领域的一系列需要求解的聚类实例，我们学习一个在相同领域的实例上表现良好的聚类算法（这个算法来自一个由聚类算法构成的大规模的潜在无穷的集合）的参数设置。然后，我们可以利用一般框架为这种方法提供保证。接下来，我们针对在实践中广泛使用的聚类过程的若干参数族来讨论这样的保证。

问题的设置。我们给出的结果既适用于基于目标的聚类（例如 k-means 和 k-median），也适用于问题的一种无监督学习方式。在这两种情况下，聚类问题的输入是一个包含 n 个点的点集 V，一个要求的簇的数量 $k\in\{1,\cdots,n\}$，以及一个说明任意两点之间距离的度量 d（比如 $\mathbb{R}^d$ 中的欧几里得距离）。在这一节的余下部分，我们用 $d(i,j)$ 表示点 i 和点 j 之间的距离。

基于目标的聚类的目的是要输出 V 的一个划分 $\mathcal{C}=\{C_1,\cdots,C_k\}$，这个划分最优化一个特定的目标函数。例如，$k$-means 聚类目标的目的是要输出一个划分 $\mathcal{C}=\{C_1,\cdots,C_k\}$ 和每一个 C_i 的中心 c_i 来最小化每个点与其最近中心之间的平方距离之和，即 $\text{cost}(\mathcal{C})=(\sum_i\sum_{v\in C_i}d(v,\ C_i)^2)$，而 k-median 聚类目标的目的是最小化到中心的距离之和，而不是平方距离，即 $\mathrm{cost}(\mathcal{C})=(\sum_i\sum_{v\in C_i}d(v,c_i))$。不幸的是，找到最小化这些目标的聚类（以及其他经典的聚类，如 k-center 和 min-sum）是 NP 困难的，因此利用数据驱动的方法有助于找到特定领域的具有良好目标值的解。

在无监督学习或者“匹配真实聚类”方法中，我们假定对于包含 n 个点的每一个实例 V，除了距离度量 d 之外，还存在一个输入点的真实划分 $\mathcal{C}^*=\{C_1^*,\cdots,C_k^*\}$。目的是输出一个划分 $\mathcal{C}=\{C_1,\cdots,C_k\}$ 来最小化某一个关于真实值的损失函数。例如，一种常见的损失函数（在第 6 章中讨论过）是必须在 $\mathcal{C}$ 中重新分配从而使 $\mathcal{C}$ 与 $\mathcal{C}^*$ 匹配（在忽略簇的重新索引的意义上）的那些点所占的比例，或者等价地 $\min_\sigma \frac{1}{n}\sum_{i=1}^{k}|C_i\setminus C_{\sigma(i)}^*|$，其中的最小值在所有双射 $\sigma:\{1,\cdots,k\}\to\{1,\cdots,k\}$ 上取得。对于数据驱动方法，我们假定训练实例的真实情况是已知的，但是测试实例是未知的，这也正是我们想要预测的。

基于链接的族。我们下面讨论一些分为两阶段的聚类算法族，算法的第一阶段利用一个链接过程将数据组织成一个分层聚类，然后在第二阶段利用一个固定的（计算上高效的）过程对这个分层结构进行修剪。这一类技术在实践中颇为流行，而且从理论角度上可以认为它们在数据可良好聚类的环境下（特别是当数据具有扰动弹性而且近似稳定时）的性能接近最优，如第 5 章和第 6 章所述。

第一步的链接过程将一个聚类实例 x（一个包含 n 个点的集合 V 和说明任意一对基点之间距离的度量 d）作为输入，并且通过重复合并两个最接近的簇来输出一棵簇树。特别地，从基本距离 d 开始，我们首先定义 $\{1,\cdots,n\}$ 的任意两个子集 A 和 B 之间的一个距离度量 $D(A,B)$，它被用于将数据链接到一棵二叉簇树的贪心策略。树的叶子是单个的数据点，根结点对应于整个数据集。算法开始时，每一个点都属于只包含其自身的簇。然后，算法根据距离 D 重复合并最近的一对簇。当只剩下一个簇时，算法输出所构建的簇树。D 的不同定义会导致不同的分层过程。例如，经典的单链接、全链接和平均链接过程将 D 分别定义为 $D(A,B)=d_{\min}(A,B)=\min_{a\in A,b\in B}d(a,b)$、$D(A,B)=d_{\max}(A,B)=\max_{a\in A,b\in B}d(a,b)$ 和 $D(A,B)=\frac{1}{|A||B|}\sum_{u\in A,v\in B}d(u,v)$。

第二步的过程可以就像只是“撤销”第一步的最后 $k-1$ 个合并那么简单，也可以是在来自第一步的分层结构上的一个动态规划子例程，它基于一个可度量的目标函数（比如 k-means 或者 k-median 成本函数）来提取一个得到最高评分的聚类。对于基于目标的方法，算法产生的解的最终质量或者效用（由函数 $u_\rho(x)$ 在聚类实例 x 上度量）由给定的目标函数（例如 k-means 或者 k-median 目标函数）来度量，或者由无监督学习方法中的关于真实值的损失函数来度量。

我们在下文分析两个这种形式的参数算法族（Balcan et al.，2017）的伪维数。这两个算法族在第一步都利用了一个参数化链接过程，然后将生成的簇树馈送到一个固定的第二阶段过程来生成一个 k-聚类。第一个算法族 $\mathcal{A}^{\mathrm{scl}}$ 利用具有单一参数 $\rho\in\mathcal{P}=[0,1]$ 的一个参数化链接算法族，这样的参数范围有助于在经典的单一链接过程和完全链接过程之间进行线性插补。对于 $\rho\in\mathcal{P}$，算法 $A_\rho\in\mathcal{A}^{\mathrm{scl}}$ 将两个集合 A 和 B 之间的距离定义为 $D_\rho^{\mathrm{scl}}(A,B)=(1-\rho)d_{\min}(A,B)+\rho d_{\max}(A,B)$。注意到 $\rho=0$ 和 $\rho=1$ 分别恢复了单一链接和完全链接。

第二个算法族 $\mathcal{A}^{\exp}$ 利用具有单一参数 $\rho\in\mathcal{P}=\mathbb{R}$ 的一个参数化链接算法族，这样的参数范围有助于不仅仅在单一链接过程和完全链接过程之间进行插补，还包含平均链接。对于 $\rho\in\mathcal{P}$，算法

$A_\rho \in \mathcal{A}^{\exp}$ 将两个集合 A 和 B 之间的距离定义为 $D_\rho^{\exp}(A,B)=\left(\frac{1}{|A|\ |B|}\sum_{u\in A,v\in B}(d(u,v))^\rho\right)^{1/\rho}$。注意到 $\rho=0$ 恢复了平均链接，$\rho\to\infty$ 恢复了完全链接，而 $\rho\to-\infty$ 恢复了单一链接。Balcan 等人（2017）证明了对应于 $\mathcal{A}^{\mathrm{scl}}$ 算法族的函数族 $\{u_\rho(x)\}$ 并不太复杂，在某种意义上它具有伪维数 $\Theta(\log n)$，其中 n 是聚类实例中的数据点数量的一个上界。类似地，对应于 $\mathcal{A}^{\exp}$ 算法族的函数族 $\{u_\rho(x)\}$ 具有伪维数 $\Theta(n)$。接下来，我们概略说明这些上界。

我们从分析 D_ρ^{scl}-链接族开始，对此我们可以证明以下的结构化结果。

引理 29.6　设 x 是一个聚类实例。我们能够将 $\mathcal{P}$ 划分为最多 n^8 个区间，使得同一区间内的所有 ρ 值都会导致 D_ρ^{scl}-链接算法产生完全相同的解。

证明　首先，对于任何一对候选簇的合并（C_1,C_2）和（C_1',C_2'），其中 C_1,C_2,C_1' 和 C_2' 是簇，最多存在一个临界参数值 c，使得仅当 $\rho=c$ 时有 $D_\rho^{\mathrm{scl}}(C_1,C_2)=D_\rho^{\mathrm{scl}}(C_1',C_2')$。特别地，$c=\Delta_{\min}/(\Delta_{\min}-\Delta_{\max})$，其中 $\Delta_{\min}=d_{\min}(C_1',C_2')-d_{\min}(C_1,C_2)$，$\Delta_{\max}=d_{\max}(C_1',C_2')-d_{\max}(C_1,C_2)$。为了清晰起见，我们将这个 c 值记为 $c(C_1,C_2,C_1',C_2')$。

接下来，在由簇 C_1,C_2,C_1',C_2' 构成的所有可能的 4 元组上，临界值 c 的不同取值的总数最多是 n^8。这是因为对于任何给定的簇 C_1,C_2,C_1',C_2'，存在 8 个点（不一定不同），它们对应于 C_1 和 C_2 之间最接近的一对点、C_1' 和 C_2' 之间最接近的一对点、C_1 和 C_2 之间离得最远的一对点以及 C_1' 和 C_2' 之间离得最远的一对点，它们的距离完全定义了 $c(C_1,C_2,C_1',C_2')$。由于最多可能存在 n^8 个包含这些点的 8 元组，这意味着最多有 n^8 个不同的临界值。

在任意两个连续的临界值之间，所有 D_ρ^{scl}-链接算法对所有可能的合并给出相同的排序，这是因为对于任何 C_1,C_2,C_1',C_2'，函数 $f(\rho)=D_\rho^{\mathrm{scl}}(C_1,C_2)-D_\rho^{\mathrm{scl}}(C_1',C_2')$ 是连续的，因此如果切换符号的话，则必定有一个零值（创建了一个临界值）。因此，最多存在 n^8 个区间，使得同一区间内的所有 ρ 值都会产生完全相同的合并，因此得到的解和 D_ρ^{scl}-链接算法产生的解相同。□

从引理 29.6 和引理 29.3 可推出以下结果。

定理 29.7　对应于 $\mathcal{A}^{\mathrm{scl}}$-链接族的函数族 $\{u_\rho(x)\}$ 有伪维数 $O(\log n)$。

定理 29.8　对应于 $\mathcal{A}^{\exp}$-链接族的函数族 $\{u_\rho(x)\}$ 有伪维数 $O(n)$。

概略证明　如同引理 29.6 的证明，我们固定一个实例 x 并且限制区间的数量，使得同一区间内的所有 ρ 值得到的解与算法产生的解完全相同。

固定一个实例 x，考虑可能合并的两对集合 A，B 和 X，Y。现在，先合并哪一对的决定由表达式 $\frac{1}{|A|\ |B|}\sum_{p\in A,q\in B}(d(p,q))^\rho-\frac{1}{|X|\ |Y|}\sum_{x\in X,y\in Y}(d(x,y))^\rho$ 的符号确定。首先注意到这个表达式有 $O(n^2)$ 个项，根据 Rolle 定理的一个推论，它有 $O(n^2)$ 个根。因此，当我们在 $O((3^n)^2)$ 个可能的配对（A,B）和（X,Y）上进行迭代时，可以确定 $O((3^n)^2)$ 个唯一的表达式，每一个表达式有 $O(n^2)$ 个 ρ 值，在这些 ρ 值处对应的决策函数发生翻转。因此，根据相关函数的连续性，我们可以将 $\mathbb{R}$ 最多划分为 $O(n^2 3^{2n})$ 个区间，在每一个区间内算法在输入 x 上的输出是固定的。

最后，我们利用每一个函数 $u_x(\rho)$ 都是最多有 $2^{O(n)}$ 个分段的分段常值函数的事实应用引理 29.3，从而得到定理的证明。□

有意思的是，这些聚类算法族对于第 5 章和第 6 章中讨论的稳定实例类型也具有强大的分析特性。其中一个称为扰动弹性的条件要求即使数据点之间的距离受到的扰动达到因子β，最优化一个给定目标（比如 k-means 或者 k-median）的聚类也保持不变。如果这个条件在$\beta \geqslant 2$时能够得到满足，那么借助一个链接算法并且接着进行动态规划，我们就可以高效地找到最优聚类，从而进一步推动这个算法族的发展。但是所有这些结果的一个缺点是如果条件不成立，则相应的保证将不再适用。在这里我们的目标是在一个算法族中提供最优性保证，而不用考虑可聚类性假定，但是有一个附加属性，即如果典型实例确实具有良好的可聚类性（例如它们满足扰动弹性或者某些相关条件），则算法族中的最优算法是总体最优的。采用这种方式，我们可以产生这样的保证，它们在一般情况下是有意义的，同时能够利用那些数据表现得特别好的设定。

参数化 Lloyd 方法。Lloyd 方法是另一种在实践中流行的技术，它从 k 个初始中心开始进行迭代增量改进，直至达到一个局部最优。使用这样的算法时，算法设计者必须做出的最重要的决策之一是初始的播种步骤，即算法如何选择 k 个初始中心。Balcan 等人（2018d）考虑了一个生成流行的 k-means++方法（Arthur and Vassilvitskii，2007）的无穷算法族，其中由参数 α 控制播种过程。在播种阶段，以与 $d_{\min}(v,C)^{\alpha}$ 成比例的概率对每一个点 v 进行采样，其中 C 是迄今为止选中的中心的集合，而且 $d_{\min}(v,C)=\min_{c\in C}d_{\min}(v,c)$。然后利用 Lloyd 方法收敛到一个局部最小值，或者在一个给定的时间范围内截止。由于$\alpha\in[0,\infty)\cup\{\infty\}$，我们得到了一个称为 α-Lloyds++的无穷算法族。这就获得了从随机播种（$\alpha=0$）到最远优先遍历（$\alpha=\infty$）的范围，其中 $\alpha=2$ 对应于 k-means++。与本章前面研究的算法族相比，这个算法族的不同之处在于由于算法是随机化的，因此期望成本作为 α 的函数是一个 Lipschitz 函数。特别地，可以证明一个 Lipschitz 常数 $O(nkH\log R)$，其中 R 是成对距离的最大值和最小值的比，H 是任何一个聚类的 k-means 成本的上界。因此，可以将 α 的值离散到一个精细网格，然后在一个规模为 $O((H/\epsilon)^2\log N)$ 的样本上尝试数量为 $N=O(\alpha_h nkH(\log R)/\epsilon)$ 的 α 值并且选取最佳值，其中 α_h 是我们希望考虑的 α 的最大值。将算法的随机性扩展到问题实例中（每一个问题实例用一个随机字符串进行扩充，并且将算法看作这个实例和随机字符串的一个确定性函数），我们可以将 $u_x(\alpha)$ 视为分段常值函数，它的期望分段数量仅仅是 $O(nk(\log n)\log(\alpha_h\log R))$。在这种情况下需要尝试的 α 值要少得多，这使得这种方法更为实用。事实上，Balcan 等人（2018d）实现了这种方法，并且在几个有趣的数据集上进行了演示。

29.2.3　其他应用和一般结果

借助 IQP 对问题进行划分。Balcan 等人（2017）研究了可以写成整数二次规划（Integer Quadratic Program，IQP）的问题的数据驱动算法设计，用于那些牵涉带参数化舍入方案的半定规划（SDP）松弛的算法族。他们考虑的一类 IQP 问题如下：实例 x 由一个矩阵 $\boldsymbol{A}\in\mathbb{R}^{n\times n}$ 说明，目的是求解（至少是近似地求解）最优化问题$\max_{z\in\{\pm1\}^n} z^{\mathrm{T}}\boldsymbol{A}z$。这是一个有趣的问题，因为许多经典的 NP 困难问题可以转化成 IQP，这些问题包括 max-cut、max-2SAT 和关联聚类问题。例如，经典的 max-cut 问题可以写成一个上述形式的 IQP。回忆一下，给定一个在 n 个结点上而且带边权 w_{ij} 的图 G，它的 max-cut 问题是要找到一个将顶点分成两部分的划分，这个划分最大化了跨越划分的边的边权总和。这可以写成对于 $z\in\{\pm1\}^n$，最大化$\sum_{(i,j)\in E}w_{ij}\left(\frac{1-z_iz_j}{2}\right)$，其中 z_i 表示顶点 i 被分配给哪一部分。这个目标可以写成$\max_{z\in\{\pm1\}^n} z^{\mathrm{T}}\boldsymbol{A}z$，其中如果 $(i,j)\in E$ 则 $a_{ij}=-w_{ij}/2$，否则 $a_{ij}=0$。

Balcan 等人（2017）分析的算法族 A_{ρ}^{round} 由一个一维集合 $\mathcal{P}=\mathbb{R}$ 参数化。对于任何一个

$\rho\in\mathcal{P}$，算法 A_ρ 的流程如下。在第一阶段，它求解 SDP 松弛 $\sum_{(i,j)\in[n]}a_{ij}\langle\boldsymbol{u}_i,\boldsymbol{u}_j\rangle$，约束条件是对于 $i\in\{1,2,\cdots,n\}$，$\|\boldsymbol{u}_i\|=1$。在第二阶段，它对一个标准高斯分布 $\boldsymbol{Z}\sim\mathcal{N}_n$ 进行采样，以概率 $1/2+\phi_\rho(\langle\boldsymbol{u}_i,\boldsymbol{Z}\rangle)/2$ 设置 $z_i=1$，在其他情况下设置 $z_i=-1$，其中当 $-\rho\leqslant y\leqslant\rho$ 时 $\phi_\rho(y)=y/\rho$，当 $y<-\rho$ 时 $\phi_\rho(y)=-1$，当 $y>\rho$ 时 $\phi_\rho(y)=1$，从而将向量 $\boldsymbol{u}_i$ 舍入到 $\{\pm1\}$。换言之，如果 $|\langle\boldsymbol{u}_i,\boldsymbol{Z}\rangle|>\rho$，则根据点积的符号对 $\boldsymbol{u}_i$ 进行舍入，否则利用一个线性尺度对 $\boldsymbol{u}_i$ 进行概率性舍入。算法 A_ρ 的效用函数 $u_\rho(x)$ 将算法参数 ρ 映射到在实例 x 上获得的期望目标值。按照设计，算法 A_ρ^{round} 是多项式时间算法。

注意到当 $\rho=0$ 时，这个算法对应于经典的 Goemans-Williamson 最大割（max-cut）算法。我们已经知道，对于那些最大割的边在图的边中所占比例不太大的图，非零值的 ρ 可以胜过经典算法。

定理 29.9　设 $\{u_\rho(x)\}$ 是算法族 A_ρ^{round} 相应的效用函数族。$\{u_\rho(x)\}$ 的伪维数为 $O(\log(n))$，其中 n 是一个实例中变量数量的最大值。

概要地说，证明的思路是对相关的效用函数进行分析，为此我们可以想象高斯分布 $\boldsymbol{Z}$ 是提前采样的，并且作为问题实例的一部分。换言之，我们增广这个实例来获得一个新的实例 $\tilde{x}=(x,\boldsymbol{Z})$，然后可以证明效用函数 $u_\rho(\tilde{x})=\sum_{i=1}^{n}a_{ii}^2+\sum_{i\neq j}a_{ij}\phi_s(v_i)\phi_s(v_j)$，其中 $v_i=\langle\boldsymbol{u}_i,\boldsymbol{Z}\rangle$。利用这个形式，很容易证明这个目标函数值在有 n 个边界的 $1/\rho$ 中是二次分段的。通过引理 29.3 的推广得到定理的结果。

学习如何分支跳转。 迄今为止，我们考虑了多项式时间的算法族，并且根据求解的质量（例如聚类质量或者目标函数值）对算法进行评分。一般而言，我们还可以根据其他一些重要的性能指标对算法进行评分。例如，Balcan 等人（2018c）考虑了在分布式学习环境下求解混合整数规划（MIP）时，用于学习如何分支跳转的参数化分支与界（branch-and-bound，也称分支定界）技术，并且根据一个给定实例上的树的大小（大致相当于运行时间）对参数设定进行评分。Balcan 等人（2018c）证明了相应的对偶函数是分段常值函数，因此可以从引理 29.3 的一个高维度推广得到样本复杂度结果。Balcan 等人（2018c）还通过实验证明了这些算法族在不同的组合问题上（包括组合拍卖中的获胜者确定问题、k-means 聚类和线性分离器的不可知论者学习问题）的不同参数设定可以导致大小截然不同的分支与界树。他们还证明了最优参数是高度分布依赖的：使用一个在错误的分布上最优化的参数可能导致树的大小急剧膨胀，这意味着学习如何分支跳转既实用又非常有益。

一般定理。 Balcan 等人（2019b）给出了适用于具有分段结构的对偶函数的算法配置问题的一般样本复杂性结果，其中主要的创新在于提供了一种简练而且广泛适用的抽象。这种抽象同时涵盖了到目前为止所提及的算法族中出现的所有类型的对偶结构，包括 29.2.1 节和 29.2.2 节所述的（其中 $u_x(\boldsymbol{\rho})$ 是具有有限分段数量的分段常值函数，正如在引理 29.3 中所述），以及前面关于分支跳转的内容中出现的对偶函数，还有在多物品多竞拍者设定中的收益最大化函数。Balcan 等人（2019b）证明了这个定理能够恢复所有的先验结果，他们还展示了一些新的应用，包括在计算生物学中的一些重要问题的动态规划技术，例如序列比对和蛋白质折叠。

回忆一下，$\mathcal{P}$ 表示参数向量 $\boldsymbol{\rho}$ 的空间（例如，如果 $\boldsymbol{\rho}$ 由 d 个实值参数组成，则 $\mathcal{P}=\mathbb{R}^d$）。设 $\mathcal{F}$ 表示一个边界函数（boundary function）族，比如线性分离器（linear separator）或者二次分离器（quadratic separator），每一种分离器都将 $\mathcal{P}$ 划分成两部分。设 $\mathcal{G}$ 表示一个简单效用函数（simple utility funnction）族，比如 $\mathcal{P}$ 上的常值函数或者线性函数。Balcan

等人（2019b）证明了以下结果：假设对于每一个对偶函数 $u_x(\boldsymbol{\rho})$，存在有限数量的边界函数 $f_1,\cdots,f_N \in \mathcal{F}$，使得在由这些函数定义的每一个区域[一]中，$u_x(\boldsymbol{\rho})$ 表现得就像一个来自 $\mathcal{G}$ 的函数，那么原始函数族 $\{u_{\boldsymbol{\rho}}(x)\}$ 的伪维数界由 N（$\mathcal{F}$ 的对偶类 $\mathcal{F}^*$ 的 VC 维数）和 $\mathcal{G}$ 的对偶类 $\mathcal{G}^*$[二]的伪维数函数所确定。

29.3 借助在线学习的数据驱动的算法设计

我们现在考虑一种用于算法设计的在线方式，其中我们并没有假定给定算法问题的实例是 i. i. d. 而且同时呈现，相反它们可以按任意顺序在线到达。在这种情况下，我们的目标就是与事后最佳的固定算法竞争（Cohen Addad and Kanade，2017；Gupta and Roughgarden，2017；Balcan et al.，2018a），这种方式也称为*无憾学习*。由于在算法选择环境中出现的效用函数经常表现出明显的间断点，因此在实例输入序列的最坏情况下实现无憾学习是不可能的。

我们讨论（Balcan et al.，2018a）引入的效用函数序列上的一个友好条件，称为*色散*（dispersion）。对于为无憾学习提供保证的在线算法的存在性，这个条件是充分的。

问题的公式化。在每一轮 t 中，学习者从参数向量 $\boldsymbol{\rho}_t$ 指定的算法族中选择一个算法，并且接收问题的一个新实例 x_t。这就导入了效用函数 $u_{x_t}(\boldsymbol{\rho})$，它用于度量算法族中的每一个算法在给定实例上的性能，而且学习者在时间 t 的效用是 $u_{x_t}(\boldsymbol{\rho}_t)$。学习者能够观察到完整的效用函数 $u_{x_t}(\boldsymbol{\rho})$，或者可以在自行选择的点上对效用函数进行评估的情况称为完全信息环境，学习者只能观察到标量 $u_{x_t}(\boldsymbol{\rho}_t)$ 的情况称为 bandit 环境。目的是要选择一些算法，使得在问题序列上学习者的累积性能几乎与事后最佳的算法一样好。形式上，目的是要最小化期望遗憾值：

$$E\left[\max_{\boldsymbol{\rho}\in\mathcal{P}}\sum u_{x_t}(\boldsymbol{\rho}) - u_{x_t}(\boldsymbol{\rho}_t)\right]$$

其中的期望值是在学习者的选择的随机性上，或者在效用函数的随机性上。我们旨在获得 T 的次线性的期望遗憾值，因为在这种情况下，算法的每轮平均性能接近事后的最佳参数性能——在线学习的文献中通常称之为实现了“无憾”。

正如我们在前面的章节中所看到的，算法选择环境中出现的效用函数经常表现出明显的间断点，而且我们知道即使对于一维情况，在最坏情况下，对于具有明显的间断点的学习函数实现无憾保证是不可能的。问题的本质在于如果 I 是一个到目前为止都实现了最大效用的参数的区间，那么一个对抗可以选择下一个效用函数来随机地将 0 效用给予 I 的左半部分或者右半部分，而将最大效用给予另外一半，这会导致任何一个在线算法在事后只实现了最优值的一半。Gupta 和 Roughgarden（2017）证明了这正是 29. 2. 1 节讨论过的算法族的最大加权独立集问题的在线算法选择的情况。

我们现在描述（Balcan et al.，2018a）引入的在效用函数序列上的一个一般条件，称为色散。可以证明这个条件足以实现“无憾”。粗略地说，一个效用函数的汇集 $u_{x_1},\cdots,u_{x_T}$ 是色散的，如果空间中没有任何这样的小区域，在其中大部分函数具有间断点（见图 29. 1）。

[一] 形式上，每一个 f_i 是一个从 $\mathcal{P}$ 到 $\{0,1\}$ 的函数，而区域（region）是被每一个 f_i 以相同方式标记的 $\boldsymbol{\rho}$ 的一个非空集合。

[二] $\mathcal{F}^*$ 定义如下：对于每一个 $\boldsymbol{\rho}\in\mathcal{P}$，对所有的 $f\in\mathcal{F}$ 定义函数 $\boldsymbol{\rho}(f)=f(\boldsymbol{\rho})$。类似地定义 $\mathcal{G}^*$。

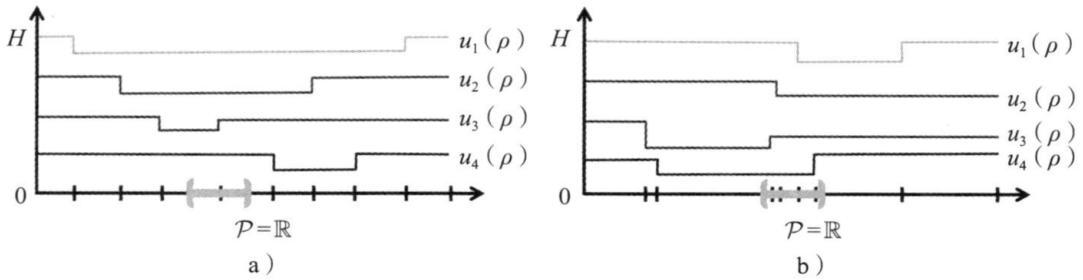

图 29.1　图 a 中的效用函数集是色散的，因为任何一个小区间内只有少数几个函数具有间断点。图 b 中的效用函数集不是色散的，因为存在一个小区间，其中具有许多间断点[⊖]

定义 29.10　设 $u_{x_1},\cdots,u_{x_T}:\mathcal{P}\to[0,H]$ 是一个效用函数的汇集，其中 u_{x_i} 是 $\mathcal{P}$ 的分区 $\mathcal{P}_i$ 上的分段 Lipschitz 函数。如果一个集合 A 与 $\mathcal{P}_i$ 中的至少两个集合相交，我们就说 $\mathcal{P}_i$ 分裂了集合 A。如果每个半径为 w 的球都被分区 $\mathcal{P}_1,\cdots,\mathcal{P}_T$ 中的最多 k 个分区所分裂，则说这个效用函数集是 (w,k)-色散的。更一般地，如果存在一个点 $\boldsymbol{\rho}^*\in\operatorname{argmax}_{\boldsymbol{\rho}\in\mathcal{P}}\sum_{i=1}^{T}u_i(\boldsymbol{\rho})$，使得球 $B(\boldsymbol{\rho}^*,w)$ 被分区 $\mathcal{P}_1,\cdots,\mathcal{P}_T$ 中的最多 k 个分区所分裂，则说这些效用函数在一个最大化子上是 (w,k)-色散的。◁

在许多应用中，对于 $1/2\leqslant\alpha\leqslant1$，定义 29.10 在 $w=T^{\alpha-1}$ 和 $k=O(T^{\alpha})$ 时以高概率是适用的（忽略特定于问题的被乘数）。

连续加权多数算法。在完全信息环境中，我们可以利用经典的加权多数算法的一个连续版本（Cesa Bianchiand Lugosi，2006），在色散环境下实现无憾学习。算法在第 t 轮从分布 $p_t(\boldsymbol{\rho})\propto\exp(\lambda\sum_{s=1}^{t-1}u_s(\boldsymbol{\rho}))$ 中抽取一个向量 $\boldsymbol{\rho}_t$ 作为样本。下面的界对于这个算法成立（Balcan et al.，2018a）。

定理 29.11　设 $u_{x_1},\cdots,u_{x_T}:\mathcal{P}\to[0,H]$ 是对应于问题实例 $x_1,\cdots,x_T$ 的一个效用函数序列。假定这些函数 $u_{x_1},\cdots,u_{x_T}$ 是分段 L-Lipschitz 函数而且在最大化子 $\boldsymbol{\rho}^*$ 上是 (w,k)-色散的。假设 $\mathcal{P}\subset\mathbb{R}^d$ 包含在一个半径为 R 的球中，而且 $B(\boldsymbol{\rho}^*,w)\subset\mathcal{P}$。那么 $\lambda=\frac{1}{H}\sqrt{d\ln(R/w)/T}$ 的连续加权多数算法的期望遗憾值的界由 $O\left(H\left(\sqrt{Td\log\frac{R}{w}}+k\right)+TLw\right)$ 确定。

当 $w=1/\sqrt{T}$ 而且 $k=\tilde{O}(\sqrt{T})$ 时，定理给出的遗憾值是 $\tilde{O}(\sqrt{T}(H\sqrt{d}+L))$。

概略证明　设 U_t 为函数 $\sum_{i=1}^{t-1}u_{x_i}(\cdot)$，$W_t$ 为第 t 轮的归一化常数，$W_t=\int_{\mathcal{P}}\exp(\lambda U_t(\boldsymbol{\rho}))d\boldsymbol{\rho}$。

下面通过提供 W_{T+1}/W_1 的上界和下界来进行证明。如同经典的加权多数算法，以学习者的期望支出作为 W_{T+1}/W_1 的上界，产生 $\frac{W_{T+1}}{W_1}\leqslant\exp\left(\frac{P(\mathcal{A})(e^{H\lambda}-1)}{H}\right)$，其中 $\mathrm{P}(\mathcal{A})$ 是算法的期望总收益。

我们利用 (w,k)-色散，以最优参数的总支出来确定 W_{T+1}/W_1 的下界。主要的想法是不仅仅最优参数 $\boldsymbol{\rho}^*$ 事后获得一个良好的收益，而且围绕在 $\boldsymbol{\rho}^*$ 周围的半径为 w 的球中的所有参数有良好的总体收益。设 $\boldsymbol{\rho}^*$ 为最佳参数，并且设 $\mathrm{OPT}=U_{T+1}(\boldsymbol{\rho}^*)$。再设 $\mathcal{B}^*$ 是围绕在 $\boldsymbol{\rho}^*$ 周围的半径为 w 的球。根据 (w,k)-色散，我们知道对于所有 $\boldsymbol{\rho}\in\mathcal{B}^*$，有 $U_{T+1}(\boldsymbol{\rho})\geqslant\mathrm{OPT}-Hk-LTw$。因此，

⊖　即许多函数在此区间内不连续。——译者注

$$W_{T+1}=\int_{\mathcal{P}}\exp(\lambda U_{T+1}(\boldsymbol{\rho}))\mathrm{d}\boldsymbol{\rho}\geqslant\int_{\mathcal{B}^*}\exp(\lambda U_{T+1}(\boldsymbol{\rho}))\mathrm{d}\boldsymbol{\rho}$$
$$\geqslant\mathrm{Vol}(B(\boldsymbol{\rho}^*,w))\exp(\lambda(\mathrm{OPT}-Hk-LTw))$$

此外，$W_1=\int_{\mathcal{P}}\exp(\lambda U_1(\boldsymbol{\rho}))\mathrm{d}\boldsymbol{\rho}\leqslant\mathrm{Vol}(B(\mathbf{0},R))$。所以

$$\frac{W_{T+1}}{W_1}\geqslant\frac{\mathrm{Vol}(B(\boldsymbol{\rho}^*,w))}{\mathrm{Vol}(B(\mathbf{0},R))}\exp(\lambda(\mathrm{OPT}-Hk-LTw))$$

$\frac{W_{T+1}}{W_1}$的上界和下界的组合给出了定理的结果。□

连续加权多数算法能否在多项式时间内实现取决于如何设置。假定对于所有的轮次 $t\in\{1,\cdots,T\}$，$\sum_{s=1}^{t}u_s$ 是在最多 N 个分段上的分段 Lipschitz 函数。不难证明，当 $d=1$，$\mathcal{P}=\mathbb{R}$ 而且 $\exp(\sum_{s=1}^{t}u_s)$ 在它的每一个分段上在常数时间内可积时，运行时间是每轮次 $O(TN)$。当 $d>1$ 而且 $\sum_{s=1}^{t}u_s$ 是凸分段上的分段凹函数时，Balcan 等人（2018a）利用高维几何工具提供了一种高效的近似实现。

示例。我们现在证明，在关于输入实例的自然平滑条件下，背包问题和聚类问题满足色散性。这两种情况下的证明结构都利用了相应效用函数的不连续性的函数形式来推断出不连续位置的分布，这些不连续位置随着在算法配置实例中的随机问题参数的变换而出现。利用这个思路，我们可以确定在任何一个固定区间内具有不连续性的函数的期望数量的上界，然后利用下列引理总结的一致收敛结果来获得最终所要的结果。

引理 29.12　设 $u_{x_1},\cdots,u_{x_T}$: $\mathbb{R}\to\mathbb{R}$ 是分段 L-Lipschitz 函数，其中每一个函数最多有 N 个间断点，而且在它们的间断点上具有独立随机性。㊀设 $\mathcal{F}=\{f_I:\Pi\to\{0,1\}\mid I\subset\mathbb{R}$ 是一个区间$\}$，其中 $f_I:\Pi\to\{0,1\}$ 具有这样的特性：对于实例 $x\in\Pi$，如果区间 I 包含效用函数 u_x 的一个间断点，则 f_I 把实例 x 映射到 1，否则映射到 0。以在效用函数 $u_{x_1},\cdots,u_{x_T}$ 的选择的随机性上的概率 $1-\delta$，我们有：$\sup_{f_I\in F}\left|\sum_{t=1}^{T}f_I(x_t)-E[\sum_{t=1}^{T}f_I(x_t)]\right|\leqslant O(\sqrt{T\log(N/\delta)})$。

直观上，引理 29.12 指出：不是假设一个最坏情况的效用函数序列，而是假设在效用函数的间断点上存在一定的随机性，这种随机性在效用函数之间是独立的，那么每个区间 I 内的间断点的实际数量将以高概率接近其期望值，特别是接近的程度最多是 $O(\sqrt{T\log(N/\delta)})$ 的加性差距。证明这一点的关键步骤是将一致收敛应用到引理中定义的函数类 $\mathcal{F}$ 上，并且证明其 Vapnik-Chervonenkis-维数（VC-维数）为 $O(\log N)$。这个引理来自（Balcan et al.，2020），它改进了（Balcan et al.，2018a）中的早期结果。

对于贪心算法族 $\mathcal{A}^{\text{knapsack}}$，在最坏情况下，相关的效用函数可能不是色散的。然而，我们可以进行平滑分析（第 13~15 章还讨论了其他应用），并且证明如果在项的取值上存在某种随机性，那么以高概率可以得到色散性。形式上，我们假定项的取值是 b-平滑的：它们是随机而且独立的，而且每一个取值都有一个以 b 为上界的密度函数（例如，一个经典的 b-平滑分布是在一个宽度为 $1/b$ 的区间上的均匀分布）。定理 29.13 给出了色散保证。

定理 29.13　设 $x_1,\cdots,x_T$ 是任意一个背包问题实例序列，其中的实例有 n 个项而且背包容量为 C，实例 i 的各个项的大小为 $s_1^{(i)},\cdots,s_n^{(i)}\in[1,C]$，各个项的值为 $v_1^{(i)},\cdots,v_n^{(i)}\in(0,1]$。假定各个项的取值是 b-平滑的。那么对于任何一个 $\delta>0$ 以及任何一个 $w>0$，当 $k=$

㊀　独立性是在函数之间的。在函数内部，间断点可能是相关的。

$O(wTn^2b^2\log(C)+\sqrt{T\log(N/\delta)})$ 时，效用函数 $u_{x_1},\cdots,u_{x_T}$ 以至少为 $1-\delta$ 的概率是 (w,k)-色散的。

概略证明　回忆一下，根据引理 29.4，对于各个项的值为 $v_1,\cdots,v_n$，大小为 $s_1,\cdots,s_n$ 的一个背包实例 x，效用函数 u_x 的间断点只会出现在这样的参数值上，此时在评分 σ_ρ 下两个项的相对顺序发生了互换。对于项 i 和 j，设 $c_{ij}=\log(v_i/v_j)/\log(s_i/s_j)$ 是临界参数值，在此处这两个项互换相应的评分。当项的取值独立而且呈 b-有界分布时，我们得到这样一个保证，即它们的联合密度也是 b^2-有界的。利用这一点，Balcan 等人（2018a）证明了每一个间断点都是随机的，而且有一个密度函数，其上界由 $b^2\log(C)/2$ 确定。

接下来，固定任何一个半径为 w 的球 I（即一个宽度为 $2w$ 的区间）。对于任何一个函数 u_{x_i}，它的任何一个间断点都属于区间 I 的概率最多是 $wb^2\log(C)$。对背包实例 $x_1,\cdots,x_T$ 上的间断点的数量求和，再加上每一个实例的 $O(n^2)$ 个间断点，得到区间 I 内的期望间断点总数最多是 $wTn^2b^2\log(C)$。这也是 $u_{x_1},\cdots,u_{x_T}$ 中在球 I 上不连续的函数的期望数量的一个界。最后，引理 29.12 可以用来证明以 $\geqslant 1-\delta$ 的概率，任何一个半径为 w 的区间都有数量为 $O(wTn^2b^2\log(C)+\sqrt{T\log(N/\delta)})$ 的不连续函数。　□

将背包问题的色散分析与连续加权多数算法的遗憾保证相结合，我们可以得到算法的期望遗憾值的上界。特别地，设 $\delta=1/\sqrt{T}$，$w=1/(\sqrt{T}n^2b^2\log(C))$，应用定理 29.13 和定理 29.11，并且利用效用函数在 $[0,C]$ 中取值的事实，我们得到以下推论（Balcan et al.，2020），这个推论改进了（Balcan et al.，2018a）中的早期结果。

推论 29.14　设 $x_1,\cdots,x_T$ 是任意一个满足定理 29.13 中相同条件的背包实例序列，用于为该序列选择参数 $\rho_1,\cdots,\rho_T\in[0,R]$ 的 $\lambda=\sqrt{\log(R/(\sqrt{T}n^2b^2\log(C)))}/C$ 的连续加权多数算法的期望遗憾值的界由下式确定：

$$E\left[\max_{\rho\in[0,R]}\sum_{t=1}^{T}u_{x_t}(\rho)-\sum_{t=1}^{T}u_{x_t}(\rho_t)\right]=O(C\sqrt{T\log(RTnb\log(C))})$$

对于 $\mathcal{A}^{\mathrm{scl}}$-链接算法族，Balcan 等人（2020）证明了以下保证。

定理 29.15　设 $x_1,\cdots,x_T$ 是在 n 个点上的一个聚类实例序列，并且设 $D_1,\cdots,D_T\in[0,M]^{n\times n}$ 是它们对应的距离矩阵。假定每一个实例的成对距离是 b-平滑的：对于所有 $t\in\{1,\cdots,T\}$，D_t 的元素是随机而且独立的，而且具有以 b 为界的密度函数。进一步假定效用函数在 $[0,H]$ 上有界。用于为序列 $D_1,\cdots,D_T$ 选择参数 $\rho_1,\cdots,\rho_T\in[0,1]$ 的 $\lambda=\sqrt{\log(1/(\sqrt{T}n^8b^2M^2))}/H$ 的连续加权多数算法的期望遗憾值的界由下式确定：

$$E\left[\max_{\rho\in[0,R]}\sum_{t=1}^{T}u_{x_t}(\rho)-\sum_{t=1}^{T}u_{x_t}(\rho_t)\right]=O(H\sqrt{T\log(TnbM)})$$

概略证明　利用引理 29.6 和 b-有界随机变量的性质，我们可以证明：对于任何一个 $\delta>0$ 以及任何 $w>0$，当 $k=O(wTn^8b^2M^2+\sqrt{T\log(N/\delta)})$ 时，效用函数 $u_{D_1},\cdots,u_{D_T}$ 以至少为 $1-\delta$ 的概率是 (w,k)-色散的。选择 $w=1/(\sqrt{T}n^8b^2M^2)$ 并且利用定理 29.11，我们可以得到定理的结果。　□

Balcan 等人（2018a）还证明了用于求解 IQP 的算法族（参数化舍入方案跟随其后的 SDP 松弛）的良好的色散界。有意思的是，这里的色散条件之所以成立缘于算法自身的内部随机化（没有任何关于输入实例的额外的平滑性假设）。

扩展。对于这里给出的结果的一些扩展包括：

- 在 bandit 环境下，遗憾值的一个界 $\widetilde{O}(T^{(d+1)(d+2)}\ (H\sqrt{d(3R)^d}+L))$。尽管就每轮次的反馈而言这更为现实，但是这个遗憾值的界明显不如在完全信息环境下的界（Balcan et al.，2018a）。
- 遗憾值的一个更好的界（类似于定理 29.11 中的），以及 semi-bandit 在线最优化问题（其中对一种算法的成本函数的评估可以揭示一系列类似算法的成本，参见（Balcan et al.，2020））的一种计算上高效的实现。
- 色散条件在离线学习环境上的应用，特别是利用经验 Radamacher 复杂度的更加精确的数据相关一致收敛保证的推导（Balcan et al.，2018a）（有关 Radamacher 复杂度的定义参见第 22 章）。

29.4　总结和讨论

29.2 节的结果给出了一个 $O(\log n)$ 的伪维数，这也引出了一些计算上高效的学习算法，因为我们可以识别并且尝试多项式数量的参数选择。具有较大伪维数的问题通常需要利用额外的问题结构来实现多项式时间的最优化和学习。

其他方向。其他一些最近的理论研究（Kleinberg et al.，2017；Weisz et al.，2018）考虑了在有限数量的算法中的数据驱动算法运行时间设计。他们的目的是选择一种算法，在去除实例的一个概率质量 δ 之后，算法的期望运行时间最多是 $(1+\epsilon)$OPT，其中 OPT 是在来自 D 的实例上的 n 个算法中的最佳算法的期望运行时间。他们解决的主要挑战是最小化以 n、OPT、ϵ 和 δ 表示的学习的总运行时间，而且不依赖于算法的最大运行时间。注意到与本章介绍的大多数工作相反，这些论文并没有假定这 n 个算法之间的任何假设的结构化关系。将这两个方向的工作结合起来会非常有意思。

一条相关的研究路线展示了针对收益最大化环境下的数据驱动机制设计所获得的样本复杂度的界（Morgenstern and Roughgarden，2015；Balcan et al.，2016，2018b）。Balcan 等人（2019b）的一般定理可用于恢复这些论文中的界。此外，29.3 节推导的色散工具已经用于预测拍卖的激励相容性的近似程度，这是现代拍卖设计中的另一个重要问题（Balcan et al.，2019a）。

开放式方向。数据驱动的算法设计有可能从根本上改变我们分析和设计组合问题算法的方式。除了扩大现有开发的技术的规模并且将这些技术用于新的问题之外，令人关注的是开发能够带来更好的自动化算法设计技术的新的分析框架。例如，探索一种强化的学习方法并且利用这种方法来学习基于状态的决策策略，这些策略利用算法当前状态的属性（例如 MIP 问题的搜索树）来确定如何继续执行（例如在一个给定结点上，下一步哪个变量将进行分支跳转）。此外，开发用于在单一问题实例中学习（而不是跨实例学习）的工具也是令人关注的。

除了提供理论上合理而且实用的数据驱动的算法方法之外，从长远来看，这个领域具备产生人们以前无法设计的新的算法范式类型的潜力。

参考文献

Arthur, David, and Vassilvitskii, Sergei. 2007. k-means++: The advantages of careful seeding. In ACM-SIAM Symposium on Discrete Algorithms, pp. 1027–1035.

Balcan, Maria-Florina, Sandholm, Tuomas, and Vitercik, Ellen. 2016. Sample complexity of automated mechanism design. In *Annual Conference on Neural Information Processing Systems*, pp. 2083–2091.

Balcan, Maria-Florina, Nagarajan, Vaishnavh, Vitercik, Ellen, and White, Colin. 2017. Learning-theoretic foundations of algorithm configuration for combinatorial partitioning problems. In *Conference on Learning Theory (COLT)*, pp. 213–274.

Balcan, Maria-Florina, Dick, Travis, and Vitercik, Ellen. 2018a. Dispersion for data-driven algorithm design, online learning, and private optimization. In *Proceedings of the 59th Annual Symposium on Foundations of Computer Science (FOCS)*, pp. 603–614. IEEE.

Balcan, Maria-Florina, Sandholm, Tuomas, and Vitercik, Ellen. 2018b. A general theory of sample complexity for multi-item profit maximization. In *ACM Conference on Economics and Computation*, pp. 173–174.

Balcan, Maria-Florina, Dick, Travis, Sandholm, Tuomas, and Vitercik, Ellen. 2018c. Learning to branch. In *International Conference on Machine Learning (ICML)*, pp. 353–362.

Balcan, Maria-Florina, Sandholm, Tuomas, and Vitercik, Ellen. 2019a. Estimating approximate incentive compatibility. In *ACM Conference on Economics and Computation*, p. 867.

Balcan, Maria-Florina, DeBlasio, Dan, Dick, Travis, Kingsford, Carl, Sandholm, Tuomas, and Vitercik, Ellen. 2019b. How much data is sufficient to learn high-performing algorithms. In *Arxiv*.

Balcan, Maria-Florina, Dick, Travis, and Pegden, Wesley. 2020. Semi-bandit optimization in the dispersed setting. In: Uncertainty in Artificial Intelligence (UAI).

Balcan, Maria-Florina F, Dick, Travis, and White, Colin. 2018d. Data-driven clustering via parameterized Lloyd's families. In *Advances in Neural Information Processing Systems*, pp. 10641–10651.

Blasio, Dan De, and Kececioglu, John D. 2018. *Parameter Advising for Multiple Sequence Alignment*. Springer.

Cesa-Bianchi, Nicolo, and Lugosi, Gábor. 2006. *Prediction, Learning, and Games*. Cambridge University Press.

Cohen-Addad, Vincent, and Kanade, Varun. 2017. Online Optimization Of Smoothed Piecewise Constant Functions. In *International Conference on Artificial Intelligence and Statistics (AISTATS)*, pp. 412–420.

Gupta, Rishi, and Roughgarden, Tim. 2016. A PAC approach to application-specific algorithm selection. In *Innovations in Theoretical Computer Science (ITCS)*, pp. 123–134.

Gupta, Rishi, and Roughgarden, Tim. 2017. A PAC approach to application-specific algorithm selection. *SIAM Journal on Computing*, **46**(3), 992–1017.

Horvitz, Eric J., Ruan, Yongshao, Gomes, Carla P., Kautz, Henry, Selman, Bart, and Chickering, David Maxwell. 2001. A Bayesian approach to tackling hard computational problems. In *Conference in Uncertainty in Artificial Intelligence (UAI)*, pp. 235–244.

Kleinberg, Robert, Leyton-Brown, Kevin, and Lucier, Brendan. 2017. Efficiency through procrastination: Approximately optimal algorithm configuration with runtime guarantees, pp. 2023–2031. *IJCAI*.

Morgenstern, Jamie, and Roughgarden, Tim. 2015. The pseudo-dimension of nearly optimal auctions. In *Conference on Neural Information Processing Systems*, pp. 136–144.

Sandholm, Tuomas. 2003. Automated mechanism design: A new application area for search algorithms. In *International Conference on Principles and Practice of Constraint Programming*, pp. 19–36.

Valiant, L.G. 1984. A theory of the learnable. *Communications of the ACM*, **27**(11), 1134–1142.

Vapnik, V. N. 1998. *Statistical Learning Theory*. John Wiley & Sons.

Weisz, Gellért, György, András, and Szepesvári, Csaba. 2018. Leaps and bounds: A method for approximately optimal algorithm configuration. In *International Conference on Machine Learning (ICML)*, pp. 5254–5262.

Xu, Lin, Hutter, Frank, Hoos, Holger H., and Leyton-Brown, Kevin. 2008. SATzilla: Portfolio-based algorithm selection for SAT. *Journal of Artificial Intelligence Research*, **32**(June), 565–606.

第 30 章

Beyond the Worst-Case Analysis of Algorithms

带预测的算法

Michael Mitzenmacher，Sergei Vassilvitskii

摘要：我们介绍一些算法，它们利用在输入上应用机器学习而获得的预测来回避最坏情况分析。我们的目标是这样的算法，当这些预测良好时，算法具有接近最优的性能，但是当预测出现大的误差时能够恢复无预测的最坏情况下的行为。

30.1 引言

在寻求能够超越最坏情况分析的方法时，前面几章描述了对算法见到的输入进行建模的不同方法，目的是避免脆弱的例子、提供更好的保证，或者解释在实践中方法的效力。这些方法中有许多基于的是假定有一个以一种非常特别的方式包含随机性的输入模型。例如，平均情况分析（第 8 章）从一个固定但未知的分布中抽取数据，而且利用随机到达模型（第 11 章），假定输入是随机排列的。本章我们并未提出在输入上的一个特定模型或者一系列假定，而是提供了一种为了利用机器学习的快速增长能力而设计的通用框架。在我们的框架中，假定有一种能够提供与输入有关的预测的机器学习方法，我们利用预测来获得更加高效的算法。然后，我们将算法的性能作为预测的准确程度的一个函数进行分析。在理想情况下，预测越准确，算法的性能就越好。

这种方法与其他研究的区别在于它与实践的自然联系，因为对于许多问题，机器学习可以方便地应用于为新的输入提供必要的预测。此外，如果我们能够成功地将一个算法的性能与算法收到的预测的质量联系起来，那么随着机器学习技术的发展和预测质量的提高，我们可以获得性能更好的算法，而且本质上是无成本的。

在设计这些带有预测的算法时，存在几个新的挑战。一个挑战是理论分析的新目标。我们希望提供以下形式保证：如果预测器有一个给定的性能水平，那么算法将实现相应的性能水平。一个进一步的挑战是确认要预测什么样的量，因为这些预测对象通常是针对具体问题的。选择正确的预测量不但会影响算法的性能，还会影响从我们的分析得到的界。最后，还有一个挑战是机器学习方法本质上是不完善的。它们的误差可能很大而且出人意料，我们利用机器学习预测所设计的算法应该足够健壮，能够应对这些误差。

我们从一些非常简单的示例开始，说明为什么这个框架可能是有用的，然后给出一些额外的示例，它们是利用预测的更为复杂的算法和数据结构。

30.1.1 预热：二叉搜索

作为第一个示例，考虑二叉搜索问题。给定 n 个元素上的一个有序数组 A 和一个查询元素 q，目的是要么在数组中找到 q 的索引值，要么指出 q 不在数组中。教科书式的方法是二叉搜索：将 q 的值与 A 的中间元素的值进行比较，并且在数组的适当的一半上递归。经过 $O(\log n)$ 次探测之后，这个方法要么找到 q，要么返回 q 不在数组中的结论。

二叉搜索最优化了最坏情况，但是很多时候我们可以做得更好。例如，大多数书店会在一个特定的区域内按照作者姓氏的字母顺序排列书籍。如果我们正在寻找 Agatha Christie 的悬疑小说，我们很可能会在这个区域的开头附近开始搜索；而如果我们要寻找的是 Dorothy Sayers 的小说，我们会从更接近结尾的地方开始搜索。利用我们对字母表的了解，我们首先会考虑期望找到这本书的大致位置。

如何推广这种方法？假定有一个预测器 h，对于每个查询 q，h 返回我们对 q 在数组中的位置的最佳猜测。使用 h 的一个自然的方法是首先探测 $h(q)$ 所处的位置：如果在这个位置没有找到 q，我们立即知道它比 q 更小还是更大。假设 q 大于在 $A[h(q)]$ 中的元素，而且数组按递增顺序排序。我们在 $h(q)+2$、$h(q)+4$、$h(q)+8$ 等处探测元素，直到找到一个大于 q 的元素（或者到达数组的末端）。然后我们对保证包含 q（如果 q 在数组中）的区间应用二叉搜索。书店的例子可以利用插值搜索作为一个分类器：由于“C”是 26 个字母中的第三个字母，我们从“悬疑小说”区域的 $3/26\approx12\%$的位置开始搜索 Agatha Christie 的书。

就比较次数而言，这种方法的成本是多少？设 $t(q)$ 是 q 在数组中的真实位置（如果 q 不在数组中，就是小于 q 的最大元素的位置）。假设分类器在 q 上的误差为 $\eta_q=|h(q)-t(q)|$，从 $h(q)$ 开始运行上述算法的成本最多为 $2(\log|h(q)-t(q)|)=2\log\eta_q$。

如果查询 q 来自一个分布，那么算法的期望成本为

$$2E_q[\log(|h(q)-t(q)|)]\leqslant 2\log E_q[|h(q)-t(q)|]=2\log E_q[\eta_q]$$

其中的不等式遵循 Jensen 不等式。这为由预测器的误差参数化的算法性能提供了一个保证。特别地，即便是一个平均误差为 $O(\text{polylog}\, n)$ 的分类器也会导致渐近性能的改善。此外，由于 η_q 的界简单地由 n 确定，即使一个异常糟糕的预测器也不至于造成太大的损害。

30.1.2　在线算法：滑雪板租赁

二叉搜索的例子有一个很好的特性，即对预测的利用在本质上是无成本的。一方面，随着预测误差趋向于零，运行时间接近此任务的最佳可能时间（一个常数）。另一方面，误差的界是由元素的数量自然确定的，因此即使是坏的预测也不会渐近地降低算法的性能。在其他情况下，在利用预测所带来的好处和预测严重不正确时产生的成本之间可能存在一种令人印象深刻的权衡。

考虑滑雪板租赁问题。在滑雪季节开始时，一个新来的滑雪者可以选择以 b 美元购买滑雪板，或者以每天 1 美元的价格租用滑雪板。这是不确定型决策的最简单的设置之一——滑雪者不知道自己将要滑多少天雪，但是一个简单的确定性策略将保证他的开销不会超过在知道未来的情况下的开销的两倍。

实现这个界的算法是在前 b 天租用滑雪板，然后在第 $b+1$ 天购买滑雪板。如果滑雪者的滑雪时间是 b 天或更少，则开销达到最优。如果他碰巧在 $b+1$ 天后停止滑雪，那么总开销最多是 $2b$ 美元，即最多是最优开销的两倍。

假设滑雪者可以利用一个他将要滑雪的天数的预测值 $h(d)$。他应该如何利用这个信息？设 d^* 是真实的滑雪天数，$\eta=|h(d)-d^*|$ 是预测误差。容易验证将预测当作真实的算法（即如果 $h(d)>b$，那么在第 1 天购买滑雪板，否则每天租赁）的总成本为 $\text{OPT}+\eta$。我们观察到，在这种情况下，对预测的使用并不是“无成本的”。虽然当预测正确时算法的性能最优，但是如果滑雪者信任预测，而且在他应该购买滑雪板的时候不去购买，那么他的开销完全有可能超过利用前面给出的简单确定性策略的开销。

不过有一个简单的补救办法。设 $\lambda\in[0,1]$ 是一个可调参数，考虑以下算法。如果

$h(d)>b$，那么滑雪者在第$\lceil \lambda b \rceil$天购买滑雪板；否则，在第$\lceil b/\lambda \rceil$天购买滑雪板。实例分析表明，这个算法的竞争比的界由下式确定：

$$1+\min\left(\frac{1}{\lambda},\lambda+\frac{\eta}{(1-\lambda)\mathrm{OPT}}\right) \tag{30.1}$$

特别是当预测误差降至 0 时，竞争比不超过 $1+\lambda$。另一方面，即使对于大的误差，竞争比也不会比 $1+1/\lambda$ 更差。注意到 $\lambda=1$ 恢复了我们最初描述的算法。

30.1.3 模型

前面的两个示例概述了我们对利用预测的算法的要求。有三个属性是我们所强调的。

首先，我们将预测器内部的工作方式与利用预测的算法隔离开来，而不是简单地把预测器抽象为一个函数 h。因此，我们的算法与特定类型的预测器无关。我们可以应用决策树、神经网络或者任何其他方法来获得预测：只需要任何一个低误差的 h。

其次，我们的目标是将算法的性能与预测器观察到的损失紧密联系起来。在利用竞争分析的示例中，我们进一步分离了两个概念。我们希望算法是一致的（consistent），也就是说，给定一个无误差预测，在理想情况下，算法的性能应该恢复到由离线最优算法所保证的性能。此外，基于机器学习系统有时具有非常大的误差这一事实，我们希望算法是健壮的（robust），也就是说，在理想情况下，算法的性能不应该比不利用任何预测的标准在线算法更差。

虽然理想的一致性和健壮性可能相当具有挑战性，不过我们可以利用近似来放松这些目标。形式上，如果随着预测误差趋向于 0，一个算法的竞争比趋向于 α，我们就说这个算法是 α-一致的；如果即使在任意坏的预测下，竞争比的界还是由 β 确定，就说算法是 β-健壮的。

正如我们在滑雪板租赁示例中所看到的，一致性和健壮性之间经常存在矛盾。一个高度信任预测的实践者可以通过选择一个小的 λ 值来追求高的一致性和低的健壮性。另一方面，一个规避风险的决策者可能会选择一个更高的 λ 值，从而限制了预测的收益，但是同时也限制了在预测结果不正确时的额外成本。

30.2 sketch 的计数

另一个例子是关于数据流的 sketch 的计数[⊖]，在这个问题上人们已经证明了预测能够提高性能。我们在此简要描述的 Count-Min sketch 就是一个 sketch 计数的例子。为了简单起见，我们假定各个项以数据流的形式逐一到达，例如它们可能是正在被访问的 URL 或者 IP 地址。为每一个项保留一个单独的计数器可能需要太多的空间，因此我们取而代之使用一个需要较少内存的 sketch，代价是只获得每一个项的近似计数，对于每一个项都有一定的失败的可能性。Count-Min sketch 建立一个 r 行和 c 列的计数器的矩形阵列。每一个项哈希到每一行中的一个计数器位置，当一个项在数据流中通过时，这个项的每一个计数器都递增。一个项的近似计数是与这个项关联的最小的计数器值，它只会高估这个项的实际计数。已知的各种结果表明，在 r 和 c 的适当取值下，这种 sketch 方法的误差可以很小。注意到如果一个项有至少一个计数器，而且没有其他项会哈希到这个计数器上，那么结果

⊖ sketch 是一种数据结构，它用少量的数据来表达全体数据的特性，以可能的准确性的降低换取低的代价。——译者注

得到的近似计数实际上就是精确计数。Count-Min sketch 的良好性能背后的思路是，对于大多数的项而言，其中的每个项存在至少一个计数器，在这个计数器上这个项与其他项甚少发生冲突，从而得到准确的估计。特别是对于项的频率遵循 Zipfian 分布（或者更一般地遵循重尾分布）的偏斜数据流，总合计数中的大部分来自少量的项，因此这个方法可以非常准确，原因是大多数冲突只会在计数器中引入一个小的误差。

然而，假设我们有一个预测器，它能够合理且准确地预测哪些项是“大人物”，即出现最频繁的项[㊀]。由于利用数据的 sketch 的思路是为了节省空间，我们不希望为每个项使用一个单独的计数器，但是我们可能愿意利用空间为每一个被预测具有高计数的项保留单独的计数器，这样确保了正确预测频繁项的准确性，这一点通常很重要。同样重要的是它大大降低了一个具有小计数值的项出现大误差的可能性，这是因为从较大的阵列中移除潜在的频繁项会大大降低一个小计数值的项的所有计数器与一个大计数值的项碰撞的可能性。

Aamand 等人（2019）和 Hsu 等人（2018）的研究形式化了这一概要论点，并且为 Zipfian 频率分布上的 Count-Min sketch 和 Count-Sketch 提供了可证明的结果，证明它们可以在没有预测的情况下改善 sketch 的空间/性能均衡。他们还证明了这种改进在实践中是有效的。我们在这里不讨论进一步的细节，但是 sketch 计数的示例提供了一种在算法和数据结构中利用预测的直观方法：如果存在一个由造成问题的元素（比如异常值或者高权重元素）构成的有限集，而且如果事先不了解这些元素会极大地影响性能，那么一个预测器可以将这些元素分离出来，从而相应地改善整体性能。

30.3　学习型 Bloom 过滤器

在早些时候，Kraska 等人（2018）提出了一个关于来自机器学习的预测如何改进数据结构的示例，这个示例提供了 Bloom 过滤器的一种新颖的变异。

首先，我们简要回顾一下标准的 Bloom 过滤器（Bloom，1970；Broder and Mitzenmacher，2004），这是一种利用小空间来回答集合成员身份查询的数据结构。一个用于表示包含 n 个元素的集合 $S=\{x_1,x_2,\cdots,x_n\}$ 的 Bloom 过滤器对应于一个包含 m 个二进制位的数组，并且使用 k 个独立的哈希函数 $h_1,h_2,\cdots,h_k$，哈希函数的值域是 $\{0,\cdots,m-1\}$。注意到 Bloom 过滤器使用的每项的二进制位数由 m/n 给出。这里我们假定这些哈希函数是完全随机的。最初，数组中所有的二进制位均为 0。对于每一个元素 $x\in S$，数组的二进制位 $h_i(x)(1\leqslant i\leqslant k)$ 被置为 1；一个二进制位可以被重复地置为 1。为了检查项 y 是否在 S 中，我们检查是否所有的 $h_i(y)$ 都置为 1。如果不是，则显然 y 不是 S 的成员。如果所有的 $h_i(y)$ 都置为 1，我们得出 y 在 S 中的结论，尽管这可能是假阳性。Bloom 过滤器不会产生假阴性。

设 y 是一个元素，$y\notin S$，这里 y 的选择独立于创建过滤器的哈希函数。设 ρ 是元素被哈希之后数组中被置为 1 的二进制位的占比。那么，假阳性的概率为 ρ^k。现在容易计算 ρ 的期望值，因为过滤器中一个特定的二进制位保持为 0 的概率仅仅是

$$\left(1-\frac{1}{m}\right)^{kn}\approx \mathrm{e}^{-kn/m}$$

通过标准方法可以证明 ρ 以高概率接近其期望值，因此可以用 ρ 的期望值来代替 ρ。可以

㊀　因此也可以直接称之为“频繁项”。——译者注

看到，当 k 和 m/n 是常数时，假阳性的概率将集中在下面的值附近：

$$(1-e^{-kn/m})^k$$

适当选择 k（k 的最优值为 $(m/n)\cdot\ln 2$），我们发现一个元素的假阳性概率随 m/n 呈指数下降，m/n 是过滤器中使用的每项的比特数。

学习型 Bloom 过滤器的思路是训练一个神经网络或者其他机器学习算法来识别集合 S。我们用函数 f 表示算法，因此算法在输入 x 上返回 0 和 1 之间的一个值 $f(x)$。理想情况下，算法将为集合中的每个元素返回 1，为不在集合中的每个元素返回 0。如果有这样一个预测器，就不需要任何数据结构，因为我们可以仅仅利用函数来表示集合。这在实践中不过是一种奢望，相反，我们考虑一个算法，它返回一个值 $0\leqslant f(x)\leqslant 1$。我们可以直观地将 $f(x)$ 解释为对 x 是这个集合的元素的概率的一种估计，尽管这种解释在下面的讨论中并非必要。

我们可以选择一个阈值 τ，对于任何一个满足 $f(x)\geqslant\tau$ 的元素，算法返回的结果是该元素在集合中，否则它不在集合中。事实上，如果我们选择 $\tau=\min_{x\in S}f(x)$，那么将不存在任何假阴性。但是除非预测器 f 非常好，否则 τ 的这个取值可能会导致太多的假阳性。

我们采用的替代方法是利用学习型函数 f 作为一个预过滤器，选择一个较大的 τ 值以减少假阳性，然后使用一个标准的 Bloom 过滤器作为后备以防止假阴性。相应的设置如图 30.1 所示。初始的学习型函数应该正确识别大量的集合元素，而且假阳性率较低。随后，后备的 Bloom 过滤器获得被学习型函数错误拒绝的所有集合元素。更明确地说，我们预先确定这些被拒绝的元素，并且相应地设置后备的 Bloom 过滤器，这意味着在设置后备的 Bloom 过滤器之前，必须先固定好数据集和学习型函数。后备的 Bloom 滤器也会产生假阳性，但是可防止任何假阴性。

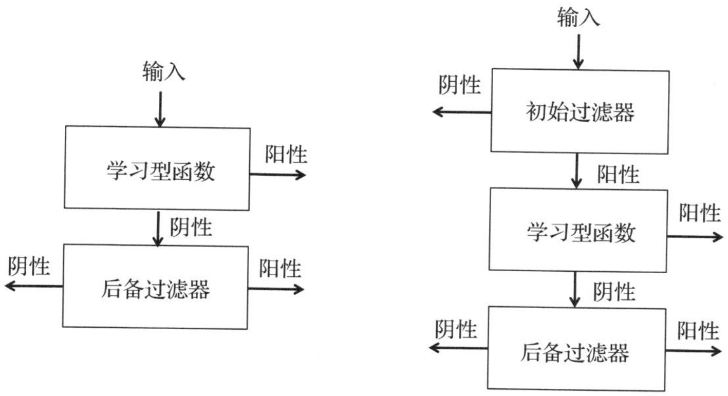

图 30.1 左侧展示了一个学习型 Bloom 过滤器。来自学习型函数的阴性结果由后备过滤器进行检查以防止假阴性。右侧展示了三明治式的学习型 Bloom 过滤器。一个初始过滤器去除了许多到达学习型函数的真阴性，同时减少了来自学习型函数的假阳性

为了理解这种方法如何带来可能的收益，想象一个小的学习型函数，它能够正确识别原始集合的一半。于是后备的 Bloom 过滤器只需要纠正预测器的错误的假阴性，这意味着后备过滤器只需要表示原始集合元素的一半。相应地，后备过滤器的大小可以大约是一个用于整个集合的 Bloom 过滤器的大小的一半，而且假阳性率大致相同。如果学习型函数有一个足够小的表示范围，也就是说小于一个用于整个集合的 Bloom 过滤器的大小的一半，那么在空间与假阳性概率的权衡上，这种组合将比一个标准的 Bloom 过滤器更具优势。Kraska 等人（2018）的经验结果表明，对于现实世界的数据集，学习型 Bloom 过滤器可以

胜过标准的 Bloom 过滤器。

我们强调的是，通常基于测试查询经验地选择阈值 τ 来预测将要出现的假阳性率。这种用来确定 τ 与我们期望在未来的查询中发现的假阳性率之间的关系的测试数据的经验评估依赖于这样的假定，即我们的测试查询代表未来；否则，我们会在未来的查询中获得比预期更高的假阳性率。因此，学习型 Bloom 过滤器需要与标准的 Bloom 过滤器不同的附加假定以便表述其性能。更多细节的讨论参见（Mitzenmacher，2018）。

学习型 Bloom 过滤器是相对比较新颖的：考虑到 Bloom 过滤器的大量变异，可能会出现一些学习型 Bloom 过滤器的有趣的改进版本和变异。事实上，我们知道在两个标准的 Bloom 过滤器之间使用一个学习型过滤器的三明治式学习型 Bloom 过滤器（如图 30.1 所示）可以获得更好的性能（Mitzenmacher，2018）。

30.4　带预测的缓存问题

正如我们在第 1 章、第 2 章和第 24 章中看到的，缓存或者分页问题既是在线算法的经典示例，也是必须超越最坏情况分析的问题。

回忆一下问题的设置。给定一台机器，它有一个可以容纳 N 个页面的慢速内存和一个能够存储 k 个页面的快速内存。页面请求逐个到达，并且必须使用快速内存。如果请求的页面已经在快速内存（缓存）中，则发生*缓存命中*，这时不需要任何操作。否则出现*缓存未命中*，缺失的页面将被读入缓存，同时缓存中 k 个现有页面中的一个将被逐出[㊀]。目标是最小化页面请求序列上的缓存未命中数量。

30.4.1　要预测什么

需要解决的第一个问题是决定机器学习子系统将要预测的量。我们寻求的是既对算法有用而且可高效学习的预测。后者强调了一个事实，即预测应该建立在现实的基础上。具体而言，我们希望确保只需要多项式数量的示例来学习一个好的预测器：形式上要确保函数具备低样本复杂度。只要描述预测器的函数族相对简单而且性能良好，这个条件就可以得到满足。然而完全预测整个实例的方法将无法通过测试，而且是站不住脚的。

什么才是分页问题的预测的好的候选方法？如第 1 章所述，未来最远（Furthest-In-the-Future，FIF）算法能够最小化缓存未命中的数量。为了能够在线模拟这个算法，在每一个请求到达时做出的一种有用预测是这个元素的下一次到达时间。形式上，设 $\text{next}(t)$ 是在时间 t 出现的元素的下一次到达时间，$h(t)$ 表示预测的这个元素的下一次到达时间。

有了这样一个预测器，一种自然的方法是将其插入 FIF 算法而不是插入真实数据中。我们称之为 PFIF，即预测型的未来最远（Predicted Furthest-In-the-Future，PFIF）算法。

对 FIF 算法的分析直接表明，如果预测器 h 是完美的，即对于所有 t，有 $h(t)=\text{next}(t)$，那么 PFIF 是最优的。换言之，PFIF 是一致的。但是这种方法是否健壮呢？

首先，我们必须定义一种误差度量。对于一个假设 h，我们定义 $\eta(h)=\sum_t|h(t)-\text{next}(t)|$。我们想问的是 PFIF 的竞争比与 $\eta(h)$ 相比如何。首先注意到正如我们所定义的，误差随着输入的长度增长，这是我们不希望看到的。假设我们将一个请求序列和预测都增加一倍，竞争比将保持不变，但是上述定义的误差将成倍增加。我们可以利用输入长度对误差进行规范化，但是这样会导致一些病态的情况。例如，取任何一个长度为 n 的请

㊀ 如果缓存中已经没有空闲位置。——译者注

求序列，并且将最后一个元素重复 n 次。由于所有这些重复的额外请求都将是缓存命中的，任何一个算法的性能都会保持不变。可是如果最后的 n 个预测是完美的，则 η 不会改变，但是由序列长度规范化的误差将减少到 1/2。取而代之的是我们将利用最优解的成本 OPT 来规范化误差，这在这两个示例中都有正确的表现。

我们证明了 PFIF 的竞争比随着误差呈线性增长。形式上 PFIF 的竞争比为 $\Omega(\eta(h)/\mathrm{OPT})$。

考虑一个简单的例子，其缓存大小为 2，并且有三个元素 a,b,c。真实的序列是 $c,a,b,a,b,\cdots,a,b,c$。元素 a 和 b 的预测是正确的，但是 c 的预测总是在 0 时刻，因此 $\eta(h)$ 是序列的长度。在这种情况下，PFIF 将在缓存中保留 c，并且几乎每次都会发生缓存未命中。另一方面，一旦 a 和 b 位于缓存中，最优解就不会在它们上面发生未命中，而且有一个总体恒定的未命中次数。我们注意到，尽管可能试图通过忽略那些已经超出预测的出现时间的元素来修复这个算法，算法的竞争比仍然是 $\Omega(\eta(h)/\mathrm{OPT})$。

30.4.2 标记算法

因此，一个自然的问题是，我们能否取得更加良性地依赖于 $\eta(h)/\mathrm{OPT}$ 的竞争比。

为了继续讨论下去，我们引入算法的标记族，这是由 Fiat 等人（1991）首次引入的。这些算法分阶段执行，在每个阶段开始时，每个缓存位置都是“未标记”的。每当有一次缓存未命中，就逐出一个未标记的元素[㊀]，并且标记新进入缓存的元素。当出现缓存命中时，也会标记命中的元素。这样继续下去，直至缓存中的所有元素都被标记时，本阶段结束，并且清除所有标记。容易证明任何一个标记算法都是 $O(k)$-竞争的，其中 k 是缓存的大小。此外，Fiat 等人（1991）证明了如果算法逐出一个均匀随机的无标记元素，那么期望竞争比为 $O(\log k)$。

为了证明标记算法的竞争比的界，我们必须得到最优值的一个下界。为此，我们把在一个阶段中到达的元素划分为两类：清新的和陈旧的。第 i 阶段中的清新（clean）元素是第 i-1 阶段中未出现过的元素。相反，陈旧（stale）元素是那些在前面的阶段出现过的元素。考虑以下关于大小为 3 的缓存的序列。

$$\underbrace{a,a,b,a,b,c}_{\text{阶段1}},\underbrace{b,b,c,b,d}_{\text{阶段2}},\underbrace{a,a,d,c}_{\text{阶段3}}$$

注意到在每一个阶段，只要出现三个不同的元素，这个阶段就结束了。在第 2 阶段，元素 b 和 c 是陈旧的（因为它们在第 1 阶段出现过），元素 d 是清新的。相反，在第 3 阶段，d 是陈旧的（c 也一样），而 a 是清新的。

设 C_i 是第 i 阶段清新元素的数量。考虑任何一个算法在清新元素上的性能。对于一个清新元素 $j \in C_i$，如果它在第 i 阶段刚开始时不在缓存中，那么它将导致缓存未命中。另一方面，如果在第 i 阶段刚开始时它在缓存中，则它必定在整个第 $i-1$ 阶段都留在缓存中（即使它没有出现），因此有效地减少了工作缓存的大小。把这个论证精确化，可以证明

$$\mathrm{OPT} \geqslant \frac{1}{2}\sum_i C_i \tag{30.2}$$

换言之，任何策略的未命中数量至少是所有清新元素数量的一半。我们将把算法导致的未命中数量与每一个阶段的清新元素的数量联系起来。

为了在这个标记框架中利用预测，我们修改了标记算法的逐出策略。如果到达的元素

㊀ 如果缓存已经没有空闲位置。——译者注

是清新的，我们将逐出预测在未来最远出现的未标记元素。如果到达的元素是陈旧的，我们将如前执行，并且逐出一个均匀随机的未标记元素。我们将这个算法的变异称为 PredictiveMarker。

定理 30.1　PredictiveMarker 具有 $O\left(\log \frac{\eta(h)}{\mathrm{OPT}}\right)$ 的竞争比。

为了证明这个定理，让我们尝试理解算法导致缓存未命中的原因。假设一个元素 e 到达而且 e 不在缓存中，这就导致了缓存未命中。如果元素 e 是清新的，式（30.2）告诉我们，可以把它的逐出直接记在 OPT 的账上。假设 e 是陈旧的，按照陈旧元素的定义，在当前阶段开始时 e 在缓存中，因此它必定在当前阶段刚开始时和它的到达之间的某一个点被逐出。设 $\mathrm{ev}(e)$ 表示这样的一个元素，它的到达导致 e 被逐出。$\mathrm{ev}(e)$ 要么是清新的，要么是另一个陈旧的元素 e_1，其到达时间早于 e。在这种情况下，让我们看看为什么 e_1 被会被逐出，即 $\mathrm{ev}(e_1)=\mathrm{ev}(\mathrm{ev}(e))$。按照相同的逻辑，$\mathrm{ev}(e_1)$ 要么是一个清新元素，要么是另一个在当前阶段的首次到达时间更早的陈旧元素。因此，对一个元素重复应用 ev 函数会得到一个清新元素，它的到达引起了这条事件链。

为了得到竞争比的界，我们的问题是这条链能有多长？这给了我们所要的界，因为这条链中的每一个链接都表示一次缓存未命中，每一条链都以一个清新元素终止，而且根据式（30.2），清新元素的数量与 OPT 相当。显然链的长度取决于逐出规则：如果我们总是逐出最晚到达的元素（FIF），那么每一条链的长度为 1。如果我们做相反的操作，逐出下一个到达的元素，则一条链的长度可以增长达到 $\Omega(k)$。

我们首先分析标准的标记算法，它随机均匀地逐出元素。

引理 30.2　当逐出一个随机的未标记元素时，每一条链的期望长度为 $O(\log k)$。

证明　我们只需要考虑在每个阶段中的陈旧元素，它们的数量可能多达 $k-1$ 个。将它们按照到达时间排序，e_1 先到达，然后 e_2，以此类推。用 L_i 表示从元素 e_i 开始的链的长度，我们可以将 L_i 的递归式写成：

$$L_i = 1 + \frac{1}{k-i}\sum_{j=1}^{k-1} L_j$$

当 $L_{k-1}=0$ 时，求解得到 $L_0=\Theta(\log k)$。□

另一方面，在 PredictiveMarker 中，当一个清新元素到达时，我们逐出预测在未来最远到达的元素。假设 c 是一个在时间 t_c 到达的清新元素，s 表示我们选择逐出的元素，t_s 是 s 的下一次到达时间。注意到在 t_c 和 t_s 之间到达的任何陈旧元素都不能增长从 c 开始的链。因此，唯一有助于链的增长的元素是在时间 t_s 之后到达的元素。但是这完全违反了我们的预测，因此，我们可以将这些缓存未命中计入预测器的误差。设 $\mathrm{inv}_h(s)$ 表示在 s 之后到达的元素集合（即使 h 预测了它们在 s 之前到达）。容易扩展引理 30.2 来证明以 s 开始的链的期望长度是 $\Theta(\log \mathrm{inv}_h(s))$。

为了完成分析，我们需要将反转的数量的界作为预测器的精度的一个函数。根据著名的 Diaconis-Graham 不等式（Diaconis and Graham，1977），对于任何两个置换，反转的总数量和元素的 ℓ_1 距离总是在因子 2 的范围之内。后者也正是跨阶段分解的 $\eta(h)$。此外，由于 log 是一个凹函数，为了最大化所有链的总长度，我们应该在它们之间平均划分误差。这两个事实意味着上述算法的期望误差为 $O(\log(\eta(h)/\mathrm{OPT}))$。

30.4.3　缓存问题小结

缓存问题说明了带有预测的算法的威力以及在设计时必须注意的问题。我们依靠离线算法来确定希望预测的量，即每个到达元素的下一次出现。然后我们证明了简单地利用这个预测作为最优离线算法中的真实情况的代理可以包容一些病态示例（在这些病态示例中，预测将算法引入歧途）。然后我们展示了一种不同的算法，它以更加谨慎的方式使用预测，显著改进了直接利用预测器的方法的竞争比。此外，可以证明，即使误差非常大，我们也可以在标准标记算法的一个常数因子内保证算法的性能（见练习题 30.2）。最后，正如 Lykouris 和 Vassilvitskii（2018）所证明的，这些改进不仅仅是理论上的：即使利用现成的预测模型，PredictiveMarker 也始终胜过像最近最少使用（Least Recently Used，LRU）策略这样的标准方法。

30.5　带预测的调度

第 4 章考虑了在资源增广的情况下单机上的作业调度问题，其中的一个关键点是如果已知作业时间，则采用最短剩余处理时间（Shortest Remaining Processing Time，SRPT）的简单贪心算法在最小化总流动时间方面是最优的。我们在这里考虑像 SRPT 这类策略在排队系统中的潜力，其中作业随着时间的推移到达。

30.5.1　带预测的简单模型

我们从一个非常简单的示例开始。假设有 n 个作业 $j_1,\cdots,j_n$，其中的每一个作业要么是短作业，要么是长作业。短作业需要的处理时间是 s，长作业需要的处理时间 $\ell>s$。作业在 0 时刻全部可调度，它们将被排序，然后依次处理。当各个作业时间已知时，最短作业优先策略将最小化所有作业的总等待时间。如果有 n_s 个短作业和 n_ℓ 个长作业，容易验证平均等待时间是

$$\frac{1}{n}\left(n_s\frac{n_s-1}{2}s+n_\ell\frac{n_\ell-1}{2}\ell+n_\ell n_s s\right)$$

如果我们没有任何关于作业时间的信息，那么可以对作业进行随机排序。在这种情况下，在所有作业上的期望等待时间为

$$\frac{1}{n}\left(n_s\left(\frac{n_s-1}{2}s+\frac{n_\ell}{2}\ell\right)+n_\ell\left(\frac{n_s}{2}s+\frac{n\ell-1}{2}\ell\right)\right)$$

最后，假设我们有一个可以预测作业类型的算法。我们假定短作业以概率 p 被误分类为长作业，而且长作业以概率 q 被误分类为短作业。自然的方法是利用最短预测作业优先（shortest-predicted-job-first）策略，也就是说，我们基于预测的结果应用最短作业优先策略。计算表明期望的等待时间为：

$$\begin{aligned}
&\frac{1}{n}\Bigg((1-p)n_s\left(\frac{(1-p)(n_s-1)}{2}s+\frac{qn_\ell}{2}\ell\right)+\\
&pn_s\left((1-p)(n_S-1)s+\frac{p(n_s-1)}{2}s+\frac{(1-q)n_\ell}{2}\ell+qn_\ell\ell\right)+\\
&(1-q)n_\ell\left(\frac{(1-q)(n_\ell-1)}{2}\ell+q(n_\ell-1)\ell+\frac{pn_s}{2}s+(1-p)n_s s\right)+\\
&qn_\ell\left(\frac{q(n_\ell-1)}{2}\ell+\frac{(1-p)n_s}{2}s\right)\Bigg)
\end{aligned}$$

通过这些表达式，我们可以确定在随机排序作业中使用预测所得到的收益，以及使用预测来代替精确信息所造成的损失。Mitzenmacher（2019）建议我们也可以考虑不完全信息的

期望等待时间与完全信息的期望等待时间之间的比率。Mitzenmacher（2019）进一步指出，对于任何一个合理地使用预测信息来代替精确信息的算法，都可以考虑这个被称为预测失误代价的比率，定义如下。

定义 30.3　设 $M_A(Q;I)$ 是给定系统 Q 使用算法 A 的信息 I 的情况下系统 Q 的某个度量的值（比如期望等待时间），而且设 $M_A(Q;P)$ 是在系统 Q 使用算法 A 并且用预测信息 P 代替 I 的情况下同一个度量的值。那么预测失误的代价定义为 $M_A(Q;I)/M_A(Q;P)$。　◁

注意到（与算法分析中所谓“代价”的许多其他用法不同）分母不一定是一个最优算法，而是具有精确信息的相应算法。（当然，也可以与最优算法进行比较，正如我们在本章其他地方看到的那样。）

30.5.2　更一般的作业服务时间

我们可以考虑一个更一般的模型，其中作业的实际服务时间和预测服务时间是实值随机变量。一个自然的概率模型是假设作业的大小由某一个分布控制，相应地对于每一个可能的服务时间 x，预测器 y 的输出由某一个仅依赖于 x 的分布控制。例如，我们可以将预测 y 建模为附带随机噪声的 x 的值，其中噪声的分布可能取决于 x。等价地，给出服务时间为 x 和预测服务时间为 y 的作业的密度，我们可以根据密度函数 $g(x,y)$ 来描述作业。（为了方便起见，我们假定 $g(x,y)$ 在整个过程中“表现良好”，所以它是连续的，而且存在所有必要的导数。我们可以轻而易举地对这个分析进行修改以处理分布中的点质量或者其他不连续性。）这个模型做出了一些假定，最显著的是假定每一个作业对应于这个密度函数的一个独立的实例化。只要我们把未来的作业看作与我们用于训练的作业来自相同的分布（也就是说，如果未来看起来像过去的话），那么将一个已经在大量数据上得到训练的机器学习算法建模，用于提供与一个基于实际服务时间的条件分布相对应的估计服务时间，这样的做法看来是明智的。

我们再次假定在 0 时刻给出所有作业，并简单地按照最短预测作业优先策略对作业进行排序。我们设 $f_s(x)=\int_{y=0}^{\infty} g(x,y)\,\mathrm{d}y$ 是关于服务时间的相应的密度函数，而且 $f_p(y)=\int_{x=0}^{\infty} g(x,y)\,\mathrm{d}x$ 是关于预测服务时间的相应的密度函数。如果总共有 n 个作业，那么在给定完全信息的情况下，一个利用最短作业优先策略的作业的期望等待时间由下式给出：

$$(n-1)\int_{x=0}^{\infty} f_s(x)\left(\int_{z=0}^{x} z f_s(z)\,\mathrm{d}z\right)\mathrm{d}x$$

而一个利用预测信息的最短预测作业优先的作业的期望等待时间由下式给出：

$$(n-1)\int_{y=0}^{\infty} f_p(y)\left(\int_{x=0}^{\infty}\int_{z=0}^{y} x g(x,z)\,\mathrm{d}z\mathrm{d}x\right)\mathrm{d}y$$

用文字表达就是在完全信息的情况下，给定一个作业的服务时间，我们通过每一个其他作业来确定这个作业的期望等待时间，做法是以具有更短服务时间的其他作业为条件取得期望值。在预测信息的情况下，为了计算一个给定预测服务时间的作业的期望等待时间，我们通过每一个其他作业来确定这个作业的期望等待时间，做法是基于其他作业的实际服务时间，以具有比原始作业更短的预测服务时间的其他作业为条件取得期望值。

在这种情况下，下面的比率给出了预测失败的代价

$$\frac{\int_{y=0}^{\infty} f_p(y)\left(\int_{x=0}^{\infty}\int_{z=0}^{y} xg(x,z)\,\mathrm{d}z\mathrm{d}x\right)\mathrm{d}y}{\int_{x=0}^{\infty} f_s(x)\left(\int_{z=0}^{x} zf_s(z)\,\mathrm{d}z\right)\mathrm{d}x} \tag{30.3}$$

这还不是最简单的表达式，给定 $g(x,y)$ 后可以对其进行数值计算。作为一个有趣但是不一定现实的例子，假设各个作业的服务时间呈均值为 1 的指数分布，而一个实际服务时间为 x 的作业的服务时间的预测值是均值为 x 的指数分布，因此预测值的均值是正确的，但是预测值本身可能非常不准确。可以证明，在这种情况下预测失败的代价为 4/3。练习题 30.3 给出了这个结果。

30.5.3 调度队列

可以通过一些更加复杂的工作把这类分析扩展到队列的情况。在排队设置中，我们仍然只有一台机器。随着时间的推移，作业进入等待服务，并且在完成服务后离开。在考虑性能时，我们通常首先查看系统的平均时间。例如，在标准的排队理论中，原型队列被称为 *M/M/*1 队列，其中的到达是一个速率为 $\lambda<1$ 的泊松过程，服务时间是均值为 1 的独立且一致的指数分布，而且由单一服务器为客户服务。（*M/M/*1 队列中的“*M*”代表无记忆。）排队理论的一个基本结果是，在一个具有先到先服务（First Come First Served，FCFS）调度（也称为先进先出（FIFO））的 *M/M/*1 队列中，在平衡状态下一个客户等待和获得服务的期望时间是 $1/(1-\lambda)$。这一节我们考虑具有泊松到达的队列，不过它们具有一般的服务时间分布，而不仅仅是指数分布。

如果知道一个作业的服务时间，我们可以尝试比 FCFS 更好地进行调度。最短作业优先（Shortest Job First，SJF）是一种非抢占式策略：当一个作业完成时，调度作业队列中具有最短服务时间的作业。抢占式最短作业优先（Preemptive Shortest Job First，PSJF）的行为与 SJF 类似，不同的是当新的具有更短服务时间的作业到达时将抢占正在运行的作业。最短剩余处理时间（Shortest Remaining Processing Time，SRPT）将根据剩余处理时间而不是服务时间来调度和抢占作业。

Mitzenmacher（2019）在预测服务时间而不是实际服务时间的情况下考虑这些策略，得到最短预测作业优先（SPJF）、抢占式最短预测任务优先（PSPJF）和最短预测剩余处理时间（SPRPT）。作者假定存在一个关于那些服务时间为 x 和预测服务时间为 y 的作业的联合密度分布 $g(x,y)$，而且每一个作业从这个分布独立产生预测服务时间和实际服务时间，在这种情况下提供了所有三种策略的公式。

例如，通过比较 SJF 和 SPJF，我们首先设置以下符号。设 $f_s(x)=\int_{y=0}^{\infty} g(x,y)\,\mathrm{d}y$ 以及 $f_p(y)=\int_{x=0}^{\infty} g(x,y)\,\mathrm{d}x$ 分别是相应的服务时间和预测服务时间的密度函数。$\rho_x=\lambda\int_{t=0}^{x} tf_s(t)\,\mathrm{d}t$ 是服务时间最多是 x 的作业进入队列的工作速率，$\rho_y'=\lambda\int_{t=0}^{y}\int_{x=0}^{\infty} g(x,t)\,x\,\mathrm{d}x\mathrm{d}t$ 是预测服务时间最多是 y 的作业进入队列的工作速率。

对于 SJF，我们知道服务时间为 x 的作业在队列中等待（未得到服务）所耗费的时间 $W(x)$ 在稳定状态下满足

$$E[W(x)]=\frac{\rho E[S^2]}{2E[S](1-\rho_x)^2}$$

注意到一个服务时间为 x 的作业的等待时间取决于一般的服务分布，但是正如人们所预料的那样，它还具体取决于服务时间最多为 x 的作业。在队列中等待的总的期望时间为

$$E[W]=\int_{x=0}^{\infty} f_S(x)E[W(x)]\mathrm{d}x$$

结果表明，一种类似于推导 SJF 的性能公式的分析也适用于 SPJF。如果我们设 $W'(y)$ 是一个预测服务时间为 y 的作业在队列中的等待时间在稳定状态下的分布，那么

$$E[W'(y)]=\frac{\rho E[S^2]}{2E[S](1-\rho_y')^2}$$

因此，SJF/SPJF 在队列中的等待时间的预测失败代价表示为

$$\frac{\int_{y=0}^{\infty}\frac{f_p(y)}{(1-\rho_y')^2}\mathrm{d}y}{\int_{x=0}^{\infty}\frac{f_s(x)}{(1-\rho_x)^2}\mathrm{d}x}$$

对于 PSJF/PSPJF 和 SRPT/SPRPT 也可以进行类似的分析，尽管结果表达式更为复杂。

模拟的结果表明，即使是相当弱的预测器也可以为高负载下的队列（当 λ 向 1 靠拢时）提供显著的性能增益，因为 FIFO 队列相对频繁地在长作业之后堆叠短作业，这是预期等待时间长的主要原因。因此，在大多数情况下，简单地将长作业保持在短作业之后的预测器大大改善了在所有作业上的期望等待时间。例如，一个具有乘性误差的预测器就可以做得很好。图 30.2 提供了一个示例，其中 $\lambda=0.95$，有两种服务时间分布：均值为 1 的指数分布和累积分布为 $1-e^{-\sqrt{2x}}$ 的 Weibull 分布。（Weibull 分布的均值也是 1，但是更为重尾，因此作业的服务时间越长，出现的概率就越高。）图 30.2 的结果是在 100 万个时间单位的时间段内的 1 000 次试验的平均值，每一次试验对系统在前 10 万个时间单位之后完成的作业的时间计算平均值。对于参数 α，一个服务时间为 x 的作业有一个在 $[(1-\alpha)x,(1+\alpha)x]$ 上均匀分布的预测服务时间。我们尝试让 $\alpha=j/10$，j 是 0 到 9 的整数。我们观察到性能随着 α 的增加会逐渐下降，而且比没有预测的情况要好得多，其中在指数分布下系统的稳态平均时间为 20，而在 Weibull 分布下为 58。

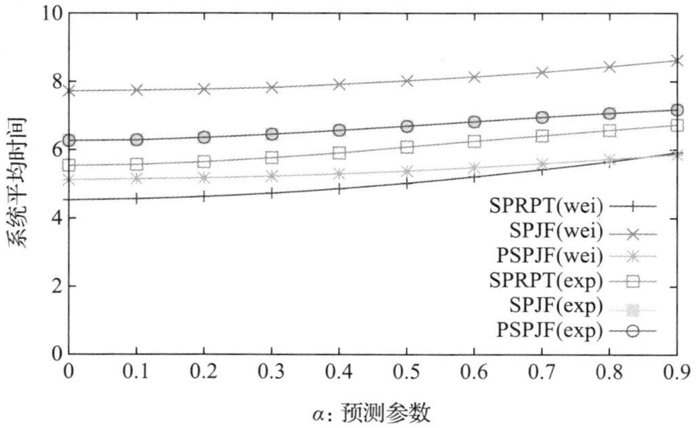

图 30.2　指数分布和 Weibull 分布在 $\lambda=0.95$ 时的模拟结果。一个服务时间为 x 的作业在 $[(1-\alpha)x,(1+\alpha)x]$ 上具有均匀分布的预测服务时间。随着 α 的增加，性能逐渐下降

30.6 本章注解

如第 24 章所述，已经有学者对如何利用辅助在线算法的建议进行了研究（Boyar et al.，2016）。不过前面的工作主要集中在最小化来自全知来源（omniscient source）的参考比特数量，以便实现最优或者接近最优的竞争比。利用基于学习的预测来研究在线算法的动机更紧密地反映了机器学习在实践中的使用，而且侧重于通过现实的建议来改进竞争比。

过去的一些研究工作已经显现了通过学习来改进算法性能的思想（特别是在在线算法领域）。例如，Devanur 和 Hayes（2009）以及 Vee 等人（2010）探索了如何利用预测来获得几乎最优的在线匹配的界，而 Cole 和 Roughgarden（2014）以及 Medina 和 Vassilvitskii（2017）展示了如何从样本中学习来最大化拍卖设置中的收益。同时，Kraska 等人（2018）证明了这些努力不仅仅是理论上的，他们构建了一个利用机器学习来改进索引数据结构的检索速度的系统。

Lykouris 和 Vassilvitskii（2018）提出了一种带预测的学习的形式模型，其中包括 α-一致性和 β-健壮性的概念。他们也是首次对缓存问题的这种设定进行分析的研究者。我们在本章介绍的分析方法来自（Rohatgi，2020）。此外，Purohit 等人（2018）演示了在滑雪板租赁和在线调度环境下这两个概念之间的显式均衡。

Harchol-Balter（2013）提供了关于排队理论的很好的一般性参考，其中包括关于 SJF 和 SRPT 的精确推导。

在队列调度问题中，一些研究工作探讨了多队列环境下将不精确信息用于负载均衡的效果。例如，Mitzenmacher（2000）考虑了利用旧的负载信息把作业放在两种选择的幂的环境中。对于单一队列，Wierman 和 Nuyens（2008）研究了在作业的大小不精确的情况下 SRPT 和 SJF 的变异，并且根据估计的不精确程度的界来确定性能差距的界。Dell'Amico、Carra 和 Michardi 对具有估计大小的排队系统的调度策略进行了经验研究（Dell'Amica et al.，2015）。还有就是前面提到的，Purohit 等人（2018）具体研究了标准在线设置中的带预测的调度，他们考虑了最短预测处理时间的变异策略，这些变异策略在竞争比方面的性能良好，而且性能取决于预测的准确性。

Count-Min Sketch（Cormode and Muthukrishnan，2005）和 Count-Sketch（Charikar et al.，2002）是用于在数据流中寻找频繁项的著名的数据结构，而且已经发掘了许多其他应用。

Bloom 过滤器最初由 Blomm（1970）开发，并且被证明对于许多应用是有效的（Broder and Mitzenmacher，2004）。学习型 Bloom 过滤器最初由 Kraska 等人（2018）描述，其中提出了利用学习来改进索引数据结构的其他一些可能的示例。

参考文献

Aamand, Anders, Indyk, Piotr, and Vakilian, Ali. 2019. (Learned) frequency estimation algorithms under Zipfian distribution. *arXiv preprint arXiv:1908.05198*.

Bloom, Burton H. 1970. Space/time trade-offs in hash coding with allowable errors. *Communications of the ACM*, **13**(7), 422–426.

Boyar, Joan, Favrholdt, Lene M, Kudahl, Christian, Larsen, Kim S, and Mikkelsen, Jesper W. 2016. Online algorithms with advice: A survey. *ACM SIGACT News*, **47**(3), 93–129.

Broder, Andrei, and Mitzenmacher, Michael. 2004. Network applications of Bloom filters: A survey. *Internet Mathematics*, **1**(4), 485–509.

Charikar, Moses, Chen, Kevin, and Farach-Colton, Martin. 2002. Finding frequent items in data streams. In *International Colloquium on Automata, Languages, and Programming*, pp. 693–703. Springer.

Cole, Richard, and Roughgarden, Tim. 2014. The sample complexity of revenue maximization. In *Symposium on Theory of Computing, STOC 2014*, pp. 243–252.

Cormode, Graham, and Muthukrishnan, Shan. 2005. An improved data stream summary: The count-min sketch and its applications. *Journal of Algorithms*, **55**(1), 58–75.

Dell'Amico, Matteo, Carra, Damiano, and Michiardi, Pietro. 2015. PSBS: Practical size-based scheduling. *IEEE Transactions on Computers*, **65**(7), 2199–2212.

Devanur, Nikhil R., and Hayes, Thomas P. 2009. The adwords problem: Online keyword matching with budgeted bidders under random permutations. In *Proceedings 10th ACM Conference on Electronic Commerce (EC-2009)*, pp. 71–78

Diaconis, P., and Graham, R.L. 1977. Spearman's footrule as a measure of disarray. *Journal of the Royal Statistical Society B*, **39**(2), 262–268.

Fiat, Amos, Karp, Richard M., Luby, Michael, McGeoch, Lyle A., Sleator, Daniel Dominic, and Young, Neal E. 1991. Competitive paging algorithms. *Journal of Algorithms*, **12**(4), 685–699.

Harchol-Balter, Mor. 2013. *Performance Modeling and Design of Computer Systems: Queueing Theory in Action*. Cambridge University Press.

Hsu, Chen-Yu, Indyk, Piotr, Katabi, Dina, and Vakilian, Ali. 2019. Learning-based frequency estimation algorithms. In *7th International Conference on Learning Representations*.

Kraska, Tim, Beutel, Alex, Chi, Ed H, Dean, Jeffrey, and Polyzotis, Neoklis. 2018. The case for learned index structures. In *Proceedings of the 2018 International Conference on Management of Data*, pp. 489–504. ACM.

Lykouris, Thodoris, and Vassilvitskii, Sergei. 2018. Competitive caching with machine learned advice. In *Proceedings of the 35th International Conference on Machine Learning, ICML 2018*.

Medina, Andres Muñoz, and Vassilvitskii, Sergei. 2017. Revenue optimization with approximate bid predictions. In *Advances in Neural Information Processing Systems 30: Annual Conference on Neural Information Processing Systems 2017*, pp. 1858–1866.

Mitzenmacher, Michael. 2000. How useful is old information? *IEEE Transactions on Parallel and Distributed Systems*, **11**(1), 6–20.

Mitzenmacher, Michael. 2018. A model for learned bloom filters and optimizing by sandwiching. In *Advances in Neural Information Processing Systems*, pp. 464–473.

Mitzenmacher, Michael. 2019. Scheduling with Predictions and the price of misprediction. In *Proceedings of the 11th Innovations in Theoretical Computer Science Conference (ITCS)*, pp. 14:1–14:18.

Purohit, Manish, Svitkina, Zoya, and Kumar, Ravi. 2018. Improving online algorithms via predictions. In *Advances in Neural Information Processing Systems*, pp. 9661–9670.

Rohatgi, Dhruv. 2020. Near-optimal bounds for online caching with machine learned advice. In *Symposium on Discrete Algorithms (SODA)*, pp. 1834–1845.

Vee, Erik, Vassilvitskii, Sergei, and Shanmugasundaram, Jayavel. 2010. Optimal online assignment with forecasts. In *Proceedings 11th ACM Conference on Electronic Commerce (EC-2010)*, pp. 109–118.

Wierman, Adam, and Nuyens, Misja. 2008. Scheduling despite inexact job-size information. In *ACM SIGMETRICS Performance Evaluation Review*, vol. 36, pp. 25–36. ACM.

练习题

30.1 证明公式（30.1）中给出的关于带预测的滑雪板租赁算法的竞争比的界。

30.2 考虑缓存问题，假设我们有两个数据依赖的逐出算法。对于一个输入 x，其中一个算法有竞争比 $a(x)$，而另一个算法的竞争比是 $b(x)$。开发一个对于每个输入 x 都有竞争比 $O(\min(a(x),b(x)))$ 的算法。

30.3 考虑公式（30.3）的设置，其中作业大小呈均值为 1 的指数分布，而一个平均服务

时间为 x 的作业的预测服务时间自身呈均值为 x 的指数分布。通过数值计算或者积分（也许利用一个计算积分的软件包）证明，在这种情况下，“预测失败的代价”为 4/3。

30.4 编写一个模拟器来研究本章讨论的问题之一。例如，你可以为一个使用预测服务时间的队列编写一个模拟器，并且探索服务时间如何分布以及预测的质量如何影响队列的平均等待时间。你也可以实现一个 Count-Min sketch，并且模拟一个关于频繁项元素的预测器，将它用于探索 sketch 的精确度如何随着预测的质量得到改进，或者如何随着项的频率分布的偏斜程度而变化。你的模拟器可以利用一个实际的学习型函数作为预测器，也可以利用一种合成预测（例如，以某种特定方式将噪声添加到真实数据来得到一个预测值）。

推荐阅读

算法导论（原书第3版）

作者：Thomas H.Cormen, Charles E.Leiserson, Ronald L.Rivest, Clifford Stein

译者：殷建平 徐 云 王 刚 刘晓光 苏 明 邹恒明 王宏志

ISBN：978-7-111-40701-0 定价：128.00元

全球超过50万人阅读的算法圣经！算法标准教材。

世界范围内包括MIT、CMU、Stanford、UCB等国际名校在内的1000余所大学采用。

“本书是算法领域的一部经典著作，书中系统、全面地介绍了现代算法：从最快算法和数据结构到用于看似难以解决问题的多项式时间算法；从图论中的经典算法到用于字符串匹配、计算几何学和数论的特殊算法。本书第3版尤其增加了两章专门讨论van Emde Boas树（最有用的数据结构之一）和多线程算法（日益重要的一个主题）。”

—— Daniel Spielman，耶鲁大学计算机科学系教授

“作为一个在算法领域有着近30年教育和研究经验的教育者和研究人员，我可以清楚明白地说这本书是我所见到的该领域最好的教材。它对算法给出了清晰透彻、百科全书式的阐述。我们将继续使用这本书的新版作为研究生和本科生的教材及参考书。”

—— Gabriel Robins，弗吉尼亚大学计算机科学系教授